합격Easy

2025

건설재료 시험기사 필기

KDS, KCS 적용 | SI 단위 적용

- ✓ 다년간 실무 및 강의 경험이 풍부한 최상급 저자
- ✓ 새롭게 적용되는 이론과 예상문제 삽입
- ✓ 정확한 답과 명쾌한 해설
- ✓ CBT 모의고사 수록

고행만 저

SCAN ME!

질의응답 | cafe.daum.net/khm116
카페 운영 | (토목, 건설재료, 콘크리트)

머리말

건설기술진흥법에 따라 건설공사 현장에서는 의무적으로 건설재료시험 기사·산업기사를 공사 금액에 따라 배치하고 있습니다. 이에 자격증에 대한 소중함을 재삼 느낍니다. 강단에서 강의를 하는 저로서는 관심 있는 분들이 어떻게 하면 자격증을 어렵지 않고 쉽게 취득할 수 있을까? 고심 끝에 본 문제집을 출간하게 되었습니다. 자격증 취득하는 데 도움이 되었으면 하는 바람입니다.

본 문제집은 "개정된 콘크리트 구조설계기준(KDS)"과 "콘크리트 표준시방서(KCS)"를 참고하여 SI 단위 및 개정된 내용을 요약하여 수험자 여러분에게 도움이 되도록 나름대로 심혈을 기울였습니다. 그리고 과목별 필기시험에 자주 출제되는 내용을 핵심 정리하였으며 문제별로 빠짐없이 관련 문제의 자세한 해설로 수험자 여러분의 이해도를 높게 하였고 최신 출제기준에 따른 예상문제의 적용과 CBT 모의고사를 수록하였습니다.

토목 및 건축현장에 필요로 하는 자격증으로 취득을 하여 취업하는 데는 큰 어려움이 없을 것입니다. 다만 처음에는 시험 업무의 요령이 다소 서툴러 힘이 들겠지만 2~3년의 경험을 갖추게 되면 기술자의 대우를 받을 것으로 생각합니다.

과목별 공부하시는 요령을 말씀드리면 토질 및 기초 과목은 각 장별 중요시되는 계산 공식 위주로 공부하시면 됩니다. 콘크리트 공학 및 건설재료시험 과목은 주로 이론 내용을 잘 이해 암기하고 계산문제는 2~3문항 정도 출제가 되리라 예상합니다. 건설시공학의 경우는 각 장별 골고루 공법이라든가 특징 등의 이론을 주로 점검하시고 계산문제로 2~3문항 정도 출제될 것으로 추측합니다.

수험자 여러분! 열심히 하세요. 반드시 땀의 대가가 있을 것입니다.
끝으로 건기원 사장님과 임직원께 항상 감사드리며 출판사의 무한한 발전을 기원하며 독자 여러분과 합격의 영광을 함께 하고 싶습니다.

감사합니다.

저자 씀

출제기준

직무 분야	건설	중직무분야	토목	자격 종목	건설재료시험기사	적용 기간	2023.01.01.~ 2025.12.31.

○**직무내용**: 건설공사를 수행함에 있어서 품질을 확보하고 이를 향상시켜 합리적·경제적·내구적인 구조물을 만들어 냄으로써, 건설공사 품질에 대한 신뢰성을 확보하고 수행하는 직무이다.

필기 검정방법	객관식	문제수	80	시험 시간	2시간

과목명	문제수	주요항목	세부항목	세세항목
콘크리트 공학	20	1. 콘크리트의 성질, 용도, 배합, 시험, 시공 및 품질관리에 관한 지식	1. 콘크리트의 특성 및 시험	1. 정의 및 특성 2. 굳지 않은 콘크리트의 특성 및 시험 3. 굳은 콘크리트의 특성 및 시험 4. 콘크리트 비파괴시험

			2. 배합설계	1. 배합설계의 개요
				2. 배합설계의 방법
				  (1) 시방배합
				  (2) 현장배합

			3. 콘크리트 혼합, 운반, 타설	1. 재료의 계량 및 혼합 2. 콘크리트 운반 및 타설 3. 콘크리트 다지기 및 마무리 4. 콘크리트 이음 5. 거푸집 및 동바리
			4. 콘크리트 양생	1. 양생의 개요 2. 각종 양생방법
			5. 프리스트레스트 콘크리트	1. 프리스트레스트 강재 2. 그라우트 및 기타재료 3. 시공관리
			6. 특수 콘크리트	1. 한중 및 서중콘크리트 2. 매스콘크리트 3. 유동화 및 고유동 콘크리트 4. 해양 및 수밀 콘크리트 5. 수중 및 프리플레이스트 콘크리트 6. 경량골재콘크리트 7. 고강도콘크리트 8. 숏크리트 9. 섬유보강 콘크리트 10. 기타 특수콘크리트

과목명	문제수	주요항목	세부항목	세세항목
			7. 콘크리트 유지관리	1. 콘크리트의 성능저하 특성 2. 유지관리를 위한 조사방법 3. 균열 및 대책
			8. 콘크리트의 품질관리	1. 콘크리트 품질관리 2. 콘크리트 품질검사
건설시공 및 관리	20	1. 토공사 및 기초공사	1. 토공사	1. 토공사 계획 2. 토공량 계산 3. 시공관리
			2. 기초 공사	1. 기초의 개요 2. 얕은기초 3. 깊은기초 4. 기초의 지지력
			3. 건설기계	1. 건설기계의 분류 2. 건설기계의 특성 3. 건설기계의 시공관리
		2. 구조물 시공	1. 터널 시공	1. 발파 및 암반의 일반사항 2. 터널굴착 공법 3. 특수터널 시공법
			2. 암거 및 배수 구조물 시공	1. 암거의 종류 2. 암거의 시공법 3. 기타 배수구조물
			3. 교량 시공	1. 교량의 분류 2. 교량의 시공법
			4. 포장 시공	1. 포장의 종류 및 특성 2. 아스팔트 포장 3. 콘크리트 포장 4. 특수 포장 5. 포장의 유지 보수
			5. 옹벽 및 흙막이 시공	1. 옹벽 및 석축의 시공 2. 보강토 옹벽 3. 흙막이 공법의 종류 및 특징 4. 흙막이 설계 및 시공
			6. 하천, 댐 및 항만 시공	1. 댐의 종류 및 특성 2. 댐의 시공 3. 항만의 종류 및 특성 4. 하천 구조물 5. 준설 및 매립

출제기준

과목명	문제수	주요항목	세부항목	세세항목
		3. 공사, 공정, 품질 및 계측관리	1. 공사 및 공정관리	1. 공사관리 2. 공정관리 3. 공정계획 및 최적공기
			2. 품질관리	1. 품질관리일반 2. 품질관리계획수립 3. 결과분석 및 관리도
			3. 계측관리	1. 계측관리 목적 및 역할 2. 계측기 및 계측위치 선정 3. 계측항목 및 관리
건설재료 및 시험	20	1. 건설재료의 종류, 성질 용도 및 시험	1. 재료일반	1. 건설재료 일반 2. 건설재료의 종류 및 특성
			2. 시멘트	1. 시멘트 일반 2. 시멘트 제조 및 조성 광물 3. 시멘트의 종류 및 특성 4. 시멘트 관련 시험
			3. 골재	1. 골재 일반 2. 잔골재의 물리적 특성 3. 굵은골재의 물리적 특성 4. 순환골재 관련 시험 5. 골재 관련 시험
			4. 혼화재료	1. 혼화재료 일반 2. 혼화재료의 종류 및 특성 3. 혼화재료 관련 시험
			5. 목재	1. 목재의 구조 및 특성 2. 목재의 내구성 3. 목재의 가공품 4. 목재 관련 시험
			6. 석재 및 점토질 재료	1. 암석의 분류 2. 암석의 조성 및 조직 3. 암석의 성질 4. 각종 석재 5. 점토질 재료 6. 석재 및 점토질 재료 관련 시험
			7. 역청재료 및 혼합물	1. 분류 및 특성 2. 아스팔트 혼합물 3. 아스팔트 관련 시험

과목명	문제수	주요항목	세부항목	세세항목
			8. 금속재료	1. 금속재료의 특성 2. 철강제품 3. 금속재료 시험
			9. 토목섬유	1. 종류 및 특성 2. 토목섬유의 적용 및 관련 시험
			10. 화약 및 폭약	1. 분류 및 특성 2. 사용법과 취급 및 주의사항
토질 및 기초	20	1. 토질역학	1. 흙의 물리적 성질과 분류	1. 흙의 기본성질 2. 흙의 구성 3. 흙의 입도분포 4. 흙의 소성특성 5. 흙의 분류
			2. 흙속에서의 물의 흐름	1. 투수계수 2. 물의 2차원 흐름 3. 침투와 파이핑
			3. 지반내의 응력분포	1. 지중응력 2. 유효응력과 간극수압 3. 모관현상 4. 외력에 의한 지중응력 5. 흙의 동상 및 융해
			4. 압밀	1. 압밀이론 2. 압밀시험 3. 압밀도 4. 압밀시간 5. 압밀침하량 산정
			5. 흙의 전단강도	1. 흙의 전단파괴 및 전단 강도 2. 흙의 파괴이론과 강도정수 3. 흙의 전단특성 4. 전단시험 5. 응력경로
			6. 토압	1. 토압의 정의 2. 토압의 종류 3. 토압 이론 4. 구조물에 작용하는 토압
			7. 흙의 다짐	1. 흙의 다짐특성 2. 흙의 다짐시험 3. 현장다짐 및 품질관리

출제기준

과목명	문제수	주요항목	세부항목	세세항목
			8. 사면의 안정	1. 사면의 파괴거동 2. 사면의 안정해석 3. 사면안정 대책공법
			9. 토질조사 및 시험	1. 시추 및 시료 채취 2. 원위치 시험 3. 토질시험
		2. 기초공학	1. 기초일반	1. 기초일반
			2. 얕은기초	1. 지지력 2. 침하량
			3. 깊은기초	1. 말뚝기초 지지력 2. 말뚝기초 침하량 3. 케이슨기초
			4. 연약지반개량공법	1. 사질토 지반개량공법 2. 점성토 지반개량공법 3. 기타 지반개량공법

차 례

PART I 콘크리트 공학

CHAPTER 1 콘크리트의 역학적 특성
1. 굳지 않은 콘크리트의 성질 ·············· 18
2. 콘크리트의 성질 ·············· 25
3. 굳은 콘크리트의 변형 ·············· 29
4. 콘크리트의 내구성 ·············· 33
⚽ 출제 예상 문제 ·············· 39

CHAPTER 2 콘크리트의 시험
1. 굳지 않은 콘크리트 시험 ·············· 52
2. 굳은 콘크리트 시험 ·············· 54
⚽ 출제 예상 문제 ·············· 60

CHAPTER 3 콘크리트의 배합설계
1. 배합의 일반 ·············· 66
2. 시방배합 ·············· 67
3. 현장배합 ·············· 74
⚽ 출제 예상 문제 ·············· 78

CHAPTER 4 콘크리트의 혼합 · 운반 · 치기
1. 콘크리트의 혼합 ·············· 88
2. 콘크리트의 운반 ·············· 89
3. 타설 및 다지기 ·············· 90
4. 레디믹스트 콘크리트 ·············· 93
⚽ 출제 예상 문제 ·············· 98

CHAPTER 5 특수 콘크리트
1. 경량골재 콘크리트 ·············· 114
⚽ 출제 예상 문제 ·············· 117
2. 매스 콘크리트 ·············· 122
⚽ 출제 예상 문제 ·············· 124
3. 한중 콘크리트 ·············· 130
⚽ 출제 예상 문제 ·············· 133
4. 서중 콘크리트 ·············· 138
⚽ 출제 예상 문제 ·············· 139
5. 수밀 콘크리트 ·············· 141
⚽ 출제 예상 문제 ·············· 142
6. 유동화 콘크리트 ·············· 144
⚽ 출제 예상 문제 ·············· 146
7. 고유동 콘크리트 ·············· 148
⚽ 출제 예상 문제 ·············· 150
8. 고강도 콘크리트 ·············· 151
⚽ 출제 예상 문제 ·············· 152
9. 수중 콘크리트 ·············· 154
⚽ 출제 예상 문제 ·············· 158
10. 프리플레이스트 콘크리트 ·············· 165
⚽ 출제 예상 문제 ·············· 168

11. 해양 콘크리트	176	❂ 출제 예상 문제	178
12. 팽창 콘크리트	181	❂ 출제 예상 문제	183
13. 숏크리트	186	❂ 출제 예상 문제	188
14. 섬유보강 콘크리트	191	❂ 출제 예상 문제	192
15. 방사선 차폐용 콘크리트	194	❂ 출제 예상 문제	195
16. 순환골재 콘크리트	196	❂ 출제 예상 문제	198
17. 폴리머 시멘트 콘크리트	199	❂ 출제 예상 문제	200
18. 포장 콘크리트	201	❂ 출제 예상 문제	204
19. 댐 콘크리트	206	❂ 출제 예상 문제	207
20. 합성구조 콘크리트	208	❂ 출제 예상 문제	212
21. 프리캐스트 콘크리트	214	❂ 출제 예상 문제	216

CHAPTER 6 프리스트레스트 콘크리트

1. 개요	218	2. 재료	219
3. 시공	220	❂ 출제 예상 문제	222

CHAPTER 7 콘크리트 구조물의 유지관리

1. 개요	231	2. 유지관리계획의 수립	231
3. 안전점검 및 정밀안전진단	233	4. 유지관리 대책	236
❂ 출제 예상 문제	240		

PART II 건설시공 및 관리

CHAPTER 1 토공

1. 개설	252	2. 토공의 안정	253
3. 토량의 배분	254	4. 절토공	257
5. 성토공	259	6. 흙 싣기 및 흙 운반	262
7. 흙의 다짐	263	8. 비탈면 보호공	263
❂ 출제 예상 문제	266		

CHAPTER 2 건설기계

1. 개론 ······················· 270
2. 도저계 굴착, 운반기계 ··············· 272
3. 셔블계 굴착, 적재 기계 ············· 276
4. 운반기계 ···················· 277
5. 다짐기계 ····················· 279
6. 준설선 ······················· 281
⚽ 출제 예상 문제 ················ 282

CHAPTER 3 콘크리트공

1. 콘크리트 시공 ················· 290
2. 거푸집 및 동바리 ··············· 299
⚽ 출제 예상 문제 ················ 305

CHAPTER 4 기초공

1. 말뚝기초 ····················· 317
2. 기성 말뚝의 항타공법 ············ 318
3. 현장 콘크리트 말뚝 ············· 321
4. 피어기초 ···················· 321
5. 케이슨 기초 ·················· 323
6. 흙막이 공법 ·················· 325
7. 지반보강공법 ················· 330
8. 차수공법 ···················· 332
⚽ 출제 예상 문제 ················ 333

CHAPTER 5 발파 및 터널공

1. 발파의 기초 ·················· 340
2. 천공방법 ···················· 342
3. 암석 굴착 방법 ················ 343
4. 터널공 ······················ 346
⚽ 출제 예상 문제 ················ 356

CHAPTER 6 교량공

1. 교량의 구조 ·················· 364
2. 교량의 가설공 ················ 366
⚽ 출제 예상 문제 ················ 371

CHAPTER 7 옹벽공

1. 옹벽의 종류 ·················· 374
2. 옹벽의 안정조건 ··············· 375
3. 시공시 유의사항 ··············· 376
4. 보강토 옹벽 ·················· 377
5. 돌쌓기공 ···················· 378
⚽ 출제 예상 문제 ················ 380

CHAPTER 8 도로공

1. 아스팔트 콘크리트 포장 ·········· 383
2. 시멘트 콘크리트 포장 ············ 390
3. 연속 철근 콘크리트 포장 ········· 397
4. 진공 콘크리트 포장 방법 ········· 398
5. 프리스트레스트 콘크리트 포장 방법 ·· 398
6. 전압 콘크리트 공법 ············· 399
⚽ 출제 예상 문제 ················ 400

차례

CHAPTER 9 댐

1. 필 댐(fill dam) ······ 405
2. 콘크리트 댐 ······ 406
3. 중력 댐의 안전조건 ······ 407
4. 전류공(轉流工) ······ 407
5. 가체절공(cofferdam) ······ 408
6. 댐의 시공 ······ 409
7. 댐의 부속 설비 ······ 413
⊙ 출제 예상 문제 ······ 415

CHAPTER 10 항만공

1. 방파제 ······ 419
2. 부두와 계류시설 ······ 422
3. 갑문 ······ 424
⊙ 출제 예상 문제 ······ 426

CHAPTER 11 암거공

1. 암거 ······ 429
2. 암거 매설공법 ······ 431
⊙ 출제 예상 문제 ······ 432

CHAPTER 12 하천공

1. 호안(護岸) ······ 434
2. 수제(水制) ······ 436
3. 바닥 다짐공(상고공 : 床固工) ······ 436
4. 기타 시설물 ······ 437
5. 제방의 유지관리 ······ 437
⊙ 출제 예상 문제 ······ 439

CHAPTER 13 공정관리

1. 공정관리의 종류 ······ 440
2. 공정관리 작성 ······ 442
3. 공사기간의 단축 ······ 445
⊙ 출제 예상 문제 ······ 447

CHAPTER 14 공사관리 및 품질관리

1. 공사관리 ······ 453
2. 품질관리 ······ 455
⊙ 출제 예상 문제 ······ 461

PART III 건설재료 및 시험

CHAPTER 1 재료의 일반

1. 재료가 갖추어야 할 기본조건 ······ 472
2. 재료의 규격 ······ 472
3. 재료의 역학적 성질 ······ 473
⊙ 출제 예상 문제 ······ 476

CHAPTER 2 목재

1. 개설 ·· 478
2. 목재의 구조와 성분 ······················· 478
3. 목재의 일반적 성질 ······················· 479
4. 목재의 역학적 성질 ······················· 479
5. 목재의 건조 ····································· 480
6. 목재의 방부법 ································· 481
7. 목재의 가공법 ································· 481
⚽ 출제 예상 문제 ································· 482

CHAPTER 3 석재

1. 석재의 종류 ····································· 485
2. 석재의 구조 ····································· 486
3. 석재의 성질 ····································· 487
4. 석재의 규격 ····································· 488
⚽ 출제 예상 문제 ································· 489

CHAPTER 4 시멘트 및 혼화재료

1. 시멘트 ·· 492
2. 혼화재료 ·· 497
⚽ 출제 예상 문제 ································· 501

CHAPTER 5 골재

1. 골재의 특성별 분류 ······················· 520
2. 골재의 성질 ···································· 520
3. 골재시험 ··· 522
⚽ 출제 예상 문제 ································· 530

CHAPTER 6 폭파약

1. 폭파약의 종류 ································· 543
2. 화약 ·· 543
3. 폭약 ·· 544
4. 기폭용품 ·· 546
5. 폭파약 취급 시 주의사항 ············· 547
⚽ 출제 예상 문제 ································· 548

CHAPTER 7 금속재료

1. 금속재료의 특징 ····························· 553
2. 강 ·· 553
3. 강의 열처리 ···································· 554
4. 강의 일반적 성질 ··························· 554
5. 금속 방식법 ···································· 556
⚽ 출제 예상 문제 ································· 557

CHAPTER 8 합성수지

1. 합성수지의 분류 ····························· 560
2. 플라스틱의 특징 ····························· 560
⚽ 출제 예상 문제 ································· 561

CHAPTER 9 도료

1. 도료의 주성분 ································· 562
2. 도료의 종류 ···································· 562
⚽ 출제 예상 문제 ································· 564

차 례

CHAPTER 10 역청재료
1. 아스팔트의 종류 ·············· 565
2. 아스팔트의 성질 ·············· 566
3. 각종 아스팔트 ·············· 568
4. 아스팔트 혼합물 ·············· 568
◎ 출제 예상 문제 ·············· 572

PART IV 토질 및 기초

CHAPTER 1 서론
1. 흙의 성인에 의한 분류 ·············· 586
2. 흙의 구조 ·············· 586
3. 점토광물의 기본 구조 ·············· 587
4. 토립자의 기본 구조 ·············· 587
◎ 출제 예상 문제 ·············· 588

CHAPTER 2 흙의 기본적 성질
1. 흙의 구성 ·············· 590
2. 흙의 밀도 관계 ·············· 592
3. 상대밀도 ·············· 594
4. 흙의 연경도(컨시스턴시) ·············· 594
◎ 출제 예상 문제 ·············· 598

CHAPTER 3 흙의 분류
1. 입도 분석 ·············· 602
2. 공학적 분류 ·············· 604
◎ 출제 예상 문제 ·············· 606

CHAPTER 4 흙의 다짐
1. 다짐시험 ·············· 609
2. 현장밀도 시험(들밀도 시험) ·············· 612
3. 노상 및 노반의 지지력 ·············· 612
◎ 출제 예상 문제 ·············· 615

CHAPTER 5 흙의 투수성
1. 흙 속의 물의 흐름 ·············· 618
2. 투수계수 시험 ·············· 619
3. 성층토의 투수계수 ·············· 620
4. 유선망 ·············· 622
5. 제체의 침투 ·············· 624
6. 유효응력 ·············· 624
7. 분사현상(quick sand) ·············· 629
8. 흙의 동해(동상) ·············· 629
◎ 출제 예상 문제 ·············· 631

CHAPTER 6　흙의 압밀

1. 압밀 ·· 637
2. 공극수압과 유효응력과의 관계 ······· 637
3. 과잉공극수압 ································ 638
4. Terzaghi의 1차 압밀 ····················· 638
5. 압밀 기본 방정식 ·························· 640
6. 압밀시험 ······································ 641
● 출제 예상 문제 ······························ 642

CHAPTER 7　흙의 전단강도

1. 흙의 전단 ···································· 647
2. 직접전단시험 ································ 647
3. 삼축압축시험 ································ 648
4. 일축압축시험 ································ 651
5. 현장의 전단강도 ··························· 652
6. 모래지반의 전단특성 ····················· 654
7. 공극수압계수 ································ 655
8. 응력경로 ······································ 657
● 출제 예상 문제 ······························ 660

CHAPTER 8　토압

1. 토압의 형태 ································· 666
2. Rankine의 토압론 및 옹벽면에 작용하는 토압 ·· 667
3. 옹벽의 안정 ································· 671
● 출제 예상 문제 ······························ 672

CHAPTER 9　사면의 안정

1. 단순사면 및 임계원 ······················ 676
2. 안전율 ··· 676
3. 한계고 및 안전율 ·························· 677
4. 사면안정 해석 ······························ 678
● 출제 예상 문제 ······························ 680

CHAPTER 10　지중응력

1. 집중하중에 의한 지중응력 ············ 684
2. 등분포하중에 의한 지중응력 ········· 685
3. 응력분포의 근사치 계산 ··············· 686
● 출제 예상 문제 ······························ 689

CHAPTER 11　기초공

1. 토질조사 ······································ 692
2. 기초 ·· 694
3. 연약지반 개량공법 ······················· 700
● 출제 예상 문제 ······························ 704

차 례

PART V　CBT 모의고사

week 1. 1회 CBT 모의고사(2019년 9월 21일) ················· 716
　　　　　 2회 CBT 모의고사(2020년 6월 6일) ················· 740
　　　　　 3회 CBT 모의고사(2020년 8월 22일) ················· 764

week 2. 4회 CBT 모의고사(2020년 9월 27일) ················· 790
　　　　　 5회 CBT 모의고사(2021년 3월 7일) ················· 816
　　　　　 6회 CBT 모의고사(2021년 5월 15일) ················· 841

week 3. 7회 CBT 모의고사(2021년 9월 12일) ················· 868
　　　　　 8회 CBT 모의고사(2022년 3월 5일) ················· 893
　　　　　 9회 CBT 모의고사(2022년 4월 24일) ················· 918

CBT 필기시험 미리 보기

http://www.q-net.or.kr

처음 방문하셨나요?
큐넷 서비스를 미리 체험해보고
사이트를 쉽고 빠르게 이용할 수 있는
이용 안내, 큐넷 길라잡이를 제공

| 큐넷 체험하기 | CBT 체험하기 |
| 이용안내 바로가기 | 큐넷길라잡이 보기 |
| 동영상 실기시험 체험하기 |
| 전문자격시험체험학습관 바로 가기 |

 이용방법

큐넷에 **접속**한 후, 메인 화면 하단의 **〈CBT 체험하기〉** 버튼을 클릭한다.

PART I

콘크리트 공학

CHAPTER 1   콘크리트의 역학적 특성
CHAPTER 2   콘크리트의 시험
CHAPTER 3   콘크리트의 배합설계
CHAPTER 4   콘크리트의 혼합 · 운반 · 치기
CHAPTER 5   특수 콘크리트
CHAPTER 6   프리스트레스트 콘크리트
CHAPTER 7   콘크리트 구조물의 유지관리

CHAPTER 1 콘크리트의 역학적 특성

1 굳지 않은 콘크리트의 성질

1 굳지 않은 콘크리트의 성질을 나타내는 용어

(1) 워커빌리티(workability)
반죽질기 여하에 따른 작업의 난이도 및 재료 분리에 저항하는 정도를 나타내는 성질

(2) 반죽질기(consistency)
주로 물의 양이 많고 적음에 따라 반죽이 되고 진 정도를 나타내는 성질

(3) 성형성(plasticity)
거푸집에 쉽게 다져 넣을 수 있고 거푸집을 제거하면 천천히 형상이 변하기는 하지만 허물어지거나 재료가 분리하지 않는 성질

(4) 피니셔빌리티(finishability)
굵은골재의 최대치수, 잔골재율, 잔골재의 입도, 반죽질기 등에 따른 마무리하기 쉬운 정도를 나타내는 성질

2 콘크리트의 워커빌리티 측정방법

(1) 슬럼프 시험
콘크리트의 반죽질기를 간단히 측정할 수 있어 많이 이용하고 있다.

(2) 흐름 시험(flow test)
① 콘크리트의 유동성을 측정하는 방법으로, 콘크리트에 상하운동을 주어 콘크리트가 흘러 퍼지는 데에 따라 변형 저항을 측정한다.
② 흐름값 $= \dfrac{\text{시험 후의 지름} - \text{콘의 밑지름}(25.4\text{cm})}{\text{콘의 밑지름}(25.4\text{cm})} \times 100$
③ 대형 흐름판 위에 콘을 놓고 콘크리트를 각 층당 25회 다짐으로 2층 다짐을 하고 몰드를 제거한 후 흐름판을 10초 동안 15회 상하 운동시킨다.

(3) Vee-Bee 시험(진동대식 시험)
포장 콘크리트와 같은 된반죽 콘크리트의 반죽질기를 측정하는 데 적합하다.

(4) 다짐계수 시험

(5) 리몰딩 시험

(6) 구관입 시험
① 켈리볼 관입시험이라 한다.
② 약 14kg(13.6kg) 구를 콘크리트 표면에 놓아 가라앉는 관입깊이(값)를 측정한다.
③ 슬럼프 값은 관입 값의 1.5~2배이다.

(7) 이리바렌 시험

❸ 워커빌리티에 영향을 미치는 요인

(1) 단위수량
① 단위수량이 클수록 반죽질기가 크게 되나 단위수량이 너무 많으면 재료가 분리를 일으키며 콘크리트의 시공이 어렵다.
② 단위수량이 너무 적으면 콘크리트는 된반죽이 되며 유동성이 적게 되어 시공이 어렵다.
③ 단위수량이 1.2% 증감함에 따라 슬럼프는 1cm 증감한다.

(2) 시멘트
① 단위시멘트량, 시멘트 종류의 분말도, 풍화의 정도 등에 따라 워커빌리티가 달라진다.
② 단위시멘트량이 큰 콘크리트일수록 성형성이 좋다.
③ 혼합시멘트는 일반적으로 보통 포틀랜드 시멘트보다 워커빌리티를 좋게 한다.
④ 비표면적이 $2,800cm^2/g$ 이하의 시멘트를 사용하면 워커빌리티가 나빠지고 블리딩도 커진다.
⑤ 시멘트량이 많을수록(부배합) 콘크리트가 워커블하게 되며 시멘트량이 적으면(빈배합) 재료 분리의 경향이 생긴다.

(3) 골재의 입도 및 입형
① 잔골재의 입도는 콘크리트의 워커빌리티에 큰 영향을 준다.
② 0.3mm 이하의 미립은 콘크리트에 점성을 주고 성형성을 좋게 한다.
③ 미립분이 너무 많으면 컨시스턴시가 작아지므로 골재는 대소가 적당한 비율로 혼합되어 있어야 한다.
④ 입도 분포는 연속입도가 좋으며 공기연행 콘크리트의 경우에 공기연행제의 연행공기는 잔골재의 입경 크기에 따라 달라진다.
⑤ 자연모래가 모가 나거나 편평한 것이 많은 부순모래에 비해 워커블한 콘크리트를 얻을 수 있다.

⑥ 잔골재율이 커지면 동일 워커빌리티를 얻기 위해 단위수량이 커지므로 시멘트량이 일정한 경우 강도가 저하된다.
⑦ 굵은 골재 최대치수는 콘크리트 단면치수, 배근 상태에 의해 적당한 크기가 결정되어진다.
⑧ 둥글한 강자갈의 경우가 워커빌리티가 가장 좋고 편평하고 세장한 입형의 골재는 분리하기 쉽고, 모진 것이나 굴곡이 큰 골재는 유동성이 나빠져 워커빌리티가 불량하게 된다.
⑨ 부순 자갈이나 부순 모래를 사용할 경우 워커빌리티가 나빠지므로 잔골재율과 단위수량을 크게 하여 워커빌리티를 개량할 필요가 있다.

(4) 공기량 및 혼화재료

① 공기연행제나 감수제에 의해 콘크리트 중에 연행된 미세한 공기포는 볼베어링 작용에 의해 콘크리트의 워커빌리티를 개선한다.
② 공기량 1% 증가에 대해 슬럼프가 1.5cm 정도 커지며 잔골재율을 0.5~1% 작게 할 수 있고 슬럼프를 일정하게 하면 단위수량을 약 3% 저감할 수 있다. 그 결과 골재분리가 억제되고 블리딩도 감소하게 된다.
③ 공기량의 워커빌리티 개선 효과는 빈배합의 경우에 현저하다.
④ 감수제는 공기량에 의한 효과 이외에도 반죽질기를 증대시키는 효과가 커 양질의 것은 일반적으로 8~15% 정도의 단위수량을 감소시킬 수 있다.
⑤ 양질의 포졸란을 사용하면 워커빌리티가 개선된다.
⑥ 플라이 애시는 구상의 미분이기 때문에 볼베어링 작용에 의해 콘크리트의 워커빌리티를 개선한다.
⑦ 공기량은 일반적으로 골재 최대치수에 따라 콘크리트 용적의 4~7%를 하는 것을 표준으로 한다.
⑧ 굵은 골재 최대치수가 작은 콘크리트일수록 공기량이 많이 필요하다.
⑨ 공기연행제를 일정량 사용한 경우 연행되는 공기량에 대한 영향
  • 물-결합재비가 클수록 공기량이 커진다.
  • 슬럼프가 작을수록 공기량이 커진다.
  • 시멘트의 분말도가 거칠수록 공기량이 커진다.
  • 단위 잔골재량이 많을수록 공기량이 커진다.
  • 콘크리트 온도가 낮을수록 공기량이 커진다.
⑩ 공기연행 콘크리트의 공기량이 비빔 후 취급에 따른 영향
  • 진동다짐에 따른 공기량의 감소는 콘크리트의 슬럼프가 클수록, 부재 단면이 작을수록, 콘크리트량이 작을수록 빠르다.
  • 버켓이나 콘크리트 펌프에 의한 운반중의 공기량의 감소는 그다지 많지 않다.
  • 취급 중에 손실되는 공기량은 대부분이 기포경이 큰 것이며 기포경이 작은 것은 큰 것보다 감소하지 않는다.

(5) 비빔시간
① 비비기가 충분하면 시멘트 풀이 골재의 표면에 고르게 부착되고 반죽이 워커블해지며 재료의 분리가 줄어들고, 강도가 높아지므로 가급적 비빔시간을 늘리는 것이 좋다.
② 비빔시간이 과도하게 길면 시멘트의 수화를 촉진하여 워커빌리티가 나빠진다.
③ 너무 오래 비비면 재료분리가 생기고 공기연행 콘크리트의 경우 공기량이 감소된다.

(6) 온도
온도가 높을수록 슬럼프는 감소하고 수송에 의한 슬럼프의 감소도 현저하다.

(7) 배합
콘크리트를 구성하는 재료의 사용량이나 물–결합재비, 잔골재율, 잔골재 및 굵은골재비 등 재료의 구성비율은 콘크리트의 워커빌리티에 큰 영향을 미친다.

4 재료의 분리

(1) 콘크리트 작업중에 생기는 재료 분리의 원인
① 굵은골재의 최대치수가 지나치게 큰 경우
② 입자가 거친 잔골재를 사용한 경우
③ 단위골재량이 너무 많은 경우
④ 단위수량이 너무 많은 경우
⑤ 콘크리트 배합이 적절하지 않는 경우
⑥ 콘크리트 운반시 애지테이터의 회전이 정지되거나 속도가 맞지 않는 경우
⑦ 컨시스턴시가 적합치 않아 과도한 진동다짐을 한 경우에는 굵은골재의 침하, 블리딩이 생기기 쉽고 슈트를 사용한 경우 굵은골재의 분리가 심해진다.

(2) 콘크리트 작업 중에 생긴 재료분리 현상을 줄이기 위한 대책
① 콘크리트의 성형성을 증가시킨다.
② 잔골재율을 크게 한다.
③ 진동다짐을 하면 콘크리트는 충전상태가 밀실하게 되어 된반죽 콘크리트가 효과적이다.
④ 잔골재중의 0.15~0.3mm 정도의 세립분을 많게 한다.
⑤ 부배합 콘크리트, 슬럼프가 50~100mm 정도인 콘크리트 및 공기연행 콘크리트를 사용한다.
⑥ 단위수량이 작고 물–결합재비가 낮은 콘크리트가 분리에 대한 저항성이 크다.
⑦ 공기연행제 등의 혼화제를 사용하여 단위수량을 적게 하고 시멘트량이 너무 적지 않도록 하여 분리가 쉽지 않게 한다.
⑧ 골재는 세·조립이 알맞게 혼합되어 입도 분포가 양호한 것을 사용한다.

⑨ 거푸집은 시멘트 페이스트의 누출을 방지하고 충분한 다짐 작업에 견디도록 수밀성이 높고 견고한 것을 사용한다.
⑩ 분리를 일으킨 콘크리트는 균일하게 다시 비벼서 타설한다.
⑪ 콘크리트 타설시 부어 넣을 최종 위치에 정치하도록 타설하는 것이 이상적이다.
⑫ 높은 곳에서의 자유낙하, 거푸집 내에서 장거리 흘러내림, 특히 콘크리트에 횡방향 속도가 붙은 채로 거푸집 속으로 부어 넣어서는 안된다.
⑬ 펌프나 슈트를 사용해서 칠 때에는 먼저 용기에 받아 정지시킨 후 쳐야 한다.
⑭ 운반, 타설 방법에 주의를 기울여도 거푸집 내에 낙하, 유동할 때에 어느 정도의 분리를 피할 수 없다.
⑮ 굵은골재의 분리는 그 정도가 경미하면 내부진동기로 충분히 다짐으로써 균질한 콘크리트로 할 수 있다.
⑯ 진동시간이 과대하게 하면 콘크리트는 재료분리를 일으키고 공기연행 콘크리트는 공기량이 감소한다. 특히 단위수량이 많은 콘크리트의 경우는 현저하다. 따라서 한 개소에서 오래 진동기를 쓰면 효과가 없다.

(3) 콘크리트 타설 후의 재료분리

① 블리딩의 발생으로 상부의 콘크리트가 다공질이 되며 강도, 수밀성 및 내구성이 감소되고 골재 입자나 수평철근의 밑부분에 수막을 만들고 시멘트 풀과의 부착을 저해하며 수밀성을 감소시킨다.
   - 블리딩이란 콘크리트 타설 후 시멘트, 골재입자 등이 침하함으로써 물이 분리하여 상승하는 현상을 말한다.
   - 시멘트의 분말도가 클수록 블리딩은 작아진다.
   - 시멘트의 응결시간이 짧을수록 블리딩은 감소한다.
   - 입자의 형상이 거친 쇄석을 사용한 콘크리트는 보통골재를 사용한 콘크리트에 비해 블리딩이 크다.
   - 공기연행제, 감수제 등 혼화재를 사용한 콘크리트는 단위수량이 감소되므로 블리딩을 줄일 수 있다.
   - 배합조건에서 단위수량이 크거나 단위골재량이 적어지면 블리딩이 증가한다.
   - 과도한 진동다짐을 하면 물이 분리되기 쉬워 블리딩이 증가하고 타설 속도가 빠르면 블리딩이 증가한다.
   - 물이 새지 않는 합판이나 철판제의 거푸집을 사용하면 블리딩이 커진다.
   - 블리딩을 적게 하기 위해서는 단위수량을 적게 하고 골재입도가 적당해야 한다.
② 레이턴스를 콘크리트의 작업 이음시 제거하지 않고 타설하면 이 이음부는 약점의 원인이 된다.
   - 레이턴스란 블리딩에 의해 콘크리트 표면에 떠올라와 침전한 미세한 물질을 말한다.
   - 레이턴스는 시멘트나 모래 속의 미립자의 혼합물로서 굳어져도 강도가 거의 없다.

5 초기 균열

- 콘크리트 타설 후 24시간 이내의 경화되기 이전에 균열이 발생하는 것을 말한다.
- 봄철 건조한 경우에 많이 발생하며 균열 깊이가 짧으며 무방향성이다.
- 보통 유해하지는 않으나 외관상 문제나 경화후 각종의 결함을 유발시키는 원인이 된다.

(1) 침하수축 균열

① 콘크리트 타설 후 콘크리트 표면 가까이 있는 철근, 매설물 또는 입자가 큰 골재 등이 콘크리트의 침하를 국부적으로 방해를 하기 때문에 철근의 상부 배근 방향으로 침하 균열이 발생한다.

② 침하나 블리딩이 큰 콘크리트일수록 초기균열이 발생하기 쉽고 균열의 크기는 커진다.

③ 응결시간이 빠른 시멘트, 장시간 비빈 콘크리트, 하절기에 시공된 콘크리트, 타설 높이가 큰 콘크리트, 거푸집이 불완전하여 모르타르가 누출된 콘크리트, 거푸집의 조임이나 동바리가 불완전한 경우 등에 많이 발생한다.

④ 콘크리트 침하에 영향을 주는 조건
- 물-결합재비가 클수록 혹은 컨시스턴시가 커질수록 침하량은 많아진다.
- 골재의 최대치수가 클수록 적어진다.
- 공기연행제 및 공기연행 감수제는 블리딩량 및 침하량을 감소시키는 효과가 크다.
- 콘크리트를 타설할 부분의 수평단면적이 클수록 빨리 그리고 많이 침하한다.
- 타설 높이가 높을수록 침하의 절대량은 크지만 침하량의 비율은 적어진다.
- 타설 높이 일정한 높이 이상이 되면 타설 높이가 변화해도 침하량에는 큰 변화가 없다.

⑤ 침하수축 균열의 방지 대책
- 단위수량을 될 수 있는 한 적게 한다.
- 슬럼프가 작은 콘크리트를 배합하여 가능한 블리딩을 억제하도록 한다.
- 타설 종료 후에는 충분한 다짐을 한다.
- 너무 조기에 응결되지 않는 시멘트와 혼화재를 사용한다.
- 침하수축 균열이 발생하면 하계에는 타설 후 60~90분 이내, 기타 계절에는 90~180분 이내에 균열 부위의 콘크리트 표면을 각재 등으로 두드리거나 흙손으로 표면 마무리를 하여 균열을 없앤다.

(2) 초기 건조균열(플라스틱 수축균열)

① 콘크리트 표면의 물의 증발속도가 블리딩 속도보다 빠른 경우와 같이 급속한 수분 증발이 일어나는 경우에 콘크리트 마무리면에 가늘고 얇은 균열이 생긴다.

② 균열은 표면 전체에 촘촘한 망상의 형태로 발생하며 균열 폭은 0.02~0.5mm 정도이다.

③ 콘크리트 표면에만 균열이 생기고 내부까지는 진행되지 않는다.

④ 콘크리트 표면의 수분 증발량이 블리딩량보다 많은 경우, 거푸집의 누수가 심하고 블리딩이 적어 초기에 콘크리트 표면에 수분이 급격히 손실된 경우에도 발생할 수 있다.

⑤ 건조한 봄철에 많이 발생하며 바람이 불고 일사 등에 의해 기온이 높고 건조가 심한 환경 조건에서 균열이 발생하기 쉽다.
⑥ 건조 균열을 억제하려면 타설구획의 주위를 시트로 감싸고 타설 종료 후 콘크리트 표면을 피복한다. 그리고 여름철의 경우 일광의 직사나 바람에 노출되지 않도록 필요에 따라 적절한 살수를 하는 등 양생을 철저히 한다.

(3) 거푸집의 변형에 의한 균열
① 콘크리트 타설 후 굳어가는 시점에 거푸집의 조임상태 불량, 동바리의 불안정, 콘크리트의 측압 등에 의해 거푸집의 변형이 생겨 균열이 발생한다.
② 콘크리트 소성변형에 의한 균열보다 외력에 의한 변형으로 생긴 균열이 크다.

(4) 진동 및 재하에 따른 균열
① 타설 완료할 시기에 콘크리트 주변에서 말뚝을 항타하거나 기계류의 진동이 원인으로 균열이 생긴다.
② 콘크리트 초기 재령에 상부에 가설 재료를 쌓으면 지보공의 변형, 침하 등에 따라 균열이 생긴다.

(5) 수화발열에 의한 온도균열
① 콘크리트의 응결, 경화 과정에서 시멘트의 수화열이 축적되어 콘크리트 내부 온도가 상승하여 발생하는 균열이다.
② 댐과 같이 단면이 큰 매스 콘크리트 등의 구조물에 타설한 콘크리트에서는 큰 문제가 된다.
③ 콘크리트의 온도가 상승된 후 이것이 식을 때 생기는 콘크리트의 수축이 어떤 힘에 구속되면 콘크리트에 균열이 생긴다.
④ 매스 콘크리트에서의 온도균열은 타설 후 1~2주 사이에 발생하는 경우가 많다.
⑤ 온도 상승에 따른 온도균열의 방지 대책
- 수화열이 적은 중용열 포틀랜드 시멘트를 사용한다.
- 플라이 애시 등의 혼화재를 사용한다.
- 굵은골재 최대치수를 가능한 한 크게 하여 단위시멘트량을 절감시킨다.
- 시공 측면에서는 재료 및 콘크리트의 냉각, 적당한 간격의 신축줄눈, 콘크리트 타설 속도 등을 고려한다.

2 콘크리트의 성질

① 압축강도

(1) 콘크리트의 강도는 보통 압축강도를 말한다.
(2) 표준양생을 한 재령 28일의 압축강도를 기준으로 한다.
(3) 댐 콘크리트에서는 재령 91일 압축강도를 기준으로 한다.
(4) 포장용 콘크리트에서는 재령 28일의 휨강도를 기준으로 한다.
(5) 콘크리트 강도에 영향을 미치는 주된 요인

① 재료 품질의 영향
- 골재가 강경(强硬)하고, 물-결합재비, 양생 등이 일정할 경우 콘크리트 압축강도는 시멘트의 종류와 시멘트의 강도에 의해 좌우된다.
- 골재 강도의 변화는 콘크리트 강도에 거의 영향을 미치지 않는다. 그러나 천연 경량 골재나 약한 석편을 많이 포함한 경우에는 콘크리트 강도가 저하한다.
- 콘크리트 강도가 고강도가 될수록 골재의 영향이 매우 커진다.
- 골재의 표면이 거칠수록 골재와 시멘트 풀과의 부착이 좋기 때문에 일반적으로 부순돌을 사용한 콘크리트의 강도는 강자갈을 사용한 콘크리트보다 크다.
- 물-결합재비가 일정하더라도 굵은골재의 최대치수가 클수록 콘크리트의 강도는 작아지며 이러한 경향은 부배합일수록 더욱 커진다.
- 물은 콘크리트의 다른 재료에 비해 영향을 적게 받는 재료이나 수질은 콘크리트 강도, 시공시의 응결시간, 경화 후의 콘크리트 성질에 영향을 미친다.

② 배합의 영향
- 콘크리트 강도에 가장 큰 영향을 미치는 것은 물-결합재비이다.

③ 공기량의 영향
- 물-결합재비가 일정할 때 공기량이 1% 증가하면 압축강도는 4~6% 감소한다.

④ 시공방법의 영향
- 혼합시간이 길수록 일반적으로 강도는 증대한다. 이런 경향은 빈배합일수록, 굵은골재 최대치수가 작을수록, 된반죽일수록 효과가 크다.
- 콘크리트를 혼합한 후 방치한 것을 물을 가하지 않고 다시 비비면 일반적으로 강도는 증대한다. 그러나 워커빌리티가 나쁘고 오히려 강도가 저하되는 경우도 있다.
- 콘크리트가 굳기 시작한 후에 다시 비비는 작업을 되비비기라고 하고 콘크리트나 모르타르가 엉기기 시작하지 않았으나 비빈 후 상당한 시간이 지났거나 또는 재료가 분리한 경우에 다시 비비는 작업을 거듭비비기라고 하는데 거듭비비기를 하면 콘크리트는 슬럼프, 철근과의 부착강도 등이 커지며 초기의 침하 및 경화수축이 작아진다.

- 진동기를 사용하여 다질 경우 된반죽의 콘크리트는 강도가 크게 되지만 묽은 반죽은 그 효과가 작다.
- 응결 도중 적당한 시기(0.5~2시간)에 재진동을 하게 되면 강도가 오히려 증대하는 경우도 있다.
- 콘크리트 성형(成型)시에 가압을 하여 경화시키면 강도가 크게 된다. 특히 묽은 반죽 콘크리트의 경우에 효과가 크다.

⑤ 양생 방법 및 재령의 영향
- 콘크리트를 습윤 양생 후 공기 중 건조시키면 강도가 20~40% 증가한다. 이 강도는 일시적이며 그대로 건조 상태를 두면 증가하지 않는다.
- 건조 상태의 공시체를 다시 습윤 상태에 두면 강도가 다시 증가한다.
- 양생온도가 4~40℃의 범위에 있어서는 온도가 높을수록 재령 28일까지의 강도는 커진다. 그러나 지나치게 온도가 높으면 오히려 강도발현에 나쁜 영향을 미친다.
- 양생온도가 $-0.5 \sim -2℃$ 이하로 되면 콘크리트 속의 수분이 응결하므로 특히 초기 재령에서 심한 동해를 받는다.
- 콘크리트 강도는 재령에 따라 강도가 증가하고 증가비율은 재령이 짧을수록 현저한다.

⑥ 시험 방법의 영향
- 원주형과 각주형 공시체는 직경 또는 한 변의 길이 D와 높이 H와의 비 H/D의 값이 작을수록 압축강도가 크게 된다.
- H/D가 동일하면 원주형 공시체가 각주형 공시체보다 압축강도가 크다.
- 15cm 입방체 공시체의 강도는 $\phi 15 \times 30cm$의 원주형 공시체 강도의 1.16배 정도가 된다.
- 모양이 다르면 크기가 작은 공시체의 압축강도가 더 크다.
- 콘크리트 압축강도 시험은 공시체의 높이가 지름의 2배인 원주형 공시체를 사용하는 것을 표준으로 하며 표준 공시체는 $\phi 15 \times 30cm$를 사용하고 있다. 단, 굵은골재의 최대치수가 25mm 이하의 경우 $\phi 10 \times 20cm$를 사용해도 좋다.
- 공시체의 캐핑 두께는 가능한 얇은 것이 좋으나 2~3mm 정도가 적당하며 6mm를 넘으면 강도의 저하가 커진다.
- 압축강도 시험시 재하속도가 빠를수록 강도가 크게 나타난다. 재하속도가 10MPa/sec를 넘으면 급격히 증대한다.
- 압축강도 시험시 재하속도는 0.6 ± 0.2MPa/sec로 규정하고 있으며 인장이나 휨강도 시험시 재하속도는 0.06 ± 0.04MPa/sec로 규정되어 있다.

❷ 인장강도

(1) 인장강도는 압축강도의 1/10~1/13 정도이다.
(2) 인장강도는 콘크리트를 건조시키면 습윤한 콘크리트보다 저하된다. 이런 경향은 흡수량이 큰 인공경량골재 콘크리트에 있어서 더욱 현저하다.
(3) 인장강도 : 시험방법은 할열시험이 일반적으로 사용된다.

③ 휨강도

(1) 휨강도는 압축강도의 1/5~1/8 정도이다.
(2) 휨강도는 인장강도의 1.6~2.0배 정도이다.
(3) 파괴하중 부근의 응력상태는 소성 성질을 나타내므로 응력이 직선분포로 나타나지 않는다.
(4) 휨강도는 도로, 공항 등의 콘크리트 포장의 설계기준강도, 콘크리트의 품질결정 및 관리 등에 사용된다.

④ 전단강도

(1) 전단강도는 압축강도의 1/4~1/6 정도이다.
(2) 전단강도는 인장강도의 2.3~1.5배 정도이다.
(3) 일반적으로 높이 또는 폭이 클수록, 또 지간이 커질수록 전단강도는 작아진다.

⑤ 부착강도

(1) 철근과 시멘트 풀과의 순부착력, 철근과 콘크리트 사이의 마찰력 및 철근 표면의 요철에 의한 기계적 저항력 등에 의한다.
(2) 철근의 종류 및 지름, 콘크리트 속의 철근 위치 및 방향, 묻힌 길이, 콘크리트의 덮개 및 콘크리트의 품질 등에 따라 달라진다.
(3) 콘크리트 압축강도가 증가하는데 따라 부착강도도 증가하며 이형철근의 부착강도가 원형철근의 약 2배 정도이다.
(4) 수평철근의 부착강도는 연직철근의 1/2~1/4 정도이다.
(5) 수평철근의 아래쪽의 콘크리트 두께가 클수록 부착강도는 작아진다.
(6) 공기량이 증가하면 부착강도는 작아진다.

⑥ 지압강도

교각의 지지부나 프리스트레스트 콘크리트의 긴장재 정착부 등에서 부재의 일부분만이 국부적인 하중을 받는 경우의 콘크리트 압축강도를 지압강도라 한다.

⑦ 피로강도

(1) 콘크리트가 소정의 반복하중에 견디는 응력의 한도를 피로강도라 한다.
(2) 일정한 하중을 지속적으로 받게 되면 피로 때문에 크리프 파괴가 발생한다.
(3) 피로에 의한 파괴강도는 작용하는 응력의 상한치와 하한치 범위와 반복횟수에 의해 변화한다.

(4) 피로에 의한 강도저하의 원인 중에서 중요한 것은 콘크리트 속의 미세한 균열 때문이다. 이 미세한 균열은 콘크리트의 응력이 $0.5f_c$ 정도일 때 발생하기 시작하여 반복재하에 의해 파괴하게 된다.
(5) 콘크리트의 크리프 파괴는 정적 파괴하중보다 70~80% 정도의 작은 하중에서 파괴된다.
(6) 콘크리트의 200만회 피로강도는 정적 파괴강도의 50~60% 정도이다.

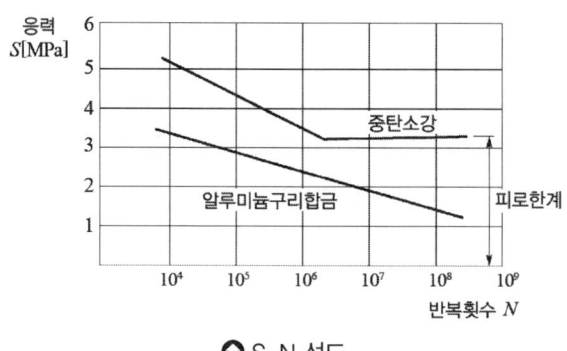

● S-N 선도

⑧ 충격강도

(1) 말뚝의 항타, 충격하중을 받는 기계 기초, 프리캐스트 부재 취급 중의 충격에 대한 기준으로 콘크리트가 반복 타격에 견딜 수 있는 능력과 에너지를 흡수할 수 있는 것을 표시한 값이다.
(2) 정적 압축강도가 높을수록 균열 전에 1회 타격당 흡수되는 에너지는 적지만 콘크리트의 충격강도는 증가한다.
(3) 동일한 압축강도의 콘크리트일지라도 부순골재처럼 골재 표면이 거칠수록 충격강도는 높다.
(4) 콘크리트의 충격강도는 압축강도보다는 인장강도와 더 밀접한 관계가 있다.
(5) 부순돌보다는 강자갈로 만든 콘크리트의 충격강도가 낮다.
(6) 굵은골재 최대치수가 낮은 쪽이 충격강도를 개선할 수 있고 탄성계수와 푸아송비가 낮은 골재가 더 유리하다.
(7) 너무 가는 잔골재를 사용하면 오히려 충격강도를 다소 저하시키게 된다.
(8) 잔골재량이 증가하는 쪽이 충격강도에 유리하다.
(9) 콘크리트의 저장조건은 충격강도에 큰 영향을 준다.
(10) 수중에 저장된 콘크리트의 충격강도는 건조상태의 것보다 낮으므로 콘크리트 말뚝을 항타 전에 습윤상태로 두는 것이 매우 불리하다.

3 굳은 콘크리트의 변형

① 응력-변형률 곡선

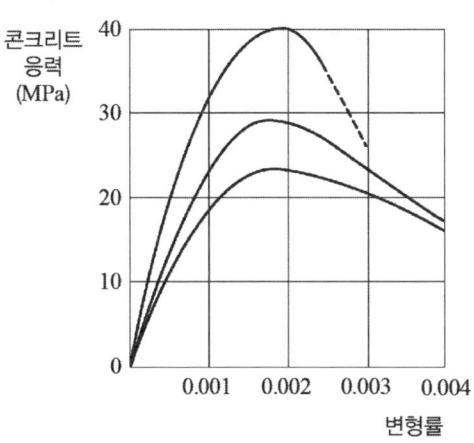

◉ 콘크리트의 응력-변형률 곡선

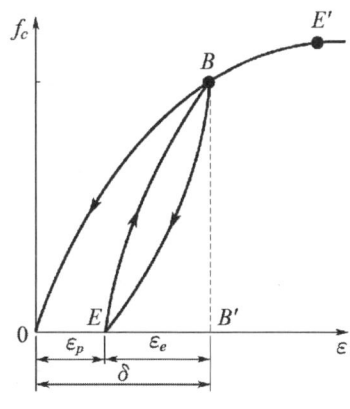

◉ 콘크리트의 응력-변형률과의 관계

(1) 초기에는 압축응력에 비례하여 변형이 거의 직선적으로 증가하지만 서서히 아래로 처지면서 곡선이 되고 응력이 최댓값에 도달한 뒤 서서히 감소하다가 파괴된다.

(2) 압축응력과 변형이 비례하는 성질을 탄성이라 하며 콘크리트는 압축강도의 약 $0.3 f_{cu}$ 정도의 낮은 응력에서는 거의 탄성거동을 나타내지만 압축강도의 $0.5 f_{cu}$ 이상의 응력에서는 명확한 탄성거동을 나타내지 않는다.

(3) 하중이 작은 초기에는 거의 직선에 가깝지만 하중이 증가와 더불어 점차 곡선이 되므로 콘크리트는 후크의 법칙이 성립되지 않는 비선형 재료에 속한다. 그러나 철근 콘크리트 부재를 허용응력설계법으로 설계할 경우에는 콘크리트를 탄성체로 가정한다.

(4) 고강도 콘크리트 쪽의 곡선의 기울기가 강도가 낮은 콘크리트 쪽의 기울기보다 급하다.

(5) 비교적 작은 하중을 가하더라도 원상이 회복되지 않는 변형률, 즉 영구변형률(ε_p : 잔류변형률)이 잔류하게 된다. 이것을 소성변형률이라 한다.

(6) 전변형률(δ)에서 잔류변형률을 뺀 것을 탄성변형률(ε_e)이라 하며 탄성변형률은 하중을 제거하면 회복하는 변형률이다.

(7) 보통 콘크리트에서 잔류변형률에 대한 전변형률의 비는 응력이 클수록 크고 파괴강도의 50% 정도의 응력에서 약 10% 정도이다.

(8) 다른 조건이 동일하면 강도가 클수록 응력-변형률 곡선의 초기 기울기는 크게 되며 고강도의 콘크리트일수록 더욱 직선에 가깝고 최대 응력점으로부터의 응력하강역의 기울기도 크다.

❷ 탄성계수

(1) 정탄성계수

① 정적하중에 의하여 얻어진, 즉 일반적인 압축강도 시험에 의해 구해진 응력-변형률 곡선에서 구한 탄성계수(영계수)를 정탄성계수라 한다.
② 콘크리트의 정탄성계수는 초기 탄성계수, 할선 탄성계수 및 접선 탄성계수로 구하나 일반적으로는 할선 탄성계수로 나타낸다.
③ 할선 탄성계수를 구할 때의 응력은 파괴강도의 1/3~1/4(보통 압축강도의 30~50%)로 한다.
④ 할선 탄성계수는 응력의 크기에 따라 달라지므로 응력의 크기를 지정하지 않으면 이 계수를 정할 수 없다.
⑤ 콘크리트의 탄성계수는 압축강도 및 밀도가 클수록 크다.
⑥ 압축강도가 동일할 경우 굵은골재량이 많을수록 탄성계수가 크다.
⑦ 재령이 길수록, 공기량이 작을수록 탄성계수가 크다.
⑧ 콘크리트의 탄성계수는 여러 가지의 요인에 의하여 변화되지만 특히 콘크리트의 강도와 밀도의 영향을 가장 크게 받는다.
⑨ 콘크리트의 단위질량 $m_c = 1,450 \sim 2,500 \text{kg/m}^3$의 경우

$$E_c = 0.077 m_c^{1.5} \sqrt[3]{f_{cm}} \ [\text{MPa}]$$

단, 보통골재를 사용한 콘크리트의 단위질량 $m_c = 2,300 \text{kg/m}^3$의 경우

$$E_c = 8,500 \sqrt[3]{f_{cm}} \ [\text{MPa}]$$

여기서, 재령 28일에서 콘크리트의 평균 압축강도 $f_{cm} = f_{ck} + \Delta f \ [\text{MPa}]$이다.

(2) 푸아송비

① 푸아송비 $v = \dfrac{\varepsilon_t}{\varepsilon_l} = \dfrac{\dfrac{\Delta d}{d}}{\dfrac{\Delta l}{l}}$

여기서, ε_l : 공시체의 축방향 변형률, ε_t : 축과 직각방향 변형률

② 푸아송 수(푸아송 비의 역수) $m = \dfrac{1}{v}$
③ 푸아송 비는 허용응력 부근에서는 1/5~1/7, 파괴응력 부근에서는 1/2~1/4 정도이다.
④ 경량 콘크리트의 푸아송 비는 보통 콘크리트와 거의 같거나 약간 크다.

(3) 전단 탄성계수

① $G = \dfrac{\tau}{\gamma}$

여기서, G : 전단 탄성계수, τ : 전단응력(MPa), γ : 전단변형률

② $G = \dfrac{E}{2} \cdot \dfrac{1}{(1+v)}$

$G = \dfrac{E}{2} \cdot \dfrac{m}{(m+1)}$

여기서, $m = 5 \sim 7$ 정도이므로 $G = (0.42 \sim 0.44)E$

(4) 동탄성계수

① 동탄성계수는 동결융해작용 등에 의한 콘크리트의 열화의 정도를 파악하는 척도로 사용된다.
② 콘크리트의 동탄성계수는 공명 잔동수와 초음파와 같은 파장이 짧은 펄스(pulse)의 전달속도를 구하여 산출한다.
③ 콘크리트의 동탄성계수(E_d)는 정탄성계수(E_s)와 반드시 일치하지는 않는다.
④ 탄성계수의 관계 $\dfrac{E_d}{E_s} = 1.04 \sim 1.37$ 정도로 압축강도가 클수록, 장기재령일수록 이 비는 작아진다.
⑤ 동탄성계수도 정탄성계수와 마찬가지로 콘크리트의 강도에 의해서만 정해지는 것이 아니고 사용재료의 종류, 배합, 건습의 정도 등에도 관계가 있다.
⑥ 동탄성계수는 콘크리트가 부배합일수록, 건조되어 있을수록, 공기량이 많을수록 작다.

(5) 체적 변화

① 경화한 콘크리트는 수분의 변화, 온도의 변화에 따라 체적이 변화한다.
② 건조수축
- 콘크리트는 습윤상태에서 팽창하고 건조하면 수축한다.
- 콘크리트를 수중에서 양생하면 $100 \sim 200 \times 10^{-6}$ 정도의 팽창을 나타낸다.
- 물로 포화된 콘크리트 공시체를 완전히 건조시키면 $600 \sim 900 \times 10^{-6}$ 정도 수축한다.
- 건조수축은 분말도가 높은 시멘트일수록, 흡수량이 많은 골재일수록, 온도가 높을수록, 습도가 낮을수록, 단면치수가 작을수록 크다.
- 라멘 및 철근량이 0.5% 이상인 아치의 설계 시 콘크리트의 건조수축 변형률은 0.00015이다. 그리고 철근량이 0.1~0.5%인 아치는 0.0002이다.
- 단위수량과 단위 시멘트량이 많으면 건조수축은 크게 일어난다.
- 시멘트의 화학성분 중 알루민산삼석회(C_3A)는 수축을 증대시키고 석고는 수축을 감소시킨다.
- 건조수축의 진행속도는 초기에는 크고 시간이 경과함에 따라 감소한다.
- 수중양생을 하면 수화작용이 촉진되어 건조수축이 거의 없다.
- 철근을 많이 사용한 콘크리트는 건조수축이 작아진다.

③ 온도변화에 따른 체적변화
- 물-결합재비나 시멘트 풀량 등의 영향은 비교적 적고 사용골재의 암질에 지배되는 경향이 많다.
- 콘크리트 온도가 올라가면 팽창하고 온도가 내려가면 수축한다.
- 콘크리트의 열팽창 계수는 재료, 배합 등에 따라 다르며 1℃에 대하여 $7\sim13\times10^{-6}$ 정도이고 경량 콘크리트의 경우 보통 콘크리트의 70~80% 정도이다.
- 설계 계산 시 콘크리트의 열 팽창 계수는 1℃당 10×10^{-6}의 값을 사용한다.
- 라멘, 아치 등의 부정정 구조물에서의 온도변화로 인한 신축 때문에 온도응력이 크게 일어난다.
- 콘크리트 구조물의 온도변화는 구조물을 만드는 지역 및 장소의 기온 변화, 콘크리트의 시공 시기, 구조물의 단면치수, 구조물의 피복두께 정도 등에 따라 다르다.

(6) 크리프(creep)

① 콘크리트에 일정한 하중이 지속적으로 작용되면 응력의 변화가 없어도 콘크리트의 변형은 시간의 경과와 함께 증가하는 성질을 말한다.

② 크리프 계수 $\phi_t = \dfrac{\varepsilon_c}{\varepsilon_e}$

- $E_c = \dfrac{f_c}{\varepsilon_e}$
- $\varepsilon_e = \dfrac{f_c}{E_c}$
- $\varepsilon_c = \phi_t \cdot \varepsilon_e = \phi_t \cdot \dfrac{f_c}{E_c}$

여기서, ε_c : 크리프 변형률, ϕ_t : 크리프 계수, ε_e : 탄성 변형률,
f_c : 콘크리트에 작용하는 응력, E_c : 콘크리트 탄성계수

- 대기 중에 있는 실외의 경우 콘크리트의 크리프 계수는 2.0, 실내의 경우는 3.0, 경량 콘크리트는 1.5를 표준으로 한다.
- 인공경량골재 콘크리트의 크리프 변형률은 일반적으로 보통 콘크리트보다 크고 탄성 변형률도 크기 때문에 크리프 계수는 작다.

③ 크리프에 영향을 미치는 요인
- 재하기간 중의 대기의 습도가 낮을수록, 온도가 높을수록 크리프는 크다.
- 재하시의 재령이 작을수록 크리프는 크다.
- 재하응력이 클수록 크리프는 크다.
- 부재치수가 작을수록 크리프는 크다.
- 단위시멘트량이 많을수록 크리프는 크다.
- 규산삼석회(C_3S)가 많고 알루민산삼석회(C_3A)가 적은 시멘트는 크리프가 작다.

- 조직이 밀실하지 않은 골재를 사용하거나 입도가 부적당하며 공극이 많은 것으로 만든 콘크리트는 크리프가 크다.
- 물-결합재비가 클수록 크리프는 크다.
- 조강시멘트는 보통시멘트보다 크리프가 작고 중용열 시멘트나 혼합시멘트는 크리프가 크다.
- 콘크리트의 강도가 클수록 크리프는 작다.
- 콘크리트 배합이 나쁠수록 크리프가 크다.
- 고온증기 양생을 하면 크리프는 작다.
- 철근량을 효과적으로 배근하면 크리프가 작다.

④ 콘크리트 크리프 변형률은 공시체 압축강도 f_{cu}의 1/2 이하의 응력에서는 가해진 응력에 비례한다.
⑤ 고강도 콘크리트가 저강도 콘크리트보다 작은 크리프 변형률을 나타낸다.
⑥ 크리프 변형률은 탄성변형률의 1.5~3배 정도이다.
⑦ 크리프나 응력이완은 지속시간 3개월에서 50% 이상 발생되며 약 1년에 대부분이 끝난다.

4 콘크리트의 내구성

❶ 개요

콘크리트 구조물이 장기간 동안 외부로부터의 물리적·화학적 작용에 저항하는 콘크리트의 성능을 말한다.

❷ 알칼리 골재 반응

콘크리트 중에 존재하는 수산화 알칼리를 주성분으로 하는 용액과 골재 중의 알칼리 반응성 광물이 장기간에 걸쳐 반응하여 콘크리트에 균열을 발생시킨다.

(1) 알칼리 실리카 반응(ASR : Alkali Silica Reaction)
① 보통 알칼리 골재 반응이라고 한다.
② 콘크리트 중의 알칼리 이온이 골재 중의 실리카 성분과 결합하여 알칼리 실리카겔을 형성하고 이 겔이 주변의 수분을 흡수하여 콘크리트 내부에 국부적인 팽창으로 구조물에 균열이 생긴다.
③ 방지 대책
- 저알칼리형의 포틀랜드 시멘트를 사용한다.
- 콘크리트 $1m^3$당 알칼리 총량을 3.0kgf 이하로 한다.

(2) 알칼리 탄산염 반응
① 돌로마이트질 석회암이 알칼리 이온과 반응하여 그 생성물이 팽창하거나 암석 중에 존재하는 점토 광물이 수분을 흡수, 팽창하여 콘크리트에 균열을 일으킨다.
② 겔의 형성을 볼 수는 없다.
③ 반응을 보이는 골재 입자는 적다.
④ 포졸란으로 팽창 억제의 효과는 없다.

(3) 알칼리 · 실리케이트 반응
① 암석중의 층상구조가 알칼리와 수분의 존재하에 팽창하여 발생한다.
② 알칼리 실리카 반응에 비해 장기간에 걸쳐 반응이 진행된다.
③ 콘크리트의 상태는 팽창이 매우 완만하고 반응고리가 형성된 골재 입자가 드물며 과대한 팽창을 나타낸 콘크리트에서 생성된 겔의 양은 적다.

③ 염해

철근 콘크리트 구조물이 해양 환경에 장기간 노출되면 해수중의 화학적 작용에 의한 콘크리트 침식과 콘크리트 속의 철근이 부식된다.

(1) 해수중 염류에 의한 콘크리트의 열화
① 해수중 황산염이온은 시멘트 수화물과 반응하여 팽창성 물질을 생성함으로써 콘크리트를 팽창, 붕괴시킨다.
② 염소이온은 시멘트중의 수산화칼슘과 반응하여 생성된 가용성의 염화칼슘을 생성 및 용출에 따른 콘크리트의 다공화 현상으로 콘크리트가 열화한다.

(2) 염화물에 의한 철근의 부식
콘크리트가 해양 환경에 노출되면 콘크리트중에 염화물이 침입하여 염소이온량이 축적되어 철근 표면의 결손이 생겨서 부식하는데 강재 체적의 2.5배까지 팽창하여 철근 배근 방향과 같은 방향으로 균열이 발생하거나 콘크리트 피복층이 들떠 부식이 가속화된다.

④ 중성화

(1) 개요
① 콘크리트중의 수산화칼슘이 공기중의 탄산가스와 접촉하여 서서히 탄산칼슘으로 변화하여 콘크리트가 알칼리성을 상실하는 것을 말한다.
② 일반적으로 pH가 11보다 낮아지면 철근에 녹이 발생하고 이런 녹에 의해 철근이 2.5배까지 팽창하고 콘크리트의 내부에 균열을 발생시켜 철근과의 부착강도의 저하, 피복 콘크리트의 박리, 철근 단면제의 감소에 의한 저항 모멘트 저하 등이 초래된다.

(2) 중성화의 진행

① 중성화가 콘크리트 내부로 진행해가는 속도로 알 수 있다.
② 일정 피복두께를 가진 철근까지 중성화가 도달하는 시간을 알 수 있다.
③ 중성화 진행속도는 중성화 길이와 경과한 시간의 함수로 나타낸다.

$$X = A\sqrt{t}$$

여기서, X : 기준이 되는 콘크리트 중성화 깊이(mm), t : 경과년수(년), A : 중성화 속도계수로서 시멘트, 골재의 종류, 환경조건, 혼화재료, 표면마감재 등의 정도를 나타내는 상수(mm/$\sqrt{년}$)

④ 중성화 속도는 실내가 실외보다 빠르다.

(3) 중성화 속도에 영향을 미치는 요인

① 혼합시멘트 혹은 실리카질의 혼화제를 사용하면 빠르다.
② 조강포틀랜드 시멘트가 보통 시멘트보다 늦고 더욱 좋은 효과가 있다.
③ 경량골재 콘크리트가 보통 콘크리트보다 빠르다.
④ 중성화 속도는 골재의 밀도가 작을수록 빨라진다.
⑤ 경량골재를 이용한 콘크리트는 강모래, 강자갈을 이용한 콘크리트의 3배 정도 중성화가 빠르게 진행된다.
⑥ 수화반응이 빠른 시멘트일수록 늦다.
⑦ 수중 양생한 콘크리트는 늦다.
⑧ 콘크리트의 물-결합재비는 중성화 진행속도에 가장 큰 영향을 미친다.
⑨ 물-결합재비가 클수록 빨라진다.
⑩ 콘크리트 온도가 상승하면 빨라진다.
⑪ 습도가 높을 경우 늦어진다.
⑫ 옥외는 옥내보다 탄산가스 농도가 낮기 때문에 늦다.
⑬ 콘크리트의 표면 마감재는 중성화 진행속도를 효과적으로 지연시킬 수 있다.
⑭ 공기중의 탄산가스 농도가 높을수록 빨라진다.

(4) 중성화의 방지 대책

① 조강, 보통 포틀랜드 시멘트 및 밀도가 큰 골재를 사용한다.
② 물-결합재비, 공기량 등이 낮게 되도록 한다.
③ 충분한 초기 양생을 한다.
④ 콘크리트의 피복두께를 크게 한다.
⑤ 표면 마감재를 에폭시, 혹은 아크릴 수지 등 고분자 계통으로 한다.
⑥ 일반적인 타일에 의한 마감도 억제 효과가 높다.

(5) 중성화 판별 방법

공시체의 파단면에 1% 페놀프탈레인-알콜 용액을 분무하여 변색 여부를 관찰하는 방법이 가장 일반적이다. 무색으로 변화하면 중성화된 것으로 판단한다.

5 동해(凍害)

(1) 개요
① 콘크리트중의 수분이 외부온도의 저하에 의해 동결과 융해의 반복작용으로 균열이 발생하거나 표면부가 박리하여 콘크리트 표면중에 가까운 부분부터 파괴되는 현상을 말한다.
② 콘크리트중의 수분(모세관 수)이 동결하면 체적이 팽창하여 미세한 균열이 발생한다.

(2) 동해에 영향을 주는 요인
① 굳지 않은 콘크리트가 초기 동해를 입게 되면 체적 팽창에 따라 주위 조직의 이완이나 파괴가 발생한다.
② 콘크리트중의 공극이 물로 포화된 정도(포수도)가 한계포수도 이상에서는 급격히 동해를 받는다.
③ 콘크리트 내부에 수분의 동결에 의해 발생하는 팽창량 이상의 공기가 들어 있는 공간, 즉 기포와 기포의 간격이 멀리 떨어져 있는 경우에 미동결수의 이동이 기포에 도달하기 전에 큰 압력이 발생되어 파괴가 발생된다.

(3) 동해의 방지 대책
① 압축강도가 4MPa 이상이 되면 동해를 받지 않는다.
② 한계포수도 이하로 건조되어 있을 때에는 그 정도에 따라 동해를 피할 수 있다.
③ 콘크리트 속의 기포와 기포의 간격이 가까울수록 미동결수 이동이 쉽고 이동에 따른 압력이 작아지므로 콘크리트를 동해로부터 보호할 수 있다.
④ 물-결합재비를 작게 한다.
⑤ 공기연행제 또는 공기연행 감수제를 사용하여 적정량의 공기를 연행시킨다.
⑥ 동절기 강우, 강설수가 콘크리트 속에 침투하지 않게 흘러내리게 한다.
⑦ 흡수율이 적은 양질의 골재를 사용하며 습윤양생을 충분히 한다.

(4) 동결융해의 저항성 판정
① 내구성 지수(DF : Durability Factor)

$$DF = \frac{PN}{M}$$

여기서, P : 동결융해 N 사이클에서의 상대 동탄성계수(%)
N : P값이 시험을 단속시킬 수 있는 소정의 최솟값이 된 순간의 사이클 수
M : 사전에 결정된 동결융해에의 노출이 끝날 때의 사이클 수(300)

② 내구성 지수가 클수록 내구성이 좋다.
- $DF < 40$: 내구성이 낮다.
- $DF > 60$: 내구성이 좋다.

6 화학적 침식

(1) 개요
① 콘크리트 결합재인 시멘트 수화물이 화학물질과 반응하여 조직이 다공화되거나 팽창하여 열화현상이 생긴다.
② 주로 산과 염에 의해 발생한다.

(2) 산
① 포틀랜드 시멘트 경화체는 산과 접하면 중화하여 각종의 염류를 생성하게 되며 이런 염의 용출이나 결정화에 의해 콘크리트 내부가 다공화하거나 염의 결정성장 압력으로 균열이 발생한다.
② 황산, 염산 등 강한 무기산은 유기산보다 침식작용이 크다.
③ 강산은 약산보다 침식작용이 크다.
④ 수산은 콘크리트를 침식시키지 않는다.

(3) 염
① 산류만큼 침식의 정도가 심하지 않다.
② 황산염은 시멘트의 수화에 의해 발생한 수산화칼슘과 반응하여 황산칼슘(석고)를 생성하여 체적을 증대시키고 알루민산삼석회(C_3A)와 반응하여 체적 팽창이 더욱 커진다.
③ 해수중의 황산마그네슘, 염화마그네슘과 암모늄계 및 알루미늄계 질산염 등이 시멘트중의 수산화칼슘과 반응하여 염분이 침투되어 철근이 부식된다.

(4) 유류(기름), 부식성 가스
① 야자유나 유채유 등은 콘크리트를 현저하게 침식시킨다.
② 유류에 의한 콘크리트의 성능 저하는 단기간 내에 진행하며 산류에 의한 침식보다 오히려 현저한 경향이 있다.
③ 콘크리트를 침식하는 부식성 가스에는 황화수소, 이산화황, 불화수소, 염화수소 및 질소산화물 등이 있다.

(5) 화학적 침식에 대한 방지 대책
① 무기산이나 황산염에 대해서는 적당한 보호공을 한다.
② 내황산염 포틀랜드 시멘트, 중용열 포틀랜드 시멘트, 고로 시멘트, 플라이 애시 시멘트 등은 해수의 작용에 대해 내구성이 있다.

③ 피복 두께를 충분히 확보하여 철근을 보호한다.
④ 물-결합재비가 작은 수밀성이 큰 콘크리트를 사용하여 다짐과 양생을 잘 한다.

❼ 손식

(1) 개요
경화한 콘크리트가 차량 등에 의한 마모작용이나 유수에 의한 공동현상으로 표면이 손상받는 것이다.

(2) 마모
차량이나 유수중의 모래 등이 충돌작용으로 인해 콘크리트 표면의 손상이 발생한다.

(3) 공동현상(空洞現像 : cavitation)
수공 구조물의 표면에 요철과 굴곡이 있는 경우 유수가 표면으로 떨어지면서 공기가 발생하여 부압·고압이 가해져 콘크리트가 손상이 된다.

(4) 손식에 대한 방지 대책
① 물-결합재비를 45% 이하로 배합한다.
② 42MPa 이상의 고강도, 고밀도 콘크리트로 한다.
③ 슬럼프는 75mm 이하의 된반죽으로 한다.
④ 마모저항이 큰 골재를 사용한다.

출제 예상 문제

콘크리트의 역학적 특성

01 보통 골재를 사용한 콘크리트의 단위 질량을 2,300kg/m³라 할 때 콘크리트의 탄성계수는?
(단, f_{ck} =30MPa인 경우)

① 18,577MPa ② 20,000MPa
③ 27,537MPa ④ 30,000MPa

해설
- 콘크리트의 단위질량 m_c =1,450~2,500kg/m³의 경우
  $E_c = 0.077 m_c^{1.5} \sqrt[3]{f_{cm}}$ [MPa]
- 보통골재를 사용한 콘크리트(m_c =2,300kg/m³)의 경우
  $E_c = 8,500 \sqrt[3]{f_{cm}} = 8,500 \times \sqrt[3]{30+4} = 27,537$[MPa]
  여기서, $f_{cm} = f_{ck} + 4$ (f_{ck}가 40MPa 이하이므로 4MPa)

02 콘크리트의 경우 탄성계수 E와 푸아송 수 m을 사용하여 전단탄성계수를 구하는 식은?

① $G = E \cdot \dfrac{m}{m+1}$ ② $G = E \cdot \dfrac{1}{m+1}$
③ $G = \dfrac{E}{2} \cdot \dfrac{m}{m+1}$ ④ $G = \dfrac{E}{2} \cdot \dfrac{1}{m+1}$

해설 콘크리트 푸아송수 $m = 5 \sim 7$이므로
$G = (0.42 \sim 0.44) \cdot E$
$G = \dfrac{E}{2(1+v)} = \dfrac{E}{2(1+\dfrac{1}{m})} = \dfrac{E}{2} \cdot \dfrac{m}{m+1}$

여기서, v : 푸아송비($v = \dfrac{1}{m}$)

03 콘크리트 탄성계수에 관한 설명 중 틀린 것은?

① 일반적으로 압축강도 및 밀도가 클수록 크다.
② 콘크리트의 정탄성계수는 일반적으로 할선탄성계수로 나타낸다.
③ 콘크리트의 동탄성계수는 정탄성계수와 반드시 일치하지는 않는다.
④ 동탄성계수는 콘크리트의 강도에 의해서만 정해진다.

해설
- 동탄성계수도 정탄성계수와 마찬가지로 콘크리트의 강도에 의해서만 정해지는 것이 아니고 사용 재료의 종류, 배합, 건습의 정도 등에도 관계가 있다.
- 동탄성계수는 동결융해작용 등에 의한 콘크리트의 열화 정도를 파악하는 데 좋은 척도로 사용된다.

정답 01 ③ 02 ③ 03 ④

04 콘크리트의 건조수축에 관한 설명 중 틀린 것은?

① 인공경량골재 콘크리트의 건조수축은 일반적으로 보통 콘크리트보다 크다.
② 시멘트의 화학성분 중에서 C_3A의 함유량이 크면 수축이 크다.
③ 콘크리트의 건조수축은 단위수량과 단위시멘트량의 영향을 크게 받는다.
④ 콘크리트의 건조수축을 적게 하려면 부배합을 피해야 한다.

해설 인공경량골재 콘크리트의 건조수축은 일반적으로 보통 콘크리트와 거의 같거나 약간 작다.

05 크리프 계수가 3인 어떤 구조물의 초기 탄성 변형량이 2cm라면 크리프 변형을 포함한 최종 변형량은?

① 2cm ② 4cm ③ 6cm ④ 8cm

해설
$$\psi = \frac{\varepsilon_c}{\varepsilon_e} = \frac{\text{creep변형률}}{\text{탄성변형률}}$$

$3 = \dfrac{\varepsilon_c}{2}$ ∴ $\varepsilon_c = 3 \times 2 = 6\text{cm}$

최종 변형량 = 크리프 변형량 + 탄성 변형량 = 6 + 2 = 8cm

06 콘크리트의 건조수축률을 0.0002로 볼 때 이 값은 온도 강하 몇 ℃에 해당하는 변형률과 같은가? (단, 콘크리트의 온도팽창계수는 10×10^{-6}/℃)

① 15℃ ② 20℃ ③ 25℃ ④ 30℃

해설
$\varepsilon_{sh} = \varepsilon_t \cdot ℃$

∴ $℃ = \dfrac{\varepsilon_{sh}}{\varepsilon_t} = \dfrac{0.0002}{10 \times 10^{-6}} = 20℃$

07 다음은 콘크리트의 건조수축에 대한 설명이다. 틀린 것은?

① 보통 콘크리트의 최종 수축량은 일반적으로 0.0002~0.0007의 범위에 있다.
② 건조 수축의 원인은 콘크리트가 수화작용을 하고 남은 물이 증발하기 때문이다.
③ 콘크리트의 단위수량이 많을수록 건조수축이 작게 일어난다.
④ 일반적으로 모르타르는 콘크리트의 2배 정도의 건조수축을 나타낸다.

해설
• 건조수축은 하중의 재하와 관계없이 수분 증발로 발생한다.
• 건조수축은 W/C, 습도, 온도, 골재 형태 및 구조물의 크기 형상에 따라 다르다.
• 부정정 구조의 설계에 쓰이는 건조수축은 라멘에서 0.00015이다.
• 철근 콘크리트의 건조수축량은 0.0001~0.0003

08 콘크리트 탄성계수 $E_c = 21,000$MPa이고 크리프 계수 $\psi = 3$일 때 콘크리트 크리프에 의한 변형률은? (단, $f_c = 8$MPa이다.)

① 0.00167
② 0.0020
③ 0.0022
④ 0.00114

해설
- 콘크리트의 탄성 변형률
$$\varepsilon_c = \frac{f_c}{\varepsilon_e} = \frac{8}{21,000} = 0.00038$$
- $\psi = \frac{\varepsilon_c}{\varepsilon_e}$ ∴ $\varepsilon_c = \psi \cdot \varepsilon_e = 3 \times 0.00038 = 0.000114$
- 크리프 : 일정한 응력을 장시간 받았을 때 시간 경과에 따라 변형이 증가하는 현상
- 크리프 계수 : 옥내의 경우 3.0, 옥외의 경우 2.0

09 S-N 곡선은 콘크리트의 어떤 성질을 나타내는 데 사용되는가?

① 충격 강도
② 피로
③ 정적 강도
④ 크리프

해설
- 피로파괴 : 재료에 하중을 반복해서 작용할 때 재료가 정적 강도보다도 낮은 응력에서 파괴되는 현상
- S-N 곡선 : S-N 곡선으로 이 재료의 피로특성을 알 수 있다.
  여기서, S는 응력 또는 정적 강도에 대한 응력의 비, N은 S에 대응하는 파괴까지의 반복횟수이다.
  피로한계(疲勞限界) 이하에서는 N을 증가시켜도 파괴가 일어나지 않으며 S-N 곡선은 수평이 된다. 비철금속이나 콘크리트 등의 재료는 S-N 곡선에 수평부가 생기지 않는다.

10 $f_{ck} = 21$MPa인 보통 콘크리트의 탄성계수는 몇 MPa인가? (단, 보통 골재를 사용한 콘크리트의 단위질량은 2,300kg/m³이다.)

① 20,800
② 21,200
③ 24,854
④ 31,500

해설
$E_c = 8,500 \sqrt[3]{f_{cm}} = 8,500 \sqrt[3]{25} = 24,854$MPa
여기서, $f_{cm} = f_{ck} + 4$

11 콘크리트의 탄성계수가 2.5×10^4MPa이고 푸아송비가 0.2일 때 전단탄성계수는?

① 5.5×10^4MPa
② 7.5×10^4MPa
③ 1.04×10^4MPa
④ 12.4×10^4MPa

해설
$$G = \frac{E}{2(1+v)} = \frac{2.5 \times 10^4}{2(1+0.2)} = 1.04 \times 10^4 \text{MPa}$$

정답 04 ① 05 ④ 06 ② 07 ③ 08 ④ 09 ② 10 ③ 11 ③

12 중성화에 대한 설명 중 옳지 않은 것은?

① 시멘트 속의 알칼리 성분이 골재 속의 실리카 성분과 반응하여 발생하는 화학반응이다.
② 물-결합재비를 작게 하고 공기연행제, 감수제를 사용하면 중성화가 억제된다.
③ 중성화시험 방법은 페놀프탈레인 용액을 사용하여 붉은색으로 변하지 않는 부분은 중성화된 것으로 하여 그 두께를 측정한다.
④ 콘크리트가 중성화가 되면 철근이 부식하기 쉽다.

> **해설** 시멘트 속의 알칼리 성분이 골재 속의 실리카 성분과 반응하여 발생하는 화학반응을 알칼리 골재 반응이라 한다.

13 보통 콘크리트의 최종 수축량은?

① 0.002~0.007
② 0.006~0.01
③ 0.0002~0.0007
④ 0.0005~0.001

> **해설** 콘크리트의 건조수축 변형률
>
> | 구조물의 종류 | | 건조수축 변형률 |
> |---|---|---|
> | 라멘 | | 0.00015 |
> | 아 치 | 철근량 0.5% 이상 | 0.00015 |
> | | 철근량 0.1~0.5% | 0.00020 |

14 콘크리트의 건조수축에 관한 설명 중 틀린 것은?

① 단위수량이 적을수록 건조수축은 적게 일어난다.
② 단위 시멘트량이 적으면 건조수축은 커진다.
③ 양생 초기에 충분한 습윤양생을 실시한 콘크리트는 건조수축이 적다.
④ 흡수율이 큰 골재일수록 수축은 커진다.

> **해설** 단위 시멘트량이 적으면 건조수축은 적다.

15 콘크리트의 건조수축에 대한 설명 중 잘못된 것은?

① 탄성변형 외에 시간에 따라 생기는 변형으로 반드시 하중이 재하되어야만 한다.
② 배합 설계 시 수화에 필요한 수량을 초과하여 워커빌리티를 위해 많은 수량을 넣기 때문에 생긴다.
③ 부재가 구속된 부정정 구조에서는 건조수축으로 인해 인장력이 발생되고 그 결과 균열이 생긴다.
④ 최종 건조수축 크기는 물-결합재비, 상대습도, 온도, 골재 형태 및 구조물의 크기와 형상에 따라 다르다.

해설 : 하중의 재하와는 관계없다.

16 콘크리트의 크리프에 대한 설명 중 잘못된 것은?
① 크리프 처짐은 탄성처짐의 2~3배가 되며 반드시 하중이 작용해야만 생긴다.
② 콘크리트 압축응력이 설계기준 강도의 50% 이내인 경우 크리프는 응력에 비례한다.
③ 크리프 계수는 옥내인 경우 2, 옥외인 경우 3으로 한다.
④ 크리프 변형은 철근이 더 많은 하중을 지지하도록 하는 효과를 나타낸다.

해설 : 옥내의 경우 : 3, 옥외인 경우 : 2

17 콘크리트의 건조수축에 대한 설명 중 옳지 않은 것은?
① 건조수축량은 바람에 노출시키든가 습도가 낮으면 수축을 증가시킨다.
② 수축변형은 수년간 계속되며 진행속도는 건조 초기에 크고 차차 완만해진다.
③ 철근에는 인장응력, 콘크리트에는 압축응력이 생기므로 균열이 생기는 일은 거의 없다.
④ 충분한 습윤양생을 하면 수축량은 적어진다.

해설 : 콘크리트가 건조수축하면 철근은 압축응력, 콘크리트는 인장응력을 받는다.

18 콘크리트의 크리프 변형에 대한 설명 중 옳지 않은 것은?
① 작용응력의 크기에 비례한다.
② 고강도의 콘크리트가 저강도의 콘크리트보다 크리프는 더 나타난다.
③ 하중을 가한 초기에는 갑자기 증가하나 시간이 지남에 따라 지수함수적으로 증가의 추세가 감소한다.
④ 하중의 증가없이 시간이 지남에 따라 처짐이 증가되는 원인이다.

해설 : 저강도의 콘크리트가 고강도의 콘크리트보다 크리프량이 크게 나타난다.

19 콘크리트의 중성화 대책이 아닌 것은?
① 피복 콘크리트 두께를 두껍게 한다.
② 물-결합재비를 작게 한다.
③ 콘크리트를 빈배합으로 한다.
④ 양생을 철저히 한다.

해설
• 콘크리트를 부배합으로 한다.
• 콘크리트 면에 불투수성 막을 실시한다.

정답 12 ① 13 ③ 14 ② 15 ① 16 ③ 17 ③ 18 ② 19 ③

20 콘크리트의 크리프에 대한 설명이다. 잘못된 것은?
① 크리프는 허용응력 범위 내에서는 탄성변형률에 비례한다.
② 지속하중을 받는 콘크리트의 크리프는 영구적으로 계속된다.
③ 콘크리트를 건조한 상태로 노출시킬 때는 크리프가 증가한다.
④ 크리프는 프리스트레스트 콘크리트에서는 무관하다.

> **해설** 프리스트레스트 콘크리트 설계 시 크리프를 고려해야 한다.

21 철근 콘크리트 구조물에서 건조수축에 관한 설명 중 틀린 것은?
① 수중 구조물은 수축이 거의 없다.
② 철근이 많이 사용된 구조물에서는 콘크리트의 건조수축이 크게 일어난다.
③ 라멘 구조에 쓰이는 건조수축 계수는 0.00015이다.
④ 부재의 철근 종단면의 도심이 콘크리트 도심과 일치하지 않은 때는 건조수축에 의하여 축방향력과 동시에 휨모멘트를 일으키게 되므로 휨응력이 발생한다.

> **해설** 철근이 많이 사용된 구조물에서는 콘크리트의 수축이 작게 일어난다.

22 콘크리트 크리프에 관한 설명 중 틀린 것은?
① 대기온도가 높을수록 크리프량이 증가한다.
② 재하시 재령이 짧을수록 크리프량이 커진다.
③ 진동기 다짐을 한 콘크리트는 크리프량이 작다.
④ 콘크리트의 크리프 변형률은 탄성변형률에 반비례한다.

> **해설**
> • 구조물 설계 시 콘크리트의 크리프 변형률은 탄성변형률에 비례한다.
> • 지속 응력이 클수록 크리프는 커진다.
> • 재하기간이 길수록 크리프는 커진다.
> • 습도가 높을수록 크리프는 작아진다.
> • 고강도의 콘크리트일수록 크리프 변형은 적다.

23 콘크리트가 건조수축 되는 경우 발생하는 인장응력의 크기에 영향을 미치는 요인 중 틀린 것은?
① 콘크리트 압축강도
② 콘크리트 크리프
③ 수축량
④ 콘크리트 탄성계수

> **해설** 콘크리트 수축이 발생함에 따라 인장강도가 부족하게 되어 균열이 발생한다.

24 다음의 콘크리트 건조수축에 대한 설명 중 틀린 것은?
① 건조수축을 적게 하기 위해 단위수량을 적게 한다.
② 철근 둘레의 콘크리트까지 건조가 되면 철근이 건조수축을 방해한다.
③ 콘크리트는 습기가 건조하면 수축한다.
④ 건조수축은 표면에서 내부로 건조한다.

> **해설** 건조수축은 콘크리트 내부에서 외부로 건조한다.

25 크리프에 영향을 주는 요인에 맞지 않는 것은?
① 재하되는 기간
② 재하되는 하중의 크기
③ 재하되는 콘크리트와 공기연행제 첨가 여부
④ 부재의 치수

> **해설** 크리프에 영향을 주는 요소
> ① 공기량을 많이 함유하면 크리프가 커진다.
> ② 부재의 치수가 작을수록 크리프는 커진다.
> ③ 물-결합재비가 클수록 크리프가 커진다.
> ④ 시멘트량이 많을수록 크리프가 커진다.
> ⑤ 양생기간이 길면 크리프는 감소한다.

26 콘크리트의 건조수축에 관한 설명 중 틀린 것은?
① 단위수량이 같은 경우 공기량이 많을수록 건조수축은 크다.
② 시멘트 화학성분 중 C_3A가 많을수록 건조수축량은 작다.
③ 건조수축에 큰 영향을 주는 것은 단위수량이며 단위시멘트량이나 물-결합재비의 영향은 비교적 작다.
④ 물-결합재비가 일정한 경우 건조수축은 단위시멘트량이 많을수록 크다.

> **해설**
> • 시멘트 품질의 영향은 C_3A가 많을수록, SO_2가 적을수록, 분말도가 가늘수록 건조수축은 크다.
> • 사용 골재의 강성이 작을수록 건조수축량은 커진다.

27 콘크리트의 균열에 영향을 주는 사항 중에서 가장 큰 것은?
① 콘크리트의 온도변화 ② 콘크리트의 마모도
③ 콘크리트의 건조수축 ④ 콘크리트의 피로도

> **해설** 단위수량을 적게 하여 건조수축을 줄인다.

정답 20 ④ 21 ② 22 ④ 23 ① 24 ④ 25 ③ 26 ② 27 ③

CHAPTER 1 출제 예상 문제

28 콘크리트의 동결융해의 반복작용에 대한 내구성을 향상시키기 위한 방법 중 틀린 것은?

① 공기연행제를 사용하여 적정량의 연행공기를 연행시킨다.
② 물-결합재비를 작게 하여 치밀한 콘크리트를 만든다.
③ 동일한 공기량일 경우 기포의 크기가 큰 콘크리트를 만든다.
④ 제설제 등이 콘크리트 중에 스며들지 않도록 한다.

해설 기포의 크기가 미세한 콘크리트를 만든다.

29 원주형 코어(core) 공시체의 콘크리트 압축강도 시험에 관한 설명 중 틀린 것은? (단, 공시체의 높이 : H, 공시체의 지름 : D)

① H/D의 값이 작을수록 압축강도는 커진다.
② 높이가 지름의 2배인 원주 시험체를 사용하는 것을 표준으로 한다.
③ 시험체에 가하는 하중속도가 빠를수록 콘크리트의 강도가 작게 나타난다.
④ 시험체의 가압면이 평탄하지 않으면 압축강도가 떨어진다.

해설
- 시험체에 가하는 하중속도가 빠를수록 일반적으로 콘크리트의 강도가 크다.
- 시험체 표면이 평탄하지 않으면 편심하중에 의해 압축강도가 실제보다 작다.
- H/D의 값이 일정한 경우 공시체의 치수가 클수록 압축강도는 작아진다.

30 수밀성과 내구성이 큰 콘크리트를 만드는 방법 중 설명이 틀린 것은?

① 습윤양생을 충분히 한다.
② 분말도가 큰 시멘트를 사용한다.
③ 물-결합재비를 크게 결정한다.
④ 부배합의 공기연행 콘크리트를 사용한다.

해설 콘크리트의 수밀성을 기준으로 물-결합재비를 정할 경우 50% 이하로 한다.

31 굳지 않는 콘크리트의 성질에 대한 설명 중 틀린 것은?

① 콘크리트의 온도가 높을수록 슬럼프가 감소되고 수송에 의해 슬럼프의 감소도 현저하다.
② 포졸란을 사용하면 콘크리트의 워커빌리티를 개선시킨다.
③ 잔골재의 세립분 함유량 및 잔골재율이 작으면 콘크리트의 재료분리가 커진다.
④ 단위시멘트량이 큰 콘크리트일수록 성형성이 나쁘다.

해설 단위시멘트량을 크게 하면 성형성이 좋고 혼합시멘트는 일반적으로 보통포틀랜드 시멘트와 비교해서 워커빌리티를 좋게 한다.

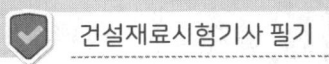

32 콘크리트의 압축강도에 영향을 미치는 요인 중 틀린 것은?
① 물-결합재비가 클수록 압축강도는 떨어진다.
② 콘크리트는 성형시 압력을 가하여 경화시키면 압축강도는 떨어진다.
③ 습윤양생이 공기중 양생보다 압축강도가 증가된다.
④ 물-결합재비가 동일한 경우 부순돌을 사용한 콘크리트의 압축강도는 강자갈을 사용한 콘크리트보다 강도가 증가된다.

해설 성형압력
① 콘크리트는 성형(成型)시에 가압하여 경화시키면 일반적으로 강도는 크게 된다.
② 가압에 의하여 기포나 잉여수분이 배출됨으로써 강도가 증대한다.
③ 묽은 반죽 콘크리트의 경우에 효과가 크다.

33 골재의 빈틈이 적을 경우에 대한 설명 중 옳은 것은?
① 건조수축이 커진다.
② 콘크리트 강도가 커진다.
③ 수밀성과 내마멸성이 적어진다.
④ 시멘트 양이 많이 들어 비경제적이다.

해설
• 시멘트량이 적게 들어 경제적이다.
• 건조수축이 작아지고 균열이 줄어든다.
• 강도, 수밀성, 내마모성 등이 커진다.

34 콘크리트의 공기량에 밀접한 영향을 주는 내용 중 틀린 것은?
① 비비는 시간이 짧으면 공기량이 많아진다.
② 포졸란을 사용하면 공기량이 증가된다.
③ 굵은골재 최대치수가 클수록 공기량은 줄어든다.
④ 부배합 콘크리트는 공기량이 줄어든다.

해설
• 포졸란 사용량이 많아지면 공기량이 감소한다.
• 잔골재율이 커지면 공기량이 증가된다.
• 물-결합재비가 커지면 공기량은 증가된다.
• 온도가 높아지면 공기량은 감소된다.

35 다음 중에서 콘크리트의 워커빌리티에 영향을 주는 요소가 아닌 것은?
① 물과 골재
② 혼합온도와 혼합시간
③ 시멘트의 사용량
④ 양생기간

정답 28 ③ 29 ③ 30 ③ 31 ④ 32 ② 33 ② 34 ② 35 ④

CHAPTER 1 출제 예상 문제

36 콘크리트용 골재의 특성에 관한 설명 중 틀린 것은?

① 중량골재란 방사선에 대해 차폐효과를 높이기 위해 철광, 자철광 중정석, 철편 등의 밀도가 큰 골재를 말한다.
② 전로(電爐)나 전기로(電氣爐) 등의 제강슬래그는 콘크리트용 골재로 사용된다.
③ 해사에 허용한도 이상의 염분이 있으면 철근을 부식시킬 위험이 있어 철근 콘크리트 구조물에 사용해서는 안 된다.
④ 천연경량골재는 생긴 모양이 나쁘고 흡수율이 크기 때문에 고강도를 필요로 하는 콘크리트 구조물에는 부적당하다.

> **해설**
> • 고로 슬래그 쇄석은 콘크리트용으로 사용할 수 있으나 전로(電爐)나 전기로(電氣爐) 등의 제강슬래그는 콘크리트용 골재로 사용해서는 안 된다.
> • 토목 구조물용 경량골재로서는 가볍고 강한 구조용 인공경량골재를 사용한다.

37 콘크리트용 골재의 성질 중 굵은골재의 최대치수가 콘크리트 품질에 미치는 영향에 대한 설명으로 옳지 않은 것은?

① 굵은골재의 최대치수가 클수록 단위수량 및 시멘트량이 감소하여 경제적이다.
② 압축강도가 40MPa 정도로 비교적 클 경우에는 최대치수를 크게 할수록 시멘트량이 증대된다.
③ 굵은골재 최대치수가 클수록 믹싱 및 취급이 곤란하며 재료분리가 생기기 쉽다.
④ 물-결합재비가 일정할 때 굵은골재의 최대치수가 클수록 압축강도는 증가한다.

> **해설** 물-결합재비가 일정할 때 굵은골재의 최대치수가 클수록 압축강도는 감소한다.

38 공기연행 콘크리트의 특성에 관한 설명 중 옳은 것은?

① 콘크리트의 단위질량이 감소하고 철근과의 부착강도가 약화된다.
② 동결융해에 대한 저항성이 작아지고 수축성도 적게 된다.
③ 블리딩이 감소하고 수밀성도 감소한다.
④ 워커빌리티는 양호해지나 재료의 분리가 잘 일어난다.

> **해설**
> • 재료 분리가 적고 표면의 마무리가 쉽다.
> • 블리딩과 건조수축이 작아지고 강도가 작아진다.
> • 수밀성, 화학적 저항성 및 동결융해에 대한 저항성이 커진다.

39 다음 중 콘크리트의 워커빌리티를 증진시키기 위한 방법으로서 적당하지 않은 것은?

① 일정한 슬럼프의 범위에서 시멘트량을 줄인다.
② 일반적으로 콘크리트 반죽의 온도상승을 막아야 한다.
③ 입도나 입형이 좋은 골재를 사용한다.
④ 혼화재료로서 공기연행제나 분산제를 사용한다.

해설 시멘트량을 줄이면 유동성이 떨어지므로 작업이 힘들다.

40 다음 중 굳지 않은 콘크리트의 성질을 나타내는 워커빌리티(workability)를 바르게 설명한 것은?

① 반죽질기 여하에 따르는 작업의 난이성 정도 및 재료의 분리에 저항하는 정도를 나타내는 아직 굳지 않은 콘크리트의 성질
② 주로 수량(水量)의 다소에 따르는 반죽이 질고 된 정도를 나타내는 굳지 않은 콘크리트의 성질
③ 거푸집에 쉽게 다져넣을 수 있고 거푸집을 제거하면 천천히 형상이 변하기는 하지만 허물어지거나 재료가 분리하는 일이 없는 굳지 않은 콘크리트의 성질
④ 굵은골재의 최대치수, 잔골재율, 입도, 반죽질기 등에 의한 마무리의 하기 쉬운 정도를 나타내는 굳지 않은 콘크리트의 성질

41 콘크리트의 타설시 공기량에 관한 설명 중 옳지 못한 것은?

① 공기연행제의 사용량(콘크리트 용적의 4~7%)과 공기량과는 거의 정비례한다.
② 포졸란 사용량이 많으면 공기량은 감소된다.
③ 공기연행 콘크리트의 공기량은 온도에 반비례한다.
④ 반죽질기가 좋아지면 공기량이 적어지고 부배합의 경우는 공기량이 많아진다.

해설 부배합의 경우 공기량이 감소된다.

42 다음 콘크리트의 재료분리에 관한 설명 중 틀린 것은?

① 재료분리 현상은 운반, 다지기 작업 도중에도 계속 일어난다.
② 공기연행제를 사용한 콘크리트는 재료분리 현상이 적게 일어난다.
③ 횡방향의 거푸집 안에서는 재료분리 현상은 일어나지 않는다.
④ 재료의 이동현상은 콘크리트가 응결할 때까지 계속된다.

해설 횡방향의 거푸집 안에서도 재료분리 현상이 일어난다.

정답 36 ② 37 ④ 38 ① 39 ① 40 ① 41 ④ 42 ③

출제 예상 문제

43 콘크리트의 강도에 미치는 주요 사항이 아닌 것은?
① 시공 방법
② 재료의 배합
③ 시공시의 기온
④ 재료의 품질

해설 시공시의 기온도 강도에 미치는데 다른 것에 비해 영향이 적다.

44 공기연행 콘크리트에 진동을 주든지 보통 콘크리트의 슬럼프가 크면 공기량은 어떻게 되는가?
① 감소한다.
② 커진다.
③ 변하지 않는다.
④ 감소할 때도 있고 증가할 때도 있다.

45 콘크리트의 강도 및 성질에 영향을 주는 가장 큰 요소는?
① 골재의 입도 및 강도
② 시멘트의 분말도 및 골재의 양
③ 시멘트와 골재의 질량비
④ 물과 시멘트의 질량비

해설 물–결합재비가 강도에 가장 큰 영향을 준다.

46 공기연행 콘크리트에 관한 설명 중 옳지 않은 것은?
① 시공중 공기량은 air meter로 항상 측정하여 일정하게 하여야 한다.
② 공기연행제에 의해서 발생된 공기는 볼 베어링(ball bearing)과 같은 작용을 하여 콘크리트에 유동성을 준다.
③ 공기연행 콘크리트는 보통 콘크리트보다 염류 또는 동결융해에 대한 저항성이 저하된다.
④ 공기량은 혼합기간이 길수록 감소한다.

해설 보통 콘크리트보다 염류 또는 동결융해에 대한 저항성이 크다.

47 공기연행 콘크리트의 장점이 아닌 것은?
① 콘크리트 경화에 따른 발열량이 많아진다.
② 단위수량을 적게 할 수 있다.
③ 시공 연도를 좋게 하며 재료의 분리가 적어진다.
④ 동결융해에 대한 저항성을 크게 한다.

해설 발열량이 작아진다.

48 다음은 공기연행 콘크리트의 장점을 열거한 것이다. 틀린 것은?
① 재료분리가 적고 표면의 마무리가 쉽다.
② 내구성이 크고 경제적인 콘크리트를 만들 수 있다.
③ 블리딩과 건조수축이 작아지고 강도가 커진다.
④ 수밀성, 화학적 저항성 및 동결융해에 대한 저항성이 커진다.

해설 블리딩과 건조수축이 작아지고 공기량 1% 증가에 강도가 5% 감소한다.

49 콘크리트의 응력-변형률 곡선에서 탄성계수로 많이 쓰이는 계수는 어느 것인가?
① 초기접선계수(initial tangent modules)
② 접선계수(tangent modules)
③ 할선(割線)계수(secant modules)
④ 크리프계수(creep modules)

50 콘크리트의 품질관리 중 매우 중요한 사항이 양생관리이다. 주의할 사항 중 틀린 것은?
① 양생효과는 장기강도에 영향을 미치므로 28일 이후의 양생에 주의해야 한다.
② 수밀성 콘크리트의 습윤양생기간은 가능한 한 길게 할 필요가 있다.
③ 콘크리트를 타설 후 급격히 온도가 상승할 경우 콘크리트가 건조하지 않도록 주의한다.
④ 콘크리트를 친 후 경화를 시작하기까지 일광의 직사를 피해야 한다.

해설 28일 이후가 아니라 초기에 양생을 하여 보호해야 한다.

정답 43 ③ 44 ① 45 ④ 46 ③ 47 ① 48 ③ 49 ③ 50 ①

CHAPTER 2 콘크리트의 시험

1 굳지 않은 콘크리트 시험

❶ 슬럼프 시험(slump test)

(1) 목적
굳지 않은 콘크리트의 반죽질기를 측정하는 것으로서 워커빌리티를 판단한다.

(2) 시험기구
① 슬럼프 콘 : 밑면의 안지름 200mm, 윗면의 안지름 100mm, 높이 300mm인 금속제
② 다짐대 : 지름 16mm, 길이 600mm인 원형 강봉
③ 슬럼프 측정자, 수밀한 평판
④ 흙손, 작은 삽

(3) 시험 방법
① 비비기가 끝난 콘크리트에서 시료를 채취한다.
  - 비소성이나 비점성이 아닌 콘크리트 재료
  - 굵은골재 최대치수가 40mm를 넘는 콘크리트의 경우에는 40mm를 넘는 굵은골재를 제거한다.
  - 시료의 양은 필요한 양보다 $5l$ 이상 채취
② 슬럼프 콘 속을 젖은 걸레로 닦아 수밀한 평판 위에 놓는다.
③ 시료를 슬럼프 콘 부피의 약 1/3 되게 넣고 다짐대로 25번 다진다.
④ 시료를 슬럼프 콘 부피의 약 2/3까지 넣고 다짐대로 25번 다진다.
⑤ 마지막으로 슬럼프 콘에 넘칠 정도로 넣고 다짐대로 25번 다진다.
⑥ 시료의 표면을 슬럼프 콘의 윗면에 맞추어 편평하게 한다.
⑦ 슬럼프 콘을 위로 빼 올린다.
⑧ 콘크리트가 내려앉은 길이를 콘크리트의 중앙부에서 5mm 단위로 측정한다.

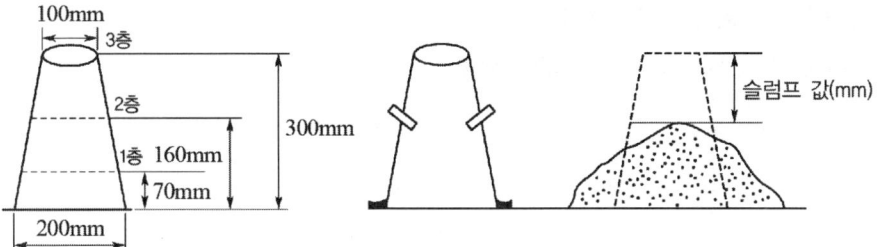

(4) 결과

① 콘크리트가 내려앉은 길이를 슬럼프 값(mm)으로 한다.
② 슬럼프 콘에 시료를 채우고 벗길 때까지의 전 작업시간은 3분 이내로 한다.
③ 슬럼프 콘을 벗기는 작업은 2~5초 이내로 한다(전 작업시간에 포함).

❷ 공기 함유량 시험

(1) 목적

콘크리트의 워커빌리티, 강도, 내구성, 수밀성 및 단위용적질량 등에 공기량이 영향을 미치므로 콘크리트의 품질관리 및 적절한 배합설계에 이용한다.

(2) 시험기구

① 공기량 측정기(워싱턴형)
- 5l 용기(주수법)
- 공기실
- 압력계
- 검정용 기구

② 다짐대(지름 16mm, 길이 600mm 원형 강봉)
③ 고무망치, 작은 삽

(3) 겉보기 공기량 시험 방법

① 대표적인 시료를 용기에 3층으로 나누어 넣고 각 층을 다짐대로 25번씩 다진다.
② 용기의 옆면을 고무망치로 가볍게 두들겨 빈틈을 없앤다.
③ 용기 윗부분의 콘크리트를 반듯하게 깎아 내고 뚜껑을 얹어 공기가 생기지 않게 잠근다.
④ 공기실의 주밸브를 잠그고 배기구 밸브와 주수구 밸브를 열어 놓고 물을 넣어 배기구로 기포가 나오지 않을 때까지 넣고 배기구와 주수구를 잠근다.
⑤ 공기실 내의 압력을 초압력까지 올리고 약 5초 지난 뒤에 주밸브를 연다.
⑥ 지침이 정지되었을 때 압력계를 읽어 겉보기 공기량(A_1)을 구한다.

(4) 골재의 수정계수 시험 방법

① 사용하는 잔골재와 굵은골재의 질량

- $F_s = \dfrac{S}{B} \times F_b$
- $C_s = \dfrac{S}{B} \times C_b$

여기서, F_s : 사용하는 잔골재의 질량(kg)

S : 콘크리트 시료의 부피(l, 용기의 부피와 같다)

B : 1배치의 콘크리트 부피(l)

F_b : 1배치에 사용하는 잔골재의 질량(kg)

C_s : 사용하는 굵은골재의 질량(kg)

C_b : 1배치에 사용하는 굵은골재의 질량(kg)

② 시험 방법

- 잔골재(F_s)와 굵은골재(C_s)를 채취한다.
- 시료를 따로 5분간 물에 담가 둔다.
- 공기량 시험기 용기에 물을 1/3 채운다.
- 용기에 잔골재를 한 삽 넣고 다짐대로 10번 다진다.
- 용기에 굵은골재를 두 삽 넣고 골재가 완전히 물에 잠기게 한다.
- 용기의 옆면을 고무망치로 두들겨 공기를 뺀다.
- 위 방법으로 골재를 모두 넣고 겉보기 공기량 시험 방법과 같이 밸브 조작을 하고 공기량을 측정한다.

(5) 결과

$A = A_1 - G$

여기서, A : 콘크리트의 공기량(%), A_1 : 겉보기 공기량(%),

G : 골재의 수정계수(%)

② 굳은 콘크리트 시험

❶ 콘크리트 압축강도 시험

(1) 목적

① 필요한 성질을 가진 콘크리트를 가장 경제적으로 만들기 위한 재료를 선정한다.

② 공사 현장의 콘크리트가 필요한 성질을 가진 콘크리트인지 확인한다.

③ 압축강도로 휨강도, 인장강도, 탄성계수 등의 대략값을 추정한다.

④ 콘크리트 품질관리를 한다.

(2) 공시체 제작 방법($\phi 150 \times 300mm$의 경우)

① 공시체는 지름의 2배 높이인 원기둥형이며 지름은 굵은골재 최대치수의 3배 이상, 10cm 이상으로 한다.
② 비비기가 끝난 콘크리트에서 시료를 $20l$ 이상 채취한다.
③ 몰드의 내부와 이음매에 그리스를 얇게 바르고 조립한다.
④ 콘크리트를 몰드에 2층 이상의 거의 같은 층으로 나눠서 채운다. 각 층의 두께는 160mm를 넘어서는 안 된다. 다짐봉을 사용하여 다질 때에는 각 층은 적어도 $1,000mm^2$에 1회 비율로 다진다.
⑤ 몰드 옆면을 콘크리트 몰드에 흙손으로 콘크리트의 표면을 고른다.
⑥ 2~4시간 지나서 된반죽의 시멘트풀(W/C=27~30%)로 시험체의 표면을 캐핑한다.

(3) 공시체의 양생

① 몰드를 제작한 후 16시간 이상 3일 이내에 해체한다.
② 공시체를 20±2℃에서 습윤상태로 양생한다.

(4) 압축강도 시험 방법

① 수조에서 응시체를 꺼내 습윤상태로 시험기 가압판 중앙에 놓는다.
② 일정한 속도(매초 0.6±0.4MPa)로 하중을 가한다.
③ 공시체가 파괴될 때의 최대 하중을 기록한다.

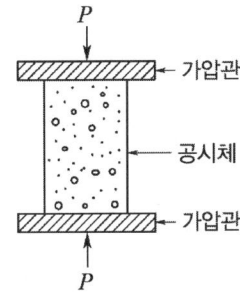

(5) 결과

① 압축강도(f_{cu}, MPa) = $\dfrac{최대\ 하중(N)}{공시체의\ 단면적(mm^2)}$
② 3개 이상의 공시체를 평균값으로 나타낸다.

❷ 콘크리트 인장강도 시험

(1) 목적

① 콘크리트 포장 슬래브, 물탱크 등과 같이 인장력을 받는 구조물에서 인장강도가 중요하므로 시험을 한다.
② 직접 인장 시험 방법은 시험체의 모양과 시험장치 등에 어려움이 있어 할렬 시험 방법을 표준으로 한다.
③ 할렬 시험은 콘크리트의 압축강도용 원주형 공시체를 옆으로 뉘어 놓고 위, 아래 방향으로 압력을 가해 파괴한다.

(2) 인장강도 시험 방법

① 공시체 제작과 양생은 압축강도 시험과 동일하게 한다.

　공시체 지름은 굵은골재 최대치수의 4배 이상이며 150mm 이상으로 한다. 공시체의 길이는 그 지름 이상, 2배 이하로 한다.(일반적으로 지름 150mm의 경우 길이는 300mm가 적절하다.)

② 공시체의 길이를 0.1mm까지 두 곳 이상을 재어 평균값을 구한다.

③ 공시체를 가압판 위에 중심선에 일치시키고 옆으로 뉘어 놓는다.

④ 매초 0.06±0.04MPa의 일정한 비율로 증가시켜 하중을 준다.

⑤ 공시체가 파괴될 때 최대 하중을 기록한다.

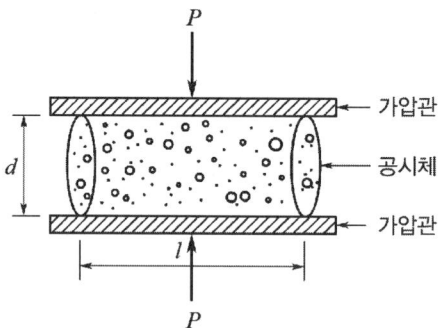

(3) 계산

① 인장강도(f_{sp}, MPa) $= \dfrac{2P}{\pi d l}$

　　여기서, P : 공시체가 파괴될 때 최대하중(N), d : 공시체의 지름(mm),
　　　　　l : 공시체의 길이(mm)

② 3개 이상의 공시체의 평균값으로 나타낸다.

❸ 콘크리트 휨강도 시험

(1) 목적

① 도로, 공항 등 콘크리트 포장 두께의 설계나 배합설계를 위한 자료로 이용한다.

② 콘크리트 포장 슬래브, 콘크리트 관, 콘크리트 말뚝 등의 품질관리를 한다.

③ 콘크리트의 휨에 의해 균열이 생기는 것을 미리 알아낼 수 있다.

(2) 공시체 제작 방법

① 비비기가 끝난 콘크리트에서 시료를 $20l$ 이상 채취한다.

② 몰드의 내부와 이음매에 그리스를 엷게 바르고 조립한다.

③ 콘크리트를 몰드에 2층 80번씩 윗면적 1000mm^{2}에 대하여 1회 비율로 다진다.(휨몰드가 150×150×530mm의 경우에 80번, 100×100×380mm의 경우에는 38번 다진다.)

④ 몰드 옆면을 고무망치로 두들긴 후 흙손으로 콘크리트의 표면을 고른다.

(3) 공시체의 양생

① 공시체 한 변의 길이는 굵은골재 최대치수의 4배 이상이며 100mm 이상으로 하고 공시체의 길이는 단면 한 변의 길이의 3배보다 80mm 이상 긴 것으로 한다.
② 몰드를 제작한 후 16시간 이상 3일 이내에 해체한다.
③ 공시체를 20±2℃에서 습윤상태로 양생한다.

(4) 휨강도 시험 방법

① 시험기의 위와 아래에 지지 블록과 가압 블록을 장치한다.
② 공시체를 수조에서 꺼내 몰드 제작시 옆면을 위아래의 면으로 하여 지지 블록의 중심에 시험체의 중심이 오도록 놓는다.
③ 하중을 가할 때 블록이 두 지지 블록의 3등분점에서 공시체의 위쪽과 닿게 한다.
④ 파괴하중의 약 50%까지는 빠른 속도로 하중을 주고 그 후에는 최대 휨 압축응력의 증가가 매초 0.06±0.04MPa를 넘지 않도록 파괴한다.
⑤ 공시체가 파괴되었을 때 최대 하중을 기록한다.
⑥ 파괴 단면에서의 평균 너비와 두께를 0.1mm 정도까지 측정한다.

(5) 결과

① 공시체가 인장쪽 표면의 지간 방향 중심선의 4점 사이에서 파괴되는 경우

$$휨강도(f_b, \text{MPa}) = \frac{Pl}{bd^2}$$

여기서, P : 시험기에 나타난 최대 하중(N), l : 지간의 길이, b : 평균 너비(mm), d : 평균 두께(mm)

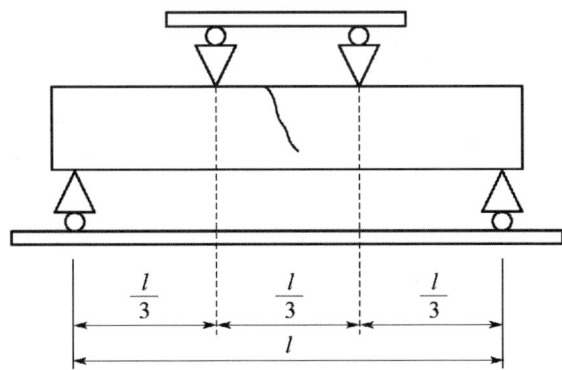

② 공시체가 인장쪽 표면의 지간 방향 중심선의 4점의 바깥쪽에서 파괴되면 그 시험 결과는 무효로 한다.

④ 슈미트 해머에 의한 콘크리트 강도의 비파괴 시험

(1) 목적
구조물을 파괴하지 않고 슈미트 해머로 콘크리트 표면을 타격하여 해머의 반발 경도로 콘크리트 압축강도를 추정하여 콘크리트 품질관리를 한다.

(2) 측정 개소의 선정
① 반발도의 측정은 두께 100mm 이하의 슬래브나 벽체, 한 변이 150mm 이하인 단면의 기둥 등 작은 치수, 지간이 긴 부재를 피한다.
② 배후에 지지하지 않은 얇은 슬래브 및 벽체에서는 되도록 고정변이나 지지변에 가까운 개소를 선정한다.
③ 보에서는 그 측면 또는 바닥면에서 한다.
④ 측정면은 되도록 거푸집 판에 접해 있었던 면으로서 표면 조직이 균일하고 평활한 평면부를 선정한다.
⑤ 측정면에 있는 곰보, 공극, 노출되어 있는 자갈 등의 부분은 피한다.

(3) 측정상의 주의사항
① 측정면에 있는 요철이나 부착물은 숫돌 등으로 평활하게 갈아내고 분말이나 그 밖의 부착물을 닦아 내어야 한다.
② 마무리 층이나 도장을 한 경우는 이것을 제거하여 콘크리트 면을 노출시킨 후 평활하게 갈아내고 실시한다.
③ 타격은 늘 측정면에 수직 방향으로 실시한다.

(4) 시험 방법

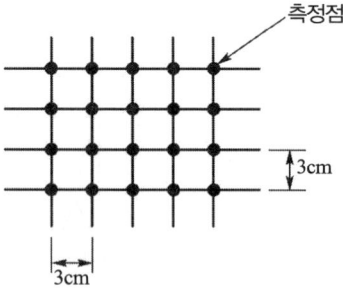

① 측정할 콘크리트 구조물의 표면을 연삭재로 갈아 기포나 부착물을 없앤다.
② 측정할 곳을 가로, 세로 3cm 간격으로 20점 이상을 표시한다.
③ 해머의 타격봉 끝을 콘크리트 표면의 측점에 대고 눌러 타격한다.
④ 멈춤 단추를 눌러 눈금 지침을 멈추게 하고 눈금을 읽는다.
⑤ 20점 이상을 측정하고 평균한 값을 반발경도 R로 한다. 이때 측정치가 평균값의 ±20% 이상 되는 값이 있으면 버리고 나머지 값으로 평균값을 구하여 반발경도 R로 한다. 이때 범위를 벗어나는 시험 값이 4개 이상인 경우에는 전체 시험값군을 버리고 새로운 위치에서 20개의 반발경도를 구한다.

(5) 결과

① 반발 경도 보정

$R_0 = R + \Delta R$

- 타격 방향과 경사각에 따라 ΔR를 구한다.
- 콘크리트가 타격 방향에 직각으로 압축응력을 받았을 때에는 그 압축응력에 따라 ΔR를 구한다. (타격 방향이 수평의 경우 $\Delta R = 0$)
- 수중양생을 한 콘크리트를 건조시키지 않고 측정한 때에는 $\Delta R = \pm 5$로 한다.

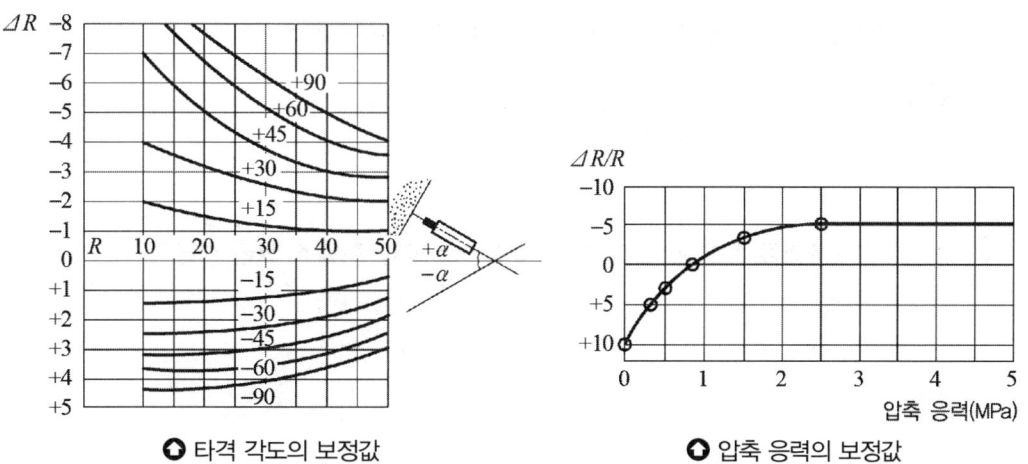

◐ 타격 각도의 보정값　　　◐ 압축 응력의 보정값

② 기준 반발도 R_0 로부터의 테스트 해머 강도

$F(\text{MPa}) = 1.3 R_0 - 18.4$

(6) 콘크리트 강도의 비파괴 시험의 종류

① 표면경도법
- 반발경도에 의한 방법(테스트 해머)
- 오목부분 지름 측정에 의한 방법(수동식 해머, 낙하식 해머, 회전식 해머)

② 음향적 방법
- 공진법(진동수 측정)
- 파동법(종파의 속도 측정)
- 초음파법(음파의 속도 측정)

③ 슈미트 해머의 종류
- N형(보통 콘크리트용)
- M형(매스 콘크리트용)
- L형(경량 콘크리트용)
- P형(저강도 콘크리트용)

CHAPTER 2 출제 예상 문제

콘크리트의 시험

01 콘크리트 압축강도 시험방법에 대한 설명 중 틀린 것은?
① 몰드 높이가 300mm의 경우 3층으로 나누어 채우고 각 층을 다짐막대로 25회씩 다져 만든다.
② 공시체의 수는 재령에 따라 3개 이상씩 만든다.
③ 공시체의 지름을 최소 0.1mm까지 측정한다.
④ 공시체의 지름은 굵은골재 최대치수의 2배 이상이어야 한다.

> **해설**
> • 시험체의 지름은 굵은골재 최대치수의 3배 이상이어야 한다.
> • 시험체의 높이는 지름의 2배인 원주형 몰드를 표준한다.

02 콘크리트의 워커빌리티(workability)를 측정하는 방법 중 옳지 않은 것은?
① 흐름 시험
② 케리볼 시험
③ 리몰딩 시험
④ 봉다짐 시험

> **해설** 봉다짐 시험은 골재의 단위용적질량 시험에 속한다.

03 콘크리트 구조물의 압축강도 측정을 슈미트 해머로 시험한 결과 측정치를 환산하는 데 관련없는 것은?
① 타격 방향에 따른 보정
② 재령에 따른 보정
③ 콘크리트 종류에 따른 보정
④ 콘크리트 표면 상태에 따른 보정

04 콘크리트 블리딩 시험에서 단위 표면적의 블리딩량 계산식은? (단, 콘크리트의 노출 면적(A) 규정된 측정시간 동안에 생긴 블리딩 물의 총량(V)이다.)
① $B = \dfrac{A}{V}$
② $B = A + V$
③ $B = A - V$
④ $B = \dfrac{V}{A}$

> **해설** 블리딩 물을 처음 60분 동안은 10분 간격으로, 그 후는 30분 간격으로 피펫을 이용하여 채취한다.

05 구조체가 경량골재 콘크리트인 경우 비파괴 압축강도 시험에 사용되는 슈미트 해머는?

① N형 ② L형
③ P형 ④ M형

해설
- N형 : 보통 콘크리트
- P형 : 저강도 콘크리트
- M형 : 매스 콘크리트

06 콘크리트 비파괴 시험인 슈미트 해머에 의한 표면 경도 측정 방법에 대한 설명 중 틀린 것은?

① 1개소의 측정은 가로, 세로 3cm 간격으로 20점 이상 실시한다.
② 측정은 거푸집에 접한 콘크리트면에 직각 방향으로 실시한다.
③ 슬래브에서는 가능한 한 지지변에 가까운 곳을 선정하여 측정한다.
④ 보에서는 그 아랫면에 실시하는 것을 원칙으로 한다.

해설
- 보에서는 단부, 중앙부 등의 양쪽면을 측정한다.
- 기둥의 경우 두부, 중앙부, 각부 등을 측정한다.
- 벽의 경우 기둥, 보, 슬래브 부근과 중앙부 등에서 측정한다.

07 콘크리트의 압축강도 시험 결과 최대하중이 195,000N에서 공시체가 파괴되었다. 이 공시체의 압축강도는 얼마인가? (단, 공시체 지름은 100mm이다.)

① 19.5MPa ② 22.5MPa
③ 24.8MPa ④ 34.8MPa

해설
$$f_{cu} = \frac{P}{A} = \frac{195,000}{3.14 \times \frac{100^2}{4}} = 24.8\text{MPa}$$

08 콘크리트 수중양생을 한 콘크리트를 건조시키지 않고 슈미트해머에 의한 콘크리트 강도의 비파괴 시험결과 반발경도 값이 32이다. 수정반발경도를 구하여 압축강도를 구하면 얼마인가?

① 29.7MPa ② 30.5MPa
③ 31MPa   ④ 32MPa

해설
$R_0 = R + \Delta R = 32 + 5 = 37$
$\therefore F = 1.3R_0 - 18.4 = 1.3 \times 37 - 18.4 = 29.7\text{MPa}$

정답 01 ④ 02 ④ 03 ③ 04 ④ 05 ② 06 ② 07 ③ 08 ①

CHAPTER 2 출제 예상 문제

09 굳지 않은 콘크리트의 슬럼프 시험에 관한 설명 중 틀린 것은?

① 전 작업시간을 3분 이내에 끝낸다.
② 슬럼프 콘 규격은 윗면의 안지름 100mm, 밑면의 안지름은 200mm, 높이는 300mm 이다.
③ 슬럼프 측정은 콘의 높이에서 주저앉은 높이를 5mm 정밀도로 측정한다.
④ 철근 콘크리트에서 단면이 큰 경우 슬럼프 표준값은 60~180mm이다.

> **해설** 철근 콘크리트에서 일반적인 경우 80~150mm, 단면이 큰 경우는 60~120mm이다.

10 다음 중 콘크리트 비파괴 시험 방법이 아닌 것은?

① 반발 경도법 ② 충격 공진법
③ 초음파 탐사법 ④ 리몰딩 시험

> **해설** 리몰딩 시험은 굳지 않은 콘크리트의 워커빌리티 측정 시험이다.

11 워싱턴형 에어 미터를 사용해 공기량을 측정하는 방법은?

① 진동 방법 ② 질량 방법
③ 압력 방법 ④ 체적 방법

12 콘크리트 강도 시험용 공시체의 양생에 적합한 온도는?

① 10~15℃ ② 18~22℃
③ 26~28℃ ④ 30~32℃

> **해설** 수중양생(표준양생) : 20±2℃

13 콘크리트 압축강도 시험용 공시체 제작시 캐핑(capping)이란 무엇을 말하는가?

① 공시체 표면의 레이턴스를 제거하는 것
② 공시체 표면을 긁어내는 것
③ 공시체 표면을 수평이 되게 다듬는 것
④ 공시체 표면을 물로 씻어 내는 것

> **해설** 공시체 표면을 바르게 캐핑하므로 압축강도 시험시 편심을 방지하기 위해 시멘트 등을 이용하여 실시한다.

14 콘크리트의 슬럼프 시험은 배합 후 얼마 이내에 완료하여야 하는가?
① 1분   ② 2분
③ 3분   ④ 4분

> 해설 콘 벗기는 시간 2~3초를 포함하여 전 과정을 3분 이내에 할 것

15 콘크리트 인장강도 시험 결과 최대 파괴하중이 152,000N이었다면 이 공시체의 인장강도는 얼마인가? (단, 공시체의 지름 : 150mm, 높이 : 300mm)
① 1.08MPa   ② 2.15MPa
③ 4.3MPa   ④ 8.6MPa

> 해설 인장강도 $= \dfrac{2P}{\pi dl} = \dfrac{2 \times 152000}{3.14 \times 150 \times 300} = 2.15\text{MPa}$

16 다음 중 콘크리트 압축강도 시험시 공시체 캐핑 재료로 사용하지 않는 것은?
① 석회   ② 캐핑 콤파운드
③ 시멘트 페이스트   ④ 유황

17 콘크리트 압축강도 시험용 공시체 파괴 시험에서 공시체에 하중을 가하는 속도는 매초 얼마를 표준하는가?
① 0.6±0.2MPa   ② 0.8±0.2MPa
③ 0.05±0.01MPa ④ 1±0.05MPa

18 공시체를 4점 재하장치에 의해 휨강도 시험을 하였더니 최대하중이 30,000N이었다. 지간의 중앙 부분에서 파괴되었다. 이때 휨강도는 얼마인가?
① 4MPa   ② 4.4MPa
③ 4.6MPa ④ 4.7MPa

> 해설 휨강도 $= \dfrac{Pl}{bd^2} = \dfrac{30000 \times 450}{150 \times 150^2} = 4\text{MPa}$
> 여기서, 지간 $l = 3d = 3 \times 150 = 450\text{mm}$
> 휨강도 시험용 공시체의 치수는 150×150×530mm이다.

정답 09 ④ 10 ④ 11 ③ 12 ② 13 ③ 14 ③ 15 ② 16 ④ 17 ① 18 ①

CHAPTER 2 출제 예상 문제

19 콘크리트 압축강도 시험 시 고려할 사항 중 틀린 것은?

① 공시체의 지름에 따라 다짐 횟수가 달라진다.
② 시험체는 양생이 끝난 뒤 건조 상태에서 시험한다.
③ 캐핑층의 두께는 공시체 지름의 2%를 넘으면 안 된다.
④ 시험체의 크기에 따라 다짐대의 선택과 다짐 층수는 다르다.

해설
- 강도 시험은 시험체의 양생이 끝난 뒤 특히 젖은 상태에서 시험한다.
- 공시체의 치수는 0.2mm의 단위로 측정한다.
- 시험체의 지름은 굵은골재 최대치수의 3배 이상이어야 한다.

20 콘크리트 인장강도 및 휨강도 시험에서 공시체에 하중을 가하는 속도는 매초 얼마를 표준하는가?

① 0.6±0.4MPa ② 0.06±0.04MPa
③ 1.0±0.4MPa ④ 1.06±0.04MPa

21 휨강도 공시체 150mm×150mm×530mm의 몰드를 제작할 때 각 층은 몇 회씩 다지는가?

① 25회 ② 50회
③ 80회 ④ 92회

해설 2층 80회씩 다진다. (150×530)÷1000 ≒ 80회

22 공시체 규격이 150mm×150mm×530mm로 지간길이가 450mm인 경우 중앙점 재하법의 휨강도 시험을 한 결과 최대하중이 24,500N일 때 파괴가 되었다. 이 공시체의 휨강도는?

① 4MPa ② 4.9MPa
③ 5.5MPa ④ 5.9MPa

해설 휨강도 $= \dfrac{3Pl}{2bd^2} = \dfrac{3 \times 24{,}500 \times 450}{2 \times 150 \times 150^2} = 4.9 \text{MPa}$

23 다음 중 슬럼프 테스트(slump test)의 목적은?

① 콘크리트의 압축 시험 ② 콘크리트의 공기량 측정
③ 콘크리트의 시공연도(施工軟度) ④ 모르타르의 팽창시험

해설 굳지 않은 콘크리트의 반죽질기를 측정하여 워커빌리티를 판단할 수 있다.

24 콘크리트 슬럼프 시험할 경우 시료를 두 번째로 콘 부피의 2/3까지 넣고 다짐대로 25회 다지는데 이때 다짐대가 콘크리트 속에 들어가는 깊이는?

① 50mm ② 70mm ③ 90mm ④ 100mm

해설 콘크리트 슬럼프 시험시 시료를 1/3 넣을 때 콘에 넣은 시료의 높이는 바닥에서 70mm이다.

25 콘크리트 압축강도 시험용 공시체의 탈형 시간은?

① 5~10시간 ② 10~20시간 ③ 16~72시간 ④ 48~72시간

26 콘크리트 압축강도 시험용 공시체의 표면을 캐핑하기 위한 시멘트 풀의 물-시멘트비는 어느 정도가 적합한가?

① 17~26% ② 27~30% ③ 31~36% ④ 37~40%

해설 공시체가 압축강도 시험시 편심을 받지 않도록 캐핑을 하는데 콘크리트를 채운 뒤 2~4시간 지나서 실시한다.

27 콘크리트 구관입 시험을 할 때 먼저 시험한 곳에서 몇 cm 이상 떨어진 곳에서 시험을 하는가?

① 10cm ② 20cm ③ 30cm ④ 50cm

해설 구관입 깊이는 cm 단위로 나타내며 30cm 이상 떨어진 곳에서 세 번 시험한다.

28 슈미트 해머에 의한 콘크리트 강도의 비파괴 시험 결과 반발경도 값이 30이다. 타격방향이 수평일 때 수정반발경도를 구하여 압축강도를 구하면 얼마인가?

① 20.6MPa ② 23.2MPa ③ 24.5MPa ④ 25.8MPa

해설
- $F = 1.3R_0 - 18.4 = 1.3 \times 30 - 18.4 = 20.6$MPa
- 수정반발경도 $R_0 = R + \Delta R = 30 + 0 = 30$

29 콘크리트의 슬럼프 시험의 슬럼프 값과 kelly ball의 관입 값과의 관계는?

① 관입 값의 1.5~3.0배가 슬럼프 값이 된다.

② 관입 값의 $\frac{3}{10} \sim \frac{1}{4}$ 배가 슬럼프 값이 된다.

③ 관입 값의 1.5~2.0배가 슬럼프 값이 된다.

④ 관입 값과 슬럼프 값은 같다.

정답 19 ② 20 ② 21 ③ 22 ② 23 ③ 24 ③ 25 ③ 26 ② 27 ③ 28 ① 29 ③

CHAPTER 3 콘크리트의 배합설계

1 배합의 일반

❶ 개요

소요의 강도, 내구성, 균일성, 수밀성, 작업에 알맞은 워커빌리티 등을 가진 콘크리트가 가장 경제적으로 얻어지도록 시멘트, 잔골재, 굵은골재 및 혼화재료의 비율을 정한다.

❷ 배합설계 선정 방법

① 단위량은 질량 배합을 원칙으로 한다.
② 작업이 가능한 범위에서 단위수량을 최소로 한다.
③ 설계상 허용한도까지 가능한 최대치수가 큰 굵은골재를 사용한다.
④ 소요의 강도를 고려한다.
⑤ 내구성 및 수밀성, 균열저항성, 철근 또는 강재를 보호하는 성능을 갖도록 정한다.

❸ 배합설계 순서

① 사용 재료를 시험한다.
② 배합 강도를 정한다.
③ 물–결합재비를 정한다.
④ 굵은골재 최대치수를 정한다.
⑤ 슬럼프값을 정한다.
⑥ 연행 공기량을 정한다.
⑦ 잔골재율을 정한다.
⑧ 단위 수량을 정한다.
⑨ 단위 시멘트량을 정한다.
⑩ 단위 잔골재량을 구한다.
⑪ 단위 굵은골재량을 구한다.
⑫ 단위 혼화재량을 구한다.
⑬ 시방배합을 현장배합으로 보정한다.

2 시방배합

① 개요
시방서 또는 책임기술자가 지시한 배합으로 골재는 표면건조 포화상태이고, 잔골재는 5mm체를 전부 통과하고 굵은골재는 5mm체에 전부 잔류한 골재를 사용했을 때의 배합

② 배합강도(f_{cr})
구조물에 사용된 콘크리트의 압축강도가 설계기준 압축강도보다 작지 않도록 현장 콘크리트의 품질 변동을 고려하여 콘크리트의 배합강도(f_{cr})를 품질기준강도(f_{cq})보다 크게 정하여야 한다. 이때 품질기준강도는 기온보정강도값을 더하여 구한다.

(1) 콘크리트의 배합강도
① $f_{cq} \leq 35\mathrm{MPa}$인 경우
- $f_{cr} = f_{cq} + 1.34s$
- $f_{cr} = (f_{cq} - 3.5) + 2.33s$

계산된 두 값 중 큰 값으로 정한다.

② $f_{cq} > 35\mathrm{MPa}$인 경우
- $f_{cr} = f_{cq} + 1.34s$
- $f_{cr} = 0.9 f_{cq} + 2.33s$

계산된 두 값 중 큰 값으로 정한다.

(2) 콘크리트의 압축강도의 표준편차
① 실제 사용한 콘크리트의 30회 이상의 시험 실적으로부터 결정하는 것을 원칙으로 한다.
② 압축강도의 시험횟수가 29회 이하이고 15회 이상인 경우는 계산한 표준편차에 보정계수를 곱한 값을 표준편차로 사용한다.

- 시험횟수가 29회 이하일 때 표준편차의 보정계수

시험횟수	표준편차의 보정계수
15	1.16
20	1.08
25	1.03
30 이상	1.0

(3) 콘크리트 압축강도의 표준편차를 알지 못할 때, 또는 압축강도의 시험횟수가 14회 이하인 경우 콘크리트 배합강도

호칭강도(MPa)	배합강도(MPa)
21 미만	$f_{cn}+7$
21 이상 35 이하	$f_{cn}+8.5$
35 초과	$1.1f_{cn}+5.0$

❸ 물-결합재비

소요의 강도, 내구성, 수밀성 및 균열저항성 등을 고려하여 정한다.

(1) 콘크리트의 압축강도를 기준으로 물-결합재비를 정하는 경우

① 압축강도와 물-결합재비와의 관계는 시험에 의하여 정하는 것을 원칙으로 한다. 이때 공시체는 재령 28일을 표준으로 한다.

② 배합에 사용할 물-결합재비는 기준 재령의 시멘트-물비와 압축강도와의 관계식에서 배합강도에 해당하는 시멘트-물비 값의 역수로 한다.

(2) 노출범주가 일반인 경우(등급 : E0)

① 물리적, 화학적 작용에 의한 콘크리트 손상의 우려가 없는 경우

② 철근이나 내부 금속의 부식 위험이 없는 경우

③ 내구성 기준 압축강도 : 21MPa

(3) 노출범주가 EC(탄산화)에 의한 철근 부식이 우려되는 노출환경

① EC1 등급 : 건조하거나 수분으로부터 보호되는 또는 영구적으로 습윤한 콘크리트
  - 공기 중 습도가 낮은 건물 내부의 콘크리트
  - 물에 계속 침지되어 있는 콘크리트
  - 내구성 기준 압축강도 : 21MPa
  - 최대 물-결합재비 : 0.60

② EC2 등급 : 습윤하고 드물게 건조되는 콘크리트로 탄산화의 위험이 보통인 경우
  - 장기간 물과 접하는 콘크리트 표면
  - 기초
  - 내구성 기준 압축강도 : 24MPa
  - 최대 물-결합재비 : 0.55

③ EC3 등급 : 보통 정도의 습도에 노출되는 콘크리트로 탄산화 위험이 비교적 높은 경우
  - 공기 중 습도가 보통 이상으로 높은 건물 내부의 콘크리트
  - 비를 맞지 않는 외부 콘크리트
  - 내구성 기준 압축강도 : 27MPa

- 최대 물-결합재비 : 0.50
④ EC4 등급 : 건습이 반복되는 콘크리트로 매우 높은 탄산화 위험에 노출되는 경우
- EC2 등급에 해당하지 않고, 물과 접하는 콘크리트
  (예를 들어 비를 맞는 콘크리트 외벽, 난간 등)
- 내구성 기준 압축강도 : 30MPa
- 최대 물-결합재비 : 0.45

(4) 노출범주가 ES(해양환경, 제설염 등 염화물)로 염화물에 의한 철근 부식을 방지하기 위해 추가적인 방식이 요구되는 철근 콘크리트와 프리스트레스트 콘크리트

① ES1 등급 : 보통 정도의 습도에서 대기 중의 염화물에 노출되지만 해수 또는 염화물을 함유한 물에 직접 접하지 않는 콘크리트
- 해안가 또는 해안 근처에 있는 구조물
- 도로 주변에 위치하여 공기 중의 제빙화학제에 노출되는 콘크리트
- 내구성 기준 압축강도 : 30MPa
- 최대 물-결합재비 : 0.45

② ES2 등급 : 습윤하고 드물게 건조되며 염화물에 노출되는 콘크리트
- 수영장
- 염화물을 함유한 공업용수에 노출되는 콘크리트
- 내구성 기준 압축강도 : 30MPa
- 최대 물-결합재비 : 0.45

③ ES3 등급 : 항상 해수에 침지되는 콘크리트
- 해상 교각의 해수 중에 침지되는 부분
- 내구성 기준 압축강도 : 35MPa
- 최대 물-결합재비 : 0.40

④ ES4 등급 : 건습이 반복되면서 해수 또는 염화물에 노출되는 콘크리트
- 해상 환경의 물보라 지역(비말대) 및 간만대에 위치한 콘크리트
- 염화물을 함유한 물보라에 직접 노출되는 교량 부위
- 도로 포장
- 주차장
- 내구성 기준 압축강도 : 35MPa
- 최대 물-결합재비 : 0.40

(5) 노출범주가 EF(동결융해)에 의한 경우로 제빙화학제가 사용되거나 혹은 사용되지 않으며 수분에 접촉되면서 동결융해의 반복작용에 노출된 외부 콘크리트

① EF1 등급 : 간혹 수분과 접촉하나 염화물에 노출되지 않고 동결융해의 반복작용에 노출되는 콘크리트

- 비와 동결에 노출되는 수직 콘크리트 표면
- 내구성 기준 압축강도 : 24MPa
- 최대 물-결합재비 : 0.55

② EF2 등급 : 간혹 수분과 접촉하고 염화물에 노출되며 동결융해의 반복작용에 노출되는 콘크리트
- 공기 중 제빙화학제와 동결에 노출되는 도로 구조물의 수직 콘크리트 표면
- 내구성 기준 압축강도 : 27MPa
- 최대 물-결합재비 : 0.50

③ EF3 등급 : 지속적으로 수분과 접촉하나 염화물에 노출되지 않고 동결융해의 반복작용에 노출되는 콘크리트
- 비와 동결에 노출되는 수평 콘크리트 표면
- 내구성 기준 압축강도 : 30MPa
- 최대 물-결합재비 : 0.45

④ EF4 등급 : 지속적으로 수분과 접촉하고 염화물에 노출되며 동결융해의 반복작용에 노출되는 콘크리트
- 제빙화학제에 노출되는 도로와 교량 바닥판
- 제빙화학제가 포함된 물과 동결에 노출되는 콘크리트 표면
- 동결에 노출되는 물보라 지역(비말대) 및 간만대에 위치한 해양 콘크리트
- 내구성 기준 압축강도 : 30MPa
- 최대 물-결합재비 : 0.45

(6) 노출범주가 EA(황산염)로 수용성 황산염 이온을 유해한 정도로 포함한 물 또는 흙과 접촉하고 있는 콘크리트

① EA1 등급 : 보통 수준의 황산염 이온에 노출되는 콘크리트
- 토양과 지하수에 노출되는 콘크리트
- 해수에 노출되는 콘크리트
- 내구성 기준 압축강도 : 27MPa
- 최대 물-결합재비 : 0.50

② EA2 등급 : 유해한 수준의 황산염 이온에 노출되는 콘크리트
- 토양과 지하수에 노출되는 콘크리트
- 내구성 기준 압축강도 : 30MPa
- 최대 물-결합재비 : 0.45

③ EA3 등급 : 매우 유해한 수준의 황산염 이온에 노출되는 콘크리트
- 토양과 지하수에 노출되는 콘크리트
- 하수, 오폐수에 노출되는 콘크리트
- 내구성 기준 압축강도 : 30MPa
- 최대 물-결합재비 : 0.45

④ 단위수량

(1) 작업이 가능한 범위 내에서 될 수 있는 대로 적게 되도록 시험을 통해 정한다.
(2) 굵은골재 최대치수, 골재의 입도와 입형, 혼화재료의 종류, 콘크리트의 공기량 등에 따라 다르므로 시험 후 정한다.
   • 부순돌이나 고로슬래그 굵은골재를 사용할 경우 자갈을 사용했을 경우에 비해 약 10% 증가한다.

⑤ 굵은골재의 최대치수

(1) 부재 최소치수의 1/5, 철근 피복 및 철근의 최소 순간격의 3/4을 초과해서는 안 된다.
(2) 굵은골재의 최대치수 표준

구조물의 종류	굵은골재의 최대치수(mm)
일반적인 경우	20 또는 25
단면이 큰 경우	40
무근 콘크리트	40 부재 최소치수의 1/4 이하

⑥ 슬럼프

(1) 운반, 타설, 다지기 등의 작업에 알맞은 범위 내에서 될 수 있는 대로 작은 값으로 정한다.
(2) 슬럼프의 표준값

종 류		슬럼프 값(mm)
철근 콘크리트	일반적인 경우	80~150
	단면이 큰 경우	60~120
무근 콘크리트	일반적인 경우	50~150
	단면이 큰 경우	50~100

⑦ 잔골재율

(1) 소요의 워커빌리티를 얻을 수 있는 범위 내에서 단위수량이 최소가 되도록 시험에 의해 정한다.
(2) 공사중에 잔골재의 입도가 변하여 조립률이 ±0.2 이상의 변화를 나타내었을 때는 배합을 변경하여야 한다.
(3) 콘크리트 펌프 시공의 경우에는 콘크리트 펌프의 성능, 배관, 압송거리 등에 따라 결정한다.
(4) 유동화 콘크리트의 경우 유동화 후 콘크리트의 워커빌리티를 고려하여 잔골재율을 결정할 필요가 있다.

(5) 고성능 공기연행 감수제를 사용한 콘크리트의 경우로서 물-결합재비 및 슬럼프가 같으면 일반적인 공기연행 감수제를 사용한 콘크리트와 비교하여 잔골재율을 1~2% 정도 크게 하는 것이 좋다.

(6) 공기량이 3% 이상이고 단위 시멘트량이 250kg/m³ 이상인 공기연행 콘크리트나 단위 시멘트량이 300kg/m³ 이상인 콘크리트 또는 0.3mm체와 0.15mm체를 통과한 골재의 부족량을 양질의 광물질 미분말로 보충한 콘크리트에서는 0.3mm체와 0.15mm체 질량 백분의 최소량을 각각 5% 및 0%로 감소시켜도 좋다.

⑧ 콘크리트의 단위 굵은골재 용적, 잔골재율 및 단위수량의 대략 값

굵은골재의 최대치수 (mm)	단위 굵은 골재 용적 (%)	공기연행제를 사용하지 않은 콘크리트			공기연행 콘크리트				
		갇힌 공기 (%)	잔골재율 S/a (%)	단위수량 W (kg)	공기량 (%)	양질의 공기연행제를 사용한 경우		양질의 공기연행 감수제를 사용한 경우	
						잔골재율 S/a	단위수량 W(kg)	잔골재율 S/a	단위수량 W(kg)
13	58	2.5	53	202	7.0	47	180	48	170
20	62	2.0	49	197	6.0	44	175	45	165
25	67	1.5	45	187	5.0	42	170	43	160
40	72	1.2	40	177	4.5	39	165	40	155

※ 1) 이 표의 값은 보통의 입도를 가진 천연 잔골재(조립률 2.8 정도)와 부순 굵은골재를 사용한 물-시멘트비 55% 정도 슬럼프 80mm 정도의 콘크리트에 대한 것이다.
2) 사용재료 또는 콘크리트의 품질이 1)의 조건과 다를 경우에는 위의 표의 값을 아래 표에 따라 보정한다.

▼ 단위수량 및 잔골재율 보정 방법

구 분	S/a의 보정(%)	W의 보정
잔골재의 조립률이 0.1만큼 클(작을) 때마다	0.5만큼 크게(작게) 한다.	보정하지 않는다.
슬럼프 값이 10mm만큼 클(작을) 때마다	보정하지 않는다.	1.2%만큼 크게(작게) 한다.
공기량이 1%만큼 클(작을) 때마다	0.5~1.0만큼 작게(크게) 한다.	3%만큼 작게(크게) 한다.
물-시멘트비가 0.05 클(작을) 때마다	1만큼 크게(작게) 한다.	보정하지 않는다.
S/a가 1% 클(작을) 때마다	보정하지 않는다.	1.5kg만큼 크게(작게) 한다.
천연 굵은골재를 사용할 경우	3~5만큼 작게 한다.	9~15kg만큼 작게 한다.
부순 잔골재를 사용할 경우	2~3만큼 크게 한다.	6~9kg만큼 크게 한다.

※ 3) 단위 굵은골재 용적에 의하는 경우에는 잔골재의 조립률이 0.1만큼 커질(작아질) 때마다 단위 굵은골재 용적을 1%만큼 작게(크게) 한다.

9 공기연행 콘크리트의 공기량

(1) 공기연행 콘크리트 공기량의 표준값

굵은골재의 최대치수 (mm)	공기량(%)	
	심한 노출	일반 노출
10	7.5	6.0
15	7.0	5.5
20	6.0	5.0
25	6.0	4.5
40	5.5	4.5

(2) 운반 후 공기량은 공기연행 콘크리트 공기량의 표준값에서 ±1.5% 이내이어야 한다.

10 배합표시법

굵은골재의 최대치수 (mm)	슬럼프 범위 (mm)	공기량 범위 (%)	물-결합재비 W/B(%)	잔골재율 S/a (%)	단위량(kg/m³)						
					물 W	시멘트 C	잔골재 S	굵은골재		혼화재료	
								mm~mm	mm~mm	혼화재	혼화제

(1) 단위 시멘트량

$$\frac{단위수량}{물-결합재비}$$

(2) 단위 골재량의 절대부피(m³)

$$1 - \left(\frac{단위수량}{물의\ 밀도 \times 1000} + \frac{단위시멘트량}{시멘트의\ 밀도 \times 1000} + \frac{단위혼화재량}{혼화재의\ 밀도 \times 1000} + \frac{공기량}{100} \right)$$

(3) 단위 잔골재량의 절대부피(m³)

　단위 골재량의 절대부피 × 잔골재율

(4) 단위 잔골재량(kg)

　단위 잔골재량의 절대부피 × 잔골재의 밀도 × 1,000

(5) 단위 굵은골재량의 절대부피(m³)

　단위 골재량의 절대부피 − 단위 잔골재량의 절대부피

(6) 단위 굵은골재량(kg)

　단위 굵은골재량의 절대부피 × 굵은골재의 밀도 × 1,000

CHAPTER 3

3 현장배합

❶ 개요

현장 골재의 입도 및 함수 상태를 고려하여 시방배합을 현장에 적합하게 보정한 배합

❷ 골재의 입도에 대한 보정

$$x = \frac{100S - b(S+G)}{100 - (a+b)}$$

$$y = \frac{100G - a(S+G)}{100 - (a+b)}$$

여기서, x : 계량해야 할 현장의 잔골재량(kg)
y : 계량해야 할 현장의 굵은골재량(kg)
S : 시방배합의 잔골재량(kg)
G : 시방배합의 굵은골재량(kg)
a : 잔골재 속의 5mm체에 남는 양(%)
b : 굵은골재 속의 5mm체를 통과하는 양(%)

❸ 골재의 표면수량에 대한 보정

$$S' = x\left(1 + \frac{c}{100}\right)$$

$$G' = y\left(1 + \frac{d}{100}\right)$$

$$W' = W - x \cdot \frac{C}{100} - y \cdot \frac{d}{100}$$

여기서, S' : 계량해야 할 현장의 잔골재량(kg)
G' : 계량해야 할 현장의 굵은골재량(kg)
W' : 계량해야 할 현장의 물의 양(kg)
c : 현장의 잔골재의 표면수량(%)
d : 현장의 굵은골재의 표면수량(%)
W : 시방 배합의 물의 양(kg)

❹ 콘크리트 배합설계 예

(1) 설계 조건

① 호칭강도 : $f_{cn} = 24\text{MPa}$

② 슬럼프 값 : $120 \pm 25\text{mm}$

③ 공기량 : $4.5 \pm 1.5\%$

④ 굵은골재의 최대치수 : 25mm

⑤ 공기연행제 사용량 : 시멘트 질량의 0.03%

⑥ 압축강도의 표준편차 : 3.6MPa

(2) 재료시험

① 시멘트 밀도 : 3.15g/cm^3

② 잔골재의 표건밀도 : 2.60g/cm^3

③ 굵은골재의 표건밀도 : 2.65g/cm^3

④ 잔골재의 조립률 : 2.86

(3) 배합강도($f_{cn} \leq 35\text{MPa}$이므로)

$f_{cr} = f_{cn} + 1.34s = 24 + 1.34 \times 3.6 = 28.8(\text{MPa})$

$f_{cr} = (f_{cn} - 3.5) + 2.33s = (24 - 3.5) + 2.33 \times 3.6 = 28.9(\text{MPa})$

$\therefore f_{cr} = 28.9(\text{MPa})$

(4) 물-결합재비

① 강도를 기준으로 하여 정하는 경우

- 시험 결과 : 시멘트·물비(C/W)와 f_{28} 관계에서 얻은 값

$f_{28} = -13.8 + 21.6\,C/W(\text{MPa})$

$\therefore 28.9 = -13.8 + 21.6\,C/W(\text{MPa})$

$\dfrac{W}{C} = \dfrac{21.6}{28.9 + 13.8} = 0.505 ≒ 50\%$

② 내동해성을 기준으로 하여 정하는 경우

- 물에 노출되었을 때 낮은 투수성이 요구되는 콘크리트 조건의 값

$\dfrac{W}{C} = 50\%$

③ 기타 수밀성, 황산염에 대한 내구성, 탄산화 저항성을 고려하는 경우

④ 물-시멘트비 결정

물-시멘트비는 작은 값을 택하여 $\dfrac{W}{C} = 50\%$로 한다.

❺ 단위수량 및 잔골재율 보정

보정 항목	기준표 조건	배합 조건	S/a=42%	W=170kg
			S/a의 보정량	W의 보정량
잔골재의 조립률	2.8	2.86	$\dfrac{2.86-2.8}{0.1}\times 0.5 = 0.3\%$	
슬럼프(mm)	80	120		$\left(\dfrac{120-80}{10}\right)\times 1.2 = 4.8\%$
물-결합재비	0.55	0.5	$\dfrac{0.5-0.55}{0.05}\times 1 = -1.0\%$	
공기량	5.0	4.5	$\dfrac{5.0-4.5}{1}\times 0.75 = 0.4\%$	$(5.0-4.5)\times 3 = 1.5\%$
합 계			-0.3%	6.3%
보정값			$S/a = 42 - 0.3 = 41.7\%$	$W = 170 \times 1.063 = 181\text{kg}$

(1) 단위 시멘트량 $(C) = \dfrac{181}{0.5} = 362(\mathrm{kg})$

(2) 단위 골재량의 절대부피 $= 1 - \left(\dfrac{181}{1 \times 1000} + \dfrac{362}{3.15 \times 1000} + \dfrac{4.5}{100}\right) = 0.659(\mathrm{m}^3)$

(3) 단위 잔골재량의 절대부피 $= 0.659 \times 0.417 = 0.275(\mathrm{m}^3)$

(4) 단위 굵은골재량의 절대부피 $= 0.659 - 0.275 = 0.384(\mathrm{m}^3)$

(5) 단위 잔골재량 $= 0.275 \times 2.60 \times 1000 = 715(\mathrm{kg})$

(6) 단위 굵은골재량 $= 0.384 \times 2.65 \times 1000 = 1018(\mathrm{kg})$

(7) 단위 공기연행제량 $= 362 \times 0.0003 = 0.1086(\mathrm{kg})$

6 시험 비비기

(1) 시험 배치의 양(1배치의 양을 30 l로 하면)

① 물의 양 $= 181 \times \dfrac{30}{1000} = 5.43(\mathrm{kg})$

② 시멘트의 양 $= 362 \times \dfrac{30}{1000} = 10.86(\mathrm{kg})$

③ 잔골재량 $= 715 \times \dfrac{30}{1000} = 21.45(\mathrm{kg})$

④ 굵은골재량 $= 1018 \times \dfrac{30}{1000} = 30.54(\mathrm{kg})$

⑤ 공기연행제량 $= 0.1086 \times \dfrac{30}{1000} = 0.003258(\mathrm{kg})$

(2) 제 1 배치

슬럼프 140mm, 공기량 5.5%를 얻었다.

(3) 제 2 배치

① 슬럼프의 보정 $= 181 \times \left[1 - \left(\dfrac{140 - 120}{10}\right) \times 0.012\right] = 177(\mathrm{kg})$

② 공기량의 보정 $= 177 \times \left[1 + \left(\dfrac{5.5 - 4.5}{1}\right) \times 0.03\right] = 182(\mathrm{kg})$

∴ 물의 양$(W) = 182\mathrm{kg}$로 한다.

③ 잔골재율의 보정

∴ 잔골재율$(S/a) = 41.7 + 0.75 = 42.5(\%)$

④ 단위량 재료의 단위량을 구하고 30 l로 환산하여 비빈 결과 슬럼프, 공기량, 워커빌리티가 양호한 것으로 판단(적합하게 판단 안 될 때는 S/a을 1%씩 변경하고 판단)

(4) $W/C - f_{28}$ 관계식을 구하기 위해 공시체 제작

① W/C를 0.05(5%)씩 증감하여 즉 45%, 50%, 55%로 변경시켜 공시체를 제작 후 f_{28}과 C/W 관계에서 W/C를 결정한다.

② 시험 결과 단위수량 182kg, 물-시멘트비 51%, 잔골재율 42.5%로 단위량을 계산하고 시방배합을 결정한다.

- 단위 시멘트량$(C) = \dfrac{182}{0.51} = 357(\text{kg})$
- 단위 골재량의 절대부피 $= 1 - \left(\dfrac{182}{1 \times 1000} + \dfrac{357}{3.15 \times 1000} + \dfrac{4.5}{100}\right) = 0.66(\text{m}^3)$
- 단위 잔골재량의 절대부피 $= 0.66 \times 0.425 = 0.281(\text{m}^3)$
- 단위 굵은골재량의 절대부피 $= 0.66 - 0.281 = 0.379(\text{m}^3)$
- 단위 잔골재량 $= 0.281 \times 2.60 \times 1000 = 731(\text{kg})$
- 단위 굵은골재량 $= 0.379 \times 2.65 \times 1000 = 1004(\text{kg})$
- 단위 공기연행제량 $= 357 \times 0.0003 = 0.1071(\text{kg})$

(5) 현장 배합

① 현장 골재의 상태
- 잔골재 속의 5mm체에 남는 양(a) : 5%
- 굵은골재 속의 5mm체를 통과하는 양(b) : 3%
- 잔골재의 표면수량(c) : 3.1%
- 굵은골재의 표면수량(d) : 1%

② 입도에 대한 조정
- $x = \dfrac{100S - b(S+G)}{100 - (a+b)} = \dfrac{100 \times 731 - 3(731+1004)}{100 - (5+3)} = 738(\text{kg})$
- $y = \dfrac{100G - a(S+G)}{100 - (a+b)} = \dfrac{100 \times 1004 - 5(731+1004)}{100 - (5+3)} = 997(\text{kg})$

또는 $x + y = 731 + 1004$
$0.05x + (1-0.03)y = 1004$
연립하여 계산하면 ∴ $x = 738\text{kg}, y = 997\text{kg}$

③ 표면수량에 대한 조정
- $S' = x\left(1 + \dfrac{c}{100}\right) = 738\left(1 + \dfrac{3.1}{100}\right) = 761(\text{kg})$
- $G' = y\left(1 + \dfrac{d}{100}\right) = 997\left(1 + \dfrac{1}{100}\right) = 1007(\text{kg})$
- $W' = W - x \cdot \dfrac{c}{100} - y \cdot \dfrac{d}{100} = 182 - 738 \times \dfrac{3.1}{100} - 997 \times \dfrac{1}{100} = 149(\text{kg})$

CHAPTER 3 출제 예상 문제 — 콘크리트의 배합설계

01 시방 배합시 단위 잔골재량 705kg/m³, 단위 굵은골재량 1101kg/m³이다. 현장의 입도에 대한 골재 상태는 5mm체에 남는 잔골재량은 4%이고 5mm체를 통과하는 굵은골재량은 3%이다. 현장 배합의 잔골재량(X kg)과 굵은골재량(Y kg)은?

① $X = 740$kg, $Y = 1,066$kg
② $X = 720$kg, $Y = 1,086$kg
③ $X = 700$kg, $Y = 1,106$kg
④ $X = 680$kg, $Y = 1,126$kg

해설
$$X = \frac{100S - b(S+G)}{100-(a+b)} = \frac{100 \times 705 - 3(705+1101)}{100-(4+3)} = 700\text{kg}$$
$$Y = \frac{100G - a(S+G)}{100-(a+b)} = \frac{100 \times 1101 - 4(705+1101)}{100-(4+3)} = 1,106\text{kg}$$

02 시방 배합 결과 물 170kg/m³, 시멘트 350kg/m³, 굵은골재 1,000kg/m³, 잔골재 700kg/m³이다. 잔골재 및 굵은골재의 표면수가 3%와 1%일 경우 현장 배합시 단위수량은 얼마인가?

① 139 kg/m³
② 145 kg/m³
③ 163.2 kg/m³
④ 165 kg/m³

해설
단위수량(W) $= 170 - (700 \times 0.03 + 1000 \times 0.01) = 139$kg

03 시험 결과 결합재-물비(C/W)와 f_{28} 관계에서 $f_{28} = -13.8 + 21.6\, C/W$(MPa) 얻은 값이다. 물-시멘트비는 얼마인가? (단, 배합강도는 36MPa이다.)

① 41.3%
② 43.3%
③ 44.3%
④ 45.3%

해설
$f_{28} = -13.8 + 21.6\, C/W$
$36 = -13.8 + 21.6\, C/W$
$\therefore \dfrac{W}{C} = \dfrac{21.6}{36+13.8} = 0.433 = 43.3\%$

04 콘크리트의 배합 설계에서 단위수량이 156kg, 단위시멘트량이 300kg일 때 물-결합재비는 얼마인가?

① 50%
② 52%
③ 54%
④ 56%

해설
$\dfrac{W}{C} = \dfrac{156}{300} = 0.52 = 52\%$

05 시방서의 배합 기준표에서 표준 잔골재율 $S/a = 42\%$은 조립률이 2.8일 때를 기준으로 한다. 실제로 사용하는 모래의 조립률은 2.99일 경우의 S/a 값은 얼마인가?

① 40.25% ② 41.05%
③ 42.04% ④ 42.95%

해설
$$\frac{2.99 - 2.8}{0.1} \times 0.5 = 0.95\%$$
$$\therefore S/a = 42 + 0.95 = 42.95\%$$

06 콘크리트 배합에 관하여 다음 설명 중에서 틀린 것은?

① 현장 배합은 현장 골재의 조립률에 따라서 시방 배합을 환산하여 배합한다.
② 콘크리트 배합은 질량 배합을 사용하는 것이 원칙이다.
③ 콘크리트 배합 강도는 설계기준강도보다 충분히 크게 정한다.
④ 시방 배합에서는 잔·굵은 골재는 모두 표면건조 포화상태로 한다.

해설 현장 배합은 입도 및 표면수를 고려하여 환산한다.

07 콘크리트 1m³을 만드는 데 필요한 골재의 절대용적이 0.689m³이라면 단위 굵은골재량은? (단, 잔골재율은 41%, 굵은골재의 밀도는 2.65g/cm³이다.)

① 749kg ② 1,077kg
③ 1,120kg ④ 1,156kg

해설
- 단위 굵은골재의 용적 = $0.689 \times 0.59 = 0.40651 m^3$
- 단위 굵은골재량 = $0.40651 \times 2.65 \times 1000 = 1077 kg$

08 품질기준강도(f_{cq})가 24MPa를 갖는 콘크리트를 만들 때 배합강도는? (단, 표준편차는 3.6MPa이다.)

① 24.5MPa ② 25MPa
③ 28.9MPa ④ 30MPa

해설
① $f_{cr} = f_{cq} + 1.34S = 24 + 1.34 \times 3.6 = 28.8 MPa$
② $f_{cr} = (f_{cq} - 3.5) + 2.33S = (24 - 3.5) + 2.33 \times 3.6 = 28.9 MPa$
①, ② 중 큰 값을 적용한다.
∴ 28.9MPa

정답 01 ③ 02 ① 03 ② 04 ② 05 ④ 06 ① 07 ② 08 ③

09 콘크리트 배합에 관한 설명 중 옳은 것은?

① 단위수량은 작업이 가능한 범위에서 되도록 크게 정한다.
② 잔골재율은 소요의 워커빌리티를 얻는 범위에서 단위수량이 최대가 되게 정한다.
③ 시방 배합을 현장 배합으로 고칠 때 혼화제를 희석시킨 희석수량은 고려하지 않는다.
④ 기상 작용이 심하지 않는 곳에서 공기연행 콘크리트를 사용하는 경우 소요의 워커빌리티를 얻는 범위에서 될 수 있는 대로 적은 공기량으로 한다.

> **해설**
> - 단위수량 작업이 가능한 범위에서 적게 한다.
> - 잔골재율은 워커빌리티 범위에서 단위수량이 최소가 되도록 한다.
> - 혼화제를 희석시킨 희석수량은 고려해야 한다.

10 콘크리트 배합 설계 시 굵은골재의 최대치수를 선정하는 기준 중 잘못된 것은?

① 철근 콘크리트용 굵은골재의 최대치수는 부재 최소치수의 1/5를 초과해서는 안 된다.
② 철근 콘크리트의 일반적인 구조물의 경우 굵은골재의 최대치수는 40mm로 한다.
③ 무근 콘크리트의 굵은골재의 최대치수는 부재 최소치수의 1/4을 초과해서는 안 된다.
④ 철근 콘크리트의 굵은골재의 최대치수는 피복 및 철근의 최소 순간격의 3/4를 초과해서는 안 된다.

> **해설** 철근 콘크리트의 일반적인 구조물의 경우는 굵은골재의 최대치수가 20mm 또는 25mm이며 단면이 큰 경우에는 40mm이다.

11 잔골재의 조립률(FM)이 시방 배합 기준표의 값보다 얼마만큼 차이가 있을 때 잔골재율을 보정하는가?

① 0.1
② 0.2
③ 0.3
④ 0.4

> **해설** 잔골재율의 조립률이 기준값(2.80)보다 0.1만큼 크면 잔골재율(S/a)를 0.5% 크게 하고 적으면 적게 한다.

12 단위수량 W=175kg, 단위 굵은골재량, G=1,150kg, S/a=35%, 물-결합재비 W/C=60%로 할 때 단위 잔골재량 S는? (단, 각 재료의 밀도는 물 : 1g/cm³, 골재 : 2.65g/cm³, 시멘트 : 3.15g/cm³이다. 공기량은 무시함)

① 750kg
② 810kg
③ 633kg
④ 791kg

> **해설**
> $\dfrac{W}{C} = 0.6$ ∴ $C = \dfrac{175}{0.6} = 291.7\text{kg}$
>
> 잔골재의 부피 = 1 − (굵은골재 + 시멘트 + 물) = $1 - \left(\dfrac{1150}{2.65 \times 1000} + \dfrac{291.7}{3.15 \times 1000} + \dfrac{175}{1 \times 1000}\right) = 0.2985\text{m}^3$
>
> ∴ 단위 잔골재량 = $2.65 \times 0.2985 \times 1000 = 791\text{kg}$

13 공사 중에 잔골재의 조립률이 콘크리트 배합을 정할 때 가정한 조립률에 비하여 얼마 이상의 변화를 나타내었을 때 배합을 변경해야 하는가?

① ±0.1 ② ±0.2 ③ ±0.3 ④ ±0.4

> **해설** 공사 중에 잔골재의 입도가 변화하여 조립률이 ±0.2 이상 차이가 있을 경우 소요의 워커빌리티를 가지는 콘크리트를 얻을 수 있도록 잔골재율이나 단위수량을 변경해야 한다.

14 콘크리트 배합 결정시 잔골재율에 관한 설명 중 틀린 것은?

① 잔골재율은 콘크리트 속의 골재 전체 중량에 대한 잔골재 전체 질량 백분율이다.
② 잔골재율은 소요의 워커빌리티를 얻을 수 있는 범위 내에서 단위수량이 최소가 되도록 정해야 한다.
③ 공사중 잔골재의 입도가 변화하여 조립률이 ±0.2 이상 차이가 나면 잔골재율을 변경한다.
④ 잔골재율을 어느 정도 작게 하면 콘크리트는 거칠어지고 재료 분리가 일어난다.

> **해설**
> 잔골재율(S/a) = $\dfrac{S}{G+S} \times 100$
>
> 여기서, S : 잔골재의 부피, G : 굵은골재의 부피, a : 전체 골재의 부피

15 다음 중 사용량이 많아 콘크리트의 배합 설계에 고려하여야 하는 혼화재료는?

① 슬래그 ② 감수제 ③ 지연제 ④ 공기연행제

> **해설** 포졸란, 플라이 애시, 고로 슬래그 등의 혼화재는 사용량이 시멘트 질량의 5% 이상 되므로 그 자체의 부피를 고려해야 한다.

16 콘크리트 배합 설계에서 슬럼프 값이 10mm만큼 클 경우 단위수량은 몇 % 크게 조정하는가?

① 0.5% ② 1.0% ③ 1.2% ④ 1.5%

> **해설** 슬럼프 값이 10mm만큼 클(작을) 때마다 1.2%만큼 크게(작게) 한다.

정답 09 ④ 10 ② 11 ① 12 ④ 13 ② 14 ① 15 ① 16 ③

CHAPTER 3 출제 예상 문제

17 콘크리트 배합에서 굵은골재의 최대치수를 증가시켰을 때 발생되는 다음 설명 중 틀린 것은?
① 단위 시멘트량이 증가될 수 있다.
② 단위수량을 줄일 수 있다.
③ 잔골재율이 작아진다.
④ 공기량이 작아진다.

해설
- 콘크리트를 경제적으로 제조한다는 관점에서 될 수 있는 대로 최대치수가 큰 굵은골재를 사용하는 것이 좋다.
- 굵은골재의 최대치수를 증가시키면 단위 시멘트량을 줄일 수 있다.

18 콘크리트의 배합설계의 순서로서 적합한 것은 어느 것인가?

> A : 잔골재율(S/a)의 결정   B : 단위수량(W)의 결정
> C : 슬럼프(slump) 값의 결정   D : 물–결합재비(W/B)의 결정
> E : 현장 배합으로 수정   F : 굵은골재의 최대치수 결정
> G : 시방 배합 산출 및 조정

① D–B–A–F–C–E–G
② B–D–C–A–F–G–E
③ B–D–C–F–E–A–G
④ D–F–C–A–B–G–E

해설 콘크리트 배합 설계 순서
① 물–결합재비 결정   ② 굵은골재의 최대치수 결정
③ 슬럼프 값의 결정   ④ 잔골재율(S/a) 결정
⑤ 단위수량(W) 결정   ⑥ 시방 배합 산출 및 조정
⑦ 현장 배합 수정

19 콘크리트의 배합 결과 물–결합재비가 50%, 잔골재율이 35%, 단위수량이 160kg을 얻었다. 단위 시멘트량은 얼마인가?
① 295kg   ② 300kg   ③ 320kg   ④ 457kg

해설 $\dfrac{W}{C}=50\%$이므로 $\dfrac{160}{C}=0.5$ ∴ $C=\dfrac{160}{0.5}=320\text{kg}$

20 콘크리트의 배합설계에 관한 다음 설명 중 틀린 것은?
① 모래의 조립률이 0.1만큼 클 때마다 잔골재율은 0.5%만큼 크게 보정한다.
② 슬럼프 값이 10mm만큼 증가시키기 위해서는 단위수량을 1.2%만큼 크게 보정한다.
③ 공기량을 1% 증가하는 경우에는 잔골재율은 1% 정도 증가시킨다.
④ 물–결합재비가 0.05만큼 클 때마다 잔골재율은 1% 정도 증가시킨다.

해설 공기량을 1% 증가시키는 경우에는 잔골재율을 0.5~1% 정도 감소시킨다.

21 단위수량 W=175kg, 단위 굵은골재량 G=1,120kg, S/a=34%, 물-결합재비 W/C=55%로 할 때 단위 잔골재량은 얼마인가? (단, 굵은골재의 밀도는 2.62g/cm³, 잔골재의 밀도는 2.60g/cm³, 시멘트의 밀도는 3.15g/cm³, 공기량은 무시한다.)

① 760kg　② 766kg　③ 770kg　④ 776kg

해설
- 잔골재의 부피 = 1m³ − (굵은골재 + 시멘트 + 물)부피
$$= 1 - \left(\frac{1120}{2.62 \times 1000} + \frac{318}{3.14 \times 1000} + \frac{175}{1 \times 1000}\right) = 0.2962\text{m}^3$$

여기서, 시멘트 질량을 구하면 $\frac{W}{C} = 0.55$

∴ $C = \frac{175}{0.55} = 318$kg

- 단위 잔골재량 = 잔골재의 부피 × 잔골재 밀도 × 1,000 = 0.2962 × 2.60 × 1000 = 770kg

22 콘크리트를 배합할 때 잔골재 275l, 굵은골재를 480l를 투입하여 혼합한다면 이때 잔골재율(S/a)은 얼마인가?

① 27.5%　② 36.4%　③ 48.0%　④ 63.5%

해설
$$S/a = \frac{275}{275+480} = 0.364$$

23 콘크리트의 배합에 관한 설명 중 틀린 것은?

① 질량 배합이 원칙이다.
② 시방 배합에서는 표면건조 포화상태의 골재를 기준한다.
③ 현장 배합은 현장 골재의 조립률에 따라 시방 배합을 환산한 것이다.
④ 콘크리트 배합 강도는 설계기준강도보다 큰 강도여야 한다.

해설 현장 배합은 시방 배합을 현장 골재의 입도 및 표면수를 고려하여 수정한 것이다.

24 콘크리트 배합 설계에서 잔골재율(S/a)을 작게 하였을 때 나타나는 현상 중 옳지 않은 것은?

① 소요의 워커빌리티를 얻기 위해서 필요한 단위 시멘트량이 증가한다.
② 소요의 워커빌리티를 얻기 위해서 필요한 단위수량이 감소한다.
③ 재료 분리가 발생되기 쉽다.
④ 워커빌리티가 나빠진다.

해설 잔골재율을 작게 하면 소요의 워커빌리티를 얻기 위해 필요한 단위수량은 적게 되어 단위 시멘트량이 적어지므로 경제적이다.

정답　17 ①　18 ④　19 ③　20 ③　21 ③　22 ②　23 ③　24 ①

3 출제 예상 문제

25 콘크리트 배합시 단위수량이 감소되므로 얻는 이점이 아닌 것은?
① 압축강도와 휨강도를 증진시킨다.
② 철근과 다른 층의 콘크리트간의 접착력을 증가시킨다.
③ 투수율을 증가시킨다.
④ 건조수축이 줄어든다.

> **해설** 투수율이 감소된다.

26 콘크리트의 시방 배합을 현장 배합으로 수정할 때 고려해야 할 것은?
① 골재의 입도 및 표면수
② 조립률
③ 단위 시멘트량
④ 굵은골재의 최대치수

> **해설** 시방 배합은 골재의 상태가 표면건조 포화상태이며 굵은골재와 잔골재가 5mm체로 구분되어 적용되므로 현장의 골재 표면수와 입도를 고려하여 수정한다.

27 시방 배합에서 사용되는 골재는 어떤 상태인가?
① 습윤 상태
② 공기중 건조상태
③ 표면건조 포화상태
④ 절대건조상태

> **해설** 시방 배합에 사용되는 골재는 표면건조 포화상태이며 5mm체 통과 또는 남는 골재를 사용한다.

28 콘크리트 시방 배합의 각 재료량의 설명 중 옳은 것은?
① 질량 배합으로 계산된 각 재료의 $1m^3$의 단위질량을 말한다.
② 질량 배합으로 콘크리트 $1m^3$를 만드는 데 필요한 각 재료의 질량을 말한다.
③ 용적 배합으로 계산된 각 재료의 $1m^3$의 단위용적질량을 말한다.
④ 용적 배합으로 콘크리트 $1m^3$를 만드는 데 필요한 각 재료의 질량을 말한다.

29 굵은골재의 최대치수가 크면 콘크리트에 어떤 영향을 미치는지 다음 설명 중 틀린 것은?
① 소요수량이 적게 된다.
② 물-결합재비가 적어진다.
③ 빈배합의 경우 강도가 감소된다.
④ 경제성이 향상된다.

> **해설**
> • 부배합의 경우 : 강도가 감소한다.
> • 빈배합의 경우 : 강도가 증가한다.

30 콘크리트 배합시 물-결합재비를 적게 할 수 있는 대책에 관한 설명 중 틀린 것은?
① 굵은골재의 최대치수를 크게 한다.
② 잔골재율을 크게 한다.
③ 실리카 퓸을 사용한다.
④ 양호한 입도의 골재를 사용한다.

> **해설**
> - 잔골재율을 적게 한다.
> - 골재는 흡수율이 적은 것을 사용한다.
> - 고성능 감수제를 사용한다.

31 콘크리트 배합시 사용 수량을 증가시키지 않고 슬럼프를 증가시키는 방법이 아닌 것은?
① 공기연행제를 사용해서 공기량을 증가시킨다.
② 감수제를 사용한다.
③ 잔골재율(S/a)을 작게 한다.
④ 유동화제를 사용한다.

> **해설** 잔골재율(S/a)을 증가시킨다.

32 콘크리트 배합시 단위수량이 적을 때 효과라고 볼 수 없는 것은?
① 콘크리트의 재료분리가 적다.
② 내구성, 수밀성이 커진다.
③ 건조수축이 커진다.
④ 수화열에 의한 균열 발생이 적어진다.

> **해설** 건조수축이 적고 경제적이다.

33 시방 배합에 따르는 일반적인 콘크리트 배합설계 순서 중 제일 먼저 실시해야 할 것은?
① 구조물의 종류와 용도를 고려하여 물-결합재비를 결정한다.
② 굵은골재의 최대치수를 결정한다.
③ 사용할 재료의 품질시험을 실시한다.
④ 잔골재율을 결정한다.

> **해설** 시멘트 및 골재의 밀도, 골재의 입도 분석, 흡수율, 단위용적질량 및 마모율 등 사용 재료의 품질시험을 먼저 실시한다.

정답 25 ③ 26 ① 27 ③ 28 ② 29 ③ 30 ② 31 ③ 32 ③ 33 ③

34. 콘크리트 배합강도 $f_{cr} = (f_{cq} - 3.5) + 2.33s$ 에서 시험값이 품질기준강도 f_{cq} 보다 몇 MPa 이하로 내려갈 확률을 몇 %로 하여 정하는가?

① 3MPa, 0.13%
② 3MPa, 0.15%
③ 3.5MPa, 1%
④ 4.5MPa, 1%

35. 현장으로 운반된 레미콘을 인수한 즉시 인수자가 해야 할 굳지 않은 콘크리트의 품질 시험이 아닌 것은?

① 슬럼프 시험
② 공기량 시험
③ 염화물 함유량 시험
④ 압축강도 시험

해설 압축강도 시험을 하기 위해 소정의 압축강도 몰드에 공시체를 제작한다.

36. 콘크리트의 배합에 관한 다음 설명 중 옳지 않은 것은?

① 콘크리트의 단위수량은 작업할 수 있는 범위 내에서 적은 것이 좋다.
② 단위 시멘트량은 단위수량과 물-결합재비에서 정한다.
③ 콘크리트 배합에 쓰이는 압축강도는 설계기준강도보다 적은 강도로 하여야 한다.
④ 슬럼프는 기온이 높을 때 특히 저하된다.

해설 배합 강도는 설계기준강도보다 크게 하여야 한다.

37. 콘크리트 배합 선정의 기본 방침으로 옳지 않은 것은?

① 균일한 콘크리트를 만들기 위해서는 최소 슬럼프의 콘크리트로 한다.
② 경제적인 배합설계를 위해서는 시공상 허용되는 최소치수의 잔골재를 사용한다.
③ 소요의 강도를 가지도록 한다.
④ 기상작용, 화학적 작용 등에 저항할 수 있는 내구성을 가지도록 한다.

해설 시공이 가능한 굵은골재의 크기는 큰 것으로 사용해야 경제적이다.

38. 시방 배합에서 규정된 배합의 표시법에 포함되지 않는 것은 어느 것인가?

① 물-결합재비
② slump의 범위
③ 잔골재의 최대치수
④ 물, 시멘트, 골재의 단위량

해설 굵은골재의 최대치수를 표시한다.

39 콘크리트 배합설계에 대한 다음 설명 중 틀린 것은?

① 굵은골재의 최대치수가 적을수록 워커빌리티가 좋고 단위수량이 적어진다.
② 단위수량은 공사가 허용하는 한 가급적 적게 한다.
③ 배합설계에서 쓰여지는 슬럼프 값을 표준시방서에서는 규정하고 있다.
④ 포장 콘크리트인 경우에는 댐 콘크리트보다 슬럼프 값을 적게 한다.

해설 굵은골재의 최대치수가 클수록 워커빌리티가 좋고 단위수량이 적어진다.

40 콘크리트의 배합에서 허용되는 범위 내에서 굵은골재의 최대치수를 증가시켰을 때 발생되는 다음 사항 중 잘못된 것은?

① 단위 시멘트량이 증가될 수 있다.
② 단위수량을 줄일 수 있다.
③ 잔골재율이 작아진다.
④ 공기량이 작아진다.

해설 단위 시멘트량의 사용량이 작다.

41 일반적인 철근 콘크리트 공사에 있어서 입도가 적당한 골재를 사용한 경우, 워커빌리티가 좋은 콘크리트 배합의 일반적 경향에 관한 설명 중 잘못된 것은 어느 것인가?

① 동일 슬럼프 값이면 물-결합재비가 클수록 시멘트 사용량은 작다.
② 물-결합재비가 같으면, 슬럼프 값이 작을수록 시멘트 사용량은 작다.
③ 모래알이 작을수록 시멘트 사용량은 작다.
④ 자갈이 클수록 시멘트 사용량은 작다.

해설 모래알이 작을수록 공극량이 많아 시멘트량이 많이 사용된다.

42 모래의 조립률 2.8, 공기연행 콘크리트에 있어서 굵은골재의 최대치수를 25mm라고 했을 때 잔골재율 $S/a=38\%$이면, S/a의 수정 값이 다음에서 옳은 것은? (단, 체가름 시험에서 조립률(FM)=2.75이다.)

① 38.50%   ② 28.30%
③ 37.75%   ④ 35.32%

해설 $S/a = 38 + \left(\dfrac{2.75-2.8}{0.1}\right) \times 0.5 = 37.75\%$

CHAPTER 4 콘크리트의 혼합·운반·치기

1 콘크리트의 혼합

1 개념

균등질의 콘크리트를 만들기 위하여 각 재료를 계량믹서 등에 의해 충분히 반죽하는 작업을 혼합이라 한다.

2 재료의 계량

(1) 재료는 현장배합에 의해 계량한다.
(2) 각 재료는 1배치씩 질량으로 계량한다. 단, 물과 혼화제 용액은 용적으로 계량해도 좋다.
(3) 1배치량은 콘크리트의 종류, 비비기 설비의 성능, 운반방법, 공사의 종류, 콘크리트의 타설량 등을 고려하여 정한다.
(4) 골재의 유효흡수율은 보통 15~30분간의 흡수율로 본다.
(5) 혼화제를 녹이는 데 사용하는 물이나 혼화제를 묽게 하는 데 사용하는 물은 단위수량의 일부로 본다.
(6) 재료의 계량시 허용오차

재료의 종류	허용오차(%)
물	-2%, +1%
시멘트	-1%, +2%
골재	±3%
혼화재	±2%
혼화제	±3%

※ 고로슬래그 미분말의 계량오차의 최대치는 ±1%로 한다.

(7) 연속믹서를 사용할 경우, 각 재료는 용적으로 계량해도 좋다.

3 비비기

(1) 재료의 믹서 투입 순서

① KSF 2455「믹서로 비빈 콘크리트중의 모르타르와 굵은골재량의 변화율 시험 방법」에 의한 시험, 강도 시험, 블리딩 시험 등의 결과 또는 실적을 참고하여 정하는 것이 좋다.

② 일반적으로 물은 다른 재료보다 먼저 넣기 시작하여 넣는 속도를 일정하게 하고 다른 재료의 투입이 끝난 후 조금 지난 뒤에 물을 넣는다.

③ 강제 혼합식 믹서 중 바닥의 배출구를 완전히 폐쇄시킬 수 없는 것은 물을 다른 재료보다 조금 늦게 넣는 것이 좋다.

(2) 비비기 시간

① 비비기 시간은 시험에 의해 정하는 것을 원칙으로 한다.

② 비비기 시간에 대한 시험을 하지 않은 경우
- 가경식 믹서 : 1분 30초 이상
- 강제식 믹서 : 1분 이상

③ 믹서의 용량이 큰 경우, 슬럼프가 작은 콘크리트, 혼화재료나 경량골재를 사용한 콘크리트의 경우에는 비비기 시간을 길게 하는 것이 적당한 경우가 많다.

④ 비비기는 미리 정해둔 비비기 시간의 3배 이상 계속해서는 안 된다.

⑤ 비비기 전에 믹서 내부에 모르타르를 부착시킨다.

⑥ 믹서 안의 콘크리트를 전부 꺼낸 후가 아니면 믹서 안에 다음 재료를 넣어서는 안 된다.

⑦ 믹서는 사용 전후에 청소를 잘하여야 한다.

⑧ 연속믹서를 사용할 경우, 비비기 시작 후 최초에 배출되는 콘크리트는 사용해서는 안 된다.

2 콘크리트의 운반

1 개요

콘크리트 배합 후 치기를 위해 소정의 위치까지 콘크리트를 이동하는 작업을 운반이라 한다.

2 운반

(1) 구조물의 요구되는 기능, 강도, 내구성 및 시공상 주의할 점 등을 고려하여 운반, 타설 방법을 계획할 필요가 있으며, 검토할 사항은 다음과 같다.

① 전 공정중의 콘크리트 작업의 공정

② 1일 쳐야 할 콘크리트량에 맞추어 운반, 타설 방법 등의 결정 및 인원 배치

③ 운반로, 운반경로

④ 타설구획, 시공이음의 위치, 시공이음의 처치 방법

⑤ 콘크리트 타설 순서

⑥ 콘크리트 비비기에서 타설까지 소요 시간

⑦ 기상 조건

(2) 콘크리트는 신속하게 운반하여 즉시 타설하고 충분히 다진다.
   ① 비비기로부터 타설이 끝날 때까지의 시간
      • 외기온도가 25℃ 이상일 때 : 1.5시간 이내
      • 외기온도가 25℃ 미만일 때 : 2시간 이내
(3) 운반할 때에는 콘크리트의 재료분리가 될 수 있는 대로 적게 일어나도록 한다.
(4) 운반중에 현저한 재료분리가 일어났음이 확인되었을 때에는 충분히 다시 비벼 균질한 상태로 콘크리트를 타설한다.

3 타설 및 다지기

❶ 타설 준비

(1) 철근, 매입철골, 거푸집 등이 도면대로 배치되어 있는지 확인한다.
(2) 콘크리트 타설 작업이나 타설중 콘크리트 압력 등에 의해 철근이나 거푸집이 이동될 염려가 없는지 확인한다.
(3) 콘크리트 타설 계획에 정해진 설비 및 인원 등이 배치되었는지 확인한다.
(4) 운반장치, 타설설비 및 거푸집 안을 청소하여 콘크리트 속에 잡물이 혼입되지 않게 한다.
(5) 콘크리트가 닿으면 흡수할 우려가 있는 곳은 미리 습하게 해 두어야 하며 이때 물이 고이지 않도록 주의한다.
(6) 콘크리트를 직접 지면에 치는 경우에는 미리 깔기 콘크리트를 깔아두는 것이 좋다.
(7) 콘크리트 타설시 먼저 모르타르를 쳐서 모르타르를 널리 펴고 그 위에 콘크리트를 치면 곰보의 방지, 시공이음이 일체화되는 효과가 있다.
(8) 터파기 안의 물은 타설 전에 제거하여야 한다.
(9) 콘크리트가 충분히 경화할 때까지 터파기 안에 유입한 물이 콘크리트에 접촉하지 않도록 배수설비 등을 갖추어야 한다.

❷ 타설

(1) 시공계획서에 따라 콘크리트를 타설한다.
(2) 철근 및 매설물의 배치나 거푸집이 변형 및 손상되지 않도록 한다.
(3) 타설한 콘크리트를 거푸집 안에서 횡방향으로 이동시켜서는 안 된다.
   ① 콘크리트는 취급할 때마다 재료분리가 일어나기 쉬우므로 거듭 다루기를 피하도록 목적하는 위치에 콘크리트를 내려서 치는 것이 좋다.
   ② 내부 진동기를 이용하여 콘크리트를 이동시켜서는 안 된다.

(4) 콘크리트 타설 도중에 심한 재료분리가 생긴 경우에는 이런 콘크리트는 사용하지 않는다.
(5) 콘크리트 타설 후 콘크리트의 굵은골재가 분리되어 모르타르가 부족한 부분이 생길 경우에는 분리된 굵은골재를 긁어 올려서 모르타르가 많은 콘크리트 속에 묻어 넣어야 한다.
(6) 한 구획 내의 콘크리트는 타설이 완료될 때까지 연속해서 타설한다.
(7) 콘크리트는 그 표면이 한 구획 내에서는 거의 수평이 되도록 타설하는 것을 원칙으로 한다.
(8) 콘크리트 타설의 1층 높이는 다짐능력을 고려하여 결정한다.
(9) 콘크리트를 2층 이상으로 나눠 타설할 경우 하층의 콘크리트가 굳기 전에 상층 콘크리트를 타설해 상, 하층이 일체가 되게 한다.
(10) 콜드 조인트가 생기지 않게 시공구획의 면적, 콘크리트의 공급능력, 이어치기 허용간격 등을 정한다.
　① 허용 이어치기 시간간격의 표준

외기온도	허용 이어치기 시간간격
25℃ 초과	2.0시간
25℃ 이하	2.5시간

　② 허용 이어치기 시간간격은 콘크리트 비비기 시작에서부터 하층 콘크리트 타설 완료한 후, 정치시간을 포함하여 상층 콘크리트가 타설되기까지의 시간이다.
(11) 거푸집의 높이가 높을 경우 타설
　① 재료분리를 막고 상부의 철근 또는 거푸집에 콘크리트가 부착하여 경화하는 것을 방지하기 위해 거푸집에 투입구를 설치한다.
　② 연직 슈트 또는 펌프 배관의 배출구를 타설면 가까운 곳까지 내려서 콘크리트를 타설한다.
　③ 슈트, 펌프 배관, 버킷, 호퍼 등의 배출구와 타설면까지의 높이는 1.5m 이하를 원칙으로 한다.
(12) 콘크리트 타설 도중 표면에 떠올라 고인 블리딩수가 있을 경우에는 적당한 방법으로 제거한 후 그 위에 콘크리트를 친다. 단, 고인 물을 제거하기 위해 표면에 홈을 만들어 흐르게 하면 안된다.
(13) 벽 또는 기둥과 같이 높이가 높은 콘크리트를 연속해서 타설할 경우
　① 콘크리트의 쳐 올라가는 속도를 너무 빨리하면 재료분리가 일어나기 쉽고, 블리딩에 의해 나쁜 영향을 일으키기 쉬우며 상부의 콘크리트 품질이 떨어지고 수평철근의 부착강도가 현저하게 저하될 수 있다.
　② 쳐 올라가는 속도는 단면의 크기, 콘크리트의 배합, 다지기 방법 등에 따라 다르나 일반적으로 30분에 1~1.5m 정도로 하는 것이 적당하다.

❸ 다지기

(1) 내부 진동기 사용을 원칙으로 한다.
　① 특히 된반죽 콘크리트의 다지기에는 내부 진동기가 유효하다.
　② 얇은 벽 등 내부 진동기의 사용이 곤란한 장소에서는 거푸집 진동기를 사용해도 좋다.
　　• 거푸집 진동기는 적절한 형식을 선택한다.
　　• 거푸집 진동기를 거푸집에 확실히 부착시킬 것.
　　• 거푸집 진동기를 부착시키는 위치와 이동시키는 방법을 적절히 한다.

(2) 콘크리트 타설 직후 바로 충분히 다진다.
　① 콘크리트가 철근 및 매설물 등의 주위와 거푸집의 구석구석까지 채워 밀실한 콘크리트가 되게 한다.
　② 콘크리트가 노출되는 면은 표면이 매끈하도록 다진다.

(3) 거푸집 판에 접하는 콘크리트는 되도록 평탄한 표면이 얻어지도록 타설하고 다진다.

(4) 내부 진동기 사용 방법
　① 내부 진동기를 하층 콘크리트 속으로 0.1m 정도 찔러 다진다.
　② 연직으로 찔러 다지며 삽입 간격은 0.5m 이하로 한다.
　③ 1개소당 진동시간은 5~15초로 한다.
　④ 콘크리트 속에서 진동기를 천천히 빼 구멍이 생기지 않게 한다.
　⑤ 콘크리트의 재료분리의 원인 때문에 내부 진동기는 콘크리트를 횡방향 이동에 사용해서는 안된다.
　⑥ 진동기의 형식, 크기 및 대수
　　• 한 번에 다질 수 있는 콘크리트의 전 용적을 충분히 진동 다지기를 하는 데 적당해야 한다.
　　• 부재 단면의 두께와 면적, 한 번에 운반되어 오는 콘크리트의 양, 한 시간 동안의 횟수, 굵은골재의 최대치수, 배합 특히 잔골재율, 콘크리트의 반죽질기 등에 적합한 것을 선정한다.
　　• 1대의 내부 진동기로 다지는 콘크리트 용적은 소형의 경우 4~8m^3/hr, 대형은 30m^3/hr 정도이다.
　　• 예비 진동기를 갖추어 놓고 적당한 시간에 교체하고 정비해서 사용한다.

(5) 콘크리트 타설 후 즉시 거푸집의 외측을 가볍게 두드려 콘크리트를 거푸집 구석까지 잘 채워 평평한 표면을 만든다.

(6) 거푸집 진동기는 거푸집의 적절한 위치에 단단히 설치한다.

(7) 재진동은 콘크리트를 한 차례 다진 후 적절한 시기에 다시 진동을 한다.
① 적절한 시기에 재진동을 하면 공극이 줄고 콘크리트 강도 및 철근의 부착강도가 증가되며 침하균열의 방지에 효과가 있다.
② 재진동은 콘크리트가 유동할 수 있는 범위에서 될 수 있는 대로 늦은 시기가 좋지만 너무 늦으면 콘크리트중에 균열이 남아 문제가 생길 수 있다.
③ 재진동은 초결이 일어나기 전에 실시한다.

(8) 침하균열에 대한 조치
① 슬래브 또는 보의 콘크리트가 벽 또는 기둥의 콘크리트와 연속되어 있는 경우에는 침하균열을 방지하기 위해 벽 또는 기둥의 콘크리트 침하가 거의 끝난 다음 슬래브, 보의 콘크리트를 타설한다. 내민부분을 가진 구조물의 경우에도 동일한 방법으로 시공한다.
② 침하균열이 발생할 경우에는 발생 직후에 즉시 다짐이나 재진동을 실시한다.
③ 콘크리트는 단면이 변하는 위치에서 타설을 중지한 다음 콘크리트가 침하가 생긴 후 내민부분 등의 상층 콘크리트를 친다.
④ 콘크리트의 침하가 끝나는 시간은 콘크리트의 배합, 사용재료, 온도 등에 영향을 받으므로 일정하지 않지만 보통 1~2시간 정도이다.

(9) 콘크리트 표면의 마감처리
① 콘크리트 표면은 요구되는 정밀도와 물매에 따라 평활한 표면마감을 한다.
② 흙손으로 마감할 때 표면에 있는 골재가 떠오르지 않도록 하고 흙손에 힘을 주어 약간 누르는 힘이 작용하도록 한다.
③ 블리딩, 들뜬 골재, 콘크리트의 부분침하 등의 결함은 콘크리트가 응결하기 전에 수정 처리를 완료한다.
④ 기둥 벽 등의 수평이음부의 표면은 소정의 물매로 거친면으로 마감한다.
⑤ 콘크리트 면에 마감재를 설치하는 경우에는 콘크리트의 내구성을 해치지 않도록 한다.

4 레디믹스트 콘크리트

❶ 개념
정비된 콘크리트 제조 설비를 갖춘 공장으로부터 수시로 구입할 수 있는 굳지 않은 콘크리트

❷ 일반 사항
(1) 공기연행 콘크리트의 공기량은 굵은골재의 최대치수, 기타에 따라 콘크리트 체적은 4.5~7.5%로 한다.

(2) 레디믹스트 콘크리트의 배출지점에서 공기량은 굵은골재의 최대치수20, 25, 40mm에 대하여 4.5%를 표준으로 한다.

③ 공장의 선정

(1) KS 표시 허가 공장으로부터 레디믹스트 콘크리트를 구입한다.
(2) KS 표시 허가 공장이 공사 현장 근처에 없으면 규정 및 심사기준을 참고하여 사용재료, 제설비, 품질관리 상태 등을 고려하여 공장을 선정한다.
(3) 비비기로부터 타설을 종료할 때까지의 시간을 외기온도가 25℃ 초과할 때 1.5시간 이내, 25℃ 이하일 때 2시간 이내를 표준으로 하고 있으면 공장을 선정할 때에는 타설에 걸리는 시간도 고려하여 1.5시간에서 타설을 종료할 수 있는 거리에 있는 공장을 선정한다.
(4) 운반시간은 되도록 짧은 것이 좋으며 운반로의 교통 혼잡 상황이나 기후 등에 따라 변동하므로 이를 고려하여 선정한다.
(5) 콘크리트의 제조능력, 운반능력 등을 고려하여 선정한다.

④ 품질의 지정

(1) 레디믹스트 콘크리트의 종류는 보통 콘크리트, 경량골재 콘크리트, 포장 콘크리트, 고강도 콘크리트로 하고 구입자는 굵은골재의 최대치수, 슬럼프 및 호칭강도를 지정한다.
(2) 강도 시험에서 공시체의 재령은 지정이 없는 경우 28일로 한다.
　① 1회의 시험결과는 구입자가 지정한 호칭강도의 85% 이상이어야 한다.
　② 3회의 시험결과의 평균치는 구입자가 지정한 호칭강도의 값 이상이어야 한다. 여기서, 1회는 3개 공시체 시험의 평균값이다.
(3) 공기량은 보통 콘크리트의 경우 4.5%이며 경량골재 콘크리트의 경우 5.5%, 포장 콘크리트 4.5%, 고강도 콘크리트 3.5%로 하며 그 허용오차는 ±1.5%로 한다.
(4) 슬럼프 및 슬럼프 플로

슬럼프(mm)	슬럼프 허용차(mm)	슬럼프 플로(mm)	슬럼프 플로의 허용차(mm)
25	±10	500	±75
50 및 65	±15	600	±100
80 이상	±25	700	±100

※ 여기서, 슬럼프 플로 700mm는 굵은골재의 최대치수가 15mm인 경우에 한하여 적용한다.

(5) 구입자가 생산자와 협의하여 지정할 사항
　① 시공할 구조물의 종류, 시공 방법 등을 고려하여 시멘트의 종류를 지정한다.
　② 자갈, 모래, 부순돌, 부순모래, 고로 슬래그 굵은골재, 고로 슬래그 잔골재, 경량골재 등의 구별을 지정한다.

③ 굵은골재의 최대치수를 지정한다.
④ 콘크리트 및 강재에 해로운 영향을 주지 않는 혼화재료를 사용한다.
⑤ 염화물 함유량의 한도는 배출지점에서 염화물 이온량은 $0.3kg/m^3$ 이하로 한다. 구입자의 승인을 얻은 경우에는 $0.6kg/m^3$ 이하로 할 수 있다.
⑥ 경량골재 콘크리트의 경우 굳지 않은 콘크리트의 단위용적질량을 지정한다.
⑦ 한중 콘크리트, 서중 콘크리트, 매스 콘크리트 등의 경우에 콘크리트의 최고온도 또는 최저온도를 지정한다.
  • 한중 콘크리트의 경우는 반입시 최저온도는 5℃ 이상이 되도록 유지한다.
  • 서중 콘크리트의 경우는 반입시 최고온도가 35℃ 이하가 되도록 유지한다.
⑧ 물-결합재비의 상한치, 단위수량의 상한치, 단위 시멘트량의 하한치 또는 상한치 등을 지정한다.
⑨ 유동화 콘크리트의 경우는 유동화하기 전 베이스 콘크리트에서 슬럼프의 증대량을 지정한다.
⑩ 그 외 필요한 사항은 생산자와 협의하여 지정한다.

(6) 레디믹스트 콘크리트의 받아들이기
① 타설에 앞서 납품일시, 콘크리트의 종류, 수량, 배출장소, 트럭 애지테이터의 반입속도 등을 생산자와 충분히 협의해 둔다.
② 타설 중단이 없도록 상호 연락을 취한다.
③ 콘크리트 배출장소는 운반차가 안전하고 원활하게 출입할 수 있는 장소일 것.
④ 콘크리트 배출작업은 재료분리가 일어나지 않도록 해야 한다.
⑤ 콘크리트의 비빔 시작부터 부어넣기 종료까지의 시간의 한도는 외기기온이 25℃ 미만의 경우에는 2시간, 25℃ 이상의 경우에는 1.5시간을 한도로 한다.

5 재료

(1) 재료의 저장설비
① 골재는 콘크리트 최대 출하량의 1일분 이상에 상당하는 골재를 저장할 수 있을 것
② 시멘트는 종류에 따라 구분하고 풍화를 방지할 수 있을 것

(2) 배치 플랜트
① 계량기는 연속적으로 계량할 수 있는 장치가 구비되어야 한다.
② 믹서는 고정식 믹서로 한다.
③ 믹서의 성능은 콘크리트 중 모르타르와 단위용적질량의 차가 0.8%, 콘크리트중 단위 굵은골재량의 차가 5% 이상의 오차가 생겨서는 안 된다.

(3) 재료의 계량 오차

재료의 종류	1회 계량 오차
시멘트, 물	시멘트(-1%, +2%), 물(-2%, +1%)
혼화재	±2%
골재, 혼화제	±3%

⑥ 시공

(1) 콘크리트 운반차는 트럭 믹서 또는 트럭 애지테이터의 사용을 원칙으로 하고 슬럼프가 25mm 이하의 낮은 콘크리트를 운반할 때는 덤프트럭을 사용할 수 있다.
(2) 콘크리트 운반 및 부어넣었을 때에는 콘크리트에 가수(加水)해서는 안 된다.
(3) 콘크리트의 압송에 앞서 부배합의 모르타르를 압송하여 콘크리트의 품질변화를 방지한다.
(4) 콘크리트 펌프를 사용할 경우 굵은골재의 최대치수에 대한 압송관의 최소 호칭치수

굵은골재의 최대치수(mm)	압송관의 호칭(mm)
20	100 이상
25	100 이상
40	125 이상

⑦ 품질관리

(1) 슬럼프 시험, 공기량 시험, 강도 시험, 염화물 함유량 시험, 단위용적 질량시험을 한다.
(2) 트럭 애지테이터에서 시료를 채취하는 경우에는 트럭 애지테이터를 30초간 고속으로 휘저은 후 최초로 배출되는 콘크리트 약 $50l$를 제외한 후 콘크리트의 전 횡단면에서 3회 이상 나누어 채취한 다음 전체를 다시 비비기하여 시료로 사용한다.
(3) 검사는 강도, 슬럼프, 공기량 및 염화물 함유량에 대하여 시험한다.
(4) 압축강도 시험결과는 임의의 1개 운반차로부터 채취한 시료로 공시체를 제작하여 시험한 평균값으로 한다.
(5) 콘크리트의 강도 시험 횟수는 $450m^3$를 1로트로 하여 $150m^3$당 1회의 비율로 한다. 단, 인수·인도 당사자 간의 협정에 따라 로트의 크기를 조정(일반 콘크리트 $120m^3$당)할 수 있다.
(6) 현장 양생 공시체 제작 및 강도
  ① 현장 양생된 공시체 강도가 f_{ck}의 결정을 위해 지정된 시험 재령일에 실시한 현장 양생된 공시체 강도가 동일 조건의 시험실에서 양생된 공시체 강도의 85%보다 작을 때는 콘크리트의 양생과 보호 절차를 개선해야 한다.
  ② 현장 양생된 것의 강도가 설계기준 압축강도보다 3.5MPa를 더 초과하면 85%의 한계 조항은 무시할 수 있다.
  ③ 현장 양생되는 공시체는 시험실에서 양생되는 공시체와 똑같은 시간에 동일한 시료를 사용하여 만든다.

(7) 시험 결과 콘크리트의 강도가 작게 나오는 경우
① 시험실에서 양생된 공시체 개개의 압축시험 결과가 $f_{cq} \leq$ 35MPa인 경우 3.5MPa 이상 작거나 $f_{cq} >$ 35MPa인 경우 $0.1f_{ck}$ 이상 낮거나 또는 현장에서 양생된 공시체의 시험결과에서 결점이 나타나면 구조물의 하중지지 내력이 부족하지 않도록 조치해야 한다.
② 콘크리트 강도가 현저히 부족하다고 판단될 때, 그리고 계산에 의해 하중저항 능력이 크게 감소되었다고 판단될 때에는 문제된 부분에서 코어를 채취하여 코어의 압축강도 시험을 실시해야 한다. 이때 강도 시험값이 품질기준강도 f_{cq}에 부족한지 여부를 알기 위해 3개의 코어를 채취한다.
③ 구조물에서 콘크리트 상태가 건조된 경우 코어는 시험 전 7일 동안 온도 15~30℃, 상대습도 60% 이하로 건조시킨 후 기건 상태에서 시험한다.
④ 구조물의 콘크리트가 습윤된 상태에 있다면 코어는 적어도 40시간 이상 물 속에 담가 두어야 하며 습윤 상태로 시험한다.
⑤ 모든 코어 공시체의 3개의 압축강도 평균값이 f_{ck}의 85%를 초과하고 각각의 강도가 f_{ck}의 75%를 초과하면 적합한 것으로 판정한다.
⑥ 시험의 정확성을 위해 불규칙한 코어 강도를 나타내는 위치에 대해 재시험을 실시해야 한다.

CHAPTER 4 출제 예상 문제 — 콘크리트의 혼합·운반·치기

01 콘크리트를 어느 정도 비빈 후 트럭믹서 또는 교반트럭에 투입하여 공사현장에 도달할 때까지 운반시간 동안 혼합하여 도착시 완전히 혼합된 콘크리트로 공급하는 레디믹스트 콘크리트는?

① 센트럴 믹스트 콘크리트　　② 쉬링크 믹스트 콘크리트
③ 트랜싯 믹스트 콘크리트　　④ 프리믹스트 콘크리트

해설
- 센트럴 믹스트 콘크리트 : 각 재료를 완전하게 혼합하여 콘크리트를 트럭믹서나 트럭애지테이터로 운반하는 방법
- 트랜싯 믹스트 콘크리트 : 계량된 각 재료는 직접 트럭믹서 속에 투입하고 운반 도중에 소정의 물을 첨가하여 혼합하면서 공사현장에 도착하면 완전한 콘크리트로 공급하는 방법

02 콘크리트 구조물의 설계에서 사용하는 콘크리트의 강도는?

① 압축강도　　② 인장강도　　③ 휨강도　　④ 전단강도

해설 포장 콘크리트의 경우는 휨강도를 기준으로 한다.

03 압축강도에 의해 콘크리트 품질관리를 할 경우에 대해 설명한 것 중 잘못된 것은?

① 일반적인 경우 조기재령의 압축강도에 의한다.
② 압축강도의 1회 시험값은 동일 배치에서 취한 공시체 3개에 대한 평균값으로 한다.
③ 시험값에 의해 품질을 관리할 경우 관리도 및 산포도 곡선을 이용하는 것이 좋다.
④ 시험용 시료채취 시기 및 횟수는 하루에 치는 콘크리트마다 적어도 1회, 구조물별 120m³ 마다 1회로 한다.

해설 시험값에 의해 품질을 관리할 경우 관리도를 이용하는 것이 좋다.

04 콘크리트의 내동해성을 기준으로 보통골재 콘크리트의 최대 물-결합재비를 정할 경우 몇 % 이하를 원칙으로 하는가?

① 45%　　② 50%　　③ 55%　　④ 60%

05 굵은골재의 최대치수는 부재의 최소치수의 (　), 철근 피복 및 철근의 최소 순간격의 (　)을 초과해서는 안되는가?

① 3/4, 1/5　　② 1/5, 3/4
③ 1/4, 1/5　　④ 1/5, 1/4

06 무근 콘크리트의 경우 굵은골재의 최대치수는 몇 mm인가?

① 20mm ② 25mm ③ 40mm ④ 50mm

해설 굵은골재의 최대치수

구조물의 종류	굵은골재의 최대치수(mm)
일반적인 경우	20 또는 25
단면이 큰 경우	40
무근 콘크리트	40 부재 최소치수의 1/4를 초과해서는 안 됨

07 단면이 큰 경우 철근 콘크리트의 슬럼프 값은?

① 80~150mm ② 60~120mm
③ 50~150mm ④ 10~100mm

해설 슬럼프의 표준값

종류		슬럼프 값(mm)
철근 콘크리트	일반적인 경우	80~150
	단면이 큰 경우	60~120
무근 콘크리트	일반적인 경우	50~150
	단면이 큰 경우	50~100

08 콘크리트 비비기 시간은 가경식 믹서의 경우 얼마인가?

① 1분 이상 ② 1분 30초 이상
③ 2분 이상 ④ 2분 30초 이상

해설 강제혼합식의 경우는 1분 이상을 표준으로 한다.

09 비비기는 미리 정해둔 비비기 시간의 몇 배 이상 계속해서는 안 되는가?

① 1배 ② 2배 ③ 3배 ④ 4배

10 콘크리트 비비기에 관한 설명 중 틀린 것은?

① 비비기를 시작하기 전에 미리 믹서 내부를 모르타르로 부착시킨다.
② 믹서 안의 콘크리트를 전부 꺼낸 후에 다음 재료를 넣는다.
③ 비벼놓아 굳기 시작한 콘크리트는 되비비기하여 사용한다.
④ 재료를 믹서에 투입할 때 일반적으로 물은 다른 재료보다 먼저 넣는다.

정답 01 ② 02 ① 03 ③ 04 ② 05 ② 06 ③ 07 ② 08 ② 09 ③ 10 ③

해설 물을 더 넣지 않고 되비비기를 하면 콘크리트 압축강도는 증가하나 시공시에 되비비기를 허용하면 충분히 되비비기를 하지 않은 콘크리트를 치거나 물을 넣어 되비비기를 할 우려가 있어 되비비기한 콘크리트를 사용하지 않도록 한다.

11 콘크리트 재료의 계량에 관한 설명 중 틀린 것은?
① 혼화제를 녹이는 데 사용하는 물은 단위수량과 별도로 고려한다.
② 재료는 시방 배합을 현장 배합으로 고친 후 현장 배합에 의해 계량한다.
③ 각 재료는 1회의 비비기 양마다 질량으로 계량한다.
④ 시멘트의 1회 계량오차는 1% 이내가 되도록 한다.

해설
- 혼화제를 녹이는 데 사용하는 물은 단위수량 일부로 본다.
- 물과 혼화제 용액은 용적으로 계량해도 좋다.

12 콘크리트 운반에 대한 설명 중 틀린 것은?
① 운반거리가 50~100m 이하의 평탄한 운반로를 만들어 콘크리트의 재료분리를 방지할 수 있는 경우는 손수레차를 사용해도 좋다.
② 운반 중에 재료분리가 발생한 경우는 충분히 거듭비비기를 해서 균등질의 콘크리트로 한다.
③ 슬럼프가 50mm 이하의 된반죽 콘크리트를 10km 이하의 거리를 운반하는 경우나 1시간 이내에 운반 가능한 경우는 덤프트럭을 이용해도 좋다.
④ 보통 콘크리트를 펌프로 압송할 경우 굵은골재의 최대치수는 25mm 이하를 표준으로 한다.

해설 콘크리트 펌프로 압송할 경우 굵은골재의 최대치수는 40mm 이하를 표준으로 한다.

13 콘크리트 운반 시공에 관한 설명 중 틀린 것은?
① 콘크리트 플레이서 수송관의 배치는 굴곡을 적게 하고 수평 또는 하향경사로 설치한다.
② 벨트 컨베이어는 운반거리가 길거나 경사가 있어서는 안된다.
③ 슈트를 사용할 경우는 연직슈트를 사용한다.
④ 부득이 경사슈트를 사용할 경우는 수평 2에 대하여 연직 1 정도가 적당하다.

해설
- 콘크리트 플레이서 수송관의 배치는 굴곡을 적게 하고 수평 또는 상향으로 하며 하향경사로 해서는 안된다.
- 경사슈트는 가능한 사용하지 않는 것이 좋다.

14 경사슈트의 출구에서 조절판 및 깔때기를 설치하여 재료분리를 방지하는데 이 경우 깔때기의 하단과 콘크리트를 치는 표면과의 간격은?

① 0.5m 이하
② 1m 이하
③ 1.5m 이하
④ 2.0m 이하

15 콘크리트 치기에 관한 설명 중 틀린 것은?

① 친 콘크리트를 거푸집 안에서 내부 진동기를 써서 유동화시키며 콘크리트를 이동시킨다.
② 한 구획 내의 콘크리트 치기는 끝날 때까지 연속해서 콘크리트를 쳐야 한다.
③ 콘크리트는 그 표면이 한 구획 내에서는 거의 수평이 되도록 친다.
④ 벽 또는 기둥과 같이 높이가 높은 곳을 쳐 올라가는 속도는 30분에 1~1.5m 정도가 적당하다.

[해설]
- 내부 진동기는 콘크리트의 다짐에 사용되는 기구이므로 콘크리트를 이동시키는 데 사용해서는 안 된다.
- 콘크리트 칠 때는 목적하는 위치에 콘크리트를 내려서 치고 횡방향으로 이동시켜서는 안 된다.

16 내부 진동기는 가능한 연직으로 일정한 간격으로 찔러 넣는 데 그 간격은?

① 0.2m 이하
② 0.3m 이하
③ 0.5m 이하
④ 1m 이하

17 진동 다짐을 할 때에는 진동기를 아래층의 콘크리트 속에 몇 m 정도 찔러 넣는가?

① 0.05m
② 0.1m
③ 0.15m
④ 0.2m

[해설]
- 2층 이상으로 콘크리트를 칠 경우 각 층의 콘크리트가 일체가 되도록 하층의 콘크리트가 굳기 전에 다진다.
- 진동기를 뺄 때 천천히 빼내 구멍이 남지 않도록 한다.

18 1대의 내부 진동기로서 다지는 콘크리트 용적은 2명이 취급하는 대형의 경우 1시간에 몇 m³ 정도인가?

① 10m³
② 20m³
③ 30m³
④ 40m³

[해설] 일반적으로 소형은 1시간에 4~8m³ 정도이다.

정답 11 ① 12 ④ 13 ① 14 ③ 15 ① 16 ③ 17 ② 18 ③

CHAPTER 4 출제 예상 문제

19 콘크리트 침하 균열에 대한 조치의 설명 중 틀린 것은?
① 벽 또는 기둥의 콘크리트 침하가 거의 끝난 후 슬래브, 보의 콘크리트를 쳐야 한다.
② 콘크리트 단면이 변하는 위치에서 치기를 중지한 다음 그 콘크리트의 침하가 생긴 다음 내민부분 등의 상층 콘크리트를 친다.
③ 콘크리트의 침하가 끝나는 시간은 1~2시간 정도가 일반적이다.
④ 침하 균열이 발생할 경우에는 탬핑을 실시해서는 안 된다.

해설
- 콘크리트가 굳기 전에 침하 균열이 발생한 경우에는 즉시 탬핑을 하여 균열을 적게 한다.
- 침하 균열은 콘크리트의 침하나 철근이나 배설물에 구속되는 경우에도 발생한 경우가 있다.

20 레디믹스트 콘크리트 믹서는 콘크리트중 모르타르와 단위용적질량의 차가 몇 % 이하이면 콘크리트를 균등하게 혼합시킬 성능을 갖고 있다고 볼 수 있는가?
① 0.5% ② 0.8%
③ 1%   ④ 5%

해설
- 레디믹스트 콘크리트의 믹서는 가경식 믹서를 사용해서는 안 되고 고정식 믹서를 사용한다.
- 믹서의 성능이 콘크리트 중 단위 굵은골재량의 차가 5% 이상의 오차가 생겨서는 안 된다.

21 레디믹스트 콘크리트로 발주할 경우 품질에 대한 지정 중 공기량은 보통 콘크리트의 경우 몇 %로 하는가?
① 4.5% ② 5%
③ 6%   ④ 7%

해설
- 경량골재 콘크리트의 경우 5.5%이다.
- 허용오차는 ±1.5%이다.

22 콘크리트를 버킷으로 운반할 경우 다음의 설명 중 틀린 것은?
① 버킷의 배출구가 버킷 바닥 모서리에 있는 것이 좋다.
② 배출구의 개폐가 쉽고 닫았을 때 콘크리트나 모르타르가 새지 않아야 한다.
③ 버킷은 믹서로부터 받아 즉시 콘크리트를 칠 장소로 운반하는 방법을 현재로서는 가장 적합한 운반방법이라고 본다.
④ 버킷을 타워 크레인으로 운반하는 방법은 콘크리트에 진동을 적게 주기 때문에 좋다.

해설
- 버킷의 배출구는 중앙부 아래쪽에 있는 것이 좋다.
- 버킷을 타워 크레인으로 운반하는 방법은 치기 장소에 상하 수평 어느 방향에 대해서도 운반이 용이하며 편리하다.

23 콘크리트 펌프의 기종을 선정할 경우 고려해야 할 사항 중 관계가 가장 먼 것은?
① 콘크리트의 종류　　② 배관 조건
③ 콘크리트의 치기량　④ 기후 조건

해설
- 콘크리트 펌프의 기종은 콘크리트의 종류, 품질, 관의 지름, 배관 조건, 치기 장소, 1회의 치기량, 치기 속도 등을 고려하여 선정해야 한다.
- 경우에 따라 압송 시험을 실시하여 콘크리트 펌프의 기종을 결정하는 것이 좋다.

24 콘크리트 펌프 기종의 관경을 정할 때 고려할 사항이 아닌 것은?
① 콘크리트의 종류　　② 배관 조건
③ 압송 조건　　　　　④ 굵은골재의 최대치수

해설 콘크리트의 품질 등을 고려하여 관경을 정한다.

25 콘크리트 펌프의 기종에 관한 설명 중 틀린 것은?
① 관경이 클수록 관내의 압력손실이 적고 압송이 쉽다.
② 콘크리트 펌프의 관경의 크기는 100~150A(4B~6B)가 사용된다.
③ 100A와 4B는 관의 지름이 각각 100mm와 4inch를 의미한다.
④ 펌프의 형식은 스퀴즈(squeeze) 식의 사용을 원칙으로 한다.

해설 펌프의 형식은 피스톤식과 스퀴즈(squeeze) 식의 사용을 원칙으로 한다.

26 콘크리트 펌프의 기종에 관한 설명 중 틀린 것은?
① 펌핑 시의 최대 소요압력은 $P_{\max}$ =(수평관 1m당 관내 압력의 손실)×경사거리
② 콘크리트 펌핑이 원활한 것으로 한다.
③ 콘크리트 펌핑 시의 소요압력은 펌프의 최대 압송압력 이상이 되어서는 안된다.
④ 펌핑 시의 최대 소요압력은 유사한 현장의 실적이나 펌핑 시험을 통하여 결정해야 한다.

해설 $P_{\max}$ =(수평관 1m당 관내 압력의 손실)×(수평 환산거리)

27 콘크리트 강도에 영향을 주는 요인이 아닌 것은?
① 양생온도　　　② 물-결합재비
③ 거푸집 크기　④ 골재의 조립률

해설
- 물-결합재비가 콘크리트 강도에 가장 큰 영향을 미친다.
- 골재의 입도가 적합하면 강도가 증가된다.

정답　19 ④　20 ②　21 ①　22 ①　23 ④　24 ②　25 ④　26 ①　27 ③

28 콘크리트 시험을 위해 트럭 애지테이터를 30초간 고속으로 휘저은 후 최초로 배출되는 콘크리트 약 몇 l를 제외한 후 시료를 채취하는가?

① 50l ② 10l ③ 15l ④ 20l

29 콘크리트를 운반할 경우 운반용 자동차의 사용에 관한 설명 중 틀린 것은?

① 운반거리가 먼 경우나 슬럼프가 큰 콘크리트의 경우에는 애지테이터를 붙인 트럭믹서를 사용하여 운반해야 한다.
② 슬럼프가 50mm 이하의 된반죽 콘크리트를 10km 이하의 거리를 운반하는 경우에는 덤프트럭을 이용하여 운반해도 좋다.
③ 1시간 이내에 운반 가능한 경우 재료분리가 심하지 않으면 덤프트럭에 의해 운반해도 좋다.
④ 운반거리가 짧은 경우에는 애지테이터 등의 설비를 반드시 갖추어야 한다.

해설 운반거리가 긴 경우에는 애지테이터 등의 설비를 갖추어야 한다.

30 벨트 컨베이어를 사용하여 콘크리트를 운반할 경우의 설명이다. 틀린 것은?

① 콘크리트를 연속적으로 운반하는 데 편리하다.
② 재료분리 방지를 위해 조절판(baffle plate) 및 깔때기를 설치한다.
③ 벨트 컨베이어는 원칙으로 운반거리가 길거나 경사가 있어서는 안된다.
④ 벨트 컨베이어에 덮개를 설치하여 사용하지 않도록 한다.

해설 운반거리가 길면 콘크리트의 햇빛이나 공기중 노출되는 시간이 길어 반죽질기가 변화될 우려가 있으므로 적당한 위치에 덮개를 설치하여 사용한다.

31 콘크리트 플레이서를 사용할 경우 다음의 설명 중 틀린 것은?

① 콘크리트를 압축공기로서 압송하는 것으로 터널 등의 좁은 곳에 운반하는 데는 불편하다.
② 수송관의 배치는 굴곡을 적게 하고 수평 또는 상향으로 설치한다.
③ 수송관의 배치는 하향경사로 설치하여 사용해서는 안된다.
④ 잔골재율을 크게 한 콘크리트를 사용하는 것이 좋다.

해설
- 콘크리트를 압축공기로서 압송하는 것으로 콘크리트 펌프와 같이 터널 등의 좁은 곳에 콘크리트를 운반하는 데 편리하다.
- 콘크리트 플레이서를 사용하면 콘크리트의 재료분리가 매우 심한 경우가 발생하므로 점성이 풍부한 콘크리트가 되게 잔골재율을 크게 한 단위 모르타르량이 많은 콘크리트를 사용하는 것이 좋다.

32 슈트를 사용하여 콘크리트를 운반할 경우 다음 설명 중 틀린 것은?

① 원칙적으로 연직슈트를 사용해야 한다.
② 슈트는 사용 전후에 충분히 물로 씻어야 한다.
③ 경사슈트에 의하여 운반된 콘크리트는 재료분리를 일으키기 쉽다.
④ 부득이 경사슈트를 사용할 경우에는 수평 3에 대하여 연직 1 정도가 적당하다.

> **해설**
> - 부득이 경사슈트를 사용할 경우에는 수평 2에 대하여 연직 1 정도가 적당하다.
> - 콘크리트 유하에 앞서 모르타르를 유하시키는 것이 좋다.
> - 연직슈트는 깔때기 등을 이어대어 만들어 재료분리가 적게 일어나도록 해야 한다.
> - 콘크리트가 한 장소에 모이지 않도록 콘크리트 투입구의 간격, 투입 순서 등을 검토해야 한다.

33 콘크리트의 치기에 대한 설명 중 틀린 것은?

① 미리 정해진 작업구획 내에서는 치기가 끝날 때까지 연속해서 콘크리트를 친다.
② 콘크리트 치기의 1층 높이는 다짐 능력을 고려하여 결정한다.
③ 콘크리트는 그 표면이 한 구획 내에서는 거의 수평이 되도록 치는 것을 원칙으로 한다.
④ 콘크리트 표면의 고인 물은 도랑을 만들어 흐르게 하여 제거시키고 콘크리트를 친다.

> **해설** 고인 물을 제거하기 위해 콘크리트 표면에 도랑을 만들어 흐르게 하면 시멘트풀이 씻겨서 골재만 남게 되므로 절대로 해서는 안 된다.

34 믹서를 이용하여 콘크리트를 혼합할 경우 다음의 설명 중 틀린 것은?

① 콘크리트를 너무 오래 비비면 골재가 파쇄되어 미분의 양이 많아 강도가 저하될 수 있다.
② 혼합시간이 길어지면 공기량이 점차 감소하여 배출시의 콘크리트의 워커빌리티가 나빠진다.
③ 콘크리트는 비비기 시간이 길수록 일반적으로 강도가 작아진다.
④ 혼합시간이 너무 길면 콘크리트의 워커빌리티가 나빠지며 배출 후의 시간경과에 따라 슬럼프 저하량이 커진다.

> **해설**
> - 혼합시간이 길어지면 처음에는 공기량이 증가하나 그 후 혼합시간이 연장되면 점차 감소한다.
> - 콘크리트는 비비기 시간이 길수록 시멘트와 물과의 접촉이 좋게 되기 때문에 일반적으로 강도가 커진다. 그러나 비비는 시간이 너무 길면 오히려 강도가 떨어진다.

35 콘크리트 타설시 진동기를 사용하는 가장 큰 이유는?

① 된반죽 콘크리트 다짐을 하기 위해
② 거푸집의 구석까지 잘 채워 밀실한 콘크리트를 만들기 위해
③ 조기 응결을 촉진시키기 위해
④ 단위수량을 적게 하기 위해

정답 28 ① 29 ④ 30 ④ 31 ① 32 ④ 33 ④ 34 ③ 35 ②

해설 진동기를 사용하여 콘크리트 내부를 다질 경우 공극을 적게 해서 밀도를 크게 할 수 있다.

36 굵은골재의 최대치수가 40mm인 경우 콘크리트 펌프 압송관의 호칭치수는 몇 mm 이상인가?

① 80mm ② 100mm ③ 125mm ④ 150mm

해설 굵은골재의 최대치수가 20mm인 경우는 압송관의 호칭치수가 100mm 이상이다.

37 콘크리트의 비빔 시작부터 부어넣기 종료까지의 시간의 한도는? (단, 외기기온이 25℃ 미만인 경우)

① 60분 ② 90분 ③ 120분 ④ 150분

해설
- 외기기온이 25℃ 미만인 경우 : 120분 이내
- 외기기온이 25℃ 이상인 경우 : 90분 이내

38 일반 콘크리트 생산시 각 재료의 계량오차의 허용범위가 틀린 것은?

① 혼화제 : ±3% ② 골재 : ±3%
③ 시멘트 : ±2% ④ 혼화재 : ±2%

해설 시멘트 : −1%, +2%

39 레디믹스트 콘크리트 운반에 관한 설명 중 틀린 것은?

① 슬럼프가 25mm 이하의 낮은 콘크리트를 운반할 때는 덤프트럭을 사용할 수 있다.
② 운반 및 부어넣을 때에는 콘크리트에 가수(加水)를 할 수 있다.
③ 콘크리트 펌프로 압송을 수행하는 자는 자격이 있는 기술자 또는 동등 이상의 기능을 가진 자로 한다.
④ 굵은골재의 최대치수가 25mm인 경우 압송관의 호칭치수는 100mm 이상이어야 한다.

해설 콘크리트의 운반 및 부어넣을 때에는 콘크리트에 가수(加水)를 해서는 안 된다.

40 레디믹스트 콘크리트 구입자가 생산자와 협의하여 지정하는 사항이 아닌 것은? (보통 콘크리트의 경우)

① 시멘트 종류 ② 굵은골재의 최대치수
③ 혼화재료의 종류 ④ 굳지 않은 콘크리트 단위용적질량

> **해설**
> - 경량 콘크리트의 경우는 굳지 않은 콘크리트의 단위용적질량을 지정한다.
> - 한중, 서중 콘크리트 및 매스 콘크리트 경우에는 콘크리트의 최고온도 또는 최저온도를 지정한다.
> - 유동화 콘크리트의 경우 유동화하기 전 베이스 콘크리트에서 슬럼프의 증대량을 지정한다.

41 콘크리트 표준시방서 규정의 압축강도 시험 빈도는?

① $50m^3$　　② $120m^3$　　③ $150m^3$　　④ $200m^3$

> **해설** 1회 강도시험은 임의의 1개 운반차에서 채취한 시료로 3개의 공시체를 제작하여 시험한 평균값으로 한다.

42 비빈 콘크리트를 현장의 거푸집까지 운반해 공사하는데 운반 방법이 아닌 것은?

① 슈트　　　　　　　② 콘크리트 펌프
③ 드래그 라인　　　　④ 벨트 컨베이어

> **해설** 드래그 라인은 토공기계로 흙을 굴착, 싣기에 이용된다.

43 콘크리트의 운반 및 치기에 관한 설명 중 틀린 것은?

① 콘크리트의 재료 분리가 될 수 있는 대로 적게 일어나도록 해야 한다.
② 신속하게 운반하여 치고 충분히 다져야 한다.
③ 비비기로부터 치기가 끝날 때까지의 시간은 외기온도가 25℃를 넘을 때 1.5시간 미만이다.
④ 운반 중에 현저한 재료분리가 인정될 때에는 폐기해야 한다.

> **해설** 운반 중에 현저한 재료분리가 인정될 때에는 충분히 거듭비비기를 해서 균등질의 콘크리트로 한다.

44 콘크리트 비비기에 관한 설명 중 틀린 것은?

① 재료를 믹서에 투입하는 순서는 여러 시험 결과와 실적을 참고로 해서 정한다.
② 비비기는 미리 정해 둔 비비기 시간의 3배 이상 계속해서는 안된다.
③ 콘크리트는 거듭비비기하여 사용하지 않는 것을 원칙으로 한다.
④ 믹서 안에 재료를 투입한 후 가경식 믹서일 경우에는 1분 30초 이상 비빈다.

> **해설** 비벼 놓아 굳기 시작한 콘크리트는 되비벼서 사용하지 않는 것을 원칙으로 한다.

45 비빌 때 콘크리트 중의 전 염화물이온량은 원칙적으로 얼마 이하로 하는가?

① $0.3kg/m^3$　② $0.4kg/m^3$　③ $0.5 kg/m^3$　④ $0.6 kg/m^3$

정답 36 ③ 37 ③ 38 ③ 39 ② 40 ④ 41 ② 42 ③ 43 ④ 44 ③ 45 ①

46 콘크리트 시공에 대한 설명 중 틀린 것은?

① 콘크리트를 직접 지면에 치는 경우에는 미리 깔기 콘크리트를 깔아 두는 것이 좋다.
② 콘크리트 친 후 굵은골재가 분리되어 모르타르가 부족한 부분이 생길 경우에는 분리된 굵은골재를 긁어 올려서 모르타르가 많은 콘크리트 속에 묻어 넣는다.
③ 콘크리트 치기 중 및 다진 후에 블리딩에 의한 고인 물은 도랑을 만들어 흐르도록 즉시 조치한다.
④ 콘크리트 치기 작업중 철근의 배치, 매설물의 변형이나 손상을 입힐 경우에 대비하여 치기 작업 중에도 철근공을 배치해 두는 것이 좋다.

해설 콘크리트 표면에 고인 물을 흐르게 하면 시멘트풀이 씻겨서 골재만 남게 되므로 절대 해서는 안 된다.

47 콘크리트의 다지기에 대한 설명 중 옳지 않은 것은?

① 거푸집 진동기를 사용하는 경우에는 진동기를 거푸집에 확실히 부착시킨다.
② 거푸집이 콘크리트와 접촉하는 면은 표면이 매끈해야 한다.
③ 재진동을 적절한 시기에 하면 공극, 수극이 줄어들고 철근과의 부착강도가 증가된다.
④ 봉다지기를 하면 거푸집판에 작용하는 콘크리트 압력이 증가되므로 진동에 의하여 다지는 경우보다 거푸집이 상당히 견고해야 한다.

해설
• 진동에 의하여 다지기를 하면 거푸집판에 작용하는 콘크리트의 압력은 증가하므로 거푸집은 봉다지기보다 상당히 견고해야 한다.
• 재진동을 적절한 시기에 하면 콘크리트 강도가 증가되며 침하균열의 방지 등에 효과가 있다.

48 콘크리트 다지기에 대한 설명 중 틀린 것은?

① 진동 다짐을 할 때에는 상·하층이 일체가 되도록 진동기를 아래층의 콘크리트 속에 0.1m 정도 찔러 넣는다.
② 진동기의 형식, 크기 및 개수는 한번에 다질 수 있는 콘크리트의 전 용적을 충분히 진동 다지기를 하는 데 적당한 것이어야 한다.
③ 재진동을 실시할 경우에는 가급적 늦게 할수록 좋다.
④ 다지기에는 내부 진동기를 원칙으로 사용하나 얇은 벽 등 내부 진동기의 사용이 곤란한 장소에서는 거푸집 진동기를 사용해도 좋다.

해설 재진동을 할 경우에는 콘크리트에 나쁜 영향이 생기지 않도록 초결이 일어나기 전에 실시해야 한다.

49 콘크리트의 슬럼프가 100mm인 경우 슬럼프의 허용차는 몇 mm인가?

① ±10mm   ② ±15mm   ③ ±25mm   ④ ±30mm

해설 슬럼프의 허용차

슬럼프(mm)	슬럼프 허용차(mm)
25	±10
50~65	±15
80 이상	±25

50 보통 콘크리트의 경우 공기량은 4.5%로 하며 그 허용오차는 얼마인가?

① ±1.0% ② ±1.5% ③ ±2.0% ④ ±2.5%

해설 공기량은 보통 콘크리트의 경우 4.5%, 경량골재 콘크리트의 경우 5.5%로 하며 그 허용오차는 ±1.5%로 한다.

51 레디믹스트 콘크리트의 염화물 이온(Cl^-)량은 배출지점에서 몇 kg/m^3 이하인가?

① $0.1 kg/m^3$ ② $0.3 kg/m^3$ ③ $0.5 kg/m^3$ ④ $0.6 kg/m^3$

해설 구입자의 승인을 얻은 경우에는 $0.6 kg/m^3$ 이하로 할 수 있다.

52 레디믹스트 콘크리트 강도시험 1회의 결과는 구입자가 정한 호칭강도 값의 몇 % 이상이어야 하는가?

① 65% ② 75% ③ 85% ④ 100%

해설 3회의 시험결과 평균치는 구입자가 정한 호칭강도의 값 이상이어야 한다.

53 콘크리트 표면의 마감처리에 관한 내용 중 틀린 것은?

① 콘크리트 노출면은 반드시 매끈하게 처리하여 오염된 공기나 물의 침투가 최소화되게 한다.
② 블리딩, 들뜬 골재, 콘크리트의 부분침하 등의 결함은 콘크리트 응결 전에 수정처리를 완료한다.
③ 기둥, 벽 등의 수평이음부의 표면은 소정의 물매와 거친면으로 마감한다.
④ 흙손으로 마감할 때 표면에 있는 골재가 떠오르지 않도록 하고 흙손에 힘을 주어 약간 누르는 힘이 작용되게 한다.

해설 콘크리트가 경화하기 전에 설계 도서에 따른 표면 물매로 하며 특별한 목적으로 요구하는 사항을 제외하고는 매끈하게 처리하여 오염된 공기나 물의 침투를 최소화되게 한다.

정답 46 ③ 47 ④ 48 ③ 49 ③ 50 ② 51 ② 52 ③ 53 ①

CHAPTER 4. 콘크리트의 혼합·운반·치기

CHAPTER 4 출제 예상 문제

54 굵은골재의 최대치수가 25mm일 경우 압송관의 최소 호칭치수는 몇 mm 이상인가?

① 80mm ② 100mm ③ 125mm ④ 150mm

해설 굵은골재의 최대치수에 따른 압송관의 최소 호칭치수

굵은골재의 최대치수(mm)	압송관의 호칭치수(mm)
20	100 이상
25	100 이상
40	125 이상

55 콘크리트 운반 계획 수립 시 검토해야 할 사항이 아닌 것은?

① 전 공종중의 콘크리트 작업의 공정
② 1일 쳐야 할 콘크리트량에 맞춰 운반, 치기방법 등의 설비 및 인원 배치
③ 양생 방법의 선정
④ 운반로, 운반경로

해설 운반 계획 수립 시 검토해야 할 사항
① 치기구획, 시공음의 위치, 시공이음의 처치방법
② 콘크리트의 치기 순서
③ 콘크리트의 비비기에서 치기까지 소요시간
④ 기상조건(온도, 습도, 풍속, 직사광선)

56 일반 콘크리트 제조시 혼화재의 계량오차는 몇 % 이내인가?

① ±1% ② ±2% ③ ±3% ④ ±4%

해설
- 시멘트 : -1%, +2%
- 물 : -2%, +1%

57 콘크리트 펌프의 단위시간당 압송량에 영향을 미치는 요인이 아닌 것은?

① 콘크리트의 타설량   ② 압송능력
③ 압송작업조건   ④ 콘크리트의 워커빌리티

해설 다짐 작업 효율에도 영향을 받는다.

58 콘크리트 펌프의 관내 압력 손실에 관한 설명 중 틀린 것은?

① 슬럼프 값이 작을수록 관내 압력 손실이 커진다.
② 수송관의 직경이 클수록 관내 압력 손실이 커진다.

③ 토출량이 많을수록 관내 압력 손실이 커진다.
④ 수평관 1m당 관내 압력 손실은 콘크리트의 종류, 품질, 토출량, 수송관의 직경에 의해서 결정된다.

> **해설**
> - 수송관의 직경이 작을수록 관내 압력 손실이 커진다.
> - 최대압력이 콘크리트 펌프의 최대 이론 토출 압력의 80% 이하이면 압송이 가능하다.

59 콘크리트 펌프를 이용하여 압송시 다음 설명 중 틀린 것은?
① 압송을 수월하게 하기 위해 유동화 콘크리트를 사용하며 슬럼프 값을 아주 높게 한다.
② 보통 콘크리트를 펌프로 압송할 경우 굵은골재의 최대치수는 40mm 이하, 슬럼프는 100~180mm의 범위가 적절하다.
③ 펌프의 호퍼(hopper)에 콘크리트 투입시의 슬럼프를 120mm 이상으로 할 경우에는 유동화 콘크리트를 원칙으로 한다.
④ 일반적으로 안정하게 압송할 수 있는 최초의 슬럼프 값은 굵은골재의 최대입경이 20~40mm이며 사용할 관의 지름이 150mm 이하의 경우 80mm 정도이다.

> **해설**
> - 압송을 수월하게 고성능 AE 감수제 또는 유동화 콘크리트를 사용한다.
> - 유동화 콘크리트라도 슬럼프 값을 너무 높게 해서는 안 된다.
> - 수송관의 배치는 가능한 굴곡을 적게 하고 수평 또는 상향으로 압송한다.

60 콘크리트 치기 전에 준비사항 중 틀린 것은?
① 철근, 매입철골, 거푸집 기타가 시공 상세도면 및 철근 가공 조립도에 맞게 배치되어 있는지 확인한다.
② 콘크리트가 닿았을 때 흡수할 염려가 있는 곳은 건조시켜 놓았는지 확인한다.
③ 치기 작업이나 치기중에 철근이나 거푸집이 이동될 염려가 있는지 확인한다.
④ 콘크리트 치기중에 여러 가지 공정이 치기 계획에 정해진 조건에 만족하는지 확인한다.

> **해설** 콘크리트가 닿았을 때 흡수할 염려가 있는 곳은 미리 습하게 하여 둔다.

61 콘크리트를 타설할 때 다짐을 실시하는 주목적은 어느 것인가?
① 콘크리트 속의 여분의 수분을 없애기 위해서
② 콘크리트를 균등하게 혼합하기 위해서
③ 콘크리트를 거푸집 내부에 잘 채우기 위해서
④ 콘크리트 속의 공극을 줄여 주기 위해서

정답 54 ② 55 ③ 56 ② 57 ① 58 ② 59 ① 60 ② 61 ④

62 콘크리트 치기 작업 내용 중 옳지 않은 것은?

① 거푸집 안의 콘크리트는 내부 진동기를 써서 유동화시키면서 어떤 경우라도 이동시켜서는 안 된다.
② 콘크리트 치기 중 거푸집의 변형, 손상에 대비해서 거푸집공을 배치해 두는 것이 좋다.
③ 시공계획에 의해 콘크리트 치기 해야 하는데 부득이 계획한 치기 방법을 변경할 경우 책임감리자의 지시에 따른다.
④ 콘크리트 치기 도중에 심한 재료분리가 생겼을 경우에는 거듭비비기를 하여 균등질의 콘크리트를 만든다.

해설 콘크리트 치기 도중에 심한 재료분리가 발생할 경우에는 거듭비비기를 하여 균등질의 콘크리트를 만드는 작업이 어렵다.

63 레디믹스트 콘크리트에 관한 설명 중 옳지 못한 것은 어느 것인가?

① 짧은 시간에 많은 양의 콘크리트를 시공할 수 있다.
② 콘크리트 반죽을 위한 현장설비가 필요 없고 치기가 능률적이다.
③ 콘크리트 품질은 염려할 필요가 없으며 워커빌리티를 단시간에 조절할 수 있다.
④ 운반 중 콘크리트의 품질이 저하되기 쉽다.

해설 운반 도중 콘크리트 품질이 변동될 우려가 있고 워커빌리티를 단시간에 조절할 수 없다.

64 콘크리트의 비비기에 관한 다음 설명 중에서 잘못된 것은 어느 것인가?

① 거듭비비기한 콘크리트는 슬럼프, 압축강도, 부착강도 등이 증가하나 초기의 침하나 수축이 크다.
② 되비비기한 콘크리트는 부착강도가 저하되므로 철근 콘크리트에서는 사용을 금한다.
③ 콘크리트의 비비기는 원칙적으로 배치 믹서(batch mixer)에 의한 기계 비비기로 해야 한다.
④ 연속식과 배치식이 있으나 배치식이 더 많이 사용된다.

해설 거듭비비기한 콘크리트는 아직 응결이 시작되지 않았는데 비빈 후 상당한 시간이 경과되었을 때 비비는 경우로 콘크리트 성질이 좋아진다.

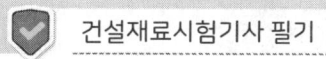

65 콘크리트 품질관리상 주의사항에 대한 설명으로 틀린 것은?

① 품질관리가 잘된 레미콘은 현장에서 다시 슬럼프 시험 등을 할 필요가 없다.
② 콘크리트 강도 시험은 적어도 3개의 공시체로 시험하여 그 평균치를 취해야 한다.
③ 골재의 품질 시험을 기준으로 콘크리트의 현장 배합을 조정한다.
④ 콘크리트 양생에서 습도는 높을수록 좋고 온도는 적정 온도에서 양생하여야 한다.

해설 현장에 도착한 레미콘은 슬럼프, 공기량, 염화물 함유량, 공시체 제작 후 압축강도 등의 시험을 한다.

66 콘크리트를 운반할 때에 가급적 그 운반 횟수를 적게 하여야 하는 이유는?

① 운반 도중에 분실되기 쉬우므로
② 공비가 많이 들므로
③ 재료분리가 일어나기 쉬우므로
④ 건조하기 쉬우므로

해설 운반 횟수가 많으면 재료분리가 일어나기 쉽다.

CHAPTER 5 특수 콘크리트

1 경량골재 콘크리트

1 경량골재

(1) 천연 경량골재
경석 화산자갈, 응회암, 용암 등이 있다.

(2) 인공 경량골재
팽창성 혈암, 팽창성 점토, 플라이 애시 등을 주원료로 한다.

(3) 부립률
① 경량골재 중 물에 뜨는 입자의 질량 백분율
② 경량골재의 밀도는 입경에 따라 다르며 입경이 클수록 가볍다.
③ 굵은골재 부립률은 10% 이하이어야 한다.

(4) 프리웨팅(pre-wetting)
골재를 사용하기 전에 미리 흡수시켜 콘크리트 비비기 및 운반 중에 물을 흡수하는 것을 적게 하기 위해서 실시한다.

(5) 경량골재의 사용 방법
① 잔골재와 굵은골재를 모두 경량골재로 사용
② 잔골재의 일부 또는 전부를 보통골재로 사용
③ 굵은골재의 일부 또는 전부를 보통골재로 사용

(6) 입도
① 레디믹스트 경량골재 콘크리트의 굵은골재 최대치수는 15mm 또는 20mm로 지정한다.
② 입경에 따라 밀도가 다르고 입경이 적을수록 밀도가 커진다. 이 경향은 잔골재의 경우에 특히 현저한다.
③ 동일한 입도를 질량 백분율로 표시한 경우와 용적 백분율로 표시한 경우 조립률이 잔골재에서 0.1~0.2 정도의 차이가 있다.

④ 용적 백분율로 표시하는 것이 합리적이지만 각 입경마다 골재의 밀도를 측정하는 것은 용이하지 않아 질량 백분율로 표시한다.
⑤ 잔골재의 씻기시험에 의해 손실되는 양은 5% 이하로 한다.

(7) 단위용적질량
① 단위용적질량은 허용치에서 10% 이상 차이가 나지 않아야 한다.
② 경량골재의 단위용적질량

치 수	인공·천연 경량골재의 최대 단위용적질량(kg/m³)
잔골재	1,120
굵은골재	880
잔골재와 굵은골재의 혼합율	1,040

③ 경량골재 콘크리트의 기건 단위용적질량은 1,400~2,100kg/m³의 범위이다.

(8) 유해물 함유량의 한도

종 류	최대치
강열감량	5%
철 오염물	진한 얼룩이 생기지 않을 것
점토 덩어리량	2%
굵은골재의 부립률	10%

(9) 경량골재 취급
① 저장 시 항상 같은 습윤상태를 유지하도록 하고 햇볕이 안 들고 물빠짐이 좋은 장소를 택한다.
② 골재에 때때로 물을 뿌리고 표면에 포장 등을 하여 항상 같은 습윤 상태를 유지한다.
③ 균질한 콘크리트를 만들기 위해서는 골재의 입도를 균등하게 해야 하고 잔골재와 굵은골재는 섞이지 않도록 각각 따로따로 운반하여 저장한다.

❷ 경량골재 콘크리트의 배합

(1) 일반 사항
① 경량골재 콘크리트는 공기연행 콘크리트로 하는 것을 원칙으로 한다.
② 소요의 강도, 단위질량, 내동해성 및 수밀성을 가지며 작업에 적합한 워커빌리티를 갖는 범위 내에서 단위수량을 적게 한다.

(2) 물-결합재비
① 소정의 값보다 2~3% 정도 작은 값을 목표로 한다.
② 콘크리트의 수밀성을 기준으로 정할 때는 50% 이하를 표준한다.

③ 단위 결합재량의 최솟값은 300kg/m³으로 한다.
④ 물-결합재비의 최댓값은 60%로 한다.

(3) 강도
설계기준 압축강도는 15MPa 이상, 인장강도는 2MPa 이상

(4) 슬럼프
① 작업에 알맞은 범위 내에서 가능한 한 작아야 한다.
② 80~210mm를 표준으로 한다.

(5) 공기량
① 보통 골재를 사용한 콘크리트보다 1% 크게 5.5%로 한다.
② 기상조건이 나쁘고 또 물로 포화되는 경우가 많은 환경조건하에서 내동해성은 보통 골재 콘크리트에 비해 떨어지는 경우가 많아 개선하기 위해 공기량을 증대시킨다.

CHAPTER 5 출제 예상 문제 — 경량골재 콘크리트

01 경량골재 콘크리트의 설계기준강도는 몇 MPa 이상인가?
① 15MPa ② 18MPa ③ 21MPa ④ 24MPa

02 경량골재 콘크리트의 슬럼프 표준값은 몇 mm 이하로 하며 물-결합재비의 최댓값은 몇 %로 하는가?
① 100mm, 60% ② 120mm, 60%
③ 150mm, 60% ④ 210mm, 60%

03 경량골재 콘크리트 1종의 기건 단위용적질량(kg/m^3)은?
① 1,100~1,300kg/m^3 ② 1,300~1,500kg/m^3
③ 1,800~2,100kg/m^3 ④ 2,000~2,200kg/m^3

04 경량골재의 굵은골재의 최대치수는 원칙적으로 몇 mm인가?
① 13mm ② 40mm ③ 20mm ④ 25mm

05 경량골재에 관한 설명 중 틀린 것은?
① 경량골재는 입경에 따라서 밀도가 다르고 일반적으로 입경이 적을수록 밀도가 커진다.
② 잔골재의 씻기 시험에 의하여 손실되는 양은 12% 이하로 한다.
③ 조립률이 잔골재에서 0.1~0.2 정도 차이가 생긴다.
④ 경량골재의 단위용적질량시험은 지깅시험 방법에 의한다.

해설 잔골재의 씻기시험에 의하여 손실되는 양은 5% 이하로 한다.

06 경량골재의 단위용적질량시험을 할 경우 시료는 어떤 상태를 기준으로 하는가?
① 노건조 상태 ② 기건 상태
③ 표면건조포화 상태 ④ 습윤 상태

해설
- 단위용적질량은 허용치에서 10% 이상 틀려서는 안 된다.
- 단위용적질량시험은 기건 상태의 값으로 표시한다.

정답 01 ① 02 ④ 03 ③ 04 ③ 05 ② 06 ②

07 경량골재의 내구성 및 유해물 함유량의 한도에 관한 설명 중 틀린 것은?

① 강열감량 : 5% 이하
② 잔골재 안정성 : 10% 이하
③ 점토 덩어리량 : 2% 이하
④ 굵은골재 중의 부립률 : 0.5% 이하

> 해설 | 굵은골재 중의 부립률 : 10% 이하

08 경량골재 취급에 관한 설명 중 틀린 것은?

① 저장 시에는 항상 같은 습윤 상태를 유지한다.
② 충분히 물을 흡수시킨 상태인 프리웨팅(prewetting)한 것을 사용한다.
③ 경량골재는 보통골재를 사용한 경우보다 배합 시 단위수량이 작아 내동해성에 좋다.
④ 동결융해를 반복해서 받는 경량 콘크리트 시공 시에는 경량골재의 함수율을 적게 하여 사용하는 것이 좋다.

> 해설 | 경량골재는 단위수량이 보통골재를 사용한 경우에 비하여 커지거나, 콘크리트의 내동해성이 나빠지는 경우가 있다.

09 경량골재 콘크리트 배합에 관한 설명 중 틀린 것은?

① 경량골재 콘크리트는 공기연행 콘크리트로 하는 것을 원칙으로 한다.
② 최대 물-결합재비를 정할 경우에는 60% 이하를 표준으로 한다.
③ 슬럼프는 일반적인 경우 80~210mm를 표준으로 한다.
④ 경량골재 콘크리트의 공기량은 보통골재를 사용한 콘크리트보다 2% 크게 해야 한다.

> 해설 | 경량골재 콘크리트의 공기량은 보통 콘크리트보다 1% 정도 많은 공기량의 사용을 원칙으로 한다. 즉 5.5%로 한다.

10 경량골재 콘크리트의 배합에 관한 설명 중 틀린 것은?

① 골재는 질량으로 표시한다.
② 단위 시멘트량의 최솟값은 300kg/m^{3}으로 한다.
③ 잔골재와 굵은골재 모두 경량골재로 하면 경량골재의 경량성이 보다 효과적이다.
④ 시방배합표에는 잔골재와 굵은골재를 경량골재와 보통골재로 구분하여 표시한다.

> 해설 | 경량골재 콘크리트의 시방배합을 표시하는데는 골재의 질량을 절대용적으로 표시한다.

11 경량골재의 품질 검사 시 굵은골재의 부립률 검사 시기·횟수는?

① 공사 시작 전, 공사 중 1회/6개월
② 공사 시작 전, 공사 중 1회/월
③ 공사 시작 전, 공사 중 2회/6개월
④ 공사 시작 전, 공사 중 2회/월

해설 굵은골재의 부립률 검사는 공사 시작 전, 공사 중 1회/월 실시한다.

12 경량골재 콘크리트의 비비기 시간의 표준은 믹서에 재료를 전부 투입한 다음 강제식 믹서일 때는 몇 분 이상으로 하는가?

① 1분   ② 1분 30초   ③ 2분   ④ 2분 30초

해설
- 가경식 믹서일 때는 2분 이상으로 한다.
- 강제식 믹서일 때는 1분 이상으로 한다.

13 경량골재 콘크리트의 시공 방법 중 틀린 것은?

① 슬럼프는 80~210mm를 표준으로 하고 공기연행 콘크리트를 사용하는 것이 좋다.
② 골재의 함수량을 가능한 한 일정하도록 관리한다.
③ 양생중 습윤 상태를 오래 유지하도록 주의한다.
④ 다짐시 진동기의 사용을 피한다.

해설 경량골재 콘크리트는 다짐 효과가 떨어지므로 진동기의 찔러넣는 간격을 작게 하며 진동시간을 약간 길게 하여 충분히 다져야 한다.

14 구조물의 자중을 줄이기 위해 사용하는 경량골재는 다음의 어느 것을 말하는가?

① 밀도가 $2.50 g/cm^3$ 이하인 골재
② 안산암, 석회암 등으로 만들어진 골재
③ 화강암, 편무암 등으로 만들어진 골재
④ 밀도가 $2.5~2.60 g/cm^3$ 정도의 골재

15 경량골재 콘크리트 속에 기포를 만드는 방법 중 틀린 것은?

① 기포제를 혼합시키는 방법
② 단위 시멘트량을 크게 하여 콘크리트 속의 수분을 증발시키는 방법
③ 입도가 나쁜 굵은골재를 사용하는 방법
④ 경금속의 분말 등을 사용하여 가스를 발생시키는 방법

정답 07 ④ 08 ③ 09 ④ 10 ① 11 ② 12 ① 13 ④ 14 ① 15 ②

해설 • 단위수량을 크게 하여 콘크리트 속의 수분을 증발시키는 방법이 있다.
• 경량골재 콘크리트 : 콘크리트의 질량 경감의 목적으로 만들어진 기건 밀도 0.002g/mm³ 이하인 콘크리트의 총칭

16 경량골재 콘크리트의 성질에 대한 설명 중 틀린 것은?
① 내화성이 크고 음과 열의 전도율이 작다.
② 강도의 탄성계수가 작으며 건조수축이 크다.
③ 골재의 공극으로 인한 흡수성과 투수성이 매우 작다.
④ 내구성이 보통 콘크리트보다 작으므로 가급적 물-결합재비를 줄여 공기연행제 등을 사용하는 것이 좋다.

해설 • 골재의 공극으로 인한 흡수성과 투수성이 매우 크다.
• 자중이 작아 사하중이 줄어들고 콘크리트의 운반과 치기가 간편하다.

17 경량골재 콘크리트의 특징에 관한 설명 중 틀린 것은?
① 고온 고압으로 양생시킨다.
② 단열과 방음 효과가 크다.
③ 경과 후 변형이 크다.
④ 흡수율이 크다.

해설 경과 후 변형이 적은 장점이 있다.

18 경량골재 콘크리트의 특징에 관한 설명 중 틀린 것은?
① 경량골재 콘크리트는 가볍기 때문에 슬럼프가 일반적으로 작게 나오는 경향이 있다.
② 운반중의 재료분리는 보통 콘크리트와는 반대로 골재가 위로 떠오르고 시멘트 풀이 가라앉는 경향이 있다.
③ 진동을 많이 주거나 장거리 운반은 피한다.
④ 경량골재 콘크리트 배합 시 단위수량을 크게 하는 것이 바람직하다.

해설 경량골재 콘크리트 배합 시 단위수량을 크게 하는 것은 바람직하지 못하며 AE 콘크리트로 한다.

19 다음 중 경량골재로 가장 많이 사용하는 골재는 어느 것인가?
① 강자갈
② 바다자갈
③ 산자갈
④ 화산자갈

해설 화산자갈, 응회암, 용암, 팽창성 혈암, 팽창성 점토, 플라이 애시 등이 사용된다.

20 경량골재 콘크리트의 특징으로 옳지 않은 것은 어느 것인가?
① 강도가 낮다.
② 탄성계수가 크다.
③ 열전도율이 적다.
④ 흡수율이 크다.

21 경량골재 콘크리트에만 판매자와 구매자가 약속해야 되는 것은?
① 콘크리트 강도
② 슬럼프
③ 공기량
④ 골재 단위용적질량

2 매스 콘크리트

1 개요

(1) 구조물의 부재치수는 일반적인 표준으로서 넓이가 넓은 평판 구조에서는 두께 0.8m 이상, 하단이 구속된 벽체에서는 두께 0.5m 이상으로 한다.
(2) 부재 혹은 구조물의 치수가 커서 시멘트의 수화열에 의한 온도 상승을 고려하여 설계·시공해야 한다.

2 설계 및 시공 시 유의사항

(1) 온도 균열 방지 및 제어

① 프리 쿨링(pre-cooling)
콘크리트 타설 온도를 낮추기 위해 냉수나 얼음, 냉각한 골재, 액체질소를 사용하는 방법이 있다.

② 파이프 쿨링(pipe-cooling)
콘크리트 타설 후 미리 콘크리트 속에 묻은 파이프 내부에 냉수 또는 공기를 보내 콘크리트의 온도를 제어한다.
- 파이프의 지름은 25mm 정도의 얇은 관을 사용한다.
- 파이프 주변의 콘크리트 온도와 통수 온도의 차이는 20℃ 이하이다.

(2) 균열유발 줄눈

① 구조물의 길이 방향에 일정 간격으로 단면 감소 부분을 만들어 그 부분에 균열이 집중하도록 한다.
② 균열유발 줄눈의 단면 감소율은 35% 이상으로 한다.
③ 균열유발 줄눈의 간격은 4~5m 정도를 기준으로 한다.

(3) 온도균열 발생 검토

① 온도균열지수에 의해 균열 발생의 가능성을 평가하는 것을 원칙으로 한다.
② 온도균열지수

$$I_{cr}(t) = \frac{f_{sp}(t)}{f_t(t)}$$

여기서, $f_t(t)$: 재령 t 일에서의 수화열에 의하여 생긴 부재 내부의 온도응력 최댓값(MPa)
$f_{sp}(t)$: 재령 t 일에서의 콘크리트의 인장강도로서, 재령 및 양생온도를 고려하여 구함(MPa)

③ 온도응력 해석에 의한 온도균열지수
- 연질지반 위에 타설된 평판구조 등과 같이 내부 구속응력이 큰 경우

$$\text{온도균열지수} = \frac{15}{\Delta T_i}$$

여기서, ΔT_i : 내부온도가 최고일 때의 내부와 표면과의 온도차(℃)

- 암반이나 매시브한 콘크리트 위에 타설된 평판구조 등과 같이 외부 구속응력이 큰 경우

$$\text{온도균열지수} = \frac{10}{K_R \cdot R \cdot \Delta T_0}$$

여기서, K_R : 타설되는 콘크리트의 형상 및 온도균열지수를 산정하는 위치와 관련된 계수로서 최댓값은 1이다.
R : 외부 구속의 정도를 표시하는 계수
ΔT_0 : 부재평균 최고온도와 외기온도와의 균형시의 온도차(℃)

④ 구조물에서의 표준적인 온도균열지수
- 균열 발생을 방지하여야 할 경우 : 1.5 이상
- 균열 발생을 제한할 경우 : 1.2~1.5
- 유해한 균열 발생을 제한할 경우 : 0.7~1.2

(4) 배합

① 단위 시멘트량을 적게 하여 발열량을 감소시킨다.
② 콘크리트의 온도 상승량은 단위 시멘트량 10kg/m³에 대하여 대략 1℃ 정도의 비율로 증감한다.
③ 저열 포틀랜드 시멘트, 중용열 포틀랜드 시멘트, 고로슬래그 시멘트, 플라이 애시 시멘트 등을 수화열을 저감할 수 있다.
④ 저발열형 시멘트는 장기 재령의 강도 증진이 보통 포틀랜드 시멘트에 비해 크므로 91일 정도의 장기 재령을 설계기준강도의 기준 재령으로 한다.
⑤ 각 재료의 온도가 비빈 직후 콘크리트 온도에 미치는 영향은 대략 골재는 ±2℃, 물은 ±4℃, 시멘트는 ±8℃에 대해 ±1℃ 정도이다.

(5) 콘크리트 타설

① 콘크리트 표면이 거의 수평이 되도록 타설한다.
② 타설의 한층높이는 0.4~0.5m를 표준한다.
③ 콘크리트 친 후 침강균열의 우려가 있을 경우에는 재진동 다짐이나 다짐 등을 실시한다.

CHAPTER 5 출제 예상 문제

매스 콘크리트

01 균열유발 줄눈에 대한 설명 중 틀린 것은?
① 균열유발 줄눈의 간격은 4~5m 정도를 기준으로 한다.
② 예정하고 있는 개소에 균열을 확실하게 유도하기 위해서는 유발 줄눈의 단면 감소율을 20~30% 이상으로 한다.
③ 수밀을 요하는 경우에는 균열 유발개소에 미리 지수판을 두는 것이 좋다.
④ 균열유발 줄눈을 둘 경우에는 구조물의 길이 방향에 일정 간격으로 단면 증대부분을 만든다.

> **해설** 균열유발 줄눈을 둘 경우 구조물을 길이 방향에 일정 간격으로 단면 감소부분을 만들어 균열을 유발시킨다.

02 넓은 평판 구조에서는 두께가 몇 m 이상, 하단이 구속된 벽체에서는 두께가 몇 m 이상일 때 매스 콘크리트로 다루는가?
① 1, 0.8
② 0.8, 0.5
③ 0.6, 0.4
④ 0.5, 0.3

03 매스 콘크리트의 온도 상승, 온도 응력 및 이에 따라 발생하는 균열 폭에 영향을 미치는 설계인자 중 관계가 가장 먼 것은?
① 거푸집 사용횟수
② 부재 단면
③ 구조 형식
④ 설계기준강도

> **해설** 구조 형식, 부재 단면, 여러 가지 줄눈의 위치 및 구조, 배근(철근 배치), 콘크리트의 설계기준강도 등의 영향을 미친다.

04 매스 콘크리트에서 예정 개소에 균열을 확실하게 유도하기 위해서 유발줄눈의 단면 감소율을 몇 % 이상으로 하는가?
① 10
② 35
③ 40
④ 50

> **해설** 예정하고 있는 개소에 균열을 확실하게 유도하기 위해서는 유발줄눈의 단면 감소율 35% 이상으로 한다.

05 온도균열지수에 관한 설명 중 틀린 것은?
① 온도균열지수는 재령에 따라 변하므로 재령을 변화시키면서 가장 작은 값을 구한다.
② 균열 발생에 대한 안정성을 평가한다.
③ 원칙적으로 콘크리트의 인장강도와 온도응력의 비로 나타낸다.
④ 온도균열지수가 클수록 균열 발생 확률이 높다.

해설
- 온도균열지수가 작으면 균열의 수도 많고 균열폭도 커진다.
- 온도균열지수가 클수록 균열이 생기는 확률이 낮다.

06 철근이 배치된 일반적인 구조물에서의 균열을 방지할 경우 표준적인 온도균열지수의 값은?

① 1.5 이상　　　　　　　　② 1.5 미만
③ 0.7 이상 1.2 미만　　　　④ 1.2 이상

해설
- 균열 발생을 제한할 경우 : 1.2 이상 1.5 미만
- 유해한 균열 발생을 제한할 경우 : 0.7 이상 1.2 미만

07 온도만으로 온도균열지수를 구하는 간이적인 방법에서 연질의 지반 위에 타설된 평판구조 등과 같이 내부구속응력이 큰 경우에 해당하는 식은? (단, ΔT_i : 내부온도가 최고일 때의 내부와 표면과의 온도차)

① $\dfrac{20}{\Delta T_i}$　　② $\dfrac{15}{\Delta T_i}$　　③ $\dfrac{10}{\Delta T_i}$　　④ $\dfrac{5}{\Delta T_i}$

해설 암반이나 매시브한 콘크리트 위에 타설된 평판 구조 등과 같이 외부 구속응력이 큰 경우

온도균열지수 $= \dfrac{10}{K_R \cdot R \cdot \Delta T_0}$

여기서, K_R : 타설되는 콘크리트의 형상 및 온도균열지수를 산정하는 위치와 관련된 계수로서 최댓값은 10이다.
　　　　R : 외부구속의 정도를 표시하는 계수
　　　　ΔT_0 : 부재 평균 최고온도와 외기온도와의 균형시의 온도차(℃)

08 콘크리트의 재료 및 온도해석에 사용하는 열 특성치와 관계가 가장 먼 것은?

① 수화열　　② 열전도율　　③ 비열　　④ 열 확산율

해설 콘크리트 열 특성장치인 열전도율, 열확산률, 비열은 콘크리트 밀도와 관련이 있다.

09 콘크리트의 열계수 일반값 중에서 열전도율의 사용 값은?

① 1.2~1.4　　② 2.6~2.8　　③ 3.2~3.4　　④ 4.2~4.4

해설 콘크리트의 열계수 일반 값

열계수	사용값
열전도율(W/m℃)	2.6~2.8
비열(J/kg℃)	1050~1260
열확산율(m^2/h)	$(0.83 \sim 1.10) \times 10^{-6}$

정답 01 ④　02 ②　03 ①　04 ②　05 ④　06 ①　07 ②　08 ①　09 ②

10 콘크리트의 온도 해석에서 열전도율에 관한 설명 중 틀린 것은?

① 열전달경계는 대지와 사이에 열의 출입이 있는 경계이며 그 특성은 열전도율로 표시한다.
② 열전도율은 부재 표면부의 콘크리트 온도에 큰 영향을 주지는 않는다.
③ 열전도율은 거푸집의 유무, 종류, 두께, 존치기간, 양생방법, 주위의 풍속 등을 고려한다.
④ 시트 양생시 열전도율의 평균값은 5W/m℃이다.

> **해설** 열전도율은 부재 표면부의 콘크리트 온도에 큰 영향을 미치며 부재 두께가 비교적 적을 경우에는 내부 온도 상승에도 영향을 미친다.

11 매스 콘크리트 배합에 관한 설명 중 틀린 것은?

① 콘크리트 온도 상승량을 감소시키기 위해 단위 시멘트량을 적게 한다.
② 설계기준강도와 워커빌리티를 만족하는 범위 내에서 콘크리트의 온도 상승이 최소가 되게 한다.
③ 일반적으로 콘크리트의 온도 상승량을 단위 시멘트량 $10kg/m^3$ 대해 대략 1℃ 정도의 비율로 증감된다.
④ 온도 상승량을 감소시켜 균열을 방지하기 위해 단위수량을 크게 한다.

> **해설** 단위수량을 작업에 적합한 범위 내에서 최소가 되도록 하므로 단위 시멘트량이 줄어들어 균열 발생 우려가 적다.

12 매스 콘크리트의 거푸집 사용에 대한 설명 중 틀린 것은?

① 거푸집 탈형 후 수화열을 발산시키도록 콘크리트 표면을 급랭하게 한다.
② 보온성 거푸집을 사용할 경우는 보통 거푸집의 존치기간보다 길게 한다.
③ 온도균열 제어를 하기 위해 온도 상승을 작게 하기 위해 방열성이 높은 거푸집이 좋다.
④ 콘크리트 친 후 큰 폭으로 기온의 저하가 될 때나 겨울철에는 강재거푸집보다 보온성이 좋은 거푸집을 사용한다.

> **해설** 거푸집 탈형 후의 콘크리트 표면의 급랭을 방지하기 위하여 시트 등으로 콘크리트 표면의 보온을 계속해 주는 것이 좋다.

13 매스 콘크리트의 온도 제어 대책인 파이프 쿨링(pipe-cooling)은 콘크리트 내부에 묻어 놓은 파이프에 냉각수를 통수하는데 이때 파이프의 지름은 어느 정도 관을 사용하는가?

① 25mm
② 20mm
③ 15mm
④ 10mm

해설
- 파이프는 지름 25mm 정도의 얇은 관을 사용한다.
- 파이프 쿨링은 물에 의하지 않고 공기에 의한 방법도 있다.

14 매스 콘크리트 치기 관련 사항이다. 설명이 틀린 것은?
① 몇 개의 블록으로 나눠 칠 때 콘크리트 치기를 장시간 중지하는 일이 없도록 한다.
② 암반 위에 몇 층으로 나눠 칠 때 치기 시간간격을 너무 짧게 하면 콘크리트 전체의 온도가 높아져서 균열 발생의 우려가 있다.
③ 매스 콘크리트의 치기 온도는 온도 균열을 제어하기 위해 될 수 있는 대로 저온으로 한다.
④ 각 재료의 온도가 비빈 직후 콘크리트 온도에 미치는 영향은 대략 골재는 ±1℃, 물은 ±4℃에 대해 ±2℃, 시멘트는 ±8℃에 대해 ±3℃ 정도이다.

해설
- 골재는 ±2℃에 대해 ±1℃
- 물은 ±4℃에 대해 ±1℃
- 시멘트는 ±8℃에 대해 ±1℃ 정도

15 파이프 쿨링(pipe-cooling)을 할 때 파이프 주변의 콘크리트 온도와 통수 온도와의 차이는 보통 몇 ℃ 이하로 하는가?
① 10℃
② 15℃
③ 20℃
④ 30℃

해설 통수온도가 지나치면 부재간 및 부재 내부에서의 온도차가 커져 균열이 발생할 우려가 있다.

16 매스 콘크리트 치기의 한 층의 높이는 얼마를 표준으로 하는가?
① 0.2~0.3m
② 0.4~0.5m
③ 0.6~0.7m
④ 0.8~1m

해설 콘크리트의 표면은 거의 수평이 되도록 하며 한 층의 치기 높이는 0.4~0.5m를 표준으로 한다.

17 일반적인 경우 외기온도가 25℃ 미만일 경우 콘크리트 운반시간은?
① 60분
② 90분
③ 120분
④ 150분

해설 외기온도가 25℃ 미만일 경우는 120분, 25℃ 이상인 경우는 90분으로 한다.

정답 10 ② 11 ④ 12 ① 13 ① 14 ④ 15 ③ 16 ② 17 ③

18 상층의 콘크리트를 다질 때에는 상층 및 하층이 일체가 되도록 다짐기를 하층의 표면에서 어느 정도까지 찔러 넣어 다지는가?

① 0.05m   ② 0.1m
③ 0.15m   ④ 0.2m

19 매스 콘크리트 치기를 끝마친 후 균열 측정시기는?

① 1주 전후   ② 2주 전후
③ 3주 전후   ④ 4주 전후

> **해설**
> - 여러 층으로 나누어 시공하는 경우 상층 콘크리트 치기 전에 하층 콘크리트의 균열 발생 유무를 측정한다.
> - 온도 균열의 검사 시기는 구조물의 구속 조건을 고려하여 결정한다.

20 매스 콘크리트 제조용 시멘트로 가장 적합한 것은?

① 보통 포틀랜드 시멘트   ② 알루미나 시멘트
③ 중용열 포틀랜드 시멘트   ④ 내황산염 포틀랜드 시멘트

> **해설**
> 매스 콘크리트에는 수화열이 적은 중용열 포틀랜드 시멘트, 고로 시멘트, 플라이 애시 등의 저발열 시멘트를 사용한다.

21 넓이가 넓은 평판 구조에서는 두께가 얼마 이상일 때 매스 콘크리트로 취급하는가?

① 0.5m   ② 0.8m
③ 1m   ④ 1.2m

22 매스 콘크리트에 사용되는 다음 재료 중 적합하지 않은 것은?

① 급결제   ② 냉각수
③ 플라이 애시   ④ 중용열 시멘트

> **해설**
> 수화열 때문에 급결제 사용은 부적합하다.

23 매스 콘크리트에서 균열유발 줄눈의 간격은 얼마를 기준으로 하는가?

① 10~15m   ② 8~10m
③ 5~8m   ④ 4~5m

24 댐 콘크리트의 압축강도는 재령 몇 일을 기준으로 하는가?
① 7일 ② 14일
③ 28일 ④ 91일

> **해설** 매스 콘크리트에서는 중용열 포틀랜드 시멘트, 고로 시멘트, 플라이 애시 시멘트 등의 저발열 시멘트를 사용하는데 이 시멘트는 장기 재령의 강도 증진이 보통 포틀랜드 시멘트에 비해 크므로 91일 정도의 장기재령을 기준한다.

25 매스 콘크리트 구조물의 온도균열 폭에 대한 적절한 대책이 아닌 것은?
① 온도균열지수를 높인다. ② 철근비를 높인다.
③ 가는 철근을 분산시켜 배근한다. ④ 단위 시멘트량을 높여 준다.

> **해설** 단위 시멘트량이 많으면 수화열이 내부에 축적되어 내부의 온도가 상승하므로 균열이 발생할 가능성이 있다.

26 매스 콘크리트 시공시 균열 방지를 위한 사항 중 틀린 것은?
① 신구 콘크리트의 치기 시간 간격을 너무 길게 하지는 않는다.
② 콘크리트 타설 구획의 높이를 적게 한다.
③ 암반 위에 여러 층을 칠 경우 치기 시간 간격을 가급적 짧게 한다.
④ 인장 변형에 대한 저항이 큰 콘크리트를 사용한다.

> **해설** 암반 등 구속도가 큰 것 위에 여러 층에 걸쳐서 콘크리트를 이어 칠 경우 치기 시간 간격을 너무 짧게 하면 리프트(lift) 두께 등의 조건에 따라 콘크리트 전체의 온도가 높아지거나 균열 발생 우려가 클 수 있다.

27 매스 콘크리트(mass concrete)의 시공에 있어서 유의해야 할 사항 중 옳지 않은 것은?
① 단위 시멘트량을 적게 한다.
② 수화열이 낮은 시멘트를 사용한다.
③ 1회의 치는 높이를 제한한다.
④ 양생 중에서 콘크리트의 보온을 철저히 한다.

> **해설** 거푸집을 가능한 빨리 해체하여 방열시킨다.

3 한중 콘크리트

1 개요

(1) 하루 평균기온이 4℃ 이하에는 콘크리트가 동결할 염려가 있으므로 한중 콘크리트로 시공한다.
(2) 콘크리트가 동결하지 않더라도 5℃ 정도 이하의 저온에 노출되면 응결 및 경화 반응이 상당히 지연되어 소정의 강도 발현이 이루어지지 않는다.

2 재료

(1) 시멘트는 보통 포틀랜드 시멘트를 사용하는 것을 표준한다.
(2) 보통 포틀랜드 시멘트에서는 소요의 양생온도나 초기 강도의 확보가 어려워 수화열에 의한 균열이 없는 경우 조강 포틀랜드 시멘트를 사용하면 효과적이다.
(3) 긴급 공사용의 특수 시멘트는 초속경 시멘트, 알루미나 시멘트 등이 있다.
(4) 골재가 동결되어 있거나 골재에 빙설이 혼입되어 있는 골재는 사용하지 않는다.
(5) 시멘트는 어떠한 경우라도 직접 가열해서는 안된다.
(6) 골재를 65℃ 이상 가열하면 다루기가 어려워지며 시멘트를 급결시킬 우려가 있다.
(7) 물과 골재 혼합물의 온도는 40℃ 이하로 하면 시멘트가 급결하지 않는다.
(8) 재료를 가열했을 때 비빈 직후 콘크리트의 대체적인 온도(T ℃)

$$T = \frac{C_s(T_a W_a + T_c W_c) + T_m W_m}{C_s(W_a + W_c) + W_m}$$

여기서, T : 콘크리트 온도(℃)
W_a 및 T_a : 골재의 질량(kg) 및 온도(℃)
W_c 및 T_c : 시멘트의 질량(kg) 및 온도(℃)
W_m 및 T_m : 비빌 때 사용되는 물의 질량(kg) 및 온도(℃)
C_s : 시멘트 및 골재의 물에 대한 비열의 비로서 0.2로 가정해도 좋다.

3 배합

(1) 공기연행 콘크리트를 사용하는 것을 원칙으로 한다.
(2) 단위수량은 초기 동해를 적게 하기 위하여 소요의 워커빌리티를 유지할 수 있는 범위 내에서 되도록 작게 정한다.
(3) 물-결합재비는 60% 이하로 한다.
(4) 적산온도 방식에 의한 배합강도 및 물-결합재비
  ① 적산온도가 210°D · D 이상일 경우 적용한다.

② 조강, 초조강 포틀랜드 시멘트 및 알루미나 시멘트를 사용하면 적산온도가 105°D · D 이상의 경우에도 적용할 수 있다.
③ 구조체 콘크리트의 강도관리 재령은 91일 이내에서, 또한 적산온도는 420°D · D 이하가 되는 재령으로 한다.
④ 적산온도

$$M = \sum_{0}^{t} (\theta + A) \Delta t$$

여기서, M : 적산온도(°D · D(일), 또는 ℃ · D)
θ : Δt 시간 중의 콘크리트의 일평균 양생온도(℃)
A : 정수로서 일반적으로 10℃가 사용된다.
Δt : 시간(일)

⑤ 물-결합재비

$$x(\%) = \alpha \cdot x_{20}$$

여기서, x : 적산온도가 M(°D · D)일 때 배합강도를 얻기 위한 물-결합재비
α : 적산온도 M에 대한 물-결합재비의 보정계수
x_{20} : 콘크리트의 양생온도가 20±2℃일 때 재령 28일에 있어서 배합강도를 얻기 위한 물-결합재비

(5) 비비기
① 운반 및 타설시간 1시간에 대하여 콘크리트 온도와 주위의 기온과의 차이는 15% 정도로 본다.

$$T_2 = T_1 - 0.15(T_1 - T_0) \cdot t$$

여기서, T_0 : 주위의 온도(℃)
T_1 : 비볐을 때 콘크리트의 온도(℃)
T_2 : 타설이 끝났을 때인 콘크리트의 온도(℃)
t : 비빈 후부터 타설이 끝났을 때까지의 시간(hr)

② 가열한 재료를 믹서에 투입하는 순서는 먼저 가열한 물과 굵은골재, 다음에 잔골재를 넣어서 믹서 안의 재료온도가 40℃ 이하가 된 후에 시멘트를 넣는 것이 좋다.

④ 시공

(1) 타설할 때 콘크리트 온도는 5~20℃의 범위에서 한다.
(2) 기상조건이 가혹한 경우나 부재 두께가 얇을 경우에 칠 때의 콘크리트 최저온도는 10℃ 정도로 한다.
(3) 소요 압축강도가 얻어질 때까지 콘크리트의 온도를 5℃ 이상으로 유지하며 그 후 2일간은 구조물이 어느 부분이라도 0℃ 이상이 되도록 유지한다.

(4) 초기 동해 방지를 위해 콘크리트의 최저온도를 5℃로 하였지만 추위가 심한 경우 또는 부재 두께가 얇은 경우에는 10℃ 정도로 한다.

(5) 강도를 얻기에 필요한 양생일수는 시험에 의해 정하는 것이 원칙이나 5℃ 및 10℃에서 양생할 경우 표준은 아래 표와 같다.

구조물의 노출상태	시멘트의 종류	보통 포틀랜드 시멘트	조강 포틀랜드, 보통 포틀랜드+촉진제	혼합시멘트 B종
① 계속해서 또는 자주 물로 포화되는 부분	5℃	9일	5일	12일
	10℃	7일	4일	9일
② 보통의 노출상태에 있고 ①에 속하지 않는 부분	5℃	4일	3일	5일
	10℃	3일	2일	4일

(6) 단면의 두께가 얇고 보통의 노출상태에 있는 콘크리트는 초기양생 종료 후 2일간 이상은 콘크리트 온도를 0℃ 이상으로 한다.

(7) 소요 압축강도의 표준(MPa)

구조물의 노출 \ 단면	얇은 경우	보통의 경우	두꺼운 경우
① 계속해서 또는 자주 물로 포화되는 부분	15	12	10
② 보통의 노출상태에 있고 ①에 속하지 않는 부분	5	5	5

CHAPTER 5 출제 예상 문제

한중 콘크리트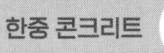

01 일 평균기온이 얼마 이하가 될 경우 한중 콘크리트로 시공해야 하는가?
① 4℃
② 0℃
③ -2℃
④ -3℃

02 콘크리트의 동결온도는 물-결합재비, 혼화재료의 종류 및 양에 따라 다르지만 대략 얼마인가?
① 4~3℃
② 2~1℃
③ -0.5~2℃
④ -2.5~3.5℃

03 한중 콘크리트 재료에 대한 설명 중 틀린 것은?
① 시멘트는 포틀랜드 시멘트를 사용하는 것을 표준으로 한다.
② 동결된 골재나 빙설이 혼입된 골재는 사용하지 않는다.
③ 시멘트는 특별한 경우 직접 가열할 수 있다.
④ 고성능 공기연행 감수제를 사용하며 물-결합재비를 작게 하는 것은 동결에 대한 저항성을 높이는 데 효과적이다.

> **해설** 시멘트는 어떠한 경우라도 직접 가열해서는 안 된다.

04 믹서에 넣은 가열한 재료의 온도가 얼마 이하가 된 후 시멘트를 넣는 것이 좋은가?
① 10℃
② 20℃
③ 30℃
④ 40℃

> **해설** 먼저 가열한 물과 굵은골재, 잔골재를 넣은 후 시멘트를 넣는다.

05 한중 콘크리트에서 표준으로 사용되는 시멘트는?
① 포틀랜드 시멘트
② 중용열 포틀랜드 시멘트
③ 초속경 시멘트
④ 조강 포틀랜드 시멘트

> **해설** 포틀랜드 시멘트는 저온 양생했을 때 초기 재령의 강도 발현에 대한 지연 정도가 작고 콘크리트가 동해에 대한 염려를 적게 할 수 있다.

정답 01 ① 02 ③ 03 ③ 04 ④ 05 ①

CHAPTER 5 출제 예상 문제

06 한중 콘크리트에 대한 설명 중 틀린 것은?
① 한중 콘크리트는 공기연행 콘크리트를 사용하는 것을 원칙으로 한다.
② 단위수량은 초기 동해를 작게 하기 위해 워커빌리티 범위 내에서 작게 한다.
③ 보통 운반 및 치기 시간 1시간에 대해 콘크리트 온도와 주위의 기온과의 차이는 25% 정도로 본다.
④ 칠 때의 콘크리트 온도는 구조물의 단면치수, 기상조건 등을 고려하여 5~20℃의 범위로 한다.

> **해설** 콘크리트 치기가 끝났을 때의 콘크리트 온도는 운반, 치기 도중의 열손실 때문에 믹서에서 비볐을 때의 온도보다 떨어지는데 그 차이는 15% 정도

07 기상조건이 가혹한 경우나 부재 두께가 얇을 경우에 칠 때의 콘크리트 최저온도는?
① 4℃ ② 6℃ ③ 8℃ ④ 10℃

08 압축강도가 얼마 이상이 되면 동해 받는 일이 비교적 적다고 볼 수 있는가?
① 4MPa ② 5MPa ③ 8MPa ④ 10MPa

09 초기 동해 방지의 관점에서 양생할 경우 콘크리트의 최저온도를 얼마로 하는가?
① 5℃ ② 10℃ ③ 15℃ ④ 20℃

> **해설** 추위가 심한 경우 또는 부재 두께가 얇을 경우에는 10℃ 정도

10 한중 콘크리트는 소요 압축강도가 얻어질 때까지 콘크리트의 온도를 몇 ℃ 이상으로 유지하는가?
① 5℃ ② 10℃ ③ 15℃ ④ 20℃

11 한중 콘크리트의 양생방법으로 기온이 낮은 경우 또는 단면이 얇은 경우에 보온만으로는 동결온도 이상의 온도를 유지할 수 없을 때 양생하는 방법은?
① 습윤양생 ② 수중양생 ③ 급열양생 ④ 보온양생

> **해설**
> • 한중 콘크리트의 양생방법으로는 보온양생과 급열양생 등이 있다.
> • 보온양생은 단열성이 높은 재료로 콘크리트 주위를 덮어서 시멘트 수화열을 이용하여 소정의 강도가 얻어질 때까지 보온하는 것

12 한중 콘크리트 시공에 관한 사항 중 틀린 것은?

① 보온양생 또는 급열양생이 끝난 후에는 콘크리트 온도를 급격히 저하시켜도 된다.
② 목재 거푸집은 강재 거푸집에 비해 열전도율이 적어 보온효과가 크다.
③ 소정의 강도가 얻어진 후에도 콘크리트 표면이 급냉하지 않도록 거푸집을 남겨 두는 것이 좋다.
④ 콘크리트에 열을 가할 경우 콘크리트가 급격히 건조되거나 국부적으로 가열되지 않도록 한다.

> **해설** 양생을 끝냈더라도 온도가 높은 콘크리트를 갑자기 한기(寒氣)에 노출시키면 콘크리트의 표면에 균열이 생긴다.

13 한중 콘크리트의 타설시 가열한 재료를 믹서에 투입하는 순서로 옳은 것은?

┌─────────────────────┬─────────────────────┐
│ ㉠ 물   │ ㉡ 시멘트   │
│ ㉢ 잔골재   │ ㉣ 굵은골재   │
└─────────────────────┴─────────────────────┘

① ㉠-㉢-㉡-㉣ ② ㉢-㉣-㉠-㉡
③ ㉠-㉢-㉣-㉡ ④ ㉠-㉣-㉢-㉡

> **해설** 믹서 안에 물, 굵은골재, 잔골재, 시멘트 순서로 넣는다.

14 한중 콘크리트 시공 시 주의해야 할 사항 중 틀린 것은?

① 조기강도를 높이도록 한다.
② 급격한 온도변화를 방지한다.
③ 물-결합재비를 높인다.
④ 거푸집을 오래 거치하고 보온양생한다.

> **해설** 한중 콘크리트의 경우 물-결합재비를 높이면 초기에 동해에 걸리기 쉬우므로 AE제 또는 공기연행 감수제를 사용하는 것을 표준으로 한다.

15 다음 중 콘크리트 강도를 예측하는 데 이용되는 적산온도의 개념을 나타낸 식은 어느 것인가?

① $\sum (시간 \times 강도)$
② $\sum (시간 \times 온도)$
③ $\sum (물-시멘트비 \times 온도)$
④ $\sum (강도 \times 온도)$

> **해설** 콘크리트의 강도를 콘크리트 온도와 시간과의 함수로 나타내는 적산온도는
> $$M = \sum_{0}^{t} (\theta + A) \Delta t$$
> 여기서, M : 적산온도[℃ · D(일)], θ : Δt 시간중의 콘크리트 온도(℃),
> Δt : 시간(일 또는 시), A : 정수로서 일반적으로 10℃가 사용된다.

정답 06 ③ 07 ④ 08 ② 09 ① 10 ① 11 ③ 12 ① 13 ④ 14 ③ 15 ②

CHAPTER 5 출제 예상 문제

16 한중 콘크리트에 관한 다음 설명 중 틀린 것은?

① 하루 평균기온이 4℃ 되는 기상조건 하에서는 한중 콘크리트로 시공해야 한다.
② 기온이 −3℃ 이하에서는 물, 시멘트 및 골재를 가열하여 콘크리트의 온도를 높여야 한다.
③ 한중 콘크리트에서는 공기연행 콘크리트를 사용하는 것을 원칙으로 한다.
④ 응결 경화의 초기에 동결되지 않도록 하며 예상되는 하중에 대해 충분한 강도를 가지게 해야 한다.

해설 시멘트는 어떤 경우라도 직접 가열해서는 안 된다.

17 한중 콘크리트나 해중 공사에 가장 적합한 시멘트는?

① 실리카 시멘트
② 고로 시멘트
③ 알루미나 시멘트
④ 중용열 포틀랜드 시멘트

해설
- 알루미나 시멘트
- 산, 염류, 해수 등의 화학적 침식에 대한 저항성이 크다.
- 발열량이 크기 때문에 긴급한 공사나 한중 공사시 시공에 적합하다.

18 한중 콘크리트 시공시 주의할 사항 중 틀린 것은?

① 초기에 충분한 강도를 발휘하도록 한다.
② 초기 동해를 피한다.
③ 타설시 콘크리트의 온도는 4℃를 유지한다.
④ 적당한 온도, 습도의 유지관리를 한다.

해설 타설시 콘크리트 온도는 구조물의 단면치수, 기상조건 등을 고려하여 5~20℃의 범위로 한다.

19 한중 콘크리트 시공 시 비볐을 때 콘크리트의 온도가 10℃이고 비비기할 때 주위의 온도가 −3℃였다. 비빈 후부터 2시간 후 타설 완료하였을 때 콘크리트 온도는?

① 3.5℃
② 4.5℃
③ 6.1℃
④ 7.1℃

해설
$$T_2 = T_1 - 0.15(T_1 - T_0) \cdot t$$
$$= 10 - 0.15[10 - (-3)] \times 2$$
$$= 6.1℃$$

여기서, T_0 : 주위의 기온(℃), T_1 : 비볐을 때의 콘크리트의 온도(℃)
T_2 : 치기가 끝났을 때의 콘크리트의 온도(℃), t : 비빈 후부터 치기가 끝났을 때까지의 시간(hr)

20 한중 콘크리트 시공시 콘크리트 온도는 운반, 치기 도중의 열손실 때문에 믹서에서 비볐을 때의 온도보다 떨어지는데 운반 및 치기 시간 1시간에 대해 콘크리트 온도와 주위의 온도와의 차이는 몇 % 정도로 보는가?

① 10% ② 15%
③ 20% ④ 25%

해설 $T_2 = T_1 - 0.15(T_1 - T_0) \cdot t$

21 한중(寒中) 콘크리트의 설명 중 틀린 것은?
① 4℃ 이하에서 시공할 때는 공기연행 콘크리트를 사용하는 것이 좋다.
② 골재에 눈이나 얼음이 있으면 이를 녹여 사용해야 한다.
③ 배합 단위수량을 작업 가능 범위 내에서 적게 해야 한다.
④ 보통 시멘트에서 콘크리트 친 후 6일 이상 4℃ 이상을 유지해야 한다.

해설 구조물이 보통 노출상태에 있고 계속해서 또는 자주 물로 포화되지 않는 경우에 보통 포틀랜드 시멘트를 사용하여 5℃ 이하에서는 4일, 10℃ 이하에서는 3일 동안 양생한다.

4 서중 콘크리트

① 개요
하루 평균기온이 25℃를 초과할 경우에 서중 콘크리트로 시공한다.

② 배합
(1) 단위수량은 일반적으로 185kg/m³ 이하로 한다.
(2) 기온 10℃의 상승에 대해 단위수량은 2~5% 증가하므로 소요의 압축강도를 확보하기 위해서는 단위수량에 비례하여 단위 시멘트량의 증가를 고려한다.
(3) 소요의 강도 및 워커빌리티를 얻을 수 있는 범위 내에서 단위수량 및 단위 시멘트량을 적게 한다.

③ 시공
(1) 비빈 후 되도록 빨리 타설한다. 지연형 감수제를 사용한 경우라도 1.5시간 이내에 타설한다.
(2) 콘크리트 타설시 콘크리트 온도는 35℃ 이하여야 한다.
(3) 타설 후 적어도 24시간은 노출면이 건조하는 일이 없도록 습윤상태로 유지한다. 또 양생은 적어도 5일 이상 실시한다.
(4) 거푸집을 떼어낸 후에도 양생기간 동안은 노출면을 습윤상태로 유지한다.
(5) 콘크리트를 타설하기 전에 지반과 거푸집 등을 조사하여 콘크리트로부터의 수분흡수로 품질변화의 우려가 있는 부분은 습윤상태로 유지한다.

CHAPTER 5 출제 예상 문제

서중 콘크리트

01 하루 평균기온 ( )℃를 초과하는 시기에 시공할 경우에는 서중 콘크리트로 시공한다. ( ) 안에 들어갈 온도는?
① 20 ② 25
③ 30 ④ 35

02 서중 콘크리트 배합에 사용하여 단위수량을 감소시키는 효과를 낼 수 있는 혼화재료가 아닌 것은?
① 유동화제 ② 지연형의 감수제
③ 공기연행 감수제 ④ 기포제

> **해설** 기포제는 기포의 작용에 의해 충전성을 개선하거나 중량을 조절하는 효과를 낸다.

03 서중 콘크리트 배합에서 일반적으로 기온 10℃ 상승에 대해 단위수량을 어느 정도 증가하는가?
① 2~5% ② 6~10%
③ 12~15% ④ 16~20%

04 서중 콘크리트는 일반적인 대책을 강구한 경우라도 비빈 후 몇 시간 이내에 쳐야 하는가?
① 1시간 ② 1.5시간
③ 2시간 ④ 2.5시간

05 서중 콘크리트를 칠 때의 콘크리트 온도는 몇 ℃ 이하여야 하는가?
① 25℃ ② 30℃
③ 35℃ ④ 40℃

06 서중 콘크리트의 양생은 적어도 몇 일 이상 실시하는 것이 바람직한가?
① 3일 ② 5일
③ 7일 ④ 9일

> **해설** 타설 후 적어도 24시간은 노출면이 건조하지 않도록 습윤상태로 유지해야 하며 또 양생은 적어도 5일 이상 실시하는 것이 좋다.

정답 01 ② 02 ④ 03 ① 04 ② 05 ③ 06 ②

CHAPTER 5 출제 예상 문제

07 서중 콘크리트의 타설시 저온의 재료를 사용하여 콘크리트의 온도를 낮추고자 하는 경우 가장 크게 영향을 미치는 재료는 어느 것인가?
① 골재
② 시멘트
③ 물
④ 혼화재료

해설 시멘트 온도 ±8℃, 수온 ±4℃, 골재 온도 ±2℃에 대해 콘크리트 온도 ±1℃의 변화가 있어 골재를 냉각하면 효과적이다.

08 다음은 서중 콘크리트의 관리에 주의할 사항이다. 이 중 적당하지 않은 것은?
① 콘크리트 처 넣을 때 콘크리트 온도는 40℃ 이하 유지
② 비빈 콘크리트는 1시간 이내에 빨리 운반 타설
③ 콘크리트 타설 후 24시간 동안은 노출면을 반드시 습윤상태 유지
④ 기온이 높고 습도가 낮을 때에는 증발 건조가 빨라지므로 균열 방지에 주의

해설 콘크리트 타설시 콘크리트 온도는 35℃ 이하일 것

정답 07 ① 08 ①

5 수밀 콘크리트

❶ 개념

(1) 각종 저장시설, 지하구조물, 수리구조물, 저수조, 수영장, 상하수도시설, 터널 등 압력수가 작용하는 구조물을 말한다.
(2) 균열, 콜드 조인트, 누수의 원인이 되는 결함이 생기지 않도록 해야 한다.

❷ 배합

(1) 공기연행제, 감수제, 공기연행 감수제, 포졸란 등을 사용한다.
(2) 팽창제를 사용하면 콘크리트의 수축균열을 방지하므로 누수의 원인이 작게 되므로 콘크리트 구조물의 수밀성을 증대시킨다.
(3) 방수제 등을 사용할 경우 성능 효과를 확인 후 사용한다.
(4) 블리딩이 적어지도록 일반적인 경우보다 잔골재율을 크게 하는 것이 좋다.
(5) 단위수량 및 물-결합재비는 되도록 적게 하고 단위 굵은골재량을 되도록 크게 한다.
(6) 슬럼프는 180mm를 넘지 않게 하며 콘크리트 타설이 용이할 때에는 120mm 이하로 한다.
(7) 공기연행제, 공기연행 감수제 또는 고성능 공기연행 감수제를 사용하는 경우라도 공기량은 4% 이하가 되게 한다.
(8) 물-결합재비는 50% 이하를 표준한다.
(9) 소요 품질을 갖는 수밀 콘크리트를 얻기 위해서는 적당한 간격으로 시공이음을 둔다.
(10) 가능한 연속으로 타설하여 콜드 조인트가 발생하지 않도록 한다.
(11) 누수 원인이 되는 건조수축 균열의 발생이 없도록 시공하며 0.1mm 이상의 균열 발생이 예상되는 경우 누수방지를 위한 방수를 검토한다.

CHAPTER 5 출제 예상 문제 — 수밀 콘크리트

01 수밀 콘크리트의 소요 슬럼프는 가급적 적게 하고 몇 mm를 넘지 않도록 하는가?
① 80mm ② 120mm
③ 180mm ④ 210mm

해설 콘크리트 치기가 용이할 때에는 120mm 이하로 한다.

02 공기연행제, 공기연행 감수제 등을 사용하는 경우라도 수밀 콘크리트의 공기량은 몇 % 이하가 되게 하는가?
① 3% ② 4%
③ 5% ④ 6%

03 수밀 콘크리트에서 물-결합재비는 얼마 이하를 표준으로 하는가?
① 50% ② 55%
③ 60% ④ 65%

04 수밀 콘크리트 시공에 관한 설명 중 틀린 것은?
① 콘크리트는 될 수 있는 대로 연속으로 친다.
② 쳐 넣은 콘크리트의 온도는 30℃ 이하가 되게 한다.
③ 단위수량 및 물-결합재비를 적게 하고 단위 굵은골재량을 가급적 크게 한다.
④ 연직시공이음에 지수판을 사용하면 수밀성에 나쁘다.

해설 연직시공이음에는 지수판의 사용을 원칙으로 한다.

05 수밀 콘크리트 대한 설명 중 틀린 것은?
① 일반적인 경우보다 잔골재율을 어느 정도 크게 하는 것이 좋다.
② 수밀을 요하는 콘크리트 구조물은 각종 저장시설, 지하구조물, 수리구조물, 저수조, 수영장, 상하수도시설, 터널 등을 말한다.
③ 팽창재를 사용하여 콘크리트의 수축열을 방지하므로 누수의 원인을 작게 한다.
④ 배합이나 경화후의 품질을 변치 않도록 유동화제 사용을 원칙으로 한다.

해설 공기연행제, 감수제, 공기연행 감수제, 고성능 공기연행 감수제 또는 포졸란 등을 사용하는 것을 원칙으로 한다.

06 수밀 콘크리트의 설명 중 틀린 것은?
① 수밀 콘크리트 경우 일반적인 경우보다 잔골재율을 어느 정도 작게 하는 것이 좋다.
② 물-결합재비가 55~60% 이상 되면 수밀성이 감소하므로 50% 이하를 표준으로 한다.
③ 연직시공 이음에는 지수판을 사용함을 원칙으로 한다.
④ 재료분리가 적고 다짐을 충분히 하여야 수밀성이 커진다.

> **해설** 수밀 콘크리트의 경우에는 일반적인 경우보다 잔골재율을 어느 정도 크게 하는 것이 좋다.

07 다음은 수밀성 콘크리트를 설명한 것이다. 옳지 않은 설명은?
① 시공 이음은 될 수 있는 대로 피해야 한다.
② 물-결합재비는 50% 이하를 표준으로 한다.
③ 슬럼프 값은 210mm 이하로 하여야 한다.
④ 양질의 감수제 또는 공기연행제를 쓰는 것이 좋다.

> **해설**
> • 가급적 물-결합재비를 적게 한다.
> • 슬럼프 값은 180mm 이하로 하여야 한다.

08 수밀성 콘크리트 설명 중 맞지 않는 것은?
① 물-결합재비가 50% 이하, 55~60% 이상 되면 수밀성이 감소된다.
② 수밀 콘크리트의 경우에는 일반적인 경우보다 잔골재율을 어느 정도 작게 하는 것이 좋다.
③ 재료분리가 적고 다짐을 충분히 하여야 수밀성이 된다.
④ 연직시공이음에는 지수판을 사용함을 원칙으로 한다.

> **해설**
> • 단위 굵은골재량이 크게 하는 것이 좋다.
> • 굵은골재의 최대치수를 크게 하여 배합 시 단위수량을 적게 혼합할 수 있게 한다.

6 유동화 콘크리트

1 개요

믹서로 일단 비비기를 완료한 베이스 콘크리트에 유동화제를 첨가하여 유동성을 증대시켜 시공성을 향상시킨 콘크리트를 말한다.

2 배합

(1) 슬럼프 증가량

100mm 이하를 원칙으로 하며 50~80mm를 표준으로 한다.

(2) 유동화 콘크리트의 슬럼프(mm)

콘크리트의 종류	베이스 콘크리트	유동화 콘크리트
보통 콘크리트	150 이하	210 이하
경량골재 콘크리트	180 이하	210 이하

(3) 콘크리트의 유동화 시공

① 유동화 콘크리트의 재유동화는 원칙적으로 하지 않는다.
② 유동화를 위한 교반시간은 애지테이터 트럭 또는 교반장치로부터 배출되는 유동화 콘크리트의 약 1/4과 3/4 위치로부터 시료를 채취하여 슬럼프 시험을 한 경우 슬럼프 차가 30mm 이내가 될 때까지 한다.
③ 레미콘의 경우 교반시간은 총 30회 전후의 회전수로 한다. 즉 고속으로 3~4분, 중속으로 5~6분 정도 혼합해 준다.
④ 유동화제는 원액으로 사용하고 미리 정한 소정의 양을 한꺼번에 첨가하여 계량은 질량 또는 용적으로 계량하고 그 계량오차는 1회에 ±3% 이내로 한다.
⑤ 유동화제 첨가량은 보통 시멘트 질량의 0.5~1% 정도이므로 일반적으로 콘크리트를 비비는 용적 계산에서 무시해도 좋다.
⑥ 유동화제량은 단위수량의 일부로 고려하지 않아도 좋다.
⑦ 베이스 콘크리트 및 유동화 콘크리트의 슬럼프 및 공기량 시험은 50m^{3}마다 1회씩 실시한다.

❸ 베이스 콘크리트를 유동화시키는 방법

(1) 현장 첨가 현장 유동화 방식
① 유동화에 가장 효과적이다.
② 베이스 콘크리트의 운반에 이용한 트럭 애지테이터를 그대로 사용하여 소정시간 고속 회전시킨다.

(2) 공장(콘크리트 플랜트) 첨가 공장 유동화 방식
① 시공 현장과 레미콘 회사 간의 거리가 가까울 때 효과적이다.
② 콘크리트 플랜트에서 베이스 콘크리트를 비빈 후 소정량의 유동화제를 첨가하고 출하시에 유동화시킨 후 운반한다.

(3) 공장 첨가 현장 유동화 방식
① 공장에서 유동화제를 첨가하여 저속으로 교반하면서 운반하고 공사현장 도착 후 고속으로 유동화시킨다.
② 운반시간이 길어질 경우에는 유동화 콘크리트의 슬럼프 및 공기량이 시간 경과에 따른 변화가 크고 타설에 지장을 줄 수 있다.

CHAPTER 5 출제 예상 문제 — 유동화 콘크리트

01 유동화 콘크리트의 슬럼프 범위는 원칙적으로 몇 mm 이하인가?
① 80mm ② 150mm
③ 180mm ④ 210mm

> **해설** 유동화 콘크리트의 슬럼프는 원칙적으로 210mm 이하로 하며 작업에 적합한 범위 내로 가능한 슬럼프가 작은 것이 바람직하다.

02 슬럼프의 증가량은 유동화제의 첨가량에 따라 커지지만 몇 mm 이하를 원칙으로 하는가?
① 40mm ② 50mm
③ 100mm ④ 150mm

> **해설** 슬럼프의 증가량은 50~80mm를 표준으로 한다.

03 유동화 콘크리트 배합에 관한 설명 중 틀린 것은?
① 일반 콘크리트 베이스 콘크리트 슬럼프는 150mm 이하로 정하고 경량 콘크리트에서는 180mm 이하로 한다.
② 혼화제를 녹이는 데 쓰이는 물 또는 희석시키는 데 사용되는 물은 단위수량의 일부로 간주한다.
③ 유동화제 첨가량은 보통 시멘트 질량의 2% 정도이다.
④ 유동화제 첨가량은 일반적으로 콘크리트를 비비는 용적계산에서 무시해도 좋다.

> **해설**
> • 유동화제 첨가량은 보통 시멘트 질량의 0.5~1% 정도
> • 유동화제량은 단위수량의 일부로서 고려하지 않아도 좋다.

04 콘크리트 유동화 방법의 설명 중 틀린 것은?
① 콘크리트 플랜트에서 운반한 콘크리트에 공사 현장에서 유동화제를 첨가하여 균일하게 될 때까지 휘젓는다.
② 콘크리트 플랜트에서 트럭 애지테이터에 유동화제를 첨가하여 즉시 고속으로 휘젓는다.
③ 콘크리트 플랜트에서 트럭 애지테이터에 유동화제를 첨가하여 저속으로 휘저으면서 운반하고 공사 현장 도착 후 고속으로 휘젓는다.
④ 콘크리트 플랜트에서 운반한 콘크리트에 공사 현장에서 타설 후 다짐 진행중에 유동화제를 첨가하여 다진다.

해설 콘크리트 플랜트에서 운반한 콘크리트에 공사 현장에서 유동화제를 첨가하여 트럭 애지테이터를 소정시간 고속회전하거나 공사 현장에서 유동화를 위한 교반설비(연속믹서)를 설치하여 유동화시킨다.

05 베이스 콘크리트 및 유동화 콘크리트의 슬럼프 및 공기량 시험은 몇 m³마다 1회씩 실시하는 것을 표준으로 하는가?
① 50m³ ② 100m³
③ 150m³ ④ 200m³

해설 일정량의 유동화제를 첨가하면 슬럼프 및 공기량이 크게 변동할 가능성이 있어 보통 콘크리트보다 시험횟수를 많이 한다.

06 유동화제는 원액으로 사용하고 소정량을 한꺼번에 첨가하고 계량은 중량 또는 용적으로 하며 계량오차는 1회에 몇 % 이내로 하는가?
① ±1% ② ±2%
③ ±3% ④ ±4%

07 유동화 콘크리트에 관한 설명 중 틀린 것은?
① 유동화 콘크리트는 균열저감 효과가 있다고 볼 수 없다.
② 단위 시멘트량을 보통 콘크리트보다 적게 할 수 있다.
③ 유동화제는 고성능 감수제에 속해 다량을 혼입해도 이상응결지연, 경화불량, 과잉공기연행 등을 발생하지 않는 성질을 갖는다.
④ 단위수량은 보통 콘크리트보다 적다.

해설 콘크리트의 유동화로 균열저감 효과가 있다고 볼 수 있다.

정답 01 ④ 02 ③ 03 ③ 04 ④ 05 ① 06 ③ 07 ①

7 고유동 콘크리트

1 개요

굳지 않은 상태에서 재료분리 없이 높은 유동성을 가지면서 다짐작업 없이 자기 충전성이 가능한 콘크리트를 말한다.

2 품질관리

(1) 제조방법은 분체계, 증점체계, 병용계 등이 있다.
(2) 적용
　　① 보통 콘크리트로 충전이 곤란한 구조체
　　② 균질하고 정밀도가 높은 구조체
　　③ 타설시간 단축의 효과를 얻기 위할 경우
　　④ 다짐 시 소음, 진동을 억제할 경우
(3) 굳지 않은 콘크리트의 유동성은 슬럼프 플로 600mm 이상으로 한다.
(4) 슬럼프 플로 시험 후 콘크리트 중앙부에 굵은골재가 모여 있지 않고 주변부에는 페이스트가 분리되지 않아야 한다.
(5) 재료분리 저항성은 슬럼프 플로 500mm, 도달시간 3~20초 범위이어야 한다.
(6) 유동성은 슬럼프 플로 시험을 관리한다.
(7) 재료분리 저항성은 500mm 플로 도달시간 또는 깔때기 유하시간으로 관리한다.
(8) 자기 충전성은 충전장치를 사용한 간극 통과성 시험으로 관리한다.
(9) 고유동 콘크리트의 자기충전 등급
　　① 1등급 : 최소 철근 순간격 35~60mm의 복잡한 단면 형상을 가진 철근 콘크리트 구조물, 단면 치수가 작은 부재 또는 부위에서 자기 충전성을 가지는 성능
　　② 2등급 : 최소 철근 순간격 60~200mm의 철근 콘크리트 구조물 또는 부재에서 자기 충전성을 가지는 성능
　　③ 3등급 : 최소 철근 순간격 200mm 이상으로 단면 치수가 철근량이 적은 부재 또는 부위, 무근 콘크리트 구조물에서 자기 충전성을 가지는 성능
　　④ 일반적인 철근 콘크리트 구조물 또는 부재는 자기 충전성 등급을 2등급으로 정하는 것을 표준으로 한다.

❸ 시공

(1) 거푸집
① 측압은 액압이 작용하는 것으로 본다.
② 폐쇄공간에 타설할 경우에는 거푸집 상면의 적절한 위치에 공기빼기 구멍을 설치한다.

(2) 타설
① 펌프 압송시 관 직경은 100~150mm를 사용한다.
② 콘크리트의 최대 자유낙하 높이는 5m 이하로 한다.
③ 콘크리트의 최대 수평 유동거리는 15m 이하로 한다.
④ 애지테이터 트럭으로 운반하는 경우에는 배출 직전에 10초 이상 고속으로 혼합한 다음 배출한다.

(3) 양생
① 표면 마무리할 때까지 습윤양생이나 방풍시설 등 표면건조를 방치해야 한다. 부득이한 경우 현장 봉함양생을 한다.
② 부재 두께가 0.8m 이상인 경우에는 콘크리트 온도를 가능한 천천히 외기온도에 가까워지도록 보온 및 보호조치 등을 한다.

CHAPTER 5 출제 예상 문제

고유동 콘크리트

01 굳지 않은 고유동 콘크리트의 유동성은 슬럼프 플로 몇 mm 이상인가?
① 500mm ② 600mm
③ 700mm ④ 800mm

해설 굳지 않은 콘크리트의 유동성은 슬럼프 플로 600mm 이상으로 한다.

02 슬럼프 플로 도달시간은 슬럼프 플로가 몇 mm 도달하는 데 요하는 시간인가?
① 500mm ② 600mm
③ 700mm ④ 800mm

해설 슬럼프 플로가 500mm 도달하는 시간을 슬럼프 플로 도달시간이라 한다.

03 고유동 콘크리트의 설명 중 틀린 것은?
① 자기 충전성 등급은 타설 대상 구조물의 형상, 치수, 배근 상태를 고려하여 설정한다.
② 굳지 않은 콘크리트의 재료분리 저항성을 증가시키는 작용을 갖는 혼화제를 증점제라 한다.
③ 철근콘크리트 구조물 또는 부재는 자기 충전성 등급을 1등급으로 정하는 것을 표준한다.
④ 굳지 않은 콘크리트의 재료분리 저항성은 슬럼프 플로 500mm 도달시간 3~20초 범위를 만족해야 한다.

해설 일반적인 철근콘크리트 구조물 또는 부재는 자기 충전성 등급을 2등급으로 정하는 것을 표준한다.

정답 01 ② 02 ① 03 ③

8 고강도 콘크리트

1 개요

(1) 설계기준 압축강도와 내구성이 큰 구조물 철근 콘크리트 공사에 적용한다.
(2) 고강도 콘크리트의 설계기준 압축강도는 보통 또는 중량골재 콘크리트에서 40MPa 이상이며 고강도 경량골재 콘크리트는 27MPa 이상으로 한다.

2 재료

(1) 고성능 감수제(고유동화제) 등을 시험 후 사용한다.
(2) 플라이 애시, 실리카 퓸, 고로 슬래그 미분말 등을 혼화재로 시험 후 사용한다.
(3) 굵은골재의 입도분포는 굵고 가는 골재 알이 골고루 섞이어 공극률을 줄여 시멘트 페이스트가 최소가 되게 한다.
(4) 굵은골재의 최대치수는 25mm 이하로 하며 철근 최소 수평 순간격의 3/4 이내의 것을 사용한다.
(5) 유동화 콘크리트로 할 경우 슬럼프 플로의 목표값은 설계기준 압축강도 40MPa 이상 60MPa 이하의 경우 구조물의 작업 조건에 따라 500, 600 및 700mm로 구분하여 정한다.

3 배합

(1) 물-결합재비는 45% 이하로 소요의 강도와 내구성을 고려하여 정한다.
(2) 단위수량, 단위시멘트량, 잔골재율, 슬럼프는 작업이 가능한 범위에서 적게 한다.
(3) 기상의 변화가 심하거나 동결융해에 대한 대책이 필요한 경우를 제외하고는 공기연행제를 사용하지 않는 것을 원칙으로 한다.

4 시공

(1) 콘크리트 타설 낙하고는 1m 이하로 한다.
(2) 기둥 부재에 타설시 콘크리트 강도와 슬래브나 보에 타설하는 콘크리트 강도가 1.4배 이상 차이가 있는 경우에는 기둥에 사용한 콘크리트가 수평부재의 접합면에서 0.6m 정도 충분히 수평부재 쪽으로 안전한 내민 길이를 확보하면 타설한다.
(3) 고강도 콘크리트는 낮은 물-결합재비로 수분이 적기 때문에 반드시 습윤양생을 한다. 부득이한 경우 현장 봉함 양생을 할 수 있다.

CHAPTER 5 출제 예상 문제   고강도 콘크리트

01 유동화제는 원액으로 사용하고 소정량을 한꺼번에 첨가하고 계량은 중량 또는 용적으로 하며 계량오차는 1회에 몇 % 이내로 하는가?

① ±1%   ② ±2%   ③ ±3%   ④ ±4%

> **해설** 고강도 콘크리트의 강도는 표준양생을 한 콘크리트 공시체의 재령 28일의 강도를 표준으로 한다.

02 고강도 콘크리트에 사용되는 굵은골재의 최대치수는 구조물의 단면 크기에 관계없이 가능한 몇 mm 이하로 규정하는가?

① 19mm   ② 25mm   ③ 40mm   ④ 50mm

> **해설** 굵은골재의 최대치수는 25mm 이하를 사용하며 철근 최소 수평순간격의 3/4 이내의 것을 사용한다.

03 고강도 콘크리트에 포함된 염화물함량은 염소이온량으로 몇 kg/m^3 이하가 되어야 하는가?

① $0.1\,kg/m^3$ ② $0.3\,kg/m^3$ ③ $0.4\,kg/m^3$ ④ $0.6\,kg/m^3$

04 고강도 콘크리트 시공에 관한 설명 중 틀린 것은?

① 콘크리트 치기의 낙하고는 1.5m 이하로 한다.
② 부재가 바뀌는 위치에 콘크리트를 칠 경우는 콘크리트가 침하한 후 연속해서 타설한다.
③ 운반시간 및 거리가 긴 경우에 사용하는 운반차는 트럭믹서로 한다.
④ 치기에 사용하는 펌프는 높은 점성을 예상하여 강력한 기종을 선택한다.

> **해설** 콘크리트 치기의 낙하고는 1m 이하로 한다.

05 기둥 부재에 쳐 넣은 콘크리트 강도와 슬래브나 보에 쳐 넣은 콘크리트 강도의 차가 1.4배 이상일 경우에는 기둥에 사용한 콘크리트가 수평부재의 접합면에서 몇 m 정도 충분히 수평재 쪽으로 안전한 내민길이를 확보하는가?

① 0.3m   ② 0.4m   ③ 0.5m   ④ 0.6m

06 고강도 콘크리트 양생시 부재 두께가 몇 m 이상인 경우 매스 콘크리트 시방서에 따라 양생하는가?

① 0.4m   ② 0.6m   ③ 0.8m   ④ 1m

07 고강도 콘크리트 시공에 관한 설명 중 틀린 것은?

① 수분이 적기 때문에 고강도 콘크리트는 습윤양생을 한다.
② 거푸집 및 받침기둥은 콘크리트를 쳐 넣기 전과 쳐 넣기 중에 검사를 받는다.
③ 거푸집판이 건조할 염려가 있을 때에는 살수를 한다.
④ 고강도 콘크리트의 비비기는 강제식 믹서보다 가경식 믹서가 좋다.

해설 가경식 믹서보다는 강제식 믹서가 좋다.

08 고강도 콘크리트에 대한 설명 중 틀린 것은?

① 강자갈보다 쇄석이 적합하다.
② 잔골재의 조립률이 작은 것이 좋다.
③ 굵은골재의 최대치수는 약간 작은 것이 좋다.
④ 강도가 40MPa 이상이면 고강도로 간주한다.

해설 잔골재의 조립률 : 2.0~3.3

09 고강도 콘크리트에 사용되지 않는 혼화재료는?

① 플라이 애시 ② 실리카 퓸
③ 고로슬래그 미분말 ④ 경화 촉진제

해설 플라이 애시, 고로슬래그 미분말, 실리카 퓸 등이 사용되는데 시험배합 후 사용한다.

10 고강도 콘크리트 시공에 관한 설명 중 틀린 것은?

① 콘크리트 치기의 낙하고는 1m 이하로 한다.
② 수직부재와 수평부재의 콘크리트 강도의 차가 1.4배 이상일 경우 수평부재 쪽으로 안전한 내민길이를 확보한다.
③ 운반시간 및 거리가 긴 경우는 트럭믹서를 이용해선 안 된다.
④ 콘크리트 운반 중 슬럼프 값 저하에 대비해 고성능 감수제 투여장치 등 보조장치를 준비한다.

해설
- 운반시간 및 거리가 긴 경우에 사용하는 운반차는 트럭믹서로 하여야 한다.
- 기둥 부재에 쳐넣은 콘크리트 강도와 슬래브나 보에 쳐넣은 콘크리트 강도의 차가 1.4배 이상 날 경우에는 기둥에 사용한 콘크리트가 수평부재의 접합면에서 0.6m 정도 충분히 수평재 쪽으로 안전한 내민길이를 확보해 부어 넣어야 한다.

정답 01 ③ 02 ② 03 ② 04 ① 05 ④ 06 ③ 07 ④ 08 ② 09 ④ 10 ③

9 수중 콘크리트

1 개요

(1) 일반 수중 콘크리트, 수중 불분리성 콘크리트, 현장타설 말뚝 및 지하연속벽에 사용한다.
(2) 해양 및 수면 하의 비교적 넓은 곳이나 현장타설 말뚝 또는 지하연속벽과 같이 비교적 좁은 곳에 콘크리트를 타설하여 만드는 구조물이다.

2 수중 콘크리트의 성능

(1) 수중분리 저항성

① 수중 콘크리트의 물-결합재비 및 단위 시멘트량

항목 \ 콘크리트 종류	일반 수중 콘크리트	현장타설 말뚝 및 지하연속벽에 사용하는 수중 콘크리트
물-결합재비	50% 이하	55% 이하
단위 결합재량	370 kg/m³ 이상	350 kg/m³ 이상

② 수중기중 강도비는 수중분리 저항성의 요구가 비교적 높은 경우 0.8 이상, 일반적인 경우에는 0.7 이상으로 한다.
③ 현탁물질량은 50mg/l 이하, pH는 12.0 이하이어야 한다.

(2) 유동성

① 슬럼프의 표준값(mm)

시공 방법	일반 수중 콘크리트	현장타설 말뚝 및 지하연속벽에 사용하는 수중 콘크리트
트레미	130 ~ 180	180 ~ 210
콘크리트 펌프	130 ~ 180	–
밑열림 상자, 밑열림 포대	100 ~ 150	–

② 현장타설 말뚝 및 지하연속벽에 사용하는 수중 콘크리트에서 설계기준강도가 50MPa을 초과하는 경우 슬럼프 플로는 500~700mm 범위로 한다.
③ 수중 불분리성 콘크리트의 슬럼프 플로

시공 조건	슬럼프 플로의 범위(mm)
급경사면의 장석(1 : 1.5~1 : 2)의 고결, 사면의 얇은 슬래브(1 : 8 정도까지)의 시공 등에서 유동성을 작게 하고 싶은 경우	350~400
단순한 형상의 부분에 타설하는 경우	400~500
일반적인 경우, 표준적인 철근 콘크리트 구조물에 타설하는 경우	450~550
복잡한 형상의 부분에 타설하는 경우 특별히 양호한 유동성이 요구되는 경우	550~600

③ 배합

(1) 일반 수중 콘크리트는 수중 시공시의 강도가 표준공시체 강도의 0.6~0.8배가 되게 배합강도를 설정한다.
(2) 수중 낙하높이 0.5m 이하, 수중 유동거리 5m 이하에서 타설한 수중 불분리성 콘크리트 코어의 재령 28일 압축강도는 수중 제작 공시체의 압축강도를 기준으로 콘크리트 배합강도를 정한다.
(3) 현장 타설 콘크리트 말뚝 및 지하연속벽 콘크리트는 수중 시공 시 강도가 대기중 시공 시 강도의 0.8배, 안정액 중 시공 시 강도가 대기중 시공 시 강도의 0.7배로 하여 배합강도를 정한다.
(4) 굵은골재의 최대치수는 수중 불분리성 콘크리트의 경우 20 또는 25mm 이하를 표준으로 하며 부재 최소치수의 1/5 및 철근의 최소 순간격의 1/2를 초과해서는 안 되며, 수중 불분리성 콘크리트는 수중 불분리성을 가지며 다지지 않아도 시공이 될 정도의 유동성을 유지하고 강도 및 내구성을 가져야 한다.
(5) 현장타설 말뚝 및 지하연속벽에 사용하는 수중 콘크리트에서 설계기준 압축강도 50MPa을 초과하는 경우에는 부배합의 콘크리트를 사용하기 위해 온도균열의 발생을 억제할 목적으로 저발열형 시멘트가 사용된다.
(6) 내구성으로부터 정해진 수중 불분리성 콘크리트 최대 물-결합재비(%)

환경 \ 콘크리트 종류	무근 콘크리트	철근 콘크리트
담수중 · 해수중	55	50

(7) 수중 불분리성 콘크리트는 공기량이 과다하면 압축강도가 저하하며 콘크리트의 유동중 공기포가 콘크리트로부터 떠오르게 되어 수질 오탁, 품질의 변동 등의 원인이 되기 때문에 공기량은 4±1.5% 이하로 한다.
(8) 현장 타설, 콘크리트 말뚝 및 지하연속벽의 콘크리트는 일반적으로 트레미를 사용하여 수중에서 타설하므로 슬럼프 값은 180~210mm를 표준으로 한다. 특히 철근 간격이 좁은 경우 등 슬럼프가 큰 콘크리트를 타설할 필요가 있을 때는 유동화제를 사용한 부배합 콘크리트로서 슬럼프를 240mm 이하로 한다.
(9) 지하연속벽에 사용하는 수중 콘크리트의 경우, 지하연속벽을 가설만으로 이용할 경우에는 단위 시멘트량은 300kg/m^3 이상으로 한다.
(10) 수중 불분리성 콘크리트의 비비기는 플랜트에서 물을 투입하기 전 건식으로 20~30초 비빈 후 전 재료를 투입하여 비빈다. 1회 비비기량은 믹서 공칭용량의 80% 이하로 하며 강제식 믹서의 경우 비비기 시간은 90~180초로 한다.

4 시공

(1) 일반 수중 콘크리트
① 물막이를 설치하여 물을 정지시킨 정수중에 타설한다. 완전히 물막이할 수 없는 경우에도 50mm/초 이하의 유속을 유지한다.
② 콘크리트는 수중에 낙하시키지 않는다.
③ 콘크리트를 연속해서 타설한다.
④ 타설 도중에 가능한 콘크리트가 흐트러지지 않도록 물을 휘젓거나 펌프의 선단부분을 이동시켜서는 안 되며 콘크리트가 경화될 때까지 물의 유동을 방지해야 한다.
⑤ 한 구획의 콘크리트 타설을 완료한 후 레이턴스를 모두 제거하고 다시 타설하여야 함
⑥ 수중 콘크리트 시공시 시멘트가 물에 씻겨서 흘러나오지 않도록 트레미나 콘크리트 펌프를 사용해서 타설한다. 그러나 부득이한 경우 및 소규모 공사의 경우 밑열림 상자나 밑열림 포대를 사용할 수 있다.

(2) 트레미에 의한 타설
① 트레미의 안지름은 수심이 3m 이내에서 250mm, 3~5m에서 300mm, 5m 이상에서 300~500mm 정도가 좋으며 굵은골재의 최대치수의 8배 정도가 필요하다.
② 트레미 1개로 타설할 수 있는 면적은 30m² 정도이다.
③ 트레미는 타설 동안 하반부가 항상 콘크리트로 채워져 트레미 속으로 물이 침입하지 않도록 하며 타설 동안 수평 이동해서는 안 된다.
④ 타설 동안 트레미 하단이 타설된 콘크리트면보다 300~500mm 아래로 유지하면서 가볍게 상하로 움직여야 한다.

(3) 콘크리트 펌프에 의한 타설
① 콘크리트 펌프의 배관은 수밀해야 한다.
② 펌프의 안지름은 100~150mm 정도가 좋으며 수송관 1개로 타설할 수 있는 면적은 5m² 정도이다.
③ 타설중에는 배관 속을 콘크리트로 채우면서 배관 선단부분을 이미 타설된 콘크리트 속으로 0.3~0.5m 묻어 타설한다.
④ 배관을 이동시 배관 속으로 물이 역류하거나 배관 속의 콘크리트가 수중낙하하는 일이 없도록 선단부분에 역류 밸브를 붙인다.

(4) 수중 불분리성 콘크리트의 타설
① 타설은 유속이 50mm/sec 정도 이하의 정수 중에서 수중 낙하 높이가 0.5m 이하여야 한다.
② 펌프로 압송할 경우 압송압력은 보통 콘크리트의 2~3배, 타설속도는 1/2~1/3 정도로 한다.

③ 일반 수중 콘크리트보다 트레미 1개 및 콘크리트 펌프 배관 1개당 콘크리트 타설 면적을 크게 하여도 좋다.
④ 수중 유동거리는 5m 이하로 한다.

(5) 현장 타설 말뚝 및 지하연속벽에 사용하는 수중 콘크리트
① 철근 망태의 비틀림을 방지하기 위해 철근을 외측으로 경사지게 하여 격자형으로 배치한다.
② 철근의 피복두께를 100mm 이상으로 한다.
③ 외측 가설벽, 차수벽의 경우, 철근의 피복두께를 80mm 이상으로 할 수 있다.
④ 간격재는 철근망태를 넣을 때 이탈하든가 공벽을 깎아내지 않는 형상이어야 하며 깊이 방향으로 3~5m 간격, 같은 깊이 위치에 4~6개소 주철근에 설치한다.
⑤ 트레미의 안지름은 굵은골재 최대치수의 8배 정도가 적당하며 굵은골재 최대치수 25mm의 경우 관지름이 200~250mm의 트레미를 사용한다.
⑥ 콘크리트 속의 트레미 삽입깊이는 2m 이상으로 한다. 타설 완료 직전에 콘크리트면을 확인하기 쉬운 경우에는 삽입깊이를 2m 이하로 할 수 있다.
⑦ 지하연속벽 타설시 트레미는 가로방향 3m 이내의 간격에 배치하고 단부나 모서리에 배치한다.
⑧ 콘크리트 타설속도는 먼저 타설하는 부분의 경우 4~9m/hr, 나중에 타설하는 부분의 경우 8~10m/hr로 실시한다.
⑨ 콘크리트 상면은 설계면보다 0.5m 이상 높이로 타설하고 경화한 후 제거한다. 단, 가설벽, 차수벽 등에 쓰이는 지하연속벽의 경우 여분으로 더 타설하는 높이는 0.5m 이하이어야 한다.

CHAPTER 5 출제 예상 문제

01 일반 수중 콘크리트에서 트레미를 이용하여 시공할 경우 슬럼프의 범위는?

① 130~180mm ② 120~170mm
③ 100~150mm ④ 80~120mm

해설 일반 수중 콘크리트의 슬럼프의 범위

시공방법	슬럼프 범위(mm)
트레미, 콘크리트 펌프	130~180
밑열림 상자, 밑열림 포대	100~150

02 현장타설 말뚝 및 지하연속벽에 사용하는 수중 콘크리트의 배합설계시 단위 시멘트량은 몇 kg/m³ 이상인가?

① 300kg/m³ ② 350kg/m³
③ 370kg/m³ ④ 400kg/m³

03 일반 수중 콘크리트의 물-결합재비는 몇 % 이하, 단위 시멘트량은 몇 kg/m³ 이상을 표준으로 하는가?

① 40%, 370kg/m³ ② 50%, 400kg/m³
③ 50%, 370kg/m³ ④ 45%, 400kg/m³

04 수중 콘크리트 타설에 관한 설명 중 틀린 것은?

① 물막이를 하여 정지시킨 정수중(靜水中)에서 치는 것을 원칙으로 한다.
② 완전히 물막이를 할 수 없을 경우에는 유속이 1초간 50mm 이하일 때 칠 수 있다.
③ 콘크리트는 수중에 낙하시켜 타설한다.
④ 한 구획의 콘크리트 치기를 완료한 후 레이턴스를 모두 제거하고 다시 친다.

해설 콘크리트를 수중에 낙하시키면 재료분리가 일어나고 시멘트가 유실되기 때문에 낙하시켜선 안 된다.

05 트레미의 안지름 수심(水深) 3m 이내에서는 몇 mm 정도가 적당한가?

① 250mm ② 300mm
③ 400mm ④ 500mm

> **해설**
> - 수심이 3~5m에서 300mm 정도
> - 수심이 5m 이상에서 300~500mm 정도

06 수중 콘크리트 시공에 관한 설명 중 틀린 것은?
① 트레미 또는 콘크리트 펌프를 사용하는 것을 원칙으로 한다.
② 콘크리트면을 가능한 수평으로 유지하면서 소정의 높이 또는 수면상에 이를 때까지 연속해서 친다.
③ 레이턴스를 적게 하기 위해 되비비기를 한 콘크리트를 사용하는 경우도 있다.
④ 레이턴스 발생을 적게 하기 위해 치면서 물을 휘젓거나 펌프 선단부분을 조금씩 이동시킨다.

> **해설** 레이턴스 발생을 적게 하기 위해 도중에 가능한 물을 휘젓거나 펌프 선단부분을 이동시켜서는 안 되며 콘크리트가 경화될 때까지 물의 유동을 방지해야 한다.

07 트레미를 이용한 콘크리트 치기에 관한 설명 중 틀린 것은?
① 트레미의 안지름은 굵은골재 최대치수의 8배 정도가 좋다.
② 트레미 1개로 칠 수 있는 면적은 30m² 정도가 좋다.
③ 트레미의 하단을 쳐놓은 콘크리트면보다 0.3~0.4m 아래로 유지하면서 가볍게 상하로 움직이며 친다.
④ 트레미는 콘크리트를 치는 동안 수평으로 이동한다.

> **해설** 트레미는 콘크리트를 치는 동안 하반부는 항상 콘크리트로 채워져 있어야 하며 트레미는 콘크리트를 치는 동안 수평이동시켜서는 안 된다.

08 콘크리트 펌프의 안지름은 몇 m 정도가 적당한가?
① 0.1~0.15m   ② 0.2~0.25m
③ 0.3~0.35m   ④ 0.4~0.45m

09 콘크리트 펌프로 수중 콘크리트를 칠 경우 수송관 1개로 칠 수 있는 면적은 몇 m² 정도인가?
① 20m²   ② 15m²   ③ 10m²   ④ 5m²

10 콘크리트 펌프의 선단부분을 콘크리트의 상면부터 몇 m 아래로 유지하는가?
① 0.1~0.25m   ② 0.3~0.5m   ③ 0.6~0.8m   ④ 1~1.2m

정답 01 ① 02 ② 03 ③ 04 ③ 05 ① 06 ④ 07 ④ 08 ① 09 ④ 10 ②

11 수중 불분리성 콘크리트의 경우 굵은 골재의 최대치수는 몇 mm 이하로 정하는가?

① 15mm ② 25mm ③ 40mm ④ 50mm

> **해설** 굵은골재의 최대치수는 20 또는 25mm 이하, 부재 최소치수의 1/5를 표준으로 하며 철근 최소 순간격의 1/2를 넘어서는 안 된다.

12 수중 콘크리트 시공에 관한 설명 중 틀린 것은?

① 트레미보다 밑열림 포대를 이용하는 것이 좋다.
② 프리플레이스트 콘크리트에 효과적으로 이용하면 좋다.
③ 정수중에 치는 것을 원칙으로 한다.
④ 콘크리트를 수중에 낙하시키지 않는 것이 좋다.

> **해설** 트레미 또는 콘크리트 펌프를 사용하는 것을 원칙으로 한다.

13 트레미 1개로 칠 수 있는 수중 콘크리트의 면적은 몇 m^2 정도가 좋은가?

① $10m^2$ ② $20m^2$ ③ $30m^2$ ④ $50m^2$

14 수중 불분리성 콘크리트의 유동성은 슬럼프 플로로 표시하는데 슬럼프 콘을 들어올린 다음 몇 분 후에 측정하는가?

① 3분 ② 5분 ③ 10분 ④ 15분

> **해설** 유동성이 큰 범위에서는 슬럼프 값보다도 유동성의 크기를 정확히 표시할 수 있는 슬럼프 플로를 이용한다.

15 수중 불분리성 콘크리트 치기는 유속의 50mm/sec 정도 이하의 정수(靜水)중에서 수중 낙하 높이 몇 m 이하라야 하는가?

① 0.2m ② 0.3m ③ 0.5m ④ 1m

16 수중 불분리성 콘크리트를 유동시키는 것은 품질저하 및 불균일성을 발생시키므로 수중 유동거리는 몇 m 이하로 하는가?

① 1m ② 2m ③ 3m ④ 5m

17 수중 불분리성 콘크리트의 비비기 시간은 강제식 믹서의 경우 몇 초를 표준으로 하는가?

① 20~30초 ② 40~60초 ③ 70~80초 ④ 90~180초

18 수중 불분리성 콘크리트를 비빌 때 1회 비비기 양은 믹서에 걸리는 부하 때문에 믹서 공칭용량의 몇 % 이하로 하는가?

① 50%　　② 60%　　③ 70%　　④ 80%

19 수중 불분리성 콘크리트를 플랜트에서 비빌 경우 시멘트, 골재 및 혼화제를 투입하여 건식 비비기를 몇 초 정도 한 후 물과 고성능감수제를 투입하여 비비기를 하는가?

① 20~30초　　② 40~60초　　③ 70~80초　　④ 90~180초

20 지하연속벽의 치기시에는 현장치기 말뚝의 치기와 비교해서 콘크리트의 유동거리가 길어져서 재료분리가 생기기 쉬우므로 트레미는 가로방향 몇 m 이내의 간격에 배치하는가?

① 2m　　② 3m　　③ 5m　　④ 6m

21 현장치기 콘크리트말뚝 및 지하연속벽의 콘크리트를 수중에서 재료분리를 억제하기 위해 물-결합재비는 몇 % 이하를 표준으로 하며 단위 시멘트량은 몇 kg/m³ 이상인가?

① 50%, 350kg/m³　　② 55%, 350kg/m³
③ 50%, 370kg/m³　　④ 55%, 370kg/m³

> **해설** 현장치기 콘크리트말뚝 및 지하연속벽 콘크리트의 설계기준강도는 24~30MPa 정도이다.
> 지하연속벽을 가설(假設)만으로 이용할 경우 단위 시멘트량을 300kg/m³ 이상으로 한다.

22 현장치기 말뚝 및 지하연속벽 콘크리트는 철근의 피복두께를 몇 mm 이상으로 취하는가?

① 50mm　　② 65mm　　③ 80mm　　④ 100mm

> **해설** 외측 가설벽(假設壁), 차수벽의 경우, 철근의 피복두께를 80mm 이상으로 할 수 있다.
> 피복두께는 띠철근 외측에서 말뚝 또는 벽의 설계 유효단면 외측까지의 거리를 말한다.

23 철근망태 시공에 대한 설명 중 틀린 것은?

① 지하연속벽과 같은 장방형의 철근망태에서는 비틀림을 방지하기 위해 철근을 외측에 경사시켜 격자형을 배치한다.
② 철근망태 보강에는 지름이 작은 조립용 철근을 사용하는 것이 좋다.
③ 간격재는 보통 깊이 방향에 3~5m 간격, 같은 깊이 위치에 4~6군데 주철근을 배치한다.
④ 철근망태는 반드시 간격재를 써서 소정의 피복두께를 확보해야 한다.

정답　11 ②　12 ①　13 ③　14 ②　15 ③　16 ④　17 ④　18 ④　19 ①　20 ②　21 ②　22 ④　23 ②

해설 철근망태 보강에는 지름이 큰 조립용 철근이나 소요의 형상, 치수를 가진 철판 등을 사용하는 것이 좋다.

24 현장치기 말뚝 및 지하연속벽의 수중 콘크리트를 치는 경우 콘크리트 속의 트레미 삽입깊이는 몇 m 이상으로 하는가?
① 2m ② 3m ③ 4m ④ 6m

해설 삽입깊이가 지나치게 크면 콘크리트의 유출이 어려우며 트레미를 뽑기 어려워 트레미의 삽입깊이는 6m 이하로 하는 것이 좋다.

25 현장치기 말뚝 및 지하연속벽의 수중 콘크리트 치기에 관한 설명 중 틀린 것은?
① 진흙처리는 굴착 완료 후와 콘크리트 치기 직전에 2회 하는 것이 가장 좋다.
② 콘크리트 치기 완료 직전에 콘크리트면을 확인하기 쉬운 경우에는 삽입깊이를 2m 이하로 할 수 있다.
③ 복수의 트레미를 사용하여 콘크리트를 칠 경우 될 수 있는 대로 동시에 콘크리트면이 상승되도록 콘크리트를 치는 것이 좋다.
④ 콘크리트의 설계면보다 0.1m 이상 높이로 치고 경화한 후 제거한다.

해설 콘크리트의 설계면보다 0.5m 이상 높이로 치고 경화한 후 이것을 제거해야 한다. 단, 가설벽, 차수벽 등에 쓰이는 지하연속벽의 경우 여분으로 더 쳐 올리는 높이는 0.5m 이하라도 좋다.

26 현장치기 말뚝 및 지하연속벽에 사용하는 수중 콘크리트의 치기 속도는 미리 쳐 놓은 경우 시간당 몇 m로 실시하는가?
① 0.5~1.5m/h ② 2~3m/h
③ 4~9m/h ④ 8~10m/h

해설 나중에 치는 부분의 경우 8~10m/h로 실시해야 한다.

27 현장치기 말뚝 및 지하연속벽에 사용하는 수중 콘크리트의 굵은골재의 최대치수는 얼마를 표준하는가?
① 철근 순간격의 1/2 이하 또는 25mm 이하
② 철근 순간격의 3/4 이하 또는 40mm 이하
③ 철근 순간격의 1/2 이하 또는 40mm 이하
④ 철근 순간격의 3/4 이하 또는 25mm 이하

해설 철근 순간격의 1/2 이하 또는 25mm 이하

28 현장치기 말뚝 및 지하연속벽의 콘크리트 치기에 관한 설명 중 틀린 것은?
① 굵은골재의 최대치수 25mm의 경우 관지름이 200~250mm의 트레미를 사용한다.
② 트레미의 안지름은 굵은골재 최대치수의 8배 정도가 적당한다.
③ 콘크리트 속의 트레미 삽입깊이는 3m 이상으로 한다.
④ 트레미의 삽입깊이는 6m 이하로 하는 것이 좋다.

해설
• 콘크리트 속의 트레미 삽입깊이는 2m 이상으로 한다.
• 트레미의 간격은 3m 이내가 적당한다.

29 수중 콘크리트의 시공 방법 중 강관에 콘크리트를 채워 강관이 시공 위치에 도달하면 밸브(valve)를 열고 콘크리트를 배출시키는 공법을 다음 중 무엇이라 하는가?
① 가 물막이
② 트레미(tremie)
③ 밑열림 포대
④ 밑열림 상자

30 수중 콘크리트에 관한 설명 중 적당하지 않은 것은 어느 것인가?
① 수중 콘크리트의 단위 시멘트량은 육상 시공의 경우보다 많게 한다.
② 트레미관 시공시는 수중에서 재료의 분리를 막기 위하여 관 하단을 타설면과 밀착한다.
③ 굵은골재는 입도가 좋은 하천자갈이 쇄석보다 좋다.
④ 콘크리트는 정수(靜水) 중에서 치는 것이 원칙이고 유수방지 시설을 하여 타설한다.

해설 트레미 하단이 타설된 콘크리트면보다 0.3~0.4m 아래로 유지하면서 가볍게 상하로 움직이며 타설한다.

31 수중 콘크리트에 관한 설명 중 옳지 않은 것은?
① 수중 콘크리트는 정수(靜水) 중에서 타설해야 한다.
② 수중 콘크리트는 트레미(tremie), 밑열림 상자 등을 사용한다.
③ 수중 콘크리트의 시공은 온도와는 관계가 없다.
④ 수중 콘크리트는 굳을 때까지 물의 유동을 방지해야 한다.

해설 빙점의 2°C 이하 수중에서 콘크리트 타설을 해서는 안 된다.

정답 24 ① 25 ④ 26 ③ 27 ① 28 ③ 29 ② 30 ② 31 ③

32 수중 콘크리트 공사에 대한 설명 가운데 가장 맞는 것은?

① 일반적으로 보통 포틀랜드 시멘트는 사용하지 않는다.
② 트레미를 사용할 때 슬럼프 범위는 50~80mm이다.
③ 잔골재율은 60% 정도가 표준이다.
④ 항만공사에는 프리플레이스트 콘크리트 공법이 많이 쓰인다.

해설
- 일반적으로 보통 포틀랜드 시멘트를 사용한다.
- 트레미, 콘크리트 펌프 사용시 슬럼프는 130~180mm이다.
- 잔골재율은 40~45% 정도이다.

33 수중, 서중, 한중 콘크리트에 대한 다음 설명 중 잘못된 사항은?

① 일반 수중 콘크리트는 특히 그 점성이 풍부하고 트레미를 이용할 경우 슬럼프가 130~180mm로 되게 한다.
② 서중 콘크리트를 칠 때의 콘크리트의 온도가 35℃ 이하로 하고, 사용재료가 저온을 유지하도록 하여야 한다.
③ 한중 콘크리트를 칠 때는 콘크리트의 온도를 5~20℃ 범위가 되게 한다.
④ 한중 콘크리트는 −3~0℃에서는 모든 재료에 가열을 한다.

해설 어떤 경우라도 시멘트는 절대 가열해서는 안 된다.

정답 32 ④ 33 ④

10 프리플레이스트 콘크리트

1 개요

(1) 특정한 입도를 가진 굵은골재를 거푸집에 채워 놓고 그 공극 속에 특수한 모르타르를 적당한 압력으로 주입하여 만든 콘크리트이다.
(2) 대규모 프리플레이스트 콘크리트란 시공속도가 40~80m³/hr 이상 또는 한 구획의 시공면적이 50~250m² 이상의 경우로 정의한다.
(3) 고강도 프리플레이스트 콘크리트는 고성능 감수제에 의해 모르타르의 물-결합재비를 40% 이하로 낮추어 재령 91일에서 40MPa 이상의 압축강도를 얻을 수 있다.

2 주입 모르타르의 품질

(1) 유하시간은 16~20초를 표준으로 한다. 고강도 프리플레이스트 콘크리트는 유하시간 25~50초를 표준으로 한다.
(2) 블리딩률은 시험 시작 후 3시간에서의 값이 3% 이하가 되게 한다. 고강도 프리플레이스트 콘크리트의 경우에는 1% 이하로 한다.
(3) 팽창률은 시험 시작 후 3시간에서의 값이 5~10%인 것을 표준으로 한다. 고강도 프리플레이스트 콘크리트의 경우는 2~5%를 표준으로 한다.

3 재료

(1) 혼화제에 포함되어 있는 발포제는 알루미늄 분말을 사용한다. 온도가 10~20℃의 경우 결합재에 대한 알루미늄 분말의 질량비로서 0.01~0.015% 정도 사용할 수 있다.
(2) 잔골재의 조립률은 1.4~2.2 범위가 좋다.
(3) 굵은골재 최소치수는 15mm 이상, 굵은골재 최대치수는 부재 단면 최소치수의 1/4 이하, 철근 콘크리트의 경우 철근 순간격의 2/3 이하로 한다.
(4) 굵은골재 최대치수는 최소치수의 2~4배 정도가 좋다.
(5) 대규모 프리플레이스트 콘크리트를 대상으로 할 경우 굵은골재 최소치수를 크게 하는 것이 효과적이며 40mm 정도 이상이어야 한다.
(6) 잔골재의 표준입도

체의 호칭치수(mm)	체를 통과한 것의 질량 백분율(%)
2.5	100
1.2	90~100
0.6	60~80
0.3	20~50
0.15	5~30

④ 배합

(1) 대규모 프리플레이스트 콘크리트에 사용하는 주입 모르타르는 시공 중에 재료분리를 작게 하기 위해 부배합으로 해야 한다.
(2) 팽창률은 블리딩의 2배 정도 이상이 바람직하지만 팽창률이 지나치게 크면 모르타르 속의 공극을 크게 하여 해롭다.
(3) 깊은 해수중에 시공할 경우에는 알루미늄 분말의 혼입량을 증가시켜야 한다.
(4) 프리플레이스트 콘크리트 배합의 표시법

굵은골재			주입 모르타르								
최소 치수 (mm)	최대 치수 (mm)	공극률 (%)	유하시간 범위 (s)	물-결합재비 (%) $W/(C+F)$	혼화재의 혼합률(%) $F/(C+F)$	모래결합재비 (%) $S/(C+F)$	단위량(kg/m^3)				
							W	C	F	S	혼화제	알루미늄 분말

(5) 모르타르 믹서는 5분 이내에 비빌 수 있고 용량은 1배치가 0.2~1.5m^3 정도이다.
(6) 믹서는 일반적으로 애지테이터 날개의 회전수는 125~500rpm 정도이며 비비기 시간은 2~5분 정도일 것
(7) 기온이 높은 시기에 시공하는 경우나 주입시간이 걸릴 때 비비기를 끝낸 모르타르는 애지테이터에 옮기든가 믹서 내에서 저속으로 비비기를 한다.
(8) 애지테이터 용량은 보통 믹서 용량의 3~5배 정도로 한다.
(9) 고강도용 주입 모르타르는 약 1.5배의 고성능 모르타르 믹서를 사용한다.

⑤ 주입 및 압송 작업

(1) 주입관은 안지름 25~65mm의 강관이 사용된다.
(2) 연직주입관의 수평간격은 2m 정도로 한다.
(3) 수평주입관의 수평간격은 2m 정도, 연직간격은 1.5m 정도로 한다. 단, 수평주입관에는 역류를 방지하는 장치를 한다.
(4) 대규모 프리플레이스트 콘크리트 주입관의 간격은 5m 전후가 좋다.
(5) 대규모 프리플레이스트 콘크리트 시공시 굵은골재 채우기 전에 지름이 0.2m 정도인 겉관을 배치하고 이 속에 길이가 3m 정도인 주입관을 넣어 설치하는 2중관 방식이 좋다.
(6) 보통 주입 모르타르에서는 피스톤식 펌프가 사용되나 고강도용 주입 모르타르는 소성 점성이 크기 때문에 펌프의 압송 압력은 보통 주입 모르타르의 2~3배가 되므로 피스톤식보다 스퀴즈식 펌프가 적합하다.
(7) 모르타르 펌프의 압송시 압력손실을 적게 해야 한다.
　① 수송관의 연장을 짧게 한다.
　② 수송관의 연장이 100m를 넘을 때는 중계용 애지테이터와 펌프를 사용한다.

③ 수송관의 급격한 곡률과 단면의 급변을 피한다.
④ 수송관의 이음은 수밀하며 깨끗하고 점검이 쉬운 구조일 것.
⑤ 모르타르의 평균유속은 0.5~2m/sec 정도로 한다.

(8) 모르타르 주입은 최하부로부터 시작하여 상부에 향하는 것으로 시행하며 모르타르면의 상승속도는 0.3~2.0m/hr 정도로 한다.
(9) 주입은 모르타르면이 거의 수평으로 상승하도록 주입장소를 이동하면서 실시한다. 이를 위해 펌프의 토출량을 일정하게 유지하면서 적당한 시간 간격으로 주입관을 순차로 바꿔가며 주입한다.
(10) 연직주입관은 관을 뽑아 올리면서 주입하되 주입관의 선단은 0.5~2.0m 깊이의 모르타르 속에 묻혀 있는 상태로 유지한다.
(11) 대규모 프리플레이스트 콘크리트의 모르타르 주입시 모르타르면의 상승속도가 0.3m/hr 정도 이하가 되지 않게 한다.
(12) 한중 시공 시 주입 모르타르의 온도를 올리기 위해서는 물을 가열하는 것이 좋으나 온수의 온도는 40℃ 정도 이하로 한다.

CHAPTER 5 출제 예상 문제 — 프리플레이스트 콘크리트

01 프리플레이스트 콘크리트의 잔골재 조립률은?
① 1.4~2.2
② 2.3~3.1
③ 2.5~3.5
④ 6~8

[해설]
- 잔골재의 입도는 보통 콘크리트에 사용하는 것보다 조립률이 작은 가는 잔골재를 사용한다.
- 잔골재는 입경 2.5mm 이하가 적당하다.

02 프리플레이스트 콘크리트에 사용되는 굵은골재 최소치수는 몇 mm 이상인가?
① 13mm
② 15mm
③ 19mm
④ 25mm

[해설] 굵은골재 최대치수는 부재 단면 최소치수의 1/4 이하, 철근 콘크리트의 경우 철근의 순간격의 2/3 이하로 한다.

03 프리플레이스트 콘크리트의 주입 모르타르 유동성은 유하시간(流下時間)이 몇 초를 표준으로 하는가?
① 10~15초
② 16~20초
③ 21~25초
④ 26~30초

[해설] 주입 모르타르의 유동성을 표준 유하시간의 범위로 나타낸다.

04 프리플레이스트 콘크리트의 주입 모르타르 블리딩은 시험한 경우 시험 개시 후 3시간의 값이 몇 % 이하라야 하는가?
① 1%
② 2%
③ 3%
④ 4%

05 프리플레이스트 콘크리트의 주입 모르타르 팽창률은 시험한 경우 시험 개시 후 3시간의 값이 몇 %를 표준으로 하는가?
① 5~10%
② 10~15%
③ 15~20%
④ 20~25%

[해설] 팽창률은 블리딩의 2배 정도 이상이 적절하지만 팽창률이 너무 크면 모르타르 속의 공극이 커진다.

06 프리플레이스트 콘크리트의 주입 모르타르 배합에 관한 설명 중 틀린 것은?
① 주입 모르타르의 블리딩은 보통 콘크리트보다 일반적으로 크다.
② 주입 모르타르의 유하시간이 15초 이하의 모르타르에서는 단위수량이 다소 변동하여도 유하시간에 그다지 영향을 주지 않으나 품질을 크게 저하시킬 수 있다.
③ 추울 때의 주입 모르타르 시공은 팽창률이 커지기 쉽다.
④ 깊은 수중 또는 압력을 크게 받는 구조물의 경우 팽창률이 작아지기 때문에 적절히 알루미늄 분말의 혼입량을 증가하도록 한다.

> **해설** 한중 시공시는 팽창률이 작아지기 쉽고 서중 시공시는 팽창이 빠르게 커지기 쉬워 알루미늄 분말의 혼입량을 조절한다.

07 프리플레이스트 콘크리트 시공시 수평주입관의 수평간격은 2m 정도이며 연직간격은 몇 m 정도를 표준으로 하는가?
① 1m   ② 1.5m   ③ 2m   ④ 2.5m

> **해설** 연직주입관의 수평간격은 2m 정도를 표준으로 한다.

08 프리플레이스트 콘크리트 시공시 모르타르 펌프의 압력손실이 적게 하려는 사항 중 틀린 것은?
① 수송관의 연장을 짧게 한다.
② 수송관의 연장이 100m를 넘을 때는 중계용 애지테이터와 펌프를 사용한다.
③ 수송관의 급격한 곡률과 단면의 급변을 피한다.
④ 모르타르의 평균유속을 3~5m/sec 정도 되게 정한다.

> **해설** 수송관의 지름은 펌프의 토출구 지름에 맞추어야 하며 관내 유속이 너무 작으면 모르타르의 재료분리에 의한 침강이 생기고 관내 유속이 크면 압력손실이 크므로 모르타르의 평균유속은 0.5~2m/sec 정도 되게 정한다.

09 프리플레이스트 콘크리트 시공에 있어 모르타르 주입에 관한 설명 중 틀린 것은?
① 주입은 거푸집 내의 모르타르면이 거의 수평으로 상승하도록 주입장소를 이동하면서 실시한다.
② 주입관의 매입깊이는 쳐 올라가는 속도에 관계가 있으나 3~5m 정도가 적당하다.
③ 주입은 최하부로부터 시작하여 상부에 향하게 하며 모르타르면의 상승속도는 0.3~2m/h 정도로 한다.
④ 연직주입관은 관을 뽑아올리면서 주입하되 주입관 선단은 0.5~2m 깊이의 모르타르 속에 묻혀 있는 상태로 유지한다.

정답 01 ① 02 ② 03 ② 04 ③ 05 ① 06 ③ 07 ② 08 ④ 09 ②

해설
- 주입관의 매입깊이는 쳐 올라가는 속도에는 관계가 있으나 0.5~2m 정도가 적당하다.
- 연직주입관은 관을 뽑아 올리면서 주입하는 것이 원칙이나 주입높이가 비교적 낮은 경우에는 뽑아 올리지 않고 주입할 수 있다.

10 프리플레이스트 콘크리트를 기온이 높은 여름철에 시공할 경우 주입 모르타르의 과대팽창 및 유동성의 저하를 방지하려는 방법 중 틀린 것은?

① 애지테이터의 모르타르 저류시간(貯留時間)을 길게 한다.
② 비빈 후 즉시 주입한다.
③ 수송관 주변의 온도를 낮추어 준다.
④ 유동성과 유동구배의 관리를 엄격히 한다.

해설 애지테이터 안의 모르타르 저류시간(貯留時間)을 짧게 한다.

11 프리플레이스트 콘크리트의 공사에 있어 주입 모르타르의 품질시험에 해당하지 않는 것은?

① 주입 모르타르의 온도 측정
② 유동성 시험
③ 잔골재의 표면수의 변동 측정
④ 블리딩률 및 팽창률 시험

해설 사용재료의 관리
① 잔골재 입도의 변동 측정　② 잔골재 표면수의 변동 측정
③ 각 재료 온도의 변동 측정

12 프리플레이스트 콘크리트 공사에 있어 주입 모르타르의 소정의 품질을 확보하기 위해 주입관리의 항목에 속하지 않는 것은?

① 주입 모르타르의 압송압력의 측정
② 주입량의 측정
③ 주입 모르타르의 온도 측정
④ 주입 모르타르의 유동구배 측정

해설 주입 모르타르의 높이 측정, 주입관 선단의 위치 측정 등이 주입관리 항목에 속한다.

13 프리플레이스트 콘크리트에 대한 설명 중 잘못된 것은?

① 장기간 양생이 곤란하거나 재령 91일 이내에 설계하중을 받는 구조물은 재령 28일의 압축강도를 기준한다.
② 굵은골재 최대치수는 20mm 이상이어야 한다.
③ 모르타르 주입은 최하부에서 시작하여 상부로 향하여 시행하며 모르타르면의 상승속도는 0.3~2.0m/h 정도로 해야 한다.
④ 굵은골재 최대치수는 최소치수의 2~4배 정도가 좋다.

해설 굵은골재의 최소치수는 15mm 이상이어야 한다.

14 거푸집 속에 특정한 입도를 가진 굵은골재를 넣고 그 공극 속에 특수한 모르타르를 적당한 압력으로 주입하여 만든 콘크리트는?

① 숏크리트 ② 프리플레이스트 콘크리트
③ 레디믹스트 콘크리트 ④ 프리스트레스트 콘크리트

15 프리플레이스트 콘크리트의 특성 중 틀린 것은?

① 해수에 대한 저항성이 크고 물-결합재비를 작게 할 수 있다.
② 내구성, 수밀성, 동결·융해에 대한 저항성이 크고 건조수축과 수중에서의 팽창이 작다.
③ 굳은 콘크리트와의 부착이 좋지 않아 파괴된 콘크리트의 수선 및 보강에는 적합하지 않다.
④ 레이턴스와 발열량이 작으며 콘크리트의 온도상승이 보통 콘크리트보다 30~40% 낮다.

해설
• 굳은 콘크리트와의 부착이 좋아 부분적으로 파괴된 콘크리트의 수선 및 보강에 사용하면 효과적이다.
• 초기강도는 보통 콘크리트보다 약간 작으나 장기강도가 매우 크며 단위 시멘트량을 줄일 수 있다.

16 프리플레이스트 콘크리트의 시공시 주의사항 중 틀린 것은?

① 혼화재료로 사용되는 분산제, 알루미늄 분말, 플라이 애시 등은 균질이며 품질이 우수한 것을 사용해야 한다.
② 모르타르는 균등하게 혼합하여 연속적으로 공급할 수 있어야 하며 주입펌프는 피스톤식이 좋다.
③ 모르타르의 주입은 위쪽에서 아래쪽으로 공극이 생기지 않도록 연속으로 실시한다.
④ 시멘트는 보통 포틀랜드 시멘트를 사용하여야 한다.

해설
• 모르타르의 주입은 아래쪽으로부터 위쪽으로 공극이 생기지 않도록 연속으로 실시한다.
• 굵은골재는 주입 전에 물로 충분히 포화시켜 놓아야 한다.
• 수평주입관은 필요에 따라 역류방지장치를 갖춘 주입관을 별도로 삽입하여 주입할 수 있도록 해야 한다.

17 대규모 프리플레이스트 콘크리트를 대상으로 할 경우 굵은골재의 최소치수는 몇 mm 정도 이상인가?

① 15mm ② 19mm ③ 25mm ④ 40mm

해설 굵은골재의 최대치수 및 최소치수를 주입 모르타르의 주입성을 개선하기 위해 일반적인 프리플레이스트 콘크리트용 굵은골재보다 큰 값을 취한다.

정답 10 ① 11 ③ 12 ③ 13 ② 14 ② 15 ③ 16 ③ 17 ④

18 대규모 프리플레이스트 콘크리트에서 주입 모르타르의 주입관의 간격은 몇 m 전후가 좋은가?

① 1m ② 1.5m
③ 3m ④ 5m

> **해설** 주입관의 길이는 3m 정도가 좋다.

19 대규모 프리플레이스트 콘크리트 시공시 모르타르의 주입은 연속적으로 하며 모르타르면의 평균 상승속도가 몇 m/h 정도 이하가 되지 않도록 하는가?

① 0.3m/h ② 0.5m/h
③ 1.0m/h ④ 1.5m/h

20 대규모 프리플레이스트 콘크리트 시공시 주입 모르타르의 응결시발 시간의 규정은?

① 1시간 이상, 3시간 이내 ② 5시간 이상, 8시간 이내
③ 8시간 이상, 16시간 이내 ④ 10시간 이상, 24시간 이내

> **해설** 응결의 시발이 지나치게 늦어지면 모르타르가 경화하기까지 블리딩이 많아져 재료분리가 발생하는 경향이 있으므로 응결시발시간을 규정한다.

21 고강도 프리플레이스트 콘크리트는 물−결합재비를 몇 % 이하로 낮추어 재령 91일 압축강도 몇 MPa 이상 얻어지는 프리플레이스트 콘크리트라 하는가?

① 50% 이하, 30MPa 이상 ② 45% 이하, 35MPa 이상
③ 40% 이하, 40MPa 이상 ④ 45% 이하, 45MPa 이상

22 고강도 프리플레이스트 콘크리트 시공시 주입 모르타르용 잔골재의 조립률의 범위는?

① 2.3~3.1 ② 1.4~2.2
③ 1.8~2.2 ④ 1.4~3.1

23 고강도용 주입 모르타르의 팽창률은 시험 후 3시간에서 몇 %를 표준으로 하는가?

① 2~5% ② 5~7%
③ 8~10% ④ 5~10%

24 고강도용 주입 모르타르의 블리딩률은 시험 개시 후 3시간에서 몇 % 값 이하를 표준하는가?
① 1% ② 2% ③ 3% ④ 4%

25 고강도 프리플레이스트 콘크리트 시공시 주입 모르타르의 유동성은 유하시간 몇 초를 표준으로 하는가?
① 10~15초 ② 16~20초 ③ 20~30초 ④ 25~50초

26 프리플레이스트 콘크리트에 관한 다음의 기술 중 옳은 것은??
① 프리플레이스트 콘크리트란 거푸집 속에 잔골재 및 굵은골재를 채워 넣고 여기에 시멘트 풀을 주입한 것이다.
② 프리플레이스트용 혼화제로서 발포제 대신에 팽창성 시멘트 혼화제를 사용한다.
③ 프리플레이스트 콘크리트에 사용하는 굵은골재의 최소치수는 15mm 이상으로 한다.
④ 프리플레이스트 콘크리트의 압축강도는 7일 강도를 기준으로 하고 있다.

> **해설**
> • 거푸집 속에 굵은골재를 채워 놓고 모르타르를 주입한다.
> • 발포제 대신에 플라이 애시를 사용한다.
> • 강도는 재령 28일 혹은 91일 기준으로 한다.

27 프리플레이스트 콘크리트의 성질 중에서 옳지 않은 것은?
① 동결, 융해에 대한 저항성이 크다.
② 수밀성은 낮으나, 염류에 대한 내구성이 크다.
③ 조기강도는 보통 콘크리트보다 적으나 장기강도는 상당히 크다.
④ 암반이나 낡은 콘크리트와의 부착력이 크다.

> **해설** 수밀성이 높고, 염류에 대한 내구성이 크다.

28 프리플레이스트 콘크리트에 관한 다음 설명 중 틀린 것은?
① 초기강도는 보통 콘크리트보다 작으나 장기강도는 커진다.
② 수축률은 보통 콘크리트보다 적다.
③ 수중 콘크리트 시공에는 적합하지 않다.
④ 굵은골재의 최소치수는 15mm 이상으로 하여야 한다.

> **해설** 수중 콘크리트 시공에 적합하다.

정답 18 ④ 19 ① 20 ③ 21 ③ 22 ③ 23 ① 24 ① 25 ④ 26 ③ 27 ② 28 ③

29 프리플레이스트 콘크리트에 관한 다음 설명 중 틀린 것은?

① 수중 콘크리트나 터널의 복공 교대 등의 수선이나 개조 등에 사용한다.
② 굵은골재를 거푸집에 채우고 그 공극에 특수 모르타르를 주입시킨다.
③ 특수 모르타르는 보통 포틀랜드 시멘트와 모래, 플라이 애시, 시멘트 등을 포함하고 있다.
④ 공기연행 콘크리트를 사용할 수 있다.

해설 공극이 없어야 하므로 공기연행 콘크리트를 사용할 수 없다.

30 프리플레이스트 콘크리트에 대한 설명 중 옳지 않은 것은?

① 동결융해에 대하여 강한 저항성을 가진다.
② 수축률은 보통 콘크리트의 1/2 이하이다.
③ 수중 콘크리트에 부적당하다.
④ 초기강도가 보통 콘크리트보다 작다.

31 프리플레이스트 콘크리트의 특성 중 옳지 않은 것은?

① 조기강도는 보통 콘크리트보다 작으나 장기강도는 크다.
② 수밀성이 높고 부착력은 좋으나 건조수축이 적다.
③ 내구성이 높고 동해에 대한 저항성도 강하며 수축침하가 거의 없다.
④ 배치 플랜트(batcher plant)가 필요하다.

해설 굵은골재를 거푸집에 채우고 그 공극에 모르타르를 주입하므로 배치 플랜트가 필요하지 않다.

32 다음은 프리플레이스트 콘크리트에 대한 설명이다. 옳지 않은 것은?

① 보통 콘크리트에 비해 건조수축이 적다.
② 수중 콘크리트에 적합하다.
③ 잔골재를 사용하면 질이 좋은 콘크리트를 얻을 수 잇다.
④ 주입 모르타르는 아래쪽에서부터 수평이 되도록 쳐올라가야 한다.

해설 잔골재를 사용하면 모르타르 주입시 충분한 충전이 어려워 굵은골재의 최소치수를 15mm 이상으로 한다.

33 프리플레이스트 콘크리트에 관한 다음 설명 중에서 옳지 않은 것을 고르시오.

① 거푸집의 강도는 주입되는 모르타르의 압력에 견딜 수 있어야 하며 거푸집의 이음부에서 모르타르가 새어나오지 않아야 한다.
② 주입용 모르타르는 균등하게 혼합하여 지속적으로 공급할 수 있어야 하며 주입속도는 관 내유속 0.3~2m/h 정도로 공극을 충분히 메꿀 수 있어야 한다.
③ 공극에 주입되는 모르타르는 인트루전 모르타르(intrusion mortar) 또는 인트루전 에이드(intrusion aid)라 하고 모르타르에 플라이 애시(fly ash), 분산제, 알루미늄 등을 혼합한 것이다.
④ 사용되는 골재는 깨끗해야 하며 굵은골재의 최대치수 25mm 이상이어야 하고 천연사로서 2.5mm체를 100% 통과하는 것이어야 한다.

해설 굵은골재 최소치수는 15mm 이상, 굵은골재 최대치수는 최소치수의 2~4배 정도가 좋다.

11 해양 콘크리트

1 개요

(1) 직접 해수의 작용을 받는 구조물에 사용되는 콘크리트뿐만 아니라 육상 혹은 해면상에 건설되어 파랑이나 해수 조풍의 작용을 받는 구조물에 사용되는 콘크리트
(2) 방파제, 계선안, 호안, 해상교량, 둑, 해저터널, 해상공항, 해상발전소, 해상도시 등의 해양 콘크리트 구조물이 있다.

2 재료

(1) 시멘트와 폴리머를 사용한 폴리머 시멘트 콘크리트와 결합재를 폴리머만 사용한 수지 콘크리트 또는 시멘트 콘크리트의 공극 속에 합성수지를 함침시킨 폴리머 함침 콘크리트 등이 사용된다.
(2) PS 강재와 같은 고장력강에서 작용응력이 인장강도의 60%를 넘을 때에는 응력 부식 및 강재의 부식피로에 대하여 검토해야 한다.

3 배합

(1) 노출범주가 ES(해양환경, 제설염 등 염화물)로 염화물에 의한 철근 부식을 방지하기 위해 추가적인 방식이 요구되는 철근 콘크리트와 프리스트레스트 콘크리트
  ① ES1 등급 : 보통 정도의 습도에서 대기 중의 염화물에 노출되지만 해수 또는 염화물을 함유한 물에 직접 접하지 않는 콘크리트
  - 해안가 또는 해안 근처에 있는 구조물
  - 도로 주변에 위치하여 공기 중의 제빙화학제에 노출되는 콘크리트
  - 내구성 기준 압축강도 : 30MPa
  - 최대 물-결합재비 : 0.45
  ② ES2 등급 : 습윤하고 드물게 건조되며 염화물에 노출되는 콘크리트
  - 수영장
  - 염화물을 함유한 공업용수에 노출되는 콘크리트
  - 내구성 기준 압축강도 : 30MPa
  - 최대 물-결합재비 : 0.45
  ③ ES3 등급 : 항상 해수에 침지되는 콘크리트
  - 해상 교각의 해수 중에 침지되는 부분
  - 내구성 기준 압축강도 : 35MPa
  - 최대 물-결합재비 : 0.40

④ ES4 등급 : 건습이 반복되면서 해수 또는 염화물에 노출되는 콘크리트
- 해상 환경의 물보라 지역(비말대) 및 간만대에 위치한 콘크리트
- 염화물을 함유한 물보라에 직접 노출되는 교량 부위
- 도로 포장
- 주차장
- 내구성 기준 압축강도 : 35MPa
- 최대 물-결합재비 : 0.40

(2) 내구성으로 정해지는 최소 단위 결합재량(kg/m^3)

환경 구분	굵은골재 최대치수(mm)		
	20	25	40
물보라 지역, 간만대 및 해상 대기 중(노출등급 ES1, ES4)	340	330	300
해중(노출등급 ES3)	310	300	280

(3) 공기연행 콘크리트 공기량의 표준값(%)

굵은골재의 최대치수(mm)	공기량(%)	
	심한 노출 (노출등급 EF2, EF3, EF4)	일반 노출 (노출등급 EF1)
10	7.5	6.0
15	7.0	5.5
20	6.0	5.0
25	6.0	4.5
40	5.5	4.5

❹ 시공

(1) 해양 구조물에서는 시공 이음부를 피해야 한다. 특히 만조위로부터 위로 0.6m, 간조위로부터 아래로 0.6m 사이의 감조부분에는 시공 이음이 생기지 않게 한다.
(2) 콘크리트가 충분히 경화되기 전에 직접 해수에 닿지 않도록 보통 포틀랜드 시멘트를 사용할 경우 대개 5일간 보호한다.(고로 슬래그 시멘트 등 혼합 시멘트를 사용할 경우에는 이 기간을 설계기준 압축강도의 75% 이상의 강도가 확보 될 때까지 연장하여야 한다.)
(3) 강재와 거푸집판과의 간격은 소정의 덮개를 확보되도록 한다.
(4) 간격재의 개수는 기초, 기둥, 벽 및 난간 등에는 2개/m^2 이상, 보, 주거터 및 슬래브 등에는 4개/m^2 이상을 표준한다.
(5) 해안선으로부터 250m 이내의 육상지역은 콘크리트 구조물이 염해를 입기 쉬우므로 해안으로부터 거리에 따라 구분하여 내구성 향상 대책을 수립하여야 한다.

출제 예상 문제

해양 콘크리트

01 해양 철근 콘크리트 구조물에서 굵은골재의 최대치수 25mm이며 물보라 지역 및 해상 대기중의 경우 내구성으로 정해지는 최소 단위결합재량은 얼마 이상으로 하는가?

① 280kg/m³　　　　　　　　② 300kg/m³
③ 330kg/m³　　　　　　　　④ 350kg/m³

해설 내구성으로 정해지는 최소 단위결합재량(kg/m³)

환경구분	굵은골재의 최대치수(mm) 20	25	40
물보라 지역, 간만대 및 해상 대기 중(노출등급 ES1, ES4)	340	330	300
해중(노출등급 ES3)	310	300	280

02 해양 구조물에서 시공이음부분은 가능한 피해야 하는데 만조위로부터 위로 몇 m, 간조위로부터 아래로 몇 m 사이의 감조부분에는 시공이음이 생기지 않도록 시공계획을 세우는가?

① 0.3m, 0.3m　　　　　　　② 0.4m, 0.4m
③ 0.5m, 0.5m　　　　　　　④ 0.6m, 0.6m

03 해양 콘크리트 구조물을 축조할 때 거푸집에 접하는 간격재의 설치수는 기초, 기둥, 벽 및 난간 등에는 얼마 이상을 표준으로 하는가?

① 1개/m²　　　　　　　　② 2개/m²
③ 3개/m²　　　　　　　　④ 4개/m²

해설 보, 주거더 및 슬래브 등에는 4개/m² 이상을 표준으로 한다.

04 해양 환경하에 있는 콘크리트 구조물의 염해에 의한 강재부식을 방지하기 위한 대책 중 틀린 것은?

① 콘크리트의 피복두께를 증가시킨다.
② 콘크리트 중의 염소이온량을 적게 한다.
③ 수지도장 철근을 사용하거나 콘크리트 표면에 라이닝을 한다.
④ 물-결합재비를 가능한 적게 하고 고로슬래그 미분말 등의 포졸란 재료의 사용을 피한다.

해설 고로슬래그 시멘트, 플라이 애시 시멘트 등의 혼합계 시멘트를 사용하면 내해수성 이외에도 장기재령의 강도가 크고 수화열이 적은 이점이 있다.

05 해수에 의한 콘크리트의 열화를 방지하기 위한 방법으로 틀린 것은?

① 양질의 감수제 또는 공기연행제를 사용한다.
② 물-결합재비는 작게 한다.
③ 콘크리트는 재령 7일 이전에 해수의 영향을 받지 않도록 보호한다.
④ 배합은 부배합의 콘크리트를 사용한다.

> **해설** 콘크리트는 재령 4일 이전에 해수의 영향을 받지 않도록 보호해야 한다.

06 해양 콘크리트에 대한 설명 중 옳지 않은 것은?

① 해중에서 25mm 골재를 사용시 시멘트는 300kg/m³ 이상으로 한다.
② 해양 구조물에서는 시공 이음부를 둘 경우 성능 저하가 생기기 쉬우므로 될 수 있는 대로 피해야 한다.
③ 콘크리트 타설 후 대개 5일간은 해수면에 직접 닿지 않도록 한다.
④ 항상 해수에 침지되는 콘크리트의 물-결합재비는 45% 이하로 정한다.

> **해설** 항상 해수에 침지되는 콘크리트의 물-결합재비는 40% 이하로 정한다.

07 해양 콘크리트에서 공기량의 표준값 중 틀린 것은?

① 일반 노출의 경우 25mm 골재에서는 4.5%이다.
② 심한 노출의 경우 25mm 골재에서는 6%이다.
③ 심한 노출의 경우 40mm 골재에서는 5.5%이다.
④ 일반 노출의 경우 40mm 골재에서는 5%이다.

> **해설** 일반 노출의 경우 40mm 골재에서는 4.5%이다.

08 해양 콘크리트 구조물 시공시 간격재의 설치 수량이 맞는 것은?

① 보, 주거더 및 슬래브 : 4개/m² 이상
② 보, 슬래브 : 5개/m² 이상
③ 기초, 기둥 : 3개/m² 이상
④ 벽, 난간 : 6개/m² 이상

> **해설**
> - 기초, 기둥, 벽 및 난간 : 2개/m² 이상
> - 보, 주거더 및 슬래브 : 4개/m² 이상

정답 01 ③ 02 ④ 03 ② 04 ④ 05 ③ 06 ④ 07 ④ 08 ①

CHAPTER 5 출제 예상 문제

09 해양 콘크리트에서 사용되는 결합재가 아닌 것은?
① 폴리머 시멘트 콘크리트(Polymer Cement Concrete)
② 수지 콘크리트(Resin Concrete)
③ 폴리머 함침 콘크리트(Polymer impregnated Concrete)
④ 섬유보강 콘크리트

10 해양 환경에서 철근 콘크리트의 수용성 염소이온량(결합재 중량비 %)은?
① 1.0 ② 0.30
③ 0.45 ④ 0.15

해설 프리스트레스트 콘크리트의 경우에는 0.06% 이하가 적용된다.

정답 09 ④ 10 ④

12 팽창 콘크리트

1 개요

(1) 팽창재를 시멘트, 물, 잔골재, 굵은골재 및 기타의 혼화재료와 같이 비빈 것으로 경화 후에도 체적 팽창을 일으키는 모든 콘크리트를 가리킨다.
(2) 수축보상용 콘크리트, 화학적 프리스트레스용 콘크리트 및 충전용 모르타르와 콘크리트로 크게 나눌 수 있다.

2 특징

(1) 수축보상용 콘크리트는 콘크리트의 수축으로 인한 체적 감소를 억제시킨다.
(2) 화학적 프리스트레스용 콘크리트는 수축보상용 콘크리트보다 큰 팽창력을 가져야 한다.
(3) 충전용 모르타르 및 콘크리트는 팽창력의 이용에 의한 충전효과를 주목적으로 한다.

3 팽창률

(1) 재령 7일에 대한 시험치를 기준한다.
(2) 수축보상용 콘크리트는 150×10^{-6} 이상, 250×10^{-6} 이하로 한다.
(3) 화학적 프리스트레스용 콘크리트는 200×10^{-6} 이상, 700×10^{-6} 이하로 한다.
(4) 공장 제품에 사용하는 화학적 프리스트레스용 콘크리트는 200×10^{-6} 이상, $1,000 \times 10^{-6}$ 이하로 한다.

4 재료의 취급과 저장

(1) 팽창재는 풍하되지 않도록 저장한다.
(2) 팽창재는 습기의 침투를 막을 수 있는 사일로 또는 창고에 시멘트 등 다른 재료와 혼입되지 않도록 저장한다.
(3) 포대 팽창재는 12포대 이상 쌓아서는 안 된다.
(4) 포대 팽창재는 지상 0.3m 이상의 마루 위에 쌓아 운반이나 검사에 편리하게 저장한다.
(5) 포대 팽창재는 사용 직전에 포대를 여는 것을 원칙으로 하며 저장 중에 포대가 파손된 것은 공사에 사용해서는 안 된다.
(6) 저장기간이 긴 경우에는 시험하여 확인 후 사용한다.
(7) 팽창재의 운반 또는 저장 중에 직접 비에 맞지 않도록 한다.
(8) 벌크 상태의 팽창재 및 팽창재와 시멘트를 미리 혼합한 것은 양호한 밀폐 상태에 있는 사일로 등에 저장하여 다른 재료와 혼합되지 않게 한다.

⑤ 배합

(1) 화학적 프리스트레스용 콘크리트의 단위 시멘트량은 단위 팽창재량을 제외한 값으로서 보통 콘크리트인 경우 260kg/m³ 이상, 경량 콘크리트인 경우 300kg/m³ 이상으로 한다.
(2) 공기량은 공기연행제, 공기연행 감수제, 또는 고성능 공기연행 감수제를 사용한 콘크리트는 4.5~7.5%로 하며 보통 콘크리트는 4.5%, 경량골재 콘크리트는 5.5%를 표준한다.

⑥ 시공

(1) 팽창재는 다른 재료와 별도로 질량으로 계량하며 그 오차는 1회 계량분량의 1% 이내로 한다.
(2) 포대 팽창재를 사용하는 경우는 포대수로 계산해도 된다. 1포대 미만의 경우 반드시 질량으로 계량한다.
(3) 믹서에 투입된 팽창재가 호퍼 등에 부착되지 않게 하고 부착 시 굳기 전에 털어낸다.
(4) 팽창재는 다른 재료와 동시에 믹서에 투입한다.
(5) 강제식 믹서로 1분 이상, 가경식 믹서로 1분 30초 이상으로 비빈다.
(6) 비비고 나서 타설을 끝낼 때까지의 시간은 1~2시간 이내로 한다.
(7) 한중 콘크리트의 경우 타설시 콘크리트 온도는 10℃ 이상 20℃ 미만으로 한다.
(8) 서중 콘크리트인 경우 비비기 직후의 콘크리트 온도는 30℃ 이하, 타설할 시는 35℃ 이하로 될 수 있는 한 낮은 온도로 한다.
(9) 내·외부 온도차에 의한 온도균열의 우려가 있으므로 팽창 콘크리트에 급격한 살수를 해서는 안 된다.
(10) 콘크리트 타설 후 습윤상태를 유지하고 적당한 양생을 하며 콘크리트 온도는 2℃ 이상을 5일간 이상 유지한다.
(11) 콘크리트 거푸집 널의 존치기간은 평균기온 20℃ 미만인 경우에는 5일 이상, 20℃ 이상인 경우에는 3일 이상으로 한다.

CHAPTER 5 출제 예상 문제

팽창 콘크리트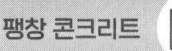

01 팽창 콘크리트의 팽창률은 일반적으로 재령 몇 일에 대한 시험치를 기준으로 하는가?
① 1일　② 3일
③ 5일　④ 7일

02 팽창 콘크리트의 팽창률에 대한 설명 중 틀린 것은?
① 수축보상용 콘크리트의 팽창률은 150×10^{-6} 이상, 250×10^{-6} 이하인 값을 표준한다.
② 화학적 프리스트레스용 콘크리트의 팽창률은 200×10^{-6} 이상, 700×10^{-6} 이하를 표준한다.
③ 공장제품에 사용하는 화학적 프리스트레스용 콘크리트의 팽창률은 200×10^{-6} 이상, $1,000 \times 10^{-6}$ 이하를 표준한다.
④ 수축보상용 콘크리트는 화학적 프리스트레스용 콘크리트보다도 큰 팽창력을 가져야 한다.

[해설] 화학적 프리스트레스용 콘크리트는 수축보상용 콘크리트보다도 큰 팽창력을 가져야 한다.

03 팽창 콘크리트에 사용되는 팽창재의 재료 취급 및 저장에 관한 설명 중 틀린 것은?
① 팽창재는 풍화되지 않도록 저장한다.
② 포대 팽창재는 지상 0.5m 이상의 마루 위에 쌓아 운반이나 검사가 쉽도록 저장한다.
③ 포대 팽창재는 12포대 이상 쌓아서는 안된다.
④ 팽창재의 운반 또는 저장중에 직접 비에 맞지 않도록 한다.

[해설]
• 팽창재는 시멘트에 비해 풍화되기 쉬운 재료이다.
• 포대 팽창재는 지상 0.3m 이상의 마루 위에 쌓아 저장한다.

04 팽창 콘크리트 배합에 관련 사항이다. 틀린 것은?
① 수축보상을 목적으로 하여 $30kg/m^3$ 정도의 팽창재를 사용하는 경우에는 특별히 팽창률 시험을 할 필요는 없다.
② 구조물에서 팽창 콘크리트의 수축보상 효과 및 화학적 프리스트레스의 효과는 팽창률이 크면 클수록 우수하다.
③ 화학적 프리스트레스용 콘크리트의 단위 시멘트량은 단위 팽창재량을 제외한 값으로서 보통 콘크리트인 경우 $260kg/m^3$ 이상으로 한다.
④ 팽창재는 다른 재료와 별도로 질량으로 계량하며 그 오차는 1회 계량분량의 1% 이내로 한다.

정답 01 ④　02 ④　03 ②　04 ②

> **해설**
> - 팽창률이 너무 커지면 콘크리트의 압축강도는 팽창재를 쓰지 않은 동일 배합의 콘크리트보다 떨어진다.
> - 포대 팽창재를 사용하는 경우에는 포대수로 계산해도 된다.
> - 경량 콘크리트인 경우 300kg/m³ 이상으로 한다.

05 팽창 콘크리트 시공에 관한 설명 중 틀린 것은?

① 한중 콘크리트의 경우 칠 때의 콘크리트 온도는 10℃ 이상, 20℃ 미만으로 한다.
② 서중 콘크리트인 경우 비빔 직후의 콘크리트 온도는 30℃ 이하, 칠 때는 35℃ 이하로 한다.
③ 팽창재는 원칙적으로 다른 재료를 투입하고 나서 믹서에 투입한다.
④ 콘크리트를 비비고 나서 치기를 끝낼 때의 시간의 한도는 기온·습도 등의 기상조건과 시공에 따라 1~2시간 이내로 한다.

> **해설** 팽창재는 원칙적으로 다른 재료 투입할 때 동시에 믹서에 투입한다.

06 팽창 콘크리트 시공에 있어 콘크리트의 거푸집널의 존치기간은 평균기온이 20℃ 이상인 경우에는 며칠 이상을 원칙으로 하는가?

① 1일   ② 2일   ③ 3일   ④ 5일

> **해설** 평균기온이 20℃ 미만의 경우 : 5일 이상

07 팽창성 시멘트를 사용한 팽창성 콘크리트의 특성 중 틀린 것은?

① 팽창성 콘크리트의 수축률은 보통 콘크리트에 비해 20~30% 작다.
② 응결, 블리딩 및 워커빌리티가 보통 콘크리트보다 우수하다.
③ 수축성을 개선할 목적으로 개발된 것이 팽창 시멘트이다.
④ 믹싱시간이 길어지면 팽창률이 감소한다.

> **해설** 응결, 블리딩 및 워커빌리티는 보통 콘크리트와 비슷하다.

08 팽창 콘크리트 시공에 관한 설명 중 틀린 것은?

① 강제믹서의 경우 1분 이상, 가경식 믹서의 경우 1분 30초 이상으로 비빈다.
② 팽창재는 다른 재료를 투입할 때 동시에 믹서를 투입한다.
③ 내·외부 온도차에 의한 온도균열의 우려가 있을 경우는 급격히 살수를 실시해야 한다.
④ 포대 팽창재를 사용하는 경우에는 포대수로 계산해도 된다.

> **해설** 내·외부 온도차에 의한 온도균열의 우려가 있으므로 팽창 콘크리트에 급격한 살수를 해서는 안 된다.

09 팽창 콘크리트의 습윤양생에 관한 설명 중 틀린 것은?

① 콘크리트 온도는 2℃ 이상을 5일간 이상으로 습윤상태를 유지하도록 한다.
② 적당한 시간 간격으로 직접 노출면에 살수한다.
③ 노출면을 시트로 빈틈없이 덮는다.
④ 소요의 팽창률을 얻기 위해서는 막양생을 해서는 안 된다.

해설 막양생제를 도포해야 한다.

10 팽창 콘크리트 배합에 관한 설명 중 틀린 것은?

① 공기연행제 또는 공기연행 감수제를 사용한 콘크리트의 소요 공기량은 4.5~7.5%로 한다.
② 일반적으로 공기량은 노출등급에 따라 다르게 적용한다.
③ 경량골재 콘크리트는 5.5%를 표준으로 한다.
④ 단위 팽창재량은 화학적 프리스트레스용 콘크리트의 경우 30~60kg/m^3 정도이다.

해설 단위 팽창재량은 수축보상용 콘크리트의 경우 30kg/m^3 정도, 화학적 프리스트레스용 콘크리트의 경우 35~50kg/m^3 정도, 공장제품에 쓸 경우에는 30~60kg/m^3 정도이다.

정답 05 ③ 06 ③ 07 ② 08 ③ 09 ④ 10 ④

13 숏크리트

❶ 개요

(1) 터널이나 큰 공동구조물의 라이닝, 비탈면, 법면 또는 벽면의 풍화나 박리, 박락의 방지, 터널, 댐 및 교량의 보수·보강 공사에 적용한다.
(2) NATM(숏크리트와 록볼트 및 강재 지보공에 의한 원지반을 보호하는 산악터널공법)에 의한 산악터널에서 사용되는 숏크리트를 대상한다.

❷ 뿜어붙이기 성능 및 강도

(1) 분진 농도의 표준값

갱내 환기, 측정방법, 측정위치	분진농도(mg/m³)
갱내 환기를 정지한 환경, 뿜어붙이기 작업 개시 5분 후로부터 원칙적으로 2회 측정, 뿜어붙이기 작업 개소로부터 5m 지점	5 이하

(2) 숏크리트 초기강도의 표준값

재 령	숏크리트의 초기강도(MPa)
24시간	5.0~10.0
3시간	1.0~3.0

(3) 리바운드율의 상한치는 20~30%로 한다.
(4) 숏크리트 장기 설계기준 압축강도는 재령 28일에서 21MPa 이상으로 한다.
(5) 영구 지보재 개념으로 숏크리트를 타설할 경우에는 설계기준 압축강도를 35MPa 이상으로 한다.
(6) 영구 지보재로 숏크리트를 적용할 경우 재령 28일 부착강도는 1.0MPa 이상으로 한다.

❸ 보강재

(1) 강섬유는 숏크리트에 적합한 길이 30mm 이하, 지름 0.3~0.6mm, 아스팩트비(길이/지름)가 40~60 정도의 것을 사용하며 혼입률은 용적비로 0.5~1.0% 범위의 것을 사용한다.
(2) 철망을 사용할 경우에는 용접철망으로 하고 철망눈 치수는 100~150mm인 것을 사용한다.

❹ 배합

(1) 건식 방식의 숏크리트 배합을 정할 때 선정 항목
  ① 굵은골재의 최대치수
  ② 잔골재율

③ 단위 시멘트량
④ 물-결합재비
⑤ 혼화재료의 종류 및 단위량

(2) 습식방식에 있어서 급결제 첨가 전의 베이스 콘크리트는 굵은골재의 최대치수, 슬럼프 및 배합강도에 기초하여 정한다. 베이스 콘크리트는 펌프로 압송할 경우 슬럼프는 120mm 이상을 표준으로 한다.

⑤ 제조

(1) 급결제는 혼화제 계량오차 최댓값을 적용하지 않는다.
(2) 굵은골재 최대치수는 13mm 이하이며, 골재의 조립률은 3.4~4.1 범위 것이 바람직하다.
(3) 건식 방식의 경우 잔골재 표면수율은 3~6% 정도가 적당하다.

⑥ 시공

(1) 절취면이 비교적 평활하고 넓은 법면에 대해서는 신축줄눈을 설치한다.
(2) 보강재는 뿜어붙일 면과 20~30mm 간격을 둔다.
(3) 급결제를 첨가 후 바로 뿜어붙이기 작업을 한다.
(4) 노즐은 붙일 면에 직각으로 소정의 두께가 되게 반복하여 뿜어 붙인다.
(5) 건식 숏크리트는 배치 후 45분 이내, 습식 숏크리트는 배치 후 60분 이내에 뿜어 붙인다.
(6) 숏크리트 타설장소의 대기온도가 32℃ 이상이 되면 건식 및 습식 숏크리트의 뿜어 붙이기는 할 수 없다.
(7) 숏크리트는 대기온도가 10℃ 이상일 때 뿜어 붙이기를 실시한다.
(8) 숏크리트 작업 시 리바운드된 재료는 혼합되지 않게 한다.
(9) 숏크리트 1회 타설 두께는 100mm 이내가 되게 타설한다.
(10) 숏크리트 작업환경은 $3mg/m^3$ 이하이다.
(11) 숏크리트에 사용하는 재료는 10~32℃ 범위에 있도록 한 후 뿜어붙이기를 실시한다.

CHAPTER 5 출제 예상 문제

숏크리트

01 숏크리트 배합설계에 관련된 사항 중 틀린 것은?
① 배합은 노즐에서 토출되는 토출배합으로 표시한다.
② 굵은골재 최대치수는 13mm 이하인 것을 사용한다.
③ 공칭길이가 30mm 이하의 강섬유를 혼입하여 사용한다.
④ 잔골재율이 커지면 리바운드량이 많아진다.

> **해설**
> • 잔골재율이 커지면 시멘트량이 많아지고 비경제적이다.
> • 잔골재율이 적어지면 리바운드가 많아지고, 호스의 막힘 현상을 일으킨다.

02 숏크리트의 건식 공법에 사용되는 잔골재는 표면수율이 어느 정도가 적당한가?
① 1~2%
② 3~6%
③ 10~12%
④ 13~15%

03 숏크리트 작업에 관한 설명 중 틀린 것은?
① 노즐은 항상 뿜어붙일 면에 직각이 되도록 유지한다.
② 건식 공법으로 시공시 노즐에서 첨가하는 물의 압력은 재료 토출압력보다 0.1MPa 이상 높고 또 일정 압력으로 유지해야 한다.
③ 철근, 철망은 가능한 한 뿜어붙일 면과 20~30mm 간격을 두고 근접시켜 설치한다.
④ 숏크리트 표면의 마무리는 특별한 경우에만 숏크리트만으로 마무리한다.

> **해설** 숏크리트의 표면은 특별히 필요한 경우를 제외하고는 숏크리트만으로 마무리하는 것을 원칙으로 한다.

04 뿜어붙이기 콘크리트(Shotcrete)에 대한 설명 중 틀린 것은?
① 배합은 노즐에서 토출되는 토출배합으로 표시한다.
② 굵은골재 최대치수는 25mm를 사용한다.
③ 숏크리트 강도는 일반적으로 재령 28일에서의 압축강도를 기준한다.
④ 분진 발생을 억제하기 위해서 습식 숏크리트 방식을 쓴다.

> **해설**
> • 굵은골재 최대치수 : 13mm 이하
> • 잔골재율 : 55~75%
> • 물-결합재비 : 40~60%
> • 반발률 : 리바운드된 재료의 전 질량을 토출된 재료의 전 질량으로 나눈 값

05 뿜어붙이기 콘크리트(Shotcrete)의 배합 결정시 잘못된 것은?
① 물-결합재비는 40~60% 정도가 적당하다.
② 굵은골재 최대치수는 13mm 이하인 것을 사용한다.
③ 잔골재율은 55~75% 정도가 적당하다.
④ 혼화재료는 급결제로서 시멘트 질량의 10~15% 정도가 적당하다.

해설
- 혼화재료는 급결제로서 시멘트 질량의 5~8% 정도가 적당하다.
- 단위 시멘트량은 콘크리트의 경우 300~400kg/m³, 모르타르의 경우 400~600kg/m³ 정도가 적당하다.

06 숏크리트 시공에 관한 설명 중 틀린 것은?
① 숏크리트 두께는 검측핀에 의해 시험·검사한다.
② 재료의 계량은 질량계량장치를 사용하는 것을 원칙으로 한다.
③ 절취면이 비교적 평활하고 넓은 법면에 대해서는 신축줄눈을 설치하지 않는다.
④ 숏크리트 기계는 소정의 배합재료를 연속적으로 반송하면서 뿜어붙일 수 있어야 한다.

해설 절취면이 비교적 평활하고 넓은 법면에 대해서는 수축에 의한 균열발생이 많으므로 세로방향으로 적당한 간격으로 신축줄눈을 설치하여야 한다.

07 숏크리트 장기 설계기준 압축강도는 재령 28일에서 얼마 이상으로 하는가?
① 10MPa ② 15MPa ③ 18MPa ④ 21MPa

08 숏크리트 시공에 대한 내용 중 틀린 것은?
① 리바운드율의 상한치는 20~30%로 한다.
② 숏크리트는 단면적이 30m² 이하인 터널에 있어서는 인력에 의해 뿜어붙이기를 실시한다.
③ 베이스 콘크리트를 펌프로 압송할 경우 슬럼프는 120mm 이상을 표준한다.
④ 숏크리트의 재령 3시간 초기강도는 5~10MPa가 표준값이다.

해설 숏크리트의 재령 3시간 초기강도는 1.0~3.0MPa로 표준한다.

09 뿜어붙이기 콘크리트의 작용효과를 설명한 것으로 틀린 것은?
① 휨압축 또는 출력에 의한 저항을 주는 효과는 갈라진 틈이 많은 경암 등에 작용 효과가 크다.
② 뿜어붙이기 콘크리트의 작용효과 중에는 암반과의 부착력, 전단력에 의한 저항이 있다.
③ 뿜어붙이기 콘크리트는 외력의 배분효과가 있다.
④ 뿜어붙이기 콘크리트는 약층의 보강효과가 있다.

정답 01 ④ 02 ② 03 ④ 04 ② 05 ④ 06 ③ 07 ④ 08 ④ 09 ①

> **해설** 휨압축 또는 출력에 의한 저항을 주는 효과는 연암 또는 토사의 원지반 등에 작용효과가 크다.

10 다음은 숏크리트(Shotcrete)의 특징에 관한 사항이다. 옳지 않은 것은?

① 임의 방향으로 시공 가능하나 리바운드 등의 재료의 손실이 많다.
② 용수가 있는 곳에도 시공하기 쉽다.
③ 노즐맨의 기술에 의하여 품질, 시공성 등에 변동이 생긴다.
④ 수밀성이 적고 작업 시에 분진이 생긴다.

> **해설**
> - 용수가 있는 곳은 숏크리트 부착이 곤란하여 시공하기 어렵다.
> - 숏크리트 면에 0.5~1.0m³ 정도의 뿜어 붙이기를 실시하여 시트 위에 떨어진 반발량을 계량해서 반발률을 산출한다.

정답 10 ②

14 섬유보강 콘크리트

1 개요

불연속의 단섬유를 콘크리트중에 균일하게 분산시킴에 따라 인장강도, 휨강도, 균열에 대한 저항성, 인성, 전단강도 및 내충격성 등의 개선을 도모한 복합재료를 말한다.

2 재료

(1) 강섬유는 길이가 20~60mm, 지름이 0.3~0.9mm로서 형상비(l/d)가 30~80 정도의 것을 표준한다.(강섬유의 평균인장강도 : 700MPa 이상)
(2) 콘크리트에 대한 강섬유 혼입률의 범위는 용적 백분율로 0.5~2.0%이며 단위량으로는 약 40~100kg/m^3에 상당한다.
(3) 인장강도, 휨강도, 전단강도 및 인성은 섬유 혼입률에 거의 비례하여 증대하지만 압축강도는 그다지 변화하지 않는다.
(4) 섬유보강 콘크리트의 보강효과는 강섬유가 길수록 크며 섬유의 분산 등을 고려하면 굵은골재 최대치수의 1.5배 이상의 길이가 좋다.
(5) 섬유보강 콘크리트용 섬유로서 갖추어야 할 조건
　① 섬유와 시멘트 결합재 사이의 부착성이 좋을 것
　② 섬유의 인장강도가 충분히 클 것
　③ 섬유의 탄성계수는 시멘트 결합재 탄성계수의 1/5 이상일 것
　④ 형상비가 50 이상일 것
　⑤ 내구성, 내열성 및 내후성이 우수할 것
　⑥ 시공성에 문제가 없을 것
　⑦ 가격이 저렴할 것
(6) 섬유의 형상은 단섬유와 연속섬유가 있다. 단섬유는 지름이 4μ~1.0mm, 길이는 3~65mm이다.

3 배합

(1) 단위수량은 강섬유의 혼입률에 거의 비례하여 증가하고 그 증가량은 강섬유의 용적 혼입률 1%에 대하여 약 20kg/m^3 정도이다. 따라서 소요의 품질을 만족하는 범위 내에서 단위수량을 적게 한다.
(2) 비빌 때 믹서는 강제식 믹서를 이용한다.

CHAPTER 5 출제 예상 문제

섬유보강 콘크리트

01 섬유보강 콘크리트의 특성에 대한 설명 중 틀린 것은?
① 균열에 대한 저항이 크다.
② 철근 콘크리트와 병용하면 전단내력을 증대시킬 수 있다.
③ 내진성이 작은 것이 약점이다.
④ 섬유 혼입률을 증대할수록 포장의 두께나 터널 라이닝의 두께를 감소시킬 수 있다.

> **해설** 인성이 우수하여 내진성이 요구되는 철근 콘크리트 구조물에 효과적이다.

02 섬유보강 콘크리트 시공에 관한 설명 중 틀린 것은?
① 믹서는 강제식 믹서를 사용하는 것을 원칙으로 한다.
② 타설하는 강섬유보강 콘크리트의 경우에는 길이가 30mm 이상인 강섬유를 이용하는 것이 좋다.
③ 강섬유가 길수록 섬유보강 콘크리트의 보강효과는 커지고 굵은골재 최대치수의 1.5배 이상의 길이인 것이 좋다.
④ 섬유보강 콘크리트용 섬유의 탄성계수는 시멘트 결합재 탄성계수의 1/4 이상일 것

> **해설** 섬유의 탄성계수는 시멘트 결합재 탄성계수의 1/5 이상일 것

03 섬유보강 콘크리트의 배합에 관한 설명 중 틀린 것은?
① 소요 단위수량은 강섬유의 혼입률에 거의 비례하여 증가한다.
② 강섬유의 용적혼입률 1%에 대해 약 20kg/m³ 정도 단위수량이 크다.
③ 섬유보강 콘크리트에서는 잔골재율을 작게 해야 한다.
④ 강섬유 혼입률 및 강섬유의 형상비를 증가시켜야 한다.

> **해설**
> • 잔골재율을 크게 할 필요가 있다.
> • 강섬유의 혼입량은 콘크리트 용적의 0.5~2% 정도
> • 섬유보강 콘크리트의 압축강도는 물-결합재비로 정해지고 강섬유 혼입률로는 결정이 되지 않는다.

04 다음 중 콘크리트의 인장강도와 균열에 대한 저항성을 높이고 인성을 대폭 개선시키는 것을 주목적으로 하는 특수 콘크리트는?
① 중량 콘크리트
② 고강도 콘크리트
③ 섬유보강 콘크리트
④ 경량골재 콘크리트

05 섬유보강 콘크리트용 섬유로서 갖추어야 할 조건이 아닌 것은?

① 섬유와 시멘트 결합재 사이의 부착성이 좋을 것
② 섬유의 인장강도가 충분히 클 것
③ 섬유의 탄성계수는 시멘트 결합재 탄성계수의 1/5 이상일 것
④ 형상비(l/D)는 40 이상일 것

해설
- 형상비는 50 이상일 것
- 내구성, 내열성 및 내후성이 우수할 것
- 시공성에 문제가 없을 것
- 가격이 저렴할 것

06 시멘트계 복합 재료용 섬유로서 무기계 섬유에 속하지 않는 것은?

① 강섬유 ② 유리섬유
③ 비닐론섬유 ④ 탄소섬유

해설 유기계 섬유의 종류
아라미드 섬유, 폴리프로필렌 섬유, 폴리비닐 · 알코올계(비닐론), 폴리아미드 섬유(나일론), 폴리에스테르 섬유(테트론), 셀룰로즈계(레이온)

정답 01 ③ 02 ④ 03 ③ 04 ③ 05 ④ 06 ③

15 방사선 차폐용 콘크리트

❶ 개요

(1) 생물체의 방호를 위하여 X선, γ선 및 중성자선 등의 방사선을 차폐할 목적으로 사용되는 콘크리트를 말한다.
(2) 소규모의 방사선 의료용, 방사선 연구용 시설, 원자력 발전소 시설, 핵연료 재처리, 저장시설 등에 필요하다.

❷ 배합

(1) 중정석, 갈철광, 자철광, 적철광 등의 중량 골재를 사용한다.
(2) 감수제, 고성능 공기연행 감수제, 플라이 애시의 혼화재를 사용하며 이외 철분 등을 혼화재로 첨가한다.
(3) 콘크리트의 슬럼프는 150mm 이하로 한다.
(4) 물-결합재비는 50% 이하를 원칙으로 하며 실제로 사용되고 있는 차폐용 콘크리트의 물-결합재비는 대개 30~50% 범위이다.
(5) 밀도, 압축강도, 설계허용온도, 결합수량, 붕소량 등을 확보하여야 한다.

❸ 시공

(1) 설계에 정해져 있지 않은 이음은 설치할 수 없다.
(2) 방사선 차폐용 콘크리트에 사용하는 굵은골재나 잔골재 등이 보통골재와 혼입되지 않도록 저장하거나 계량할 수 있는 장치를 갖추어야 한다.

CHAPTER 5 출제 예상 문제 — 방사선 차폐용 콘크리트

01 차폐용 콘크리트에서는 소요밀도를 확보하기 위해 일반구조용 콘크리트보다 슬럼프를 작게 하는데 몇 mm 이하로 규정하는가?

① 80mm ② 120mm
③ 150mm ④ 180mm

해설 물–결합재비는 50% 이하로 한다.(타설이 곤란한 경우 등을 고려하여 정한 값)

02 차폐용 콘크리트의 주요한 성능 항목이 아닌 것은?

① 결합수량 ② 밀도
③ 콘크리트 두께 ④ 설계허용온도

해설 차폐용 콘크리트의 주요한 성능 항목에는 밀도, 압축강도, 설계허용온도, 결합수량, 붕소량 등이 있다.

03 중량 콘크리트 재료로 사용되는 굵은골재가 아닌 것은?

① 철편 ② 자철광
③ 중정석 ④ 팽창혈암

해설 중량 콘크리트를 만들기 위해 갈철광, 동광재, 철골재 등이 사용되며 콘크리트 단위용적질량이 3~5t/m³ 범위이다.

04 방사선 차폐용 콘크리트의 배합시 물–결합재비는 일반적으로 몇 % 이하가 바람직한가?

① 40% ② 45%
③ 50% ④ 55%

해설 실제로 사용되고 있는 차폐용 콘크리트의 물–결합재비는 거의 30~50% 범위이다.

정답 01 ③ 02 ③ 03 ④ 04 ③

16 순환골재 콘크리트

1 개요
건설 폐기물인 콘크리트를 크러셔로 분쇄하여 인공적으로 만든 순환골재를 사용하여 콘크리트를 개조한 것을 말한다.

2 품질관리
(1) 순환골재를 사용할 경우에는 천연골재와 혼합하여 사용하는 것을 원칙으로 한다.
(2) 순환골재 최대치수는 25mm 이하로 하며 가능한 20mm 이하의 것을 사용한다.
(3) 순환골재의 1회 계량분 오차는 ±4%로 한다.
(4) 콘크리트 설계기준 압축강도는 27MPa 이하로 한다.
(5) 콘크리트 설계기준 압축강도가 27MPa 이하의 경우 순환 굵은골재의 최대 치환량은 총 굵은골재 용적의 60%로 한다.
(6) 콘크리트 설계기준 압축강도가 27MPa 이하의 경우 순환골재의 최대 치환량은 총 골재용적의 30%로 한다.
(7) 공기량은 보통 골재를 사용한 콘크리트보다 1% 크게 한다.
(8) 순환골재의 품질

항 목	골재 종류	굵은골재	잔골재
절대건조밀도(g/cm³)		2.5 이상	2.3 이상
흡수율(%)		3.0 이하	4.0 이하
마모감량(%)		40 이하	−
입자 모양 판정 실적률(%)		55 이상	53 이상
0.08mm체 통과량(%)		1.0 이하	7.0 이하
알칼리 골재 반응		무해할 것	
점토 덩어리량(%)		0.2 이하	1.0 이하
안정성(%)		12 이하	10 이하
이물질 함유량(%)	유기 이물질	1.0 이하(용적)	
	무기 이물질	1.0 이하(질량)	

(9) 순환골재 품질관리 시기 및 횟수

항 목		시기 및 횟수	
		굵은골재	잔골재
입도		공사 시작 전, 공사 중 1회/월 이상 및 산지(순환골재 제조 전의 폐콘크리트)가 바뀐 경우	공사 시작 전, 공사 중 1회/월 이상 및 산지(순환골재 제조 전의 폐콘크리트)가 바뀐 경우
절대건조밀도			
흡수율			
입도 모양 판정 실적률			
0.08mm체 통과량 손실된 양			
점토 덩어리량			해당사항 없음
마모감량			
알칼리 골재 반응		공사 시작 전, 공사 중 1회/6개월 이상 및 산지가 바뀐 경우	공사 시작 전, 공사 중 1회/6개월 이상 및 산지가 바뀐 경우
안정성			
이물질 함유량	유기 이물질	공사 시작 전, 공사 중 1회/월 이상 및 산지가 바뀐 경우	공사 시작 전, 공사 중 1회/월 이상 및 산지가 바뀐 경우
	무기 이물질		

05 출제 예상 문제 — 순환골재 콘크리트

01 순환골재의 품질관리 시기 및 횟수가 매월 1회 이상인 항목이 아닌 것은?
① 입도 ② 흡수율
③ 굵은골재 마모감량 ④ 알칼리 골재 반응

해설 알칼리 골재 반응 : 매 6개월마다 1회 이상

02 순환 잔골재의 절대건조밀도 및 흡수율은?
① 2.3g/m³ 이상, 4.0% 이하 ② 2.5g/m³ 이상, 3.0% 이하
③ 2.6g/m³ 이상, 3.0% 이하 ④ 2.2g/m³ 이상, 3.0% 이하

해설
- 일반 콘크리트의 잔골재 : 2.5g/m³ 이상, 3.0% 이하
- 순환골재 콘크리트의 굵은골재 : 2.5g/m³ 이상, 3.0% 이하

03 순환골재 콘크리트에 대한 설명 중 틀린 것은?
① 순환골재의 저장시설은 프리웨팅이 가능하도록 살수설비를 갖추고 배수가 용이해야 한다.
② 순환 굵은골재의 최대치수는 40mm 이하로 한다.
③ 순환골재 콘크리트의 공기량은 보통 골재를 사용한 콘크리트보다 1% 크게 한다.
④ 순환골재를 사용할 경우 책임기술자의 승인을 받아야 한다.

해설 순환 굵은골재의 최대치수는 25mm 이하로 한다.

정답 01 ④ 02 ① 03 ②

17 폴리머 시멘트 콘크리트

1 개요
결합재로 시멘트와 시멘트 혼화용 폴리머(또는 폴리머 혼화제)를 사용한 콘크리트를 말한다.

2 배합
(1) 물-결합재비는 플로 값 또는 슬럼프 값으로 정한다.
(2) 물-결합재비는 30~60% 범위에서 가능한 적게 한다.
(3) 폴리머-시멘트비는 5~30% 범위로 한다.
(4) 비비기는 기계비빔을 원칙으로 한다.
(5) 비비기 시간은 시험에 의해서 정한다.

3 시공
(1) 시공온도는 5~35℃를 표준한다.
(2) 타설 후 흙손 마감은 수회에 걸쳐 누르며 필요 이상의 흙손질은 피한다.
(3) 시공 후 1~3일의 습윤양생을 한 후, 시공장소가 사용될 때까지의 양생기간은 7일을 표준한다.

CHAPTER 5 출제 예상 문제 — 폴리머 시멘트 콘크리트

01 폴리머 시멘트 모르타르의 시험 시 시멘트 혼화용 폴리머의 품질규정값이 틀린 것은?

① 굽힘강도 : 5.0 MPa 이상   ② 압축강도 : 15 MPa 이상
③ 부착강도 : 1.0 MPa 이상   ④ 흡수율 : 10% 이하

해설
- 흡수율 : 15% 이하
- 투수량 : 20g 이하
- 길이 변화율 : 0~0.15%

02 폴리머 시멘트 콘크리트의 물-결합재비의 범위는?

① 0~5%   ② 10~15%
③ 20~25%   ④ 30~60%

해설 물-결합재비는 30~60% 범위로서 가능한 적게 한다.

03 폴리머 시멘트 콘크리트에 대한 설명 중 틀린 것은?

① 타설시 바탕이 건조한 경우 물로 촉촉하게 하여 시공한다.
② 시공온도는 5~35℃를 표준한다.
③ 폴리머 시멘트 페이스트 혼합은 기계혼합으로 해서는 안 된다.
④ 폴리머-시멘트비는 5~30% 범위로 한다.

해설 폴리머 시멘트 페이스트, 모르타르 및 콘크리트 혼합은 기계혼합으로 한다.

정답 01 ④ 02 ④ 03 ③

18 포장 콘크리트

1 개요

(1) 무근 콘크리트 포장
콘크리트 슬래브에 일정 간격의 이음매를 둬 이곳에서만 균열이 발생하게 조절하고 필요시 횡방향 이음매에는 다웰바, 종방향 이음매에는 타이바를 사용하여 하중 전달을 하게 한다.

(2) 연속 철근 콘크리트 포장
연속된 종방향의 철근을 사용하여 콘크리트 포장의 횡줄눈(가로줄눈)을 생략하여 주행성을 좋게 하는 포장 공법이다.

2 배합

(1) 단위수량은 작업이 가능한 범위에서 적게 정한다.
(2) 인력 타설이 불가피한 경우 슬럼프 값이 75~100mm 이하가 되게 한다.
(3) 배합 기준
   ① 휨 호칭강도 : 4.5 MPa 이상
   ② 단위수량 : 150 kg/m^3 이하
   ③ 굵은골재 최대치수 : 40mm 이하
   ④ 슬럼프 : 40mm 이하
   ⑤ 공기량 : 4~6%
(4) 현장에서 비빌 때는 인력혼합, 고정식 배치 플랜트 및 트럭믹서를 사용한다. 단, 소규모 공사의 경우 이동식 배치 플랜트도 사용 가능하다.
(5) 비빈 후 경화되기 시작한 콘크리트를 되비벼 사용할 수 없으며 또한 믹서 내에서 30분 이상 경과한 콘크리트도 사용할 수 없다.

3 시공

(1) 기층 표면에 분리막을 설치할 경우에는 가능한 전 폭으로 깔아 겹침 이음부가 없게 하며 부득이 겹침 이음부가 생길 경우에는 세로방향으로 100mm 이상, 가로방향으로 300mm 이상 겹치게 한다. 단, 연속 철근 콘크리트 포장에는 분리막을 설치할 수 없다.
(2) 거푸집 설치시 이격 허용오차는 거푸집용 강재 두께 이하가 되게 한다.
(3) 거푸집의 측면은 브레이싱으로 저판에 지지되어야 하고 이때 저판에서의 브레이싱 지지점은 측면으로부터 높이의 $\frac{2}{3}$ 지점 이상으로 한다.
(4) 거푸집은 윗면의 높이 변화가 길이 3m당 3mm 이하, 측면의 변화는 6mm 이하로 한다.

(5) 곡선반경 50mm 이하의 곡선부에는 목재 거푸집을 사용할 수 있으며 600mm마다 강재 지지말뚝을 설치한다.
(6) 철망은 하부 콘크리트를 포설한 후에 설치하고 그 후 상부 콘크리트를 포설한다.
(7) 하부 콘크리트의 포설부터 상부 콘크리트를 포설까지 30분 이상 경과했을 때에는 그 부분의 하부 콘크리트를 제거하고 재시공해야 한다.
(8) 철망은 설치 중 또는 설치 후에 이동하지 않도록 한다.
(9) 다웰바는 방청제 및 활동제로 도장한다.
(10) 타이바는 이형 봉강으로 한다.
(11) 철근의 이음개소는 동일 단면에 집중시킬 수 없으며 이음개소가 서로 엇갈리도록 한다.
(12) 철근의 이음길이는 직경의 30배 이상 또는 400mm 이상으로 한다.
(13) 콘크리트를 비빈 후부터 치기가 끝날 때까지 시간은 1시간을 초과하지 않아야 하며 애지테이터가 붙은 트럭으로 운반하는 경우에는 90분을 초과하지 않아야 한다. 단, 높은 기온의 경우 허용시간을 감안하여 줄여야 한다.
(14) 콘크리트는 비빈 후 운반과정에서 굳지 않아야 하며 조금이라도 굳은 콘크리트는 사용할 수 없다.
(15) 덤프트럭으로 운반 시 수분 증발 및 이물질의 혼입을 막기 위해 덮개를 설치한다.
(16) 기온이 4℃ 이하이거나 35℃ 이상인 경우 또는 우천 시에는 시공을 중지한다.
(17) 콘크리트 포설 후 가능한 콘크리트를 다시 이동하지 않아야 한다.
(18) 동결된 기층에 콘크리트를 포설할 수 없다.
(19) 콘크리트 깔기를 중단해야 할 경우에는 이음위치에서 최소한 500mm 이상 깔기를 하여 시공이음으로 자르고 다짐 후 마무리를 한다.
(20) 콘크리트 깔기가 1시간 이상 지연되거나 우천에 의해 현저한 손상을 입었을 경우에는 이음부 또는 손상부위를 제거하고 재시공한다.
(21) 다질 수 있는 1층 두께는 350mm 이하이며 혼합물의 다짐은 포설 후 1시간 이내에 완료한다.
(22) 진동기는 한 자리에 20초 이상 머물러 있을 수 없다.
(23) 슬립폼 페이버에 의한 포설
   ① 콘크리트를 깔 때 슬럼프 값은 50mm 이하이어야 하며 가능한 연속적으로 한다.
   ② 슬립폼 페이버의 진행이 정지된 경우에는 모든 진동 및 다짐장치의 가동을 중단한다.
   ③ 콘크리트를 친 후 종방향 가장자리를 제외한 부분에 6mm 이상의 처짐이 발생하였을 때는 콘크리트의 초결이 시작되기 전에 수정한다.
(24) 표면 마무리
   ① 초벌 마무리는 피니셔나 슬립폼 페이버를 사용하여 한다.
   ② 평탄 마무리는 초벌 마무리 후 표면 마무리 장비로 한다.
   ③ 거친면 마무리는 브러시로 한다.

(25) 양생
   ① 피막 양생제는 콘크리트 슬래브 표면에 물기가 없어진 직후 초기응결이 시작되기 전에 종·횡 방향으로 2회 이상 나누어 얼룩이 없게 충분히 살포한다.
   ② 습윤양생기간은 시험에 의해서 정하며 현장 양생을 시킨 공시체의 휨강도가 배합강도의 7%를 도달할 때까지의 기간으로 한다.
   ③ 습윤양생기간은 보통 포틀랜드 시멘트를 사용한 경우 14일간, 조강 포틀랜드 시멘트를 사용한 경우 7일간, 중용열 포틀랜드 시멘트를 사용한 경우 21일간을 표준한다.

(26) 이음 설치
   ① 콘크리트 슬래브의 이음부에 인접한 양쪽 슬래브의 높이 차이는 2mm 이하로 한다.
   ② 가로 시공이음은 치기 작업이 30분 이상 중단되었을 때 설치하며 시공이음은 맞댐이음으로 한다. 그리고 시공이음을 홈이음 위치에 설치할 경우에는 다웰바를 사용하고 그 이외에는 타이바를 사용한다.
   ③ 가로 팽창이음은 슬래브 전폭에 걸쳐서 양쪽 슬래브가 분리되도록 설치하며 시공이음 또는 구조물과 접속되는 부분에 위치하게 한다.
   ④ 가로 수축이음은 이음이 설치될 위치를 한 칸씩 건너면서 절단을 한 후 나머지를 절단하며 연속철근콘크리트 포장의 경우는 가로 수축이음을 생략할 수 있다.
   ⑤ 세로이음은 홈이음 및 맞댐이음으로 하며 슬래브면과 연직으로 정해진 깊이의 홈을 만들고 주입 이음재로 홈을 채운다.

❹ 품질관리 및 검사

(1) 평탄성 측정은 7.6m 프로파일미터를 사용한다.
(2) 요철의 차는 5mm 이하, 임의의 위치와 계획고의 차는 ±30mm 이하로 한다.
(3) 7.6m 프로파일미터를 사용하여 측정시 본선 토공부 및 편도 4차선 이상 터널은 P_{rI} = 160mm/km 이하로 한다. 단, 현장 여건상 대형 조합장비의 투입이 불가능한 경우와 종단 구배 5% 이상 및 평면 곡선반경 600m 이하의 구간은 240mm/km 이하로 한다.
(4) 포장 슬래브의 두께는 타설 후 측면에서 300m마다 측정한다. 그리고 측정한 평균두께가 설계두께보다 5% 이상 얇을 경우에는 재시공을 한다.

CHAPTER 5 출제 예상 문제

포장 콘크리트

01 포장 콘크리트의 배합기준에 맞지 않는 것은?

① 휨 호칭강도 : 4.5MPa 이상
② 단위수량 : 150kg/m³ 이하
③ 굵은골재의 최대치수 : 25mm 이하
④ 슬럼프 : 40mm 이하

해설 굵은골재의 최대치수 : 40mm 이하

02 포장 콘크리트 시공시 사용되는 믹서에 대한 설명 중 틀린 것은?

① 드럼 날이 제작 당시보다 20mm 이상 닳았을 때는 수선하거나 교체한다.
② 믹서는 매일 검사한다.
③ 시험한 결과 슬럼프 및 공기량의 값이 규정된 허용값을 초과할 경우에는 믹서 가동을 중지하고 조정한다.
④ 콘크리트 반죽질기 시험은 믹서 가동 중간 무렵에 반죽된 콘크리트 시료를 채취하여 실시한다.

해설 믹서의 가동 초기, 중간, 마무리 무렵에 반죽된 콘크리트 시료를 채취하여 반죽질기 시험을 실시한다.

03 포장 콘크리트에 관련된 설명 중 틀린 것은?

① 골재나 시멘트의 계량장치에 붙어 있는 저울의 최소 눈금은 저울 전체 용량의 1/200 이하이어야 한다.
② 믹서 드럼 속에 한 배치분 이상의 재료가 투입되었을 경우에는 그 재료를 전부 버려야 한다.
③ 인력 포설 구간의 거푸집 재료는 두께 5mm 이상, 길이 2m 이하, 깊이는 포장두께 이상이어야 한다.
④ 강제식 믹서는 1분, 가경식 믹서는 1분 30초를 표준으로 비비는데 어떠한 경우라도 위의 시간을 3배 이상 할 수 없다.

해설 인력포설 구간의 거푸집 재료는 두께 6mm 이상, 길이 3m 이하, 깊이는 포장 두께 이상이어야 한다.

04 포장 콘크리트 시공에 관련된 내용 중 틀린 것은?
① 횡방향 거친면 마무리에서 홈은 깊이 3mm 이상, 폭 3mm를 표준으로 하고 홈의 간격은 20~30mm로 한다.
② 슬로폼 페이버 장비는 정비를 하는 경우 이외에는 다른 장비에 의해 견인할 수 없다.
③ 진동기는 전기 또는 압축공기를 이용한 회전형이며 10~20초간 다지는 동안 혼합물을 충분히 다질 수 있는 진동횟수를 갖춰야 한다.
④ 종방향 거친면 마무리에서 홈의 간격은 40mm 이내로 관리한다.

> **해설** 종방향 거친면 마무리에서 홈의 간격은 20mm 이내로 관리한다.

05 포장 콘크리트 시공에 관련된 설명 중 틀린 것은?
① 팽창이음은 콘크리트 슬래브와 구조물이 접하는 부분에 설치한다.
② 피막 양생 시 온도 변화를 적게 하기 위하여 백색 안료를 혼합해서는 안 된다.
③ 콘크리트를 칠 때 일 평균기온의 4℃ 이하가 예상되면 한중 콘크리트 양생을 따른다.
④ 주입 이음재 시공은 이음재 상면이 포장 슬래브의 표면보다 3mm 정도 낮은 높이가 되도록 한다.

> **해설** 피막 양생 시 온도 변화를 적게 하기 위하여 백색 안료를 혼합할 필요가 있다.

19 댐 콘크리트

1 개요

(1) 롤러 다짐용 댐 콘크리트
진동롤러를 사용하여 다짐 시공을 위한 슬럼프가 0인 댐 콘크리트

(2) 표면 차수벽 댐 콘크리트
표면 차수벽형 석괴댐의 상류 차수벽 콘크리트에 사용하는 댐 콘크리트

2 배합

(1) 콘크리트는 작업이 가능한 범위에서 된반죽으로 한다.
(2) 콘크리트 반죽질기를 슬럼프로 측정하는 경우 40mm 이상 되는 굵은골재는 제거하고 측정한 슬럼프값이 20~50mm 범위를 표준한다.
(3) 롤러 다짐용 콘크리트의 반죽질기를 나타내는 값으로서 진동대식 반죽질기 시험방법에 의해 얻어지는 시간값을 초로 나타내는 VC값이 20±10초를 표준한다.
(4) 댐 콘크리트에서의 설계기준 압축강도는 재령 91일을 기준한다.
(5) 댐 콘크리트는 매스 콘크리트, 서중 콘크리트, 한중 콘크리트 규정을 따른다.

3 시공

(1) 콘크리트 표면 차수벽은 프린스에서 댐 정상까지 수평시공이음 없이 한 번에 타설한다.
(2) 콘크리트 표면 차수벽은 균열의 발생을 최대한 억제하여야 하며 연속 타설시 배부름이 발생하지 않게 슬럼프 관리를 한다.
(3) 콘크리트 타설 후 살수양생 또는 담수양생을 실시하여 표면을 습윤상태로 유지한다.
(4) 콘크리트 타설 후 표면이 저온이 되거나 급격한 온도 변화가 예상되는 경우에는 보온양생을 실시한다.
(5) 유해한 온도균열을 방지하기 위해 리프트 높이와 타설간격을 고려하며 관로식 냉각(pipe-cooling), 선행 냉각(pre-cooling) 등을 실시한다.
(6) 콘크리트를 타설하는 암반의 표면이나 수평시공이음은 습윤상태로 한 후에 모르타르를 부설한다.

CHAPTER 5 출제 예상 문제 — 댐 콘크리트

01 댐 콘크리트에 대한 설명 중 틀린 것은?
① 잔골재율은 단위 결합재량을 낮게 정한다.
② 압축강도를 기준으로 물-결합재비를 정하는 경우에 그 값은 시험에 의해서 정한다.
③ 롤러 다짐용 콘크리트의 반죽질기 평가는 VC 시험을 사용할 수 있다.
④ 진동롤러로 다짐 후 다짐면의 반죽상태의 정도를 판단하기 위해 RI 시험을 이용한다.

해설 진동롤러로 다짐 후 다짐면의 다짐 정도를 판단하기 위해 RI 시험을 이용하여 다짐도를 판정한다.

02 댐 콘크리트의 설계기준 압축강도는 재령 며칠을 기준하는가?
① 7일   ② 28일
③ 72일   ④ 91일

03 댐 콘크리트 시공에 관련된 내용 중 틀린 것은?
① 단위결합재량은 필요한 물-결합재비를 확보하고 작업이 가능한 범위 내에서 적게 한다.
② 골재의 저장은 표면수가 일정하게 하도록 한다.
③ 롤러 다짐 콘크리트의 반죽질기는 VC 시험으로 50±10초를 표준한다.
④ 선행 냉각은 냉각한 물, 냉각한 굵은골재, 얼음 등을 사용해서 한다.

해설 롤러 다짐 콘크리트의 반죽질기는 VC 시험으로 20±10초를 표준한다.

정답 01 ④ 02 ④ 03 ③

20 합성구조 콘크리트

① 개요

(1) 합성구조 콘크리트는 H형강, 트러스 부재 등의 강재를 철근 콘크리트 속에 배치하여 이들이 외력에 저항하는 구조 형식
(2) 콘크리트 충전 기둥은 원형 혹은 각주형의 강관 속에 콘크리트를 충전하는 구조 형식
(3) 샌드위치 부재는 두 장의 강판을 연결하여 안쪽에 콘크리트를 충전하는 구조 형식

② 시공 계획

(1) 강재 부재의 제작, 운반, 가설을 포함하여 계획을 수립한다.
　① 제작 공정, 재료 및 부품
　② 제작(원치수, 절단 및 가공, 용접) 방법
　③ 가조립 및 수송
　④ 가설, 접합 등

(2) 콘크리트의 충전성
　① 콘크리트의 유동성은 슬럼프 혹은 슬럼프 플로우로 표시한다.
　② 재료분리의 저항성은 블리딩률에 의하여 나타내는 정치된 상태에서의 분리저항성과 콘크리트가 이동할 때의 분리저항성에 의해 평가된다.
　③ 고유동 콘크리트를 사용할 경우에는 콘크리트가 이동할 때의 분리저항성은 플로우 도달시간이나 깔때기 유하시간 등에 의해 나타낼 수 있다.
　④ 철근 콘크리트에 준하여 콘크리트의 충전성을 평가해도 좋다.
　⑤ 샌드위치 부재 및 콘크리트 충전 기둥에서 강판에 둘러싸여 다짐작업이 곤란한 경우나 내부의 상황을 확인할 수 없는 경우에는 철근 콘크리트 혹은 철골철근 콘크리트에 준하여 충전성을 설정하며 유동성이 높은 콘크리트를 사용한다.

③ 재료

(1) 강콘크리트 합성구조의 재료는 콘크리트, 강재 및 접합용 재료를 말한다.
(2) 콘크리트와 강재가 일체가 되게 콘크리트의 품질을 선정한다.
(3) 강판, 형강, 강관, 철근 등의 강재는 원칙적으로 KS 등의 품질 규준에 적합한 것을 표준으로 한다.
(4) 용접용 재료, 고장력 볼트 등의 접합용 재료는 원칙적으로 KS 등에 적합한 것을 선정한다.

④ 시공

(1) 강재 부재의 제작
① 제작 전에 원척도나 기본 형상 및 제작상의 지장 유무를 확인한다.
② 강재 부재에 콘크리트 타설용 구멍 등이 적절히 배치되었는지, 현장용접을 적극적으로 피하도록 배려되었는지 등에 대해 설계도를 확인한다.
③ 주요 부재의 판 제작은 주된 응력방향과 압연방향을 일치시킨다.
④ 자동가스 절단에 의해 주요 부재를 절단한다.
⑤ 채움재, 타이플레이트, 형강, 판두께 10mm 이하의 가셋판, 보강재 등은 전단법에 의해 절단해도 좋다.
⑥ 절단선이 심하게 손상된 부위는 그라인더로 평활하게 마무리한다.
⑦ 드릴 또는 드릴과 리머로 볼트 구멍을 뚫는다.
⑧ 2차 부재에서 판두께 12mm 이하인 재편의 구멍뚫기는 펀칭 전단에 의해 실시해도 좋다.
⑨ 가조립 이전에 주요 부재에 소정의 볼트지름 구멍뚫기를 하는 경우에는 형판을 사용한다.
⑩ 주요 부재에 있어서 냉간가공을 하는 경우는 내측 반지름의 크기를 판두께의 15배 이상으로 한다. 화학성분중의 질소가 0.006%를 초과하지 않는 강재에 대해서는 내측 반지름을 판두께의 7배 이상 또는 5배 이상으로 할 수 있다.
⑪ 압연 직각방향으로 냉간 휨가공을 하는 경우에는 압연 직각방향의 샤르피 흡수 에너지의 값을 적용한다.

(2) 공장 용접
① 이음 성능을 만족하게 하기 위한 확인 사항
- 강재의 종류와 특성
- 용접방법, 개선 형상, 용접재료 종류와 특성
- 조립되는 재편의 시공, 조립 정밀도, 용접부분의 청정도와 건조상태
- 용접재료의 건조상태
- 용접조건과 용접순서

② 시공계획서에 공장용접에 관한 기재할 항목
- 용접공의 자격
- 용접 시공 시험
- 재편의 조립방법 및 조합 정밀도
- 조립용접(가용접)
- 용접 전의 부재의 청소와 건조
- 용접재료의 선정과 관리
- 예열

- 용접 시공상의 일반적인 주의사항
- 용접의 검사
- 달아 올리기 및 가설용 장치 등의 설치
- 결함부의 보수 방법
- 변형 조정 등

(3) 가조립 및 수송
① 가조립은 각 부재가 무응력 상태로 되게 실시한다.
② 수송에 앞서 부재에 조립기호를 기입해 두어야 한다. 또한 1개의 질량이 5,000kg 이상의 부재에는 그 질량 및 중심위치를 기입한다.

(4) 철골 부재의 현장 야적 및 조립
① 철골 부재를 현장에서 야적할 경우 부재가 지면에 접하지 않게 한다.
② 소정의 조립 순서에 따라 부재를 조립한다.
③ 부재를 조립할 때에는 가체결 볼트와 드리프트 핀을 사용하여 고장력 볼트 구멍의 위치를 조정한 뒤 고장력 볼트를 체결한다.

(5) 고장력 볼트에 의한 접합
① 접합되는 재편의 접촉면은 0.4 이상의 마찰계수가 얻어지게 처리한다. 단, 지압접합인 경우에는 여기에 제한을 두지 않는다.
② 시공시의 체결 볼트 축력은 토크계수 값의 변동, 크리프나 릴렉세이션, 마찰계수의 변동 등의 영향을 고려하여 설계 볼트 축력의 10%를 증가시킨다.
③ 고장력 볼트의 체결 방법
 - 비틀림 전단형 고장력 볼트의 체결은 전용의 체결기구를 사용한다.
 - 고장력 육각볼트의 체결을 토크법에 의해 실시하는 경우에는 체결볼트 축력이 각 볼트에 균일하게 도입되도록 체결 토크를 조정한다.
 - 고장력 육각볼트의 축력의 도입은 너트를 회전하여 도입하는 것을 원칙으로 한다.
④ 볼트의 체결은 연결판 중앙볼트로부터 순차적으로 양쪽 단부 볼트로 향하여 실시하고 2번 조인다.
 - 조기 체결은 체결 볼트축력의 60% 정도로 한다.
⑤ 용접과 고장력 볼트 마찰접합을 병용할 경우에는 용접완료 후에 고장력 볼트를 체결하는 것을 원칙으로 한다.

(6) 현장용접
① 가설공사에 수반되는 현장이음을 용접으로 시공한다.
② 현장용접 작업이 어려운 기상조건
 - 비가 올 때 또는 작업중에 비가 올 우려가 있는 경우

- 비가 갠 뒤 직후
- 바람이 강할 때
- 기온이 5℃ 이하일 때

(7) 콘크리트 시공
① 보의 콘크리트는 충분히 다지면서 철골보 복부의 한쪽에서 타설하여 플랜지 아래쪽에 콘크리트가 충전된 것을 확인 후 반대쪽을 타설한다.
② 기둥과 보의 접합부는 보 밑에서 일단 타설을 중단하고 콘크리트의 침하가 거의 종료되고 나서 기둥의 옆쪽 2개소 이상으로부터 콘크리트를 타설하여 충분히 다진다.

⑤ 품질관리 및 검사

(1) 강부재의 제조 검사
① 용접검사는 육안검사, 방사선 투과시험, 초음파 탐상시험, 자분탐상법, 침투액탐상법 등이 사용되고 있다.
② 현장용접검사는 공장용접의 검사에 준하여 실시한다.
③ 비틀림 전단형 고장력 볼트는 전 수량에 대해 핀테일의 절단 확인과 표시에 의한 외관검사를 한다.
④ 토크 렌치에 의한 고장력 육각볼트의 체결검사는 체결 후 조속히 실시한다.
⑤ 자동기록계의 기록지에 의한 검사는 볼트 전 수량에 대해 실시한다.
⑥ 토크 렌치에 의한 검사는 각 볼트군의 10%에 해당하는 개수를 표준한다.

CHAPTER 5 출제 예상 문제 합성구조 콘크리트

01 철골용 강재의 가공에 관한 설명 중 틀린 것은?

① 주요한 부재는 주된 응력방향과 압연방향을 일치시키는 것을 원칙으로 한다.
② 강판은 압연방향과 압연직각방향에 따라 기계적 성질이 다르다.
③ 주요 부재에 냉간휨 가공을 하는 경우에 내측 반지름은 판두께의 15배 이상으로 한다.
④ 주요 부재의 절단은 가스절단법으로 한다.

해설 주요 부재의 절단은 자동 가스절단법을 원칙으로 한다.

02 고장력 볼트 접합에 관한 설명 중 틀린 것은?

① 지압접합인 경우 접합면은 마찰계수가 0.4 이상이 되도록 처리한다.
② 용접과 고장력 볼트 마찰접합을 같이 병용하는 경우에는 용접완료 후에 고장력 볼트를 조인다.
③ 볼트의 조임은 연결관의 중앙볼트로부터 순차적으로 양쪽볼트로 향하여 하고 두 번 조인다.
④ 고장력 육각볼트의 장력은 너트를 회전하여 조인다.

해설 마찰접합되는 재편의 접촉면은 0.4 이상의 마찰계수가 얻어지도록 처리한다.

03 현장용접을 하는 경우 용접작업을 해서는 안되는 사항 중 틀린 것은?

① 작업 중에 비가 올 우려가 있는 경우
② 비가 갠 뒤 직후
③ 기온이 −5℃ 이하일 때
④ 바람이 강할 때

해설 비가 올 때, 기온이 5℃ 이하일 때는 용접작용을 해서는 안 된다.

04 고장력 볼트 조임검사에 관한 설명 중 틀린 것은?

① 토크 렌치에 의한 고장력 육각볼트의 조임검사는 조임 후 어느 정도 경과 후 시행한다.
② 비틀림전단형 고장력 볼트의 경우 전 수량에 대해 핀 테일 절단 유무의 확인과 표시에 의해 외관검사를 한다.
③ 토크 렌치에 의한 검사는 각 볼트군의 10%에 해당하는 개수를 표준한다.
④ 토크법에 의한 조임검사를 자동기록계의 기록지에 의해 검사할 경우 볼트 전 수량에 대해 실시한다.

> **해설** 토크 렌치에 의한 고장력 육각볼트의 조임검사는 조임 후 장시간 방치하면 토크계수값이 변하기 때문에 조임 후 조속히 시행한다.

05 용접의 검사 종류가 아닌 것은?
① 육안검사
② 방사선 투과시험
③ 초음파 탐상시험
④ 샤르피 충격시험

> **해설**
> - 용접검사에는 육안검사, 방사선 투과시험, 초음파 탐상시험, 자분탐상법, 침투액탐상법 등이 쓰인다.
> - 용접부는 원칙적으로 전 용접부에 대해서 무작위 추출하여 10% 이상 육안검사를 하며 육안기준에 벗어났다고 판단되는 곳에 대해서만 적정한 기구로 측정한다.

06 철골철근 콘크리트 시공에 관한 설명 중 틀린 것은?
① 기둥과 보의 접합부에는 보 밑에서 일단 치기를 중단하고 콘크리트의 침하가 거의 종료되고 나서 기둥의 옆쪽 2개소 이상으로부터 콘크리트를 쳐서 충분히 다진다.
② 보의 경우 철골보 웨브의 한쪽을 치고 플랜지 하부에 콘크리트가 충전된 후 반대측을 친다.
③ 치기 높이가 높거나 슈트 등을 삽입할 수 없을 경우라도 거푸집에 콘크리트 투입구를 설치해서는 안 된다.
④ 철골이 철근 콘크리트와 완전히 일체화되도록 한다.

> **해설** 치기 높이가 높거나 슈트 등을 삽입할 수 없는 경우에는 거푸집에 콘크리트의 투입구를 설치하거나 거푸집을 콘크리트 치기에 맞게 순차적으로 시공한다.

07 철골 철근 콘크리트 시공에 관한 설명 중 틀린 내용은?
① 가조립은 적당한 지지물을 설치하여 원칙적으로 각 부재가 무응력상태가 되도록 한다.
② 콘크리트의 접하는 강재면에는 도장을 하지 않은 것이 일반적이다.
③ 부재의 1개 질량이 5,000kg 이상인 경우는 부재의 질량 및 중심위치를 기입하여야 한다.
④ 강판은 인장 시 10~15%, 비틀림 시 5~15% 정도로 압연 직각방향의 강도가 압연방향의 강도보다 크다.

> **해설** 강판은 압연방향과 압연 직각방향에 따라 기계적 성질이 다르다.
> 인장 시에는 10~15%, 비틀림 시에는 5~15% 정도로 압연 직각방향의 강도가 작다.

21 프리캐스트 콘크리트

1 개요

(1) 제조 공정이 일관되게 관리되어 있는 공장에서 연속적으로 제조되는 프리캐스트 및 프리스트레스 콘크리트 제품에 요구되는 품질, 또는 성능을 실현하기 위해 표준을 나타낸다.
(2) 무근 및 철근 콘크리트 외에 프리스트레스트 콘크리트도 포함한다.

2 재료

(1) 콘크리트의 강도
① 일반적인 프리캐스트 콘크리트는 재령 14일에서의 압축강도 시험값이다.
② 오토클레이브 양생 등의 특수한 촉진양생을 하는 프리캐스트에서는 14일 이전의 적절한 재령에서의 압축강도 시험값이다.
③ 촉진 양생을 하지 않은 프리캐스트이나 비교적 부재 두께가 큰 공장 제품에서는 재령 28일에서의 압축강도 시험값이다.

(2) 골재
① 고강도 콘크리트의 경우 굵은골재의 최대치수는 25mm 이하이고 철근 최소 수평 순간격의 3/4 이내의 것을 사용한다.
② 프리스트레스트 콘크리트 제품의 경우 재생골재를 사용해서는 안된다.

(3) 배합
① 슬럼프가 20mm 이상인 콘크리트에 대하여는 슬럼프 시험을 원칙으로 한다.
② 슬럼프가 20mm 미만은 된반죽의 콘크리트는 다짐계수 시험, 관입 시험, 외압병용 VB 시험 등의 방법에 의한다.
③ 공장 제품에서는 물-결합재비가 작은 된반죽의 콘크리트가 사용되며 이와 같은 콘크리트를 비빌 때에는 강제식 믹서가 적합하다.

3 시공

(1) 강재의 조립
① 철근 교점의 중요한 곳은 풀림 철선 혹은 적절한 클립 등을 사용하여 긴결하거나 점용접하여 조립한다.
② PS 강재에는 스터럽 또는 가외철근 등을 용접하지 않는 것을 원칙으로 한다.

(2) 양생

① 증기양생
- 보통 35℃ 이상의 온도로 실시한다.
- 거푸집과 함께 증기양생실에 넣어 양생온도를 균등하게 올린다.
- 비빈 후 2~3시간 이상 경과된 후에 증기양생을 실시한다.
- 온도 상승속도는 1시간당 20℃ 이하로 하고 최고온도는 65℃로 한다.
- 양생실의 온도는 서서히 내려 외기의 온도와 큰 차가 없도록 하고 나서 제품을 꺼낸다.

② 오토클레이브 양생
- 콘크리트를 고온고압의 증기에서 양생하면 시멘트중의 실리카와 칼슘이 결합하여 강고한 토베르모라이트 또는 준결정을 형성하는 수열반응이 일어난다.
- 증기압 0.5~1.8MPa(7~15기압), 온도 150~200℃(180℃ 전후)가 필요하고 실리카분은 시멘트량의 30~40% 치환할 필요가 있다.
- PSC 말뚝 등의 제조에 쓰인다.

③ 가압양생
- 성형된 콘크리트에 0.5~1.0MPa의 압력을 가한 상태에서 약 100℃의 고온으로 양생한다.

④ 증기양생 혹은 그 밖의 촉진양생을 실시한 후에 습윤양생을 하면 강도, 수밀성, 내구성 등이 향상된다.

CHAPTER 5 출제 예상 문제

프리캐스트 콘크리트

01 일반적인 프리캐스트 콘크리트에 사용되는 콘크리트의 강도는 재령 몇 일의 압축강도 시험값을 기준하는가?
① 3일 ② 7일 ③ 14일 ④ 28일

> **해설** 촉진양생을 하지 않은 프리캐스트 콘크리트이나 비교적 부재 두께가 큰 프리캐스트 콘크리트에서는 재령 28일에서의 압축강도 시험값을 기준한다.

02 프리캐스트 콘크리트에 사용되는 고강도 콘크리트의 경우 굵은골재 최대치수의 규격은?
① 25mm 이하
② 40mm 이하
③ 프리캐스트 콘크리트 최소두께의 2/5 이하
④ 강재의 최소간격의 4/5 이하

03 증기양생 방법의 규정 중 틀린 것은?
① 거푸집과 함께 증기양생에 넣어 양생실의 온도를 균등하게 올린다.
② 비빈 후 4~5시간 경과된 이후부터 증기양생을 실시한다.
③ 온도상승 속도는 1시간당 20℃ 이하로 하고, 최고온도는 65℃로 한다.
④ 양생실의 온도는 서서히 내려 외기의 온도와 큰 차가 없을 정도로 하고 나서 제품을 꺼낸다.

> **해설**
> • 비빈 후 2~3시간 경과된 이후부터 증기양생을 실시한다.
> • 오토클레이브 양생은 7~12기압의 고온고압의 증기솥에 의해 양생한다.
> • 가압양생은 성형된 콘크리트에 0.5~1MPa을 가한 상태에서 약 100℃의 고온으로 양생한다.

04 프리캐스트 콘크리트의 양생에 관한 설명 중 틀린 것은?
① 보통 프리캐스트 콘크리트에서는 촉진양생을 한 후에도 습윤양생을 한다.
② 콘크리트의 경화 촉진을 목적으로 하는 상압증기 양생이 널리 사용되고 있다.
③ 콘크리트를 비빈 후 증기양생까지의 시간은 물-결합재비가 작으면 짧아져서 좋다.
④ 증기양생을 할 경우 성형 후 즉시 증기를 보내거나 온도를 급속히 상승시키면 수밀성 있는 품질을 얻을 수 있다.

> **해설** 증기양생을 할 경우 성형 후 즉시 증기를 보내거나 온도를 급속히 상승시키거나 매우 높은 온도에서 양생하면 프리캐스트 콘크리트에 나쁜 영향을 끼친다.

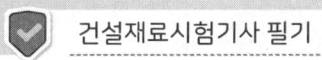

05 프리캐스트 콘크리트의 품질에 관한 설명 중 틀린 것은?

① 일반적인 프리캐스트 콘크리트는 재령 14일에서의 압축강도의 시험치를 기준으로 한다.
② 오토클레이브 양생은 1차 양생을 하고 일정한 강도를 얻은 후 2차 양생을 한다.
③ 프리캐스트 콘크리트에는 된반죽이고 부배합인 콘크리트가 많이 사용된다.
④ 즉시 탈형제품의 경우 단위수량이 매우 적으며 된반죽 콘크리트가 사용되므로 보통 콘크리트에 비교하여 잔골재율을 다소 적게 취한다.

> **해설**
> - 즉시 탈형제품의 경우 단위수량이 매우 적으며 슬럼프 값이 0인 매우 된반죽 콘크리트가 사용되므로 보통 콘크리트에 비교하여 잔골재율을 다소 크게 취하는 것이 일반적이다.
> - 즉시 탈형을 하더라도 해로운 영향을 받지 않는 프리캐스트 콘크리트에 대해서는 콘크리트가 경화되기 전에 거푸집의 일부 또는 전부를 해체해도 좋다.
> - 촉진양생을 하지 않는 프리캐스트 콘크리트나 비교적 부재 두께가 큰 프리캐스트 콘크리트에서는 재령 28일에서는 압축강도의 시험치를 기준으로 한다.
> - 오토클레이브 양생 등의 특수한 촉진양생을 하는 프리캐스트 콘크리트에서는 14일 이전의 적절한 재령의 압축강도 시험치를 기준으로 한다.

06 프리캐스트 콘크리트의 양생 방법에 대한 설명 중 틀린 것은?

① 증기양생은 보통 35℃ 이상의 온도로 실시한다.
② 오토클레이브 양생시 증기압은 0.5~1.8MPa, 온도는 150~200℃가 필요하다.
③ 가압양생은 성형된 콘크리트에 2~5MPa의 압력을 가한 상태에서 약 100℃의 고온에서 양생하는 것이다.
④ PSC 말뚝 등의 제조에 오토클레이브 양생이 쓰인다.

> **해설** 가압양생은 성형된 콘크리트에 0.5~1.0MPa의 압력을 가한 상태에서 약 100℃의 고온에서 양생한다.

정답 01 ③ 02 ① 03 ② 04 ④ 05 ④ 06 ③

CHAPTER 6 프리스트레스트 콘크리트

1 개요

콘크리트 부재 속에 배치된 긴장재에 기계적으로 인장력을 주어 그 반작용으로 프리스트레스를 주는 방법이다.

(1) PSC의 장점
① 강재의 부식 위험이 적고 내구성이 좋다.
② 탄력성과 복원성이 우수하다.
③ 콘크리트의 전단면을 유효하게 이용할 수 있다.
④ 철근 콘크리트보다 경간을 길게 할 수 있다.
⑤ 프리캐스트를 사용할 경우 시공성이 좋다.
⑥ PSC 구조물은 인장응력에 의한 균열이 방지되고 안전성이 높다.

(2) PSC의 단점
① 내화성에 있어 불리하다.
② 변형이 크고 진동하기 쉽다.
③ 공사비가 많이 든다.

(3) PSC의 기본 개념
① **응력 개념(균등질 보의 개념)**
프리스트레스가 도입되면 콘크리트 부재가 탄성재료로 전환되어 이에 대한 해석이 탄성이론으로 가능하다.

② **강도 개념(내력 모멘트 개념)**
RC와 같이 압축력은 콘크리트가 받고 인장력은 PS 강재가 받는 것으로 하여 두 힘에 의한 내력 모멘트가 외력 모멘트에 저항한다.

③ **하중 평형 개념(등가하중 개념)**
프리스트레싱에 의한 작용과 부재에 작용하는 하중을 평형이 되게 한다.

② 재료

① 골재
① 굵은골재 최대치수는 보통 25mm를 표준한다.
② 부재치수, 철근간격, 펌프압송 등의 사정에 따라 20mm를 사용할 수 있다.

② PS 강재
① 인장강도가 클 것
② 항복비가 클 것
③ 릴렉세이션이 작을 것
④ 부착강도가 클 것
⑤ 응력 부식에 대한 저항성이 클 것
⑥ 곧게 잘 펴지는 직선성이 좋을 것
⑦ 구조물의 파괴를 예측할 수 있게 어느 정도의 연신율이 있을 것

③ 덕트 내의 충전
① 블리딩률 기준값은 3시간 경과시 0.3% 이하로 한다.
② 그라우트 체적 변화율 기준값은 24시간 경과시 −1~5%의 범위이다.
③ 프리스트레스트 콘크리트 그라우트의 물−결합재비는 45% 이하로 한다.
④ 그라우트 압축강도는 7일 재령에서 27MPa 이상 또는 28일 재령에서 30MPa 이상으로 한다.
⑤ 염화물 함유량은 단위 시멘트량의 0.08% 이하로 한다.

④ 마찰감소제
① 프리스트레싱을 실시할 때 마찰을 감소시키거나 부착시키지 않는 구조에 사용한다.
② 쉬스와 PS 강재와의 마찰을 감소시키기 위하여 사용하는 마찰감소제는 긴장이 끝난 후 반드시 제거한다.

⑤ 재료의 저장
① PS 강재는 습기에 의한 녹이나 부식을 막고 기름, 먼지, 진흙 등의 부착에 의해 콘크리트와의 부착강도의 저하를 막기 위해 창고 내에 저장한다.
② 접착제는 6개월 이상 저장하지 않아야 한다.

3 시공

❶ 쉬스, 보호관 및 긴장재의 배치

거푸집 내에서 허용되는 긴장재의 배치오차는 도심위치 변동의 경우 부재치수가 1m 미만일 때에는 5mm를 넘지 않아야 하며 1m 이상인 경우에는 부재치수의 1/200 이하로서 10mm를 넘지 않도록 한다. 어떤 경우라도 10mm를 넘는 경우에는 수정하여야 한다.

❷ PSC 그라우트 주입구, 배기구, 배출구의 배치

① 그라우트 캡은 충전을 확인할 수 있는 구조로 비철재가 좋다.
② 그라우트 호스는 보의 면보다 약 1m 정도 수직으로 유지하는 것이 좋다.
③ 그라우트 호스를 분산 배치한다.
④ 케이블의 길이가 50m 정도를 초과할 경우에는 중간에도 주입구를 설치하여 단계별로 주입하는 것이 좋다.
⑤ 그라우트 호스의 지름은 15mm, 19mm가 많이 사용하고 있다.

❸ 프리스트레싱

(1) 프리텐션 방식

① 롱라인 공법(연속식)
② 인디비주얼 몰드 공법(단독식)

(2) 포스트텐션 방식

① 쐐기식 공법
- 프레시네(Freyssinet) 공법
- CLL 공법
- 마그넬(Magnel) 공법
- VSL 공법

② 지압식 공법
- BBRV 공법
- 디비닥(Dywidaq) 공법

③ 루프식 공법
- 바우어 레몬하르트(Baur-Leonhart) 공법
- 레오바(Leoba) 공법

(3) 프리스트레스의 도입

① 프리스트레싱을 할 때의 콘크리트 압축강도는 프리스트레스를 준 직후 콘크리트에 일어나는 최대 압축응력의 1.7배 이상일 것
② 프리텐션 방식에 있어서의 콘크리트 압축강도는 30MPa 이상일 것. 단, 실험이나 기존의 적용 실적 등을 통해 안전성이 증명된 경우 25MPa 이상으로 할 수 있다.
③ 프리스트레스 도입시 일어나는 손실
  - 콘크리트의 탄성변형(탄성수축)에 의한 손실
  - 강재와 쉬스의 마찰에 의한 손실
  - 정착단의 활동에 의한 손실
④ 프리스트레스 도입 후 손실
  - 콘크리트의 건조수축
  - 콘크리트의 크리프
  - 강재의 릴렉세이션

4 그라우트 시공

① PS 강재를 부착시키는 포스트텐션 방식의 경우에는 그라우트에 의한 긴장재의 녹막이를 실시한다.
② 그라우트 시공은 프리스트레싱이 끝난 8시간이 경과한 다음 가능한 한 빨리 하며 어떤 경우에도 프리스트레싱이 끝난 후 7일 이내에 실시한다.
③ PSC 그라우트의 비비기는 그라우트 믹서로 한다. 그라우트 믹서는 5분 이내에 그라우트를 충분히 비빌 수 있어야 한다.
④ PSC 그라우트는 그라우트 펌프에 넣기 전에 1.2mm의 체로 걸러야 한다.
⑤ 그라우트 주입시의 주입압력은 최소 0.3MPa 이상으로 한다. 압력을 높이고 나서 약 10분 후에 압력을 제거하고 블리딩에 의한 물이 자유로이 이동할 수 있게 한다.
⑥ 배기구 끝에는 1m 이상의 굵은 파이프를 연직으로 설치하여 블리딩에 의한 물이 상승하게 한다.
⑦ 그라우트 주입압은 2MPa 이하로 한다.
⑧ 한중에 시공 시 주입 전에 덕트 주변의 온도를 5℃ 이상으로 한다. 또한 주입 시 그라우트의 온도는 10~25℃를 표준하며 그라우트의 온도는 주입 후 적어도 5일간은 5℃ 이상을 유지한다.
⑨ 긴장재에 도입하는 인장력은 소정의 값 이하가 되지 않도록 관리한다.
⑩ 프리스트레싱 중 위험 예방을 위해 인장장치 또는 고정장치 뒤에 사람이 서 있지 않도록 한다.
⑪ 프리스트레싱 작업 중에는 인장력과 신장량의 관계가 직선이 되어 있음을 확인한다.

CHAPTER 6 출제 예상 문제

프리스트레스트 콘크리트

01 프리스트레스트 콘크리트의 그라우트 품질 중 틀린 것은?
① 그라우트 체적 변화율은 24시간 경과 시 −1~5%의 범위이다.
② 블리딩률은 3시간 경과 시 0.3% 이하로 한다.
③ 그라우트 유하시간은 15~30초의 범위로 한다.
④ 팽창성 그라우트의 재령 7일 압축강도는 30MPa 이상이어야 한다.

해설 팽창성 그라우트의 재령 7일 압축강도는 27MPa 이상이어야 한다.

02 프리스트레스트 콘크리트의 그라우트는 반죽질기를 해치지 않는 범위에서 물−결합재비는 몇 % 이하로 하는가?
① 43%   ② 45%
③ 46%   ④ 48%

해설 그라우트의 물−결합재비는 45% 이하로 한다.

03 프리스트레스트 콘크리트의 굵은골재 최대치수는 보통의 경우 몇 mm를 표준으로 하는가?
① 13mm   ② 20mm
③ 25mm   ④ 40mm

해설 굵은골재 최대치수를 25mm 정도로 하는 것이 좋지만, 부재치수, 철근간격, 펌프압송 등의 사정에 따라서는 20mm를 사용하는 경우도 있다.

04 프리스트레스트 콘크리트에 사용되는 긴장재의 가공 및 조립에 대한 설명 중 틀린 것은?
① PS 강봉의 나사로 이음하는 부분은 가열에 의해 절단을 한다.
② 긴장재를 쐐기에 의해 정착장치에 고정하는 경우에는 기름, 뜬녹, 기타 이물질을 제거한다.
③ PS 강재의 휨가공은 필히 기계를 사용하여 냉간에서 원활한 곡선으로 가공한다.
④ 아주 심하게 구부러진 PS 강재는 다시 펴서 사용하지 않는다.

해설 PS 강봉의 나사로 이음이 되는 부분은 열의 영향에 의한 재질의 변화 및 시공이 불가능하게 되기 때문에 가열에 의한 절단을 해서는 안 된다.

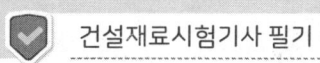

05 프리스트레스트 콘크리트 시공시 덕트, 쉬스, 긴장재 배치 등의 설명 중 틀린 것은?

① 덕트는 콘크리트와 긴장재를 절연하기 위해 둔다.
② 거푸집 내에서 허용되는 긴장재의 배치오차는 도심 위치 변동의 경우 부재치수가 1m 미만일 때는 5mm 이하로 한다.
③ 여러 개의 PS 강선 혹은 PS 스트랜드를 하나의 쉬스 안에 수용하는 경우 서로 잘 꼬이게 배치한다.
④ 긴장재 또는 쉬스 및 보호관의 배치오차는 PS 강재 중심과 부재 가장자리와의 거리가 1m 이상인 경우에는 10mm를 넘지 않게 한다.

해설 적당한 간격재를 사용하여 PS 강재가 쉬스 안에서 서로 꼬이지 않도록 배치한다.

06 프리스트레스트 콘크리트 정착장치 및 접속장치의 조립과 배치에 대한 설명 중 틀린 것은?

① 정착장치와 긴장재가 정확히 수직이 되게 한다.
② 정착장치 부근의 긴장재에는 적당한 길이의 직선부를 두는 것이 좋다.
③ 정착장치 및 접속장치의 배치가 끝나면 반드시 검사하여 위치 변동이 생긴 것은 바로 잡는다.
④ 긴장재를 이을 경우 인장력을 줄 때 접속장치 이동량을 미리 산정하여 여유가 있는 공간을 압축측에 둔다.

해설 긴장재를 이어댈 경우 인장력을 줄 때의 접속장치의 이동량을 미리 산정하여 이에 대한 충분한 여유가 있는 공간을 인장측에 두어야 한다.

07 프리스트레스트 콘크리트 시공시 거푸집 및 동바리 작업에 관한 설명 중 옳지 않은 것은?

① 프리스트레싱이 끝난 후 자중 등의 반력을 받는 부분의 거푸집 및 동바리는 떼어내는 것이 좋다.
② 거푸집 및 동바리는 프리스트레싱할 때 콘크리트 부재가 자유롭게 수축할 수 있도록 거푸집의 일부를 긴장작업 전에 떼어내는 것이 좋다.
③ 프리스트레싱 후 동바리가 많이 떠오를 때는 프리스트레싱과 동시에 동바리를 침하시킨다.
④ 거푸집은 프리스트레싱에 의한 콘크리트 부재의 변형을 고려하여 적절한 솟음을 준다.

해설 프리스트레싱이 끝난 후에 자중 등이 반력을 받는 부분의 거푸집 및 동바리는 떼어내서는 안 된다.

08 프리스트레스트 콘크리트 그라우트의 품질관리 및 검사 항목이 아닌 것은?

① 유동성 ② 블리딩률 ③ 체적 변화율 ④ 인장강도

정답 01 ④ 02 ② 03 ③ 04 ① 05 ③ 06 ④ 07 ① 08 ④

09 PSC 프리스트레싱 작업시 설명이 잘못된 것은?
① 프리텐션 방식의 경우 긴장재에 주는 인장력은 고정장치의 활동에 의한 손실을 고려한다.
② PS 강재에 소정의 인장력을 설계값 이상으로 주었다가 다시 설계값으로 낮춘다.
③ 프리텐션 방식에 있어 미리 PS 강재를 고정하기 전에 각각의 PS 강재를 적당한 힘으로 인장해 둬야 한다.
④ 프리스트레스를 도입할 때 긴장재의 고정장치를 풀 때에는 천천히 해야 한다.

- 긴장재로 동시에 인장할 경우 각 PS 강재에 균등한 인장력이 주어지도록 하는데 인장력을 설계값 이상으로 주었다가 다시 설계값으로 낮추는 식의 시공을 해서는 안 된다.
- 프리스트레스를 도입할 때 긴장재의 고정장치를 급격히 풀면 콘크리트에 충격을 주어 긴장재와 콘크리트의 부착을 해칠 우려가 있어 고정장치를 풀 때에는 천천히 해야 한다.

10 프리스트레싱할 때 프리텐션 방식에 있어서 콘크리트의 압축강도는 얼마 이상인가?
① 25MPa   ② 30MPa   ③ 35MPa   ④ 40MPa

- 프리스트레싱을 할 때의 콘크리트의 압축강도는 프리스트레스를 준 직후 콘크리트에 일어나는 최대 압축응력의 1.7배 이상이어야 한다.
- 짧은 부재, 부재 끝부분에서 큰 휨모멘트 또는 전단력을 받는 부재 등에 있어서 프리스트레스를 줄 때의 콘크리트의 압축강도는 35MPa 이상으로 하는 것이 좋다.

11 프리스트레싱의 관리에 대한 설명 중 틀린 것은?
① 긴장재에 주어지는 인장력 설계에서 고려한 긴장재의 인장력에 대해 2~3% 정도 큰 인장력이 되도록 한다.
② 긴장재에 주는 인장력은 하중계가 나타내는 값과 긴장재의 늘음량 또는 빠짐량에 의하여 측정하여야 하며 두 가지 조건이 만족해야 한다.
③ 프리스트레싱 작업 중에는 인장력과 늘음량 또는 빠짐량 사이의 관계는 직선이 되어야 한다.
④ 마찰계수 및 긴장재의 겉보기 탄성계수는 공장제작 과정의 시험에 의하여 구한다.

해설 마찰계수 및 긴장재의 겉보기 탄성계수는 현장에서 시험을 실시하여 구하는 것을 원칙으로 한다.

12 프리스트레스트 콘크리트의 그라우트 시공에 대한 설명 중 틀린 것은?
① 프리스트레싱이 끝난 후 될 수 있는 대로 신속히 PSC 그라우트를 주입한다.
② 그라우트 펌프는 압축공기로 직접 그라우트 면에 압력을 가하는 방식을 사용한다.
③ 애지테이터는 그라우트를 천천히 휘저을 수 있을 것
④ 그라우트 믹서는 강력하며 5분 이내에 그라우트를 충분히 비빌 수 있는 용량일 것

해설 그라우트 펌프는 PSC 그라우트를 천천히 주입할 수 있어야 하며 공기가 혼입되지 않게 주입할 수 있는 것을 사용한다.

13 프리스트레스트 콘크리트의 그라우트 주입압력은 최소 몇 MPa 이상으로 하는 것이 좋은가?
① 0.1MPa ② 0.2MPa ③ 0.3MPa ④ 0.5MPa

해설 그라우팅시 압력을 높이고 나서 약 10분 지난 후 이 압력을 제거하고 블리딩에 의한 물이 자유로이 이동할 수 있게 해야 한다.

14 PSC 그라우트 주입에 대한 설명 중 틀린 것은?
① 그라우트 펌프로 주입을 천천히 하여야 한다.
② 그라우트는 그라우트 펌프에 넣기 전에 1.2mm의 체로 걸러야 한다.
③ 낮은 곳에서 높은 곳을 향해 그라우트를 주입한다.
④ 한중에 사용하는 경우 주입 시 그라우트의 온도는 5~10℃를 표준으로 한다.

해설
- 한중 시공시 주입하는 그라우트의 온도는 10~25℃를 표준으로 한다.
- 그라우트의 온도는 주입 후 적어도 5일간은 5℃ 이상을 유지한다.
- 한중 시공시 주입 전에 덕트 주변의 온도를 5℃ 이상으로 유지한다.

15 프리스트레스 콘크리트 시공시 정착장치 또는 접속장치를 긴장재와 조합시킬 때 긴장재의 길이는 몇 m를 표준으로 하는가?
① 1m ② 2m ③ 3m ④ 5m

해설 정착한 PS 강재의 길이가 불균일하거나 긴장시 세트 때문에 극히 일부의 PS 강재에 인장력이 집중하여 먼저 파단되는 것을 방지하여 적절한 시험결과가 얻어지도록 긴장재의 길이를 3m로 한다.

16 프리스트레스 콘크리트의 원리에 대한 3가지 방법이 아닌 것은?
① 응력 개념 ② 강도 개념
③ 하중 개념 ④ 모멘트 분배 개념

해설
- **응력 개념(균등질 보의 개념)**: RC는 취성재료이므로 인장 측의 응력을 무시했으나 PSC는 탄성재료로 인장측 응력도 유효한 균등질 보로 본다.
- **강도 개념(내력 개념=내력 모멘트 개념)**: 압축력은 콘크리트가 받고 인장력은 PS 강재가 받아 두 힘의 우력이 외력 모멘트에 저항하도록 한다.
- **하중 개념(하중 평형 개념=등가 하중 개념)**: 긴장력과 외력(하중)이 같다는 개념이다. 부재에 작용하는 외력의 일부 또는 전부를 프리스트레스 힘으로 평형시킨다.

정답 09 ② 10 ② 11 ④ 12 ② 13 ③ 14 ④ 15 ③ 16 ④

CHAPTER 6 출제 예상 문제

17 PSC 부재의 프리스트레스 감소 원인 중 프리스트레스를 도입한 후 생기는 것은?

① 정착장치의 활동
② PS 강재와 덕트(시스)의 마찰
③ PS 강재의 릴렉세이션
④ 콘크리트의 탄성변형

해설
- 프리스트레스 도입 후 손실
- 콘크리트의 크리프
- 콘크리트의 건조수축
- PS 강재의 릴렉세이션

18 콘크리트에 프리스트레스가 가해지면 콘크리트는 탄성체로 전환되고 따라서 프리스트레스트 콘크리트는 탄성이론에 의한 해석이 가능한 개념은?

① 변형도 개념
② 내력 개념
③ 응력 개념
④ 하중 평형 개념

해설 응력 개념(균등질 보의 개념)
콘크리트에 프리스트레스가 가해지면 콘크리트는 탄성재료로 전환되고 따라서 프리스트레스 콘크리트는 탄성이론에 의한 해석이 가능하다는 개념

19 프리스트레스 콘크리트에서 콘크리트에 프리스트레스 600,000N을 도입하는데 여러 가지 원인에 의해 120,000N의 프리스트레스 감소가 생겼다. 이때의 프리스트레스 유효율은?

① 20%   ② 40%   ③ 80%   ④ 125%

해설
- 유효율 = $\dfrac{\text{유효 프리스트레스}}{\text{초기 프리스트레스}} \times 100 = \dfrac{P_i - \Delta P}{P_i} \times 100 = \dfrac{600,000 - 120,000}{600,000} \times 100 ≒ 80\%$
- 감소율 = $\dfrac{120,000}{600,000} = 0.2 = 20\%$

20 PS 강재가 갖추어야 할 일반적인 성질 중 옳지 않은 것은?

① 인장강도가 높아야 하고 항복비가 커야 한다.
② 릴랙세이션이 커야 한다.
③ 파단시의 늘음이 커야 한다.
④ 직선성이 좋아야 한다.

해설
- 릴랙세이션이 작아야 한다.
- 콘크리트와 부착력이 클 것
- 응력 부식에 대한 저항성이 클 것
- 피로 강도가 클 것

21 PC 강선을 현장 작업장이나 운반중 강선지름의 350배가 넘는 큰 드럼(drum)에 감아두는 이유와 가장 관계가 깊은 것은?

① PS 강재와 콘크리트의 부착
② 릴랙세이션(relaxation)
③ PS 강선의 신직성
④ PS 강선의 편심

> **해설** PS 강선에 요구되는 성질 중 직선성을 갖게 소정의 지름을 갖는 드럼에 감아 둔다.

22 다음 PSC 부재의 프리텐션 공법의 제작 과정으로 맞는 것은?

> ㉠ 콘크리트 치기 작업
> ㉡ PS 강재와 콘크리트를 부착시키는 그라우팅 작업
> ㉢ PS 강재를 긴장하여 인장응력을 주는 작업
> ㉣ PS 강재를 준 인장응력을 콘크리트에 전달하는 작업

① ㉢-㉠-㉣-㉡
② ㉠-㉢-㉡-㉣
③ ㉠-㉢-㉣-㉡
④ ㉢-㉠-㉡-㉣

> **해설**
> • **프리텐션 공법 순서**
>   ① 거푸집 조립   ② PS강재 배치, 긴장, 정착
>   ③ 콘크리트 치기   ④ PS 강재의 긴장해제
> • **포스트텐션 공법 순서**
>   ① 거푸집 조립, 시스 배치   ② 콘크리트 치기
>   ③ 콘크리트 경화 후에 PS 강재 긴장, 정착   ④ 그라우팅

23 PS 콘크리트에 대한 다음 사항 중 옳지 않은 것은?

① 포스트텐션은 정착부의 정착에 의해 응력을 전달한다.
② 프리텐션은 철근과 콘크리트의 부착에 의해 응력을 전달한다.
③ 시스는 프리텐션 공법에 사용한다.
④ 그라우팅시 압축공기로 시스관을 불어내는 것이 좋다.

> **해설** 포스트텐션 공법에서 콘크리트중에 PS 강재를 배치할 구멍(duct)을 만들기 위해 시스를 사용한다.

24 PSC에서 롱라인 공법(long-line system)에 관한 설명 중 틀린 것은?

① 프리텐션 방식에 속한다.
② 여러 개의 부재를 동시에 제작할 수 있다.
③ 일반적으로 프리캐스트(precast) 부재의 공장제품에 사용되는 방법이다.
④ 거푸집 비용이 너무 많이 들기 때문에 많이 사용되지 않는다.

정답 17 ③ 18 ③ 19 ③ 20 ② 21 ③ 22 ① 23 ③ 24 ④

해설 거푸집 비용이 많이 소요되는 방식은 단독 거푸집 방식이다.

25 프리텐션 공법상 주의할 점 중 옳지 않은 것은?
① PS 강재에는 균일한 인장력을 주어야 한다.
② PS 강재의 인장력은 한쪽에서 차례로 풀어서 충격이 일어나지 않도록 해야 한다.
③ 긴장력을 풀기 전에 측면의 거푸집을 떼어 가급적 마찰을 적게 한다.
④ PS를 준 부재를 운반할 때는 PS의 분포를 고려하여 지지점을 정한다.

해설 PS 강재의 인장력을 풀 때는 양쪽을 동시에 서서히 풀어 이상응력의 발생과 충격을 적게 해야 한다.

26 포스트텐션 공법에 대한 기술 중 틀린 것은?
① 콘크리트가 경화된 후에 PS 강재에 인장력을 푼다.
② PS 강재를 먼저 긴장한 후에 콘크리트를 타설한다.
③ 그라우트를 주입시켜 PS 강재와 콘크리트를 부착시킨다.
④ PS 강재 긴장이 완료됨과 동시에 프리스트레스 도입이 완료된다.

해설 PS 강재를 먼저 긴장한 후 콘크리트를 타설하는 공법이 프리텐션 공법이다.

27 그라우팅(grouting)에 관한 설명 중 옳지 않은 것은?
① 프리텐션에서 사용한다.
② 팽창제로서 알루미늄 분말을 소량 사용하면 좋다.
③ 콘크리트와의 부착과 PS 강재의 부식을 방지하기 위하여 사용한다.
④ W/C는 45% 이내의 범위에서 가급적 작은 것을 사용한다.

해설 그라우팅은 포스트텐션 공법에서 시스 내에 시멘트풀 또는 모르타르를 주입시켜 PS 강재의 부식 방지, 부착력 증진의 목적이 있다.

28 다음 중 PSC의 프리스트레스 손실량이 가장 큰 것은?
① 콘크리트의 탄성수축
② 콘크리트의 크리프
③ 콘크리트의 건조수축
④ 강선의 릴랙세이션

해설
• 프리스트레스의 손실 중 가장 큰 것은 건조수축이다.
• 콘크리트의 건조수축과 크리프에 의한 프리스트레스의 손실량은 프리텐션 방식의 경우가 포스트텐션 방식보다 일반적으로 크다.

29 시스(sheath)에 대한 다음 설명 중 틀린 것은?
① 시스는 변형을 막고 탄성을 크게 하기 위해 파형으로 만든다.
② 콘크리트를 칠 때 진동기와 시스를 충분히 접촉시켜 공극을 없애야 한다.
③ 이음부는 모르타르의 침입을 막기 위해 테이프 등으로 감는다.
④ 그라우팅(grouting)을 하기 직전 덕트(duct) 내부는 압축공기로 깨끗이 청소해야 한다.

해설 진동기에 의해 콘크리트를 타설할 경우 충격으로 시스가 쉽게 변형되어서는 안 된다.

30 PS 강재의 탄성계수는 시험에 의하지 않을 때는 얼마로 보는가?
① 1.96×10^5 MPa
② 2.0×10^5 MPa
③ 2.1×10^5 MPa
④ 2.04×10^5 MPa

31 PS 강재의 종류가 아닌 것은 다음 중 어느 것인가?
① 강선 ② 강봉 ③ 강연선 ④ 도관

32 PS 강재에 관한 사항 중 틀린 것은?
① 프리텐션 공법에서는 PS 강봉은 사용치 않는다.
② PS 강선이 PS 강연선보다 부착력이 강하다.
③ PS 강선의 표면에 약간 녹이 슬면 부착력이 향상된다.
④ 이형 PS 강선은 보통 PS 강선보다 부착력이 크다.

해설 PS 강연선은 여러 개의 강선을 꼬아 만든 것으로 PS 강선에 비해 부착력이 크다.

33 프리스트레스트 콘크리트에서 PS 강재의 배치에 관한 설명 중 틀린 것은?
① 프리텐션 부재의 경우 부재 단부에서 긴장재의 순간격은 강선의 경우 $4d_b$ 이상, 강연선(strand)의 경우 $3d_b$ 이상이어야 한다.
② 프리텐션 부재의 경우 경간의 중앙부에서는 긴장재의 수직간격이 부재의 단면부보다 좁아도 되며 또한 강선과 강연선을 다발로 사용해도 된다.
③ 포스트텐션 부재의 경우 콘크리트를 타설하는 데 지장이 없고 긴장시에 긴장재가 덕트로부터 튀어나오지 않는다면 덕트를 다발로 사용해도 된다.
④ 포스트텐션 부재의 경우 일반적인 덕트의 순간격은 5cm 이상, 굵은골재 최대치수의 3/4배 이상이어야 한다.

해설 덕트(시스)의 순간격은 굵은골재 최대치수의 4/3배 이상, 또는 2.5cm 이상으로 한다.

정답 25 ② 26 ② 27 ① 28 ③ 29 ② 30 ② 31 ④ 32 ② 33 ④

CHAPTER 6 출제 예상 문제

34 그라우팅(grouting)용 혼화제로서 필요한 성질 중 옳지 않은 것은?
① 단위수량이 작고 블리딩이 작아야 한다.
② 그라우트를 수축시키는 성질이 있어야 한다.
③ 재료의 분리가 생기지 않아야 한다.
④ 주입하기 쉬워야 하며 공기를 연행시켜야 한다.

해설 그라우팅용 혼화제는 적당한 팽창성이 있어야 충전성과 유동성이 확보된다.

35 다음 PC 강재 중에서 프리텐션 부재에 사용하지 않는 것은?
① 원형 PC 강선
② 이형 PC 강선
③ PC 스트랜드
④ PC 강봉

해설 PC 강봉은 마찰력이 문제가 있어 포스트텐션 방식에 사용한다.

36 PSC 구조의 장점에 해당되지 않는 것은 다음 중 어느 것인가?
① 같은 하중에 대한 단면은 부재 자중이 경감되어 그 경간장을 증대시킬 수 있다.
② 구조물은 가볍고 강하며 복원성이 우수하다.
③ 부재에는 확실한 강도와 안전율을 갖게 할 수 있다.
④ PSC판에는 화재시에 폭발할 염려가 없다.

해설 내화성이 약하다.

37 프리스트레스트 콘크리트를 사용하는 가장 큰 이점은 다음 중 어느 것인가?
① 고강도 콘크리트의 이용
② 고강도 강재의 이용
③ 콘크리트의 균열 감소
④ 변형의 감소

해설 복원성이 우수하여 균열을 최소화시킨다.

정답 34 ② 35 ④ 36 ④ 37 ③

CHAPTER 7. 콘크리트 구조물의 유지관리

1 개요

완성된 시설물의 기능을 시설물 이용자의 편의와 안전성을 높이기 위하여 시설물을 일상적으로 점검·정비하고 손상된 부분을 원상복구하며 경과시간에 따라 요구되는 시설물의 개량·보수·보강에 필요한 활동을 말한다.

2 유지관리계획의 수립

❶ 일반 사항

(1) 시설물의 상태평가를 위한 점검과 진단 및 그 결과에 기초한 보수·보강 및 안정화조치 여부나 그 작업 등을 포함하며 이에 대한 자료 정리 및 축적, 기록 등도 포함한다.

① **예방 유지관리(예방보전)**
시설물의 열화가 발생하지 않는 것을 목적으로 한 유지관리

② **사후 유지관리(사후보전)**
시설물의 열화가 발생한 후 유지관리 대책을 행하는 유지관리

③ **관찰 유지관리**
육안 관찰로 인한 점검을 중심으로 시설물의 열화가 발생하는 것을 허용하는 유지관리

④ **무점검 유지관리(보전 불가능)**
점검을 실시하기가 매우 곤란하거나 실제로 실시할 수 없는 상태

(2) 시설물 관리대장에 점검과 진단 및 그 결과를 기록, 유지한다.

(3) 유지관리의 흐름도

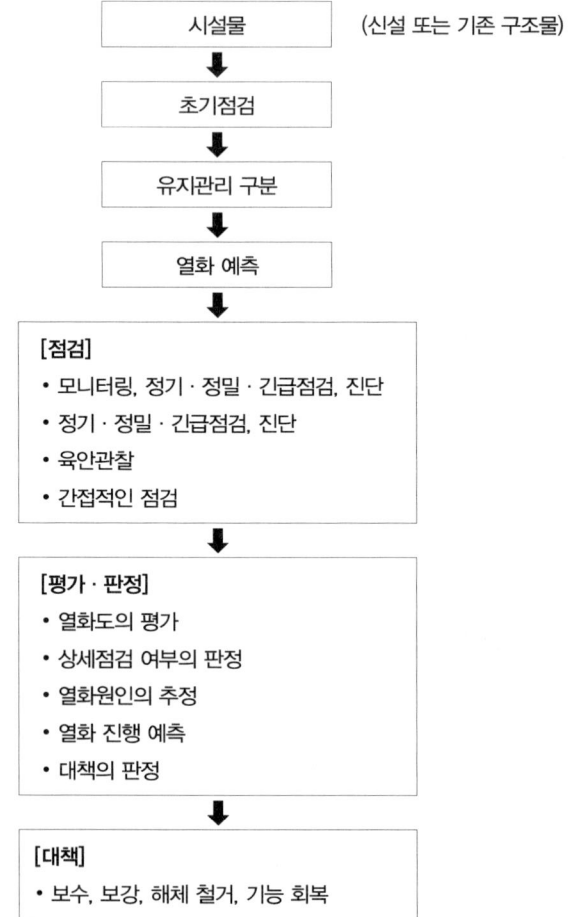

② 계획 수립

(1) 시설물의 성격, 규모 및 중요도에 따라 준공시의 설계도서, 유지관리 이력, 시설물 관리대장, 관계자료, 교통량 조사표, 기상자료 등의 기초자료를 이용한다.
(2) 작업량의 적절한 배분 및 시기 등을 고려하며 작업이 특정시기에 집중되지 않도록 한다.
　① 작업시기는 작업의 특수성, 교통상황, 사용기간 등을 고려하여 최적의 시기를 결정한다.
　② 작업인원, 자재, 사용장비 등을 적절하게 배치한다.
　③ 점검이나 진단, 보수·보강이나 안정화를 위한 공사 등은 시설물의 종류에 따라 기온, 강우, 강설 등의 기상조건을 고려한다.
　④ 교통통제, 소음, 진동 등은 작업의 난이도를 고려하여 공법, 시기, 작업시간대를 선정한다.
　⑤ 작업에 따른 여러 가지 제한사항은 최소화하여 계획을 수립한다.
　⑥ 다른 공사와의 조정을 도모한다.
　⑦ 작업 공정이 변화되는 경우에는 이에 따른 수정계획을 신속히 한다.

③ 조직 및 인원

(1) 본사와 중간관리조직 및 현장조직 체계가 유기적인 관계를 갖도록 구성한다.
(2) 각 조직의 부서 책임자는 풍부한 경험과 기술을 보유한다.
(3) 현장 조직에서는 유지관리에 필요한 충분한 장비를 확보한다.
(4) 유지관리 조직의 인원은 전문기술자, 감독자, 숙련 및 비숙련 요원을 포함한 세부적인 체계를 갖추어야 한다.
(5) 유지관리업에 종사하는 인원은 전문영역의 기능과 지식의 함양 및 유지관리와 관련된 지식을 습득하기 위해 정기적인 교육을 받는다.

3 안전점검 및 정밀안전진단

① 안전점검

- 안전점검이란 경험과 기술을 갖춘 자가 육안 또는 점검기구 등에 의하여 검사를 실시하여 시설물에 내재되어 있는 위험요인을 조사하는 것이다.
- 안전점검에는 초기점검, 정기점검, 정밀점검, 긴급점검 등이 있다.
- 안전점검 항목은 균열, 박락, 보수, 누수, 처짐, 층분리, 침하, 기울기, 해체, 박리 등으로 한다.
- 안전점검 방법에는 점검 내용에 따라 외관 또는 적절한 점검장비를 사용하며 필요시 근접 장비를 이용하여 근접점검을 실시한다.
- 안전점검 항목은 시설물이나 부재의 중요도, 제삼자 영향도, 예정사용기간, 환경조건, 유지관리의 난이도 등을 반영한 유지관리 구분과 열화 예측에 맞추어 선정한다.

(1) 초기점검

① 시설물관리대장에 기록되는 최초로 실시되는 정밀점검을 말한다.
② 신설 시설물의 경우는 사용검사 후 6월 이내에 시행한다.
③ 구조변경이 있을 때에도 초기점검이 필요하다.
④ 전문지식과 경험을 갖춘 자에 의하여 수행되어야 하며 필요한 경우 구조해석 검토를 실시해야 한다.
⑤ 시설물의 초기 거동을 바탕으로 설계, 시공, 구조 재료상의 하자 여부 확인 및 향후 유지관리에 필요한 초기 기준치를 설정하려는데 그 목적이 있다.
⑥ 초기점검의 목표는 시설물관리대장 및 평가자료, 관리주체가 수집하는 관련자료를 얻기 위함이다.

(2) 정기점검

① 육안관찰의 가능한 개소에 대하여 성능 저하나 열화 및 하자의 발생 부위 파악을 위해 실시한다.
② 점검자는 시설물의 전반적인 외관조사를 통하여 심각한 손상인 결함의 유무를 발견할 수 있도록 하며 이상거동이 발견되면 정밀진단을 의뢰한다.
③ 1종 및 2종 시설물에 대해서는 반기별 1회 이상 실시한다. 공동주택의 경우에는 공동주택 관리령에 의해 안전점검을 갈음한다.

(3) 정밀점검

① 안전진단기관에 의해 정기적으로 시설물의 거동을 심도있게 파악하기 위해 실시한다.
② 시설물의 거동을 외관조사와 현장조사 및 설계도서 등을 검토하여 평가한다.
③ 시설물의 상태평가 및 내진설계 여부 판단과 필요시 시설물의 안전성 평가가 포함된다.
④ 사진 및 유지관리 혹은 보수기록, 필요한 경우 정밀안전진단계획에 관한 사항과 함께 보관한다.
⑤ 구조상태 및 외력의 조건이 변화되어 안전성 평가에 영향을 주는 경우에는 필요한 구조해석 및 구조계산을 다시 하여 보관한다.
⑥ 정밀점검은 1종 및 2종 시설물에 대해서는 2년에 1회 이상 실시하며 건축물에 대해서는 3년에 1회 이상, 항만시설물 중 썰물시 바닷물에 항상 잠겨 있는 부분에 대해서는 4년에 1회 이상 실시한다.
⑦ 계획된 정기적 점검으로 시설물의 현상태를 정확히 판단하고 최초 또는 이전에 기록된 상태로부터의 변화를 확인하며 시설물이 현재 사용요건을 계속 만족시키고 있는지 확인하기 위하여 육안검사와 간단한 측정기구에 의한 측정이 이루어진다.

(4) 긴급점검

① 지진이나 풍수해 등과 같은 천재, 화재, 부력 및 차량 및 선박의 충돌 등 긴급사태에 대해 시설물의 손상 정도에 관한 정보를 신속히 얻기 위해 점검한다.
② 고도의 전문적 지식을 기초로 실시한다.
③ 손상점검과 특별점검으로 나눌 수 있다.
④ 점검 항목과 범위 및 방법은 시설물의 중요도, 긴급사태의 정황 등에 따라 정한다.
⑤ 손상점검
  - 비계획적인 점검
  - 재해나 사고에 의해 구조적 손상을 평가
  - 긴급한 사용제한이나 사용금지의 필요성이 있는지 판단
  - 보수를 하는데 필요한 작업량의 정도 결정
  - 정밀점검의 보완 수단으로 손상의 정도와 보수의 긴급성, 보수작업의 규모 파악이 가능해야 하며 시험장비에 의한 현장 측정 및 사용제한기간에 대한 해석이 필요

⑥ 특별점검
- 관리주체가 판단하여 행하는 정밀점검 수준의 점검
- 기초침하 또는 세굴과 같은 결함이 의심되는 경우나 하중 제한중인 시설물의 지속적인 사용 여부를 판단하기 위한 점검
- 점검시기는 결함의 심각성을 고려하여 결정

❷ 정밀안전진단

(1) 점검결과나 시설물에 이상거동이 나타날 때 시설물의 안전성에 관한 보다 상세한 정보를 얻기 위해 실시한다.
   ① 정밀안전진단의 책임기술자의 자격을 갖춘 자가 실시함을 원칙으로 한다.
   ② 열화에 관한 고도의 전문적 지식에 기초하여 초기점검, 정기점검, 정밀점검이나 지금까지 실시된 안전점검의 평가·판정을 기초로 하여 실시한다.

(2) 점검 이상의 범위나 수준에서 외관조사나 구조 재료의 성능조사 및 재구조해석 등을 통해 시설물의 안전성을 평가하며 필요시 재하시험을 실시한다.
   ① 평가항목은 내구성, 내화성, 기능성 및 주변환경에 대한 영향성과의 연관성이 강한 것을 조합한다.
   ② 시설물의 환경조건이 열화의 진행에 큰 영향을 미친다고 생각되는 경우에는 외관상의 손상형상이나 콘크리트의 품질 열화, 보강용 강재의 부식형상 등의 항목을 조합한다.
   ③ 진단에 있어 검사 항목
      - 균열 폭, 길이, 깊이, 진행상황
      - 박리, 박락, 스케일링
      - 강재 부식 상황
      - 강재의 노출 정도, 강재 위치, 배근상태
      - 콘크리트의 물성, 중성화 깊이
      - 염화물 이온량, 잔존 팽창량
      - 콘크리트 단면적, 이상한 변위 및 변형
      - 진동 특성, 지지상태
      - 유리석회, 누수
      - 표면의 변색
      - 화학적 부식인자의 침투깊이 등

❸ 평가 및 판정

(1) 일반 사항
① 안전점검 및 정밀안전진단의 결과에 따라 실시한다.
② 콘크리트 시설물의 계속 사용 여부 및 보수·보강의 필요성 여부는 시설물의 안전성과 사용성 및 내구성 등을 고려하여 종합적으로 판정한다.

(2) 상태 평가

① **시설물의 열화 상태에 대한 평가**

시설물에 발생한 과도한 균열이나 콘크리트의 박락, 철근의 부식, 층 분리, 누수, 해체, 재료분리, 처짐, 변형, 박리 등의 증상에 대해 실시한다.

② **시설물의 성능저하 상태에 대한 평가**

과하중이나 지진, 진동 및 화재 등의 손상 부위에 대해 실시한다.

③ **시설물의 하자 상태에 대한 평가**

설계나 시공, 재료 및 상세에 대해 실시한다.

(3) 종합 판정

① 시설물에 대한 종합 판정은 시설물의 중요도에 따라 안전성과 사용성 및 내구성 등을 고려하여 실시한다.
- 유지관리의 구분을 염두하고 내구성, 내화성, 기능성 및 주변 환경에 대한 영향 등의 평가결과에 시설물의 중요도 등을 고려하여 실시한다.

② 보수·보강 및 안정화 등을 실시한 시설물에 있어서 소정의 효과가 있는지의 여부에 대한 확인은 일정기간 동안의 정기점검으로 평가·판정한다.

4 유지관리 대책

1 유지관리 대책

(1) 일반 사항

① 시설물의 평가·판정 결과에 따라 유지관리 대책이 필요한 경우 유지관리의 구분을 고려하여 보수·보강 및 안정화, 사용제한 혹은 철거 가운데 적절한 것을 선정한다.

② 열화 원인이나 손상의 정도에 따라 적절한 방법과 시기에 실시한다.

(2) 보수·보강 및 안정화

① 보수는 열화를 일으킨 시설물의 내구성 등 주로 내력 이외의 기능을 회복시키기 위해 실시한다.

② 보수할 경우 내구성이 좋은 보수 공법으로 한다.
- 균열이나 박리된 콘크리트 시설물의 손상 회복
- 염화물 이온의 침입이나 중성화에 의해 열화된 콘크리트의 제거
- 유해물질의 재침투 방지를 위한 표면 피복 등

③ 보강할 경우 보강 공법은 내구성이 좋고 저하된 내력을 회복시킬 수 있는 것으로 한다.
- 균열이나 박리된 콘크리트 시설물의 손상 보수
- 열화된 부재의 교체나 교환 설치
- 콘크리트나 강판 등 보강을 위한 부재의 증설
- 프리스트레스의 도입
- 내구성 향상을 위한 개수 등

④ 보수·보강의 수준은 위험도, 경제성 등을 고려하여 현상 유지(진행 억제), 실용상 지장이 없는 성능까지 회복, 초기 수준 이상으로 개선, 개축 중에서 선택한다.

⑤ 구조체에 진행하고 있는 바람직하지 않은 상황이나 원인을 중지 또는 제거시키기 위하여 그라우팅이나 디워터링 등의 안정화 조치를 한다.

(3) 사용제한

① 지진, 화재, 충돌 등의 돌발적인 현상에 의한 손상을 입은 시설물은 응급조치와 동시에 하중 규제, 통행금지, 속도제한을 실시한다.
② 점검 결과 성능 저하가 현저하면 정밀안전진단을 실시하여 적절한 조치를 한다.
③ 시설물의 사용을 제한할 경우 시설물의 잔존수명 확보 가능성이 분명하다고 판단될 때에는 보수·보강 대신 사용 제한조치를 취하여도 좋다.

(4) 철거

① 환경조건, 안전성, 해체 후의 처리, 공사기간 등을 고려한 후 대상 시설물에 적합한 공법으로 선정한다.
② 단독 공법이 아니라 2~3종류의 해체 공법이 조합되는 것이 일반적이며 환경과의 관계, 안전성, 해체 폐기물의 처리, 공기, 경제성 등에 충분한 배려를 한다.

❷ 보수

(1) 일반 사항

① 열화와 손상 및 하자를 충분히 조사하고 구조의 특성, 중요도, 시공성, 유지관리, 내구성 등을 고려해서 그 시설물의 중요도에 따라 적절한 보수수준을 정하여 실시한다.
② 유지관리의 구분, 시설물의 중요도, 잔존설계 내용기간, 경제성 등을 고려하여 적절한 보수수준을 정한다.
③ 보수수준은 보수 후의 시설물에 기대되는 내용기간, 보수 후에 필요한 점검 방법이나 빈도 등을 고려하여 설정할 필요가 있다.

(2) 보수의 기본

① 열화나 손상 및 하자 원인을 규명하여 상황에 적합한 보수를 실시한다.
② 열화 원인을 제거해야 하지만 제거 못할 경우에는 열화 방지 대책을 마련한다.

(3) 보수 계획

① 열화 원인에 적합한 보수 공법을 선정함과 동시에 소요의 보수 수준을 정하여 보수의 방침, 보수 재료의 사양, 보수 후의 단면치수, 시공 방법 등을 결정한다.
② 보수의 요구수준은 시설물의 현 상태 수준 이상으로 한다.

③ 보강

(1) 일반 사항

① 보강 수준은 대상 작용하중에 대한 내하력 회복의 정도 및 요구수준의 향상 정도이다.
② 보강 시 고려할 사항
- 평가 · 판정 결과
- 시설물의 특성
- 하중 조건
- 유지관리
- 열화 원인
- 중요도
- 시공성
- 잔존설계 내용기간

(2) 보강의 기본

콘크리트 시설물의 보강은 보강 수준을 만족하는 적절한 방법에 의해 실시한다.

(3) 보강 계획

① 해당 시설물에 적용된 시방서나 진단보고서 결과 등에 기초를 두어 실시한다.
② 점검, 진단, 판정에 기초하여 소정의 보강 수준을 만족시키는 방법 중에서 재료, 구조, 시공, 내구성 등을 고려하여 경제적인 것을 선택한다.

④ 안정화

(1) 콘크리트 시설물이 내 · 외적 상황이나 원인에 의하여 이상거동이 일어나는 것을 중지 또는 제거시키기 위하여 적절한 안정화 조치를 취한다.
(2) 안정화 조치는 정밀안전진단의 결과에 따라야 한다.
(3) 콘크리트 시설물의 안정화 방법은 이상거동의 상황이나 원인을 제거하는 수준에서 실시한다.
(4) 안정화 조치의 요구수준은 균열의 진행이나 변형 및 지반침하 등을 중지시키는 것으로 한다.
(5) 안정화 조치가 소정의 조건에 부합된 것인가를 확인하기 위하여 일정기간 동안 정기검사를 실시한다.

⑤ 기록

(1) 콘크리트 시설물의 유지관리를 적절히 실시하기 위해 점검, 진단, 판정, 보수 · 보강, 안정화 조치 등의 결과를 필요에 따라 기록 · 보존한다.

① 기록은 콘크리트 시설물의 유지관리를 효율적, 합리적으로 실시하기 위한 자료를 얻는 것을 목적으로 하며 그 결과를 보존함으로써 유지관리기술의 타당성을 확인하는 것이 가능하다.

② 기록은 시설물의 제원, 점검내용이나 결과, 평가·판정, 보수·보강 등의 내용을 참조하기 쉬운 형태로 보존한다.

③ 항상 최근의 내용이 기록될 수 있도록 한다.

(2) 기록의 내용과 보존기간은 유지관리의 구분에 따라 정한다.

① 유지관리를 연속하여 실시할 필요가 있는 기간 동안 보존한다.

② 사용 완료 후 해당 시설물의 유지관리에는 필요없지만 유사한 타 시설물의 유지관리에 도움을 주기 때문에 보존한다.

(3) 기록 방법은 내용이 적절히 표현 가능하며 필요한 기간, 용이하게 표현된 내용을 판독할 수 있는 방법으로 한다.

① 기록은 정확하고 객관적인 데이터를 사용하고 점검방법, 평가·판정 방법을 일정하게 실시하며 시설물에 따라 기록 방법을 미리 정해 둔다.

② 유지관리 기록은 유지관리의 구분, 종류, 내용 및 시설물의 종류에 따라 알기 쉬운 데이터 시트를 사용하여 실시한다.

③ 기록은 플로피디스크, 광디스크, 마이크로필름 등 이용하기 쉬운 상태로 보존할 필요가 있다.

CHAPTER 7 출제 예상 문제 — 콘크리트 구조물의 유지관리

01 콘크리트용 골재로 사용할 바다모래가 염분의 허용한도를 넘을 경우에 대한 대책 중 틀린 것은?

① 아연도금을 한 철근을 사용한다.
② 방청재를 콘크리트용 혼화제로 사용한다.
③ 바다모래를 살수법, 침전법 및 자연방치법 등으로 제염한다.
④ 콘크리트를 빈배합으로 하여 치밀하게 다진다.

해설 콘크리트 피복두께를 크게 하며 콘크리트를 부배합으로 하여 치밀하게 다짐한다.

02 구조물 표면이 하얗게 얼룩지는 현상으로 비에 젖었다 말랐다 하면서 염분용해와 수분증발이 되풀이되며 생기는 현상을 무엇이라 하는가?

① 블리딩 ② 건조수축 ③ 백화 ④ 레이턴스

해설 백화는 시멘트의 가수분해에 의해 생기는 수산화석회 때문에 발생한다.

03 다음의 알칼리 골재 반응에 대한 설명 중 틀린 것은?

① 시멘트 속의 알칼리 성분과 골재중에 있는 실리카와 결합되어 화학반응을 일으킨 것이다.
② 콘크리트에 균열, 파괴를 일으키게 하는 현상을 말한다.
③ 골재에 포함된 반응성 성분에 의해 알칼리 실리카 반응, 알칼리 탄산염 반응, 알칼리 실리게이트 반응으로 대별된다.
④ 알칼리 함유량이 0.8% 이하인 저알칼리형 시멘트를 사용하여 알칼리 실리카 반응을 억제한다.

해설
- 저알칼리형 시멘트는 알칼리 함유량을 0.6% 이하로 한다.
- 콘크리트 속의 알칼리 총량을 3.0kg/m³ 이하로 한다.

04 콘크리트 재료에 염화물 함유되어 구조물이 염해를 받을 경우가 생길 때 조치할 사항 중 틀린 것은?

① 덮개를 두껍게 하여 열화에 대비한다.
② 물-결합재비를 작게 한다.
③ 단위수량을 증가시켜 염분을 희석시킨다.
④ 가능한 슬럼프 값이 작은 콘크리트를 만든다.

해설 단위수량을 적게 하고 깨끗한 물로 대체한다.

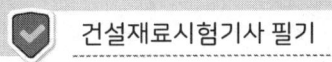

05 콘크리트의 중성화 반응에 대한 설명 중 틀린 것은?

① 공기 중의 탄산가스의 농도가 높을수록, 온도가 높을수록 중성화 속도는 빠르다.
② 중성화 반응으로 시멘트의 알칼리성이 상실되어 철근을 부식시킨다.
③ 콘크리트 표면은 공기중 탄산가스의 작용을 받아 수산화칼슘이 서서히 탄산칼슘으로 변화되며 알칼리성을 잃어가는 반응이다.
④ 보통 포틀랜드 시멘트는 혼합 시멘트의 중성화 속도보다 빠르다.

해설 혼합 시멘트의 중성화 속도는 보통 포틀랜드 시멘트를 사용한 경우의 약 1.2~1.8배가 된다.

06 습한 상태에 노출된 콘크리트 동결융해 저항성에 영향되는 요인 중 틀린 것은?

① 물-결합재비는 45% 이하를 원칙으로 한다.
② 공기연행제를 사용하여 적정량의 공기를 연행시킨다.
③ 기포간의 거리를 좁게 한다.
④ 기포의 지름이 큰 콘크리트가 되게 한다.

해설 미세한 기포가 많이 분산되어 기포의 간격이 좁을수록 유수압은 작으며 내구성의 개선에 유효하다.

07 유지관리의 구분에 속하지 않는 것은?

① 예방유지관리　　② 절차유지관리
③ 사후유지관리　　④ 무점검유지관리

해설 유지관리의 구분은 예방유지관리, 사후유지관리, 관찰유지관리, 무점검유지관리의 4가지로 한다.

08 유지관리계획을 수립하기 위한 기초자료에 해당되지 않는 것은?

① 준공시 설계도서　　② 유지 보수 이력
③ 작업인원　　　　　④ 구조물 대장

해설
• 작업인원은 유지관리 계획에 따른 작업시 배려할 사항이다.
• 교통량 조사표, 기상자료, 부속자료 등의 기초자료를 이용하여 유지관리 계획을 수립한다.

09 유지관리의 평가·판정에 관한 항목이 아닌 것은?

① 열화도의 평가　　　② 열화원인의 추정
③ 상세점검 여부의 판정　④ 간접적인 점검

해설 간접적인 점검은 유지관리 점검 항목에 속한다.

정답 01 ④ 02 ③ 03 ④ 04 ③ 05 ④ 06 ④ 07 ② 08 ③ 09 ④

CHAPTER 7 출제 예상 문제

10 유지관리 점검의 종류에 해당되지 않는 것은?
① 정기점검
② 일상점검
③ 초기점검
④ 긴급점검

> **해설** 점검에는 초기점검, 정기점검, 정밀점검, 긴급점검 등이 있다.

11 초기점검은 신설 시설물의 경우는 사용검사 후 몇 월 이내에 실시하는가?
① 3월
② 4월
③ 5월
④ 6월

12 유지관리 점검에 대한 설명 중 틀린 것은?
① 직접점검이 곤란한 것은 주변의 구조물과 부위·부재의 점검결과에 기초하여 간접적으로 실시한다.
② 필요시 접근장비를 이용하여 근접점검을 실시한다.
③ 정기점검은 구조물을 손상시키지 않도록 비파괴검사 등을 이용한다.
④ 초기점검은 공사 완료 후 구조물과 관련된 시험자료 및 검사결과를 바탕으로 내구성 평가를 실시한다.

> **해설** 초기점검은 구조물을 손상시키지 않도록 비파괴검사 등을 이용하여 가능한 자세하게 실시한다.

13 유지관리 직원 혹은 손상에 관한 전문지식이 있는 자가 점검 매뉴얼을 바탕으로 실시하는 점검은?
① 초기점검
② 정기점검
③ 정밀점검
④ 긴급점검

14 정밀점검은 1종 및 2종 시설물에 대해서는 몇 년에 1회 이상 실시하는가?
① 2년
② 5년
③ 7년
④ 10년

> **해설**
> • 건축물에 대해서는 3년에 1회 이상
> • 항만 시설물 중 썰물시 바닷물에 항상 잠겨 있는 부분에 대해서는 4년에 1회 이상

15 일반적으로 특수한 검사기구를 사용하지 않지만 열화의 현상이나 발생위치를 가능한 정확히 실시하는 점검은?

① 초기점검　　　　　　　　② 정기점검
③ 정밀점검　　　　　　　　④ 긴급점검

해설　정기점검은 육안관찰, 사진, 비디오, 쌍안경 등을 사용하여 실시하며 차를 타고 다니면서 그 승차감에 의해 실시하기도 한다.

16 콘크리트 구조물의 평가 및 판정을 할 경우 종합적인 평가 기초 대상이 아닌 것은?

① 내구성　　　　　　　　② 내하성
③ 기술성　　　　　　　　④ 기능성

해설　내구성, 내하성, 기능성, 주변환경에 대한 영향, 구조물의 중요도 등을 고려한다.

17 콘크리트 구조물의 보수에 대한 설명 중 틀린 것은?

① 열화원인은 일반적으로 중성화, 염해, 알칼리 골재 반응, 화학적 침식 등이 있다.
② 철근의 침식에 의해 생긴 균열과 알칼리 골재 반응에 의해 생긴 균열은 보수방법을 일치시킨다.
③ 보수공법은 균열보수공법, 철근방청공법, 단면복구공법, 표면보호공법 등이 있다.
④ 단면복구공이란 열화된 콘크리트 부분을 없애고 단면을 복구하는 것을 나타낸다.

해설
- 철근의 침식에 의해 생긴 균열과 알칼리 골재 반응에 의해 생긴 균열은 원인이 다르므로 균열을 보수하는 방법도 완전히 다르다.
- 보수에 있어서는 열화 원인을 제거하는 것이 원칙이지만, 제거할 수 없는 경우에는 이후의 열화방지 대책을 마련해야 한다.

18 구조물의 유지관리 점검에 관한 설명 중 틀린 것은?

① 신설 시설물의 경우는 사용검사 후 6월 이내에 초기점검을 한다.
② 점검은 초기점검, 정기점검, 정밀점검, 긴급점검이 있다.
③ 정밀점검은 육안관찰이 가능한 개소에 대해 성능저하나 열화 및 하자 발생 부위 파악을 위해 실시한다.
④ 초기점검은 건설중 및 공사완료 후 구조물에 관련된 시험자료 및 검사결과를 바탕으로 내구성 평가를 한다.

해설　정기점검은 육안관찰이 가능한 개소에 대해 성능저하나 열화 및 하자의 발생 부위 파악을 위해 실시한다.

정답　10 ②　11 ④　12 ③　13 ③　14 ①　15 ②　16 ③　17 ②　18 ③

19 구조물의 유지관리 상태평가에서 건습의 반복작용, 염화물이온의 침투, 내부 팽창압, 화학작용, 하중강도, 하중의 반복작업 등에 대한 평가항목은?

① 구조물의 시공 평가
② 구조물의 구조특성 평가
③ 구조물에 작용하는 열화외력의 평가
④ 구조물을 구성하는 재료의 평가

20 구조물에 작용하는 열화외력의 평가 항목에 속하지 않는 것은?

① 건습의 반복작용
② 염화물 이온의 침투
③ 내부 팽창압
④ 피복두께

해설 화학작용, 하중강도, 하중의 반복작용 등이 열화외력의 평가 항목에 속한다.

21 상태평가 중 구조물의 시공시의 평가 항목에 속하지 않는 것은?

① 피복두께
② 내부결함
③ PS 강재의 종류
④ 재료분리

해설 구조물의 시공시 평가에는 배근 등이 속한다.

22 구조물을 구성하고 있는 재료의 평가에 속하는 항목 중 틀린 것은?

① 염화물 함유량
② 철근의 종류
③ PS 강재의 종류
④ 내하력

해설 사용재료, 콘크리트의 배합, 등가알칼리량 등에 기초를 두어 실시한다.

23 구조물 구조특성 평가 항목에 속하지 않는 것은?

① 하중강도
② 내하력
③ 진동
④ 강성

해설 구조물 구조특성 평가 항목에는 소음특성 등이 속한다.

24 구조물의 보강에 관한 사항 중 다른 것은?

① 균열이나 박리된 콘크리트 구조물의 손상의 보수
② 열화된 부재의 교체나 교환 설치
③ 콘크리트나 강판 등 보강을 위한 부재의 증설
④ 염화물 이온의 침입이나 중성화에 의해 열화된 콘크리트의 제거

해설 보강공법으로 프리스트레스의 도입, 내구성 향상을 위한 파괴 등이 구성된다.

25 구조물의 보수에 관한 사항 중 다른 것은?
① 균열이나 박리된 콘크리트 구조물의 손상 회복
② 염화물 이온의 침입이나 중성화에 의해 열화된 콘크리트의 제거
③ 콘크리트나 강판 등 보강을 위한 부재의 증설
④ 유해물질의 재투입방지를 위한 표면피복

26 콘크리트 구조물의 보강 수준을 정하기 위해 고려해야 할 사항이 아닌 것은?
① 평가 · 판정 결과   ② 경제성
③ 구조물의 특성   ④ 유지관리

해설 보강 수준을 정하기 위해 고려할 사항
① 평가 · 판정 결과   ② 열화 원인
③ 구조물의 특성   ④ 중요도
⑤ 하중조건   ⑥ 시공성
⑦ 유지관리   ⑧ 잔존설계 내용기간

27 온도균열에 대한 설명 중 틀린 것은?
① 균열의 방향, 위치, 폭은 일정한 규칙이 있다.
② 급격한 노출상태의 건조 때 발생한다.
③ 재령이 짧을 때 시작하며 콘크리트 내부온도가 최대일 때 균열도 최대가 된다.
④ 온도철근을 배근하여 균열을 제어할 필요가 있다.

해설 급격한 노출상태와 건조 때는 수축균열이 발생한다.

28 수축균열에 관한 설명 중 틀린 것은?
① 재령이 짧을 때 시작하여 콘크리트 내부온도가 최대일 때 균열도 최대로 발생한다.
② 수축균열은 어느 기간 지나면 점차 감소하게 된다.
③ 가외 철근을 넣어 균열을 분산시키면 유지관리에 유리하다.
④ 표면의 노출시 바람, 습도에 의한 건조가 원인이 된다.

해설 • 온도상승의 원인이 되어 온도균열이 발생하는데 온도균열은 재령이 짧을 때 시작하고 콘크리트 내부온도가 최대일 경우 균열도 최대로 발생한다.
• 수축균열은 급격한 노출 상태시 건조 때 발생한다.

정답 19 ③ 20 ④ 21 ③ 22 ④ 23 ① 24 ④ 25 ③ 26 ② 27 ② 28 ①

CHAPTER 7 출제 예상 문제

29 구조물 유지관리의 점검이 끝나고 판정시 고려할 사항이 아닌 것은?
① 열화의 진행 여부
② 하중의 제거와 작용
③ 손상의 정도와 진행
④ 기상 자료

해설
- 안정성을 검토하여 보수, 보강으로 사용 가능 여부를 판정한다.
- 구조물이 사용할 수 있는 수준의 사용성을 검토하여 판정한다.
- 유지관리 계획을 수립하기 위해 준공시 설계도서, 유지보수 이력서, 구조물 관리대장, 교통량 조사표, 기상자료 등의 자료가 필요하다.

30 구조물의 균열원인 중 환경에 따른 화학적 작용에 의한 균열 발생 원인이 아닌 것은?
① 산·염류의 작용
② 동결융해 작용
③ 중성화의 영향
④ 염화물의 영향

해설 동결융해 작용은 물리적인 원인으로 온도, 습도에 의한 영향을 받아 균열 발생의 원인이 된다.

31 콘크리트 시공시 균열발생 원인에 해당되지 않는 것은?
① 콘크리트중의 염화물
② 불충분한 다짐
③ 경화전 진동 또는 하중 재하
④ 부적당한 타설 순서

해설 콘크리트중의 염화물은 사용재료의 원인에 속한다.

32 염분이 콘크리트에 미치는 영향에 관한 설명 중 틀린 것은?
① 염분 함유량의 증가에 따른 동결융해에 대한 변화는 무시해도 좋다.
② 염분 함유량이 증가하면 건조수축은 증가한다.
③ 콘크리트에 염분 함유량이 많으면 응결시간을 촉진시켜 준다.
④ 해사 사용시 모래의 입경이 세립할수록 함유량이 적다.

해설 일반적으로 해사의 염분 함유량은 모래의 입경이 세립할수록, 표면이 클수록 함유량이 많다.

33 콘크리트 동결융해에 대한 대책 중 관계가 먼 것은?
① 동결 가능한 수분함량의 최소화
② 동결시 팽창에 대한 충분한 여유공간 확보
③ 콘크리트중의 알칼리량을 감소시킨다.
④ 보호피막 및 덧씌우기 작업

해설 알칼리 골재 반응에 의한 손상을 방지하기 위해서는 콘크리트중의 알칼리량을 감소시킨다.

34 콘크리트의 중성화에 대한 설명 중 틀린 것은?
① 물-결합재비가 커질수록 중성화 속도가 빠르다.
② 온도가 낮을수록 중성화가 빨라진다.
③ 경량골재는 중성화를 촉진시킨다.
④ 중성화 속도는 조강 포틀랜드 시멘트가 보통 포틀랜드 시멘트보다 작다.

해설
- 온도가 높을수록, 습도가 낮을수록 중성화가 빨라진다.
- 골재의 밀도가 작을수록 크다.

35 콘크리트의 내구성 열화원인 중 기상작용에 속하지 않는 것은?
① 동결융해　　　　　　　② 중성화
③ 온도변화　　　　　　　④ 건조수축

해설 중성화는 물리·화학적 작용에 속한다.

36 탄산가스, 산성비 등의 영향으로 콘크리트가 수산화칼슘 상태에서 탄산칼슘 상태로 변화하는 현상은?
① 염해　　　　　　　　　② 중성화
③ 알칼리 골재 반응　　　④ 동결융해

37 콘크리트 중성화의 원인 중 틀린 것은?
① 탄산가스의 농도가 클 경우
② 시멘트의 분말도가 클 경우
③ 습도가 높을 경우
④ 경량 골재를 사용할 경우

해설 중성화의 원인
① 습도가 낮을 경우
② 물-결합재비가 클 경우
③ 혼합 시멘트를 사용할 경우
④ 온도가 높을수록

정답 29 ④　30 ②　31 ①　32 ④　33 ③　34 ②　35 ②　36 ②　37 ③

CHAPTER 7 출제 예상 문제

38 시설물의 기능적 상태를 판단하는 점검은?
① 정밀점검 ② 정기점검
③ 긴급점검 ④ 정밀 안전진단

> **해설**
> • 정기점검은 경험과 기술을 갖춘 자에 의한 세심한 육안검사 수준의 점검으로서 시설물의 기능적 상태를 판단하고 시설물의 현재 사용 요건을 계속 만족시키고 있는지를 확인한다.
> • 시설물의 현상태판단 : 정밀점검
> • 재해나 사고에 의한 구조적 손상 평가 : 긴급점검
> • 결함의 유무 및 범위 파악 : 정밀 안전진단

39 콘크리트의 중성화에 대한 설명 중 틀린 것은?
① 공기연행제나 감수제를 사용한 콘크리트는 보통 콘크리트보다 중성화 속도가 느리다.
② 실내에서는 대기중에 비해 2~3배 정도 중성화 속도가 느리다.
③ 콘크리트가 탄산가스와 화합하여 수산화칼슘을 잃고 탄산칼슘으로 변하는 것을 중성화라 한다.
④ 골재의 흡수율이 작은 단단한 골재를 사용하면 중성화를 방지할 수 있다.

> **해설**
> • 실내에서는 대기중에 비해 2~3배 정도 중성화 속도가 빠르다.
> • 콘크리트가 중성화하면 철근이 부식되기 쉽다.
> • 콘크리트의 중성화 깊이는 대기에 접한 기간의 대략 1/2승에 비례한다.

40 콘크리트 구조물의 균열 보강공법에 해당되는 것은?
① 에폭시(Epoxy) 주입공법 ② 표면처리공법
③ 강재 Anchor 공법 ④ Prestress 공법

> **해설**
> • 구조물의 균열 보강공법
>   ① Prestress 공법
>   ② 강판부착공법
>   ③ 단면증설공법
> • 구조물의 균열 보수공법
>   ① 표면처리공법
>   ② 충진공법
>   ③ 주입공법
>   ④ 강재 Anchor 공법

41 알칼리 골재 반응의 종류에 해당되지 않는 것은?
① 실리카 반응 ② 탄산염 반응
③ 실리케이트 반응 ④ 황산 반응

해설 보통 알칼리 골재 반응이라 부르는 경우는 알칼리-실리카 반응을 말한다.

42 구조물의 유지관리에 포함되지 않는 것은?

① 구조물의 상태 파악을 위한 점검 및 진단
② 구조물의 손상원인의 파악
③ 구조물의 사용 여부, 보수·보강 여부의 판단
④ 작업량의 적절한 배분 및 적절한 시기 고려

해설
- 보수·보강 작업도 유지관리에 포함되어야 한다.
- 유지관리계획에는 작업량의 적절한 배분 및 적절한 시기 등을 고려해야 한다.

43 구조물의 유지관리계획 수립시 작업이 특정 시기에 집중되지 않도록 배려하는 사항 중 틀린 것은?

① 작업시기는 작업의 특수성, 교통상황, 사용기간 등을 고려하여 최적의 시기를 선정한다.
② 작업인원, 자재, 사용장비 등을 적절하게 배치한다.
③ 작업에 따른 여러 가지 제한사항을 최대화하여 계획을 수립한다.
④ 다른 공사와의 조정을 도모한다.

해설
- 작업에 따른 여러 가지 제한사항을 최소화하여 계획을 수립한다.
- 구조물의 종류에 따라 구조진단에는 기온, 강우, 강설 등의 기상조건을 고려한다.
- 교통통제, 소음, 진동 등 작업의 난이도를 고려하여 공법시기, 작업시간대를 선정한다.
- 작업 공법이 변경되는 경우에는 이에 따른 계획의 수정을 신속히 해야 한다.

44 구조물의 유지관리 조직 및 인원에 관한 사항 중 틀린 것은?

① 인원은 전문기술자, 감독자, 숙련 및 비숙련 요원을 포함하여 구성한다.
② 인원은 전문영역의 기능과 지식의 향상 및 유지관리와 관련된 지식의 습득을 위해 정기적으로 교육을 받아야 한다.
③ 조직의 부서 책임자는 풍부한 경험과 기술로 효과적인 유지관리를 해야 한다.
④ 조직은 현장조직체계로 운영되도록 구성한다.

해설 유지관리조직은 본부, 중간단계, 관리조직과 실제의 유지관리업무를 수행하는 현장조직체계가 효율적인 유지관리를 위하여 유기적인 관계를 가지도록 구성한다.

정답 38 ② 39 ② 40 ④ 41 ④ 42 ④ 43 ③ 44 ④

PART II

건설시공 및 관리

CHAPTER 1   토공
CHAPTER 2   건설기계
CHAPTER 3   콘크리트공
CHAPTER 4   기초공
CHAPTER 5   발파 및 터널공
CHAPTER 6   교량공
CHAPTER 7   옹벽공
CHAPTER 8   도로공
CHAPTER 9   댐
CHAPTER 10   항만공
CHAPTER 11   암거공
CHAPTER 12   하천공
CHAPTER 13   공정관리
CHAPTER 14   공사관리 및 품질관리

CHAPTER 1 토공

1 개설

1 토공의 정의

① 공사 계획고보다 높은 곳은 낮게 하고 낮은 곳은 높게 하여 계획고에 맞게 굴착(절토), 싣기, 운반, 성토, 다짐에 의해 진행된다.
② 수중 작업에서 성토를 매립, 굴착을 준설이라 한다.

2 토공의 용어

① 절토(깍기) : 굴착, 흙을 파헤치는 것
② 성토(쌓기) : 축제, 흙을 쌓아 올리는 것
③ 비탈(사면) : AC, DE, BF
④ 비탈머리 : 비탈의 상단 C, D점
⑤ 비탈 기슭 : 비탈의 하단 A, B점
⑥ 둑마루(천단) : C, D 부분
⑦ 소단 : E, F 부분
⑧ 비탈경사 : 성토(1 : 1.5), 절토(1 : 1)의 경사
⑨ 토취장 : 흙을 채취하는 장소
⑩ 토사장 : 절토한 흙을 버리는 장소
⑪ 유용토 : 절토한 흙을 성토에 쓰이는 흙

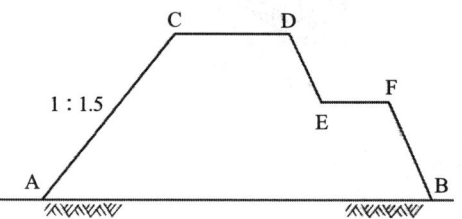

2 토공의 안정

❶ 흙의 안식각(자연 경사각)

① 절토나 성토를 하여 두면 기울기가 큰 비탈면은 차츰 무너져서 안정된 비탈을 이루며 수평면과 보통 30~35° 이루는 각도
② 토공의 안정을 유지하기 위해서는 비탈면 경사의 각도가 안식각보다 작아야 한다.

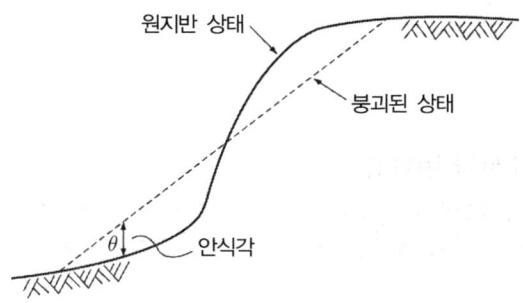

❷ 비탈면 구배(기울기, 경사)

수직높이 1에 대한 수평거리 n으로 표시하며 보통 성토의 비탈면 기울기는 1 : 1.5, 절토의 비탈면 기울기는 1 : 1로 나타낸다.

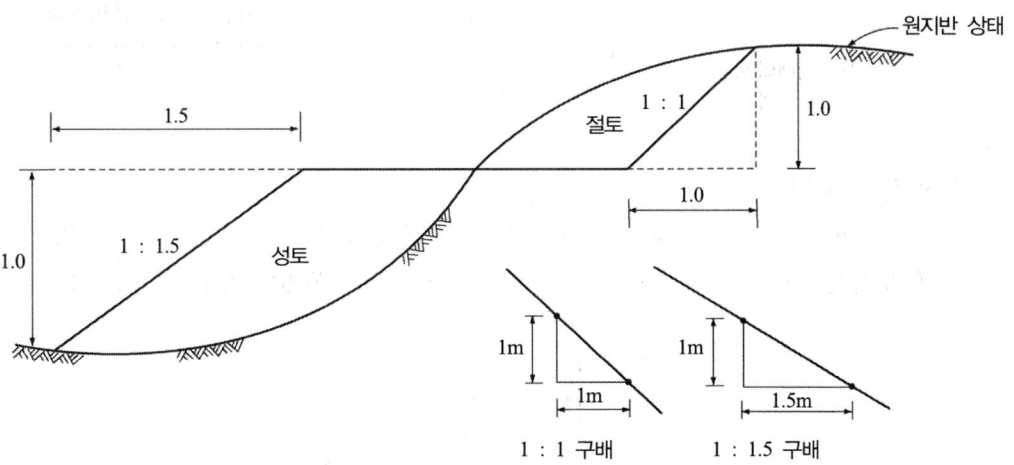

3 토량의 배분

1 토량의 변화

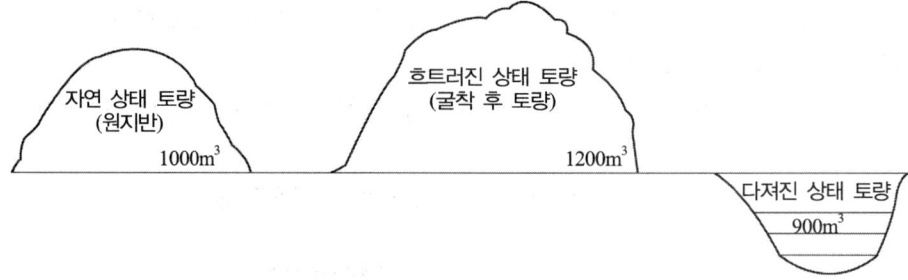

(1) 흐트러진 상태의 토량 변화율

$$L = \frac{흐트러진\ 상태의\ 토량(굴착후\ 토량,\ 느슨한\ 토량,\ 운반할\ 토량)}{자연\ 상태의\ 토량(원지반의\ 토량,\ 굴착할\ 토량)}$$

(2) 다져진 상태의 토량 변화율

$$C = \frac{다져진\ 상태의\ 토량(성토한\ 토량,\ 완성된\ 토량)}{자연\ 상태의\ 토량(원지반의\ 토량,\ 굴착할\ 토량)}$$

(3) 토량 환산계수(f)

기준이 되는 q \ 구하는 Q	자연 상태의 토량	흐트러진 상태의 토량	다져진 후의 토량
자연 상태의 토량	1	L	C
흐트러진 상태의 토량	$1/L$	1	C/L

(4) 더돋기(여성토)

① 성토중 또는 성토후 수축이나 지반 침하를 예상하여 계획고 높이보다 더 쌓는 작업
② 흙의 성질, 지반의 상태, 성토 높이 등에 따라 다르나 보통 10% 정도 더돋기를 한다.

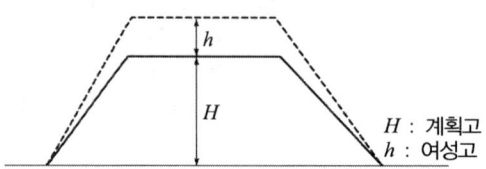

H : 계획고
h : 여성고

❷ 종단면도와 토량곡선

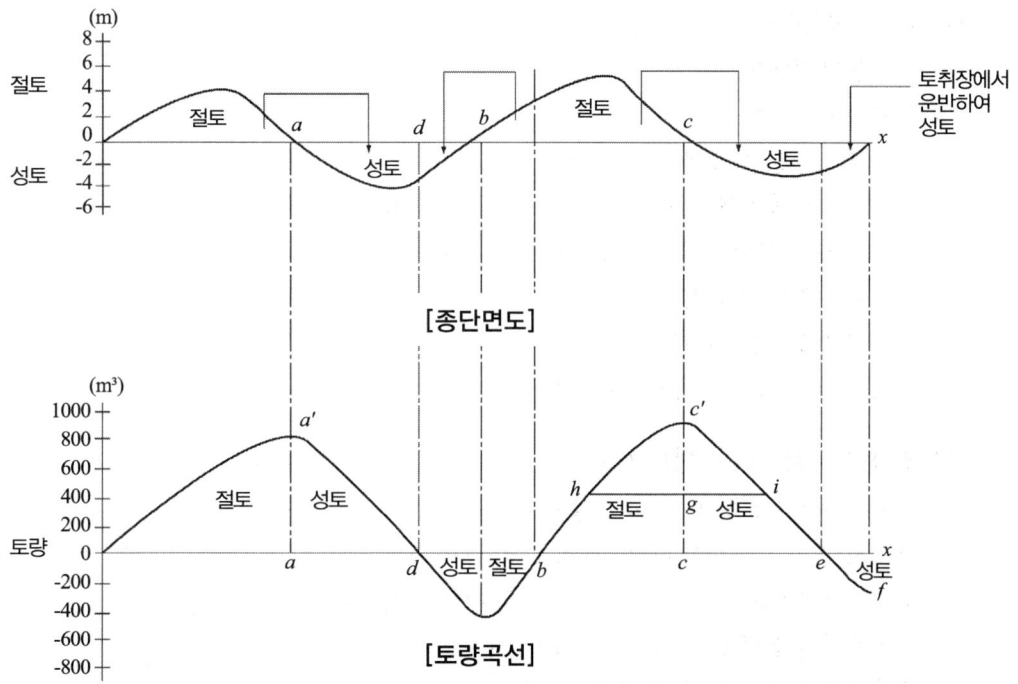

(1) 토량곡선

① 곡선이 상향이면 절토구간, 하향이면 성토구간을 나타낸다.
② 곡선의 최댓값과 최솟값을 나타내는 a, b, c는 절토와 성토의 경계점이다.
③ 곡선의 최댓값까지의 길이 aa'는 $\overline{od}$ 사이의 절토에서 성토로 유용되는 총토량이다.
④ 곡선과 기선과의 교점 d, b, e에서 누계 토량은 0이 된다. 즉, 곡선과 기선이 만나는 구간에서는 절토량과 성토량이 균형을 이룬다.
⑤ 곡선이 기선 위에서 끝나면 절토를 하여 토사장에 버리고 곡선이 기선아래에서 끝나면 토량이 모자라 토취장에서 흙을 운반하여 성토한다. 즉, $\overline{ex}$ 사이에서는 $\overline{fx}$ 만큼 토량이 부족하다.
⑥ 유용토의 평균 운반거리는 $bc'e$에서 종거 cc' 중간점(2등분) g를 지나는 수평선을 그어 곡선과 교차하는 점 h, i를 연결한 거리를 말한다.
⑦ 동일 단면내의 절토량, 성토량인 횡방향 유용토는 유토곡선에서 구할 수 없다.

(2) 토량곡선(유토곡선, mass curve)을 작성하는 목적

① 토량을 배분한다.
② 평균 운반거리를 산출한다.
③ 운반거리에 의한 토공 기계의 선정을 할 수 있다.
④ 작업방법을 결정한다.

❸ 토취장과 토사장

(1) 토취장 선정 시 고려할 사항
① 토질이 양호할 것
② 토량이 충분할 것
③ 성토 장소로 향해서 하향구배로 1/50~1/100 정도일 것
④ 운반로가 양호하고 장애물이 적고 유지하기 쉬울 것
⑤ 용수 및 산붕괴의 우려가 없고 배수가 양호할 것
⑥ 기계사용이 쉬울 것
⑦ 싣기에 편리한 지형일 것
⑧ 용지 매수, 보상비 등이 싸고 용이할 것

(2) 토사장 선정 시 고려할 사항
① 사토량을 충분히 확보 할 용량일 것
② 토사 장소로 향해서 하향구배로 1/50~1/100 정도일 것
③ 운반로가 양호하고 장애물이 적고 유지하기 쉬울 것
④ 용수의 위험이 없고 배수가 양호할 것
⑤ 용지매수, 보상비 등이 싸고 용이할 것

❹ 시공기면

시공기면이란 시공하는 지반계획고의 최종 끝마무리면을 말한다.

(1) 시공기면 결정시 고려사항
① 토공량이 최소가 되도록 한다.
② 성토에 유용하려는 절토량이 성토량과 평형시킬 것
③ 암석굴착은 비용이 많이 들므로 적게해야 한다.
④ 연약지반, 지반붕괴, 낙석의 위험이 있는 지역은 가능한 피할 것
⑤ ④와 같이 지반이 불안정한 위치에 시공기면을 정할 경우는 대책을 수립할 것
⑥ 비탈면은 흙의 안정을 고려할 것

4 절토공

1 인력굴착 방법

① 작업 면적은 가능한 넓게 하여 일시에 많은 사람이 작업할 수 있게 한다.
② 절토할 때에는 되도록 중력을 이용하는 방법이 능률적이다. 높이는 토질에 따라 다르나 3m 한도가 적당하다.
③ 굴착하여 싣기 작업이 용이하게 높이는 1m 이하로 하는 것이 효율적이다.
④ 절토 후 배수에 특히 유의해야 한다.

2 기계장비 굴착 방법

(1) 토질굴착

① 지반굴착
- 굴착은 1 → 2 → 3 → 4 → 5 순서로 한다.
- 굴착 1단의 높이는 인력굴착하는 경우에는 1~2m 정도한다.
- 기계 굴착의 경우에는 굴착기계의 파기 깊이로 한다.

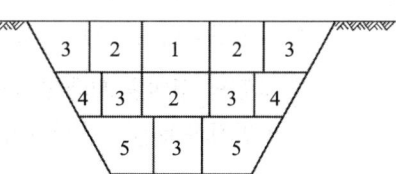

② 산지형 굴착
- 중력을 이용하여 한쪽 또는 양쪽에서 절토하는 것이 좋다.
- 절취하는 면이 비탈진 지형인 경우 물이 괴지 않는 부분에서 절토하는 것이 좋다.

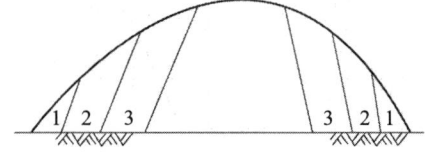 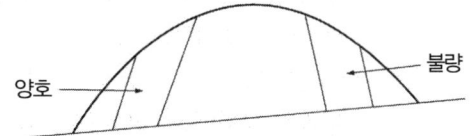

③ 비탈 노선의 굴착
- 비탈진 노선의 굴착은 밑에서 위로 굴착한다.
- 한쪽을 절취할 경우에는 절취를 끝낸 즉시 옆 도랑을 만들어 배수되게 한다.
- 절토의 비탈면은 보통 1 : 1 기울기로 하며 비탈이 불안정한 경우에는 비탈구배를 더 완만하게 한다.

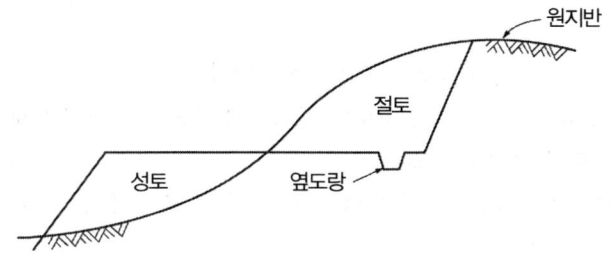

(2) 암반굴착

① 경질지반, 풍화암, 절리가 많은 연암등은 불도저 리퍼작업으로 굴착하거나 유압식 백호에 브레이커를 정착하여 파쇄한다.
② 연암이나 경암일 경우는 착암기로 폭약 구멍을 천공하고 폭약을 이용하여 파쇄한다.

❸ 절토 비탈

(1) 절토의 표준 비탈면 구배

① 절토 비탈면의 구배는 보통 1 : 1 구배를 표준한다.
② 지반을 구성하는 지층의 종류, 상태, 절토고에 따라 비탈면 구배를 고려한다.
③ 경암, 연암의 경우 비탈면 구배를 급경사로 할 수 있다.

(2) 절토 비탈면 형식

① **단일 비탈구배로 시공하는 방법**
  • 비탈면의 높이가 7~10m 이하의 균일한 경암의 경우 적합하다.

② **비탈면 구배를 지층에 따라 변화시키는 방법**
  • 암질과 토질이 균질하지 않은 경우에는 지층의 각층마다 적합한 구배로 하는 방법이다.

③ **소단을 붙이는 방법**
  • 절토고가 7~10m 이상인 경우
  • 암질이 변화하는 경우
  • 소단은 폭이 1~1.5m, 횡단구배는 5~10%로 두며 강우나 용수 등의 유수 흐름을 약화시켜 비탈면 전체의 안정을 높이기 위해 설치한다.
  • 토사의 암반, 투수성의 토층과 불투수성의 토층과의 경계에는 소단 또는 배수시설을 설치한다.
  • 토질인 경우 비탈면은 보통 절토고 5m 마다 소단을 설치한다.

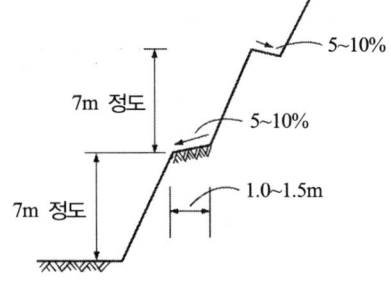

(3) 편절(片切), 편성(片盛) 및 절 · 성토의 접속부

① **절토 · 성토의 접속부에 균열이 발생하는 원인 및 대책**
  • 절토부 및 성토부의 지지력이 현저하게 차이가 있어 접속부에 지지력의 불연속이 발생한다.
    [대책] 1 : 4 정도의 완화구간을 설치한다.
  • 용수, 침투수 등이 절, 성토의 경계부에 집중하기 쉬워 성토부가 연약해지므로 성토부가 침하가 발생하기 쉽다.
    [대책] 접속부의 절토면에 맹구를 설치하면 좋고 용수가 많은 경우에는 유공관을 설치한다.

- 성토부의 다짐부족으로 부등침하가 발생하기 쉽다.
  [대책] 다짐을 충분하게 하여 다짐도를 유지한다.
- 원지반과 성토부의 접착이 불충분하여 활동 또는 단차가 생기기 쉽다.
  [대책] 원지반을 벌개 제근한 후 표토를 제거하고 층따기를 하면 좋고 층따기의 표준은 원지반이 토사일 경우 최소 높이 50cm, 최소 폭 100cm이며 3~5%의 횡단구배를 두는 것이 좋다.

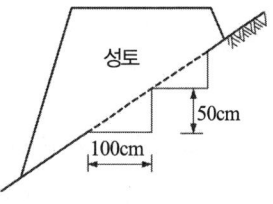

② 절·성토의 접속부
- 절토부와 성토부의 불연속성을 적게하기 위해 완화구간을 설치하지만 본바닥이 토사인 경우 25m 이상으로 한다.
- 절토부의 본바닥에 치환이 있는 경우에는 약 17m 이상이 되면 좋다. 그리고 종단방향에는 4%의 구배를 둔다.
- 본 바닥이 암석인 경우에는 절토부와 성토부의 지지력의 차이가 크므로 완화구간은 더 길게 하고 깊게 하여야 하며 1 : 5 이상의 구배를 두는 완화구간을 설치한다.

5 성토공

❶ 성토의 기초지반

성토의 자중 및 도로 성토와 같은 경우 교통하중에 대해서도 안전하게 지지할 수 있어야 하며 연약지반의 경우는 성토의 안정과 침하가 문제되므로 검토 및 대책을 수립하여야 한다.

❷ 성토 재료

(1) 성토 재료로서 갖추어야 할 조건
① 안정성을 가질 것
② 불투수성일 것
③ 다루기가 쉬울 것

(2) 성토 재료로서 사용할 수 있는 흙
① 시공기계의 주행성(trafficability)이 확보되는 등 시공이 용이한 흙
② 성토의 비탈 안정에 필요한 전단강도를 가진 흙
③ 압축성이 적은 흙
④ 성토 완성후 재하중에 대한 충분한 지지력을 가진 흙
⑤ 투수성이 낮은 흙(하천축제, 흙댐의 Core 등)

(3) 성토 재료에 사용해서는 안 될 흙
① 벤토나이트, 온천여토, 산성백토, 유기토 등 흡수성이 크고 압축성이 큰 흙
② 동상, 빙설, 초목, 기타 다량의 부식물이 포함한 흙
③ 자연함수비가 액성한계 이상인 흙

(4) 고성토의 휠터 효과
① 압축침하가 촉진된다.
② 강우에 의한 우수의 침투가 경감된다.
③ 시공중에 간극수의 저하를 기대할 수 있다.
④ 비탈면에 얕은 활동이 방지된다.
⑤ 성토의 깊은 활동에 대한 안정성을 높인다.
⑥ 주행성(trafficability)이 향상된다.

(5) 고함수비 점성토 대책
① 습지 불도저를 사용한다.
② 건조시켜 함수비를 저하시킨다.
③ 안정처리로 흙의 성질을 개선한다.
④ 양질재료(모래, 자갈)로 별도의 운반로를 만든다.

❸ 성토 비탈구배

지형, 지질, 지하수의 상태, 세굴, 기상조건, 시공방법 등을 고려하여 비탈구배를 정하며 보통 성토의 비탈구배는 1 : 1.5를 표준으로 한다.

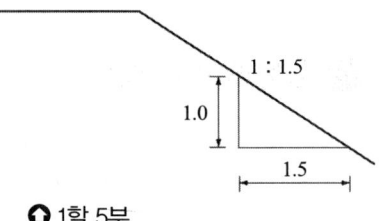

◯ 1할 5부

❹ 성토 시공 시 주의사항

① 원지반의 초목, 기타 유기물을 시공하기 전에 제거한다.
② 원지반이 25%(1 : 4)보다 경사가 급하면 계단형으로 층따기를 하여 성토한다.
③ 층따기 시공시 흘러 내리는 물의 배수를 위해 3~5%의 횡단구배로 배수시킨다.
④ 성토할 원지반은 최소 15cm 깊이까지 흙을 긁어 일으킨 후, 소요밀도를 얻을 때까지 다진다.
⑤ 도로의 성토재료는 조립토를 사용한다.

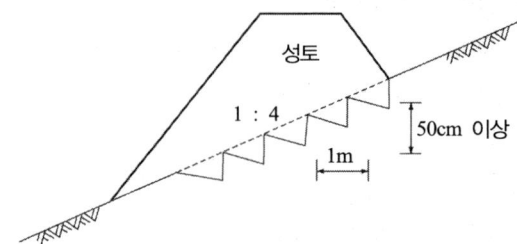

5 성토의 방법

(1) 수평 층쌓기

① **후층법(두꺼운 층법)**

한 층의 두께를 90~120cm 정도 쌓고 자연 침하를 시키고 다음 층을 반복하여 쌓는 방법으로 하천제방, 도로, 철도의 축제에 적합하다.

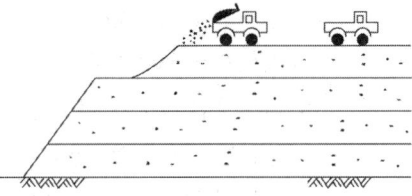

② **박층법(얇은 층법)**

한 층의 두께를 30~40cm 정도 쌓고 적당한 수분을 주면서 다진 후 다음 층을 반복하여 쌓는 방법으로 공사기간이 길고 공사비도 많이 들지만 완성 후 침하가 적은 장점이 있고 주로 흙 댐, 교대의 뒷채움, 암거공, 저수지의 옹벽 등 중요한 공사에 사용된다.

(2) 전방 층쌓기

① 전방에 필요한 높이를 한 번에 투하하여 쌓는 방법이다.

② 공사기간이 빠르고 공사비가 적게 들지만 완성 후 침하가 크다.

③ 도로, 철도공사 등 낮은 축제에 사용된다.

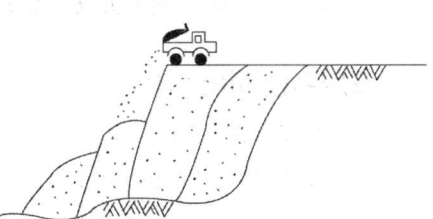

(3) 비계 층쌓기

① 가교를 만들어 그 위에 레일을 깔고 흙을 운반하여 투하하면서 쌓는 방법이다.

② 축제가 높은 것을 동시에 쌓아 올릴 때 사용한다.

③ 공사 중에 압축이 적어 완성 후에 침하가 큰 것이 단점이다.

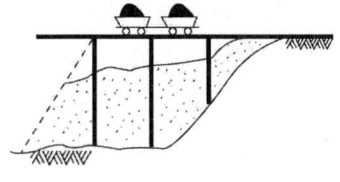

(4) 물다짐 공법

① 계류, 하해, 호수에서 펌프로 압송하여 큰 수두를 가진 물을 노즐로 분출하여 절취한 흙을 매립지역 또는 흙댐까지 운송하여 성토하는 공법이다.

② 사질토(모래질)인 흙이 적합하다.

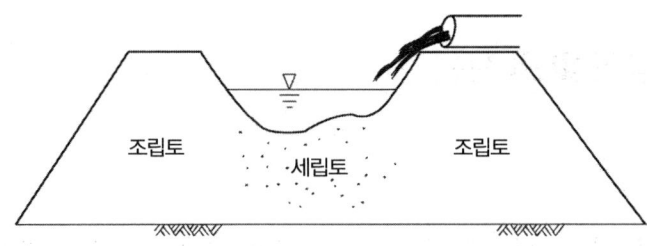

6 구조물과 접하는 부분의 성토

(1) 부등침하의 원인
① 구조물은 비압축성인데 접속부의 성토는 압축성의 성질이 있어 침하하기 쉽다.
② 성토재료와 구조물 기초의 굴착토가 혼합되어 재료 불량일 때
③ 다짐작업 장소가 협소하여 뒷채움 및 다짐을 하는데 대형 전압기계의 다짐이 어려워 불충분한 다짐을 한 경우
④ 성토된 부분이 이미 시공된 암거, 교대 및 날개벽으로 포위되어 배수가 불량한 경우
⑤ 지하수의 용출 및 지표수의 침투에 의해 성토부위가 연약화된 경우
⑥ 성토체의 기초 지반이 경사져 있을 경우
⑦ 토압으로 구조물이 변형될 경우
⑧ 연약지반에서 그 지반처리를 불량하게 한 경우
⑨ 구조물의 주위지반 지지력이 서로 다를 경우

(2) 부등침하의 대책
① 구조물 뒷채움 재료는 양질의 재료를 사용하여 다짐 관리를 철저히 한다.
② 연약지반의 경우에는 잔류 침하가 허용치 이내가 되도록 대책을 수립한다.
③ 뒤채움 면적을 확보하여 다짐 장비가 원활하게 다질 수 있게 한다.
④ 좁은 곳의 다짐은 소형 다짐기를 이용하여 얇은 층으로 다진다.
⑤ 굴착한 불량토를 뒷채움재료로 사용하지 않는다.
⑥ 뒷채움부에는 더돋기를 하여 조기에 침하가 종료되게 한다.
⑦ 구조물과 성토의 접속부에 답괴판(approach slab)을 설치한다.
⑧ 구조물에 하중이 균일하게 작용하도록 뒷채움을 한다.
⑨ 뒷채움 재료는 배수성이 좋고 입도가 양호한 것을 사용한다.
⑩ 뒷채움 재료를 시멘트나 아스팔트로 안정처리하여 사용한다.
⑪ 포장체의 강성을 증가시킨다.
⑫ 원지반의 경사가 급한 경우 층따기를 실시하여 뒷채움 부위의 변형과 활동을 억제시킨다.

흙 싣기 및 흙 운반

❶ 흙 싣기

인력으로 흙 싣기를 할 경우 가능한 싣기 높이를 낮게 하고 중력을 이용하는 것이 좋다.
기계 싣기에는 셔블계 굴착기나 트랙터 셔블을 사용한다.

❷ 흙 운반

① 불도저, 스크레이퍼, 덤프트럭 등의 토공기계를 사용한다.
② 운반 장비의 주행성이 확보되어야 한다.
③ 운반할 때에는 가능한 내리막 기울기를 이용한다.
④ 운반거리는 짧게 하며 운반로는 평탄성이 좋아야 한다.

7 흙의 다짐

❶ 흙의 다지기 방법

① 성토재료에 알맞은 다짐 공법에 따라 각 층마다 정해진 두께로 흙을 깔고 규정된 다짐 횟수를 다진다.
② 다짐두께와 다짐횟수는 시험에 의해 정하고 다짐기계는 롤러, 플레이트 콤팩트, 래머 등을 이용한다.
③ 흙쌓기는 가능한 수평쌓기로 해서 다진다.
④ 흙 다지기는 가로 방향을 하며 바깥쪽에서 안쪽으로 향해 다진다.
⑤ 필요한 흙의 밀도를 얻을 때까지 규정된 다짐도로 다진다.
⑥ 다짐성이 양호해야 하며 포설 두께가 20~30cm 이하이어야 한다.

❷ 비탈면 다지기

① 비탈면이 느리고 높이가 높을 경우에는 견인식 롤러로 다진다.
② 비탈면이 그다지 높지 않을 경우에는 백호우에 플레이트 콤팩트를 붙여 다진다.

8 비탈면 보호공

강우에 의한 표면 침식이나 붕괴를 방지함과 동시에 경관이나 미관을 목적으로 시공한다.

❶ 식생공

(1) 씨앗 뿌리기공

비탈면에 직접 씨앗을 뿌리는 공법으로 씨앗에 비료, 양생재나 접착제, 토지 개량재등을 혼합하여 펌프로 뿌리며 기울기가 급한 절토의 비탈면에 적합하다.

(2) 식생판공

씨앗과 비료를 섞은 흙을 판모양으로 만들어 비탈면에 수평으로 파놓은 도랑에 띠 형태로 붙이는 것

(3) 식생 포대공

씨앗과 비료를 섞은 흙을 그물 포대에 넣고 비탈면에 수평으로 파놓은 도랑에 띠형태로 붙이는 것

(4) 떼 붙임공

① 평떼공 : 절토의 비탈면에 사용되며 보통 가로 30cm, 세로 30cm, 두께 3cm이다.
② 줄떼공 : 성토의 비탈면에 사용되며 폭이 10cm 정도로 간격을 20~30cm 정도로 붙인다.

❷ 구조물공

(1) 돌쌓기공

일반적으로 비탈면의 기울기가 1 : 1보다 급한 경우 돌쌓기를 한다.
① 메쌓기 : 호박돌, 깬돌, 견치돌을 사용하여 쌓아 올리며 높이가 5m 이상의 비탈에는 사용하지 않는다.
② 찰쌓기 : 모르타르나 콘크리트로 뒷채움을 하며 돌쌓기 비탈의 높이가 5m 이상으로 높고 용수가 없는 곳에 사용하면 양호하고 배수에 유의하여 배수구를 만들어야 한다.

(2) 돌붙이기공(돌깔기공)

① 비탈면의 기울기가 1 : 1보다 완만한 경우에 한다.
② 비탈면에 막돌, 견치돌, 호박돌 등을 하천의 성토 비탈 등의 호안용으로 사용한다.

(3) 돌망태공

① 철망태에 큰 자갈 또는 호박돌을 넣어 만든 돌망태를 비탈면에 쌓는 것으로 급류 하천의 둑비탈 보호로 많이 사용한다.
② 비탈면에 용수가 있어서 토사가 유출될 염려가 있거나 침투수로 인해 붕괴된 곳의 복구에 적합하다.

(4) 블록 쌓기공

비탈면에 시멘트 블록을 쌓거나 블록을 까는 것으로 식생을 할 수 없는 비탈면, 즉 점착력이 없는 모래나 붕괴되기 쉬운 점성토 비탈면에 사용된다.

(5) 모르타르, 콘크리트 뿜어 붙이기공

암반의 비탈면에 모르타르, 또는 콘크리트를 뿜어 붙이는 것으로 비탈면이 풍화와 함께 격리, 붕괴, 탈락을 방지한다.

(6) 격자틀공(콘크리트 틀공, 플라스틱 틀공)

콘크리트 틀 또는 플라스틱 틀을 만들어 그 속에 돌, 자갈 등을 채우거나 나무 또는 떼를 심는 공법으로 무너지기 쉬운 모래질 흙이나 물이 솟는 곳에 적합하다.

(7) 콘크리트 붙이기공

비탈면에 철근이나 철망을 깔고 콘크리트를 붙이는 것으로 기울기가 급한 비탈면에 사용한다.

❸ 비탈면 보강공

(1) 흙 비탈면 보강공법

① 억류 말뚝 공법
비탈면에 말뚝을 박아 활동층을 단단한 지반에 붙들어 매는 쐐기 역할을 하게 하는 공법

② 소일 네일 공법
비탈면에 일정한 간격으로 천공 후 강봉을 박고 시멘트 풀로 그라우팅하고 비탈면을 10~15cm 두께로 모르타르를 뿜어 붙이는 공법

(2) 암반 비탈면 보강공법

① 록 앵커 볼트 공법
암반이 떨어져 나가는 부분에 천공을 하고 앵커 볼트를 박아 고정시키는 공법으로 큰 암반의 경우 사용된다.

② 록 볼트 공법
록 앵커 볼트 공법과 같은 방법으로 시공하는데 록 볼트 공법은 작은 암반이 떨어져 나가는 경우에 사용된다.

CHAPTER 1 출제 예상 문제

토공

01 높이 2m, 수평거리 1m의 비탈을 무엇이라 부르는가?
① 5분 비탈
② 1할 5분 비탈
③ 1할 8분 비탈
④ 2할 5분 비탈

해설 수직 : 수평=1 : n로 표시하므로
2 : 1=1 : 0.5   ∴ 5분 비탈

02 흙을 자연 상태로 두면 급경사면은 점차 붕괴하여 안정된 비탈면이 되는데, 이때 형성되는 각을 무엇이라 하는가?
① 흙의 안정각
② 흙의 경사각
③ 흙의 자연각
④ 흙의 안식각

해설 본바닥면과 안정된 비탈면과의 각을 안식각이라 한다.

03 토취장 선정에 있어 고려할 사항이 아닌 것은??
① 성토 장소를 향하여 하향구배로 1/50~1/100 정도일 것
② 신기에 용이한 지형일 것
③ 용지 매수, 보상 등이 값싸고 용이할 것
④ 사토량을 충분히 수용할 수 있는 용량일 것

해설 사토량을 충분히 수용할 수 있는 용량일 것은 토사장의 선정 조건에 해당한다.

04 다음 절토 단면에서 길이 30m에 대한 토량을 구한 것은?
① 5,700m³
② 6,000m³
③ 6,300m³
④ 6,600m³

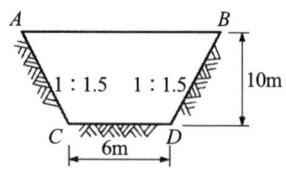

해설
$A = \dfrac{(6+36)}{2} \times 10 = 210\text{m}^2$
∴ $V = A \cdot l = 210 \times 30 = 6,300\text{m}^3$

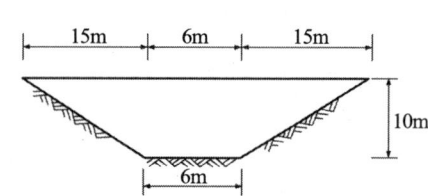

05 다음은 토공에서의 토량 배분에 관한 사항과 유토곡선에 관한 설명 중 옳지 않은 것은?

① 경제적인 토공 단가가 되도록 토량을 배분하는 것이 이상적이다.
② 유토곡선을 이용하여 토량을 배분하는 것이 보통이다.
③ 유토곡선의 작도는 차인 토량으로 그린다.
④ 유토곡선의 토적 계산에서 보정 토량은 성토량을 본바닥 토량으로 환산하는 것이 일반적이다.

해설 유토곡선을 그릴 때는 누가 토량을 이용한다.

06 사질토로 25,000m³의 성토를 할 경우 굴착 및 운반 토량은 얼마인가? (단, 토량의 변화율은 $L=1.25$, $C=0.9$이다.)

	굴착토량	운반토량		굴착토량	운반토량
①	35,600.2m³	323,650.5m³	②	27,531.5m³	36,375.2m³
③	27,777.7m³	334,722.2m³	④	19,865.3m³	28,652.8m³

해설 $L = \dfrac{\text{운반할 토량}}{\text{굴착할 토량}}$, $C = \dfrac{\text{성토한 토량}}{\text{굴착할 토량}}$

- 굴착할 토량 $= \dfrac{25,000}{0.9} = 27777.7\text{m}^3$
- 운반할 토량 $= L \times$ 굴착할 토량 $= 1.25 \times 27777.7 = 34722.2\text{m}^3$

07 다음 중 수평층쌓기에 대한 설명이 아닌 것은?

① 수평층쌓기에는 후층쌓기와 박층쌓기가 있다.
② 이 공법은 공사 중 압축이 적어 완성 후에도 침하가 크다.
③ 저수지의 흙댐, 옹벽, 교대 등의 뒤채움 흙에 많이 사용하는 공법이다.
④ 공사기간이 길어지고 공사비가 많이 드는 결점이 있다.

해설 수평층쌓기는 완성 후 침하가 적다.

08 성토와 구조물 접속부의 뒤채움 재료가 갖추어야 할 조건 중 옳지 않은 것은?

① 다짐이 양호해야 한다.
② 투수성이 좋아야 한다.
③ 압축성이어야 한다.
④ 물의 침입에 의한 강도감소가 적은 재료라야 한다.

해설 압축성이 없을 것

정답 01 ① 02 ④ 03 ④ 04 ③ 05 ③ 06 ③ 07 ② 08 ③

CHAPTER 1 출제 예상 문제

09 성토를 다지는 도중에 표층이 이완된 곳이 발생했다. 다음 설명 중 가장 적당한 이유는 어느 것인가?

① 성토 표층부의 수분이 과잉했을 때 다진 상태
② 흙 내부의 수분에 의하여 다짐시 표층이 밀려나가는 상태
③ 성토 표층부의 함수비가 모관현상에 의하여 높아진 상태
④ 성토 표층부의 함수량이 최적 함수비를 넘는 상태

해설 성토 다짐 시공중 유수, 용수로 인해 수분이 과잉되었을 때 발생한다.

10 흐트러진 상태의 흙을 다져진 상태의 토량으로 환산하고자 할 때 적용할 환산 계수식은 다음 중 어느 것인가?

$$L = \frac{\text{흐트러진 상태의 토량}(m^3)}{\text{자연 상태의 토량}(m^3)}, \quad C = \frac{\text{다져진 상태의 토량}(m^3)}{\text{자연 상태의 토량}(m^3)}$$

① $\dfrac{C}{L}$ ② $\dfrac{L}{C}$ ③ $\dfrac{I}{C}$ ④ $\dfrac{I}{L}$

해설 자연 상태의 토량 = 흐트러진 상태의 토량 × $\dfrac{1}{L}$

∴ 다져진 상태의 토량 = 흐트러진 상태의 토량 × $\dfrac{C}{L}$

11 다음은 시공기면(formation level)에 관한 설명이다. 옳지 않은 것은?

① 시공기면은 지반의 밑면 높이의 표준이다.
② 시공기면의 결정은 절・성토의 균형을 고려하는 것이 보통이다.
③ 시공기면의 결정은 암석 절취를 작게 하는 것이 좋다.
④ 시공기면의 결정은 토공비에 영향을 준다.

해설 시공기면은 지반계획고의 최종 마무리면이다.

12 성토작업 수평층쌓기(얇은 층)에 있어 다짐도 효과를 얻기 위하여 적당한 두께로 흙을 깔아 펴는데 그 두께는 보통 어느 정도인가? (단, 성토 재료는 양질의 점성토임)

① 5~10cm   ② 20~30cm
③ 40~50cm   ④ 50~60cm

해설 다짐의 효과를 위해 최적 함수비로 물을 살수 하면서 20~30cm 두께로 포설하고 다지면 다짐효과가 좋다.

13 제방의 단면 중 A, B 부분을 무엇이라 하는가?

① 비탈기슭
② 비탈머리
③ 둑 마루
④ 소단

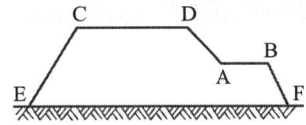

해설
- C, D점 : 비탈머리
- $\overline{CD}$: 둑 마루
- E, F점 : 비탈기슭

14 36,000m³(완성된 토량)의 흙쌓기를 하는데 유용토가 30,000m³(느슨한 토량=운반 토량)이 있다. 이때 부족한 토량은 본바닥 토량으로 얼마인가? (단, 흙의 종류는 사질토이고, 토량의 변화율은 $L=1.25$, $C=0.9$이다.)

① 18,000m³
② 16,000m³
③ 13,800m³
④ 7,800m³

해설
$L = \dfrac{\text{느슨한 토량}}{\text{본바닥 토량}}$, $C = \dfrac{\text{완성된 토량}}{\text{본바닥 토량}}$

- 완성된 토량을 본바닥 토량으로 환산하면

  본바닥 토량 $= \dfrac{\text{완성된 토량}}{C} = \dfrac{36,000}{0.9} = 40,000\text{m}^3$

- 유용토를 본바닥 토량으로 환산하면

  본바닥 토량 $= \dfrac{\text{느슨한 토량}}{L} = \dfrac{30,000}{1.25} = 24,000\text{m}^3$

∴ 부족한 토량 $= 40,000 - 24,000 = 16,000\text{m}^3$

15 토적곡선(mass curve)에 대한 설명 중 틀린 것은?

① 절토 구간의 토적곡선은 상승 곡선이 되고, 성토 구간의 토적곡선은 하향 곡선이 된다.
② 절토에서 성토에의 평균 운반거리는 절토의 중심과 성토의 중심과의 사이의 거리로 표시된다.
③ 동일 단면 내의 절토량, 성토량은 토적곡선에서 구할 수 있다.
④ 절토와 성토가 대략 평형이 된 구간에서 그은 평형선은 반드시 하나의 연속된 직선으로 되지 않는다.

해설 동일 단면 내의 횡방향 유용토는 제외되어 있어 토적 곡선에서 구할 수 없다.

CHAPTER 2 건설기계

1 개론

❶ 기계화 시공의 장·단점

(1) 장점
① 시공속도가 빠르고 확실한 시공을 할 수 있어 공사의 질이 향상된다.
② 공사비가 크게 절약된다.
③ 공사중 안전사고의 발생을 감소시킨다.
④ 인력만으로는 거의 불가능한 공사도 할 수 있다.

(2) 단점
① 기계 구입비가 너무 크다.
② 숙련된 운전원, 정비공 또는 관리자가 필요하다.
③ 노동의 수요가 적은 경우에 실업률의 증가를 초래한다.
④ 연료, 기계 부품, 수리비 등이 필요하다.
⑤ 소규모의 공사에 인력보다 더 경비가 소요될 수 있다.

❷ 건설기계의 선정

공사의 규모와 범용성, 경제적 운반거리, trafficability(장비의 주행성), ripperbility(리퍼빌리티), 시간당 기계 경비가 최소인 장비, 현장조건, 지질 등을 고려하여 장비를 선정한다.

(1) 경제적 운반거리
① **단거리(60m 이하)**
불도저, 트랙터 셔블, 견인식 스크레이퍼, 버킷 도저

② **중거리(60~500m)**
스크레이퍼 도저, 버킷도저, 모터 스크레이퍼, 셔블계 굴착기+덤프 트럭, 트랙터 셔블+덤프 트럭

③ 장거리(500m 이상)

모터 스크레이퍼, 셔블계 굴착기+덤프 트럭, 트랙터 셔블+덤프 트럭

(2) 장비의 주행성을 나타낸 콘 지수

건설기계	콘 지수(q_c)
습지 불도저	3~4(kg/cm²)
불도저(소)	5~7(kg/cm²)
불도저(대)	7~10(kg/cm²)
(피)견인식 스크레이퍼	7~10(kg/cm²)
자주식 스크레이퍼(모터 스크레이퍼)	10~13(kg/cm²)
덤프트럭	15(kg/cm²) 이상

(3) 작업종류별 적정기계

작업의 종류	건설기계의 종류
벌개 제근	불도저, 레이크 도저
굴삭	불도저, 리퍼, 브레이커, 트랙터 셔블, 셔블계 굴착기(파워 셔블, 백호, 클램 셸, 드래그 라인)
적재(싣기)	셔블계 굴착기(파워 셔블, 백호, 클램 셸, 드래그 라인), 트랙터 셔블, 벨트 컨베이어, 준설선, 버킷식 엑스커베이터
굴삭, 적재	셔블계 굴착기(파워 셔블, 백호, 클램 셸, 드래그 라인), 트랙터 셔블, 준설선
굴삭, 운반	불도저, 준설선, 스크레이퍼, 트랙터 셔블
운반	불도저, 덤프 트럭, 벨트 컨베이어, 기관차와 토운차, 가공 삭도
땅끝손질	불도저, 모터 그레이더, 스크레이퍼
부설	불도저, 모터 그레이더
정지	불도저, 모터 그레이더
함수량 조절	모터 그레이더, 살수차, 스태빌라이저, 프로우, 하로우
다짐	불도저, 로드 롤러, 타이어 롤러, 탬핑 롤러, 진동 롤러, 콤팩터, 래머, 탬퍼
도랑파기	트렌처, 백호

❸ 건설기계의 관리

(1) 가동률 = $\dfrac{공사일수 - 휴지일수}{공사일수} \times 100 = \dfrac{실\ 작업시간}{총\ 가동시간} \times 100$

(2) 토공 작업 시 굴착기계의 구비사항

① 충격, 진동, 하중에 대해 견딜 수 있을 것
② 35° 정도 경사지에서도 운전이 가능할 것
③ 한냉, 고온시의 악조건에서도 운전이 가능할 것
④ 심한 부하 변동 시에도 대응할 수 있는 장비일 것
⑤ 수밀성을 확보할 것

(3) 건설기계의 디젤엔진 특징

① 연료 소비가 적고 연료비가 저렴하여 경제적이다.
② 기동성이 좋다.
③ 마력당 중량이 크고 힘이 좋다.

(4) 기계 손료의 구성요소

상각비, 정비비, 관리비, 수리비

2 도저계 굴착, 운반기계

❶ 불도저

(1) 용도 및 특징

① 굴착, 운반, 절토, 집토, 정지작업, 다지기 작업을 한다.
② 운반거리는 60m 이하가 적합하다.
③ 불도저의 크기는 전장비의 중량(ton)으로 표시한다.
④ 단거리 작업에 적합하며 하향구배로 작업하면 효율이 증대된다.

(2) 불도저의 종류

① **스트레이트 도저(straight dozer)**
   토공판(blade)을 직각 방향으로 설치되어 있어 직선적 굴착, 압토 작업을 한다.

② **앵글 도저(angle dozer)**
   토공판이 진행 방향에 따라 수평으로 20~30° 정도 좌우로 이동하며 측면굴착, 정지작업 등을 한다.

③ **틸트 도저(tilt dozer)**
   토공판 좌우 밑으로 기울어 도랑파기, 경토 굴착 등을 한다.

④ **레이크 도저(rake dozer)**
   토공판 대신 레이크를 정착하여 벌개 제근, 경토 굴착 등을 한다.

⑤ **습지 도저**
   - 접지압이 작아 연약한 습지의 굴착·압토에 많이 사용되며 함수비가 높은 토질에 적합하다.
   - 접지압(kg/cm^2) = $\dfrac{전장비중량}{접지면적(2 \times 캐터필러\ 폭 \times 접지장)}$

(3) 불도저의 작업량

① 운전 1시간당 작업량(m³/hr)

$$Q = \frac{60 \cdot q \cdot f \cdot E}{C_m}$$

여기서, $q(q° \times e)$: 토공판의 용량(m³)

f : 토량환산계수(본바닥 토량으로 환산 할 경우 $f = \frac{1}{L}$, 느슨한 토량으로 환산할 경우 $f = 1$ 적용)

E : 작업효율

C_m : 1회 작업에 필요한 시간(min)

$q°$: 삽날 용량

e : 운반 거리 계수

② 사이클 타임(min)

- $C_m = \dfrac{l}{V_1} + \dfrac{l}{V_2} + t$
- $C_m = 0.037l + 0.25$

여기서, V_1 : 전진속도(m/min)

V_2 : 후진속도(m/min)

l : 평균 굴착 압토 거리(m)

t : 기어 변속시간(min)

(4) 유압 리퍼의 작업량

① 운전 1시간당 파쇄량(m³/hr)

$$Q = \frac{60 \cdot A \cdot l \cdot f \cdot E}{C_m}$$

여기서, A : 리핑 단면적(m²)

l : 1회 작업거리(m)

f : 토량 환산 계수

E : 리퍼의 작업 효율

C_m : 1회 작업에 필요한 시간(min)

$[C_m = 0.05l + 0.33(\text{min})]$

② 리퍼 작업의 특성
- 연암이나 단단한 토질의 굴착을 위해 리퍼를 불도저에 부착시켜 작업한다.
- 리퍼 작업을 할 수 있는 정도를 리퍼빌리티(ripperbility)라 한다.
- 경암은 1개, 보통암은 2개, 연질토는 3개의 리퍼를 부착하여 작업한다.

③ 암석파쇄 및 도저의 합성 작업량

$$Q = \frac{Q_1 \times Q_2}{Q_1 + Q_2}$$

여기서, Q_1 : 1시간당 리퍼 작업량(m^3/hr)
Q_2 : 1시간당 불도저 작업량(m^3/hr)

2 모터 그레이더(grader)

(1) 용도 및 특징

① 땅고르기, 흙깔기, 비탈면 고르기, 측구파기, 잔디 벗기기, 제설 작업 등을 할 수 있으며 주로 정지 작업에 많이 쓰인다.
② 모터 그레이더의 규격은 배토판의 길이(m)로 표시한다.

(2) 모터 그레이더의 작업량

① 운전 1시간당 작업량(m^3/hr)

$$Q = \frac{60 \cdot l \cdot D \cdot H \cdot f \cdot E}{P \cdot C_m}$$

여기서, l : 배토판의 유효 폭(m)
D : 1회의 작업거리(m)
H : 고르기 또는 굴착 두께(m)
f : 토량 환산계수
E : 작업 효율
P : 부설 횟수
C_m : 사이클 타임(min)

② 사이클 타임(min)

• 작업 시 방향을 전환할 경우

$$C_m = 0.06 \frac{D}{V_1} + t$$

• 작업 시 전진하고 후진하는 경우

$$C_m = 0.06 \left(\frac{D}{V_1} + \frac{D}{V_2} \right) + 2t$$

여기서, V_1 : 전진 작업 속도(km/hr)
V_2 : 후진 작업 속도(km/hr)
D : 작업거리 또는 돌아오는 거리(m)
t : 기어 변속시간(min)

③ 운전 1시간당 작업면적(m²/hr)

$$A = \frac{1000 \cdot V \cdot b \cdot E}{N}$$

여기서, V : 작업속도(km/hr)
b : 배토판의 유효 폭(m)
E : 작업효율
N : 고르기 횟수

③ 스크레이퍼(Scraper)

(1) 용도 및 특징

① 굴착, 적재, 운반, 사토, 흙깎기 작업을 할 수 있다.
② 견인식 및 자주식(모터식)이 있다.
③ 스크레이퍼의 규격은 보올 용량(m³)으로 표시한다.

(2) 스크레이퍼의 작업량

① 운전 1시간당 작업량

$$Q = \frac{60 \cdot q \cdot f \cdot k \cdot E}{C_m}$$

여기서, q : 1회 운반토량(m³)
f : 토량 환산계수
k : 보올의 적재계수
E : 작업효율
C_m : 사이클 타임(min)

② 견인식 스크레이퍼의 사이클 타임(min)

$$C_m = \frac{D}{V_1} + \frac{H}{V_2} + \frac{S}{V_3} + \frac{R}{V_4} + t$$

여기서, D : 굴착, 싣기 거리(m) = $\frac{보올용량}{커터폭 \times 굴착깊이}$

H : 운반거리(m)
S : 사토거리(m)
R : 돌아오는 거리(m) = 작업량 거리 + 굴착거리
V_1 : 굴착, 싣기 속도(m/min)
V_2 : 운반속도(m/min)
V_3 : 사토속도(m/min)
V_4 : 돌아오는 속도(m/min)
t : 기어 변속 시간(min)

3 셔블계 굴착, 적재 기계

❶ 파워 셔블(power shovel)
① 기계 위치보다 높은 지반의 흙을 굴착할 때 유효하다.
② 굳은 지반 굴착에 이용되며 장비의 규격은 버켓용량(m^3)으로 표시한다.

❷ 클램셸(clamshell)
① 우물통(정통)기초의 굴착, 좁은 곳의 수중굴착 등에 적합하고 단단한 지반은 곤란하다.
② 장비의 규격은 버켓용량(m^3)으로 표시한다.

❸ 드래그 라인(drag line)
① 기계 위치보다 낮은 곳 및 높은 곳의 굴착이 가능하다.
② 넓은 범위의 굴착, 수로·하상 굴착 또는 골재 채취에 이용된다.
③ 장비의 규격은 버켓용량(m^3)으로 표시한다.

❹ 트랙터 셔블(tractor shovel)
① 고무바퀴가 달린 것으로 로우더(loader, pay loader)라고 하며 기동성이 좋다.
② 싣기 및 운반에 쓰인다.
③ 주로 싣기 작업에 많이 쓰이며 연암, 비탈흙, 자갈 및 모래의 굴착과 싣기 작업을 한다.
④ 장비의 규격은 버켓 용량(m^3)으로 표시한다.

❺ 백호우(Back hoe)
① 기계위치보다 낮은 곳의 굴착(하향굴착)에 적합하다.
② 측구파기, 도랑파기, 기초 굴착 등에 유효하다.
③ 수중굴착에도 사용할 수 있다.
④ 장비의 규격은 버켓 용량(m^3)으로 표시한다.

❻ 셔블계 작업량

(1) 운전 1시간당 작업량(m^3/hr)

$$Q = \frac{3600 \cdot q \cdot k \cdot f \cdot E}{C_m}$$

여기서, q : 버켓용량(m^3)
k : 버켓계수
f : 토량 환산계수(본바닥 토량으로 환산할 경우 $f = \dfrac{1}{L}$, 느슨한 토량으로 환산할 경우 $f = 1$ 적용)
E : 작업효율
C_m : 사이클 타임(sec)

(2) 사이클 타임(sec)

$$C_m = ml + t_1 + t_2$$

여기서, m : 계수(무한궤도 : 2.0초, 타이어 : 1.8초)
l : 운반거리
t_1 : 버켓으로 재료를 담는 시간(sec)
t_2 : 기어 변속, 정치, 싣기, 대기시간(sec)

4 운반기계

1 덤프트럭(Dump truck)

(1) 1시간당 흐트러진 상태의 운반작업량(m^3/hr)

$$Q = \dfrac{60 \cdot q_t \cdot f \cdot E}{C_m}$$

여기서, q_t : 흐트러진 상태의 1회 적재량(m^3)

$$q_t = \dfrac{T}{r_t} \cdot L$$

T : 덤프트럭의 적재량(ton)
γ_t : 자연 상태의 토량 단위중량(t/m^3)
L : 토량 변화율 = $\dfrac{\text{흐트러진 상태의 토량}}{\text{자연 상태의 토량}}$
f : 토량 환산계수
E : 작업효율
C_m : 사이클 타임(min)

(2) 사이클 타임(min)

$$C_m = \frac{C_{ms} \cdot n}{60 \cdot E_s} + \left(\frac{l}{V_1} + \frac{l}{V_2}\right) + t_3 + t_4 + t_5 + t_6$$

여기서, C_{ms} : 적재 기계의 1회 사이클 타임(sec)
n : 덤프트럭 만재 시 적재 기계의 적재횟수

즉, $n = \dfrac{q_t}{q \cdot K}$

q : 적재 기계의 버켓 용량(m^3)
K : 적재 기계의 버켓 계수
E_s : 적재 기계의 작업 효율
V_1 : 적재 시 속도(m/min)
V_2 : 공차 시 속도(m/min)
l : 운반거리(m)
t_3 : 적하시간(min)
t_4 : 적재 대기시간(min)
t_5 : 적재함 덮개 설치 및 해제(min)
t_6 : 세륜(min)

(3) 덤프 트럭의 소요대수

$$N = \frac{T \cdot E}{2 \cdot \dfrac{l}{V} + t} = \frac{T_1}{T_2} + 1$$

여기서, N : 덤프트럭의 소요대수
T : 1일 작업 가능시간(min)
E : 작업효율
l : 운반거리
V : 차량속도
t : 적재, 하역시간(min)
T_1 : 왕복과 사토에 필요한 시간
T_2 : 싣기 완료 후 출발할 때까지 시간

5 다짐기계

❶ 전압식 다짐기계

- 기계 자중에 의해 다짐한다.
- 기계 규격은 전장비 중량(ton)으로 표시한다.
- 기계 자중을 증가시키기 위해 부가 중량물로 차륜 내에 물, 모래 등을 넣는 바라스트(Balast)를 설치한다.

(1) 로드 롤러(road roller)

① 마카담 롤러(macadam roller)
- 2축 3륜 구조로 되어 있다.
- 자갈 및 사질토, 쇄석층, 아스팔트 포장의 초기전압(1차 다짐)에 적합하다.

② 탠덤 롤러(tandem roller)
- 2축 2륜 구조로 되어 있는 것이 보통이다.
- 아스팔트 포장의 끝마무리(3차 다짐)에 적합하다.

(2) 타이어 롤러(tire roller)

① 사질토 다짐에 가장 적합하다.
② 아스팔트 포장의 2차 다짐을 한다.

(3) 탬핑 롤러(Tamping roller)

① 다짐 유효 깊이가 크고 함수비의 조절도 되고 함수비가 높은 점질토의 다짐에 효과가 있다.
② 탬핑 롤러의 종류
- sheeps foot roller
- grid roller
- tapper foot roller
- turn foot roller

❷ 진동식 다짐기계

(1) 진동 롤러

① 사질 및 자갈질토에 적합하다.
② 포장 보수에 많이 이용되고 점성토 지반은 효과가 적다.

(2) 진동 콤팩터

기계가 작고 무게가 가벼워 소규모 공사나 협소한 곳의 다짐에 사용한다.

(3) 소일 콤팩터(soil compacter)

① 노견 비탈면, 도로의 노반, 노상, 활주로, 제방, 안정처리 노반 다짐에 이용한다.
② 자갈, 모래질에 적합하다.

❸ 충격식 다짐기계

(1) 래머(Rammer)

① 낙하하는 충격으로 다짐과 이동이 되며 협소한 장소의 다짐에 적합하다.
② dam core 다짐에 쓰인다.

(2) 프로그 래머(Frog rammer)

래머의 대형으로 earth dam 공사에 쓰인다.

(3) 탬퍼(Tamper)

협소한 부분의 다짐, 구조물의 뒷채움, 노견 다짐에 이용된다.

❹ 다짐기계의 작업량

(1) 롤러의 작업량

① 운전 1시간당 다짐 토량(m³/hr)

$$Q = \frac{1000 \cdot V \cdot W \cdot H \cdot f \cdot E}{N}$$

② 운전 1시간당 다짐 면적(m²/hr)

$$A = \frac{1000 \cdot V \cdot W \cdot f \cdot E}{N}$$

여기서, V : 작업속도(km/hr)
W : 1회 유효다짐 폭(m)
H : 깔기 두께 또는 1층의 끝손질 두께(m)
f : 토량 환산계수
E : 작업효율
N : 다짐횟수(회/hr)

(2) 충격식 다짐기계(래머)의 작업량

① 운전 1시간당 다짐 토량(m³/hr)

$$Q = \frac{A \cdot N \cdot H \cdot f \cdot E}{P}$$

여기서, A : 1회의 유효찍기 다짐면적(m²)
N : 1시간당 찍기 다짐 횟수(회/hr)
H : 깔기 두께 또는 1층의 끝손질 두께(m)

f : 토량 환산계수
E : 작업효율
P : 되풀이 찍기 다짐 횟수

6 준설선

1 준설선의 효율적 이용 방법

① 토량이 많을 경우 펌프식이 유리하다.
② 준설토가 점토질이거나 매립지에 수송할 필요가 있을 경우에는 펌프식이 좋다.
③ 디퍼식은 설비비, 수리비, 작업비가 많이 든다.
④ 단단한 토질에는 디퍼식이 유리하다.
⑤ 하천공사에서는 대부분 비항식, 광범위한 항만공사에서는 자항식이 유리하다.

2 준설선의 종류 및 특징

(1) 펌프 준설선(pump dredger)

① 준설과 매립을 동시에 신속하게 한다.
② 준설 능률이 크고 공사비가 싸다.
③ 대량 준설이나 토지 조성등의 매립공사에 가장 많이 사용하고 있다.
④ 송니거리가 제한되어 있고 암석이나 단단한 토질에는 적당하지 않다.

(2) 그래브 준설선(Grab dredger)

① 준설 깊이가 크고, 좁은 장소의 기초 굴착, 항내의 수심유지, 소규모 준설에 적합하다.
② 기계가 간단하고 준설이 쉽다.
③ 고장이 많고 단단한 지반은 부적당하다.
④ 수저를 평탄하게 할 수 없다.

(3) 버켓 준설선(Bucket dredger)

① 점토부터 연암까지 광범위한 토질에 사용할 수 있다.
② 암석이나 단단한 토질에는 부적당하다.
③ 연속 굴착하며 해저를 비교적 평탄하게 할 수 있다.

(4) 디퍼 준설선(Dipper dredger)

① 굴착력이 강해 암석, 굳은 토질, 파쇄암 등의 준설에 적합하다.
② 연한 토질은 능률이 저하된다.

CHAPTER 2 출제 예상 문제 — 건설기계

01 토공기계의 선정에 대한 다음 설명 중 옳지 않은 것은?

① 습지 불도저는 cone 지수가 낮은 곳에도 작업이 가능하다.
② 모터 스크레이퍼는 trafficability가 나쁜 현장에 적합하다.
③ 불도저는 단거리용의 굴착 운반기계이고, 보통 60m 이내의 운반거리에 적용된다.
④ 굴착 개소가 지반보다 높을 경우에는 power shovel이 적합하다.

해설
- 모터 스크레이퍼는 trafficability가 나쁜 현장에는 적합하지 않다.
- 모터 스크레이퍼는 콘지수가 10~13kg/cm^{2}이므로 지반의 지지력도 좋아야 한다.
- 불도저의 집토거리는 최소 20m를 표준으로 하며 현장여건에 따라 증가한다.

02 모터 그레이더를 사용하는 주된 작업에 대한 설명 중 옳지 않은 것은?

① 운반로 보수
② 광장 정지
③ 암거부의 되메우기
④ 고속 제설작업

해설 모터 그레이더는 정지작업, 옆도랑 파기, 비탈끝 손질, 도로변 끝손질, 잔디 벗기기 작업 등에 이용된다.

03 다음 굴착 운반기계 중 콘 지수가 적은 순으로 나열한 것은?

① 습지 불도저 – 견인식 스크레이퍼 – 자주식 스크레이퍼 – 덤프트럭
② 습지 불도저 – 자주식 스크레이퍼 – 견인식 스크레이퍼 – 덤프트럭
③ 자주식 스크레이퍼 – 견인식 스크레이퍼 – 습지 불도저 – 덤프트럭
④ 자주식 스크레이퍼 – 습지 불도저 – 견인식 스크레이퍼 – 덤프트럭

해설
- 습지 불도저 : 3~4kg/cm^2
- 견인식 스크레이퍼 : 7~10kg/cm^2
- 자주식 스크레이퍼 : 10~13kg/cm^2
- 덤프트럭 : 15kg/cm^2 이상

04 건설기계 규격의 일반적인 표현 방법 중 옳은 것은?

① 불도저 – 토공판(Blade)의 길이(m)
② 트럭터 셔블 – 버킷 용량(m^3)
③ 모터 그레이더 – 최대 견인력(t)
④ 모터 스크레이퍼 – 중량(t)

해설
- 불도저 : 중장비 중량(ton)
- 모터 그레이더 : 토공판(Blade)의 길이(m)
- 모터 스크레이퍼 : 볼(bowl) 용량(m^3)

05 버킷 준설선(bucket dredger)의 장점으로서 옳은 것은?
① 비교적 광범위한 토질에 적합하다. ② 준설 단가가 높다.
③ 준설 능력이 적다. ④ 수리비가 많이 든다.

> 해설
> • 준설 단가가 낮다.
> • 준설 능력이 있다.
> • 수리비가 적게 든다.
> • 수저를 평탄하게 굴착할 수 있다.

06 벌개작업에 가장 적합한 토공기계는 다음 중 어느 것인가?
① 스크레이퍼, 트랙터 셔블 ② 로드 롤러, 디퍼 셔블
③ 백호, 클램 셸 ④ 불도저, 레이크 도저

> 해설
> 나무뿌리 등을 벌개 할 때는 불도저나 레이크 도저를 이용한다.

07 제방이나 흙 댐의 시공에 있어서 성토 다짐할 경우 함수비(含水比)가 높은 흙이라면 함수비 조절을 위하여 어떤 롤러(roller)를 사용하면 가장 효과적이겠는가?
① 탬핑 롤러(Tamping roller) ② 머캐덤 롤러(Macadam roller)
③ 탠덤 롤러(Tandem roller) ④ 타이어 롤러(Tire roller)

> 해설
> 탬핑 롤러는 다짐 유효 깊이가 커 함수비 조절이 용이하고 함수비가 높은 흙의 다짐에 효과적이다.

08 트랙터의 단위 중량 17t, 전장비 중량 22t, 접지장 270cm, 캐터필러 폭 55cm, 캐터필러의 중심 거리가 2m일 때 불도저의 접지압은 얼마인가?
① 0.37kg/cm^2 ② 0.74kg/cm^2
③ 1.11kg/cm^2 ④ 2.96kg/cm^2

> 해설
> 접지압 = $\dfrac{\text{전장비 중량}}{\text{접지 면적}} = \dfrac{22000}{2 \times 270 \times 55} = 0.74 \text{kg/cm}^2$

09 다음 중 탬핑 롤러의 종류가 아닌 것은?
① sheeps foot roller ② grid roller
③ tapper foot roller ④ tire roller

> 해설
> Turn foot roller도 탬핑 롤러에 속한다.

정답 01 ② 02 ③ 03 ① 04 ② 05 ① 06 ④ 07 ① 08 ② 09 ④

CHAPTER 2 출제 예상 문제

10 준설선 중에서 커터(cutter), 흡입관 스퍼드(spud), 사다리(ladder) 등의 설비를 갖춘 근해 작업용은 다음 어느 것인가?

① 그래프(grab) 준설선
② 펌프(pump) 준설선
③ 디퍼(dipper) 준설선
④ 버킷(bucket) 준설선

해설 커터와 흡입관 스퍼드를 이용하여 굴진하며 사다리에 의해 주설 깊이를 조절하는 설비는 펌프 준설선에 관한 설명이다.

11 수로 하상 또는 넓은 면적과 하천의 모래, 자갈 등을 채취하는 데 사용되는 기계는 어느 것인가?

① dipper shovel
② grad bucket
③ skimmer scoup
④ drag line

해설 드래그 라인을 기계 위치보다 낮은 곳 및 높은 곳의 굴착이 가능하며 규격은 버킷용량(m^3)으로 표시한다.

12 다음 롤러 중 점성토 및 아스팔트 포장 끝손질에 사용하면 가장 유용한 장비는?

① 머캐더 롤러
② 타이어 롤러
③ 탬핑 롤러
④ 탠덤 롤러

해설 탠덤 롤러는 2축 2륜 구조로 되어 있는 것이 보통이며 아스팔트 포장의 끝마무리에 적합하다.

13 다음 불도저의 1시간당 작업량(본바닥 토량)은?

[조건] $l = 40m$, $V_1 = 2.4km/h$, $V_2 = 6.0km/h$, $t = 12sec$
$q = 2.3m^3$, $L = 1.15$, $E = 80\%$

① $45m^3$
② $48m^3$
③ $55m^3$
④ $60m^3$

해설
$$C_m = \frac{l}{V_1} + \frac{l}{V_2} + t = \frac{40}{40} + \frac{40}{100} + 0.2 = 1.6 \text{min}$$

여기서, $V_1 = \frac{2400}{60} = 40 \text{m/min}$, $V_2 = \frac{6000}{60} = 100 \text{m/min}$, $t = \frac{12}{60} = 0.2 \text{min}$

$$\therefore Q = \frac{60 \cdot q \cdot f \cdot E}{C_m} = \frac{60 \times 2.3 \times \frac{1}{1.15} \times 0.8}{1.6} = 60 \text{m}^3/\text{hr}$$

14 다음은 그래브 준설선(Grab dredger)에 관한 설명 중 옳지 않은 것은?

① 협소한 장소의 준설에 적합하다.
② 소규모의 준설에 적합하다.
③ 건조비가 비교적 저렴하다.
④ 다른 준설선에 비하여 준설 깊이에 제한을 받는다.

> **해설** 준설 깊이에 제한을 받지 않으며 굴착 저면이 평탄하지 못한 경향이 있다.

15 다음 콘크리트 운반기계 중 좁은 장소, 특히 터널의 라이닝에 사용하면 편리한 것은?

① 콘크리트 플레이서(placer)   ② 버킷
③ 콘크리트 펌프   ④ 벨트 컨베이어

> **해설** 콘크리트 펌프는 터널의 복공(라이닝) 작업에 이용된다.

16 성토의 시공관리에 있어서 토공기계의 작업에 견딜 수 있는 흙의 능력을 검사하는 방법으로 적당한 것은?

① cone 지지력   ② 표준 관입시험
③ Trafficability   ④ Proof rolling

> **해설** Trafficability는 장비의 주행성을 나타내어 시공기계 작업에 견딜 수 있는 능력을 말하며 콘(cone) 관입 시험을 하여 콘 지지력을 구해 판정한다.

17 불도저 운전 1시간당의 작업량(본바닥 토량)은? (단, 1회 굴착 압토량(느슨한 토량), 3.8m³, 흙의 변화율 L=1.2, 작업효율 0.6, 평균 굴착 압토거리 60m, 전진속도 40m/min, 후진속도 100m/min, 기어 바꾸어 넣기 시간 및 가속시간 0.2분이라 한다.)

① 43m³/hr   ② 50m³/hr
③ 55m³/hr   ④ 60m³/hr

> **해설**
> $$C_m = \frac{l}{V_1} + \frac{l}{V_2} + t = \frac{60}{40} + \frac{60}{100} + 0.2 = 2.3\text{min}$$
> $$\therefore Q = \frac{60 \cdot q \cdot f \cdot E}{C_m} = \frac{60 \times 3.8 \times \frac{1}{1.2} \times 0.6}{2.3} \fallingdotseq 50\text{m}^3/\text{hr}$$

18 토공 작업에서 굴착 기계의 선정 시 고려해야 할 조건에 관계가 적은 것은?

① 충격, 진동, 하중에 대하여 견딤성이 있어야 한다.
② 35° 정도의 경사지에서도 운전이 가능해야 한다.
③ 토량의 수밀성과 무관하다.
④ 심한 부하 변동 시에도 다음에 할 수 있는 장비를 갖추어야 한다.

해설 수중 작업 시 엔진이나 장비부속 등의 지장이 없는 수밀성을 갖추어야 한다.

19 다음 각종 준설선의 특징 중 틀린 것은?

① 그래브선은 깊이에 관계없이 좁은 장소나 구조물의 기초 준설에 적당하다.
② 디퍼선은 경토반의 파쇄된 암석의 준설에는 부적당하다.
③ 펌프선은 사질 해저의 대량 준설과 매립을 동시에 시행할 수 있다.
④ 쇄암선은 해저의 암반을 파쇄하는 데 사용한다.

해설 디퍼 준설선은 경토반의 파쇄된 암석의 준설에 적당하다.

20 평균 구배 10%의 하향 굴착작업으로 평균 운반거리 30m에 있어서 20t급 불도저의 운전시간당의 작업량은 다음에서 어느 값인가? (단, 토질은 조건이 좋은 흙이며, $q° = 3.3\text{m}^3$(공정용량), $e = 1.18$, 사이클 타임 $C_m = 0.037l + 0.25$, $E = 0.7$(도저 작업 효율), $f = 0.8$이다.)

① $Q = 96.2\text{m}^3/\text{h}$ ② $Q = 15.1\text{m}^3/\text{h}$
③ $Q = 51.6\text{m}^3/\text{h}$ ④ $Q = 25.9\text{m}^3/\text{h}$

해설 $C_m = 0.037l + 0.25 = 0.037 \times 30 + 0.25 = 1.36\text{min}$

$$\therefore Q = \frac{60 \cdot q^0 \cdot e \cdot f \cdot E}{C_m} = \frac{60 \times 3.3 \times 1.18 \times 0.8 \times 0.7}{1.36} = 96.2\text{m}^3/\text{hr}$$

21 흙을 굴착, 적재, 운반, 깔기의 작업을 일관되게 연속 작업할 수 있는 토공장비는?

① 백호우 ② 스크레이퍼
③ 로더   ④ 불도저

해설 스크레이퍼는 굴착, 적재, 운반, 사토(깔기) 작업을 할 수 있다.

22 0.7m³의 백 호(Back hoe) 1대를 사용하여 6,000m³의 기초 굴착을 시행할 때 굴착에 요하는 일수는 얼마인가? (단, Back hoe의 cycle time은 24초, dipper 계수는 0.9, 토량변화율 $L=1.2$, 작업 능률은 0.8, 1일의 운전시간은 7시간이다.)

① 14일   ② 13일
③ 10일   ④ 15일

해설
- $Q = \dfrac{3600 \cdot q \cdot k \cdot f \cdot E}{C_m} = \dfrac{3600 \times 0.7 \times 0.9 \times \frac{1}{1.2} \times 0.8}{24} = 63 \mathrm{m^3/hr}$
- 1일 작업량 $= 63 \times 7 = 441 \mathrm{m^3/day}$
- ∴ 굴착일수 $= \dfrac{6000}{441} ≒ 14$일

23 불도저의 1시간당 작업량을 Q_2, 또 1개날의 리퍼 작업량을 Q_1이라 하면 리퍼 작업에 있어서 작업 조합량 Q는 다음 식에서 어느 것인가?

① $Q = \dfrac{Q_1 - Q_1}{Q_1 - Q_2}$ ② $Q = \dfrac{Q_1 + Q_2}{Q_1 \times Q_2}$
③ $Q = \dfrac{Q_1 - Q_2}{Q_2 + Q_1}$ ④ $Q = \dfrac{Q_1 \times Q_2}{Q_1 + Q_2}$

24 암반 굴착시 암반이 굳어서 섕크(shank)가 관입되지 않아 다른 트랙터의 중량을 가중시켜 굴착하는 공법을 무엇이라 하는가?

① 탠덤 리핑   ② 탬퍼빌리티
③ 제트 피싱   ④ 기계 굴착공법

25 흐트러진 상태의 $L=1.25$, 단위 중량이 $1.7\mathrm{t/m^3}$인 토사를 15t 덤프트럭으로 운반하고자 할 때 적재 가능량은?

① $7.05\mathrm{m^3}$ ② $11.03\mathrm{m^3}$
③ $12.0\mathrm{m^3}$ ④ $20.4\mathrm{m^3}$

해설
$q_t = \dfrac{T}{\gamma_t} \cdot L = \dfrac{15}{1.7} \times 1.25 ≒ 11.03 \mathrm{m^3}$

정답 18 ③ 19 ② 20 ① 21 ② 22 ① 23 ④ 24 ① 25 ②

2 출제 예상 문제

26 모터 그레이더(프래드 유효길이 2.8m)로서 폭 504m, 거리 200m의 성토를 1회 정리하는데 몇 시간 요하는가? (단, 작업계수는 0.8, V_1(전진)은 4km/h, V_2(후진)은 6km/h이다.)

① 12.5 시간   ② 15.3 시간
③ 19 시간   ④ 23 시간

해설
- 통과회수 = $\dfrac{504}{2.8}$ = 180회
- 1회 정리시간 = 통과회수 × $\dfrac{거리}{작업속도 \times 작업계수(효율)}$

$$= 180 \times \frac{200}{4000 \times 0.8} + 180 \times \frac{200}{6000 \times 0.8}$$
$$\fallingdotseq 19시간$$

27 총 실동작 시간이 10시간이고 실작업시간이 8시간이라면 그 가동률은?

① 40%   ② 55%
③ 80%   ④ 75%

해설
가동율 = $\dfrac{실\ 작업시간}{실\ 동작시간} \times 100 = \dfrac{8}{10} \times 100 = 80\%$

28 로드 롤러를 사용하여 전압횟수 8회, 전압두께 0.5m, 유효 전압폭 2.04m, 전압 속도는 저속으로 1.7km/h일 때 시간당 전압토량 Q와 시간당 전압면적 A는? (단, 롤러의 효율은 0.8, $f = 1$이다.)

① $Q = 173.4\text{m}^3/\text{hr}$ $A = 346.8\text{m}^2/\text{hr}$
② $Q = 127.5\text{m}^3/\text{hr}$ $A = 433.5\text{m}^2/\text{hr}$
③ $Q = 85\text{m}^3/\text{hr}$ $A = 106.3\text{m}^2/\text{hr}$
④ $Q = 102\text{m}^3/\text{hr}$ $A = 204\text{m}^2/\text{hr}$

해설
$$Q = \frac{1000 \cdot V \cdot W \cdot H \cdot f \cdot E}{N} = \frac{1000 \times 1.7 \times 2.04 \times 0.5 \times 1 \times 0.8}{8} = 173.4\text{m}^3/\text{hr}$$
$$A = \frac{1000 \times V \times W \times E}{N} = \frac{1000 \times 1.7 \times 2.04 \times 0.8}{8} = 346.8\text{m}^2/\text{hr}$$

29 불도저로 밀어 놓은 단위 체적 중량 1.7t/m³인 사질토 15,000m³이 있다. 싣기 기계 셔블을 이용하여 10km 떨어져 있는 사토장에 15t(적재량) 덤프트럭을 이용하여 사토하려고 한다. 덤프트럭의 시간당 운반량은? (단, 토량 변화율 1.0, 작업 효율 0.9, 적재시간 3.65분, 왕복 평균 속도 50km/hr, 적재시간과 왕복주행 이외의 기타 소요시간은 5분이다.)

① 14.6m³/hr ② 25.6m³/hr
③ 27.6m³/hr ④ 32.6m³/hr

해설
- $q_t = \dfrac{T}{\gamma_t} \cdot L = \dfrac{15}{1.7} \times 1 = 8.82\text{m}^3$
- $C_m = 3.65 + \dfrac{10}{50} \times 60 \times 2 + 5 = 32.65\text{min}$

∴ $Q = \dfrac{60 \cdot q_t \cdot f \cdot E}{C_m} = \dfrac{60 \times 8.82 \times 1 \times 0.9}{32.65} = 14.6\text{m}^3/\text{hr}$

30 60kg의 래머를 사용하여 보조기층 다짐 작업시의 작업량은 얼마인가? (단, 1층의 끝손질 두께 0.3m, $f = 0.7$, 작업효율 0.5, 되풀이 찍기 횟수 6회, 1회 유효 찍기 면적 0.03m², 1시간당 찍기 다짐 횟수 3900회/hr)

① 2.04m³/hr ② 2.93m³/hr
③ 4.1m³/hr ④ 5.85m³/hr

해설
$Q = \dfrac{A \cdot N \cdot H \cdot f \cdot E}{P} = \dfrac{0.03 \times 3900 \times 0.3 \times 0.7 \times 0.5}{6} = 2.04\text{m}^3/\text{hr}$

정답 26 ③ 27 ③ 28 ① 29 ① 30 ①

CHAPTER 3 콘크리트공

1 콘크리트 시공

1 콘크리트 비비기

① 콘크리트 믹서에 재료 넣는 순서는 모든 재료를 한꺼번에 넣는 것이 좋다.
② 일반적으로 믹서가 돌아갈 때 먼저 물을 일정한 속도로 넣은 다음 다른 재료를 다 넣고 나머지의 물을 전부 넣고 비빈다.
③ 중력식 믹서의 경우 1분 30초 이상, 강제식 믹서의 경우는 1분 이상을 비빈다.
④ 비비기는 미리 정해둔 비비기 시간의 3배 이상 계속해서는 안 된다.
⑤ 비벼 놓아 굳기 시작한 콘크리트를 되비비기하여 사용하지 않는 것이 원칙이다.
⑥ 기계 비비기는 콘크리트 재료를 1회분씩 혼합하는 배치 믹서를 사용한다.
⑦ 믹서의 회전 외주속도는 매초 1m를 표준으로 한다.
⑧ 믹서의 용량이 클 경우, 슬럼프가 작은 콘크리트, 혼화재료나 경량 골재를 사용한 콘크리트의 경우 등에는 비비기 시간을 길게 하는 것이 좋을 때가 많다. 그래서 비비기 시간은 시험에 의하여 정하는 것이 원칙이다.
⑨ 혼화제는 미량이 첨가되므로 전체적으로 균등히 분산될 수 있게 미리 물과 섞어둔 상태에서 사용하는 것이 좋다.
⑩ 비비기 시간이 짧으면 충분히 비벼지지 않기 때문에 압축 강도는 작은 값을 나타낸다.
⑪ 공기량은 적당한 비비기 시간에서 최대의 값이 얻어진다. 다시 장시간 교반하면 일반적으로 감소한다.

2 콘크리트 운반

- 재료의 손실, 재료 분리, 슬럼프의 감소가 생기지 않도록 될 수 있는 대로 빨리 운반하여 쳐야 한다.
- 콘크리트는 신속하게 운반하여 즉시 타설하고 충분히 다져야 한다.
- 비비기로부터 타설이 끝날 때까지의 시간은 원칙적으로 외기 온도가 25℃ 이상일 때는 1.5시간, 25℃ 미만일 때에는 2시간 이하로 한다.
- 운반 할 때에는 콘크리트의 재료분리가 될 수 있는 대로 적게 일어나도록 하여야 한다.

(1) 운반차
① 운반거리가 긴 경우 애지테이터 등의 설비를 갖춘다.
② 운반거리가 100m 이하의 평탄한 운반로의 경우 손수레 등을 사용해도 좋다.
③ 콘크리트 운반용 자동차는 배출작업이 쉬운 것이라야 하며 트럭에지테이터가 가장 많이 사용하고 있다.
④ 슬럼프가 50mm 이하의 된반죽 콘크리트를 10km 이내 장소에 운반하는 경우나 1시간 이내에 운반 가능한 경우 재료분리가 심하지 않으면 덤프트럭이나 또는 버킷을 자동차에 실어 운반해도 좋다.

(2) 버킷
① 믹서로부터 받아 즉시 콘크리트 칠 장소로 운반하기에 가장 좋은 방법이다.
② 버킷은 담기, 부리기 할 때 재료분리를 일으키지 않고 부리기 쉬워야 한다.
③ 배출구가 한쪽으로 치우쳐 있으며 배출 시에 재료분리가 일어나기 쉬워 중앙부의 아래쪽에 배출구가 있는 것이 좋다.

(3) 콘크리트 펌프
① 지름 100~150mm 수송관을 사용하여 펌프로 콘크리트를 압송하며 굵은 골재 최대치수 40mm, 슬럼프 범위는 100~180mm가 알맞다.
② 수송관의 배치는 될 수 있는 대로 굴곡을 적게 하고 수평, 상향으로 해서 압송 중에 콘크리트가 막히지 않게 한다.
③ 배관상 주의사항
  - 경사배관은 피하는 것이 좋다.
  - 내리막 배관은 수송이 곤란하므로 곡관부에서는 공기빼기 콕을 설치한다.
  - flexible한 호스는 5m 정도인 것을 사용한다.
  - 수송 중 진동, 철근, 거푸집에 영향이 없도록 설치한다.
④ 콘크리트를 연속적으로 압송할 수 있어 재료분리의 우려가 없다.
⑤ 타설 능력은 15~30m^3/hr인 것을 많이 사용한다.
⑥ 펌프 압송시 콘크리트 펌프의 최대이론 토출 압력에 대한 최대 압송 부하의 비율이 80% 이하로 펌퍼빌리티를 설정한다.
⑦ 펌프의 압송 능력은 시간당 최대 토출량과 최대이론 토출압력으로 나타낸다.
⑧ 수송관 직경의 최소치는 보통 콘크리트의 경우 100mm 경량 콘크리트의 경우 125mm로 하며 또 굵은 골재 최대 치수의 3배 이상이 되어야 한다.
⑨ 시멘트량이 적게 되면 관내 저항이 증가하여 압송선이 저하한다. 보통 콘크리트의 경우 290kg/m^3, 경량 콘크리트의 경우 340kg/m^3 이상의 단위 시멘트량을 사용하는 것이 좋다.
⑩ 펌프를 사용하는 콘크리트의 잔골재율은 펌프를 사용하지 않는 경우에 비하여 2~5%

정도 크게 하는 것이 좋다. 슬럼프가 210mm인 콘크리트에서는 잔골재율을 45~48% 정도가 적당하다.
⑪ 인공 경량골재 콘크리트를 압송하는 경우 유동화 콘크리트로 하며 슬럼프가 80~120mm인 베이스 콘크리트를 유동화시켜서 슬럼프를 180mm 정도로 하면 펌프 운반이 가능하다.
⑫ 펌프의 실토출량은 이론 토출량에 용적효율을 곱한 값이며 슬럼프가 적을수록 효율은 저하한다.
⑬ 압송거리는 일반적으로 표준적인 배합의 콘크리트를 20~30m^3/h 정도의 비교적 적은 토출량으로 압송할 때의 압송거리를 한다.
⑭ 압송능력은 배합, 기종 등에 따라 다르나 수평거리로 80~600m, 수직거리로 20~140m, 압송량은 20~90m^3/h의 범위이다.

(4) 콘크리트 플레이서
① 콘크리트 펌프와 같이 터널 등의 좁은 곳에 콘크리트를 운반하는데 적합하다.
② 수송관의 배치는 굴곡을 적게 하고 수평 또는 상향으로 설치하며 하향경사로 설치 운용해서는 안 된다.
③ 관의 선단이 항상 콘크리트 중에 매립되지 않으면 큰 세력으로 분사되어 그 충격에 의해 굵은 골재가 분리하는 점과 콘크리트 분사에 의하여 슬럼프의 감소가 대단히 커지므로 미리 시멘트 페이스트의 양을 크게 할 필요가 있으므로 단위시멘트량을 20kg 정도 증가시킨다.

(5) 벨트 컨베이어
① 콘크리트를 연속으로 운반하는데 편리하다.
② 운반거리가 길면 반죽질기가 변하므로 덮개를 사용한다.
③ 재료분리를 막기 위해 벤트 컨베이어 끝 부분에 조절판이나 깔때기를 설치한다.
④ 된 반죽 콘크리트 운반에 적합하다.
⑤ 슬럼프가 25mm 이하 또는 180mm 이상인 콘크리트의 경우는 벨트 컨베이어의 운반능력을 현저히 저하시킨다.
⑥ 가장 효과적인 능력을 발휘하기 위해서는 콘크리트의 슬럼프 50~80mm의 범위가 적당하다.
⑦ 100mm를 넘는 굵은 골재가 사용되는 경우 분리되어 나오는 경향이 있기 때문에 이러한 경우는 벨트 컨베이어의 허용각도를 크게 낮추어야 한다.

(6) 슈트
① **연직슈트**
- 깔때기 등을 이어서 만들고 높은 곳에서부터 콘크리트를 칠 때 이용하며 원칙적으로 연직슈트를 사용해야 한다.

- 유연한 연직슈트를 사용하며 이음부는 콘크리트 치기 도중에 분리되거나 관이 막히지 않는 구조가 되도록 고려한다.

② 경사슈트
- 재료분리를 일으키기 쉬워 될 수 있는 대로 사용하지 않는 것이 좋다.
- 부득이 경사슈트를 사용할 경우 수평 2에 연직 1정도의 경사가 적당하다.
- 경사슈트의 출구에서는 조절판 및 깔때기를 설치해서 재료분리를 방지하는 것이 좋다. 이때 깔때기의 하단은 콘크리트 치는 표면과의 간격은 1.5m 이하로 한다.

③ 콘크리트 치기 준비

① 철근, 거푸집 및 그 밖의 것이 설계에서 정해진 대로 배치되어 있는가, 운반 및 타설 설비 등이 시공 계획서와 일치되었는지 확인한다.
② 운반장치, 타설 설비 및 거푸집 안을 청소하여 콘크리트 속에 잡물이 혼입되는 것을 방지한다.
③ 콘크리트가 닿았을 때 흡수할 우려가 있는 곳은 미리 습하게 해야 하는데 이때 물이 고이지 않게 한다.
④ 콘크리트를 직접 지면에 치는 경우에는 미리 콘크리트를 깔아두는 것이 좋다.
⑤ 터파기 안의 물은 타설 전에 제거한다.

④ 콘크리트 타설

① 원칙적으로 시공계획서에 따른다.
② 철근 및 매설물의 배치나 거푸집이 변형 및 손상되지 않도록 한다.
③ 타설한 콘크리트를 거푸집 안에서 횡방향으로 이동시켜서는 안 된다.
④ 한 구획내의 콘크리트는 타설이 완료될 때까지 연속해서 타설해야 한다.
⑤ 콘크리트는 그 표면이 한 구획 내에서는 거의 수평이 되도록 타설하는 것을 원칙으로 한다.
⑥ 콘크리트 타설의 1층 높이는 다짐능력을 고려하여 결정한다.
⑦ 콘크리트를 2층 이상으로 나누어 타설할 경우, 상층의 콘크리트 타설은 원칙적으로 하층의 콘크리트가 굳기 시작하기 전에 타설하여야 하며 상층과 하층이 일체가 되도록 해야 한다.
⑧ 콜드 조인트가 발생하지 않게 하나의 시공구획의 면적, 콘크리트의 공급능력, 이어치기 허용 시간 간격 등을 정해야 한다.

▼ 허용 이어치기 시간 간격의 표준

외기온도	허용 이어치기 시간간격
25℃ 초과	2.0 시간
25℃ 이하	2.5 시간

⑨ 거푸집의 높이가 높을 경우 거푸집에 투입구를 설치하거나 연직 슈트 또는 펌프 수송관의 배출구를 치기면 가까운 곳까지 내려서 콘크리트를 타설해야 한다.
⑩ 슈트, 펌프 수송관, 버킷, 호퍼 등의 배출구와 타설면까지의 높이는 1.5m 이하를 원칙으로 한다.
⑪ 콘크리트 타설 중 블리딩에 의해 생긴 고인물을 제거한 후 그 위에 콘크리트를 쳐야하며 고인물을 제거하기 위하여 콘크리트 표면에 홈을 만들어 흐르게 해서는 안 된다.
⑫ 벽 또는 기둥과 같이 높이가 높은 콘크리트를 연속해서 타설할 경우에는 타설 및 다질 때 재료분리가 될 수 있는 대로 적게 되도록 콘크리트의 반죽질기 및 타설 속도를 조정해야 한다.
⑬ 타설 속도는 일반적으로 30분에 1~1.5m 정도로 한다.

5 콘크리트 다지기

① 내부 진동기의 사용을 원칙으로 한다.
② 얇은 벽등 내부 진동기의 사용이 곤란한 장소에서는 거푸집 진동기를 사용해도 좋다.
③ 콘크리트를 충분히 다져 철근 및 매설물 등의 주위와 거푸집의 구석구석까지 잘 채워 밀실한 콘크리트가 되게 한다.
④ 콘크리트 표면은 평탄하게 되도록 타설하고 다진다.
⑤ 진동 다지기를 할 때에는 내부 진동기를 하층의 콘크리트 속으로 0.1m 정도 찔러 넣는다.
⑥ 내부 진동기는 연직으로 찔러 넣으며 삽입 간격은 일반적으로 0.5m 이하로 한다.
⑦ 1개소당 진동시간은 5~15초로 한다.
⑧ 내부 진동기는 콘크리트로부터 천천히 빼내어 구멍이 남지 않도록 한다.
⑨ 내부 진동기는 콘크리트를 횡방향으로 이동시킬 목적으로 사용해서는 안 된다.
⑩ 진동기의 형식, 크기 및 대수는 부재 단면의 두께 및 면적, 1시간당 최대 타설량, 굵은 골재 최대치수, 배합, 특히 잔골재율, 콘크리트의 슬럼프 등을 고려하여 선정한다.
⑪ 거푸집 진동기는 거푸집의 적절한 위치에 단단히 설치해야 한다.
⑫ 재 진동을 할 경우에는 초결이 일어나기 전에 실시해야 한다.
⑬ 재 진동을 하면 콘크리트의 밀도가 커지고 강도 및 철근의 부착이 커지며 침하균열을 막을 수 있다.

6 침하균열에 대한 조치

① 슬래브 또는 보의 콘크리트가 벽 또는 기둥의 콘크리트와 연속되어 있는 경우에는 침하균열을 방지하기 위해 벽 또는 기둥의 콘크리트 침하가 거의 끝난 후 슬래브, 보를 타설한다. 내민부분의 구조물의 경우에도 동일한 방법으로 시공한다.
② 콘크리트가 굳기 전에 침하균열이 발생한 경우에는 즉시 다짐이나 재진동을 하여 균열을 제거한다.

❼ 양생

콘크리트를 타설한 후 소요기간까지 경화에 필요한 온도, 습도 조건을 유지하여 유해한 작용의 영향을 받지 않도록 보호하는 작업을 양생이라 한다.

(1) 습윤양생

① 콘크리트는 타설한 후 경화가 시작될 때까지 직사광선이나 바람에 의해 수분이 증발되지 않도록 보호한다.
② 콘크리트 표면을 해치지 않고 작업 될 수 있을 정도로 경화하면 콘크리트의 노출면은 양생용 매트, 모포 등을 적셔서 덮거나 또는 살수를 하여 습윤상태로 보호한다.
③ 습윤상태의 보호기간은 다음 표와 같다.

▼ 습윤양생기간의 표준

일평균기온	보통포틀랜드시멘트	고로 슬래그 시멘트 2종 플라이 애시 시멘트 2종	조강포틀랜드시멘트
15℃ 이상	5일	7일	3일
10℃ 이상	7일	9일	4일
5℃ 이상	9일	12일	5일

④ 거푸집판이 건조될 우려가 있는 경우에는 살수하여야 한다.
⑤ 막 양생제는 콘크리트 표면의 물빛이 없어진 직후에 실시하며 부득이 살포가 지연되는 경우에는 막 양생제를 살포할 때까지 콘크리트 표면을 습윤상태로 보호하여야 한다.

(2) 온도제어 양생

① 콘크리트는 경화가 충분히 진행될 때까지 경화에 필요한 온도조건을 유지하여 저온, 고온, 급격한 온도변화 등에 의한 유해한 영향을 받지 않도록 필요에 따라 온도제어양생을 실시한다.
② 온도제어방법, 양생기간 및 관리방법에 대하여 콘크리트의 종류, 구조물의 형상 및 치수, 시공방법 및 환경조건을 종합적으로 고려하여 적절히 정한다.
③ 증기양생, 급열양생, 그 밖의 촉진양생을 실시하는 경우에는 양생을 시작하는 시기, 온도 상승속도, 냉각속도, 양생온도 및 양생시간 등을 정한다.

(3) 유해한 작용에 대한 보호

① 콘크리트는 양생기간 중에 예상되는 진동, 충격, 하중 등의 유해한 작용으로부터 보호해야 한다.
② 재령 5일이 될 때까지는 물에 씻기지 않도록 보호해야 한다.

8 이음

(1) 시공이음

① 될 수 있는 대로 전단력이 작은 위치에 시공이음을 한다.
② 부재의 압축력이 작용하는 방향과 직각이 되게 한다.
③ 부득이 전단이 큰 위치에 시공이음을 할 경우 시공이음에 장부 또는 홈을 두거나 적절한 강재를 배치하여 보강한다. 철근으로 보강하는 경우에 정착길이는 직경의 20배 이상으로 하고 원형철근의 경우에는 갈고리(hook)를 붙여야 한다.
④ 이음부의 시공에 있어 설계에 정해져 있는 이음의 위치와 구조는 지켜야 한다.
⑤ 설계에 정해져 있지 않은 이음을 설치 할 경우에는 구조물의 강도, 내구성, 수밀성 및 외관을 해치지 않도록 시공계획서에 정해진 위치, 방향 및 시공 방법을 준수한다.
⑥ 외부의 염분에 의해 피해를 받을 우려가 있는 해양 및 항만 콘크리트 구조물 등에는 시공이음부를 되도록 두지 않는 것이 좋다. 부득이 시공이음부를 설치할 경우에는 만조위로부터 위로 0.6m와 간조위로부터 아래로 0.6m 사이인 감조부분은 피한다.
⑦ 수밀을 요하는 콘크리트는 소요의 수밀성이 얻어지도록 적절한 간격으로 시공이음부를 둔다.

(2) 수평시공이음

① 거푸집에 접하는 선은 될 수 있는 대로 수평한 직선이 되게한다.
② 콘크리트를 이어칠 경우 구 콘크리트 표면의 레이턴스, 품질이 나쁜 콘크리트, 꽉 달라붙지 않은 골재알 등을 제거하고 충분히 흡수시킨다.
③ 새 콘크리트를 타설할 때 구 콘크리트와 밀착하게 다짐을 한다.
④ 시공 이음부가 될 콘크리트 면은 느슨해진 골재알 등이 없도록 마무리하고 경화가 시작되면 빨리 쇠솔이나 모래분사 등으로 면을 거칠게 하며 습윤상태로 양생한다.
⑤ 역방향 타설 콘크리트의 시공시에는 콘크리트의 침하를 고려하여 시공이음이 일체가 되도록 콘크리트의 재료, 배합 및 시공방법을 선정한다.

(3) 연직 시공이음

① 시공 이음면의 거푸집을 견고하게 지지하고 이음부분의 콘크리트는 진동기를 써서 충분히 다진다.
② 구 콘크리트 시공 이음면을 쇠솔이나 쪼아내기를 하여 거칠게 하고 충분히 흡수시킨 후 시멘트 풀, 모르타르, 습윤면용 에폭시 수지등을 바르고 새 콘크리트를 타설한다.
③ 신·구 콘크리트가 충분히 밀착하게 다진다.
④ 새 콘크리트를 타설한 후 적당한 시기에 재진동 다지기를 하는 것이 좋다.
⑤ 시공 이음면의 거푸집 철거는 콘크리트가 굳은 후 되도록 **빠른** 시기에 한다. 보통 콘크리트 타설 후 여름에는 4~6시간 정도, 겨울에는 10~15시간 정도로 한다.

(4) 바닥틀과 일체로 된 기둥, 벽의 시공이음

① 바닥틀과 경계 부근에 시공이음을 둔다.
② 헌치는 바닥틀과 연속으로 콘크리트를 타설한다.
③ 내민 부분을 가진 구조물의 경우에도 마찬가지로 시공한다.
④ 헌치부 콘크리트는 다짐이 불량 할 우려가 있으므로 다짐에 주의를 하여 수밀한 콘크리트가 되도록 한다.

(5) 바닥틀의 시공이음

① 슬래브 또는 보의 경간 중앙부 부근에 시공이음을 둔다.
② 보가 그 경간 중에서 작은 보와 교차할 경우에는 작은 보의 폭 약 2배 거리만큼 떨어진 곳에 보의 시공이음을 설치한다.

(6) 아치의 시공이음

① 아치축에 직각방향이 되게 시공이음을 한다.
② 아치축에 평행하게 연직시공이음을 부득이 설치 할 경우에는 시공이음부터 위치, 보강방법 등을 검토 후 설치한다.

(7) 신축이음

신축이음은 온도변화, 건조수축, 기초의 부등침하 등에 의해 생기는 균열을 방지하기 위해 설치한다.

① 양쪽의 구조물 혹은 부재가 구속되지 않는 구조라야 한다.
② 필요에 따라 줄눈재, 지수판 등을 배치한다.
- 채움재가 갖추어야 할 조건
  - 온도변화에 신축이 용이할 것
  - 강성 및 내구성이 좋을 것
  - 구조가 간단하며 시공이 용이할 것
  - 방수 또는 배수가 가능할 것
- 지수판의 종류
  - 동판, 강판, 염화비닐판, 고무제
③ 신축이음의 단차를 피할 필요가 있는 경우에는 장부나 홈을 두던가 전단 연결재를 사용하는 것이 좋다.
④ 수밀을 요하는 구조물의 신축이음에는 적당한 신축성을 가지는 지수판을 사용한다.
⑤ 신축이음의 간격
- 댐, 옹벽과 같은 큰 구조물 : 10~15m
- 도로 포장 : 6~10m
- 얇은 벽 : 6~9m

(8) 균열 유발 줄눈(수축이음)

콘크리트의 수화열이나 외기 온도 등의 의해 온도변화, 건조수축, 외력 등 변형이 생겨 균열이 발생하는데 이 균열을 제어할 목적으로 미리 어느 정해진 장소에 균열을 집중시켜 소정의 간격으로 단면 결속부를 설치하여 균열을 강제적으로 유발하게 한다.

(9) 표면 마무리

- 콘크리트의 균일한 노출면을 얻기 위해 동일 공장 제품의 시멘트, 동일한 종류 및 입도를 갖는 골재, 동일한 배합의 콘크리트, 동일한 콘크리트 타설 방법을 사용하며 정해진 구획의 콘크리트 타설은 연속해서 일괄작업으로 한다.
- 시공이음이 미리 정해져 있지 않을 경우에는 직선상의 이음이 얻어지도록 시공한다.

① 거푸집 판에 접하지 않은 면의 마무리

- 콘크리트 다짐 후 윗면으로 스며 올라온 물이 없어진 후, 또는 물 처리한 후 마무리를 해야 한다.
  마무리할 때는 나무 흙손이나 적절한 마무리 기계를 사용하며 마무리 작업이 과도하게 되지 않게 한다.
- 마무리 작업 후 굳기 시작할 때까지의 사이에 일어나는 균열은 다짐 또는 재 마무리에 의해 제거하며 필요시 재진동을 해도 좋다.
- 매끄럽고 치밀한 표면이 필요할 때는 작업이 가능한 범위에서 될 수 있는 대로 늦은 시기에 흙손으로 강하게 힘을 주어 콘크리트 윗면을 마무리한다.

② 거푸집 판에 접하는 면의 마무리

- 노출면이 되는 콘크리트는 평활한 모르타르의 표면이 얻어지도록 치고 다져야하며, 최종 마무리된 면은 설계 허용오차의 범위를 벗어나지 않아야 한다.
- 콘크리트 표면에 혹이나 줄이 생긴 경우에는 이를 매끈하게 따내야 하고, 곰보와 홈이 생긴 경우에는 그 부근의 불완전한 부분을 쪼아내고 물로 적신 후, 적당한 배합의 콘크리트 또는 모르타르로 땜질을 하여 매끈하게 마무리하여야 한다.
- 거푸집을 떼어낸 후 온도응력, 건조수축 등에 의하여 표면에 발생한 균열은 필요에 따라 적절히 보수하여야 한다.

③ 마모를 받는 면의 마무리

- 마모를 받는 면의 경우에는 콘크리트의 마모에 대한 저항성을 높이기 위해 강경하고 마모저항이 큰 양질의 골재를 사용하고 물-결합재비를 작게 하여야 한다. 또 밀실하고 균등질의 콘크리트로 되게 하기 위하여 꼼꼼하게 다지는 동시에 충분히 양생해야 한다.
- 마모에 대한 저항성을 크게 할 목적으로 철분이나 철립골재(鐵粒骨材)를 사용하거나 수지콘크리트, 폴리머콘크리트, 섬유보강콘크리트, 폴리머함침콘크리트 등의 특수 콘크리트를 사용할 경우에는 각각의 특별한 주의사항에 따라 시공하여야 한다.

2 거푸집 및 동바리

① 거푸집

(1) 거푸집의 구비조건
① 형상과 위치를 정확히 유지되어야 할 것
② 조립과 해체가 용이할 것
③ 거푸집널 또는 패널의 이음은 가능한 한 부재축에 직각 또는 평행으로 하고 모르타르가 새어 나오지 않는 구조가 될 것
④ 콘크리트의 모서리는 모따기가 될 수 있는 구조일 것
⑤ 거푸집의 청소, 검사 및 콘크리트 타설에 편리하게 적당한 위치에 일시적인 개구부를 만든다.
⑥ 여러 번 반복 사용할 수 있을 것

(2) 거푸집널의 재료
① 흠집 및 옹이가 많은 거푸집과 합판의 접착 부분이 떨어져 구조적으로 약한 것은 사용하지 말 것
② 거푸집의 띠장은 부러지거나 균열이 있는 것은 사용하지 말 것
③ 제물치장 콘크리트용 거푸집널에 사용하는 합판은 내알칼리성이 우수한 재료로 표면처리된 것일 것
④ 제재한 목재를 거푸집널로 사용할 경우에는 한 면을 기계 대패질하여 사용할 것
⑤ 형상이 찌그러지거나 비틀림등 변형이 있는 것은 교정한 다음 사용할 것
⑥ 금속제 거푸집의 표면에 녹이 많이 발생한 경우에는 쇠솔 또는 샌드페이퍼 등으로 제거하고 박리제를 엷게 칠하여 사용할 것
⑦ 거푸집널을 재사용 할 경우에는 콘크리트에 접하는 면을 깨끗이 청소하고 볼트용 구멍 또는 파손 부위를 수선한 후 사용할 것
⑧ 목재 거푸집널을 콘크리트의 경화 불량을 방지하기 위해 직사광선에 노출되지 않도록 씌우개로 덮어 둘 것

(3) 거푸집의 시공
① 거푸집을 단단하게 조이는 조임재는 기성제품의 거푸집 긴결재, 볼트 또는 강봉을 사용하는 것을 원칙으로 한다.
② 거푸집을 제거한 후 콘크리트 표면에서 25mm 이내에 있는 조임재는 구멍을 뚫어 제거하고 표면에 생긴 구멍은 모르타르로 메운다.

③ 거푸집을 해체한 콘크리트의 면이 거칠게 마무리된 경우 구멍 및 기타 결함이 있는 부위는 땜질하고 6mm 이상의 돌기물은 제거한다.
④ 거푸집널의 내면에는 콘크리트가 거푸집에 부착되는 것을 방지하고 거푸집을 제거하기 쉽게 박리제를 칠한다.
⑤ 슬립폼은 구조물이 완성될 때까지 또는 소정의 시공 구분이 완료될 때까지 연속해서 이동시킬 것
⑥ 슬립폼은 충분한 강성을 가지는 구조로 부속장치는 소정의 성능과 안전성을 가질 것
⑦ 슬립폼의 이동속도는 탈형 직후 콘크리트 압축강도가 그 부분에 걸리는 전 하중에 견딜 수 있게 콘크리트의 품질과 시공조건에 따라 결정한다.
⑧ 측벽, 계단외벽 등 외부에 사용하는 갱폼은 이동에 대한 저항성도 고려하여 설계해야 하며 아래로 처지거나 밖으로 이탈되지 않도록 조립하고 아래층의 거푸집 긴결재 구멍을 이용하여 2열 이상 고정시킨다.

(4) 거푸집의 종류 및 특징

① **목재 거푸집**
- 가공하기는 쉬우나, 건습에 의한 신축이 크고 파손되기 쉬워 여러 번 반복하여 사용하기 힘들다.
- 합판 거푸집은 건습에 의한 신축 변형이 작고 가공하기 용이하다.

② **강재 거푸집**
- 강도가 크고 수밀성이 크다.
- 조립 및 해체가 쉽다.
- 여러 번 반복하여 사용할 수 있다.
- 콘크리트가 부착하기 쉽고 녹슬기 쉽다.

③ **슬립 폼**(slip form)
- 콘크리트의 면에 따라 거푸집이 서서히 연직 또는 수평으로 이동하면서 콘크리트를 타설한다.
- 연직방향으로 이동하는 것은 주로 교각, 사일로 등에 사용된다.
- 수평방향으로 이동하는 것은 수로 및 터널의 라이닝 등에 사용된다.
- 슬라이딩 폼(sliding form) 공법이라 한다.

④ **Travelling form**
- 구조물을 따라 거푸집을 이동시키면서 콘크리트를 계속 타설하며 수평으로 연속된 구조물에 이용한다.
- 터널의 복공, 교량 등에 쓰인다.

❷ 동바리

(1) 동바리의 구비조건
① 하중을 완전하게 기초에 전달하도록 충분한 강도와 안전성을 가질 것
② 조립과 해체가 쉬운 구조일 것
③ 이음이나 접속부에서 하중을 확실하게 전달할 수 있을 것
④ 콘크리트 타설 중은 물론 타설 완료 후에도 과도한 침하나 부등침하가 일어나지 않도록 한다.

(2) 동바리의 재료
① 현저한 손상, 변형, 부식이 있는 것은 사용하지 말 것
② 강관 동바리는 굽어져 있는 것을 사용하지 않는다.
③ 강관을 조합한 동바리 구조는 최대 허용하중을 초과하지 않는 범위에서 사용해야 한다.

(3) 기타 재료
① 긴결재는 내력시험에 의해 허용인장력이 보증된 것을 사용한다.
② 연결재의 선정요건
- 정확하고 충분한 강도가 있을 것
- 회수, 해체가 쉬울 것
- 조합 부품수가 적을 것

(4) 동바리의 시공
① 동바리를 조립하기에 앞서 기초가 소요 지지력을 갖도록 하고 동바리는 충분한 강도와 안전성을 갖도록 시공하여야 한다.
② 동바리는 필요에 따라 적당한 솟음을 두어야 한다.
③ 거푸집이 곡면일 경우에는 버팀대의 부착 등 당해 거푸집의 변형을 방지하기 위한 조치를 하여야 한다.
④ 동바리는 침하를 방지하고 각부가 움직이지 않도록 견고하게 설치하여야 한다.
⑤ 강재와 강재와의 접속부 및 교차부는 볼트, 클램프 등의 철물로 정확하게 연결하여야 한다.
⑥ 특수한 경우를 제외하고 강관 동바리는 2개 이상 연결하여 사용하지 않아야 하며, 높이가 3.5m 이상인 경우에는 높이 2m 이내마다 수평 연결재를 2개 방향으로 설치하고 수평연결재의 변위가 일어나지 않도록 이음 부분은 견고하게 하여야 한다.
⑦ 동바리 하부의 받침판 또는 받침목은 2단 이상 삽입하지 않도록 하고 작업원의 보행에 지장이 없어야 하며, 이탈되지 않도록 고정시켜야 한다.
⑧ 강관 동바리의 설치 높이가 4m를 초과하거나 슬래브 두께가 1m를 초과하는 경우에는 하중을 안전하게 지지할 수 있는 구조의 시스템 동바리로 사용한다.

⑨ 동바리를 해체한 후에도 유해한 하중이 재하 될 경우에는 동바리를 적절하게 재 설치하여야 하며 시공 중의 고층 건물의 경우 최소 3개 층에 걸쳐 동바리를 설치하여야 한다.

(5) 이동 동바리
① 충분한 강도와 안전성 및 소정의 성능을 가질 것
② 이동 동바리의 이동은 정확하고 안전하게 해야 한다.
③ 필요에 따라 적당한 솟음을 둔다.
④ 조립 후 사용 중 콘크리트에 유해한 변형을 생기게 해서는 안 된다.
⑤ 이동 동바리에 설치되는 여러 장치는 조립 후 및 사용 중 검사하여 안전을 확인한다.

③ 거푸집 및 동바리의 구조계산

거푸집 및 동바리는 구조물의 종류, 규모, 중요도, 시공조건 및 환경조건 등을 고려하여 연직방향 하중, 수평방향 하중 및 콘크리트의 측압 등에 대해 설계하여야 하며 동바리의 설계는 강도뿐만 아니라 변형도 고려한다.

(1) 연직 방향 하중
① 고정하중
- 철근 콘크리트와 거푸집의 질량을 고려하여 합한 하중이다.
- 콘크리트 단위용적질량은 철근 질량을 포함하여 보통 콘크리트 $24kN/m^3$, 제1종 경량 콘크리트 $20kN/m^3$, 2종 경량 콘크리트 $17kN/m^3$를 적용한다.
- 거푸집의 하중은 최소 $0.4kN/m^2$ 이상을 적용한다.
- 특수 거푸집의 경우에는 그 실제의 질량을 적용한다.

② 활하중
- 작업원, 경량의 장비하중, 기타 콘크리트 타설시 필요한 자재 및 공구 등의 시공하중, 충격하중을 포함한다.
- 구조물의 수평투영면적(연직방향으로 투영시킨 수평면적)당 최소 $2.5kN/m^2$ 이상으로 설계한다.
- 전동식 카트 장비를 이용하여 콘크리트를 타설할 경우에는 $3.75kN/m^2$의 활하중을 고려한다.
- 콘크리트 분배기 등의 특수장비를 이용할 경우에는 실제 장비하중을 적용한다.

③ 고정하중과 활하중을 합한 연직하중은 슬래브 두께에 관계없이 최소 $5.0kN/m^2$ 이상, 전동식 카트 사용 시에는 최소 $6.25kN/m^2$ 이상을 고려한다.

(2) 수평방향 하중
① 고정하중 및 공사 중 발생하는 활하중을 적용한다.
② 동바리에 작용하는 수평방향 하중으로는 고정하중의 2% 이상 또는 동바리 상단의 수평

방향 단위 길이당 1.5kN/m 이상 중에서 큰 쪽의 하중이 동바리 머리부분에 수평방향으로 작용하는 것으로 가정한다.
③ 옹벽과 같은 거푸집의 경우에는 거푸집 측면에 대하여 $0.5kN/m^2$ 이상의 수평방향하중이 작용하는 것으로 본다.
④ 풍압, 유수압, 지진 등의 영향을 크게 받을 때에는 별도로 이들 하중을 고려한다.

(3) 굳지 않은 콘크리트의 측압(거푸집 설계 시)
① 콘크리트의 측압은 사용재료, 배합, 타설 속도, 타설 높이, 다짐 방법 및 타설시 콘크리트 온도에 따라 다르며 사용하는 혼화제의 종류, 부재의 단면치수, 철근량 등에 의해서도 영향을 받는다.
② 일반 콘크리트의 측압
- $P = W \cdot H$

여기서, P : 콘크리트의 측압(kN/m^2)
W : 생콘크리트의 단위중량(kN/m^3)
H : 콘크리트의 타설높이(m)

- 콘크리트 슬럼프가 175mm 이하, 1.2m 깊이 이하의 일반적인 내부 진동 다짐으로 타설되는 기둥 및 벽체의 콘크리트 측압

$$P = C_w C_c \left[7.2 + \frac{790R}{T+18} \right]$$

단, 타설속도가 2.1m/h 이하, 타설높이가 4.2m 초과하는 벽체 및 타설속도가 2.1~4.5m/h인 모든 벽체의 경우

$$P = C_w C_c \left[7.2 + \frac{1160 + 240R}{T+18} \right]$$

여기서, P값은 최소 $30C_w$ 이상, 최대 $W \cdot H$이다.
C_w : 단위중량계수
C_c : 화학첨가물계수(1.0~1.4)
R : 콘크리트 타설속도(m/h)
T : 타설되는 콘크리트의 온도

③ 재진동을 하거나 거푸집 진동기를 사용할 경우, 묽은 반죽의 콘크리트를 타설하는 경우 또는 응결이 지연되는 콘크리트를 사용할 경우에는 측압을 적절히 증가시킨다.

(4) 목재 거푸집 및 수평부재
목재 거푸집 및 수평부재는 등분포 하중이 작용하는 단순보로 검토한다.

4 거푸집 및 동바리의 해체

① 콘크리트가 자중 및 시공 중에 가해지는 하중에 충분히 견딜만한 강도를 가질 때까지 해체해서는 안 된다.
② 고정보, 라멘, 아치 등에서는 콘크리트의 크리프 영향을 이용하면 구조물에 균열을 적게 할 수 있으므로 콘크리트가 자중 및 시공하중을 지탱하기에 충분한 강도에 도달했을 때 되도록 빨리 거푸집 및 동바리를 제거하도록 한다.
③ 거푸집 및 동바리의 해체 시기 및 순서는 시멘트의 성질, 콘크리트의 배합, 구조물의 종류와 중요도, 부재의 종류 및 크기, 부재가 받는 하중, 콘크리트 내부온도와 표면온도의 차이 등의 요인을 고려하여 결정한다.
④ 콘크리트의 압축강도 시험결과 다음 값에 도달했을 때는 해체할 수 있다.

부재		콘크리트 압축강도
확대기초, 보옆, 기둥, 벽 등의 측벽		5MPa 이상
슬래브 및 보의 밑면, 아치 내면	단층 구조의 경우	설계기준 압축강도×2/3 다만, 14MPa 이상
	다층 구조의 경우	설계기준 압축강도 이상 (필러 동바리 구조를 이용할 경우는 구조 계산에 의해 기간을 단축할 수 있음. 단, 이 경우라도 최소강도 14MPa 이상으로 함)

⑤ 기초, 보의 측면, 기둥, 벽의 거푸집널은 특히 내구성을 고려할 경우에는 콘크리트의 압축강도가 10MPa 이상 도달한 경우 해체하는 것이 좋다.
⑥ 거푸집널의 존치기간 중 평균 기온이 10℃ 이상인 경우 압축강도 시험을 하지 않고 기초, 보옆, 기둥 및 벽의 측벽의 경우 다음 표에 주어진 재령이상을 경과하면 해체할 수 있다.

시멘트의 종류 평균 기온	조강포틀랜드시멘트	보통 포틀랜드 시멘트 고로 슬래그 시멘트(1종) 포틀랜드 포졸란 시멘트(1종) 플라이 애시 시멘트(1종)	고로 슬래그 시멘트(2종) 포틀랜드 포졸란 시멘트(2종) 플라이 애시 시멘트(2종)
20℃ 이상	2일	4일	5일
20℃ 미만 10℃ 이상	3일	6일	8일

⑦ 보, 슬래브 및 아치 하부의 거푸집널은 원칙적으로 동바리를 해체한 후에 해체한다. 그러나 충분한 양의 동바리를 현 상태대로 유지하도록 설계 시공된 경우 콘크리트를 10℃ 이상 온도에서 4일 이상 양생한 후 책임 기술자의 승인을 받아 해체할 수 있다.
⑧ 해체 순서는 하중을 받지 않는 부분부터 해체한다. 즉 연직부재는 수평부재의 거푸집 보다 먼저 해체한다.
⑨ 거푸집의 존치기간이 짧은 순서는 기둥, 푸팅 기초, 스팬이 짧은 보, 스팬이 긴 보, 콘크리트 포장 순이다.

CHAPTER 3 출제 예상 문제

콘크리트공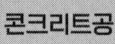

01 콘크리트 비비기부터 치기가 끝날 때까지의 시간은 외기온도가 25℃일 경우 원칙적으로 몇 시간 이내이어야 하는가?
① 1시간
② 1.5시간
③ 2시간
④ 2.5시간

> **해설** 외기온도가 25℃ 이상일 때는 1.5시간, 25℃ 미만일 때에는 2시간 이하로 콘크리트를 운반하여야 한다.

02 동바리 취급상의 주의 사항 중 옳지 않은 것은?
① 기둥은 연직으로 세워 편심이 생겨서는 안 된다.
② 기둥에 휨 응력이 작용하더라도 이는 고려하지 않고 설계해도 된다.
③ 허용응력은 강제의 파괴 하중에 대하여 안전율 그 이상을 취해야 한다.
④ 변위량은 Span 중앙부에서 1/200 이하가 되어야 한다.

> **해설** 기둥에 휨응력이 작용 시 휨응력을 고려하여 설계한다.

03 콘크리트를 운반할 때에 가급적 그 운반 횟수를 적게 하여야 하는 이유는?
① 운반 도중에 분실되기 쉬우므로
② 공비가 많이 들므로
③ 재료 분리가 일어나기 쉬우므로
④ 건조하기 쉬우므로

> **해설** 운반 과정에서 그 횟수가 많으면 재료분리 등이 일어나기 쉽다.

04 거푸집을 존치기간(存置期間)에 맞추어 해체(解體)할 때 다음 순서 중에서 가장 올바른 순서는?
① 보-기둥-기초
② 기초-기둥-보
③ 기둥-기초-보
④ 기초-보-기둥

> **해설** 거푸집은 하중을 적게 받는 부위부터 해체한다.

정답 01 ② 02 ② 03 ③ 04 ②

05 거푸집 및 동바리의 구조계산에서 연직 방향 하중에 관한 설명 중 틀린 것은?

① 활하중은 작업원, 경량의 장비하중, 기타 콘크리트 타설시 필요한 자재 및 공구 등의 시공하중, 충격하중을 포함한다.
② 구조물의 수평 투영 면적당 최소 2.5kN/m² 이상으로 활하중을 설계한다.
③ 고정하중과 활하중을 합한 연직하중은 슬래브 두께에 관계없이 최소 0.5kN/m² 이상을 고려한다.
④ 콘크리트 단위중량은 철근중량을 포함하여 제1종 경량 콘크리트의 고정하중은 20kN/m³이다.

해설 고정하중과 활하중을 합한 연직하중은 슬래브 두께에 관계없이 최소 5.0kN/m² 이상을 고려한다.

06 콘크리트에 시공이음을 두는 이유가 아닌 것은?

① 댐과 같이 단면이 큰 경우 수화열의 피해를 줄이기 위한 경우
② 기존에 타설된 콘크리트에 충분한 양생을 하기 위한 경우
③ 거푸집을 연속으로 쓰기 위해
④ 철근 조립을 일체로 할 수 없을 때

해설 시공이음을 두는 이유
① 거푸집 및 동바리를 반복하여 사용하기 위해
② 철근 조립을 쉽게 하기 위해

07 콘크리트 펌프를 사용하는 타설 계획에 대해 다음 설명 중 틀린 것은?

① 콘크리트 펌프의 타설 능력은 15~30m³/h인 것을 많이 사용한다.
② 콘크리트 펌프는 콘크리트 재료 분리가 많은 것이 결점이다.
③ 콘크리트로 수송할 수 있는 최대 거리는 수평으로 일직선인 경우 300m 정도이다.
④ 높은 곳에 콘크리트를 수송하는 데는 콘크리트 펌프가 유리하다.

해설 콘크리트를 연속적으로 압송할 수 있어 재료분리의 우려가 없다.

08 거푸집의 필요 조건과 관계가 가장 없는 것은?

① 재료의 강도
② 경제성
③ 가공조립의 용이도
④ 기초의 부등침하

해설 거푸집은 견고하고 조립·해체가 용이하고 안전하며 위치, 치수, 형상이 정확하여야 한다.

09 거푸집의 모서리에 모따기를 하는 이유 중 옳지 않은 것은?

① 콘크리트의 미관을 위해서
② 화재 기상 작용의 해를 적게 하기 위해서
③ 미장공이 일하기 편리하도록 하기 위해서
④ 거푸집을 제거할 때 콘크리트 모서리의 파손을 방지하기 위해서

해설 모서리에 모따기를 하지 않으면 모서리가 생겨 파손의 우려가 크고 미관상 좋지 않아 설치한다.

10 거푸집의 설계조건 중 옳지 않은 것은 어느 것인가?

① 거푸집의 이음은 연직 또는 수평으로 한다.
② 거푸집의 형상 및 위치를 정확하게 고정시켜야 한다.
③ 콘크리트를 치기 전에 일시적 개구는 없애야 한다.
④ 거푸집 철거 시 구조물에 진동 충격을 받지 않는 구조라야 한다.

해설 콘크리트를 치기 전에 일시적으로 개구를 설치해둬야 치기 및 검사가 용이하다.

11 다음은 동바리 시공에 대한 설명이다. 틀린 것은?

① 동바리는 필요에 따라 적당한 솟음을 두어야 한다.
② 강관 동바리는 3개 이상 연결하여 사용하지 않아야 한다.
③ 동바리 하부의 받침판 또는 받침목은 2단 이상 삽입하지 않도록 한다.
④ 강관 동바리의 설치 높이가 4m 초과할 때에는 시스템 동바리를 사용한다.

해설 강관 동바리는 2개 이상 연결하여 사용하지 않아야 한다.

12 거푸집 및 동바리의 구조계산에서 고정하중에 관한 설명 중 틀린 것은?

① 철근 콘크리트와 거푸집의 질량을 고려하여 합한 하중이다.
② 콘크리트 단위용적질량은 철근 질량을 포함하여 보통 콘크리트의 경우 $24kN/m^3$ 이다.
③ 거푸집의 하중은 최소 $0.5kN/m^2$ 이상을 적용한다.
④ 특수 거푸집의 경우에는 그 실제의 질량을 적용한다.

해설 거푸집의 하중은 최소 $0.4kN/m^2$ 이상을 적용한다.

3 출제 예상 문제

13 콘크리트의 운반에 대해 다음 중 틀린 것은 어느 것인가?
① 될 수 있는 대로 버킷(bucket)에 담아서 운반한다.
② 인력 운반은 주로 손수레이다.
③ 먼 거리를 운반하는 데는 덤프트럭이 좋다.
④ 콘크리트 펌프로 운반하는 수도 있다.

해설 먼 거리를 운반하는데 는 애지데이터 트럭믹서로 운반하는 것이 적당하다.

14 다음은 강 아치 동바리공의 설치에 대한 시방 규정을 적은 것이다. 설명이 틀린 것은?
① 강 아치 동바리공은 상호를 연결 볼트 및 안버팀재로 충분히 조여야 한다.
② 동바리공은 널판 등을 써서 원지반을 지지시킴과 동시에 쐐기로서 원지반과의 틈을 조여 아치 작용이 충분히 확보되도록 하여야 한다.
③ 동바리공은 최소 라이닝 두께선이 명시되어 있는 경우에는 이 선을 침범하여 시공해도 무방하다.
④ 설계 라이닝 두께선을 침범한 목재는 라이닝 시공시에 제거하여야 한다.

해설 동바리공은 최소 라이닝 두께선이 명시되어 있는 경우에는 이선을 침범하여 시공해서는 안 된다.

15 거푸집 및 동바리를 떼어내는 시기에 대한 설명 중 옳지 않는 것은?
① 콘크리트가 경화되어 거푸집이 압력을 받지 않을 때까지 둔다.
② 확대기초, 보옆, 기둥, 벽 등의 측벽은 콘크리트 압축강도가 5MPa 이상일 때 해체 할 수 있다.
③ 거푸집 해체 순서는 하중을 받지 않는 부분부터 해체한다.
④ 기초, 보의 측면, 기둥, 벽의 거푸집 널은 내구성을 구할 경우 콘크리트 압축강도가 20MPa 이상 도달한 경우 해체하는 것이 좋다.

해설 기초, 보의 측면, 기둥, 벽의 거푸집 널은 내구성을 고려할 경우 콘크리트 압축강도가 10MPa 이상 도달한 경우 해체하는 것이 좋다.

16 콘크리트 타설 방법에 대한 설명 중 틀린 것은?
① 슈트, 펌프 수송관, 버킷, 호퍼등의 배출구와 타설면까지의 높이는 1.5m 이하를 원칙으로 한다.
② 블리딩에 의해 생긴 고인물을 제거하기 위해 콘크리트 표면에 홈을 만들어 흐르게 한다.
③ 콘크리트 타설의 1층 높이는 다짐능력을 고려하여 결정한다.
④ 타설 속도는 일반적으로 30분에 1~1.5m 정도로 한다.

해설 블리딩에 의해 생긴 고인물을 제거하기 위해 콘크리트 표면에 홈을 만들어 흐르게 해서는 안 된다.

17 일 평균기온이 15℃ 이상의 경우 보통 포틀랜드 시멘트를 사용한 콘크리트의 습윤 양생기간의 표준은?
① 3일 ② 4일
③ 5일 ④ 7일

해설 조강 포틀랜드 시멘트를 사용할 경우 : 3일

18 콘크리트의 시공이음에 대한 설명 중 틀린 것은?
① 헌치는 바닥틀과 연속으로 콘크리트를 타설한다.
② 바닥틀과 일체로 된 기둥, 벽의 시공이음은 바닥틀과 경계부근에 둔다.
③ 아치축에 직각 방향이 되게 시공이음을 한다.
④ 될 수 있는대로 전단력이 큰 위치에 시공이음을 한다.

해설 될 수 있는 대로 전단력이 작은 위치에 시공이음을 한다.

19 거푸집 및 동바리의 시공에서 옳지 않은 것은?
① 동바리 시공에 앞서 기초 지반을 정리하고 소요의 지지력을 얻도록 할 것
② 동바리는 부등침하 등이 일어나지 않도록 보강 방법을 강구할 것
③ 거푸집은 콘크리트를 타설한 직후 설계도에 의한 소정의 치수를 검사할 것
④ 연직 부재의 거푸집은 수평 부재의 거푸집보다 먼저 떼어낼 것

해설 거푸집 및 동바리는 콘크리트를 타설하기 전에 검측을 받는다.

20 콘크리트 치기 작업에 대한 설명 중 틀린 것은?
① 콘크리트 치기는 시공 설비의 능력, 노동력, 천후를 고려하여 정한다.
② 경사면에 콘크리트를 칠 때에는 높은 곳에서부터 시작하는 것이 보통이다.
③ 거푸집이 될 수 있으면 균등하게 침하할 수 있는 순서로 콘크리트를 쳐야 한다.
④ 일반적으로 콘크리트 표면은 한 작업 구획 내에서 대략 수평이 되게 한다.

해설
- 경사면에 콘크리트를 칠 때에는 낮은 곳에서부터 높은 곳으로 친다.
- 콘크리트 치기 작업은 다지기 두께와 다음 치기까지의 대기시간, 시공 속도 등은 시방서 규정을 준수해야 한다.

정답 13 ③ 14 ③ 15 ④ 16 ② 17 ② 18 ④ 19 ③ 20 ②

CHAPTER 3 출제 예상 문제

21 강재 거푸집 사용 횟수는 몇 회를 기준으로 하는가? [단, 간단한 구조(측구, 기초, 수로 등) 강재의 두께 3.2mm가 기준임]
① 20~30회 ② 30~40회
③ 40~100회 ④ 150~200회

22 콘크리트의 비비기에 대한 설명 중 잘못된 것은?
① 비비기가 좋아지면 강도가 좋아진다.
② 비비기를 시작하기 전에 미리 믹서에 모르타르를 떼어내는 것을 원칙으로 한다.
③ 비비기가 과도할 때 콘크리트에서는 워커빌리티가 감소한다.
④ 콘크리트 비비기는 원칙적으로 믹서에 의한 기계 비비기를 한다.

해설 비비기 전에 미리 믹서 안에 모르타르를 부착시킨다.

23 콘크리트 비비기에 관한 다음 설명 중 틀린 것은?
① 콘크리트 믹서에 재료를 넣는 순서는 모든 재료를 한꺼번에 넣는 것이 좋다.
② 비비기는 미리 정해둔 비비기 시간의 3배 이상 계속해서는 안 된다.
③ 믹서의 회전 외주 속도는 매초 1m를 표준으로 한다.
④ 중력식 믹서의 경우 1분 이상을 비빈다.

해설 강제식 믹서의 경우 1분 이상을 비빈다.

24 콘크리트의 운반 작업에 대한 설명 중 틀린 것은?
① 높은 곳에서부터 콘크리트를 칠 경우 원칙적으로 경사슈트를 이용한다.
② 된 반죽 콘크리트 운반에 벨트 컨베이어가 적합하다.
③ 버킷은 믹서로부터 받아 즉시 콘크리트를 칠 장소로 운반하기에 가장 좋은 방법이다.
④ 콘크리트 펌프의 수송관 배치는 가능한 한 굴곡을 적게 하고 수평, 상향으로 압송한다.

해설 높은 곳에서부터 콘크리트를 칠 경우 원칙적으로 연직 슈트를 사용해야 한다.

25 Batch Mixer란 다음 어느 것을 말하는가?
① $1m^3$의 콘크리트를 혼합하는 기계이다.
② 콘크리트 재료를 1회분씩 혼합하는 기계이다.
③ Bacher Plant의 별명이다.
④ 콘크리트와 모르타르의 배합비를 측정하는 기계이다.

> **해설** 콘크리트 재료를 1회분 혼합하여 비비는 것을 Batch Mixer라 한다.

26 콘크리트 신축이음으로서 구비해야 할 주의사항 중 거리가 먼 것은?
① 온도변화 등에 의한 신축이 자유로울 것
② 평탄하고 주행성이 있는 구조가 되어야 한다.
③ 강성이 낮은 일체 구조로서 내구성이 있을 것
④ 구조가 단순하고 시공이 쉬울 것

> **해설** 강성이 높은 일체구조로 내구성이 있을 것

27 콘크리트 신축이음의 두께는 보통 어느 정도가 좋은가?
① 1cm 이하
② 1~3cm
③ 3~4cm
④ 4~5cm

28 Bleeding이 심하면 콘크리트에 끼치는 영향은?
① 강도가 증가한다.
② 다지기가 잘 된다.
③ 재료가 분리하지 않는다.
④ 응결이 빨라진다.

> **해설** 블리딩이 심하면 콘크리트 속의 수분이 적어지므로 응결이 빨라진다.

29 콘크리트 양생에 관한 설명 중 틀린 것은?
① 치기를 마친 콘크리트의 상부에는 시트 등으로 햇빛 막이나 바람막이를 설치하여 수분 증발을 막는다.
② 콘크리트의 강도 증진을 위해 가능한 오랫동안 습윤상태로 유지하는 것이 좋다.
③ 거푸집판이 건조 할 우려가 있을 때는 살수하여 습윤상태로 유지한다.
④ 막양생은 막양생제를 콘크리트 표면의 물빛이 있을 때 살포하며 살포 방향을 바꾸어서 2회 이상 실시한다.

> **해설** 막양생은 콘크리트의 표면에 막을 만드는 막양생제를 살포하여 증발을 막는 양생으로 막양생제는 콘크리트 표면의 물빛이 없어진 직후에 살포하며 살포 방향을 바꾸어서 2회 이상 실시한다.

정답 21 ④ 22 ② 23 ④ 24 ① 25 ② 26 ③ 27 ② 28 ④ 29 ④

30 콘크리트의 양생기간 중 양생의 기본 사항과 관계가 먼 것은?
① 양생기간 중 형틀을 존치 시킨다.
② 가열과 냉각을 반복한다.
③ 수분을 충분하게 공급한다.
④ 성형된 콘크리트에 충격이나 진동을 주지 않는다.

해설 콘크리트가 경화되도록 적당한 온도와 습도를 유지시켜 보호해야 한다.

31 다음의 양생 방법 중 초기 재령에서 가장 강도를 크게 할 수 있는 방법은?
① 고압증기양생
② 습윤양생
③ 수중양생
④ 상압증기양생

해설 고압증기양생은 온도 180°C 전후로 증기압 7~15기압의 고온 고압처리 방법으로 말뚝, 기포 콘크리트 제품 등의 양생에 적용한다.

32 일평균 기온이 15°C 이상일 때 조강포틀랜드 시멘트를 사용한 콘크리트의 양생 시 습윤 상태의 보호기간은 최소 며칠 이상으로 하는가?
① 1일
② 3일
③ 5일
④ 7일

33 콘크리트의 상압증기 양생에 대한 설명 중 틀린 것은?
① 양생 시간은 24시간 이내가 되도록 한다.
② 보통 대기압 이상의 압력이 필요하다.
③ 양생시 온도 상승 속도는 1시간에 20°C 이하로 하고 최고온도는 65°C로 한다.
④ 보통 콘크리트보다 경량 콘크리트는 높게 가열해도 된다.

해설
• 양생 시간은 18시간 이내가 되도록 한다.
• 콘크리트를 비빈후 3시간 이후부터 증기 양생을 한다.

34 다음 중 상온에서 일반 콘크리트를 양생할 때 가장 높은 강도(28일 기준)를 확보할 수 있는 양생 방법은?
① 습윤 양생
② 기중 양생
③ 피막 양생
④ 급열 양생

해설 상온(20±2°C)이므로 온도제어 양생은 필요 없고 재령 28일 기준이므로 표준 양생인 습윤 방법이 가장 유효하다.

35 거푸집판 내부에 박리제를 칠할 때 효과로 볼 수 없는 것은?
① 콘크리트의 거푸집면 부착방지
② 거푸집 해체 용이
③ 수분 흡수 방지
④ 콘크리트의 강도 증진

36 동바리(받침기둥)의 시공에 관한 설명 중 틀린 것은?
① 동바리는 필요한 경우 적당한 솟음을 둔다.
② 강관동바리는 3개 이상 이어서 사용하지 않는다.
③ 강관동바리 높이가 3.5m 이상의 경우 높이 2.0m 이내마다 수평 연결재를 2개 방향으로 설치한다.
④ 동바리 하부의 받침판 또는 받침목은 2단 이상 삽입하지 않는다.

> **해설** 강관동바리는 2개 이상 이어서 사용하지 않는다.

37 보 옆, 기둥, 벽 등의 측벽의 경우 콘크리트 압축강도가 몇 MPa 이상일 때 거푸집널을 해체할 수 있는가?
① 4MPa
② 5MPa
③ 6MPa
④ 10MPa

> **해설** 슬래브 및 보의 밑면, 아치 내면 거푸집 해체의 경우(단, 단층 구조의 경우)
> 설계기준강도×2/3 이상인 경우 가능. 단, 14MPa 이상이어야 한다.

38 거푸집 해체에 관한 설명 중 틀린 것은?
① 거푸집 해체는 하중을 받지 않는 부분을 먼저하고 나중에 중요한 부분을 떼어낸다.
② 기둥, 벽 등의 연직 부재의 거푸집은 보 등의 수평보재보다 늦게 떼어낸다.
③ 보의 양 측면의 거푸집은 바닥판보다 먼저 떼어낸다.
④ 거푸집은 콘크리트의 강도가 소정의 값이 될 때까지 떼어내지 않는다.

> **해설** 기둥, 벽 등의 연직 부재의 거푸집은 보 등의 수평부재의 거푸집보다 먼저 떼어내는 것이 원칙이다.

39 다음은 거푸집 및 동바리 구조계산시 연직방향 하중에 대한 설명이다. 틀린 것은?
① 거푸집의 하중은 최소 $0.4kN/m^2$ 이상을 적용한다.
② 고정하중은 철근 콘크리트와 거푸집의 중량을 고려하여 합한 하중이다.
③ 콘크리트 단위중량은 철근 중량을 포함하여 보통 콘크리트는 $24kN/m^3$을 적용한다.
④ 고정하중과 활하중을 합한 연직하중은 슬래브 두께에 관계없이 최소 $6.25kN/m^2$ 이상을 고려한다.

정답 30 ② 31 ① 32 ② 33 ① 34 ① 35 ④ 36 ② 37 ② 38 ② 39 ④

[해설] 고정하중과 활하중을 합한 연직하중은 슬래브 두께에 관계없이 최소 5.0kN/m² 이상을 고려한다.

40 옹벽과 같은 거푸집의 경우에는 거푸집 측면에 대하여 몇 kN/m² 이상의 수평방향 하중이 작용하는 것으로 보는가?

① 0.5kN/m²   ② 1.0kN/m²   ③ 2kN/m²   ④ 4kN/m²

41 동바리에 작용하는 수평방향의 하중으로 고려하지 않는 것은?

① 거푸집의 경사
② 작업할 때의 진동 및 충격
③ 풍압
④ 콘크리트의 치기 속도

[해설] 횡방향 하중(수평방향 하중)으로는 거푸집의 경사, 작업할 때의 진동, 충격, 풍압, 유수압, 지진 등을 고려한다.

42 콘크리트 측압 산정시 고려하지 않는 사항은?

① 콘크리트 배합
② 콘크리트 치기 속도
③ 시공기계의 기구의 중량
④ 칠 때의 콘크리트 온도

[해설] 콘크리트의 측압은 사용재료, 배합, 치기속도, 치기높이, 다지기 방법 및 칠 때의 콘크리트 온도, 혼화제의 종류, 부재의 단면치수, 철근량 등에 의해 영향을 받는다.

43 기초, 보의 측면, 기둥, 벽의 거푸집 널은 내구성을 고려할 경우 콘크리트 압축강도가 몇 MPa 이상 도달한 경우 해체하는 것이 좋은가?

① 5Mpa   ② 10MPa   ③ 15Mpa   ④ 20MPa

44 보통 포틀랜드 시멘트를 사용하고 단위용적질량 2400kg/m³, 슬럼프 100mm 이하의 콘크리트를 내부 진동기로 타설하는 경우 기둥의 측압 계산식은?

① $P = 7.8 \times 10^{-3} + \dfrac{0.78R}{T+20} \leq 0.15(\text{MPa})$ 또는 $2.4 \times 10^{-2} H(\text{MPa})$

② $P = 7.8 \times 10^{-3} + \dfrac{0.78R}{T+20} \leq 0.1(\text{MPa})$ 또는 $2.4 \times 10^{-2} H(\text{MPa})$

③ $P = 7.8 \times 10^{-3} + \dfrac{1.18 + 0.245R}{T+20} \leq 0.1(\text{MPa})$ 또는 $2.4 \times 10^{-2} H(\text{MPa})$

④ $P = 7.8 \times 10^{-3} + \dfrac{1.18 + 0.245R}{T+20} \leq 0.15(\text{MPa})$ 또는 $2.4 \times 10^{-2} H(\text{MPa})$

해설 ②의 식은 벽체로서 $R \leq 2\text{m/h}$인 경우에 해당된다.
③의 식은 벽체로서 $R > 2\text{m/h}$인 경우에 해당된다.

45 동바리에 작용하는 횡방향 하중은 설계 고정하중의 2% 이상 또는 동바리 상단의 수평방향 단위 길이당 몇 kN/m 이상 중에서 큰 하중이 동바리 머리부분에 수평방향으로 작용하는 것으로 가정하는가?

① 0.5kN/m　　② 1kN/m　　③ 1.5kN/m　　④ 2kN/m

46 콘크리트의 시공 이음에 관한 설명 중 틀린 것은?

① 시공이음은 전단력이 작은 위치에 설치한다.
② 시공이음을 부재의 압축력이 작용하는 방향과 직각되게 한다.
③ 시공이음부를 철근으로 보강하는 경우 정착길이는 철근 지름의 10배 이상으로 한다.
④ 시공이음부를 원형 철근으로 보강하는 경우 갈고리를 붙인다.

해설 시공이음부를 철근으로 보강하는 경우 정착길이는 철근 지름의 20배 이상으로 한다.

47 콘크리트의 연직시공 이음부의 거푸집 제거 시기는 콘크리트를 치고 난 후 여름에는 몇 시간 정도인가?

① 2~3시간　　　　　　② 4~6시간
③ 8~10시간　　　　　 ④ 10~15시간

해설 겨울에는 10~15시간 정도

48 콘크리트 시공이음에 관한 설명 중 틀린 것은?

① 헌치는 바닥틀과 연속해서 콘크리트를 쳐야 한다.
② 바닥틀과 일체로 된 기둥 또는 벽의 시공이음은 바닥틀과의 경계부근에 설치하는 것이 좋다.
③ 바닥틀의 시공이음은 슬래브 또는 보의 지간 중앙부 1/3 이내에 두어야 한다.
④ 아치의 시공이음은 아치축에 직각방향으로 설치해서는 안 된다.

해설 • 아치의 시공이음이 아치축에 직각으로 설치한다.
• 아치의 폭이 넓을 때는 지간방향의 연직시공이음을 설치해야 한다.

정답 40 ① 41 ④ 42 ③ 43 ② 44 ① 45 ③ 46 ③ 47 ② 48 ④

49 콘크리트 신축이음에 관한 설명 중 틀린 것은?

① 신축이음은 구조물이 서로 접하는 양쪽부분을 절연시켜야 한다.
② 구조물의 종류나 설치 장소에 따라 콘크리트만 절연시키고 철근은 연속시키는 경우도 있다.
③ 절연시킨 신축이음에서 신축이음에 턱이 생길 위험이 있을 경우는 장부 또는 홈을 만들어서는 안 된다.
④ 신축이음의 줄눈에 흙 등이 들어갈 염려가 있을 때는 이음 채움재를 사용해야 한다.

해설
- 절연시킨 신축이음에서 신축이음에 턱이 생길 위험이 있을 경우에는 장부 또는 홈을 만들거나 슬립바(slip bar)를 사용하는 것이 좋다.
- 수밀을 요하는 구조물의 신축이음에는 적당한 신축성을 가지는 지수판을 사용해야 한다.
- 지수판 재료는 동판, 스텐레스판, 염화비닐수지, 고무제품 등이 사용된다.

50 균열유발 줄눈의 간격은 부재높이의 1배 이상에서 2배 이내 정도로 하고 단면의 결손율은 몇 %를 약간 넘을 정도로 하는 것이 좋은가?

① 10%   ② 20%
③ 30%   ④ 40%

해설 미리 어느 정해진 장소에 균열을 집중시킬 목적으로 소정의 간격으로 단면 결손부를 설치하여 균열을 강제적으로 생기게 하는 균열유발 줄눈을 설치한다.

51 고정하중과 활하중을 합한 연직하중은 전동식 카트를 사용시 최소 몇 kN/m² 이상을 고려하는가?

① 2.5kN/m²   ② 3.75kN/m²
③ 5.0kN/m²   ④ 6.25kN/m²

해설 고정하중과 활하중을 합한 연직하중은 슬래브 두께에 관계없이 최소 5.0kN/m² 이상, 전동식 카트 사용시에는 최소 6.25kN/m² 이상을 고려한다.

정답 49 ③ 50 ② 51 ④

CHAPTER 4 기초공

1 말뚝기초

❶ 원심력 철근 콘크리트 말뚝(RC말뚝)

(1) 장점

① 말뚝 재료의 입수가 용이하다.
② 재질이 균일하며 신뢰성이 높다.
③ 강도가 커 지지말뚝에 적합하다.
④ 말뚝의 길이가 15m 이하 일 때 경제적이다.

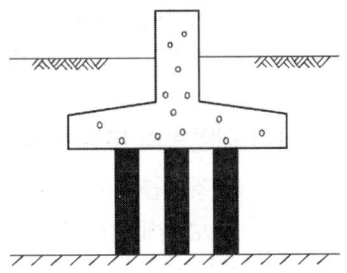

(2) 단점

① 무게가 무거워 운반 및 취급이 어렵다.
② N가 30정도인 굳은 지층은 관통하기 어렵다.
③ 타입시 균열이 생기기 쉽다.
④ 말뚝 이음의 신뢰성이 적다.

❷ 프리스트레스트 콘크리트 말뚝(PC말뚝)

(1) 장점

① 항타시 균열이나 인장파괴가 일어나지 않는다.
② 이음이 쉽고 신뢰성이 크다.
③ 강재가 부식할 염려가 없고 내구성이 크다.
④ 휨량을 받았을 때 휨량이 적다.
⑤ 길이의 조절이 쉽다.

(2) 단점

① 원심력 철근 콘크리트 말뚝 보다 가격이 비싸다
② 말뚝머리를 절단 할 경우 내부의 응력에 큰 영향을 준다.
③ 말뚝의 길이가 15m 이하의 경우 경제적이다.

③ 강말뚝(steel pile)

(1) 장점
① 재질이 강해 굳은 지층에도 항타가 가능하다.
② 단면의 휨 강도가 커 수평저항력이 크다.
③ 말뚝 이음이 쉽고 길이의 조절이 쉽다.
④ 무게가 가벼워 운반 및 취급이 용이하다.
⑤ 말뚝타입이 쉽다.
⑥ 지내력이 큰 지층까지 깊게 박을 수 있어 큰 지지력을 얻을 수 있다.

(2) 단점
① 부식하기 쉽다.
② 가격이 비싸다.
③ 마찰말뚝이나 다짐말뚝으로는 유효하지 않다.

(3) 강말뚝의 부식 방지 대책
① 두께를 증가시키는 방법(2mm 정도 증가)
② 도장에 의한 방법
③ 콘크리트 피복시키는 방법
④ 전기방식법

(4) 강관말뚝과 H형강 말뚝의 비교
① H형강 말뚝은 강관(원형) 말뚝에 비해 가격이 20~30% 정도 싸고 흙의 배제량이 적어 좁은 곳에 조밀하게 시공할 수 있다.
② 강관 말뚝은 모든 방향으로 강도가 동일하고 단면계수, 겉둘레 면적, 끝부분의 겉보기 면적 등의 공학적 특성이 H형강 말뚝보다 우수하다.

2 기성 말뚝의 항타공법

① 타입식

- 해머로 말뚝을 지반에 박는 공법
- 능률적이고 가장 확실하다.
- 소음과 진동이 있어 시가지 공사에 적합하지 않다.
- 디젤 해머가 많이 쓰인다.

(1) 드롭 해머(drop hammer)

① 장점
- 설비가 간단하다.
- 해머와 낙하고를 자유롭게 조절할 수 있다.
- 고장이 적고 유지 관리비가 싸다.

② 단점
- 두부가 손상하기 쉽다.
- 타입 길이가 한정되어 있다.
- 타입속도가 느리고, 편심되기 쉽다.

③ 적용성
- 해머중량을 말뚝 중량의 3배 정도
- 비교적 소규모 공사에 적합하고 과거에 사용
- 모든 토질에 유효

(2) 증기 해머(steam hammer)

① 장점
- 강력하고 능률이 좋다.
- 경사 말뚝과 수중에 항타가 가능하다.
- 두부의 손상이 적다.

② 단점
- 연속 항타로 소음이 크다.
- 시공설비가 커 소규모 공사에 부적합하다.
- 낙하높이의 조절이 안 된다.
- 기동성이 부족하다.

(3) 디젤 해머(diesel hammer)

① 장점
- 기동성이 풍부하다.
- 큰 타격력을 얻을 수 있다.
- 연료비가 싸다.
- 작업능률이 좋다.

② 단점
- 중량이 커 설비가 크다.
- 소음과 진동이 크다.
- 연약지반에서는 능률이 낮다.

- 타입 시 기름의 비산이 발생한다.
- 말뚝을 파손시키기 쉽다.

❷ 진동식

- 진동 파일 해머를 사용하여 말뚝에 축방향으로 진동을 주어 말뚝을 막는 공법
- 타격속도가 빠르다.
- 강관말뚝 박기나 강널말뚝 박기에 많이 사용한다.
- 점성이 높은 지반에는 진동효과가 없어 말뚝 박기가 곤란하다.

(1) Vibro hammer

① **장점**
- 정확한 위치의 타입이 가능하다.
- 비교적 소음이 적다.
- 두부의 손상이 적다.
- 타입 및 인발이 쉽다.

② **단점**
- 대용량의 전원이 필요하다.
- 긴 말뚝에 부적합하고 특수 캡이 필요하다.
- 토질의 변화에 적응성이 낮다.
- N치가 30 이상인 지반에 사용이 불가능하다.

❸ 압입식

① 유압 잭을 이용하여 말뚝주변 또는 선단부를 교란시키지 않고 말뚝을 압입시키는 공법
② 단단한 지반에는 적합하지 않다(N=30까지는 관입이 가능).
③ 무소음 무진동 공법이다.
④ 상당한 큰 반력하중의 준비가 곤란하다.
⑤ 시가지 공사에 사용하기 좋으며 점토질 지반에 알맞다.

❹ 사수식(분사식)

① 기성말뚝의 내부나 외부에 파이프를 설치하여 압력수나 압축공기를 말뚝 선단부에 분출시켜 말뚝의 관입저항을 감소시키며 말뚝을 박는 공법
② 모래질 지반에 적합하다.

현장 콘크리트 말뚝

❶ Franky 말뚝

케이싱을 박은 후 내부에 콘크리트를 채워 그 위를 드롭 해머로 콘크리트를 타격하여 케이싱 외관을 빼면서 지지층까지 박는 말뚝

❷ Pedestal 말뚝

케이싱의 외관과 내관을 소정의 깊이까지 깊게 박은 후 내관을 빼고 외관 속에 콘크리트를 다져 넣으면서 외관을 빼내 지중에 말뚝을 만든다.

❸ Raymond 말뚝

케이싱의 내·외관을 동시에 박아 적당한 깊이에 도달하면 내관을 뽑아내고 외관 속에 콘크리트를 다져 넣는 방법으로 말뚝을 만든다.

피어기초

❶ 베노토(benoto) 공법

(1) 개요

① 케이싱 튜브(강관)을 유압잭으로 경질지반까지 관입하여 정착시킨 후 내부를 해머 그래브로 굴착하여 공내에 철근망을 설치하고 콘크리트를 타설하면서 케이싱을 뽑아내어 원형의 주상기초를 만드는 공법
② 강관을 사용하므로 all casing 공법이라 한다.

(2) 특징

① 토질의 조건에 영향을 받지 않아 경질 및 자갈층까지 능률적이다.
② 케이싱을 지중에 관입하고 해머 그래브(hammer grab)로 굴착한다.
③ 수중굴착인 경우 기타 공법에 비해 우수하다.
④ 케이싱을 인발할 경우 철근이 뽑히는 공상 현상이 우려된다.

(3) 시공순서

케이싱의 압입 및 굴착 → 양수 → 조립된 철근을 내림 → 트레미관 삽입 → 콘크리트 타설 → 케이싱 인발 → 말뚝머리 처리

② 어스드릴(earth drill)공법

(1) 개요

① 칼웰드(Calweld)공법이라고 한다.
② 회전식 버킷으로 필요한 깊이까지 벤토나이트(bentonite) 안정액으로 공벽을 유지하면서 굴착한 후 그 굴착공에 철근을 삽입하고 콘크리트를 타설하여 말뚝을 축조하는 공법
③ 베노토(bonoto)공법과의 차이점은 케이싱 튜브를 원칙적으로 사용하지 않는 것이다.

(2) 특징

① 기계의 취급이 용이하고 굴착속도가 빠르다.
② 소음 및 진동이 타공법에 비해 적다.
③ 전석이나 호박돌층이 있을 때는 곤란하다.
④ 굴착토사가 안정액과 혼합되어 배출되므로 폐액처리를 철저하게 한다.
⑤ 슬라임(slime) 처리가 불확실하여 말뚝의 초기침하를 주의해야 한다.

(3) 시공순서

굴착 → 표층 케이싱 파이프 삽입 및 안정액 주입 → 철근망 넣기 → 트레미관 삽입 → 콘크리트 타설 → 표층 케이싱 인발

③ 리버스 셔큘레이션(Reverse Circulation) 공법

(1) 개요

① 특수 Bit의 회전으로 토사를 굴착한 후 정수압으로 공벽을 유지하면서 물의 순환을 이용하여 흙은 드릴 파이프로 배출하고 철근 망태를 삽입 후 트레미로 콘크리트를 타설한다.
② 드릴 로드의 끝에서 물을 빨아 올려 굴착 토사를 물과 함께 지상으로 올려 굴착하는 공법으로 역순환 공법이라고 한다.

(2) 특징

① 구멍속을 물의 정수압($0.2kg/cm^2$)에 의하여 공벽의 붕괴를 방지하면서 굴착하므로 케이싱 튜브가 필요없다.
② 연속시공이 가능하며 시공능률이 좋다.
③ 너무 굳은 지반이나 전석, 호박돌층의 굴착은 부적당하다.
④ 수압을 이용하며 연약한 지반에 적합하다.

5 케이슨 기초

1 우물통(정통) 기초(Open Caisson)

(1) 우물통 기초의 형상 및 구조
① 단면은 원형, 정사각형, 직사각형, 타원형 등이 있다.
② 두께는 보통 40~80cm 정도
③ 1로트(2~3m) 정도씩 침하시킨다.
④ 끝부분에 커브 슈(Curve Shoe)를 붙여 콘크리트 보호 및 침하를 용이하게 한다.

(2) 수중 제자리 놓기
① 축도법 : 수심이 5m 정도까지는 축도하여 우물통을 설치하는 방법
② 비계식 : 수저(水低)를 평활하게 고른 후 케이슨을 수면위로 50cm 이상 나오게 비계를 설치하고 발판을 제거한 후 침하시킨다. 이 방법은 소형케이슨에 사용한다.
③ 예항법 : 수심이 깊은 곳은 케이슨을 소정의 위치까지 예인 후 콘크리트를 타설하여 침설시키는 방법

(3) 우물통의 침하조건
$W > F + \varepsilon$

여기서, W : 우물통의 수직하중(자중+재하중)
F : 총주면의 마찰력($= f \pi D l$)
ε : 우물통의 선단부 지지력($= q_u \cdot A$)

(4) 우물통의 침하방법
① 재하중식   ② Jet 분사식
③ 물하중식   ④ 발파식
⑤ 진동식

(5) 우물통 기초의 특징
① 침하깊이에 제한을 받지 않는다.
② 시공설비가 간단하고 공사비가 적게 소요된다.
③ 굴착 중 전석, 호박돌의 제거가 곤란하다.
④ 지지력 측정이 곤란하다.
⑤ 경사 수정이 곤란하다.
⑥ 주변지반의 히빙, 보일링 현상 등이 우려된다.
⑦ 공정이 불확실하다.

❷ 공기 케이슨(Penumatic Caisson)

기압이 높은 작업실을 케이슨 저부에 설치하여 지하수의 침입을 차단하고 육상작업과 같이 인력으로 굴착하여 소정의 굳은 지반에 케이슨을 침설하는 공법이다.

(1) 장점
① 공정이 빠르고 공기를 확실하게 예측 가능하다.
② 토층 및 토질의 확인이 쉽고 지지력 시험도 가능하다.
③ 이동경사가 작고 경사수정이 쉽다.
④ 콘크리트의 시공이 확실하여 신뢰성이 높다.

(2) 단점
① 침하깊이에 제한을 받는다(수심이 35~40m 이내, 기압이 $3.5kg/cm^2$ 정도).
② 고압실내에서 작업하므로 케이슨 병의 우려가 있다.
③ 작업원의 모집이 곤란하고 노무비가 비싸다.
④ 압축공기를 이용하여 시공하므로 복잡하고 비싸 소규모 공사에는 비경제적이다.

❸ 박스 케이슨(Box Caisson)

방파제나 안벽용으로 이용되는 케이슨으로 육상에서 케이슨을 제작하여 해상에 진수시켜 배로 예인하고 소정의 위치에서 함내에 주수하고 해중에 침설시킨다.

(1) 장점
① 육상에서 케이슨 구조체를 제작하므로 품질 확보가 용이하다.
② 케이슨 설치가 용이하다.

(2) 단점
① 케이슨을 거치 할 위치에 기초 조성을 모래 및 사석으로 표면을 평활하게 해야 한다.
② 대형 기중기가 소요된다.
③ 지지층의 요철의 영향이 크다.

6 흙막이 공법

❶ 엄지 말뚝식 횡널판 토류벽

(1) 개요
① H형강, I형강을 엄지 말뚝으로 길이 1~2m 간격으로 직타 또는 천공하여 관입하고 엄지 말뚝 사이에 토류판을 끼워 넣는 흙막이 공법이다.
② 흙막이벽 안쪽에 띠장(wale), 버팀보(strut) 등을 설치하여 토압과 수압에 대하여 저항한다.

(2) 장점
① 양질지반에 사용되며 시공이 용이하다.
② 공사비가 저렴하다.
③ 굴착심도나 지반상태의 변화에 따라 토류판 단면을 변화시킬 수 있다.
④ H형강을 재사용 할 수 있다.

(3) 단점
① 차수성이 없어 인접 주위지반에 해로운 영향을 미칠 우려가 크다.
② 지하수위가 높은 지반, 연약한 지반에서는 boiling과 heaving이 발생할 가능성이 크다.

❷ 강널말뚝(sheet pile)식 흙막이 벽

(1) 개요
이음구조를 된 U형, Z형, I형 등의 강널 말뚝을 연속으로 지중에 관입하는 흙막이로 관입이 용이한 연약한 지반, 굴착 깊이가 크지 않는 지반에 사용되는 공법이다.

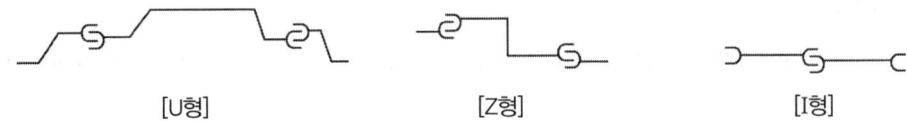

[U형]　　　　[Z형]　　　　[I형]

(2) 장점
① 차수성이 비교적 양호하다.
② 굴착저면 밑넣기 부분의 연속성이 유지된다.
③ 비교적 강성이 크다.
④ 시공이 비교적 용이하다.
⑤ 연약지반에서도 sheet pile의 근입깊이를 깊게하면 heaving을 방지할 수 있다.

(3) 단점
① 자갈 섞인 토질에는 관입이 곤란하다.
② 직타로 인한 진동이 문제된다.
③ 인발시 주변지반의 영향이 크다.
④ 단면 성능에 한계가 있어 깊은 굴착에서는 토류벽의 지지단수가 많아진다.

❸ 강관 널말뚝(pipe pile) 흙막이 벽

(1) 개요
① 주로 강관말뚝을 이용하여 이음장치(locking)를 하고 지중에 타입한다.
② 수심이 깊은 수중에서의 물막이 공사, 토압, 수압이 큰 연약지반에 적합한 공법이다.

(2) 장점
① 수밀성이 크고 벽체의 휨강성이 크다.
② 견고한 지반에 관입시킬 수 있어 boiling과 heaving에 대하여 비교적 안전하다.
③ 필요시 토류벽 단면 성능을 높일 수 있어 토류벽 지지위치를 조정 가능하다.

(3) 단점
① 공사비가 비교적 고가이다.
② 연결부의 경사, 편기, 비틀림등 연결부 처리를 신중해야 한다.
③ 자갈 섞인 토질층에는 관입이 쉽지 않고 직타 중 이음장치 부위에 결함이 발생하여 차수가 안 될수 있다.
④ 인발하여 재사용이 비교적 곤란하다.
⑤ 강관을 직타하므로 소음, 진동 등의 공해가 발생한다.

❹ 주열식(柱列式) 흙막이 공법

(1) 개요
굴착 전에 대공극공을 한 후 현장타설 콘크리트 말뚝을 연속하여 지중에 설치하여 토류벽을 형성하는 공법이다.

(2) 종류
① PIP(Packed In Place) 말뚝
- 연속 날개가 붙은 오거(auger)로 소정의 깊이까지 굴착한 후 auger shift 선단에서 주입 모르타르를 $3 \sim 7 kg/cm^2$의 압력으로 압출하면서 auger를 뽑아내고 철근망이나 형강을 삽입하여 말뚝을 완성시킨다.
- 지하수위가 높은 층, 연약한 지층에 적용된다.
- 근접시공이 가능하고 연속타설로 지수벽으로 효과가 좋다.

- 진동, 소음이 적다.
- 장치가 간단하고 취급이 용이하다.
- 수중에서 모르타르가 분리되지 않는다.
- 시공순서는 screw auger 굴착 → 모르타르 압입 → 모르타르 말뚝형성 → 철근망이나 H형강 삽입

② CIP(Cast In Place) 말뚝
- auger로 굴착 후 굴착공내에 철근망을 넣은 후 자갈을 채우고 모르타르를 주입하여 현장 말뚝을 연속적으로 만들어 토류벽체를 형성한다.
- 진동, 소음이 적고 장비가 소규모이다.
- 협소한 장소에서도 시공이 가능하고 벽체의 강성이 크다.
- 거의 모든 지반에 적용할 수 있다.
- 시공순서는 auger 굴착 → 철근망 삽입 → 모르타르 주입관 삽입 → 자갈채움 → 모르타르 주입

③ MIP(Mixed In Place)
- 교반 날개가 달린 auger를 회전시켜 굴착하면서 auger 선단부에서 분출된 시멘트 풀을 교반, 혼합하여 소일 시멘트를 만들고 auger를 뽑아낸 후 철근망을 삽입하여 지수벽을 만드는 공법이다.
- 사력층에 적합하다.
- 시공 순서는 auger 굴착 → 모르타르 주입 → 모르타르 말뚝 → 철근망 또는 H형강 삽입

④ SCW(Soil Cement Wall) 공법
- 삼축 auger로 천공하여 토사를 제거하지 않고 Rod로부터 시멘트 풀과 경화제를 고압으로 분사하여 Rod 주변의 교반 날개가 흙을 교반하여 혼합시켜 지반보강이나 차수벽 공사에 이용된다.
- 공사비가 저렴하며 차수성이 양호하다.
- 대형 장비이므로 장소의 제약이 따른다.

⑤ 지하 연속벽 공법(Slurry Wall 공법)

(1) 개요
일정한 폭과 길이의 트렌치(trench)를 소정의 깊이까지 지반 안정액인 벤토나이트(Bentonite)를 주입하면서 수직으로 굴착하고 철근망태를 설치한 후 트레미를 이용하여 콘크리트를 타설하여 pannel형의 벽체를 형성하는 공법이다.

(2) 시공방법

① 안내벽(Guide Wall) 설치에 따른 역할
- 지표부분 굴착 시 붕괴 방지
- 우수침투 방지
- 트렌치(trench)의 연직도 유지
- 굴착장비 사용에 따른 위치보호
- Stop End Tube의 인발시 지지대 이용

② 굴착

클램 셸(Clam Shell)로 폭 60~80cm, 길이 2.5~6m, 최대깊이 120m의 도랑을 안정액을 채워 넣음과 동시에 굴착한다.

③ 슬라임(slime) 처리

안정액에 굴착 중에 혼입되어 있는 흙입자를 제거하는 과정으로 air lifting 방식으로 모래함유량이 1.5~3% 이내까지 제거한다.

④ 인터로킹 파이프(Inter Locking Pipe) 설치
- 인접한 지하연속 벽과의 시공 이음을 만들기 위해 굴착부분 양단에 설치한다.
- 보통 인터로킹 파이프를 이용한 Stop End Tube 이음을 많이 사용한다.

⑤ 철근망 조립 및 설치

철근망 운반, 설치 시 변형을 방지하기 위해 각종 보강철근을 설치하고 트렌치에 삽입한다.

⑥ 콘크리트 타설

철근망을 거치한 후 트레미 관을 설치하고 콘크리트 타설시 콘크리트 속에 안정액이 혼입되지 않도록 트레미 파이프의 끝이 항상 콘크리트 속에 2m 정도 들어간 상태에서 안정액을 치환하면서 굴착된 밑바닥에서부터 콘크리트를 연속적으로 친다.

⑦ Inter Locking Pipe 인발(Stop End Tube 인발)

콘크리트 타설 후 초기 경화가 이루어질 때 인발하기 시작하여 4~5시간 정도에 완전히 제거한다.

(3) 장점

① 차수성이 가장 우수하다.
② 벽체의 강성이 크다.
③ 다양한 지반조건에 적용이 가능하다.
④ 저소음, 저진동으로 시가지 공사에 적합하다.
⑤ 깊은 굴착 시공의 흙막이 벽을 조성할 수 있다.
⑥ 영구 구조물 또는 구조물의 기초로서 이용 가능하다.
⑦ 임의의 형상이나 치수로 시공할 수 있다.

(4) 단점
① 공사비가 비교적 많이 소요된다.
② 트렌치의 붕괴 우려가 있다.
③ 폐액처리로 지하수 오염이 우려된다.
④ 슬라임의 퇴적으로 콘크리트 강도저하 및 벽체의 누수 원인이 될 수 있다.

(5) 기타, 지하 연속벽 공법과 유사한 공법
① 드릴(drill)방식의 굴착방법인 BW공법(Boring Wall)
② 버켓(bucket)방식의 굴착방법인 ICOS공법
③ 비트(bit)방식의 굴착방법인 Soletanche공법

6 Top-down 공법(역타공법)

(1) 개요
지중에 지하층 기둥과 지하연속벽을 시공한 후 표토를 제거하고 1층 바닥, 지하 1층 바닥, 지하 2층 바닥 슬래브 완성순서로 구체를 시공하면서 지상층도 동시에 시공해 올라가는 공법이다.

(2) 장점
① 지상 및 지하층의 병행작업으로 공기단축을 기대할 수 있다.
② 인접 건물이나 인접지대에 영향을 주지 않는다.
③ 지하층의 주벽을 먼저 시공하므로 지하수의 차단이 용이하다.
④ 지하층의 슬래브를 치기 위한 거푸집이 필요하지 않다.

(3) 단점
① 지하층 슬래브와 지하벽체 및 기초 말뚝기둥과의 연결 작업이 어려움이 있다.
② 지하주벽의 수직도와 차수에 유의해야 한다.
③ 굴착작업과 장비 선택의 어려움 및 굴착된 흙이나 버럭의 배출이 어렵다.
④ 지하작업 시 환기처리의 문제점이 있다.

7 지반보강공법

1 록 볼트(Rock Bolt) 공법

(1) 암반을 천공한 후 이완부분 깊은 곳의 경암까지 Bolt를 고정시키고 레신이나 모르타르를 충진시켜 암반 탈락을 방지시킨다.
(2) 원지반과 일체화하는 공법으로 길이가 짧고 내력이 적어 긴장력을 가하지 않는다.

2 록 앵커(Rock Anchor) 공법

(1) 암반을 천공한 후 PC강선 등 비교적 길이가 긴 강봉을 사용하여 정착시킨다.
(2) 1개소당 내력을 크게 하며 긴장력을 가하여 구조물을 정착시킨다.

3 어스 앵커(Earth Anchor) 공법

(1) 흙막이벽 등의 배면을 천공하여 인장재를 삽입한 후 그라우팅을 하여 주변지반을 지지하는 공법
(2) 정착대상 지반을 모래, 자갈층으로 하여 tie back anchor를 사용하여 긴장력을 주어 흙막이, 옹벽, 구조물의 전도, 사면 활동 방지 등에 목적으로 사용된다.
(3) Anchor의 극한 저항력
  ① 사질토 지반에 설치된 경우
  $$P_u = \pi d l \sigma_v \cdot K_o \cdot \tan\phi$$
  여기서, P_u : 극한 저항력
  ϕ : 흙의 내부 마찰각
  σ_v : 평균 유효응력($\sigma_v = \gamma \cdot Z$)
  K_o : 정지 토압계수

  ② 점성토 지반에 설치된 경우
  $$P_u = \pi d l C_a$$
  여기서, $C_a = \dfrac{2}{3} C$

(4) 어스 앵커의 특징
  ① 버팀(strut)이 필요 없다.
  ② 작업공간을 넓게 활용 할 수 있다.
  ③ 주변지반의 침하, 변위가 작다.
  ④ 시공이 간단하고 공기의 단축의 효과가 있다.
  ⑤ 안정성이 높다.

④ Soil Nailing 공법

(1) 기초지반이나 비탈면에 천공을 하고 강철봉 (Nail)을 타입하고 그라우팅을 하여 원지반과 일체화시켜 지반의 안정을 도모하는 공법
(2) Nail을 보통 D25 표준 이형철근을 사용하며 시공장비는 단순한 천공 및 그라우팅 장비를 시공하는데 공사비가 저렴하다.

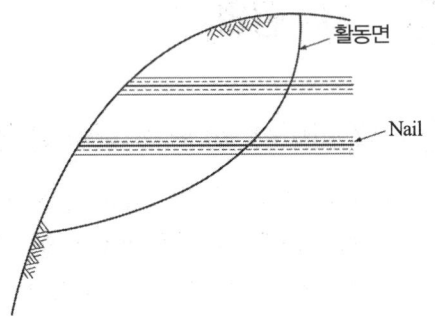

⑤ 압성토(押盛土)공법

성토의 활동파괴를 방지하기 위해 사면선단에 성토하여 측방 유동을 구속시키는 공법으로 surcharge 공법, 부제공법이라고도 한다.

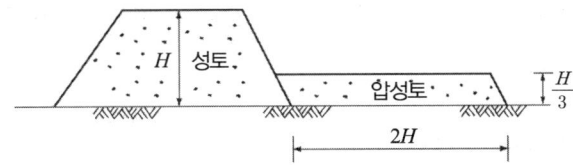

⑥ 보강토 공법

흙쌓기 되는 흙구조물 내에 보강재를 설치하고 전면판과 연결하여 흙 구조물을 보강함으로 연직으로 흙쌓기 하는 공법

⑦ 토목섬유

흙을 보강하는데 사용되는 섬유로 배수기능, 여과기능, 분리기능, 보강기능, 방수 및 차단기능 등을 할 수 있다.

⑧ 동다짐 공법

개량하고자 하는 지반에 크레인에 10~200t의 중추를 10~40m 높이에서 낙하시켜 지표면에 가해지는 충격 에너지로 지반의 심층부까지 다지는 공법으로 광범위한 토질에 적용된다.

⑨ Under Pinning 공법

설계 시 예상하지 못했던 하중의 증가나 기존 구조물을 보완하기 위하여 기존 구조물은 그대로 두고 기초를 보강하는 공법

8 차수공법

❶ LW(labiles wasser glass) 공법

(1) 규산소다와 시멘트 현탄액을 혼합하여 지반에 투입시키는 공법
(2) 지반 중에 큰 공간을 먼저 시멘트 입자로 채우고 적은 공극에는 겔(gel)의 성질이 있는 규산소다가 급수하여 겔화하는 성질을 이용한 것이다.

❷ JSP(Jumbo Special Pile) 공법

(1) 지반 중에 초고압(200kg/cm^2)으로 가압된 경화재(cement milk)을 Air jet와 함께 이중관 선단에 부착된 분사 노즐로 분사시켜 지반의 토립자를 교반하여 경화재와 혼합 고결시키는 공법
(2) 최근에 지하철이나 지하 굴착시 전반 보강과 차수벽 공사에 이용되는 무진동, 무소음 공법이다.
(3) 장점
  ① 확실한 시공효과를 기대할 수 있다.
  ② 별도의 토류벽이 필요없다.
  ③ 적용되는 지반의 범위가 넓다.
  ④ 구조물의 기초 보강에 적합하다.

❸ SGR(Space Grouting Rocket System) 공법

(1) 이중관 로드에 특수 선단 장치(Rocket)를 결합시켜 대상 지반에 유도공간을 형성하여 순결에 가까운 겔(gel time)을 가진 약액 또는 초미립 시멘트 혼합액으로 연약지반을 그라우팅하여 연약지반을 개량하는 공법
(2) 최근에 지하철 연약구간에 사용되고 있으며 주재료는 규산소다, 촉진제, 시멘트가 사용된다.
(3) 장점
  ① 유도공간을 형성하여 균일한 작업효과를 낼 수 있다.
  ② 주입 압력이 적어 지반의 교란이 적다.
  ③ 주입관의 회전없이 박킹효과가 높다.
  ④ 겔 타임 조정으로 약액분산 범위의 조절이 가능하다.
  ⑤ 차수효과는 양호하다.
(4) 단점
  ① 토류벽으로서 강도는 기대하기 곤란하다.
  ② 굴착에 따른 폭우 등의 재해에 대처할 수 없다.

CHAPTER 4 출제 예상 문제

기초공

01 공기 케이슨(pneumatic caisson) 공법의 장점이 아닌 것은?
① 지지층을 확인 시공함으로써 안전성이 크다.
② 침하 하중의 증감이 쉽고 케이슨에 비하여 중심위치가 낮아 경사가 적다.
③ 부등침하가 생기기 쉽다.
④ 장애물 제거가 쉽고 공기도 확실히 예정할 수 있다.

> **해설**
> • 케이슨 내부에 압축공기의 압력을 3.5kg/cm² 정도 가하므로 지하수의 침입을 막으며 시공하므로 부등침하가 생길 우려가 없다.
> • 공기단축이 가능하고 시공 정도가 좋다.
> • 침하 하중의 증감이 쉽고 편위가 적으며 편위가 생겨도 곧 수정할 수 있다.

02 벤토나이트 용액을 써서 굴착벽면의 붕괴를 막으면서 굴착된 구멍에 철근콘크리트를 넣어 원형이나 평행의 말뚝이나 벽체를 연속적으로 만드는 공법은?
① Slurry Wall 공법   ② Earth Drill 공법
③ Earth Anchor 공법 ④ Open Cut 공법

> **해설** 지하연속벽 공법이라고 한다.

03 다음 설명 중 원심력 철근 콘크리트 말뚝에 관한 설명 중 옳은 것은?
① 단면의 휨강도가 크다.   ② 말뚝이음을 확실하게 시공할 수 있다.
③ 말뚝 길이가 15m 이하일 때 경제적이다. ④ 운반과 취급이 편리하다.

> **해설**
> • N〉30의 굳은 지층은 관통하기 힘들다.
> • 말뚝이음 신뢰성이 적다.
> • 무게가 무거워 운반, 취급이 어렵다.

04 엄지말뚝 횡널말뚝 흙막이공이 강관말뚝 흙막이공에 비해 어떤 특징이 있는지 다음 설명 중 틀린 것은?
① 공사비가 적게 든다.
② 천공 후에 진동과 소음이 적고 굳은 지반에 설치도 용이하다.
③ 지하수의 유출이 인접 구조물에 악영향을 줄 우려가 있다.
④ 단면 강도가 커 수평 저항력이 크다.

> **해설** 강관말뚝 흙막이공이 단면 강도가 커 수평 저항력이 크다.

정답 01 ③ 02 ① 03 ③ 04 ④

CHAPTER 4 출제 예상 문제

05 최근 지하철이나 지하상가 굴착시 고압으로 가압된 경화제를 Air Jet와 함께 복수 노즐로부터 분사시켜 지반의 토립자를 교반하여 경화제와 혼합시켜 지반 보강과 차수벽 공사에 이용하는 무진동 무소음 공법은?

① JSP 공법
② SGR 공법
③ SCW 공법
④ Slurry Wall 공법

06 Top down 공법의 특징에 대한 설명 중 틀린 것은?

① 지상 및 지하층의 병행작업으로 공기 단축을 할 수 있다.
② 인접건물이나 인접지대에 영향을 주지 않는다.
③ 굴착된 흙이나 버럭의 배출이 용이하다.
④ 지하층의 주벽을 먼저 시공하므로 지하수의 차단이 용이하다.

[해설] 굴착된 흙이나 버럭의 배출이 어렵다.

07 다음 well공법에 대한 설명 중 옳지 않은 것은?

① 공사용 설비가 비교적 간단하므로 교량 기초에 많이 사용된다.
② 깊은 well공법은 최종 강하시에는 레일, 토사 등의 재하량을 필요로 하는 것이 일반적이다.
③ well공법은 일반적으로 공기 케이슨 공법보다 공비가 비싸다.
④ well공법을 침설할 때 저항 마찰력을 감소시키기 위하여 진동·발파를 사용할 때도 있다.

[해설] 우물통 기초공법은 공기 케이슨 공법보다 공사비가 싸다.

08 연약지반 개량공법 중 이중관 Rod에 Rocket를 결합한 후 Gel 상태의 약액 또는 시멘트 혼합액을 연약지반에 Grouting하여 연약지반을 개량하는 공법은?

① JSP공법
② SGR공법
③ 약액주입공법
④ SIP공법

[해설]
• 최근에 지하철 연약구간에 사용되고 있다.
• 차수효과가 양호하다.
• 토류벽으로서 강도는 기대하기 곤란하다.

09 지하철과 시가지 내의 공사에서는 소음과 진동이 없는 공법이 요청되는데 지중(地中) 연속벽 공법이 이에 알맞는 공법이다. 다음 중 지중 연속벽 공법이 아닌 것은?

① ICOS 공법
② Benoto 공법
③ ELSE 공법
④ Soletanche 공법

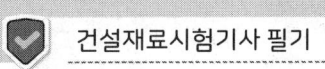

해설 베노토 공법은 피어 기초 공법이다.

10 축제할 때 비탈기슭 부근의 상황에 따라서는 압성토를 하는데 보통 연약 지반에서 h 및 h'는 얼마로 하면 되는가?

① $h = H$, $h' = \dfrac{3}{2}H$

② $h = \dfrac{H}{2}$, $h' = H$

③ $h = \dfrac{H}{3}$, $h' = H$

④ $h = \dfrac{H}{3}$, $h' = 2H$

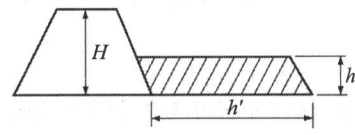

해설 측방으로 활동하는 것을 방지해주는 압성토 공법의 단면이다.

11 PC말뚝의 장점으로서 다음 중 틀린 것은 어느 것인가?

① PC말뚝은 균열이 생기지 않고 강선의 부식이 없어 내구성이 크다.
② 휨량이 상당히 크다.
③ PC말뚝을 박을 때 인장파괴가 생기지 않는다.
④ 운반이 쉽고 길이 조정이 간편하다.

해설 PC말뚝은 휨량이 적다.

12 진동 항타기(Vibro Hammer)의 설명 중 옳지 않은 것은?

① 시공속도가 대단히 빠르다.
② 말뚝을 박을 때 소음(騷音)이 적다.
③ N치가 50까지도 쉽게 박은 사례가 있다.
④ 동력원은 디젤 기관이다.

해설 단단한 지반에 말뚝 박기는 힘들다.

13 지중 연속벽 공법의 특징 중 옳지 않은 것은?

① 큰 지지력을 얻을 수 있다.
② 벽체의 강성이 높고 지수성이 높다.
③ 주변 지반의 침하를 방지할 수 있다.
④ 시공 시 소음 진동이 크다.

해설 시공 시 소음, 진동이 적다.

정답 05 ① 06 ③ 07 ③ 08 ② 09 ② 10 ④ 11 ② 12 ③ 13 ④

CHAPTER 4 출제 예상 문제

14 강널말뚝의 특징에 관한 설명 중 옳지 않은 것은?
 ① 단면이 강하면 벤딩 모멘트에 대한 저항이 크다.
 ② 비교적 쉽게 뽑아서 반복하여 사용할 수 있다.
 ③ 견고한 지반에도 박을 수 있다.
 ④ 물막이 효과가 작다.

> **해설** 강널말뚝은 물막이 효과가 크다.

15 굴착 구멍과 저수 탱크 사이에 물을 환류시켜 정수압으로 공벽을 무너지지 않게 하고 특수 비트 등으로 토사를 굴착하는 공법은?
 ① Benoto 공법   ② Reverse circulation 공법
 ③ PIP 공법   ④ Earth drill 공법

16 오거로드(Auger rod)에 케이싱을 설치하여 굴착하고 물-결합재비가 100% 넘는 시멘트 용액을 주입하여 현장 토사와 교반 혼합하여 자수벽을 만드는 공법은?
 ① MIP 공법   ② ICOS 공법
 ③ RGP 공법   ④ PIP 공법

17 Earth drill기로 말뚝 구멍을 굴착하여 굵은 골재를 채워서 그 속의 모르타르 주입관으로 프리팩트 모르타르를 주입하여 프리팩트 콘크리트 파일을 형성하는 공법은?
 ① ICOS 공법   ② MIP 공법
 ③ CIP 공법   ④ PIP 공법

18 우물통(well)의 수직 하중을 W, 총 주면 마찰력을 F, 우물통 선단부의 지지력을 ε라고 하면, 우물통이 침하하려면 다음의 어느 조건인가?
 ① $W > F+\varepsilon$ ② $W < F+\varepsilon$
 ③ $W = F+\varepsilon$ ④ $F > W+\varepsilon$

> **해설** 우물통 자체 하중이 선단 지지력과 주변 마찰력보다 커야 침하시킬 수 있다.

19 강말뚝에 대한 특징 중 틀린 것은?
 ① 신뢰성이 크다.   ② 압축, 인장에 강하다.
 ③ 운반, 취급이 용이하다.   ④ 마찰말뚝과 다짐말뚝으로 사용한다.

> **해설** 지지말뚝에 적합하고 마찰말뚝이나 다짐말뚝에는 적합하지 않다.

20 기설(旣設) 구조물에 대하여 기초 부분을 신설, 개축 또는 보강하는 공법으로서 고층건물의 시가지 등에서 지하철을 건설하면서 이용되는 공법은?

① Under pinning 공법
② Well point 공법
③ Preloading 공법
④ Sand drain 공법

> **해설** 기존 구조물의 기초를 보강하는 공법이다.

21 우물통의 침하에 대한 다음 설명 중 옳지 않은 것은?

① Well 하부를 굴착하여 마찰력을 감소시킬 것
② Well을 경사지게 하면 침하가 쉽다.
③ 침하는 평형상태로 해야 한다.
④ 재하중을 증가시키면서 침하시킬 것

> **해설** 우물통 기초는 수직을 유지하면서 굴착해야 침하가 쉽다.

22 압성토 공법(壓盛土 工法)은 연약 지반에 있어서 어떤 역할을 하는가?

① 압밀 침하를 촉진시킨다.
② 전단 저항을 크게 한다.
③ 활동(活動)에 대한 저항 모멘트를 크게 한다.
④ 침하 현상을 방지한다.

> **해설** 연약지반에 성토를 하면 성토가 침하하여 그 측방에 융기하는 일이 있어 활동을 막아 준다.

23 지질이 양호하고 부지에 여유가 있고 또 흙막이가 필요할 때는 나무 널말뚝, 강 널말뚝 등을 사용하는데 이런 경우는 다음의 어느 공법을 택하면 좋은가?

① 아일랜드 공법
② 트랜치 컷 공법
③ 오픈 컷 공법
④ 샌드 드레인 공법

24 지하철 개착공법과 관계가 없는 것은?

① 엄지말뚝 공법
② 역권 공법
③ 강널말뚝 공법
④ 연속토류벽 공법

정답 14 ④ 15 ② 16 ① 17 ③ 18 ① 19 ④ 20 ① 21 ② 22 ③ 23 ③ 24 ②

CHAPTER 4 출제 예상 문제

해설 역권공법은 터널의 복공에서 이용된다.

25 원형의 주상 기초를 만드는 피어공법으로 케이슨 튜브의 인발시 철근이 따라 뽑히는 공상(共上)현상이 일어나는 단점이 있는 공법은?

① 베노토 공법 ② 어스 드릴 공법
③ Reverse Circulation 공법 ④ CIP 공법

26 굴착공사에서 오거에 케이싱을 설치하여 굴착하고 시멘트 용액을 주입하여 현장토사와 교반 혼합하여 지수벽을 만드는 공법은?

① SCW 공법 ② CIP 공법
③ Slurry wall 공법 ④ SGR 공법

해설 SCW(Soil Cement Wall 공법)

27 흙막이 벽의 Anchor Wall(버팀판)의 극한 저항력 T_s 는 다음 식 중에서 어느 것이 맞는가? (단, P_a : 주동토압, P_p : 수동토압)

① $T_s = P_p - P_a$ ② $T_s = P_a - P_p$
③ $T_s = P_p + P_a$ ④ $T_s = P_p \div P_a$

해설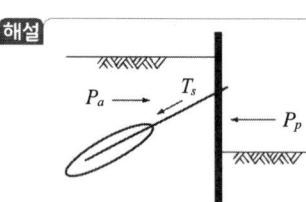

28 다음의 그림에서 점토지반에 설치한 earth anchor(tie back)의 극한저항을 구하여라. (단, 점착전단저항은 C의 2/3를 취하여라.)

① 2.9t
② 3.8t
③ 4.5t
④ 5.1t

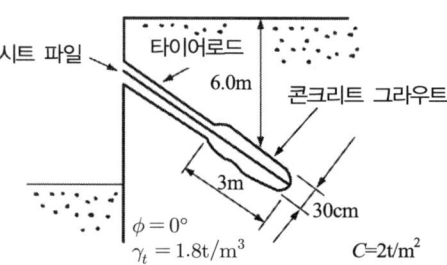

> **해설**
> $P_u = \pi \cdot d \cdot l \cdot C_a = 3.14 \times 0.3 \times 3 \times 2 \times \dfrac{2}{3} = 3.8\text{t}$

29 널말뚝에 시공되지 않는 앵커 형식은?

① 데드맨　　　　　　　　② 록 볼트
③ 타이백　　　　　　　　④ 앵커판

> **해설** 록 볼트는 터널 공사의 암반지지 공법에 사용된다.

30 토류 구조물 공법의 하나로 굴착공사와 함께 지하 영구 구조물 자체를 지표면 근접 부분부터 거꾸로 강성이 큰 지하층의 슬래브와 보를 흙막이 지보공으로 이용하면서 지상층과 작업을 동시에 실시하는 공법은?

① CIP 공법　　　　　　　② 무지보 공법
③ 역타 공법　　　　　　　④ 쉴드 공법

> **해설** Top down 공법으로 지상층과 지하층을 동시에 작업하므로 공기 단축을 할 수 있다.

정답 25 ①　26 ①　27 ②　28 ②　29 ②　30 ③

CHAPTER 5 발파 및 터널공

1 발파의 기초

1 발파의 용어

(1) 자유면
① 발파에 의해 파괴되는 물체가 공기, 물과 접하고 있는 면
② 발파에 의해 파쇄되는 물체(암석)가 떨어져 나오는 면

(2) 최소 저항선(W)
폭약의 중심에서 자유면까지의 최단거리

(3) 누두반경(R)
발파에 의해 만들어진 누두공의 반경

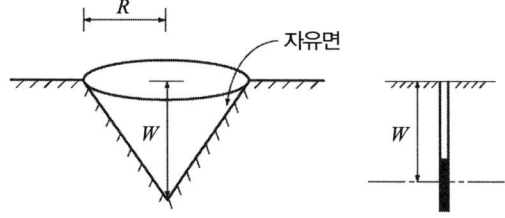

(4) 누두지수(n)

$$n = \frac{R}{W}$$

① 표준장약(적정장약)
- 폭약의 종류 및 량이 발파되는 물체와 최소 저항선에 대하여 적정한 것을 의미한다.
- $n = \dfrac{R}{W} = 1$

② 과장약
$n > 1$

③ 약장약

   $n < 1$

② 시험발파

(1) 발파작업에서 채석방법, 암석의 비산상태, 장약량, 안전성 등을 고려하여 발파방법, 사용약량 등을 여러 가지로 변화시키면서 암석과 폭약에 대한 계수를 결정하기 위한 방법
(2) 암석의 시험 발파 주목적은 발파계수를 구하기 위해서 실시한다.
(3) 발파계수

$$C = d \cdot e \cdot f \cdot g$$

여기서, d : 진쇄계수, e : 폭약효력계수, f : 약량수정계수, g : 암석항력계수

③ 발파의 장약량

(1) 하우저(Hauser)의 식에 의한 장약량

① $L = C \cdot W^3$
② 최소 저항선과 장약량의 관계

$$\frac{L_1}{L_2} = \frac{W_1^3}{W_2^3}$$

(2) 벤치 컷(bench cut)공법

① 대량의 암석을 계단식으로 굴착하는 방법이다.
② 평탄하게 한 시공 벤치의 위에서 대개 연직으로 천공하고 이 구멍에 장약하여 폭파를 실시하는 공법으로 시공 벤치를 아래쪽으로 이동하면서 굴착을 진행해 간다.
③ $L = C \cdot H \cdot W^2$ 또는 $S = W$ 일 경우
④ $L = C \cdot H \cdot S \cdot W$

여기서, L : 장약량(kg), C : 폭파계수, S : 천공간격(m),
H : 벤치의 높이(m), W : 최소 저항선 길이(m)

(3) 갱도 발파 공법

암반 내부에 적어도 200kg 이상의 폭약을 집중 장약 후 갱도를 매몰하고 이것을 폭파함으로써 단번에 대량의 암반을 굴착하는 방법이다.

2 천공방법

❶ 타격, 회전식 착암기의 종류 및 특성

(1) 왜건 드릴(wagon drill)
이동식 삼각대 위에 드리프터(drifter)를 장치할 것

(2) 크롤러 드릴(crawler drill)
① 트랙터 위에 드리프터를 장치한 것
② 왜건 드릴과 크롤러 드릴은 이동이 간편하고 어느 방향으로 천공할 수 있어 많이 사용된다.

(3) 점보 드릴(jumbo drill)
① 여러 개의 착암기를 동시에 사용할 수 있도록 정착되어 상하좌우로 이동시켜 임의의 위치에서 고정시켜 굴착한다.
② 굴착 작업이 편리하고 능률적으로 할 수 있다.
③ 터널의 전단면 굴착 시 주로 사용되며 시간과 노력을 절감하여 천공시간이 단축된다.

(4) 레그 드릴(leg drill)
① 강한 타격력과 회전력으로 어떤 암반이라도 신속하게 천공할 수 있어 천공능력이 우수하다.
② 천공 속도 및 천공작업 시 진동과 소음이 억제되어 안전도를 고려하였다.

❷ 천공 방향에 따른 착암기

(1) 드리프터(drifter)
수평방향으로 천공하는 착암기

(2) 스토퍼(stoper)
상향으로 천공하는 착암기

(3) 싱커(sinker)
하향으로 천공하는 착암기

③ 천공방향과 천공 속도

(1) 천공 방향

① $\theta = 30°$: 파괴량이 아주 적다.
② $\theta = 45°$: 가장 효과적인 발파가 된다.
③ $\theta = 60°$: 파괴가 일어나지 않는다.

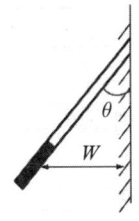

(2) 암반의 천공속도

$$V_T = \alpha \cdot (C_1 \times C_2) \cdot V$$

여기서, V_T : 천공속도(cm/min)
α : 천공시간 중에서 순천공시간 비율(보통 0.65)
V : 표준암을 천공하는 속도(cm/min)
C_1 : 표준암(화강암)에 대한 대상암의 저항력 계수
C_2 : 암석의 상태에 따른 계수

3 암석 굴착 방법

❶ 심빼기공

- 갱도 굴진과 그 밖의 폭파에 있어서 자유면을 증대시켜 폭파를 쉽게 하기 위해 최초로 폭파하는 방법이다.
- 효율적인 발파가 되도록 하기 위해서 심빼기를 실시한다.

(1) V-cut(wedge cut)

① 큰 단면이나 강한 암석에 적합하다.
② 암석이 큰 부피로 파괴되므로 비경제적이다.
③ 천공저가 일직선이 되게 한다.
④ V자형으로 천공하는 방법이다.

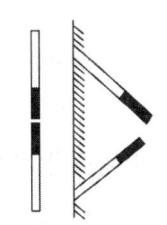

(2) 피라미드 컷

① 굴착면의 중앙을 중심으로 향하여 3방향에서 피라미드형으로 천공하여 공저가 1점에 집합되도록 한다.
② 수평갱도에서의 천공이 불편하나 상향 및 하향, 굴진에 유효하다.
③ 강한 암석에 적당하다.

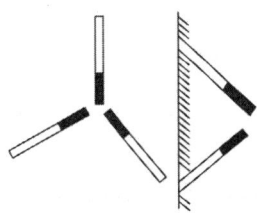

(3) 스윙 컷(swing cut)

① 버럭이 너무 비산하지 않는 곳에 유효하다.
② 수직 도갱의 도갱 밑 발파에 사용한다.
③ 수직갱도 밑에 물이 많이 고였을 때 유효하다.

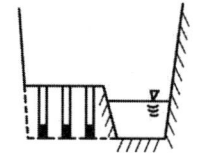

(4) 번 컷(burn cut)

① 수평공, 평행공이므로 천공이 쉽다.
② 비석이 적고 버럭이 도갱부근에 집중된다.
③ 빈구멍과 장약공을 번갈아 만들어 폭약이 절약된다.
④ 버럭의 비산거리가 짧고 좁은 도갱에서의 긴구멍 발파에 편리하다.

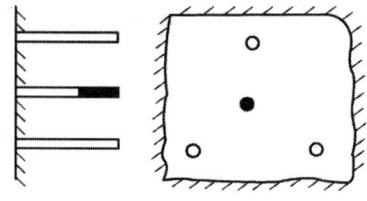

(5) 노 컷(no cut)

① 심빼기 부분에 수직한 평행공을 많이 천공하여 장약량을 집중시켜서 순발뇌관으로 폭파한다.
② 발파의 쇼크에 의해 심빼기를 한다.

❷ 조각 발파공

1차 발파에 의해 파괴된 암석이 너무 커 적당한 크기로 발파하는 방법

(1) 조각 발파공의 종류

① **천공법**
암석 중심부에 수직으로 천공하고 장약 후 발파하는 방법

② **복토법**
암석 덩어리 표면에 폭약을 장전하고 그 위를 점토로 덮고 발파하는 방법

③ **사혈법**
암석 덩어리 밑 부분에 폭약을 장전하고 발파하는 방법

(2) 조각발파의 장약량

$$L = C \cdot D^2$$

여기서, L : 장약량(g)
C : 발파계수
D : 암석의 최소 직경(cm)

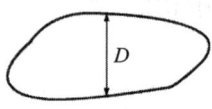

③ 조절 폭파공법(controlled blasting)

발파면의 여굴을 감소시키기 위해 발파, 천공, 장약 방법을 수정, 보완하여 터널이나 사면처리에 이용하는 방법으로 제어 발파 공법이라고도 한다.

(1) 라인 드릴링(line drilling)
① 천공비가 비싸다.
② 평행한 착공이 어렵다.
③ 갱외에 사용한다.
④ 균일한 암에 효과가 있다.
⑤ 결이 많은 암반에는 부적당하다.

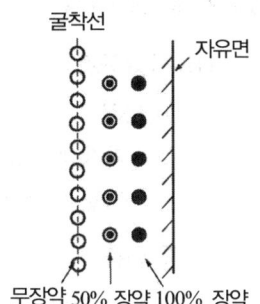

(2) 쿠션 블라스팅(cushing blasting)
① 착공수가 적어도 되므로 착공비가 절감된다.
② 견고하지 않은 암반에도 적용이 가능하다.
③ 90° 코너의 폭파가 곤란하다.
④ 공벽과 폭약 사이의 공극을 만들어 공기에 의해 폭파한다.

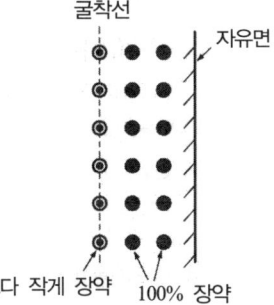

(3) 프리 스플리팅(pre splitting)
① 굴착선상의 폭약을 1차로 폭파 완료 후 주발파공을 발파한다.
② 굴착공수가 적어 경제적이다.
③ 사면절취에 효과가 좋다.

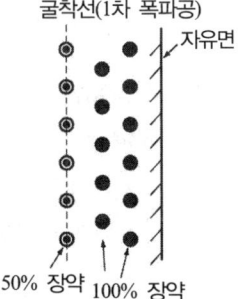

(4) 스무드 블라스팅(smooth blasting)
① 굴착선의 공과 폭파공을 동시에 폭파한다.
② 지하공동 굴착시 과파쇄를 막기 위해 사용한다.
③ 여굴을 감소한다.
④ 복공(라이닝)의 콘크리트량이 절약된다.
⑤ 발파 단면이 매끈하여 부석(뜬돌)이 적고 낙석 위험성이 적다.

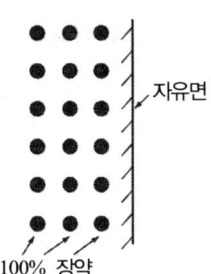

4 터널공

1 지질 및 지압

(1) 지질구조

① 습곡
- 지각에 작용하는 횡압력으로 인해 옷주름 같이 산에 세로방향으로 된 지층의 주름이다.
- 지질이 복잡하고 불안정하므로 터널은 피해야 한다.

② 단층
- 지각변동에 의해 지층이 끊어져 어긋난 곳이다. 즉 지질이 급변한 곳
- 단층은 대부분 파쇄대(물이 용출하는 지대)로 되어 있어 이 부분으로 터널이 지나지 않도록 해야 한다.

③ 단구(段丘)
- 본바닥이 물에 쓸려간 흙이나 모래가 하천과 바다에 지층을 이루어서 쌓인 토지를 말한다.
- 이런 지층에 터널을 설치하면 굴착이 곤란하거나 용수 때문에 공사를 못 할 경우가 있다.

④ 애추(崖錐)
- 지층의 풍화작용으로 낭떠러지나 경사진 산기슭에 바위의 부스러기가 퇴적한 지층이다.
- 불안정한 지층이므로 터널은 피해야 한다.

(2) 이상지압

① 편압
- 터널의 토피가 얕으며 지형이 급경사인 경우 발생한다.
- 압성토 공법, 보호절취, 갱구 부근에 라이닝 콘크리트를 하여 대책을 수립한다.

② 본바닥의 팽창

지질이 벤토나이트, 연암, 사문암 등인 경우 급속하게 풍화되어 발생한다.

③ 잠재응력의 해방(내부 응력의 감소)

지압이 과대하고 터널 내부 응력이 적은 경우 터널 내벽의 경암이 돌연 압출되어 붕괴되는 현상이다.

② 갱도 굴진 공법

(1) 터널의 단면

① **직벽식 반원형 단면**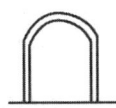
터널의 지질이 양호할 때 쓰이는 단면

② **3심원 마제형 단면**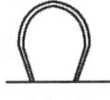
지질이 다소 불량한 경우 적합한 단면

③ **5심원 마제형 단면**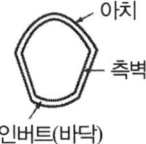
지질이 불량한 곳에 인버트 아치(invert arch)를 설치하여 폐합 단면이나 원형단면으로 토압에 강하게 저항할 수 있는 단면

④ **원형 단면**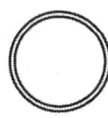
지질이 아주 불량하고 대단히 큰 토압이 작용하는 터널에 적합한 단면

(2) 도갱(導坑)

터널을 굴착할 때 일부분을 먼저 굴착하는 부분을 도갱이라 한다.

① **저설도갱**
지반이 견고한 암석일 때 쓰이는 공법으로 많이 쓰인다.

② **측벽도갱**
단면이 크고 지질이 나쁜 경우 쓰이는 공법

(3) 터널의 굴착방식

① **전단면 굴착공법**
- 경암이며 비교적 지질이 양호한 지반에 적합하다.
- 점보 드릴로 전단면을 천공하고 폭파하여 전단면을 동시에 굴착한다.
- 본권법으로 복공을 한다.
  (본권법은 양호한 지질에 적용하며 시공은 invert → 측벽 → arch 순으로 한다)

② **상부반단면 굴착공법**
- 비교적 지질이 좋고 용수가 적으며 짧은 터널에 적합하다.
- 상부 반단면을 굴착한 후 하부 반단면을 굴착한다.
- 콘크리트 복공 시 아치 콘크리트를 먼저 치고 그 후에 측벽의 콘크리트를 시공하는 공법이다.

③ 버섯형 반단면 굴착공법
- 터널 단면이 크고 일시에 굴착이 어려워서 측벽부를 남기고 상부 반단면과 중앙부를 함께 굴착하고 복공은 역권법으로 한다.
 (역권법은 지질이 불량한 곳에 사용되며 시공은 arch → 측벽 → invert 순으로 한다)

④ 저설도갱 선진 링 굴착공법
- 터널 굴착 작업중 연약지반에 가장 좋은 공법이다.
- 저설도갱 선진 상부 반단면 공법과 측벽도갱 선진 공법을 병용하여 사용되는 공법이다.

⑤ 측벽 도갱 선진 공법
- 지질이 불량으로 큰 지압이나 대용수가 예측될 때 적합한 공법으로 사이드 파일럿 공법이라고도 한다.

⑥ 파일럿 터널(pilot tunnel)공법
- 본 터널 시공 전에 약간 떨어진 곳에 선진시키는 도갱을 먼저 굴착해 놓고 지질조사 버력 반출, 재료운반, 환기, 배수 등에 이용된다.
- 지질 및 지하수 등을 조사하여 본 터널의 시공비를 결정한다.
- 시공에 앞서 지하수를 빼든지 지하수위를 낮추든지 한다.
- 지질이 나쁜 곳을 피하고 양질의 장소에서 본 터널 작업을 할 수 있는 발판을 마련하는 데 있다.
- 파일럿 터널은 본 터널이 완공되면 다시 매립한다.

❸ 터널 굴착공법

(1) TBM(Tunnel Boring Machine)공법
발파에 의해 터널을 굴착하는 방법이 아니고 암석을 파쇄, 절삭하여 터널을 굴착하는 방법이다.

① 장점
- 버력 운반량이 적고 낙반이 적어 작업의 안정성이 크다.
- 연속적으로 작업하므로 공기가 단축된다.
- 작업 인원을 줄일 수 있다.
- 여굴에 의한 무리가 없다.
- 본바닥 이완이 적고 발파가 없으므로 진동, 소음이 없다.

② 단점
- 설비 투자비가 크고 지질 변화에 대한 적응성이 나쁘다. 즉 연약지반에 적용이 곤란하다.
- 단면 변경이 곤란하다.
- 암석의 경도가 높을 때는 비경제적이다.
- 터널 굴착 연장이 1km 이상이 아니면 비경제적이다.

(2) 실드(shield)공법

강재 원통형인 실드를 지중에서 굴착 진행에 따라 설치한 잭(Jack)에 의하여 압입하여 막장면의 붕괴를 방지하면서 실드 후방에 세그먼트 지보공을 설치하는 것을 반복해 가면서 터널을 굴착하는 공법이다.

① 장점
- 연약하고 팽창 또는 붕괴의 우려가 있는 지질의 터널굴착에 이용된다.
- 지하의 깊은 곳에서 시공이 가능하다.
- 진동, 소음 등 환경 피해가 없다.
- 원형 단면으로 굴착에 따른 여굴이 없다.
- 밤과 낮에 관계없이 작업이 가능하다.

② 단점
- 단면 형상이나 치수를 변경할 수 없다.
- 시공 깊이가 얕은 경우는 시공이 곤란하다.

(3) 침매(沈埋)공법

수저(水底) 또는 지하수면 아래에 트렌치를 준설하여 육상에서 미리 제작된 터널의 일부인 케이슨형을 현장에 예항하여 소정의 위치에 매설하여 터널을 구축하는 공법이다.

① 장점
- 터널 단면이 자유롭고 대단면 시공이 가능하다.
- 터널 복공이 최소화되어 경제적이다.
- 공기를 단축할 수 있다.
- 육상에서 제작하므로 신뢰성이 높은 터널 본체를 만들 수 있다.
- 수심이 얕은 곳에 부설하면 터널 연장이 짧아도 된다.

② 단점
- 예항, 침설 설비가 대형화가 요구된다.
- 암반의 경우 준설 작업이 곤란하다.
- 연결부위 시공에 주의해야 한다.

(4) 개착공법(open cut)

지표면에서 굴착하여 터널 단면을 구축하고 되메우기를 하는 공법으로 상부의 토피가 얕은 토사층에 적합하다.

① 장점
- 전 구간 동시 작업이 가능하다.
- 버럭처리를 수평, 수직으로 처리 할 수 있다.
- 작업원이 갇혀 있는 듯 한 구속감에서 해방될 수 있다.

② 단점
- 지하수의 처리가 곤란하다.
- 작업 공간의 확보가 힘들다.
- 교통처리가 곤란하다.

(5) NATM(New Austrian Tunneling Methde)공법

터널을 뚫기 위하여 발파한 후 뿜어 붙이기 콘크리트와 록 볼트와 가축성 동바리를 병용하여 터널을 굴진해가는 공법이다.

① **NATM공법의 특징**
- 굴착 후 즉시 록 볼트와 숏크리트로 원지반을 밀착시켜 시공하므로 원지반 이완을 최소한 억제한다.
- 거푸집 없이 시공이 가능하다.
- 지질에 관계없이 사용가능하다.
- 원지반에 록 볼트를 시공하므로 항복내력, 지보응력증가 및 절리, 균열에 의한 단면 발생을 억제한다.
- 용수가 많은 지질이나 용수에 의해 유사현상이 발생하는 지질은 곤란하다.
- 지질 변화에 대처하기 쉽다.
- 계측에 의해 지보의 규모를 결정하므로 경제적이다.
- 도시터널에서는 지표면 침하를 최소로 억제 할 수 있다.
- 숏크리트, 록 볼트에 의하여 1차 복공후 변형이 안정되고 난 뒤에 2차 복공을 하므로 라이닝 두께가 얇다.
- 1차, 2차 복공사이에 방수층을 시공하므로 지수성이 양호하고 동해를 방지해 준다.

② **NATM공법의 작업순서**

천공 → 발파 → 환기 → 버력처리 → 1차 숏크리트 → 록 볼트 → 계기측정 → 철망 → 강지보공 → 2차 숏크리트

③ **계측의 목적**
- 지반 거동의 관리
- 지보공의 효과 확인
- 안정상태의 확인
- 근접 구조물의 안정성 확인
- 장래 공사 계획의 자료축적

④ **일상계측 항목**
- 갱 내 관찰조사(막장, 지질)
- 내공(內空)변위 측정
- 천단(天端)침하 측정

⑤ 대표위치 계측 항목
- 지표, 지중의 침하 측정
- 지중 변위 측정
- 지중 수평 변위 측정
- 숏크리트 응력 측정
- 록 볼트 축력 하중 측정
- 록 볼트 인발시험

⑥ 록 볼트(Rock bolt)공법의 역할
- 암반의 탈락방지
- 보의 형성작용
- 암반과의 일체작용
- 아치 형성 작용
- 암반의 보강 작용
- 층리에 대한 구속 작용

⑦ 숏크리트(Shotcrete) 공법
- 터널굴착 후 낙석방지를 위해 뿜어 붙이기 콘크리트를 말한다.
- 광범위한 지질에 적용한다.
- 시공장비가 소형이고 이동성이 좋다.
- 본바닥에 불안정하고 용수가 많은 경우에는 부적당하다.

⑧ 숏크리트의 리바운량을 감소시키는 방법
- 벽면과 직각으로 분사한다.
- 압력을 일정하게 한다.
- 굵은골재의 최대치수를 13mm 이하로 한다.
- 시멘트량을 증가시키고 급결재를 사용한다.
- 분사 부착면을 거칠게 한다.

⑨ 숏크리트의 배합 결정시 검토사항
- 소요의 강도를 얻을 것
- 리바운드량이 적을 것
- 부착성이 양호할 것
- 호스나 노즐의 막힘이 없을 것

⑩ 숏크리트의 습식 공법 특징
- 전재료를 믹서로 혼합하여 노즐로 뿜어 붙인다.
- 품질관리가 양호하다.
- 분진 발생이 적다.
- 수송거리가 짧고 수송시간의 제약을 받는다.
- 리바운드량이 적다.

⑪ 숏크리트의 건식공법 특징
- 시멘트와 골재를 노즐까지 운반 후 물을 혼합하고 압축공기로 뿜어 붙인다.
- 분진 발생이 많다.
- 수송시간의 제약이 적고 수평 수송거리가 500m까지 가능하다.
- 숙련공이 필요하다.
- 리바운드량이 많다.

4 굴착 중 지압대책공법

(1) 메서(messer) 공법
터널 형상에 따라 특수 강판인 메서를 잭으로 1매씩 본바닥에 압입시켜 지압을 지대하여 붕괴를 막고 굴착하는 공법으로 연약한 지반에서 안전하고 능률적인 굴착이 가능하다.

(2) 파이프 루프(pipe roof) 공법
터널 및 지하구조물 굴착의 보조공법으로 굴착에 앞서 강관을 수평으로 터널주위에 삽입하여 루프를 지보공에 지지하는 공법으로 상부 지표면의 침하를 방지한다.

5 기계 굴착 공법

(1) 로드 헤드(load head)
연약 암반을 절삭하는 기계로 붐 끝에 고속 회전하는 절삭기를 부착하여 여러 형상의 단면에도 시공이 가능하다.

(2) 빅 존(big zone)
마사토에서 중경암에 이르기까지 굴착이 가능한 강력한 백호식 굴삭기가 전방에 있고 버럭 적재설비가 후방에 부착되어 있는 실드의 일종이다.

6 동바리공

(1) 개요
- 터널 굴착후 복공을 완성하는 동안 본바닥의 붕괴를 방지하는 것을 목적으로 한다.
- 굴착한 갱도 주벽에서 토사나 암석이 낙석하는 것을 막기 위해 설치한다.
- 본바닥의 붕괴를 막기 위해 일시적으로 설치하는 구조물이므로 동바리 해체 시 붕괴의 위험이 있다.

(2) 강재 동바리공(강아치 동바리공)
① 강아치 동바리공은 토사에서 중경암 사이의 본바닥에 적용한다.
② 강아치 동바리공의 형상 및 용도
- 2piece(두조각)형 : 가장 널리 사용한다.

- 인버트 스트럿(invert strut) : 큰 측압이 작용시 사용한다.
- 4piece형 : 대단면 터널에 이용된다.
- 반원판 뼈대식 : 상부 반단면 공법, 저설 도갱 선진상부 반단면 공법에 이용된다.

③ 강아치 동바리공은 아치 작용에 의하여 본바닥을 지지하고 터널 주변의 처짐을 적게 하려는 것이므로 동바리공은 본바닥에 밀착시켜야 한다.
④ 강아치 동바리공의 설치 간격은 1.2~1.5m로 한다.
⑤ 터널 굴착에 있어서 전단면 굴착 방식이 채용된 경우 지보공으로 많이 사용한다.
⑥ 최근에 강재 동바리가 많이 사용되며 경(硬)한 지질일 경우 전단면 굴착이 경제적이다.

(3) 강재 동바리공의 특징

① 구성부재가 적고 빨리 쉽게 세울 수 있다.
② 지보공을 제거할 필요 없이 콘크리트 라이닝이 되어 목재지보공과 같은 동바리 해체에 의한 사고가 생기지 않는다.
③ 토압을 지보공이 받는 상태에서 라이닝을 하므로 아치 라이닝에 균열·변형이 생기지 않고 라이닝 거푸집 동바리도 빨리 제거할 수 있다.
④ 지보공을 라이닝 속에 묻으므로 라이닝재의 일부로서 토압을 부담시킬 수 있다.
⑤ 용수(湧水)가 있을 경우에, 지주가 없으므로 방수 시트(sheet) 등에 의하여 거의 완벽한 누수방지공을 하면서 라이닝 작업을 할 수 있다.
⑥ 작업공간이 넓어서 대형기계에 의한 시공을 할 수 있어 능률적이다.
⑦ 거의 공장에서 제작되어 지질의 변화에 대응하는 융통성이 적으므로 미리 몇 종류의 규격품을 준비해야 한다.

(4) 과거 지주식 동바리공

① **맞대임식(합장식)**
- 지질이 암석이고 거의 동바리가 필요없다.
- 예기치 않은 국부적인 낙반을 막기 위해 간단히 사용한다.

② **가지식(버팀보식)**
- 중간 정도의 하중이 걸릴 때 사용한다.
- 중앙의 도리를 받는 큰 기둥을 지지하여 버팀보를 설치한다.

③ **뒷버팀보식(후광양식)**
- 가장 견고하다.
- 지질이 연약한 경우에 사용하는 방식이다.
- 상부 아치부의 보를 큰 기둥에 따라 직접 중도리 받침에 지지하게 한다.
- 토압이 장대한 곳에 적당하다.

7 라이닝(복공)

(1) 개요
- 굴착 후 터널 내벽에 콘크리트를 타설하는 것을 말한다.
- 물의 침투방지, 천장의 낙석방지, 풍화방지 등의 역할을 한다.

(2) 라이닝의 순서

① **본권법**
- 측벽 콘크리트를 먼저 타설하고 그 다음 아치 콘크리트를 타설한다.
- 전단면 굴착공법 및 측벽도갱 선진 상부 반단면 공법 등에 이용된다.

② **역권법**
- 아치 콘크리트를 먼저 타설하고 그 다음 측벽 콘크리트를 타설한 후 바닥(invert)을 타설한다.
- 지질이 나쁜 곳에 쓰인다.
- 지질이 연약하고 나쁜 터널에서는 인버트(invert : 바닥) 아치를 설치하여 복공 전체가 안전성을 유지한다.
- 상부 반단면 선진공법 및 저설도갱 선진상부 반단면 공법 등에 이용된다.

(3) 라이닝의 두께
① 지질이 나쁜 곳의 복공 두께는 가급적 얇게 하여 하중을 견딜 수 있게 한다.
② 복공의 두께는 30cm 이상으로 한다.
③ 콘크리트 복공의 설계 두께

내공 단면의 폭	콘크리트 복공의 설계 두께
2m	20~30cm
5m	30~50cm
10m	40~70cm

(4) 뒤채움 주입(그라우팅 : grouting)
① 본바닥과 복공의 공간을 채우는 것을 말한다.
② 본바닥과 복공과의 사이의 간격을 없애고 편압이나 본바닥이 이완되어 토압이 증가되는 것을 방지하기 위해 실시한다.
③ 주입재료는 자갈, 막돌을 충전하여 그 속에 그라우트를 한다.
④ 그라우트 주입 압력은 원지반이 흐트러지지 않도록 가능한 낮은 압력으로 실시한다.

⑧ 용수 처리

(1) 개요
측벽을 방수처리하거나 주변을 배수 처리하는 것을 말한다.

(2) 방수공의 특징
① 유지비가 적게 든다.
② 주변 지반에 영향을 주지 않는다.
③ 터널 내부가 깨끗하게 관리된다.
④ 수압에 견디게 하기 위하여 복공 콘크리트 두께가 증가되어 비경제적이다.
⑤ 복공 콘크리트에 하자 발생 요인이 크다.

(3) 배수공의 특징
① 복공 콘크리트의 두께가 감소한다.
② 특수 대단면의 시공이 가능하다.
③ 누수 시 보수가 용이하다.
④ 공사비가 저렴하다.
⑤ 지하수의 이용이 가능하다.
⑥ 유지관리비가 많이 든다.
⑦ 지하수의 배수로 지반 침하를 유발시킬 수 있다.
⑧ 배수시설의 불량으로 구조물에 해를 끼친다.

CHAPTER 5 출제 예상 문제 — 발파 및 터널공

01 터널 굴착에서 록 볼트는 강 아치 동바리나 자주식 동바리에 비해 특징을 가지고 있다. 이 중 적당하지 않은 것은?

① 원지반 그 자체가 가진 강도를 이용해서 원지반을 지지한다.
② 터널 내의 공간을 넓게 취한다.
③ 사용 재료가 비교적 많다.
④ 터널의 단면 형상의 변화에 대해서 적응성이 크다.

해설 사용 재료가 비교적 적게 소요된다.

02 Bench-cut의 벤치 높이 12m를 취하고 구멍간격을 1.5m, 최소 저항선을 1.5m로 한 뒤 중경 화강암의 암석을 굴착할 경우 장약량은? (단, 폭파계수 $C = 0.62$)

① 16.74kg
② 25.36kg
③ 32.76kg
④ 22.67kg

해설 $L = C \cdot H \cdot S \cdot W = 0.62 \times 12 \times 1.5 \times 1.5 = 16.74$kg

03 터널 굴착에서 토압이 장대한 곳에는 어떠한 지보공(timbering)이 적당한가?

① 지량식(가지보식)
② 후광양식(뒤버팀보식)
③ 합장식(맞대임식)
④ 아치식

해설
• 가장 견고한 지보공이다.
• 지질이 연약한 경우 사용하는 방식이다.

04 숏크리트의 리바운드(Rebound) 양의 감소 방법으로 옳지 않은 것은?

① 호스의 압력을 일정하게 유지
② 벽면과 45°로 분사시킴
③ 13mm 이하인 세골재 사용
④ 시멘트 양을 증가시키고 접착제 사용

해설
• 벽면과 직각으로 분사한다.
• 분사 부착면을 거칠게 한다.

05 터널의 계획, 설계, 시공 시 본바닥의 성질 및 지질 구조를 정확하게 알기 위한 조사방법은 어느 것인가?

① 물리적 탐사 ② 탄성파 탐사
③ 전기 탐사 ④ 보링(Boring)

해설 보링조사를 통해 코어 채취로 물리적 시험 성과 결과 정확한 조사가 가능하다.

06 여러 대의 착암기를 대차위에 장치하여 자유로이 상하 좌우로 이동시켜 임의의 위치에 고정시키면서 굴착작업을 편리하고 능률적으로 할 수 있게 한 장비는?

① 드리프터(drifter) ② 스토퍼(stoper)
③ 싱커(sinker) ④ 점보 드릴(jumbo drill)

해설 터널의 전단면 굴착 시 주로 사용되며 천공시간이 단축된다.

07 강아치 동바리공 중 측압이 크게 작용하는 곳에 사용하는 동바리공은 어느 것인가?

① 2piece형 ② 인버트 스트랏형
③ 전원형 ④ 4piece

08 파일럿 터널(pilot tunnel)의 용도에 해당하지 않는 것은?

① 지질 및 지하수 등을 조사하여 본 터널의 시공비를 결정한다.
② 시공에 앞서 지하수를 빼든가 지하 순위를 내리든가 한다.
③ 지질이 나쁜 곳을 피하고 양질의 장소에서 본 터널의 작업을 할 수 있는 발판을 마련하는 데 있다.
④ 파일럿 터널은 본 터널의 완공 후에는 예비 터널로 사용한다.

해설
• 파일럿 터널은 본 터널의 완공 후에는 매립한다.
• 파일럿 터널은 지질조사, 버력 반출, 재료운반, 환기, 배수 등에 이용된다.

09 터널 굴착에 있어서 전단면 굴착방식이 채용된 경우에 사용하는 지보공으로 옳은 것은?

① 합장식(맞대임식) ② 버팀보식(가지보식)
③ 후광양식(뒤버팀보식) ④ 아치식(arch식)

해설
• 강아치 동바리공은 토사에서 중경암 사이의 본바닥에 적용한다.
• 전단면 굴착 방식이 채용된 경우 지보공으로 많이 사용한다.

정답 01 ③ 02 ① 03 ② 04 ② 05 ④ 06 ④ 07 ② 08 ④ 09 ④

출제 예상 문제

10 터널의 흙 피복이 얕든지 지형이 급경사인 곳에서 이상 지압이 발생하게 되어 동바리공이나 콘크리트 복공이 변형하거나 파괴를 일으키게 된다. 이러한 현상의 원인은 무엇인가?
① 편압
② 본바닥의 팽창
③ 지각운동
④ 잠재응력의 해방

11 파이프 루프 공법이라고 하는 터널 굴착방식은?
① 터널 및 지하 구조물을 만들 때의 보조 공법이다.
② 슬래브와 빔을 흙막이 지보공으로 이용하면서 지상층과 작업을 병행한다.
③ 흙이 토공판에서 흩어지지 않게 밀어나가는 공법이다.
④ 점성토이며, 압밀 속도가 극히 늦을 경우에 가장 적당한 방법이다.

> **해설** 터널 및 지하구조를 굴착의 보조공법으로 굴착에 앞서 강관을 수평으로 터널 주위에 삽입하여 루프를 지보공에 지지하는 공법으로 상부 지표면의 침하를 방지한다.

12 터널의 지질이 연암이고 또 다소 나쁘다고 보았을 때 터널 단면형은 다음의 어느 형이 가장 적당한 것인가?
① 마제형 단면
② 구형 단면
③ 원형 단면
④ 직벽식 반원형 단면

> **해설**
> • 원형 단면의 경우에는 지질이 아주 불량하고 대단히 큰 토압이 작용하는 터널에 적합한 단면이다.
> • 직벽식 반원형 단면은 터널의 지질이 양호할 때 적합하다.

13 TBM(Tunnel Boring Machine) 공법의 특징에 관한 설명 중 옳지 않은 것은?
① 갱내의 공기 오염도가 적다.
② 라이닝의 두께를 얇게 할 수 있다.
③ 본바닥을 이완시키지 않으므로 동바리공이 간단하다.
④ 본바닥의 변화에 대하여 적응하기가 쉽다.

> **해설**
> • 설비 투자비가 크고 지질 변화에 대한 적응성이 나쁘다.
> • 본바닥의 이완이 적고 발파가 없으므로 진동. 소음이 없다.
> • 버럭 운반량이 적고 낙반이 적어 작업의 안정성이 크다.

14 수저 또는 지하수면 아래에 터널을 굴착하기 위하여 터널의 일부를 케이슨형으로 육상에서 제작하여 이것을 물에 띄워 부설 현장까지 예항하여 소정의 위치를 침하시켜서 기존 설치된 부분과 연결 후 되메우기 한 다음, 속의 물을 빼서 터널을 구축하는 공법은?

① 침매 공법　　　　　　　② 쉴드 공법
③ 역라이닝 공법　　　　　④ 개착 공법

해설
- 터널 단면이 자유롭고 대단면 시공이 가능하다.
- 어떤 지반이든 적응성이 좋다.
- 터널 복공이 최소화되어 경제적이다.
- 연결 부위 시공에 주의해야 한다.

15 터널 공사 시 인버트 방법(invert method)을 쓸 필요가 있는 것은?
① 용수(湧水)가 많을 때
② 구배(勾配)가 클 때
③ 단면을 크게 개축할 때
④ 연질암(軟質岩)이나 토사 등 지질이 나쁠 때

해설
- 지질이 연약하고 지질이 나쁜 곳에서는 인버트(invert : 바닥) 아치를 설치하여 복공 전체가 안전성을 유지한다.
- 역권법으로 시공한다. 즉, 아치 콘크리트 → 측벽 → 바닥(invert) 타설 순으로 시공한다.

16 콘크리트 복공 시 아치 콘크리트를 먼저 치고 그 후에 측벽의 콘크리트를 시공하는 방법은 다음 중 어느 굴착방법에 적당한가?
① 상부 반단면 선진 공법　　② 전단면 공법
③ 쉴드 공법　　　　　　　　④ 측벽도갱 선진 공법

해설 역권법으로 상부 반단면 선진 공법 및 저설도갱 선진 상부 반단면 공법이 있다.

17 저항선이 1.2m일 때 12.1kg의 폭약을 사용하였다면 저항선을 0.8m로 하였을 때는 얼마의 폭약이 필요한가?
① 1.8kg　　　　　　　　　② 3.6kg
③ 5.6kg　　　　　　　　　④ 7.6kg

해설 $L = C \cdot W^3$ 식에서
$L_1 : W_1^3 = L_2 : W_2^3$
$12.1 : 1.2^3 = L_2 : 0.8^3$
$\therefore L_2 = \dfrac{0.8^3}{1.2^3} \times 12.1 \fallingdotseq 3.6\text{kg}$

정답 10 ① 11 ① 12 ① 13 ④ 14 ① 15 ④ 16 ① 17 ②

CHAPTER 5 출제 예상 문제

18 터널공사에서 사용하는 천공(穿孔) 방법 중 번컷(Burn Cut) 공법의 장점에 대한 설명 중 옳지 않은 것은?

① 긴 구멍의 굴착이 용이하다.
② 터널쪽의 관계없이 천공 길이를 깊게 하여도 경제적이다.
③ 폭약이 절약된다.
④ 빈 구멍을 자유면으로 하여 연직폭파를 하므로 천공이 쉽다.

해설
- 빈 구멍을 자유면으로 하여 수평공, 평행공으로 천공하여 폭파하므로 천공이 쉽다.
- 비석이 적고 버럭이 도갱 부근에 집중된다.

19 터널 굴착공법에 대하여 다음 기술 중 틀린 것은 어느 것인가?

① 비교적 지질이 좋고 용수량도 적을 경우는 상부 반단면 굴착공법이 좋다.
② 점보를 사용하여 전단면에 걸쳐 천공하여 폭파로 할 때는 링 컷 공법이 좋다.
③ 지질이 나쁘고 큰 지압이나 대용수가 예측될 때에는 측벽도갱 선진 굴착공법이 유리하다.
④ 장대 터널 또는 지질이 다소 불량한 지층이 복잡하고 변화가 있을 경우는 저설도갱 선진공법이 좋다.

해설 점보 드릴로 전단면을 천공하고 폭파하여 전단면을 동시에 굴착하는 전단면 굴착공법이 좋다.

20 터널에 사용되는 동바리공으로 중앙의 도리를 받는 큰 기둥, 이것을 받치는 중도리 받침, 또 이것을 지지하는 밑기둥의 세 가지를 중심부 주뼈대로 하여 그 좌우에 방사기둥을 마치 나뭇가지와 같이 부치는 지주식 동바리는?

① 뒷버팀보식   ② 맞대임식
③ 아치식   ④ 버팀보식

해설
- 버팀보식(가지식)은 중간정도의 하중이 걸릴 때 사용한다.
- 맞대임식은 지질이 암석이고 거의 동바리가 필요 없으며 예기치 않은 국부적인 낙반을 막기 위해 간단히 사용한다.
- 뒷버팀보식은 지질이 연약한 곳에 적용되며 상부 아치부의 보를 큰 기둥에 따라 직접 중도리 받침에 지지하게 한다.

21 다음중 터널 굴착에서 록 볼트의 작용에 해당하지 않는 것은?

① 매다는 작용   ② 기둥의 형성작용
③ 보강작용   ④ 보의 형성작용

해설
- 아치 형성작용
- 암반과의 일체 작용
- 층리에 대한 구속작용
- 매다는 작용(암반의 탈락방지)

22 암반 굴착 시 제어발파를 실시하는 목적과 거리가 먼 것은?

① 낙석 위험이 적다.
② 버럭 운반량이 많다.
③ 암석면이 매끈하다.
④ 복공 콘크리트 양이 절약된다.

해설 조절 폭파공법으로 여굴을 감소시키므로 버럭의 운반량이 적다.

23 터널 단면이 크고 일시에 굴착이 어려워서 측벽부를 남기고 상부 반단면과 중앙부를 함께 굴착하고 복공은 역권법으로 시공하는 굴착 공법은?

① 상부 반단면 굴착공법
② 버섯형 반단면 굴착공법
③ 측벽도갱 선진 굴착공법
④ 저설도갱 선진 링 굴착공법

해설 도갱과 상부 반단면이 버섯형 모양으로 복공은 역권법으로 한다.

24 그림과 같은 1개의 자유면을 가진 천공 배치에 대하여 효과가 가장 큰 천공 각도는? (단, W는 최소 저항선)

① $\theta = 30°$
② $\theta = 45°$
③ $\theta = 60°$
④ $\theta = 75°$

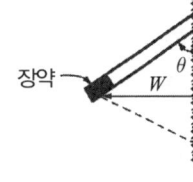

해설 천공각도가 45°일 때가 가장 효과적이다.

25 심빼기 부분에 수직한 평행공을 다수 천공하여 장약량을 집중시키고 순발뇌관으로 폭파시켜 폭파 Shock에 의하여 심빼기 하는 방법은?

① Burn cut
② No cut
③ Swing cut
④ Wedge cut

26 터널 공사 시공 중 붕괴에 대해 가장 주의해야 할 때는?

① 콘크리트를 복공할 때
② 도갱을 굴착할 때
③ 지보공을 설치할 때
④ 동바리를 해체할 때

정답 18 ④ 19 ② 20 ④ 21 ② 22 ② 23 ② 24 ② 25 ① 26 ④

해설 ▶ 본바닥의 붕괴를 막기 위해 일시적으로 설치하는 구조물이므로 동바리 해체 시 붕괴 위험이 있다.

27 수직갱에 있어서 물이 고였을 경우 어떤 발파방법이 좋은가?
① 벤치 컷 ② 번 컷
③ 피라미드 컷 ④ 스윙 컷

해설 ▶ 버럭이 너무 비산하지 않는 곳에 유효하다.

28 터널 굴착에 대한 다음 설명 중 옳지 않은 것은?
① 단면이 크고 지질이 나쁠 때는 측벽 도갱 방식과 저설 도갱 방식이 적당하다.
② 도갱의 역할은 일반적으로 버럭 운반로, 용수처리, 지질을 확인한다.
③ 전단면 굴착방법은 양호한 지반에 사용하며 복공은 측벽, 아치의 순으로 한다.
④ 상부 반단면 굴착방법은 용수가 많은 터널이나 연장이 긴 터널의 시공에 적용된다.

해설 ▶ 상부 반단면 굴착공법은 비교적 지질이 좋고 용수가 적으며 짧은 터널에 적합하다.

29 약장약의 폭파로 암반에 균열이 생기게 하여 1대의 립퍼로 시공하는 경우가 있다. 이러한 발파공법을 무엇이라 하는가?
① 복토법 ② 표준발파
③ 균열발파 ④ 제트 피어싱

해설 ▶ 발파에 의해 균열을 발생시킨 후 립퍼를 이용하여 굴착하는 방법을 균열발파라 한다.

30 암석의 시험 발파의 주목적은?
① 발파량을 추정하려고 한다. ② 폭약의 종류를 결정하려고 한다.
③ 폭파계수 C를 구하려고 한다. ④ 발파장비를 결정하려고 한다.

해설 ▶ 채석방법, 암석의 비산 상태, 장락량, 안전성 등을 고려하여 발파방법, 사용약량 등을 변화시키면서 시험 발파를 하여 암석과 폭약에 대한 계수를 결정한다.

31 다음 지하철 공법 중 연약한 지중에 지하철을 건설할 때 선두에 강고한 강관을 설치하고 압력으로 압입시켜 나가는 공법은 무엇인가?
① Caisson 공법 ② Shield 공법
③ Cut and cover 공법 ④ Under pining 공법

[해설] 실드공법은 연약하고 팽창 또는 붕괴의 우려가 있는 지질의 터널 굴착에 이용된다.

32 최근 터널 굴착에 있어서 록 볼트(rock bolt)와 뿜어 붙이기 콘크리트와 가축성(可縮性) 동바리공을 병용하는 터널 굴착공법은?
① 링 컷(ring cut)공법
② 상부 링 컷 공법
③ NATM 공법
④ JTM 공법

[해설] Rock bolt를 천공 삽입하고 얇은 라이닝이나 방수처리를 하여 도시 지하철 공사에 시공을 적용한다.

33 착암기로 표준암을 천공하니 60cm/min의 천공속도를 얻었다. 천공깊이 3.0m, 천공개수 15공을 한 대의 착암기로 천공 할 경우 소요되는 총시간은? (단, 표준암에 대한 천공 대상 암의 암석 항력계수는 1.35, 암석의 상태에 의한 작업 조건 계수는 0.6, 순 천공시간이 천공시간에 점유하는 비율 0.65)
① 1.5시간
② 1.7시간
③ 2.4시간
④ 3.6시간

[해설]
- 천공속도 $V_T = \alpha(C_1 \times C_2)V = 0.65(1.35 \times 0.6) \times 60 = 31.59 \text{cm/min} = 18.95 \text{m/hr}$
- 착암기 한 대의 총 천공깊이 $L = 3 \times 15 = 45\text{m}$
∴ 총 작업시간 $= \dfrac{45}{18.95} \fallingdotseq 2.4\text{hr}$

34 다량의 암석을 계단 모양으로 굴착하여, 점차 후퇴하면서 발파작업을 하는 암석 굴착방법은?
① 대발파
② 소발파
③ 스무드 블라스팅
④ 벤치 컷

35 발파 시 첫 번의 발파에 의하여 자유면을 증대시켜 다음 발파를 용이하게 하기 위한 작업으로 발파 중 가장 중요한 발파는?
① 계단발파
② 심발발파
③ 갱도식발파
④ 소할발파

[해설] 심빼기공이라 한다.

정답 27 ④ 28 ④ 29 ③ 30 ③ 31 ② 32 ③ 33 ③ 34 ④ 35 ②

CHAPTER 6 교량공

1 교량의 구조

❶ 교대공

(1) 교대의 각부 명칭

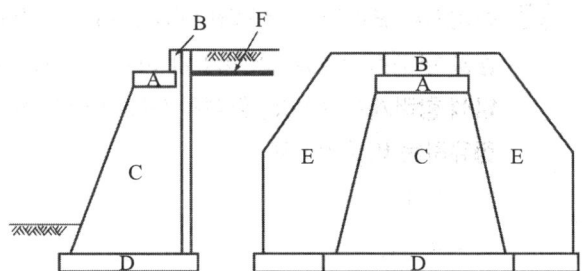

① 교좌(보 받침면) : A부분
교량의 보 한끝을 지지하는 부분

② 배벽(난간벽, 흉벽) : B부분
뒷면 흙의 붕괴를 막아주는 부분

③ 구체(본체) : C부분
상부 구조에는 오는 하중을 기초에 전달하고 중력 옹벽과 같이 뒷면의 토압에 견딘다.

④ 교대기초(확대기초) : D부분
구체의 아랫부분을 넓게 해서 하중을 기초지반에 넓게 분포시켜 지반에 전달한다.

⑤ 날개벽 : E부분
뒷면의 흙이 무너지는 것을 막고, 앞부분으로 물의 흐름에 세굴되는 것을 막아준다.

⑥ 답괴판 : F부분
교대 뒤쪽에 설치하는 것으로 구조물과 구조물 사이 단차, 부등침하를 방지하기 위해 설치한다.

❷ 교대의 종류

(1) 직벽 교대(사각형 교대)
① 양안에 따라 직면을 가진 간단한 구조
② 물의 흐름에 따라 세굴 우려가 있어 물의 흐름이 없는 곳에 적합

(2) U형 교대
① U자형으로 측벽이 본체에 직각으로 되어 있다.
② 교대는 공사비가 많이 들지만 물에 세굴되지 않고 강도가 크다.

(3) T형 교대
① T자형의 평면으로 양쪽이 뒤쪽의 흙부분과 합쳐있으며 직벽교대와 비슷하다.
② 교대는 높고 측벽이 커질 때 적합하다.

(4) 익벽 교대(날개형 교대)
① 직벽 교대의 양 끝에 날개 모양의 벽을 붙인 것
② U형 교대와 같이 물에 세굴되지 않으나 공사비가 많이 든다.
③ 직선과 곡선이 있으며 시가지에 많이 쓰인다.

(5) 라멘 교대
주로 고가교에 많이 사용된다.

③ 교각

(1) 교각의 종류
① **말뚝 교각**
- 땅속에 말뚝을 박아서 만든 것
- 물의 깊이가 깊을 때나 간단한 교각에 쓰인다.
- 철근 콘크리트 말뚝, 프리캐스트 콘크리트 말뚝, 강관 말뚝이 쓰인다.
- 중력식 및 반중력식 교각
- 무근 콘크리트나 철근 콘크리트 자중으로 안정을 유지한다.

② **T형 교각**
- 도로의 고가교에 많이 사용된다.

③ **라멘 교각**
- 철근 콘크리트의 보와 기둥을 일체로 만든 구조로서 물의 흐름에 장애가 적다.

(2) 교각의 모양
교각의 모양에 의해 흐르는 물에 부딪혀서 생기는 압력과 이것 때문에 생기는 맴돌이 물에 의해 씻겨 깎이는 것을 막을 수 있는데 교각을 수평 단면으로 볼 때 유수 저항이 적은 타원형 단면의 모양이 가장 좋다.

(3) 교각의 크기 결정
① 교각 상부의 나비는 교량을 지지하는데 필요한 나비에 30cm 이상을 더한 것으로 하며 항상 1.2m 이상으로 한다.
② 교각 상부의 길이는 상부 구조를 지지하는 부분의 길이에 교각 나비의 $\frac{1}{4}$을 더한 것보다 커야 한다.

③ 본체의 측면에는 $\frac{1}{24} \sim \frac{1}{12}$의 세로 기울기를 만든다.
④ 교각 하부의 나비와 깊이는 안정상 필요한 것보다 커야 한다.
⑤ 확대 기초의 두께는 60cm 이상으로 하고 윗면은 본체의 밑면보다 30cm 이상 길게 앞으로 나오게 한다.

2 교량의 가설공

1 비계를 사용하는 공법

(1) 새들(saddle) 공법
① 가장 간단한 공법으로 교량이 낮은 경우에 편리하다.
② 침목을 쌓아올려 받침을 만들고 그 위에 레일을 깔고 트롤러로 거더를 가설 위치까지 운반하는 형식이다.
③ 육상에서는 I형보다 판형이 사용되며 물의 깊이가 얕은 곳에서도 이용된다.

(2) 벤트(bent) 공법
① 교량 밑에 교각처럼 받치는 보나 기둥을 벤트라 하며 교각 사이에 벤트를 세우고 이동식 데릭으로 보를 들어 올려 연결해 나가는 방식이다.
② 수심이 깊지 않고 하천 바닥의 지반이 좋지 않을 때 사용한다.

(3) 가설 트러스(erection truss) 공법
트러스의 자중으로 받을 수 있는 가설 트러스를 만들어 그 위에 깔아 놓은 레일 위로 이동식 크레인으로 트러스를 하나씩 조립해 나가는 방식이다.

(4) 스테이징(staging) 비계식 공법
① 형하 공간 높이가 얕을 때 교각 부근에서 조립하여 파이프 등의 동바리를 연결해서 크레인으로 올려 가설하는 공법이다.
② 비계가 안전하고 경제적으로 조합이 가능한 장소, 형고(桁高)가 높지 않고 유수, 침하에 안전하고 불경제적이 아닌 장소에 적합하다.

2 비계를 사용하지 않는 공법

(1) 브라켓(Bracket) 가설 공법
① 손퍼기 공법(인출공법)으로 가설용 트러스(거더)를 달아 형을 조립하여 인출하는 공법이다.

② 가설재를 붙여서 캔틸레버 상태로 밀어내면 가설의 경간의 선단에 장치한 고정 롤러를 지점으로 하여 선단은 보좌상에 놓이게 하는 가설 방법이다.

(2) 캔틸레버식 공법
① 동바리를 사용하지 않고 이동식 크레인에 의하여 캔틸레버식으로 조립해 나가는 방식이다.
② 계곡이나 하천 또는 교통량이 많은 도로 등의 가설 공사에 이용된다.

(3) 부선식 공법
① 보나 트러스의 한쪽 끝을 부선으로 만들어 끌고 나가는 방식이다.
② PS 콘크리트보와 조립된 구조물에 사용할 수 있다.

(4) 크레인식 공법
① 크레인으로 보를 들어서 교대나 교각 위에 가설하는 방식이다.
② PS 콘크리트보에도 사용된다.

(5) 케이블식 공법
① 교각에 탑을 세우고 쇠줄로 고정한 다음 부재를 매달아 차례로 연결해 나가는 방식이다.
② 지간이 교량의 아래 공간보다 길고 수상에서 수심이 깊을 경우, 유속이 빠를 경우에 알맞다.

③ 콘크리트 가설공

(1) 동바리 공법(FSM 공법 : Full Staging Method)
① 콘크리트를 치는 경간에 동바리를 설치하여 콘크리트의 자중을 지지하는 방식이다.
② 소교량에 적합한 재래공법이다.
③ 설치 높이가 20m 이상이며 동바리가 500개 이상 필요할 경우는 비경제적이다.

(2) 캔틸레버 공법(FCM 공법 : Free Cantilever Method, Dywidag 공법)
① 교량을 가설할 때 동바리가 필요하지 않고 이미 완성된 교각으로부터 좌우로 평행을 이루면서 이동 작업차(form traveler)를 이용하여 3~5m 길이의 세그먼트를 순차적으로 시공하여 나가는 방식이다.
② 동바리를 설치하기 어려운 계곡이나 하천, 해상 등에 장경간 교량을 가설할 경우에 알맞다.
③ 우리나라에서는 원효대교가 최초로 이 공법으로 완성했다.
④ 특징
  • 장대교 시공이 가능하다.

- 단면 변화의 적응성 및 관리가 용이하다.
- 이동식 작업차 내에서 작업을 하므로 기후 관계없이 시공을 할 수 있어 품질, 공정이 확실하다.
- 시공 속도가 빠르고 작업원이 많이 필요하지 않으며 반복작업으로 작업의 능률이 있다.

(3) 이동식 비계 공법(MSS 공법 : Movable Scaffolding System)
① 동바리를 사용하지 않고 거푸집에 붙어있는 특수한 이동식 비계를 이용하여 한 경간씩 콘크리트를 쳐 나가는 공법이다.
② 시공을 빨리 할 수 있고 안전하고 확실한 시공을 할 수 있다.
③ 교장의 길이가 길 경우에 경제적이다.
④ 교각에 붙은 가설 받침대(bracket)가 필요하다.
⑤ 우리나라에서는 노량대교가 처음으로 가설되었고 올림픽 대교도 이 공법을 사용하였다.
⑥ 장점
- 동바리공이 필요 없으므로 하천, 도로 등 교량의 하부 조건에 관계없이 시공이 가능하다.
- 높은 교각, 경간이 많은 교량의 시공에 유리하다.
- 전천후 시공이 가능하다.
- 반복 작업으로 소수의 인원으로 시공이 가능하며 시공관리도 확실하게 할 수 있다.
- 거푸집 및 동바리의 전용과 노무비 절감으로 경제성을 확보할 수 있다.

⑦ 단점
- 이동식 동바리가 대형이고 중량이 크다.
- 초기의 제작비가 높다.
- 단면의 변화에 적응이 곤란하다.

(4) 압출 공법(ILM 공법 : Incremental Launching Method)
① 교량의 상부 구조를 교대의 뒤에 있는 작업장에서 15~20m의 일정한 길이를 가진 세그먼트를 만들어 교축 방향으로 점차적으로 밀어내서 교량을 가설하는 공법이다.
② 제작장에서 1세그먼트씩 제작후 추진코와 압출 잭을 사용하여 밀어낸다.
③ 동바리를 설치할 수 없는 계곡이나 하천에 많이 사용된다.
④ 우리나라에서는 금곡천교가 처음으로 가설되었고 한강의 서강대교도 이 공법을 사용하였다.
⑤ 장점
- 비계(동바리) 없이 시공하므로 교량 밑에 장애물이 있어도 시공이 가능하다.
- 장대교의 시공에는 경제적이고 공사기간이 단축된다.
- 연속교이므로 주행성이 좋다.
- 거푸집에 대한 공사비가 절감된다.
- 전천후 시공이 가능하다.

⑥ 단점
- 교량의 선형에 제한을 받는다. 직선 또는 일정 곡률 반경의 교량에 적합하다.
- 콘크리트 타설시 엄격한 품질관리가 요구된다.
- 상부 구조물의 횡단면이 일정해야 한다.
- 넓은 제작장이 필요하다.

(5) 프리캐스트 세그먼트 공법
① 캔틸레버 공법의 일종으로서 일정한 길이로 분할된 세그먼트를 공장에서 제작하여 가설 현장에서 크레인을 이용해 상부 구조를 완성하는 공법이다.
② 우리나라에서는 최초로 서울 내부 순환도시 고속도로의 두모교에 사용되었다.
③ 장점
- 제품의 품질이 우수하다.
- 공기가 단축된다.
- 시공성이 우수하고 경제적이다.
- 건설 공해가 적고 외관이 좋다.
- 가설 후 건조수축, 크리프에 의한 프리스트레스 감소량이 적다.
- 장대 교량에 유리하다.

④ 단점
- 운반 가설 시 대형장비가 필요하다.
- 초기에 투자비가 높다.
- 세그먼트의 제작, 운반, 가설 시 고도의 품질관리가 요구된다.

④ 상부구조 형식에 따른 분류

① 거더교 : 거더(보)를 수평방향으로 가설한 형식
② 단순교 : 주형 또는 주트러스를 양단에서 단순하게 지지된 교량으로 한쪽은 힌지, 다른 쪽은 이동지점으로 지지하는 형식
③ 연속교 : 1개의 주형 또는 주트러스를 3점 이상의 지점에서 지지하는 형식
④ 게르버교 : 연속교의 지점 이외의 적당한 곳에 힌지를 넣어 부정정 구조를 정정 구조로 만든 형식
⑤ 트러스교 : 몇 개의 직선 부재를 한 평면 내에서 연속된 삼각형의 뼈대 구조로 조립한 것을 거더 대신 사용하는 형식
⑥ 아치교(타이드 아치교, 랭거 아치교, 로제 아치교, 닐슨 아치교) : 곡형 또는 곡트러스 쪽을 상향으로 하여 양단을 수평방향으로 이동할 수 없게 지지한 아치를 주형 또는 주트러스로 이용한 형식
⑦ 현수교(영종대교) : 주탑 및 앵커리지로 주케이블을 지지하고 이 케이블에 현수재를 매달아 보강형을 지지하는 형식

⑧ **라멘교** : 교량의 상부구조와 하부구조를 강절로 연결함으로써 전체 구조의 강성을 높임과 동시에 지간 내에 발생하는 휨모멘트의 크기를 줄이는 대신 이를 교대나 교각이 부담하게 하는 형식

⑨ **사장교(서해대교, 인천대교, 올림픽 대교)** : 중간의 교각 위에 세운 교탑으로부터 비스듬히 내린 케이블로 주형을 매단 구조물의 형식

CHAPTER 6 출제 예상 문제

교량공

01 유압 잭(hydraulic jack)을 이용하여 거푸집을 이동시키면서 진행 방향으로 slab를 타설하는 교량가설 공법으로 main girder의 상하좌우 조절이 가능한 공법은?

① 이동식 지보공법(MSS)
② 프리캐스트 세그먼트 공법
③ 프리캐스터 거더 공법
④ Dywidag공법

> **해설**
> - 높은 교각, 경간이 많은 교량의 시공에 유리하다.
> - 교장의 길이가 긴 경우 경제적이다.
> - 전천후 시공이 가능하다.
> - 교각에 붙은 가설 받침대(bracket)가 필요하다.

02 교대에서 날개벽(wing)의 역할로 가장 적당한 것은?

① 배면(背面) 토사를 보호하고 교대 부근의 세굴을 방지한다.
② 교대의 하중을 부담한다.
③ 유량을 경감하여 부담한다.
④ 교량의 상부 구조를 지지한다.

03 도로를 횡단하는 소지간(小支間) 단순 플레이트 거더(plate girder)교의 가설공법으로 다음 중에서 가장 적당한 것은?

① 트럭 크레인 공법(truck crane method)
② 트래블러 크레인(traveller crane) 공법
③ 케이블 이렉션(cable erection) 공법
④ 캔틸레버식 공법

> **해설** 경간이 짧고 지상에서 연결, 조립이 가능한 보를 크레인에 의해 들어올려 교대나 교각에 놓는 공법

04 다음 중 주로 고가교(高架橋)에 많이 이용되는 교대는?

① U형 교대
② 상자형 교대
③ 수직 날개벽 교대
④ 라멘 교대

정답 01 ① 02 ① 03 ① 04 ④

CHAPTER 6 출제 예상 문제

05 교량공사시 동바리를 설치하지 않고 교각 위의 주두부(柱頭部)로부터 좌우로 평형을 유지하면서 이동식 작업차를 이용하여 3~5m 길이를 순차적으로 시공한 후 경간 중앙부에서 캔틸레버 구조물을 힌지나 강결로 연결하는 공법은?

① MSS
② ILM
③ FCM
④ FSM

[해설]
- 장대교 시공이 가능하다.
- 품질, 공정이 확실하다.
- 시공 속도가 빠르다.

06 교량가설 공법은 비계를 사용하는 공법과 비계를 사용하지 않는 공법, 비계를 병용하는 공법으로 분류한다. 다음 중 비계를 사용하는 공법에 해당하는 것은?

① 브래킷식 가설공법
② 캔틸레버식 가설공법
③ 디비닥식 가설공법
④ 이렉션 트러스식 가설공법

07 4차선 지간 50m의 PC교를 형하 공간(cleavance)이 높고 유속이 빠른 장소에서 30span을 가설하고자 할 때의 적절한 최신 개발된 공법은? (단, 서울의 노량대교의 적용된 공법이다.)

① MSS
② ILM
③ FCM
④ FSM

08 교대의 평면 형상에 따른 분류 중에서 하천의 유수에 장해되지 않고 미관상 좋은 시가지용의 것은?

① 직벽 교대
② T형 교대
③ U형 교대
④ 날개벽 교대

[해설] 익벽 교대라고도 한다.

09 비계를 사용하는 공법에 있어서 다음 중 틀린 공법은 어느 것인가?

① saddle 비계식 공법
② staging 비계식 공법
③ bent식 공법
④ bracket 공법

[해설] bracket 공법은 비계를 사용하지 않는다.

10 교대 후방의 제작장에서 1매(segment)씩 제작된 교량의 상부 구조물에 교량 구간을 통과할 수 있도록 프리스트레스를 가한 후 특수장비를 이용하여 밀어내는 공법은 무엇인가?

① MSS ② ILM ③ FCM ④ FSM

해설 길이 10~16m 정도의 프리캐스트 세그먼트를 연속적으로 제작하여 직선 또는 일정 곡률 반경의 교량에 시공할 수 있다.

11 교량가설의 위치 선정에서 유의해야 할 사항 중 적당하지 않는 것은?

① 하천과 양안의 지질이 양호한 곳
② 하폭이 넓을 때에는 굴곡부인 곳일 것
③ 교각의 축방향이 유수의 방향과 평행하게 되는 곳일 것
④ 하천과 유수가 안정한 곳일 것

해설 하폭이 넓을 때에는 굴곡부인 곳은 피할 것

12 장대교(長大橋)의 경우에 있어서 PC빔(beam)을 가설할 때 다음 공법 중 어느 것이 가설 자재를 절약하며 가장 유효하고 경제적으로 시공할 수 있는 방법인가?

① 트럭 크레인(truck crane) 공법
② 이렉션 트러스(erection truss) 공법
③ 디비닥(dywidag) 공법
④ 이렉션 타워(erection tower) 공법

해설
- P.S 콘크리트의 가설 중 포스트텐션 방식을 사용하는 공법이다.
- 가설 작업차를 사용하여 그 장소에 거푸집을 조립하여 콘크리트를 현장 타설하여 순차적으로 캔틸레버식으로 완성한다.
- 유수가 심한 계곡에 단 span의 아치교를 가설할 경우 적당하다.
- 캔틸레버 공법(FCM 공법, dywidag 공법)이라 한다.
- 대하천을 횡단하는 교량, 수심이 깊은 경우 PC교 가설법으로 가장 유리하고 경제적인 공법이다.

13 T형 교각은 주로 어떤 경우에 많이 채용하는가?

① 철도교 ② 수로교 ③ 고가교 ④ 도로교

14 답괴판의 특징 중 틀린 것은?

① 교대 뒤쪽에 설치
② 구조물과 성토 접속부 사이의 단차
③ 부등침하 방지
④ 유수의 세굴방지

해설 답괴판(approach slab)은 도로 구조물과 성토의 접속부 사이에 발생하는 부등침하를 방지하기 위해 설치한다.

정답 05 ③ 06 ④ 07 ① 08 ④ 09 ② 10 ② 11 ② 12 ③ 13 ③ 14 ④

CHAPTER 7 옹벽공

1 옹벽의 종류

❶ 중력식 옹벽

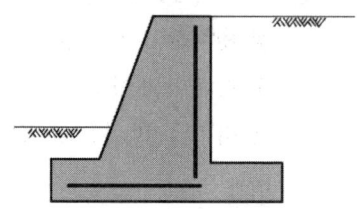

① 무근 콘크리트 자중에 의해 토압에 저항한다.
② 기초 지반이 견고한 곳에 설치 가능하다.
③ 높이가 3~4m 정도로 비교적 낮은 경우에 사용한다.

❷ 반 중력식 옹벽

① 무근 콘크리트 단면의 벽 내에 생기는 인장력을 철근이 지지하도록 설계된 구조물
② 철근을 보강하므로 중력식 옹벽에 비해 벽의 두께가 얇고 자중을 줄인 옹벽
③ 높이는 4m 이내가 적당하다.

❸ 역 T형 옹벽

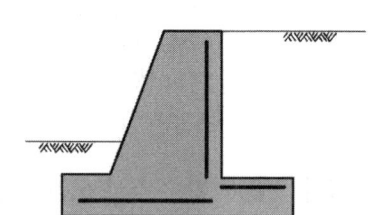

① 철근 콘크리트 자중과 뒷채움 토사의 중량으로 토압에 저항한다.
② 높이가 비교적 높은 6m 정도가 유리하다.
③ 캔틸레버 옹벽이라고 한다.

❹ 부벽식 옹벽

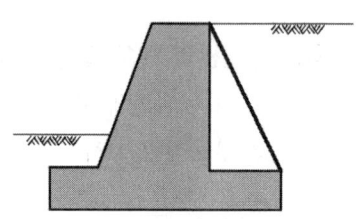

① 철근 콘크리트인 역 T형 옹벽의 배면에 수직벽의 강도가 부족한 경우 설치한다.
② 지반이 불량한 경우 알맞다.
③ 높이는 6m 이상인 경우에 사용된다.

2 옹벽의 안정조건

1 전도에 대한 안정

(1) 안전율

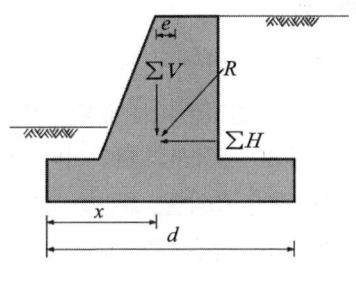

$$F = \frac{M_r}{M_o} \geq 2.0$$

$$\left. \begin{array}{l} x \geq \dfrac{d}{3} \\ e \leq \dfrac{d}{6} \end{array} \right\} \text{일 경우 안정}$$

여기서, F : 안전율, M_o : 회전모멘트, M_r : 저항모멘트

(2) 안전율을 증대하는 방법
① 뒷굽 길이를 길게 한다.
② 옹벽 높이를 낮게 한다.

2 활동에 대한 안정

(1) 안전율

$$F = \frac{H_r}{\sum H} \geq 1.5$$

$$H_r = f \cdot \sum V$$

$$\tan\phi < f$$

여기서, H_r : 저항력, $\sum H$: 수평분력, f : 옹벽 저면과 지반사이의 마찰계수

(2) 안전율을 증대하는 방법
① 저판의 폭을 크게 한다.
② 활동 방지벽을 설치한다.

3 지지력에 대한 안정

$$\sigma_{\max} \leq \sigma_a$$

여기서, $\sigma_{\max}$: 최대압축응력(t/m²), σ_a : 지반의 허용지지력(t/m²)

4 원호 활동(sliding)에 대한 안정

사면 정부와 선단이 원호 파괴에 대한 안정 검토

3 시공시 유의사항

1 배수공

① 옹벽의 측벽에 적당한 ϕ 5~10cm의 배수공을 수평 및 수직간격 3m 이내마다 설치하고 배수공의 면적은 $4m^2$에 대해 $60cm^2$로 한다.
② 두께 30~40cm의 자갈이나 쇄석으로 배수층을 둔다.
③ 배수층은 조약돌, 부순돌, 자갈을 사용한다.
④ 지표면을 불투수층으로 시공하고 지표면수를 유도하는 배수구를 만들어 표면배수 처리한다.
⑤ 유하된 물이 기초 슬래브 바닥의 흙을 연화시키지 않도록 그 주변을 불투수층으로 차단시킨다.
⑥ 연직벽 전배면에 두께 30~40cm 잡석층의 배수층을 만들어 집수시켜 물구멍으로 배수시킨다.
⑦ 연직벽 배면에 경사진 배수층을 설치하여 집수시켜 물구멍으로 배수시키는데 침투수가 빨리 집수되므로 효과가 좋다.
⑧ 옹벽 하단에 수평방향으로 배수층을 설치하여 저면으로 배수시킨다.

2 뒷채움

(1) 뒷채움의 재료

① 모래, 자갈, 부순돌 등이 좋다.
② 투수계수가 큰 재료일 것
③ 입도가 양호하고 압축성과 팽창성이 적은 재료
④ 전단강도가 크고 지지력이 큰 재료
⑤ 뒷채움 재료의 규정
- 최대 치수 : 100mm
- 5mm체 통과율 : 25~100%
- 0.08mm체 통과율 : 0~25%
- 소성지수 I_p : 10 이하
- 수침 CBR : 10% 이상

(2) 다짐

① 내부 마찰각이 큰 재료를 사용한다.
② 다짐을 철저히 하여 전단강도를 높인다.
③ 투수가 양호하게 되도록 배수 대책을 수립한다.

③ 이음

(1) 신축이음
① 콘크리트의 온도 변화, 건조 수축 등에 의한 균열을 방지한다.
② 부등침하에 의한 균열을 방지한다.
③ 중력식 옹벽의 신축이음 간격은 10m 이하, 역 T형 옹벽은 15~20m 마다 설치한다.

(2) 수축이음
① 건조수축에 의한 균열을 방지할 목적으로 둔다.
② 벽의 표면에 저판의 상부부터 옹벽의 윗면까지 V형의 홈을 가진 수축이음을 둔다.
③ 수축이음은 9m 이하로 한다.

4 보강토 옹벽

① 개요
흙쌓기를 하는 구조물 내에 보강재를 설치하고 이것을 앞면판과 연결하여 흙 구조물을 보강함으로써 흙의 연직쌓기를 할 수 있게 한 것

② 시공 방법

(1) 전면판(skin)
① 뒷채움 흙의 유실 방지, 보강재와의 연결 등의 목적으로 사용된다.
② 프리캐스트 제품의 십자형 콘크리트(1.5×1.5m) 또는 금속재료가 사용된다.

(2) 보강재(strip)
① 보강재는 아연 도금 강판 또는 합성 수지 재료가 사용되며 스테인레스강, 알루미늄 합금, 에폭시 도장 강철판 등도 사용된다.
② 가장 중요한 재료로 인장강도와 마찰력이 커야 하고 내구성 및 흙과의 결합성이 좋아야 한다.
③ 아연 도금 강판을 많이 사용하며 길이 6m, 폭 10cm, 두께 3.2mm인 것을 표준으로 한다.

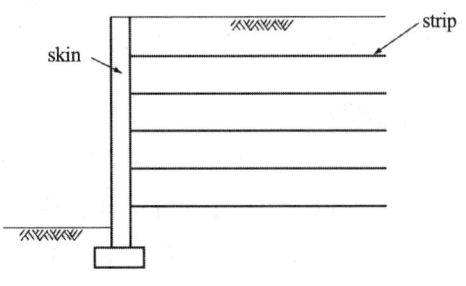

(3) 뒷채움 흙

뒷채움 흙은 배수성이 양호하고 보강재와 마찰력이 큰 모래질 흙이 좋다.

③ 보강토 공법의 특징

① 프리캐스트 제품을 사용하므로 시공이 신속하여 공기를 단축할 수 있다.
② 용지의 폭이 작게 소요되고 높은 옹벽을 축조할 수 있다.
③ 진동이나 소음 등의 건설공해가 적다.
④ 용지 폭이 적어 경제적이다.
⑤ 부등침하에 대한 저항성이 커 지반이 다소 약하더라도 기초없이 시공을 할 수 있다.
⑥ 옹벽의 허용경사가 1/200까지 가능하다.

5 돌쌓기공

① 돌쌓기 공사의 종류

(1) 찰쌓기

① 돌을 쌓을 때 줄눈과 뒤채움에 모르타르나 콘크리트를 사용하여 쌓는 것
② 뒷면에 배수구를 만들어 배수에 유의해야 한다.
③ 배수구는 돌쌓기 앞면에 2m마다 지름 약 3cm 정도로 만든다.
④ 돌쌓기 높이가 2m 이상일 때는 찰쌓기가 안전하다.

(2) 메쌓기

① 쌓기의 높이가 2m 이하로 모르타르나 콘크리트를 사용하지 않고 쌓는 것
② 뒷면으로 물이 잘 빠지므로 토압의 증가에 염려하지 않아도 된다.
③ 견치돌을 이용하여 쌓으면 견고하다.
④ 뒷채움에 돌이 많이 사용되어야 안전을 유지할 수 있다.

(3) 골쌓기

① 줄눈을 골짜기 모양으로 골을 지어 쌓는 것
② 돌의 크기가 고르지 않아도 사용할 수 있다.
③ 공사비가 싸고 튼튼하여 많이 쓰인다.

(4) 꿰쌓기(줄쌓기)

① 각 층의 가로 줄눈을 직선으로 쌓는 것
② 겉모양은 좋으나 골쌓기보다 약해 높은 쌓기에는 부적당하다.

❷ 시공시 유의사항

① 통줄(줄쌓기)을 피하여 부등침하를 방지하고 뒷채움을 잘 해야 한다.
② 큰 돌을 아래층에 쌓아 안정도를 높인다.
③ 찰쌓기에서는 돌과 돌 사이에 빈틈이 없도록 모르타르나 콘크리트를 잘 채우고 반드시 배수 구멍을 만든다.
④ 돌쌓기의 높이는 하루에 1.2m 정도로 한다.
⑤ 돌쌓다가 남은 부분은 계단식으로 남겨 두어야 한다.
⑥ 찰쌓기의 경우 배면배수를 위한 물빼기공은 3~4m 또는 물빼기공의 면적은 $4m^2$, 지름이 5~10cm인 PVC를 설치한다.
⑦ 줄눈의 두께는 9~12mm 정도로 하고 모르타르 배합비는 보통 1 : 2~1 : 3이 좋고 중요한 곳은 1 : 1로 한다.

❸ 돌쌓기의 붕괴 원인 및 대책

(1) 붕괴 원인
① 기초불량
② 배면토압의 증대
③ 뒷채움 토사의 침하
④ 배수의 불량
⑤ 돌쌓기의 불량

(2) 방지 대책
① 기초 침하의 방지를 위해 견고하게 기초를 보강한다.
② 기초가 동결받지 않도록 충분과 깊이를 확보한다.
③ 뒷채움 시공시 다짐을 철저하게 한다.
④ 배면배수가 원활하게 할 수 있게 한다.

CHAPTER 7 출제 예상 문제

옹벽공

01 옹벽의 안정 조건에 대한 설명 중 옳지 않은 것은?
① 옹벽에 생기는 최대 응력도가 콘크리트 및 암반에 허용 응력도를 초과하지 않을 것
② 제체의 각부가 활동하지 않을 것
③ 옹벽의 상하류면에 인장응력이 생기지 않을 것
④ 합력의 작용선이 항상 저변의 중앙 1/2내에 들어올 것

해설
- 합력의 작용선이 항상 저변의 중앙 1/3내에 들어올 것
- 전도에 대하여 편심 e가 저변 B/6 이하일 것

02 다음의 옹벽 설명에서 역 T형 옹벽에 관해 맞는 것은?
① 자중과 뒷채움 토사의 중량으로 토압에 저항한다.
② 자중만으로 토압에 저항한다.
③ 일반적으로 옹벽의 높이가 낮은 경우에 사용된다.
④ 자중이 다른 방식보다 대단히 크다.

03 옹벽의 안정상 수평 저항력을 증가시키기 위한 방법 중 가장 유리한 것은?
① 옹벽의 비탈경사를 크게 한다.
② 기초 밑판 밑에 돌기물(key)을 만든다.
③ 옹벽의 전면에 apron을 설치한다.
④ 배면의 본바닥에 앵커 타이(anchor tie)나 앵커 벽을 설치한다.

04 석축이 파괴되는 원인을 설명한 것 중 옳지 않은 것은?
① 뒷채움 조약돌의 중량
② 기초지반의 불량
③ 배면의 토압
④ 침투수의 공극수압 증가

해설
- 뒷채움 토사의 침강
- 배수의 불량
- 돌쌓기의 불량

05 높이가 5m 이상일 때 사용되며, 지지벽 옹벽이 T형 옹벽에 있어서 옹벽 벽체의 강도가 부족한 경우에 채택되는 옹벽은?

① 중력식 옹벽　　　　　② L형 옹벽
③ 반중력식 옹벽　　　　④ 부벽식 옹벽

> **해설** 옹벽 벽체의 강도가 부족한 경우 적당한 간격으로 부벽을 만들어 강도를 보강하는 부벽식 옹벽을 채택한다.

06 다음 옹벽의 종류 중 무근 콘크리트 단면의 벽 내에 생기는 인장력을 철근으로 지지시키는 옹벽은?

① 중력식　　　　　② 반중력식
③ 역 T형식　　　　④ L형식

07 다음 옹벽 중 높이가 비교적 낮고(3~4m) 기초 지반이 견고한 경우에 적합한 것은?

① 부벽식 옹벽　　　　② 역 T형 및 L형 옹벽
③ 중력식 옹벽　　　　④ 선반식 옹벽

08 다음 옹벽공사의 설명 중 틀린 것은?

① 옹벽 전면의 경사는 배면을 경사시키는 것보다 안전상 훨씬 유리하다.
② 중력식 옹벽에는 25~30m 간격으로 신축이음을 설치해야 한다.
③ 옹벽의 배수를 위하여 3~4m 마다 수발공을 설치해야 한다.
④ 기초공은 동해를 입지 않도록 적어도 1m 이상의 터파기가 필요하다.

> **해설** 중력식 옹벽의 신축이음 간격은 10m 이하, 역 T형 옹벽은 15~20m마다 설치한다.

09 높이가 6m 이상이 되고 지반이 불량한 경우에 알맞은 옹벽의 형식은?

① 부벽식 옹벽　　　　② 중력식 옹벽
③ L형 옹벽　　　　　④ 반중력식 옹벽

10 석축의 찰쌓기, 콘크리트 옹벽, 콘크리트 쌓기 블록 등의 배면 배수처리 공법 중 지표수 침투방지를 위한 공법은 다음 중 어느 것인가?

① 경사 배수공　　　　② 배수용 도랑
③ 연속 배면 배수공　　④ 간이 배수공

정답 01 ④　02 ①　03 ②　04 ①　05 ④　06 ②　07 ③　08 ②　09 ①　10 ②

11 그림과 같은 역 T형 옹벽에 있어서 옹벽높이 $h = 5\text{m}$, $b_1 = 1.7\text{m}$, $h_1 = \dfrac{5}{3} = 1.6\text{m}$이다. 이 경우의 안전율은? (단, W=21.6t, P_H=21.5t, P_v=3.8t, B=3.5m)

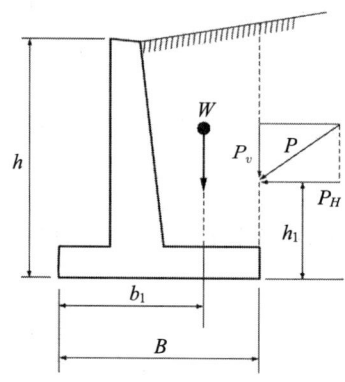

① 2.8   ② 2.3   ③ 2.5   ④ 1.4

해설
$$F = \dfrac{W \cdot b_1 + P_v \cdot B}{P_H \cdot h_1} = \dfrac{21.6 \times 1.7 + 3.8 \times 3.5}{21.5 \times 1.6} \fallingdotseq 1.4$$

CHAPTER 8 도로공

1 아스팔트 콘크리트 포장

❶ 노상

포장의 두께를 결정하는 기초 부분으로 포장 아래 1m의 층을 말한다.

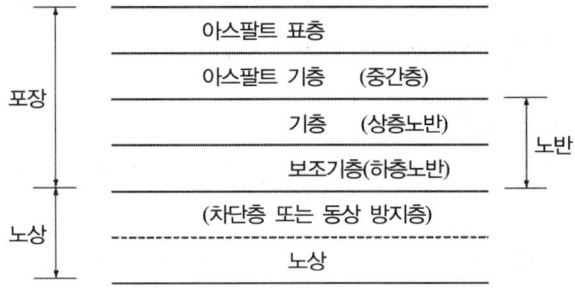

❷ 노반공

보조기층 및 기층은 교통하중을 분산시켜 노상이 안전하도록 전달하는 역할을 한다.

(1) 보조기층(하층노반)

① 보조기층 재료는 슬래그, 막부순돌, 모래 등을 사용한다.
② CBR 값은 30% 이상, 소성지수 I_p가 6 이하, 최대치수가 50mm 이하인 골재를 사용한다.
③ 노상 위에 포장하는 것으로서 윤하중을 고르게 분포시키는 역할을 하여 노상이 받는 하중이 최소가 되도록 한다.
④ 규정된 다짐도가 얻어지게 시공하고 다시 노반 표면의 평탄성과 유해물이 혼입되지 않게 한다.

(2) 기층(상층노반)

① 입도조정공법
양호 입도가 되게 여러 가지 재료인 쇄석, 슬래그, 모래, 쇄석 더스트 등을 혼합하여

펴 고르고 다짐을 소정의 밀도가 얻어질 때까지 충분히 다진다.

② 머캐덤 공법
쇄석을 10t 이상의 머캐덤 롤러로 전압하고 간극을 채움골재로 충전하여 끝손질하는 방법이다.

③ 시멘트 안정처리 공법
현지 재료에 보충재료를 혼합하고 시멘트를 첨가하여 다짐을 하면 노반강도를 증가시키고 함수량의 변화에 의한 강도의 저하를 방지하여 내구성을 증가시킨다.

④ 역청 안정처리 공법
현지 재료에 보충재료를 혼합하고 스트레이트 아스팔트, 아스팔트 밀크, 컷백 아스팔트, 포장 타르 등을 첨가하여 혼합하고 펴 고르기 하여 다진 것으로 평탄성을 얻기 쉽고 탄력성, 내구성이 크다.

⑤ 침투식 공법
골재를 깔고 그 위에 역청재료를 살포 침투시켜서 골재의 맞물림과 역청재료의 결합력에 의하여 안정성이 있는 층을 만들어 다지는 공법이다.

(3) 프라임 코트(prime coat)
① 노반의 끝손질이 되면 프라이머(primer)를 디스트리뷰터로 균일하게 살포하는 것을 말한다.
② 프라이머로 사용되는 재료는 아스팔트 유제, 컷백 아스팔트, 포장 타르 등으로 $1.0l/m^2$ 정도 살포한다.
③ 프라임 코트의 목적은 노반(보조기층, 기층)의 방수성을 높이고, 시공 중의 작업차에 의한 파손, 강우에 의한 세굴, 표면수의 침투 등을 방지하여 노반에서 모세관 작용에 의한 물의 상승을 차단하고 노반 위에 포설하는 아스팔트 혼합물 기층과의 결합을 좋게 한다.

(4) 아스팔트 혼합물

① 포장용 아스팔트 가열 혼합물
- 아스팔트 플랜트에서 혼합물을 가열상태로 혼합하여 생산한다.
- 가열 혼합물은 160~180℃, 골재는 120~170℃, 아스팔트는 130~160℃로 가열한다.

② 샌드 매스틱(sand mastic)
- 아스팔트를 골재층에 주입하여 골재 간극을 채워 골재층의 안정성을 높이기 위해 아스팔트를 모래와 혼합하여 샌드 매스틱으로 하여 사용한다.
- 혼합비율은 아스팔트 18~20%, 모래 60~72%, 필러 10~20%로 아스팔트 플랜트에서 혼합하여 제조한다.

❸ 아스팔트 기층공 및 표층공

(1) 혼합 및 운반
① 아스팔트 기층공 및 표층공에는 가열 혼합식 공법이 많이 사용되고 있다.
② 아스팔트 혼합물은 배치식 또는 연속식 플랜트로 제조한다.
③ 덤프트럭의 적재부 내부에 얇게 기름칠을 하여 아스팔트 혼합물이 부착되지 않게 하고 이물질이 혼입되지 않게 시트로 보호하고 포설현장에 운반한다.

(2) 펴고르기(부설 끝손질)
① 아스팔트 피니셔에 의하여 가열 혼합식 공법에서는 혼합물이 식기 전에 포설을 완료한다.
② 도로의 중심선에 평행하게 설치한 유도선에 따라 피니셔를 펴고르는 방향으로 정확하게 향해 놓고 포장 두께를 조정하는 스크리드의 높이를 정하여 횡단방향의 구배를 조정하고 스크리드를 혼합물의 온도 정도로 가열한다.
③ 덤프트럭으로부터 혼합물을 피니셔 호퍼에 넣고 작업속도를 조정하면서 연속으로 펴 고른다. 이때 혼합물은 호퍼내에 충분히 있어야 하며 펴넓히기 스크류의 양단에서 스크류 깊이의 적어도 2/3까지 채워 있게 한다.
④ 포설할 때 혼합물의 온도는 110℃ 이하가 되지 않도록 하고, 기온이 5℃ 이하일 때와 겨울철에 5℃ 이상이더라도 강풍이 불 때 그리고 비가 내리기 시작하면 작업을 중지해야 한다.
⑤ 한냉기의 포설은 플랜트의 혼합온도를 약간 올려 운반 트럭에 보온장치를 만들고 피니셔의 스크리드를 계속 가열하고 펴 고르기 즉시 전압을 실시한다.

(3) 다짐
① 1차 다짐은 혼합물이 변위를 일으키거나 미소한 균열이 생기지 않는 한 높은 온도 110~140℃에서 마캐덤 롤러로 다짐을 한다.
② 도로 횡단면의 낮은 쪽부터 점차로 높은 쪽으로 이동해가며 다진다.
③ 2차 다짐은 혼합물의 온도가 90~110℃ 정도에서 타이어 롤러로 다져 헤어 크랙을 없앤다.
④ 3차 다짐(마무리 다짐)은 혼합물의 온도가 60~90℃에서 탬덤 롤러로 2차 다짐 시 생긴 바퀴 자국을 제거한다.
⑤ 롤러 바퀴에 혼합물의 부착을 방지하기 위해 소량의 물이나 기름을 분무한다.(타이어 롤러의 경우 물을 사용하지 않는다.)
⑥ 마무리 전압 후 포장 표면에는 무거운 장비를 정지상태로 장기간 방치하여서는 안 된다.
⑦ 도로의 방향에 평행하게 중앙에서 외측으로 전압한다.

(4) 택 코트(tack coat)
① 아스팔트 기층 포설한 후 표층과의 부착을 좋게 하기 위해 컷백 아스팔트, 아스팔트 유제, 스트레이트 아스팔트 등을 소량($0.4 \sim 0.8 l/m^2$)으로 균일하게 살포하여 시공한다.
② 택 코트 양생이 끝난 후 이물이 부착되지 않게 될 수 있으면 빨리 표층을 포설한다.
③ 재래의 아스팔트 혼합물층이나 시멘트 안정 처리층과의 부착을 좋게 하기 위해 소량의 역청재료를 살포하는 것이다.

(5) 실 코트(seal coat)
① 아스팔트 포장에 있어서 기설 포장 위에 시공하는 얇은 표면 처리의 일종이다.
② 역청재료를 살포한 위에 골재를 살포하여 한 층을 마무리하는 공법이다.
③ 실 코트는 아스팔트 표층의 노화방지와 내구성의 증진, 미끄럼 방지, 마찰을 커지게 하는 목적으로 한다.

(6) 아스팔트 기층
① 표층에서 전달하는 하중을 분산시켜 기층(상부노반)에 전달시키며 기층의 요철을 수정하여 표층의 평탄성을 양호하게 한다.
② 아스팔트 기층을 구성하는 재료는 기층과 일체가 되어 윤하중에 의해 발생하는 전단응력을 감당할 수 있어야 한다.

(7) 표층
① 포장구조의 최상부로 차륜에 의한 마모 및 전단에 대해 저항하며 방수성, 미끄럼 저항성, 평탄성을 가지고 있어야 한다.
② 내유동성, 미끄럼 저항성이 우수한 밀입도 아스팔트 혼합물이 사용된다. 특히 최대입경 19mm의 것은 내유동성이 우수하다.

❹ 아스팔트 혼합물 포설 시공이음

(1) 하층, 상층의 세로 이음은 30cm 이상 간격을 둔다.

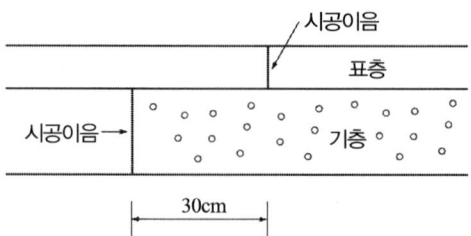

(2) 세로 이음의 겹침(over lap)은 약 5cm를 한다.

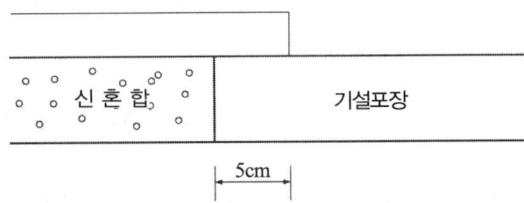

(3) 다짐에 앞서 중복부분의 굵은 골재는 갈퀴 등으로 제거한다.
(4) 이음다짐은 피니셔의 뒤에서부터 바로 다진다. 머캐덤 롤러의 후륜을 이용하는 것이 좋다.
(5) 기설포장이 식지 않을 때 신(新)포장을 포설하는 이음을 핫조인트라 하는데 이 경우에는 앞의 포장은 끝부분의 다짐을 남겨두고 신포장과 동시에 다짐하면 좋다.
(6) 이음다짐이 불충분하면 표면이 거칠고 균열의 원인이 된다.
(7) 기설(旣設)포장의 끝부분에 택 코트를 하여 이음다짐을 한다.

5 아스팔트 포장의 유지·보수

(1) 패칭(patching)

① 포장 표면의 작은 구멍인 포트 홀(pot-hole), 단차, 침하 등과 같은 파손을 조기에 포장 재료로 채우는 응급적으로 보수하는 방법이다.
② 포장의 표층뿐만 아니라 필요에 따라 기층, 보조기층을 절취(면적이 $10m^2$ 미만)하고 아스팔트 혼합물로 채우는 방법이다.

(2) 표면처리 공법

- 아스팔트 포장 표면이 국부적인 균열, 마멸 및 붕괴 등과 같은 파손이 발생한 경우에 기존 포장에 2.5cm 이하의 얇은 층으로 시공하는 공법이다.
- 기존 포장의 요철을 히터 플레이너(heater planer)로 포장 노면을 평탄하게 정정하고 균열 등을 수리한 다음 표면처리를 실시한다.

① seal coat, armor coat
역청제를 포장 표면에 살포한 후 그 위에 모래, 부순돌을 살포하여 시공한다.

② fog seal
물로 묽게 한 유화 아스팔트를 포장 표면에 살포하여 작은 균열과 표면의 공극을 채워 노면을 보수하는 공법이다.

③ slurry seal
세골재, 필러, 아스팔트 유제에 적정량의 물을 가하여 혼합한 slurry를 만들어 포장면에 얇게 깔아 미끄럼 방지와 균열을 덮어씌우는 공법이다.

④ carpet coat

기존 포장 위에 아스팔트 혼합물을 1.5~2.5cm 정도로 얇게 포설하고 다지는 공법이다.

(3) 덧씌우기(over lay)

① 기존 포장의 국부적 파손, 균열발생, 포장 강도 부족, 교통량 증가 등의 경우 덧씌우기를 한다.
② 기존 포장 위에 1층 또는 2층의 포장을 겹쳐 놓는 공법이다.
③ 아스팔트 포장의 보수에 대부분 이용한다.
④ 노면의 평탄성 개량, 균열을 통한 빗물의 침투 방지의 목적이 있다.
⑤ 덧씌우기 공사 전에 기존 포장면의 요철 부분을 평탄하게 수정하는 레벨링(levelling)을 실시한다.
⑥ 기존 노면을 깨끗이 청소하여 먼지, 진흙 등을 제거하고 유화 아스팔트로 택 코트를 한 후 덧씌우기를 실시한다.

(4) 절삭(milling) 덧씌우기

① 포장의 균열이나 변형 등이 심한 경우, 덧씌우기 시공 시 파손이 재발될 것으로 예상되는 경우 적용한다.
② 전면적인 재포장을 할 정도는 아니고 인접지나 배수시설과의 높이 문제나 경제적인 문제로 덧씌우기가 부적합할 경우에 하는 공법이다.
③ 포장의 파손 부분을 절삭하고 덧씌우기 한다.

(5) 재포장

① 파손이 심하여 다른 유지 · 보수 방법으로 양호한 노면을 유지하기 어려울 때 적용하는 공법이다.
② 부분적으로 재포장하거나 전면 재포장을 한다.
③ 기존 포장을 제거하고 다시 아스팔트 포장 시공을 한다.

6 아스팔트 포장의 특성

(1) 구조적 특성

① 가요성 포장(연성 포장 : flexible pavement)이다.
② 교통하중으로 인해 생기는 전단에는 저항하지만 휨에는 저항할 수 없다.
③ 노상의 지지력이 가장 중요하다.
④ 상부층으로 갈수록 탄성계수가 큰 재료를 사용한다.

(2) 장점

① 시공 경험이 풍부하고 시공이 용이하다.

② 부분적인 보수가 용이하다.
③ 지형적 특성에 대해 적응성이 좋다.
④ 현재의 교통량을 처리하면서 시공이 가능하다.
⑤ 주행감이 좋다.
⑥ 한냉지역에서 강설이나 결빙으로 인한 안정성이 좋다.

(3) 단점
① 유지보수 비용이 시멘트 콘크리트 포장보다 많이 든다.
② 중차량 진행에 대해 저항성이 부족하다.

7 검사 및 측정

(1) 프로프 롤링(proof rolling)
① 노상, 보조기층 등의 완성면의 다짐상태를 검사하기 위해 로울러나 덤프트럭 등을 완성면 위에 주행시켜 윤하중에 의한 표면의 침하량을 측정한다.
② 복륜하중이 5ton 이상, 접지압이 $5.6kg/cm^2$ 이상, 총하중이 25ton 이상 발휘 가능한 타이어 구륜장비를 보속정도인 4km/hr로 완성된 전구간을 3회 이상 실시한다.

(2) 벤겔만 빔(Benkelman beam) 측정
알미늄 빔의 선단을 일정한 윤하중을 가진 차량의 복윤간에 삽입하고 차량을 전진시켰을 때 포장 표면의 복원력을 다이얼 게이지로 읽어내어 침하량을 구한다.

(3) 프로파일 미터(profile meter) 측정
포설완료 후 주요 요철이 발생한 아스팔트 포장 및 콘크리트 포장 노면의 평탄성을 측정한다.

(4) 히터 플레이너
포장의 유지 보수용으로 주로 요철이 발생한 아스팔트 포장 노면을 평탄하게 한다.

2 시멘트 콘크리트 포장

① 노상

(1) 포장의 두께를 결정할 때 기초가 되는 흙의 부분으로 포장 아래 약 1m의 흙을 말한다.

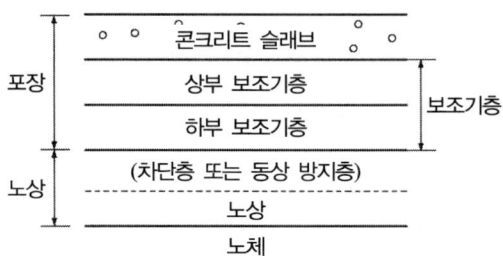

(2) 노상토 지지력은 평판재하시험 또는 CBR 시험에 의하여 판정한다.
(3) 노상의 설계 CBR이 2.5% 이하의 경우에는 노상의 일부로서 두께 15~30cm의 동상 방지층을 설치한다.
(4) 노상 부분의 재료
   ① 상부 노상
   - 최대 치수 : 100mm 이하
   - 5mm체 통과율 : 25~100%
   - 0.08mm체 통과율 : 0~25%
   - 소성지수 I_p : 10 이하
   - 시방 최소밀도에서의 수침 CBR 값 : 10% 이상

   ② 하부 노상
   - 최대 치수 : 150mm 이하
   - 5mm체 통과분 시료 속의 0.08mm체 통과율 : 50% 이하
   - 소성지수 I_p : 30 이하
   - 시방 최소 밀도에서의 수침 CBR 값 : 5% 이상

   [노체 부분의 재료]
   - 최대 치수 : 300mm 이하
   - 시방 다짐을 실시한 수침 CBR 값 : 2.5% 이상

② 보조기층

(1) 보조기층은 콘크리트 슬래브를 지지하는 층으로 균등하고 충분한 지지력을 가지며 내구성이 풍부한 재료로 소요 두께를 잘 다져 만들어야 한다.

(2) 보조기층의 두께는 15cm 이상으로 하는데 두께가 30cm 이상인 경우에는 상부 보조기층과 하부 보조기층으로 나눈다.

(3) 하부 보조기층의 재료
① 수정 CBR 값 : 20% 이상
② 0.08mm체 통과율 : 10% 이하
③ 소성지수 I_p : 10 이하
④ 최대 입경 : 50mm 이하(부득이한 경우 1층 시공두께 1/2 이하로서 100mm 이하)
⑤ 현지 부근의 재료로서 산자갈, 혼합골재 등을 사용한다.

(4) 상부 보조기층의 재료
① 시멘트 안정재료, 입도 조정재료, 아스팔트 안정처리 재료 등을 사용한다.
② 최대골재 입경은 40mm 이하, 소성지수 I_p는 6 이하인 것을 사용한다.

(5) 보조기층의 역할
① pumping 작용을 방지한다.
② 동상 방지 및 배수 효과를 낸다.
③ 노상의 흡수, 팽창을 방지한다.

③ 콘크리트 슬래브

① 직접 교통에 노출되어 그 하중을 지지하는 가장 중요한 층이다.
② 온도 변화나 함수량 변화 등에 의한 응력을 경감하기 위하여 줄눈을 적당한 간격으로 설치한다.
③ 줄눈은 slip bar, tie bar, 철망 등이 사용된다.
④ 콘크리트 슬래브의 설계에 사용할 콘크리트는 휨 강도를 기준한다.

④ 시공

(1) 픽스드 폼(fixed form) 공법

① 거푸집은 강재로 하고 길이를 3m 정도로 한다.
② 포설시 거푸집, 보조기층에 분리막을 깐다.
- 분리막의 재료는 폴리에틸렌을 사용한다.
- 분리막은 부설하기 쉽고 흡수되거나 찢어지지 않을 것
- 분리막은 슬래브 바닥과 보조기층면과의 마찰 저항을 감소시켜 슬래브의 팽창 작용을 원활하게 한다.
- 분리막은 콘크리트 중의 모르타르나 수분이 보조기층에 흡수되는 것을 막아준다.
- 분리막은 보조기층의 이물질이 콘크리트에 혼입되는 것을 막아준다.
- 분리막은 겹이음시 30cm 이상 겹친이음으로 시공한다.

③ 덤프트럭으로 콘크리트를 운반하고 거푸집을 레일로 하여 주행하는 스프레더(spreader)를 이용하여 콘크리트를 깐다. 이때 재료가 분리되지 않고 횡단구배가 직선이 되도록 포설한다.
④ 더돋기를 슬래브 두께의 15% 정도 깐다.
⑤ 깔기는 2층으로 나눠하며 하층 콘크리트를 펴서 깐 다음 철망을 놓고 상층 콘크리트를 깐다.
⑥ 다지기는 거푸집 레일 위를 주행하는 피니셔를 이용한다.
⑦ 피니셔는 스프레더로 펴서 깐 콘크리트를 한 번 더 고르기, 다지기, 거친면 마무리 등을 한다.

(2) 슬립 폼(slip form) 공법
① 슬립 폼 페이버(slip from paver)를 사용하여 깔기, 다지기, 표면 마무리를 연속적으로 한다.
② 슬립 폼 페이버에는 거푸집이 내장되어 있으므로 거푸집을 설치할 필요가 없다.

(3) 표면 마무리
① **초벌 마무리**
피니셔의 피니싱 스크리드와 슬립 폼 페이버를 쓰는 것이 원칙이며 소정의 높이로 균일한 마무리 면이 되게 한다.

② **평탄 마무리**
기계 또는 플롯(flot)에 의한 인력으로 종횡 방향의 요철을 고르게 마무리한다.

③ **거친면 마무리**
평탄 마무리 후 표면에 물기가 없어지면 장비 및 인력으로 마무리한다.

⑤ 줄눈 설치

- 콘크리트 슬래브의 수축, 팽창 응력을 경감하고 균열을 일정한 장소로 유도하기 위하여 줄눈을 설치한다.
- 줄눈은 그 위치에 따라 종방향 줄눈(세로 줄눈)과 횡방향 줄눈(가로 줄눈)으로 나눈다.
- 줄눈은 기능에 따라 팽창 줄눈과 수축 줄눈 및 시공 줄눈으로 나눈다.
- 횡방향 줄눈에는 수축 줄눈과 팽창 줄눈이 있으며 다월 바(dowel bar)로 보강한다.

(1) 수축 줄눈
① 온도 변화, 수분, 마찰 등에 의하여 생기는 콘크리트 슬래브의 수축응력을 경감하기 위하여 설치한다. (슬래브가 수축할 때 불규칙한 틈이 생기는 것을 막기 위해 설치한다.)

② 수축 줄눈 간격
- 무근 콘크리트 포장 : 6m 이하
- 철망을 사용하는 무근 콘크리트 포장 및 슬래브 두께가 25cm 미만인 철근 콘크리트 포장 : 8mm
- 슬래브 두께가 25cm 이상인 철근 콘크리트 포장 : 10m

③ 연속 철근 콘크리트 포장에서는 가로 수축 줄눈을 설치하지 않는다.

④ 다웰 바(dowel bar)를 사용한 맹줄눈 구조가 표준이다.

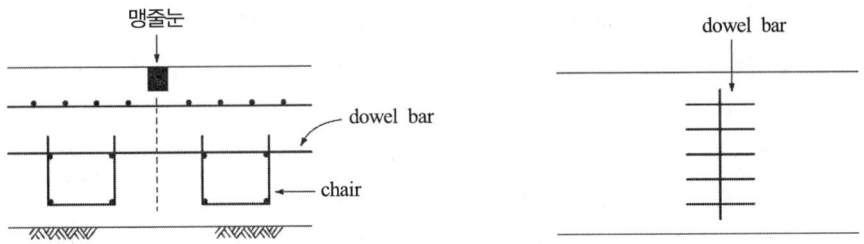

⑤ 가로 수축 줄눈이 시공 줄눈일 때는 다웰 바(dowel bar)를 사용한 맞댄 줄눈으로 한다.

(2) 팽창 줄눈

① 슬래브 시공시의 온도와 그 후의 온도 변화를 고려하여 팽창 줄눈을 설치한다.

② 콘크리트 슬래브는 온도가 상승하게 되면 블로 업(blow up)을 일으키므로 팽창 줄눈을 설치한다.
- 블로 업(blow up)은 콘크리트 슬래브가 팽창하여 줄눈의 부적정 등으로 더 이상 팽창력을 지탱할 수 없을 때 생기는 좌굴현상으로 인하여 슬래브가 부분적으로 솟아오르는 현상을 말한다.
- 콘크리트 포장에서 팽창 줄눈의 진충재로 사용하는 판은 일래스타이트(elastite)라 한다.

③ 팽창 줄눈은 표량 접속부, 포장 구조가 변경되는 위치, 교차 접속부에 설치한다.

④ 1일 콘크리트 타설 마감에 설치하는 경우와 포설 능력 관계로 1일의 포설 도중에 설치하는 경우가 있다.

⑤ 콘크리트의 신축에 의한 균열이 발생하지 않도록 다웰 바(dowel bar)는 도로 중심선과 평행하게 설치한다.
- 다웰 바(dowel bar)는 콘크리트 슬래브의 팽창 줄눈이나 수축 줄눈에 인접한 슬래브를 서로 연결하도록 넣어서 슬래브에서 슬래브로의 하중 전달을 하게 하기 위한 철근이다.
- 다웰 바는 tie bar, slip bar를 합쳐 부를 때 봉강을 말한다.

⑥ 팽창 줄눈 간격

슬래브 두께 \ 시공시기	10~5월	6~9월
20cm	60~120m	120~240m
25cm 이상	120~240m	240~480m

(3) 세로 줄눈

① 세로 방향의 균열 발생을 방지하기 위하여 설치한다.
② 보통 1차선마다 설치하고 간격은 4.5m 이하로 한다.
③ 콘크리트 슬래브를 2차선 폭으로 시공할 때 그 중앙에 설치하는 세로 줄눈은 맹줄눈 구조로 한다.

- 맹줄눈은 하층 콘크리트를 부설한 후 타이 바(tie bar)를 설치하여 조인트를 형성하고 커터로 절단하여 줄눈 층을 만든다.
- 타이 바(tie bar)는 콘크리트 슬래브의 맞물림 줄눈 또는 맹줄눈을 가로질러 매설한 강봉, 줄눈이 벌어지지 않도록 2개의 슬래브를 연결하고 하중 전달 능력에 따라 슬래브의 주변을 보강하는 효과가 있다.

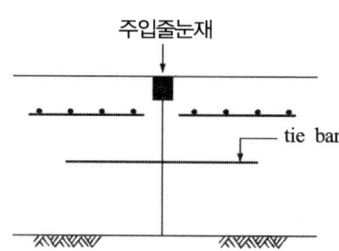

④ 1차선으로 시공할 경우에는 맞댄 줄눈 구조로 한다.

- 맞댄 줄눈의 경우 chair bar를 설치한 후 콘크리트를 타설한다.
- chair bar는 지름 13mm 철근으로 용접해서 만드는데 dowel bar를 지지한다.

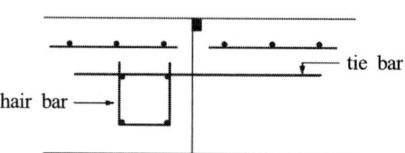

(4) 시공 줄눈

① 콘크리트 슬래브의 1일 포설 종료 시나 강우 등에 의해서 시공을 중단할 때 설치하는 줄눈이다.
② 수축 줄눈의 위치에 설치하는 것이 좋으나 경우에 따라서는 팽창 줄눈으로 시공한다.

(5) 줄눈 재료 및 시공

① 줄눈 재료를 줄눈판과 주입 줄눈재 및 특수 성형 줄눈재가 있다.
② 줄눈판의 특징

- 콘크리트 슬래브 팽창시에 밀려 빠져나오지 않아야 한다.
- 수축 시에는 슬래브 사이에 틈이 생겨서도 안 된다.
- 줄눈판에는 아스팔트 섬유질, 코르크계 줄눈판이 많이 사용된다.

③ 주입 줄눈재의 특징
- 콘크리트와 잘 부착하며 고온 시에 변형하지 않고 저온 시에도 교통차량에 의한 충격에 견디어야 한다.
- 토사의 침입을 막으며 내구성이 있어야 한다.
- 주입 줄눈 재료는 고무화 아스팔트, 고무수지 등이 많이 사용된다.

④ 줄눈의 절단
- 줄눈 절단은 콘크리트 경화 후 초기균열을 방지하기 위해 기온, 온도에 따라 24~48시간 이내에 완료한다.
- 세로 줄눈과 가로 수축 줄눈은 맹줄눈 구조이며 줄눈 홈을 콘크리트 커터로 절단하여 만든다.
- 절단 폭은 6mm, 수축 줄눈 깊이는 두께의 1/4 이상, 세로 줄눈 깊이는 두께의 1/3 이상으로 한다.

6 양생

(1) 초기 양생
① 콘크리트가 충분한 강도를 얻기 전에 건조수축에 의한 균열이 발생하지 않게 양생을 한다.
② 삼각 지붕 양생과 피막 양생이 있다.

(2) 후기 양생
① 초기 양생에 이어 콘크리트 슬래브의 수화작용이 충분히 이루어져 충분한 강도에 도달할 때까지 물의 증발을 방지하고 콘크리트를 보호하는 양생을 말한다.
② 급습(給濕) 양생과 보온 양생이 있다.

(3) 양생기간
① 보통 포틀랜드 시멘트를 사용한 경우 : 2주간
② 조강 포틀랜드 시멘트를 사용한 경우 : 1주간
③ 중용열 포틀랜드 시멘트 및 플라이 애시 시멘트를 사용한 경우 : 3주간

7 균열·손상

(1) 침하 균열
철근이나 철망의 설치 깊이, 포설 속도, 기온, 온도, 바람 등의 기상 조건 및 콘크리트의 재료, 배합 등 각종 원인으로 생기는 균열

(2) 플라스틱 균열
무근 콘크리트 포장 표면의 직사광선, 온도의 급격한 저하, 강풍에 의해 양생이 불량하여 생기는 균열

(3) 온도 균열

콘크리트 온도, 기온, 습도, 바람 및 콘크리트 슬래브의 구속 조건 등의 각종 원인으로 생기는 균열

(4) 리플렉션 균열(reflection creck)

콘크리트판이나 시멘트 안정처리를 기층으로 한 아스팔트 표층에 이음부 또는 균열이 표층에 나타나는 균열

(5) 러팅(rutting)

노면의 한 개소를 차량이 집중 통과하여 표면재료가 마모되고 유동을 일으켜서 노면이 얕게 패인 자국을 말한다.

8 시멘트 콘크리트 포장의 특성

(1) 구조적 특성
① 강성포장이다.
② 콘크리트 슬래브가 큰 휨 강도에 저항할 수 있어 교통하중을 지지하기 위한 보조기층이나 노상의 부담을 크게 덜어 준다.

(2) 장점
① 중교통에 대한 내구성이 크다.
② 미끄럼 저항이 크다.
③ 동절기 타이어체인에 의한 마모 손상면이 적다.
④ 마모 손상이 적어 유지관리비가 적게 든다.
⑤ 보조기층이나 노상의 지지력이 아스팔트 포장보다 작아도 좋다.
⑥ 야간주행 시 시야가 밝다.

(3) 단점
① 시공이 까다롭고 경험이 부족하다.
② 소음이 크며 평탄성이 나쁘고 주행성이 떨어진다.
③ 양생기간이 길어 교통량 처리가 곤란하다.
④ 부분적 보수가 용이하지 않고 파손 시 즉시 처리가 곤란하다.
⑤ 시공시 초기 투자비가 크다.

3 연속 철근 콘크리트 포장

1 개요

① 연속된 종방향의 철근을 사용하여 콘크리트 포장의 횡 줄눈(가로 줄눈)을 생략하여 주행성을 좋게 하는 포장 공법
② 철근 사이의 간격유지와 철근의 설치가 연속성을 이루는 것이 중요하다.
③ 줄눈이 없으므로 콘크리트 슬래브의 온도 수축에 의해 생기는 응력은 철근이 받아준다.
④ 콘크리트 슬래브에서의 미세한 균열은 철근으로 구속한다.

2 연속 철근 콘크리트의 특성

(1) 장점

① 가로 수축 줄눈이 생략된다.
② 차량 주행성이 개선되어 양호하다.
③ 유지관리비가 적게 든다.
④ 줄눈부 파손 등 하자 발생 요소가 감소된다.
⑤ 중차량에 대한 적응도가 높다.

(2) 단점

① 시공 경험이 부족하다.
② 초기 공사비가 다소 높다.
③ 부등침하 시 보수가 곤란하다.
④ 공사기간이 길다.

3 시공시 유의사항

(1) 철근 조립 및 설치

① 세로 방향 철근
- 가로 방향 균열을 억제한다.
- 철근비는 0.5~0.7% 이형철근을 사용한다.
- 슬래브 중앙이나 중앙상단에 설치한다.
- 간격은 10~22.5cm, 피복은 6.5cm 이상으로 배근한다.

② 가로 방향 철근
- 세로 방향 철근을 고정시켜 준다.
- 세로 방향의 균열을 억제한다.
- 간격은 철근 지름의 70배 또는 70~120cm로 배근한다.

(2) 줄눈 시공

① 가로 시공 줄눈
- 맞댄 줄눈으로 세로 방향 철근은 연속 배근한다.
- 줄눈부는 보강용 이형철근을 배근한다.

② 세로 시공 줄눈
- 2차선 동시 포설 작업시에는 생략한다.
- 맞댄 줄눈 시공시 1m 간격으로 단면의 $\frac{1}{2}$ 위치에 타이 바(tie bar)를 설치한다.

4 진공 콘크리트 포장 방법

1 개요

콘크리트를 타설한 후에 진공 매트(vacuum mat) 또는 진공 패널(vacuum panel)을 이용하여 콘크리트 표면을 진공처리하여 콘크리트의 수화작용에 필요한 물과 공기를 흡입하여 제거하는 공법

2 진공 콘크리트 공법의 특성

① 조기 강도가 크고 양생기간이 짧아도 되며 교통 개방시기가 단축된다.
② 경화수축이 작다.
③ 동결 융해에 대한 저항이 크다.
④ 표면이 강경하고 마찰 저항이 크다.
⑤ 마모에 대한 저항이 증가한다.

5 프리스트레스트 콘크리트 포장 방법

1 개요

콘크리트 슬래브에 미리 프리스트레스트를 주어서 슬래브에 생기는 인장응력을 경감하도록 한 공법

② 공법의 특성

① 슬래브의 두께를 늘리지 않고도 구조적으로 강하게 할 수 있다.
② 횡방향 줄눈(가로 줄눈)의 수가 상당히 생략되므로 자동차의 주행 시에 승차감을 좋게 할 수 있다.
③ 슬래브의 두께는 15cm 정도로 한다.

전압 콘크리트 공법(롤러 다짐 콘크리트 포장)

① 개요

단입도(單粒度)의 굵은골재와 시멘트 모르타르를 혼합한 마카담형과 포장용으로 쓰이는 단위수량이 적은 낮은 슬럼프의 된비빔 콘크리트가 있다. 이 공법은 된비빔 콘크리트를 토공에서와 같이 부설한 후 롤러 등으로 다지는 공법이다.

② 전압 콘크리트 공법(RCCP, Roller Compacted Concrete Pavement)의 특성

① 단위수량이 적으므로 건조수축이 작아 줄눈간격을 줄일 수 있다.
② 기계시공이므로 공기를 줄일 수 있을 뿐만 아니라 골재의 이물림이 증진돼 초기 내하력이 증대되고 조기교통 개방이 가능하다.
③ 포장 표면의 평탄 마무리가 어렵다.
④ 주로 도로, 공항, 주차장 및 하역장 등에 사용된다.

CHAPTER 8 출제 예상 문제

도로공

01 역청계 포장의 유지수선으로 포장의 표층뿐만 아니라 필요에 따라서는 기층, 보조 기층을 절취하고 아스팔트 혼합물로 채우는 방법은?

① 표면처리
② 패칭(patching)
③ 덧씌우기
④ 파상고르기

[해설] 아스팔트 포장의 파손 부위를 조기에 보수하는 방법이다.

02 포장의 유지 보수용으로 주로 요철이 발생한 아스팔트 포장 노면을 평탄하게 하기 위하여 사용되는 기계는?

① 프로파일 미터
② 히터 플레이너
③ 프로 프롤링
④ 일래스타이트

03 Asphalt 포장의 장점 중 옳지 않은 것은 어느 것인가?

① 유지 수선이 쉽다.
② 주행 충격이 적다.
③ 양생기간이 많이 걸린다.
④ 초기 공비를 합리적으로 사용할 수 있다.

[해설] 양생기간이 거의 소요되지 않는다.

04 콘크리트 포장의 설계기준 강도로 사용하는 것은?

① 압축강도
② 인장강도
③ 휨강도
④ 전단강도

[해설] 휨강도는 4.5MPa 이상을 기준한다.

05 도로포장시 전압기는 어느 방향으로 전압하는 것이 좋은가?

① 도로의 방향에 직각으로 중앙에서 외측으로
② 도로의 방향에 평행하게 중앙에서 외측으로
③ 도로의 방향에 직각으로 외측에서 중앙으로
④ 도로의 방향에 평행하게 외측에서 중앙으로

06 시멘트 콘크리트 포장의 시공에 관한 설명 중 적당하지 않은 것은?
① 단위 시멘트량을 될 수 있으면 적게 하고, 발열량과 수축성이 적은 시멘트를 사용한다.
② 초기양생은 신중하고 표면이 건조하지 않도록 주의하여야 한다.
③ 가로 이음에 놓는 slip bar는 도로 중심선에 평행하게 매설한다.
④ 슬립 폼 페이버(slip form paver)는 시공능력이 적어 소규모 공사에 적합하다.

> **해설** 슬립 폼 페이버는 시공 능력이 좋고 대규모 공사에 적합하다.

07 노면의 한 개소를 차량이 집중 통과하여 표면 재료가 마모되고 유동을 일으켜서 노면이 얕게 패인 자국을 무엇이라 하는가?
① 러팅(rutting)
② 블로업(blow up) 현상
③ 필러(filler)
④ 택 코트(tack coat)

08 노반(路盤) 또는 기층에서는 수분의 모관상승을 차단하고 표면을 안정시키기 위해 표면이 흡수성일 때 혼합물의 포설(鋪設)에 앞서 시공하는 것은?
① 프라임 코트(prime coat)
② 실 코트(seal coat)
③ 피치(pitch)
④ 컷백 아스팔트(cut back asphalt)

09 아스팔트 포장의 시공에 앞서 실시하는 시험포장의 결과로 얻어지는 사항과 관계가 없는 것은?
① 혼합물의 현장배합 입도 및 아스팔트 함량의 결정
② 플랜트에서의 작업표준 및 관리목표의 설정
③ 시공관리 목표의 설정
④ 포장두께의 결정

> **해설** 시험포장의 결과 포장두께의 결정사항은 관계없다.

10 다음 진공 콘크리트 포장의 특징이다. 이 중 옳지 않은 것은?
① 조기 강도가 크고, 양생기간이 짧아도 되며 교통 개방시기가 단축된다.
② 동결 융해에 대한 저항이 적다.
③ 표면이 강경하고 마찰 저항이 크다.
④ 경화 수축이 작다.

> **해설** 동결 융해에 대한 저항이 크다.

정답 01 ② 02 ② 03 ③ 04 ③ 05 ② 06 ④ 07 ① 08 ① 09 ④ 10 ②

CHAPTER 8 출제 예상 문제

11 콘크리트 포장에서 slip form paver로 콘크리트를 포장하려고 할 때 다음 중 가장 문제가 되는 것은 어느 것인가?
① 시멘트량
② 골재의 규격
③ Slump 값
④ 포설시의 온도

> **해설** 재료분리가 발생하지 않도록 슬럼프 값을 유지한다.

12 겨울철 동상에 의한 노면의 균열과 평탄성의 악화와 더불어 초봄의 노상지지력의 저하로 인한 포장의 구조파괴를 동결융해 작용이라고 한다. 이는 3가지 조건을 동시 만족하여야 하는데 그 중 관계가 없는 것은?
① 지반의 토질이 동상을 일으키기 쉬울 때
② 동상을 일으키기에 필요한 물의 보급이 충분할 때
③ 기온이 순간적으로 단기간 급강하할 때
④ 모관상승고가 동결심도 보다 클 때

> **해설** 기온이 장기간에 급강하할 때

13 6월에서 9월 사이에 시공한 콘크리트 슬래브 포장에서 두께 15~20cm인 경우 가로 팽창 줄눈 간격은?
① 60~80m
② 80~100m
③ 100~120m
④ 120~240m

> **해설** 슬래브 두께가 25cm 이상인 경우 가로 팽창 줄눈 간격은 240~480m이다.

14 입도가 잘 맞추어진 골재와 적당한 경도의 아스팔트로 만들어 유동성이 상당히 큰 가열 혼합물을 무엇이라고 하는가?
① Guse asphalt
② Elastite
③ Asphalt felt
④ Sheet asphalt

15 연속된 종방향의 철근을 사용하여 콘크리트 포장의 횡줄눈을 생략시켜 주행성을 좋게 하는 포장공법을 무엇이라 하는가?
① 아스팔트 포장
② 시멘트 콘크리트 포장
③ 투수 콘크리트 포장
④ 연속 철근 콘크리트 포장

해설
- 콘크리트 슬래브에서의 미세한 균열은 철근으로 구속한다.
- 줄눈이 없으므로 콘크리트 슬래브의 온도 수축에 의해 생기는 응력은 철근이 받아준다.

16 아스팔트 18~20%, 모래 60~72%, 채움재 10~20%를 혼합하여 제조하는 것은?
① 아스팔트 매스틱 ② 토페카
③ 아스팔트 플랜트 ④ 샌드 매스틱

17 아스팔트 포장이 구비해야 할 조건이라 할 수 없는 것은?
① 포장체가 교통하중에 의해 변형이 발생하여 안정성 유지
② 균열이 안 생기고 교통하중에 대해 가요성
③ 포장면의 조건이 교통차량에 대하여 미끄럽지 않을 것.
④ 교통하중과 기상변화에 대해 내구성이 클 것.

해설 포장체가 교통하중에 의해 변형이 발생되어서는 안 된다.

18 아스팔트 포장시 많고 가는 균열이 발생한 원인으로 틀린 것은?
① 혼합물의 낮은 온도
② 아스팔트 부족
③ 혼합물의 배합이 적절하지 못하다.
④ 혼합물 중 세립이 많이 포함되어 있다.

19 쇄석을 깔아 입자간 맞물림을 좋게 전압하고 공극을 채워 마무리하는 기층처리 공법은?
① 입도조정 공법 ② 침투식 공법
③ 안정처리 공법 ④ 마카담 공법

20 가열(加熱) 아스팔트 콘크리트 포설시 혼합물의 적정 온도는?
① 30℃ 이상 ② 60℃ 이상
③ 100℃ 이상 ④ 120℃ 이상

정답 11 ③ 12 ③ 13 ④ 14 ① 15 ④ 16 ④ 17 ① 18 ④ 19 ④ 20 ④

CHAPTER 8 출제 예상 문제

21 아스팔트 혼합물의 다짐의 효과를 높이기 위해서는 다짐온도가 1차 전압 및 2차 전압에서 각각 얼마인가?

	1차 전압	2차 전압		1차 전압	2차 전압
①	80~90℃	60~70℃	②	90~100℃	70~80℃
③	110~140℃	70~90℃	④	140~160℃	90~100℃

22 콘크리트 포장용 팽창줄눈 진충재로서 사용되는 역청 줄눈판은 어느 것인가?
① 일레스타이트(elastite)
② 아스팔트 블록(asphalt block)
③ 타르 펠트(tar felt)
④ 토페카(topeca)

해설 블로운 아스팔트에 섬유나 고무분말을 혼합한 일레스타이트를 사용한다.

23 보조기층 재료의 품질규정과 관계가 없는 것은 어느 것인가?
① 마모감량 – KSF 2508 – 50% 이하
② 소성지수 – KSF 2304 – 6% 이하
③ CBR 값 – KSF 2320 – 30% 이상
④ 흡수량 – KSF 2503 – 3% 이하

해설 보조기층에서 모래당량 값은 25% 이상일 것

정답 21 ③ 22 ① 23 ④

CHAPTER 9 댐

1 필 댐(fill dam)

❶ 흙 댐(earth dam)

(1) 기초가 다소 불량해도 축조가 가능하다.
(2) 축조에 필요한 재료가 부근에 있는 경우 가능하다.
(3) 월류시 물의 침식 작용으로 파괴의 우려가 있어 충분한 여수토가 있어야 한다.
(4) 지진에 약하다.
(5) 높이가 30m 이하의 낮은 댐에 적합하다.
(6) 균일형, 죤(zone)형, 심벽형으로 분류한다.
  ① 균일형 : 흙 댐은 대부분 이 형식에 속한다. 배수를 고려하여 하류측 비탈밑에 투수성 재료를 배치한다.
  ② 죤(zone)형 : 중앙에 불투수성의 흙을 배치하고 양측에는 투수성 흙을 배치하는 형식으로 두 가지 이상의 재료를 얻을 수 있는 곳에서 경제적이다.
  ③ 심벽형(코어형) : 중심부에 불투수성 심벽을 둔 댐으로 심벽의 신뢰도가 적고 누수가 많다.

❷ 록 필 댐(rock fill dam)

(1) 댐 단면이 작은 경우 경제적이다.
(2) 침하에 대한 위험이 있다.
(3) 필터 다짐은 진동롤러 또는 불도저를 사용한다.
(4) 표면 차수벽, 중앙 차수벽, 내부 차수벽형으로 분류한다.
  ① 표면 차수벽 형식 : 상류측에 콘크리트로 지수벽을 만들고 중앙 및 하류측은 석괴로 쌓아 올린다.
  ② 중앙 차수벽 형식 : 댐체의 침하 변형으로 파괴되는 일이 거의 없고 투수량도 적다.
  ③ 내부 차수벽 형식 : 변형하기 쉬운 토질로 축조하여 침하 등에 의한 균열을 방지하며 상류측에 보호층을 둔다.

3 필 댐의 특징

① 필 댐은 콘크리트 댐보다 공사비가 적다.
② 필 댐은 여수토가 없으면 홍수 시 월류되어 댐의 파괴 원인이 된다.
③ 코어(core)의 다짐은 보통 댐의 축과 나란하게 즉, 댐 축조방향으로 한다.
④ 코어(core)의 다짐은 탬핑 롤러를 사용하면 좋다.
⑤ 필 댐은 콘크리트 댐보다 지지력이 작아도 된다.
⑥ 필 댐의 여수토는 댐의 측면 부근에 설치한다.
⑦ 필 댐의 필터 재료는 보호되는 흙의 입경보다 4~5배 정도의 입경을 가져야 안전하다.
⑧ 필 댐은 더돋음을 보통 1~2m 정도를 반드시 필요하다.

2 콘크리트 댐

1 중력 댐

① 댐 상류면에 작용하는 수평수압을 콘크리트 자중으로 저항한다.
② 견고한 지반이 필요하다.
③ 설계가 간단하다.
④ 시공 유지관리가 용이하고 안정도 크다.
⑤ 안전율이 높고 내구성도 풍부하다.

2 중공 중력 댐

① 중력 댐 내부에 중공(中空)을 만들어 댐에 작용하는 양압력을 감소시키고 댐의 자중을 감소시킨다.
② 높이가 100m 정도의 높은 댐이고 U자형의 넓은 계곡인 경우 콘크리트량이 절약되어 유리하다.
③ 거푸집의 비용이 증가된다.
④ 기초 폭이 중력 댐보다 넓다.
⑤ 댐의 높이가 40m 이상일 때 중력댐보다 경제적이다.

3 아치 댐

① 아치 양안의 교대(abutment) 기초 암반의 두께와 강도가 중요한 요소다.
② 계곡 폭이 좁을수록 유리하다.
③ 상류면에 작용하는 하중을 측방의 암반과 하부의 암반에 전달하는 구조다.
④ 내구성이 풍부하고 활동에 대한 안전율이 중력댐보다 크다.

④ 부벽 댐

① 수압을 평면적인 철근 콘크리트 차수벽으로 받게 하고 부벽으로 지지한다.
② 지반의 지지력이 적은 장소에 적합하다.
③ 중력 댐보다 시공이 복잡하고 안전성이 적다.
④ 중력 댐보다 콘크리트량이 적게 들고 자중도 가볍다.
⑤ 재료의 채취, 운반이 곤란한 장소에 적합하다.

3 중력 댐의 안전조건

① 댐에 생기는 최대 응력도가 콘크리트 및 암반의 허용 응력도를 초과하지 않을 것
② 제체의 각부 활동하지 않을 것
③ 댐의 상·하류면에 인장력이 생기지 않을 것
④ 합력의 작용선이 항상 수평단면의 1/3 이내에 들어올 것

4 전류공(轉流工)

댐을 건설하기 위해 댐지점의 하천수류를 다른 방향으로 이동시키는 공법

① 반하천 체절공

① 먼저 하천의 절반을 막고 하천의 흐름을 다른 절반에 흐르게 해 놓고 반을 시공한 후 나머지 반을 시공하는 공법
② 유량이 많고 가배수 터널이나 가배수 개거로 홍수를 처리하기 힘든 경우에 적합하다.
③ 하천 폭이 넓고 한쪽씩 시공이 가능한 경우에 적용한다.

② 가배수 터널공

① 하천의 폭이 좁은 협곡상의 장소에 설치하여 댐 상류의 하안부터 산복을 지나 댐 하류에 이르게 하천의 흐름을 유통시키는 공법
② 댐 상류의 터널 입구와 하류측에는 가체절공을 하여야 하므로 공사비가 증가한다.

3 가배수로 개거공

① 댐 지점의 하안에 개거를 설치하여 하천의 흐름을 이곳으로 소통시키고 댐의 상·하류를 체절공하는 공법
② 하천의 폭이 비교적 넓고 유량이 너무 많지 않은 댐 지점에서 가능하다.

5 가체절공(cofferdam)

댐 구조물이 물 속 또는 물 옆에 축조되는 경우 건조상태에서 작업하기 위해 물을 배제하는 물막이 공법

1 간이 가체절공

① 수심과 굴착깊이가 얕은 곳에 축조한다.
② 시공이 간단하고 공사비가 싸며 근처에 있는 재료를 이용하여 시공할 수 있는 장점이 있다.
③ 수심이 1~2m 경우에는 속채움토사, 흙 가마니 등을 이용하여 축조한다.
④ 널말뚝, 간이 널말뚝에 의해 축조한다.

2 흙 댐식 가체절공

① 공종이 비교적 단순, 간단한 형식이다.
② 얕은 수심을 막는 경우에 유리하다.
③ 수심에 비해 넓은 부지가 필요하고 많은 양의 토사가 필요하여 축제 토사를 쉽게 입수할 수 있어야 한다.
④ 토사는 투수성이 적고 다짐에 의해 높은 밀도를 얻을 수 있는 입도분포가 요구되며 전단강도 또는 안정성이 큰 것이 좋다.

3 한겹 흙물막이 가체절공

① 널말뚝의 강성으로 수압 등의 외력에 저항하도록 하는 것으로 캔틸레버(cantilever)형과 버팀보(strut)형이 있고 재료로는 목재, 철근 콘크리트, 강재 등을 사용한다.
② 수심이 깊고 유속이 큰 하해, 호소에서는 강널말뚝을 많이 이용한다.
③ 캔틸레버식은 구조적으로 불안정하므로 널리 사용하지 않는다.

④ 두겹 널말뚝식 가체절공

① 내벽, 외벽의 널말뚝을 2열로 병렬하여 박고 양널말뚝 간에 타이로드와 볼트로 연결하고 그 사이에 토사를 채워 외력에 저항하게 한다.
② 벽체 폭을 크게 하여 부지 점유면적에 비해 큰 수심의 가체절이 가능하다.

⑤ 셀식 가체절공

① 강널말뚝을 원통형으로 박고 그 속에 토사를 채워 셀(cell)을 만들어 연속된 벽체로 사용한다.
② 특수한 시공시설을 요하지 않고 단기간에 완성할 수 있다.
③ 안정성도 좋고 깊은 수심의 가체절공으로 다른 공법에 비해 공사비가 저렴하다.
④ 셀 평면형으로 원형, 타원형, 크로버형 등이 있는데 주로 원형이다.

6 댐의 시공

❶ 암반기초의 조사

(1) Lugeon test

① 암반내 투수성 조사

② $L_u = \dfrac{10Q}{Pl}(l/\min/m)$

10kg/cm²의 수압을 공장(孔長) 1m에 매분당 투수량을 l로 표시한다.

여기서, Q : 주입량(l/min)
P : 주입 압력(kg/cm²)
l : 시험구간의 길이(m)

(2) test grouting

① 댐 위치에서 미리 실시한다.
② 보링 기계 선정, 시공 속도 파악, 주입재료 등을 선정한다.

❷ 기초 암반의 그라우팅 공법

(1) 컨솔리데이션 그라우팅(consolidation grouting)

기초 암반의 변형성이나 강도를 개량하여 균일성을 주기 위하여 기초 전반에 걸쳐 격자형으로 실시한다.

(2) 커튼 그라우팅(curtain grouting)
① 기초 암반에 침투하는 물을 방지하기 위한 지수의 목적으로 실시한다.
② 댐 상류쪽에 병풍 모양으로 컨솔리데이션 그라우팅보다 깊게 그라우팅을 한다.
③ 댐 축에 1~2열로 높이의 1/3~2/3 정도의 구멍을 뚫고 시멘트 풀을 주입, 지수막을 만든다.

(3) 콘택트 그라우팅(contect grouting)
타설된 콘크리트가 암반 구속 상태의 자중, 온도 등의 영향으로 공극이 생겨 그라우팅을 실시한다.

(4) 블랭킷 그라우팅(blanket grouting)
댐의 기초지반 및 차수영역과 기초지반 접촉부의 차수성을 개량하기 위해 실시한다.

(5) 림 그라우팅(rim grouting)
댐 주변에 암반의 지수를 목적으로 실시한다.

(6) 조인트 그라우팅
시공이음의 지수성을 위하여 실시한다.

3 연약층 처리공법

(1) 콘크리트 치환공
① 연약층을 제거하고 콘크리트로 치환한다.
② 강도의 증대와 변형의 억제, 수밀성의 확보를 목적으로 한다.

(2) 추력(推力) 전달 구조물공
단층부를 관통하여 심부의 견고한 암반에 추력을 전달하기 위해 콘크리트 플레이트(concrete plate) 구조 또는 강재 구조를 기초 암반에 설치한다.

(3) doweling공
① 단층의 전단마찰 저항력 개선, 기초 암반내의 응력분포 개선을 위해 부분적으로 연약부위를 콘크리트 치환한다.
② 기초 암반내의 불규칙한 면의 처리에 적용한다.

(4) 암반 PS공
암반에 천공을 하여 구멍 속에 PC 강재를 삽입하여 양단부의 암반에 정착하여 암반 변형을 구속한다.

④ 콘크리트 댐의 가설 계획

(1) 계획 시 기본적인 고려사항
① 댐의 규모, 공정을 고려하여 설비 용량을 결정한다.
② 케이블 크레인과 같은 운반설비의 제약이 있으므로 설비능력을 고려하여 공정계획을 세운다.
③ 가설비는 공사 중에만 사용하므로 공사 중 내구성, 안전성을 확보한다.
④ 지형을 이용하여 가설비를 배치한다.
⑤ 소음방지, 오수처리 등 공해 대책을 수립한다.

(2) 콘크리트 타설 계획
① 골재 생산 및 운반의 능력 산정
② 케이블 크레인의 작업능력 산정
③ 콘크리트 혼합설비의 용량 확보
④ 시멘트 사일로의 용량 확보
⑤ 콘크리트 냉각설비 설치
⑥ 탁수처리 설비 설치

(3) 중력 댐의 신축이음
① **댐축에 직각인 신축이음**
- 연직방향으로 횡단면 전체에 미치는 것이고 반드시 설치해야 한다.
- 큰 댐의 경우 15~25m 간격으로 하고 작은 댐은 10m 간격으로 한다.
- 이음은 평면 직선으로도 좋으나 안정상 누수방지를 위해 치형(齒形)으로 할 때가 많다.
- 신축이음 재료는 동제의 지수판, 인조고무, 스테인레스, 합성수지판 등이 사용된다.
- 신축이음 재료의 삽입위치는 상류면에서 1~1.5m 정도로 하고 하류측에는 적당한 배수공을 설치한다.

② **축방향의 이음**
여러 개의 치형을 수평에 삽입하여 인접 블록간의 전달을 쉽게 하기 위해 반드시 그라우트를 하여 댐의 일체성을 확보한다.

③ **수평이음**
- 시공상 1리프트 높이에 의해 그 간격이 정해진다.
- 시공할 때 그 면은 특히 굳은 콘크리트로 하고 수밀성있게 한다.

⑤ 댐 콘크리트의 시공

(1) 콘크리트 운반 설비
① 케이블 크레인

② 지브 크레인
③ 버킷
④ 트롤리

(2) 배치 플랜트
① 제체에 가깝고 지질이 좋은 곳에 설치한다.
② 배치 플랜트의 제조 능력은 크레인의 최대치기 능력, 믹서 용량, 사이클 타임에서 산정한다.

(3) 거푸집
목재 또는 강재 패널식의 sliding form을 사용하는데 캔틸레버형 및 인장형이 있다.

(4) 믹서
믹서의 용량은 $0.75m^3$, $1.5m^3$, $3m^3$인 것이 사용된다.

(5) 콘크리트 온도 조절
① 물과 굵은 골재를 미리 냉각시켜 콘크리트 온도를 저하시키는 pre-cooling을 한다.
② 콘크리트를 타설하기 전에 직경이 25mm 정도 되는 파이프를 배치하여 냉각수를 통과시켜 콘크리트 온도를 저하시키는 pipe-cooling을 한다.
③ 콘크리트 배합시 단위 시멘트량을 되도록 적게 한다.
④ 수화열이 낮은 중용열 시멘트를 사용한다.
⑤ 1회 타설 높이는 0.75~2.0m 정도가 표준이다.
⑥ 콘크리트 타설후 거푸집을 가능한 빨리 해체한다.

6 댐의 위치 선정
① 계곡 폭이 가장 협소하고 양안(兩岸)이 높고 마주보고 있는 곳일 것
② 양안은 독립된 언덕이 아니고 댐 기초 바닥부는 양암(良岩)으로 두꺼운 층이 있을 것
③ 상류는 계곡의 양안이 구릉이나 산능에 둘러싸여 내부가 집수(集水) 분지를 이룰 것
④ 상류는 넓고 다량의 저수가 가능하고 홍수시에 조절지로 역할을 할 수 있을 것
⑤ 집수면적이 클 것
⑥ 축제 재료도 쉽게 얻을 수 있는 곳

7 RCD 공법(Roller compact concrete dam)

(1) 개요
빈 배합, 초경 반죽의 콘크리트를 덤프트럭 등으로 운반하여 불도저로 깔고 진동롤러로 다지는 공법이다.

(2) 특징

① 시멘트 사용량이 적다.
② 횡이음 거푸집이 절감된다.
③ 쿨링 및 이음 그라우팅이 필요하지 않다.
④ 콘크리트 운반은 덤프트럭, 케이블 크레인, 벨트 컨베이어를 이용한다.
⑤ 거푸집은 상·하류에만 설치하여 콘크리트를 넓게 포설한다.
⑥ 시공 속도가 빠르고 대형설비가 필요 없다.
⑦ 품질관리와 인력관리가 용이하다.
⑧ 댐 위치의 지형이 V형인 경우는 협소하여 적용하기 곤란하다.

8 PCD 공법(pumped concrete for dam)

(1) 개요

압송 펌프를 이용하여 콘크리트를 타설하는 것으로 소규모 콘크리트 댐이나 필 댐의 여수토 콘크리트 등의 타설에 유효한 공법이다.

(2) 특징

① 연속으로 다량의 콘크리트를 타설할 수 있다.
② 설비의 설치와 철거가 쉽다.
③ 인력작업 및 노동력을 경감시킬 수 있다.
④ 공사기간 및 공사비를 절감시킬 수 있다.

7 댐의 부속 설비

1 여수토(餘水吐, spill way)

- 필 댐인 경우는 댐의 측면 부근에 웨어(weir)을 설치하고 홍수량을 월류시켜 급구수로를 지나 정수지에 유입, 방류시킨다.
- 콘크리트 중력 댐은 제체 중앙부에 게이트(gate, 수문)를 설치하여 홍수량을 방류시킨다.

(1) 슈트 여수토(chute spill way)

① 댐의 본체에서 완전히 분리시켜 설치한다.
② 보통 댐의 가장자리의 적당한 곳에 설치한다.
③ 여수토 바닥구배는 될 수 있는 범위까지 완만하게 하고 안정되고 지장이 없는 범위에 들면 급구배로 한다.
④ 여수토의 설치 위치가 암반이면 월류부 바로 하류부터 급구배로 할 수 있다.

(2) 측수로 여수토(side channe spill way)
① 필 댐과 같이 댐 정상부를 월류시킬 수 없을 때 댐의 한쪽 또는 양쪽에 설치한다.
② 월류부는 난류를 막기 위하여 굳은 암반상에 일직선으로 설치한다.
③ 댐 부지에서 완전히 떨어진 지점에 댐 중심선과 일치하는 위치에 설치한다.

(3) 그롤리홀 여수토(나팔관형 여수토)
① 원형 나팔관형으로 되어 있고 자유낙하부, 연직갱부, 곡관부, 원형 터널 등으로 되어 있다.
② 유수(流水)의 유입, 여수토 터널 내에 부압이 생기므로 설계관리상 주의해야 한다.

(4) 사이펀 여수토(siphon spill way)
① 사이펀의 이론을 이용한 여수토이다.
② 상·하류면의 수위차를 이용한다.
③ 동일 단면에서는 자유월류의 경우보다 다량의 물을 배출시킬 수 있다.

(5) 제정 월류식(堤頂越流式) 여수토
① 콘크리트 중력 댐의 경우 홍수량을 제정의 수문에 의하여 조절하는 방식이다.
② 스토니 게이트(stoney gage), 롤링 게이트(rolling gate), 테인터 게이트(tainter gate), 슬루스 게이트(sluice gate) 등의 제정 수문이 있다.

❷ 검사랑

① 중력 댐을 시공한 후 댐 관리상 예상되는 사항을 검사하기 위해 댐 내부에 설치한다.
② 콘크리트 내부의 균열검사, 누수 및 배제, 양압력, 온도 측정, 수축량의 검사, 그라우팅공의 이용을 위해 설치한다.
③ 밑 부분에 설치할 때는 상류측의 아래쪽에 하지만 하류측의 수위를 고려한다.
④ 높은 댐은 대개 높이 30m마다 설치한다.
⑤ 높은 댐은 상하류 방향의 검사랑을 설치하지만 그 말단은 상류면에서 댐 두께의 2/3 정도의 위치로 한다.
⑥ 검사랑의 크기는 1.2~2m×1.8~2.5m 정도로 내부는 배수관을 설치하고 조명장치, 방습을 해둬야 한다.

CHAPTER 9 출제 예상 문제 댐

01 댐 기초 그라우트(grout)에 대한 다음 기술 중 옳지 않은 것은?
① 컨솔리데이션 그라우트는 기초 바닥 전체에 그라우팅하는 것이다.
② 그라우트 깊이는 커튼 그라우팅이 컨솔리데이션 그라우팅보다 깊다.
③ 커튼 그라우트(curtain grout)는 댐 상류쪽에 그라우팅하는 것이다.
④ 컨솔리데이션 그라우트(consolidation grout)는 댐 하류쪽에 하는 것이다.

> [해설] • 컨솔리데이션 그라우트는 댐 기초바닥 전면에 격자형으로 실시한다.
> • 커튼 그라우트는 댐 상류쪽에 병풍 모양으로 한다.

02 Rock fill Dam과 같이 댐 정상부를 월류시킬 수 없을 때와 이 여수토의 월류시킬 수 없을 때 설치하며, 이 여수토의 월류부는 난류를 막기 위하여 굳은 암반상에 일직선으로 설치하고 월류 수맥의 난잡이나 공기 연행을 일으키기 쉬우므로 바닥 바름을 잘 해야 하는 여수로는?
① 사이펀 여수토   ② 그롤리홀 여수토
③ 측수로 여수토   ④ 슈트식 여수토

> [해설] Rock fill Dam은 정상부로 월류시킬 수 없으므로 댐의 한쪽 또는 양쪽에 여수토를 설치한다.

03 댐에 대한 설명 중 틀린 것은 어느 것인가?
① 필 댐(fill dam)은 공사비가 콘크리트 댐보다 적고 홍수시의 월류에도 대단히 안전하다.
② 중력식 댐은 그 자중으로 수압에 저항하고 기초의 전단강도가 댐의 안전상 중요하다.
③ 중공 댐은 높이가 100m 정도의 높은 댐이고 U자형의 넓은 계곡인 경우 콘크리트량이 절약되어 유리하다.
④ 아치 댐은 양안의 교대 기초 암반의 두께와 그 강도가 중요한 요소이다.

> [해설] • 필 댐은 홍수시 월류하면 위험하여 파괴의 원인이 된다.
> • 중공(中空) 댐은 높이가 40m 이상일 때 중력 댐보다 경제적이다.

04 콘크리트 댐에 관한 공정으로 일반적인 착공순서로서 나열한 것 중 옳은 것은?

> ㉠ 동력설비 ㉡ 콘크리트 타설 ㉢ 가배수로 ㉣ Curtain grout

① ㉠-㉢-㉣-㉡   ② ㉢-㉣-㉠-㉡
③ ㉠-㉢-㉡-㉣   ④ ㉢-㉠-㉣-㉡

> [해설] 콘크리트 댐의 공전은 동력설비, 전류공(가배수로), 콘크리트 타설, 커튼 그라우트 순으로 시공한다.

정답 01 ④ 02 ③ 03 ① 04 ③

05 널말뚝의 강성으로 수압 등의 외력에 저항하도록 하는 것으로 cantilever형과 strut형이 있고 재료로는 목재, 철근 콘크리트, 강재 등을 사용하는 가체절공(cofferdam)은?

① 셀식 흙물막이공 가체절공　　② 한겹 흙물막이 가체절공
③ 두겹 널말뚝식 가체절공　　　④ 흙댐식 가체절공

> **해설** 한겹 흙 물막이 가체절공으로 수심이 깊고 유속이 큰 하해, 호소에서는 강널말뚝을 많이 이용한다.

06 기초 암반의 변형성이나 강도를 개량하여 균일성을 주기 위하여 기초 전반에 걸쳐 격자형으로 그라우팅하는 방법은?

① 컨솔리데이션 그라우팅　　② 주 커튼 그라우팅
③ 보조 커튼 그라우팅　　　　④ 스태빌라이저 그라우팅

> **해설** 기초 암반의 개량을 목적으로 기초의 표층부를 고결시켜 지지력과 수밀성을 증대시킨다.

07 fill dam에 대하여 다음 기술 중 옳은 것은?

① fill dam은 시공방법이 단순하고 건설 중에 발생하는 간극 수압이 소산되므로 높은 댐에도 적합하다.
② core를 시공할 때 롤러는 하천의 상하류 방향에 가동시키는 것이 좋다.
③ fill dam은 부등침하에 의한 영향이 크므로 콘크리트 댐에 비하여 양호한 암반이 아니면 안 된다.
④ core의 다짐은 층간의 접착 토괴(土塊)의 파쇄 및 혼합 효과가 있는 탬핑 롤러를 사용한다.

> **해설**
> • 필 댐은 보통 30m 이하의 낮은 댐에 적합하다.
> • 코어를 전압할 경우 댐의 축에 평행하게 다진다.
> • 필 댐은 양호한 암반이 아니더라도 축조 가능하다.

08 댐 구조물이 물 속 또는 물 옆에 축조되는 경우 건조상태의 작업을 하기 위하여 물을 배제하는 물막기를 무엇이라 하는가?

① 전류공　　② 가체절공
③ 검사랑　　④ 여수토

09 여수토(spill way)의 종류 중 댐의 본체에서 완전히 분리시켜 댐의 가장자리에 설치하여 월류부를 보통 수평으로 하는 것은?

① 슈트(shut) 여수토　　　　　② 측수로(side channel) 여수토
③ 그롤리 홀(grolley hole) 여수토　　④ 사이펀(siphon) 여수토

10 댐과 수력발전에 관한 다음 내용 중 연결 부분이 적당하지 않은 것은?

① 아치 댐-buttress 댐　　② 콘크리트 댐-pipe cooling
③ 필 댐-필터(filter)　　　 ④ 수급식 발전소-서지 탱크

> **해설**　중공 댐을 buttrss 댐이라 한다.

11 지진에 대해서 가장 약한 댐은?

① 중력 댐　　　　　　　　② 부벽 댐
③ 흙 댐　　　　　　　　　④ 록필 댐(rock fill dam)

> **해설**　지진에 대해서 가장 약한 댐은 기초가 약한 흙 댐(earth dam)이다.

12 부벽 댐에 대한 다음 설명 중 옳지 않은 것은?

① 지반의 지지력이 비교적 적은 장소에 적합하다.
② 재료의 채취, 운반이 곤란한 장소에 적합하다.
③ 중력 댐에 비하여 재료의 양은 훨씬 적게 든다.
④ 중력 댐에 비하여 시공법이 쉽고 안전하다.

> **해설**　중력 댐보다 시공이 복잡하고 안전성이 적다.

13 흙 댐의 안정 조건에 대한 설명 중 옳지 않은 것은?

① 활동에 대하여 안정해야 한다.
② 댐 상류쪽 사면경사는 안정을 보존하도록 되어야 한다.
③ 침윤선이 하류쪽 비탈면에 나타나도록 해야 한다.
④ 댐체의 상류면과 하류면 사이에 물의 자유 통로가 생기지 않도록 해야 한다.

> **해설**　침윤선이 하류측 비탈면에 나타나면 불안정 상태이다.

14 흙 댐을 구조상 분류할 때 중앙에 불투수성의 흙을, 양측에는 투수성 흙을 배치한 것으로 두 가지 이상의 재료를 얻을 수 있는 곳에서 경제적인 댐 형식은?

① 심벽형 댐　　② 균일형 댐　　③ 월류 댐　　④ Zone형 댐

> **해설**　댐의 중앙에 수밀성이 높은 불투성의 흙을, 양측의 상하류 비탈면에는 입자가 큰 투수성 흙을 사용하여 상하류면을 급하게 할 수 있다.

정답　05 ②　06 ①　07 ④　08 ②　09 ①　10 ①　11 ③　12 ④　13 ③　14 ④

CHAPTER 9 출제 예상 문제

15 다음은 댐을 설치하는 것에 관한 설명이다. 다음 중 옳은 것은?
① 흙 댐은 확실한 안전율을 추정하기 어렵고 지진에 약하다.
② 록필 댐(Rockfill dam)은 흙 댐에 비하여 안전도가 낮다.
③ 중력 댐은 안전율이 가장 높으나 내구성이 풍부하지 못하다.
④ 아치 댐은 내구성이 풍부하고 활동에 대한 안전율이 중력식 댐보다 작다.

> **해설**
> • 록필 댐은 흙 댐보다 안전도가 높다.
> • 중력 댐은 안전율이 가장 높고 내구성도 풍부하다.
> • 아치 댐은 내구성이 풍부하고 활동에 대한 안전율은 중력식 댐보다 크다.

16 댐을 댐 지점에 건설하기 위하여 댐 지점의 하천수를 다른 방향으로 이동시킬 필요가 있는데 이것을 무엇이라 하는가?
① 전류공   ② 가체절공   ③ 검사랑   ④ 여수토.

17 모양은 원형 나팔형으로 되어 있고 자유낙하부, 연직 경부, 곡관부, 원형 터널 등으로 되어 있고 유입여수로 터널 내에 부압이 생기므로 설계관리상 주의하지 않으면 안되는 여수토는?
① 슈트식 여수토   ② 사이펀 여수토
③ 측수로 여수토   ④ 그롤리홀 여수토

18 가배수로 형식으로 하천의 폭이 넓고 유량이 비교적 적은 곳에 적당한 것은?
① 암거식   ② 터널식   ③ 개수로식   ④ 관거식

19 댐의 파괴 원인 중 가장 중요하다고 생각되지 않는 것은?
① 여수로의 배제능력 부족   ② 제체, 기초의 누수
③ 제체의 활동   ④ 잦은 강우

> **해설** 취수로(통관 등) 부근의 누수 등

20 중력식 댐의 시공 후 내부에 설치하는 검사랑의 시공 목적이 아닌 것은?
① 누수 검사   ② 간극수압 측정
③ 수화열 감소   ④ 온도 측정

> **해설** 균열 검사, 수축량 검사 등을 한다.

정답 15 ① 16 ① 17 ④ 18 ③ 19 ④ 20 ③

CHAPTER 10. 항만공

1 방파제

1 방파제의 기능
① 외해로부터 진입한 파랑에너지를 저지 및 반사하는 기능을 가진다.
② 선박의 항행, 하역의 원활화, 정박의 안전 및 항내 시설의 보전을 도모한다.

2 방파제의 종류

(1) 직립제(直立堤)
- 콘크리트 사용해서 벽면에 대략 연직한 면을 가지는 방파제
- 견고한 지반 위에 설치하며 내구성이 크며 재료가 적게 든다.
- 해저의 기초 지반이 튼튼한 수심 10m 전후로 수면의 변화가 너무 크지 않은 경우에 사용된다.
- 수심이 깊은 곳에서는 제체가 너무 크게 되므로 부적당하며 수심이 작은 곳에 축조하는 경우가 많다.

① 케이슨(caisson)식
- 제체가 일체로 되고 이것은 육상작업으로 시공하며 공사가 안전하고 시공이 확실해서 단기간에 행해진다.
- 케이슨은 기계설비를 요하고 수심이 얕으면 이것을 진수(進水)시킬 수 없는 경우도 있다.

② 블록(block)식
- 블록을 쌓아서 직립제로 시공한다.
- 시공이 용이하고 확실하다.
- 제작 시 케이슨보다 간단하고 방파제가 일시적으로 파손해도 수리가 용이하다.
- 각 블록 사이의 결합이 충분하지 않기 때문에 파력에 대해서 일체로 작용하는데 곤란하다.
- 방파제 시공 시 블록이 많이 소요되므로 어느 정도 시간이 요구된다.

③ 셀룰러 블록(cllular block)식
- 중공(中空)으로 밑이 없고 운반중의 무게를 가볍게 해서 현장에서 속채움하여 시공한다.
- 쌓아서 시공하면 상하간의 속채움에 의해서 일체화가 되지만 신속하게 시공을 하지 않으면 중공 상태의 경우에 전도되는 경우가 발생한다.

④ 단괴(mass concrete)식
- 현장 콘크리트로서 간조 시 지반이 노출하는 정도의 얕은 바다의 소방파제로 사용되고 있다.
- 현장 작업에 의한 것으로 시공이 간단하여 설비를 요하지 않는다.
- 수심이 크면 수중 콘크리트에 의하지 않으면 안 되므로 시공이 곤란하게 되고 거친 파도에서는 거푸집 조립이 어렵다.

⑤ 널말뚝식
- 강널말뚝, 강말뚝 직립제는 말뚝을 박아서 직립제로 만드는 것이므로 연약지반에 적합하다.
- 양측의 널말뚝을 볼트로 연결하여 가운데 채움재를 넣고 상부를 콘크리트공으로 한다.

(2) 경사제(傾斜堤)

- 사석, 블록 등을 사용해서 그 면이 경사진 방파제로 저폭이 넓고 연약지반에서도 사용되지만 재료가 많이 소요된다.
- 연약지반에서는 쇄석 자체가 기초가 되어 가장 경제적이다.
- 시공관리, 시공기계가 간단하다.
- 파괴 시 복구가 용이하다.
- 수심이 깊으면 대량의 쇄석이나 블록이 소요되므로 재료의 구입이 용이한 곳이 아니면 비경제적이다.
- 투과성이 있으며 유지보수비가 많이 든다.
- 공사기간이 길다.
- 사석의 크기에 제한을 받는다.
- 시공 시 파에 재해 우려가 있다.
- 경사제의 정부는 파력과 월류로 인하여 파괴되기 쉬우므로 이 부분에 콘크리트를 타설하거나 대형 콘크리트 블록으로 피복한다.

① 사석제(捨石堤)
- 외측에는 피복석(큰 돌)을 사용하고 내부에는 대소 혼합된 쇄석(사석)을 사용하여 축제한다.
- 표면의 돌의 크기는 위로부터 밑으로 점차 작은 돌을 사용하는 것이 좋다.
- 우리나라는 사석제가 많이 사용된다.

- 비탈면 경사는 바다측은 느리게, 해안측은 다소 급하게 한다.
- 파력에 대해서 수면을 느리게, 수면 이하는 급하게 한다.

② 블록(block)제
- 사석의 표면을 압박하고 그 높이를 높게 하기 위해서 상부에 콘크리트 블록(방괴)을 거치한다.
- 블록(근고블록)을 사용하면 파력을 직접 받아서 블록이 이동하기 쉽다. 파력이 블록에 의하여 소멸되지 않고 파가 반사하여 흡수되지는 않아 사석제의 피복으로 테트라포드(tetrapod)를 사용하면 파력을 소멸시키는 작용을 한다.

[테드라포드(TTP)의 특징]
- 파도에 의해 맞물리고 파의 에너지를 감소시킨다.
- 기초 부위의 세굴방지 및 호안 비탈을 보호해 준다.
- 측면의 사면경사는 블록의 경사보다 급하게 할 수 있다.

(3) 혼성제(混成堤)
- 수심이 깊은 곳에 사용하는 형식으로 직립제와 경사제를 혼용한 것이다.
- 하부는 사석부로 하고 상부는 직립부로 한다.
- 파압의 증대를 방지하고 동시에 사석부에 대한 파랑작용을 경감하기 위해서는 사석부 윗면을 될 수 있는 대로 낮추고 직립부의 단면을 크게 한다.
- 지질에 관계없이 연약한 지반에 적합하다.
- 사석부위의 침하를 고려하여 여성을 준다.
- 직립부의 케이슨이나 대형 블록의 제작장이 필요하다.
- 시공 기계 및 설비가 다양하다.
- 작업일수가 제한되어 공사기간이 길어진다.

① 케이슨식 혼성제
- 케이슨 제작장이 필요하다.
- 사석부의 폭은 직립부 양측의 파고에 따라 충분한 넓이를 취한다.
- 사석부의 세굴을 방지하기 위해 바닥다짐 블록을 사석부 마루 위로 놓고 또 충분히 큰 사석으로 비탈면을 피복한다.

② 블록식 혼성제

③ 셀룰러 블록식 혼성제

④ 콘크리트 단괴식 혼성제

③ 방파제의 배치

① 방파제에 의하여 파랑을 방지하여 항내의 흐름을 방지하고 항내의 흐름을 적게 해서 항구를 설치하고 표사(漂砂)에 의한 매몰을 방지하게 한다.
② 방파제의 선형은 파의 침입을 막기 위해 요철이 없이 적은 선형으로 원만하게 파속이 줄어들게 한다.
③ 방파제는 파의 진행방향과 이루는 각이 90~60° 정도가 좋다.

④ 방파제의 안정

(1) 직립제 및 혼성제의 직립부는 파력에 의해서 활동 및 전도가 없도록 충분한 자중을 가져야 한다.
(2) 직립부의 아래면은 사석부 저면에 있어서 반력이 기초의 허용지지력 이하가 되도록 충분한 폭을 유지하여야 한다.
(3) 활동에 대한 안전율 및 파압

① $F = \dfrac{f \cdot W}{P}$

여기서, W : 부력 및 양압력을 뺀 제체 중량(t/m)
f : 제체와 기초 사이의 마찰계수
P : 제체에 작용하는 파압 합력(t/m)
F : 안전율

② 파압(파력)

$p = 1.5\,\omega_o \cdot H$

여기서, ω_o : 물의 단위체적중량(t/m^3)
H : 파고(m)
p : 파력(t/m^2)

2 부두와 계류시설

① 부두 설비

(1) 부두

선박이 접압해서 화물을 적하하고 혹은 여객이 승강하는 장소를 말한다.

(2) 부두 설비의 종류

① 안벽
- 배가 접안하는 측은 벽면을 이루며 그 배후에 채워져 있는 토사의 측압에 견디는 옹벽 구조
- 수심이 4m 이상이고 보통 총톤수가 500톤 이상의 배가 접안해서 하역하는 장소

② 물양장 : 소형 선박이 접안해서 하역하는 장소로 보통 전면의 수심이 2m 정도이고 100m 지점쯤의 수심이 4m 이상 되는 것

③ 잔교 : 교각 위에 슬래브를 만든 접안설비

④ 부잔교 : 접안설비 전체가 폰톤(pontoon)으로 되어 있고 조위의 승강과 같이 상하하는 것

⑤ 육상의 철도, 도로, 창고, 하역기계 및 여객 승강용의 계단, 수화물 검사소, 대합실 등

(3) 부두의 위치

① 부두 부근의 수면은 잔잔하고 심한 조류가 없고 강한 횡풍을 받지 않고 선박의 출입에 편리한 장소

② 부두 배후의 육지에는 창고 등의 건설하는데 충분한 부지 확보 및 시가지와의 교통이 편리한 장소

③ 부두 지대와 해저의 지질이 양호하고 항구에서 부두에 이르는 항로의 수심 유지가 용이할 것

④ 장래 부두를 확장할 여지가 있으면 좋다.

2 안벽

(1) 중력식 안벽

① 지진의 영향이 크다.
② 견고하고 양호한 기초가 필요하다.
③ 연약한 지반에는 적당하지 않다.
④ 시공 시 설비가 복잡해서 공사비가 많이 든다.
⑤ 공사 기간이 길다.
⑥ 케이슨 안벽, 콘크리트 블록 안벽, L형 블록 안벽, 셀룰러 블록 안벽, 월 안벽, 셀 안벽, 공기 케이슨 안벽 등이 있다.

(2) 널말뚝식 안벽

① 대형 안벽에는 많은 강널말뚝을 이용한다.
② 시공설비가 간단하여 신속히 시공할 수 있다.
③ 공사비는 비교적 저렴하다.

④ 비교적 연약지반에도 적용할 수 있다.
⑤ 구조가 탄력성이 풍부하며 내진구조로 하기 쉽다.
⑥ 배의 충격에 약하고 내구성의 문제가 있다.

(3) 선반식 안벽
① 배의 충격에는 강하고 비교적 연약지반에도 적용된다.
② 보통 널말뚝식 안벽보다 수심이 큰 안벽에 적용할 수 있다.
③ 시공 장소가 깊고 매립하는 경우에는 시공상 문제가 있고 지진 시 벽체가 너무 무거운 단점이 있다.

③ 잔교
① 구조물에 작용하는 토압은 안벽에 비해서 아주 적다.
② 비교적 연약한 지반에도 적당하다.
③ 내진 구조로 하기가 비교적 용이하다.
④ 안벽 대신에 사용되는 경우가 많다.
⑤ 말뚝식 잔교, 통주식 잔교, 교각식 잔교 등이 있다.

④ 돌핀
① 수중에 군항을 박고 혹은 주상체를 설치해서 배를 연결하는 간단한 계류시설이다.
② 안벽, 잔교 등에 비해 구조가 간단하여 공사비가 싸고 정비하기가 쉽다.
③ 주로 석유, 석탄, 광석, 곡류 등의 대량화물을 돌핀에 연결하여 하역기계를 이용하여 취역한다.
④ 돌핀은 될 수 있는 대로 풍향, 파향, 조류와 평행으로 하는 것이 좋다.
⑤ 돌핀의 구조는 극단적인 방향성을 갖는 것이 좋다.
⑥ 돌핀의 마루높이는 완충재의 설치 등에 지장이 없는 한 아래로 낮추는 것이 구조상 유리하다.

갑문

① 갑문의 개요
수위가 다른 두 수면 간을 선박이 통항하기 위하여 설치하는 시설

❷ 갑문의 위치 선정

① 연약지반에 설치하지 않을 것
② 정온한 장소를 선택해야 한다.
③ 대피 선박용의 박지 및 회선에 필요한 수면이 충분히 확보되는 위치를 선정해야 한다.

❸ 갑문의 종류별 특징

(1) 단비실(單扉室) 갑문
- 바다 또는 항구항에 있는 갑문으로 내측 수면적이 좁고 내부가 항구로 된 경우에 쓰인다.
- 비실이 1개이기 때문에 내부와 외측의 수위차가 있을 때에는 선박의 출입을 제한한다.

(2) 복비실(複扉室) 갑문
- 보통 하천운하 등에 쓰인다.
- 비실은 2개로 각 실에는 1방향으로만 열리는 문짝 또는 리프트 게이트(lift gate)를 갖고 있다.

(3) 복식(複式) 갑문
- 수위의 고저가 1방향에 한하지 않고 역방향으로도 되는 경우에는 2조의 비실과 각 비실에 2개의 문짝이 필요하다.
- 마이터 게이트(miter gate)로 2쌍이 되고 인상(引上) 문짝은 양면에 강판을 붙인다.

(4) 계단식(階段式) 갑문
수위차가 커지면 2개 이상의 갑문을 종방향으로 연이어 설치한다.

(5) 병렬(並列) 갑문
2개의 갑문이 병렬로 된 것으로 하천 또는 운하에서 운항이 많아 정리가 곤란한 경우 쓰인다.

❹ 갑문의 개폐 방식에 따른 분류

① 마이터 게이트(miter gate)
② 섹터 게이트(sector gate)
③ 리프트 게이트(lift gate)
④ 슬라이딩 게이트(sliding gate)

CHAPTER 10 출제 예상 문제

항만공

01 다음 중 방파제에 관한 설명 중 틀린 것은?

① 우리나라에서는 사석제(捨石堤)가 가장 많이 사용된다.
② 방파제의 선형은 요철이 많은 것이 좋다.
③ 방파제는 파의 침입을 막기 위한 구조물이고 방향과 파의 진행방향과 이루는 각은 90°~60°가 좋다.
④ 방파제의 배치 계획에서 표사에 의한 매몰이 일어나지 않도록 고려한다.

해설
- 방파제의 선형은 요철이 없는 것이 좋다.
- 방향은 파의 진행 방향과 60°~90°로 이루는 각이 좋다.

02 사석 방파제에 대한 설명 중 옳지 않은 것은?

① 테트라포드(tetrapod)의 이용으로 비교적 파고가 높은 곳에도 이용된다.
② 제체로 쇄파시켜서 그 에너지의 감쇄를 고찰한 것이고 쇄파 방파제라고도 한다.
③ 테트라포드는 파도에 부딪히면 서로 엉킴이 떨어지므로 비탈구배를 완만히 한다.
④ 사용 재료에 의하여서는 조석식, 블록식, 혼합식 등으로 구별된다.

해설 테트라포드(TTP)는 파도에 부딪히면 서로 엉킴이 강해 비탈구배를 급하게 할 수 있다.

03 계획 최대 파고 $H = 7.5\text{m}$라 하면 그 때의 파력은 얼마인가? (단, 방파제선과 파향과는 직각을 이루며 해수의 단위 중량은 1.03t/m^3이다.)

① 7.5t/m^2
② 11.6t/m^2
③ 2.5t/m^2
④ 3.75t/m^2

해설 $p = 1.5\omega_o \cdot H = 1.5 \times 1.03 \times 7.5 = 11.6\text{t/m}^2$

04 항만 계획에 필요한 주요 기술적 조사사항 중 잘못된 것은?

① 지세 및 지질
② 박지 면적과 그 수심
③ 표사 및 유출 토사
④ 선박 정비 및 조사

해설 항만 계획에 필요한 주요 기술적 조사사항에 기상, 조위와 조류 및 파도 등이 관련 있다.

05 방파제의 단면을 결정하는 파압을 구할 때 관계없는 것은?

① 파고   ② 파장
③ 제체 전면수심   ④ 조류

해설 밀물과 썰물로 말미암아 일어나는 바닷물의 흐름인 조류와는 관계없다.

06 다음 그림과 같은 방파제의 경우 활동에 대한 안전율에 대하여 옳은 것은? [단, 파고 $H=3.0\text{m}$, 제체의 단위 중량 $w=2.0\text{t/m}^3$, 해수의 단위 중량 $w'=1.0\text{t/m}^3$, 마찰계수 $f=0.6$, **파압공식** $p=1.5wH(\text{t/m}^2)$]

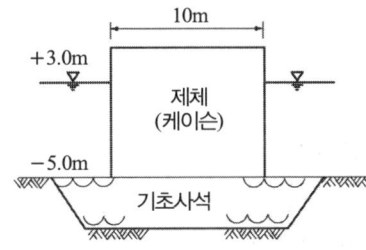

① 1.23   ② 1.33   ③ 1.53   ④ 1.83

해설
- $p = 1.5\omega_o \cdot H = 1.5 \times 1 \times 3 = 4.5\text{t/m}^2$
- 제체에 작용하는 파압 합력
  $P = $ 케이슨 높이 × 파압 $= (5+3) \times 4.5 = 36\text{t/m}$
- 부력 및 양압력을 뺀 제체 중량(t/m)
  $W = $ 케이슨 용적 × 케이슨 단위중량 $= (10 \times 8 \times 1) \times (2-1) = 80\text{t/m}$
  $\therefore F = \dfrac{f \cdot W}{P} = \dfrac{0.6 \times 80}{36} = 1.33$

07 다음 중 해안 제방의 형식 분류에 속하지 않는 것은?

① 중력형   ② 경사형   ③ 직립형   ④ 혼성형

해설 방파제는 경사제, 직립제, 혼성제로 분류한다.

08 항만의 방파제에 대한 설명 중 맞는 것은?

① 경사제는 양측면을 수직에 가깝게 한 것이다.
② 직립제는 양변이 자연 경사가 되도록 한다.
③ 방파제는 항구 내가 안전하도록 파도가 방파제를 항상 넘지 않게 설계에 유의한다.
④ 혼성제는 경사제 위에 직립부를 설치한 것이다.

정답 01 ② 02 ③ 03 ② 04 ④ 05 ④ 06 ② 07 ① 08 ③

> [해설]
> - **경사제** : 사석 등을 사용해서 그 면이 경사진 방파제
> - **직립제** : 콘크리트를 사용해서 벽면이 대략 연직인 방파제
> - **혼성제** : 하부는 사석부로 하고 상부는 직립부로 혼성한 방파제

09 경사제 방파제에 관한 설명 중 틀린 것은?

① 연약지반에서는 쇄석 자체가 기초가 되어 가장 경제적이다.
② 시공관리, 시공기계가 간단하다.
③ 공사기간이 짧은 장점이 있다.
④ 투과성이 있으며 유지보수비가 많이 든다.

> [해설] 공사기간이 길다.

10 방파제에 관한 설명 중 틀린 것은?

① 혼성제는 지질에 관계없이 연약한 지반에 적합하다.
② 우리나라는 사석제가 많이 사용된다.
③ 경사제는 파괴 시 복구가 어렵다.
④ 혼성제는 사석 부위의 침하를 고려하여 여성을 준다.

> [해설] 경사제는 파괴 시 복구가 용이하다.

CHAPTER 11 암거공

1 암거

❶ 개요

도로, 철도, 제방의 밑을 통해서 용수 또는 배수를 위해 매설된 길이가 짧은 구조물로 지름이 2m 이하이고 상부는 흙으로 피복된 것으로 교량은 아니다.

❷ 암거의 종류 및 특징

(1) 맹 암거(간이 암거)
운동장이나 광장 등 넓은 지역의 물이 고이지 않고 배수되게 침투가 잘 되는 재료 위에 흙을 피복하여 시공한다.

(2) 관 암거
원형단면으로 내압력이 크고 유수(流水)도 좋고 시공도 쉽고 공사비용도 적게 든다.

(3) 사이펀 암거
① 암거가 전후의 수로 바닥보다 아주 낮은 위치에 축조되는 경우에 수로교로서 횡단하지 못할 경우에 사용된다.
② 도로나 철도 기타 구조물을 횡단하여 배수 또는 송수하는 시설로 가장 적당하다.
③ 용수, 배수 등 성질이 다른 수로가 교차하지만 합류가 불가능하고 수로교의 설치도 어려울 경우 설치하면 편리하다.
④ 맨홀을 설치할 경우 토사를 침전시키기 위해 맨홀의 바닥은 관에서 0.5~1.0m 정도 깊게 한다.

❸ 암거의 배열 방식

(1) 자연식
자연 지형에 따라 암거를 매설한다.

(2) 차단식
　　인접한 높은 지대나 배수지구를 둘러싼 높은 지대에서 침투수를 막을 수 있는 곳에 암거를 설치한다.

(3) 빗식
　　집수지거를 향하여 지형의 경사가 완만하고 같은 습윤상태인 곳에 적합하며 1개의 간선 집수거 또는 집수지거로 가능한 한 많은 흡수거를 합류하도록 한다.

(4) 어골식
　　폭이 좁고 길이가 길게 늘어진 오목한 지대의 중앙에 집수지거가 가로로 배치되어 있고 흡수거가 그 양쪽에서 합류하게 한다.

(5) 2중 간선식
　　배수지구 중앙부에 폭이 넓은 평평한 오목한 지대나 늪과 같은 습지가 가로 놓여 침투수가 경사면을 따라 흐르는 배수지역에 이용한다.

(6) 집단식
　　1지구내에 여러 가지 양식의 소규모 암거를 많이 설치하여 배수시키는 방식

④ 암거의 매설

① 관은 낮은 곳에서 높은 곳으로 부설한다.
② 매설할 바닥이 연약하면 모래나 돌을 부설한다.
③ 지반이 양질이면 암거를 직접 매설한다.
④ 기초가 다소 약하면 침목, 콘크리트 침목 등으로 기초시공을 한다.
⑤ 동결에 관이 파열되지 않도록 최소 피복 덮개를 1m 이상으로 한다.
⑥ 부등침하가 우려되는 곳은 사다리꼴 기초를 한다.

⑤ 암거의 단면 결정

(1) Meyer 공식
$$A = C\sqrt{D}$$

(2) Talbot 공식
$$A = CD^{\frac{3}{4}}$$

　　　　　　여기서, A : 암거 단면적
　　　　　　　　　　C : 유역에 대한 계수
　　　　　　　　　　D : 유역 면적

⑥ 암거의 배수량 및 간격

$$Q = \frac{4 \cdot k(H_o^2 - h_o^2)}{D} = \frac{4kH_o^2}{D} \text{ (불투수층 위에 암거가 놓였을 때)}$$

여기서, Q : 암거의 단위 길이당 배수량
k : 투수계수
H_o : 불투수층에서 최소 침강 지하수면까지의 거리
h_o : 불투수층에서 암거 매립 위치까지의 거리
D : 암거의 간격

⑦ 암거의 깊이와 간격

$$D = \frac{2(H - h - h_1)}{\tan\beta}$$

여기서, D : 암거간의 간격
H : 암거 깊이
h : 지하수면 깊이
h_1 : 암거와 지하수면과의 최저점과 거리

⑧ 암거내의 유속(Giesler 공식)

$$V = 20\sqrt{\frac{D \cdot h}{L}}$$

여기서, D : 관의 직경(m)
h : 암거의 낙차(m)
L : 암거 길이(m)

2 암거 매설공법

① 개착 공법(open cut)

널말뚝을 타설하고 그 사이의 흙을 굴착하는 공법

② 프런트 재킹(Front jacking) 공법

① 철도, 수도, 도로 등의 횡단, 기타 개착 공법이 곤란한 경우에 사용하는 공법
② 땅속에서 함거나 원관 등을 잭으로 잡아당겨서 토중에 관을 매설하는 공법

CHAPTER 11 출제 예상 문제

암거공

01 암거의 배열방식 중 집수지거를 향하여 지형의 경사가 완만하고, 같은 정도의 습윤상태인 곳에 적합하며, 1개의 간선 집수거 또는 집수지거로 가능한 한 많은 흡수거를 합류하도록 배열하는 방식은?

① 집단식   ② 자연식   ③ 빗식   ④ 차단식

02 위아래 슬래브와 측벽을 가진 4각형 라멘 구조이고 통수량에 따라 여러 개의 문을 갖게 되며 도로, 철도와 같이 동하중이 작용하는 배수거에 대단히 유리한 구조물은?

① 다공관거   ② 관거   ③ 사이펀 관거   ④ 함거

해설 암거 또는 함거라 한다.

03 관거의 최소 피토의 값은 원칙적으로 얼마를 하도록 되어 있는가?

① 1.2m   ② 1.0m   ③ 0.8m   ④ 0.6m

해설 관거의 최소 피토 두께를 1.0m 이상 되어야 상부하중의 영향을 받지 않는다.

04 암거가 전후의 수로바닥보다 아주 낮은 위치에 축조되는 경우에 수로교로서는 횡단하지 못할 경우에 사용되는 수로의 암거는?

① 맹암거   ② 사이펀 암거   ③ 아치 암거   ④ 박스 암거

해설 용수, 배수 등 성질이 다른 수로가 교차하지만 합류가 불가능하고 수로교의 설치도 어려울 경우에 설치한다.

05 철도, 수도, 도로 등의 횡단, 기타 개착 공법이 곤란한 경우에 소구경의 강관을 입갱 사이에 삽입하거나 또는 당김으로써 토중에 관을 매설하는 공법은?

① 개착 공법   ② 추진 공법
③ 프런트 재킹 공법   ④ 프런트 실드 공법

06 사이펀 암거에서 맨홀 설치시 토사를 침전시키기 위한 맨홀의 바닥은 관에서 얼마 정도 깊게 하여야 하는가?

① 0.5~1.0m   ② 1.0~1.5m   ③ 1.5~2.0m   ④ 2.0~2.5m

해설 사이펀 관속으로 토사가 유입하지 않고 맨홀 바닥에 토사가 침전하도록 관 위치보다 0.5~1.0m 낮게 맨홀 바닥을 설치한다.

07 운동장 또는 광장과 같은 넓은 지역의 배수는 주로 어떤 배수를 하여야 물이 고이지 않는가?

① 개수로 배수   ② 지표 배수   ③ 맹암거 배수   ④ 암거 배수

해설 물이 고이지 않고 배수가 잘 되게 지표는 흙을 깔고 밑에 투수성의 재료를 포설한다.

08 암거 매설 기초공에 대하여 틀린 것은?

① 기초가 다소 약하면 침목, 콘크리트 침목 등을 한다.
② 기초가 양질이면 직접 매설한다.
③ 부등침하의 우려가 있으면 조약돌을 깐다.
④ 기초를 다져서 보강한 후 매설한다.

해설 조약돌을 깔면 오히려 부등침하가 더 크다.

09 다음 중 암거 단면을 결정할 때 사용되는 식은? (단, A : 암거 단면적, C : 유역에 대한 계수, D : 유역 면적)

① $A = C\sqrt{D}$
② $A = D\sqrt{C}$
③ $A = C\sqrt{D^{4/3}}$
④ $A = C\sqrt{D^{4/5}}$

해설
- Meyer 공식 $A = C\sqrt{D}$
- Talbot 공식 $A = CD^{4/3}$

10 불투수층에서 잰 암거 간격 중앙에서의 지하수면의 높이를 1m, 암거의 간격 10m, 투수계수 $k = 10^{-5}\text{cm/sec}$ 라 할 때 이 암거의 단위 길이당 배수량을 Donnan식에 의하여 구하면 얼마인가?

① $2 \times 10^{-2} \text{cm}^3/\text{cm/sec}$
② $2 \times 10^{-4} \text{cm}^3/\text{cm/sec}$
③ $4 \times 10^{-2} \text{cm}^3/\text{cm/sec}$
④ $4 \times 10^{-4} \text{cm}^3/\text{cm/sec}$

해설 $Q = \dfrac{4kH_o^2}{D} = \dfrac{4 \times 10^{-5} \times 100^2}{1000} = 4 \times 10^{-4} \text{cm}^3/\text{cm/sec}$

11 박스 암거에 대하여 틀린 것은?

① 큰 단면이면 흙의 피복도 두꺼워야 한다.
② 도로, 철도의 하부를 통과 시 시공한다.
③ 교량 역할도 할 수 있다.
④ 제방의 하부를 횡단하여 배수한다.

정답 01 ③ 02 ④ 03 ② 04 ② 05 ③ 06 ① 07 ③ 08 ③ 09 ① 10 ④ 11 ①

CHAPTER 12 하천공

1 호안(護岸)

해안이나 제방(둑)을 보호하기 위해 설치한 하천 구조물로 하천 단면 중 홍수 때에만 물이 흐르는 곳을 보호하거나 저수로를 유지하거나 제방을 보호하기 위해 시공한다.

1 비탈 덮개공(피복공)

제방, 해안, 해안의 비탈면을 피복하여 물의 흐름이나 파랑에 의해 침식되는 것을 방지하기 위해 시공한다.

(1) 편책공
① 비탈면을 잔디를 심거나 조약돌, 호박돌, 자갈 등을 채운 것
② 조약돌, 호박돌, 자갈 채움은 완류부에 이용한다.
③ 내구성이 적다.

(2) 돌망태공
① 철선으로 망태를 만들어 그 속에 조약돌 등을 채워 응급공사에 적용한다.
② 내구성이 적다.

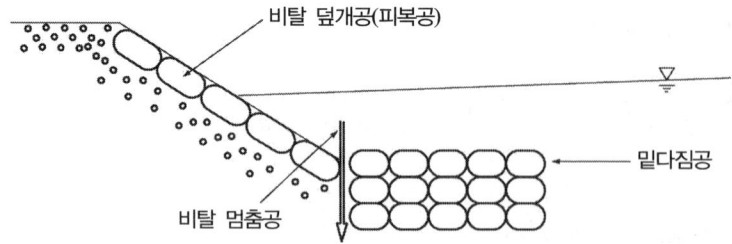

(3) 돌붙임공, 돌쌓기공
① 비탈면에 돌을 쌓거나 붙이는 것
② 급류부는 찰쌓기의 호박돌 붙임을 하고 완류부는 깬돌, 견치돌 붙임을 한다.

(4) 격자 블록(Block)공
콘크리트 격자 블록을 시공하여 그 사이에 깬돌을 까는 것

(5) 콘크리트 붙임공, 콘크리트 블록공
비탈면에 자갈을 깔고 콘크리트를 타설하거나 콘크리트 블록을 덮는 것

❷ 비탈 멈춤공
비탈 끝 부분으로 비탈 덮개공의 기초가 되는 시공을 말한다.

(1) 편책공
① 비탈 끝에 0.5~1m 정도의 간격으로 말뚝을 박고 뒷부분에 자갈을 채운다.
② 완류하천에 이용한다.

(2) sheet pile 공법

(3) 콘크리트 블록 공법

❸ 밑다짐공
비탈 멈춤공의 전면에 설치하여 하상의 세굴을 막아 비탈 멈춤공, 비탈 덮개공을 보호한다.

(1) 사석공(捨石工)
① 돌이나 콘크리트 블록으로 씌우며 시공이 쉽고 비교적 효과도 크다.
② 테트라포드(tetrapod), 육각 block 등을 이용하기도 한다.

(2) 돌망태공
큰 석재를 얻기 어려울 때 적용하며 우수한 공법이지만 내구성이 적다.

(3) 침상공(沈床工)

(4) 콘크리트 블록공

❹ 우의의제(羽衣衣堤)
제방호안(堤防護岸)의 안전을 위해서 유수를 하천의 중심부에 이르게 하도록 하안에서 먼 각도로 돌출된 공작물이다.

2 수제(水制)

① 하천의 흐르는 물속에 돌출시켜 물의 흐름을 적극적으로 제어하는 공작물로 흐름방향에 직각으로 설치한다.
② 고수공사(高水工事)에 있어서는 유수가 제방, 호안에 격돌(激突)하는 것을 방지하고 유수의 방향을 변경해서 하신(河身)으로 옮겨 제방, 호안을 보호하며 저수공사에서는 유수 폭을 국한하여 그 사이의 수심을 유지하고 토사 침전하게 한다.

1 수제의 설치 목적

① 물의 흐름을 바꾸기 위해 설치한다.
② 하상 부근의 물 흐름을 약화시켜 하상 세굴을 막고 토사 침전을 촉진하며 유심을 하천 중앙부로 보내어 제방호안의 안전을 도모한다.
③ 저수로 폭이나 수심을 유지하기 위해 설치한다.
④ 물을 한곳으로 모으면서 취수 등에 편리하기 위해 설치한다.

2 수제의 설치 장소

① 물 흐름이 강해서 바닥 다짐만으로 세굴에 대해 충분하지 않은 곳
② 상당한 급류 하천이나 대하천에서 수심이 깊은 수충부(水衝部)
③ 부분적인 수충부에서 흐름 방향을 유심 방향으로 변경시키려는 곳
④ 바닥 다짐이 간소화되거나 생략할 수 있는 곳

3 바닥 다짐공(상고공 : 床固工)

저수로나 홍수터의 하상 안정을 유지하기 위해서 하천을 가로질러 설치하는 하천관리 시설물을 바닥 다짐공이라 한다.

1 바닥 다짐공의 설치 목적

① 하상의 침식을 막는다.
② 하상의 세굴 저하를 방지한다.
③ 유로 또는 고수부를 유지한다.
④ 유수의 집중을 방지하고 방향을 전환시킨다.
⑤ 하상 구배 및 수면 구배를 완만하게 하여 하안 및 호안을 보호한다.
⑥ 난류를 방지한다.

❷ 바닥 다짐공의 평면 형상

유심 방향에 직각인 직선형으로 하는 것을 원칙으로 한다.

④ 기타 시설물

❶ 수문, 통문

(1) 수문
① 일반적으로 통수 단면이 크고 상부가 개방되어 있는 것
② 내수 배제, 용수 취수, 염해 방지를 위하여 하천의 해안, 호안 제방의 일부에 설치된 구조물
③ 보통 길이가 3m 이상인 것이나 구조 형식에 관계없이 대체로 큰 것
④ 제방이 마루보다 높은 대규모의 것

(2) 통문
① 통수 단면이 작고 암거 구조인 것
② 대체로 높이가 2m 이상인 것
③ 제방 속에 묻힌 것으로 규모가 크면 통문(주로 단면은 직사각형), 규모가 작으면 통관(주로 원형 단면)이라 한다.
④ 하천 배수를 위해 제방을 횡단하여 설치되는 수로로 홍수방어, 배수목적으로 설치

❷ 도수제(導水堤)
① 하구 부분에서 유로가 토사의 체적으로 인하여 교란되는 것을 방지할 목적으로 그 장소에 설치하는 제방
② 만조면으로부터 어느 정도 바다에 돌출되도록 설치하며 보통 돌제라고 한다.

⑤ 제방의 유지관리

❶ 제방 누수 원인과 대책

(1) 제방 누수 원인
① 제방 단면이 너무 작은 경우
② 제방이 사질토 및 조립토를 다량으로 포함한 풍화토로 만들어진 경우

③ 중심부에 차수벽이 없는 경우
④ 제체를 충분히 다지지 않는 경우
⑤ 두더지 등의 동물에 의해 구멍이 뚫린 경우
⑥ 제체 내에 매설되어 있는 구조물과의 접합부에 흐름이 생기는 경우
⑦ 제체에 균열이 발생한 경우

(2) 제방 누수에 대한 대책

① **제방 단면의 확대**
투수 경로의 길이를 길게 하여 누수를 방지하는 공법

② **비탈면 피복**
제방의 앞 비탈면에 불투성 재료로 피복시켜 파이핑(piping) 현상을 억제시키는 공법

③ **차수벽 등으로 누수 경로를 차단**
- 제체에 지수벽을 설치하여 지수시킨다.
- 점토 코어 존을 설치한다.

④ **제내지 비탈면 보강**

2 지반누수 원인 및 대책

(1) 지반누수 원인
① 지반이 투수성이 큰 모래층 또는 모래 자갈층인 경우
② 둔치 부근의 표토가 유수에 의해 세굴되어 투수층이 노출되었을 경우
③ 제방 제외지 비탈면 부근에서 골재를 채취하여 투수성이 노출되었을 경우
④ 불투수성 표토의 두께를 얕게 했을 경우
⑤ 제방 비탈끝이 세굴된 경우
⑥ 지반 침하에 의해 하천수위와 제체 지반과의 차이가 커져 침투압이 증가한 경우

(2) 지반누수에 대한 대책
① 투수층에 지수벽 설치 공법
② 제방과 제내지 또는 제외지가 접하는 부분을 불투수성 표면층으로 피복하는 방법
③ 제방의 폭을 넓혀 침윤선을 연장하는 방법
④ 제외지 앞부분에 수제를 설치하여 세굴을 방지
⑤ 토사의 퇴적을 도모하는 방법
⑥ 제방에 배수로를 설치하는 방법
⑦ 제방 비탈끝 보강 공법

CHAPTER 12 출제 예상 문제

하천공

01 하천 제방의 축제 재료의 설명 중 옳지 않은 것은?
① 포화되었을 때 내부 마찰각이 작아지지 않아야 한다.
② 건조할 때 균열이 발생하지 않아야 한다.
③ 물에 포화되었을 때 비탈면의 미끄러짐이 일어나지 않아야 한다.
④ 투수계수가 작아야 하므로 입도가 매우 작은 것이 좋다.

해설 크고 작은 입자가 골고루 섞인 재료로 입도가 양호한 것이 좋다.

02 고수공사(高水工事)에 있어서는 유수가 제방, 호안에 격돌(激突)하는 것을 방지하고 유수의 방향을 변경해서 하신(河身)으로 옮겨 제방, 호안을 보호하며 저수공사에서는 유수폭을 극한하여 그 사이의 수심을 유지하고 토사 침전되도록 하는 것은?
① 수제(水制) ② 바닥다짐 ③ 통문(通門) ④ 도수(蹈水)

해설 물의 흐름을 제어하는 공작물로 하천의 흐르는 방향에 직각으로 물속에 돌출시켜 설치한다.

03 하천공사에서 바닥다짐 공사(床固工)를 실시하는 목적은?
① 유속을 줄이기 위하여 실시한다.
② 취수를 용이하게 하기 위하여 실시한다.
③ 하류부의 물 흐름을 일정하게 하기 위하여 실시한다.
④ 하상의 세굴 저하를 방지하기 위하여 실시한다.

해설 상고공(床固工)을 설치하는 이유는 하상의 세굴침하를 방지하기 위해 실시한다.

04 다음 밑다짐공 중 가장 간단하면서도 비교적 효과가 큰 것은?
① 돌망태공 ② 콘크리트 블록공 ③ 돌방틀 ④ 사석공

해설 돌이나 콘크리트 블록으로 비탈 멈춤공의 전면에 씌우며 시공이 쉽고 효과도 크다.

05 제방호안(堤防護岸)의 안전을 위해서 유수를 하천의 중심부에 이르게 하도록 하안에서 먼 각도로 돌출된 공작물을 무엇이라고 하는가?
① 수제(水制) ② 우의의제(羽衣衣堤)
③ 도수제(導水制) ④ 침상공(沈床工)

정답 01 ④ 02 ① 03 ④ 04 ④ 05 ②

CHAPTER 13 공정관리

1 공정관리의 종류

❶ 막대그림 공정표(bar chart, gantt chart)

(1) 장점
① 간단히 작성할 수 있다.
② 수정이 쉽다.
③ 간단한 공사의 개략적인 공정표 작성에 쓰인다.
④ 긴급을 요하는 공사에 쓰인다.
⑤ 각 공종별 공사와 전체의 공사 등이 일목요연하다.
⑥ 공정표가 단순하여 경험이 적은 사람도 이용하기 쉽다.

(2) 단점
① 작업 상호간의 관계가 명확하지 않다.
② 대형 공사에서 합리적인 표현이 불가능하다.

❷ 그래프식 기성고 공정표(바나나 곡선)

(1) 장점
① 예정과 실적의 파악으로 시공속도를 파악할 수 있다.
② 전체 흐름을 이해하기 쉽다.

(2) 단점
① 세부사항을 알기 어렵다.
② 보조적인 수단으로만 사용한다.

(3) 특징
① 계획선과 실시선이 반드시 일치하지 않는다.
② 가로축에는 공기일수, 세로축에는 공사기성고(금액) 또는 시공량(공정률)을 기입하여 작

성한다.

❸ 네트워크(Net work) 공정표

(1) 장점
① 작업 상호간의 이해가 가능하다.
② 중점관리가 된다.
③ 전체와 부분의 관련을 잘 알 수 있다.
④ 기자재, 노무 등 배치인원 계획이 합리적이다.
⑤ 대형공사나 복잡한 공사에 유리하다.

(2) 단점
① 작성시간이 많이 걸린다.
② 수정변경이 곤란하다.

(3) 종류
① PERT 기법
- 신규사업, 비 반복사업, 경험이 없는 사업에 적용한다.
- 소요시간 추정(3점법 확률 계산)

$$t_e = \frac{t_o + 4t_m + t_p}{6}$$

여기서, t_o : 낙관 작업일수
t_m : 정상 작업일수
t_p : 비관 작업일수

② CPM 기법
- 반복사업, 경험 있는 사업에 적용한다.

(4) Net work(PERT/CPM) 작성의 기본 원칙
① 공정의 원칙
② 단계의 원칙
③ 활동의 원칙
④ 연결의 원칙

2 공정관리 작성

❶ Net work 작성 용어

용 어	내 용
이벤트(Event)	• 어느 작업의 개시 또는 완료를 가르킨다. • ① ②로 나타낸다.
액티비티(Activity)	• 실제로 작업을 실시하는 활동 • 실선과 방향의 화살표로 나타낸다. (──→)
더미(Dummy)	• 작업이 행해지는 순서를 점선으로 나타낸다. (┈┈▶) • 실제로 작업이 행해지는 것은 아니다.
EST(Earliest Start Time)	• 최초 개시 시간 • 작업을 시작하는 가장 빠른 시간
EFT(Earliest Finish Time)	• 최초 완료 시간 • 작업을 완료하는 가장 빠른 시간
LST(Latest Start Time)	• 최지 개시 시간 • 작업을 늦어도 이 시점에서 착수해야만 할 시간
LFT(Latest Finish Time)	• 최지 완료 시간 • 작업을 늦어도 이 시점에서 완료해야만 할 시간
총여유(TF, Total Float)	• 한 활동이 전체 작업의 최종 완료일에 영향을 주지 않고 지연가능 한 여유시간 • LST−EST, LFT−EFT
자유 여유(FF, Free Float)	• 모든 활동이 가능한 한 빨리 개시될 때 해당 활동에 대한 이용 가능한 활동 여유시간 • EST−EFT
간섭 여유(IF, Interfering Float)	• TF−FF(총 여유와 자유여유의 차)
주공정선(CP, Critical Path)	• 개시에서 종료에 이르는 가장 긴 경로 • 공정에 전혀 여유가 없는 경로 • CP=TF=FF=IF=0

❷ 단계 중심의 일정 계산

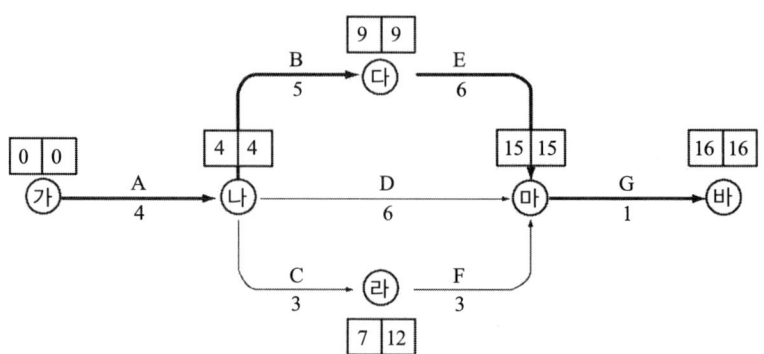

(1) 전진 계산

① 가장 큰 값으로 결정한다.
② ㉮ → ㉯ → ㉰ → ㉱ : 15일
　㉮ → ㉯ → ㉲ → ㉱ : 10일
　㉮ → ㉯ → ㉱ : 10일

(2) 후진 계산

① 가장 작은 값으로 결정한다.
② ㉳ → ㉱ → ㉰ → ㉯ : 4일
　㉳ → ㉱ → ㉲ → ㉯ : 9일
　㉳ → ㉱ → ㉯ : 9일

(3) 주공정선

① $T_L - T_E = 0, \ T_L = T_E$
② 주공정 : ㉮ → ㉯ → ㉰ → ㉱ → ㉳

❸ 활동 중심의 일정 계산

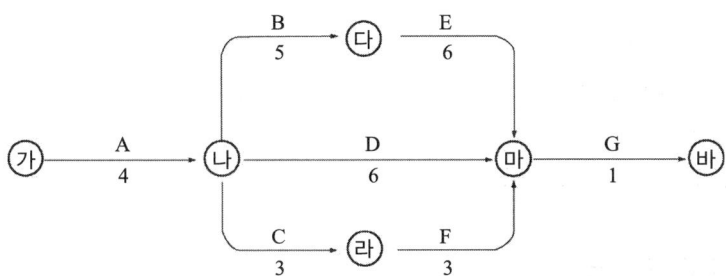

작업명	단계	일수	최조시간		최지시간		TF	FF	IF	CP
			개시시간 (EST)	완료시간 (EFT)	개시시간 (LST)	완료시간 (LFT)				
A	㉮→㉯	4	0	4	0	4	0	0	0	☆
B	㉯→㉰	5	4	9	4	9	0	0	0	☆
C	㉯→㉲	3	4	7	9	12	5	0	5	
D	㉯→㉱	6	4	10	9	15	5	5	0	
E	㉰→㉱	6	9	15	9	15	0	0	0	☆
F	㉲→㉱	3	7	10	12	15	5	5	0	
G	㉱→㉳	1	15	16	15	16	0	0	0	☆

(1) 최조 완료시간(EFT) 계산

㉯ → ㉮ : 10일, ㉰ → ㉮ : 15일, ㉱ → ㉮ : 10일 중에서 큰 값을 최조 개시시간(EST)에 이용한다. 즉, ㉮ → ㉲의 EST 값이다.

(2) 최지 개시시간(LST) 계산

㉯ → ㉰ : 4일, ㉯ → ㉱ : 9일, ㉯ → ㉮ : 9일 중에서 작은 값을 최지 완료시간(LFT)에 이용한다. 즉, ㉮ → ㉯의 LFT 값이다.

(3) 총여유(TF) 계산

해당 작업 단계별 LFT-EFT 또는 LST-EST 값이다.

(4) 자유여유(FF) 계산

- 최조 시간 EFT를 이용하여 일련의 공정 중 제일 긴 작업일수에서 해당 활동과의 여유계산

  ㉯ → ㉮ : 10일 ➡ 5(15-10)
  ㉰ → ㉮ : 15일 ➡ 0(15-15)
  ㉱ → ㉮ : 10일 ➡ 5(15-10)

(5) 간섭여유(IF) 계산

TF-FF

(6) 주공정선(CP) 결정

- TF=FF=IF=0
- ㉮ → ㉯ → ㉰ → ㉮ → ㉲

④ 주공정선(CP)의 성질

① 일정계획의 여유가 없는 작업경로이다.
② 주공정선의 지연은 곧 공기의 연장을 뜻한다.
③ 주공정선은 2개 이상이 존재한다.
④ 공사하는데 중점 관리해야 할 활동의 연속이다.
⑤ 시공자재나 장비를 먼저 투입해야 하는 공정이다.

3 공사기간의 단축

1 최적공기

① 경제적으로 가장 비용이 들지 않는 공기
② 공기가 길어지면 직접비는 감소한다.
③ 공기가 짧아지면 간접비는 감소한다.
④ 직접공사비와 간접공사비를 합한 총공사비의 곡선 최소점의 공사비에 해당하는 공기를 최적공기라 한다.

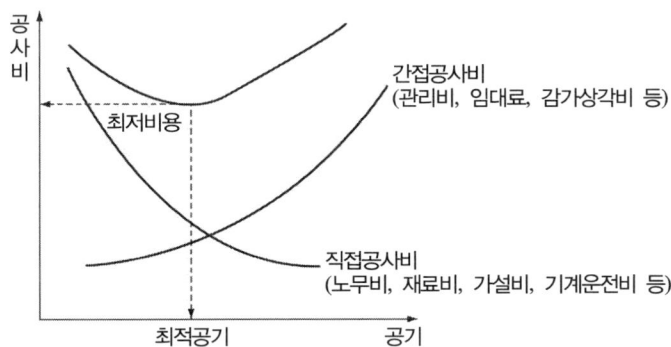

2 공기 단축할 경우 고려할 사항

① 품질의 저하가 발생되지 않도록 한다.
② 공사비용이 증대되지 않도록 한다.
③ 인력 및 장비의 투입을 고려한다.
④ 노동시간의 연장 시 그 한도를 고려한다.

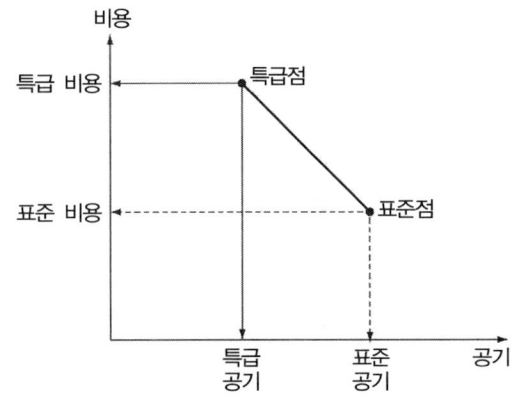

③ MCX(minimun cost expending) 이론

① 주공정선상에서 비용 경사가 최소인 작업 요소부터 공기를 단축한다.
② 비용 경사(cost slop)는 1일 공기 단축시키는데 소요되는 비용이다.
③ 비용 경사(원/일) = $\dfrac{특급비용 - 표준비용}{표준공기 - 특급공기}$
④ 단축된 일정으로 주공정을 수립하여 재차 CP선상에서 단축한다.

CHAPTER 13 출제 예상 문제

공정관리

01 다음 중 공정표 작성목적에 해당하지 않은 것은?
① 시공계획을 수립
② 작업예정을 파악
③ 계획에 대한 공사진행의 점검
④ 조직관리

해설 공정표를 작성하는 목적은 원활한 공사수행을 위해 시공계획 및 공정관리를 위해 작성한다.

02 공정표 작성시 크게 관계가 없는 것은 어느 것인가?
① 기상 여건
② 재료, 노무비
③ 공사방법
④ 선정 기계

해설 공사방법은 크게 관계가 없다.

03 다음은 PERT/CPM 기법의 이점을 기술한 것이다. 이 중 옳지 않은 것은?
① 문제점을 사전에 예측할 수 있다.
② 사전 예측 및 사전 통제가 곤란하다.
③ 상하의 의사소통이 용이하게 이루어진다.
④ 시간 단축 및 비용 절약에 가장 적합한 방법이다.

해설 사전에 예측 및 통제가 가능하다.

04 Net work를 작성할 때 고려해야 할 사항과 관계없는 것은?
① 선행하여야 할 작업
② 병행하여야 할 작업
③ 공사일정에 대한 작업
④ 후속되어야 할 작업

해설 Net work를 작성할 때는 선행작업, 병행작업, 후속작업을 고려해야 한다.

05 Critical path(한계 경로)의 설명 중 옳지 않은 것은?
① Critical path 상에서는 모든 여유는 0이다.
② Critical path는 반드시 하나만 존재한다.
③ 공정(工程)의 단축 수단은 Critical path의 단축에 착안해야만 한다.
④ Critical path에 의해 전체 공정(工程)이 좌우된다.

정답 01 ④ 02 ③ 03 ② 04 ③ 05 ②

해설 Critical path는 하나 이상이 존재한다.

06 공정관리의 용어에서 다음 중 관계가 없는 것은 어느 것인가?
① 네트워크(Net work) ② 히스토그램(Histogram)
③ 간트 차트(Gantt chart) ④ 퍼트(PERT)

해설 히스토그램은 품질관리의 기법이다.

07 PERT와 CPM의 차이점에 관한 설명 중 옳지 않은 것은?
① PERT의 주목적은 공기단축, CPM은 공비절감이다.
② PERT는 작업중심의 일정계산이고 CPM은 결합점 중심의 일정계산이다.
③ PERT는 3점시간 추정이고 CPM은 1점시간 추정이다.
④ PERT의 이용은 신규사업, 비반복 사업에 이용되고 CPM은 반복사업, 경험이 있는 사업에 이용된다.

해설 PERT는 결합점(event) 중심, CPM은 작업활동(activity)으로 일정계산을 한다.

08 다음 그림은 Network에 따라서 행하는 공사에 있어서 필요한 일수는? (단, 각 활동선상의 숫자는 그 활동의 소요 일자임)
① 33일
② 23일
③ 31일
④ 29일

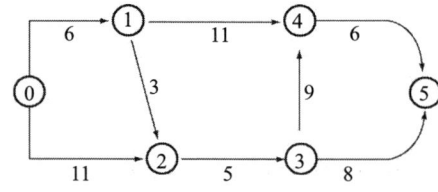

해설

09 공사 일수를 다음과 같이 견적한 경우 3점 견적법에 따른 적정 공사 일수는? (단, 낙관 일수 3일, 정상 일수 5일, 비관 일수 13일)
① 34일 ② 5일 ③ 6일 ④ 7일

해설 소요시간 추정

$$t_e = \frac{t_o + 4t_m + t_p}{6} = \frac{3+4\times 5+13}{6} = 6$$

10 다음 간단한 계획 공정표에서 주 공정선은 어느 경로인가? (단, 각 활동 선상에서 숫자는 활동의 소요 일자임)

① ① → ② → ④ → ⑥
② ① → ② → ③ → ④ → ⑥
③ ① → ③ → ④ → ⑥
④ ① → ② → ③ → ④ → ⑤ → ⑥

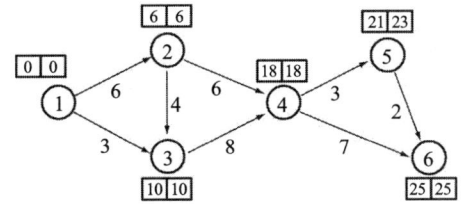

해설
• C.P선 : ① → ② → ③ → ④ → ⑥
• 총 공기 : 25일

11 다음은 네트워크(Net work) 특징을 설명한 것이다. 옳지 않은 것은?
① 담당자의 공사착수가 예정되므로 미리 충분한 계획을 세울 수 있다.
② 공정표가 보기 쉽고 개념적인 것이 숫자화되어 신뢰도가 크다.
③ 각 작업의 소요 일정의 요구를 무시하지 않아도 된다.
④ 공정의 진척, 지연의 상황 판단이 어렵다.

해설 네트워크는 공정의 진척, 지연의 상황 판단이 쉽다.

12 횡선식 그래프의 장점이 아닌 것은?
① 작업 상호간의 관계가 확실하다.
② 공사의 진척상황을 분명하게 알 수 있다.
③ 공정표 작업이 간단하다.
④ 개략적인 공정을 나타내는 데는 알맞다.

해설 Bar chart은 작업 상호간의 관계가 확실하지 않다.

정답 06 ② 07 ② 08 ③ 09 ③ 10 ② 11 ④ 12 ①

CHAPTER 13 출제 예상 문제

13 공정관리상으로 Net work 수법을 채용한 이점에 대하여 다음 기술 중에서 적당하지 않은 것은 어느 것인가?

① 크리티컬 패스(Critical path)에 의하여 작업의 중점 관리가 쉽다.
② 공기에 대하여 기성고를 직감적으로 알 수 있다.
③ 작업 상호의 관련성이 확실하게 파악된다.
④ 기자재, 노무 등 배치인원 계획이 합리적으로 이루어진다.

해설 공기에 대하여 기성고를 직감적으로 파악하기 곤란하다.

14 Net work 공정표에 관한 설명 중 옳은 것은?

① 작성하기 쉽다.
② 중점관리를 할 수 없다.
③ 숙련이 필요없다.
④ 전체와 부분의 관계가 명확하다.

해설
- 작성하기 어렵고 시간이 많이 걸린다.
- 숙련이 필요하다.
- 중점관리가 된다.
- 작업 상호간의 이해가 가능하다.
- 수정 변경이 곤란하다.

15 Bar chart와 Net work 기법의 설명 중 옳지 않은 것은?

① Bar chart는 개요 파악이 쉽다.
② Net work는 작업 사이의 종속관계가 명확하다.
③ Bar chart는 총소요시간의 파악이 어렵다.
④ Net work는 실소요시간 및 비용 예측이 쉽다.

해설 Bar chart는 총소요시간의 파악이 쉽다.

16 다음 그림에서 총여유일수는?

① 2일
② 4일
③ 6일
④ 8일

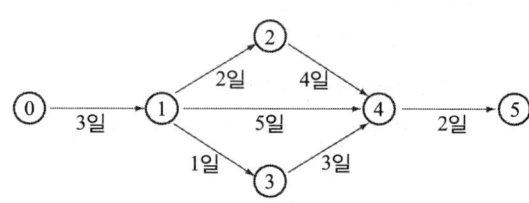

해설
- ⓪ → ① → ② → ④ → ⑤ : 11일
- ⓪ → ① → ④ → ⑤ : 10일
- ⓪ → ① → ③ → ④ → ⑤ : 9일
- ∴ 총여유일수 = 11 − 9 = 2일

17 주공정선에 관하여 옳지 않은 것은?

① 경로상의 작업이 늦은 만큼 공기가 늦어진다.
② 표시는 붉은 선으로 나타낸다.
③ 총여유가 0이 된 작업을 이르는 경로
④ 공기를 줄일 때 경로상의 작업을 움직여야 한다.

해설
- 공기를 단축하려면 주공정 중에서 비용경사가 최소인 활동을 단축
- 단축된 일정으로 주공정을 수립하여 재차 주공정선상에서 단축

18 임의의 활동 시간에 대한 TF(Total Float)와 FF(Free Float)를 구하면?

	TF	FF
①	9	9
②	11	0
③	11	10
④	9	8

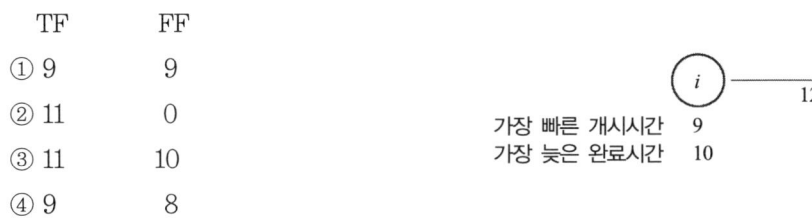

해설
- $TF = T_{Lj} - (T_{Ei} + x) = 30 - (9+12) = 9$
- $FF = T_{Ej} - (T_{Ei} + x) = 30 - (9+12) = 9$

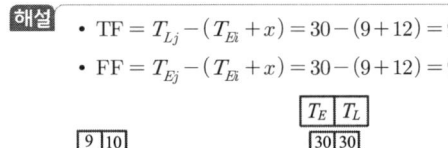

19 주공정선에 관하여 맞는 것은?

① 반드시 float(여유시간)가 0이 아니다.
② Critical path 이외의 작업에서도 float을 소비하면 Critical path로 된다.
③ 공정단축을 고려할 때 Critical path 이외의 float를 고려한다.
④ 시작에서 종료까지의 경로 중에서 가장 시간이 짧은 경로이다.

해설
- 반드시 주공정선은 여유시간이 0이다.
- 공정단축은 Critical path에서 한다.
- 경로 중 가장 시간이 긴 경로를 주공정선이라 한다.

20 다음에서 공사완료 후 공정의 진행상황을 나타낸 그림으로 바른 것은?

① 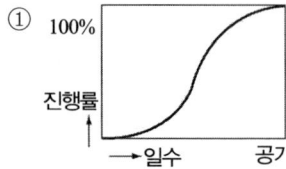 ②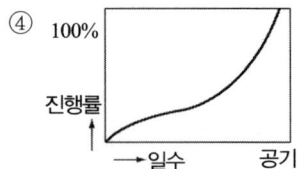

③ 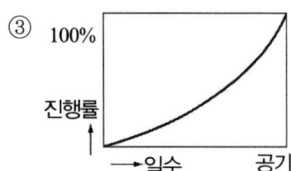 ④

해설 공사초기는 공사 진척율이 낮고 중간에서부터 공정이 높다가 준공 무렵에 공정이 낮아진다.

정답 20 ①

CHAPTER 14 공사관리 및 품질관리

1 공사관리

공사를 수행하기 위해 계획 및 관리를 총괄하여 소정의 목표를 달성하는 것이다.

❶ 5M 생산수단

① 인원(Men)　　　　　　　　② 공사방법(Methods)
③ 공사재료(Materials)　　　　④ 공사기계(Machine)
⑤ 공사자금(Money)

❷ 5R 목표

① 적정한 생산물(Right product)　　② 적정한 품질(Right quality)
③ 적정한 수량(Right quantity)　　　④ 적정한 시기(Right time)
⑤ 적정한 가격(Right price)

❸ 공정, 원가, 품질의 상호관계

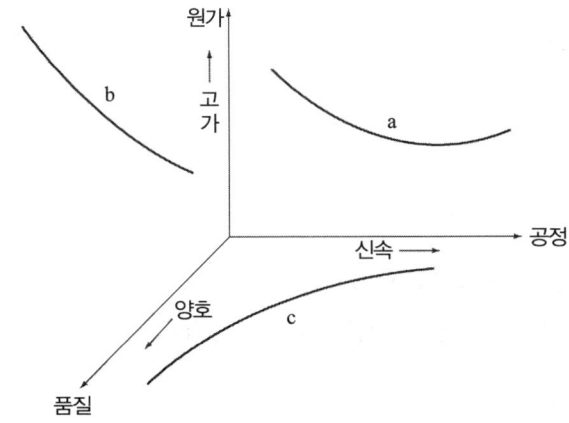

(1) 공정과 원가의 관계(a 곡선)
① 시공을 빨리하고 수량이 많으면 단위수량당 원가는 낮아진다.
② 긴급작업의 경우를 시공속도를 더욱 빨리하면 원가는 높아진다(공정을 어느 한도 이상으로 빠르게 하면 원가는 높아진다).

(2) 원가와 품질의 관계(b 곡선)
품질이 향상되면 원가는 상승한다.

(3) 공정과 품질의 관계(c 곡선)
공정 속도가 빠르면 품질이 저하된다.

4 공사관리의 3대 목표

공사의 요소	목표	공사관리
품질	좋게	품질관리
공사기한	빨리	공정관리
경제성	싸게	원가관리

5 공사관리의 4원칙

① 품질관리
② 공정관리
③ 원가관리
④ 안전관리

6 토목시공의 3요소

① 시공주체의 작업자
② 시공대상의 재료
③ 시공수단의 기계와 설비

7 공사관리의 종류

① 1차 관리 : 품질관리, 공정관리, 원가관리
② 2차 관리 : 노무관리, 자재관리, 안전관리, 자금관리 등

2 품질관리

❶ 품질관리의 목적
① 설계 시방서에 표시된 규격을 만족시키면서 구조물을 가장 경제적으로 만들기 위해 통계적 기법을 응용하는 것이다.
② 품질유지, 품질향상, 품질보증 등을 위해 실시한다.

❷ 품질관리의 4단계 사이클
① 계획(Plan)
② 실시(Do)
③ 검토(Check)
④ 조치(Action)

❸ 품질관리의 효과
① 품질향상, 불량품 감소
② 품질의 신뢰성 향상
③ 원가절감
④ 불필요한 작업과 보수작업의 감소
⑤ 품질의 균일화
⑥ 새로운 문제점과 개선방법의 발견
⑦ 신속한 처치와 작업의 효율성 증대

❹ 품질관리의 순서
① 품질특성 결정
② 품질표준 결정
③ 작업표준 결정
④ 작업 실시
⑤ 관리한계 설정
⑥ 히스토그램 작성
⑦ 관리도 작성
⑧ 관리한계 재설정

5 품질관리의 데이터 정리

① 평균값($\bar{x}$) : 데이터의 평균 산술값, $\bar{x} = \dfrac{\sum x_i}{n}$

② 중앙값($\tilde{x}$) : 데이터 크기 중 중앙값

③ 범위(R) : 데이터 중 최댓값과 최솟값의 차, 즉 $x_{\max} - x_{\min}$

④ 편차의 제곱합(S) : 각 데이터(x_i)와 평균치($\bar{x}$)의 차를 제곱한 값의 합, 즉 $S = \sum (x_i - \bar{x})^2$

⑤ 분산(σ^2) : 편차의 제곱합(S)을 데이터 수로 나눈 값, 즉 $\sigma^2 = \dfrac{S}{n}$

⑥ 표준편차(σ) : 분산(σ^2)의 제곱근, 즉 $\sigma = \sqrt{\dfrac{S}{n}}$

⑦ 변동계수(V) : 표준편차(σ)를 평균치($\bar{x}$)로 나눈 값, 즉 $V = \dfrac{\sigma}{\bar{x}} \times 100$

▼ 변동계수 값과 품질상태

변동계수	품질관리 상태
10% 이하	우수
10~15%	양호
15~20%	보통
20% 이상	불량

6 품질관리의 7가지 수법

① 파레토도 : 결과와 원인을 분석하고 주요 문제점을 발견하기 위한 그래프
② 특성 요인도 : 어떤 특성(결과)과 그 원인의 관계를 정리하기 위한 그래프
③ 히스토그램 : 데이터를 일정한 폭으로 구분하고 막대그래프로 표현하여 중심, 편차, 모양의 문제점을 발견하기 위한 그래프
④ 그래프 : 데이터를 형식과 관계에서 문제점을 발견하기 위한 도구
⑤ 층별 : 데이터를 grouping하며 문제를 발견해 내기 위한 도구
⑥ 산포도 : 한 쌍의 데이터가 대응하는 상태에서 문제를 발견해 내기 위한 도구
⑦ 체크시트 : 계산치의 자료를 모아 그것에서 문제를 발견해 내기 위한 도구
⑧ 관리도 : 데이터의 편차에서 관리상황과 문제점을 발견해 내기 위한 도구

7 히스토그램(histogram)

공사 또는 품질상태가 만족한 상태에 있는지 여부를 판단하는데 이용한다.

(1) 히스토그램의 작성법

① 데이터를 수집한다.

② 데이터 중 최댓값과 최솟값을 결정
③ 범위를 정한다. ($R = x_{max} - x_{min}$)
④ 계급의 폭을 결정한다.
⑤ 데이터를 계급별로 분류하여 도수분포도를 작성한다.
⑥ 히스토그램을 작성한다.

(2) 히스토그램의 규격값에 대한 여유

① 상한 규격값과 하한규격값이 있을 때

$$\frac{SU - SL}{\sigma} \geq 6$$

② 한쪽 규격값만 있을 때

$$\frac{|SU(\text{또는 } SL) - \overline{x}|}{\sigma} \geq 3$$

여기서, SU : 상한 규격값
SL : 하한 규격값
$\overline{x}$: 평균값
σ : 표준편차

(3) 히스토그램의 모형 및 판독

①
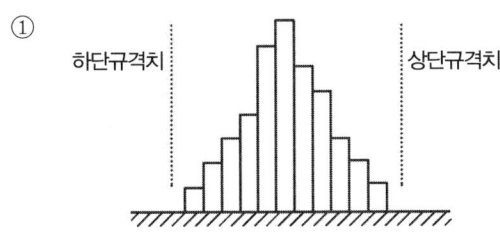
규격치와 분산이 양호하고 여유도 있어 만족하다.

②
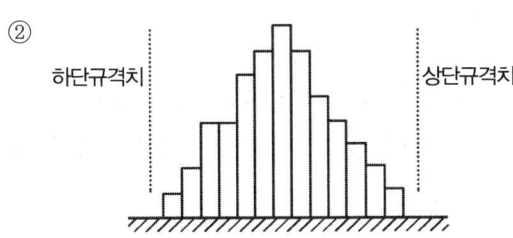
규격치에 가까운 자료가 있어 사소한 변동이 생기면 규격에 벗어나는 제품이 생산될 가능성이 있다.

③
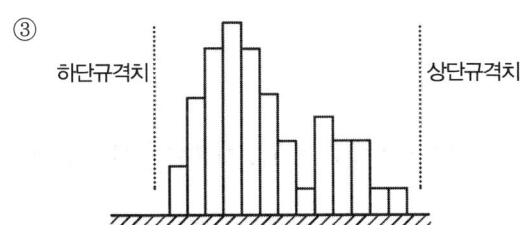
피크(peak)가 두 곳에 있어 공정에 이상이 있다. 이때는 다른 모집단의 표본이 섞여 생길 수 있으므로 데이터 전체를 재조정해 볼 필요가 있다.

④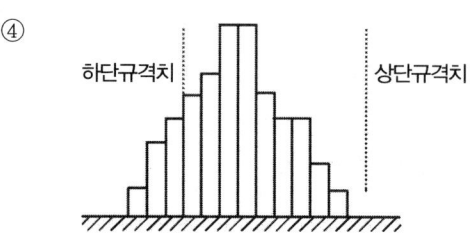

하한 규격치를 벗어나므로 평균치를 큰 쪽으로 이동시키는 대책을 세운다.

⑤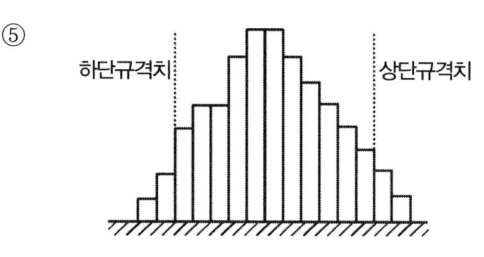

- 상·하한 규격치가 모두 벗어나므로 어떤 대책을 절대적으로 필요하다.
- 현재의 기술수준 또는 작업표준에 문제점이 없는지 검토해 보고 근본적인 대책을 수립해야 한다.

⑥

- 제조표본에 잘 나타나는 모형이다.
- 규격치에서 벗어나는 자료를 작위적으로 규격치 부근의 값으로 접근시킨 모형이다.

⑧ 발취검사

(1) 종류
① 데이터의 개수에 의한 판정
② 측정치의 수치에 의한 판정

(2) 발취검사의 특징
① 발취검사는 개개 제품의 양부의 선별이다.
② 발취검사할 때는 시료 채취를 항상 규칙적으로 한다.
③ 발취검사에 불합격하면 시험한 그 집단의 시료만 불합격한 것으로 본다.
④ 발취검사시 집단의 크기를 너무 크게 취하면 품질이 나쁜 것이 합격으로 판정되기 쉽다.

⑨ 관리도

(1) 관리도의 종류

① $\bar{x} - R$ 관리도
시료의 길이, 중량, 강도 등과 같은 연속적으로 분포되는 계량값일 때 사용된다.

② $\tilde{x}$ 관리도(Median 관리도)
평균치를 계산하는 시간과 노력을 줄이기 위해 사용된다.

③ x 관리도(1점 관리도)

군으로 나누지 않고 한 개 한 개의 측정치를 사용하여 공정을 관리할 때 사용한다.

④ P 관리도(불량률 관리도)

1개씩 취급하는 물품으로 1개마다 불량품으로 판별할 수 있을 때 불량품이 어느 정도 비율로 나오는지를 판단한다.

⑤ P_n 관리도(불량개수 관리도)

1개마다 양·불량으로 구별할 경우 사용한다.

⑥ C 관리도(결점수 관리도)

취급하는 물품의 크기가 일정한 경우 사용한다.

⑦ U 관리도(결점 발생률 관리도)

1개의 물품 중에 흠이 몇 개인지를 알아내는 관리도로 단위당의 결점수 관리도라 한다.

(2) $\overline{x}-\mathrm{R}$ 관리도의 작성법

① 평균치($\overline{x}$)

$$\overline{x} = \frac{\sum x}{n}$$

여기서, n : 조별 측정치수
$\sum x$: 조별 측정치 합계

② 범위(R)

$$R = x_{\max} - x_{\min}$$

여기서, $x_{\max}, x_{\min}$: 한 조에서의 측정치 중 최대치와 최소치

③ 총 평균값($\overline{\overline{x}}$)

$$\overline{\overline{x}} = \frac{\sum \overline{x}}{n}$$

여기서, n : 조별 수
$\sum \overline{x}$: 조별 평균치 합계

④ 범위의 평균($\overline{R}$)

$$\overline{R} = \frac{\sum R}{n}$$

여기서, $\sum R$: 조별 범위 합계
n : 조별 수

⑤ $\bar{x}$ 관리도의 관리한계선
- 중심선 $CL = \bar{\bar{x}}$
- 상한관리한계 $UCL = \bar{\bar{x}} + A_2 \cdot \bar{R}$
- 하한관리한계 $LCL = \bar{\bar{x}} - A_2 \cdot \bar{R}$

⑥ R 관리도의 관리한계선
- 중심선 $CL = \bar{R}$
- 상한관리한계 $UCL = D_4 \cdot \bar{R}$
- 하한관리한계 $LCL = D_3 \cdot \bar{R}$
- $\bar{x} - R$ 관리도의 계수표

n	$\bar{x}$ 관리도 $UCL = \bar{\bar{x}} + A_2 \bar{R}$ $LCL = \bar{\bar{x}} - A_2 \bar{R}$	R 관리도 $UCL = D_4 \bar{R}$ $LCL = D_3 \bar{R}$	
	A_2	D_3	D_4
2	1.88	–	3.27
3	1.02	–	2.57
4	0.73	–	2.28
5	0.58	–	2.11
6	0.48	–	2.00
7	0.42	0.08	1.92
8	0.37	0.14	1.86
9	0.34	0.18	1.82
10	0.31	0.22	1.78

CHAPTER 14 출제 예상 문제

공사관리 및 품질관리

01 품질, 공정, 원가의 일반적인 관계를 표시한 그림에서 그 내용을 기술한 것 중 옳은 것은?

① 공정을 늦게 할수록 원가는 싸지고, 품질도 향상된다.
② 공정을 어느 한도 이상으로 빠르게 하면 원가는 높아진다.
③ 공정을 늦게 하여 시간을 길게 하면 무리가 많아지고, 품질도 떨어진다.
④ 공정이 빠를수록 품질은 향상되고, 원가도 높아진다.

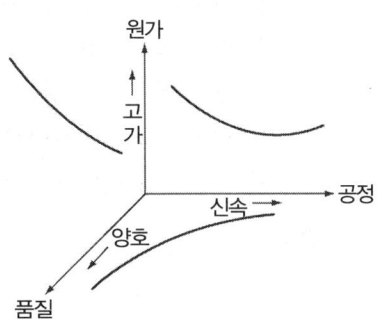

해설
- 공정속도가 빠르면 품질이 저하된다.
- 품질이 향상되면 원가는 상승한다.
- 긴급 작업의 경우로 시공속도를 더욱 빨리하면 원가는 높아진다(공정을 어느 한도 이상으로 빠르게 하면 원가는 높아진다).

02 히스토그램(histogram)으로 알 수 없는 것은 어느 것인가?

① 측정치의 분포형 ② 공정에 이상이 생긴 일
③ 규격과의 관계 ④ 측정치의 평균

해설 히스토그램은 품질규격의 만족여부를 판단한다.

03 콘크리트 압축강도 시험에서 10개의 공시체를 측정하여 평균값이 30MPa, 표준편차 1.5MPa일 때의 변동계수는 다음 중 어느 것인가?

① 5% ② 8%
③ 10% ④ 15%

해설 변동계수 $= \dfrac{\text{표준편차}}{\text{측정값의 평균치}} \times 100 = \dfrac{1.5}{30} \times 100 = 5\%$

04 품질관리 사항이 아닌 것은?

① 불량품 발생의 예방개선 ② 품질평가를 위한 검사
③ 불량품 처리 및 재발 방지개선 ④ 취로조건, 취로환경 및 인간관계의 개선

해설 불필요한 작업 개선과 보수작업 등의 감소 효과 증대

정답 01 ② 02 ② 03 ① 04 ④

05 다음 그림과 같은 품질관리 주상도 모형의 판독으로 옳은 것은?

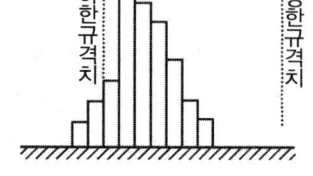

① 공정에 이상이 있고 모집단의 표본이 섞여서 생길 수도 있다.
② 상한 한계치는 모두 벗어나 있으므로 어떤 대책을 강구하는 게 절대적으로 필요하다.
③ 제조 표본에 잘 나타나는 형으로 규격에서 벗어나는 자료를 작위적으로 규격치 부근값에 접근시킨 형이다.
④ 하한 규격치를 벗어난 자료가 있으므로 평균치를 큰 쪽으로 이동시키는 대책이 필요하다.

해설 상한 규격치와 하한 규격치에 너무나 크게 벗어나게 설정되어 품질관리의 취지가 문제가 된다.

06 어떤 공사에 있어서 하한 규격치 15MPa, 상한 규격치 23.4MPa로 정해져 있다. 측정 결과 표준편차의 추정치 $\sigma = 1.2 \text{MPa}$, 평균치 $\bar{x} = 19.2 \text{MPa}$이었다. 이때 규격치에 대한 여유는 얼마인가?

① 0.7MPa
② 0.8MPa
③ 1.2MPa
④ 1.5MPa

해설 양측 규정치 $= \dfrac{SU - SL}{\sigma} = \dfrac{23.4 - 15}{1.2} = 7 \geq 6$
∴ 여유치 $= (7 - 6) \times 1.2 = 1.2 \text{MPa}$

07 품질관리 단계가 아닌 것은?

① 계획
② 실행
③ 관찰
④ 정리

해설 품질관리 4단계 : 계획 → 실시 → 검토 → 조치

08 품질관리의 목적이 아닌 것은?

① 품질향상
② 품질유지
③ 품질보증
④ 품질고가

09 품질관리를 위한 통계적 방법의 분포 성질을 알기 위하여 알아야 할 값을 들었을 때 해당되지 않는 것은?

① 평균값
② 범위
③ 표준편차
④ 공차

해설 중앙값, 분산 등이 있다.

10 품질관리의 의의에 대해서 가장 올바른 것은?

① 좋은 물품을 만드는 것
② 시방서에 따라서 빨리하여 이익을 남긴다.
③ 조건에 맞도록 빨리하는 것
④ 빨리 종료시키는 것

해설 공사 시방서에 의해 공기를 단축하여 이윤을 남긴다.

11 건설현장에서 품질관리에 따른 이익이 아닌 것은?

① 공사 재료에 대한 신뢰성이 커져 좋은 구조물을 기대할 수 있다.
② 문제점이나 결함에 미리 대처할 수 있다.
③ 문제점이나 결함발생이 적어 경제적 시공관리가 가능하다.
④ 품질이 고가로 되어 유리하다.

해설 품질이 고가가 되면 유리하다고 볼 수 없다.

12 품질관리의 목적과 기능에 대하여 옳지 않은 것은?

① 품질표준을 결정한다.
② 작업에 대해 표준을 정한다.
③ 기술표준을 정한다.
④ 작업표준에 대한 검사를 실시하지 않아도 좋다.

해설 작업표준을 정한다.

13 현장 공사 관리의 생산 수단이 아닌 것은?

① 사람　　② 건물　　③ 기계　　④ 자금

해설 5M 생산수단 : 인원, 공사방법, 공사 재료, 공사기계, 공사 자금

14 품질관리에 관한 다음 설명 중 틀린 것은?

① 변동계수 : 표준편차를 평균값으로 나눈 값의 백분율
② 범위 : 측정값 중 최대의 값과 최소의 값과의 차
③ 1점 관리도 : 공정의 변동을 1회마다의 측정값에 의해 관리하기 위한 관리도
④ 생산자 위험률 : 소정의 품질을 가지고 있지 않음에도 취급검사의 결과 합격으로 되는 비율

정답 05 ③ 06 ③ 07 ④ 08 ④ 09 ④ 10 ② 11 ④ 12 ④ 13 ② 14 ④

해설
- 생산자 위험률 : 공정에 이상이 없는데도 있는 것으로 판단하거나 품질이 규격에 합격인데도 불합격으로 판단하는 경우
- 소비자 위험률 : 소정의 품질을 갖고 있지 않음에도 취급검사의 결과 합격으로 되는 비율

15 3σ 관리도의 품질 특성에 관한 설명 중 틀린 것은?
① 중심부근의 값이 가장 많다.
② 분포곡선에 둘러싸인 면적을 분할하여 3σ 값에 의해 한계를 그으면 특정값이 99.7%의 확률로 포함된다.
③ 3σ 관리는 자료의 평균값에 의해 중심선을 긋고 3σ 값에 의하여 상·하에 관리선을 긋는다.
④ 4σ로 하면 확률은 더욱 낮아지나 이상 원인에 의한 부정한 것이 포함되는 위험은 없어진다.

해설
- 정규분포곡선에서 $x = m \pm \sigma$로 하면 68.3%, $x = m \pm 2\sigma$로 하면 95.5%, $x = m \pm 3\sigma$로 하면 99.7%의 확률을 가지게 되고 일반적인 품질관리에서는 $x = m \pm 3\sigma$로 한다.
- 4σ로 하면 확률은 더욱 높아지고 모든 변수를 다 포함하므로 판단기준이 되지 못한다.

16 다음의 주상도는 데이터를 기본으로 횡축에 품질, 종축에 도수를 표시한 것이다. 다음 기술 중 옳은 것은 어느 것인가?
① 전체에 산란이 없어서 좋다.
② 평균을 큰 쪽으로 밀지 않으면 안 된다.
③ 규격 하한을 넘고 있으나 상한에 여유가 있으니 좋다.
④ 평균을 적은 쪽으로 밀지 않으면 안 된다.

해설 상·하의 한계치를 모두 벗어나 있으므로 평균을 규격 상한선 쪽으로 유도해야 한다.

17 어떤 공사에 있어서 하한 규격값 $SL = 2.5\text{MPa}$로 정해져 있다. 측정결과 표준편차의 추정값 0.14MPa, 평균치 $\overline{x} = 3.2\text{MPa}$이었다. 이때 규격값에 대한 여유값은 얼마인가?
① 0.13MPa
② 0.28MPa
③ 0.42MPa
④ 1.79MPa

해설
$$\frac{|SU(SL) - \overline{x}|}{\sigma} = \frac{|2.5 - 3.2|}{0.14} = 5 \geq 3$$
∴ 여유치 $= (5 - 3) \times 0.14 = 0.28\text{MPa}$

18 콘크리트 품질관리에 관한 설명 중 틀린 것은?

① 압축강도 시험용 공시체는 한 배치에 3개를 만들어 시험해 평균치를 구한다.
② 시험용 공시체는 수중양생을 원칙으로 한다.
③ 콘크리트의 양생은 적정온도에서 이루어져야 한다.
④ KS규격품인 레미콘은 현장에서 슬럼프 시험 등을 할 필요가 없다.

해설
- 공시체의 수중양생은 20±2℃ 온도에서 실시한다.
- 레미콘의 경우 운반도중에 품질이 변동될 수 있으므로 품질시험을 실시해야 한다.

19 품질관리의 순서로 적당한 것은?

① 계획-조치-검토-실시
② 계획-실시-검토-조치
③ 계획-검토-조치-실시
④ 계획-검토-실시-조치

해설
계획(Plan) - 실시(Do) - 검토(Check) - 조치(Action)

- 품질관리의 순서
  ① 품질특성 결정   ② 품질표준 결정   ③ 작업표준 결정   ④ 작업 실시
  ⑤ 관리한계 설정   ⑥ 히스토그램 작성 ⑦ 관리도 작성   ⑧ 관리한계 재설정

20 콘크리트 압축강도 측정치가 22.5MPa, 21.7MPa, 23.2MPa이다. 변동계수는 얼마인가?

① 2.7%   ② 4.4%   ③ 5.5%   ④ 6.6%

해설

평균치 $\bar{x} = \dfrac{x_1 + x_1 + \cdots + x_1}{n} = \dfrac{22.5 + 21.7 + 23.2}{3} = 22.5\text{MPa}$

표준편차 $\sigma = \sqrt{\dfrac{(x_1 - \bar{x})^2 + (x_2 - \bar{x})^2 + \cdots + (x_n - \bar{x})^2}{n}}$

$= \sqrt{\dfrac{(22.5 - 22.5)^2 + (21.7 - 22.5)^2 + (23.2 - 22.5)^2}{3}} = 0.61\text{MPa}$

∴ 변동계수 $V = \dfrac{\text{표준편차}}{\text{평균치}} \times 100 = \dfrac{0.61}{22.5} \times 100 = 2.7\%$

21 히스토그램을 이용하여 얻을 수 있는 효과가 아닌 것은?

① 규격 또는 표준치와는 비교가 곤란하다.
② 분포의 모양을 조사할 수 있다.
③ 공정 능력을 조사할 수 있다.
④ 층별을 비교 가능하다.

해설 히스토그램으로 측정값의 분포형, 측정값의 평균, 규격 또는 표준치와의 비교가 가능하다.

정답 15 ④ 16 ② 17 ② 18 ④ 19 ② 20 ① 21 ①

22 품질관리의 기능에 속하지 않는 것은?

① 품질의 보증 ② 공정의 관리
③ 품질의 조사 ④ 원가의 절감

> **해설** 품질관리의 기능
> ① 품질의 설계 ② 품질의 보증 ③ 공정의 관리 ④ 품질의 조사

23 다음 발취검사의 특징 중에서 틀린 것은?

① 발취검사의 주목적은 각각의 제품의 양부 선별이다.
② 발취검사에서 불합격이 되었을 때는 시험한 그 집단의 시료만 불합격으로 한다.
③ 발취검사에서 집단의 크기를 너무 크게 취하면 품질이 나쁜 것이 합격하기 쉽다.
④ 발취검사에 있어서 시료의 채취는 항상 불규칙으로 채취한다.

> **해설** 발취검사에 있어서 시료의 채취는 일정하게 규칙적으로 채취한다.

24 다음 그림과 같은 품질관리 주상도 모형의 판독으로 옳은 것은?

① 공정에 이상이 있고 모집단의 표본이 섞여서 생길 수도 있다.
② 상하한계치는 모두 벗어나 있으므로 어떤 대책을 강구하는게 절대적으로 필요하다.
③ 제조표본에 잘 나타나는 형으로 규격에서 벗어나는 자료를 작위적으로 규격치 부근값에 접근시킨 형이다.
④ 하한 규격치를 벗어난 자료가 있으므로 평균치를 큰 쪽으로 이동시키는 대책을 세운다.

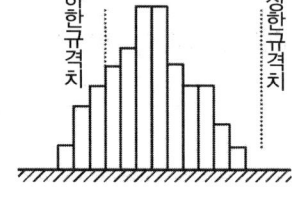

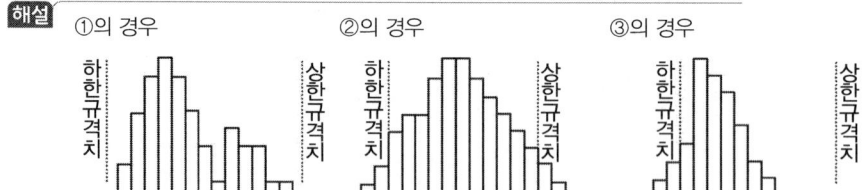

25 전수검사를 필요로 하는 경우가 아닌 것은?

① 불량품이 조금이라도 혼입되는 것이 허용되지 않는 경우
② 불량품이 발생하면 다음의 공정에서 중대한 손실을 받는 경우
③ 검사가 간단하여 경비도 들지 않고 전수검사가 용이하게 실시되는 경우
④ 합격 로트라도 약간의 불량품의 혼입이 허용되는 경우

해설 발취검사가 적용되는 경우 : 합격 로트라도 약간의 불량품의 혼입이 허용되는 경우

26 콘크리트 압축강도 시험결과 조별 평균값이 22.4MPa, 21.4MPa, 22MPa, 23MPa이다. $\bar{x}$ 관리도의 상한관리한계와 하한관리한계는 얼마인가? (단, $A_2 = 1.02$, $D_4 = 2.57$, $\bar{R} = 1.5\text{MPa}$)

① 23.73MPa, 20.67MPa ② 38.55MPa, 15.3MPa
③ 24.53MPa, 21.47MPa ④ 39.57MPa, 17.87MPa

해설
$$\bar{x} = \frac{22.4 + 21.4 + 22 + 23}{4} = 22.2\text{MPa}$$
$$UCL = \bar{x} + A_2 \bar{R} = 22.2 + 1.02 \times 1.5 = 23.73\text{MPa}$$
$$LCL = \bar{x} - A_2 \bar{R} = 22.2 - 1.02 \times 1.5 = 20.67\text{MPa}$$

27 다음 시료의 압축강도를 보고 $\bar{x}$ 와 R 를 각각 구한 값은?

	$\bar{x}$	R
①	27.02	4.5
②	26.78	4.5
③	26.78	2.6
④	27.02	2.6

1	2	3	4	5
29	24.5	28.1	27.8	24.5

해설
$$\bar{x} = \frac{29 + 24.5 + 28.1 + 27.8 + 24.5}{5} = 26.78$$
$$R = x_{\max} - x_{\min} = 29 - 24.5 = 4.5$$

28 품질관리 결과 변동계수가 10% 이하일 경우 품질관리 상태는?

① 우수 ② 양호
③ 보통 ④ 불량

해설

변동계수	품질관리 상태
10% 이하	우수
10~15%	양호
15~20%	보통
20% 이상	불량

정답 22 ④ 23 ④ 24 ④ 25 ④ 26 ① 27 ② 28 ①

CHAPTER 14 출제 예상 문제

29 다음의 관리도 종류에서 불량률 관리도는 어느 것인가?

① $\bar{x} - R$ ② C ③ P ④ U

해설
- $\bar{x} - R$: 평균치와 범위 관리도
- x : 1점 관리도(개개의 측정치 관리도)
- P_n : 불량개수 관리도
- U : 단위당 결점수 관리도
- $\tilde{x} - R$: 중위수와 관리도
- P : 불량률 관리도
- C : 결점수 관리도

30 데이터만으로 파악이 어려워 평균, 산포의 모양으로 파악이 가능한 품질관리 기법은?

① 히스토그램   ② 파레토도
③ 특성요인도   ④ 산포도

해설
- 특성요인도 : 결과에 대해 원인 파악이 쉽다.
- 파레토도 : 결함시공 불량 결손항목을 구분하여 크기 순서로 표시한다.
- 산포도 : 두 개의 대응한 데이터로 상관관계를 파악한다.
- 관리도 : 공장의 이상 유무를 파악한다.

31 전수검사와 발취검사에 관한 설명 중 틀린 것은?

① 발취검사는 검사 항목이 적고 간단하게 검사할 수 있다.
② 전수검사는 로트의 크기가 작을 때 적합하다.
③ 발취검사는 치명적인 결점이 있을 때는 적합하지 않다.
④ 전수검사는 불량품이 조금이라도 섞이면 안되는 경우 적합하다.

해설 발취검사는 검사항목이 많고 검사를 상세하게 실시해야 한다.

32 품질관리의 목적이 아닌 것은?

① 품질 확보   ② 품질 변동의 최소화
③ 원가 절감   ④ 관리한계 설정

해설
- 품질에 대한 신뢰성을 증가시킨다.
- 하자발생을 사전에 방지한다.
- 설계도에 정해진 규격의 구조물을 만들어 품질확보를 한다.

33 통계적 품질관리의 원인이 되고 있는 산포 중 이상산포에 해당되지 않는 것은?

① 규격 밖의 재료 사용   ② 표준 작업 방법외의 작업
③ 작업자의 기분   ④ 작업자의 변동

해설
- 이상산포 : 규격 밖의 재료사용, 표준작업방법 외의 작업, 작업자의 변동, 기계 상태의 불량에 의해 생기는 것으로 수정조치하면 피할 수 있다.
- 우연산포 : 재료의 규격내의 변동, 표준작업방법 내의 변동, 작업자의 기분, 기계 상태의 변동으로 생기는 것으로서 피할 수 없다.

34 히스토그램을 이용하면 다음과 같은 도움이 있다. 틀린 것은?

① 공정능력을 조사한다.　　② 결과에 대한 원인 파악이 쉽다.
③ 분포의 모양을 조사한다.　　④ 층별을 비교한다.

해설 히스토그램을 이용하면 규격 또는 표준치와 비교 가능하고 전체의 분포상황, 누락 데이터의 유무 등을 알아볼 수 있다.

35 품질관리도의 종류 중 계량값 관리도에 속하는 것은?

① x 관리도　　② P 관리도
③ C 관리도　　④ U 관리도

해설
- 계량값 관리도 : $\bar{x}-R$ 관리도, $\tilde{x}-\sigma$ 관리도, x 관리도
- 계수값 관리도 : P 관리도, P_n 관리도, C 관리도, U 관리도

36 히스토그램(histogram)의 작성순서를 보기에서 골라 순서를 바르게 나타낸 것은?

[보기]
㉠ 히스토그램과 규격값과 대조하여 안정상태인지 검토한다.
㉡ 히스토그램을 작성한다.
㉢ 도수분포도를 만든다.
㉣ 데이터에서 최솟값과 최댓값을 구하여 전 범위를 구한다.
㉤ 구간 폭을 구한다.
㉥ 데이터를 수집한다.

① ㉥ - ㉣ - ㉤ - ㉢ - ㉡ - ㉠
② ㉥ - ㉤ - ㉣ - ㉢ - ㉡ - ㉠
③ ㉥ - ㉢ - ㉣ - ㉤ - ㉡ - ㉠
④ ㉥ - ㉡ - ㉤ - ㉣ - ㉢ - ㉠

해설 주상도의 작성법
① 자료의 수집
② 자료 중에서 최대치와 최소치의 결정
③ 전체의 범위의 결정
④ 계급(class)의 폭 결정
⑤ 자료를 계급별로 분류하여 도수분포표를 작성
⑥ 횡축에 품질특성치, 종축에 도수를 취하여 주상도를 작성
⑦ 규격치를 기입하여 주상도가 정규분포를 하는가, 규격치의 중심에 평균치가 근접해 있는가로 관리 상태를 판정

정답 29 ③ 30 ① 31 ① 32 ④ 33 ③ 34 ② 35 ① 36 ①

37 콘크리트 품질을 검사하는 경우 검사 대상으로 하는 시험값의 검사로트(lot) 크기에 관한 설명 중 틀린 것은?

① 검사로트가 너무 크면 좋은 품질을 포함하고 있어도 불합격으로 판정시 좋은 품질이 불량으로 판정될 수 있다.
② 콘크리트의 품질은 장기간에 걸친 공사이므로 품질의 변동이 작아 임의의 일부분을 각각 하나의 로트로 설정하여 검사할 필요가 없다.
③ 검사로트가 너무 크면 나쁜 품질이 포함되어 있어도 합격으로 판정 시 나쁜 품질을 받아들이게 될 수 있다.
④ 검사로트가 너무 작으면 시험 회수가 많아져서 검사에 많은 경비가 든다.

해설 콘크리트의 품질은 품질의 변동이 커 임의의 일부분을 각각 하나의 로트로 설정하여 검사할 필요가 있다.

38 ISO 인증의 목적에 대한 설명 중 틀린 것은?

① 기업 이익 확보
② 잠재 또는 현존하는 품질 문제점의 파악 및 검출
③ 부적합 사항에 대한 적절하고 신속한 조치 강구
④ 제품 또는 서비스에 관련된 품질문제로부터 고객을 보호

해설 ISO 인증 효과
① 대내·외적 신뢰도 확보   ② 시장 점유율 상승
③ 국제 경쟁력 강화   ④ 기업 이미지 쇄신
⑤ 고객 만족 실현   ⑥ 기업 이익 확보

39 품질관리 기법의 7가지 도구에 속하지 않는 것은?

① 파레토도   ② CPM기법   ③ 특성요인도   ④ 산포도

해설 품질관리의 7가지 도구
① 파레토도   ② 특성요인도   ③ 히스토그램
④ 그래프   ⑤ 산포도   ⑥ 체크리스트
⑦ 층별 관리도

40 히스토그램으로 품질관리를 하는 경우 측정할 수 없는 것은?

① 규격과의 관계   ② 측정치의 평균치
③ 측정치의 분포형태   ④ 공정에 이상이 생긴 일

해설 히스토그램은 도수분포표로 정리된 변수의 활동수준을 막대의 길이로 표시하여 수평이나 수직으로 늘어놓아 상호 비교가 쉽도록 만든 그림으로 공정에 이상 원인을 알 수 없다.

정답 37 ② 38 ① 39 ② 40 ④

PART III 건설재료 및 시험

CHAPTER 1 　재료의 일반
CHAPTER 2 　목재
CHAPTER 3 　석재
CHAPTER 4 　시멘트 및 혼화재료
CHAPTER 5 　골재
CHAPTER 6 　폭파약
CHAPTER 7 　금속재료
CHAPTER 8 　합성수지
CHAPTER 9 　도료
CHAPTER 10 　역청재료

CHAPTER 1 재료의 일반

1 재료가 갖추어야 할 기본 조건

① 사용 목적에 알맞은 공학적 성질을 가질 것
② 사용 환경에 대해 안정하고 내구성을 가질 것
③ 생산량이 많고 경제적이어야 할 것
④ 내화성, 내수성이 클 것
⑤ 운반, 취급, 가공이 용이할 것

2 재료의 규격

1 산업 표준화의 효과

① 재료나 제품의 모양, 치수, 품질, 사용방법, 시험방법 등의 표준규격을 정하므로 품질의 향상을 증대시킬 수 있다.
② 생산 능률이 오르고 생산비가 저렴하다.
③ 재료가 절약된다.
④ 거래의 공정화 및 소비의 합리화가 증진된다.

2 한국 산업 표준규격(KS)

16개 부문으로 되어 있으며 토목건축은 F, 금속은 D(예 : 철근, 강재), 요업은 L(예 : 시멘트와 혼화재료), 화학은 M(예 : 아스팔트) 등이 속한다.

3 재료의 역학적 성질

① 탄성과 소성
외력에 의해 물체가 변형되었다가 외력을 제거하면 원상태로 되돌아가는 성질을 탄성이라 하고 외력을 제거하여도 변형된 상태로 남아 있는 성질은 소성이라 한다.

② 응력과 변형률 곡선

(1) 응력
① 재료에 하중이 작용하면 재료의 내부에서 저항력이 생기는 것으로 내부의 단위 면적당의 작용하는 힘을 응력이라 한다.
② $f = \dfrac{P}{A} (\mathrm{MPa},\ \mathrm{N/mm^2})$

(2) 변형률
① 물체가 외력을 받아 변형이 일어나는 양을 단위 길이당의 변형량으로 표시한다.
② $\varepsilon = \dfrac{\triangle l}{l} \times 100$
③ 푸아송의 비 $v = \dfrac{\text{횡방향 변형률}}{\text{종방향 변형률}} = \dfrac{1}{m}$
④ 푸아송의 비(v)과 푸아송의 수(m) 관계
- $v = \dfrac{\beta}{\varepsilon} = \dfrac{\text{횡방향의 변형률(하중과 직각방향 변형률)}}{\text{종방향의 변형률(하중방향 변형률)}} = \dfrac{1}{m}$
- $v = \dfrac{\frac{\Delta d}{d}}{\frac{\Delta l}{l}}$

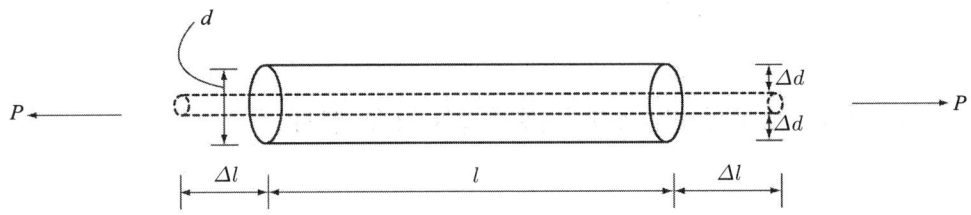

(3) 연강의 응력 - 변형률 곡선

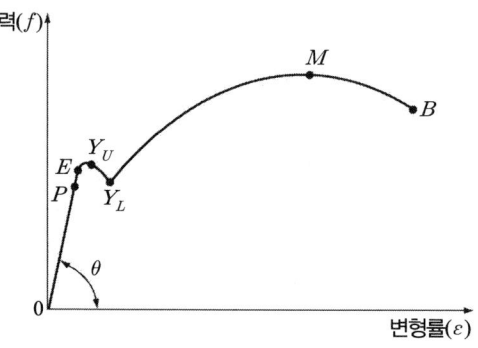

① **비례한도(P점)**

탄성한도 내에서 응력과 변형률이 직선적으로 비례하여 변화하여 외력을 제거하면 원래 상태로 회복되는 한계

② **탄성한도(E점)**

응력과 변형률이 아주 미세하게 곡선으로 변화하지만 외력을 제거하면 영구 변형을 남기지 않고 원래 상태로 돌아오는 한계

③ **항복점(Y_U : 상항복점, Y_L : 하항복점)**

외력은 증가하지 않는데 변형이 급격히 증가하였을 때의 응력

④ **극한강도(M점)**

응력의 최댓값

⑤ **파괴점(B점)**

재료가 파괴되는 점

(4) 탄성계수

① 응력과 변형률 곡선의 직선부분의 기울기

② $E = \dfrac{f}{\varepsilon} = \dfrac{\dfrac{P}{A}}{\dfrac{\triangle l}{l}} = \dfrac{P \cdot l}{A \cdot \triangle l}$

(5) 탄성계수(E), 푸아송 비(v), 전단탄성계수(G) 관계

$E = 2G(1+v)$

$G = \dfrac{mE}{2(m+1)}$

③ 강도의 종류

(1) 피로강도

① 하중이 재료에 반복 작용할 때
   재료가 정적강도보다 낮은 강도에서 파괴되는 현상
② 응력(S)-반복횟수(N) 곡선

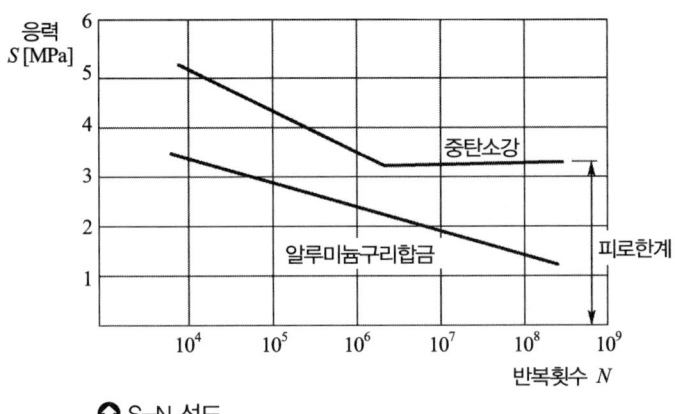

◯ S-N 선도

- 피로한계 이하에서는 반복횟수(N)을 증가해도 파괴가 안 일어나고 S-N곡선이 수평이 된다.
- 비철금속이나 콘크리트 등은 S-N곡선의 수평부가 생기지 않는다.

(2) 크리프

일정한 하중을 지속적으로 장시간 가했을 때 시간의 경과에 따라 변형이 증가되는 현상

(3) 릴랙세이션

재료에 하중을 가했을 때 시간의 경과함에 따라 재료의 응력이 감소하는 현상

CHAPTER 1 출제 예상 문제

재료의 일반

01 그림과 같은 강의 응력-변형 곡선에서 항복점은?

① P
② Y
③ U
④ F

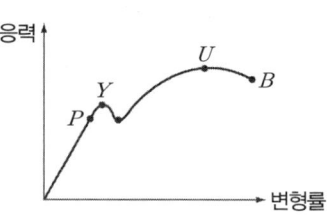

02 다음 설명 가운데 옳지 않은 것은?

① 탄성계수가 큰 재료일수록 강도가 크고 변형률은 적다.
② 탄성계수를 구하는 목적은 강도와 변형률을 구하기 위함이다.
③ 강성은 외력을 받아 이에 저항하는 성질을 말한다.
④ 취성은 충격강도와 관계가 거의 없다.

[해설] 취성은 작은 변형에도 파괴되는 성질이므로 충격강도와 반비례 관계가 있다.

03 다음 설명 가운데 옳지 않은 것은?

① 크리프는 일정한 응력하에서 시간의 경과에 따라 변형이 증가되는 현상을 말하고 릴랙세이션의 반대이다.
② 탄성계수가 큰 물체일수록 푸아송 비는 커진다.
③ 피로성이란 재료에 생기는 반복적인 응력에 대한 저항성을 말한다.
④ 인성은 변형이 크면서 저항성도 큰 성질을 말하고 취성은 작은 변형에도 쉽게 부러지는 현상을 말한다.

[해설]
• $G = \dfrac{E}{2(1+v)}$
• 전단 탄성계수와 푸아송 비는 반비례 관계이다.

04 다음과 같은 재료의 역학적인 성질에 관한 용어 중에서 옳지 않은 것은?

① 응력 : 재료가 외력에 저항하기 위해서 발생되는 재료 내부의 힘(應力)
② 강성 : 재료가 파괴될 때까지 외력을 잘 견디는 성질(剛性)
③ 강도 : 재료가 외력에 저항할 수 있는 힘(强度)
④ 변형 : 재료에 외력이 작용되면 모양이 변화하는 것(變形)

해설 강성 : 외력에 대해 변형이 적은 재료의 성질

05 직경이 20cm, 길이 5m인 강봉에 축방향으로 50kN의 인장력을 주어 지름이 0.1mm가 줄고, 길이가 10mm 늘어난 경우의 이 재료의 푸아송 수는 얼마인가?

① 3.5
② 4.0
③ 1.25
④ 0.25

해설
- $v = \dfrac{\beta}{\varepsilon} = \dfrac{1}{m}$
- $v = \dfrac{\dfrac{\Delta d}{d}}{\dfrac{\Delta l}{l}} = \dfrac{l \cdot \Delta d}{d \cdot \Delta l} = \dfrac{5000 \times 0.1}{200 \times 10} = 0.25$

∴ $m = \dfrac{1}{v} = \dfrac{1}{0.25} = 4$

06 다음 그림은 강(鋼)의 응력과 변형률의 관계를 표시한 곡선이다. 외력을 제거해도 변형 없이 원래 상태대로 되는 응력의 한계점은 다음 중 어느 것인가?

① P
② E
③ Y
④ U

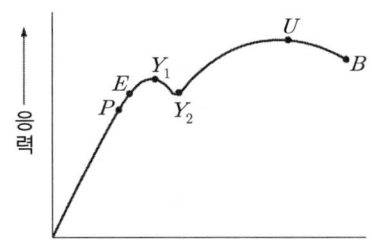

해설
- 탄성한계(E점) : 외력을 제거해도 변형없이 원래대로 되는 응력
- 비례한계(P점) : 응력과 변형률의 관계가 직선적으로 변하는 한계

07 어떤 재료의 푸아송 비가 1/3이고, 탄성계수는 204,000MPa일 때 전단탄성계수는?

① 25,600 MPa
② 76,500 MPa
③ 544,000 MPa
④ 229,500 MPa

해설
$G = \dfrac{E}{2(1+v)} = \dfrac{204,000}{2\left(1+\dfrac{1}{3}\right)} \fallingdotseq 76,500\text{MPa}$

정답 01 ② 02 ④ 03 ② 04 ② 05 ② 06 ② 07 ②

CHAPTER 2 목재

1 개설

목재의 사용 범위가 최근에는 한정이 되어 거의 사용 빈도가 적은 추세이지만 일부 가설구조물의 재료로 이용되고 있다.

1 목재의 장점

① 외관이 아름답다.
② 가볍고 취급, 가공 등이 쉽다.
③ 무게에 비해 강도가 크다.
④ 열, 음, 전기의 부도체이다.
⑤ 충격, 진동을 잘 흡수한다.
⑥ 온도에 대한 신축이 작다.
⑦ 구입이 쉽고 비교적 가격이 저렴하다.

2 목재의 단점

① 함수율에 따른 변형과 팽창, 수축이 크다.
② 재질과 강도가 균질하지 못하여 내구성과 내화성이 작다.
③ 부식이 쉽고 충해를 받기 쉽다.
④ 크기에 제한을 받는다.

2 목재의 구조와 성분

1 목재의 구조

(1) 변재

목질부분의 중앙부 외관의 연한 색깔 부분

(2) 심재
① 목질부분의 중앙부의 암색을 나타낸 부분
② 단단한 조직으로 형성되어 강도와 내구성이 변재보다 크다.

❷ 목재의 성분

셀룰로오스 성분이 60% 정도 차지하고 나머지는 대부분 리그닌으로 구성되어 있다.

3 목재의 일반적 성질

❶ 밀도
① 주로 기건밀도(공기 중 건조시킨 상태, 겉보기 밀도)를 말한다.
② 목재의 기건밀도는 0.3~0.9g/cm³ 정도이다.
③ 함수량에 따라 밀도가 달라진다.
④ 목재의 강도는 밀도가 클수록 크다.

❷ 함수율
① 함수율 $= \dfrac{W_1 - W_2}{W_2} \times 100$

여기서, W_1 : 건조 전의 중량
W_2 : 절대 건조 중량

② 공기 건조 시 함수량은 15%(13~18%) 정도이다.
③ 섬유 포화점은 유리수와 세포수의 한계에서의 함수상태로 30% 정도이다.
④ 목재의 함수율과 강도는 반비례한다(함수율이 적을수록 강도가 크다).

4 목재의 역학적 성질

❶ 압축강도
① 섬유에 평행방향의 압축강도의 10~20% 정도
② 섬유에 직각방향의 압축강도는 낮다.

② 인장강도

① 섬유에 평행방향의 인장강도는 제일 크다.
② 섬유에 직각방향의 인장강도는 상당히 적다.

③ 경도

하중 P에 의해 지름 10mm인 강구를 목재 표면에서 눌렀을 때 움푹 패인 흔적의 표면적으로 하중을 나눈 값

5 목재의 건조

① 목재의 건조목적

① 균류에 의한 부식과 벌레의 피해 예방
② 사용시 수축, 균열 방지
③ 강도 및 내구성 증진
④ 방부제 등의 약제 주입이 쉽다.
⑤ 중량의 경감으로 취급이 쉽다.

② 목재의 건조방법

(1) 자연건조법

① 공기 건조법 : 목재를 옥외에 쌓아서 기건상태에서 건조 시키는 방법
② 수침법 : 목재를 물속에 담가 수액을 수중에 용출시키는 방법으로 공기 건조법보다 건조속도가 빠르고 변형 및 균열이 적어지나 강도가 저하된다.

(2) 인공건조법

① 끓임법(자비법) : 목재를 뜨거운 물에 끓여 수액을 추출시켜 건조시키는 방법으로 침수법에 비해 건조속도가 빠르다.
② 열기법 : 목재를 밀폐된 실내에 넣고 가열한 공기로 건조시키는 방법
③ 증기법 : 목재를 증기시설 속에 넣고 압력증기를 보내 건조시키는 방법
④ 고주파 건조법 : 목재를 내부에서 균등하게 가열할 수 있어 건조속도가 매우 빠르다.
⑤ 훈연법 : 톱밥, 생목 등을 태운 연기를 이용하여 건조시키는 방법
⑥ 전기건조법 : 고압전류를 목재에 흘려 보내 건조시키는 방법

6 목재의 방부법

① 크레오소트 방부제 용액을 주로 주입한다.
② 목재의 표면을 두께 3~10mm 정도 태워 탄화시키는 표면 탄화법을 이용하여 표면처리한다.

7 목재의 가공법

❶ 합판 제조 방법

(1) 로터리 베니어(Rotary Veneer)
둥근 원목을 나이테에 따라 회전시키면서 얇게 깎아내는 것으로 주로 이 방법으로 많이 이용한다.

(2) 슬라이스트 베니어(Sliced Veneer)
끌로 각목을 얇게 깎아내 장식용에 이용한다.

(3) 소드 베니어(Sawed Veneer)
톱을 이용하여 단판을 얇게 잘라낸다.

❷ 합판의 특징

① 합판은 3매, 5매, 7매 홀수장으로 섬유방향이 서로 직각이 되도록 접착제로 붙여 압축하여 만든다.
② 팽창, 수축에 의한 변형이 거의 없다.
③ 섬유방향에 따라 강도의 차이가 없다.
④ 나비가 넓은 판을 얻을 수 있다.
⑤ 목재 전체를 이용할 수 있다.
⑥ 외관이 아름다운 판을 얻을 수 있다.
⑦ 열과 소리의 전도가 적다.
⑧ 내수성이 크고 접합이 쉽다.

CHAPTER 2 출제 예상 문제

목재

01 목재에 관한 여러 가지 설명 중 옳지 않은 것은?
① 목재의 밀도는 보통 기건비중을 말하고 이 상태의 함수율은 15% 전후이다.
② 목재의 수분이 감소하면 압축강도는 적어진다.
③ 목재의 인장강도는 압축강도에 비해서 크다.
④ 목질은 건조중량의 60%가 셀룰로오스이다.

해설
- 목재의 수분이 감소하면 압축강도는 커진다.
- 목재의 주성분은 셀룰로오스와 리그닌질로 되어 있다.

02 목재의 건조에 관하여 잘못된 것은 다음의 어느 것인가?
① 건조시키면 비틀림을 방지하는 효과가 있다.
② 건조시키면 강도는 증가한다.
③ 침수법은 공기건조법에 비하여 그 건조기간이 길다.
④ 건조시키면 도료나 주입제의 효과를 증대시킬 수 있다.

해설
- 침수법은 공기 건조법에 비하여 건조기간이 짧다.
- 건조시키면 균류에 대한 저항성이 증대된다.

03 다음은 합판에 관한 설명이다. 틀린 것은?
① 합판은 단판을 3매, 5매, 7매 등 홀수로 겹쳐서 만든 것이다.
② 합판은 단판이 서로 90°로 얽혀 있어 가로 또는 세로방향에 대한 수축 및 팽창이 적다.
③ 소드 베니어는 원목에 가로방향의 톱을 사용하여 단판을 깎아 내서 아름다운 나무결을 얻을 수 있다.
④ 로터리 베니어는 축을 중심으로 회전시켜 축에 평행하게 붙어 있는 칼날로 원둘레를 따라 목재를 얇게 깎아 내어 단판을 제조한다.

해설 소드 베니어는 원목을 세로방향으로 자른다.

04 다음은 목재의 방부제 중에서 가용성이 아닌 것으로 묶여 있는 것은?
① 유산동, 염화제2수은
② 크레오소트, PCP
③ 유산동, PCP
④ 염화제2수은, 크레오소트

해설 크레오소트, PCP는 빗물에 녹지 않는다.

05 목재의 강도에 관한 다음 설명 중 틀린 것은?

① 밀도가 크면 압축강도가 커진다.
② 휨강도는 전단강도보다 크다.
③ 목재의 세로인장강도는 압축강도보다 작다.
④ 목재의 수분이 증가하면 압축강도는 감소한다.

> **해설** 목재의 세로 인장강도는 압축강도보다 크다.

06 다음 중에서 아름다운 무늬를 얻을 수 있고 가장 많이 사용하는 단판의 제조방법은 어느 것인가?

① 슬라이스드 베니어　　② 소드 베니어
③ 로터리 베니어　　　　④ 단판 베니어

07 다음 중 목재의 강도와 관계가 먼 것은?

① 기건밀도　　　　　　② 섬유포화점
③ 함수율　　　　　　　④ 하중과 섬유방향의 각도

> **해설** 모두 관련되지만 그 중 밀도가 가장 관계가 없다.

08 다음은 목재의 함수율을 구하는 식이다. 이 중 옳은 것은? [단, W_1 : 건조전 시험편 질량(g), W_2 : 절대건조 시험편 질량(g)]

① 함수율 $= \dfrac{W_1 - W_2}{W_2} \times 100(\%)$ 　　② 함수율 $= \dfrac{W_2 - W_1}{W_2} \times 100(\%)$

③ 함수율 $= \dfrac{W_1 - W_2}{W_1} \times 100(\%)$ 　　④ 함수율 $= \dfrac{W_2 - W_1}{W_1} \times 100(\%)$

09 목재의 건조 방법 중 인공건조법이 아닌 것은?

① 훈연건조법　　　　　② 열기건조법
③ 자비건조법　　　　　④ 공기건조법

> **해설** 공기 건조법은 자연 건조법이다.

정답 01 ② 02 ③ 03 ③ 04 ② 05 ③ 06 ③ 07 ① 08 ① 09 ④

10 목재를 구성하고 있는 물질 중에서 목질부에서 가장 많은 양을 차지하고 있는 것은?

① 수렴제
② 수지
③ 리그닌(lignin)
④ 셀룰로오스(cellulose)

해설 셀룰로오스가 60% 차지한다.

11 다음에 열거한 사항 중 목재의 장점이 아닌 것은 어느 것인가?

① 밀도에 비하여 강도가 큰 편이다.
② 온도에 따른 팽창계수가 비교적 적다.
③ 열과의 전기의 전도성이 적다.
④ 내구성이 크고 재질이 균질하다.

해설 재질이 균질하지 않다.

정답 10 ④ 11 ④

CHAPTER 3 석재

1 석재의 종류

❶ 화성암

지구내부에 용융상태로 있는 암장(마그마)가 냉각하여 응고된 것

① 화강암 : • 강도가 크고 내구성이 커 공사용 골재에 알맞다.
             • 내화성이 적다.
② 섬록암
③ 안산암
④ 현무암

❷ 퇴적암(수성암)

① 응회암 : 내화력이 풍부하다.
② 사암
③ 혈암
④ 점판암 : 지붕 및 온돌에 사용된다.
⑤ 석회암 : 석회 및 시멘트의 원료로 사용된다.
⑥ 규조토
⑦ 화산재

❸ 변성암

① 대리석
② 사문석
③ 편마암
④ 편암(천매암)

② 석재의 구조

❶ 절리

암석특유의 천연적으로 갈라진 금으로 화성암에서 많이 볼 수 있다.
① 주상절리(柱狀) : 돌기둥을 배열한 것과 같은 모양의 절리
② 판상절리(板狀) : 판자를 겹쳐놓은 모양의 절리
③ 구상절리(球狀) : 양파모양으로 생긴 절리

❷ 층리

평행상의 절리로 수성암에서 주로 볼 수 있다.

❸ 편리

불규칙하게 생긴 절리

❹ 석리

조암광물의 접합상태에 따라 생기는 갈라지는 금

❺ 석목(돌눈)

암석의 가공이나 채석에 이용하는 갈라지기 쉬운 면

❻ 벽개

석재가 잘 갈라지는 면

3 석재의 성질

1 밀도 및 흡수율

① 석재의 밀도는 표면건조 포화상태의 밀도를 말한다.
② 보통 2.65g/cm^3 정도
③ 표면건조 포화상태의 밀도 = $\dfrac{A}{B-C} \times \rho_w$

여기서, A : 시험체의 건조질량(g)
B : 시험체의 침수 후 표면건조 포화상태의 질량(g)
C : 시험체의 물 속 질량(g)
ρ_w : 물의 밀도(g/cm^3)

④ 흡수율 = $\dfrac{B-A}{A} \times 100$

⑤ 밀도가 클수록 흡수율이 작고 압축강도가 크다.

2 강도

(1) 압축강도

① 석재의 강도 중 압축강도가 제일 크다.
② 인장강도는 잘 이용하지 않으나 압축 강도의 1/10~1/20 정도
③ 압축강도 공시체는 5cm×5cm×5cm 입방체로 절단하여 시험한다.
④ $f = \dfrac{P}{A}$
⑤ 석재의 압축강도는 화강암 〉 안산암 〉 현무암 〉 대리석 〉 점판암 〉 사암 〉 응회암의 크기 순서로 나타낸다.

(2) 휨강도

① 공시체는 5cm×5cm×30cm, 지간은 25cm
② 휨강도 = $\dfrac{3Pl}{2bh^2}$

여기서, l = 지간 25cm

4 석재의 규격

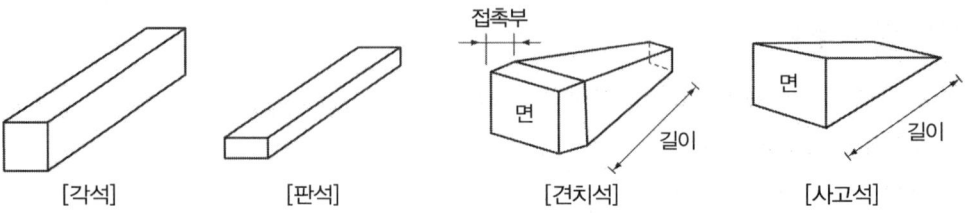

❶ 각석
폭이 두께의 3배 미만이고 폭보다 길이가 긴 직육면체

❷ 판석
두께가 15cm 미만이고 폭이 두께의 3배 이상인 판 모양

❸ 견치석
앞면은 거의 사각형에 가깝고 길이는 최소변의 1.5배 이상으로 흙막이용 석축, 비탈면 보호 돌붙임에 쓰인다.

❹ 사고석
앞면은 거의 사각형에 가깝고 길이는 최소변의 1.2배 이상

CHAPTER 3 출제 예상 문제

석재

01 다음 석재 중에서 내구년한이 가장 긴 것은?
① 화강암　　　　　　② 대리석
③ 석회석　　　　　　④ 백운암

해설 화강암
① 석질이 견고하여 풍화나 마모에 대한 저항성이 크다.
② 대재를 취할 수 있어 큰 형태의 구조에 쓰인다.
③ 가공이 어렵고 내화성이 적은 단점이 있다.
④ 외관이 미려하여 토목건축의 장식재로 사용할 수 있다.

02 다음 석재 중 강도가 가장 적은 것은 어느 것인가?
① 화강암　　　　　　② 대리석
③ 응회암　　　　　　④ 안산암

해설
• 압축강도의 크기는 화강암, 안산암, 대리석, 응회암 순으로 응회암이 강도가 가장 적다.
• 응회암은 불에 가장 잘 견딘다.

03 다음 석재 중에서 강도가 가장 작은 것은?
① 화강암　　　　　　② 대리석
③ 안산암　　　　　　④ 사암

해설 화강암 > 안산암 > 대리석 > 사암

04 다음 석재 중 구조용 재료로 가장 적합한 것은?
① 사암　　　　　　　② 섬록암
③ 대리석　　　　　　④ 편마암

해설 화강암과 거의 비슷한 섬록암은 강도가 커 구조용 재료로 적합하다.

05 다음 중 화성암에 속하지 않는 것은?
① 대리석　　　　　　② 섬록암
③ 현무암　　　　　　④ 화강암

해설 변성암 : 대리석, 석회암

정답 01 ① 02 ③ 03 ④ 04 ② 05 ①

06 강도보다는 내화성이 필요한 경우 다음 석재 중 적당한 것은?

① 화강암
② 사암
③ 대리석
④ 응회암

해설 응회암은 불에 잘 견디지만 강도는 아주 적다.

07 석재에 관한 설명 중 옳지 않은 것은?

① 석재를 조성하고 있는 광물의 조직에 따라 생기는 금의 모양을 석리라 한다.
② 석재의 종류에 따라 천연적으로 갈라진 금을 절리라 한다.
③ 변성암에서 주로 생기는 것으로 방향은 불규칙하고 작게 갈라지는 것을 벽개라 한다.
④ 갈라지기 쉬운 석재의 면을 석목 또는 돌눈이라 한다.

해설
- 변성암에서 주로 생기는 것으로 방향은 불규칙하고 작게 갈라지는 것을 편리라 한다.
- 석목 또는 돌눈은 석재의 가공에 이용된다.

08 암석은 그 성인(成因)에 따라 대별(大別) 되는데 mironite(미로나이트), hornfelz(호른 페르즈), 편마암, 결정편암은 어느 암으로 분류되는가?

① 화성암
② 수성암
③ 변성암
④ 석회질암

해설 변성암의 종류 : 편마암, 편암, 결정편암 등

09 퇴적암에 주로 나타나는 평행상의 절리(joint)를 무엇이라 하는가?

① 편리(片里)
② 층리(層理)
③ 석리(石理)
④ 석목(石目)

해설 퇴적암 및 변성암에 나타나는 평행상의 절리인 층리가 나타난다.

10 다음 중 채석이나 석재의 가공시 이용되는 일정한 방향의 깨지기 쉬운 금을 말하는 것은?

① 층리
② 편리
③ 석목
④ 선상구조

11 견치돌의 뒷길이는 앞면의 몇 배 이상이 적당한가?

① 1.0배   ② 1.5배
③ 2.0배   ④ 2.5배

해설
- 견치석 : 면은 거의 정사각형에 가깝고 면에 직각으로 잰 공장은 면의 최소변의 1.5배 이상이다.
- 사고석 : 면은 거의 정사각형에 가깝고 면에 직각으로 잰 공장은 면의 최소변의 1.2배 이상이다.

12 다음은 암석을 성인에 따른 분류를 설명한 것이다. 틀린 것은?

① 화성암이란 지구의 심부에서 암장이 분출하여 생성된 암석이다.
② 퇴적암이란 물이나 바람의 작용으로 퇴적되어 이루어진 암석이다.
③ 변성암이란 열, 압력, 풍화작용 등의 변질작용을 받아 생성된 암석이다.
④ 변성암은 심성암, 반심성암, 화강암 등으로 분류된다.

해설
심성암, 반심성암, 화강암 등은 화성암의 분류에 속한다.

13 주로 화성암에 많이 생기는 절리로 돌기둥을 배열한 것 같은 모양의 절리를 무엇이라 하는가?

① 주상절리   ② 구상절리
③ 괴상절리   ④ 판상절리

해설
- 구상절리 : 양파처럼 생긴 절리
- 판상절리 : 수성암에서 주로 생긴다.

14 석재의 압축 시험 공시체 (A)와 휨강도 시험 공시체 크기(B)로 각각 알맞은 것은?

① A=5cm×5cm×20cm   B=5cm×5cm×5cm
② A=5cm×5cm×15cm   B=5cm×5cm×15cm
③ A=5cm×5cm×10cm   B=5cm×5cm×20cm
④ A=5cm×5cm×5cm   B=5cm×5cm×30cm

해설
- 휨강도 시험 공시체 : 5cm×5cm×30cm, 지간(l) 25cm
- 휨강도 $= \dfrac{3Pl}{2bh^2}$

정답 06 ④ 07 ③ 08 ③ 09 ② 10 ③ 11 ② 12 ④ 13 ① 14 ④

CHAPTER 4 시멘트 및 혼화재료

1 시멘트

① 시멘트 제조

석회석과 점토를 혼합하여 1400~1500℃ 정도 소성하여 클링커를 만든 후 응결 지연제인 석고를 2~3% 정도 넣고 클링커를 분쇄하여 만든다.

② 시멘트의 화학적 성분

(1) 주성분

① 석회(CaO) : 63%
② 실리카(SiO_2) : 23%
③ 알루미나(Al_2O_3) : 6%

(2) 부성분

① 산화철(Fe_2O_3)
② 무수황산(SO_3)
③ 산화마그네슘(MgO)

③ 시멘트 화합물의 특성

① 규산 삼석회(C_3S) : 강도가 빨리 나타나고 중용열 포틀랜드 시멘트에서는 이 양을 50% 이하로 제한하고 있다.
② 규산 이석회(C_2S) : 수화 작용은 늦고 장기 강도가 크다.
③ 알루민산 3석회(C_3A) : 수화 작용이 가장 빠르며 수화열이 매우 높아 중용열 시멘트에서는 8% 이하로 제한하고 있다.
④ 알루민산철 4석회(C_4AF) : 수화작용이 늦고 수화열도 적어 도로용, 댐용 시멘트에 사용된다.

❹ 시멘트의 일반적 성질

(1) 시멘트의 수화
① 시멘트와 물이 혼합하면 화학반응을 일으켜 응결, 경화 과정을 거쳐 강도를 내게 된다. 이런 반응을 수화작용이라 한다.
② 수화작용은 시멘트의 분말도, 수량, 온도, 혼화재료의 사용유무 등 여러 가지 요인에 따라 영향을 받는다.

(2) 응결 및 경화
① 응결
- 시멘트와 물이 혼합된 시멘트 풀이 시간이 지남에 따라 유동성과 점성을 잃고 굳어지는 현상
- 응결은 초결 1시간 이후, 종결은 10시간 이내로 규정되어 있다.
- 시멘트의 응결시험은 비카침 및 길모어침에 의해 시멘트의 응결시간을 측정한다.

② 응결시간에 영향을 끼치는 요인
- 수량이 많으면 응결이 늦어진다.
- 석고량을 많이 넣을수록 응결은 늦어진다.
- 물-결합재비가 많을수록 응결은 늦어진다.
- 풍화된 시멘트를 사용할 경우 응결은 늦어진다.
- 온도가 높을수록 응결이 빨라진다.
- 습도가 낮으면 응결이 빨라진다.
- 분말도가 높으면 응결이 빨라진다.
- 알루민산 3석회(C_3A)가 많을수록 응결은 빨라진다.

③ 경화
응결이 끝난 후 수화작용이 계속되면 굳어져서 강도를 내는 상태

(3) 수화열
① 시멘트가 수화작용을 할 때 발생하는 열을 말한다.
② 시멘트가 응결, 경화하는 과정에서 열이 발생한다.
③ 수화열은 콘크리트의 내부온도를 상승시키므로 한중 콘크리트 공사에는 유효하지만 댐과 같이 단면이 큰 매스 콘크리트 온도가 크게 상승하여 초기 경화 후 냉각하게 되면 내외 온도차에 의한 온도 응력이 발생하여 균열이 발생하는 원인이 된다.
④ 수화열은 물-결합재비가 클수록 높고 양생온도가 높을수록 조기 재령에서 높아진다.

(4) 시멘트의 풍화

① 시멘트가 저장 중에 공기와 접하면 공기 중의 수분을 흡수하여 수화작용을 일으켜 굳어지는 현상
② 풍화된 시멘트의 성질
- 밀도가 작아진다.
- 응결이 늦어진다.
- 강도가 늦게 나타난다.
- 강열감량이 증가된다.
  [강열감량] 시멘트의 풍화정도를 나타내는 척도로 3% 이하로 규정되어 있다.

(5) 시멘트의 밀도

① 보통 포틀랜드 시멘트의 밀도는 $3.14 \sim 3.16 g/cm^3$ 정도이며 콘크리트 배합 및 단위용적질량 계산 등에 이용된다.
② 시멘트의 밀도 값으로 클링커의 소성상태, 풍화, 혼합재료의 섞인 양, 시멘트의 품질, 시멘트의 종류 등을 알 수 있다.
③ 시멘트 밀도에 영향을 끼치는 요인
- 석고 함유량이 많으면 밀도가 작아진다.
- 저장기간이 길거나 풍화된 경우 밀도가 작아진다.
- 클링커의 소성이 불충분할 경우 밀도가 작아진다.
- 혼합 시멘트는 혼합재료의 양이 많아지면 밀도가 작아진다.
- 일반적으로 실리카(SiO_2), 산화철(Fe_2O_3) 등이 많으면 밀도가 크고, 석회(CaO), 알루미나(Al_2O_3)가 많으면 밀도가 작다.

④ 시멘트 밀도시험
- 르샤틀리에 병에 광유를 0~1ml 눈금 사이에 넣고 눈금을 읽는다.
- 병의 목 부분에 묻은 광유를 철사에 마른 천을 감고 닦아낸다.
- 시멘트 64g을 넣고 병을 가볍게 굴리거나 흔들어 내부공기를 뺀 후 광유의 표면눈금을 읽는다.
- 시멘트 밀도 = $\dfrac{\text{시멘트의 질량(g)}}{\text{병 눈금의 차(ml)}}$

(6) 시멘트의 분말도

① 시멘트 입자의 가는 정도를 나타내는 것으로 비표면적으로 나타낸다. 즉 시멘트 1g이 가지는 전체 입자의 총 표면적(cm^2/g)이다.
② 보통 포틀랜트 시멘트의 분말도는 $2800 cm^2/g$ 이상이다.
③ 시멘트의 입자가 가늘수록 분말도가 높다.
④ 분말도가 높은 시멘트의 성질
- 수화작용이 빠르고 초기강도 크게 된다.

- 블리딩이 적고 워커빌리티가 좋아진다.
- 풍화하기 쉽다.
- 수화열이 많으므로 건조수축이 커져서 균열이 발생하기 쉽다.

⑤ 시멘트의 분말도 시험은 표준체에 의한 방법[No.325(44μ), No.170(88μ)]과 블레인 방법이 있다.

(7) 시멘트의 안정성
① 시멘트가 경화중에 체적이 팽창하여 균열이 생기거나 휨 등이 생기는 정도를 말한다.
② 보통 포틀랜드 시멘트의 팽창도는 0.8% 이하이다.
③ 시멘트가 불안정한 원인은 시멘트 입자 안에 산화칼슘(CaO), 산화마그네슘(MgO), 삼산화황(SO_3) 등이 많이 포함되어 있기 때문이다.
④ 시멘트의 오토클레이브 팽창도 시험으로 시멘트의 안정성을 알 수 있다.

(8) 시멘트 모르타르의 압축강도 시험
① 모르타르는 시멘트와 표준모래를 1 : 3의 질량비로 한다.(시멘트 450g, 표준사 1350g, W/C=0.5)
② 흐름 몰드에 모르타르를 각 층마다 20회씩 2층을 다진 후 흐름판을 15초 동안에 25회 낙하시켜 흐름값을 구한다.
③ 흐름값은 모르타르 평균 밑지름의 증가를 거의 같은 간격으로 4개를 측정하여 합한 값으로 한다.
④ 압축강도 = $\dfrac{\text{최대 하중}}{\text{시험체의 단면적}}$

여기서, 시험체(공시체)의 몰드는 40mm×40mm×160mm 각주이다.

(9) 시멘트 모르타르의 인장강도 시험
① 모르타르는 시멘트와 표준모래를 섞어 무게비가 1 : 2.7의 질량비로 한다.
② 인장강도 = $\dfrac{\text{최대 하중}}{\text{시험체의 단면적}}$

5 시멘트의 종류 및 특성

(1) 보통 포틀랜드 시멘트
① 일반적인 시멘트를 보통 포틀랜드 시멘트라 한다.
② 원료가 석회석과 점토로 재료구입이 쉽고 제조 공정이 간단하며 그 성질이 우수하다.

(2) 중용열 포틀랜드 시멘트
① 수화열을 적게 하기 위해 알루민산 3석회(C_3A)의 양을 적게 하고 장기 강도를 내기위해 규산 이석회(C_2S)량을 많게 한 시멘트

② 수화열이 적다.
③ 조기강도는 작으나 장기강도는 크다.
④ 댐, 매스 콘크리트, 방사선 차폐용 등에 적합하다.
⑤ 건조수축은 포틀랜드 시멘트 중에서 가장 작다.

(3) 조강 포틀랜드 시멘트
① 보통 포틀랜드 시멘트의 28일 강도를 재령 7일 정도에서 나타난다.
② 수화속도가 빠르고 수화열이 커 한중공사, 긴급공사 등에 사용된다.
③ 수화열이 크므로 매스 콘크리트에서는 균열 발생의 원인이 되므로 주의해야 한다.

(4) 고로 시멘트
① 수화열이 비교적 적다.
② 내화학약품성이 좋아 해수, 공장폐수, 하수 등에 접하는 콘크리트에 적당하다.
③ 댐 공사에 사용된다.
④ 단기강도가 적고 장기강도가 크다.

(5) 실리카 시멘트(포졸란)
① 콘크리트 워커빌리티를 증가시킨다.
② 장기강도가 커진다.
③ 수밀성 및 해수에 대한 화학적 저항성이 크다.

(6) 플라이 애시 시멘트
① 콘크리트 워커빌리티를 증대시키며 단위수량을 감소시킬 수 있다.
② 수화열이 적고 건조수축도 적다.
③ 장기강도가 커진다.
④ 해수에 대한 내화학성이 크다.

(7) 알루미나 시멘트
① 1일 강도가 보통 포틀랜드 시멘트의 28일 강도와 같다.
② 발열량이 커 한중공사, 긴급공사에 적합하다.
③ 해수 및 기타 화학작용을 받는 곳에 저항성이 크다.
④ 내화용 콘크리트에 적합하다.
⑤ 보통 포틀랜드 시멘트와 혼합하여 사용하면 순결성이 나타나므로 주의하여야 한다.

(8) 초속경 시멘트(jet cement)
① 긴급공사, 동절기 공사, 숏크리트, 그라우트용으로 사용한다.
② 응결시간이 짧고 경화시 발열이 크다.

③ 알루미나 시멘트와 같은 전이 현상이 없다.
④ 보통 시멘트와 혼합해서 사용하면 안된다.
⑤ 강도 발현이 매우 빨라 물을 가한 후 2~3시간에 압축강도가 약 10~20MPa에 달한다.
⑥ 재령 1일에 40MPa의 강도를 발현한다.

(9) 팽창시멘트

① 보통 포틀랜드 시멘트를 사용한 콘크리트는 경화 건조에 의해 수축, 균열이 발생하는데 이 수축성을 개선 할 목적으로 사용한다.
② 초기에 팽창하여 그 후의 건조수축을 제거하고 균열을 방지하는 수축 보상용과 크게 팽창을 일으켜 프리스트레스 콘크리트로 이용하는 화학적 프리스트레스 도입용이 있다.
③ 팽창성 콘크리트의 수축률은 보통 콘크리트에 비해 20~30% 작다.
④ 팽창성 콘크리트는 양생이 중요하며 믹싱시간이 길면 팽창률이 감소하므로 주의해야 한다.

6 시멘트의 저장

① 방습된 사일로 또는 창고에 입하된 순서대로 저장한다.
② 포대 시멘트는 지상 30cm 이상 되는 마루에 쌓아 놓는다.
③ 포대 시멘트는 13포 이상 쌓아 놓지 않는다. 단, 장기간 저장 시에는 7포 이상 쌓지 않는다.
④ 저장 중에 약간이라도 굳은 시멘트는 사용해서는 안 된다.
⑤ 장기간 저장한 시멘트는 사용하기 전에 시험을 하여 품질을 확인해야 한다.
⑥ 시멘트의 온도가 너무 높을 때는 온도를 낮추어서 사용해야 한다.
⑦ 시멘트 저장고의 면적

$$A = 0.4 \frac{N}{n} (\text{m}^2)$$

여기서, N : 총 쌓을 포대 수
n : 높이로 쌓을 포대 수

2 혼화재료

1 혼화재

사용량이 비교적 많아 그 자체의 부피가 콘크리트의 배합계산에 관계가 되며 시멘트 사용량의 5% 이상 사용한다.

(1) 포졸란
① 블리딩이 감소하고 워커빌리티가 좋아진다.
② 수밀성 및 화학 저항성이 크다.
③ 발열량이 적어지므로 강도의 증진이 늦고 장기 강도가 크다.
④ 댐 등 단면이 큰 콘크리트에 사용된다.

(2) 플라이 애시
① 콘크리트의 워커빌리티를 좋게 하고 사용수량을 감소시켜 준다.
② 장기 강도가 크다.
③ 수화열이 적어 단면이 큰 콘크리트 구조물에 적합하다.
④ 콘크리트의 수밀성을 크게 개선한다.

(3) 고로 슬래그
① 내해수성, 내화학성이 향상된다.
② 수화열에 의한 온도상승의 대폭적인 억제가 가능하게 되어 매스 콘크리트에 적합하다.
③ 알칼리 골재반응의 억제에 대한 효과가 크다.

(4) 팽창재
① 교량의 지승을 설치할 때나 기계를 앉힐 때 기초부위 등의 그라우트에 사용한다.
② 콘크리트 부재의 건조수축을 줄여 균열의 발생을 방지할 목적으로 사용한다.
③ 혼합량이 지나치게 많으면 팽창균열을 일으키게 되므로 주의해야 한다.
④ 포틀랜드 시멘트에 혼합하여 팽창시멘트로 사용한다.
⑤ 물탱크, 지붕 슬래브, 지하벽 등의 방수 이음부를 없앤 콘크리트 포장, 흄관 등에 이용한다.

(5) 실리카 퓸
① 밀도는 $2.1 \sim 2.2 \text{g/cm}^3$ 정도이며 시멘트 중량의 $5 \sim 15\%$ 정도 치환하면 콘크리트가 치밀한 구조가 된다.
② 재료분리 저항성, 수밀성, 내화학 약품성이 향상되며 알칼리 골재 반응의 억제효과 및 강도 증진이 된다.
③ 단위수량의 증가, 건조수축의 증대 등의 결점이 있다.

❷ 혼화제

사용량이 비교적 적어 그 자체의 부피가 콘크리트의 배합계산에서 무시되며 시멘트 사용량의 1% 이하로 사용한다.

(1) 공기연행제
① 콘크리트 내부에 독립된 미세한 기포를 발생시켜 이 연행공기가 시멘트, 골재입자 주위에서 볼 베어링 작용을 함으로 콘크리트의 워커빌리티를 개선한다.
② 블리딩을 감소시킨다.
③ 동결융해에 대한 내구성을 크게 증가시킨다.
④ 공기량이 1% 증가함에 따라 슬럼프가 2.5cm 증가하고 압축강도는 4~6% 감소한다.
⑤ 단위수량이 적게 된다.
⑥ 철근과 부착강도가 저하되는 단점이 있다.
⑦ 알칼리 골재 반응이 적다.

(2) 감수제, 공기연행 감수제, 분산제
① 시멘트 입자를 분산시킴으로 콘크리트의 워커빌리티를 좋게 하고 소요의 워커빌리티를 얻기 위해 단위수량을 10~16% 정도 감소시킨다.
② 동결 융해에 대한 저항성이 증대된다.
③ 단위 시멘트량을 감소시킨다.
④ 수밀성이 향상되고 투수성이 감소된다.
⑤ 내 약품성이 커지고 건조수축을 감소시킨다.

(3) 유동화제
① 낮은 물-결합재비 콘크리트에 사용하여 반죽질기를 증가시켜 워커빌리티를 증대시킨다.
② 고강도 콘크리트를 얻을 수 있다.

(4) 경화 촉진제
① 시멘트의 수화작용을 촉진하는 혼화제로 시멘트 중량의 1~2% 정도 사용한다.
② 초기강도를 증가시켜 주나 2% 이상 사용하면 큰 효과가 없으며 오히려 순결, 강도저하를 준다.
③ 조기강도의 증대 및 동결온도의 저하에 따른 한중 콘크리트에 사용한다.
④ 경화 촉진제로 염화칼슘, 규산나트륨 등이 있다.

(5) 지연제
① 시멘트의 수화반응을 늦추어 응결시간을 길게 할 목적으로 사용한다.
② 서중 콘크리트 시공 시 워커빌리티의 저하를 방지한다.
③ 레디믹스트 콘크리트의 운반거리가 멀어 운반시간이 장시간 소요되는 경우 유효하다.
④ 수조, 사일로 및 대형 구조물 등 연속타설을 필요로 하는 콘크리트 구조에서 작업이음 발생 등의 방지에 유효하다.

(6) 급결제

① 시멘트의 응결시간을 빨리하기 위해 사용한다.

② 모르타르, 콘크리트의 뿜어 붙이기 공법, 그라우트에 의한 지수공법 등에 사용된다.

③ 탄산소다, 염화 제2철, 염화알루미늄, 알루민산 소다, 규산소다 등이 주성분이다.

(7) 발포제

① 알루미늄 또는 아연 등의 분말을 혼합하여 모르타르 및 콘크리트 속에 미세한 기포를 발생하게 한다.

② 모르타르나 시멘트 풀을 팽창시켜 굵은 골재의 간극이나 PC강재의 주위를 채워지게 하기 위해 프리플레이스트 콘크리트용 그라우트나 PC용 그라우트에 사용된다.

③ 건축분야에서는 부재의 경량화, 단열성을 증대하기 위해 사용한다.

CHAPTER 4 출제 예상 문제

시멘트 및 혼화재료

01 시멘트의 성질에 대한 설명 중 옳지 않은 것은?
① 보통 포틀랜드 시멘트가 모든 분야에 걸쳐 가장 많이 사용된다.
② 조강 포틀랜드 시멘트는 발열량이 많고 저온에서도 강도의 저하가 적다.
③ 플라이 애시 시멘트는 워커빌리티를 증가시킨다.
④ 알루미나 시멘트는 댐 등의 거대한 구조물에 적합하다.

> **해설** 알루미나 시멘트는 수화열(발열량)이 많아 거대한 구조물에 적합하지 않다.

02 조기 고강도를 요하는 공사, 공기를 급히 서두르는 공사에 효과적인 시멘트는?
① 중용열 포틀랜드 시멘트   ② 조강 포틀랜드 시멘트
③ 공기연행 시멘트   ④ 알루미나 시멘트

> **해설** 조강 및 알루미나 시멘트가 사용되는데 알루미나 시멘트가 더 조기에 고강도를 낼 수 있다.

03 조강 포틀랜드 시멘트 사용시의 단점은?
① 거푸집을 단 시일 내에 제거할 수 있다.
② 수화열이 크므로 단면이 큰 콘크리트 구조물에 적당하다.
③ 양생기간을 단축시킨다.
④ 한중공사에 적합하다.

04 다음은 시멘트를 조기강도 순으로 열거한 것이다. 옳은 것은?
① 알루미나시멘트 – 고로 시멘트 – 포틀랜드시멘트
② 포틀랜드시멘트 – 고로 시멘트 – 알루미나시멘트
③ 알루미나시멘트 – 포틀랜드시멘트 – 고로 시멘트
④ 포틀랜드시멘트 – 알루미나시멘트 – 고로 시멘트

05 시멘트가 수화작용을 할 때 발생하는 수화열이 가장 작은 것은 다음 중 어느 것인가?
① 실리카 시멘트   ② 보통 포틀랜드 시멘트
③ 고로 시멘트   ④ 중용열 포틀랜드 시멘트

> **해설** 수화열이 작은 중용열 포틀랜드 시멘트는 댐 공사에 적합하다.

정답 01 ④ 02 ④ 03 ② 04 ③ 05 ④

CHAPTER 4 출제 예상 문제

06 다음 중에서 KSL 5201에 따른 포틀랜드 시멘트에 속하지 않는 것은?
① 중용열 시멘트
② 저열 시멘트
③ 포졸란 시멘트
④ 내황산염 시멘트

> **해설** 포졸란 시멘트는 혼합 시멘트에 속한다.

07 포틀랜드 시멘트가 풍화되었을 때 일어나는 성질의 변화에 관한 다음의 설명 중 옳지 않은 것은?
① 조기강도가 저하한다.
② 밀도가 증가한다.
③ 비표면적이 감소한다.
④ 응결을 빠르게 할 경우도 있으나 일반적으로 응결시간은 늦어지는 경향이 있다.

> **해설** 풍화된 시멘트는 밀도가 작아진다.

08 다음은 슬래그(slag)에 대한 설명이다. 옳지 않은 것은?
① 슬래그란 철을 생산하는 과정에서 부산물로 나오는 것이다.
② 단열성, 부착력, 건조수축에 대한 저항성 등이 일반 골재보다 다소 떨어지나 골재로서 사용은 가능하다.
③ 콘크리트용, 포장용 등의 골재로 사용이 가능하다.
④ 워커빌리티는 일반 골재보다 불량하다.

> **해설** 단열성이 크며 건조수축이 작고 부착력이 크다.

09 포졸란(pozzolan) 시멘트와 플라이 애시(Fly-ash) 시멘트의 특성 설명 중 틀린 것은?
① 수밀성이 크므로 댐(dam) 등의 큰 구조물에 사용한다.
② 바닷물과 같은 염화물에 대한 저항성이 크다.
③ 장기강도는 낮으나 조기강도가 증대한다.
④ 균일한 콘크리트를 만들기가 어렵다.

> **해설**
> • 조기강도는 낮으나 장기강도가 크다.
> • 포졸란 시멘트는 수화열이 낮아 댐 등 매시브한 구조물에 사용된다.

10 다음과 같은 시멘트의 성분 중에서 가장 많이 함유하고 있는 것부터 순서대로 이루어진 것은 어느 것인가?

① 석회-실리카-산화철-알루미나
② 석회-실리카-알루미나-산화철
③ 실리카-석회-산화철-알루미나
④ 실리카-석회-알루미나-산화철

11 시멘트의 저장 및 관리에 있어 다음 중 적당하지 않은 것은 어느 것인가?

① 방습적인 구조로 된 사일로 또는 창고에 저장해야 한다.
② 지상 30cm 이상 되는 마루바닥에 쌓아야 하며 13포 이상 쌓아서는 안 된다.
③ 저장 기간이 길어질 때는 7포 이상으로 쌓아 올리지 않는 것이 좋다.
④ 장기 저장된 것은 품질시험을 하여야 하고, 단기 저장품으로 약간 굳은 것은 사용해도 좋다.

> **해설** 약간 굳은 시멘트라도 사용해서는 안 된다.

12 다음 시멘트 중 콘크리트 댐 시공에 적합한 것은?

① 보통 포틀랜드 시멘트
② 중용열 포틀랜드 시멘트
③ 조강 포틀랜드 시멘트
④ 백색 포틀랜드 시멘트

13 다음 설명이 올바르게 되어 있는 것은 어느 것인가?

① 중용열 포틀랜드 시멘트 : 해수의 작용을 받는 곳이나 하수의 수로에 적당하다.
② 플라이 애시 시멘트 : 댐공사 등에 많이 사용된다.
③ 슬래그 시멘트 : 응결이 빠르므로 한중 콘크리트에 적당하다.
④ 조강 포틀랜드 시멘트 : 건축물의 표면 마무리 도장에 주로 사용된다.

14 알루미나 시멘트의 특성에 관한 다음 사항 중에서 옳지 않은 것은 어느 것인가?

① 포틀랜드 시멘트와 혼합하여 사용하면 빨리 응결하는 순결성을 가진다.
② 응결 및 경화시 발열량이 작으므로 양생시와 별다른 주의를 요하지 않는다.
③ 석회분이 적기 때문에 화학적 저항성이 크고 내구성도 크나 가격이 고가이다.
④ 초조강성 시멘트로 초기강도가 커서 보통 포틀랜드 시멘트의 28일 강도를 24시간에 낼 수 있다.

> **해설** 응결 및 경화시 발열량이 많으므로 양생시 주의해야 한다.

정답 06 ③ 07 ② 08 ② 09 ③ 10 ② 11 ④ 12 ② 13 ① 14 ②

4 출제 예상 문제

15 특수 시멘트 중에서 알루미나 시멘트에 관한 설명 중 옳지 않은 것은?
① 해수 또는 화학작용을 받는 곳에서는 부적합하다.
② 발열량이 대단히 많으므로 양생할 때 주의해야 한다.
③ 수화작용에 의한 수산화칼슘의 생성량이 작아 산에 강하다.
④ 열분해 온도가 높으므로 내화용 콘크리트에 적합하다.

해설 해수 또는 화학 작용을 받는 곳에서는 적합하다.

16 시멘트의 수화작용에 영향을 미치는 주요 화합물 중 알루민산3석회(C_3A)는 중용열 포틀랜드 시멘트에서 얼마 이하를 사용하도록 규정되었는가?
① 2% ② 4%
③ 6% ④ 8%

17 시멘트의 표준 계량에서 단위용적질량(kg/m^3)은 다음 중 어느 것인가?
① 2100 ② 1800
③ 1500 ④ 1400

18 시멘트가 공기 중의 수분을 흡수하여 일어나는 수화작용이란?
① 풍화 ② 경화
③ 수축 ④ 응결

해설 시멘트가 공기 중의 수분을 흡수하고 덩어리가 된다.

19 보통 포틀랜드 시멘트가 회색을 나타내는 이유는 무엇을 함유하고 있기 때문인가?
① 무수황산 ② 실리카
③ 산화철   ④ 석회

20 시멘트 제조 공정 중 소성(burning)이 불충분한 경우 발생하는 현상이 아닌 것은?
① 시멘트 밀도가 작아진다.
② 시멘트의 안정성이 떨어지고 장기강도가 저하된다.
③ 시멘트의 주원료인 석회성분의 분리현상이 생긴다.
④ 수화작용이 빨라 시멘트의 초기강도가 커진다.

21 시멘트의 응결시간에 대한 설명이다. 다음 사항 중에서 옳은 것은 어느 것인가?

① 분말도가 낮으면 응결이 빠르다.
② 물의 양이 많으면 응결이 빨라진다.
③ 알루민산3석회(C_3A)가 많으면 응결이 빠르다.
④ 온도가 낮을수록 응결이 빠르다.

> **해설**
> • 분말도가 낮거나 온도가 낮으면 응결이 늦어진다.
> • 물의 양이 많으면 응결이 늦어진다.

22 다음과 같은 시멘트의 강도에 영향을 주는 사항 중에서 옳지 못한 것은?

① 분말도가 높으면 조기강도가 커진다.
② 30℃ 이내에서 온도가 높을수록 강도가 커지며 재령에 따라 강도가 증가한다.
③ 물의 양이 적으면 강도가 커지나 반죽이 어렵다.
④ 풍화된 시멘트는 강도가 작아지며, 특히 장기강도가 현저히 작아진다.

> **해설** 풍화된 시멘트는 강도가 작아지며 특히 조기강도가 현저히 작아진다.

23 시멘트 모르타르의 압축강도시험시 실험실의 상대습도는 몇 % 이상인가?

① 30%   ② 50%
③ 70%   ④ 90%

> **해설**
> • 상대습도 : 50% 이상
> • 습기함의 습도 : 90% 이상

24 시멘트 모르타르의 압축강도시험에서 시멘트량이 450g일 때 표준사의 질량은?

① 1250g   ② 756g
③ 1350g   ④ 510g

> **해설** 시멘트와 표준사 비율이 1 : 3이므로 $450 \times 3 = 1350g$

25 시멘트 모르타르의 압축강도시험시 플로우(flow) 값을 측정하여 이 값이 110~115 정도일 때 몰드를 제작한다. 이 때, 플로우 테이블(flow table)을 15초 동안 몇 회 낙하시키는가?

① 5회   ② 10회
③ 25회   ④ 50회

정답 15 ① 16 ④ 17 ③ 18 ① 19 ③ 20 ④ 21 ③ 22 ④ 23 ② 24 ③ 25 ③

26 다음 중 모르타르의 압축강도용 흐름시험에서 흐름값으로 적당한 것은?

① 80~90 ② 50~100
③ 100~115 ④ 95~105

27 시멘트의 응결시험 방법 중 옳은 것은?

① 길모어침에 의한 방법
② 오토클레이브 방법
③ 블레인 방법
④ 비비시험

> **해설** 시멘트의 응결시험은 길모어침, 비이카침에 의한 방법이 있다.

28 르샤틀리에 병에 0.5cc 눈금까지 광유를 주입하고 시료로 시멘트 64g을 넣어 눈금이 21.5cc로 증가되었을 때 이 시멘트의 밀도는 어느 것인가?

① $3.0 g/cm^3$ ② $3.05 g/cm^3$
③ $3.12 g/cm^3$ ④ $3.17 g/cm^3$

> **해설** 시멘트 밀도 $= \dfrac{64}{21.5 - 0.5} \fallingdotseq 3.05 g/cm^3$

29 시멘트의 밀도에 관한 다음 설명 중 옳지 않은 것은?

① 소성이 불충분하면 밀도는 저하한다.
② 풍화하면 밀도는 저하한다.
③ 실리카나 산화철을 많이 함유하면 밀도는 증가한다.
④ 혼화제를 첨가하면 밀도는 증가한다.

> **해설** 혼화제를 첨가하면 밀도는 저하한다.

30 다음 시멘트의 비표면적 시험에 관한 설명 중 틀린 것은?

① 블레인 공기 투과장치를 사용하여 시험할 수 있다.
② 시멘트의 분말도를 알아보는 시험이다.
③ 시멘트 내의 공기량을 측정하는 시험이다.
④ 초기강도는 비표면적이 큰 시멘트가 높다.

31 시멘트의 분말도(fineness)는 수화속도에 큰 영향을 준다. 이 분말도는 어떻게 표시하는가, 다음 중 옳은 것은?

① 비중량 stoke(g/cm²) 또는 표준체 44μ의 잔분(%)
② 비표면적 blaine(cm²/g) 또는 표준체 44μ의 잔분(%)
③ 비중량 stoke(g/cm²) 또는 표준체 66μ의 잔분(%)
④ 비표면적 blaine(cm²/g) 또는 표준체 66μ의 잔분(%)

32 표준체에 의한 분말도 시험결과 다음과 같을 때 분말도는 얼마인가? (단, 표준체의 보정계수 : -14%, 시험한 시료의 잔사량 : 0.095g)

① 91.83% ② 85.83%
③ 78.95% ④ 98.95%

[해설]
- 시험한 시료의 보정된 잔사량 = (100 - 14) × 0.095 = 8.17%
- 분말도 = 100 - 8.17 = 91.83%

33 다음은 시멘트의 분말도에 대한 설명이다. 맞지 않는 것은?

① 분말도 시험방법에는 표준체에 의한 방법과 비표면적을 구하는 블레인(blaine) 방법이 있다.
② 비표면적이란 시멘트 1g이 가지는 총 표면적을 cm²으로 나타낸 것으로 시멘트의 분말도를 나타낸다.
③ KS L 5201에 규정된 포틀랜드 시멘트의 분말도는 2800cm²/g 이상이다.
④ 시멘트의 품질이 일정한 경우 분말도가 클수록 수화작용이 촉진되므로 응결이 빠르며 조기강도가 낮아진다.

[해설] 분말도가 클수록 수화작용이 촉진되므로 응결이 빠르며 조기강도가 높다(크다).

34 다음은 시멘트의 분말도가 높을 때의 효과이다. 틀린 것은 어느 것인가?

① 수화작용이 빠르다.
② 조기강도가 빠르다.
③ 발열량도 약간 높아진다.
④ 풍화가 더디다.

[해설] 분말도가 높다는 것은 시멘트 입자가 가늘다는 뜻으로 풍화가 빨라진다.

정답 26 ③ 27 ① 28 ② 29 ④ 30 ③ 31 ② 32 ① 33 ④ 34 ④

35 시멘트의 분말도에 관한 설명 중 옳은 것은?

① 분말도가 높을수록 물에 접촉하는 면적이 작다.
② 분말도가 높을수록 수화작용이 느리다.
③ 분말도가 높을수록 콘크리트에 내구성이 좋다.
④ 분말도가 높을수록 콘크리트에 균열이 발생하기 쉽다.

해설 분말도가 높은 시멘트는 입자가 가늘어 수화열이 높아 콘크리트 균열이 발생하기 쉽다.

36 다음 설명 중 틀린 것은?

① 혼화재(混和材)에는 플라이 애시(fly ash) 고로슬래그(slag) 규산백토 등이 있다.
② 혼화제(混和劑)에는 공기연행제, 경화촉진제, 방수제 등이 있다.
③ 혼화재(混和材)는 그 사용량이 비교적 적어서 그 자체의 부피가 콘크리트 배합의 계산에서 무시하여도 좋다.
④ 공기연행제에 의해 만들어진 공기를 연행 공기라 한다.

해설
- 혼화재는 사용량이 비교적 많아 배합설계에서 용적 계산에 고려되고 포졸란 등이 있다.
- 혼화제는 사용량이 적어 용적 계산에 고려되지 않는다.

37 다음은 혼화재료에 대한 설명 중 틀린 것은?

① 감수제라 함은 시멘트 입자를 분산시킴으로써 콘크리트의 단위수량을 감소시키는 작용을 하는 혼화제이다.
② 촉진제라 함은 시멘트의 수화작용을 촉진하는 혼화제로서 보통 리그닌설폰산염과 그 염기를 많이 사용한다.
③ 지연제라 함은 시멘트의 응결을 늦게 할 목적으로 사용하는 혼화제로서 여름철에 레미콘(ready-mixed concrete)의 운반거리가 길 경우나 콜드 조인트(cold joint)의 방지 등에 효과가 있다.
④ 급결제라 함은 시멘트의 응결시간을 빠르게 하기 위하여 사용하는 혼화제이고 뿜어 붙이기 공법, 물막이 공법 등에 사용한다.

해설
- 촉진제에는 염화칼슘과 규산나트륨이 사용된다.
- 리그닌설폰산염과 그 염기는 지연제에 사용된다.

38 다음 시멘트 분산제에 관한 설명 중 잘못된 것은?

① 분산제를 사용하면 콘크리트의 강도, 수밀성, 내구성을 증대시킬 수 있다.
② 분산제에는 pozzolith와 darex 등이 있다.

③ 분산제를 사용한 콘크리트는 유동성이 많아지고, 블리딩이나 골재분리가 적게 일어난다.
④ 시멘트 분산제는 시멘트 입자 간의 표면활성의 성질을 부여하여 비교적 균일하게 분산시킬 목적으로 사용된다.

해설 다렉스(darex)는 공기연행제에 속한다.

39 콘크리트의 경화를 촉진하는 화학약품이 아닌 것은?
① 규산나트륨
② 염화칼슘
③ 염화알루미늄
④ 포졸리스

해설 경화제로 규산나트륨, 염화칼슘, 염화알루미늄 등이 사용된다.

40 다음 혼화재료 중 콘크리트의 워커빌리티를 개선하는 효과가 없는 것은?
① 시멘트 분산제
② 공기연행제
③ 포졸란
④ 응결경화 촉진제

해설 응결 경화 촉진제는 경화속도를 촉진시키므로 워커빌리티가 감소된다.

41 다음 혼화재료 중 사용량이 비교적 많아 콘크리트 배합 설계에서 고려해야 되는 혼화재료는?
① 포졸란
② 공기연행제
③ 시멘트 분산제
④ 응결 경화 촉진제

해설 포졸란 혼화재에 속하여 혼합량을 배합 설계시 고려해야 한다.

42 다음 중에서 혼화제에 속하지 않는 것은?
① 공기연행제 ② 포졸리스 ③ pozzolan ④ 염화칼슘

43 공기연행제의 특성에 관한 다음 설명 중 틀린 것은?
① 단위수량이 적고, 동결융해에 대한 저항성이 크다.
② 콘크리트 내부에 공극이 많기 때문에 콘크리트의 특수계수가 크므로 수밀성 콘크리트에는 사용할 수 없다.
③ 단위 시멘트량이 같은 콘크리트에서 반배합의 경우 공기연행 콘크리트가 압축강도가 높다.
④ 알칼리 골재 반응의 영향이 적고, 응결경화시에 있어서 발열량이 적다.

정답 35 ④ 36 ③ 37 ② 38 ② 39 ④ 40 ④ 41 ① 42 ③ 43 ②

해설 콘크리트 내부에 무수히 많은 미세한 기포가 시멘트 입자를 분산시켜 투수성이 작아지며 수밀성 콘크리트에 사용 될 수 있다.

44 공기연행제를 사용한 콘크리트는 일반적으로 동결 융해에 대한 저항성이 증가되는데, 이를 좌우하는 가장 큰 요인은?

① slump
② 연행 공기의 균일한 크기와 고른 분포
③ 물-결합재비
④ bleeding량

45 다음 중 공기연행제를 사용한 콘크리트에 대한 설명으로 올바른 것은?

① 공기연행제를 사용하면 내구성이 증가하며 동결융해에 대한 저항성 역시 증가한다.
② 공기연행제를 사용하면 연행공기에 의하여 강도는 증가한다.
③ 공기연행제를 사용하면 철근과 부착하는 강도가 증진된다.
④ 공기연행제를 사용하면 단위수량이 증가한다.

해설
- 철근과 부착강도가 감소된다.
- 공기연행제를 사용하면 단위수량이 감소된다.
- 압축강도가 감소된다.

46 공기연행제를 사용하는 가장 큰 목적은 다음 중 어느 것인가?

① 워커빌리티의 증대
② 시멘트 절약
③ 수량의 감소
④ 모래 절약

47 공기연행제가 아닌 것은?

① 빈졸레신 분말(vinsol resin)
② 빈졸(NVX)
③ 다렉스 원액(darex)
④ 포졸란

48 다음 중 5% 이상의 감수율을 기대할 수 있는 혼화제(재료)는?

① 공기연행제   ② 염화칼슘   ③ 규산소다   ④ 플라이 애시

49 다음의 혼화제 중에서 슬럼프 값을 증대시키기 위해서 가장 좋은 것으로 짝지어진 것은?

① 공기연행제, 유동화제
② 감수제, 지연제
③ 분산제, 경화촉진제
④ 팽창제, 감수제

50 다음은 플라이 애시(fly ash)에 관한 사항이다. 옳지 않은 것은?
① Workability가 좋아진다.
② 단위수량이 감소된다.
③ 시멘트의 수화열이 증가된다.
④ 수밀성이 증대된다.

해설 시멘트의 수화열이 저하된다.

51 플라이 애시(fly-ash)를 시멘트에 혼합하면 다음과 같은 효과가 있다. 이 중 옳지 않은 것은?
① 화학적 저항성의 향상
② 골재의 절약
③ 유동성의 증가
④ 수화열의 저하

52 공기연행제를 사용한 콘크리트에 있어 다음 중 옳지 못한 것은 어느 것인가?
① 철근 콘크리트에서는 기포로 인하여 철근과 부착력이 떨어진다.
② 동결 융해에 대한 저항이 적어진다.
③ 수밀성, 내구성이 증가된다.
④ 알칼리 골재 반응이 영향이 적다.

해설
• 동결 융해에 대한 저항이 커진다.
• 화학적인 침식에 대한 내구성이 증대된다.

53 다음에서 인공산 포졸란(pozzolan)을 사용한 콘크리트의 특징으로 옳지 않은 것은?
① 워커빌리티(workability)가 좋고 블리딩(bleeding) 및 재료의 분리가 적다.
② 수밀성(水密性)이 크다.
③ 강도의 증진이 빠르고 단기강도가 크다.
④ 바닷물에 대한 화학적 저항성이 크다.

해설 조기강도는 작고 장기강도가 크다.

54 그라우팅(grouting)용 혼화재로서의 필요한 성질 중 옳지 않은 것은?
① 단위수량이 작고, 블리딩이 적어야 한다.
② 그라우트를 수축시키는 성질이 있어야 한다.
③ 재료의 분리가 생기지 않아야 한다.
④ 주입하기 쉬어야 하며 공기를 연행시켜야 한다.

해설
• 그라우트를 수축시키는 성질이 있어서는 안된다.
• 유동성이 있어 구석을 채울 수 있어야 한다.

정답 44 ② 45 ① 46 ① 47 ④ 48 ① 49 ① 50 ③ 51 ② 52 ② 53 ③ 54 ②

55 시멘트 모르타르 인장강도 시험을 위해 시멘트와 표준사의 비율은?
① 1 : 2.45
② 1 : 2.7
③ 1 : 3
④ 1 : 2.54

해설 시멘트 모르타르의 압축강도 및 휨강도 시험에서는 1 : 3이다.

56 다음 중 시멘트 밀도 시험시 사용하지 않는 것은?
① 광유
② 헝겊
③ 비카 장치
④ 르샤틀리에 병

해설 비카 장치는 시멘트 응결을 측정하는 장치이다.

57 블레인 공기투과 장치가 사용되는 시험은?
① 시멘트 분말도 측정
② 시멘트 밀도 측정
③ 콘크리트 공기량 측정
④ 시멘트 응결시간 측정

58 모르타르 흐름 시험에서 흐름 몰드의 밑지름 100mm, 시험 후 퍼진 모르타르의 평균지름이 212mm일 때 흐름값은 얼마인가?
① 66.6
② 86.6
③ 89.2
④ 112

해설 흐름값 $= \dfrac{(212-100)}{100} \times 100 = 112$

59 시멘트 모르타르의 압축강도 결정시 시험한 평균값보다 몇 % 이상 강도 차이가 나는 것을 압축강도 계산에 넣지 않는가?
① 5%
② 10%
③ 15%
④ 20%

60 시멘트의 밀도 시험은 (a)회 이상 실시하여 그 차가 (b)이내일 때의 평균값으로 밀도를 취한다. 이때 (a)와 (b)의 값은 각각 얼마인가?
① (a) 2 (b) ±0.03g/cm³
② (a) 2 (b) ±0.02g/cm³
③ (a) 3 (b) ±0.01g/cm³
④ (a) 3 (b) ±0.02g/cm³

61 시멘트 밀도와 분말도에 관한 설명 중 틀린 것은?

① 분말도가 높으면 시멘트 풀의 응결 속도가 빠르고 시멘트의 강도는 커지며 조기 강도가 크다.
② 밀도는 시멘트 성분에 따라 다르며 풍화된 시멘트는 밀도가 작아진다.
③ 분말도 시험 방법에는 표준체에 의한 방법과 비표면적을 구하는 블레인 방법이 있다.
④ 고로 시멘트는 밀도가 크다.

해설 고로(slag)시멘트는 밀도가 작다.

62 시멘트 응결시간 측정시 길모어 장치에 의한 시험체를 조제할 경우 어느 정도 크기로 패트를 만드는가?

① 지름 7.5cm, 중앙 두께가 1.3cm
② 지름 9cm, 중앙 두께가 2.5cm
③ 지름 10cm, 중앙 두께가 1.6cm
④ 지름 13cm, 중앙 두께가 7.5cm

해설 시멘트 응결시간 측정법에는 비카 장치, 길모어 장치 등이 있다.

63 콘크리트의 흡수성, 투수성을 감소시키기 위해 사용하는 방수용 혼화제의 종류가 아닌 것은?

① 염화칼슘
② 탄산소다
③ 실리카질 분말
④ 고급지방산

해설
- 방수제 종류 : 염화칼슘, 지방산, 파라핀, 고분자에멜션
- 탄산소다는 급결제에 속한다.

64 시멘트 원료인 점토 중의 산화철을 제거하거나 대용원료를 사용하여 제조하며 또한 소성 연료로 석탄 대신 중유를 사용하여 제조하는 시멘트는?

① 고로 시멘트
② 백색 포틀랜드 시멘트
③ 조강 포틀랜드 시멘트
④ 중용열 포틀랜드 시멘트

해설 백색 포틀랜드 시멘트는 철분, 마그네시아가 적은 백색 점토와 석회석을 원료로 하고 소성연료는 석탄 대신 중유를 사용해서 만든다.

65 시멘트의 강열감량에 관한 설명 중 틀린 것은?

① 시멘트가 풍화하면 강열감량이 적어지며 풍화의 정도를 파악하는데 이용된다.
② 강열감량은 시멘트에 1,000℃의 강한 열을 가했을 때 시멘트의 감량을 뜻한다.
③ 강열감량은 클링커와 혼합하는 석고와 결정수량과 거의 같은 양이다.
④ 강열감량은 시멘트 중에 함유된 H_2O와 CO_2의 양을 뜻한다.

정답 55 ② 56 ③ 57 ① 58 ④ 59 ② 60 ① 61 ④ 62 ① 63 ② 64 ② 65 ①

해설 풍화된 시멘트는 강열감량이 증가되며 시멘트의 풍화의 정도를 파악하는데 감열감량이 사용된다.

66 시멘트의 응결 경화 촉진제로 사용되는 혼화재료는?
① 플라이애시 ② 염화칼슘
③ 포졸리스 ④ 리그닌설폰산염

해설
- 콘크리트 경화 촉진제로 염화칼슘과 규산나트륨이 사용된다.
- 염화칼슘은 시멘트량의 1~2% 사용한다.

67 시멘트 클링커의 냉각과정에서 유리질 속에 포함되어 시멘트 특유의 암갈색을 띠게 하는 작용을 하며 장기간 경과 후 팽창성을 띠어 균열을 가져오는 화합물은?
① 유리석회 ② 아황산
③ 마그네시아 ④ 알칼리

해설 마그네시아가 시멘트 중에 많이 존재하면 팽창균열의 원인이 되며 장기 안정성을 해칠 우려가 있다.

68 콘크리트 시공시 블리딩 방지 대책에 관한 설명 중 틀린 것은?
① 분말도가 큰 시멘트를 사용한다.
② 세립자가 많은 잔골재를 사용한다.
③ 가능한 한 단위수량을 적게 한다.
④ 굵은골재의 최대치수를 크게 한다.

해설
- 적당한 세립자가 포함된 잔골재를 사용한다.
- 부배합으로 시공한다.
- 분산제를 사용한다.

69 염화칼슘($CaCl_2$)를 혼합한 콘크리트의 성질이 아닌 것은?
① 시멘트량의 1~2% 사용하면 조기 강도가 증대된다.
② 건습에 대한 팽창수축이 작게 된다.
③ 적당량을 사용하면 마모에 대한 저항성이 커진다.
④ 슬럼프가 감소된다.

해설
- 건습에 대한 팽창수축이 크게 된다.
- 응결이 촉진되고 슬럼프가 감소하므로 시공에 주의한다.

70 초속경 시멘트의 특성 중 틀린 것은?

① 응결시간이 짧고 경화시 발열이 크다.
② 2~3시간이 큰 강도를 발휘한다.
③ 알루미나 시멘트와 같은 전이현상이 발생한다.
④ 포틀랜드 시멘트와 혼합하여 사용하지 않아야 한다.

해설 알루미나 시멘트와 같은 전이현상(순결현상 : 강도가 발현 전에 응결하는 현상)이 없다.

71 긴급 보수가 필요한 경우 다음의 시멘트 중 적당한 것은?

① 실리카 시멘트 ② 알루미나 시멘트
③ 중용열 포틀랜드 시멘트 ④ 고로 시멘트

해설 알루미나 시멘트는 발열량이 크기 때문에 긴급을 요하는 공사나 한중 공사시의 시공에 적합하다.

72 시멘트의 건조수축에 관한 설명 중 틀린 것은?

① C_3A 함유량, 물-결합재비 등이 높은 경우 수축이 높아지는 경향이 있다.
② 수축에는 수화에 따른 화학적 수축, 건조에 의한 수축, 탄산화에 의한 수축 등이 있다.
③ 시멘트 겔의 주위에 있는 미세한 모세관 속의 수분이 증발하면 모세관수의 표면장력이 작아지게 되어 수축한다.
④ 습도가 커지면 모세관이 물을 흡수하여 표면장력이 작아지며 팽창한다.

해설 경화한 시멘트 풀은 건조시키면 시멘트 겔의 주위에 있는 미세한 모세관 속의 수분이 증발하며 모세관수의 표면장력이 커지게 되어 수축한다.

73 알루미나 시멘트의 특성에 관한 설명 중 틀린 것은?

① 발열량이 대단히 커 조기에 고강도를 발현한다.
② 해수 기타 화학적 침식에 대한 저항성이 크다.
③ 열분해 온도가 높으므로(1,300℃) 내화콘크리트용 시멘트로서 적합하다.
④ 포틀랜드 시멘트와 혼합하여 사용하면 순결(純潔)하지 않는다.

해설
- 포틀랜드 시멘트와 혼합하여 사용하면 순결하므로 주의하여야 한다.
- 발열량이 대단히 크기 때문에 물-결합재비를 적게 하고(40%), 저온(25℃ 이하)으로 유지시켜 양생하지 않으면 장기강도가 상당히 저하한다.
- 수화한 알루미나 시멘트는 알칼리성에 약하므로 철근을 부식할 우려가 있다.

정답 66 ② 67 ③ 68 ② 69 ② 70 ③ 71 ② 72 ③ 73 ④

CHAPTER 4 출제 예상 문제

74 혼화재료를 사용하므로 얻을 수 있는 효과가 아닌 것은?
① 크리프가 감소된다.
② 건조수축이 감소된다.
③ 발열량이나 발열속도가 감소된다.
④ 시공 연도가 향상되어 마무리 작업량을 증대시키다.

해설 혼화재료를 사용하면 워커빌리티가 개선되고 마무리 작업을 감소시킬 수 있다.

75 염화 칼슘을 사용한 콘크리트의 성질로서 틀린 것은?
① 적당량의 염화 칼슘을 사용하면 마모저항성이 커진다.
② 건조수축과 크리프가 작아진다.
③ 알칼리 골재 반응을 촉진시킨다.
④ 황산염에 대한 저항성이 적어진다.

해설 건조수축과 크리프가 커진다.

76 중용열 포틀랜드 시멘트의 장기 강도를 높여주기 위해 포함시키는 성분은?
① MgO ② CaO ③ C_3A ④ C_2S

해설
- C_2S(규산 2석회) : 수화가 늦고 장기 강도가 커진다.
- C_3A(알루미나 3석회) : 가장 빨리 응결되며 수화작용이 매우 빠르다.

77 고로 시멘트의 특징에 해당되지 않는 것은?
① 밀도가 작다.   ② 장기강도가 크다.
③ 응결시간이 빠르다.   ④ 블리딩이 작아진다.

해설
- 수화열이 비교적 적다.
- 내화학약품성이 좋으므로 해수, 공장폐수, 하수 등에 접하는 콘크리트에 적당하다.

78 염화칼슘을 응결경화 촉진제로 사용할 경우 다음 설명 중 옳지 않은 것은?
① 조기강도를 증대시켜 주나 2% 이상 사용하면 큰 효과가 없으며 순결(純潔), 강도저하를 나타낼 수 있다.
② 건습에 의한 팽창, 수축이 커지며 알칼리 골재 반응을 촉진시킨다.
③ 염화칼슘을 사용한 콘크리트는 황산염에 대한 화학 저항성이 크다.
④ 프리스트레스 콘크리트의 PC 강재에 접촉하면 부식내지 PC 강재는 녹이 슬기 쉽다.

해설 염화칼슘을 사용한 콘크리트는 황산염에 대한 화학 저항성이 적다.

79 콘크리트의 연행 공기량에 대한 다음 설명 중 틀린 것은?

① 콘크리트의 온도가 높으면 연행 공기량이 감소하고 온도가 낮으면 연행 공기량이 증가한다.
② 잔골재 입도는 연행 공기량에 영향을 미치지 않는다.
③ 시멘트의 비표면적이 커지면 연행 공기량이 감소한다.
④ 플라이 애시를 혼화재로 사용할 경우 미연소 탄소함유량이 많으면 연행 공기량이 감소한다.

해설 연행 공기량의 변동을 적게 하기 위해서는 잔골재 입도를 일정하게 하는 것이 중요하며 조립률의 변동은 ±0.1 이하로 억제하는 것이 바람직하다.

80 공기연행제를 사용했을 때 콘크리트에 미치는 영향 중 설명이 틀린 것은?

① 단위수량이 감소된다.
② 블리딩이 증가한다.
③ 콘크리트의 동결 저항성이 증대된다.
④ 워커빌리티가 개선된다.

해설 골재 분리 및 블리딩이 감소된다.

81 블리딩의 대한 설명 중 틀린 것은?

① 물-결합재비가 커지면 블리딩이 커진다.
② 철근콘크리트에서 철근과 부착력이 감소된다.
③ 콘크리트 타설 후 보통 10시간 이내에 끝난다.
④ 블리딩 현상 이후에 레이턴스가 발생한다.

해설 콘크리트 타설 후 블리딩이 발생하며 보통 4시간 이내에 끝난다.

82 콘크리트의 구성요소에 대한 설명 중 틀린 것은?

① 시멘트와 물을 혼합한 것을 시멘트풀이라 한다.
② 모래와 자갈을 채움재로 사용한다.
③ 시멘트와 모래, 물 등을 혼합한 것을 모르타르라 한다.
④ 시멘트, 모래, 자갈, 물이 혼합된 것을 콘크리트라 한다.

정답 74 ④ 75 ② 76 ④ 77 ③ 78 ③ 79 ② 80 ② 81 ③ 82 ②

해설 채움재란 석회암 분말, 화성암류를 분쇄하여 0.08mm체를 70% 이상 통과한 것을 뜻한다.

83 블리딩에 대한 다음 설명 중 옳지 않은 것은?

① 블리딩이 많은 콘크리트는 침하량도 많다.
② 초속경 시멘트는 응결이 매우 빠르기 때문에 블리딩은 거의 발견되지 않는다.
③ 콘크리트 타설 속도가 빠르면 블리딩이 적어진다.
④ 거푸집의 치수가 크면 블리딩이 크게 되는 경향이 있다.

해설 콘크리트 타설 속도가 빠르면 블리딩이 많아지기 때문에 1회의 타설 높이를 작게 한다.

84 포졸란을 사용한 콘크리트의 특징이 아닌 것은?

① 수밀성이 크다. ② 발열량이 적다.
③ 워커빌리티가 좋다. ④ 건조수축이 작다.

해설
• 건조수축이 크다.
• 블리딩이 감소한다.
• 발열량이 적어 단면이 큰 콘크리트에 적합하다.

85 콘크리트의 블리딩에 관한 설명 중 틀린 것은?

① 블리딩이 심하면 투수성과 투기성이 커져서 콘크리트의 중성화(탄산화)가 촉진된다.
② 블리딩이 심하면 철근과 부착력 감소로 강도 및 내구성의 감소가 현저해진다.
③ 시멘트의 분말도가 작을수록, 잔골재 중의 미립분이 작을수록 블리딩 현상이 적어진다.
④ 블리딩은 보통 2~4시간에 끝나며 그 연속시간은 콘크리트 높이가 낮고 온도가 높으면 빨리 끝난다.

해설 시멘트의 분말도가 커지면 블리딩 현상이 적어진다.

86 실리카 흄을 사용한 콘크리트의 특징으로 옳지 않은 것은?

① 블리딩 및 재료의 분리가 적다.
② 알칼리 골재 반응의 억제 효과를 낸다.
③ 건조 수축이 적다.
④ 내화학적 저항성이 크다.

해설
- 건조 수축이 크다.
- 단위 수량이 커진다.
- 장기 강도가 크다.
- ※ 포졸란으로서 플라이 애시, 고로슬래그 분말, 실리카흄, 규조토, 화산회 등이 있다.

87 분말도가 큰 시멘트의 성질이 아닌 것은?

① 블리딩이 적고 워커빌리티가 좋다.
② 수화 작용이 빠르다.
③ 건조수축을 억제하여 균열을 방지한다.
④ 강도 증진율이 높아진다.

해설
- 시멘트의 입자가 미세할수록 분말도가 크다.
- 분말도가 크면 균열이 커지고 내구성이 떨어진다.

CHAPTER 5 골재

1 골재의 특성별 분류

❶ 골재의 입경에 따른 분류

① 굵은 골재 : 5mm 체에 거의 남는 골재
② 잔 골재 : 10mm 체를 전부 통과하고 5mm 체를 거의 통과하며 0.08mm 체에 다 남는 골재

❷ 골재의 산출 방법에 따른 분류

① 천연 골재 : 하천모래, 하천자갈, 바다모래, 바다자갈 등
② 인공 골재 : 부순돌(쇄석), 부순모래, 고로 슬래그, 인공 경량 및 중량골재 등

❸ 골재의 중량에 의한 분류

① 경량 골재 : 콘크리트의 질량을 줄이기 위해 사용하는 골재로 밀도가 $2.50g/cm^3$ 이하
② 보통 골재 : 밀도가 $2.50~2.65g/cm^3$ 정도인 골재
③ 중량 골재 : 댐, 방사선 차폐 콘크리트 등에 사용되는 골재로 밀도가 $2.70g/cm^3$ 이상인 골재

2 골재의 성질

❶ 골재의 필요조건

① 깨끗하고 유해물이 함유하지 않을 것
② 물리, 화학적으로 안정하고 강도 및 내구성이 클 것
③ 입도 분포가 양호할 것
④ 모양은 구 또는 입방체에 가까울 것
⑤ 마모에 대한 저항성이 클 것

❷ 골재의 입도 및 입형

① 골재의 모양은 모난 것보다는 둥근 것이 콘크리트의 유동성, 즉 워커빌리티를 증대 시켜 주므로 구 또는 입방체가 좋다.
② 골재의 입자가 크고 작은 것이 골고루 섞여 있는, 즉 입도가 양호한 것이 좋다.
③ 부순돌(쇄석)은 강자갈에 비해 워커빌리티는 나쁘고 잔골재율과 단위수량이 증대되며 골재의 표면이 거칠어 강도는 더 크다.
④ 굵은 골재의 최대치수가 65mm 이상인 경우에는 대·소알을 구분하여 따로 저장한다.
⑤ 잔골재는 10mm 체를 전부 통과하고 5mm 체를 질량비로 85% 이상 통과하며 최대입자로부터 미립자까지 대소의 알이 적당히 혼합되어 있는 것이 좋다.
⑥ 굵은 알이 적당히 혼합되어 있는 잔골재를 쓰면 소요 품질의 콘크리트를 비교적 적은 단위수량 및 단위 시멘트량으로 경제적인 콘크리트를 만들 수 있다.
⑦ 조립률이 2.0~3.3의 잔골재를 쓰는 것이 좋다. 조립률이 이 범위를 벗어난 잔골재를 쓰는 경우에는 2종 이상의 잔골재를 혼합하여 입도를 조정해서 쓰는 것이 좋다. 또 잔골재 입도의 표준에 표시된 연속된 2개의 체 사이를 통과하는 양의 백분율은 45%를 넘지 않아야 한다.
⑧ 빈배합 콘크리트의 경우나 굵은 골재의 최대치수가 작은 굵은 골재를 쓰는 경우에는 비교적 세립이 많은 잔골재를 사용하면 워커빌리티가 좋은 콘크리트를 얻을 수 있다.
⑨ 잔골재에 부순 잔골재나 고로 슬래그 잔골재를 혼합하여 사용할 경우 0.15mm 체 통과 분의 대부분이 부순 잔골재나 슬래그 잔골재인 경우에는 15%로 증가시켜도 좋다.

❸ 알칼리 골재 반응

① 포틀랜드 시멘트 속의 알칼리 성분이 골재 속의 실리카질 광물과 화학반응을 일으키는 것이다.
② 알칼리 골재반응을 일으키는 시멘트를 사용한 콘크리트는 타설 후 1년 이내에 불규칙한 팽창성 균열이 생긴다.
③ 콘크리트 속의 골재는 겔(gel) 상태의 물질을 형성한다.
④ 이백석, 규산질 또는 고로질 석회암, 응회암의 골재에서 이와 같은 반응을 일으킨다.
⑤ 알칼리 골재 반응을 억제하기 위해 알칼리량을 0.6% 이하로 하는 것이 좋다.

❹ 굵은 골재 최대 치수

① 골재의 체가름 시험을 하였을 때 통과중량 백분율이 90% 이상 통과한 체 중에서 최소치수의 눈금을 말한다.
② 굵은 골재 최대치수는 허용하는 범위 내에서 큰 것을 사용할수록 간극률이 적어서 단위수량과 단위시멘트량이 적어지고 잔골재율이 적어져서 경제적인 콘크리트가 된다.
③ 굵은 골재 최대치수가 클수록 워커빌리티가 나빠지고 재료분리가 발생한다.

④ 구조물의 종류별 굵은 골재 최대치수

구조물의 종류		굵은 골재 최대치수	
무근 콘크리트		40mm 이하, 부재 최소치수의 1/4 이하	
철근 콘크리트	일반적인 경우	20mm 또는 25mm 이하	부재 최소치수의 1/5 이하, 피복 두께 및 철근의 최소수평, 수직 순간격의 3/4 이하
	단면이 큰 경우	40mm 이하	
댐 콘크리트		150mm 이하	
포장 콘크리트		40mm 이하	

3 골재시험

1 골재의 체가름 시험

① 시료 분취기 또는 4분법으로 시료를 채취한다.
② 표준체 75mm, 40mm, 20mm, 10mm, 5mm, 2.5mm, 1.2mm, 0.6mm, 0.3mm, 0.15mm 체를 이용하여 체 진동기에 골재를 넣고 조립하여 1분 동안 체가름하여 1% 이내의 통과가 될 때까지 체가름 한다.
③ 각 체에 남는 양 및 통과량을 측정하여 전질량에 대한 질량백분율로 나타낸다.
④ 입도곡선을 그리고 표준 입도 범위 안에 입도곡선이 있으면 입도분포가 양호하다.
⑤ 조립률 계산은 표준체(75mm, 40mm, 20mm, 10mm, 5mm, 2.5mm, 1.2mm, 0.6mm, 0.3mm, 0.15mm)의 각 체에 남는 양의 누계 백분율의 합을 100으로 나눈 값을 말하며 골재의 입자가 크면 클수록 조립률이 크다.
⑥ 잔골재 조립률 : 2.0~3.3
⑦ 굵은 골재 조립률 : 6~8
⑧ 체가름용 시료의 표준량

골재		질량(g)
잔골재		500g 이상
굵은골재	20mm	4,000g 이상
	25mm	5,000g 이상
	40mm	8,000g 이상

⑨ 골재의 혼합 시 조립률 계산
조립률이 $x : y$인 골재를 $p : q$로 혼합한 경우
$$조립률 = \frac{p \cdot x + q \cdot y}{p + q}$$

⑩ 잔골재 및 굵은골재 체가름 시험 예

체의 호칭 (mm)	굵은골재				체의 호칭 (mm)	잔골재			
	각 체에 남은 양의 누계		각 체에 남은 양			각 체에 남은 양의 누계		각 체에 남은 양	
	g	%	g	%		g	%	g	%
*75	0	0	0	0	*75				
50	0	0	0	0	50				
*40	270	2	270	2	*40				
30	2,025	14	1,755	12	30				
25	4,480	30	2,455	16	25				
*20	6,750	45	2,270	15	*20				
15	10,980	73	4,230	28	15				
*10	13,350	89	2,370	16	*10	0	0	0	0
*5.0	15,000	100	1,650	11	*5.0	25	5	25	5
*2.5		100		0	*2.5	62	12	37	7
*1.2		100		0	*1.2	130	26	68	14
*0.6		100		0	*0.6	343	68	213	42
*0.3		100		0	*0.3	461	92	118	24
*0.15		100		0	*0.15	496	99	35	7
접시					접시	500	100	4	1
합계				100	합계				100

※ 조립률은 *표시가 있는 곳에 한하여 계산한다.

- 굵은골재의 조립률 $= \dfrac{2+45+89+100\times 6}{100} = 7.36$

- 잔골재의 조립률 $= \dfrac{5+12+26+68+92+99}{100} = 3.02$

❷ 골재의 함수분포 상태

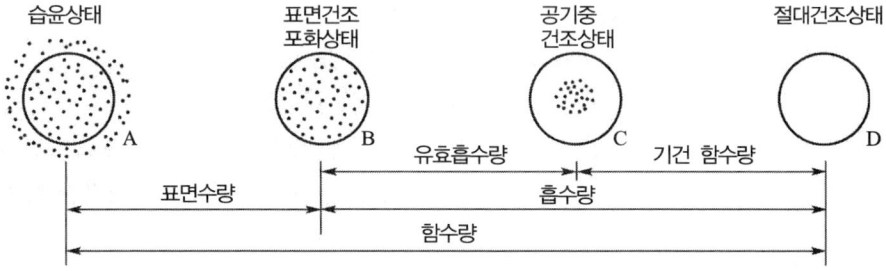

① 절대 건조상태(노 건조상태) : 골재를 105±5℃의 온도로 24시간 건조로에서 완전히 건조한 상태
② 공기 중 건조상태 : 골재의 표면은 건조하고 골재 내부의 일부분은 건조한 상태
③ 표면 건조 포화 상태(표건상태) : 골재의 표면은 건조하고 골재 내부의 공극은 물로 포화된 상태
④ 습윤상태 : 골재의 표면이 젖어 있고 골재 내부의 공극이 물로 포화된 상태

⑤ 표면수율 $\dfrac{A-B}{B} \times 100$

⑥ 유효흡수율 $\dfrac{B-C}{C} \times 100$

⑦ 흡수율 $\dfrac{B-D}{D} \times 100$

⑧ 함수율 $\dfrac{A-D}{D} \times 100$

3 잔골재 밀도 및 흡수율 시험

① 시료분취기 또는 4분법으로 시료를 채취하여 건조시킨 후 24시간 수침한다.
② 시료를 고르게 건조시켜 표면 건조포화 상태의 500g 이상을 계량한다. ·················· (m)
③ 플라스크에 500g 이상을 넣고 물을 플라스크 용량의 90%까지 채운다.
④ 플라스크를 편평한 면에 굴리어 흔들어서 공기를 없앤 후 검정선까지 물을 채우고 질량을 측정한다. ·················· (C)
⑤ 시료를 플라스크에서 시료팬에 붓고 질량이 일정하게 될 때까지 105±5℃의 온도를 건조시킨다. ·················· (A)
⑥ 빈 플라스크에 물을 검정선까지 채우고 무게를 측정한다. ·················· (B)
⑦ 표면 건조 포화상태의 밀도(표건밀도)= $\dfrac{m}{B+m-C} \times \rho_w$
⑧ 흡수율(%)= $\dfrac{m-A}{A} \times 100$
⑨ 시험은 두 번 하고 평균값과 차가 밀도값은 0.01g/cm^3 이하, 흡수율은 0.05% 이하일 것
⑩ 잔골재의 밀도는 보통 2.50~2.65g/cm^3 정도이다.
⑪ 잔골재의 밀도는 표면건조 포화상태의 밀도를 말한다.
⑫ 밀도가 큰 골재는 빈틈이 적어서 흡수율이 적고 강도와 내구성이 크다.
⑬ 잔골재의 표면건조 포화상태를 판단할 때는 원뿔형 몰드에 시료를 채워 넣고 다짐대로 25회 다진 후 원뿔형 몰드를 빼 올렸을 때 잔골재의 원뿔 모양이 흘러내리기 시작한 것으로 한다.

4 굵은 골재의 밀도 및 흡수율 시험

① 시료분취기 또는 4분법으로 시료를 채취하여 24시간 물속에 수침한다.
② 물속에서 꺼내 흡수성이 큰 천으로 골재 표면을 닦아 표면건조 포화상태의 골재를 만들고 질량을 측정한다. ·················· (B)
③ 철망태의 물 속 질량을 측정한다.
④ 철망태 속에 시료를 넣고 물속에서 질량을 측정한다.
⑤ 시료의 물 속 질량을 구한다(④−③). ·················· (C)

⑥ 물속에서 꺼낸 시료를 105±5℃의 온도를 질량이 일정할 때까지 건조시켜 질량을 측정한다. ·· (A)

⑦ 표면건조 포화상태의 밀도(표건밀도) = $\dfrac{B}{B-C} \times \rho_w$

⑧ 흡수율(%) = $\dfrac{B-A}{A} \times 100$

⑨ 시험을 두 번 하며 평균값과 차가 밀도값은 0.01g/cm³ 이하, 흡수율은 0.03% 이하일 것
⑩ 골재의 밀도는 표면건조 포화상태의 밀도를 말한다.
⑪ 굵은 골재의 밀도는 2.55~2.70g/cm³ 정도이다.
⑫ 굵은 골재의 흡수율은 보통 0.5~4% 정도이다.
⑬ 골재의 밀도는 콘크리트의 배합설계를 할 때, 골재의 부피와 빈틈 등의 계산에 이용된다.
⑭ 밀도가 큰 골재는 조직이 치밀하여 강도가 크고 흡수율이 적다.
⑮ 시료의 양은 굵은 골재 최대치수가 25mm인 경우 10kg(2회 시험표준) 이상, 40mm인 경우 20kg(2회 시험표준) 이상이다.

5 골재의 단위용적질량 시험

① 다짐대를 사용하는 방법
- 골재의 최대치수가 80mm 이하인 것에 적용한다.
- 시료를 용기에 1/3, 2/3, 가득 채워 각각 규정 횟수만큼 다진 후 용기 속 질량을 측정하여 계산한다.
- 골재의 단위용적질량 = $\dfrac{\text{용기 속의 시료의 질량(kg)}}{\text{용기의 용적(m}^3\text{)}}$

▼ 용기와 다짐횟수

굵은골재의 최대치수(mm)	용적(L)	안높이/안지름	1층당 다짐횟수
5(잔골재) 이하	1~2	0.8~1.5	20
10 이하	2~3		20
10 초과 40 이하	10		30
40 초과 80 이하	30		50

② 충격을 이용하는 방법
- 골재의 최대치수가 커서 다짐대로 다지기가 곤란한 경우 및 시료를 손상할 염려가 있는 경우는 충격에 의한다.
- 시료를 용기에 넣고 1/3, 2/3, 가득 채워 각각 용기의 한쪽을 5cm 가량 들어올려 25회 떨어뜨리고 반대쪽도 25회 떨어뜨린 후 용기 속 질량을 측정하여 계산한다.

③ 골재의 단위용적질량은 공기중 건조상태의 1m³의 골재 질량을 말한다.
④ 골재 알의 모양과 입도, 용기의 모양과 크기 및 채우는 방법에 따라 단위용적질량이 달라진다.
⑤ 실적률 $= \dfrac{\omega}{\rho} \times 100$

⑥ 간극률(빈틈률) $= 100 -$ 실적률 $= \left(1 - \dfrac{\omega}{\rho}\right) \times 100$

여기서, ρ : 골재의 밀도
ω : 골재의 단위용적질량

6 골재의 안정성 시험

① 골재의 내구성을 알기 위해 황산나트륨 용액으로 골재의 부서짐 작용에 대한 저항성을 시험하는 것이다.
② 기상작용에 의한 골재의 균열 또는 파괴에 대한 저항성을 측정한다.
③ 골재 알의 크기에 따른 무더기로 나누어 각 무더기의 질량비(%)를 구하고 질량비가 5% 이상이 된 무더기의 일정 시료를 21℃의 황산나트륨 용액 속에 16~18시간 수침 후 꺼내 건조시킨 후 다시 용액에 수침하고 건조시키는 과정을 5회 반복한다.
④ 골재의 손실 질량비를 구한다.
  • 잔골재 : 10% 이하
  • 굵은골재 : 12% 이하
⑤ 정해진 횟수로 시험한 시료를 깨끗한 물로 씻고 씻는 물에 염화바륨 용액을 떨어뜨려 흰색으로 탁해지지 않게 될 때까지 씻고 건조시켜야 한다.
⑥ 용액에 수침할 때는 용액이 시료의 표면보다 15mm 이상 올라오게 한다.

7 잔골재의 표면수 시험

① 콘크리트의 배합설계는 골재의 표면건조 포화상태를 기준으로 한 것이므로 골재의 표면수를 측정하여 혼합수량을 조절한다.
② 잔골재의 표면수 측정방법은 질량에 의한 측정법, 부피에 의한 측정법, 메스 실린더에 의한 간이 측정법이 있다.

8 잔골재의 유기불순물 시험

(1) 표준색 용액 제조
① 10%의 알코올 용액으로 2%의 타닌산 용액을 만든다.
② 3%의 수산화나트륨 용액을 만든다.
③ 타닌산 용액 2.5ml를 3%의 수산화나트륨 용액 97.5ml에 타서 표준색 용액을 만든다.

(2) 시험용액 제조
① 시료를 무색 유리병에 130ml의 눈금까지 넣고 3%의 수산화나트륨 용액을 200ml의 눈금까지 넣는다.
② 병마개를 닫고 잘 흔든 다음 24시간 동안 가만히 둔다.

(3) 결과 판정
시험용액의 색깔이 표준색 용액보다 연할 때는 사용 가능하다.

9 굵은골재의 닳음 시험(마모 시험)
① 로스앤젤레스 시험기에 의한 굵은 골재의 닳음 저항을 측정하는 것이다.
② 시료질량 및 철구수

입도 구분	시료질량(g)	철구수
A	5000	12
B	5000	11
C	5000	8
D	5000	6
E	10000	12
F	10000	12
G	10000	12
H	5000	10

③ 입도구분에 따른 시료를 준비하여 A, B, C, D, H 입도의 경우 500회 회전시키고 E, F, G 입도의 경우는 1000회 회전시킨다.
④ 시료를 시험기에서 꺼내 1.7mm체로 체가름한 후 물로 씻고 건조시켜 질량을 측정한다.
⑤ 마모율 = $\dfrac{\text{시험 전 시료의 질량} - \text{시험 후 1.7mm 체에 남는 시료의 질량}}{\text{시험 전 시료의 질량}} \times 100$
⑥ 보통 콘크리트용 골재의 마모율은 40% 이하, 댐 콘크리트는 40% 이하, 포장콘크리트의 경우는 35% 이하이다.
⑦ 과거에는 데발시험을 사용했다.

10 골재에 포함된 잔입자 시험(0.08mm체 통과량 시험)
① 골재에 잔입자인 점토, 실트, 운모질 등이 많이 함유하면 콘크리트의 혼합 수량이 많아지고 건조 수축에 의한 콘크리트에 균열이 생기기 쉽다. 그리고 블리딩 현상으로 레이탄스가 많이 생기며 시멘트 풀과 골재와의 부착력이 약해져서 콘크리트 강도와 내구성이 작아진다.
② 일정한 시료를 준비하여 건조시켜 질량을 측정한 후 시료를 용기에 잠기게 넣고 0.08mm체 위에 1.2mm체를 얹어 시료를 붓는다.
③ 씻은 물이 맑을 때까지 계속 작업한다.

④ 건조시킨 후 질량을 측정한다.

⑤ 통과율 = $\dfrac{\text{씻기전 시료의 건조질량} - \text{씻은후 시료의 건조질량}}{\text{씻기전 시료의 건조질량}}$

⑥ 점토 덩어리량의 시험 시 사용되는 체는 2.5mm체 위에 0.6mm체를 얹어 시험한다.

⑦ 잔골재의 유해물 함유량의 한도(질량백분율)

종류	최대치
점토 덩어리	1.0
0.08mm체 통과량 • 콘크리트의 표면이 마모작용을 받는 경우 • 기타의 경우	 3.0 5.0
석탄, 갈탄 등으로 밀도 2.0g/cm³의 액체에 뜨는 것 • 콘크리트의 외관이 중요한 경우 • 기타의 경우	 0.5 1.0
염화물(NaCl 환산량)	0.04

※ 여기서, • 부순 잔골재 및 고로슬래그 잔골재의 경우, 0.08mm체를 통과하는 재료가 석분이며, 점토나 실트를 포함하지 않을 때에는 최대치를 각각 5% 및 7%로 해도 좋다.

⑧ 굵은골재의 유해물 함유량의 한도(질량백분율)

종류	최대치
점토 덩어리	0.25
연한 석편	5.0
0.08mm체 통과량	1.0
석탄, 갈탄 등으로 밀도 2.0g/cm³의 액체에 뜨는 것 • 콘크리트의 외관이 중요한 경우 • 기타의 경우	 0.5 1.0

※ 여기서, 점토 덩어리와 연한 석편의 합이 5%를 넘으면 안 된다.

⑪ 부순 잔골재의 물리적 성질

시험 항목	품질 기준
절대 건조 밀도(g/cm³)	2.50 이상
흡수율(%)	3.0 이하
안정성(%)	10 이하
0.08mm체 통과량(%)	7.0 이하

⑫ 부순 굵은골재의 물리적 성질

시험 항목	품질 기준
절대 건조 밀도(g/cm³)	2.50 이상
흡수율(%)	3.0 이하
안정성(%)	12 이하
마모율(%)	40 이하
0.08mm체 통과량(%)	1.0 이하

CHAPTER 5 출제 예상 문제

골재

01 굵은 골재의 최대 치수란 질량으로 전체 골재 질량의 몇 %이상을 통과시키는 체 눈의 최소공칭 치수를 의미하는가?

① 75%　　② 85%　　③ 80%　　④ 90%

02 보기와 같은 골재 체가름 성과표에 의하면 굵은 골재 최대 치수는 어느 것으로 보아야 가장 적당한가?

[보기]

체크기	40mm	25mm	19mm	10mm	5mm	2.5mm
가적통과율	100%	100%	91%	80%	30%	10%

① 40mm　　② 25mm　　③ 19mm　　④ 10mm

해설 통과율 90% 이상 중 체 눈의 최소공칭치수를 선택한다.

03 다음은 골재의 입도(粒度)에 대한 설명이다. 적당하지 못한 것은 어느 것인가?

① 입도시험을 위한 골재는 4분법이나 시료분취기에 의하여 필요한 양을 채취한다.
② 입도란 크고 작은 골재알이 혼합되어 있는 정도를 말하며 체가름시험에 의하여 구할 수 있다.
③ 입도가 좋은 골재를 사용한 콘크리트는 간극이 커지기 때문에 강도가 저하된다.
④ 입도곡선이란 골재의 체가름시험 결과를 곡선으로 표시한 것이며, 입도곡선이 표준 입도 곡선 내에 들어가야 한다.

해설 입도가 좋은 골재를 사용한 콘크리트는 간극이 적어 시멘트가 적게 소요되므로 경제적이며 강도가 증대된다.

04 다음 골재의 입도에 대한 설명 중 옳지 않은 것은?

① 골재의 입도는 콘크리트를 경제적으로 만드는데 중요한 성질로서 시멘트, 물의 양과 관계가 있다.
② 골재의 입도시험 결과는 보통 입도곡선이나 표로서 나타낸다.
③ 골재의 입경이 클수록 조립률은 작아진다.
④ 굵은 골재의 조립률은 6~8의 범위에 들면 양호하다.

해설
• 골재의 입경이 클수록 조립률이 커진다.
• 잔골재의 조립률은 2.0~3.3 범위이다.

05 굵은 골재의 입도시험에서 저울의 감도로 맞는 것은?

① 시료질량의 0.001% 이상의 정도를 가져야 한다.
② 시료질량의 0.01% 이상의 정도를 가져야 한다.
③ 시료질량의 0.1% 이상의 정도를 가져야 한다.
④ 시료질량의 1% 이상의 정도를 가져야 한다.

06 콘크리트용 굵은 골재의 마모율을 구할 때 사용하는 체로 맞는 것은?

① 2.0mm   ② 5mm   ③ 1.7mm   ④ 0.6mm

07 로스엔젤스 마모시험기에 의한 골재의 마모저항시험에서 사용시료의 등급 A에 의한 사용 철구 수와 철구의 총 질량(g)의 조합이 맞는 것은?

① 8개, 5000±25(g)
② 12개, 5000±25(g)
③ 15개, 10000±25(g)
④ 12개, 10000±25(g)

08 다음은 아래 조건시의 굵은 골재의 마모시험 결과 값이다. 이 중 맞는 것은?

[조건] (1) 시험 전 시료질량 : 10,000g
       (2) 시험 후 1.7mm 체에 남은 질량 : 6,700g

① 마모율 : 33%   ② 마모율 : 49%
③ 마모율 : 25%   ④ 마모율 : 32%

해설 $\dfrac{10,000-6,700}{10,000} \times 100 = 33\%$

09 일반 무근 및 철근 콘크리트용 굵은 골재가 몇 mm 이상인 경우에는 두 종류로 분리 저장하는가?

① 55mm   ② 65mm   ③ 75mm   ④ 85mm

10 밀도가 큰 골재를 사용했을 때의 일반적인 특성과 관계가 없는 것은 다음 어느 것인가?

① 내구성이 좋아진다.   ② 흡수성이 증대된다.
③ 동결에 의한 손실이 줄어든다.   ④ 강도가 증가한다.

해설 밀도가 큰 골재는 흡수율이 적다.

정답 01 ④ 02 ③ 03 ③ 04 ③ 05 ③ 06 ③ 07 ② 08 ① 09 ② 10 ②

11 굵은 골재의 밀도 및 흡수율시험에 사용되는 철망태의 규격은?

① 5mm체 눈으로 된 지름 약 20cm, 높이 약 20cm
② 5mm체 눈으로 된 지름 약 30cm, 높이 약 30cm
③ 2.5mm체 눈으로 된 지름 약 20cm, 높이 약 20cm
④ 2.5mm체 눈으로 된 지름 약 30cm, 높이 약 30cm

12 골재의 표면건조 포화상태에 관한 설명 중 옳은 것은?

① 건조로(oven) 내에서 일정중량이 될 때까지 완전히 건조시킨 상태
② 골재의 표면은 건조하고 골재 내부에는 포화하는 데 필요한 수량보다 적은 양의 물을 포화한 상태
③ 골재 내부는 물로 포화하고 표면이 건조된 상태
④ 골재 내부가 완전히 수분으로 포화되고 표면에 여분의 물을 포함하고 있는 상태

13 단위용적질량이 1.65t/m³인 골재의 밀도가 2.65g/cm³일 때 이 골재의 간극률은 얼마인가?

① 37.7%   ② 34.3%   ③ 37.1%   ④ 33.1%

> **해설** 간극률 $= \left(1 - \dfrac{\omega}{\rho}\right) \times 100 = \left(1 - \dfrac{1.65}{2.65}\right) \times 100 = 37.7\%$

14 골재의 단위 용적질량이 1.6t/m³이고 밀도가 2.60g/cm³일 때 이 골재의 실적률은 얼마인가?

① 51.6%   ② 61.5%   ③ 72.3%   ④ 82.9%

> **해설** 실적률 $= \dfrac{\omega}{\rho} \times 100 = \dfrac{1.6}{2.60} \times 100 = 61.5\%$

15 다음 중 골재시험과 관계 없는 것은?

① 팽창도시험   ② 로스엔젤스 마모시험
③ 0.08mm체 통과량시험   ④ 유기불순물시험

> **해설** 팽창도시험은 시멘트의 안정성 시험에 해당된다.

16 굵은 골재의 체가름시험시 골재의 최대 공칭치수가 25mm일 때 시료의 최소 질량은?

① 1,000g   ② 2,500g   ③ 5,000g   ④ 10,000g

> **해설** 40mm의 경우 8,000g이다.

17 모래 및 자갈을 각각 체가름하여 잔류량(%)에 대한 누계를 구한 값은 250% 및 750% 이었다. 이 모래와 자갈을 1 : 1.5의 비율로 혼합한 혼합골재의 조립률은? (단, 조립률을 구하는 표준 10개의 체를 사용한 결과임)

① 5.5 ② 5.0 ③ 4.0 ④ 3.0

해설
- 모래의 조립률 2.5, 자갈의 조립률 7.5
- 혼합골재의 조립률 $= \dfrac{2.5 \times 1 + 7.5 \times 1.5}{1 + 1.5} = 5.5$

18 골재의 체분석시험에 사용되는 10개의 체에 해당되지 않는 것은?

① 75mm ② 10mm ③ 5mm ④ 0.42mm

해설 조립률에 이용되는 체는 75mm, 40mm, 20mm, 10mm, 5mm, 2.5mm, 1.2mm, 0.6mm, 0.3mm, 0.15mm 10개를 이용한다.

19 잔골재에 대한 체가름시험을 실시한 결과 각 체의 잔류량은 다음과 같다. 조립률은 얼마인가? (단, 10mm 이상 체의 잔류량은 0이다.)

체구분	5mm	2.5mm	1.2mm	0.6mm	0.3mm	0.15mm	PAN
각 체의 잔류율(%)	2	11	20	22	24	16	5

① 2.60 ② 2.75 ③ 2.77 ④ 3.77

해설
- 각체의 가적 잔유율 : 2%, 13%, 33%, 55%, 79%, 95%
- 조립률 $= \dfrac{2 + 13 + 33 + 55 + 79 + 95}{100} = 2.77$

20 잔골재의 밀도시험시 저울의 감도는 얼마 이상이면 되는가?

① 1g ② 0.01g ③ 0.1g ④ 0.001g

해설 저울의 감도는 0.1g 이상으로 시료 중량의 0.1% 이내의 정밀도가 요구된다.

21 굵은 골재의 밀도시험 결과 2회 평균한 값의 측정범위의 한계는 얼마인가?

① 0.2g/cm^3 ② 0.01g/cm^3 ③ 0.5g/cm^3 ④ 0.05g/cm^3

해설 밀도값은 0.01g/cm^3, 흡수율은 0.03% 이하일 것

22 다음 시험용 기구 중 잔골재의 밀도 및 흡수율시험과 관계 없는 것은?

① 플라스크
② 철망태
③ 원추형 몰드와 다짐막대
④ 데시케이터

해설 철망태는 굵은 골재 밀도 및 흡수율 시험에 이용된다.

23 잔골재의 밀도 및 흡수율시험에서 끝이 잘린 원뿔형의 몰드(mold)를 빼올렸을 때에 잔골재가 흘러내리기 시작하면 어떤 상태라고 보는가?

① 포화상태
② 표면건조 포화상태
③ 건조상태
④ 습윤상태

24 다음 설명 중 골재의 내구성이 가장 뛰어난 것은?

① 밀도가 크고 흡수율이 큰 골재
② 밀도가 크고 흡수율이 작은 골재
③ 밀도가 작고 흡수율이 큰 골재
④ 밀도가 작고 흡수율이 작은 골재

해설 밀도가 크고 흡수율이 작은 골재는 골재 속의 조직이 치밀하다는 뜻이다.

25 다음은 굵은골재 밀도 및 흡수율 시험의 결과이다. 진밀도와 흡수율은?

A. 공기 중에서의 노 건조 시료의 질량 : 5,432g
B. 공기 중에서의 표면건조포화상태 시료의 질량 : 5,625g
C. 물속에서의 표면건조포화상태 시료의 질량 : 3,465g
단, $\rho_w = 1\text{g/cm}^3$

① 진밀도 2.51g/cm^3, 흡수율 3.43%
② 진밀도 2.56g/cm^3, 흡수율 3.43%
③ 진밀도 2.60g/cm^3, 흡수율 3.55%
④ 진밀도 2.76g/cm^3, 흡수율 3.55%

해설
- 진밀도 $= \dfrac{A}{A-C} \times \rho_w = \dfrac{5432}{5432-3465} \times 1 = 2.76\text{g/cm}^3$
- 흡수율(%) $= \dfrac{B-A}{A} \times 100 = \dfrac{5625-5432}{5432} \times 100 = 3.55\%$
- 표면건조포화상태의 밀도 $= \dfrac{B}{B-C} \times \rho_w = \dfrac{5625}{5625-3465} \times 1 = 2.60\text{g/cm}^3$

26 다음은 잔골재의 조립률에 대한 사항이다. 설명 중에서 틀린 것은?

① 조립률은 10을 넘을 수 없다.
② 골재의 크기가 클수록 조립률은 크다.
③ 혼합골재의 조립률은 가중평균을 이용하여 구한다.
④ 0.08mm체에 상당한 양이 남아 있을 경우에는 그 값도 고려해야 한다.

해설
• 조립률은 10개의 체를 이용하여 각 체의 잔류율을 누계로 하여 100으로 나눠 10을 넘을 수 없다.
• 0.08mm체는 조립률 구하는 체와 관계없다.

27 콘크리트용 골재에 요구되는 성질 중 옳지 않은 것은?

① 물리적으로 안정하고 내구성이 클 것
② 화학적으로 안정할 것
③ 시멘트 풀과의 부착력이 큰 표면조직을 가질 것
④ 낱알의 크기가 균일할 것

해설 크고 작은 낱알이 골고루 분포되어야 좋다.

28 골재의 취급 저장에 대한 설명 중 옳지 않은 것은?

① 표면수가 균등하게 되도록 저장하여야 한다.
② 굵은 골재를 취급할 때에는 대소알을 분리하여 저장한다.
③ 여름철에는 직사광선을 피할 수 있는 시설을 갖춘다.
④ 각종 골재는 따로 따로 저장하여야 한다.

해설 굵은 골재의 크기가 65mm 이상인 경우 대소알을 분리하여 저장한다.

29 다음은 골재의 함수상태를 설명한 것이다. 이 중 틀린 설명은?

① 노건조상태 : 골재를 건조로에 넣어 105±5℃의 온도로 건조기 내에서 항량이 될 때까지 건조한 상태
② 기건상태 : 공기 중에서 질량이 일정할 때까지 건조시킨 상태로 골재알의 표면은 물론 내부도 일부 건조한 상태
③ 표면건조 포화상태 : 골재알의 표면은 수분이 부착하고 내부의 공극이 수분으로 포화되어 있는 상태
④ 습윤상태 : 골재 내부의 공극은 수분으로 포화되고 표면에도 수분이 부착하고 있는 상태

해설 표면건조 포화상태 : 골재의 표면에는 물이 없고 내부는 물로 포화된 상태

정답 22 ② 23 ② 24 ② 25 ④ 26 ④ 27 ④ 28 ② 29 ③

30 다음은 알칼리 골재 반응에 대한 말이다. 잘못된 것은 어느 것인가?
① 알칼리 골재 반응이 일어날 경우 콘크리트는 서서히 수축하고 약 1년 경과 후 방향성이 없는 균열이 생기게 된다.
② 알칼리 골재 반응이 생겼을 때 콘크리트를 절단해 보면 특수한 골재는 겔상태의 물질로 덮여져 있다.
③ 알칼리 골재 반응은 포틀랜드 시멘트 중의 알칼리 성분과 골재 중의 어떤 종류의 광물이 유해한 반응작용을 일으키는 것이다.
④ 알칼리분이 많은 시멘트와 특수한 골재를 사용했을 때에 콘크리트에 생기는 팽창으로 인한 균열 붕괴를 알칼리 골재반응이라 한다.

해설 콘크리트 타설 후 1년 이내에 불규칙한 팽창성 균열이 생긴다.

31 알칼리 골재 반응에 대한 설명 중 잘못된 것은?
① 포틀랜드 시멘트 속의 알칼리 성분이 골재 속의 실리카질 광물과 화학반응을 일으키는 것을 말한다.
② 알칼리 골재반응을 일으키는 시멘트는 팽창하므로 콘크리트 표면에 많은 균열이 발생하게 한다.
③ 알칼리 골재반응을 일으키는 골재로는 이백석, 규산질, 또는 고로질 석회암, 응회암 등을 모암으로 하는 골재로 알려져 있다.
④ 우리나라 골재는 알칼리 골재반응이 자주 발생하므로 시멘트 내의 알칼리 양을 0.6g 이하로 하는 것이 좋다.

해설 알칼리 골재 반응을 억제하기 위해 알칼리량을 0.6% 이하로 하는 것이 좋다.

32 굵은 골재의 특성을 시험할 시료를 채취할 때 고려할 사항은 다음 중 어느 것인가?
① 골재의 밀도 ② 골재의 최대 입경
③ 조립률 ④ 골재의 단위용적질량

해설 골재의 최대 치수를 고려하여 적정한 골재를 채취한다.

33 골재의 봉다짐 시험방법 중 옳은 것은?
① 골재의 최대 치수가 100mm 이하인 것에 사용한다.
② 용기에 굵은골재 최대치수가 10mm 초과 40mm 이하 시료를 3층으로 나누어 넣고 각 층을 다짐대로 30회 다진다.

③ 골재의 최대 치수가 50mm 이상 100mm 이하인 것에 사용한다.
④ 시료를 용기에 3층으로 나누어 넣고 각층을 용기의 한쪽을 5cm 가량 들어올려 한쪽에 25번씩 양쪽 50번을 교대로 단단한 바닥에 떨어뜨려 다진다.

해설 봉다짐 시험 방법은 골재의 최대치수가 40~80mm 이하 것을 사용한다.

34 골재가 필요로 하는 성질 중 틀린 것은?
① 물리적으로 안정하고 내구성이 클 것
② 모양이 입방체 또는 공모양에 가깝고 시멘트 풀과의 부착력이 큰 약간 거친 표면을 가질 것
③ 크고 작은 낱알의 크기가 차이 없이 균등할 것
④ 소요의 중량을 가질 것

해설 크고 작은 낱알이 골고루 분포한 입도가 양호할 것

35 25~30°C의 깨끗한 물 1ℓ 당, 순도 99.5%의 무수황산나트륨(Na_2SO_4)을 350g의 비율로 가하여 잘 휘저으면서 용해시킨 후 21°C의 온도로 48시간 이상 보존한 후 시험골재를 16~18시간 담궈 손실량을 계량하는 시험은?
① 골재의 유기불순물 시험　　② 골재의 마모 시험
③ 골재의 안정성 시험　　　　④ 골재의 수밀성 시험

36 잔골재의 안정성시험에서 황산나트륨을 사용할 경우 손실 질량 백분율은 몇 % 이하이어야 하는가?
① 8%　　　　　　　　　② 10%
③ 12%　　　　　　　　　④ 15%

해설 잔골재는 10% 이하, 굵은 골재는 12% 이하이다.

37 기상작용에 대한 골재의 저항성을 평가하기 위한 시험은 다음 중 어느 것인가?
① 유해물 함량시험
② 안정성시험
③ 밀도 및 흡수율시험
④ 로스엔젤스 마모시험

정답 30 ① 31 ④ 32 ② 33 ② 34 ③ 35 ③ 36 ② 37 ②

CHAPTER 5 출제 예상 문제

38 습윤상태의 굵은 골재 5035g이 있다. 굵은 골재의 함수 상태별 질량을 측정한 결과 표면건조 포화상태일 때 4956g, 절대 건조상태(노건조상태)일 때 4885g이었다. 이 때 표면수율과 흡수율은 얼마인가?

① 표면수율 : 3.1%, 흡수율 : 1.4%
② 표면수율 : 3.1%, 흡수량 : 1.5%
③ 표면수율 : 1.6%, 흡수율 : 1.5%
④ 표면수율 : 1.6%, 흡수율 : 1.4%

해설
- 표면수율 $= \dfrac{5035 - 4956}{4956} \times 100 \fallingdotseq 1.6\%$
- 흡수율 $= \dfrac{4956 - 4885}{4885} \times 100 \fallingdotseq 1.5\%$

39 습윤상태의 질량이 625g인 모래를 절건시킨 결과 598g이 되었다. 전함수율은 얼마인가?

① 4.5% ② 4.3%
③ 3.5% ④ 3.4%

해설
전함수율 $= \dfrac{625 - 598}{598} \times 100 = 4.5\%$

40 골재의 유효흡수율에 대한 다음 설명 중 옳은 것은?

① 골재의 표면에 묻어 있는 물의 양
② 골재의 안과 바깥에 들어 있는 물의 양
③ 공기 중 건조상태에서 골재의 알이 표면건조 포화상태로 되기까지 흡수된 물의 양
④ 노건조상태에서 표면건조 포화상태로 되기까지 흡수된 물의 양

41 습윤상태의 모래 1000g을 노건조할 때 절대건조질량이 950g으로 되었다. 이 모래의 흡수율이 2.0%이라면, 표면건조 포화상태를 기준으로 한 표면수율의 값은?

① 2.3% ② 3.2%
③ 4.3% ④ 5.3%

해설
- 흡수율 $= \dfrac{\text{표건상태} - \text{노건상태}}{\text{노건상태}} \times 100$
  $2 = \dfrac{x - 950}{950} \times 100 \quad \therefore x = 969\text{g}$
- 표면수율 $= \dfrac{\text{습윤상태} - \text{표건상태}}{\text{표건상태}} \times 100 = \dfrac{1000 - 969}{969} \times 100 \fallingdotseq 3.2\%$

42 모래 A의 조립률이 3.43이고, 모래 B의 조립률이 2.36인 모래를 혼합하여 조립률 2.80의 모래 C를 만들려면 모래 A와 B는 얼마를 섞어야 하는가? (단, $A:B$의 질량비)

　　　 A　　B　　　　　　　　　　　　　　　A　　B
① 41(%) : 59(%)　　　　　　　　② 59(%) : 41(%)
③ 38(%) : 62(%)　　　　　　　　④ 62(%) : 38(%)

해설
$A + B = 100$ ················ 식 ①
$\dfrac{3.43A + 2.36B}{A+B} = 2.80$ ·········· 식 ②
$(A+B)2.80 = 3.43A + 2.36B$
$2.8A + 2.8B = 3.43A + 2.36B$
$(2.8 - 2.36)B = (3.43 - 2.8)A$
$0.44B = 0.63A$
$A = 0.698B$
$\therefore A = \dfrac{0.698}{1.698} \times 100 = 41.1\% ≒ 41\%$
　　$B = \dfrac{1}{1.698} \times 100 = 58.9\% ≒ 59\%$

43 잔골재의 밀도 및 흡수율 시험 결과 표면건조 포화시료의 질량 500g, 시료의 노건조질량 490g, 플라스크에 물을 채운 질량은 660g, 플라스크에 시료와 물을 채운 질량은 970g이었다. 표면건조 포화상태 밀도 및 흡수율은 얼마인가? (단, $\rho_w = 1\text{g/cm}^3$)

① 2.58g/cm^3, 2.0%　　　　　　② 2.63g/cm^3, 2.04%
③ 2.65g/cm^3, 2.0%　　　　　　④ 2.72g/cm^3, 2.04%

해설
- 표면건조 포화상태 밀도 $= \dfrac{500}{660 + 500 - 970} \times 1 = 2.63\text{g/cm}^3$
- 흡수율 $= \dfrac{500 - 490}{490} \times 100 = 2.04\%$

44 다음 중 잔골재의 밀도는 얼마인가?

① $2.0 \sim 2.50\text{g/cm}^3$　　　　　　② $2.50 \sim 2.65\text{g/cm}^3$
③ $2.55 \sim 2.70\text{g/cm}^3$　　　　　　④ $2.0 \sim 3.0\text{g/cm}^3$

해설 굵은 골재의 밀도는 $2.55 \sim 2.70\text{g/cm}^3$ 범위이다.

45 콘크리트용 굵은골재 마모율의 한도는 보통 콘크리트 경우 몇 % 이하인가?

① 35%　　　② 40%　　　③ 50%　　　④ 60%

정답 38 ③　39 ①　40 ③　41 ②　42 ①　43 ②　44 ②　45 ②

해설
- 포장 콘크리트 : 35% 이하
- 보통 콘크리트 : 40% 이하
- 댐 콘크리트 : 40% 이하

46 다음 중 모래의 유기불순물 시험에 사용되는 시약은?

① 염화나트륨 ② 규산나트륨
③ 수산화나트륨 ④ 황산나트륨

해설 유기불순물 시험에는 알코올, 타닌산, 수산화나트륨이 사용된다.

47 굵은 골재의 유해물 함유량 한도는 0.08mm체 통과량 시험의 경우 몇 % 이하인가?

① 0.25% ② 1.0% ③ 3.0% ④ 5.0%

해설
- 잔골재의 유해물 함유량의 한도
  1) 점토 덩어리 : 1.0%
  2) 0.08mm체 통과
     ① 콘크리트의 표면이 마모작용을 받는 경우 : 3.0%
     ② 기타의 경우 : 5.0%
  3) 석탄, 갈탄 등으로 밀도 2.0의 액체에 뜨는 것
     ① 콘크리트의 외관이 중요한 경우 : 0.5%
     ② 기타의 경우 : 1.0%
  4) 염화물(NaCl 환산량) : 0.04%
- 굵은 골재의 유해물 함유량의 한도
  1) 점토 덩어리 : 0.25%
  2) 연한 석편 : 5.0%
  3) 0.08mm체 통과량 : 1.0%
  4) 석탄, 갈탄 등으로 밀도 2.0의 액체에 뜨는 것
     ① 콘크리트의 외관이 중요한 경우 : 0.5%
     ② 기타의 경우 : 1.0%

48 콘크리트에 사용되는 잔골재의 조립률로서 적합한 것은?

① 2.0~3.3 ② 3.3~4.1 ③ 6~8 ④ 8~9

해설 굵은 골재의 조립률 : 6~8

49 잔골재 밀도 시험시 표면건조 포화상태의 시료의 양은 얼마인가?

① 250g 이상 ② 350g 이상 ③ 500g 이상 ④ 650g 이상

50 골재의 안정성 시험에 대한 설명 중 옳은 것은?
① 시료를 금속제 망태에 넣고 시험용 용액에 24시간 담가둔다.
② 백분율이 10% 이상인 무더기에 대해서만 시험을 한다.
③ 용액은 자주 휘저으면서 21±1.0℃의 온도로 24시간 이상 보존 후 시험에 사용한다.
④ 황산나트륨 포화 용액의 붕괴 작용에 대한 골재의 저항성을 알기 위해서 시험한다.

해설 시험 골재를 16~18시간 정도 황산나트륨 수침 후 꺼내 24시간 노건조 시키는 반복을 5회 실시하여 손실량을 구한다.

51 골재의 안정성 시험을 할 경우 사용하지 않는 것은?
① 황산나트륨　　　　② 염화바륨
③ 물 1l　　　　　　④ 수산화나트륨

해설 수산화나트륨은 유기불순물 시험 시 이용된다.

52 골재의 단위용적질량 시험을 할 때 시료의 상태는?
① 노건조 상태　　　　② 표면건조 포화상태
③ 공기중건조상태　　　④ 습윤상태

해설 골재의 단위용적질량은 기건상태의 1m³당 질량이다.

53 다음 중 골재의 체가름 시험 시 필요하지 않은 것은?
① 시료 분취기　　　　② 건조기
③ 체 진동기　　　　　④ 곧은날

해설 곧은날은 주로 캐핑 및 흙의 다짐 시험 시 이용된다.

54 골재의 안정성 시험을 할 경우 황산나트륨 용액을 이용하여 실시한 후 흰 앙금이 없도록 물로 씻는데 어떤 용액으로 확인하는가?
① 알콜　　② 타닌산　　③ 염화바륨　　④ 수산화나트륨

55 굵은 골재 중의 점토 덩어리 함유량의 최댓값은 얼마인가?
① 0.25%　　② 1%　　③ 3%　　④ 5%

정답　46 ③　47 ②　48 ①　49 ③　50 ④　51 ④　52 ③　53 ④　54 ③　55 ①

CHAPTER 5 출제 예상 문제

56 콘크리트용 굵은 골재의 마모율을 구할 때 마모시험 후 몇 mm체로 치는가?
① 10mm ② 5mm
③ 1.7mm ④ 0.6mm

해설 마모시험 후 1.7mm체를 사용하여 체를 친다.

57 콘크리트용 골재 시험과 관계없는 것은?
① 0.08mm체 통과량, 굵은 골재의 밀도
② 잔골재의 밀도, 마모감량
③ 체가름, 유기불순물
④ 단위용적질량, 마샬 안정도

해설 마샬 안정도시험은 아스팔트시험이다.

정답 56 ③ 57 ④

CHAPTER 6. 폭파약

1 폭파약의 종류

❶ 화약
폭파속도 340m/sec 이하로 연소하는 것

❷ 폭약
① 뇌관을 사용하여 그 기폭에 의해 폭발시키는 것
② 폭속이 2000~8000m/sec
③ 반응이 신속하고 폭발력이 강하다.

2 화약

❶ 흑색화약
① 황(S) 10%, 목탄(C) 15%, 초석(KNO_3) 75% 비율로 미분말을 혼합한 것
② 폭파력은 강하지 않으나 값이 싸고, 취급 및 보관 시 위험이 적으며 발화가 간단하고 소규모 공사에 사용 가능
③ 흡수성이 크며 젖으면 발화하지 않고 수중에서는 폭발하지 않는다.
④ 폭발 시 연기가 많아 유연화약 이라고도 한다.

❷ 무연화약
① 니트로셀룰로오스 또는 니트로글리세린을 주성분으로 하는 화약에 비해 압력은 높지 않다.
② 연소성을 조절할 수 있어 총탄, 포탄, 로켓 등에 사용한다.

3 폭약

❶ 기폭약

- 보통의 폭약은 화약과 달리 점화하면 연소할 뿐 즉시 폭발하지 않는다.
- 기폭약은 점화 자체로 자신이 폭발하여 다른 화약류의 폭발을 유발한다.

(1) 뇌산수은(뇌홍)
① 화염, 충격 및 마찰 등에 매우 예민하다.
② 발화온도는 170~180℃로 매우 낮아 취급 시 주의

(2) 질화납
① 무색의 결정체로 되어 있으며 점폭약으로 많이 사용한다.
② 뇌홍에 비해 가격이 저렴하고 기폭력이 크다.
③ 수중에서 폭발한다.
④ 발화점이 높고 구리와 화합하면 위험하므로 뇌관의 관체는 알루미늄을 사용한다.

(3) DDNP
① 황색의 미세결정으로 기폭약 중 가장 강력한 폭약
② 폭발력은 TNT와 동일하고 뇌홍의 2배 정도
③ 발화점은 180℃ 정도

❷ 폭약

(1) 카알릿
① 과염소산 암모늄을 주성분으로 규소철, 목분, 중유 등을 조합한 분말
② 다이너마이트보다 발화점(295℃)이 높고 충격에 둔감하여 취급에 위험이 적다.
③ 폭발력은 다이너마이트보다 우수하고 흑색화약의 4배 정도이며 폭발속도가 다이너마이트보다 느리다.
④ 큰 돌의 채석, 암석, 경질토사 절토시 적합하며 가격도 저렴하다.
⑤ 유해가스 발생이 많고 흡수성이 커 갱내의 터널공사에는 부적당하다.

(2) 니트로글리세린
① 글리세린에 질산을 반응시켜 만든 무색, 무취한 액체
② 충격 및 마찰에 극히 예민하므로 단독으로 사용하는 것은 위험
③ 가장 강력한 폭약으로 흑색화약보다 강하다.
④ 액체로 운반, 취급이 불편하고 동해를 입기 쉽다.

(3) 다이너마이트(Dynamite)

① 규조토 다이너마이트
- 액상인 니트로글리세린의 취급 위험과 불편을 없애기 위해 불가연성의 규조토 25, 니트로글리세린 75 비율로 흡수시킨 것

② 스트레이트 다이너마이트
- 액상인 니트로글리세린 40~60%에 가연성인 질산나트륨에 질산칼, 목분, 녹말, 황분말 등을 혼합한 것
- 규조토 다이너마이트보다 위력이 크다.

③ 교질 다이너마이트
- 니트로셀룰로오스에 니트로글리세린 및 젤라틴 20% 이상 넣어 콜로이드화하여 만든 가소성의 황색폭약
- 폭약 중 폭발력이 가장 강하여 터널과 암석 발파에 주로 사용하고 수중용으로도 사용한다.

④ 분말상 다이너마이트
- 니트로글리세린 7~20%에 질산암모늄 7% 이상을 함유된 것으로 채탄용에 사용한다.

(4) 면화약
① 질산과 황산의 혼합액으로 면사와 같은 식물섬유를 넣은 초안섬유가 주성분이다.
② 습하면 폭발하지 않으며 충격 및 마찰이 있으면 쉽게 폭발한다.

(5) 질산 암모늄계 폭약(초안폭약)
① 질산암모늄을 주성분으로 질산 암모늄 폭약, 질산 암모늄 유제 폭약 등이 있다.
② 질산암모니아가 분해하여 폭발하므로 잔류물이 남지 않고 전부 가스화되어 폭발력이 커진다.
③ 유해가스가 많이 발생하여 채광작업이나 채석장 암석발파에는 좋으나 터널에는 부적당하다.

(6) ANFO(Ammonium Nitrate Fuel Oil mixture)
① 초유폭약이라고 한다.
② 초안암모늄 94, 연료유(경유) 6의 질량비 혼합물
③ 충격에 둔하며 취급이 안전하고 가격이 저렴
④ 폭발 가스량이 많고 폭발온도는 비교적 낮다.

(7) 슬러리(slurry) 폭약
① 함수폭약이라고 한다.
② 초안 TNT, 물의 혼합물로 내수성이 강하고 폭발력이 크다.

③ 충격, 마찰, 화염에 대한 안정성이 다이너마이트나 ANFO보다 높다.
④ 폭발력은 ANFO보다 크고 다이너마이트와 비슷하다.

(8) 캄마이트(Cammite)
발파에 의하지 않고 무소음, 무진동으로 팽창에 의해 암석을 발파한다.

4 기폭용품

① 도화선
① 분말의 흑색화약 주위를 마사, 면사, 종이, 테이프 등으로 피복하고 방수도료를 도포한 후 가공한 직경 약 5mm의 화공품으로 공업뇌관에 결합하여 발파가 가능하게 한다.
② 연소속도가 정확하고 점화력이 강하며 내수성이 양호해야 한다.

② 도폭선
① 대폭파 또는 수중폭파 등 동시에 폭파 할 목적으로 뇌관대신 금속 또는 섬유로 피복한 끈 모양의 폭약
② 면화약을 심약으로 하고 마사, 면사 등으로 싸서 방습포장한 것으로 연소속도는 3000~6000m/sec이다.
③ 원료로 피크린산, TNT, 헥소겐, 펜트리트 등을 사용한다.

③ 공업뇌관
① 도화선을 이용하여 폭약을 폭발하도록 유도한다.
② 구리관에 기폭약을 넣고 도화선을 점화시켜 기폭약을 폭발하여 폭약에 전달한다.

④ 전기뇌관
공업뇌관 윗부분에 전기 점화장치를 조합시킨 것으로 여러 개의 발파를 동시에 일정한 지체시간을 두고 폭발한다.

(1) 전기뇌관
① 전화와 동시에 폭발하는 순발뇌관으로 보통뇌관과 거의 비슷하다.
② 도화선 대신 전기점화장치가 있다.

(2) 지발 전기뇌관

① 폭발시간을 단계적으로 늦추어 순차적으로 폭발시킨다.

② DS뇌관(decisecond detonator)
- 지발 간격은 1단의 차가 약 $\frac{25}{100}$ 초로서 단계적 폭발이 가능하도록 한 것으로 여러 개를 동시에 폭발시킬 경우 지발간격이 길어 효율이 떨어진다.

③ MS뇌관(Milisecond Detonator)
- 지발 간격을 더 짧게 하여 1단의 차를 약 $\frac{25}{1000}$ 초로서 작업효과가 좋다.

5. 폭파약 취급 시 주의사항

① 다이너마이트는 직사광선을 피하고 화기가 접근하는 데 두지 말 것
② 운반 시 화기나 충격을 받지 않도록 할 것
③ 뇌관과 폭약은 동일한 장소에 두지 말 것
④ 장기간 보관 시 온도나 습도에 의해 변질되지 않도록 할 것
⑤ 취급자의 교육, 지도, 감독을 철저히 할 것

출제 예상 문제

폭파약

01 흑색화약이 아닌 면화약을 심약으로 하고 마사(麻絲), 면사(綿絲) 등으로 싸서 방습포장을 한 것을 무엇이라 하는가?

① 전기뇌관   ② 일반뇌관   ③ 뇌홍   ④ 도폭선

해설 도폭선은 대폭파 또는 수중폭파 등 동시에 폭파가 가능하다.

02 다음 중에서 도화선의 점화로 발파시키지 않는 것은?

① 공업용 뇌관   ② 흑색화약
③ 데토릴   ④ 무연화약

해설 데토릴은 첨장약에 사용되며 일반 화염으로 점화가 가능하다.

03 다음 중에서 데토릴의 사용 용도로 옳은 것은?

① 뇌관의 원료   ② TNT의 주원료
③ 도폭선의 원료 ④ 초안폭약의 원료

04 다음 설명 중에서 틀린 것은?

① ANFO는 질산 암모늄의 주성분이다.
② 전기 뇌관은 일반 뇌관에 전기 점화 장치를 부착한 것이다.
③ 도화선의 심약으로는 무연화약을 사용한다.
④ 알루미늄 뇌관은 폭발할 때 파편이 있으므로 갱내용으로는 부적당하다.

해설 도화선의 심약으로는 유연화약을 사용한다.

05 대폭파 또는 수중 폭파를 동시에 실시하기 위해 뇌관 대신 사용하는 것을 무엇이라 하는가?

① 도화선   ② 도폭선   ③ 전기뇌관   ④ 첨장약

06 다음 화약류 중에서 발화점이 가장 낮은 것은?

① 데토릴   ② TNT   ③ 초안폭약   ④ 뇌홍

07 다음은 폭약에 관한 사항이다. 옳지 않은 것은?
① 다이너마이트의 주성분은 니트로글리세린이다.
② TNT는 도화선만으로 폭발시킬 수 없다.
③ 도화선의 심약으로 주로 흑색화약을 사용한다.
④ 흑색화약의 주성분은 황산염이다.

> **해설** 흑색화약의 주성분은 초석(초산칼륨)이다.

08 최근에 탄광과 토목 공사용의 폭약으로 이용되는 것으로 그 주성분이 질산암모늄과 연료유로 되어 있는 폭약은?
① ANFO   ② 다이너마이트
③ 카알릿   ④ 니트로글리세린

09 다음 중에서 폭약으로 카알릿(carlit)의 사용이 부적당한 곳은?
① 채석장에서 큰 석재의 채취용   ② 경질토사의 절취용
③ 터널공사의 발파용   ④ 암석의 절취 또는 제거용

> **해설** 갱내 터널공사의 발파용으로는 부적당하다.

10 발파에 의하지 않고 무진동, 무소음으로 팽창에 의하여 기존 건물이나 암반을 폭파하는 폭약은?
① 슬러리(slurry) 폭약   ② ANFO 폭약
③ 카알릿(carlit) 폭약   ④ 캄마이트(calmmite)

11 다음 중에서 기폭약에 속하는 것은?
① 카알릿(carlit)   ② 뇌홍
③ 질산암모늄   ④ 다이너마이트

> **해설** 기폭약에는 뇌홍, 데토릴, DDNP, 헥조겐 등이 있다.

12 토목공사에 사용하는 폭약 중 폭발력이 가장 약한 것은?
① 흑색화약   ② TNT   ③ 다이너마이트   ④ 카알릿

정답 01 ④ 02 ③ 03 ① 04 ③ 05 ② 06 ④ 07 ④ 08 ① 09 ③ 10 ④ 11 ② 12 ①

6 출제 예상 문제

13 다음 폭약에 대한 설명 중 옳지 않은 것은?
① 질산암모늄 에멀션 폭약은 질산암모늄과 연료유의 단순한 혼합물이다.
② 다이너마이트는 니트로글리세린을 각종 고체에 흡수시킨 폭약이다.
③ 니트로글리세린은 글리세린에 질산을 작용시켜 만든 것이다.
④ 카알릿은 다이너마이트보다 발화점이 낮다.

해설 카알릿은 다이너마이트보다 발화점이 높다.

14 다음은 slurry 폭약에 관한 사항이다. 옳지 않은 것은?
① 저온에 강하다.
② 충격감도가 둔하므로 제조, 운반, 취급이 쉽다.
③ 상향천공에는 부적당하다.
④ 용수공 또는 해수 중에 사용할 수 있다.

해설 물을 함유하고 있어 저온에 약하다.

15 상온에서 액체인 폭약은?
① 니트로글리세린　　② 초안폭약
③ 질화연　　　　　　④ 카알릿

16 폭약으로 니트로글리세린의 함유량이 많고 아교질물로 폭발력이 강하고 수중공사에 많이 사용하는 것은?
① 카알릿　　　　　　② ANFO
③ 블라스팅 다이너마이트　　④ 젤라틴 다이너마이트

17 다음은 ANFO에 관한 사항이다. 옳지 않은 것은?
① 대발파에 좋다.
② 초안과 연료유의 혼합으로 만들어진다.
③ 다른 폭약에 비해 민감하며 접촉성 위험이 크다.
④ 다른 폭약에 비해 가격이 싸다.

해설 다른 폭약에 비해 둔감하다.

18 보통뇌관을 사용할 경우 뇌관 및 도화선을 단 약포, 즉 전폭약포(傳爆藥包 : primer)를 만들고자 한다. 다음 중 틀린 설명은?

① 도화선을 원하는 길이만큼 남기고 그 일단을 직각으로 평활하게 가위로 절단한다.
② 이 절단구를 서서히 뇌관 속 기폭약면까지 밀어 넣는다.
③ 도화선을 뇌관에서 떼어 내어 도화선을 압착시킨다.
④ 뇌관정진용 나무막대로 뇌관의 지름과 같은 크기의 구멍을 뚫고 그 속에 뇌관을 삽입한다.

해설 도화선을 뇌관에서 떼어 내서는 안 된다.

19 흑색화약에 관한 설명 중에서 옳지 않은 것은?

① 대리석이나 화강암 같은 큰 석재의 채취에 사용
② 수분이 많으면 발화하지 않는다.
③ 취급이 안전하며 좁은 장소에서 많이 사용
④ 발열량이 많으며 폭발력이 매우 강한 화약이다.

해설 폭발력이 강하지 않다.

20 다음 폭약 중에서 동해를 입기에 가장 쉬운 것은?

① TNT ② 니트로글리세린
③ 초안폭약 ④ 카알릿

21 폭파약 취급상의 주의할 점 중에서 틀린 것은 어느 것인가?

① 운반 중 화기 및 충격에 대해서 세심한 주의를 한다.
② 뇌관과 폭약은 동일 장소에 두어서 사용에 편리하게 한다.
③ 장기보존에 의한 흡습, 동결에 대하여 주의를 한다.
④ 다이너마이트는 일광의 직사와 화기가 있는 곳은 피한다.

해설 뇌관과 폭약은 동일 장소에 두고 사용하면 위험하다.

22 다음 중에서 화약류가 아닌 것은?

① 초석 ② 뇌홍 ③ 데토릴 ④ 질화연

해설 초석은 흑색화약의 원료이다.

정답 13 ④ 14 ① 15 ① 16 ③ 17 ③ 18 ③ 19 ④ 20 ② 21 ② 22 ①

23 다음 중에서 폭발력이 가장 강하고 수중에서도 폭발할 수 있는 다이너마이트는 어느 것인가?

① 스트레이트(straight) 다이너마이트
② 분상 다이너마이트
③ 규조토 다이너마이트
④ 교질 다이너마이트

24 충격, 마찰, 화염 등에 대해 안전하고, 다이너마이트에 비하여 가스 및 연기가 월등하게 적은 폭약은 다음 중 어느 것인가?

① 함수폭약(slurry)
② 니트로글리세린(nitrogriserine)
③ 초안폭약(ANFO)
④ 티엔티(TNT)

25 다음의 다이너마이트 중 암석용 다이너마이트는 어느 것인가?

① 교질 다이너마이트
② 스트레이트 다이너마이트
③ 규조토 다이너마이트
④ 분상 다이너마이트

정답 23 ④ 24 ① 25 ①

CHAPTER 7 금속재료

1 금속재료의 특징

① 금속광택이 있다.
② 전기, 열의 전도율이 크다.
③ 전성, 연성이 크다.
④ 가공성이 좋다.

2 강

1 제조방법에 따른 분류

① 평로(平爐)강
② 전로(轉爐)강
③ 전기로(電氣爐)강 : 양질의 강이나 특수강의 제조에 알맞다.
④ 도가니강 : 공구나 고급 특수강 제조에만 사용된다.

2 화학성분에 따른 분류

(1) 탄소강

① 탄소(C)를 0.04~1.7% 정도 철과 합금한다.
② 탄소 함유량이 많을수록 강도와 경도가 커지며 열처리하면 성질이 크게 달라진다.
③ 규소(Si), 망간(Mn), 인(P), 황(S) 등을 첨가한다.

(2) 합금강

① 탄소강에 특수한 성질을 주기위해 여러 종류의 다른 원소를 가하여 합금한다.
② 탄소강에 비해 인장 강도와 경도가 크고 내마멸성이 크며 질량을 줄일 수 있다.
③ 구조용, 철도궤도용, 공구용 등을 제조한다.

3 강의 열처리

❶ 풀림
① 일정한 시간동안 가열한 후 로 안에서 서서히 냉각시키는 것
② 조직을 고르게 하고 내부응력이 제거되며 신도가 증가된다.

❷ 불림
① 적당한 온도(800~1000℃)로 가열한 후 공기 중에서 냉각시키는 것
② 강속의 조직이 치밀하게 되고 변형이 제거된다.

❸ 담금질
① 강을 가열한 후 물 또는 기름 속에 급속히 냉각시키는 것
② 경도와 내마모성이 증대된다.
③ 인장강도 및 경도는 탄소량이 증가함에 따라 증가하고 신장률 및 단면수축률은 감소한다.

❹ 뜨임
① 담금질한 강에 인성을 주기 위해 적당한 온도에서 가열한 다음 공기 중에서 냉각시키는 것
② 변형이 줄고 강인한 강이 된다.

4 강의 일반적 성질

❶ 함유 원소에 따른 영향

(1) 탄소(C)
① 탄소 함유량이 많을수록 인장강도, 경도가 증가하고 인성, 충격치, 연신율, 단면 축소율이 작아진다.
② 탄소량이 0.9% 함유할 경우 경도는 최대가 되고 0.9% 이상은 경도가 일정하다.
③ 강에 탄소량을 증가시키면 밀도와 선팽창계수가 작아지며 전기에 대한 저항성 및 항복점 강도도 작아진다.

(2) 황(S)
황의 함유량이 많거나 망간(Mn)이 부족할 경우 취성이 크게 된다.

(3) 인(P)
① 인의 함유량을 2% 이상 첨가하면 강이 연해진다.
② 함유량이 많으면 취성이 커지나 내식성은 증가한다.

(4) 규소(Si)
함유량의 2%까지는 연성을 나쁘게 하지 않고 강도를 높이며 강에 내열성을 준다.

(5) 망간(Mn)
함유량이 1%정도 첨가하면 경도와 강도가 커진다.

2 역학적 성질

(1) 인장강도 시험

① 항복점 $\quad f_y = \dfrac{P_y}{A_o}$

② 인장강도 $\quad f_t = \dfrac{P_{\max}}{A_o}$

③ 파단 연신율 $\quad \delta = \dfrac{l - l_o}{l_o} \times 100$

④ 단면수축률 $\quad \psi = \dfrac{A_o - A}{A_o} \times 100$

여기서, P_y : 항복하기 이전의 최대하중(kg)
A_o : 원단면적(mm^2)
$P_{\max}$: 최대 인장하중(kg)
l : 파단 후의 표점거리(mm)
l_o : 표점거리
A : 파단 후의 단면적(mm^2)

(2) 경도 시험
① 금속재료의 단단함 정도를 측정한다.
② 많이 쓰이는 브리넬 경도시험기와 로크웰, 쇼어, 비커스 경도 시험기가 있다.

(3) 충격시험
① 금속재료의 인성을 측정한다.
② 아이조드식, 샤르비 충격시험이 있다.

(4) 굽힘 시험
① 강재의 굽힘 가공성을 측정한다.

② 규정된 안쪽 지름으로 굽힘 각도가 180° 될 때까지 굽혀서 굽혀진 부분의 바깥쪽 터짐 및 결점을 검사한다.
③ 눌러 굽히는 방법, 감아 굽히는 방법, V블록법이 있다.

5 금속 방식법

1 비금속 도포법

① 페인트 도포(녹막이 도료)
② 아스팔트 도포
③ 모르터 도포

2 금속 피막법

① 도금법(아연도금)
② 확산 침투법
③ 가공법

3 전기 방식법

① 외부 전원법
② 유전 양극법

CHAPTER 7 출제 예상 문제

금속재료

01 PC(prestressed concrete)에 쓰이는 피아노선의 소재로서 맞는 것은 어느 것인가?
① 저탄소강   ② 고탄소강
③ 스테인레스강   ④ 크롬강

02 철근 콘크리트용 철근의 굽힘시험시 시험편의 굴곡 각도는 몇 도인가?
① 60°   ② 90°   ③ 120°   ④ 180°

03 다음은 강의 냉간 압연에 관한 설명이다. 틀린 것은?
① 냉간 가공한 강은 일정 시간 600~650℃의 온도로 가열하면 내부응력이 제거된다.
② 강을 냉간 가공하면 인장강도와 항복점이 커진다.
③ 강을 냉간 가공하면 밀도가 커진다.
④ 강을 저온에서 냉간 가공하면 경도가 높아진다.

> **해설**
> • 압연 : 강을 틀에 넣어 눌러서 모양을 만듦
> • 강을 냉간 가공하면 밀도가 작아진다.

04 강의 화학성분 중 인(P)이 많을 때 증가되는 것은 다음 중 어느 것인가?
① 인성   ② 취성   ③ 탄성   ④ 휨성

05 다음 금속재료의 성질에 관한 설명 중 틀린 것은?
① 탄성이 매우 크기 때문에 소성변형을 일어나지 않는다.
② 열과 전기의 전도체이다.
③ 경도가 높지만 가공성은 좋다.
④ 일반적으로 인성은 크지만 취성은 적다.

> **해설** 탄성한도를 넘으면 소성변형이 발생한다.

06 주철의 성분이 아닌 것은 어느 것인가?
① 규소(Si)   ② 망간(Mn)   ③ 인(P)   ④ 질소(N)

정답 01 ② 02 ④ 03 ③ 04 ② 05 ① 06 ④

CHAPTER 7 출제 예상 문제

07 강의 열처리 방법 중에서 강의 조직을 미립화하고 강속의 변형을 제거, 성분을 평형상태로 하기 위해 변태점 이상의 온도로 가열해서 적당한 시간을 두고 서서히 냉각하는 방법은?

① 풀림(annealing)   ② 담금질(quenching)
③ 뜨임(tempering)   ④ 불림(normalizing)

08 강관, 형강, 봉강 등은 주로 무슨 제조법으로 제조되는가?

① 단조   ② 주조   ③ 압출   ④ 압연

09 다음 설명 중에서 틀린 것은?

① 강의 경도와 강도를 지배하는 원소는 탄소이다.
② 일반적으로 강이라 하면 탄소강을 의미한다.
③ 담금질을 하면 경도가 증가된다.
④ 강의 제조방법에서 선철을 로에 넣고 공기를 불어 넣어 불순물을 산화시키는 방법은 도가니로법이다.

해설 강의 제조 방법에서 선철을 로에 넣고 공기를 불어 넣어 불순물을 산화시키는 방법은 전로법이다.

10 금속의 녹 방지법에 해당되지 않는 것은?

① 페인팅   ② 아연도금   ③ 콜타르 도포   ④ 염산도포

해설 염산도포는 부식의 원인을 더 해준다.

11 강철은 선철을 용융상태에서 정련한 것이다. 이 제조법에 속하지 않는 것은?

① 평로 제강법   ② 고로 제강법   ③ 도가니 제강법   ④ 전로 제강법

해설 평로, 전로, 도가니, 전기로 법 등이 있고 주로 평로법과 전로법으로 제조한다.

12 PS 콘크리트와 프리텐션 방식에 사용할 수 없는 강재는?

① PC 스트랜드   ② 이형 PC 강선   ③ PC 강선   ④ PC 강봉

해설 PC 강봉은 포스트텐션 방식에 사용된다.

13 냉간 가공을 했을 때 강재의 특성으로 옳지 않은 것은?

① 인장강도가 증가한다.   ② 항복점 및 경도가 증가한다.
③ 밀도는 약간 감소한다.   ④ 신장률이 증가한다.

해설 신장률은 감소한다.

14 다음과 같은 I 형강의 치수의 표시로 옳은 것은?
① I-100×300×10
② I-10×100×300
③ I-300×100×10
④ I-300×10×100

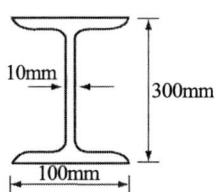

15 단면적이 80mm²인 강봉을 인장시험하는 항복점 하중 256N, 최대하중 368N을 얻었을 때 인장강도는 얼마인가?
① 7MPa ② 4.6MPa ③ 3.5MPa ④ 1.8MPa

해설 $f = \dfrac{P}{A} = \dfrac{368}{80} = 4.6\text{MPa}$

16 다음은 강의 제조법에 따른 분류이다. 잘못된 것은 어느 것인가?
① 평로법   ② 베셀(Bethel)법
③ 베세머(Bessemer)법   ④ 도가니법

해설
• 베셀법은 목재의 방부제 주입법이다.
• 베세머법은 전로법이라 한다.

17 금속재료에 관한 다음 설명 중에서 옳지 않은 것은 어느 것인가?
① 다른 금속과 용해해서 합금하는 성질이 있다.
② 밀도가 크고 질량이 크다.
③ 전기와 열의 전도율이 작고 독특한 광택을 가진다.
④ 상온에서는 대부분 결정에 의해서 고체로 구성되어 있다.

해설 전기, 열의 전도율이 크다.

18 강철의 지나친 취성과 경도를 조정하고 적당한 강인성을 주기 위하여 변태온도 이하로 다시 가열하여 서서히 냉각하는 열처리 방법을 무엇이라 하는가?
① 불림 ② 풀림 ③ 뜨임 ④ 담금질

정답 07 ④ 08 ④ 09 ④ 10 ④ 11 ② 12 ④ 13 ④ 14 ③ 15 ② 16 ② 17 ③ 18 ③

CHAPTER 8 합성수지

1 합성수지의 분류

❶ 열경화성 수지
① 한번 경화한 것은 다시 가열하여도 연화되지 않는 성질
② 페놀수지, 요소수지, 멜라민수지, 폴리에스테르수지, 실리콘수지, 에폭시수지, 우레탄수지, 규소수지, 프란수지 등이 있다.

❷ 열가소성 수지
① 가열하면 연화되어 소성을 나타내며 성형되어 상온에서 다시 경화되는 성질
② 아크릴 수지, 염화비닐 수지, 초산 비닐 수지, 폴리에틸렌 수지, 불소 수지 등이 있다.

2 플라스틱의 특징

❶ 장점
① 가벼우며 강인하다. ② 착색이 아름답고 빛의 투과율이 좋다.
③ 내수성, 내습성 및 내식성이 양호하다. ④ 전기 및 열의 절연성이 우수하다.
⑤ 성형 및 가공이 쉽고 대량생산이 가능하다.

❷ 단점
① 내마모성이 약하다. ② 탄성계수가 작고 변형이 크다.
③ 내열성, 내후성이 약하다. ④ 열에 의한 팽창 수축이 크다.
⑤ 압축강도는 크지만 다른 강도는 매우 작다.

CHAPTER 8 출제 예상 문제

합성수지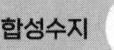

01 다음 중 열경화성 수지인 것은?
① 아크릴 수지 ② 폴리에틸렌 수지
③ 요소수지 ④ 불소수지

해설 **열경화성 수지** : 페놀수지, 요소수지, 멜라민수지, 실리콘수지, 에폭시수지, 우레탄수지, 규소수지, 폴리에스테르 수지 등이 있다.

02 플라스틱의 내식성에 대한 설명 중 옳지 않은 것은?
① 내식성이 우수하다.
② 일반적으로 비흡수성이다.
③ 약알칼리에 약하다.
④ 화학약품에 대한 저항성은 열경화성 수지와 열가소성 수지가 서로 다른 특성을 갖고 있다.

해설 플라스틱은 내알칼리성과 내산의 특징이 있다.

03 플라스틱의 열화(deterioration)란?
① 플라스틱의 부식성 ② 분말상태의 플라스틱을 성형하는 과정
③ 플라스틱의 열에 의한 용융 ④ 물리적인 성질의 영구적인 감소

해설 플라스틱은 내후성이 작아 부식하여 퇴화된다.

04 플라스틱 제품의 장점에 해당되지 않는 것은?
① 유기재료에 비해 내수성, 내구성이 있다. ② 밀도가 적고 가공이 쉽다.
③ 표면이 평화하고 아름답다. ④ 열에 의한 신축과 변형이 적다.

해설 열에 의한 신축과 변형이 크다.

05 다음 수지 중에서 열경화성 수지에 해당되지 않는 것은?
① 아크릴(acryl) ② 폴리에스테르(polyester)
③ 페놀(phinol) ④ 알키드(alkyd)

해설 **열가소성수지** : 아크릴 수지, 염화 비닐 수지, 초산 비닐 수지, 폴리에틸렌 수지, 불소 수지 등이 있다.

정답 01 ③ 02 ③ 03 ① 04 ④ 05 ①

CHAPTER 9 도료

1 도료의 주성분

① **보일류** : 도료의 건조를 촉진시키는 기름
② **용제** : 무색, 무독성으로 적당한 휘발성을 가지며 용해성이 커 유성 페인트, 유성 바니스, 에나멜 등의 혼합에 사용
③ **안료** : 착색을 내기 위한 분말로 물, 기름, 기타 용제에 녹지 않는다.
④ **희석제** : 휘발성을 증대시키는 역할을 하며 도료의 점도를 낮게 한다.

2 도료의 종류

1 페인트

(1) 유성 페인트
① 보일류에 안료를 혼합하여 만든다.
② 건조가 빠르고 도막에 팽창성이 있고 내구성이 크다.
③ 주로 옥외에 사용한다.

(2) 수성 페인트
① 안료에 기름을 쓰지 않고 물을 혼합하여 사용한다.
② 알칼리에 침식되지 않는다.
③ 무광택이며 내수성이 없다.
④ 내구성이 약하다.
⑤ 주로 실내에 사용한다.
⑥ 모르타나 콘크리트 등의 표면을 도포하는데 적당하다.

(3) 에나멜 페인트
① 오일 바니시에 안료를 혼합한 도료

② 도막이 두껍고 광택과 색채가 좋다.
③ 건조가 늦다.

(4) 에멀션 페인트
① 수성 페인트와 유성 페인트의 성질을 갖고 있다.
② 실내외에 모두 사용한다.
③ 콘크리트 바탕에 도장하기 쉽다.

❷ 바니시

(1) 유성 바니시
① 건성유에 수지를 용해하여 만든 것
② 투명하고 유성페인트 보다 내후성이 적어 실내용으로 사용한다.

(2) 휘발성 바니시
① 용제에 수지를 용해하여 만든 것
② 건조가 아주 빠르나 유성 바니스 보다 피막이 얇다.
③ 래크, 락카 등이 있다.

❸ 합성수지 도료

(1) 특징
① 건조속도가 빠르다.
② 내산성, 내알칼리성으로 콘크리트에 사용 가능하다.
③ 방화성이 크다.

(2) 종류
① 비닐 수지   ② 페놀 수지   ③ 알키드 수지   ④ 아크릴 수지

❹ 기타 용도별 도료

(1) 방화도료
인화되지 않게 하거나 연소의 지연을 위한 도료로 소화성, 발포성 방화 도료가 있다.

(2) 방청도료
① 금속의 표면에 도장하여 금속의 산화를 방지한다.
② 단단한 도막을 형성하는 아연도료인 광명단 도료가 많이 쓰인다.

CHAPTER 9 출제 예상 문제

도료

01 도료의 원료에 대한 다음 설명 중에서 잘못된 것은?
① 착색을 위해 분말로 된 안료를 사용하며 투명하고 이는 물이나 기름, 물이나 기름, 기타 용제 등에 용해된다.
② 바니스(varnish)와 에나멜(enamel)의 주요 원료로서 천연 수지와 합성수지를 사용하며 이를 용제로 녹이면 투명하고 점성이 있는 액체가 된다.
③ 유성 페인트, 유성 바니스, 에나멜 등을 희석시키는 물질이 희석제이다.
④ 기름은 건성유를 사용하며 여기에 건조제를 섞은 후 공기를 흡입시켜 가열하여 보일드 오일(boild oil)로 만들어 사용한다.

해설 착색을 내기 위한 분말로 된 안료는 물, 기름, 기타 용제에 녹지 않는다.

02 철강교 등이 부식하는 것을 방지하기 위해 사용하는 도료로서 적당하지 않은 것은?
① 징크로메트계 유성 페인트
② 연단 보일류 조합 페인트
③ 연단 이산화연 페인트
④ 에멀션 페인트

해설 에멀션 페인트는 콘크리트 바탕에 사용하기 쉽고 실내·외에 모두 쓰인다.

03 다음 설명 중에서 틀린 것은?
① 유성 페인트는 도막에 팽창성이 있고 내구성이 상당히 크다.
② 안료란 색깔을 나타내는 원료를 말한다.
③ 수성 페인트는 분상 안료에 유용성 교착제를 혼합하여 습기가 없는 곳에 주로 사용한다.
④ 합성수지 도료에는 주로 비닐 수지계, 페놀 수지계, 알키드 수지계가 있다.

해설 수성 페인트는 안료에 기름을 쓰지 않고 물을 혼합하여 사용한다.

정답 01 ① 02 ④ 03 ③

CHAPTER 10. 역청재료

1. 아스팔트의 종류

❶ 천연 아스팔트

(1) 레이크 아스팔트
  지표의 낮은 곳에 괴어 생긴 것

(2) 록 아스팔트
  다공질의 암석 사이에 스며들어 생긴 것

(3) 샌드 아스팔트
  모래 속에 스며들어 생긴 것

(4) 아스팔타이트
  천연 석유가 암석의 갈라진 틈에 스며들어 지열이나 공기 등의 작용으로 오랜기간 동안 화학반응을 일으켜서 생긴 것

❷ 석유 아스팔트

(1) 스트레이트 아스팔트
  ① 신장성, 점착성, 방수성이 풍부하나 연화점이 낮고 감온비가 크며 내후성이 작다.
  ② 대부분이 도로 포장에 사용된다.

(2) 블론 아스팔트
  ① 감온성이 작고 탄력성이 크며 연화점이 높다.
  ② 방수재료, 접착제, 방식 도장용 등에 사용된다.

2 아스팔트의 성질

1 밀도

① 25℃에서의 아스팔트 질량과 이와 같은 부피의 물의 질량과의 비
② 스트레이트 아스팔트가 블론 아스팔트보다 크다.
③ 1.01~1.05g/cm³ 정도
④ 아스팔트 혼합물의 배합설계에서 아스팔트의 부피 측정에 사용
⑤ 침입도가 작을수록 밀도가 커진다.

2 침입도

① 아스팔트 굳기 정도를 측정
② 25℃에서 표준침(지름 1mm) 위에 100g 추를 올려놓고 고정쇠를 5초 동안 눌러 침이 시료 속에 들어간 깊이를 $\frac{1}{10}$mm 단위로 나타낸다.
③ 온도가 높으면 침입도가 커지며 침입도가 클수록 아스팔트는 연하다.
④ 도로 포장용 아스팔트를 침입도에 따라 분류하여(AC로 표시) 주로 AC 85~110을 사용
⑤ 스트레이트 아스팔트가 블론 아스팔트보다 변화의 정도가 크다.
⑥ 침입도 시험은 같은 시료에 대해 3회 이상 실시하여 평균값을 정수로 한다.

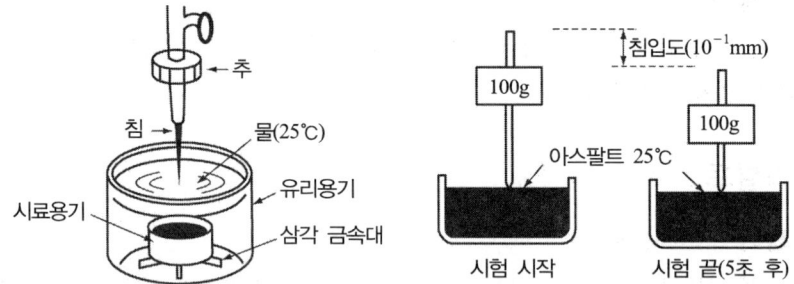

3 신도

① 아스팔트의 늘어나는 연성을 측정
② 시험 시 온도는 25℃를 기준으로 하고 5±0.25cm/분의 속도로 양단을 잡아당겨 시료가 끊어질 때까지 늘어난 길이를 cm 단위로 나타낸다.
③ 스트레이트 아스팔트는 블론 아스팔트보다 신도가 크다.

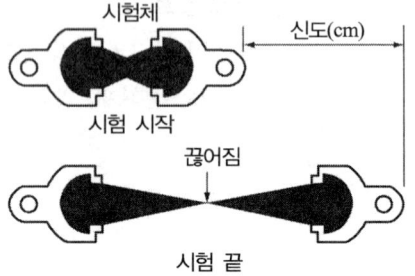

④ 연화점

① 아스팔트가 온도가 올라감에 따라 연해질 때의 온도를 측정
② 환을 이용하여 시험할 때 강구와 함께 아스팔트가 25mm 떨어졌을 때의 온도
③ 침입도와 연화점은 반비례한다. 즉 침입도가 작을수록 연화점이 높아지며 연화점은 35~75℃ 정도이다.

⑤ 감온성

① 온도에 따라 아스팔트의 컨시스턴시(반죽질기)가 변화하는 정도
② 감온성이 지나치게 크면 저온 시에 취성이 발생하고 고온 시에는 연해진다.
③ 스트레이트 아스팔트가 블론 아스팔트보다 감온성이 크다.

⑥ 인화점 및 연소점

① 인화점은 아스팔트를 가열하여 인화할 때의 최저 온도를 말하고 계속 가열하여 불꽃이 5초 동안 계속될 때의 최저 온도를 연소점이라 한다.
② 아스팔트 인화점은 250~320℃이고 연소점은 인화점보다 25~60℃ 정도 높다.
③ 인화점을 알면 아스팔트를 가열하여 작업할 때 화재의 위험도를 알 수 있다.

⑦ 증발감량

① 시료 50g의 아스팔트를 163℃ 건조기에서 5시간 건조시켰을 때 아스팔트가 증발되어 감량 되는 양을 질량비(%)로 나타낸다.
② 아스팔트의 가열전후의 질량이 크게 다르면 품질 변화 등을 예상 할 수 있다.

⑧ 점도

① 온도에 따른 역청재료의 컨시스턴시와 부착력을 측정
② 세이볼트(Say bolt) 점도계는 스트레이트 아스팔트에 사용
③ 엥글러(Engler) 점도계는 아스팔트 유제에 사용
④ Red wood 점도계, Stomer 점도계 등이 있다.
⑤ 아스팔트의 점성을 나타내는 것으로 온도에 따라 크게 변화한다. 즉 온도가 올라감에 따라 점도가 작아진다.

⑨ 침입도 지수(PI)

① 아스팔트의 온도에 대한 침입도의 변화를 나타내는 지수
② 침입도가 클수록, 침입도 지수가 클수록 강성이 작다.

3 각종 아스팔트

1 역청 유제(유화 아스팔트)

연질의 석유 아스팔트에 유화제나 안정제를 섞은 물을 혼합시켜 액체가 되게 하여 프라임 코트, 택 코트, 실 코트 등에 사용한다.
① 급속 응결(RS, Rapid Setting) : 침투 공법용
② 중속 응결(MS, Medium Setting) : 굵은골재 혼합용
③ 완속 응결(SS, Slow Setting) : 잔골재 혼합용

2 컷백 아스팔트

연질의 석유 아스팔트에 휘발성 유분을 용제로 넣고 섞어서 만든다.
① 급속 경화(RC, Rapid Curing) : 가솔린으로 컷 백 시킨 것으로 증발 속도가 가장 빠르며 노상 혼합용, 겨울철 침투용, 표면 처리용에 사용
② 중속 경화(MC, Medium Curing) : 등유로 컷 백 시킨 것으로 프라임 코트에 많이 사용
③ 완속 경화(SC, Slow Curing) : 중유로 컷 백 시킨 것으로 표면 처리용에 사용

3 고무화 아스팔트

스트레이트 아스팔트에 고무를 2.5~5% 정도 첨가하여 성질을 개선한다.
① 감온성이 작고 응집력과 부착력이 크다.
② 탄성 및 충격 저항성이 크고 내후성 및 마찰계수가 크다.
③ 추운 곳에서의 도로 포장에 사용

4 아스팔트 혼합물

1 아스팔트 혼합물의 성질

(1) 안정성
① 차량의 하중과 고온에 의해 변형이 발생하는데 이 변형에 대한 저항성
② 역청 재료가 너무 많이 함유되면 안정성이 작아진다.

(2) 가요성(처짐성)
① 혼합물이 노상이나 기층의 침하에 의해 균열이 발생하지 않도록 하는 성질

② 역청 재료량이 많을수록 가요성이 커지지만 골재의 입도에 영향을 받는다.

(3) 미끄럼 저항성
① 차량이 제동시 표면의 마찰 저항력
② 역청 재료량이 적을수록 좋다.

(4) 내구성
① 혼합물의 노화, 기상작용, 차량의 미끄럼 등에 대한 저항성
② 불투수성 혼합물 시공한다.
③ 골재의 닳음 저항성도 중요한 요인이다.

(5) 시공성
① 혼합물의 혼합, 포설, 다짐 및 표면 마무리 작업의 난이성
② 골재의 최대치수를 작게하며 골재의 입도가 양호한 혼합물로 시공한다.

❷ 혼합물의 재료

(1) 골재의 요구조건
① 입도가 양호할 것
② 내구성, 내마모성, 미끄럼 저항성이 클 것
③ 입형이 원형에 가깝고 유해물이 함유하지 않을 것
④ 아스팔트와 부착력이 클 것

(2) 골재의 마모율
① 로스엔젤스 마모시험 실시
② 마모율이 35% 이하

(3) 혼합골재
① 굵은골재 : 2.5mm 이상
② 잔골재 : 2.5mm 통과, 0.08mm 잔류
③ 석분 : 0.08mm 이하

(4) 채움재
석분, 필러(filler), 돌가루라 한다.
① 석회암을 분말(돌가루)상태로 사용
② 0.08mm체 70% 이상 통과
③ 골재의 빈틈(간극)을 채워 혼합물의 안정성, 시공성, 내구성 증대

④ 채움재(충전재)는 아스팔트 혼합물 중에서 질량으로 3~10% 정도 혼합
⑤ 아스팔트의 신장성, 점착성을 해치지 않으며 감온성을 적게하고 저온시에 취성화와 노화를 방지

(5) 아스팔트

도로 포장용 아스팔트(스트레이트 아스팔트), 유화 아스팔트, 컷 백 아스팔트 등을 사용한다.
① 점성과 감온성을 갖추고 있다.
② 점착성이 크고 방수성이 풍부
③ 부착성이 좋아 결합재로 이용

❸ 아스팔트 혼합물의 종류

아스팔트 혼합물은 조골재(굵은 골재), 세골재(잔 골재), 석분(채움재), 아스팔트를 혼합하여 만든다.

(1) 포장용 아스팔트의 가열혼합물

골재는 120~170℃, 아스팔트는 130~160℃에서 가열하여 혼합한다.

(2) Sand mastic(모래 반죽)

아스팔트와 모래를 혼합하여 골재층에 주입하여 골재 속 공극을 충전하여 안정성을 높이는 방법

(3) 구스 아스팔트(guss asphalt)

① 잔골재, 필러에 다량의 아스팔트를 가열하여 혼합제조
② 공극률이 대단히 작고 유동성이 풍부한 특징이 있어 주로 수리 구조물의 유입공법에 이용한다.

❹ 아스팔트 혼합물의 포장시 혼합방법

(1) 침투식 아스팔트 혼합물

골재를 깔고 다진 후에 아스팔트를 뿌려서 스며들게 하여 골재의 맞물림과 아스팔트의 결합력을 증진시키는 방법

(2) 상온 혼합식 아스팔트

굵은 골재, 잔골재, 채움재에 아스팔트를 넣고 상온에서 가열 혼합하여 사용하는 방법

(3) 가열 혼합식 아스팔트

플랜트에서 골재와 아스팔트를 가열하여 혼합하는 방법으로 가장 많이 사용한다.

5 아스팔트 혼합물의 시험

(1) 마샬 안정도 시험
① 혼합물의 골재 최대 지름은 25mm 이하
② 혼합물을 양면 각각 50회 또는 75회씩 다짐하여 공시체를 제작
③ 혼합물이 하중을 받을 때 변형에 대한 저항 정도 측정
④ 공시체를 제작하여 60±1℃의 항온수조에 30분간 담근 후 30초 이내에 재하
⑤ 안정도(kg) = 다이얼 게이지 읽음값 × 푸루빙링계수 × 안정도 상관비
⑥ 기층 3500N 이상, 표층 5000N 이상

(2) 밀도시험

$$\text{밀도} = \frac{A}{B-C}$$

여기서, A : 공기 중 시험체 질량
B : 표면건조 포화상태의 공기 중 시험체 질량
C : 물속에서의 시험체 질량

(3) 아스팔트 함유량 시험
① 아스팔트 혼합물 속에 들어 있는 아스팔트의 양을 측정
② 대표적인 시료를 1000g 이상 준비
③ 시료는 25mm체를 통과한 아스팔트 혼합물을 사용

(4) 아스팔트 혼합물의 배합설계
① 골재의 품질시험(입도, 밀도·흡수율, 유기불순물, 안정성, 마모)을 실시
② 도표법에 의해 골재의 배합비 결정
③ 공시체 제작후 실측밀도, 이론 최대밀도, 아스팔트 용적률, 공극률, 포화도 측정
④ 마샬 안정도 및 흐름시험
⑤ 설계 아스팔트의 양 결정

CHAPTER 10 출제 예상 문제

역청재료

01 다음 중 천연 아스팔트가 아닌 것은?
① 록 아스팔트(rock asphalt)
② 샌드 아스팔트(sand asphalt)
③ 아스팔타이트(asphaltite)
④ 아스팔트 콤파운드(asphalt compound)

해설 레이크 아스팔트 등이 천연 아스팔트에 속한다.

02 다음 중 천연 석유가 지층의 갈라진 틈 사이에 침입(侵入)한 후 지열이나 공기 등의 작용으로 오랜 세월 사이에 그 내부에 중·축합 반응을 일으켜서 생긴 것은 어느 것인가?
① 아스팔타이트
② 레이크 아스팔트
③ 록 아스팔트
④ 샌드 아스팔트

해설 아스팔타이트는 탄성력이 풍부한 블론 아스팔트와 비슷하다.

03 다음 중 아스팔타이트(asphaltite)에 속하지 않는 것은?
① 그래하마이트(grahamite)
② 파라핀기 원유(paraffinbase oil)
③ 그랜스 피치(grance pitch)
④ 길소나이트(gilsonite)

04 역청재료에 관한 설명 중 옳지 않은 것은?
① 석유 아스팔트는 원유를 증류한 잔류물을 원료로 한 것이다.
② 아스팔타이트의 성질과 용도는 스트레이트 아스팔트와 같이 취급한다.
③ 포장용 타르는 타르를 다시 증류 또는 건류하여 정제하여 만든 것이다.
④ 역청유제는 역청재료를 유화제 수용액 중에 미립자의 상태로 분산시킨 것이다.

해설 아스팔타이트는 블로운 아스팔트와 성질이 비슷하다.

05 타르 에멀션(emulsion)에 대한 특징 중 옳지 않은 것은?
① 젖은 골재에도 잘 부착한다.
② 침투성이 강하여 점토질 흙에도 적당하다.
③ 타르 에멀션으로 처리한 도로에는 잡초가 생기지 못한다.
④ 내수성이 강하나 석유계의 유류에 대한 저항성이 없다.

해설 아스팔트는 석유계의 유류에 용해되고 타르는 용해되지 않는다.

06 스트레이트(straight) 아스팔트에 대한 설명 중 옳지 않은 것은?

① 석유질 원유를 증기 또는 진공으로 증류해서 만든 아스팔트이다.
② 연화점이 비교적 낮고, 감온성이 비교적 크다.
③ 아스팔테인 함유량이 많고 페트로렌 함유량이 적다.
④ 충격에 강하여 도로포장에 많이 쓰인다.

해설
- 아스팔테인은 연화점이 높고 온도에 대한 변화가 적은 성질이 있다.
- 스트레이트 아스팔트는 공기나 열과 접촉하면 산화, 중축합 반응이 생겨 점성이 없어지는 특성이 있다.

07 블로운(blown) 아스팔트와 스트레이트(straight) 아스팔트의 성질에 관한 설명 중 옳지 않은 것은?

① 스트레이트 아스팔트는 블로운 아스팔트보다 연화점이 낮다.
② 스트레이트 아스팔트는 블로운 아스팔트보다 감온성이 작다.
③ 블로운 아스팔트는 스트레이트 아스팔트보다 점착성이 작다.
④ 블로운 아스팔트는 스트레이트 아스팔트보다 방수성이 작다.

해설
- 스트레이트 아스팔트는 신장성, 점착성, 방수성이 크며 감온성이 큰 것이 단점이다.
- 주로 블로운 아스팔트는 방수용으로 사용한다.

08 다음 중 도로포장용으로 가장 많이 사용되는 재료는?

① 콜타르(coal tar)
② 블로운 아스팔트(blown asphalt)
③ 샌드 매스틱(sand mastic)
④ 스트레이트 아스팔트(straight asphalt)

09 스트레이트 아스팔트의 특성에 관한 다음 설명 중 옳지 않은 것은?

① 신장성이 좋다.
② 점착성이 좋다.
③ 방수성이 좋다.
④ 내후성이 우수하다.

해설 스트레이트 아스팔트는 기후의 영향을 많이 받는다. 즉 감온성이 크다. 내후성이 좋지 않다.

10 블로운(blown) 아스팔트의 성질에 관한 다음 설명 중 틀린 것은?

① 융점이 높다.
② 감온비가 크다.
③ 내충격성이 크다.
④ 점성이 적다.

해설 스트레이트 아스팔트가 감온성이 크다.

정답 01 ④ 02 ① 03 ② 04 ② 05 ④ 06 ③ 07 ② 08 ④ 09 ④ 10 ②

11 역청재료의 물리적 성질에 관한 설명 중 옳지 않은 것은?
① 직류 아스팔트는 침입도가 적을수록 밀도가 증가한다.
② 블로운 아스팔트는 신도가 크지만 직류 아스팔트의 신도는 적다.
③ 침입도는 플라스틱(plastic)한 역청재의 반죽질기를 물리적으로 표시하는 한 방법이다.
④ 감온성이 높은 재료는 저온에서 취약하고 고온에서는 연약하다.

해설 블로운 아스팔트는 신도가 적고 직류(스트레이트) 아스팔트는 신도가 크다.

12 다음은 아스팔트 콘크리트용 골재에 대한 설명이다. 이 중 틀린 것은?
① 필러(filler)재료는 석회암, 화성암류의 분말 또는 포틀랜드 시멘트 등이 사용된다.
② 잔골재란 강모래, 돌가루 등으로 2.5mm체를 통과하고 0.08mm체에 남는 골재
③ 굵은골재란 부순 돌에서 2.5mm체에 남는 골재
④ 혼합골재란 필러 또는 굵은골재와 잔골재를 일정 배합으로 혼합한 골재

해설 돌가루(석분)는 0.08mm체를 70% 이상 통과한다.

13 역청 포장용 골재로서 지녀야 할 성질 중에서 틀린 것은?
① 내마모성이 클 것
② 역청재료와 부착성이 클 것
③ 내화성이 클 것
④ 평편하고 세장한 골재일 것

해설 골재는 입도가 양호하고 둥근 것이 좋다.

14 역청재료에 대한 다음 설명 중 옳지 않은 것은?
① 도로포장용 역청재는 고화점이 높고 인화점이 낮다.
② 진공 증류된 아스팔트의 인화점은 매우 높다.
③ 플라스틱(plastic)한 역청재료의 반죽질기를 표시하는 것이 침입도이다.
④ 감온성이 너무 크면 저온에서 약해지고 고온에서 연해진다.

해설 진공으로 증류해서 만든 스트레이트 아스팔트는 인화점이 낮다.

15 한국산업규격 KS M 2201에 규정된 도로포장용 아스팔트 AC 60~70 및 AC 85~100의 인화점은?
① 100℃ 이상
② 160℃ 이상
③ 180℃ 이상
④ 230℃ 이상

16 다음 중 도로 포장용 스트레이트 아스팔트(straight saphalt) 재료의 품질검사에 필요한 시험항목이 아닌 것은?

① 인화점 및 증류시험
② 침입도 및 신도
③ 3염화에틸렌 가용분
④ 박막가열 후 침입도비

해설 증류시험은 컷백 아스팔트의 시험 항목이다.

17 아스팔트의 물리적 성질을 구하는 방법이 아닌 것은?

① 점착력
② 신도
③ 연화점
④ 침입도

18 역청재료의 고화점(高火点)이란 무엇을 말하는가?

① 시료가 고화되어 점착성을 잃었을 때의 최고 온도
② 시료가 고화되어 점착성을 잃었을 때의 최저 온도
③ 시료가 고화되어 점착성을 얻었을 때의 최저 온도
④ 시료가 고화되어 점착성을 잃었을 때의 중간 온도

19 다음 중 역청재료의 연화점을 측정하기 위한 시험방법은 어느 것인가?

① 환구법
② 클리브렌드 개방식 시험
③ 치환법
④ 부유법

20 다음 중에서 역청재료의 신도에 가장 큰 영향을 끼치는 것은?

① 역청재의 온도와 신장속도
② 역청재의 연화점 온도
③ 역청재의 점도와 침입도
④ 역청재의 온도와 밀도

해설 25±0.5℃의 온도에서 5cm/min 속도로 당긴다.

21 역청재료의 점도 표시법에 해당하지 않는 것은?

① 세이볼트 유니버셜(saybolt universal)
② 마샬(Marshall)
③ 레드우드(Red wood)
④ 엥글러(Engler)

정답 11 ② 12 ② 13 ④ 14 ② 15 ④ 16 ① 17 ① 18 ① 19 ① 20 ① 21 ②

22 다음 중에서 아스팔트의 점도(consistency)에 가장 큰 영향을 끼치는 것은?
① 아스팔트의 밀도
② 아스팔트의 온도
③ 아스팔트의 인화점
④ 아스팔트의 종류

해설 아스팔트의 온도가 높으면 묽어지고 낮으면 굳어진다.

23 다음 중 역청재료의 컨시스턴시와 관계가 없는 시험은?
① 인화점시험
② 침입도시험
③ 신도시험
④ 연화점시험

해설 인화점 시험은 아스팔트가 인화되는 온도를 측정하는 시험이다.

24 아스팔트 밀도시험시의 표준온도는 얼마인가?
① 20℃
② 23℃
③ 18℃
④ 25℃

25 아스팔트의 밀도는 제조법, 혼입법, 온도 등의 성질에 따라 다르나 대체로 얼마인가?
① 1.5~1.60g/cm³
② 1.4~1.50g/cm³
③ 1.2~1.30g/cm³
④ 1.0~1.10g/cm³

26 아스팔트 밀도에 대한 설명 중 옳지 않은 것은 어느 것인가?
① 밀도 시험 방법에서 보통 온도에서 파쇄할 수 없는 아스팔트는 밀도병법을 사용한다.
② 연화점이 같을 경우 블로운 아스팔트는 직류 아스팔트에 비해 약간 밀도가 증가한다.
③ 밀도는 대략 1.0~1.1g/cm³의 범위이며 밀도가 작을수록 연화점이 낮아진다.
④ 액체나 고체로 된 아스팔트의 밀도는 원유의 산지나 제조 방법, 온도, 혼합물 등에 따라 변화한다.

해설 블로운 아스팔트는 스트레이트 아스팔트에 비해 밀도가 약간 작다.

27 역청재료의 침입도시험에서 질량 100g의 표준침이 5초 동안에 5mm 관입했다면 이 재료의 침입도는 얼마인가?
① 10
② 25
③ 50
④ 100

해설
- 아스팔트 온도가 25℃ 상태에서 시험한다.
- 침입도 1은 0.1mm$\left(\frac{1}{10}\text{mm}\right)$ 관입한 값이다.
- 5×10=50

28 아스팔트의 컨시스턴시(consistency)는 침입도라고 하는 스케일로 나타낸다. 아스팔트의 침입도를 측정한 결과 81이었다. 이때, 표준침의 관입깊이는 몇 mm인가?

① 0.81mm　② 8.1mm　③ 19mm　④ 81mm

해설 침입도 1은 관입깊이가 0.1mm이므로 침입도 81은 관입깊이가 8.1mm이다.

29 우리 나라의 도로 포장용은 혼합물에 주로 사용하는 아스팔트의 침입도는?

① 100~120　② 85~100　③ 20~40　④ 40~80

30 다음 역청재료의 침입도에 대한 설명 중 옳지 않은 것은?

① 침입도가 큰 아스팔트는 추운 지방에 사용하는 것이 좋다.
② 침입도가 적을수록 연화점이 높다.
③ 침입도 지수(PI)는 침입도와 신도와의 관계식이다.
④ 연한 아스팔트일수록 침입도가 크고 단단한 아스팔트일수록 침입도가 작다.

해설
- 침입도 지수(PI)는 온도와 침입도 관계식이다.
- PI가 크면 감온성이 적다.

31 아스팔트의 신도시험에서 신장속도는 얼마인가?

① 5±0.25cm/min　② 10±0.25cm/min
③ 15±0.25cm/min　④ 20±0.25cm/min

32 다음은 역청재료의 성질이다. 적당하지 않은 것은?

① 신도 : 아스팔트의 연성을 나타낸 값
② 점도 : 아스팔트가 유동하려 할 때 여기에 저항하는 성질
③ 침입도 : 아스팔트의 굳기를 나타내는 것으로 20℃에서 표준침을 이용하여 10g의 침이 5초간 침입하는 것
④ 감온성 : 역청재료의 반죽질기가 온도에 따라 변하는 성질

정답　22 ②　23 ①　24 ④　25 ④　26 ②　27 ③　28 ②　29 ②　30 ③　31 ①　32 ③

> **해설** 침입도 시험은 아스팔트가 25°C의 온도에서 추 100g이 5초 동안 침입했을 때 관입 깊이를 구한다.

33 도로 포장용 Asphalt에서 AC 85~100의 설명 중 옳지 않는 것은?
① 침입도 85~100이란 25°C에서 5초 동안의 침입량을 말한다.
② 인화점은 180°C 이상이다.
③ 신도는 100 이상이다.
④ 사염화탄소 가용분은 99% 이상이다.

> **해설** 인화점은 230°C 이상이다.

34 다음 시약들 중에서 주로 아스팔트 시험에 사용되지 않는 것은?
① 사염화탄소　　　　　　　② 이황화탄소
③ 크실렌(Xylene)　　　　　④ 수산화나트륨

35 다음 중 굵은 골재를 혼합하기 위한 유제는?
① 완속경화유제　　　　　　② 중속경화유제
③ 완속응결유제　　　　　　④ 중속응결유제

> **해설** 중속 응결(MS : Medium Setting) 유제를 사용한다.

36 Cut back asphalt 중 건조가 가장 빠른 것은?
① RC　　② MC　　③ SC　　④ LC

37 커트-백 아스팔트 중 중유(中油)나 중유(重油)로 용해한 것으로 경화 속도가 느린 것은?
① RC　　② MC　　③ SC　　④ SS

> **해설** SC : Slow Curing

38 다음의 아스팔트 혼합재 중 아스팔트 콘크리트의 균열을 방지하고 아스팔트의 점성을 높이기 위하여 사용하는 것은?
① 석분　　② 부순돌　　③ 모래　　④ 자갈

> **해설** 석분(돌가루)으로 간극을 채워 점성, 탄성적 성질을 개선하므로 감온성이 적게 되고 혼합물의 안정성과 내구성이 커진다.

39 아스팔트 혼합재에서 필러(filler)는 무엇을 말하는가?

① 모래　　② 자갈　　③ 돌가루　　④ 쇄석

40 Asphalt 혼합물에서 filler의 주목적은 다음 중 어느 것인가?

① 혼합물의 밀도를 높이기 위하여 사용
② 혼합물의 점도를 높이기 위해서 사용
③ 혼합물의 공극을 줄이기 위해서 사용
④ 혼합물의 내화성을 높이기 위해서 사용

41 포장용 아스팔트 콘크리트란 다음 것을 혼합한 것이다. 이 중 옳은 것은?

① 아스팔트＋세골재＋조골재
② 아스팔트＋세골재
③ 아스팔트＋필러＋세골재＋조골재
④ 아스팔트＋필러＋세골재

42 다음은 아스팔트 혼합물의 구비 조건이다. 이 중 적당하지 않은 것은?

① 안정성 및 내구성
② 가요성
③ 미끄럼 저항성
④ 내화성

43 아스팔트 포장시 많고 가는 균열이 발생했다. 그 원인으로 틀린 것은?

① 혼합물의 온도가 너무 낮다.
② 아스팔트가 부족하다.
③ 혼합물의 배합이 부적당하다.
④ 혼합물 중 세립분이 너무 많다.

> **해설** 혼합물 중 세립분이 많을수록 안정성이 증대된다.

44 아스팔트(asphalt) 혼합물의 특성에 영향을 주는 다음 설명 중 잘못된 것은?

① 혼합물의 석분량이 증가하면 안정도는 증가한다.
② 혼합물의 골재 간극률이 증가하면 시공성은 좋아진다.
③ 혼합물의 침입도가 증가하면 시공성이 좋아진다.
④ 혼합물의 세사량이 증가하면 간극률이 감소한다.

> **해설**
> • 혼합물의 골재 간극률이 증가하면 시공성이 나빠진다.
> • 석분량을 증가시켜 간극률을 적게하고 침입도가 큰 아스팔트를 사용하면 유동성이 증가되어 시공성이 좋아진다.

정답 33 ② 34 ④ 35 ③ 36 ① 37 ③ 38 ① 39 ③ 40 ③ 41 ③ 42 ④ 43 ④ 44 ②

45 asphalt와 filler의 혼합물을 무엇이라 하는가?
① asphalt mastic
② elastite
③ asphalt felt
④ sheet asphalt

46 다음은 아스팔트의 시험들이다. 콘크리트의 압축강도와 원리가 비슷하다고 볼 수 있는 시험은 어느 것인가?
① 침입도시험
② 마샬 안정도시험
③ 신도시험
④ 연화점시험

47 도로의 표층 공사에서 사용되는 가열 아스팔트 혼합물의 안정도시험은 다음의 어느 방법으로 판정해야 하는가?
① 레드우드(red wood) 시험
② 엥글러(engler) 시험
③ 크리브랜드 개방식(cleveland open cup)
④ 마샬(marshall) 시험

48 아스팔트의 마샬 안정도시험에서 공시체 제작 후 30분 정도를 수조에 넣어 둔다. 이 때의 수조의 온도는?
① 30℃
② 40℃
③ 50℃
④ 60℃

49 아스팔트 혼합물의 안정도시험에 관한 다음 설명 중 틀린 것은?
① 이 시험을 통하여 품질관리를 할 수 있다.
② 마샬 시험은 골재의 최대입경이 25mm 이하인 가열 혼합물에 적용한다.
③ 공시체를 수조에서 꺼낸 후 30초 이내에 최대 하중을 측정하여야 한다.
④ 잘 건조된 골재는 시험 시에 가열할 필요가 없다.

해설 잘 건조된 골재는 공시체 제작 시 160~180℃ 정도 가열하여 아스팔트와 혼합한다.

50 마샬 시험에 의한 아스팔트 콘크리트 배합설계시 물의 영향을 받기 쉽다고 생각되는 혼합물 또는 그와 같은 장소에 포설되는 혼합물에 대하여 잔류 안정도시험을 실시한다. 다음 중 잔류 안정도( )를 구하는 식으로 맞는 것은?

① $\dfrac{60℃, 24시간\ 수침\ 후의\ 안정도(N)}{안정도(N)} \times 100$

② $\dfrac{60℃, 48시간\ 수침\ 후의\ 안정도(N)}{안정도(N)} \times 100$

③ $\dfrac{21℃, 24시간\ 수침\ 후의\ 안정도(N)}{안정도(N)} \times 100$

④ $\dfrac{21℃, 48시간\ 수침\ 후의\ 안정도(N)}{안정도(N)} \times 100$

해설 포설되는 혼합물에 대하여 잔류 안정도는 75% 이상이 되어야 한다.

51 아스팔트 혼합물의 배합설계시 표층 안정도의 기준 범위는?
① 1850N 이상　　② 2000N 이상
③ 3000N 이상　　④ 5000N 이상

52 가열 아스팔트 안정처리 혼합물은 마샬 시험 기준값을 기준할 때 기층 안정도 값은 얼마 이상이어야 하는가?
① 1500N 이상　　② 2000N 이상
③ 3000N 이상　　④ 3500N 이상

53 아스팔트 혼합물의 배합설계나 시공시에 품질관리를 고려하기 위해서 가열 아스팔트의 혼합물을 주로 마샬(marshall) 시험기로 실시하는 시험을 무슨 시험이라 하는가?
① 안정도시험　　② 점도시험
③ 침입도시험　　④ 혼합물 추출시험

54 다음은 마샬 시험시 공시체의 일반적인 양생조건을 설명한 것이다. 옳은 것은?
① 50℃ 수중에서 30분 수침　　② 60℃ 수중에서 30분 수침
③ 50℃ 수중에서 50분 수침　　④ 60℃ 수중에서 60분 수침

해설 공시체를 수조에서 꺼내 30초 이내에 마샬 안정도 시험을 끝낸다.

정답 45 ① 46 ② 47 ④ 48 ④ 49 ④ 50 ① 51 ④ 52 ④ 53 ① 54 ②

55 다음 중 아스팔트 혼합물의 배합설계시 필요하지 않은 것은?

① 마샬 안정도 시험   ② 흐름(flow)값 측정
③ 응결시간 측정   ④ 골재의 체가름

해설 응결시간 측정은 콘크리트에 관련된 시험이다.

56 아스팔트의 마샬 안정도시험에서 공시체 제작시의 다짐횟수는 특별한 언급이 없는 한 한단면에 몇 회인가?

① 25회   ② 10회
③ 50회   ④ 55회

해설 공시체 제작은 양면 각각 50회 또는 75회로 다져 만든다.

57 아스팔트 추출시험으로 얻어지는 시험결과는 다음 중 어느 것인가?

① 밀도와 안정도   ② 골재입도와 밀도
③ 골재입도와 아스팔트 함량   ④ 밀도와 아스팔트 함량

해설 원심 분리기를 이용하여 채취된 아스팔트 혼합물이나 공시체를 사염화탄소에 녹여 시험을 한다.

58 아스팔트 혼합물 추출시험에서 시료량은 최소한 얼마로 사용하는가?

① 500g   ② 1000g
③ 1500g   ④ 2000g

59 아스팔트의 배합설계시의 배합온도는 무슨 시험으로 결정하는가?

① 침입도시험   ② 세이볼트후롤 점도시험
③ 인화점시험   ④ 연화점시험

해설 세이볼트 점도계는 스트레이트 아스팔트에 사용되며 온도에 따른 역청재료의 컨시스텐시와 부착력을 측정한다.

60 아스팔트의 엥글러 점도시험은 다음 중에서 주로 어디에 사용하는가?

① blown asphalt   ② straight asphalt
③ emulsion asphalt   ④ cut-back asphalt

61 다음 중에서 방수성이 가장 크고 지붕의 방수공사에 주로 사용하는 것은?
  ① 아스팔트 펠트(asphalt felt)
  ② 아스팔트 루핑(asphalt roofing)
  ③ 아스팔트 타일(asphalt tile)
  ④ 펠트 백 시트(felt back seat)

62 타르의 증류과정에서 기름을 뺀 후에 남는 물질은?
  ① 아스팔트 커트백   ② 잔류타르
  ③ 피치   ④ 인공 아스팔트

63 입도가 잘 맞추어진 골재와 적당한 경도의 아스팔트로 만들어 유동성이 상당히 큰 가열 혼합물을 무엇이라고 하는가?
  ① Mastic asphalt   ② Elastite
  ③ Asphalt felt   ④ Sheet asphalt

64 수지 혼합 아스팔트로서 비행장의 포장에 주로 이용되며 열이나 중하중에 잘 견디는 것은 다음 중 어느 것인가?
  ① 폴리소프렌(polysoprene) 수지 아스팔트
  ② 네오프렌(neoprene) 고무 아스팔트
  ③ 에폭시(epoxy) 아스팔트
  ④ 커트 백(cut-back) 아스팔트

정답 55 ③ 56 ③ 57 ③ 58 ② 59 ② 60 ③ 61 ② 62 ③ 63 ① 64 ③

PART IV

토질 및 기초

CHAPTER 1 　 서론
CHAPTER 2 　 흙의 기본적 성질
CHAPTER 3 　 흙의 분류
CHAPTER 4 　 흙의 다짐
CHAPTER 5 　 흙의 투수성
CHAPTER 6 　 흙의 압밀
CHAPTER 7 　 흙의 전단강도
CHAPTER 8 　 토압
CHAPTER 9 　 사면의 안정
CHAPTER 10 　 지중응력
CHAPTER 11 　 기초공

CHAPTER 1 서론

1 흙의 성인에 의한 분류

1 정적토(잔적토)

풍화작용에 의해 암석으로부터 생긴 토사가 그대로 모암상에 남아 있는 흙

2 해성점토

압축성이 크고 대단히 연약한 흙

2 흙의 구조

1 조립토(자갈, 모래)

① 탄성침하
② 단기침하
③ 침하량(압축성)이 작다.
④ 투수성 및 마찰력이 크다.

2 세립토(실트, 점토, 콜로이드)

① 압밀침하
② 장기침하
③ 침하량(압축성)이 크다.

③ 점토광물의 기본 구조

silica sheet(정사면체) 및 gibbsite(정팔면체)의 결합으로 형성

❶ kaolinite(고령토)

① 수축, 팽창이 없어 대단히 안전
② 활성이 적다.
③ 2층 구조

❷ illite

① 수축, 팽창이 거의 없지만 안전성은 중간
② 3층 구조로 교환불가능 이온(K이온) 결합

❸ Montmorillonite

① 팽창, 수축이 커 제일 불안전
② 활성이 크다.
③ 3층 구조로 교환 가능한 이온 결합

④ 토립자의 기본 구조

❶ 단입구조

자갈, 모래, 실트 등의 조립 재료

❷ 봉소구조(벌집구조)

실트, 점토로 압축량이 많아 건설공사에 취급하기 어려운 흙

❸ 면모구조

콜로이드로 압축성이 크고 공극비가 높은 흙

❹ 분산구조

되비빔으로 자연점토 시료가 함수비 변화없는 조건에서 분산(이산)되는 상태

CHAPTER 1 출제 예상 문제

01 다음 중 점토광물과 가장 관계가 먼 것은?
① 격자구조(sheet) ② 결정구조(crystal)
③ Kaolinite ④ 단립구조

해설
- 단립(單粒)구조는 조립토(자갈, 모래)가 물속에서 침강할 때 생기는 구조이다.
- 단립(團粒)구조에는 봉소구조, 면모구조, 분산구조가 있다.

02 흙의 구조조직에 관한 설명 중에서 옳지 않은 것은?
① 면모구조는 공극비가 크고 압축성이 크므로 기초지반 흙으로는 부적당하다.
② 입도의 배합이 좋으면 입경이 균등한 흙보다 공극비가 적어지고 밀도가 증가한다.
③ 모래시료가 느슨한 상태에 있는가 조밀한 상태에 있는가는 공극비로만 구할 수 있다.
④ 조립토는 불교란 시료 채취가 거의 불가능하다.

해설 상대밀도는 공극비(e)와 건조밀도(γ_d) 관계에서 구할 수 있다.

03 흙의 구조에 대한 설명 중 잘못된 것은 어느 것인가?
① 흙의 구조는 단입구조(單粒構造)와 단입구조(團粒構造)로 나눈다.
② 단입구조(單粒構造)는 가장 단순한 토립자의 배열로서 자갈, 모래, 실트 등의 조립의 재료에서 볼 수 있다.
③ Silt, Clay는 단입구조(單粒構造)를 이루고 있는 수가 없다.
④ 봉소구조(蜂巢構造)는 건설공사에 가장 취급하기 어려운 흙이고 면모구조(綿毛構造)는 수중에 분산하면 좀처럼 침강하지 않는 구조로 압축성, 공극비가 크다.

해설 단입구조(單粒構造)는 조립토(자갈, 모래, 실트)가 물속에서 침강할 때 생기는 구조이다.

04 풍화작용에 의해 분해된 암이 원위치에서 토층을 형성하고 있을 때 이 흙을 무엇이라 부르는가?
① 잔적토 ② 퇴적토
③ 화강토 ④ 수성토

해설 잔적토(정적토)에 관한 설명이다.

05 자연 점토 시료를 함수비가 변하지 않은 상태로 되비빔(remolding)하였다. 그 구조는 다음 중 어느 것이 될 것인가?

① 단립구조
② 봉소구조
③ 이산(분산)구조
④ 면모구조

해설 점토가 교란되면 이산(분산)구조가 된다.

06 수소결합의 2층 구조로 공학적으로 대단히 안정하고 활성이 적은 점토광물은?

① Kaolinite
② Illite
③ Montmorillonite
④ Silt

해설 ③의 Montmorillonite는 활성도가 가장 큰 점토광물이다.

07 조립토와 세립토의 비교 설명 중 옳지 않은 것은?

① 공극률은 조립토가 작고 세립토는 크다.
② 마찰력은 조립토가 작고 세립토가 크다.
③ 압축성은 조립토가 작고 세립토가 크다.
④ 투수성은 조립토가 크고 세립토가 작다.

해설 마찰력은 조립토가 크고 세립토는 작다.

08 점토광물(clay-mineral)에 관한 설명 중 옳지 않은 것은?

① Sheet형의 결정입자로 2μ 이하의 점토를 말한다.
② 기본구조단위로 정사면체 구조(silica sheet)와 정팔면체 구조(gibbsite)가 있다.
③ 카올리나이트(Kaolinite) 구조는 공학적으로 제일 안정되어 수축팽창이 거의 없다.
④ 몬모릴로나이트(Montmorillonite) 구조는 공학적으로 안정되어 있지만 수축, 팽창은 조금 생긴다.

해설 몬모릴로나이트는 공학적으로 가장 불안정하고 수축, 팽창이 가장 크다.

정답 01 ④ 02 ③ 03 ③ 04 ① 05 ③ 06 ① 07 ② 08 ④

CHAPTER 2 흙의 기본적 성질

1 흙의 구성

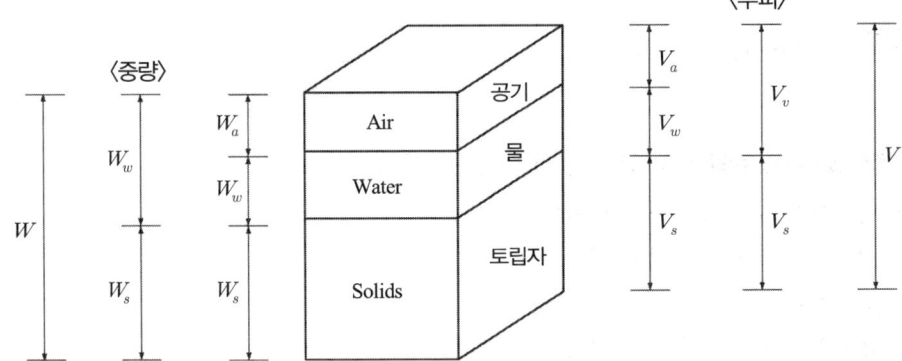

① 부피(체적) : Volume $V = V_a + V_w + V_s = V_v + V_s$
② 중량(무게) : Weight $W = W_a + W_w + W_s = W_w + W_s$

1 공극비(간극비)

$$e = \frac{V_v}{V_s}$$

2 공극률(간극률)

$$n = \frac{V_v}{V} \times 100$$

3 공극비와 공극률 관계

$$e = \frac{V_v}{V_s} = \frac{V_v}{V - V_v} = \frac{\dfrac{V_v}{V}}{\dfrac{V}{V} - \dfrac{V_v}{V}} = \frac{\dfrac{n}{100}}{1 - \dfrac{n}{100}} = \frac{n}{100 - n}$$

$$n = \frac{V_v}{V} \times 100 = \frac{V_v}{V_s + V_v} \times 100 = \frac{\frac{V_v}{V_s}}{\frac{V_s}{V_s} + \frac{V_v}{V_s}} \times 100 = \frac{e}{1+e} \times 100$$

④ 포화도(S)

$$S = \frac{V_w}{V_v} \times 100$$

$S = 100\%$ (토립자+물) : 공극 속에 물이 가득한 흙

$S = 0\%$ (토립자+공기) : 노건조한 흙

⑤ 함수비(w)

① $w = \dfrac{W_w}{W_s} \times 100$

② $w = \dfrac{WW - DW}{DW - TW} \times 100$

③ 유기질토 : 200% 이상

여기서, WW : 젖은 흙무게+용기무게
DW : 건조 흙무게+용기무게
TW : 용기무게

⑥ 토립자의 중량(W_s) 및 물의 중량(W_w) 관계

$$w = \frac{W_w}{W_s} \times 100 = \frac{W - W_s}{W_s} \times 100$$

$w \cdot W_s = 100W - 100W_s$

$100W_s + w \cdot W_s = 100W$

$W_s(100 + w) = 100W$

$\therefore W_s = \dfrac{100W}{100 + w} = \dfrac{W}{1 + \dfrac{w}{100}}$

$w = \dfrac{W_w}{W_s} \times 100 = \dfrac{W_w}{W - W_w} \times 100$

$100W_w = w \cdot W - w \cdot W_w$

$100W_w + w \cdot W_w = w \cdot W$

$W_w(100 + w) = w \cdot W$

$\therefore W_w = \dfrac{w \cdot W}{100 + w}$

7 단위중량(밀도)

(1) 습윤밀도 $\quad \gamma_t = \dfrac{W}{V}$

(2) 건조밀도 $\quad \gamma_d = \dfrac{W_s}{V}$

(3) 습윤밀도와 건조밀도 관계

$$\gamma_d = \frac{W_s}{V} = \frac{W_s}{\dfrac{W}{\gamma_t}} = \frac{\gamma_t \cdot W_s}{W} = \frac{\gamma_t \cdot W_s}{W_s + W_w} = \frac{\dfrac{\gamma_t \cdot W_s}{W_s}}{\dfrac{W_s}{W_s} + \dfrac{W_w}{W_s}} = \frac{\gamma_t}{1 + \dfrac{w}{100}}$$

8 흙 입자 밀도

① $\rho_s = \dfrac{\gamma_s}{\gamma_w} = \dfrac{\dfrac{W_s}{V_s}}{\gamma_w} = \dfrac{W_s}{V_s \cdot \gamma_w}$

② $\rho_s = \dfrac{m_s}{m_s + (m_a - m_b)} \times \dfrac{\rho_w(T\,℃)}{\rho_w(15\,℃)}$

여기서, m_s : 건조시료의 질량
m_a : 병에 물 채운 질량
m_b : 병에 물과 시료를 넣은 질량
ρ_w : 물의 밀도

2 흙의 밀도 관계

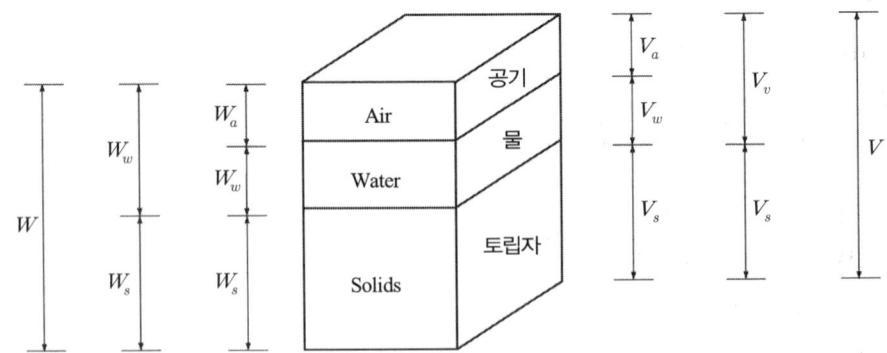

$e = \dfrac{V_v}{V_s} = \dfrac{V_v}{1} \qquad \therefore e = V_v$

$S = \dfrac{V_w}{V_v} \times 100 \qquad \therefore V_w = \dfrac{S \times V_v}{100} = \dfrac{S \cdot e}{100}$

$$G_s = \frac{\gamma_s}{\gamma_w} = \frac{\frac{W_s}{V_s}}{\gamma_w} = \frac{W_s}{V_s \cdot \gamma_w} \qquad \therefore W_s = G_s \cdot V_s \cdot \gamma_w = G_s \times 1 \times \gamma_w = G_s \cdot \gamma_w$$

$$\gamma_w = \frac{W_w}{V_w} \qquad\qquad\qquad\qquad \therefore W_w = V_w \cdot \gamma_w = \frac{S \cdot e}{100} \cdot \gamma_w$$

❶ 습윤밀도

$$\gamma_t = \frac{W}{V} = \frac{W_s + W_w}{V_s + V_v} = \frac{G_s \cdot \gamma_w + \frac{S \cdot e}{100} \cdot \gamma_w}{1+e} = \frac{G_s + \frac{S \cdot e}{100}}{1+e} \cdot \gamma_w$$

❷ 포화밀도

$S = 100\%$ 인 경우 $\gamma_{sat} = \dfrac{G_s + e}{1+e} \cdot \gamma_w$

❸ 건조밀도

$S = 0\%$ 인 경우 $\gamma_d = \dfrac{G_s}{1+e} \cdot \gamma_w$

❹ 수중밀도

$$\gamma_{sub} = \gamma_{sat} - \gamma_w = \gamma_{sat} - 1 = \frac{G_s + e}{1+e} \cdot \gamma_w - \frac{1+e}{1+e} \cdot \gamma_w = \frac{G_s - 1}{1+e} \gamma_w$$

❺ 포화도, 공극비, 비중, 함수비 관계

$$w = \frac{W_w}{W_s} \times 100$$

$$w = \frac{\frac{S \cdot e}{100}}{G_s \cdot \gamma_w} \times 100 = \frac{S \cdot e}{G_s}$$

$\therefore S \cdot e = G_s \cdot w$

❻ 단위중량(밀도)의 대소 관계

$\gamma_{sat} > \gamma_t > \gamma_d > \gamma_{sub}$

3 상대밀도

① 사질토 지반이 느슨한지 조밀한지를 판정할 수 있다.

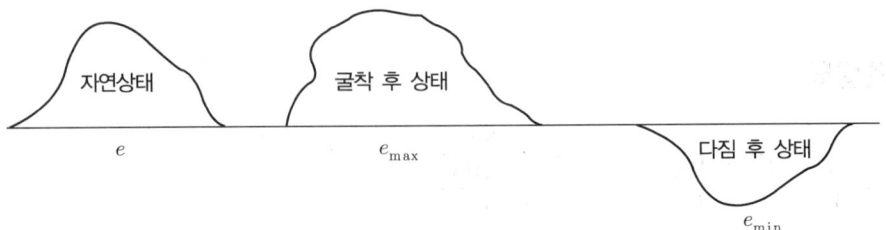

$$D_r = \frac{e_{\max} - e}{e_{\max} - e_{\min}} \times 100$$

여기서, $e = \frac{\gamma_w}{\gamma_d}G_s - 1$, $e_{\max} = \frac{\gamma_w}{\gamma_{d\min}}G_s - 1$, $e_{\min} = \frac{\gamma_w}{\gamma_{d\max}}G_s - 1$을 대입하면

$$D_r = \frac{\gamma_d - \gamma_{d\min}}{\gamma_{d\max} - \gamma_{d\min}} \times \frac{\gamma_{d\max}}{\gamma_d} \times 100$$

공극비 e 가 $e_{\min}$ 이면 $D_r = 1(100\%)$: 조밀하다.

공극비 e 가 $e_{\max}$ 이면 $D_r = 0(0\%)$: 느슨하다.

② 상대밀도 $D_r < \frac{1}{3}$: 느슨하다.

$\frac{1}{3} < D_r < \frac{2}{3}$: 보통

$\frac{2}{3} < D_r$: 조밀하다.

4 흙의 연경도(컨시스턴시)

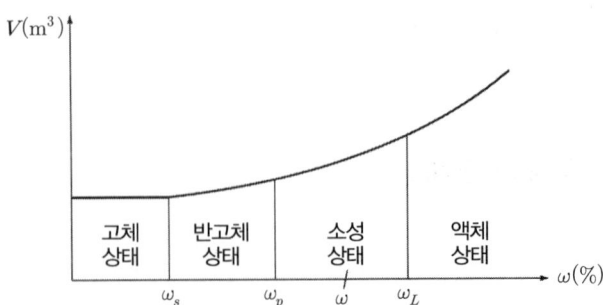

○ 함수비의 변화에 따른 흙의 체적 변화

❶ 액성한계(w_L, LL)

① No.40(0.42mm)체 통과 흙 200g 정도를 준비하고 액성한계 시험기구의 황동접시 높이를 1cm로 조절한다.
② 흙 시료에 물을 점차적으로 첨가하여 황동접시에 1cm 두께로 깔고 2등분하여 손잡이를 2회/sec 속도로 회전시켜 2등분된 상태의 시료가 13mm 붙을 때까지 타격횟수를 기록하고 이때 함수비를 구한다.
③ 시험을 타격회수 25회 전후 2회씩하며 유동곡선을 그리고 이때 유동곡선상에서 25회 때 함수비를 구하면 된다.

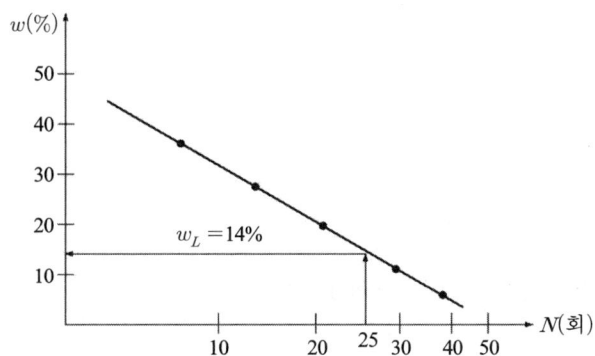

[예]

타격횟수(회)	37	29	19	13	9
함수비(%)	8.2	12.5	20.2	28.4	35.6

❷ 소성한계(w_p, PL)

① No.40(0.42mm)체 통과 흙 30g 정도를 준비하고 유리판에 놓아 물을 가하여 손바닥으로 밀면서 굴린다.
② 굵기가 3mm 정도이면서 부슬부슬 끊어질 때 시료를 모아 함수비를 구하면 된다.

❸ 수축한계(w_s, SL)

① 수은을 이용하여 젖은 흙이 건조하여 체적의 변화되는 부피를 구할 수 있다.
② 젖은 흙의 중량과 부피와 건조시 중량과 부피를 이용하여 수축한계를 구한다.
③ 수축비 $R = \dfrac{\gamma_o}{\gamma_w} = \dfrac{W_o}{V_o \cdot \gamma_w}$
④ $w_s = \left(\dfrac{1}{R} - \dfrac{1}{G_s}\right) \times 100$
⑤ 선수축, 동상판정, 흙의 비중, 용적의 변화 등을 알 수 있다.

4 각종 지수 관계

(1) 소성지수(I_p)

① $I_p = w_L - w_p$

② 액성한계와 소성지수가 크면 점토 함유율이 크다.

(2) 액성지수(I_L)

① $I_L = \dfrac{w - w_p}{I_p} = \dfrac{w - w_p}{w_L - w_p}$ 여기서, w : 자연함수비

② $I_L = 0$ 일 경우 안정하다.

(3) 연경도 지수(I_c)

① $I_c = \dfrac{w_L - w}{I_p} = \dfrac{w_L - w}{w_L - w_p}$

② $I_c = 1$ 일 경우 안정하다.

(4) 액성지수(I_L)와 연경도 지수(I_c)의 관계

$I_L + I_c = \dfrac{w - w_p}{w_L - w_p} + \dfrac{w_L - w}{w_L - w_p} = \dfrac{w_L - w_p}{w_L - w_p} = 1$

∴ $I_L + I_c = 1$

(5) 유동지수(I_f)

① $I_f = \dfrac{w_1 - w_2}{\log_{10} N_2 - \log_{10} N_1}$
   $= \dfrac{w_1 - w_2}{\log_{10} \dfrac{N_2}{N_1}}$

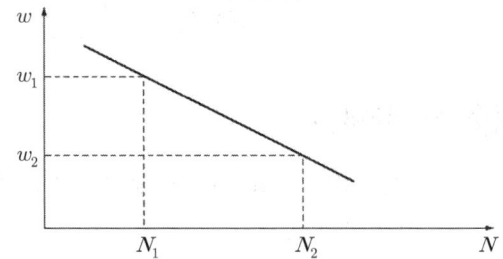

② 타격횟수 4회 때 w_1,
   타격횟수 40회 때 w_2 이면
   $I_f = \dfrac{w_1 - w_2}{\log_{10} \dfrac{40}{4}} = \dfrac{w_1 - w_2}{\log_{10} 10} = w_1 - w_2$

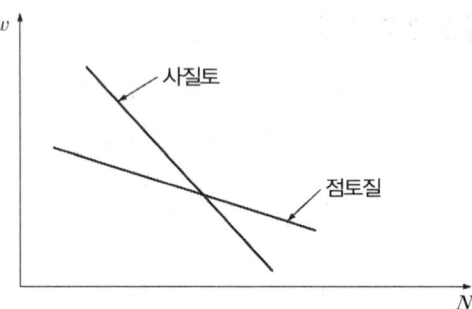

③ 급할수록 사질토에 가깝고 유동곡선이 완만할수록 점토질에 가깝다.

④ 유동지수는 함수비의 변화에 따른 전단 강도의 변화를 알 수 있다.

(6) 인성지수(I_t)

① $I_t = \dfrac{I_p}{I_f}$

② 터프니스지수(Toughness indes, I_t)가 클수록 콜로이드(Colloid) 함유율이 높다.

5 활성도(Activity)

① $A = \dfrac{I_p}{0.002\text{mm 이하의 점토 함유율}(\%)}$

② 활성도는 소성지수가 큰 흙일수록 크다.

③ $A < 0.75$: 비활성 점토(kaolinite)

④ $0.75 < A < 1.25$: 보통 점토(illite)

⑤ $1.25 < A$: 활성 점토(Montmorillonite)

CHAPTER 2 출제 예상 문제 — 흙의 기본적 성질

01 공극비가 0.25인 모래의 공극률은?

① 10% ② 15%
③ 20% ④ 25%

해설
$$n = \frac{e}{1+e} \times 100 = \frac{0.25}{1+0.25} \times 100 = 20\%$$

02 포화상태에 있는 흙의 함수비가 40%이고, 비중이 2.6이다. 이 흙의 공극비는 얼마인가?

① 0.85 ② 0.065
③ 1.04 ④ 1.40

해설 포화상태이므로 $S=100\%$, $S \cdot e = G_s \cdot w$
$$\therefore e = \frac{G_s \cdot w}{S} = \frac{2.6 \times 40}{100} = 1.04$$

03 $\gamma_d = 1.50\text{g/cm}^3$인 흙의 공극비($e$)와 공극률($n$)은? (단, $\gamma_w = 1\text{g/cm}^3$, $G_s = 2.60$이다.)

① $e = 0.73$, $n = 42.30\%$ ② $e = 0.44$, $n = 50.00\%$
③ $e = 0.51$, $n = 27.00\%$ ④ $e = 0.69$, $n = 41.00\%$

해설
$$e = \frac{\gamma_w}{\gamma_d} G_s - 1 = \frac{1}{1.5} \times 2.6 - 1 = 0.733$$
$$n = \frac{e}{1+e} \times 100 = \frac{0.733}{1+0.733} \times 100 = 42.3\%$$

04 간극률이 37%인 모래의 비중이 2.65이었다. 이 모래가 완전히 포화되어 있다면 그 단위중량은? (단, $\gamma_w = 1\text{t/m}^3$이다.)

① 1.04t/m^3 ② 2.04t/m^3
③ 1.76t/m^3 ④ 2.65t/m^3

해설
$$e = \frac{n}{100-n} = \frac{37}{100-37} = 0.59$$
$$\gamma_{sat} = \frac{G_s + e}{1+e} \cdot \gamma_w = \frac{2.65 + 0.59}{1+0.59} \times 1 = 2.04\text{t/m}^3$$

05 건조단위중량이 1.35g/cm³이고, 공극비가 0.95인 시료가 90% 포화되었을 때의 단위중량은? (단, γ_w =1g/cm³이다.)

① 1.92g/cm³
② 1.79g/cm³
③ 1.69g/cm³
④ 1.62g/cm³

해설
$$\gamma_d = \frac{G_s}{1+e} \cdot \gamma_w$$
$$1.35 = \frac{G_s}{1+0.95} \times 1 \quad \text{여기서, } G_s = \frac{1.35 \times (1+0.95)}{1} = 2.63$$
$$\therefore \gamma_t = \frac{G_s + \frac{S \cdot e}{100}}{1+e} \cdot \gamma_w = \frac{2.63 + \frac{90 \times 0.95}{100}}{1+0.95} \times 1 = 1.79 \text{g/cm}^3$$

06 노건조한 시료의 중량 46.5g, 15℃의 물을 채운 비중병의 중량이 62.5g, 온도 15℃의 물과 흙을 채운 비중병의 중량 92.5g일 때 비중은?

① 1.608
② 1.488
③ 1.550
④ 2.818

해설
$$G_s = \frac{W_s}{W_s + W_a - W_b} \times K = \frac{46.5}{46.5 + 62.5 - 92.5} \times 1 = 2.818$$

07 다음 관계식 중 옳지 않은 것은?

① $\gamma_t = \dfrac{G_s + \dfrac{S \cdot e}{100}}{1+e} \cdot \gamma_w$
② $\gamma_d = \dfrac{G_s}{1+e} \cdot \gamma_w$
③ $\gamma_{sat} = \dfrac{G_s + e}{1+e} \cdot \gamma_w$
④ $\gamma_{sub} = \dfrac{1 - G_s}{1+e} \cdot \gamma_w$

해설
$$\gamma_{sub} = \gamma_{sat} - \gamma_w = \frac{G_s + e}{1+e} \cdot \gamma_w - \frac{1+e}{1+e} \cdot \gamma_w = \frac{G_s - 1}{1+e} \cdot \gamma_w$$

08 단위중량이 1.68t/m³이고, 비중이 2.7인 건조한 모래가 비를 맞은 후 포화도가 40%가 되었다. 비를 맞은 이 흙의 단위중량은? (단, γ_w =1t/m³)

① 1.881g/cm³
② 1.381g/cm³
③ 1.831g/cm³
④ 1.318g/cm³

해설
$$e = \frac{\gamma_w}{\gamma_d} \cdot G_s - 1 = \frac{1}{1.68} \times 2.7 - 1 = 0.607$$

$$\gamma_t = \frac{G_s + \frac{S \cdot e}{100}}{1+e} \cdot \gamma_w = \frac{2.7 + \frac{40 \times 0.607}{100}}{1+e} \times 1 = 1.831 \text{g/cm}^3$$

09 수축한계 시험에서 얻어진 값이 이용되지 않는 것은 다음 중 어느 것인가?
① 동상성의 판정 ② 군지수 계산
③ 비중의 근사치 ④ 수축비 계산

해설 군지수는 흙의 분류에 이용된다.

10 어떤 흙에 있어서 자연함수비 40%, 액성한계 60%, 소성한계 20%일 때 이 흙의 액성지수는?
① 200% ② 150%
③ 100% ④ 50%

해설
$$I_L = \frac{w - w_p}{I_p} = \frac{w - w_p}{w_L - w_p} = \frac{40 - 20}{60 - 20} = 0.5$$

11 현장에서 모래의 건조밀도를 측정한 결과 1.52g/cm³이고, 실험실에서 이 모래의 최대 및 최소 건조밀도를 구하면 각각 1.68g/cm³ 및 1.47g/cm³였다고 하면 이 모래의 상대밀도는?
① 0.58 ② 0.31
③ 0.26 ④ 0.13

해설
$$D_r = \frac{\gamma_d - \gamma_{d\min}}{\gamma_{d\max} - \gamma_{d\min}} \times \frac{\gamma_{d\max}}{\gamma_d} \times 100 = \frac{1.52 - 1.47}{1.68 - 1.47} \times \frac{1.68}{1.52} \times 100 = 26.3\%$$

12 노건조된 점토시료의 중량이 12.38g, 수축한계에 도달한 시료의 용적 5.98cm³이었다. 이때의 수축한계는? (단, $\gamma_w = 1\text{g/cm}^3$, 비중은 2.65이다.)
① 10.57% ② 12.5%
③ 14.7% ④ 15.5%

해설
$$R = \frac{\gamma_s}{\gamma_w} = \frac{W_s}{V_s \cdot \gamma_w} = \frac{12.38}{5.98 \times 1} = 2.07$$

$$w_s = \left(\frac{1}{R} - \frac{1}{G_s}\right) \times 100 = \left(\frac{1}{2.07} - \frac{1}{2.65}\right) \times 100 = 10.57\%$$

13 흙의 컨시스턴시에 대한 다음 설명 중 잘못된 것은? (단, LL : 액성한계, PL : 소성한계, SL : 수축한계)

① LL이란 흙이 이동할 때의 최소 함수비이다.
② PL이란 흙이 소성을 띨 때의 최소 함수비이다.
③ SL이란 흙이 반고체상을 이룰 때의 최대 함수비이다.
④ 아터버그한계에는 액성한계, 소성한계 및 수축한계의 3가지가 있다.

해설 수축한계(SL, w_s)는 반고체상을 이룰 때의 최소 함수비이다.

14 함수비 12.4%인 흙의 습윤밀도가 17.5kN/m³이었다. 이 흙의 건조밀도는 다음 중 어느 것인가?

① 12.5kN/m³   ② 14.2kN/m³
③ 19.4kN/m³   ④ 15.6kN/m³

해설
$$\gamma_d = \frac{\gamma_t}{1+\frac{\omega}{100}} = \frac{17.5}{1+\frac{12.4}{100}} = 15.6\text{kN/m}^3$$

CHAPTER 3 흙의 분류

1 입도 분석

❶ 입도

① 입도 : 크고 작은 입자의 비율
② 양호한 입도 : 크고 작은 입자가 골고루 광범위하게 분포된 것
③ 균등한 입도(불량한 입도, 빈 입도) : 크기가 비슷한 입자가 분포된 것

❷ 조립토와 세립토

① 조립토(자갈, 모래) : 0.08mm(No.200)체 50% 이상 남는 경우
② 세립토 : 0.08mm(No.200)체 50% 이상 통과되는 경우
③ 자갈 : 5mm(No.4)체에 50% 이상 남는 경우
④ 모래 : 5mm(No.4)체에 50% 이상 통과되는 경우

❸ 입도시험

(1) 체가름시험

① 잔류율(남는율) = $\dfrac{\text{어떤 체에 남는 무게}}{\text{전체 무게}} \times 100$
② 가적 잔류율(가적 남는율) = 각체의 잔류율을 누계한 값
③ 가적 통과율 = 100 − 가적 잔류율
④ No.10, No.20, No.40, No.60, No.140, No.200체를 사용

(2) 비중계 분석

① No.10(2mm)체 통과 시료를 가지고 0.08mm 이하의 입도 분포를 알 수 있다.
② 소성지수(I_p) 20을 기준하여 분산제를 사용한다.
③ 분산시킨 시료와 증류수를 1000cc가 되게 하여 메스 실린더에 넣고 시간에 따라 비중계의 눈금을 읽어 유효길이(L)를 구한다.

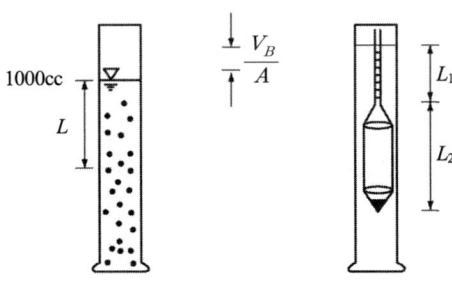

$$L = L_1 + \frac{L_2}{2} - \frac{V_B}{2A} = L_1 + \frac{1}{2}\left(L_2 - \frac{V_B}{A}\right)$$

여기서, L : 유효 길이
L_1 : 비중계 구부의 상단으로부터 눈금을 읽는 점까지의 거리(cm)
L_2 : 비중계 구부의 길이(cm)
V_B : 비중계 구부의 용적(cm^3)
A : 메스실린더의 단면적(cm^2)

④ 시간(t)에 따른 유효깊이(L) 값을 이용하여 흙의 입경을 구한다.
⑤ 비중계는 시간에 따라 아래로 내려간다.(비중계 눈금이 작아진다.)
⑥ 비중계 눈금은 0.995~1.050의 범위이다.
⑦ 현탁액의 비중은 비중계 구부 중심의 위치값이다.

❹ 입경가적곡선

① 체분석과 비중계 분석의 조합이다.
② 가로선이 대수눈금(log 눈금)이며 입경을 표시한다.
③ 세로선은 통과 백분율 산술 눈금으로 표시한다.
④ 곡선의 구배가 완만할수록 입도가 양호한 흙이다.
⑤ 곡선의 중간에서 요철이 있을 수 없다.
⑥ 곡선이 일정구간 수평이면 그 구간 사이의 흙은 없다.
⑦ 곡선의 구배가 계단이면 두 개 또는 그 이상의 흙이 섞인 경우로 빈 입도이다.
⑧ 균등계수

- $C_u = \dfrac{D_{60}}{D_{10}}$

- $10 < C_u$: 입도가 양호하다.
  $C_u < 4$: 입도가 불량하다.

- D_{10} 은 통과율 10%에 해당하는 입경

⑨ 곡률계수

- $C_g = \dfrac{(D_{30})^2}{D_{10} \times D_{60}}$
- $1 < C_g < 3$: 입도가 양호하다.

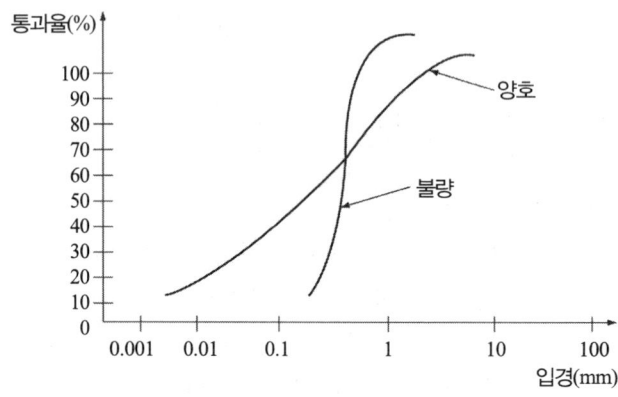

2 공학적 분류

1 삼각좌표에 의한 분류

① 모래, 실트, 점토의 세 성분의 중량 백분율로 좌표를 이용하여 분류한다(10종류).
② 자갈이 제외되어 공학적인 성질을 잘 나타내지 못하고 있다(흙의 컨시스턴시를 정확히 파악하기 곤란하다).

2 통일분류법

(1) Casagrande의 소성도

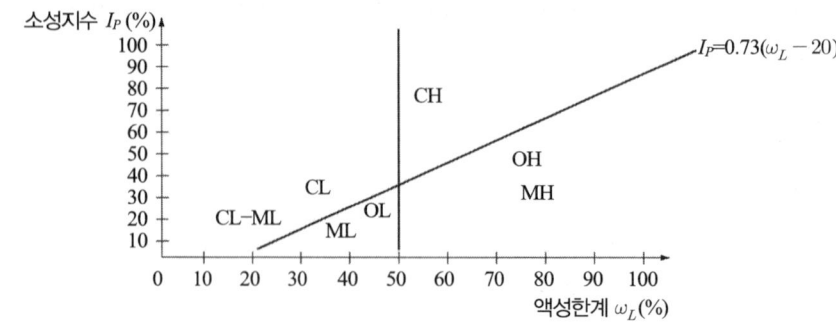

(2) 조립토 및 세립토 기호(15종류)

① GW : 입도분포가 양호한 자갈
② GP : 입도분포가 불량한 자갈
③ GM : 실트질의 자갈
④ GC : 점토질의 자갈
⑤ SW : 입도분포가 양호한 모래
⑥ SP : 입도분포가 불량한 모래
⑦ SM : 실트질의 모래
⑧ SC : 점토질의 모래
⑨ MH : 압축성이 높은 실트
⑩ ML : 압축성이 낮은 실트
⑪ CH : 압축성이 높은 점토(소성이 큰 점토)
⑫ CL : 압축성이 낮은 점토
⑬ OH : 압축성이 높은 유기질토
⑭ OL : 압축성이 낮은 유기질토
⑮ P_t : 이탄

(3) 이중 기호

0.08mm(No.200)체 통과 백분율이 5~12% 범위일 때 GM-GC, SM-SC, CL-ML, GW-GM, GP-GM, GP-GC, SW-SM, SP-SC로 구분한다.

❸ AASHTO 분류법(개정 PR법, A분류법)

① 입도, 액성한계, 소성한계, 소성지수, 군지수 등을 요소로 분류한다.
② 군지수(Group index)

- $GI = 0.2a + 0.005ac + 0.01bd$

  여기서, a : 0.08mm체 통과 백분율-35(0~40)
  b : 0.08mm체 통과 백분율-15(0~40)
  c : 액성한계-40(0~20)
  d : 소성지수-10(0~20)

- 군지수의 범위는 0~20로 군지수가 크면 흙입자가 작으며 팽창수축이 커져 노상토 재료로 부적합하다.

CHAPTER 3 출제 예상 문제

흙의 분류

01 통일분류법에서 CH로 표시되는 흙은 다음 중 어느 것인가?
① 자갈질 점토
② 모래질 점토
③ 실트질 점토
④ 소성이 큰 점토

해설 CH : 압축성이 큰 점토

02 흙을 분류하는데 쓰이는 소성도표에서 A선을 나타내는 수식은? (단, PI : 소성지수, w_L : 액성한계)
① $PI = 0.073(w_L - 20)$
② $PI = 0.009(w_L - 20)$
③ $PI = 0.07(w_L - 20)$
④ $PI = 0.73(w_L - 20)$

해설 소성도표는 액성한계, 소성한계, 소성지수와 관련 있다.

03 #200체 통과량이 38%, 액성한계가 21%, 소성지수 8%일 때 군지수는?
① 0.6
② 0.7
③ 12.6
④ 20.0

해설
$GI = 0.2a + 0.005ac + 0.01bd$
$a = 38 - 35 = 3$ $b = 38 - 15 = 23$
$c = 21 - 40 = 0$ $d = 8 - 10 = 0$
∴ $GI = 0.2 \times 3 = 0.6$

04 통일분류법으로 흙을 분류하는데 직접 사용되지 않는 요소는?
① No.200체 통과율
② No.4체 통과율
③ 소성지수
④ 군지수

해설 군지수는 AASHTO 분류법에 사용된다.

05 그림과 같은 3가지 흙에 대한 입도곡선이 있다. 다음 설명 중 틀린 것은?
① A흙이 B흙에 비해 균등계수가 크다.
② A흙이 B흙에 비해 곡률계수가 크다.
③ A, B, C흙 중 A흙의 입도가 가장 양호하다.
④ C흙은 2종류의 흙을 합친 경우에 나타날 수 있다.

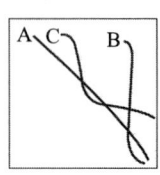

해설 A흙이 B흙에 비해 곡률계수가 작다.

06 입도시험결과 #4체 통과백분율이 65%, #10체 통과백분율이 40%, #200체 통과백분율이 8%이었다. 이 흙의 입도 분포가 비교적 양호할 때 통일분류법에 의한 흙의 분류는?
① GP
② GP-GM
③ SW
④ SW-SM

해설 5mm(#4)체를 50% 이상 통과하므로 모래질이며 0.08mm(#200)체 통과율이 5~12% 범위 안에 있으므로 이중 기호로 표시한다.

07 통일분류법에 의해 그 흙이 MH로 분류되었다면, 이 흙의 대략적인 공학적 성질은?
① 액성한계가 50% 이상인 실트이다.
② 액성한계가 50% 이하인 점토이다.
③ 소성한계가 50% 이상인 점토이다.
④ 소성한계가 50% 이하인 실트이다.

해설
- 제2문자 H : 액성한계가 50% 이상
- 제1문자 M : 실트

08 그림과 같은 입도곡선에서 다음 설명 중 틀린 것은? 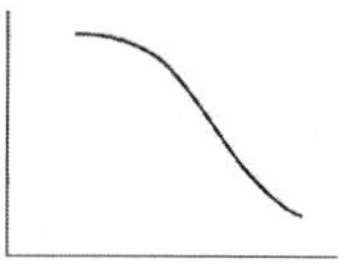
① 횡축은 입경의 크기를 log좌표로 잡는다.
② 횡축의 오른편으로 갈수록 입경의 크기는 작다.
③ 입도곡선이 오른편에 있을수록 입경이 작다.
④ 입도곡선의 중간에서 요철(凹凸) 부분이 있을 수 있다.

해설 입도곡선의 중간에서 요철 부분이 있을 수 없다.

09 다음은 흙의 분류에 관한 사항들이다. 틀린 것은?
① 입경가적곡선에서 곡선의 모양이 일정 구간 수평인 것은 그 구간 사이의 흙이 존재하지 않는다.
② 성토 재료로서 가장 좋은 것은 이탄(Peat)으로 분류되어진다.
③ AASHTO 분류법에서 군지수는 어떤 분류 내에서 가치 평가의 기준일 뿐이다.
④ 군지수의 값이 클수록 노상토로서 부적당함을 뜻한다.

해설 성토 재료로 이탄을 사용해서는 안 된다.

정답 01 ④ 02 ④ 03 ① 04 ④ 05 ② 06 ④ 07 ① 08 ④ 09 ②

CHAPTER 3 출제 예상 문제

10 A, B, C 및 팬(pan)으로 이루어진 한 조의 체로 체분석 시험한 결과 각 체의 잔유량이 표와 같다. B체의 가적 통과율은?

① 30%
② 70%
③ 60%
④ 40%

체	잔류량(g)
A	20
B	120
C	50
pan	10

해설
B체의 가적 잔류율 $= \dfrac{140}{200} \times 100 = 70\%$

B체의 가적 통과율 $= 100 - 70 = 30\%$

11 삼각좌표에 의한 흙의 분류는 일반적으로 공학적 성질을 잘 나타내지 못한다고 한다. 그 이유 중 가장 타당한 것은?

① 분류 시에 자갈은 제외시키기 때문이다.
② 삼각 좌표 눈금을 읽을 때 많은 오차가 발생한다.
③ 일반적인 흙의 성질은 컨시스턴시에 영향을 받는다.
④ 분류 시에 군지수를 이용하지 않는다.

해설 삼각좌표에 의한 흙의 분류는 입자의 크기만 고려하므로 공학적인 성질이 잘 나타내지 못한다.

12 입도시험 결과 균등계수 $C_u = 6$, $D_{30} = 0.21$mm, $D_{60} = 0.84$mm이었다면 이 상수도 여과용 모래의 투수계수는 대략 얼마나 되겠는가? (단, $C_1 = 100$이고, A. Hazen의 공식을 사용한다.)

① 2.0×10^{-2} cm/sec
② 4.0×10^{-2} cm/sec
③ 2.0 cm/sec
④ 4.0 cm/sec

해설
$C_u = \dfrac{D_{60}}{D_{10}}$, $D_{10} = \dfrac{D_{60}}{C_u} = \dfrac{0.84}{6} = 0.14$mm

$K = C_1 D_{10}^2 = 100 \times 0.014^2 = 0.02$ cm/sec $= 2.0 \times 10^{-2}$ cm/sec

13 모래 40%, 자갈 9%, 실트 20%, 점토 31%일 때 삼각좌표에서 모래값은 몇 %인가?

① 40%   ② 42%   ③ 44%   ④ 46%

해설
- 모래 $= 40 \times \dfrac{100}{91} = 44\%$
- 실트 $= 20 \times \dfrac{100}{91} = 22\%$
- 점토 $= 31 \times \dfrac{100}{91} = 34\%$

정답 10 ① 11 ③ 12 ① 13 ③

CHAPTER 4. 흙의 다짐

1 다짐시험

❶ 목적
① 공사용 재료의 최적함수비와 최대건조밀도를 구하여 흙의 밀도를 증대시킨다.
② 지지력 증가, 접착력(부착력) 증대, 압축 투수성 감소, 팽창 수축 미소화, 동상 방지

❷ 다짐시험 방법 및 성과

(1) A다짐시험(표준다짐)
① 공기 중 건조한 시료를 3.5~5kg 정도 준비한다.
② 몰드 및 밑판을 결합하여 무게를 측정한다.
③ 칼라를 조립하고 준비된 시료를 1/3 넣어 25회 타격하고 또 2/3 넣고 25회, 가득 넣고 25회 타격한다.
④ 칼라를 벗겨내고 곧은 날로 몰드 윗부분을 깎아내고 무게를 측정한다.
⑤ 밑판을 분리하고 추출기를 이용하여 시료를 빼내고 이등분하여 약간의 시료를 채취하여 함수비를 구한다.
⑥ 위와 같은 과정으로 함수비를 시료량의 1~2% 정도 점차적으로 첨가하여 다짐시험을 5~6회 정도 실시한 후 습윤밀도(γ_t)와 건조밀도(γ_d)를 구한다.
⑦ 다짐곡선을 완성하고 $\gamma_{d\max}$(최대건조밀도), OMC(최적함수비)를 구한다.

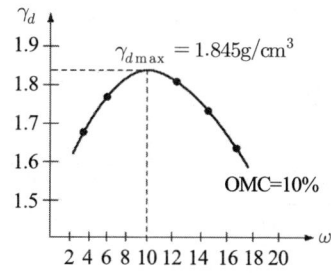

(2) 다짐시험의 종류

다짐 방법	래머중량 (kg)	몰드 안지름 (cm)	용적 (cm³)	낙하고 (cm)	다짐횟수 (회)	1층당 다짐횟수 (회)	최대입자 지름 (mm)
A	2.5	10	1000	30	3	25	19
B	2.5	15	2209	30	3	55	37.5
C	4.5	10	1000	45	5	25	19
D	4.5	15	2209	45	5	55	19
E	4.5	15	2209	45	3	92	37.5

(3) 다짐곡선의 성질

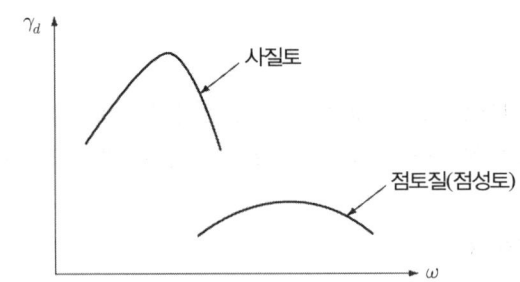

① 조립토(사질토)는 최대건조밀도가 높고 최적함수비는 낮다.
② 세립토(점토질)는 최대건조밀도가 낮고 최적함수비는 크다.
③ 조립토는 다짐곡선이 급하고, 세립토는 완만하다.
④ 최적함수비는 보통 사질토에서는 10~15%, 점성토에서는 20~40% 범위이다.
⑤ 최대 전단강도는 최적함수비보다 약간 건조측에서 나타난다.
⑥ 최소 투수계수는 최적함수비보다 약간 습윤측에서 나타난다.

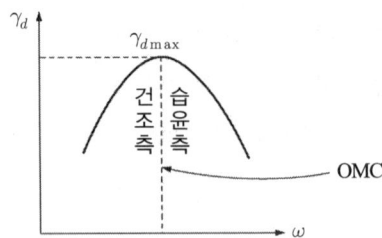

(4) 영공기공극곡선(포화곡선)

$$\gamma_d = \frac{G_s}{1+e} \cdot \gamma_w = \frac{G_s}{1+\dfrac{G_s \cdot w}{S}} \cdot \gamma_w = \frac{1}{\dfrac{1}{G_s}+\dfrac{w}{S}} \cdot \gamma_w$$

$$S \cdot e = G_s \cdot w \qquad \therefore e = \frac{G_s \cdot w}{S}$$

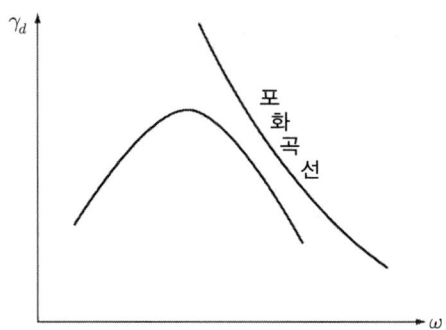

$S = 100\%$ 일 경우

$$\gamma_{dsat} = \cfrac{1}{\cfrac{1}{G_s} + \cfrac{w}{100}} \cdot \gamma_w$$

함수비 w의 변화에 따른 γ_{dsat} 값을 구하여 영공기 공극곡선을 그린다.

즉, $w - \gamma_{dsat}$ 관계 곡선이다.

포화곡선은 습윤측과 약간 떨어져서 평행하게 나타난다.

(5) 다짐에너지

$$E_c = \frac{W_R \cdot H \cdot N_B \cdot N_L}{V}$$

여기서, W_R : 래머의 중량(kg)
H : 래머의 낙하고(cm)
N_B : 층에 대한 다짐횟수
N_L : 층수
V : 몰드의 체적(cm³)

다짐에너지가 증가하면 밀도는 높아지고 함수비는 감소한다.

(6) 함수비에 따른 변화단계

① **수화단계(Ⅰ)** : 함수량이 적어 입자간 결합이 떨어진다.
② **윤활단계(Ⅱ)** : 적절한 함수량으로 입자 간 상호 결합이 원활($\gamma_{d\max}$, OMC)
③ **팽창단계(Ⅲ)** : 함수량이 다소 많아 입자 상호간 밀리는 현상
④ **포화단계(Ⅳ)** : 과다한 함수량으로 입자 상호간 결합에 필요 이상의 물이 있는 상태

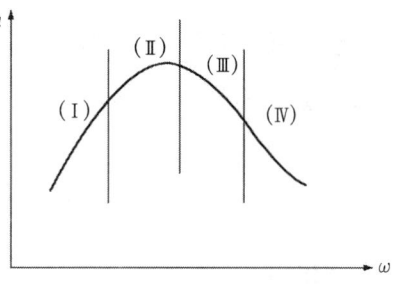

2 현장밀도 시험(들밀도 시험)

❶ 목적

① 시공 다짐 후 다짐 상태(현장 건조밀도)를 검사하여 다짐도를 구한다.

② 다짐도(%) = $\dfrac{\gamma_d}{\gamma_{d\max}} \times 100$

여기서, γ_d : 현장 다짐 후 시험한 건조밀도 $\left(\gamma_d = \dfrac{\gamma_t}{1+\dfrac{w}{100}}\right)$

$\gamma_{d\max}$: 공사 전에 시험실에서 다짐 시험 시 구한 최대건조밀도

❷ 들밀도 시험

① 표준사의 단위중량 시험을 시험실에서 미리하여 깔대기 속 표준사 무게와 단위중량 값을 구한다(표준사의 입도는 No.10~No.200 범위 사용).
② 현장위치에 밑판을 밀착시키고 밑판 모서리에 못을 박아 고정시키고 밑판 중앙부위를 끌과 망치를 이용하여 흙을 파서 구멍속 흙 무게를 측정한다.
③ 급속함수량 시험기로 함수비를 측정한다.
④ 들밀도 시험기에 표준사를 가득 채우고 무게를 측정한 후 밑판에 세워 밸브를 내린다.
⑤ 들밀도 시험기 속 표준사가 더 이상 내려가지 않으면 밸브를 잠그고 무게를 측정한다.
⑥ 성과표를 작성하여 γ_t 와 γ_d 을 구한다.
⑦ 다짐도 계산 및 분석(보통 공종별 90~95% 이상)

3 노상 및 노반의 지지력

❶ 도로의 평판재하시험(Plate Bearing Test : PBT)

(1) 목적
① 강성 포장(콘크리트 포장)의 설계 자료로 이용
② 지지력 계수(K)를 구해 지반 지지력을 측정

(2) 평판재하시험
① 하중을 35kN/m² 씩 증가시키면서 침하량을 구한다.

② 침하량이 15mm에 도달하거나 하중강도가 현장에서 예상되는 최대 접지압 또는 항복점을 넘을 때까지 시험을 한다.

③ 침하량($y = 1.25$mm)일 때 하중강도(q)을 이용하여 지지력 계수(K)를 구한다.

$$K = \frac{q}{y}$$

④ $K_{75} = \frac{1}{2.2} K_{30}$, $K_{40} = \frac{1}{1.3} K_{30}$

⑤ $K_{75} < K_{40} < K_{30}$

여기서, K_{75}, K_{40}, K_{30} 은 재하판의 지름이 75cm, 40cm, 30cm를 사용하여 구한 지지력 계수

(3) 평판 재하판의 영향

① 지반이 포화된 곳에 시험하면 흙의 유효밀도는 50% 정도 저하되고 강도(지지력)도 1/2로 감소한다.
② 점토지반의 지지력은 재하판(폭)의 크기에 무관하다.
③ 사질토 지반의 지지력은 재하판의 폭에 비례한다.
④ 침하량은 점토지반에서 재하판의 폭에 비례한다.
⑤ 침하량은 사질토 지반에서 재하판의 폭이 커지면 약간 커지기는 하지만 비례하지는 않는다.

❷ 노상토 지지력비(CBR 시험)

(1) 목적

가요성(휨성)포장 즉 아스팔트 포장의 두께를 결정하거나 흙의 지지력을 판정한다.

(2) CBR 시험

① D다짐 시험을 실시하여 $\gamma_{d\max}$, OMC를 구한다.
② 최적함수비(OMC)로 흙에 물을 가하여 CBR 몰드에 5층으로 각각 55회, 25회, 10회 다져 만든다.
③ 3개의 공시체를 4일간(96시간) 수침한다.
④ 수침할 때 팽창비 측정을 위해 삼발이와 다이얼게이지를 칼라 윗부분에 설치한다.
⑤ 4일 수침 후 팽창비를 구한다.

$$\gamma_e(\%) = \frac{d_2 - d_1}{h} \times 100$$

여기서, d_2 : 종료 시 판독 눈금(mm)
d_1 : 처음 수침 시 판독 눈금(mm)
h : 공시체 처음 높이(125mm)

⑥ 관입시험을 하여 하중값을 구한다.
⑦ CBR 값을 결정한다.

(3) CBR값 결정

① $\mathrm{CBR}_{2.5} = \dfrac{시험단위하중}{표준단위하중} \times 100 = \dfrac{2.5\mathrm{mm} \text{ 관입시 } 단위하중(\mathrm{MN/m^2})}{6.9(\mathrm{MN/m^2})} \times 100$

② $\mathrm{CBR}_{2.5} = \dfrac{시험하중}{표준하중} \times 100 = \dfrac{2.5\mathrm{mm} \text{ 관입시 } 시험하중(\mathrm{kN})}{13.4(\mathrm{kN})} \times 100$

③ $\mathrm{CBR}_{5.0} = \dfrac{시험단위하중}{표준단위하중} \times 100 = \dfrac{5.0\mathrm{mm} \text{ 관입시 } 단위하중(\mathrm{MN/m^2})}{10.3(\mathrm{MN/m^2})} \times 100$

④ $\mathrm{CBR}_{5.0} = \dfrac{시험하중}{표준하중} \times 100 = \dfrac{5.0\mathrm{mm} \text{ 관입시 } 시험하중(\mathrm{kN})}{19.9(\mathrm{kN})} \times 100$

⑤ 원칙은 $\mathrm{CBR}_{5.0} < \mathrm{CBR}_{2.5}$ 일 경우 : $\mathrm{CBR}_{2.5}$ 값을 CBR로 한다.

그러나 $\mathrm{CBR}_{5.0} > \mathrm{CBR}_{2.5}$ 일 경우 : 시험을 다시 한다.

다시 시험한 결과 또 $\mathrm{CBR}_{5.0} > \mathrm{CBR}_{2.5}$ 일 경우 : $\mathrm{CBR}_{5.0}$ 값을 CBR로 한다.

- 55회, 25회, 10회 때 CBR을 구하고 $\gamma_{d\max}$ 의 95%에 해당하는 밀도로 선을 그어 CBR 값을 최종적으로 결정한다.

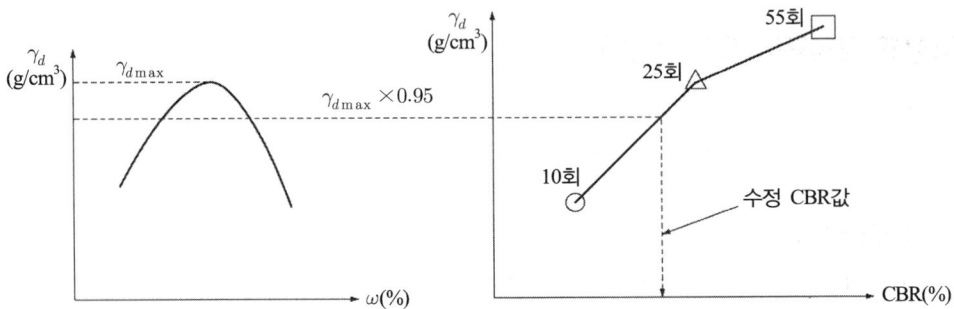

CHAPTER 4 출제 예상 문제 — 흙의 다짐

01 다음은 다짐에 관한 설명이다. 옳지 않은 것은?
① 다짐에너지가 커지면 최대 건조단위중량은 커지고, 최적함수비는 작아진다.
② 양입도일수록 최대 건조단위중량은 커지고, 빈입도일수록 최대건조단위중량은 작아진다.
③ 조립토일수록 최대 건조단위중량은 크며, 최적 함수비도 크다.
④ 점성토는 다짐 곡선이 완만하고 조립토는 급경사를 이룬다.

해설 조립토일수록 최대 건조단위중량은 크며 최적 함수비는 작다.

02 들밀도 시험 중 모래 치환법에서 모래는 무엇을 구하려고 이용하는가?
① 시험구멍에서 파낸 흙의 중량
② 시험구멍의 체적
③ 흙의 함수비
④ 지반의 지지력

해설 구멍의 체적을 구하여 습윤 단위중량을 구하는데 이용된다.

03 CBR은 보통 관입량이 2.5mm일 때의 값을 취한다. 만약 관입량 5.0mm일 때의 CBR이 2.5mm일 때의 값보다도 클 때에는 시험을 다시 하여야 한다. 이때에도 관입량 5mm일 때의 값이 2.5mm일 때의 값보다도 클 때에는 CBR로서는 관입량 및 mm일 때의 값을 취하는가?
① 2.5mm
② 5.0mm
③ $\dfrac{2.5+5.0}{2}$ mm
④ 2.5 + 5.0mm

해설 시험을 다시 했는데도 $CBR_{5.0}$이 $CBR_{2.5}$보다 또 크면 $CBR_{5.0}$의 값으로 결정한다.

04 도로의 평판재하 시험이 끝나는 다음 조건 중 옳지 않은 것은?
① 완전히 침하가 멈출 때
② 침하량이 15mm에 달할 때
③ 하중강도가 그 지반의 항복점을 넘을 때
④ 하중강도가 현장에서 예상되는 최대 접지압력을 초과할 때

해설 완전히 침하가 멈추거나 1분 동안에 침하량이 그 단계 하중의 총 침하량 1% 이하가 될 때 다음 단계 하중을 가하게 된다.

정답 01 ③ 02 ② 03 ② 04 ①

CHAPTER 4 출제 예상 문제

05 CBR 시험에서 관입깊이 2.5mm일 때, 피스톤에 작용하는 하중이 8.8kN이다. 이 재료의 $CBR_{2.5}$의 값은?

① 90.0% ② 65.7%
③ 63.3% ④ 60.5%

해설 $CBR_{2.5} = \dfrac{8.8}{13.4} \times 100 = 65.7\%$

06 흙의 다짐은 최적함수비에서 최대건조밀도를 얻으려는 데 있다. 이때, 최적함수비 상태는 다음 중 어느 상태에 있겠는가?

① 수축단계 ② 윤활단계
③ 팽창단계 ④ 포화단계

해설 물과 흙입자가 윤활단계에서 결합력이 좋다.

07 다짐에너지에 관한 설명 중 옳지 않은 것은?

① 다짐에너지는 래머 중량에 비례한다.
② 다짐에너지는 시료의 체적에 비례한다.
③ 다짐에너지는 래머의 낙하고에 비례한다.
④ 다짐에너지는 타격수에 비례한다.

해설
- $E_c = \dfrac{W_R \cdot H \cdot N_B \cdot N_L}{V}$
- 다짐에너지는 몰드의 체적에 반비례한다.

08 평판재하 시험에서 침하량 1.25mm에 해당하는 하중강도가 23.5kN/m²일 때 지지력계수는?

① 15500kN/m³ ② 18800kN/m³
③ 7800kN/m³   ④ 5500kN/m³

해설 $K = \dfrac{q}{y} = \dfrac{23.5}{0.00125} = 18800 \text{kN/m}^3$

09 현장 도로 토공에서 들밀도 시험을 했다. 파낸 구멍의 체적이 $V = 1,980\text{cm}^3$이었고, 이 구멍에서 파낸 흙무게가 3,420g이었다. 이 흙의 토질시험결과 함수비가 10%, 비중이 2.7, 최대건조밀도 1.65g/cm³이었을 때 이 현장의 다짐도는?

① 85% ② 87%
③ 91% ④ 95%

해설
다짐도(%) = $\dfrac{\gamma_d}{\gamma_{d\max}} \times 100 = \dfrac{1.57}{1.65} \times 100 = 95.15\%$

$\gamma_d = \dfrac{\gamma_t}{1 + \dfrac{w}{100}} = \dfrac{\dfrac{3420}{1980}}{1 + \dfrac{10}{100}} = 1.57 \text{g/cm}^3$

10 평판재하 시험결과를 이용할 때 고려해야 할 사항들 중 틀린 것은?
① Scale effect를 고려할 때 모래의 경우 침하량은 기초의 폭에 비례한다.
② Scale effect를 고려할 때 점토의 경우 지지력은 기초의 크기와는 무관하다.
③ 지하수위가 상승하면 흙의 유효 밀도는 대략 50% 정도 저하하며, 강도는 1/2로 준다.
④ 시험한 지점의 토질종단을 알아야 예기치 못한 침하와 기초지반 파괴에 대비한다.

해설 모래지반의 경우 침하량이 재하판 크기(폭)에 비례한다고 볼 수 없다. 점토지반의 경우가 비례한다.

11 그림과 같은 다짐 곡선을 보고 다음 설명 중 틀린 것은?
① A는 일반적으로 사질토이다.
② B는 일반적으로 점토에서 나타난다.
③ C는 과잉공극수압 곡선이다.
④ D는 최적함수비를 나타낸다.

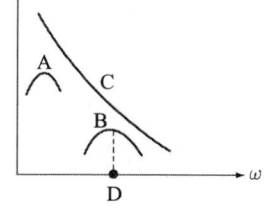

해설 C는 영공기공극곡선(포화곡선)이다.

12 모래치환법에 의한 들밀도 시험결과가 아래와 같다. 현장 흙의 건조 밀도는?

- 시험구멍에서 파낸 흙의 무게 1,600g
- 시험구멍에서 파낸 흙의 함수비 20%
- 시험 구멍에 채운 표준모래의 무게 1,350g
- 시험 구멍에 채운 표준모래의 단위중량 1.35g/cm³

① 0.93g/cm³   ② 1.13g/cm³   ③ 1.33g/cm³   ④ 1.53g/cm³

해설
- 표준모래의 단위중량 $1.35 = \dfrac{1350}{V}$ ∴ $V = \dfrac{1350}{1.35} = 1000 \text{cm}^3$
- $\gamma_t = \dfrac{W}{V} = \dfrac{1600}{1000} = 1.6 \text{g/cm}^3$
- $\gamma_d = \dfrac{\gamma_t}{1 + \dfrac{w}{100}} = \dfrac{1.6}{1 + \dfrac{20}{100}} = 1.33 \text{g/cm}^3$

정답 05 ② 06 ② 07 ② 08 ② 09 ④ 10 ① 11 ③ 12 ③

CHAPTER 5 흙의 투수성

1 흙 속의 물의 흐름

1 투수계수(k)

① 경사가 급할수록 유속이 빠르다.
② 수온이 높을수록 투수계수가 크다.
③ 투수계수는 속도의 차원이다.

$$V = k \cdot i$$

여기서, $i = $ 동수경사 $= \dfrac{h}{L}$

2 Darcy 법칙

| $Q \rightarrow$ | 흙 | $\rightarrow Q$ |

$Q = A \cdot V = A_v \cdot V_s$

$\therefore V_s = \dfrac{A}{A_v} \cdot V = \dfrac{V}{n} = \dfrac{k \cdot i}{\dfrac{e}{1+e} \times 100}$

$n < 1.0$ 이므로 $V < V_s$

여기서, A_v : 실제 통수 단면적
V : Darcy의 평균 유속
V_s : 실제 침투 유속

3 투수계수와 관계되는 요소

$$k = D_s^2 \cdot \dfrac{\gamma_w}{\mu} \cdot \dfrac{e^3}{1+e} \cdot C$$

① 물의 성질, 토립자의 성상(토립자의 형상과 배열, C) 물의 점성(μ), 흙의 공극비(e), 흙의 입경(D_s) 등이 관계되며 투수계수 측정은 포화상태에서 실시하므로 포화도도 관계있다.

② $K = C \cdot D_{10}^2 = 100 \cdot D_{10}^2$ (둥근 입자의 경우 $C = 100$)

③ $k_{15} : \dfrac{1}{\mu_{15}} = k_t : \dfrac{1}{\mu_T}$

- 투수계수는 점성계수에 반비례한다.
- 수온이 상승하면 점성계수가 작아지므로 투수계수가 커진다.

④ $k_1 : e_1^2 = k_2 : e_2^2$ (모래의 실험결과 약식)

2 투수계수 시험

1 정수위 투수시험

① 사질토(자갈, 모래질)의 투수계수를 측정한다($k > 10^{-3}$cm/sec).

② $Q_t = A \cdot V \cdot t = A \cdot k \cdot i \cdot t = A \cdot k \cdot \dfrac{h}{L} \cdot t$

$\therefore k = \dfrac{Q_t \cdot L}{A \cdot h \cdot t}$

여기서, Q_t : t시간의 투수량(cm^3)
A : 시료의 단면적(cm^2)
h : 수위차(cm)
L : 시료의 길이(cm)

2 변수위 투수시험

① 실트질의 투수계수를 측정한다($k = 10^{-3} \sim 10^{-6}$cm/sec).

② $k = 2.3 \dfrac{aL}{A \cdot t} \log \dfrac{h_1}{h_2}$

여기서, A : 시료의 단면적(cm^2)
a : Stand pipe의 단면적(cm^2)
L : 시료의 길이(cm)
t : 수위가 h_1에서 h_2까지 내려오는데 걸린 시간(sec)
h_1 : 시험 개시시의 수위(cm)
h_2 : 시험 종료시의 수위(cm)

③ 압밀시험

① 점토의 투수계수를 측정한다($k < 10^{-7}\text{cm/sec}$).
② $k = C_v \cdot m_v \cdot \gamma_w$

3 성층토의 투수계수

① 수평방향의 투수계수(k_h)

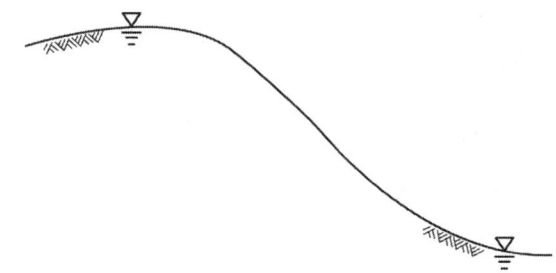

$Q = Q_1 + Q_2 + Q_3$
$A \cdot V = A_1 \cdot V_1 + A_2 \cdot V_2 + A_3 \cdot V_3$
$B \cdot H_o \cdot k_h \cdot i = B \cdot H_1 \cdot k_1 \cdot i + B \cdot H_2 \cdot k_2 \cdot i + B \cdot H_3 \cdot k_3 \cdot i$
$\therefore k_h = \dfrac{1}{H_o}(k_1 \cdot H_1 + k_2 \cdot H_2 + k_3 \cdot H_3)$

❷ 연직방향의 투수계수(k_v)

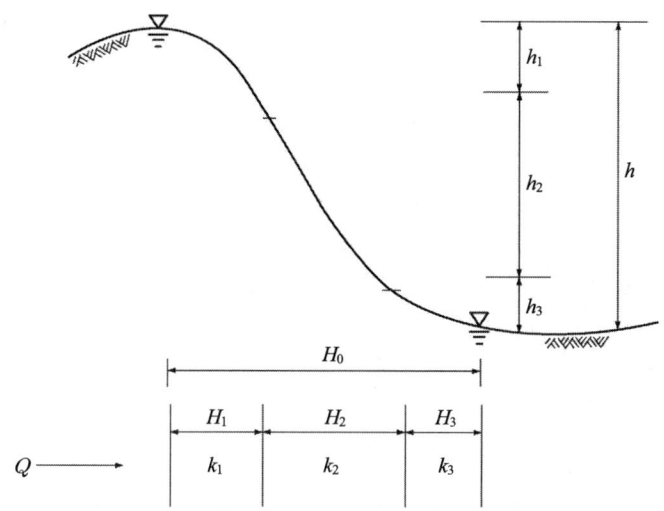

$$V = V_1,\ k_v \cdot \frac{h}{H_o} = k_1 \cdot \frac{h_1}{H_1},\ h_1 = \frac{k_v \cdot h \cdot H_1}{k_1 \cdot H_o}$$

$$V = V_2,\ k_v \cdot \frac{h}{H_o} = k_2 \cdot \frac{h_2}{H_2},\ h_2 = \frac{k_v \cdot h \cdot H_2}{k_2 \cdot H_o}$$

$$V = V_3,\ k_v \cdot \frac{h}{H_o} = k_3 \cdot \frac{h_3}{H_3},\ h_3 = \frac{k_v \cdot h \cdot H_3}{k_3 \cdot H_o}$$

$$h = h_1 + h_2 + h_3$$

$$h = \frac{k_v \cdot h}{H_o}\left(\frac{H_1}{k_1} + \frac{H_2}{k_2} + \frac{H_3}{k_3}\right)$$

$$\therefore\ k_v = \frac{H_o}{\dfrac{H_1}{k_1} + \dfrac{H_2}{k_2} + \dfrac{H_3}{k_3}}$$

❸ 물의 흐름 방향에 따른 대소 관계

$k_v < k_h$

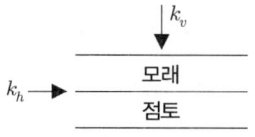

4 유선망

1 유선망의 작성 목적

① 침투수량을 구한다.
② 등수두선간의 공극수압을 측정한다.

2 유선망의 용어 정의

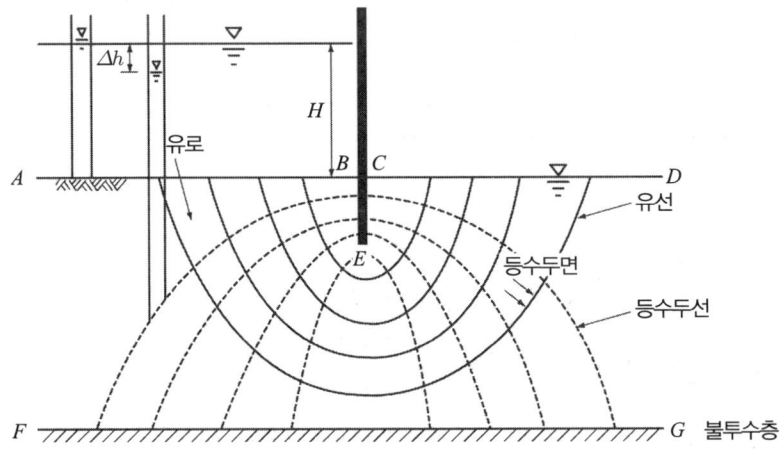

$\overline{AB}$: 등수두선   유로의 수 $N_f = 5$개
$\overline{CD}$: 등수두선   등수두면의 수(등압면의 수) $N_d = 9$개
$\overline{FG}$: 유선   유선=6개
$\overline{BEC}$: 유선   등수두선=10개

3 유선망의 성질

① 각 유로의 침투량은 같다.
② 서로 인접한 등수두선의 수압 강하량(수두손실 $\Delta h = \dfrac{H}{N_d}$)은 항상 같다.
③ 유선과 등수두선(등포텐셜선)은 직교한다.
④ 유선망으로 이루어진 사변형은 이론상 정사각형이다.
⑤ 침투속도 및 동수구배는 유선망의 폭에 반비례한다.

여기서, $Q = A \cdot V$ $\qquad \therefore V = \dfrac{Q}{A} = \dfrac{Q}{B \cdot H}$

$Q = A \cdot V = A \cdot k \cdot i$ $\qquad \therefore i = \dfrac{Q}{A \cdot k} = \dfrac{Q}{B \cdot H \cdot k}$

④ 침투유량

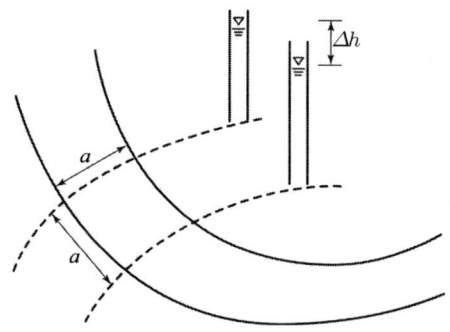

(1) 유로 한 개의 침투량(단위폭 1m당)

$$\Delta Q = A \cdot V = A \cdot k \cdot i = A \cdot k \cdot \frac{h}{L} = (1 \times a)k \cdot \frac{\Delta h}{a} = k \cdot \Delta h = k \cdot \frac{H}{N_d}$$

(2) 전체 유로의 침투량

$$Q = k \cdot H \cdot \frac{N_f}{N_d}$$

(3) 이방성 지반(투수계수가 방향에 따라 다른 경우)의 경우 침투량

$$Q = \sqrt{k_v \cdot k_h} \cdot H \cdot \frac{N_f}{N_d}$$

⑤ 유선망에 의한 수두 및 압력

(1) 수두

- 전수두(h_t) $h_t = \dfrac{N_d'}{N_d} \cdot H$
- 위치수두(h_e) $h_e = (-)\Delta H$
- 압력수두(h_p) $h_t = h_e + h_p$

$$\therefore h_p = h_t - h_e = \frac{N_d'}{N_d} \cdot H + \Delta H$$

여기서, N_d : 등수두면의 수
N_d' : 하류측에서부터 등수두면의 수
ΔH : 지중속의 위치

(2) 압력
- 전압력(P) $P = \gamma_w \cdot h_t$
- 위치압력 $u_e = \gamma_w \cdot (-)\Delta H$
- 공극수압 $H_p = P - u_e$

5 제체의 침투

① 침윤선

(1) 성질
- 제체내 흐름의 최외측, 즉 대기압과 접하는 자유수면을 의미한다.
- 유선으로 그 형상은 포물선으로 가정한다.
- 침윤선은 자유수면으로 압력수두는 0이다. 즉 위치수두가 곧 전수두가 된다(침윤선에서의 수두는 위치 수두뿐이다).

(2) 침윤선 보정

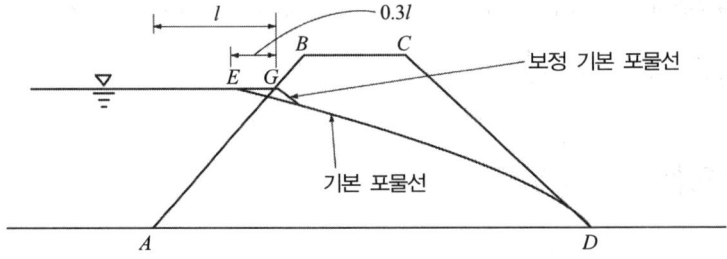

- 기본 포물선을 $GE = 0.3\,l$ 위치에서 그린다.
- 상류측 경사면 AE는 하나의 등수두선이므로 침윤선은 이면에 직교한다.

6 유효응력

① 응력의 개념
① 전응력(P, σ) : 흙 전체에 작용하는 압력
② 간극수압(중립응력, 공극수압 u) : 간극 속에 있는 물이 받는 압력
③ 유효응력($\overline{P}$, $\overline{\sigma}$) : 흙 입자 상호간에 작용하는 압력

❷ 임의 지반의 유효응력

(1) 지반의 유효응력

$P = \overline{P} + u$

$\gamma_t \cdot h + \gamma_{sat} \cdot Z = \overline{P} + \gamma_w \cdot Z$

$\therefore \overline{P} = \gamma_t \cdot h + \gamma_{sat} \cdot Z - \gamma_w \cdot Z$

$\quad = \gamma_t \cdot h + (\gamma_{sat} - \gamma_w) Z$

$\quad = \gamma_t \cdot h + \gamma_{sub} \cdot Z$

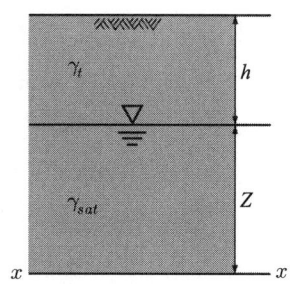

(2) 포화된 지반의 유효응력

$P = \overline{P} + u$

$\gamma_w \cdot h + \gamma_{sat} \cdot Z = \overline{P} + \gamma_w (h + Z)$

$\therefore \overline{P} = \gamma_w \cdot h + \gamma_{sat} \cdot Z - \gamma_w \cdot h - \gamma_w \cdot Z$

$\quad = (\gamma_{sat} - \gamma_w) Z$

$\quad = \gamma_{sub} \cdot Z$

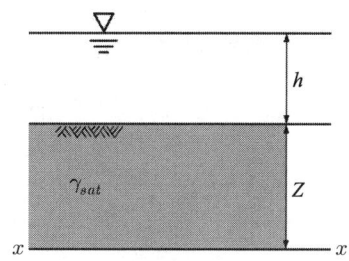

(3) 공극수압계의 압력차에 따른 유효응력

① 물이 위로 흐르는 경우

$P = \overline{P} + u$

$\gamma_w \cdot h + \gamma_{sat} \cdot Z = \overline{P} + \gamma_w \cdot (\Delta h + h + Z)$

$\therefore \overline{P} = \gamma_w \cdot h + \gamma_{sat} \cdot Z - \gamma_w \cdot \Delta h - \gamma_w \cdot Z$

$\quad = \gamma_{sat} \cdot Z - \gamma_w \cdot Z - \gamma_w \cdot \Delta h$

$\quad = (\gamma_{sat} - \gamma_w) Z - \gamma_w \cdot \Delta h$

$\quad = \gamma_{sub} \cdot Z - \gamma_w \cdot \Delta h$

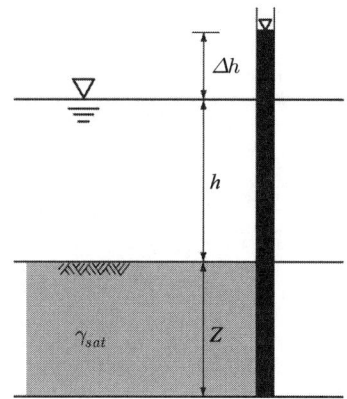

② 물이 아래로 흐르는 경우

$P = \overline{P} + u$

$\gamma_w \cdot h + \gamma_{sat} \cdot Z = \overline{P} + \gamma_w (h + Z - \Delta h)$

$\therefore \overline{P} = \gamma_w \cdot h + \gamma_{sat} \cdot Z - \gamma_w \cdot h - \gamma_w \cdot Z + \gamma_w \cdot \Delta h$

$\quad = \gamma_{sat} Z - \gamma_w \cdot Z + \gamma_w \cdot \Delta h$

$\quad = (\gamma_{sat} - \gamma_w) Z + \gamma_w \cdot \Delta h$

$\quad = \gamma_{sub} \cdot Z + \gamma_w \cdot \Delta h$

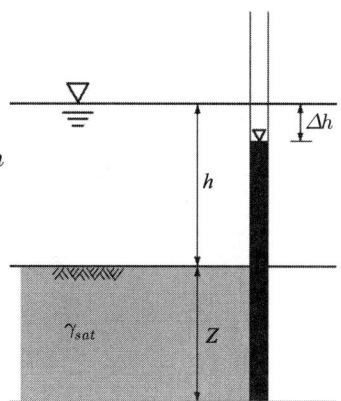

③ 모관현상이 발생 시 유효응력

(1) 모관현상 및 성질
- 표면장력에 의해 물이 표면으로 상승하는 현상
- 모관상승 부분은 (−)간극수압이 생겨 유효응력이 증가한다.
- 지하수면에서의 공극수압 $u = 0$이다.
- 모관상승으로 지표면이 포화된 경우
- 지표면의 전응력은 0이며 유효응력은 0이 아니다.
- 모관현상이 있을 때 지하수위란 공극수압이 0인 면이다.

(2) 흙의 모관성

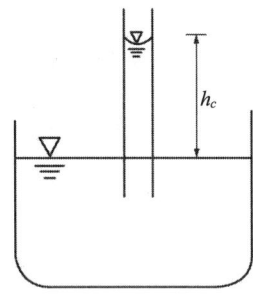 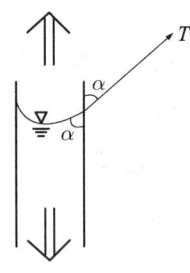

- $\pi \cdot D \cdot T\cos\alpha = \dfrac{\pi D^2}{4} \cdot h_c \cdot \gamma_w$

  $\therefore h_c = \dfrac{4\,T\cos\alpha}{\gamma_w \cdot D}$

- $\alpha = 0°$, 수온 15℃일 때 $T = 0.075\,\text{g/cm}$ 이므로

  $\therefore h_c = \dfrac{0.3}{D}(\text{cm})$

  여기서, h_c : 모관상승고(cm)
  α : 접촉각
  T : 표면장력
  D : 모세관 직경

- $h_c = \dfrac{C}{e \cdot D_{10}}$

  여기서, e : 공극비
  D_{10} : 유효입경
  C : 흙 입자의 모양과 표면상태 정수

(3) 흙의 성질에 따른 모관성
- 모관상승고는 점토, 실트, 모래, 자갈 순으로 높다.
- 모관상승 속도는 모래가 점토보다 빠르다.
- 모관포텐셜(표면에서 당기는 힘, 에너지)은 흙의 함수량, 입경, 온도, 물에 함유된 염분 등에 영향을 받는다.
- 함수량, 입경, 공극비가 작을수록 염류가 많을수록 온도가 낮을수록 저포텐셜이 생긴다.
- 모관포텐셜은 항상 고포텐셜에서 저포텐셜로 물이 유동한다.

(4) 모관수에 의해 완전히 포화되었을 때 유효응력
- h_2 까지 모관상승시 $X-X$ 단면의 유효응력

  $P = \overline{P} + u$

  $\gamma_t \times h_1 + \gamma_{sat} \times (h_2 + h_3) = \overline{P} + \gamma_w \times (h_2 + h_3) - \gamma_w \times h_2$

  $\therefore \overline{P} = \gamma_t \cdot h_1 + \gamma_{sat} \cdot h_2 + \gamma_{sat} \cdot h_3 - \gamma_w \cdot h_2 - \gamma_w \cdot h_3 + \gamma_w \cdot h_2$
  $= \gamma_t \cdot h_1 + \gamma_{sub} \cdot h_3 + \gamma_{sat} \cdot h_2$

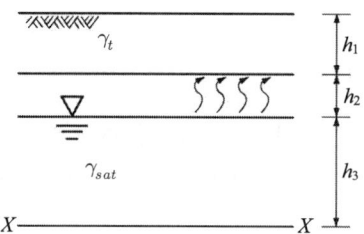

- 모관수가 지표면까지 상승시 $X-X$ 단면의 유효응력

  $P = \overline{P} + u$

  $\gamma_{sat} \cdot h = \overline{P} + \gamma_w \cdot h - \gamma_w \cdot h$

  $\therefore \overline{P} = \gamma_{sat} \cdot h$

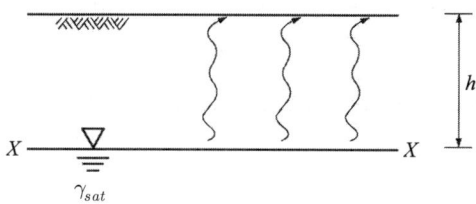

- 모관수가 h_2 높이까지 상승시 $X-X$ 단면의 유효응력

$$P = \overline{P} + u$$

$$\gamma_t \cdot h_1 + \gamma_{sat} \cdot h_2 = \overline{P} + \gamma_w \cdot h_2 - \gamma_w \cdot h_2$$

$$\therefore \overline{P} = \gamma_t \cdot h_1 + \gamma_{sat} \cdot h_2$$

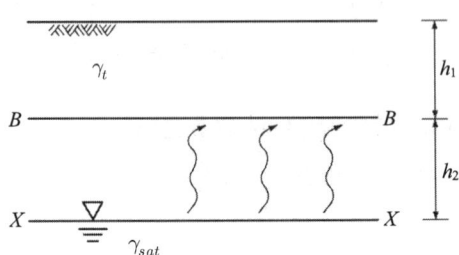

- 모관수가 h_2 높이까지 상승시 $B-B$ 단면의 유효응력

$$P = \overline{P} + u$$

$$\gamma_t \cdot h_1 = \overline{P} + (-\gamma_w \cdot h_2)$$

$$\therefore \overline{P} = \gamma_t \cdot h_1 + \gamma_w \cdot h_2$$

(5) 모관수에 의해 부분적으로 포화되었을 때 유효응력

- 모관수가 h_2 높이까지 $S\%$만큼 포화된 경우 $B-B$ 단면의 유효응력

$$P = \overline{P} + u$$

$$\gamma_t \cdot h_1 = \overline{P} + \left(-\gamma_w \cdot h_2 \cdot \frac{S}{100}\right)$$

$$\therefore \overline{P} = \gamma_t \cdot h_1 + \gamma_w \cdot h_2 \cdot \frac{S}{100}$$

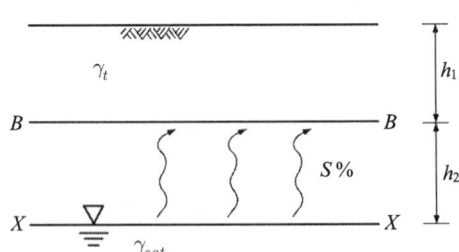

7 분사현상(quick sand)

① 모래지반의 굴착저면이 수압에 의해 토립자가 혼탁하여 분출하는 현상

② 동수구배(동수경사) $i = \dfrac{h}{L}$

③ 한계동수경사 $i_c = \dfrac{\gamma_{sub}}{\gamma_w} = \dfrac{\gamma_{sat} - \gamma_w}{\gamma_w} = \dfrac{G_s - 1}{1 + e}$

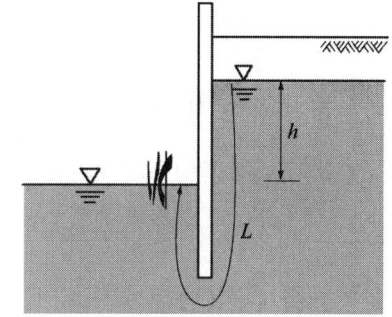

❶ 분사현상이 안 일어나는 조건

$i < i_c$

$1 < F$

❷ 안전율(F)

$F = \dfrac{i_c}{i} = \dfrac{\dfrac{G_s - 1}{1 + e}}{\dfrac{h}{L}}$

8 흙의 동해(동상)

❶ 동상의 개념

① 지표면이 부풀어 오르는 현상
② 동결은 지표면에서 아래쪽을 향하여 진행한다.
③ 실트는 모관상승고가 높아 동상현상이 크게 일어난다(실트질은 모관수두가 크고 투수성이 크다).

❷ 연화현상(융해현상)

① 얼음이 녹아 흙 속의 과잉수분에 의해 연약화된 현상
② 동결된 지반이 봄철에 녹아 증가된 함수비 때문에 지반이 연약하고 강도가 떨어지게 되는 현상
③ 지표수의 침입, 지하수의 상승, 융해수가 배수되지 않고 저류될 때 발생한다.

③ 동상이 일어나는 조건

① 동상을 받기 쉬운 실트 흙이 존재할 경우
② 0℃ 이하의 온도가 계속 지속되는 경우
③ 하층으로부터 물의 공급이 충분할 경우
④ 동결심도 하단에서 지하수면까지 거리가 모관상승고보다 낮을 때

④ 동상의 방지 대책

① 양질의 조립토로 치환한다.
② 배수구의 설치로 지하수위로 저하시킨다.

⑤ 동결 깊이(동결 심도)

$$Z = C\sqrt{F}$$

여기서, Z : 동결 깊이
C : 정수(3~5)
F : 동결지수=기온×일수

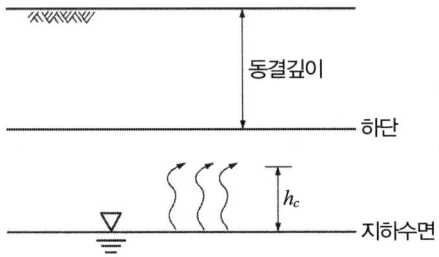

CHAPTER 5 출제 예상 문제 — 흙의 투수성

01 지름 2mm의 유리관을 15°C의 정수 중에 세웠을 때 모관상승고는 얼마인가? (단, $\gamma_w = 1\text{g/cm}^3$, 물과 유리관의 접촉각은 9°, 표면장력은 0.075g/cm이다.)

① 0.15cm ② 1.48cm ③ 1.58cm ④ 1.68cm

해설 $h_c = \dfrac{4T\cos\alpha}{\gamma_w \cdot D} = \dfrac{4 \times 0.075 \times \cos 9°}{1 \times 0.2} = 1.48\text{cm}$

02 흙의 투수성에 관한 Darcy의 법칙 $Q = K \cdot \dfrac{\Delta h}{l} \cdot A$ 을 설명한 것 중 옳지 않은 것은?

① 투수계수 K의 차원은 속도의 차원(cm/sec)과 같다.
② A는 실제로 물이 통하는 공극부분의 단면적이다.
③ Δh는 수두차이다.
④ 물의 흐름이 난류인 경우에는 Darcy의 법칙이 성립하지 않는다.

해설 A는 시료의 단면적이다.

03 투수시험을 할 때의 온도가 17°C이었다. 이것을 15°C의 투수계수로 환산할 때 옳은 것은? (단, μ : 보정계수)

① $K_{15} = K_{17} \cdot \dfrac{\mu_{17}}{\mu_{15}}$
② $K_{15} = K_{17} \cdot \dfrac{\mu_{15}}{\mu_{17}}$
③ $K_{15} = \dfrac{1}{K_{17}} \cdot \dfrac{\mu_{17}}{\mu_{15}}$
④ $K_{15} = \dfrac{1}{K_{17}} \cdot \dfrac{\mu_{15}}{u_{17}}$

해설 $K_{15} : \dfrac{1}{\mu_{15}} = K_{17} : \dfrac{1}{\mu_{17}}$ ∴ $K_{15} = K_{17} \cdot \dfrac{\mu_{17}}{\mu_{15}}$

04 정수위 투수시험을 단면적 30cm², 길이 25cm의 시료에 대하여 하였다. 이때 40cm의 수두에서 116초 동안에 200cc가 유출하였다. 이 시료의 투수계수는?

① 2.49×10^{-2} cm/sec
② 3.59×10^{-2} cm/sec
③ 4.25×10^{-2} cm/sec
④ 5.25×10^{-2} cm/sec

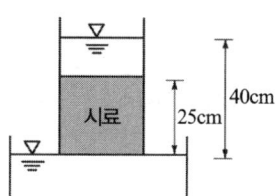

정답 01 ② 02 ② 03 ① 04 ②

CHAPTER 5 출제 예상 문제

해설
$$Q_t = A \cdot V \cdot t = A \cdot k \cdot \frac{h}{L} \cdot t$$
$$\therefore k = \frac{Q_t \cdot L}{A \cdot h \cdot t} = \frac{200 \times 25}{30 \times 40 \times 116} = 3.59 \times 10^{-2} \, \text{cm/sec}$$

05 그림과 같이 3층으로 된 토층의 수평방향과 수직방향의 평균 투수계수는 몇 cm/sec인가?

수평방향 투수계수	수직방향 투수계수
① 1.372×10^{-3}	3.129×10^{-4}
② 3.129×10^{-4}	1.372×10^{-3}
③ 1.372×10^{-5}	3.129×10^{-6}
④ 3.129×10^{-6}	1.372×10^{-5}

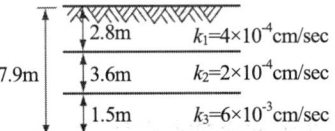

해설
$$K_h = \frac{1}{H_o}(k_1 \cdot H_1 + k_2 \cdot H_2 + k_3 \cdot H_3) = \frac{1}{790}(4 \times 10^{-4} \times 280 + 2 \times 10^{-4} \times 360 + 6 \times 10^{-3} \times 150)$$
$$= 1.372 \times 10^{-3} \, \text{cm/sec}$$
$$K_v = \frac{H_o}{\frac{H_1}{k_1} + \frac{H_2}{k_2} + \frac{H_3}{k_3}} = \frac{790}{\frac{280}{4 \times 10^{-4}} + \frac{360}{2 \times 10^{-4}} + \frac{150}{6 \times 10^{-3}}} = 3.129 \times 10^{-4} \, \text{cm/sec}$$

06 유선망(flow net)의 특징 중 옳지 않은 것은?

① 두 개의 등수두선의 수압 강하량은 다른 두 개의 등수두선에 대해서도 같다.
② 유선망으로 되는 사각형은 이론상으로 직각사각형이다.
③ 유선과 등수두선은 서로 직교한다.
④ 침투속도 및 동수경사는 유선망의 폭에 반비례한다.

해설 유선망으로 되는 사각형은 이론상 정사각형이다.

07 흙 댐의 침윤선을 설명한 것 중 옳지 않은 것은?

① 침윤선상의 수두는 위치수두 뿐이다.
② 침윤선상의 수두는 압력수두 뿐이다.
③ 침윤선은 유선 중의 하나이다.
④ 침윤선의 형상은 포물선으로 가정한다.

해설 침윤선은 자유수면이므로 압력수두는 0이다. 그러므로 위치수두만 존재한다.

08 다음의 흙 댐에서 유선망을 작도하는데 있어 경계조건이 틀린 것은?

① AB는 등수두선이다.
② BC는 등수두선이다.
③ CD는 등수두선이다.
④ AD는 유선이다.

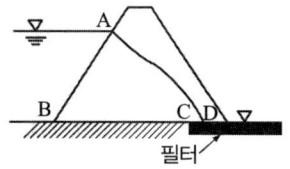

해설 BC는 유선이다.

09 흙의 동상에 관한 다음 설명 중 옳지 않은 것은?

① 토층의 동결은 보통 지표면에서 아래쪽을 향하여 진행된다.
② 모래나 자갈은 투수성이 크지만 모관현상은 낮으므로 동상은 그다지 크게 일어나지 않는다.
③ 점토는 모관상승고가 높으므로 실트질 흙보다 동상현상이 크게 일어난다.
④ 흙의 모관성이 클 때 동상현상이 현저하게 일어난다.

해설 점토는 모관상승고가 높지만 투수성이 작아 실트질 흙보다 동상현상이 작게 일어난다.

10 다음 중 투수계수를 좌우하는 요인이 아닌 것은?

① 토립자의 크기
② 공극의 형상과 배열
③ 토립자의 비중
④ 포화도

해설 토립자의 비중은 관계가 없고 점성계수, 공극비 등이 관계있다.

11 그림의 유선망에 대한 것 중 틀린 것은? (단, 흙의 투수계수는 2.5×10^{-3}cm/s이다.)

① 유선의 수 = 6
② 등수두선의 수 = 6
③ 유로의 수 = 5
④ 전침투유량 $Q = 0.278$cm³/s

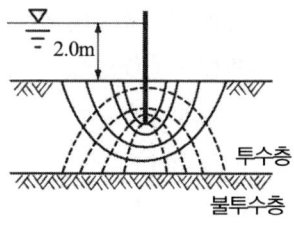

해설
- 등수두선의 수 : 10개
- 등수두면의 수 : 9개
- $Q = k \cdot h \cdot \dfrac{N_f}{N_d} = 2.5 \times 10^{-3} \times 200 \times \dfrac{5}{9} = 0.278$cm³/sec

12 그림을 보고 점토 중앙 단면에 작용하는 유효압력은 얼마인가? (단, $\gamma_w=9.81\text{kN/m}^3$)

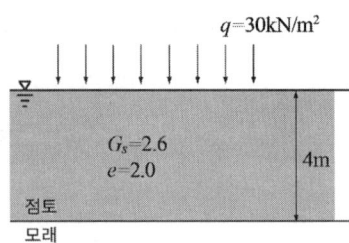

① $12.50\,\text{kN/m}^2$
② $23.72\,\text{kN/m}^2$
③ $32.55\,\text{kN/m}^2$
④ $40.46\,\text{kN/m}^2$

해설
$\gamma_{sub}=\dfrac{G_s-1}{1+e}\cdot\gamma_w=\dfrac{2.6-1}{1+2}\times 9.81=5.23\text{kN/m}^3$
$\overline{P}=q+\gamma_{sub}\cdot Z=30+5.23\times 2=40.46\text{kN/m}^2$

13 다음 그림에서 흙 속 6cm 깊이에서의 중립응력은? (단, $\gamma_w=1\text{g/cm}^3$, 포화된 흙의 단위체적중량은 1.9g/cm^3이다.)

① 10.4g/cm^2
② 15.8g/cm^2
③ 11.0g/cm^2
④ 5.4g/cm^2

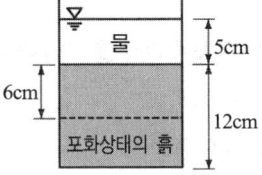

해설
$u=\gamma_w\cdot Z=1\times 11=11\text{g/cm}^2$

14 그림에서 모관수에 의해 A–A면까지 완전히 포화되었다고 가정하면 B–B면에서의 유효응력은 얼마인가? (단, $\gamma_w=9.81\text{kN/m}^3$)

① $63.57\,\text{kN/m}^2$
② $72.45\,\text{kN/m}^2$
③ $82.57\,\text{kN/m}^2$
④ $122.43\,\text{kN/m}^2$

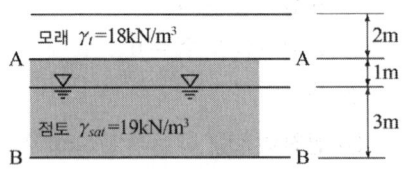

해설
$\overline{P}=P-u=112-29.43=82.57\text{kN/m}^2$
$P(\text{전응력})=18\times 2+19\times 4=112\text{kN/m}^2$
$u(\text{중립응력})=9.81\times 3=29.43\text{kN/m}^2$

15 그림과 같은 경우 a-a에서의 유효응력은 얼마인가?
(단, $\gamma_{sub} = 18\text{kN/m}^3$, $\gamma_w = 9.81\text{kN/m}^3$)

① 12kN/m^2
② 14kN/m^2
③ 16kN/m^2
④ 18kN/m^2

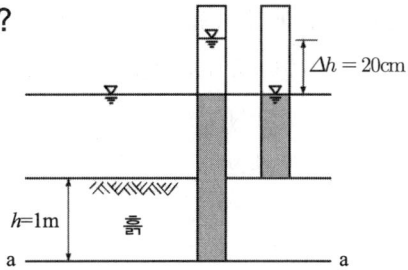

해설 $\overline{P} = 18 \times 1 - 9.81 \times 0.2 = 16\text{kN/m}^2$

16 그림에서 A-A면에 작용하는 유효수직응력은? (단, 흙의 포화단위중량은 1.8g/cm^3, $\gamma_w = 1\text{g/cm}^3$이다.)

① 2.0g/cm^2
② 4.0g/cm^2
③ 8.0g/cm^2
④ 28.0g/cm^2

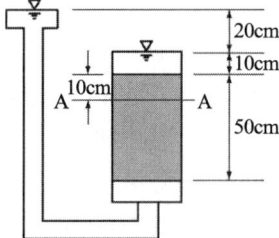

해설 $\overline{P} = \gamma_{sub} \cdot Z - \gamma_w \cdot Z \cdot i = 0.8 \times 10 - 1 \times 10 \times \dfrac{20}{50} = 4\text{g/cm}^2$

17 그림과 같은 모래시료가 분사현상에 대한 안전율 3을 가지려면 h를 얼마 이하로 하여야 하는가?

① 8.25cm
② 16.50cm
③ 24.75cm
④ 33.00cm

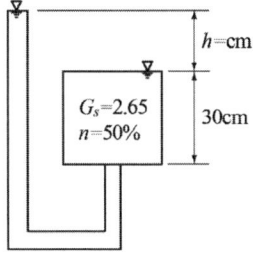

해설 $e = \dfrac{n}{100-n} = \dfrac{50}{100-50} = 1$

$F = \dfrac{i_c}{i} = \dfrac{\dfrac{G_s - 1}{1+e}}{\dfrac{h}{L}} \qquad 3 = \dfrac{\dfrac{2.65-1}{1+1}}{\dfrac{h}{30}}$

$\therefore h = 8.25\text{cm}$

18 그림에서 흙의 요소에 작용하는 유효연직응력은? (단, $\gamma_w = 9.81\text{kN/m}^3$이며 모관수에 의하여 지표면까지 포화되었다고 가정한다.)

① 17.7kN/m^2
② 16.2kN/m^2
③ 10.5kN/m^2
④ 0kN/m^2

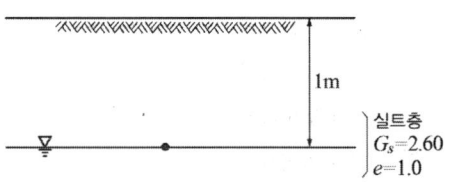

해설 $\overline{P} = P - u = \gamma_{sat} \cdot h - \gamma_w \cdot h = 17.7 \times 1 - 9.81 \times 0 = 17.7\text{kN/m}^2$

$\gamma_{sat} = \dfrac{G_s + e}{1 + e} \cdot \gamma_w = \dfrac{2.6 + 1}{1 + 1} \times 9.81 = 17.7\text{kN/m}^3$

19 그림에서 A점의 유효응력 σ'를 구하면?
(단, $\gamma_w = 9.81\text{kN/m}^3$)

① $\sigma' = 30.5\text{kN/m}^2$
② $\sigma' = 36.7\text{kN/m}^2$
③ $\sigma' = 42.5\text{kN/m}^2$
④ $\sigma' = 57.8\text{kN/m}^2$

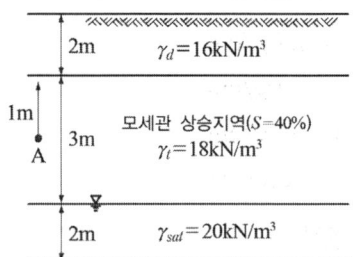

해설 $\overline{P} = P - u = 16 \times 2 + 18 \times 1 - \left(-\dfrac{40}{100} \times 9.81 \times 2\right) = 57.8\text{kN/m}^2$

CHAPTER 6. 흙의 압밀

1 압밀

❶ 압밀의 정의
지반에 외부의 하중이 작용할 경우 흙 속의 물과 공기가 배제되어 흙이 압축되는 현상

❷ 1차 압밀
흙 속의 과잉공극수압이 천천히 감소되며 압밀이 일어난다(과잉공극수압이 0보다 클 때 발생).

❸ 2차 압밀
① 흙 속의 과잉공극수압이 완전히 배제된 후 압밀이 일어난다. 즉, 압밀도 $U=100\%$ 이후 발생하는 압밀을 뜻한다(과잉공극수압이 0이 된 후에도 계속 침하되는 압밀).
② 1차 압밀이후 압축되는 것으로 해성점토, 유기질 소성이 큰 흙일수록 크게 발생하지만 2차 압밀은 거의 고려하지 않는다.

2 공극수압과 유효응력과의 관계

$P = \overline{P} + u$
지반에 하중이 재하하는 순간 전응력
$P = u$

여기서, P : 전응력
$\overline{P}$: 유효응력
u : 공극수압

3 과잉공극수압

완전 포화 또는 부분 포화된 지반에 하중을 가하면 그 하중으로 공극수압이 발생한다.

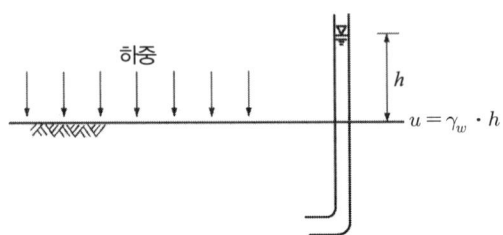

4 Terzaghi의 1차 압밀

1 Terzaghi의 가정

① 흙은 균질이다.
② 토립자의 공극은 항상 물로 포화되어 있다.
③ 흙 입자와 물의 압축성은 무시한다.
④ 흙 속의 물은 Darcy 법칙에 따르며 투수계수는 일정하다.
⑤ 흙의 압축은 일축(1차원)으로 진행된다.
⑥ 공극비와 압력의 관계는 이상적인 직선이다.
⑦ 어떤 압력이 작용해도 토립자의 성질은 변하지 않는다.

2 압축계수(a_v)

① $P-e$ 곡선의 기울기

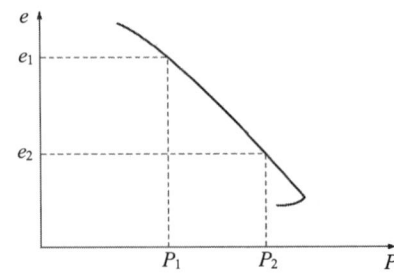

② $a_v = \dfrac{e_1 - e_2}{P_2 - P_1}$

③ 체적의 변화계수(m_v)

① $m_v = \dfrac{\dfrac{\Delta V}{V}}{\Delta P} = \dfrac{1}{V} \cdot \dfrac{\Delta V}{\Delta P} = \dfrac{1}{1+e} \cdot \dfrac{e_1 - e_2}{P_2 - P_1} = \dfrac{a_v}{1+e}$

② $m_v = \dfrac{\dfrac{\Delta V}{V}}{\Delta P} = \dfrac{\dfrac{A \cdot \Delta H}{A \cdot H}}{\Delta P} = \dfrac{\Delta H}{H \cdot \Delta P}$

$\therefore \Delta H = m_v \cdot \Delta P \cdot H = m_v \cdot (P_2 - P_1) \cdot H$

여기서, ΔH : 최종 침하량
ΔP : 하중의 변화치
ΔV : 체적의 변화치

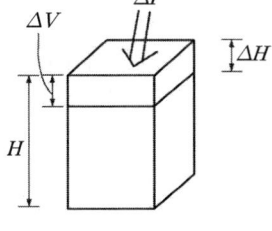

④ 압축지수(C_c)

① $\log P - e$ 곡선의 기울기

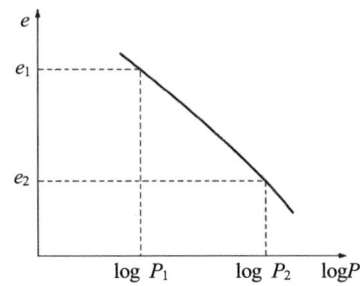

② $C_c = \dfrac{e_1 - e_2}{\log P_2 - \log P_1} = \dfrac{e_1 - e_2}{\log \dfrac{P_2}{P_1}}$

③ 압축지수는 흙의 압밀침하량을 알기 위해 구한다.

$C_c = \dfrac{e_1 - e_2}{\log \dfrac{P_2}{P_1}}$

$e_1 - e_2 = C_c \cdot \log \dfrac{P_2}{P_1}$

$a_v = \dfrac{e_1 - e_2}{P_2 - P_1} = \dfrac{C_c}{P_2 - P_1} \log \dfrac{P_2}{P_1}$

$m_v = \dfrac{a_v}{1+e} = \dfrac{C_c}{(1+e)(P_2 - P_1)} \log \dfrac{P_2}{P_1}$

- $\Delta H = m_v \cdot \Delta P \cdot H = \dfrac{C_c}{(1+e)(P_2-P_1)} \log \dfrac{P_2}{P_1} \cdot (P_2-P_1) \cdot H$

  $= \dfrac{C_c}{1+e} \log \dfrac{P_2}{P_1} \cdot H$

- $\Delta H = m_v \cdot \Delta P \cdot H = \dfrac{a_v}{1+e} \cdot \Delta P \cdot H = \dfrac{\dfrac{e_1-e_2}{P_2-P_1}}{1+e} \cdot (P_2-P_1) \cdot H$

  $= \dfrac{e_1-e_2}{1+e} \cdot H$ (여기서, $e = e_1$ 대입하여 계산)

- 흐트러지지 않은 시료의 압축지수

  $C_c = 0.009(w_L - 10)$

5 압밀 기본 방정식

❶ 압밀 기본식

$k = C_v \cdot m_v \cdot \gamma_w$

여기서, C_v : 압밀계수(cm^2/sec)

❷ 압밀도(U)

$U = \dfrac{\overline{P}}{P} = \dfrac{P-u}{P} = 1 - \dfrac{u}{P}$

❸ 압밀도와 시간계수와의 관계

$U = f(T_v) = \dfrac{C_v \cdot t}{H^2}$

여기서, T_v : 시간계수(무차원)

H : 배수거리

t : 침하 시 소요되는 시간

① 압밀도 90%시 시간계수 0.848
② 압밀도 50%시 시간계수 0.197

6 압밀시험

① 시험 과정

① 하중을 단계적으로 가한다. 0.1, 0.2, 0.4, 0.8, 1.6, 3.2, 6.4, 12.8(kg/cm^2)
② 각 하중 단계별 시간에 변화량을 24시간까지 측정한다.
③ 압밀링은 안지름 60mm, 높이 20mm을 사용한다.
④ 시간과 침하량 곡선, 하중과 공극비 곡선을 구한다.

② 선행 압축력

① 선행압밀하중 : 현재 지반이 과거에 최대로 받았던 압축력
② 정규압밀점토 : 현재 지반에 가하는 압축력과 과거에 이 지반이 받았던 최대 압축력이 같은 경우
③ 과압밀점토 : 과거에 받았던 압축력이 현재 받는 압축력보다 큰 경우
④ 과압밀비(OCR)

- $\text{OCR} = \dfrac{\text{선행 압밀하중}}{\text{현재 받고있는 연직하중}}$
- 정규압밀하중의 경우 OCR=1
- 과압밀하중의 경우 OCR>1

③ 시간-침하곡선

(1) 압밀계수(C_v)

① $\sqrt{t}$ 법 $C_v = \dfrac{T_v \cdot H^2}{t_{90}} = \dfrac{0.848 H^2}{t_{90}}$

② $\log t$ 법 $C_v = \dfrac{T_v \cdot H^2}{t_{50}} = \dfrac{0.197 H^2}{t_{50}}$

여기서, H : 배수거리(양면 배수인 경우 $\dfrac{H}{2}$, 일면 배수인 경우 H를 대입)

(2) 압밀시간과 압밀층 두께 관계

$C_v = \dfrac{T_v \cdot H^2}{t}$

$\therefore t = \dfrac{T_v \cdot H^2}{C_v}$ 에서 압밀시간과 배수거리 제곱과 비례관계가 성립한다.

$t_1 : H_1^2 = t_2 : H_2^2$

CHAPTER 6 출제 예상 문제

흙의 압밀

01 점토의 압밀에 관한 다음 설명 중 틀린 것은?
① 재하된 순간($t = 0$)에서의 과잉공극수압은 재하량과 같다.
② 과잉공극수압은 재하시간이 경과함에 따라 감소해서 시간이 ∞가 될 때 0이 된다.
③ 과잉공극수압이 0이 될 때를 1차 압밀이 100% 진행되었다고 한다.
④ 유효응력은 재하된 순간에 최대치가 된다.

해설 하중이 재하하는 순간 유효응력은 0이다.

02 그림에서 지하 3m 지점의 현재 압밀도는?
(단, $\gamma_w = 9.81\text{kN/m}^3$)
① 0.39
② 0.4
③ 0.5
④ 0.71

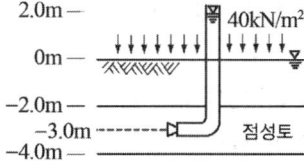

해설
$U = 1 - \dfrac{u}{P} = 1 - \dfrac{19.62}{40} = 0.5$
$u = \gamma_w \cdot \Delta h = 9.81 \times 2 = 19.62\text{kN/m}^2$

03 다음 압밀도에 관한 설명 중 틀린 것은?
① 압밀도는 압밀계수에 비례한다.
② 압밀도는 압밀을 일으키는데 요하는 시간에 비례한다.
③ 압밀도는 배수거리에 비례한다.
④ 압밀도는 배수거리의 제곱에 반비례한다.

해설
• $U = f(T_v) = \dfrac{C_v \cdot t}{H^2}$
• 압밀도는 시간계수에 비례한다.

04 압밀시험결과 $e - \log P$ 곡선으로부터 구할 수 없는 것은?
① 선행압축력
② 지중공극비
③ 압축지수
④ 압밀계수

해설 압밀계수(C_v)는 하중-침하 곡선에 의해 구한다.

05 공극비가 3.2인 점토시료를 압밀하여 압밀응력이 6.4kN/m²에 이르렀다. 그 후 압밀응력을 제거하여 현재 3.2kN/m²에 이르고 있으며, 이때 공극비는 2.0으로 변했다. 다음 중 옳지 않은 것은?

① 현재 이 점토의 과압밀비(OCR)는 2이다.
② 현재 이 점토의 공극비의 변화는 1.2이다.
③ 이 점토의 선행압밀하중은 3.2kN/m²이다.
④ 이 흙은 현재 과압밀점토이다.

해설
- 선행압밀하중은 6.4kN/m²이다.
- $OCR = \dfrac{6.4}{3.2} = 2$
- OCR > 1 : 과압밀점토
- 공극비의 변화 : 3.2 - 2.0 = 1.2

06 두께가 5m인 점토층에서 시료를 채취하여 압밀시험을 한 결과 하중강도가 2kN/m²에서 4kN/m²로 증가될 때 간극비는 2.0에서 1.8로 감소하였다. 이 5m 점토층에서 최종 압밀침하량의 50% 압밀에 해당하는 침하량은?

① 16.5cm ② 33cm
③ 36.5cm ④ 41cm

해설
$$C_c = \frac{e_1 - e_2}{\log P_2 - \log P_1} = \frac{2 - 1.8}{\log 4 - \log 2} = 0.664$$
$$\Delta H = \frac{C_c}{1+e} \log \frac{P_2}{P_1} \cdot H = \frac{0.664}{1+2} \cdot \log \frac{4}{2} \times 5 = 0.33\text{m} = 33\text{cm}$$
$$\therefore \Delta H_t = \Delta H \cdot U = 33 \times 0.5 = 16.5\text{cm}$$

07 그림과 같은 점토층의 압밀속도를 계산한 결과 90% 압밀에 소요되는 시간은 5년이었다. 만일, 암반층 대신 모래층이 존재한다면 압밀소요시간은?

① 1.25년
② 2.5년
③ 5년
④ 10년

정답 01 ④ 02 ③ 03 ③ 04 ④ 05 ③ 06 ① 07 ①

해설

$t_1 : H_1^2 = t_2 : H_2^2$ 　　　5년 : $(5m)^2 = x$년 : $\left(\dfrac{5}{2}m\right)^2$

∴ $x = 1.25$ 년

08 다음 중 Terzaghi의 1차원 압밀이론에 대한 가정과 관계가 먼 것은?
① 흙은 균질하다.
② 흙은 완전 포화되어 있다.
③ 압축과 흐름은 1차원적이다.
④ 압밀이 진행되면 투수계수는 감소한다.

해설 압력에 관계없이 투수계수는 일정하다.

09 다음과 같은 포화점토층의 최종압밀침하량이 50%의 침하를 일으킬 때까지의 걸리는 일수 t_{50} 은? (단, 압밀계수는 $C_v = 1 \times 10^{-5} \mathrm{cm}^2/\mathrm{sec}$ 이다.)
① 약 5,800일
② 약 2×10^8 일
③ 약 928일
④ 약 2,280일

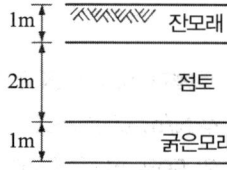

해설

$C_v = \dfrac{0.197H^2}{t}$ 에서 양면배수이므로 $C_v = \dfrac{0.197\left(\dfrac{H}{2}\right)^2}{t_{50}}$

$t_{50} = \dfrac{0.197\left(\dfrac{200}{2}\right)^2}{1 \times 10^{-5}} = 197,000,000 \mathrm{sec} ≒ 2280$ 일

10 지층의 두께가 3m인 모래와 점토가 있다. 임의의 시간에 있어서 모래의 압축성은 점토의 1/5배이고, 모래의 투수계수는 점토의 10,000배라고 할 때 점토의 압밀시간은 모래의 압밀시간의 몇 배인가? (단, 압밀계수는 $C_v = 1 \times 10^{-5} \mathrm{cm/sec}$ 이다.)
① 50,000배　② 10,000배　③ 6,000배　④ 2,000배

해설
- 점토의 체적의 변화계수 $m_v = 5$
- 점토의 투수계수 $k = \dfrac{1}{10,000}$

점토의 압밀시간 $t = \dfrac{T_v \cdot H^2}{C_v}$ 에서 $C_v = \dfrac{k}{m_v \cdot \gamma_w} = \dfrac{\dfrac{1}{10,000}}{5} = \dfrac{1}{50,000}$

∴ $t = \dfrac{1}{C_v} = 50,000$ 배

11 그림에서 50% 압밀이 되었을 때 A, B, C 점에서의 압밀도(U)는 다음 중 어느 것이 맞는가?

① $U_A = U_B = U_C$
② $U_A > U_B > U_C$
③ $U_A < U_B < U_C$
④ $U_A = U_C < U_C$

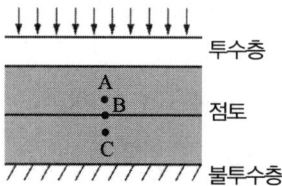

해설 투수층에 가까운 지점이 압밀도가 커진다.

12 어느 점토의 압밀계수 $C_v = 1.640 \times 10^{-4}$cm²/sec, 압축계수 $a_v = 2.820 \times 10^{-2}$cm²/kg이다. 이 점토의 투수계수는? (단, γ_w =1g/cm³, 간극비 e =1.0)

① 2.014×10^{-6}cm/sec
② 3.646×10^{-6}cm/sec
③ 3.114×10^{-9}cm/sec
④ 2.312×10^{-9}cm/sec

해설
$$m_v = \frac{a_v}{1+e} = \frac{2.82 \times 10^{-2}}{1+1} = 1.41 \times 10^{-2} \text{cm}^2/\text{kg} = 1.41 \times 10^{-5} \text{cm}^2/\text{g}$$
$$k = C_v \cdot m_v \cdot \gamma_w = 1.64 \times 10^{-4} \times 1.41 \times 10^{-5} \times 1 = 2.312 \times 10^{-9} \text{cm/sec}$$

13 압밀을 일으키는 토층의 두께가 3m이다. 이 토층의 시료가 구조물 축조 전의 공극비는 0.8이고, 축조 후의 공극비는 0.5이다. 이 흙의 전 압밀침하량은 몇 cm인가?

① 35cm
② 40cm
③ 50cm
④ 65cm

해설
$$\Delta H = \frac{e_1 - e_2}{1+e} \cdot H = \frac{0.8 - 0.5}{1+0.8} \times 300 = 50\text{cm}$$

14 점토의 압밀시험에서 하중강도를 2kN/m²에서 3kN/m²로 증가시킴에 따라 공극비는 2.60에서 1.60으로 감소하였다. 이때 압축계수(a_v)는?

① 10m²/kN
② 1.0m²/kN
③ 1.0kN/m²
④ 10kN/m²

해설
$$압축계수(a_v) = \frac{e_1 - e_2}{P_2 - P_1} = \frac{2.6 - 1.6}{3 - 2} = 1.0\text{m}^2/\text{kN}$$

정답 08 ④ 09 ④ 10 ① 11 ② 12 ④ 13 ③ 14 ②

CHAPTER 6 출제 예상 문제

15 연약지반에 구조물을 축조할 때 피조미터를 설치하여 공극수압의 변화를 측정했더니 어떤 점에서 구조물 축조 직후 8 kN/m²였지만, 3년 후는 2 kN/m²였다. 이때의 압밀도는 얼마인가?

① 20% ② 25%
③ 75% ④ 80%

해설
$$U = 1 - \frac{u}{P} = 1 - \frac{2}{8} = 0.75 = 75\%$$
(여기서, U : 압밀도, P : 전압력, u : 공극수압)

정답 15 ③

CHAPTER 7 흙의 전단강도

1. 흙의 전단

❶ 전단저항
외부의 힘에 의해 활동하려는 것에 대해 저항하려는 힘

❷ 전단강도
흙 내부의 활동에 대한 저항하려는 단위면적당 내부 저항

2. 직접전단시험

❶ 1면 전단시험

$\tau = \dfrac{S}{A}$

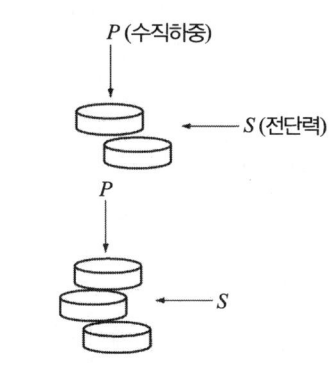

❷ 2면 전단시험

$\tau = \dfrac{S}{2A}$

$\sigma_1,\ \sigma_2,\ \sigma_3 = \dfrac{P}{A}$

$\tau_1,\ \tau_2,\ \tau_3 = \dfrac{S}{A}$

※ σ 와 τ 관계에서 c, ϕ을 구한다.

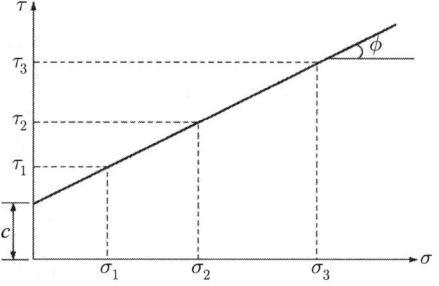

CHAPTER 7

3 삼축압축시험

1 Mohr-Coulomb 파괴 이론

(1) 삼축압축시험의 특성
① 거의 일치하여 신뢰성이 높다.
② 모든 토질에 적용 가능하다.
③ c, ϕ, u 값을 구할 수 있다.
④ UU, CU, CD, $\overline{CU}$ 시험을 할 수 있다.

(2) 수직응력(σ)과 전단응력(τ)

① $\sigma = \dfrac{\sigma_1 + \sigma_3}{2} + \dfrac{\sigma_1 - \sigma_3}{2}\cos 2\theta$

② $\tau = \dfrac{\sigma_1 - \sigma_3}{2}\sin 2\theta$

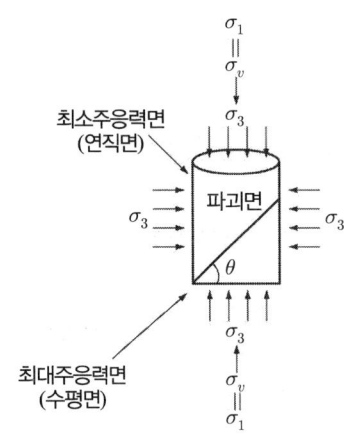
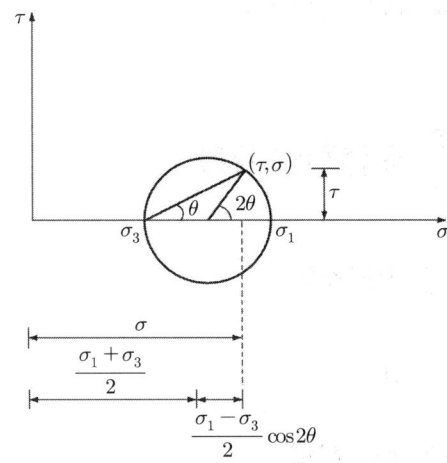

③ 극점(평면기점)

최소주응력(σ_3)에서 최소주응력면에 평행하게 선을 그어 Mohr 원과 교점

최대주응력(σ_1)에서 최대주응력면에 평행하게 선을 그어 Mohr 원과 교점

④ 구하는 점의 좌표(σ, τ) 극점에서 파괴각(θ)으로 선을 그어 Mohr 원과 교점

여기서, σ_3 : 측압, 액압, 최소주응력
σ_1 : 최대주응력

$$\left(\sigma_1 = \sigma_3 + \sigma_v,\ \sigma_v = \dfrac{P}{A},\ A = \dfrac{A_o}{1-\varepsilon},\ \varepsilon = \dfrac{\Delta l}{l}\right)$$

θ : 파괴각

(3) 파괴포락선

여러 개의 Mohr 원을 그렸을 때
이 원에 접하는 공통되는 선

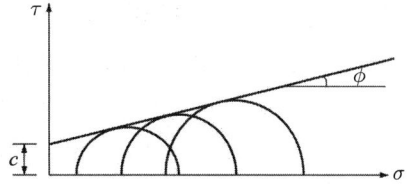

(4) 흙의 종류별 전단응력

① 일반 흙($c \neq 0$, $\phi \neq 0$)

$\tau = c + \sigma \tan\phi$

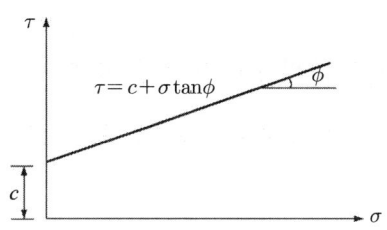

② 모래($c = 0$, $\phi \neq 0$)

$\tau = \sigma \tan\phi = (p - u)\tan\phi$

여기서, p : 전압력
u : 공극수압

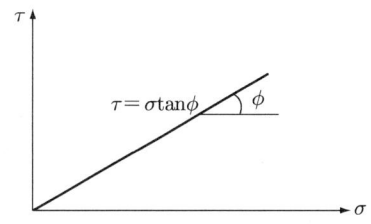

③ 점토($c \neq 0$, $\phi = 0$)

$\tau = c$

여기서, τ : 흙의 전단강도
ϕ : 흙의 내부마찰각
c : 점착력
σ : 유효응력(전압력-공극수압)

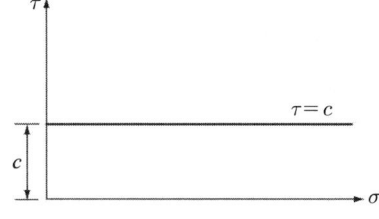

❷ 배수 방법에 따른 시험조건

(1) 비압밀 비배수 전단시험(UU)

① 성토직후 갑자기 파괴되는 경우
② 단기간 안정검토할 경우

(2) 압밀 비배수 전단시험(CU)

① 어느 정도 압밀 후 갑자기 파괴되는 경우(pre-loading)
② 수위가 급하강 시 흙댐의 안정문제 검토 시
③ 가장 일반적인 방법으로 지반이 완전히 하중을 받기 전에 압밀로 인해 함수비 변화가 상당히 크다고 예상되는 경우

(3) 압밀 배수 전단시험(CD)
① 압밀이 진행되어 파괴가 천천히 일어나는 경우
② 사질지반의 안정, 점토지반의 장기 안정 검토 시
③ 시간이 오래 걸려 중요한 공사에 대해 시험

(4) $\overline{CU}$ 시험
$\overline{CU}$시험으로 간극수압을 측정하여 유효응력으로 환산하면 CD시험의 효과를 얻을 수 있다.

❸ 배수 조건에 따른 전단 특성

(1) 비압밀 비배수 시험(UU-test)
① 포화 점토($S=100\%$)　　　② 불포화 점토($S<100\%$)

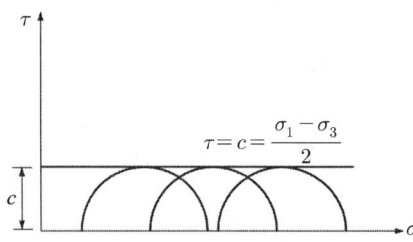 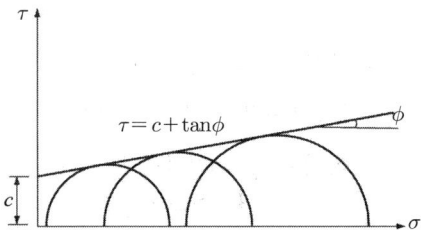

(2) 압밀 비배수 시험(CU-test)
① 정규 압밀 점토　　　② 과압밀 점토

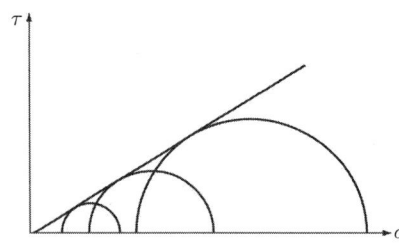 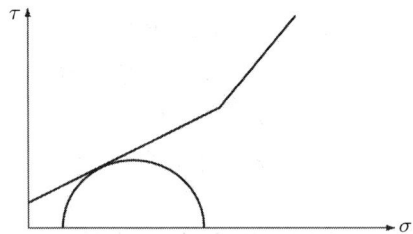

(3) 압밀 배수 시험(CD-test)
① 정규 압밀 점토　　　② 과압밀 점토

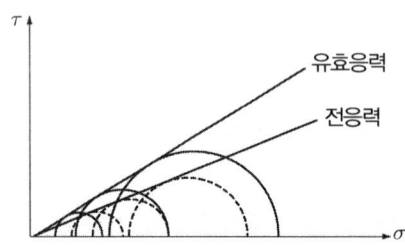 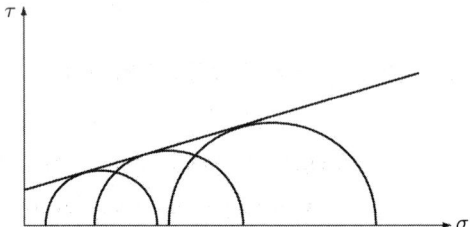

일축압축시험

1 적용 범위

① $\sigma_3 = 0$ 일 때
② 점성토에만 이용가능하다.
③ UU시험 조건에만 가능하다.

2 점착력(c)

① $c = \dfrac{q_u}{2\tan\left(45° + \dfrac{\phi}{2}\right)}$

② $\phi = 0$인 점토의 경우 $c = \dfrac{q_u}{2}$

③ ϕ 값이 극히 작은 점토의 Mohr 원

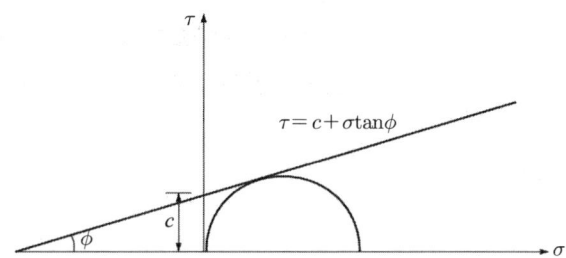

3 파괴면과 주응력면과의 각

① 파괴면과 최대주응력면(수평면)의 각

$\theta = 45° + \dfrac{\phi}{2}$

② 파괴면과 최소주응력면(연직면)의 각

$\theta' = 45° - \dfrac{\phi}{2}$

④ 예민비

① $S_t = \dfrac{q_u}{q_{ur}}$

여기서, q_u : 불교란시료의 일축압축강도
q_{ur} : 교란시료를 다시 성형시켜 일축압축강도 시험한 값

② 예민비가 크면 불안정한 흙이므로 안전율을 크게 고려해야 한다.

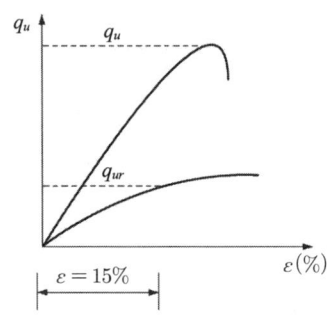

③ 재성형하여 일축강도시험한 결과 peak의 값이 나오지 않아 $\varepsilon = 15\%$ 값을 적용한다.
④ 틱소트로피(thixotrophy) : 교란된 흙이 시간의 경과함에 따라 강도의 일부가 회복하는 현상
⑤ 예민상태 판정
  - $S_t < 2$: 비예민
  - $2 < S_t < 4$: 보통
  - $4 < S_t < 8$: 예민
  - $8 < S_t$: 초예민

5 현장의 전단강도

① 베인전단 시험(Vane test)

① 대단히 예민한 점토나 연약한 점토지반
② 현장에서 직접 시행
③ 점착력(c)

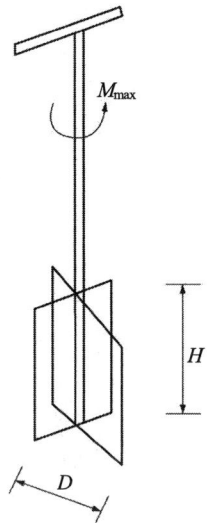
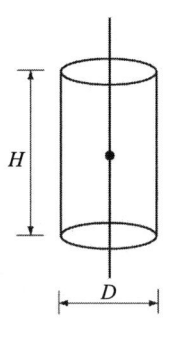
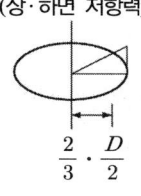

$$M_{\max} = (\pi \cdot D \cdot H \cdot c)\frac{D}{2} + 2\left(\frac{\pi D^2}{4} \cdot c\right)\frac{2}{3} \cdot \frac{D}{2}$$

$$\therefore c = \frac{M_{\max}}{\pi D^2 \left(\dfrac{H}{2} + \dfrac{D}{6}\right)}$$

여기서, c : 점착력
$M_{\max}$: 최대 모멘트
D : Vane 날개 폭(5cm)
H : Vane 날개 높이(10cm)

❷ 표준관입시험

(1) 정의

중공(中空)의 샘플러를 보링한 구멍에 63.5kg 해머로 75cm 높이에서 자유낙하시켜 샘플러가 30cm 관입시키는데 타격 횟수를 N치로 한다.

(2) 지반 강도 추정

① 점토지반 : $N < 4$(연약), $N > 30$(단단)
② 사질토 지반 : $N < 10$(느슨), $N > 30$(조밀)

(3) 모래의 내부마찰각(ϕ)와 N치 관계

① 둥글고 균일한 입경(입도분포 불량)
  $\phi = \sqrt{12N} + 15$
② 둥글고 입도분포가 양호하거나 토립자가 모나고 균일한 입경
  $\phi = \sqrt{12N} + 20$

③ 모나고 입도분포가 양호
$$\phi = \sqrt{12N} + 25$$

(4) 점토의 일축압축강도(q_u)와 N치 관계
$$q_u = \frac{N}{8}$$

(5) 점토지반의 C와 N치 관계
$$C = \frac{N}{16}$$

($\because C = \dfrac{q_u}{2}$ $q_u = 2C$, $q_u = \dfrac{N}{8}$ 에서 $2C = \dfrac{N}{8}$ $\therefore C = \dfrac{N}{16}$)

(6) N치 수정
① Rod 길이에 대한 수정
$$N_R = N'\left(1 - \frac{x}{200}\right)$$

여기서, N' : 실측 N치
x : Rod의 길이(m)

② 토질에 의한 수정
$$N = 15 + \frac{1}{2}(N_R - 15)$$

단, $N_R \geqq 15$일 때 수정한다.

③ 상재압에 의한 수정
$$N = N'\left(\frac{5}{1.4P + 1}\right)$$

여기서, P : 유효상재하중 $\leqq 2.8 \text{kg/cm}^2$

6 모래지반의 전단특성

❶ 전단강도

$\tau = \sigma \cdot \tan\phi = (P - u)\tan\phi$

여기서, σ : 유효응력
P : 전압력
u : 간극수압

② 다이러턴시(dilatancy) 현상

(1) 개념
지반에 전단이 발생하면 부피가 증가하던지 감소하는 현상을 말한다.

(2) 흙 종류별 특성

흙의 종류	체적 변화	다이러턴시	간극수압
조밀한 모래, 과압밀 점토	팽창(부피 증가)	(+) 다이러턴시	(−) 간극수압
느슨한 모래, 정규압밀 점토	수축(부피 감소)	(−) 다이러턴시	(+) 간극수압

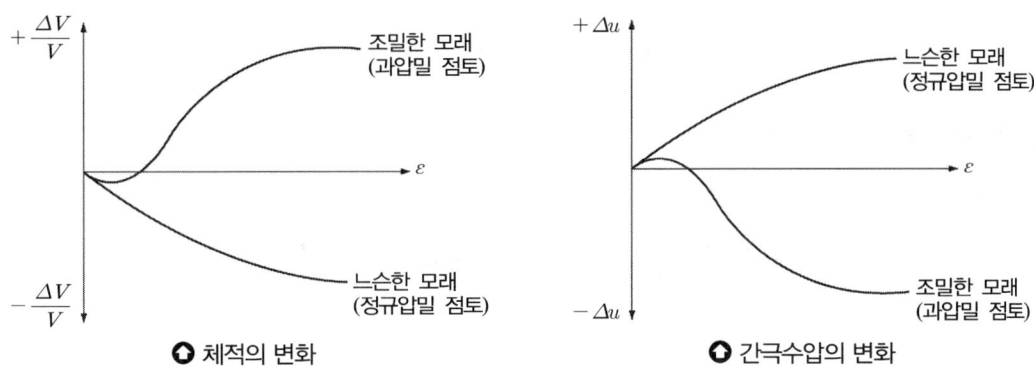

○ 체적의 변화   ○ 간극수압의 변화

③ 액화현상의 개념

느슨하게 쌓인 포화된 가는 모래에 충격을 주면 약간 수축하여 정(+)의 공극수압이 발생하여 유효응력이 감소되어 전단강도가 작아지는 현상

$\tau = \sigma \cdot \tan\phi = (P-u)\tan\phi$

공극수압 u가 커지므로 전단강도 τ가 작아진다.

⑦ 공극수압계수

① 정의

전응력의 증가량에 대한 공극수압의 증가량 비를 공극수압계수라고 한다.

즉, $\dfrac{\Delta u}{\Delta \sigma}$

❷ 등방압축시 공극수압

$\Delta u = B \cdot \Delta \sigma_3$

여기서, B : 등방압축시 공극수압계수

① 흙이 완전히 포화시($S=100\%$) $B=1$
② 흙이 완전히 건조되면 $B=0$
③ 불포화된 흙의 경우 $B=0 \sim 1$

❸ 일축압축시 공극수압

$\Delta u = D(\Delta \sigma_1 - \Delta \sigma_3)$

여기서, D : 일축압축시 공극수압계수

❹ 삼축압축시 공극수압

$\Delta u = A \cdot \Delta \sigma_1$

여기서, A : 삼축압축시 공극수압계수 $\left(A = \dfrac{D}{B}\right)$

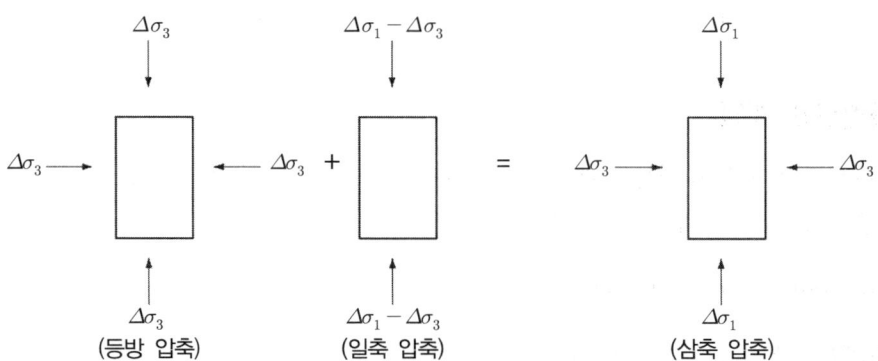

① 삼축압축 공극수압 = 등방압축 공극수압 + 일축압축 공극수압

$\Delta u = B \cdot \Delta \sigma_3 + D(\Delta \sigma_1 - \Delta \sigma_3)$
$\quad = B \cdot \Delta \sigma_3 + A \cdot B(\Delta \sigma_1 - \Delta \sigma_3)$
$\quad = B[\Delta \sigma_3 + A(\Delta \sigma_1 - \Delta \sigma_3)]$

② 포화된 흙의 경우 $B=1$이므로 $\Delta u = \Delta \sigma_3 + A(\Delta \sigma_1 - \Delta \sigma_3)$

$A = \dfrac{\Delta u - \Delta \sigma_3}{\Delta \sigma_1 - \Delta \sigma_3} = \dfrac{\Delta u}{\Delta \sigma_1}$

③ 삼축압축시 공극수압계수(A)
- 정규압밀점토 : 0.7~1.3(보통 1.0)
- 과압밀점토 : −0.5~0

8 응력경로

1 정의

최대전단응력을 나타내는 Mohr 원의 한 점에 대해 응력이 변화하는 동안 각 응력상태에 대한 Mohr 원 점들의 최대전단응력을 연속적으로 표시한 p, q점을 연결한 선으로 그 응력 변화과정을 표시하는 것을 응력경로라 한다.

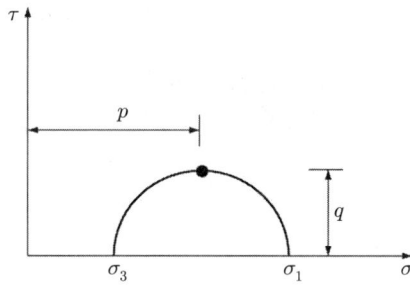

2 종류

① 전응력경로(Total stress path)

$$p = \frac{1}{2}(\sigma_1 + \sigma_3)$$

$$q = \frac{1}{2}(\sigma_1 - \sigma_3)$$

② 유효응력경로(Effective stress path)

$$p' = \frac{1}{2}[(\sigma_1 - u) + (\sigma_3 - u)]$$

$$q' = \frac{1}{2}[(\sigma_1 - u) - (\sigma_3 - u)] = \frac{1}{2}(\sigma_1 - \sigma_3)$$

❸ 삼축압축시험시 응력경로

① 최소주응력(σ_3)이 일정한 상태에서 최대주응력(σ_1)이 점차 증가할 때 삼축압축시험의 경우

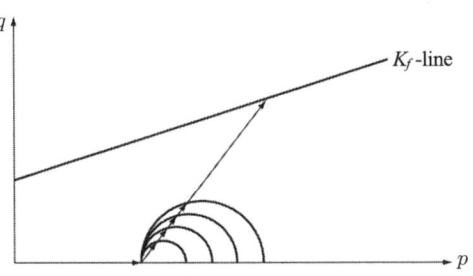

② 등방압축의 경우

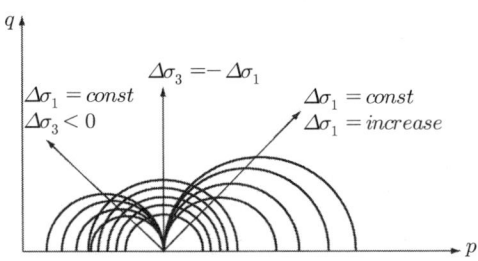

③ 직접 전단 시험의 응력 경로

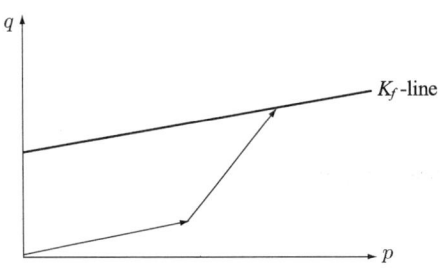

④ Mohr의 파괴포락선과 수정파괴 포락선(K_f) 관계

① Mohr의 파괴포락선

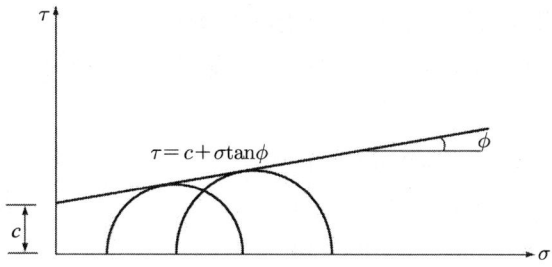

② 수정파괴 포락선(K_f)

$\sin\phi = \tan\alpha$

$c = \dfrac{m}{\cos\phi}$

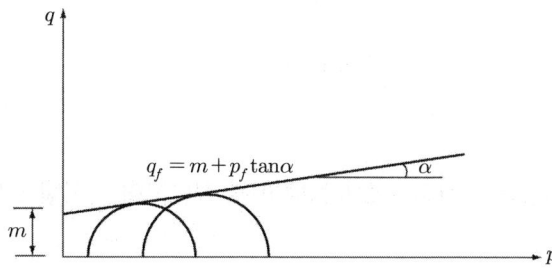

CHAPTER 7 출제 예상 문제

흙의 전단강도

01 다음은 정규압밀점토의 삼축압축 시험결과를 나타낸 것이다. 파괴시 전단응력 τ와 수직응력 σ를 구하면?

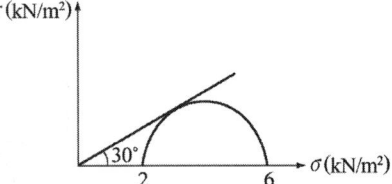

① $\tau = 1.73\text{kN/m}^2,\ \sigma = 2.50\text{kN/m}^2$
② $\tau = 1.41\text{kN/m}^2,\ \sigma = 3.00\text{kN/m}^2$
③ $\tau = 1.52\text{kN/m}^2,\ \sigma = 2.50\text{kN/m}^2$
④ $\tau = 1.73\text{kN/m}^2,\ \sigma = 3.00\text{kN/m}^2$

해설
$$\sigma = \frac{\sigma_1 + \sigma_3}{2} + \frac{\sigma_1 - \sigma_3}{2}\cos 2\theta$$

여기서, $\theta = 45° + \dfrac{\phi}{2} = 45° + \dfrac{30°}{2} = 60°$

$\therefore\ \sigma = \dfrac{6+2}{2} + \dfrac{6-2}{2}\cos 2\times 60° = 3\text{kN/m}^2$

$\tau = \dfrac{\sigma_1 - \sigma_3}{2}\sin 2\theta = \dfrac{6-2}{2}\sin 2\times 60° = 1.73\text{kN/m}^2$

02 포화된 점토지반에서 압밀이 진행됨에 따라 전단응력은 어떻게 되는가?

① 증가한다.
② 감소한다.
③ 일정하다.
④ 증가할 때도 있고 감소할 때도 있다.

해설 공극수압이 감소되므로 전단강도가 증가한다.
$\tau = c + (\sigma - u)\tan\phi$

03 아래 그림에서 A점 흙의 강도정수가 $c = 30\text{kN/m}^2$, $\phi = 30°$일 때 A점의 전단강도는?

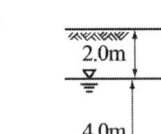

① 69.3kN/m^2
② 73.9kN/m^2
③ 99.3kN/m^2
④ 103.9kN/m^2

해설 $\tau = c + \sigma \cdot \tan\phi$
유효응력 $\overline{P} = 18\times 2 + 10\times 4 = 76\text{kN/m}^2$
$\therefore\ \tau = 30 + 76\tan 30° = 73.9\text{kN/m}^2$

04 어떤 흙의 공시체에 대한 일축압축시험을 하였더니 일축압축강도가 $q_u = 3.0 \text{kN/m}^2$, 파괴면의 각도 $\theta = 50°$였다. 이 흙의 점착력과 내부마찰각은 얼마인가?

① $c = 1.500 \text{kN/m}^2$, $\phi = 10°$
② $c = 1.500 \text{kN/m}^2$, $\phi = 5°$
③ $c = 1.259 \text{kN/m}^2$, $\phi = 10°$
④ $c = 1.259 \text{kN/m}^2$, $\phi = 5°$

해설

$$\theta = 45° + \frac{\phi}{2}$$
$$50° = 45° + \frac{\phi}{2} \quad \therefore \phi = 10°$$
$$c = \frac{q_u}{2\tan\left(45° + \frac{\phi}{2}\right)} = \frac{3}{2\tan\left(45° + \frac{10°}{2}\right)} = 1.259 \text{kN/m}^2$$

05 점토층 지반 위에 성토를 급속히 하려 한다. 성토직후에 있어서 이 점토의 안정성을 검토하는데 필요한 강도정수를 구하는 합리적인 시험은?

① 비압밀 비배수 시험   ② 압밀 비배수 시험
③ 압밀 배수 시험   ④ 투수 시험

해설 UU시험으로 점토의 단기 안정검토에 이용한다.

06 흐트러지지 않은 연약한 점토 시료를 채취하여 일축압축 시험을 행하였다. 공시체의 직경이 35mm, 높이가 80mm이고, 파괴시의 하중계를 읽은 값이 1.5kN, 축방향의 변형량이 10mm일 때 이 시료의 전단강도는 얼마인가?

① 0.14kN/cm^2 ② 0.07kN/cm^2
③ 0.16kN/cm^2 ④ 0.18kN/cm^2

해설

$$A = \frac{\pi \cdot d^2}{4} = \frac{3.14 \times 3.5^2}{4} = 9.62 \text{cm}^2$$
$$A_o = \frac{A}{1-\varepsilon} = \frac{9.62}{1-\frac{1}{8}} = 11.0 \text{cm}^2$$
$$q_u(\sigma_1) = \frac{P}{A_o} = \frac{1.5}{11} = 0.14 \text{kN/cm}^2$$
$$\therefore \tau = \frac{q_u}{2} = \frac{0.14}{2} = 0.07 \text{kN/cm}^2$$

정답 01 ④ 02 ① 03 ② 04 ③ 05 ① 06 ②

CHAPTER 7 출제 예상 문제

07 점토의 자연 시료에 대한 일축압축강도가 3.6kN/m²이고, 이 흙을 되비볐을 때의 파괴압축 응력이 1.2kN/m²이었다. 이 흙의 점착력(c)과 예민비(S_t)는 얼마인가?

① $c = 1.8 \text{kN/m}^2$, $S_t = 3$
② $c = 1.8 \text{kN/m}^2$, $S_t = 2$
③ $c = 2.4 \text{kN/m}^2$, $S_t = 3$
④ $c = 2.4 \text{kN/m}^2$, $S_t = 2$

해설
$c = \dfrac{q_u}{2} = \dfrac{3.6}{2} = 1.8 \text{kN/m}^2$

$S_t = \dfrac{q_u}{q_{ur}} = \dfrac{3.6}{1.2} = 3$

08 모래나 점토 같은 입상재료를 전단하면 dilatancy 현상이 발생하며 이는 공극수압과 밀접한 관계가 있다. 다음에 기술한 이들의 관계 중 옳지 않은 것은?

① 과압밀 점토에서는 (+)Dilatancy에 부(−)의 공극수압이 발생한다.
② 정규 압밀 점토에서는 (−)Dilatancy는 정(+)의 공극수압이 발생한다.
③ 밀도가 큰 모래에서는 (+)Dilatancy가 일어난다.
④ 느슨한 모래에서도 (+)Dilatancy가 일어난다.

해설 느슨한 모래에서는 (−)Dilatancy가 일어난다.

09 토립자가 둥글고 입도분포가 나쁜 모래지반에서 N치를 측정한 결과 $N = 20$이 되었을 경우 Dunham의 공식에 의한 이 모래의 내부마찰각은 ϕ는?

① 10
② 20
③ 30
④ 40

해설 $\phi = \sqrt{12N} + 15 = \sqrt{12 \times 20} + 15 = 30$

10 물로 포화된 실트질 세사의 N 값을 측정한 결과 $N = 33$이 되었다고 할 때 수정 N 값은? (단, 측정지점까지의 로드(Rod)의 길이는 35m라고 한다)

① 43
② 35
③ 21
④ 18

해설
• $N_R = N\left(1 - \dfrac{x}{200}\right) = 33\left(1 - \dfrac{35}{200}\right) = 27$

• 토질에 의한 수정 $N = 15 + \dfrac{1}{2}(N_R - 15) = 15 + \dfrac{1}{2}(27 - 15) = 21$ 회

11 다음은 3축압축시험에 있어서 공극수압을 측정하여 공극수압계수 A를 계산하는 식이다. 여기에 대한 물음 가운데 틀린 것은?

$$u = B[\Delta\sigma_3 + A(\Delta\sigma_1 - \Delta\sigma_3)]$$

① 포화된 흙에서는 윗 식에서 $B=1$로 보아도 좋다.
② 정규 압밀 점토에서는 A 값이 파괴 시에는 1내외의 값을 나타낸다.
③ 포화점토에서는 간극수압의 측정값과 축차응력을 알면 된다.
④ 심히 과압밀된 점토의 A 값은 언제나 +값을 갖는다.

[해설] 과압밀된 점토 A 값은 $-0.5 \sim 0$이다.

12 다음은 응력경로를 설명한 것이다. 이 가운데 틀린 것은? (단, 여기서 Mohr 원의 중심위치는 $p = \dfrac{\sigma_1 + \sigma_3}{2}$, 반경의 크기 $q = \dfrac{\sigma_1 - \sigma_3}{2}$이다.)

① 응력경로는 각 Mohr 원의 중심위치 p와 반경의 크기 q를 연결하는 선을 말한다.
② 응력경로는 시료가 받는 응력의 변화과정을 연속적으로 살필 수 있는 표현 방법이다.
③ 액압 σ_3를 고정하고 축압 σ_1을 연속적으로 증가시키는 경우의 응력경로는 σ_3와 각 Mohr 원의 꼭지점을 연결하는 직선이다.
④ 응력경로는 그 성격상 전응력에 대해서만 그릴 수 있다.

[해설] 응력의 경로는 전응력 및 유효응력의 경로가 있다.

13 다음 흙의 전단강도에 관한 설명 중 옳지 않은 것은?
① 최대주응력면과 최소주응력면은 직교한다.
② 주응력면에서는 전단응력(tangential stress)은 0이다.
③ 최소주응력면은 전단응력축과 직교한다.
④ 최대주응력과 최소주응력의 차를 deviator stress라고 한다.

[해설] 최소주응력면과 최대주응력면이 직교한다.

14 다음의 Stress path(응력경로)는 어떤 시험일 때인가?
① 직접 전단압축일 때
② 표준 삼축압축일 때
③ 압밀 시험일 때
④ 등방압축 시험일 때

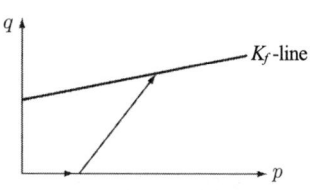

정답 07 ① 08 ④ 09 ③ 10 ③ 11 ④ 12 ④ 13 ③ 14 ②

해설 최소주응력(σ_3)이 일정한 상태에서 최대주응력(σ_1)이 점차 증가하여 파괴되는 표준 삼축압축의 응력경로이다.

15 응력을 받는 흙 중의 한 점에 있어서의 최대 및 최소주응력이 각각 1kN/m² 및 0.5kN/m²일 때, 이 점을 지나 최대주응력면과 30°를 이루는 면상의 전단응력을 구한 값은?

① 0.135kN/m²   ② 0.217kN/m²
③ 0.875kN/m²   ④ 0.916kN/m²

해설 $\tau = \dfrac{\sigma_1 - \sigma_3}{2}\sin2\theta = \dfrac{1-0.5}{2}\sin2\times30° = 0.217\text{kN/m}^2$

16 다음 그림의 파괴포락선 중에서 완전 포화된 모래를 UU(비압밀 비배수) 시험했을 때 생기는 파괴포락선은 어느 것인가?

① ㉠
② ㉡
③ ㉢
④ ㉣

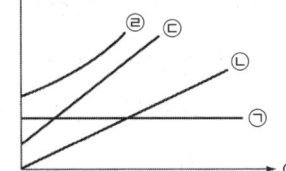

해설 포화된 경우 $\phi = 0°$이므로 전단강도는 Mohr 원의 반경과 같아 파괴포락선은 수평이다.

17 어떤 점토지반의 표준관입 시험치 N이 8이다. 이 점토의 일축압축강도 q_u는 얼마로 추정되는가?

① 0.5kg/cm²   ② 1kg/cm²   ③ 1.5kg/cm²   ④ 2kg/cm²

해설 $q_u = \dfrac{N}{8} = \dfrac{8}{8} = 1\text{kg/cm}^2$

$C = \dfrac{N}{16} = \dfrac{8}{16} = 0.5\text{kg/cm}^2$

18 다음 그림 중 정규압밀점토의 유효응력에 의한 파괴포락선은?

① ㉠
② ㉡
③ ㉢
④ ㉣

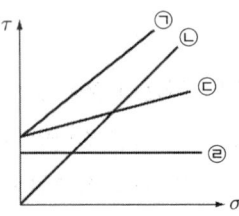

해설 정규압밀점토의 유효응력은 원점을 지난다.

19 전단에 소요되는 시간이 너무 길고 그 결과가 $\overline{CU}-\text{test}$와 거의 같으므로 간극수압의 측정이 어려울 때 또는, 중요한 공사 외에는 잘 사용하지 않는 시험은 다음 중 어느 것인가?

① 비압밀 비배수 시험 ② 압밀 비배수 시험
③ 압밀 배수 시험 ④ 압밀 비배수 시험

해설 CD시험으로 장기 안정해석에 사용한다.

20 조밀한 흙과 느슨한 흙을 비교한 다음 그림 중 틀린 것은 어느 것인가?

① 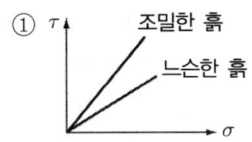 ②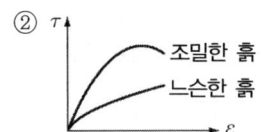
③ 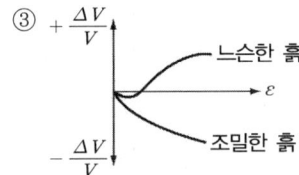 ④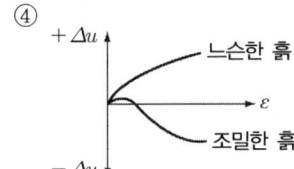

21 점성토의 예민비에 대한 설명 중 옳지 않은 것은?

① 예민비는 불교란 시료와 교란 시료와의 강도 차이를 알 수 있는 재성형 효과를 말한다.
② 예민비의 측정은 보통 일축압축시험으로 한다.
③ 예민비가 크다는 것은 점토가 교란의 영향을 크게 받지 않는 양호한 점토지반을 말한다.
④ Tschebotarioff는 예민비를 등변형 상태에 있어서의 강도비로 정의하였다.

해설 예민비가 크면 공학적 성질이 나빠 안전율을 크게 고려해야 한다.

22 표준관입시험에 관한 설명으로 옳지 않은 것은?

① 시험 결과 N치를 얻는다.
② 63.5kg 해머를 75cm 낙하시켜 split spoon sampler를 30cm 관입시킨다.
③ 시험 결과로부터 흙의 내부 마찰각 등의 공학적 성질(계수)을 추정할 수 있다.
④ 따라서 이 시험은 사질토에서보다 점성토에서 더 유리하게 이용된다.

해설 표준관입시험은 사질토에서 유리하며 점성토에서도 개략적 추정이 가능하다.

정답 15 ② 16 ① 17 ② 18 ② 19 ③ 20 ③ 21 ③ 22 ④

CHAPTER 8 토압

1 토압의 형태

1 토압의 종류 및 크기

P_a (주동토압) < P_o (정지토압) < P_p (수동토압)

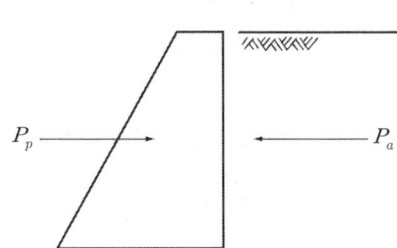

2 토압의 이론

① Rankine의 이론 : 벽면 마찰을 무시한 소성이론
② Coulomb의 이론 : 벽면 마찰을 고려한 흙쐐기 이론

3 토압계수

① 수직응력　　　　　$\sigma_v = \gamma_t \cdot H$

② 토압계수　　　　　$K = \dfrac{\sigma_h}{\sigma_v}$

③ 수평응력　　　　　$\sigma_h = \sigma_v \cdot K = \gamma_t \cdot H \cdot K$

④ 주동토압계수　　　$K_a = \tan^2\left(45° - \dfrac{\phi}{2}\right)$

⑤ 수동토압계수　　　$K_p = \tan^2\left(45° + \dfrac{\phi}{2}\right)$

⑥ 토압계수의 크기　$K_a < K_o < K_p$

　　　　　　　　　여기서, 정지토압계수 $K_o = 1$

⑦ 정지토압계수
　• 사질토의 경우($K_o = 0.4 \sim 0.6$) $K_o = 1 - \sin\phi$
　• 연약점토의 경우($K_o = 1$)

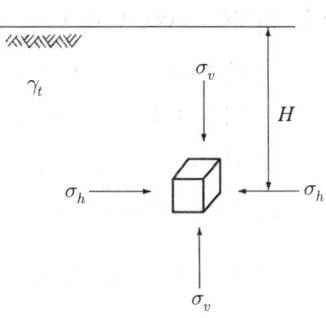

2 Rankine의 토압론 및 옹벽면에 작용하는 토압

1 Rankine의 토압론

① 토압은 지표에 평행하게 작용한다.
② 지표의 모든 하중은 등분포하중이다.
③ 흙은 불압축성 균질의 분체이다.
④ 분체는 점착력이 없는 모래질이다.
⑤ 지표면은 무한히 벌어진 한 평면으로 존재한다.

2 옹벽면에 작용하는 토압

(1) 옹벽 뒷채움 표면이 수평인 경우

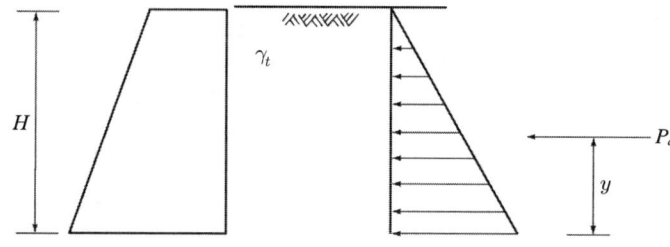

① 밑면에 작용하는 수평응력 $\sigma_h = \sigma_v \cdot K_a = \gamma_t \cdot H \cdot K_a$

② 주동토압 $P_a = \dfrac{1}{2} \cdot \gamma_t \cdot H^2 \cdot K_a$

③ 작용점 $y = \dfrac{H}{3}$

(2) 옹벽 뒷채움 흙의 종류가 다른 경우

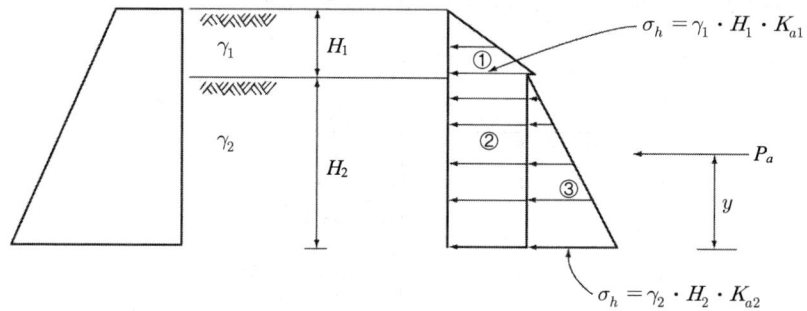

① 주동토압

$$P_a = P_{a1} + P_{a2} + P_{a3}$$
$$= \frac{1}{2} \cdot \gamma_1 \cdot H_1^2 \cdot K_{a1} + \gamma_1 \cdot H_1 \cdot K_{a2} \cdot H_2 + \frac{1}{2}\gamma_2 \cdot H_2^2 \cdot K_{a2}$$

② 작용점

$$P_a \cdot y = P_{a1} \times \left(\frac{H_1}{3} + H_2\right) + P_{a2} \times \frac{H_2}{2} + P_{a3} \times \frac{H_2}{3}$$

$$\therefore y = \frac{P_{a1} \cdot \left(\frac{H_1}{3} + H_2\right) + P_{a2} \cdot \frac{H_2}{2} + P_{a3} \cdot \frac{H_2}{3}}{P_a}$$

(3) 지하수면이 지표면과 일치하는 경우

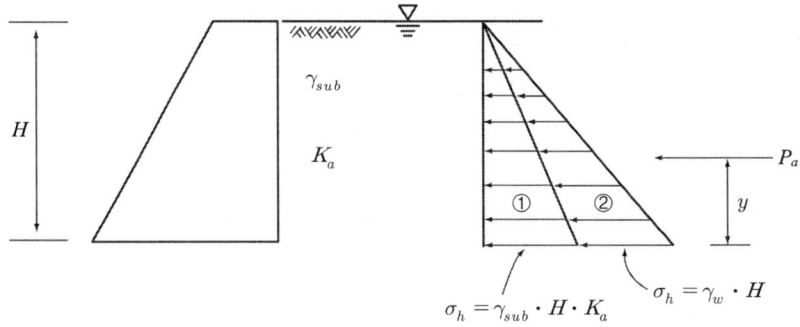

① 주동토압

$$P_a = P_{a1} + P_{a2} = \frac{1}{2}\gamma_{sub} \cdot H^2 \cdot K_a + \frac{1}{2}\gamma_w \cdot H^2$$

② 작용점

$$y = \frac{H}{3}$$

(4) 옹벽 뒷채움 흙의 종류가 다르고 지하수가 있는 경우

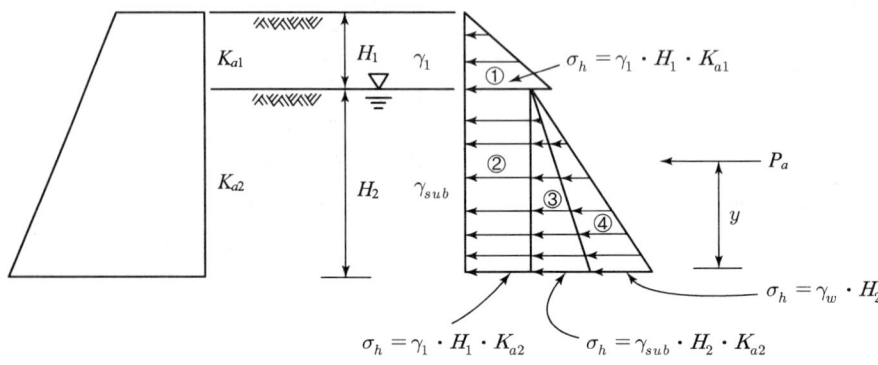

① 주동토압

$$P_a = P_{a1} + P_{a2} + P_{a3} + P_{a4}$$
$$= \frac{1}{2} \cdot \gamma_1 \cdot H_1^2 \cdot K_{a1} + \gamma_1 \cdot H_1 \cdot K_{a2} \cdot H_2 + \frac{1}{2} \cdot \gamma_{sub} \cdot H_2^2 \cdot K_{a2} + \frac{1}{2}\gamma_2 \cdot H_2^2$$

② 작용점

$$P_a \cdot y = P_{a1} \cdot \left(\frac{H_1}{3} + H_2\right) + P_{a2} \cdot \frac{H_2}{2} + P_{a3} \cdot \frac{H_2}{3} + P_{a4} \cdot \frac{H_2}{3}$$

$$\therefore y = \frac{P_{a1} \cdot \left(\frac{H_1}{3} + H_2\right) + P_{a2} \cdot \frac{H_2}{2} + P_{a3} \cdot \frac{H_2}{3} + P_{a4} \cdot \frac{H_2}{3}}{P_a}$$

(5) 재하중이 작용할 경우

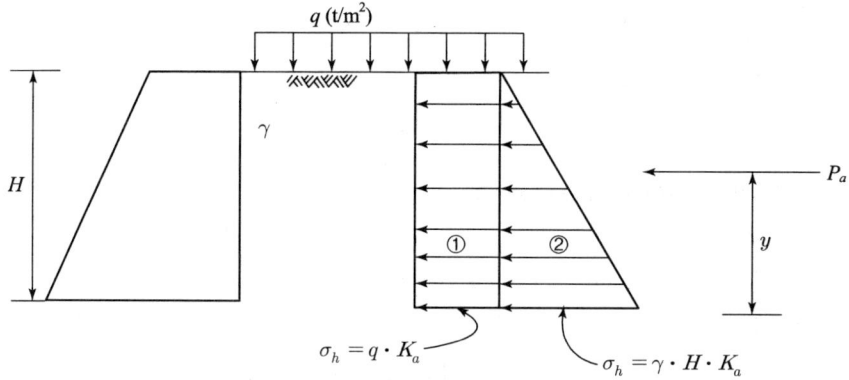

① 주동토압

$$P_a = P_{a1} + P_{a2} = q \cdot K_a \cdot H + \frac{1}{2}\gamma \cdot H^2 \cdot K_a$$

② 작용점

$$P_a \cdot y = P_{a1} \cdot \frac{H}{2} + P_{a2} \cdot \frac{H}{3}$$

$$\therefore y = \frac{P_{a1} \cdot \frac{H}{2} + P_{a2} \cdot \frac{H}{3}}{P_a} \quad \text{또는} \quad y = \frac{H}{3} \cdot \frac{H + 3\Delta H}{H + 2\Delta H}$$

여기서, $\Delta H = \frac{q}{\gamma}$

3 선하중이 작용할 때 토압

$$P_a = \frac{1}{2}\gamma H^2 \cdot K_a + P\tan\left(45° - \frac{\phi}{2}\right)$$

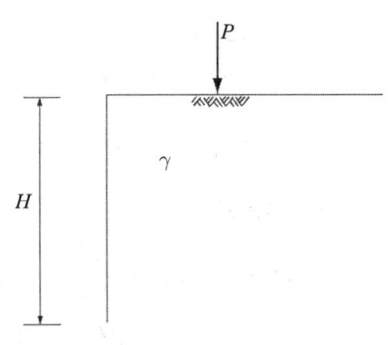

4 점착력이 있는 흙의 토압

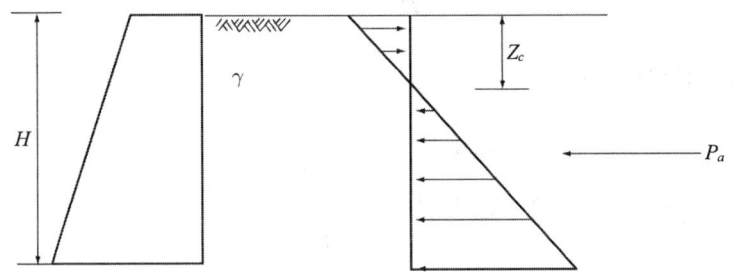

① 인장균열이 발생하는 깊이(점착고)

$$Z_c = \frac{2C}{\gamma}\tan\left(45° + \frac{\phi}{2}\right)$$

② 주동토압

$$P_a = \frac{1}{2} \cdot \gamma \cdot H^2 \cdot K_a - 2CH\tan\left(45° - \frac{\phi}{2}\right)$$

5 지표면이 경사진 경우 토압

$i = \phi$인 경우 $K_a = \cos i$이며

$$P_a = \frac{1}{2} \cdot \gamma \cdot H^2 \cdot K_a$$

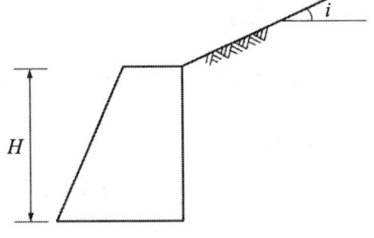

6 Coulomb의 토압

$\theta = 90°$, $i = 0°$, $\delta = 0°$ 인 경우
즉, 옹벽변이 연직, 직평면이 수직, 벽면 마찰각을 무시하면 Coulomb의 토압은 Rankine의 토압과 같다.

$$P_a = \frac{1}{2} \cdot \gamma \cdot H^2 \cdot K_a$$

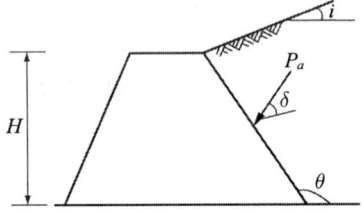

3 옹벽의 안정

❶ 전도에 대한 안정

외력의 합력(R)이 기초 저폭의 중앙 1/3내에 작용할 것

즉, $x \geq \dfrac{d}{3}$, $e \leq \dfrac{d}{6}$

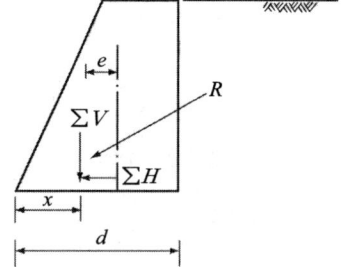

❷ 활동에 대한 안정

$F = \dfrac{H_r}{\sum H} > 1.5$

여기서, 저항력 $H_r = f \cdot \sum V$
f : 옹벽 저면과 지반사이에 마찰계수

❸ 지반 지지력에 대한 안정

$\sigma_{\max} \leq \sigma_a$

여기서, σ_a : 지반의 허용지지력
$\sigma_{\max}$: 최대압축응력

CHAPTER 8 출제 예상 문제   토압

01 그림과 같은 옹벽에 작용하는 전주동토압은? (단, 흙의 단위중량은 17kN/m³, 점착력은 10kN/m², 내부마찰각은 26°이다.)

① 44.5kN/m
② 75.0kN/m
③ 119.5kN/m
④ 194.5kN/m

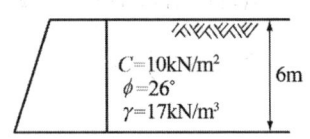

해설
$$P_a = \frac{1}{2}\gamma \cdot H^2 \cdot K_a - 2CH\tan\left(45° - \frac{\phi}{2}\right)$$
$$= \frac{1}{2} \times 17 \times 6^2 \times \tan^2\left(45° - \frac{26°}{2}\right) - 2 \times 10 \times 6\tan\left(45° - \frac{26°}{2}\right) = 44.5\text{kN/m}$$

02 다음 옹벽에서 주동토압은?

① 지표면과 나란하게 $P_A = 66\text{kN/m}$ 작용
② 지표면과 나란하게 $P_A = 88\text{kN/m}$ 작용
③ 옹벽 뒷면과 직각으로 $P_A = 66\text{kN/m}$ 작용
④ 옹벽 뒷면과 직각으로 $P_A = 38\text{kN/m}$ 작용

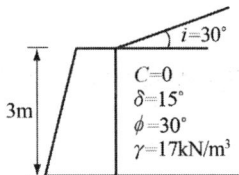

해설
$i = \phi$ 이므로 $K_a = \cos i$
$$P_a = \frac{1}{2} \cdot \gamma \cdot H^2 \cdot K_a = \frac{1}{2} \times 17 \times 3^2 \cos 30° = 66\text{kN/m}$$

03 옹벽의 안정 조건으로서 표현이 가장 정확하지 못한 것은?

① 합력이 저면의 중앙점에 작용할 것
② 활동에 대하여 안전할 것
③ 전도에 대하여 충분한 안전율을 가질 것
④ 지지력에 대하여 안전할 것

해설 합력의 작용점이 저폭의 중앙 1/3내에 있어야 안전하다.

04 점성토에서 점착력이 6kN/m²이고, 내부마찰각이 30°이며, 흙의 단위중량이 17kN/m³일 때 주동토압이 0이 되는 깊이는 지표면에서 약 몇 m인가?

① 1.52m   ② 1.42m   ③ 1.32m   ④ 1.22m

해설 $Z_c = \dfrac{2C}{\gamma} \tan\left(45° + \dfrac{\phi}{2}\right) = \dfrac{2 \times 6}{17} \tan\left(45° + \dfrac{30°}{2}\right) = 1.22\text{m}$

05 다음은 토압에 관한 사항이다. 틀린 것은?
① 주동 토압에서 배면토가 점착력이 있는 경우는 없는 경우보다 토압이 적어진다.
② Coulomb의 토압이론은 옹벽 배면과 뒤채움 흙 사이의 벽면 마찰을 무시한 이론이다.
③ 일반적으로 주동 토압계수는 1보다 적고 수동토압계수는 1보다 크다.
④ 어떤 지반의 정지토압계수가 1.75라면 이 흙은 과압밀 상태에 있다.

해설 Coulomb의 토압이론은 옹벽 배면과 뒷채움 흙 사이의 벽면 마찰을 고려한 이론이다.

06 합력의 수평분력이 기초저면과 지반 사이의 마찰저항보다 작아야 된다는 옹벽의 안정조건은 다음 중 어느 것인가?
① 전도에 대한 안정   ② 침하에 대한 안정
③ 활동에 대한 안정   ④ 지반내력에 대한 안정

해설 옹벽 저면과 지반 사이의 마찰계수를 고려하여 활동에 대한 안정을 계산한다.

07 그림에서 옹벽이 받는 전체 주동토압은 얼마인가? (단, $\gamma_w = 9.81\text{kN/m}^3$, 벽면과 뒤채움의 마찰각은 무시하고 $\phi = 30°$이다.)

① 66.4kN/m
② 44.1kN/m
③ 36.7kN/m
④ 73.3kN/m

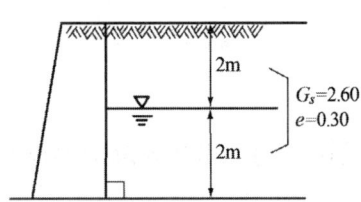

해설 $\gamma_d = \dfrac{G_s}{1+e} \cdot \gamma_w = \dfrac{2.6}{1+0.3} \times 9.81 = 19.62\text{kN/m}^3$

$\gamma_{sub} = \dfrac{G_s - 1}{1+e} \cdot \gamma_w = \dfrac{2.6-1}{1+0.3} \times 9.81 = 12.07\text{kN/m}^3$

$K_a = \tan^2\left(45° - \dfrac{\phi}{2}\right) = \tan^2\left(45° - \dfrac{30°}{2}\right) = 0.33$

$\therefore P_a = \dfrac{1}{2} \times 19.62 \times 2^2 \times 0.33 + 19.62 \times 2 \times 0.33 \times 2 + \dfrac{1}{2} \times 12.07 \times 2^2 \times 0.33$
$\qquad + \dfrac{1}{2} \times 9.81 \times 2^2 = 66.4\text{kN/m}$

08 그림과 같은 옹벽에 작용하는 주동토압의 합력은? (단, $\gamma_w = 9.81 \text{kN/m}^3$, $\gamma_{sat} = 18 \text{kN/m}^3$, $\phi = 30°$, 벽마찰각 무시)

① 100.1 kN/m
② 110.1 kN/m
③ 130.7 kN/m
④ 180.1 kN/m

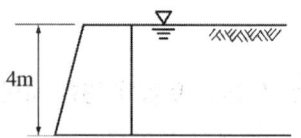

해설
$$P_a = \frac{1}{2}\gamma_{sub} \cdot H^2 \cdot K_a + \frac{1}{2} \cdot \gamma_w \cdot H^2$$
$$K_a = \tan^2\left(45° - \frac{\phi}{2}\right) = \tan^2\left(45° - \frac{30°}{2}\right) = 0.33$$
$$\therefore P_a = \frac{1}{2} \times (18-9.81) \times 4^2 \times 0.33 + \frac{1}{2} \times 9.81 \times 4^2 = 100.1 \text{kN/m}$$

09 주동토압을 P_A, 수동토압을 P_P, 정지토압을 P_0라 할 때 크기순서가 맞는 것은?

① $P_A > P_P > P_0$
② $P_P > P_0 > P_A$
③ $P_P > P_A > P_0$
④ $P_0 > P_A > P_P$

해설
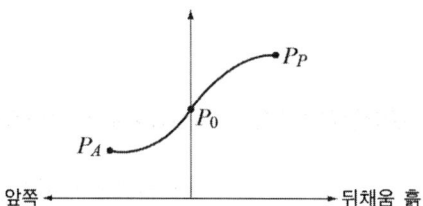

10 다음 그림에서 상재하중만으로 인한 주동토압과 작용위치는?

① $P_{A(qs)} = 9 \text{kN/m}$, $x = 2\text{m}$
② $P_{A(qs)} = 9 \text{kN/m}$, $x = 3\text{m}$
③ $P_{A(qs)} = 54 \text{kN/m}$, $x = 2\text{m}$
④ $P_{A(qs)} = 54 \text{kN/m}$, $x = 3\text{m}$

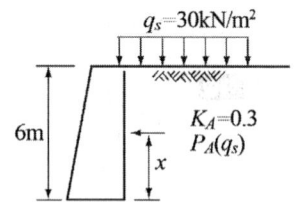

해설
- $P_a = q_s \cdot K_a \cdot H = 30 \times 0.3 \times 6 = 54 \text{kN/m}$
- $x = \dfrac{H}{2} = \dfrac{6}{2} = 3\text{m}$

11 그림과 같은 옹벽에서 토압의 합력(P_A)과 작용위치(y)를 구한 값은 다음 중 어느 것인가?(단, 흙의 단위중량은 18kN/m³이고, 내부마찰각은 30°이다.)

① $P_A = 47$kN/m, $y = 1.5$m
② $P_A = 37$kN/m, $y = 1.4$m
③ $P_A = 54$kN/m, $y = 1.79$m
④ $P_A = 47$kN/m, $y = 1.2$m

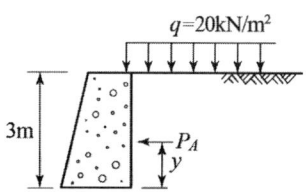

해설

$P_A = P_{A1} + P_{A2}$

$= q \cdot H \cdot K_a + \dfrac{1}{2} \cdot \gamma \cdot H^2 \cdot K_a$

$= 20 \times 3 \times \tan^2\left(45 - \dfrac{30}{2}\right) + \dfrac{1}{2} \times 18 \times 3^2 \times \tan^2\left(45 - \dfrac{30}{2}\right)$

$= 47$kN/m

$y = \dfrac{H}{3} \cdot \dfrac{H + 3\Delta H}{H + 2\Delta H} = \dfrac{3}{3} \times \dfrac{3 + 3 \times 1.11}{3 + 2 \times 1.11} = 1.21$m

$\Delta H = \dfrac{q}{\gamma} = \dfrac{20}{18} = 1.11$ 또는 $P_A \times y = P_{A1} \times \dfrac{H}{2} + P_{A2} \times \dfrac{H}{3}$

$47 \times y = 20 \times 3 \times \tan^2\left(45 - \dfrac{30}{2}\right) \times \dfrac{3}{2} + \dfrac{1}{2} \times 18 \times 3^2 \times \tan^2\left(45 - \dfrac{30}{2}\right) \times \dfrac{3}{3}$

∴ $y = 1.21$m

CHAPTER 9 사면의 안정

1 단순사면 및 임계원

❶ 단순사면의 파괴 형태

① 사면내파괴
② 사면선단파괴
③ 사면저부파괴

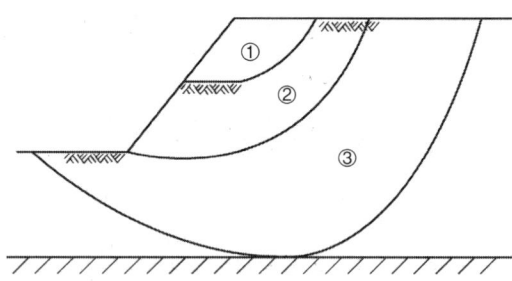

❷ 임계원

① 임계 활동면 : 안전율이 최소인 활동면으로 가장 불안전한 활동면
② 임계원 : 임계 활동면을 원형으로 가정

2 안전율

❶ 전단응력

외적인 요인으로 활동하려는 응력

❷ 전단강도(전단저항)

내적인 요인으로 저항하려는 응력

① 전단강도 < 전단응력 : 파괴
② 전단강도 > 전단응력 : 안정

③ 안전율

① 평면 활동면의 경우 $F = \dfrac{활동에\ 저항하는\ 힘의\ 모멘트}{활동을\ 일으키는\ 힘의\ 모멘트}$

② 원형 활동면의 경우 $F = \dfrac{활동면의\ 전단강도의\ 합}{활동면의\ 전단응력의\ 합}$

3 한계고(H_c) 및 안전율(F)

① 직립사면의 안정

① $H_c = \dfrac{4c}{\gamma} \tan\left(45° + \dfrac{\phi}{2}\right)$

② $\phi = 0$인 점토의 경우(c : 점착력)

$H_c = \dfrac{4c}{\gamma}$

③ $\phi = 0$인 점토의 경우(q_u : 일축압축강도)

$c = \dfrac{q_u}{2}$, $H_c = \dfrac{4 \times \dfrac{q_u}{2}}{\gamma}$

∴ $H_c = \dfrac{2q_u}{\gamma}$

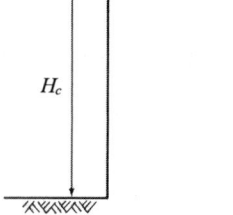

④ 안전율 $F = \dfrac{H_c}{H}$

여기서, H_c : 한계고(지반을 흙막이 없이 붕괴가 일어나지 않게 굴착할 수 있는 깊이)

② 단순사면의 안정

① 심도계수 $n_d = \dfrac{H'}{H}$

② 한계고(연약점토 $\phi = 0$인 경우)

$H_c = \dfrac{N_s \cdot c}{\gamma}$

여기서, N_s : 안정계수

③ 안정수 $\dfrac{1}{N_s}$

④ 안전율 $F = \dfrac{H_c}{H}$

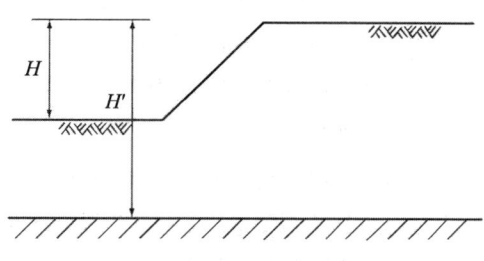

③ 반무한 사면의 안정

① 연직응력

$\sigma_v = \gamma \cdot Z\cos i$

② 수직응력

$\sigma = \sigma_v \cos i = \gamma \cdot Z \cos i \cdot \cos i$

③ 전단응력

$\tau = \sigma_v \sin i = \gamma \cdot Z \cos i \cdot \sin i$

④ 안정검토

전단강도 $S = c + \sigma \cdot \tan\phi$ 일 때 $\tau \leq S$ 이면 안정

⑤ 지하의 침투류가 없는 경우 안정조건(물의 흐름이 없을 경우)

$i < \phi, \quad F = \dfrac{\tan\phi}{\tan i}$

⑥ 침윤면이 지표면과 일치되는 경우 안정조건(지표면이 완전 침수된 경우)

$\tan i \leq \dfrac{\gamma_{sub}}{\gamma_{sat}} \tan\phi$

$F = \dfrac{\dfrac{\gamma_{sub}}{\gamma_{sat}} \cdot \tan\phi}{\tan i}$

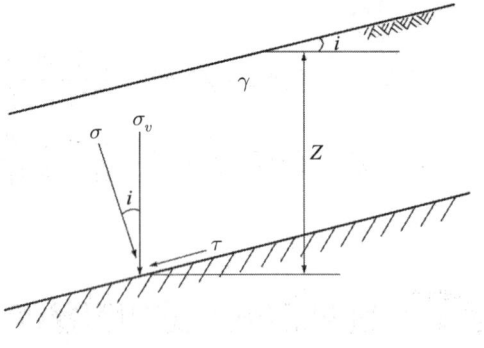

4 사면안정 해석

① 분할법(절편법)

(1) 가정

① 예상파괴 활동면(가상 활동면)은 원호로 제일 먼저 결정한다.
② 사면의 토층이 균질하지 않을 경우 적용한다.
③ 분할 단면의 바닥은 직선으로 본다.
④ 분할 단면수는 6~10개 정도가 좋다.
⑤ 지하수위가 있을 때 사용가능하다.

$F = \dfrac{C \cdot L \cdot R}{W \cdot x}$

여기서, W : 활동단면 흙의 총중량($W = A \cdot \gamma$)

(2) Fellenius방법

① $\phi = 0$ 해석법(포화 점토지반의 비배수 강도만 고려한 것)
② 사면의 단기 안정문제 해석에 유효하다.
③ 계산이 간편하여 많이 이용한다.

(3) Bishop방법

① C, ϕ 해석법이다.
② 간극수압의 변화가 있는 경우 적합하다.
③ 사면의 장기 안정문제 해석에 유효하다.
④ Fellenius 방법보다 복잡하다.

❷ 마찰원법

(1) 적용범위

토층이 균일한 지반에 적합하다.

(2) 안전율

점착력에 대한 안전율 F_c와 내부마찰각에 대한 안전율 F_ϕ을 결정하고 곡선을 그린 후 원점에서 가로축과 45°로 그은 직선과 만나는 점을 안전율로 한다.

즉, $F = F_c = F_\phi$

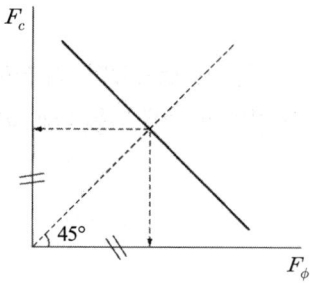

CHAPTER 9 출제 예상 문제

사면의 안정

01 원형 활동면에 의한 사면파괴의 종류는 일반적으로 다음과 같다. 해당되지 않는 것은?

① 사면저부파괴　　② 사면선단파괴
③ 사면내파괴　　　④ 사면인장파괴

해설 사면파괴 형태는 사면내파괴, 사면선단파괴, 사면저부파괴가 있다.

02 그림과 같은 사면을 이루고 있는 흙에서 점착력이 $c=20\text{kN/m}^2$, 단위중량이 $\gamma_t=17\text{kN/m}^3$일 때 심도계수(n_d), 사면의 한계높이(H_c)는? (단, 안정계수 $N_s=6.2$이다)

① $n_d=1.5$, $H_c=7.29\text{m}$
② $n_d=1.33$, $H_c=7.29\text{m}$
③ $n_d=1.5$, $H_c=5.27\text{m}$
④ $n_d=3.0$, $H_c=5.27\text{m}$

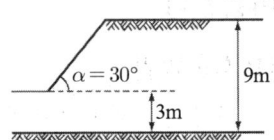

해설
$$n_d = \frac{9}{6} = 1.5$$
$$H_c = \frac{N_s \cdot c}{\gamma} = \frac{6.2 \times 20}{17} = 7.29\text{m}$$

03 어떤 굳은 점토층을 깊이 7m까지 연직절토하였다. 이 점토층의 일축압축강도가 140kN/m^2, 흙의 단위중량 $\gamma=20\text{kN/m}^3$라 하면 파괴에 대한 안전율은?

① 1.0　　② 2.0
③ 2.5　　④ 3.0

해설
$$H_c = \frac{2q_u}{\gamma} = \frac{2 \times 140}{20} = 14\text{m}$$
$$F = \frac{H_c}{H} = \frac{14}{7} = 2$$

04 단위중량이 1.8t/m^3, 내부마찰각이 30°로 된 반무한사면의 안정 경사각은?

① 15° 이하　　② 20° 이하
③ 25° 이하　　④ 30° 이하

해설 $i < \phi$일 경우 안정하다.

05 그림과 같이 지하수위가 지표와 일치되는 반무한 사질토 사면이 놓여 있다. 이때의 안전율은 얼마인가? (단, $\gamma_w = 9.81\text{kN/m}^3$)

① 1.18
② 1.31
③ 2.33
④ 2.61

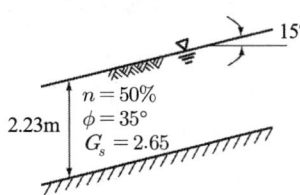

해설
$$e = \frac{n}{100-n} = \frac{50}{100-50} = 1$$
$$\gamma_{sat} = \frac{G_s + e}{1+e} \cdot \gamma_w = \frac{2.65+1}{1+1} \times 9.81 = 17.9\text{kN/m}^3$$
$$F = \frac{\dfrac{\gamma_{sub}}{\gamma_{sat}} \cdot \tan\phi}{\tan i} = \frac{\dfrac{(17.9-9.81)}{17.9} \times \tan 35°}{\tan 15°} = 1.18$$

06 그림에서 활동에 대한 안전율은 얼마인가?

① 1.30
② 2.05
③ 2.15
④ 2.48

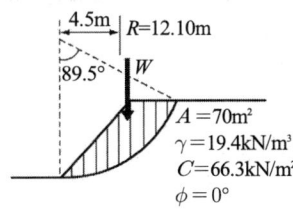

해설
$L : 89.5° = \pi D : 360°$
$$\therefore L = \frac{89.5 \times 3.14 \times 2 \times 12.1}{360} = 18.89\text{m}$$
$$F = \frac{C \cdot L \cdot R}{W \cdot x} = \frac{66.3 \times 18.89 \times 12.1}{70 \times 19.4 \times 4.5} = 2.48$$

07 분할법에 의한 사면안정 해석 시에 제일 먼저 결정되어야 할 사항은?

① 분할세면의 중량
② 활동면상의 마찰력
③ 가상활동면
④ 각 세면의 공극수압

해설 예상 파괴 활동면을 원호로 먼저 가정한다.

08 다음 사면안정 검토에 직접적으로 필요하지 않는 사항은?

① 흙의 입도
② 흙의 점착력
③ 흙의 단위중량
④ 사면의 구배

해설 흙의 입도는 사면안정 검토와 직접적인 관계가 없다.

정답 01 ④ 02 ① 03 ② 04 ④ 05 ① 06 ④ 07 ③ 08 ①

09 그림과 같은 성질이 대단히 다른 두 가지 재료로 된 흙댐의 도시(圖示)된 활동면에 대한 안전율을 계산할 때 옳지 않은 것은?

① 활동면 위의 흙덩이는 전체가 강체(rigid boby)로서 이동한다고 가정한다.
② 각 흙의 응력-변형도 곡선에서 조합된 응력-변형도 곡선을 그리는 것이 필요하다.
③ 각 흙에 대해서 각각의 첨두강도(peak stenght)를 사용한다.
④ 해석방법으로는 절편법(또는 분할법 : Slice method)을 쓸 수 있다.

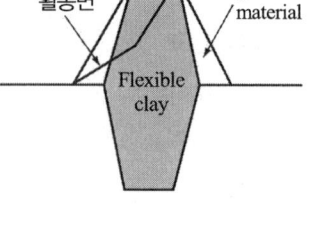

해설 조합된 흙의 강도를 사용하여 안전율을 계산한다.

10 연약한 점토지반에서($\phi = 0$)의 단위중량이 16kN/m³, 점착력을 20kN/m²이다. 이 지반을 연직으로 2m 굴착하였을 때 연직사면의 안전율은?

① 1.5　　　　② 2.0
③ 2.5　　　　④ 3.0

해설 $\phi = 0°$ 이므로　$H_c = \dfrac{4c}{\gamma} = \dfrac{4 \times 20}{16} = 5\text{m}$

∴ $F = \dfrac{H_c}{H} = \dfrac{5}{2} = 2.5$

11 사면의 안정을 검토하는데 있어서 "$\phi = 0$" 해석법이라고 하는 것은?

① 포화 점토지반의 전단강도는 무시하는 것이다.
② 포화 점토지반의 전단강도는 깊이에 따라 일정하다고 가정한 것이다.
③ 포화 점토지반의 비배수강도만 고려한 것이다.
④ 포화 점토지반의 내부마찰각만 고려한 것이다.

해설 $\phi = 0$ 해석법은 단기 안정문제를 고려할 때 적합하다.
$\phi = 0$이므로 포화점토지반에서 비배수 강도를 고려한다.

12 다음은 사면의 안정해석 방법을 설명하고 있다. 틀린 것은?

① 마찰원법은 균일한 토질지반에 적용된다.
② Fellenius 방법은 절편의 양측에 작용하는 힘의 합력은 0이라고 가정한다.
③ Bishop 방법은 흙의 장기 안정해석에 유효하게 쓰인다.
④ Fellenius 방법은 공극수압을 고려한 $\phi = 0°$ 해석법이다.

> **해설** Fellenius 방법은 공극수압을 고려하지 않고 포화 점토지반의 비배수 강도만 고려한다.

13 다음과 같이 sheet pile 내에 모래가 있다. 그 내부의 배수를 하려고 할 때 이 내부에서 piping이 일어나지 않도록 하기 위한 계산상 필요한 압력은? (단, $\gamma_w = 9.81\text{kN/m}^3$, 모래의 $G_s = 2.63$, $e = 0.70$, $F = 6$이다.)

① 189.55kN/m^2
② 185.42 kN/m^2
③ 170.56 kN/m^2
④ 167.181kN/m^2

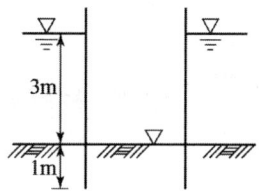

> **해설**
> $F = \dfrac{\text{활동에 저항하는 힘}}{\text{활동을 일으키는 힘}} = \dfrac{\gamma_{sub} \times 1 + W}{\gamma_w \times 3}$
> $6 = \dfrac{9.4 \times 1 + W}{9.81 \times 3}$
> $\therefore W = 167.18\text{kN/m}^2$
> 여기서, $\gamma_{sub} = \dfrac{G_s - 1}{1 + e} \times \gamma_w = \dfrac{2.63 - 1}{1 + 0.7} \times 9.81 = 9.4\text{kN/m}^3$

CHAPTER 10 지중응력

1 집중하중에 의한 지중응력

① 영향치를 고려한 지중응력

$$\sigma_z = K \cdot \frac{Q}{Z^2}$$

여기서, K : 영향치

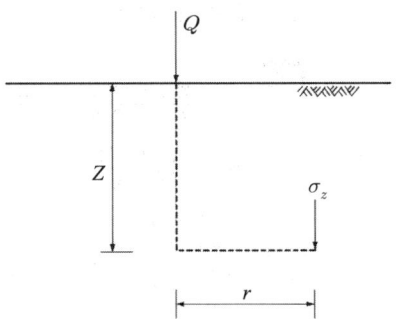

② 하중직하(荷重直下)의 지중응력

$$\sigma_z = K \cdot \frac{Q}{Z^2} = \frac{3}{2\pi} \cdot \frac{Q}{Z^2} = 0.4775 \frac{Q}{Z^2}$$

여기서, 하중직하이므로 $\frac{r}{Z} = 0$ 에 해당하는

영향치 K는 0.4775이다.

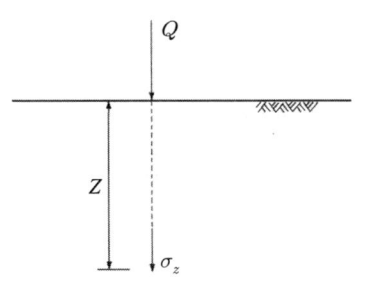

▼ 집중하중으로 인해 생기는 수직응력의 계산을 위한 영향계수(K)

$\frac{r}{Z}$	K	$\frac{r}{Z}$	K	$\frac{r}{Z}$	K
0.0	0.4775	0.6	0.2214	1.2	0.0513
0.1	0.4657	0.7	0.1762	1.3	0.0402
0.2	0.4329	0.8	0.1386	1.4	0.0317
0.3	0.4849	0.9	0.1083	1.5	0.0251
0.4	0.3294	1.0	0.0844	1.6	0.0200
0.5	0.2733	1.1	0.0658	1.7	0.0160

③ 선하중, 대상하중이 작용 시 지중응력

$$\sigma_z = \frac{2L}{\pi} \frac{Z^3}{(x^2 + Z^2)^2}$$

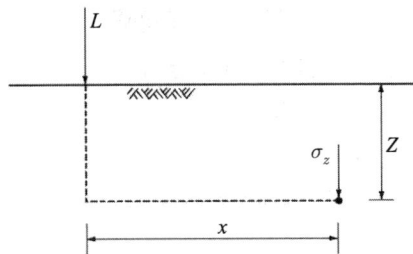

④ 제상하중에 의한 지중응력

$\sigma_z = K \cdot q$

여기서, $q = \gamma \cdot H$, 영향치 K는 $\dfrac{a}{Z}$, $\dfrac{b}{Z}$를 고려한다.

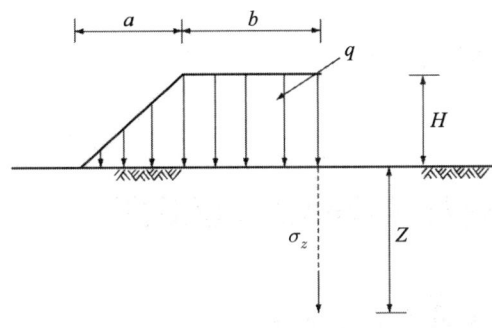

2 등분포하중에 의한 지중응력

① 구형단면에 등분포하중이 작용 시 지중응력

$\sigma_z = K_{(m,\ n)} \cdot q$

여기서, 영향치 K는 $m = \dfrac{B}{Z}$, $n = \dfrac{L}{Z}$를 고려한다.

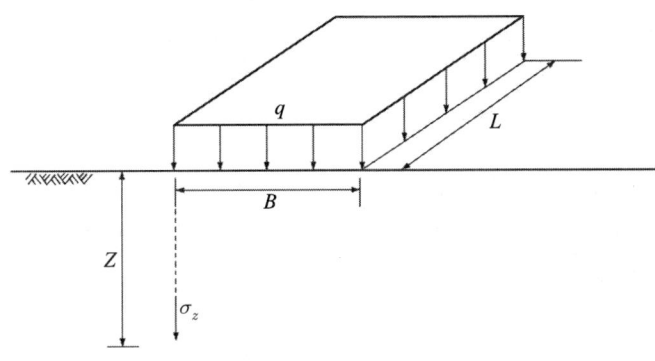

❷ 중첩의 원리

① 지반 중심에서 지중응력은 가장 크고 연단으로 갈수록 감소한다.
② 구형단면에 동일한 등분포하중이 작용하고 일정 깊이에서 증가되는 흙의 성질이 동일할 때 지중응력

$$\sigma_A = 4\sigma_B$$

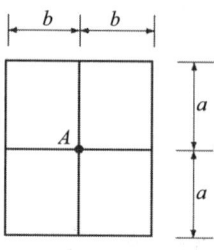
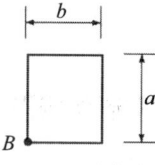

❸ 영향원법

$$\sigma_z = 0.005n \cdot q$$

여기서, n : q가 작용하는 망의 수

3 응력분포의 근사치 계산(2 : 1 분포법)

❶ 정방형에 등분포하중 작용 시 지중응력

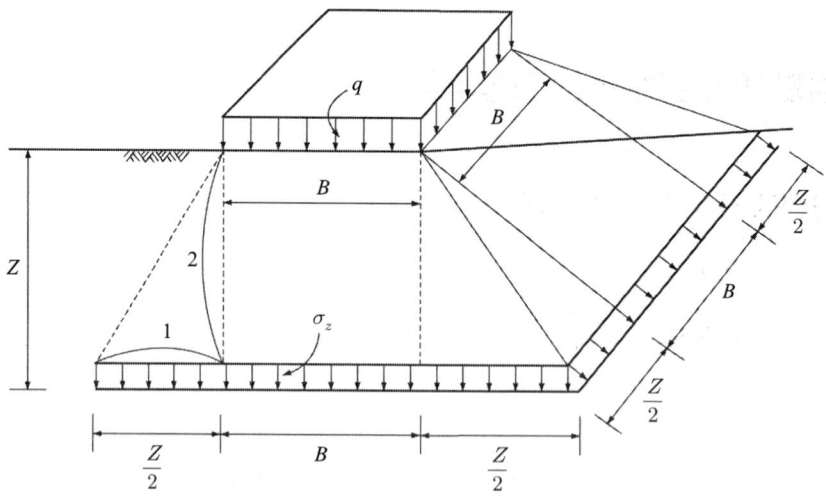

$$q \cdot (B \times B) = \sigma_z (B+Z)(B+Z)$$

$$\therefore \sigma_z = \frac{q \cdot (B \times B)}{(B+Z)(B+Z)}$$

❷ **단형에 등분포하중 작용 시 지중응력**

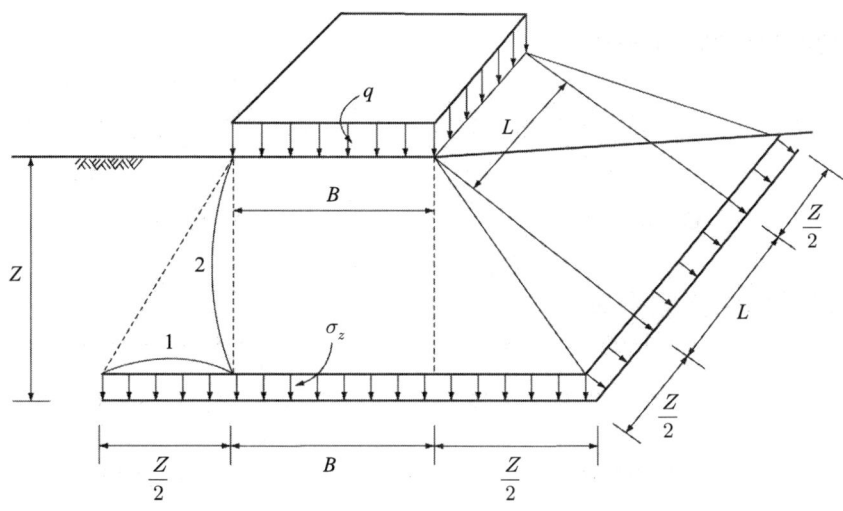

$$q \cdot (B \times L) = \sigma_z (B+Z)(L+Z)$$

$$\therefore \sigma_z = \frac{q \cdot (B \times L)}{(B+Z)(L+Z)}$$

❸ **대상하중이 작용시 지중응력(길이 1m당)**

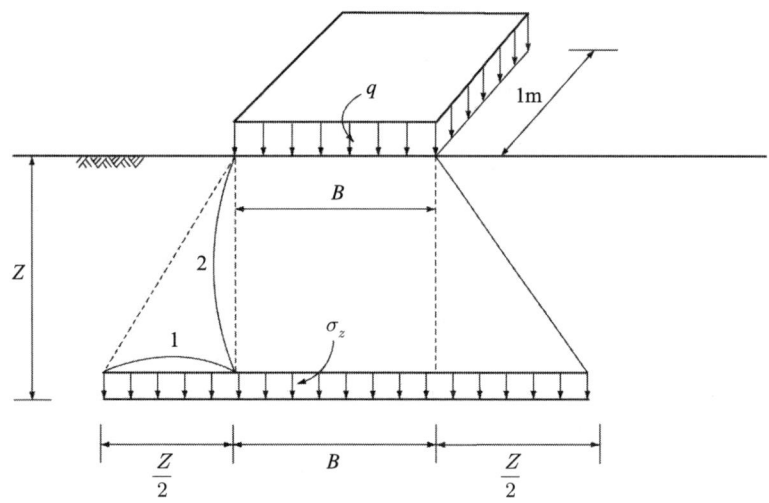

$$q \cdot (B \times 1) = \sigma_z (B+Z)(1)$$

$$\therefore \sigma_z = \frac{q \cdot (1 \times 1)}{(1+Z)(1)}$$

여기서, $B=1$인 경우 $\sigma_z = \dfrac{q \cdot (1 \times 1)}{(1+Z)(1)}$

❹ 접지압 분포

(1) 강성기초의 접지압 분포

(2) 휨성기초의 접지압 분포

CHAPTER 10 출제 예상 문제 — 지중응력

01 지표에서 2m×2m되는 기초에 100kN/m²의 하중이 작용한다. 깊이 5m 되는 곳에서 이 하중에 의해 일어나는 연직응력을 2 : 1 분포법으로 계산한 값은?

① 28.7kN/m² ② 8.16kN/m² ③ 5.31kN/m² ④ 19.75kN/m²

해설
$$100 \times (2 \times 2) = \sigma_z (7 \times 7)$$
$$\therefore \sigma_z = \frac{100 \times (2 \times 2)}{7 \times 7} = 8.16 \text{kN/m}^2$$

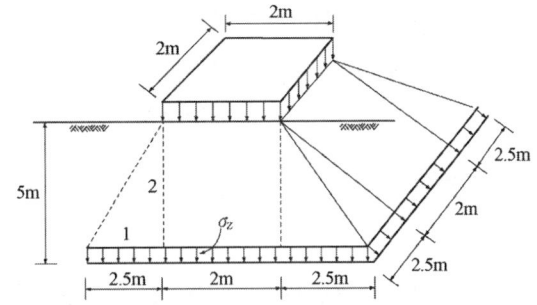

02 1000kN의 집중하중이 지표면에 작용할 때 하중의 바로 아래 5m 지점에서의 지중응력은?

① 29.5kN/m² ② 34.2kN/m² ③ 12.0kN/m² ④ 19.1kN/m²

해설
$$\sigma_z = K \cdot \frac{Q}{Z^2} = \frac{3}{2\pi} \cdot \frac{Q}{Z^2} = 0.4775 \times \frac{1000}{5^2} = 19.1 \text{kN/m}^2$$

03 지반 내의 응력분포를 알기 위한 영향원에 의한 도식 해법에서 영향수를 0.005, 영향원 내의 구역 수를 10, 등분포하중이 30kN/m²라 하면 연직응력은?

① 1.5kN/m² ② 6.0kN/m² ③ 1.7kN/m² ④ 3.5kN/m²

해설
$$\sigma_z = 0.005 \cdot n \cdot q = 0.005 \times 10 \times 30 = 1.5 \text{kN/m}^2$$

04 다음 그림과 같이 2m×3m 직사각형 단면 위에 1000kN의 집중하중이 균등하게 분포하여 작용하고 있을 때 직사각형의 한 모서리 A점 아래 깊이 5m에서의 연직응력의 증가량은 얼마인가? (단, 지중응력의 영향치 $I_\sigma = 0.08$이고, 흙의 단위중량은 19kN/m³이다.)

① $\Delta \sigma_v = 166.7 \text{kN/m}^2$
② $\Delta \sigma_v = 80.0 \text{kN/m}^2$
③ $\Delta \sigma_v = 13.3 \text{kN/m}^2$
④ $\Delta \sigma_v = 90.9 \text{kN/m}^2$

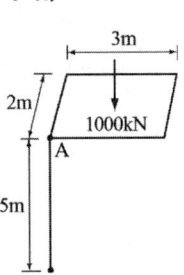

정답 01 ② 02 ④ 03 ① 04 ③

해설
$$q = \frac{P}{A} = \frac{1000}{2 \times 3} = 166.7 \text{kN/m}^2$$
$$\sigma_z = I_\sigma \cdot q = 0.08 \times 166.7 = 13.3 \text{kN/m}^2$$

05 그림과 같은 어떤 지반상에 성토되었을 경우 3m 깊이의 A점 및 B점에서의 수직응력은?

① 서로 같다.
② A점보다 B점이 크다.
③ B점보다 A점이 크다.
④ 같은 경우와 다른 경우가 있다.

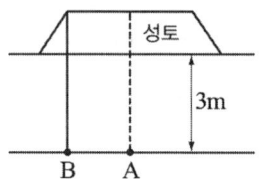

해설 제방중심에서 아래로 내려갈수록, 연단으로 갈수록 지중응력이 감소한다.

06 동일한 등분포하중이 작용하는 그림과 같은 (A)와 (B) 두 개의 구형 기초 판에서 A와 B점의 수직 Z 되는 깊이에서 증가되는 지중응력을 각각 σ_A, σ_B라 할 때 다음 중 옳은 것은? (단, 지반 흙의 성질은 동일하다.)

① $\sigma_A = \frac{1}{2} \sigma_B$

② $\sigma_A = \frac{1}{4} \sigma_B$

③ $\sigma_A = 2 \sigma_B$

④ $\sigma_A = 4 \sigma_B$

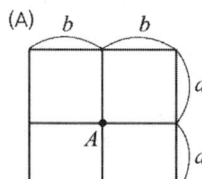 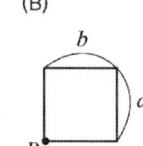

해설 중첩의 원리에 의해 $\sigma_A = 4\sigma_B$가 된다.

07 지표면에 100kN/m의 선하중이 길게 작용한다. 지표면 아래 깊이 2m 되는 곳의 연직응력을 2 : 1 분포법으로 구한 값은? (단, 흙의 자중은 무시한다.)

① 100 kN/m^2
② 50 kN/m^2
③ 33.3 kN/m^2
④ 25.5 kN/m^2

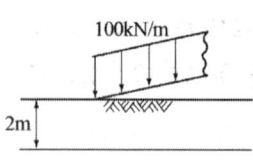

해설
$$q \cdot (B \times 1) = \sigma_z (B+Z)(1)$$
$$\therefore \sigma_z = \frac{q \cdot (B \times 1)}{(B+Z)(1)} = \frac{100(1 \times 1)}{(1+2)(1)} = 33.3 \text{kN/m}^2$$

08 지표면에 있는 장방형 하중면 10m×20m의 기초 위에 100kN/m²의 등분포하중이 작용했을 때 지표면으로부터 15m 깊이의 수평면에 있어서의 연직응력은 얼마인가? (단, 응력은 하중면의 가장자리에서 $\alpha = 45°$의 각도로 퍼지는 것으로 한다.)

① 10.0kN/m² ② 15kN/m² ③ 23kN/m² ④ 25kN/m²

해설
- $\tan\alpha = \dfrac{x}{Z}$ ∴ $x = Z \cdot \tan\alpha = 15 \times \tan 45° = 15\text{m}$
- $100 \times (10 \times 20) = \sigma_z \cdot (40 \times 50)$ ∴ $\sigma_z = \dfrac{100 \times (10 \times 20)}{(40 \times 50)} = 10\text{kN/m}^2$

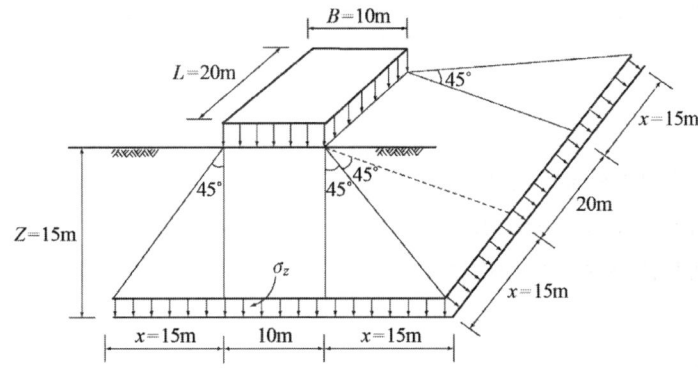

09 접지압(또는 지반반력)이 그림과 같이 되는 경우는?

① 푸팅 : 강성, 기초지반 : 점토
② 푸팅 : 강성, 기초지반 : 모래
③ 푸팅 : 휨성, 기초지반 : 점토
④ 푸팅 : 휨성, 기초지반 : 모래

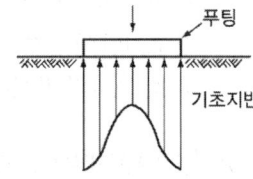

해설 강성기초가 점토지반에 위치하면 가장자리에서 최대의 접지압이 발생한다.

10 사질지반에 있어서 강성기초의 접지압 분포에 관한 다음 설명 가운데 옳은 것은?

① 기초의 모서리 부분에서 최대응력이 발생한다.
② 기초의 중앙부에서 최대응력이 발생한다.
③ 기초의 밑면에서는 어느 부분이나 동일하다.
④ 기초 밑면에서의 응력은 토질에 상관없이 일정하다.

해설 강성기초가 사질지반에 위치하면 기초 중앙에서 최대 접지압이 발생한다.

정답 05 ③ 06 ④ 07 ③ 08 ① 09 ① 10 ②

CHAPTER 11 기초공

1 토질조사

1 목적
① 기초의 설계, 시공에 필요한 자료를 얻는다.
② 구조물의 형식을 선정하는 자료를 얻는다.
③ 안전하고 경제적인 설계 자료를 얻는다.

2 토질조사 방법

(1) 예비조사(기초의 형식을 결정한다.)
① 자료조사(지형도, 지반도, 토성도, 토질조사도서, 항공사진 등 사진류)
② 현지답사(지형, 지질, 지표수, 지하수, 하천상태, 우물조사, 가설구조물의 현황조사 등)
③ 본 조사의 계획(개략조사로 소수의 보링 및 사운딩의 실시)

(2) 본조사(정밀자료를 얻기 위해 실시한다.)
① 흙의 종류, 암반 깊이, 지하수위, 암반 종류, 지층의 경사, 단층 유무, 지지력 등을 조사한다.
② 기초 설계 및 시공에 필요한 보링, 사운딩, 원위치시험, 실내시험 등을 한다.

3 보링(boring)

(1) 목적
① 지반의 구성과 지하수위를 파악한다.
② 불교란 시료를 채취한다.
③ 보링구멍을 이용하여 표준관입시험을 한다.

(2) 종류
① 오거 보링(auger boring) : 현장에서 인력으로 간단히 조사하는 방법으로 점성토 지반의 경우는 심도 10m까지 가능하고 사질토 지반은 3~4m 정도 조사가 가능하다.

② 충격식 보링(percussion boring) : 자원조사, 우물조사 등을 할 경우 이용하며 굴진 속도가 빠르고 비용도 싸지만 분말상의 교란된 시료만 얻는다.
③ 회전식 보링(rotary boring) : 보링 방법 중 가장 많이 이용하며 확실한 암석 코어를 채취할 수 있다. 즉, 불교란 시료채취 및 표준관입시험의 N 치를 측정한다.

(3) 보링간격 및 심도
① 보링은 지반 내의 대표점을 정하여 하며 넓은 면적의 경우 연약한 지점에서 실시한다.
② 보링 심도는 기초 슬래브 단변장 B의 2배, 또는 구조물 폭의 1.5~2배 정도로 한다.

(4) 시료의 채취(sampling)
① 교란시료 채취로 가능한 시험은 입도분석, 비중, 액터버그 한계시험(액성한계, 소성한계, 수축한계) 등이 있다.
② 불교란 시료 채취로 가능한 시험은 전단강도 및 압밀시험 등이 있다.
③ 샘플러 튜브의 두께를 얇게 하여 즉, 면적비 A_r 을 10% 이하가 되게 하여 여잉토 혼입을 방지하게 한다.

$$A_r = \frac{D_w^2 - D_e^2}{D_e^2} \times 100$$

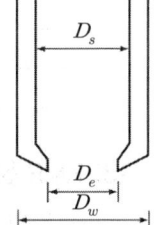

④ 샘플러의 장경비를 10 정도로 하여 내벽마찰의 영향을 받아 시료가 교란되지 않도록 한다.
⑤ 샘플러를 소정의 위치까지 압입시킨 후 빼올릴 때 시료를 180° 비틀어 끊어 교란되지 않게 한다.

❹ 사운딩(sounding)

(1) 정의
로드(rod)의 끝에 설치한 저항체를 땅속에 삽입하여 관입, 회전, 인발 등의 저항에서 토층의 성상을 탐사하는 것이다.

(2) 사운딩의 종류
① 정적인 것(점성토 지반에 사용한다)
  휴대용 원추 관입시험기, 화란식 원추 관입시험기, 스웨덴식 관입시험기, 이스키미터, 베인시험기 등이 있다.
② 동적인 것(사질토 지반에 사용한다)
  동적원추 관입시험기, 표준관입 시험기 등이 있다.

5 암석 코어의 채취

(1) 회수율

$$\frac{\text{회수(채취)된 코어의 길이}}{\text{보링 길이}} \times 100$$

(2) RQD(암질지수)

$$\frac{\text{10cm 이상된 코어의 길이 합}}{\text{보링 길이}} \times 100$$

▼ 현장 암질과 RQD 관계

RQD	암질
0~0.25	매우 불량
0.25~0.50	불량
0.50~0.75	보통
0.75~0.90	양호
0.90~1.0	아주 양호

(3) RMR 분류 시 고려할 사항

① 암의 압축강도
② RQD 값
③ 절리 간격
④ 절리 특성(상태)
⑤ 지하수 상태

2 기초

1 기초가 구비해야 할 조건

① 구조물을 안전하게 지지할 것
② 침하가 허용치 이내일 것
③ 부등침하가 없을 것
④ 내구성이고 경제적일 것
⑤ 기초 깊이는 동결깊이 이상일 것
⑥ 기초의 시공이 가능하고 최소 기초깊이를 보유할 것

② 얕은 기초

① $\dfrac{D_f}{B} < 1$이면 얕은 기초이다.
② 독립기초 : 1개 기둥을 지지하는 기초
③ 복합기초 : 2개 기둥을 지지하는 기초
④ 캔틸레버기초 : 복합기초의 일종으로 스트랩(strap)으로 연결한 기초
⑤ 연속기초 : 기둥, 벽체를 지지하는 기초
⑥ 전면기초 : 지지력이 가장 작은 지반에 설치하며 기초의 밑면적이 구조물 밑면적의 2/3 이상일 경우의 전체를 기초

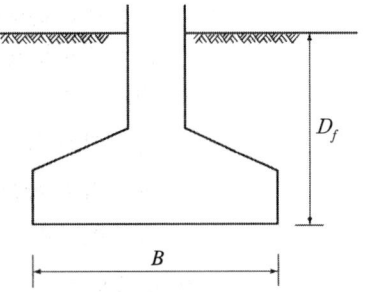

③ 얕은 기초의 지지력

(1) 얕은 기초의 파괴 영역

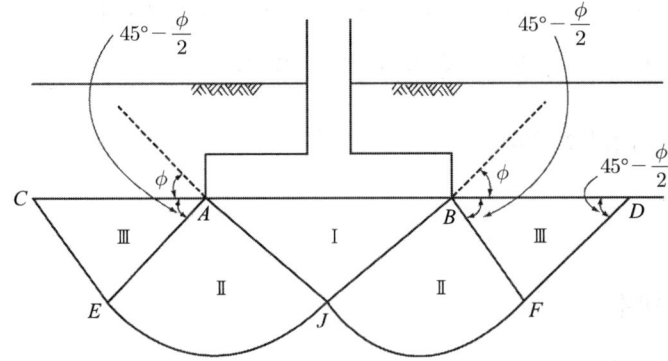

① 영역 Ⅰ은 탄성영역, Ⅱ는 급진적 영역, Ⅲ은 Rankine의 수동영역이다.
② AJ와 BJ 둘 다 수평선과 ϕ의 각도를 이룬다.
③ 영역 Ⅲ에서 수평선과 $45° - \dfrac{\phi}{2}$의 각을 이룬다.
③ 파괴순서는 Ⅰ→Ⅱ→Ⅲ으로 된다.
④ 원호 JE, JF는 대수 나선 원호이다.

(2) Terzaghi의 극한 지지력

① $q_d = \alpha C N_c + \beta \gamma_1 B N_r + \gamma_2 D_f N_q$

여기서, α, β : 기초의 형상 계수
　　　　C : 기초 하중면 아래의 지반 점착력
　　　　B : 기초의 폭
　　　　D_f : 기초의 근입깊이
　　　　γ_1 : 기초 하중면 아래의 지반 단위중량
　　　　γ_2 : 기초 하중면 위의 지반 단위중량
　　　　N_c, N_r, N_q : 지지력 계수

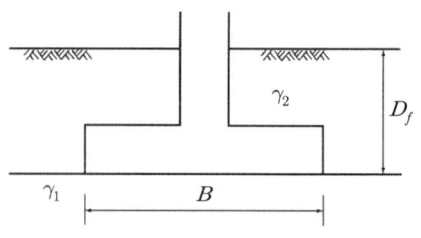

② 기초의 형상계수

구분	연속	정사각형	원형	직사각형
α	1.0	1.3	1.3	$1 + 0.3\dfrac{B}{L}$
β	0.5	0.4	0.3	$0.5 - 0.1\dfrac{B}{L}$

③ 지지력계수(N_c, N_r, N_q)는 내부마찰각(ϕ)에 의해 결정된다.

④ 내부마찰각이 10°까지는 지지력계수 $N_r = 0$ 이다.

(3) Terzaghi의 허용 지지력

$$q_a = \frac{q_d}{3}$$

(4) 순허용 지지력

$$q_{d(net)} = q_d - q$$

$$q_{a(net)} = \frac{q_d - q}{F}$$

　　　　여기서, $q_{d(net)}$: 순극한 지지력
　　　　　　　$q_{a(net)}$: 순허용 지지력
　　　　　　　q_d : 극한 지지력
　　　　　　　q : 유효연직응력($q = \gamma_2 D_f$)

(5) Meyerhof의 공식

$$q_d = 3NB\left(1 + \frac{D_f}{B}\right)$$

　　　　여기서, N : 표준관입시험의 N치

(6) 얕은 기초의 침하량

$$S_E = I_p \frac{1-\mu^2}{E} qB$$

여기서, I_p : 탄성침하계수
E : 지반의 탄성계수(흙의 변형계수)
q : 평균 하중강도(허용지지력)
μ : 지반의 푸아송 비
B : 기초 폭
S_E : 즉시 침하량(탄성 침하량)

(7) 얕은 기초(직접기초)의 굴착 공법

① 오픈 커트(open cut) 공법 : 토질이 좋고 부지의 여유가 있을 경우 이용
② 아일랜드(Island) 공법 : 굴착저면 중앙부를 섬과 같이 기초부를 먼저 굴착하고 주변부를 시공하는 방법
③ 트랜치 커트(trench cut) 공법 : 주변부를 먼저 굴착 축조한 후 중앙부위를 시공하는 방법

(8) 지하수위 저하 공법

① Deep Well(깊은 우물) : 점토지반의 지하수위를 중력배수시켜 지하수위를 낮추는 공법
② Well point : 모래질 지반의 지하수위를 강제 배수시켜 지하수위를 낮추는 방법

④ 평판재하시험

① 시험지점의 토질 종단을 알고 지하 수위면과 변동을 파악한다.
② 지하수위가 상승하면 유효밀도가 50% 정도 감소해 지반의 극한지지력도 1/2 정도 감소한다.
③ 침하량이 15mm에 달할 때, 하중강도가 그 지반의 항복점을 넘을 때, 하중강도가 현장의 예상되는 최대 접지압력을 초과할 때, 지반이 균열이 발생하고 부풀어 오를 때 등은 극한지지력에 도달한 것으로 보아 시험을 멈춘다.
④ 재하시험에 의한 항복하중의 1/2 또는 극한강도의 1/3 중 작은값을 허용지지력으로 택한다.
⑤ 시험의 결과 시간-침하곡선, 하중-침하곡선, 하중-시간곡선으로 나타낸다.
⑥ 침하량은 점토지반에서 재하판의 크기에 비례한다.
⑦ 지지력은 점토지반에서 재하판의 크기에 관련없다.
⑧ 지지력은 모래지반에서 재하판의 크기에 비례한다.

⑤ 깊은 기초

- $\frac{D_f}{B} > 1$ 경우 깊은 기초라 한다.
- 깊은 기초는 말뚝 기초, 피어 기초, 케이슨 기초 등이 있다.

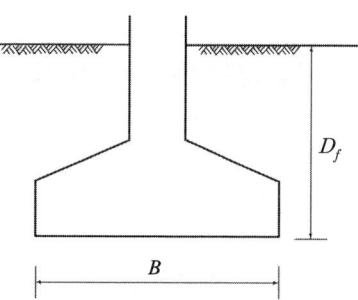

(1) 말뚝 기초

① 말뚝박기 순서는 중앙에서 외측으로, 기존 말뚝(구조물)에서 밖으로, 육지에서 하천쪽으로 박으며 성토부분에는 항타하지 않는다.
② 철근 콘크리트 말뚝은 재질이 균일하고 강도가 커 지지말뚝에 적합하고 말뚝길이가 15m 이하에서는 경제적이지만 $N=30$ 이상 지반에는 관입이 곤란하고 균열이 생기는 단점이 있다.
③ PC 말뚝은 이음이 쉽고 신뢰성이 크며 타입시 인장파괴(균열)가 일어나지 않는다.
④ 강말뚝은 단항으로 1개당 100t 이상의 하중을 취할 수 있고 강성이 크며 이음이 확실하다.
⑤ 지지말뚝의 간격은 $2{\sim}3d$ 정도가 경제적이다.
⑥ 마찰말뚝의 간격은 $3{\sim}5d$ 정도가 경제적이다.
⑦ 철근 콘크리트 말뚝 및 PC 말뚝의 경제적 길이는 15m 이하이다.
⑧ 강말뚝의 부식 방지 대책은 두께 증가, 콘크리트 피복, 전기 방식법 등으로 처리한다.
⑨ H강 말뚝은 강관 말뚝(pipe pile)보다 가격이 20~30% 싸다.
⑩ 이음말뚝은 이음 1개소마다 재하시험에 의한 값에 대해 20%씩 감소한다.
⑪ 타입저항은 H강말뚝, 강관말뚝, PC말뚝, RC말뚝 순으로 적다.
⑫ 현장 타설 콘크리트 말뚝은 franky, pedestal, raymond 말뚝이 있다.

(2) 말뚝의 허용지지력

① Sander의 공식 $R_a = \dfrac{W \cdot H}{8\delta}$

② Engineering news 공식

$R_a = \dfrac{W \cdot H}{6(\delta + 2.54)}$ ·················· 드롭 해머

$R_a = \dfrac{W \cdot H}{6(\delta + 0.254)}$ ·················· 단동식 증기 해머

여기서, R_a : 말뚝의 허용지지력
W : 해머의 중량
H : 해머의 낙하고
δ : 1회 타격당 관입량

(3) 군항(群杭)의 지지력

① 말뚝의 간격이 $1.5\sqrt{r \cdot l}$ 이하로 지반응력이 중복되는 말뚝을 군항이라 한다.

여기서, r : 말뚝의 반지름
l : 관입 깊이

② 군항의 마찰말뚝은 단항의 70~80% 정도의 지지력 밖에 가지지 않는다.

③ 군항의 허용지지력 $R_{ag} = ENR_a$

여기서, N : 말뚝총수
R_a : 단항으로서 허용지지력
E : 효율 $\left(E = 1 - \dfrac{\phi}{90}\left[\dfrac{(n-1)m + (m-1)n}{mn}\right]\right)$

(4) 부(-)의 주면마찰력

① 연약지반에 말뚝을 박고 그 위에 성토한 경우, 연약지반을 통해 견고한 지층까지 말뚝을 박은 경우, 지하수위가 저하가 있을 때, 압밀침하가 일어나는 곳, 점성토가 사질토 위에 놓일 때, 연약지반 표면에 재하중이 있을 때, 점착력이 있는 압축성 지반에서 시간에 따라 지지력이 감소하는 현상으로 마찰력이 아래쪽으로 작용하는 것을 부의 주면마찰력이라 한다.

② 부마찰력 $R_{NF} = f_s \pi D l$

여기서, f_s : 단위면적당 마찰력 $\left(f_s = \dfrac{q_u}{2}\right)$
D : 말뚝 지름
l : 말뚝 관입 깊이

(5) 피어(pier) 기초

① 인력 굴착 공법은 chicago, gow 공법이 있다.
② Benoto 공법은 케이싱 튜브를 지중에 관입시키고 해머 그래브를 이용하여 굴착하는 공법으로 케이싱 튜브 인발시 철근이 따라 뽑히는 현상에 주의를 해야 한다.
③ Calwelde(earth drill) 공법은 Bentonite 안정액을 이용하여 벽체 붕괴를 방지하며 케이싱 튜브를 원칙적으로 사용하지 않는다. 굴착 시 회전식 버킷(나선식 오거)을 이용한다.
④ Reverse Circulation(역순환) 공법은 로터리식 특수비트를 이용하여 연약한 지반이나 수중굴착 등을 하는데 흙과 물을 굴착한 후 주벽의 붕괴를 방지하기 위해 물을 다시 순환시켜 물의 정수압으로 주벽을 유지시킨다.

(6) 케이슨 기초

① 우물통(정통)은 침하 깊이에 제한을 받지 않으며 기계설비가 간단하고 공사비가 싸다.
② 우물통 기초를 축도법으로 수중에 설치시킬 경우 수심은 5m 이하가 적합하다.
③ 우물통 기초의 침하조건 $W > F + B$

여기서, W : 우물통 수직하중
F : 총주면 마찰력
B : 우물통 선단부 지지력

④ 공기 케이슨은 공정이 빠르며 공기 예정이 가능하고 장애물 제거가 용이하며 이동경사가 적고 토층 토질 확인이 가능하며 신뢰성 있는 시공이 가능하다.

⑤ 공기 케이슨은 굴착깊이가 35~40m까지 가능(작업기압 3.5kg/cm²)하여 굴착깊이에 제한을 받으며 기계설비 및 노임이 비싸며 케이슨 직업병이 발생하는 단점이 있다.
⑥ 공기 케이슨과 비교했을 때 우물통 기초의 단점은 부등침하시 수정이 곤란, 공정이 길고 예측이 어려우며 인접지반 침하(boiling, heaving) 우려, 토층 및 토질 확인이 불확실하다.
⑦ 우물통(정통) 기초는 수면 이하 10m, 공기 케이슨 기초는 15~20m가 경제적이다.

3 연약지반 개량공법

1 점성토 지반의 개량공법(탈수 원리 이용)

(1) 치환 공법
① 두께가 3m 이하의 박층에 적용한다.
② 연약한 지반을 굴착하고 양질의 지반으로 개량하므로 영구적이며 확실하다.

(2) preloading 공법
① 일정한 기간 동안 침하를 끝내게 하여 점성토 지반의 강도를 증진시켜 구조물의 잔류 침하를 없애는 공법
② 항만의 방파제, 도로의 성토 등에 사용한다.
③ 압밀 침하의 종료 시 공기가 길다.

(3) sand drain 공법
① 점토층의 두께가 클 때 사용한다.
② 정사각형 배치일 때 영향원 지름 : $d_e = 1.13d$ (d : drain의 간격)
③ 정삼각형 배치일 때 영향원 지름 : $d_e = 1.05\,d$

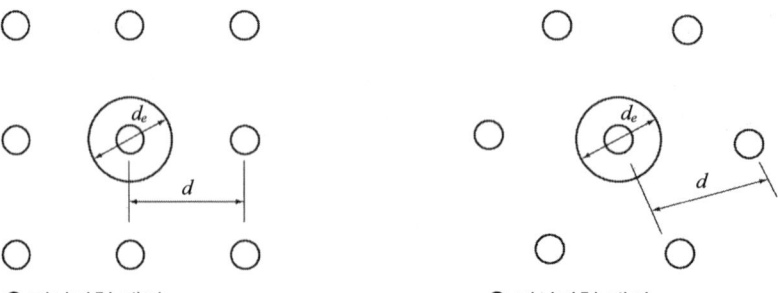

○ 정사각형 배치　　　　○ 정삼각형 배치

④ sand drain의 간격이 길이의 1/2 이하일 때는 연직 방향의 압밀은 무시한다.

$$U_{vh} = 1 - (1 - U_v)(1 - U_h)$$

여기서, U_{vh} : 수직, 수평 방향을 고려한 압밀도
U_v : 수직 압밀도
U_h : 수평 압밀도

(4) paper drain 공법
① 두께가 3mm, 폭이 10cm의 크기로 된 card board는 중앙에 통수공이 있다.
② 자연 함수비가 액성한계 이상인 초연약한 점성토 지반의 압밀을 촉진시킨다.
③ sand drain 공법에 비해 시공속도가 빠르고, 타설시 주변지반을 교란시키지 않으며, drain 단면의 깊이 방향에 대해 일정, 배수효과 양호, 공사비 등이 싸다.
④ sand drain의 경우와 같은 방법으로 단면을 원주로 보아 설계하면

$$D = \alpha \frac{2(A + B)}{\pi}$$

여기서, A : drain paper 폭(10cm)
B : drain paper 두께(3mm)
α : 형상계수(0.75)
D : 직경 Dcm의 sand drain에 해당

(5) 전기 침투 공법, 전기화학적 공법

(6) 침투압 공법

(7) 생석회 말뚝(chemico pile)

❷ 사질토 지반의 개량공법(충격, 진동, 다짐 이용)

(1) 다짐 말뚝 공법
콘크리트 말뚝 등을 다수 박아 말뚝의 체적만큼 흙을 배제하여 공극을 감소시켜 지반을 조밀하게 개량하는 공법

(2) 다짐 모래 말뚝 공법(compozer 공법의 대표)
① 모래를 지반 내에 연직방향으로 진동시켜 압입시켜 다지는 공법
② vibro compozer 공법은 전기를 사용하여 기계고장이 적고 시공능률이 양호하며 균질한 모래 말뚝을 만들 수 있다.
③ hammering compozer 공법은 강력한 타입 에너지를 이용하여 시공하는데 진동, 소음이 크고 주변의 흙을 교란시키며 시공관리가 어렵다.

(3) vibroflotation 공법

① 수평방향으로 진동하는 봉상의 바이브로플로트로 사수와 진동을 동시에 일으켜 생긴 빈 틈에 모래, 자갈 등을 채워 개량하는 공법
② 깊은 곳의 다짐을 지표면에서 할 수 있다.
③ 지하수위의 영향을 받지 않는다.
④ 공기가 빠르고 공사비가 싸다.
⑤ 상부 구조물이 진동 시 효과가 있다.

(4) 폭파 다짐 공법

(5) 전기 충격 공법

(6) 약액 주입 공법

① 시멘트 주입(강도 증진)
② 점토, Bentonite(지수 목적)
③ 아스팔트 주입(강도 증진)

❸ 일시적 개량공법

① Well point 공법, deep well 공법 … 지하수위 저하
② 진공 공법(대기압 공법)
③ 동결 공법
  - 모든 토질에 적용 가능하다.
  - 지하수가 흐르는 경우 동결이 불가능한 경우도 있다.
④ 전기 침투 공법

❹ 기타 공법

(1) 팩 드레인(Pack Drain) 공법

sand drain 공법 시공시 소정의 위치에 설치되었는가의 문제점과 drain의 절단, 잘록함이 발생하는 것을 보완하기 위해 개량형인 합성섬유로 된 포대에 모래를 채워 시공한다.

① 시공 순서 및 방법
  - 케이싱을 소정의 깊이까지 항타한다.
  - 포대 선단에 소량의 모래를 주입하여 케이싱 내에 포대를 삽입한다.
  - 포대 안에 모래를 충전시킨다.
  - 케이싱을 인발한다.

② 특징
  - drain이 절단되는 일이 없이 연속적으로 유지할 수 있다.

- 시공관리가 용이하다.
- 4본을 동시에 시공할 수 있으므로 시공기간이 단축된다.
- 지름이 작은 sand drain을 시공하므로 사용 모래의 양이 적어 경제적이다.

(2) Wick Drain 공법

포화된 점토층에서 연직방향의 배수를 촉진하기 위해 sand drain 공법의 대안으로 이용된다.

① 시공 순서 및 방법
- 페이퍼나 플라스틱 띠를 넣은 튜브(wick drain)를 점토층에 삽입한다.
- 띠는 지중에 남기고 튜브만 빼낸다.
- 띠가 연직배수 통로 역할을 하여 압밀을 촉진시킨다.

② 특징
sand drain 공법에 비해 굴착이 필요하지 않으므로 공기가 단축되고 비용도 저렴하다.

CHAPTER 11 출제 예상 문제

01 보링의 목적이 아닌 것은?
① 흐트러지지 않은 시료의 채취
② 지반의 토질구성 파악
③ 지하수위 파악
④ 평판재하시험을 위한 재하면의 형성

해설 표준관입시험시 보링 구멍을 이용한다.

02 다음 그림과 같은 Sampler에서 면적비는 얼마인가?
① 5.97%
② 14.72%
③ 5.81%
④ 14.79%

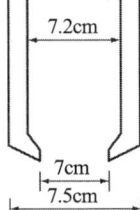

해설 $A_r = \dfrac{7.5^2 - 7^2}{7^2} \times 100 = 14.79\%$

03 토질조사의 주요 목적 중 가장 거리가 먼 것은?
① 확실한 공사 계획을 세우는 자료를 얻는다.
② 안전하고 경제적인 설계자료를 얻는다.
③ 구조물 위치 선정에 필요한 자료를 얻는다.
④ 구조물의 형식을 선정하는 자료를 얻는다.

해설 구조물 위치선정에 필요한 자료를 예비조사에서 얻는다.

04 Rod의 끝에 설치한 저항체를 땅 속에 삽입하여 관입, 회전, 인발 등의 저항에서 토층의 성질을 탐사하는 것을 무엇이라 하는지 다음 중 어느 것인가?
① Boring   ② Sounding
③ Sampling   ④ Wash boring

해설 사운딩은 주로 원위치 시험으로서 의의가 있고 예비조사에 사용하는 경우가 많다.

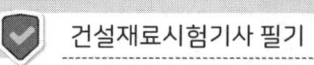

05 시료채취기의 관입깊이가 100cm이고 채취된 시료의 길이가 90cm이었다. 길이가 10cm 이상인 시료의 합이 60cm, 길이가 9cm 이상인 시료의 합이 80cm이었다. 회수율과 RQD를 구하면?

① 회수율=0.8, RQD=0.6
② 회수율=0.9, RQD=0.8
③ 회수율=0.8, RQD=0.75
④ 회수율=0.9, RQD=0.6

해설
- 회수율 = $\dfrac{90}{100} \times 100 = 90\%$
- 암질지수(RQD) = $\dfrac{60}{100} \times 100 = 60\%$

06 토질조사방법 중 사운딩에 대한 설명 중 옳지 않은 것은?

① 표준관입 시험은 정적인 사운딩이다.
② 정적인 사운딩은 주로 점성토에 쓰인다.
③ 사운딩은 주로 현장시험으로서의 의의가 중요하다.
④ 사운딩은 보링이나 시굴보다도 지반구성을 파악하기가 곤란하다.

해설 표준관입 시험은 동적인 사운딩이다.

07 다음과 같은 연약 지반 개량공법 중에서 영구적인 공법은?

① Well point 공법
② 대기압 공법
③ 치환 공법
④ 동결 공법

해설 연약한 지반을 굴착하여 양질의 사질토를 치환하므로 영구적이다.

08 다음 기술 중 틀린 것은 어느 것인가?

① 보링에는 회전식과 충격식이 있다.
② 충격식은 굴진속도가 빠르고 비용도 싸지만 분말상의 교란된 시료만 얻어진다.
③ 회전식은 시간과 공사비가 많이 들뿐만 아니라 확실한 core도 얻을 수 없다.
④ 보링은 기초의 상황을 판단하기 위해 실시한다.

해설 회전식은 시간과 공사비가 많이 드나 확실한 코어를 얻을 수 있다.

정답 01 ④ 02 ④ 03 ③ 04 ② 05 ④ 06 ① 07 ③ 08 ③

CHAPTER 11 출제 예상 문제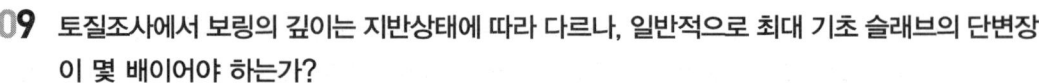

09 토질조사에서 보링의 깊이는 지반상태에 따라 다르나, 일반적으로 최대 기초 슬래브의 단변장이 몇 배이어야 하는가?

① 1배 이상 ② 2배 이상 ③ 3배 이상 ④ 4배 이상

해설 보링깊이는 최대 기초 슬래브 단변장 B의 2배 이상, 또는 구조물 폭의 1.5~2배로 한다.

10 Sand drain 공법에서 Sand pile을 정삼각형으로 배치할 때 모래 기둥의 간격은? (단, Pile의 유효지름은 40cm이다)

① 38cm ② 40cm ③ 42cm ④ 44cm

해설 $d_e = 1.05d$ $40 = 1.05d$
$$\therefore d = \frac{40}{1.05} = 38\text{cm}$$

11 다음 중 사질지반의 개량공법에 속하지 않는 것은?

① 다짐 말뚝 공법
② 바이브로플로테이션(Vibroflotation) 공법
③ 전기 충격 공법
④ 생석회 말뚝 공법

해설 생석회 말뚝 공법은 점토지반에 개량공법이다.

12 Sand drain 공법과 Paper drain 공법을 비교할 때 Paper drain 공법의 특징이 아닌 것은?

① 주변지반을 흩뜨리지 않는다.
② 시공속도가 더 빠르다.
③ drain 단면이 길이 방향에 걸쳐 일정하다.
④ 공사비가 더 많이 든다.

해설 Paper drain 공법을 대량으로 시공할 경우 공사비가 싸다.

13 Paper drain 설계 시 Paper drain의 폭이 10cm, 두께가 0.3cm일 때 Paper drain의 등치환산원의 지름이 얼마이면 Sand drain과 동등한 값으로 볼 수 있는가? (단, 형상계수 : 0.75)

① 5cm ② 7.5cm ③ 10cm ④ 15cm

해설 $D = \alpha \cdot \frac{2(A+B)}{\pi} = 0.75 \cdot \frac{2(10+0.3)}{3.14} \fallingdotseq 5\text{cm}$

14 다음 중 일시적 개량공법에 속하는 것은?

① 동결 공법
② 약액 주입 공법
③ 침투압 공법
④ 다짐 모래 말뚝 공법

해설 동결 공법, 대기압 공법, 웰 포인트 공법 등이 일시적 개량공법에 속한다.

15 그림에서 정사각형 독립기초 2.5m×2.5m가 실트질 모래 위에 시공되었다. 이때 근입깊이가 1.50m인 경우 허용지지력은? (단, $N_c = 35$, $N_r = N_q = 20$)

① 250 kN/m^2
② 300 kN/m^2
③ 350 kN/m^2
④ 450 kN/m^2

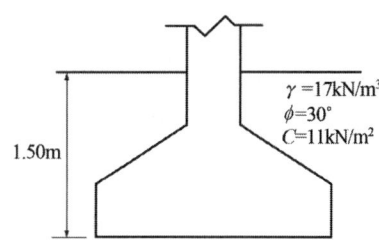

해설
$q_d = \alpha C N_c + \beta \gamma_1 B N_r + \gamma_2 D_f N_q$
$= 1.3 \times 11 \times 35 + 0.4 \times 17 \times 2.5 \times 20 + 17 \times 1.5 \times 20$
$= 1350.5 \text{kN/m}^2$
$\therefore q_a = \dfrac{q_d}{3} = \dfrac{1350.5}{3} \fallingdotseq 450 \text{kN/m}^2$

16 말뚝이 20개인 군항 기초에 있어서 효율이 0.75, 단항으로 계산된 말뚝 1개의 허용지지력이 150kN일 때 군항의 허용지지력은 얼마인가?

① 1125kN
② 2250kN
③ 3000kN
④ 4000kN

해설 $R_{ag} = E \cdot N \cdot R_a = 0.75 \times 20 \times 150 = 2250 \text{kN}$

17 다음 중에서 점성토 지반의 개량공법이 아닌 것은?

① 콤포져 공법
② 사전 압밀 공법
③ 페이퍼 드레인 공법
④ 전기 화학적 고결 공법

해설 콤포져 공법은 사질토 지반의 개량공법이다.

정답 09 ② 10 ① 11 ④ 12 ④ 13 ① 14 ① 15 ④ 16 ② 17 ①

18 선단에 요동(搖動) 장치가 부착된 케이싱 튜브를 압입시켜 관입하고 케이싱(casing) 내부의 흙을 해머 그래브(hammer grab)로 굴착하여 소정의 지지 지반까지 구멍을 판 후 이수를 펌핑하고 철근을 조립하여 콘크리트를 치면서 케이싱 튜브를 빼내 원형의 주상(柱狀) 기초를 만드는 공법을 무엇이라 하는가?

① 베노토(Benoto) 공법
② 역순환(RCD) 공법
③ ICOS 공법
④ 시카고(chicago) 공법

해설 피어 공법의 일종으로 베노토 장비가 케이싱 튜브와 해머 그래브로 굴착한다.

19 다음은 뉴매틱 케이슨 기초의 장점을 열거한 것이다. 옳지 않은 것은?

① 내부 공기를 이용하여 시공하므로 굴착깊이에 제한이 적은 기초공사에 경제적이다.
② 토질을 확인할 수 있기 때문에 비교적 정확한 지지력을 측정할 수 있다.
③ 수중콘크리트를 하지 않으므로 신뢰성이 큰 저부 콘크리트 slab의 시공을 할 수 있다.
④ 기초 지반의 boiling과 팽창을 방지할 수 있으므로 인접 구조물에 피해를 주지 않는다.

해설 굴착 깊이가 35m 정도까지 제한을 받는다.

20 모래질 지반에 30cm×30cm 크기로 재하시험을 한 결과 150kN/m²의 극한지지력을 얻었다. 2m×2m의 기초를 설계할 때 기대되는 극한지지력은?

① 1000kN/m^2
② 500kN/m^2
③ 300kN/m^2
④ 225kN/m^2

해설
- 모래 지반의 경우 지지력은 재하판의 크기에 비례한다.
- $0.3 : 150 = 2 : x$
  $\therefore x = \dfrac{150 \times 2}{0.3} = 1000 \text{kN/m}^2$

21 다음은 말뚝 기초 시공에 대한 설명이다. 다음 중 옳지 않은 것은?

① 말뚝 군(groups)은 대개 안쪽에서 바깥쪽으로 박아 나간다.
② 말뚝은 대개 인접 구조물이 있는 곳에서 바깥쪽으로 박아 나간다.
③ 항타선을 사용할 경우 대개 해안 쪽에서 육지 쪽으로 박아 나간다.
④ 말뚝은 정확한 위치에 똑바로 박아야 한다.

해설 항타선을 사용할 경우 육지 쪽에서 해안 쪽으로 항타한다.

22 무게 320kN인 드롭 해머(Drop hammer)로 2m의 높이에서 말뚝을 때려 박았더니 침하량이 2cm였다. Sander의 공식을 사용할 때 이 말뚝의 허용지지력은?

① 1,000kN ② 2,000kN
③ 3,000kN ④ 4,000kN

해설
$$R_a = \frac{W \cdot H}{8\delta} = \frac{320 \times 200}{8 \times 2} = 4000 \text{kN}$$

23 다음 무리 말뚝으로 취급하는 경우의 공식으로 옳은 것은? (단, r : 말뚝의 평균 반경, l : 말뚝이 흙 속에 묻힌 부분의 길이, d : 실제 말뚝의 중심간격)

① $1.5\sqrt{r \cdot l} < d$ ② $1.5\sqrt{r \cdot l} > d$
③ $1.5\sqrt{\dfrac{r}{l}} < d$ ④ $1.5\sqrt{\dfrac{r}{l}} > d$

해설
말뚝 간격이 $1.5\sqrt{r \cdot l}$ 이하이면 군항으로 취급한다.

24 부마찰력(negative skin friction)에 대한 다음 설명 중 옳지 않은 것은?

① 연약지반을 통해 견고지층까지 말뚝을 박았을 때 생긴다.
② 연약지반에 말뚝을 박고 그 위에 성토를 하였을 때 생긴다.
③ 수중에 강말뚝을 박았을 때 생긴다.
④ 극한지지력의 계산치와 설계치가 다른 이유는 부마찰력 때문일 수 있다.

해설 수중에 항타한다고 부마찰력이 생긴다는 것은 잘못이다. 수저의 지반 상태에 관련이 된다.

25 어느 지반에 30cm×30cm 재하판을 이용하여 평판재하시험을 한 결과 항복하중이 70kN, 극한하중이 150kN이였다. 이 지반의 허용지지력은 다음 중 어느 것인가?

① 259kN/m^2 ② 388.9kN/m^2
③ 556kN/m^2 ④ 834.5kN/m^2

해설
항복강도의 $\dfrac{1}{2}$, 극한강도의 $\dfrac{1}{3}$ 중 작은 값

• 항복강도 $= \dfrac{70}{0.3 \times 0.3} = 777.8 \text{kN/m}^2$
• 극한강도 $= \dfrac{150}{0.3 \times 0.3} = 1666.7 \text{kN/m}^2$

∴ $777.8 \times \dfrac{1}{2} = 388.9 \text{kN/m}^2$, $1666.7 \times \dfrac{1}{3} = 555.6 \text{kN/m}^2$ 중 작은 값

26. Terzaghi의 극한지지력 공식에 관한 설명이다. 옳지 않은 것은?

① 극한지지력은 footing의 근입깊이가 크면 클수록 커진다.
② 점성토($\phi = 0°$)의 극한지지력은 footing의 크기와 무관하다.
③ 사질토($c = 0$)의 극한지지력은 footing의 크기에 정비례한다.
④ 국부전단 파괴시의 극한지지력은 전반전단파괴의 극한지지력보다 크다.

해설 국부전단 파괴시의 극한지지력은 전반전단파괴의 극한지지력보다 작다.

27. Terzaghi의 지반 지지력 공식을 모래지반에 적용하고자 한다. 기초폭은 B이고 지표면에 기초를 설치하고자 한다. 흙의 단위 체적중량을 γ_1이라고 할 때, 다음 중 적당한 것은?

① $q_u = \alpha c N_c$
② $q_u = \beta \gamma_1 B N_r$
③ $q_u = \alpha c N_c + \gamma_2 D_f N_q$
④ $q_u = \alpha c N_c + \beta \gamma_1 B N_r + \gamma_2 D_f N_q$

해설 모래지반이므로 $c = 0$, 지표면에 기초를 설치하므로 $D_f = 0$
$\therefore q_u = \beta \gamma_1 B N_r$

28. 직접 기초의 굴착 공법이 아닌 것은?

① 오픈 컷(Open cut) 공법
② 트랜치 컷(Trench cut) 공법
③ 아일랜드(Island) 공법
④ 디프 웰(Deep well) 공법

해설 Deep well 공법은 지하수위 저하 공법이다.

29. 다음 직접 기초 중에서 지지력이 가장 작은 지반에 설치하기에 경제적인 기초는?

① 독립 footing 기초
② Cantilevers footing 기초
③ 복합 footing 기초
④ 연속 footing 기초

해설 전면기초, 연속기초, 복합기초, 독립기초 순서대로 이용한다.

30. Terzaghi의 극한지지력 공식 $q_u = \alpha \cdot c \cdot N_c + \beta \cdot \gamma_1 \cdot B \cdot N_r + \gamma_2 \cdot D_f \cdot N_q$에서 옳지 못하게 설명된 것은 어느 것인가?

① 식 중 α, β는 형상계수이며 기초모양에 따라 결정된다.
② N_c, N_r, N_q는 지지력계수로서 흙의 점착력과 내부마찰각을 알아야 구할 수 있다.
③ B는 기초폭이고, D_f는 근입깊이를 뜻한다.
④ 제1항은 점착력, 제2항은 내부마찰력, 제3항은 덮개토압에 의한 것이다.

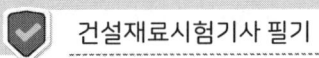

해설
- N_c, N_r, N_q는 내부마찰각과 관련 있다.
- $\phi = 10°$까지는 $N_r = 0$이다.

31 단위체적중량 18kN/m³, 점착력 20kN/m², 내부마찰각 0°인 점토 지반에 폭 2m, 근입 깊이 3m의 연속기초를 설치하였다. 이 기초의 극한지지력을 Terzaghi 식으로 구한 값은? (단, 지지력 계수 $N_c = 5.7$, $N_r = 0$, $N_q = 1$이다.)

① 232kN/m² ② 168kN/m²
③ 127kN/m² ④ 84kN/m²

해설 $\phi = 0$이므로 $q_d = \alpha c N_c + \gamma_2 \cdot D_f \cdot N_q = 1 \times 20 \times 5.7 + 18 \times 3 \times 1 = 168 \text{kN/m}^2$

32 어떤 굳은 사질지반의 기초폭 4m, 근입깊이 2m의 구조물을 축조하기 전에 표준관입시험을 하였더니 $N = 30$이었다. 이때 Meyerhof의 공식에 의한 극한지지력은?

① 630t/m² ② 630kg/cm²
③ 540t/m² ④ 540kg/cm²

해설 $q_d = 3NB\left(1 + \dfrac{D_f}{B}\right) = 3 \times 30 \times 4 \times \left(1 + \dfrac{2}{4}\right) = 540 \text{t/m}^2$

정답 26 ④ 27 ② 28 ④ 29 ④ 30 ② 31 ② 32 ③

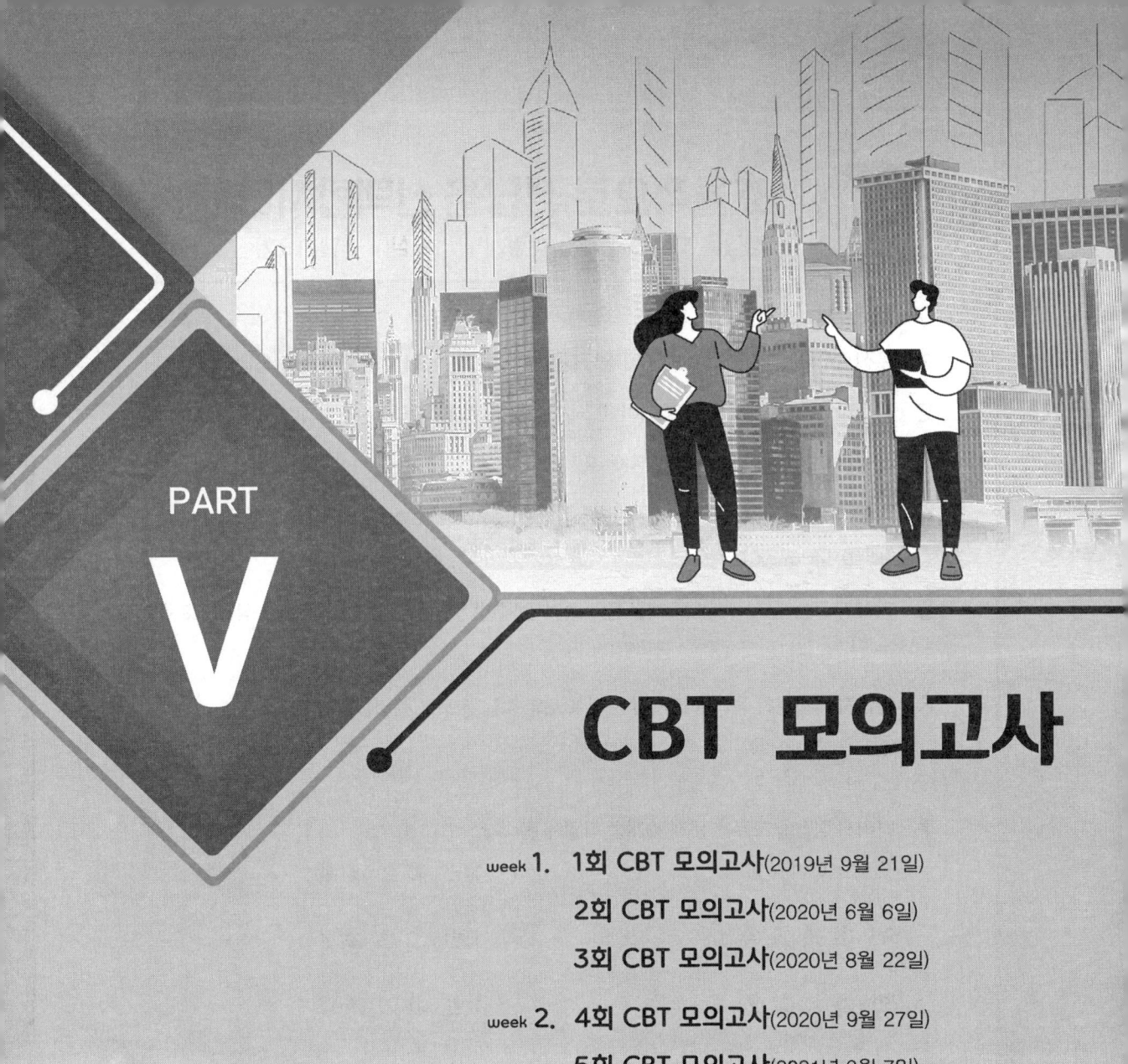

효율적으로 정답을 선택합시다!
(정답을 모르는 문제는 이렇게 골라보심이 어떨까요?)

1. 우선 본인이 공부를 하시고 50% 정답을 맞힐 수 있는 능력을 갖도록 해야 합니다.
2. 과목별 과락은 넘고 평균 60점이 안 되시는 분을 위해 적용하는 것입니다.
3. 확실히 아는 문제의 답만 답안지에 표시합니다.
4. 확실히 정답을 모르는 문제 중 정답이 아닌 지문 2개를 선택합니다.
   (예 ① ② ③̸ ④̸)
5. 다시 모르는 문제의 지문 2개를 연구하여 선택합니다. 이때 확신이 없으면 정답으로 선택해서는 안 됩니다.(절대 추측은 금물입니다.)
6. 답안지에 확실히 정답을 표시한 문제 10개의 정답 분포를 나열합니다.
   (예 ① ② ③ ④)
       3 0 2 5
7. 나머지 정답을 모르는 문제 10개를 나열해 봅니다.

1번 ① ② ③̸ ④̸	14번 ①̸ ②̸ ③ ④
5번 ① ②̸ ③̸ ④	15번 ① ② ③̸ ④̸
7번 ①̸ ② ③ ④̸	17번 ①̸ ② ③̸ ④
10번 ①̸ ②̸ ③ ④	19번 ① ②̸ ③̸ ④
12번 ① ②̸ ③ ④̸	20번 ①̸ ② ③̸ ④

8. 위와 같이 정답을 모르는 문제들 중에 2개 지문이 정답이 아닌 것을 사전에 알 정도로 공부가 되어 있어야 합니다.
9. 이제 정답을 모르는 문제의 답을 확실한 정답 분포와 비교하여 선택해 봅니다.
   1번 ②, 5번 ①, 7번 ②, 10번 ③, 12번 ③, 14번 ③, 15번 ②, 17번 ②, 19번 ①, 20번 ②
10. 공부를 하시고 이 방법으로 적용하여야 합니다.

week 1

건설재료시험기사

CBT 모의고사

- I 콘크리트 공학
- II 건설시공 및 관리
- III 건설재료 및 시험
- IV 토질 및 기초

알려드립니다

한국산업인력공단의 저작권법 저촉에 대한 언급(2013년 2회 시험)이 있어 과거에 출제된 동일한 문제나 그 유형의 문제로 재구성하였습니다.

1과목 콘크리트 공학

01 섬유보강 콘크리트에 관한 설명 중 틀린 것은?
① 섬유보강 콘크리트는 콘크리트의 인장강도와 균열에 대한 저항성을 높인 콘크리트이다.
② 믹서는 섬유를 콘크리트 속에 균일하게 분산시킬 수 있는 가경식 믹서를 사용하는 것을 원칙으로 한다.
③ 시멘트계 복합재료용 섬유는 강섬유, 유리섬유, 탄소섬유 등의 무기계 섬유와 아라미드섬유, 비닐론섬유 등의 유기계 섬유로 분류한다.
④ 섬유보강 콘크리트에 사용되는 섬유는 섬유와 시멘트 결합재 사이의 부착성이 양호하고, 섬유의 인장강도가 커야 한다.

> **해설**
> - 균일하게 혼합이 될 수 있게 강제식 믹서를 사용하는 것이 바람직하다.
> - 철근 콘크리트와 병용하면 주배의 전단내력을 증대시킬 수 있기 때문에 특히 내진성이 요구되는 철근 콘크리트 구조물에 효과적이다.

02 한중 콘크리트에 대한 설명 중 옳지 않은 것은?
① 하루의 평균기온이 4℃ 이하로 예상될 때에 시공하는 콘크리트이다.
② 단위수량은 소요의 워커빌리티를 유지할 수 있는 범위 내에서 될 수 있는 대로 적게 해야 한다.
③ 물, 시멘트 및 골재를 가열하여 재료의 온도를 높일 경우에는 균일하게 가열하여 항상 소요온도의 재료가 얻어질 수 있도록 해야 한다.
④ 소요의 압축강도가 얻어질 때까지는 콘크리트의 온도를 5℃ 이상으로 유지해야 한다.

> **해설**
> - 시멘트는 어떠한 경우라도 직접 가열해서는 안 된다.
> - 기상조건이 가혹한 경우나 부재 두께가 얇을 경우에는 타설 시 콘크리트의 최저온도는 10℃ 정도를 확보하여야 한다.

03 거푸집의 높이가 높을 경우, 재료분리를 막고 상부의 철근 또는 거푸집에 콘크리트가 부착하여 경화하는 것을 방지하기 위해 거푸집에 투입구를 설치하거나, 연직슈트 또는 펌프배관의 배출구를 타설면 가까운 곳까지 내려서 콘크리트를 타설해야 한다. 이 경우 슈트, 펌프배관, 버킷, 호퍼 등의 배출구와 타설 면까지의 높이는 최대 몇 m 이하를 원칙으로 하는가?

① 0.5m
② 1.0m
③ 1.5m
④ 2.0m

해설
- 콘크리트 배출구와 타설면까지의 높이는 1.5m 이하를 원칙으로 한다.
- 벽 또는 기둥 등을 타설시 쳐 올라가는 속도는 일반적으로 30분에 1~1.5m 정도로 하는 것이 적당하다.

04 일반적인 수중 콘크리트의 재료 및 시공상의 주의사항을 바르게 기술한 것은?

① 수중 시공시의 강도가 표준공시체 강도의 0.6~0.8배가 되도록 배합강도를 설정하여야 한다.
② 물의 흐름을 막은 정수 중에는 콘크리트를 수중에 낙하시킬 수 있다.
③ 물-결합재비는 40% 이하, 단위시멘트량은 300kg/m³ 이상을 표준으로 한다.
④ 트레미를 사용하여 콘크리트를 칠 경우 콘크리트를 치는 동안 일정한 속도로 수평이동시켜야 한다.

해설
- 콘크리트는 수중에 낙하시키지 않는다.
- 물-결합재비는 50% 이하, 단위시멘트량은 370kg/m³ 이상을 표준으로 한다.
- 트레미를 사용하여 콘크리트를 칠 경우 콘크리트를 치는 동안 수평 이동해서는 안 된다.

05 프리스트레스트 콘크리트(PSC)와 철근 콘크리트(RC)의 비교에 대한 설명으로 잘못된 것은?

① PSC는 균열이 발생하지 않도록 설계되기 때문에 내구성 및 수밀성이 좋다.
② PSC는 RC에 비하여 고강도의 콘크리트와 강재를 사용하게 된다.
③ PSC는 RC에 비하여 훨씬 탄성적이고 복원성이 크다.
④ PSC는 RC에 비하여 강성이 커서 변형이 작고 진동에 강하다.

해설 PSC는 RC에 비하여 변형이 크고 진동하기 쉽다.

정답 01. ② 02. ③
      03. ③ 04. ①
      05. ④

06 시방배합에서 규정된 배합의 표시법에 포함되지 않는 것은?

① 물-결합재비
② 슬럼프
③ 잔골재의 최대치수
④ 잔골재율

해설 굵은골재의 최대치수, 단위수량, 단위골재량 등이 표시된다.

07 매스 콘크리트의 온도균열 발생에 대한 검토는 온도균열지수에 의해 평가하는 것을 원칙으로 한다. 철근이 배치된 일반적인 구조물의 표준적인 온도균열지수의 값 중 균열 발생을 제한할 경우의 값으로 옳은 것은?

① 1.5 이상
② 1.2~1.5
③ 0.7~1.2
④ 0.7 이하

해설
- 균열 발생을 방지하여야 할 경우 : 1.5 이상
- 유해한 균열 발생을 제한할 경우 : 0.7~1.2

08 굵은골재의 최대치수에 관한 설명으로 옳은 것은?

① 거푸집 양 측면 사이의 최소거리의 3/4을 초과하지 않아야 한다.
② 단면이 큰 구조물인 경우 25mm를 표준으로 한다.
③ 무근 콘크리트인 경우 20mm를 표준으로 하며, 또한 부재 최소치수의 1/5을 초과해서는 안 된다.
④ 개별철근, 다발철근, 긴장재 또는 덕트 사이 최소 순간격의 3/4을 초과하지 않아야 한다.

해설
- 거푸집 양 측면 사이의 최소거리의 1/5을 초과하지 않아야 한다.
- 단면이 큰 구조물인 경우 40mm를 표준으로 한다.
- 무근 콘크리트인 경우 40mm를 표준으로 하며 또한 부재 최소치수의 1/4을 초과해서는 안 된다.
- 슬래브 두께의 1/3을 초과하지 않아야 한다.

09 구조체 콘크리트의 압축강도 비파괴 시험에 사용되는 슈미트 해머로서 구조체가 경량 콘크리트인 경우 사용하는 슈미트 해머는?

① N형 슈미트 해머
② L형 슈미트 해머
③ P형 슈미트 해머
④ M형 슈미트 해머

해설
- N형: 보통 콘크리트용
- M형: 매스 콘크리트용
- P형: 저강도 콘크리트용

10 30회 이상의 시험실적으로부터 구한 콘크리트 압축강도의 표준편차가 2.5MPa이고, 콘크리트의 품질기준강도(f_{cq})가 30MPa일 때 콘크리트 배합강도는?

① 32.3 MPa ② 33.4 MPa
③ 34.2 MPa ④ 35.3 MPa

해설
- $f_{cr} = f_{cq} + 1.34S = 30 + 1.34 \times 2.5 = 33.4 \text{MPa}$
- $f_{cr} = (f_{cq} - 3.5) + 2.33S = (30 - 3.5) + 2.33 \times 2.5 = 32.3 \text{MPa}$
∴ 큰 값인 33.4MPa이다.

11 프리스트레스트 콘크리트에서 프리스트레싱에 대한 설명으로 틀린 것은?

① 긴장재에 대해 순차적으로 프리스트레싱을 실시할 경우는 각 단계에 있어서 콘크리트에 유해한 응력이 생기지 않도록 하여야 한다.
② 긴장재는 이것을 구성하는 각각의 PS 강재에 소정의 인장력이 주어지도록 긴장하여야 하는데, 이때 인장력을 설계값 이상으로 주었다가 다시 설계값으로 낮추는 방법으로 시공하여야 한다.
③ 고온촉진양생을 실시한 경우, 프리스트레스를 주기 전에 완전히 냉각시키면 부재간의 노출된 긴장재가 파단할 우려가 있으므로 온도가 내려가지 않는 동안에 부재에 프리스트레스를 주는 것이 바람직하다.
④ 프리스트레싱을 할 때의 콘크리트의 압축강도는 어느 정도의 안전도를 확보하기 위하여 프리스트레스를 준 직후, 콘크리트에 일어나는 최대 압축응력의 1.7배 이상이어야 한다.

해설 긴장재는 이것을 구성하는 각각의 PS 강재에 소정의 인장력이 주어지도록 긴장하여야 하는데 이때 인장력을 설계값 이상으로 주었다가 다시 설계값으로 낮추는 방법으로 시공을 하지 않아야 한다.

12 쪼갬 인장강도시험으로부터 최대하중 P=100kN을 얻었다. 원주 공시체의 직경이 100mm, 길이가 200mm이라고 하면 이 공시체의 쪼갬 인장강도는?

① 1.27 MPa ② 1.59 MPa
③ 3.18 MPa ④ 6.36 MPa

[정답] 06.③ 07.② 08.④ 09.② 10.② 11.② 12.③

해설 인장강도 $= \dfrac{2P}{\pi dl} = \dfrac{2 \times 100000}{3.14 \times 100 \times 200} = 3.18\text{MPa}$

13 콘크리트 타설에 대한 설명 중 옳지 않은 것은?

① 콘크리트를 2층 이상으로 나누어 타설할 경우, 상층의 콘크리트 타설은 원칙적으로 하층의 콘크리트가 굳기 시작하기 전에 해야 한다.
② 콘크리트 타설 도중에 표면에 떠올라 고인 블리딩 수가 있을 경우에는 표면에 도랑을 만들어 제거하여야 한다.
③ 한 구획 내의 콘크리트는 타설이 완료될 때까지 연속해서 타설해야 한다.
④ 콘크리트는 그 표면이 한 구획 내에서는 거의 수평이 되도록 타설하는 것을 원칙으로 한다.

해설 콘크리트 타설 도중에 표면에 떠올라 고인 블리딩 수를 제거하기 위해 표면에 도랑을 만들어 흐르게 해서는 안 된다.

14 압축강도 시험결과가 아래 표와 같을 때 변동계수를 구하면? (단, 표준편차는 불편분산의 개념에 의해 구하시오.)

> 23.5MPa, 21.3MPa, 25.3MPa, 24.6MPa, 25.4MPa

① 3%   ② 7%
③ 11%   ④ 15%

해설
- 평균값 : $\dfrac{23.5 + 21.3 + 25.3 + 24.6 + 25.4}{5} = 24.02\text{MPa}$
- 표준편차(불편분산의 경우)

$$\sqrt{\dfrac{\Sigma(x_i - \bar{x})^2}{n-1}}$$

$$= \sqrt{\dfrac{(23.5-24.02)^2 + (21.3-24.02)^2 + (25.3-24.02)^2 + (24.6-24.02)^2 + (25.4-24.02)^2}{5-1}}$$

$= 1.7\text{MPa}$

- 변동계수 : $\dfrac{\text{표준편차}}{\text{평균값}} \times 100 = \dfrac{1.7}{24.02} \times 100 = 7\%$

15 기존 구조물의 철근 부식을 평가할 수 있는 비파괴 시험방법이 아닌 것은?

① 자연전위법
② 분극저항법
③ 전기저항법
④ 관입저항법

해설 관입저항법은 콘크리트 응결시간 시험방법에 이용된다.

16 콘크리트 압축강도 평가에 대한 설명으로 틀린 것은?

① 재하속도가 빠를수록 압축강도는 크게 나타난다.
② 공시체에 요철이 있으면 압축강도가 작게 나타난다.
③ 원주형 공시체의 직경과 입방체 공시체의 한변의 길이가 동일하면 원주형 공시체 압축강도가 작게 나타난다.
④ 시험하기 전에 공시체가 건조하면 압축강도가 크게 나타난다.

해설 원주형 공시체의 직경과 입방체 공시체의 한변의 길이가 동일하면 원주형 공시체 압축강도가 크게 나타난다.

17 콘크리트 양생 중 적절한 수분공급을 하지 않은 경우 발생할 수 있는 결함은?

① 초기 건조균열이 발생한다.
② 콘크리트의 부등침하에 의한 침하수축균열이 발생한다.
③ 시멘트, 골재입자 등이 침하함으로써 물의 분리 상승 정도가 증가한다.
④ 블리딩에 의하여 콘크리트 표면에 미세한 물질이 떠올라 이음부 약점이 된다.

해설 양생의 목적은 콘크리트에서 원래 물로 채워져 있던 공간이 시멘트의 수화 생성물로 소요의 정도로 채워질 때까지 콘크리트를 포수상태 또는 포수에 가까운 상태로 유지하는 것이다.

18 콘크리트의 배합설계결과 단위시멘트량이 350kg/m³인 경우 1배치가 3m³인 믹서에서 시멘트의 1회 계량값이 1065kg일 때, 계량오차에 대한 판정결과로 옳은 것은?

① 허용 계량오차의 한계인 -1%, +2%를 초과하므로 불합격
② 허용 계량오차의 한계인 -1%, +2% 이내이므로 합격
③ 허용 계량오차의 한계인 ±2% 이내이므로 합격
④ 허용 계량오차의 한계인 ±2%를 초과하므로 불합격

해설 $350 \times 3 \times (-1\% \sim +2\%) = 1039.5 \sim 1071$ kg 이내로 합격

[정답] 13. ② 14. ② 15. ④ 16. ③ 17. ① 18. ②

19 고유동 콘크리트를 제조할 때에는 유동성, 재료분리 저항성 및 자기 충전성을 관리 하여야 한다. 이때 유동성을 관리하기 위해 필요한 시험은?

① 깔때기 유하시간
② 슬럼프 플로시험
③ 500mm 플로 도달시간
④ 충전장치를 이용한 간극 통과성 시험

해설 고유동 콘크리트의 대표적인 성질로 작업성을 향상 시키는 성질로서 주로 슬럼프 플로시험을 한다.

20 콘크리트 압축강도 시험용 공시체를 제작하는 방법에 대한 설명으로 틀린 것은?

① 공시체는 지름의 2배의 높이를 가진 원기둥형으로 한다.
② 콘크리트를 몰드에 채울 때 2층 이상으로 거의 동일한 두께로 나눠서 채운다.
③ 콘크리트를 몰드에 채울 때 각 층의 두께는 100mm를 초과해서는 안 된다.
④ 몰드를 떼는 시기는 콘크리트 채우기가 끝나고 나서 16시간 이상 3일 이내로 한다.

해설 콘크리트를 몰드에 채울 때 각 층의 두께는 160mm를 초과해서는 안 된다.

2과목 건설시공 및 관리

21 부마찰력에 관한 설명 중 틀린 것은?

① 말뚝이 타입된 지반이 압밀진행중일 때 발생된다.
② 상재하중이 말뚝과 지표에 작용하여 침하할 경우에 발생된다.
③ 말뚝의 주변마찰력이 선단지지력보다 클 때 발생한다.
④ 지하수위의 감소로 체적이 감소할 때 발생된다.

해설 부마찰력은 말뚝의 주변마찰력이 선단지지력보다 작을 때 발생한다.

22 히빙(heaving)의 방지대책 설명 중 옳지 않은 것은?
① 표토를 그대로 두고 하중을 크게 한다.
② 흙막이의 근입깊이를 깊게 한다.
③ 트렌치(trench) 공법 또는 부분굴착을 한다.
④ 지반을 개량한다.

해설 표토의 하중을 제거해 준다.

23 토목공사용 기계는 작업종류에 따라 굴착, 운반, 부설, 다짐 및 정지 등으로 구분된다. 다음 중 운반용 기계가 아닌 것은?
① 탬퍼
② 불도저
③ 덤프트럭
④ 벨트 컨베이어

해설 탬퍼는 협소한 부분의 다짐, 구조물의 뒷채움, 노견 다짐에 이용된다.

24 돌쌓기의 설명 중에서 틀린 것은?
① 찰쌓기는 뒷채움에 콘크리트를 사용한다.
② 메쌓기는 콘크리트를 사용하지 않는다.
③ 메쌓기는 쌓는 높이의 제한을 받지 않는다.
④ 일반적으로 찰쌓기는 메쌓기보다 높이 쌓을 수 있다.

해설 메쌓기는 콘크리트 채움재 없이 돌만 이용하여 쌓는 공법이므로 높이가 비교적 낮은 성토 법면 시공에 이용된다.

25 직접기초 굴착시 저면 중앙부에 섬과 같이 기초부를 먼저 구축하여 이것을 발판으로 주면부를 시공하는 방법을 무엇이라고 하는가?
① Open cut 공법
② Island 공법
③ cut 공법
④ Deep well 공법

해설 Island 공법은 기초 굴착 시 중앙부위를 먼저 굴착하고 주변부를 굴착하는 시공 방법이다.

정답 19. ② 20. ③ 21. ③ 22. ① 23. ① 24. ③ 25. ②

01회 CBT 모의고사

26 기계화 시공에 있어서 중장비의 비용계산 중 기계손료를 구성하는 요소가 아닌 것은?

① 관리비 ② 상각비
③ 인건비 ④ 정비비

해설
- 기계손료는 상각비, 정비비, 관리비로 구성된다.
- 시간당 손료의 산정은 기계의 취득가격에 시간당 상각비 계수, 정비비 계수, 평균 취득가격에 의한 시간당 관리비 계수의 합계, 즉 시간당 손료계수의 합계를 곱하여 구한다.

27 옹벽을 구조적 특성에 따라 분류할 때 여기에 속하지 않는 것은?

① 중력식 옹벽 ② 돌쌓기 옹벽
③ T형 옹벽 ④ 부벽식 옹벽

해설 일반적으로 적용되는 옹벽의 단면은 중력식 옹벽, 반중력식 옹벽, 역T형 옹벽, 부벽식 옹벽 등으로 분류할 수 있다.

28 공정관리에서 PERT와 CPM의 비교 설명으로 옳은 것은?

① PERT는 반복사업에 CPM은 신규사업에 좋다.
② PERT는 1점 시간추정이고 CPM은 3점 시간추정이다.
③ PERT는 작업활동 중심관리이고 CPM은 작업단계 중심관리이다.
④ PERT는 공기단축이 주목적이고 CPM은 공비절감이 주목적이다.

해설
- PERT는 신규사업, 비반복사업, 경험이 없는 사업에 적용한다.
- CPM은 반복사업, 경험 있는 사업에 적용한다.
- PERT는 3점 시간 추정이다.
- PERT는 결합점 중심, CPM은 작업활동의 일정 계산을 한다.

29 교량 가설의 선정 위치로 적절하지 않은 곳은?

① 하천과 양안의 지질이 양호한 곳
② 하폭이 넓을 때에는 굴곡부인 곳
③ 교각의 축 방향이 유수의 방향과 평행하게 되는 곳
④ 하천과 유수가 안정한 곳

해설 하천의 굴곡부는 가능한 피할 것

30 아스팔트 포장과 콘크리트 포장을 비교 설명한 것 중 아스팔트 포장의 특징이 아닌 것은?

① 양생기간이 거의 필요 없다.
② 유지 수선이 콘크리트 포장보다 쉽다.
③ 주행성이 콘크리트 포장보다 좋다.
④ 초기 공사비가 고가이다.

해설 일반적으로 초기 건설비는 콘크리트 포장이 높고 유지관리비는 아스팔트 포장이 높다.

31 도로공사에서 성토해야 할 토량이 36,000m³인데 흐트러진 토량이 30,000m³가 있다. 이때 $L=1.25$, $C=0.9$라면 자연상태 토량의 부족 토량은?

① 8,000m³ ② 12,000m³
③ 16,000m³ ④ 20,000m³

해설
- $C = \dfrac{\text{성토해야 할 토량}}{\text{자연상태 토량}}$ ∴ 자연상태 토량 $= \dfrac{36000}{0.9} = 40000\text{m}^3$
- $L = \dfrac{\text{흐트러진 토량}}{\text{자연상태 토량}}$ ∴ 자연상태 토량 $= \dfrac{30000}{1.25} = 24000\text{m}^3$
- 자연상태 토량의 부족토량 : $40000 - 24000 = 16000\text{m}^3$

32 본바닥 토량 20,000m³를 0.6m³ 백호를 사용하여 굴착하고자 한다. 아래 표의 조건과 같을 때 굴착완료에 며칠이 소요되는가?

- 버킷계수(K)=1.2
- 작업효율(E)=0.7
- 사이클타임(C_m)=25초
- 토량변화율(L=1.2, C=0.8)
- 1일 작업시간=8시간

① 35일 ② 38일
③ 42일 ④ 46일

해설
- 시간당 작업량

$$Q = \dfrac{3600q \cdot f \cdot E \cdot K}{C_m} = \dfrac{3600 \times 0.6 \times \dfrac{1}{1.2} \times 0.7 \times 1.2}{25} = 60.48\text{m}^3/\text{hr}$$

- 1일 작업량 : $60.48 \times 8 = 483.84\text{m}^3/\text{일}$
- 굴착 완료일수 : $\dfrac{20000}{483.84} = 41.3 = 42$일

정답 26.③ 27.②
28.④ 29.②
30.④ 31.③
32.③

33 아스팔트 포장에서 프라임 코트(prime coat)의 중요 목적이 아닌 것은?

① 보조기층과 그 위에 시공될 아스팔트 혼합물과의 융합을 좋게 한다.
② 보조기층에서 모세관 작용에 의한 물의 상승을 차단한다.
③ 기층 마무리 후 아스팔트 포설까지의 기층과 보조기층의 파손 및 표면수의 침투, 강우에 의한 세굴을 방지한다.
④ 배수층 역할을 하여 노상토의 지지력을 증대시킨다.

해설 노반 또는 기층에서는 수분의 모관 상승을 차단하고 표면을 안정시키기 위해 표면이 흡수성일 때 혼합물의 포설에 앞서 프라임 코트를 실시한다.

34 방파제를 크게 보통 방파제와 특수 방파제로 분류할 때 다음 중 특수 방파제에 속하지 않는 것은?

① 공기 방파제
② 부양 방파제
③ 잠수 방파제
④ 콘크리트 단괴식 방파제

해설 보통 방파제는 경사제, 직립제, 혼성제로 나눌 수 있다.

35 아래 그림과 같은 지형에서 시공 기준면의 표고를 30m로 할 때 총 토공량은? (단, 격자점의 숫자는 표고를 나타내며 단위는 m이다.)

① 142m³
② 168m³
③ 184m³
④ 213m³

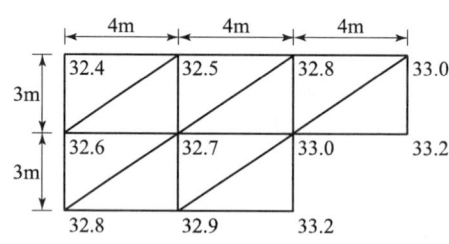

해설
- $\sum h_1 = \sum(h_1 - 30) = 2.4 + 3.2 + 3.2 = 8.8\text{m}$
- $\sum h_2 = \sum(h_2 - 30) = 3.0 + 2.8 = 5.8\text{m}$
- $\sum h_3 = \sum(h_3 - 30) = 2.5 + 2.8 + 2.9 + 2.6 = 10.8\text{m}$
- $\sum h_5 = \sum(h_5 - 30) = 3.0\text{m}$
- $\sum h_6 = \sum(h_6 - 30) = 2.7\text{m}$

∴ $V = \dfrac{ab}{6}(\sum h_1 + 2\sum h_2 + 3\sum h_3 + 5\sum h_5 + 6\sum h_6)$

$= \dfrac{3 \times 4}{6}[8.8 + (2 \times 5.8) + (3 \times 10.8) + (5 \times 3.0) + (6 \times 2.7)] = 168\text{m}^3$

36 건설기계 규격의 일반적인 표현방법으로 옳은 것은?

① Bulldozer – 총 중량(ton)
② 트랙터 쇼벨 – 버킷 면적(m^2)
③ 모터 그레이더 – 최대 견인력(t)
④ 모터 스크레이퍼 – 중량(t)

해설
- 트랙터 쇼벨 : 버킷 용적(m^3)
- 모터 그레이더 : 블레이드 길이(m)
- 모터 스크레이퍼 : 볼 용적(m^3)

37 터널 시공에 사용되는 숏크리트 습식공법의 장점으로 틀린 것은?

① 장거리 압송이 가능하다.
② 분진이 적다.
③ 품질관리가 용이하다.
④ 대규모 터널 작업에 적합하다.

해설 건식공법의 경우 장거리 압송이 가능하다.

38 다음 중 넓은 지역의 광장이나 운동장의 배수 처리에 적합한 방법은?

① 관수로 배수
② 다공 관거
③ 맹암거 배수
④ 지표면 배수

해설 지하배수를 위해 땅속에 묻은 잡석 등으로 된 암거를 맹암거라 한다.

39 록 볼트의 정착형식은 선단 정착형, 전면 접착형, 혼합형으로 구분할 수 있다. 이에 대한 설명으로 틀린 것은?

① 록 볼트 전장에서 원지반을 구속하는 경우에는 전면 접착형이다.
② 암괴의 봉합효과를 목적으로 하는 것은 선단 정착형이며, 그 중 쐐기형이 많이 쓰인다.
③ 선단을 기계적으로 정착한 후 시멘트 밀크를 주입하는 것은 혼합형이다.
④ 경암, 보통암, 토사 원지반에서 팽창성 원지반까지 적용범위가 넓은 것은 전면 접착형이다.

해설 암괴의 봉합효과를 목적으로 하는 것은 선단 정착형이며, 그 중 확장형과 캡슐 정착형이 많이 쓰인다.

[정답] 33.④ 34.④ 35.② 36.① 37.① 38.③ 39.②

40 시료의 평균값이 279.1, 범위의 평균값이 56.32, 군의 크기에 따라 정하는 계수가 0.73일 때 상부관리 한계선(UCL) 값은?

① 316.0 ② 320.2
③ 338.0 ④ 342.1

해설 $UCL = \bar{x} + A_2 \bar{R} = 279.1 + 0.73 \times 56.32 = 320.2$

3과목 건설재료 및 시험

41 다음 석재 중에서 압축강도가 가장 큰 것은?

① 대리석 ② 안산암
③ 사암   ④ 화강암

해설 압축강도는 화강암 > 안산암 > 대리석 > 사암 > 응회암 순이다.

42 반 고체 상태의 아스팔트성 재료를 3.2mm 두께의 얇은 막 형태로 163℃로 5시간 가열한 후 침입도 시험을 실시하여 원 시료와의 비율을 측정하며, 가열 손실량도 측정하는 시험법은 다음 중 어느 것인가?

① 증발감량 시험 ② 피막박리 시험
③ 박막가열 시험 ④ 아스팔트 제품의 증류시험

해설 박막가열 시험
반고체 상태의 아스팔트성 재료를 3.2mm 두께의 얇은 막 형태로 163℃로 5시간 가열한 후 침입도 시험을 실시하여 원시료와의 비율을 측정하며 가열 손실량도를 측정하는 시험법

43 시멘트의 응결시험 방법으로 옳은 것은?

① 길모아침에 의한 방법 ② 오오토클레이브 방법
③ 블레인 방법   ④ 비비 시험

해설 시멘트 응결시험은 비카침에 의한 방법과 길모아침에 의한 방법이 있다.

44 다음 중 기폭약의 종류로 옳지 않은 것은?
① 니트로글리세린 ② 뇌산수은
③ 질화납 ④ D.D.N.P

해설 니트로글리세린은 가장 강력한 폭약으로 흑색 화약보다 강하다.

45 표점거리 $L=50$mm, 직경 $D=14$mm의 원형단면봉을 가지고 인장시험을 하였다. 축인장하중 $P=100$kN이 작용하였을 때, 표점거리 $L'=50.433$mm와 직경 $D'=13.970$mm가 측정되었다면 이 재료의 포아송비(v)는?
① 0.07 ② 0.247
③ 0.347 ④ 0.5

해설 포아송비 $\nu = \dfrac{\beta}{\epsilon} = \dfrac{\dfrac{\Delta d}{d}}{\dfrac{\Delta l}{l}} = \dfrac{l \cdot \Delta d}{d \cdot \Delta l} = \dfrac{50 \times 0.03}{14 \times 0.433} = 0.247$

46 다음 중 천연 아스팔트의 종류가 아닌 것은?
① 록(rock) 아스팔트 ② 샌드(sand) 아스팔트
③ 블론(blown) 아스팔트 ④ 레이크(lake) 아스팔트

해설 석유 아스팔트 : 스트레이트 아스팔트, 블론 아스팔트

47 일반적으로 포장용 타르로 가장 많이 사용되는 것은?
① 피치 ② 잔류 타르
③ 컷백 타르 ④ 혼성 타르

해설 포장용 타르는 타르를 다시 증류 또는 건류하여 정제하여 만든 것이다.

48 어떤 시멘트의 주요 성분이 아래의 표와 같을 때 이 시멘트의 수경률은?

화학성분	조성비(%)	화학성분	조성비(%)
SiO_2	21.9	CaO	63.7
Al_2O_3	5.2	MgO	1.2
Fe_2O_3	2.8	SO_3	1.4

① 2.0 ② 2.05
③ 2.10 ④ 2.15

[정답] 40.② 41.④ 42.③ 43.① 44.① 45.② 46.③ 47.③ 48.③

해설
- 수경률 = $\dfrac{CaO - 0.7SO_3}{SiO_2 + Al_2O_3 + Fe_2O_3} = \dfrac{63.7 - 0.7 \times 1.4}{21.9 + 5.2 + 2.8} = 2.10$
- 시멘트 원료의 조합비를 정하는 데는 가장 일반적인 것은 수경률이다.

49 아래의 표에서 설명하는 것은?

> - 시멘트를 염산 및 탄산나트륨 용액에 넣었을 때 녹지 않고 남는 부분을 말한다.
> - 이 양은 소성반응의 완전 여부를 알아내는 척도가 된다.
> - 보통 포틀랜드 시멘트의 경우 이 양은 일반적으로 점토 성분의 미소성에 의하여 발생되며 약 0.1~0.6% 정도이다.

① 강열감량　　② 불용해잔분
③ 수경률　　　④ 규산율

해설
- 시멘트 원료 중 점토분은 거의 전량이 산(酸)에서는 불용성분(不溶性分)이다.
- 불용해잔분은 소성에 의하여 석회와 반응하여 처음으로 산에 용해되는 클링커 화합물이 된다.

50 암석 전체의 체적에 대한 공극의 비율을 공극률(porosity)이라고 한다. 다음 암석 중 일반적으로 공극률이 가장 큰 것은?

① 화강암　　② 사암
③ 응회암　　④ 대리석

해설 석회질 사암은 연하고 가공성이 좋으나 흡수율이 크고 풍화하기 쉽다.

51 굵은골재에 대한 설명으로 옳은 것은?

① 5mm체에 거의 다 남은 골재
② 5mm체를 통과하고 0.08mm체에 남는 골재
③ 10mm체에 거의 다 남는 골재
④ 20mm체에 거의 다 남는 골재

해설 잔골재는 5mm체를 통과하고 0.08mm체에 남는 골재이다.

52 토목섬유 중 지오텍스타일의 기능을 설명한 것으로 틀린 것은?

① 배수 : 물이 흙으로부터 여러 형태의 배수로로 빠져나갈 수 있도록 한다.
② 보강 : 토목섬유의 인장강도는 흙의 지지력을 증가시킨다.
③ 여과 : 입도가 다른 두 개의 층 사이에 배치될 때 침투수가 세립토 층에서 조립토 층으로 흘러갈 때 세립토의 이동을 방지한다.
④ 혼합 : 도로 시공시 여러 개의 흙 층을 혼합하여 결합시키는 역할을 한다.

해설 지오텍스타일의 기능 : 분리, 배수, 보강, 여과, 방수 및 차단

53 어떤 목재의 함수율을 시험한 결과 건조 전 목재의 중량은 165g이고, 밀도가 0.8g/cm³일 때 함수율은 얼마인가? (단, 목재의 절대 건조중량은 142g이었다.)

① 13.9%
② 15.2%
③ 16.2%
④ 17.2%

해설 $w = \dfrac{W_1 - W_2}{W_2} \times 100 = \dfrac{165 - 142}{142} \times 100 = 16.2\%$

54 플라이 애시에 대한 설명으로 틀린 것은?

① 초기의 수화반응의 증대로 초기 강도가 크다.
② 사용수량을 감소시키며 유동성을 개선한다.
③ 알칼리-골재 반응에 의한 팽창을 억제한다.
④ 화력발전소의 보일러에서 나오는 산업폐기물이다.

해설 플라이 애시는 초기 강도는 작으나 장기 강도가 크다.

55 AE 콘크리트의 AE제에 대한 특징으로 틀린 것은?

① AE제는 미소한 독립기포를 콘크리트 중에 균일하게 분포시킨다.
② AE 공기알의 지름은 대부분 0.025~0.25mm 정도이다.
③ AE제는 동결융해에 대한 저항성을 감소시킨다.
④ AE제는 표면 활성제이다.

해설 AE제는 동결융해에 대한 저항성을 증대시킨다.

[정답] 49. ② 50. ② 51. ① 52. ④ 53. ③ 54. ① 55. ③

56. 재료의 일반적 성질 중 아래 표에 해당하는 성질은 무엇인가?

> 외력에 의해서 변형된 재료가 외력을 제거했을 때, 원형으로 되돌아가지 않고 변형된 그대로 있는 성질

① 인성 ② 취성
③ 탄성 ④ 소성

해설
- 인성–하중에 의해 작은 소성변형상태에서 파괴에 이르기까지의 저항성
- 취성–하중을 받으면 작은 변형에서도 갑작스런 파괴가 일어나는 성질
- 탄성–하중을 받아 변형된 재료가 하중을 제거되었을 때 다시 원래대로 돌아가려는 성질

57. 다음 콘크리트용 골재에 대한 설명으로 틀린 것은?

① 골재의 밀도가 클수록 흡수량이 작아 내구적이다.
② 조립률이 같은 골재라도 서로 다른 입도곡선을 가질 수 있다.
③ 콘크리트의 압축강도는 물–시멘트비가 동일한 경우 굵은골재 최대치수가 커짐에 따라 증가한다.
④ 굵은골재 최대치수를 크게 하면 같은 슬럼프의 콘크리트를 제조하는데 필요한 단위수량을 감소시킬 수 있다.

해설 콘크리트의 압축강도는 물–시멘트비가 동일한 경우 굵은골재 최대치수가 커짐에 따라 감소한다.

58. 콘크리트용 골재에 요구되는 성질 중 옳지 않은 것은?

① 화학적으로 안정할 것
② 골재의 입도 크기가 동일할 것
③ 물리적으로 안정하고 내구성이 클 것
④ 시멘트 풀과의 부착력이 큰 표면조직을 가질 것

해설 굵고 잔 알이 골고루 섞여 있는 입도를 가질 것

59 콘크리트용 혼화재료에 대한 설명으로 틀린 것은?

① 팽창재를 사용한 콘크리트의 수밀성은 일반적으로 작아지는 경향이 있다.
② 촉진제는 저온에서 강도발현이 우수하기 때문에 한중 콘크리트에 사용된다.
③ 발포제를 사용한 콘크리트는 내부 기포에 의해 단열성 및 내화성이 떨어진다.
④ 착색재로 사용되는 안료를 혼합한 콘크리트는 보통 콘크리트에 비해 강도가 저하된다.

해설 발포제로서는 일반적으로 알루미늄 분말을 사용하며 부재의 경량화 또는 단열성을 높이기 위한 목적으로 사용한다.

60 다음 골재의 함수상태를 표시한 것 중 틀린 것은?

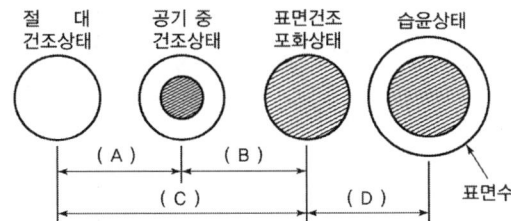

① A : 기건 함수량
② B : 유효흡수량
③ C : 함수량
④ D : 표면수량

해설 C : 흡수량

4과목 토질 및 기초

61 사면파괴가 일어날 수 있는 원인에 대한 설명 중 적절하지 못한 것은?

① 흙중의 수분의 증가
② 굴착에 따른 구속력의 감소
③ 과잉 간극수압의 감소
④ 지진에 의한 수평방향력의 증가

해설 과잉 간극수압이 감소되면 유효응력이 커 활동에 대한 저항이 커진다.

정답 56. ④ 57. ③ 58. ② 59. ③ 60. ③ 61. ③

62 흙의 전단시험에서 배수조건이 아닌 것은?

① 비압밀 비배수　② 압밀 비배수
③ 비압밀 배수　　④ 압밀 배수

해설
- UU(비압밀 비배수)
- CU(압밀 비배수)
- CD(압밀 배수)

63 액성한계가 60%인 점토의 흐트러지지 않은 시료에 대하여 압축지수를 Skempton의 방법에 의하여 구한 값은?

① 0.16　② 0.28
③ 0.35　④ 0.45

해설 $C_c = 0.009(w_L - 10) = 0.009(60 - 10) = 0.45$

보충 $\Delta H = \dfrac{C_c}{1+e} \log \dfrac{P_2}{P_1} \cdot H$

64 간극비가 0.7이고 입자의 비중이 2.70인 모래지반에서 Quick Sand 현상에 대한 안전율을 4로 하면 이 지반에서 허용되는 최대 동수경사는?

① 0.05　② 0.25
③ 1.42　④ 4.01

해설
- $i_c = \dfrac{G_s - 1}{1+e} = \dfrac{2.7-1}{1+0.7} = 1$
- $F = \dfrac{i_c}{i}$　∴ $i = \dfrac{i_c}{F} = \dfrac{1}{4} = 0.25$

65 Rankine 토압이론의 가정 사항 중 옳지 않은 것은?

① 흙은 균질의 분체이다.
② 지표면은 무한히 넓게 존재한다.
③ 분체는 입자간의 점착력에 의해 평행을 유지한다.
④ 토압은 지표면에 평행하게 작용한다.

해설 흙 입자는 비압축성이고 입자간의 마찰력에 의해 평행을 유지한다.

66 그림은 확대 기초를 설치했을 때 지반의 전단 파괴형상을 가정(Terzaghi의 가정)한 것이다. 다음 설명 중 옳지 않은 것은?

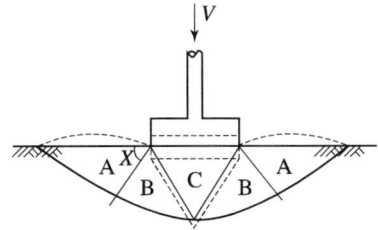

① 전반전단(General Shear)일 때의 파괴형상이다.
② 파괴순서는 C-B-A이다.
③ A영역에서 각 X는 수평선과 $45° + \dfrac{\phi}{2}$의 각을 이룬다.
④ C영역은 탄성영역이며 A영역은 수동영역이다.

해설
- A영역에서 각 X는 수평선과 $45° - \dfrac{\phi}{2}$의 각을 이룬다.
- B영역은 급진적 영역이다.

67 현장 도로 토공에서 모래치환법에 의한 흙의 밀도 시험을 하였다. 파낸 구멍의 체적이 $V=1,960\text{cm}^3$, 흙의 질량이 3,390g이고, 이 흙의 함수비는 10%이었다. 실험실에서 구한 최대 건조밀도 $\gamma_{d\max}=1.65\text{g/cm}^3$일 때 다짐도는 얼마인가?

① 85.6% ② 91.0%
③ 95.2% ④ 98.7%

해설
- 습윤밀도 $\gamma_t = \dfrac{W}{V} = \dfrac{3390}{1960} = 1.73\text{g/cm}^3$
- 건조밀도 $\gamma_d = \dfrac{\gamma_t}{1+\dfrac{\omega}{100}} = \dfrac{1.73}{1+\dfrac{10}{100}} = 1.57\text{g/cm}^3$
- 다짐도 $= \dfrac{\gamma_d}{\gamma_{d\max}} \times 100 = \dfrac{1.57}{1.65} \times 100 = 95.2\%$

68 그림과 같은 점성토 지반의 토질실험 결과 내부마찰각 $\phi=30°$, 점착력 $C=15\text{kN/m}^2$일 때 A점의 전단강도는? (단, 물의 단위중량은 9.81kN/m³이다.)

① 34.61kN/m²
② 44.61kN/m²
③ 53.43kN/m²
④ 70.43kN/m²

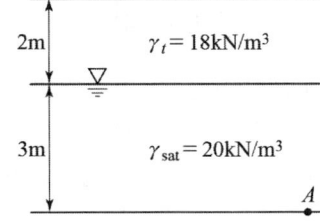

[정답] 62. ③ 63. ④
64. ② 65. ③
66. ③ 67. ③
68. ③

- 유효응력
  $\bar{p} = 18 \times 2 + (20 - 9.81) \times 3 = 66.57 \text{kN/m}^2$
- 전단강도
  $\tau = c + \sigma \tan\phi = 15 + 66.57 \tan 30° = 53.43 \text{kN/m}^2$

69 함수비가 15%인 흙 1,500g과 함수비가 20%인 흙 3,000g을 혼합하면 이 흙의 함수비는?

① 16.5%
② 17.5%
③ 18.3%
④ 19.1%

- 두 흙의 물 무게
  $W_w = \dfrac{wW}{100+w} = \dfrac{15 \times 1,500}{100+15} + \dfrac{20 \times 3,000}{100+20} = 695.7\text{g}$
- 두 흙의 건조토 무게
  $W_s = \dfrac{100W}{100+w} = \dfrac{100 \times 1,500}{100+15} + \dfrac{100 \times 3,000}{100+20} = 3,804.3\text{g}$
- 혼합한 흙의 함수비
  $w = \dfrac{W_w}{W_s} \times 100 = \dfrac{695.7}{3,804.3} \times 100 = 18.3\%$

70 다음 표는 흙의 다짐에 대해 설명한 것이다. 옳게 설명한 것을 모두 고른 것은?

(1) 사질토에서 다짐에너지가 클수록 최대건조단위 중량은 커지고 최적함수비는 줄어든다.
(2) 입도분포가 좋은 사질토가 입도분포가 균등한 사질토보다 더 잘 다져진다.
(3) 다짐곡선은 반드시 영공기간극곡선의 왼쪽에 그려진다.
(4) 양족 롤러(sheeps foot roller)는 점성토를 다지는 데 적합하다.
(5) 점성토에서 흙은 최적함수비보다 큰 함수비로 다지면 면모구조를 보이고 작은 함수비로 다지면 이산구조를 보인다.

① (1), (2), (3), (4)
② (1), (2), (3), (5)
③ (1), (4), (5)
④ (2), (4), (5)

- 면모구조는 공극비가 크고 압축성이 크므로 기초지반 흙으로는 부적당하다.
- 면모구조는 이산구조보다 투수성과 강도가 크다.
- 같은 흙일지라도 다짐 방법이 다르면 최대건조밀도와 최적함수비는 달라진다.

71 다음은 시험 종류와 시험으로부터 얻을 수 있는 값을 연결한 것이다. 틀린 것은?

① 비중계 분석시험 – 흙의 비중(G_s)
② 삼축압축시험 – 강도정수(c, ϕ)
③ 일축압축시험 – 흙의 예민비(S_t)
④ 평판재하시험 – 지반반력계수(k_s)

해설 비중계 분석시험 – 흙의 입도

72 흙의 전단강도에 대한 설명으로 틀린 것은? (단, c_u : 점착력, q_u : 일축압축강도, ϕ : 내부마찰각이다.)

① 예민비가 큰 흙을 Quick clay라고 한다.
② 흙 댐에 있어서 수위 급강하 때의 안정문제는 c' 및 ϕ'를 사용해야 한다.
③ 일축압축강도시험으로부터 구한 점착력 c_u는 $\frac{1}{2} \times q_u \times \tan^2 (45° - \frac{\phi}{2})$이다.
④ Mohr-coulomb의 파괴기준에 의하면 포화점토의 비압밀 비배수 상태의 내부마찰각은 0이다.

해설 $c_u = \dfrac{q_u}{2\tan(45° + \frac{\phi}{2})}$

73 어떤 흙의 자연함수비가 액성한계 보다 많으면 그 흙의 상태로 옳은 것은?

① 고체 상태에 있다.
② 반고체 상태에 있다.
③ 소성 상태에 있다.
④ 액체 상태에 있다.

해설 함수비에 따라 고체, 반고체, 소성, 액체 상태로 변동한다.

74 유선망은 이론상 정사각형으로 이루어진다. 동수경사가 가장 큰 곳은?

① 어느 곳이나 동일함
② 땅 속 제일 깊은 곳
③ 정사각형이 가장 큰 곳
④ 정사각형이 가장 작은 곳

해설 $i = \dfrac{h}{L}$에서 L이 가장 작은 곳에서 동수경사가 가장 크므로 정사각형이 가장 작은 곳이다.

[정답] 69. ③ 70. ① 71. ① 72. ③ 73. ④ 74. ④

75. 연약지반 개량공법 중에서 점성토 지반에 쓰이는 공법은?

① 전기충격공법
② 폭파다짐공법
③ 생석회 말뚝공법
④ 바이브로 플로테이션 공법

해설 생석회 말뚝공법은 연약점성토 중에 생석회의 말뚝을 박아서 탈수효과, 압축효과, 건조 및 화학반응 효과가 있다.

76. 말뚝이 20개인 군항기초의 효율이 0.8이고, 단항으로 계산된 말뚝 1개의 허용지지력이 200kN일 때, 이 군항의 허용지지력은?

① 1600kN
② 2000kN
③ 3200kN
④ 4000kN

해설 $R_{ag} = E\,N\,R_a = 0.8 \times 20 \times 200 = 3200\text{kN}$

77. 지중응력을 구하는 공식 중 Newmark의 영향원법을 사용했을 때 재하면적 내의 영향원 요소 수가 20개, 등분포하중이 100kN/m²인 경우 연직응력 증가량($\Delta \sigma_z$)은? (단, 영향계수는 0.005이다.)

① 1kN/m^2
② 10kN/m^2
③ 50kN/m^2
④ 100kN/m^2

해설 $\Delta \sigma_z = 0.005\,n\,q = 0.005 \times 20 \times 100 = 10\text{kN/m}^2$

78. 상하류의 수위 차 $h = 10\text{m}$, 투수계수 $k = 1 \times 10^{-5}\text{cm/s}$, 투수층 유로의 수 $N_f = 3$, 등수두면 수 $N_d = 9$인 흙 댐의 단위 m당 1일 침투수량은?

① $0.0864\text{m}^3/\text{day}$
② $0.864\text{m}^3/\text{day}$
③ $0.288\text{m}^3/\text{day}$
④ $0.0288\text{m}^3/\text{day}$

해설 $Q = k\,h\,\dfrac{N_f}{N_d} = 1 \times 10^{-5} \times 10 \times \dfrac{3}{9} \times 60 \times 60 \times 24 \times \dfrac{1}{100} = 0.0288\text{m}^3/\text{day}$

79 어떤 점토지반에서 베인시험을 실시하였다. 베인의 지름이 50mm, 높이가 100mm, 파괴 시 토크가 59N·m일 때 이 점토의 점착력은?

① 129kN/m² ② 157kN/m²
③ 213kN/m² ④ 276kN/m²

 해설
$$C = \frac{M_{max}}{\pi D^2 \left(\frac{H}{2} + \frac{D}{6}\right)} = \frac{0.059}{3.14 \times 0.05^2 \left(\frac{0.1}{2} + \frac{0.05}{6}\right)} = 129 \text{kN/m}^2$$

80 4m×4m 크기인 정사각형 기초를 내부마찰각 $\phi = 20°$, 점착력 $c = 30\text{kN/m}^2$인 지반에 설치하였다. 흙의 단위중량 $\gamma = 19\text{kN/m}^3$이고 안전율(F)을 3으로 할 때 Terzaghi 지지력 공식으로 기초의 허용하중을 구하면? (단, 기초의 근입깊이는 1m이고, 전반전단파괴가 발생한다고 가정하며, $N_c = 17.69$, $N_q = 7.44$, $N_r = 4.97$이다.)

① 4780kN ② 5239kN
③ 5672kN ④ 6218kN

 해설
- 극한지지력
$$q_d = \alpha c N_c + \beta \gamma_1 B N_r + \gamma_2 D_f N_q$$
$$= 1.3 \times 30 \times 17.69 + 0.4 \times 19 \times 4 \times 4.97 + 19 \times 1 \times 7.44 = 982.4 \text{kN/m}^2$$

- 허용지지력
$$q_a = \frac{q_d}{F} = \frac{982.4}{3} = 327.5 \text{kN/m}^2$$

- 허용하중
$q_a = \frac{P}{A}$ 에서 $P = q_a \cdot A = 327.5 \times (4 \times 4) = 5239 \text{kN}$

02회 CBT 모의고사

1과목 콘크리트 공학

01 골재의 단위용적이 0.7m³인 콘크리트에서 잔골재율이 40%이고 잔골재의 밀도가 2.58g/cm³이면 단위 잔골재 질량은 얼마인가?

① 710.6 kg
② 722.4 kg
③ 745.2 kg
④ 750.0 kg

해설
- 단위 잔골재량 절대체적 $= 0.7 \times 0.4 = 0.28 \text{m}^3$
- 단위 잔골재량 $= 0.28 \times 2.58 \times 1000 = 722.4 \text{kg}$

02 프리스트레스트 콘크리트에 사용하는 그라우트에 대한 품질규정으로 틀린 것은?

① 그라우트 체적 변화율은 −1∼5%를 표준으로 한다.
② 블리딩률은 5% 이하이어야 한다.
③ 그라우트의 재령 28일 압축강도는 30MPa 이상을 표준으로 한다.
④ 물−결합재비는 45% 이하이어야 한다.

해설
- 블리딩률은 0.3% 이하이어야 한다.
- 그라우트는 프리스트레싱이 끝난 후 될 수 있는 대로 빨리 실시한다.

03 콘크리트의 성능저하 원인의 하나인 알칼리 골재 반응에 관한 설명 중 틀린 것은?

① 알칼리 골재 반응은 알칼리−실리카 반응, 알칼리−탄산염 반응, 알칼리−실리케이트 반응으로 분류한다.
② 알칼리 골재 반응을 억제하기 위하여 단위시멘트량을 크게 하여야 한다.
③ 알칼리 골재 반응은 고로슬래그 미분말, 플라이애시 등의 포졸란 재료에 의해 억제된다.
④ 알칼리 골재 반응이 진행되면 무근콘크리트에서는 거북이등과 같은 균열이 진행된다.

해설 알칼리 골재 반응을 억제하기 위하여 단위 시멘트량을 작게 한다.

04 콘크리트의 재료분리 현상을 줄이기 위해서 고려할 사항이 아닌 것은?

① 잔골재율을 크게 한다.
② 물-결합재비를 작게 한다.
③ 공기연행제, 플라이애시 등의 혼화재료를 적절히 사용한다.
④ 편평하고 세장한 골재를 사용한다.

해설 골재의 모양이 입방체 또는 구형에 가깝고 시멘트 풀과의 접착력이 큰 표면조직의 골재를 사용한다.

05 콘크리트의 크리프에 영향을 미치는 요인 중 틀린 것은?

① 온도가 높을수록 크리프는 증가한다.
② 조강시멘트는 보통시멘트보다 크리프가 작다.
③ 단위시멘트량이 많을수록 크리프는 감소한다.
④ 물-결합재비, 응력이 클수록 크리프는 증가한다.

해설
- 단위 시멘트량이 많을수록 크리프는 크다.
- 부재치수가 작을수록 크리프는 크다.
- 중용열 시멘트나 혼합시멘트는 보통 시멘트보다 크리프가 크다.
- 재하기간 중 대기의 습도가 낮을수록 크리프는 크다.

06 다음 중 콘크리트의 작업성(workability)을 증진시키기 위한 방법으로서 적당하지 않은 것은?

① 일정한 슬럼프의 범위에서 시멘트량을 줄인다.
② 일반적으로 콘크리트 반죽의 온도상승을 막아야 한다.
③ 입도나 입형이 좋은 골재를 사용한다.
④ 혼화재료로서 공기연행제나 분산제를 사용한다.

해설 일정한 슬럼프의 범위에서 시멘트량을 늘리면 콘크리트의 작업성이 증진된다.

07 다음 중 수중콘크리트 타설의 원칙에 대한 설명으로 잘못된 것은?

① 콘크리트 타설에서 완전히 물막이를 할 수 없는 경우 유속은 1초간 10cm 이하로 하는 것이 좋다.
② 콘크리트를 수중에 낙하시키면 재료분리가 일어나므로 콘크리트는 수중에 낙하시켜서는 안된다.
③ 콘크리트가 경화될 때까지 물의 유동을 방지하여야 한다.
④ 한 구획의 콘크리트 타설을 완료한 후 레이턴스를 모두 제거하고 다시 타설하여야 한다.

[정답] 01. ② 02. ②
03. ② 04. ④
05. ③ 06. ①
07. ①

📝**해설**
- 콘크리트 타설에서 완전히 물막이를 할 수 없는 경우 유속은 1초간 50mm 이하의 유속을 유지한다.
- 콘크리트를 연속해서 타설한다.

08 콘크리트 배합설계 시 굵은골재 최대치수의 선정 방법 중 틀린 것은?

① 단면이 큰 구조물인 경우 40mm를 표준으로 한다.
② 일반적인 구조물의 경우 20mm 또는 25mm를 표준으로 한다.
③ 거푸집 양 측면 사이의 최소 거리의 1/3을 초과해서는 안 된다.
④ 개별철근, 다발철근, 긴장재 또는 덕트 사이 최소 순간격의 3/4을 초과해서는 안 된다.

📝**해설**
- 거푸집 양 측면 사이의 최소거리의 1/5을 초과해서는 안 된다.
- 무근 콘크리트인 경우 40mm 부재 최소치수의 1/4 이하로 한다.

09 프리스트레스트 콘크리트에 대한 설명으로 틀린 것은?

① 굵은골재 최대치수는 보통의 경우 25mm를 표준으로 한다.
② 그라우트의 재령 7일 압축강도는 25MPa 이상이어야 한다.
③ 프리텐션 방식에서는 프리스트레싱 할 때 콘크리트 압축강도가 30MPa 이상이어야 한다.
④ 그라우트의 체적 변화율은 −1~5%를 표준으로 한다.

📝**해설** 그라우트의 재령 7일 압축강도는 27MPa 이상이어야 한다.

10 콘크리트 다지기에 대한 설명으로 잘못된 것은?

① 내부진동기는 연직방향으로 일정한 간격으로 찔러 넣는다.
② 내부진동기는 콘크리트를 횡방향으로 이동시킬 목적으로 사용해서는 안 된다.
③ 콘크리트를 타설한 직후에는 절대 거푸집의 외측에 충격을 주어서는 안 된다.
④ 내부진동기를 하층의 콘크리트 속으로 0.1m 정도 찔러 넣는다.

📝**해설**
- 콘크리트 타설 후 즉시 거푸집의 외측을 가볍게 두드려 콘크리트를 거푸집 구석까지 잘 채워 평평한 표면을 만든다.
- 내부 진동기의 삽입간격은 0.5m 이하로 한다.
- 다지기에는 내부진동기를 사용하는 것을 원칙으로 하나, 사용이 곤란한 장소

에서는 거푸집 진동기를 사용해도 좋다.
- 재진동을 할 경우에는 콘크리트에 나쁜 영향이 생기지 않도록 초결이 일어나기 전에 실시해야 한다.

11 한중 콘크리트에 대한 설명으로 틀린 것은?

① 하루의 평균기온이 4℃ 이하가 예상되는 조건일 때는 한중 콘크리트로 시공하여야 한다.
② 재료를 가열할 경우, 물 또는 골재를 가열하는 것으로 하며, 시멘트는 어떠한 경우라도 직접 가열할 수 없다.
③ 한중 콘크리트에는 공기연행 콘크리트를 사용하는 것을 원칙으로 한다.
④ 타설할 때의 콘크리트 온도는 구조물의 단면치수, 기상조건 등을 고려하여 2~10℃의 범위에서 정하여야 한다.

해설 타설할 때의 콘크리트 온도는 구조물의 단면치수, 기상 조건 등을 고려하여 5~20℃의 범위에서 정하여야 한다.

12 고압증기 양생에 대한 설명으로 틀린 것은?

① 고압증기 양생한 콘크리트는 어느 정도의 취성을 갖는다.
② 고압증기 양생한 콘크리트는 보통 양생한 것에 비해 철근의 부착강도가 약 1/2이 되므로 철근콘크리트 부재에 적용하는 것은 바람직하지 못하다.
③ 고압증기 양생한 콘크리트는 보통 양생한 것에 비해 백태현상이 감소된다.
④ 고압증기 양생한 콘크리트는 보통 양생한 것에 비해 열팽창계수와 탄성계수가 매우 작다.

해설
- 고압증기 양생한 콘크리트는 보통 양생한 것에 비해 열팽창계수와 탄성계수가 매우 크다.
- 콘크리트의 탄성계수는 일반적으로 압축강도 및 밀도가 클수록 크다.

13 압력법에 의한 굳지 않은 콘크리트의 공기량 시험(KS F 2421)에 대한 설명으로 옳지 않은 것은?

① 물을 붓고 시험하는 주수법의 경우 공기량 측정기 용량은 5L 이상이다.
② 공기량은 겉보기 공기량에서 골재수정계수를 뺀 값이다.
③ 물을 붓지 않고 시험하는 무주수법의 경우 공기량 측정기 용량은 7L 이상이다.
④ 인공 경량골재와 같은 다공질 골재를 사용한 콘크리트에도 적용된다.

정답 08. ③ 09. ②
10. ③ 11. ④
12. ④ 13. ④

해설 최대치수 40mm 이하의 보통 골재를 사용한 콘크리트에 대해서는 적당하지만 골재수정계수가 정확히 구해지지 않는 인공 경량골재와 같은 다공질 골재를 사용한 콘크리트에 대해서는 적당하지 않다.

14 경량골재 콘크리트의 특징으로 옳지 않은 것은?
① 강도가 낮다.
② 탄성계수가 작다.
③ 열전도율이 작다.
④ 흡수율이 작다.

해설 흡수율이 크다.

15 콘크리트 타설에 대한 설명 중 옳지 않은 것은?
① 콘크리트를 2층 이상으로 나누어 타설할 경우, 상층의 콘크리트 타설은 원칙적으로 하층의 콘크리트가 굳기 시작하기 전에 해야 한다.
② 콘크리트 타설 도중에 표면에 떠올라 고인 블리딩 수가 있을 경우에는 표면에 도랑을 만들어 제거하여야 한다.
③ 한 구획 내의 콘크리트는 타설이 완료될 때까지 연속해서 타설해야 한다.
④ 콘크리트는 그 표면이 한 구획 내에서는 거의 수평이 되도록 타설하는 것을 원칙으로 한다.

해설 콘크리트 타설 도중에 표면에 떠올라 고인 블리딩 수를 제거하기 위해 표면에 도랑을 만들어 흐르게 해서는 안 된다.

16 숏크리트(Shotcrete) 시공에 대한 주의사항으로 잘못된 것은?
① 대기 온도가 10℃ 이상일 때 뿜어붙이기를 실시하며, 그 이하의 온도일 때는 적절한 온도대책을 세운 후 실시한다.
② 숏크리트는 빠르게 운반하고, 급결제를 첨가한 후는 바로 뿜어붙이기 작업을 실시하여야 한다.
③ 숏크리트 작업에서 반발량이 최소가 되도록 하고, 리바운드된 재료는 즉시 혼합하여 사용하여야 한다.
④ 숏크리트는 뿜어붙인 콘크리트가 흘러내리지 않는 범위의 적당한 두께를 뿜어붙이고, 소정의 두께가 될 때까지 반복해서 뿜어붙여야 한다.

해설 숏크리트 작업에서 반발량이 최소가 되도록 하고, 리바운드된 재료는 혼합하여 사용하지 않는다.

17 유동화 콘크리트에 대한 설명으로 틀린 것은?
① 유동화 콘크리트의 슬럼프 값은 최대 210mm 이하로 한다.
② 유동화제는 질량 또는 용적으로 계량하고, 그 계량오차는 1회에 ±1% 이내로 한다.
③ 유동화 콘크리트의 슬럼프 증가량은 100mm 이하를 원칙으로 하며, 50~80mm를 표준으로 한다.
④ 베이스 콘크리트 및 유동화 콘크리트의 슬럼프 및 공기량 시험은 50m³마다 1회씩 실시하는 것을 표준으로 한다.

해설
• 유동화제는 원액으로 사용하고 미리 정한 소정의 양을 한꺼번에 첨가하여 계량오차는 1회에 ±3% 이내로 한다.
• 유동화 콘크리트는 미리 비빈 베이스 콘크리트에 유동화제를 첨가하여 유동성을 증대시킨 콘크리트를 말한다.

18 콘크리트의 받아들이기 품질검사에 대한 설명 중 옳지 않은 것은?
① 강도검사는 압축강도시험에 의한 검사를 실시한다.
② 콘크리트의 받아들이기 품질검사 시기는 콘크리트 타설 완료 후 즉시한다.
③ 워커빌리티 검사는 굵은골재 최대치수 및 슬럼프가 설정치를 만족하는지의 여부를 확인함과 동시에 재료분리 저항성을 외관 관찰에 의해 확인한다.
④ 염화물 함유량 검사는 바닷모래를 사용할 경우 1일 2회 실시한다.

해설
• 콘크리트의 받아들이기 품질검사는 타설 전에 실시한다.
• 내구성 검사는 공기량, 염화물 함유량을 측정하는 것으로 한다.

19 현장에서 콘크리트 압축강도를 22회 측정한 결과 표준편차는 5MPa이었다. 설계기준 압축강도(f_{ck})가 35MPa이며 내구성 기준 압축강도(f_{cd})가 30MPa일 때 배합강도(f_{cr})는? (단, 시험횟수 20회, 25회일 경우 표준편차의 보정계수는 각각 1.08, 1.03이다.)

① 38.5MPa ② 42.1MPa
③ 43.9MPa ④ 45.2MPa

해설
• 품질기준강도(f_{cq})
 f_{ck}와 f_{cd} 중 큰 값인 35MPa이다.

- 배합강도

  $f_{cq} \leq 35\,\text{MPa}$이므로

  ① $f_{cr} = f_{cq} + 1.34S = 35 + 1.34 \times (5 \times 1.06) = 42.1\,\text{MPa}$

  ② $f_{cr} = (f_{cq} - 3.5) + 2.33S = (35 - 3.5) + 2.33 \times (5 \times 1.06) = 43.9\,\text{MPa}$

  ∴ 두 식에서 큰 값인 43.9 MPa이다.

- 표준편차의 보정계수

  시험횟수가 20회 경우 1.08, 25회 경우 1.03이므로

  $\dfrac{1.08 - 1.03}{5} = 0.01$씩 직선 보간한다. 즉, 20회 1.08, 21회 1.07, 22회 1.06, 23회 1.05 24회 1.04, 25회 1.03이 된다.

20 일반 콘크리트 비비기로부터 타설이 끝날 때까지의 시간 한도로 옳은 것은?

① 외기온도에 상관없이 1.5시간을 넘어서는 안 된다.
② 외기온도에 상관없이 2시간을 넘어서는 안 된다.
③ 외기온도가 25℃ 이상일 때에는 1.5시간, 25℃ 미만일 때에는 2시간을 넘어서는 안 된다.
④ 외기온도가 25℃ 이상일 때에는 2시간, 25℃ 미만일 때에는 2.5시간을 넘어서는 안 된다.

해설 콘크리트는 신속하게 운반하여 즉시 타설하고 충분히 다져야 한다.

2과목 건설시공 및 관리

21 다음의 댐에 관한 기술 중 옳지 않은 것은?

① 흙댐(Earth dam)은 기초가 다소 불량해도 시공할 수 있다.
② 중력식 댐(Gravity dam)은 안전율이 가장 높고 내구성도 크나 설계이론이 복잡하다.
③ 아치 댐(Arch dam)은 암반이 견고하고 계곡 폭이 좁은 곳에 적합하다.
④ 부벽식 댐(Buttres dam)은 구조가 복잡하여 시공이 곤란하고 강성이 부족한 것이 단점이다.

해설 중력식 댐은 안전율이 가장 높고 내구성이 크며 설계이론이 간단하다.

22 공기케이슨 공법의 장점을 열거한 것 중 옳지 않은 것은?
① 토층의 확인이 가능하다.
② 소규모의 공사나 깊이가 얕은 경우에도 경제적이다.
③ 장애물 제거가 용이하다.
④ 인접지반의 침하현상을 일으키지 않는다.

해설 공기케이슨 공법은 대규모 공사나 깊이가 깊은 경우에 적합하다.

23 아래 그림과 같은 절토 단면도에서 길이 30m에 대한 토량을 구한 값은?
① 5700m³
② 6000m³
③ 6300m³
④ 6600m³

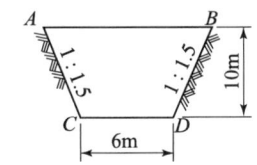

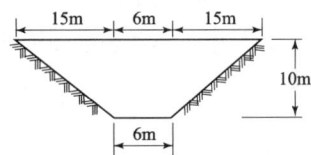

해설
$A = \dfrac{(6+36)}{2} \times 10 = 210\text{m}^2$
$V = A \cdot l = 210 \times 30 = 6300\text{m}^3$

24 벤치컷에서 벤치의 높이 8m, 천공 간격 5m, 최소 저항선 4m로 할 때 암석굴착의 장약량은? (단, 폭파계수 $C = 0.181$)
① 20kg   ② 23.2kg
③ 31.2kg   ④ 35.6kg

해설 천공 간격이 최소 저항선보다 크므로
$L = C \cdot H \cdot W^2 = 0.181 \times 8 \times 4^2 = 23.2\text{kg}$

25 딥퍼(dipper) 용량이 0.8m³일 때 파워 셔블(power shovel)의 1일 작업량을 구하면? (단, shovel cycle time : 30sec, dipper 계수 : 1.0, 흙의 토량 변화율(L) = 1.25, 작업효율 : 0.6, 1일 운전시간 : 8시간)
① 286.64m³/day   ② 324.52m³/day
③ 368.64m³/day   ④ 452.50m³/day

해설
• 1시간 작업량
$Q = \dfrac{3600 \, q \, f \, E \, K}{Cm} = \dfrac{3600 \times 0.8 \times \dfrac{1}{1.25} \times 0.6 \times 1}{30} = 46.08\text{m}^3/\text{hr}$
• 1일 작업량
$46.08 \times 8 = 368.64\text{m}^3/\text{일}$

[정답] 20. ③ 21. ② 22. ② 23. ③ 24. ② 25. ③

26 폭우시 옹벽 배면에 배수시설이 취약하면 옹벽저면을 통하여 침투수의 수위가 올라간다. 이 침투수가 옹벽에 미치는 영향을 설명한 것 중 옳지 않은 것은?

① 활동면에서의 간극수압 증가
② 부분포화에 따른 뒷채움 흙무게의 증가
③ 옹벽 바닥면에서의 양압력 증가
④ 수평 저항력의 증가

해설 수평 저항력이 감소한다.

27 준설 능력이 크고 대규모 공사에 적합하여 비교적 넓은 면적의 토질 준설에 알맞고 선(船)형에 따라 경질 토준설도 가능한 준설선은?

① 그래브 준설선
② 디퍼 준설선
③ 버킷 준설선
④ 펌프 준설선

해설
• 버킷 준설선은 연속 굴착하며 해저를 비교적 평탄하게 할 수 있다.
• 디퍼 준설선은 굴착력이 강해 암석, 굳은 토질, 파쇄암 등의 준설에 적합하다.

28 아래의 표에서 설명하는 조절발파 공법의 명칭은?

> 원리는 쿠션 블라스팅 공법과 같으나 굴착선에 따라 천공하여 주굴착의 발파공과 동시에 점화하고 그 최종단에서 발파시키는 것이 이 공법의 특징이다.

① 라인 드릴링
② 프리스플리팅
③ 스무스 블라스팅
④ 벤치 컷

해설 스무스 블라스팅 : 터널굴착에 있어서 도갱의 여굴을 적게 하고 암면을 매끈하게 하며 낙석의 위험을 없애는 방법이다.

29 암거의 배열방식 중 집수지거를 향하여 지형의 경사가 완만하고, 같은 습윤상태인 곳에 적합하며, 1개의 간선집수지 또는 집수지거로 가능한 한 많은 흡수거를 합류하도록 배열하는 방식은?

① 자연식(natural system)
② 차단식(intercepting system)

③ 빗식(gridiron system)
④ 집단식(grouping system)

해설
- **자연식** : 자연지형에 따라 암거 배열.
- **차단식** : 인접한 높은 지대나 배수지구를 둘러싼 높은 지대에서 침투수를 막을 수 있는 곳에 암거 설치.
- **집단식** : 1지구 내에 여러 가지 양식의 소규모 암거를 많이 설치.

30 시멘트 콘크리트 포장에 대한 설명으로 틀린 것은?
① 내구성이 풍부하다.
② 양생기간이 짧고, 주행성이 좋다.
③ 부분적인 보수가 곤란하다.
④ 재료 구입이 용이하다.

해설
- 양생기간이 길고 주행성이 나쁘다.
- 일반적으로 초기 건설비는 콘크리트 포장이 높고 유지관리비는 아스팔트 포장이 높다.

31 15t의 덤프트럭에 1.2m³의 버킷을 갖는 백호로 흙을 적재하고자 한다. 흙의 단위중량이 1.7m³이고, 토량변화율 $L=1.25$이고, 버킷계수가 0.9일 때 트럭 1대당 백호 적재횟수는?
① 7회　　② 9회
③ 11회　　④ 13회

해설
- $q_t = \dfrac{T}{\gamma_t}L = \dfrac{15}{1.7} \times 1.25 = 11.03\text{m}^3$
- $n = \dfrac{q_t}{qk} = \dfrac{11.03}{1.2 \times 0.9} = 11$회

32 아스팔트 콘크리트 포장의 소성변형(rutting)에 대한 설명 중 옳지 않은 것은?
① 노면에 차량의 바퀴가 집중적으로 통과하여 움푹 파인 자국이다.
② 아스팔트의 양이 많거나 여름철 이상 고온시 발생하기 쉽다.
③ 변형된 곳에 물이 고여 수막현상으로 주행에 위험을 초래할 수 있다.
④ 골재 입도의 최대 입경이 크거나 침입도가 적은 아스팔트를 사용하게 되면 발생한다.

해설 소성변형 방지를 위해 골재 입도의 최대입경이 크거나 침입도가 적은 아스팔트를 사용한다.

정답
26. ④　27. ④
28. ③　29. ③
30. ②　31. ③
32. ④

33 그림의 Net work에 나타난 공사에 필요한 소요 일수는?

① 19일
② 20일
③ 22일
④ 25일

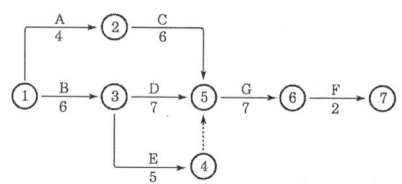

해설
- 주공정선(CP) : 시간적으로 가장 긴 경로인 공사 소요 일수
  ①→③→⑤→⑥→⑦
  6+7+7+2=22일

34 37,800m³(완성된 토량)의 성토를 하는데 유용토가 30,000m³(느슨한 토량)이 있다. 이때 부족한 토량은 본바닥 토량으로 얼마인가? (단, 흙의 종류는 사질토이고 토량의 변화율은 $L=1.25$, $C=0.90$ 이다.)

① 13,800m³
② 16,200m³
③ 18,000m³
④ 22,000m³

해설
- $C = \dfrac{\text{완성된 토량}}{\text{본바닥 토량}}$

  ∴ 본바닥 토량 $= \dfrac{\text{완성된 토량}}{C} = \dfrac{37,800}{0.9} = 42,000\text{m}^3$

- $L = \dfrac{\text{느슨한 토량}}{\text{본바닥 토량}}$

  ∴ 본바닥 토량 $= \dfrac{\text{느슨한 토량}}{L} = \dfrac{30,000}{1.25} = 24,000\text{m}^3$

- 부족한 본바닥 토량
  $42,000 - 24,000 = 18,000\text{m}^3$

35 다음 중 흙의 지지력 시험과 직접적인 관계가 없는 것은?

① 평판재하시험
② CBR 시험
③ 표준관입시험
④ 정수위 투수시험

해설 정수위 투수시험은 자갈과 모래의 투수계수를 알기 위한 시험이다.

36 교량의 구조에 따른 분류 중 아래의 표에서 설명하는 교량 형식은?

> 주탑, 케이블, 주형의 3요소로 구성되어 있고, 케이블을 주형에 정착시킨 교량형식이며, 장지간 교량에 적합한 형식으로서 국내 서해대교에 적용된 형식이다.

① 사장교 ② 현수교
③ 아치교 ④ 트러스교

해설 사장교는 케이블 형상에 따라 방사형, 하프형, 팬형이 있다.

37 PERT와 CPM의 차이점에 대한 설명으로 틀린 것은?
① PERT의 주목적은 공기단축, CPM은 공사비 절감이다.
② PERT는 작업 중심의 일정계산이고, CPM은 결합점 중심의 일정계산이다.
③ PERT는 3점 시간 추정이고, CPM은 1점 시간 추정이다.
④ PERT의 이용은 신규사업, 비반복사업에 이용되고, CPM은 반복사업, 경험이 있는 사업에 이용된다.

해설 PERT는 작업활동 중심관리이고, CPM은 작업단계 중심관리이다.

38 강말뚝의 부식에 대한 대책으로 적당하지 않은 것은?
① 초음파법
② 전기방식법
③ 도장에 의한 방법
④ 말뚝의 두께를 증가시키는 방법

해설 초음파법은 콘크리트의 비파괴 시험중 균열깊이를 측정하는데 가장 효과적이다.

39 유토곡선(Mass curve)의 성질에 대한 설명으로 틀린 것은?
① 유토곡선의 최댓값, 최솟값을 표시하는 점은 절토와 성토의 경계를 말한다.
② 유토곡선의 상승부분은 성토, 하강부분은 절토를 의미한다.
③ 유토곡선이 기선 아래에서 종결될 때에는 토량이 부족하고 기선 위에서 종결될 때에는 토량이 남는다.
④ 기선상에서의 토량은 "0"이다.

해설 유토곡선의 상승부분은 절토, 하강부분은 성토를 의미한다.

[정답] 33. ③ 34. ③
35. ④ 36. ①
37. ② 38. ①
39. ②

40 보강토 옹벽의 뒤채움 재료로 가장 적합한 흙은?

① 점토질흙
② 실트질흙
③ 유기질흙
④ 모래 섞인 자갈

해설 보강토 옹벽의 뒤채움 재료는 사질토 및 조립토가 적합하다.

3과목 건설재료 및 시험

41 콘크리트용 혼화재료에 관한 설명 중 틀린 것은?

① 플라이 애시를 사용한 콘크리트의 경우 목표 공기량을 얻기 위해서는 플라이 애시를 사용하지 않은 콘크리트에 비하여 공기연행제의 사용량이 증가된다.
② 고로슬래그 미분말은 비결정질의 유리질 재료로 잠재수경성을 가지고 있으며, 유리화율이 높을수록 잠재수경성 반응은 커진다.
③ 실리카퓸은 0.02~0.54 μm 크기의 초미립자로 이루어진 비결정질 재료로 포졸란 반응을 한다.
④ 팽창재를 사용한 콘크리트의 팽창률 및 압축강도는 팽창재 혼입량이 증가될수록 증가한다.

해설 압축강도는 팽창재 혼입량이 증가될수록 감소한다.

42 잔골재 A의 조립률이 2.5이고, 잔골재 B의 조립률이 2.9일 때, 이 잔골재 A와 B를 섞어 조립률 2.8의 잔골재를 만들려면 A와 B의 질량비를 얼마로 섞어야 하는가?

① 1:1
② 1:2
③ 1:3
④ 1:4

해설
- $A+B=100,\ A=100-B$
- $\dfrac{2.5A+2.9B}{A+B}=2.8$

$2.5A+2.9B=(A+B)2.8$
$2.5A+2.9B=2.8A+2.8B$
$2.9B-2.8B=2.8A-2.5A$
$0.1B=0.3A$
$0.1B=0.3(100-B)$

$0.1B = 30 - 0.3B$
$0.4B = 30$
$\therefore B = 75\%$ $A = 25\%$
- A와 B의 질량비는 1 : 3이다.

43 강의 열처리 방법 중 변태점 이상 온도로 가열해서 공기중에서 서서히 냉각, 강 속의 조직이 치밀하게 되고 변형이 제거되는 것을 무엇이라 하는가?

① 불림 ② 풀림
③ 담금질 ④ 뜨임

해설
- 풀림은 가열 후 노 속에서 서서히 냉각하며 강속의 내부응력이 제거되고 신도가 증가한다.
- 담금질은 가열 후 물 또는 기름 속에서 급속히 냉각하며 경도와 내마모성이 증대된다.
- 뜨임은 가열 후 다시 가열한 다음 공기중에서 서서히 냉각한다.

44 아스팔트의 침입도 시험기를 사용하여 온도 25℃로 일정한 조건에서 100g의 표준침이 3mm 관입했다면, 이 재료의 침입도는 얼마인가?

① 3 ② 6
③ 30 ④ 60

해설
- 침입도 1은 $\frac{1}{10}$mm 관입량을 뜻한다.
- 침입도 1 : 0.1mm 관입량=침입도 x : 3mm 관입량
$\therefore x = \frac{3}{0.1} = 30$

45 콘크리트 내부에 미세 독립기포를 형성하여 워커빌리티 및 동결융해 저항성을 높이기 위하여 사용하는 혼화제는?

① 고성능 감수제 ② 팽창제
③ 발포제 ④ AE제

해설 콘크리트 공극 중의 물의 동결에 의한 팽창응력을 기포가 흡수함으로써 콘크리트의 동결융해에 대한 내구성을 크게 증가시킨다.

46 암석의 분류 중 성인(지질학적)에 의한 분류가 아닌 것은?

① 화성암 ② 퇴적암
③ 점토질암 ④ 변성암

정답
40. ④ 41. ④
42. ③ 43. ①
44. ③ 45. ④
46. ③

> **해설**
> - 화성암 : 화강암, 섬록암, 안산암, 현무암 등
> - 수성암(퇴적암) : 응회암, 사암, 혈암, 점판암, 석회암, 규조토, 화산재 등
> - 변성암 : 대리석, 사문석, 편마암, 편암 등

47 폴리머를 판상으로 압축시키며 격자 모양의 그리드 형태로 구멍을 내 일축 또는 이축으로 연신하여 제조하므로 분자 배열이 잘 조정되어 높은 강도를 내어 보강 및 분리 기능의 용도로 사용되는 토목섬유는?

① 직포형 지오텍스타일
② 부직포형 지오텍스타일
③ 지오멤브레인
④ 지오그리드

> **해설** 지오그리드는 주로 보강 및 분리 기능의 역할을 한다.

48 대폭파 또는 수중폭파에서 동시폭파를 실시하기 위하여 뇌관 대신에 사용하는 것은?

① 도화선
② 도폭선
③ 전기뇌관
④ 첨장약

> **해설** 도폭선으로 원료는 TNT, 펜트리트, 피크린산, 헥조겐 등을 사용한다.

49 아스팔트 시료를 일정 비율로 가열하여 강구의 무게에 의해 시료가 25mm 내려갔을 때의 온도를 측정하는 시험은?

① 침입도
② 신도
③ 연화점
④ 연소점

> **해설** 아스팔트의 연화시점에서는 시료를 일정 비율로 가열하여 강구의 무게에 의해 시료가 25mm 내려갔을 때 측정한 온도를 연화점이라고 한다.

50 포틀랜드 시멘트의 주성분 비율 중 수경률(H.M. Hydraulic Modulus)에 대한 설명으로 틀린 것은?

① 수경률은 CaO 성분이 높을 경우 커진다.
② 수경률은 다른 성분이 일정할 경우 석고량이 많을 경우 커진다.
③ 수경률이 크면 초기강도가 커진다.
④ 수경률이 크면 수화열이 큰 시멘트가 생긴다.

해설 수경률이 클수록 C₃S(규산삼석회)가 많이 생성된다.

51 재료의 역학적 성질 중 재료를 얇게 펴서 늘일수 있는 성질을 무엇이라 하는가?
① 인성   ② 강성
③ 전성   ④ 취성

해설
- 강성 : 구조물이나 부재에 외력이 작용할때 변형이나 파괴되지 않으려는 성질
- 연성 : 재료를 잡아 당겼을 때 길게 늘어나는 성질
- 전성 : 압력이나 타격에 의해 판자의 모양으로 펼 수 있는 성질
- 인성 : 재료가 외력을 받아 파괴 될때까지의 에너지의 흡수능력, 즉 외력을 받아 변형을 나타내면서도 파괴되지 않는 성질
- 취성 : 적은 변형이 생기더라도 파괴되는 성질

52 단위용적질량이 1.65kg/L인 굵은골재의 밀도가 2.65kg/L일 때 이 골재의 공극률은 얼마인가?
① 28.6%   ② 30.3%
③ 33.3%   ④ 37.7%

해설
- 공극률 $= \left(1 - \dfrac{\omega}{\rho}\right) \times 100 = \left(1 - \dfrac{1.65}{2.65}\right) \times 100 = 37.7\%$
- 실적률 $= \dfrac{\omega}{\rho} \times 100 = \dfrac{1.65}{2.65} \times 100 = 62.3\%$

53 다음 중 목재의 인공건조법이 아닌 것은?
① 수침법   ② 끓임법
③ 열기법   ④ 증기법

해설 공기건조법, 수침법은 자연건조법에 해당한다.

54 잔골재의 유해물 함유량 허용한도 중 점토덩어리인 경우 중량백분율로 최댓값은 얼마인가?
① 1%   ② 2%
③ 3%   ④ 4%

해설 굵은골재의 유해물 함유량 허용한도 중 점토덩어리인 경우에는 0.25% 이내이어야 한다.

정답
47. ④ 48. ②
49. ③ 50. ②
51. ③ 52. ④
53. ① 54. ①

55 역청 재료의 성질 및 시험에 대한 설명으로 틀린 것은?

① 인화점은 연소점보다 30~60℃ 정도 높다.
② 일반적으로 가열속도가 빠르면 인화점은 떨어진다.
③ 연화점 시험 시 시료를 환에 주입하고 4시간 이내에 시험을 종료한다.
④ 연화점 시험 시 중탕 온도를 연화점이 80℃ 이하인 경우는 5℃로, 80℃ 초과인 경우는 32℃로 15분간 유지한다.

해설 연소점은 인화점보다 30~60℃ 정도 높다.

56 콘크리트용 잔골재의 안정성에 대한 설명으로 옳은 것은?

① 잔골재의 안정성은 수산화나트륨으로 5회 시험으로 평가하며, 그 손실질량은 10% 이하를 표준으로 한다.
② 잔골재의 안정성은 수산화나트륨으로 3회 시험으로 평가하며, 그 손실질량은 5% 이하를 표준으로 한다.
③ 잔골재의 안정성은 황산나트륨으로 5회 시험으로 평가하며, 그 손실질량은 10% 이하를 표준으로 한다.
④ 잔골재의 안정성은 황산나트륨으로 3회 시험으로 평가하며, 그 손실질량은 5% 이하를 표준으로 한다.

해설 굵은골재의 안정성은 황산나트륨으로 5회 시험으로 평가하며, 그 손실질량은 12% 이하를 표준으로 한다.

57 부순 굵은골재의 품질에 대한 설명으로 틀린 것은?

① 마모율은 30% 이하이어야 한다.
② 흡수율은 3% 이하이어야 한다.
③ 입자 모양 판정 실적률 시험을 실시하여 그 값이 55% 이상이어야 한다.
④ 0.08mm체 통과량은 1.0% 이하이어야 한다.

해설 마모율은 40% 이하이어야 한다.

58 플라이애시를 사용한 콘크리트의 특성으로 옳은 것은?

① 작업성 저하
② 수화열 증가
③ 단위수량 감소
④ 건조수축 증가

해설 플라이애시를 사용한 콘크리트은 수밀성 개선과 단위수량을 감소시킨다.

59 분말도가 큰 시멘트의 성질에 대한 설명으로 옳은 것은?

① 응결이 늦고 발열량이 많아진다.
② 초기강도는 작으나 장기강도의 증진이 크다.
③ 물에 접촉하는 면적이 커서 수화작용이 늦다.
④ 워커빌리티(workability)가 좋은 콘크리트를 얻을 수 있다.

해설 분말도가 크면 수화가 빨리 진행되어 초기강도가 크다.

60 포틀랜드 시멘트(KS L 5201)에서 1종인 보통 포틀랜드 시멘트의 비카 시험에 따른 초결 및 종결 시간에 대한 규정으로 옳은 것은?

① 초결 : 60분 이상, 종결 : 10시간 이하
② 초결 : 50분 이상, 종결 : 15시간 이하
③ 초결 : 40분 이상, 종결 : 9시간 이하
④ 초결 : 120분 이상, 종결 : 10시간 이하

해설 시멘트 응결시험에는 비카 시험, 길모어 시험이 있다.

4과목 토질 및 기초

61 흙의 투수성에 관한 Darcy의 법칙 $Q = K \cdot \dfrac{\Delta h}{l} \cdot A$을 설명하는 말 중 옳지 않은 것은?

① 투수계수 K의 차원은 속도의 차원(cm/sec)과 같다.
② A는 실제로 물이 통하는 공극부분의 단면적이다.
③ Δh는 수두차(水頭差)이다.
④ 물의 흐름이 난류(亂流)인 경우에는 Darcy의 법칙이 성립하지 않는다.

해설 A는 시료의 전단면이다.

보충 정수위 투수시험시 투수계수

$$Q_t = A \cdot V \cdot t = A \cdot k \cdot i \cdot t = A \cdot k \cdot \dfrac{h}{L} \cdot t \qquad \therefore k = \dfrac{Q_t \cdot L}{A \cdot h \cdot t}$$

정답
55. ① 56. ③
57. ① 58. ③
59. ④ 60. ①
61. ②

62 어떤 흙의 입경가적곡선에서 D_{10} = 0.05mm, D_{30} = 0.09mm, D_{60} = 0.15mm이었다. 균등계수 C_u 와 곡률계수 C_g 의 값은?

① C_u =3.0, C_g =1.08
② C_u =3.5, C_g =2.08
③ C_u =1.7, C_g =2.45
④ C_u =2.4, C_g =1.82

해설
- $C_u = \dfrac{D_{60}}{D_{10}} = \dfrac{0.15}{0.05} = 3$
- $C_g = \dfrac{(D_{30})^2}{D_{10} \times D_{60}} = \dfrac{(0.09)^2}{0.05 \times 0.15} = 1.08$

보충 입도가 양호한 조건
- $10 < C_u$
- $1 < C_g < 3$

63 지표에서 2m×2m 되는 기초에 100kN/m²의 하중이 작용한다. 깊이 5m 되는 곳에서 이 하중에 의해 일어나는 연직응력을 2 : 1분포법으로 계산한 값은?

① 28.57kN/m²
② 8.16kN/m²
③ 0.83kN/m²
④ 19.75kN/m²

해설
$q \cdot (B \times B) = \sigma_z \cdot (B+Z)(B+Z)$
$\therefore \sigma_Z = \dfrac{q \cdot (B \times B)}{(B+Z)(B+Z)} = \dfrac{100 \times (2 \times 2)}{(2+5)(2+5)} = 8.16 \text{kN/m}^2$

보충 직사각형 기초의 경우
$q \cdot (B \times L) = \sigma_Z (B+Z)(L+Z)$
$\therefore \sigma_Z = \dfrac{q \cdot (B \times L)}{(B+Z)(L+Z)}$

64 다음 중 일시적인 지반 개량 공법에 속하는 것은?
① 동결공법
② 약액주입 공법
③ 프리로딩 공법
④ 다짐 모래말뚝 공법

해설 웰포인트, Deep Wall 공법, 동결공법, 대기압공법 등은 일시적인 개량공법이다.

65 간극률 $n = 40\%$, 비중 $G_s = 2.65$인 어느 사질토층의 한계동수경사 i_c은 얼마인가?

① 0.99
② 1.06
③ 1.34
④ 1.62

해설
$i_c = \dfrac{G_s - 1}{1 + e} = \dfrac{2.65 - 1}{1 + 0.667} = 0.99$

여기서, $e = \dfrac{n}{100 - n} = \dfrac{40}{100 - 40} = 0.667$

66 다짐에 대한 설명으로 옳지 않은 것은?

① 점토분이 많은 흙은 일반적으로 최적함수비가 낮다.
② 사질토는 일반적으로 건조밀도가 높다.
③ 입도배합이 양호한 흙은 일반적으로 최적함수비가 낮다.
④ 점토분이 많은 흙은 일반적으로 다짐곡선의 기울기가 완만하다.

해설
• 점토분이 많은 흙은 최적함수비가 높다.
• 사질토는 다짐곡선의 기울기가 급하다.

67 외경(D_o) 50.8mm, 내경(D_i) 34.9mm인 스플리트 스푼 샘플러의 면적비로 옳은 것은?

① 46%
② 53%
③ 106%
④ 112%

해설
• $A_r = \dfrac{D_w^2 - D_e^2}{D_e^2} \times 100 = \dfrac{50.8^2 - 34.9^2}{34.9^2} \times 100 = 112\%$
• 면적비가 10% 이하이면 잉여토의 혼입이 불가능한 것으로 보고 불교란 시료로 간주한다.

68 Terzaghi는 포화점토에 대한 1차 압밀이론에서 수학적 해를 구하기 위하여 다음과 같은 가정을 하였다. 이 중 옳지 않은 것은?

① 흙은 균질하다.
② 흙입자와 물의 압축성은 무시한다.
③ 흙 속에서의 물의 이동은 Darcy 법칙을 따른다.
④ 투수계수는 압력의 크기에 비례한다.

해설
• 흙의 성질은 압력 크기에 관계없이 일정하다.
• 압밀의 진행은 압밀계수에 비례한다.

[정답] 62. ① 63. ② 64. ① 65. ① 66. ① 67. ④ 68. ④

69. 압밀시험결과 시간 – 침하량 곡선에서 구할 수 없는 것은?

① 1차 압밀비(γ_p)
② 초기 압축비
③ 선행압밀 압력(P_c)
④ 압밀계수(C_v)

해설 선행압밀 압력은 하중–공극비 곡선에서 구할 수 있다.

70. 말뚝 지지력에 관한 여러가지 공식 중 정역학적 지지력 공식이 아닌 것은?

① Dorr의 공식
② Terzaghi의 공식
③ Meyerhof의 공식
④ Engineering–News 공식

해설 Engineering News 공식과 Sander 공식은 동역학적 지지력 공식에 해당된다.

보충 Sander 공식의 허용지지력
$R_a = \dfrac{WH}{8\delta}$

71. 평판재하시험에서 재하판의 크기에 의한 영향(scale effect)에 관한 설명으로 틀린 것은?

① 사질토 지반의 지지력은 재하판의 폭에 비례한다.
② 점토 지반의 지지력은 재하판의 폭에 무관하다.
③ 사질토 지반의 침하량은 재하판의 폭이 커지면 약간 커지기는 하지만 비례하는 정도는 아니다.
④ 점토 지반의 침하량은 재하판의 폭에 무관하다.

해설 점토 지반의 침하량은 재하판의 폭에 비례한다.

72. Paper Drain 설계시 Drain Paper의 폭이 10cm, 두께가 0.3cm일 때 드레인 페이퍼의 등치환산원의 직경이 얼마이면 Sand Drain과 동등한 값으로 볼 수 있는가? (단, 형상계수 : 0.75)

① 5cm
② 7.5cm
③ 10cm
④ 15cm

해설
- $D = \alpha \dfrac{2(A+B)}{\pi} = 0.75 \dfrac{2(10+0.3)}{3.14} = 5\text{cm}$
- Paper drain 공법은 자연함수비가 액성한계 이상인 초연약한 점성토지반의 압밀을 촉진시킨다.

답안 표기란

69	①	②	③	④
70	①	②	③	④
71	①	②	③	④
72	①	②	③	④

73 얕은 기초에 대한 Terzaghi의 수정지지력 공식은 아래의 표와 같다. 4m×5m의 직사각형 기초를 사용할 경우 형상계수 α와 β의 값으로 옳은 것은?

$$q_u = \alpha c N_c + \beta \gamma_1 B N_r + \gamma_2 D_f N_q$$

① $\alpha = 1.2,\ \beta = 0.4$
② $\alpha = 1.28,\ \beta = 0.42$
③ $\alpha = 1.24,\ \beta = 0.42$
④ $\alpha = 1.32,\ \beta = 0.38$

해설
- $\alpha = 1 + 0.3\dfrac{B}{L} = 1 + 0.3 \times \dfrac{4}{5} = 1.24$
- $\beta = 0.5 - 0.1\dfrac{B}{L} = 0.5 - 0.1 \times \dfrac{4}{5} = 0.42$

74 성토나 기초지반에 있어 특히 점성토의 압밀 완료 후 추가 성토 시 단기 안정문제를 검토하고자 하는 경우 적용되는 시험법은?

① 비압밀 비배수시험
② 압밀 비배수시험
③ 압밀 배수시험
④ 일축압축시험

해설 압밀 비배수시험(CU시험)
성토 하중으로 어느 정도 압밀된 후 단기 안정문제를 검토 할 경우 적용한다.

75 100% 포화된 흐트러지지 않은 시료의 부피가 20cm³이고 질량이 36g이었다. 이 시료를 건조로에서 건조시킨 후의 질량이 24g일 때 간극비는 얼마인가?

① 1.36
② 1.50
③ 1.62
④ 1.70

해설
- $S = 100\%$이므로
  $V_v = V_w = W_w$
- $W = W_w + W_s$
  $36 = W_w + 24$ ∴ $W_w = 36 - 24 = 12g$
- $V_s = V - V_v = 20 - 12 = 8g$
  ∴ $e = \dfrac{V_v}{V_s} = \dfrac{12}{8} = 1.5$

76 사운딩(Sounding)의 종류에서 사질토에 가장 적합하고 점성토에서도 쓰이는 시험법은?

① 표준관입시험
② 베인 전단시험
③ 더치 콘 관입시험
④ 이스키미터(Iskymeter)

[정답] 69.③ 70.④ 71.④ 72.① 73.③ 74.② 75.② 76.①

해설 표준관입시험으로 현장 지반의 강도를 추정하며 흐트러진 시료를 채취할 수 있다.

77 점착력이 8kN/m², 내부 마찰각이 30°, 단위중량 16kN/m³인 흙이 있다. 이 흙에 인장균열은 약 몇 m 깊이까지 발생할 것인가?

① 6.92m
② 3.73m
③ 1.73m
④ 1.00m

해설 $Z_c = \dfrac{2C}{\gamma}\tan\left(45° + \dfrac{\phi}{2}\right) = \dfrac{2\times 8}{16}\tan\left(45 + \dfrac{30°}{2}\right) = 1.73\text{m}$

78 그림과 같은 점토지반에서 안정수(m)가 0.1인 경우 높이 5m의 사면에 있어서 안전율은?

① 1.0
② 1.25
③ 1.50
④ 2.0

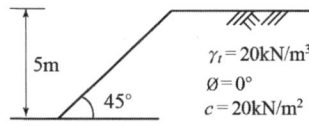

$5m$, $45°$, $\gamma_t = 20\text{kN/m}^3$, $\phi = 0°$, $c = 20\text{kN/m}^2$

해설
- $H_c = \dfrac{N_s C}{\gamma} = \dfrac{\dfrac{1}{0.1}\times 20}{20} = 10\text{m}$
- $F = \dfrac{H_c}{H} = \dfrac{10}{5} = 2$

79 아래 그림과 같은 지반의 A점에서 전응력(σ), 간극수압(u), 유효응력(σ')을 구하면? (단, 물의 단위중량은 9.81kN/m³이다.)

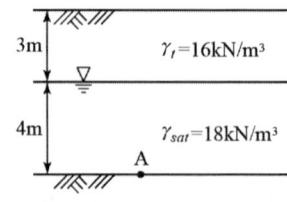

3m, $\gamma_t = 16\text{kN/m}^3$
4m, $\gamma_{sat} = 18\text{kN/m}^3$, A

① $\sigma = 100\text{kN/m}^2$, $u = 9.8\text{kN/m}^2$, $\sigma' = 90.2\text{kN/m}^2$
② $\sigma = 100\text{kN/m}^2$, $u = 29.4\text{kN/m}^2$, $\sigma' = 70.6\text{kN/m}^2$
③ $\sigma = 120\text{kN/m}^2$, $u = 19.6\text{kN/m}^2$, $\sigma' = 100.4\text{kN/m}^2$
④ $\sigma = 120\text{kN/m}^2$, $u = 39.2\text{kN/m}^2$, $\sigma' = 80.8\text{kN/m}^2$

- $\sigma = 16 \times 3 + 18 \times 4 = 120 \text{kN/m}^2$
- $u = 9.81 \times 4 = 39.2 \text{kN/m}^2$
- $\sigma' = 16 \times 3 + (18 - 9.81) \times 4 = 80.8 \text{kN/m}^2$
  (또는 $\sigma' = \sigma - u = 120 - 39.2 = 80.8 \text{kN/m}^2$)

80 그림에서 A점 흙의 강도정수가 $C = 30\text{kN/m}^2$, $\phi = 30°$일 때, A점에서의 전단강도는? (단, 물의 단위중량은 9.81kN/m³이다.)

① 69.31kN/m^2
② 74.32kN/m^2
③ 96.97kN/m^2
④ 103.92kN/m^2

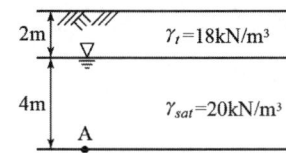

- 유효응력
  $\sigma' = 18 \times 2 + (20 - 9.81) \times 4 = 76.76 \text{kN/m}^2$
- 전단강도
  $\tau = C + \sigma' \tan\phi = 30 + 76.76 \tan 30° = 74.32 \text{kN/m}^2$

정답 77. ③ 78. ④ 79. ④ 80. ②

03회 CBT 모의고사

1과목 콘크리트 공학

01 크리프(Creep)의 양을 좌우하는 요소로서 맞지 않는 것은?
① 재하되는 콘크리트의 공기연행제 첨가 여부
② 재하되는 기간
③ 재하가 시작하는 시점의 콘크리트의 재령과 강도
④ 재하되는 응력의 크기

해설 크리프는 콘크리트에 일정한 하중이 지속적으로 작용되면 응력의 변화가 없어도 콘크리트의 변형은 시간의 경과와 함께 증가하는 성질이다.

02 철근이 배치된 매스 콘크리트의 일반적인 구조물에서 균열 발생을 방지할 목적으로 선택해야 할 표준적인 온도균열지수의 값은?
① 1.0 이상
② 1.2 이상
③ 1.5 이상
④ 2.0 이상

해설
• 균열 발생을 방지할 경우 : 1.5 이상
• 균열 발생을 제한할 경우 : 1.2~1.5
• 유해한 균열 발생을 제한할 경우 : 0.7~1.2

03 굳지 않은 콘크리트에서 재료분리가 일어나는 원인으로 볼 수 없는 것은?
① 입자가 거친 잔골재를 사용한 경우
② 단위골재량이 적은 경우
③ 단위수량이 너무 많은 경우
④ 굵은골재의 최대치수가 지나치게 큰 경우

해설 단위골재량이 너무 많은 경우

04 일반 콘크리트 다지기에 대한 설명으로 틀린 것은?
① 콘크리트 다지기에는 내부진동기의 사용을 원칙으로 하나, 얇은 벽 등 내부진동기의 사용이 곤란한 장소에서는 거푸집 진동기를 사용해도 좋다.

② 내부진동기는 연직으로 찔러 넣으며, 삽입간격은 일반적으로 0.5m 이하로 하는 것이 좋다.
③ 내부진동기를 사용할 때 하층의 콘크리트 속으로 진동기가 삽입되지 않도록 하여야 한다.
④ 내부진동기를 사용할 때 1개소당 진동시간은 다짐할 때 시멘트 페이스트가 표면 상부로 약간 부상할 때까지 한다.

해설 내부진동기를 사용할 때 하층의 콘크리트 속으로 진동기가 0.1m 정도 삽입되도록 하여야 한다.

05 프리스트레스트 콘크리트 그라우트의 덕트 내의 충전성을 확보하기 위한 조건으로 틀린 것은?

① 블리딩률은 0.3% 이하를 표준으로 한다.
② 그라우트의 체적 변화율은 −1~5%를 표준으로 한다.
③ 그라우트 압축강도는 재령 28일에서 30MPa 이상으로 한다.
④ 물−결합재비는 55% 이하로 한다.

해설 프리스트레스트 콘크리트 그라우트의 물−결합재비는 45% 이하로 한다.

06 포장용 시멘트 콘크리트의 배합 기준 중 옳지 않은 것은?

① 휨 호칭강도 : 4.5 MPa 이상
② 슬럼프 : 20mm 이하
③ 공기량 : 4~6%
④ 단위수량 : 150 kg/m^3 이하

해설
- 슬럼프 : 40mm 이하
- 굵은골재 최대치수 : 40mm 이하

07 콘크리트의 중성화에 관한 설명으로 틀린 것은?

① 콘크리트 중의 수산화칼슘이 공기 중의 탄산가스와 반응하면 중성화가 진행된다.
② 중성화가 철근의 위치까지 도달하면 철근은 부식되기 시작한다.
③ 공기 중의 탄산가스의 농도가 높을수록, 온도가 높을수록 중성화 속도는 빨라진다.
④ 중성화의 대책으로는 플라이애시와 같은 실리카질 혼화재를 시멘트와 혼합하여 사용하는 것이 좋다.

해설 혼합 시멘트 혹은 실리카질 혼화재를 사용하면 중성화 속도가 오히려 빨라진다.

정답 01.① 02.③ 03.② 04.③ 05.④ 06.② 07.④

08 단위 골재량의 절대부피가 800ℓ인 콘크리트에서 잔골재율(S/a)이 40%이고, 굵은 골재의 표건밀도가 2.65g/cm³이면, 단위 굵은골재량은 얼마인가?

① 848 kg
② 1044 kg
③ 1272 kg
④ 2120 kg

해설 단위 굵은골재량 : $G = 2.65 \times 0.8 \times (1 - 0.4) \times 1000 = 1272 \text{kg}$

09 온도균열의 발생을 억제하기 위한 시공상의 대책으로 옳지 않은 것은?

① 1회 타설높이를 크게 할 것
② 재료를 사용하기 전에 미리 온도를 낮추어 사용할 것
③ 수화열이 낮은 시멘트를 선택할 것
④ 단위 시멘트량을 적게 할 것

해설 1회 타설높이를 낮게 하여 수화열 발생을 적게 하므로 온도균열을 억제한다.

10 시방배합을 통해 단위수량 174kg/m³, 시멘트량 369kg/m³, 잔골재 702kg/m³, 굵은골재 1,049kg/m³을 산출하였다. 현장골재의 입도를 고려하여 현장배합으로 수정한다면 잔골재와 굵은골재의 양은 각각 얼마가 되겠는가? (단, 현장골재의 입도는 잔골재 중 5mm체에 남는 양이 10%이고, 굵은골재 중 5mm체를 통과한 양이 5%이다.)

① 잔골재 : 563 kg/m³,   굵은골재 : 1,108 kg/m³
② 잔골재 : 637 kg/m³,   굵은골재 : 1,114 kg/m³
③ 잔골재 : 723 kg/m³,   굵은골재 : 1,028 kg/m³
④ 잔골재 : 802 kg/m³,   굵은골재 :   949 kg/m³

해설
- 잔골재
$$x = \frac{100S - b(S+G)}{100 - (a+b)} = \frac{100 \times 702 - 5(702+1049)}{100 - (10+5)} = 723 \text{kg/m}^3$$
- 굵은골재
$$y = \frac{100G - a(S+G)}{100 - (a+b)} = \frac{100 \times 1049 - 10(702+1049)}{100 - (10+5)} = 1028 \text{kg/m}^3$$

11 일반 콘크리트의 비비기에 관하여 잘못 설명한 것은?

① 비비기를 시작하기에 미리 믹서내부를 모르타르로 부착시켜야 한다.
② 비비기는 미리 정해둔 비비기 시간의 3배 이상 계속 해서는 안된다.
③ 믹서 안의 콘크리트를 전부 꺼낸 후에 다음 비비기 재료를 투입하여야 한다.
④ 믹서 안에 재료를 투입한 후의 비비기 시간은 가경식 믹서의 경우 3분 이상을 표준으로 한다.

해설
- 가경식 믹서 : 1분 30초 이상
- 강제식 믹서 : 1분 이상
- 비비기 시간은 시험에 의해 정하는 것을 원칙으로 한다.

12 23회의 압축강도 시험실적으로부터 구한 표준편차가 2.8MPa이었다. 콘크리트의 품질기준강도(f_{cq})가 28MPa인 경우 배합강도는? (단, 시험횟수 20회일 때의 표준편차의 보정계수는 1.08이고, 25회일 때의 표준편차의 보정계수는 1.03이다.)

① 30 MPa
② 31 MPa
③ 32 MPa
④ 33 MPa

해설
$f_{cq} \leq 35\text{MPa}$이므로
$f_{cr} = f_{cq} + 1.34s = 28 + 1.34 \times (2.8 \times 1.05) = 32\text{MPa}$
$f_{cr} = (f_{cq} - 3.5) + 2.33s = (28 - 3.5) + 2.33 \times (2.8 \times 1.05) = 31.4\text{MPa}$
∴ 큰 값인 32MPa이다.
여기서, 23회일 때 직선 보간을 고려한 표준편차의 보정계수는 1.05이다.

13 한중 콘크리트에 대한 설명으로 틀린 것은?

① 한중 콘크리트의 배합시 물-결합재비는 원칙적으로 60% 이하로 하여야 한다.
② 초기양생에서 소요 압축강도가 얻어질 때까지 콘크리트의 온도를 5℃ 이상으로 유지하여야 하며, 또한 소요 압축강도에 도달한 후 2일간은 구조물의 어느 부분이라도 0℃ 이상이 되도록 유지하여야 한다.
③ 적산온도방식을 적용할 경우 5℃에서 28일간 양생한 콘크리트는 10℃에서 14일간 양생한 콘크리트와 강도가 거의 동일하다.
④ 보통의 노출상태에 있는 콘크리트의 초기양생은 콘크리트 강도가 5MPa 될 때까지 실시한다.

해설 적산온도 방식을 적용할 경우 5℃에서 28일간 양생한 콘크리트는 10℃에서 14일간 양생한 콘크리트와 강도가 다르다.

정답 08. ③ 09. ①
10. ③ 11. ④
12. ③ 13. ③

14 숏크리트의 강도에 대한 설명으로 틀린 것은?

① 일반적인 경우 재령 3시간에서 숏크리트의 초기강도는 1.0~3.0MPa를 표준으로 한다.
② 일반적인 경우 재령 24시간에서 숏크리트의 초기강도는 5.0~10.0MPa를 표준으로 한다.
③ 일반 숏크리트의 장기 설계기준압축강도는 28일로 설정하며 그 값은 21MPa 이상으로 한다.
④ 영구 지보재로 숏크리트를 적용할 경우 재령 28일의 부착강도는 4.0MPa 이상이 되도록 관리하여야 한다.

해설 영구 지보재로 숏크리트를 적용할 경우 재령 28일의 부착강도는 1.0MPa 이상이 되도록 관리하여야 한다.

15 해양 콘크리트에 대한 설명으로 틀린 것은?

① 해양 콘크리트 배합시 고로 시멘트, 플라이 애시 시멘트 또는 중용열 포틀랜드 시멘트를 사용하는 것이 좋다.
② 해양 구조물은 만조위로부터 위로 0.6m, 간조위로부터 아래로 0.6m 사이의 감조부분에 시공이음이 생기지 않도록 하여야 한다.
③ 물보라 지역 및 해상 대기 중에서는 굵은골재가 25mm인 경우 단위 결합재량은 330kg/m³ 이상 사용하는 것이 좋다.
④ 심한 노출의 경우 해양 콘크리트의 공기량은 굵은골재 최대치수가 25mm인 경우 3%로 한다.

해설
• 심한 노출의 경우 해양 콘크리트의 공기량은 굵은골재 최대치수가 25mm인 경우 6%로 한다.
• 일반 노출의 경우 해양 콘크리트의 공기량은 굵은골재 최대치수가 25mm 및 40mm인 경우 4.5%로 한다.

16 구속되어 있지 않은 무근 콘크리트 부재의 건조수축률이 500×10^{-6}일 때 콘크리트에 작용하는 응력의 크기는? (단, 콘크리트의 탄성계수는 25GPa이다.)

① 인장응력 5.0MPa
② 압축응력 12.5MPa
③ 인장응력 12.5MPa
④ 응력이 발생하지 않는다.

해설 구속이 되어 있지 않아 응력이 발생하지 않는다.

17 압축강도에 의한 콘크리트의 품질검사의 시기 및 횟수, 판정기준에 대한 내용으로 틀린 것은?

① 배합이 변경 될 때마다 실시한다.
② 1회/일, 또는 구조물의 중요도와 공사의 규모에 따라 120m³마다 1회 실시한다.
③ 연속 3회 시험 값의 평균이 호칭강도, 품질기준강도 이상이 되어야 합격이다.
④ 레디믹스트 콘크리트 호칭강도가 30MPa이고, 1회 시험 값이 27MPa인 경우 불합격이다.

해설 1회 시험 값이 호칭강도의 85% 이상이므로 합격이다.

18 다음 중 치밀하고 내구성이 양호한 콘크리트를 만들기 위하여 조기에 콘크리트의 경화를 촉진시키는 가장 효과적인 양생방법은?

① 습윤양생   ② 피막양생
③ 살수양생   ④ 오토클레이브양생

해설 고압증기양생(오토클레이브양생)은 콘크리트 수축률은 크게 감소되며 황산염에 대한 저항성, 동결융해에 대한 저항성이 향상된다.

19 비벼진 콘크리트를 현장의 거푸집까지 운반하는 방법이 아닌 것은?

① 슈트   ② 드래그라인
③ 벨트 컨베이어 ④ 콘크리트 펌프

해설 드래그라인은 지반의 굴착과 수중굴착에 적합한 셔블계 굴착기이다.

20 프리스트레스트 콘크리트에 대한 설명 중 틀린 것은?

① 포스트텐션방식에서는 긴장재와 콘크리트와의 부착력에 의해 콘크리트에 압축력이 도입된다.
② 프리텐션방식에서는 프리스트레스 도입시의 콘크리트 압축강도가 일반적으로 30MPa 이상 요구된다.
③ 외력에 의해 인장응력을 상쇄하기 위하여 미리 인위적으로 콘크리트에 준 응역을 프리스트레스라고 한다.
④ 프리스트레스 도입 후 긴장재의 릴랙세이션, 콘크리트의 크리프와 건조수축 등에 의해 프리스트레스의 손실이 발생한다.

해설 프리텐션방식에서는 긴장재와 콘크리트와의 부착력에 의해 콘크리트에 압축력이 도입된다.

[정답] 14.④ 15.④ 16.④ 17.④ 18.④ 19.② 20.①

2과목 건설시공 및 관리

21 터널공사에서 사용하는 천공(穿孔) 방법 중 번컷(Burn Cut) 공법의 장점에 대한 설명 중 옳지 않은 것은?

① 긴 구멍의 굴착이 용이하다.
② 폭파시 버력의 비산거리가 짧다.
③ 폭약이 절약된다.
④ 빈 구멍을 자유면으로 하여 연직폭파를 하므로 천공이 쉽다.

해설 수평공, 평행공이므로 천공이 용이하다.

22 셔블계 굴삭기 가운데 수중작업에 많이 쓰이며, 협소한 장소의 깊은 굴착에 가장 적합한 건설기계는?

① 클램 쉘
② 파워 셔블
③ 파일 드라이브
④ 어스 드릴

해설 모래, 자갈의 채취나 하상 준설에 사용되고 구조물의 기초 우물통 내의 굴착 등에 클램 쉘이 적합하다.

23 피어기초 중 기계에 의한 시공법이 아닌 것은?

① 시카고(Chicago) 공법
② 베노토(Benoto) 공법
③ 어스드릴(Earth drill) 공법
④ 리버스 서큘레이션(Reverse Circulation) 공법

해설
- 인력굴착공법으로 Chicago, gow 공법이 있다.
- Earth drill 공법은 안정액을 이용하여 벽체 붕괴를 방지하며 굴착한다.

24 공사 기간의 단축과 연장은 비용경사(cost slope)를 고려하여 하게 되는데 다음 표를 보고 비용경사를 구하면?

① 5,000원/일
② 10,000원/일
③ 15,000원/일
④ 20,000원/일

표준상태		특급상태	
공기	비용	공기	비용
10일	35,000원	8일	45,000원

해설 비용경사 = $\dfrac{특급비용 - 표준비용}{표준공기 - 특급공기} = \dfrac{45,000 - 35,000}{10 - 8} = 5,000$ 원/일

25 댐 기초의 시공에서 기초 암반의 변형성이나 강도를 개량하여 균일성을 주기 위하여 기초 전반에 걸쳐 격자형으로 그라우팅을 하는 방법은?

① 커튼 그라우팅
② 블랭킷 그라우팅
③ 콘솔리데이션 그라우팅
④ 콘택트 그라우팅

해설 커튼 그라우팅은 기초 암반에 침투하는 물을 방지하기 위한 지수의 목적으로 실시하며 댐 상류쪽에 병풍 모양으로 깊게 그라우팅을 한다.

26 토취장의 조건으로 적당하지 않은 것은?

① 토질이 양호해야 한다.
② 용지 매수가 쉽고 보상비가 적어야 한다.
③ 토량이 충분하고 기계의 사용이 용이해야 한다.
④ 운반로의 조건은 필요 없다.

해설
- 운반로는 양호하고 장애물이 적을 것
- 성토 장소 방향으로 내리막 경사가 $\dfrac{1}{50} \sim \dfrac{1}{100}$ 정도이면 작업에 유리하다.
- 산 붕괴의 우려가 없고 배수가 양호한 지형일 것

27 암석을 발파할 때 암석이 외부의 공기 및 물과 접하는 표면을 자유면이라 한다. 이 자유면으로부터 폭약의 중심까지의 최단거리를 무엇이라 하는가?

① 보안거리
② 최소 저항선
③ 적정심도
④ 누두반경

해설
- 폭약의 중심에서 자유면까지의 최단거리를 최소 저항선이라 한다.
- 발파에 의해 만들어진 누두공의 반경을 누두 반경이라 한다.

28 로드 롤러를 사용하여 전압횟수 4회, 전압포설 두께 0.2m, 유효 전압폭 2.5m, 전압작업속도를 3km/h로 할 때 시간당 작업량을 구하면? (단, 토량환산계수는 1, 롤러의 효율은 0.8을 적용한다.)

① 300m³/h
② 251m³/h
③ 200m³/h
④ 151m³/h

해설 $Q = \dfrac{1000VWHfE}{N} = \dfrac{1000 \times 3 \times 2.5 \times 0.2 \times 1 \times 0.8}{4} = 300$ m³/h

정답
21. ④ 22. ①
23. ① 24. ①
25. ③ 26. ④
27. ② 28. ①

29 8ton의 덤프트럭에 1.2m³의 버킷을 갖는 백호로 흙을 적재하고자 한다. 흙의 단위 중량이 1.7 t/m³이고 토량변화율(L)은 1.3이고 버킷계수가 0.9일 때 트럭 1대당 백호 적재횟수는 얼마인가?

① 5회   ② 6회
③ 7회   ④ 8회

해설
- 트럭 1대 적재량 $q_t = \dfrac{T}{\gamma_t} \cdot L = \dfrac{8}{1.7} \times 1.3 = 6.12\text{m}^3$
- 트럭 1대 적재횟수 $n = \dfrac{q_t}{K \cdot q} = \dfrac{6.12}{0.9 \times 1.2} = 5.6 ≒ 6$회

30 Open caisson에 대한 설명으로 틀린 것은?

① 케이슨의 선단부를 보호하고 침하를 쉽게 하기 위하여 curve shoe라 불리우는 날끝을 붙인다.
② 전석과 같은 장애물이 많은 곳에서의 작업은 곤란하다.
③ 케이슨의 침하시 주면마찰력을 줄이기 위해 진동발파공법을 적용할 수 있다.
④ 굴착 시 지하수를 저하시키지 않으며, 히빙, 보일링의 염려가 없어 인접 구조물의 침하 우려가 없다.

해설 주변 지반의 히빙, 보일링의 염려가 있어 인접 구조물의 침하 우려가 있다.

31 벤토나이트 공법을 써서 굴착벽면의 붕괴를 막으면서 굴착된 구멍에 철근 콘크리트를 넣어 말뚝이나 벽체를 연속적으로 만드는 공법은?

① Slurry Wall 공법   ② Earth Drill 공법
③ Earth Anchor 공법   ④ Open Cut 공법

해설 지하 연속벽(Slurry Wall) 공법은 저소음, 저진동으로 시가지 공사에 적합하며 영구 구조물 또는 구조물의 기초로서 이용 가능하다.

32 일정한 길이의 세그먼트로 공장에서 제작하여 공사현장에서 크레인 등을 이용하여 상부구조를 완성하는 교량 가설공법은?

① PSM   ② MSS
③ FSM   ④ ILM

해설 PSM은 일정한 길이로 제작된 교량 상부구조(Segment)를 제작장에서 균일한 품질로 제작한 후 가설장소에서 가설장비를 이용하여 소정의 위치에 거치한 후

Post-Tension장착에 의하여 Segment들을 연결을 하여 상부구조를 완성시키는 공법이다.

33 아스팔트 포장에서 표층에 대한 설명으로 틀린 것은?
① 노상 바로 위의 인공층이다.
② 교통에 의한 마모와 박리에 저항하는 층이다.
③ 표면수가 내부로 침입하는 것을 막는다.
④ 기층에 비해 골재의 치수가 작은 편이다.

해설 아스팔트(표층·기층), 노반(기층·보조기층), 노상(차단층 또는 동상방지층)의 단면으로 구성된다.

34 다져진 토량 37,800m³를 성토하는데 흐트러진 토량 30,000m³가 있다. 이때 부족토량은 자연상태 토량(m³)으로 얼마인가? (단, 토량 변화율 $L=1.25$, $C=0.9$)
① 22,000m³
② 18,000m³
③ 15,000m³
④ 11,000m³

해설
- $C = \dfrac{\text{다져진 토량}}{\text{자연상태 토량}} = \dfrac{37,800}{\text{자연상태 토량}}$

  ∴ 자연상태 토량 $= \dfrac{37,800}{0.9} = 42,000\text{m}^3$

- $L = \dfrac{\text{흐트러진 토량}}{\text{자연상태 토량}} = \dfrac{30,000}{\text{자연상태 토량}}$

  ∴ 자연상태 토량 $= \dfrac{30,000}{1.25} = 24,000\text{m}^3$

- 부족토량 $= 42,000 - 24,000 = 18,000\text{m}^3$

35 그림과 같은 단면으로 성토 후 비탈면에 떼붙임을 하려고 한다. 성토량과 떼붙임 면적을 계산하면? (단, 마구리면의 떼붙임은 제외하며, 토량변화율은 무시한다.)

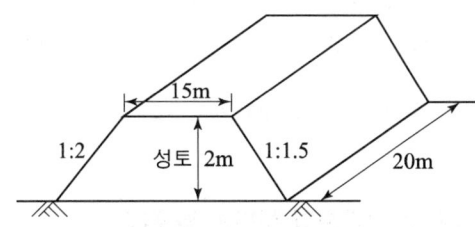

① 성토량 : 650m³, 떼붙임 면적 : 61.6m²
② 성토량 : 740m³, 떼붙임 면적 : 161.6m²
③ 성토량 : 740m³, 떼붙임 면적 : 61.6m²
④ 성토량 : 650m³, 떼붙임 면적 : 161.6m²

정답 29.② 30.④ 31.① 32.① 33.① 34.② 35.②

📝해설

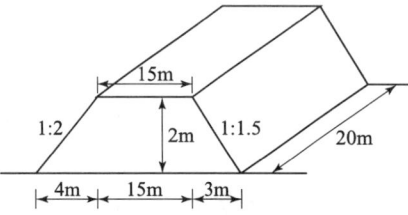

- $V = \left\{\dfrac{1}{2}(15+22) \times 2\right\} \times 20 = 740\text{m}^3$
- 떼붙임 면적

  ① $\sqrt{4^2+2^2} \times 20 = 89.44\text{m}^2$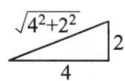

  ② $\sqrt{2^2+3^2} \times 20 = 72.11\text{m}^2$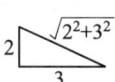

  ∴ $A = 89.44 + 72.11 = 161.6\text{m}^2$

36 아스팔트 포장에서 표층에 가해지는 하중을 분산시켜 보조기층에 전달하며, 교통하중에 의한 전단에 저항하는 역할을 하는 층은?

① 차단층 ② 기층
③ 노체   ④ 노상

📝해설
- 기층은 표층과 일체로 교통하중에 의한 전단에 저항하며 하중을 분산시켜 보조기층으로 전달한다.
- 시멘트 콘크리트 포장의 표층은 교통하중에 의해 발생되는 응력을 휨저항으로 지지한다.

37 다음 중 넓은 지역의 광장이나 운동장의 배수 처리에 적합한 방법은?

① 관수로 배수 ② 다공 관거
③ 맹암거 배수 ④ 지표면 배수

📝해설 지하배수를 위해 땅속에 묻은 잡석 등으로 된 암거를 맹암거라 한다.

38 건설사업의 기획, 설계, 시공, 유지관리 등 전과정의 정보를 발주자, 관련업체 등이 전산망을 통하여 교환·공유하기 위한 통합 정보시스템을 무엇이라 하는가?

① Turn Key   ② 건설B2B
③ 건설CALS   ④ 건설EVMS

답안 표기란				
36	①	②	③	④
37	①	②	③	④
38	①	②	③	④

해설 건설CALS(Continuous Acquisition & Life-cycle Support)란 기획·설계·계약·시공·유지관리 등 건설생산 활동 전 과정의 정보를 발주자, 건설관련자가 전산망을 통해 신속히 교환·공유하여 건설사업을 지원하는 통합 정보시스템이다.

39 교각기초를 위해 바깥지름이 10m, 깊이가 20m, 측벽두께가 50cm인 우물통 기초를 시공 중에 있다. 지반의 극한지지력이 200kN/m², 단위면적당 주면마찰력(f_s)이 5kN/m², 수중부력은 100kN일 때, 우물통이 침하하기 위한 최소 상부하중(자중+재하중)은?

① 5201kN
② 6227kN
③ 7107kN
④ 7523kN

해설 $f_s \pi D l + q_d A + B = 5 \times \pi \times 10 \times 20 + 200 \times \frac{\pi}{4}(10^2 - 9^2) + 100 ≒ 6227\text{kN}$

40 다음 중 보일링 현상이 가장 잘 발생하는 지반은?

① 모래질 지반
② 실트질 지반
③ 점토질 지반
④ 사질점토 지반

해설
- 보일링 현상은 주로 모래 지반에서 발생한다.
- 히빙현상은 주로 점토지반에서 발생한다.

3과목 건설재료 및 시험

41 석재 사용시 주의사항 중 틀린 것은?

① 석재는 예각부가 생기면 부서지기 쉬우므로 표면에 요철이 없어야 한다.
② 석재를 사용할 경우에는 휨응력와 인장응력을 받는 부재에 사용하여야 한다.
③ 석재를 압축부재에 사용할 경우에는 석재의 자연층에 직각으로 위치하여 사용하여야 한다.
④ 석재를 장기간 보존할 경우에는 석재 표면을 도포하여 우수의 침투방지 및 함수로 인한 동해방지에 유의하여야 한다.

해설 석재를 구조용으로 사용할 경우 주로 압축력을 받는 부분에 사용된다.

정답 36. ② 37. ③
38. ③ 39. ②
40. ① 41. ②

42 다음 시멘트의 화학적 성분 중 주 성분이 아닌 것은?
① 석회(CaO)
② 실리카(SiO_2)
③ 산화 마그네슘(MgO)
④ 알루미나(Al_2O_3)

해설 시멘트 부성분 : 산화철, 무수황산, 산화 마그네슘

43 알루미늄 분말이나 아연 분말을 콘크리트에 혼입시켜 수소가스를 발생시켜 PC용 그라우트의 충전성을 좋게 하기 위하여 사용하는 혼화제는?
① 유동화제
② 방수제
③ 공기연행제
④ 발포제

해설 발포제 : 알루미늄이나 아연분말로서 시멘트 내의 알칼리 성분과 화학반응으로 수소가스를 발생시켜 시멘트풀이나 모르타르를 팽창시켜 부착력을 증대시키고 부재의 경량화 또는 단열성이 높아진다. 프리플레이스트 콘크리트와 PS 콘크리트에 많이 이용한다.

44 고무혼입 아스팔트(rubberized asphalt)의 일반적인 성질을 스트레이트 아스팔트와 비교했을 때 다음 설명 중 옳은 것은?
① 감온성이 작다.
② 마찰계수가 작다.
③ 탄성이 작다.
④ 응집성이 작다.

해설 탄성 및 충격 저항성이 크고 내후성 및 마찰계수가 크다.

45 습윤상태의 모래 100g이 있다. 모래의 함수상태별 질량을 측정한 결과 표면건조 포화상태일 때 97g, 공기중 건조상태일 때 96g, 절대 건조상태일 때 95g이었다. 이 골재의 표면수율과 흡수율은 얼마인가?
① 표면수율 : 1.0%, 흡수율 : 5.3%
② 표면수율 : 2.1%, 흡수율 : 3.1%
③ 표면수율 : 3.1%, 흡수율 : 2.1%
④ 표면수율 : 5.3%, 흡수율 : 1.0%

해설
• 표면수율 $= \dfrac{100-97}{97} \times 100 = 3.1\%$
• 흡수율 $= \dfrac{97-95}{95} \times 100 = 2.1\%$

46 아래 표에서 설명하고 있는 목재의 종류로 옳은 것은?

- 각재를 얇은 톱으로 켜서 만든다.
- 단단한 목재일 때 많이 사용되며 아름다운 결이 얻어진다.
- 고급의 합판에 사용되나 톱밥이 많아 비경제적이다.
- 공업적인 용도에는 거의 사용되지 않는다.

① 소드 베니어 ② 로터리 베니어
③ 슬라이스트 베니어 ④ M.D.F

해설 소드 베니어는 톱을 이용하여 자른다.

47 표점거리 $L=50\text{mm}$, 직경 $D=14\text{mm}$의 원형 단면봉으로 인장시험을 실시하였다. 축인장하중 $P=100\text{kN}$이 작용하였을 때, 표점거리 $L=50.433\text{mm}$와 직경 $D=13.970\text{mm}$가 측정되었다면 이 재료의 포아송의 비는?

① 0.07 ② 0.247
③ 0.347 ④ 0.5

해설
$$\text{포아송의 비} = \frac{\frac{\triangle d}{d}}{\frac{\triangle l}{l}} = \frac{\frac{0.03}{14}}{\frac{0.433}{50}} = 0.247$$

48 중용열 포틀랜드 시멘트의 장기 강도를 높여주기 위해 시멘트의 주요 조성광물 중 많이 함유하는 성분은?

① C_2S ② C_3S
③ C_3A ④ C_4AF

해설 중용열 포틀랜드 시멘트는 시멘트의 수화열을 적게 하기 위하여 화학조성 중 규산 3석회와 알루민산 3석회의 양을 적게 하고, 그 대신 장기강도를 발현하기 위하여 규산 2석회 양을 많게 한 시멘트이다.

49 잔골재의 밀도시험의 결과가 아래 표와 같을 때 이 잔골재의 표면건조 포화상태의 밀도는?

- 검정된 용량을 나타낸 눈금까지 물을 채운 플라스크의 질량 : 665g
- 표면건조 포화상태 시료의 질량 : 500g
- 절대건조상태 시료의 질량 : 495g
- 시료와 물로 검정된 용량을 나타낸 눈금까지 채운 플라스크의 질량 : 975g
- 시험온도에서의 물의 밀도 : 1g/cm³

① 2.65g/cm³ ② 2.63g/cm³
③ 2.60g/cm³ ④ 2.57g/cm³

[정답] 42.③ 43.④ 44.① 45.③ 46.① 47.② 48.① 49.②

해설 표면건조 포화밀도

$$\frac{m}{B+m-C} \cdot \rho_w = \frac{500}{665+500-975} \times 1 = 2.63\,\text{g/cm}^3$$

50 블론(brown) 아스팔트와 스트레이트(straight) 아스팔트의 성질에 관한 설명 중 옳지 않은 것은?

① 스트레이트 아스팔트는 블론 아스팔트보다 연화점이 낮다.
② 스트레이트 아스팔트는 블론 아스팔트보다 감온성이 적다.
③ 블론 아스팔트는 스트레이트 아스팔트보다 유동성이 적다.
④ 블론 아스팔트는 스트레이트 아스팔트보다 방수성이 적다.

해설 스트레이트 아스팔트는 감온성이 커서 단점이다.

51 포졸란을 사용한 콘크리트 성질에 대한 설명으로 틀린 것은?

① 수밀성이 크고 발열량이 적다.
② 해수 등에 대한 화학적 저항성이 크다.
③ 워커빌리티 및 피니셔빌리티가 좋다.
④ 강도의 증진이 빠르고 조기강도가 크다.

해설 조기강도는 작고 장기강도가 크다.

52 강모래를 이용한 콘크리트와 비교한 부순 잔골재를 이용한 콘크리트의 특징을 설명한 것으로 틀린 것은?

① 동일 슬럼프를 얻기 위해서는 단위수량이 더 많이 필요하다.
② 미세한 분말량이 많아질 경우 건조수축률은 증대한다.
③ 미세한 분말량이 많아짐에 따라 응결이 초결시간과 종결시간이 길어진다.
④ 미세한 분말량이 많아지면 공기량이 줄어들기 때문에 필요시 공기량을 증가시켜야 한다.

해설 미세한 분말량이 많아짐에 따라 응결이 초결시간과 종결시간이 짧아진다.

53 일반적인 콘크리트용 골재에 대한 설명으로 틀린 것은?

① 잔골재의 절대건조밀도는 $2.5\,\text{g/cm}^3$ 이상의 값을 표준으로 한다.
② 잔골재의 흡수율은 5% 이하의 값을 표준으로 한다.

③ 굵은골재의 안정성은 황산나트륨으로 5회 시험을 하여 평가한다.
④ 굵은골재의 절대건조밀도는 $2.5g/cm^3$ 이상의 값을 표준으로 한다.

- 잔골재의 흡수율은 3% 이하의 값을 표준으로 한다.
- 굵은골재의 마모율은 40% 이하이어야 한다.
- 안정성은 굵은골재의 경우 12% 이하, 잔골재의 경우 10% 이하이어야 한다.

54 Hooke의 법칙이 적용되는 인장력을 받는 부재의 늘음량(길이변형량)에 대한 설명으로 틀린 것은?

① 작용외력이 클수록 늘음량도 커진다.
② 재료의 탄성계수가 클수록 늘음량도 커진다.
③ 부재의 길이가 길수록 늘음량도 커진다.
④ 부재의 단면적이 작을수록 늘음량도 커진다.

$$E = \frac{f}{\varepsilon} = \frac{\frac{P}{A}}{\frac{\Delta l}{l}} = \frac{P \cdot l}{A \cdot \Delta l}$$
재료의 탄성계수가 클수록 늘음량은 작아진다.

55 토목섬유(Geosynthetics)의 기능과 관련된 용어 중 아래의 표에서 설명하는 기능은?

> 지오텍스타일이나 관련제품을 이용하여 인접한 다른 흙이나 채움재가 서로 섞이지 않도록 방지함

① 배수기능　　　　② 보강기능
③ 여과기능　　　　④ 분리기능

토목섬유 중 직포형과 부직포형이 있으며 분리, 배수, 보강, 여과기능을 갖고 오탁방지망, drain board, pack drain 포대, geo web 등에 지오텍스타일이 사용된다.

56 공시체 크기 50mm×50mm×50mm의 암석을 지간 250mm로 하여 중앙에서 압력을 가했더니 1000N에서 파괴 되었다. 이때 휨강도는?

① 2MPa　　　　② 20MPa
③ 3MPa　　　　④ 30MPa

휨강도 $= \dfrac{3Pl}{2bh^2} = \dfrac{3 \times 1000 \times 250}{2 \times 50 \times 50^2} = 3\text{MPa}$

정답 50. ② 51. ④ 52. ③ 53. ② 54. ② 55. ④ 56. ③

57 아스팔트에 대한 설명으로 틀린 것은?

① 레이크 아스팔트는 천연 아스팔트의 하나이다.
② 석유 아스팔트는 증류방법에 의해서 스트레이트 아스팔트와 블론 아스팔트로 나눈다.
③ 아스팔트 유제는 유화제를 함유한 물속에 역청재를 분산시킨 것이다.
④ 피치는 아스팔트의 잔류물로서 얻어진다.

해설 피치는 타르를 다시 증류하여 기름을 제거한 후 남는 물질이다.

58 고로 슬래그 시멘트는 제철소의 용광로에서 선철을 만들 때 부산물로 얻은 슬래그를 포틀랜드 시멘트 클링커에 섞어서 만든 시멘트이다. 그 특성에 대한 설명으로 틀린 것은?

① 내열성이 크고, 수밀성이 좋다.
② 초기 강도가 작으나 장기 강도는 큰 편이다.
③ 수화열이 커서 매스 콘크리트에는 적합하지 않다.
④ 일반적으로 내화학성이 좋으므로 해수, 하수, 공장폐수 등에 접하는 콘크리트에 적합하다.

해설 수화열이 작아서 매스 콘크리트에 적합하다.

59 콘크리트용 혼화재료에 대한 설명으로 틀린 것은?

① 감수제는 시멘트 입자를 분산시켜 콘크리트의 단위수량을 감소시키는 작용을 한다.
② 촉진제는 시멘트의 수화작용을 촉진하는 혼화제로서 보통 나프탈렌 설폰산염을 많이 사용한다.
③ 지연제는 여름철에 레미콘의 슬럼프 손실 및 콜드 조인트의 방지 등에 효과가 있다.
④ 급결제는 시멘트의 응결시간을 촉진하기 위하여 사용하며 숏크리트, 물막이 공법 등에 사용한다.

해설 지연제는 시멘트의 수화반응을 늦추어 응결시간을 길게 할 목적으로 사용하는 혼화제로서 보통 나프탈렌 설폰산염을 많이 사용한다.

60 니트로글리세린을 20% 정도 함유하고 있으며 찐득한 엿 형태의 것으로 폭약 중 폭발력이 가장 강하고 수중에서도 사용이 가능한 폭약은?

① 칼릿 ② 함수폭약
③ 니트로글리콜 ④ 교질 다이너마이트

해설 교질 다이너마이트는 폭발력이 가장 강하고 암석 발파에 이용되며 내수성이 좋아 수중 폭파가 가능하다

4과목 토질 및 기초

61 그림에서 흙의 단면적이 40cm²이고 투수계수가 0.1cm/sec일 때 흙속을 통과하는 유량은?

① 1cm³/sec
② 1m³/hr
③ 100cm³/sec
④ 100m³/hr

해설 $Q = A \cdot V = A \cdot k \cdot i = 40 \times 0.1 \times \frac{50}{200} = 1\text{cm}^3/\text{sec}$

보충 • 정수위 투수계수($10^{-3}\text{cm/sec} < k$)
$$k = \frac{Q \cdot L}{A \cdot h \cdot t}$$

62 점토층의 두께 5m, 간극비 1.4, 액성한계 50%이고 점토층 위의 유효상재 압력이 10kN/m²에서 14kN/m²으로 증가할때의 침하량은? (단, 압축지수는 흐트러지지 않은 시료에 대한 Terzaghi & Peck의 경험식을 사용하여 구한다.)

① 8cm ② 11cm
③ 24cm ④ 36cm

해설
• $C_c = 0.009(w_L - 10) = 0.009(50 - 10) = 0.36$
• $\Delta H = \frac{C_c}{1+e} \log \frac{P_2}{P_1} H = \frac{0.36}{1+1.4} \log \frac{14}{10} \times 5 = 0.11\text{m} = 11\text{cm}$

보충 압밀침하량을 구하기 위해 압축지수(C_c)를 구한다.

63 지름 $d=20$cm인 나무말뚝을 25본 박아서 기초 상판을 지지하고 있다. 말뚝의 배치를 5열로 하고 각열은 등간격으로 5본씩 박혀 있다. 말뚝의 중심간격 $S=1$m이고 1본의 말뚝이 단독으로 100kN의 지지력을 가졌다고 하면 이 무리 말뚝은 전체로 얼마의 하중을 견딜 수 있는가? (단, Converse-Labbarretlr을 사용한다.)

① 1000kN
② 2000kN
③ 3000kN
④ 4000kN

해설
- $\phi = \tan^{-1}\dfrac{D}{S} = \tan^{-1}\dfrac{0.2}{1} = 11.3°$
- $E = 1 - \dfrac{\phi}{90}\left[\dfrac{(m-1)n+(n-1)m}{mn}\right]$
  $= 1 - \dfrac{11.3}{90}\left[\dfrac{(5-1)\times 5 + (5-1)\times 5}{5\times 5}\right] = 0.8$
- $R_{ag} = E \cdot N \cdot R_a = 0.8 \times 25 \times 100 = 2000\,\text{kN}$

64 흙의 활성도(活性度)에 대한 설명으로 틀린 것은?

① 활성도는 (액성지수/점토함유율)로 정의된다.
② 활성도는 점토광물의 종류에 따라 다르므로 활성도로부터 점토를 구성하는 점토광물을 추정할 수 있다.
③ 점토의 활성도가 클수록 물을 많이 흡수하여 팽창이 많이 일어난다.
④ 흙입자의 크기가 작을수록 비표면적이 커져 물을 많이 흡수하므로, 흙의 활성은 점토에서 뚜렷이 나타난다.

해설
- 활성도 $A = \dfrac{\text{소성지수}}{\text{점토 함유율}}$
- 활성도가 가장 큰 점토광물은 몬모릴로나이트이다.
- 카올리나이트의 활성도는 0.75 이하이다.

65 모래지층 사이에 두께 6m의 점토층이 있다. 이 점토의 토질 실험 결과가 아래 표와 같을 때, 이 점토층의 90% 압밀을 요하는 시간은 약 얼마인가? (단, 1년은 365일로 계산)

① 12.9년
② 5.22년
③ 1.29년
④ 52.2년

- 간극비 : 1.5
- $\gamma_w = 1\text{g/cm}^3$
- 압축계수 (a_v) : 4×10^{-4} (cm²/g)
- 투수계수 $k = 3\times 10^{-7}$ (cm/sec)

답안 표기란
63 ① ② ③ ④
64 ① ② ③ ④
65 ① ② ③ ④

해설

- $k = C_v \cdot m_v \cdot \gamma_w = C_v \cdot \dfrac{a_v}{1+e} \cdot \gamma_w$

  $\therefore C_v = \dfrac{k(1+e)}{a_v \cdot \gamma_w} = \dfrac{3 \times 10^{-7}(1+1.5)}{4 \times 10^{-4} \times 1} = 0.001875 \text{cm}^2/\text{sec}$

- $C_v = \dfrac{0.848\left(\dfrac{H}{2}\right)^2}{t_{90}}$

  $\therefore t_{90} = \dfrac{0.848 \times \left(\dfrac{H}{2}\right)^2}{C_v} = \dfrac{0.848 \times \left(\dfrac{600}{2}\right)^2}{0.001875}$

  $= 40,704,000 \text{초} \times \dfrac{1}{60 \times 60 \times 24 \times 365} = 1.29\text{년}$

66 표준관입시험(SPT)을 할 때 처음 15cm 관입에 요하는 N값은 제외하고, 그 후 30cm 관입에 요하는 타격수로 N값을 구한다. 그 이유로 가장 타당한 것은?

① 정확히 30cm를 관입시키기가 어려워서 15cm 관입에 요하는 N값을 제외한다.
② 보링 구멍 밑면 흙이 보링에 의하여 흐트러져 15cm 관입 후부터 N값을 측정한다.
③ 관입봉의 길이가 정확히 45cm이므로 이에 맞도록 관입시키기 위함이다.
④ 흙은 보통 15cm 밑부터 그 흙의 성질을 가장 잘 나타낸다.

해설 표준관입시험 : 중공(中空)의 샘플러를 보링한 구멍에 63.5kg의 해머를 75cm 높이에서 자유낙하시켜 샘플러가 30cm 관입시키는데 타격횟수를 N치로 한다.

67 흙의 동상에 영향을 미치는 요소가 아닌 것은?

① 모관 상승고
② 흙의 투수계수
③ 흙의 전단강도
④ 동결온도의 계속시간

해설 동상은 영하의 온도, 지속시간, 물, 실트질의 흙과 관련된다.

68 흙의 다짐에 관한 설명 중 옳지 않은 것은?

① 일반적으로 흙의 건조밀도는 가하는 다짐 Energy가 클수록 크다.
② 모래질 흙은 진동 또는 진동을 동반하는 다짐 방법이 유효하다.
③ 건조밀도-함수비 곡선에서 최적함수비와 최대건조밀도를 구할 수 있다.
④ 모래질을 많이 포함한 흙의 건조밀도-함수비 곡선의 경사는 완만하다.

정답 63.② 64.① 65.③ 66.② 67.③ 68.④

📝**해설**
- 사질토의 경우 다짐곡선이 급하고 최적함수비는 적고 최대건조밀도가 높다.
- 점성토의 경우 다짐곡선이 완만하고 최적함수비는 많고 최대건조밀도가 낮다.

69 5m×10m의 장방형 기초 위에 $q = 60\,kN/m^2$의 등분포하중이 작용할 때, 지표면 아래 10m에서의 수직응력을 2 : 1법으로 구한 값은?

① $10\,kN/m^2$ ② $20\,kN/m^2$
③ $30\,kN/m^2$ ④ $40\,kN/m^2$

📝**해설**
$q \cdot (B)(L) = \sigma_z \cdot (B+Z)(L+Z)$
$\sigma_z = \dfrac{q \cdot (B)(L)}{(B+Z)(L+Z)} = \dfrac{60 \times (5)(10)}{(5+10)(10+10)} = 10\,kN/m^2$

70 다음 그림의 옹벽에 작용하는 주동토압(P_a)과 작용위치(y)는?

	P_a	y
①	45 kN/m	1.3m
②	45 kN/m	1.48m
③	72 kN/m	1.3m
④	72 kN/m	1.58m

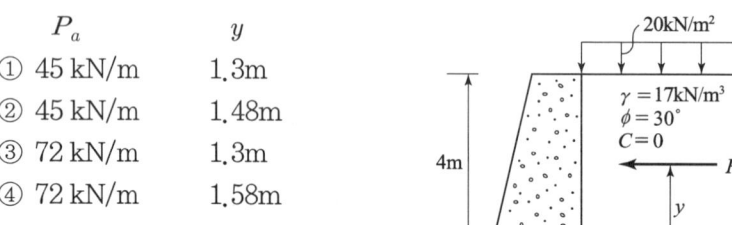

📝**해설**
- $K_a = \tan^2\left(45° - \dfrac{\phi}{2}\right) = \tan^2\left(45° - \dfrac{30°}{2}\right) = 0.333$
- $P_a = qHK_a + \dfrac{1}{2}\gamma H^2 K_a = 20 \times 4 \times 0.333 + \dfrac{1}{2} \times 17 \times 4^2 \times 0.333 = 72\,kN/m$
- $\Delta H = \dfrac{q}{\gamma} = \dfrac{20}{17} = 1.176$
- $y = \dfrac{H}{3} \dfrac{3\Delta H + H}{2\Delta H + H} = \dfrac{4}{3} \dfrac{3 \times 1.176 + 4}{2 \times 1.176 + 4} = 1.58m$

71 점토지반이나 사질토지반에 전단할 경우 Dilatancy 현상이 발생하며 공극수압과 밀접한 관계가 있다. 이에 대한 설명 중 틀린 것은?

① 느슨한 사질토지반에서는 (+) Dilatancy가 발생한다.
② 밀도가 큰 사질토지반에서는 (+) Dilatancy가 발생한다.
③ 정규압밀 점토지반에서는 (−) Dilatancy에 정(+)의 공극수압이 발생한다.
④ 과압밀 점토지반에서는 (+) Dilatancy에 부(−)의 공극수압이 발생한다.

해설 느슨한 사질토지반에는 (−) Dilatancy가 발생한다.

72. 포화된 점토에 대하여 비압밀비배수(UU) 시험을 하였을 때의 결과에 대한 설명 중 옳은 것은? (단, ϕ : 내부마찰각, c : 점착력)

① ϕ와 c가 나타나지 않는다.
② ϕ는 "0"이 아니지만 c는 "0"이다.
③ ϕ와 c가 모두 "0"이 아니다.
④ ϕ는 "0"이고 c는 "0"이 아니다.

해설 내부마찰각 ϕ는 흙의 종류에 관계없이 항상 0이다. 즉 파괴포락선은 수평으로 나타나며 전단강도 τ=0이다. 이때 전단강도는 Mohr원의 반경과 같다.

73. 아래 그림의 각 층 손실수두 Δh_1, Δh_2, Δh_3를 구한 값은?

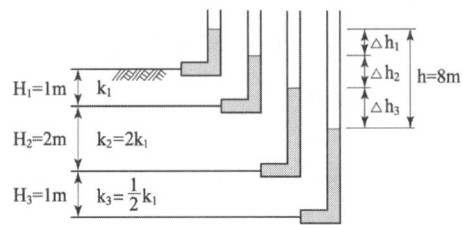

① $\Delta h_1 = 3\mathrm{m}$, $\Delta h_2 = 4\mathrm{m}$, $\Delta h_3 = 1\mathrm{m}$
② $\Delta h_1 = 4\mathrm{m}$, $\Delta h_2 = 2\mathrm{m}$, $\Delta h_3 = 2\mathrm{m}$
③ $\Delta h_1 = 2\mathrm{m}$, $\Delta h_2 = 3\mathrm{m}$, $\Delta h_3 = 3\mathrm{m}$
④ $\Delta h_1 = 2\mathrm{m}$, $\Delta h_2 = 2\mathrm{m}$, $\Delta h_3 = 4\mathrm{m}$

해설
- 각 층의 손실수두

$$\Delta h_1 = \frac{H_1}{K_1} = \frac{1}{K_1} \quad \Delta h_2 = \frac{H_2}{K_2} = \frac{2}{2K_1} = \frac{1}{K_1} \quad \Delta h_3 = \frac{H_3}{K_3} = \frac{1}{\frac{1}{2}K_1} = \frac{2}{K_1}$$

- 총 손실수두가 8m이므로 1 : 1 : 2 비율로 2m, 2m, 4m이다.

74. 도로의 평판재하 시험이 끝나는 조건에 대한 설명으로 옳지 않은 것은?

① 완전히 침하가 멈출 때
② 침하량이 15mm에 달할 때
③ 하중강도가 그 지반의 항복점을 넘을 때
④ 하중강도가 현장에서 예상되는 최대 접지압력을 초과할 때

해설 하중을 35kN/m²씩 증가하여 1분 동안에 침하량이 그 단계 하중의 총 침하량 1% 이하가 될 때까지 기다려 하중과 침하량을 읽는다.

보충 평판재하시험 결과를 이용할 때는 토질 종단, 지하수 위치와 변동, 재하판의 크기 등을 고려한다.

75 기초의 필요조건에 대한 설명으로 옳지 않은 것은?

① 지지력에 대하여 안전하여야 한다.
② 침하는 허용하여서는 안 된다.
③ 경제성 및 사용성이 좋아야 한다.
④ 최소한의 근입깊이를 가져 동해의 영향을 받지 않아야 한다.

해설 침하는 허용치 이내가 되어야 한다.

76 그림과 같은 점성토 지반의 토질 실험 결과 내부마찰각 $\phi=30°$, 점착력 $c=15 kN/m^2$일 때 A점의 전단강도는? (단, 물의 단위중량은 $9.81 kN/m^3$이다.)

① $53.43 kN/m^2$
② $59.53 kN/m^2$
③ $63.83 kN/m^2$
④ $70.43 kN/m^2$

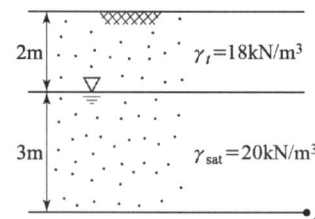

해설
• 유효응력($\bar{p}=\sigma$)
$18 \times 2 + (20-9.81) \times 3 = 66.57 kN/m^2$
• 전단강도
$\tau = c + \sigma \tan\phi = 15 + 66.57 \tan 30° = 53.43 kN/m^2$

77 다짐되지 않은 두께 2m, 상대밀도 45%의 느슨한 사질토 지반이 있다. 실내시험 결과 최대 및 최소 간극비가 0.85, 0.40으로 각각 산출되었다. 이 사질토를 상대밀도 70%까지 다짐할 때 두께의 감소는 약 얼마나 되겠는가?

① 13.3cm
② 17.2cm
③ 21.0cm
④ 25.5cm

해설
• $D_r = \dfrac{e_{max}-e}{e_{max}-e_{min}} \times 100$
• 상대밀도 45%일 때 공극비(e)
$0.45 = \dfrac{0.85-e}{0.85-0.4} = \dfrac{0.85-e}{0.45}$
$0.85-e = 0.45 \times 0.45 \quad \therefore e = 0.65$

- 상대밀도 70%일 때 공극비(e)

  $0.7 = \dfrac{0.85-e}{0.85-0.4} = \dfrac{0.85-e}{0.45}$

  $0.85 - e = 0.45 \times 0.7$ ∴ $e = 0.54$

- $\Delta H = \dfrac{e_1 - e_2}{1 + e_1} H = \dfrac{0.65 - 0.54}{1 + 0.65} \times 200 = 13.3\text{cm}$

78 다음 중 흙댐(Dam)의 사면안정 검토 시 가장 위험한 상태는?

① 상류사면의 경우 시공 중과 만수위일 때
② 상류사면의 경우 시공 직후와 수위 급강하일 때
③ 하류사면의 경우 시공 직후와 수위 급강하일 때
④ 하류사면의 경우 시공 중과 만수위일 때

해설
- 상류측이 가장 위험한 경우는 시공직후, 수위가 급강하일 때
- 하류측이 가장 위험한 경우는 만수위, 정상침투일 때

79 Terzaghi의 얕은 기초에 대한 수정지지력 공식에서 형상계수에 대한 설명 중 틀린 것은? (단, B는 단변의 길이, L은 장변의 길이이다.)

① 연속기초에서 $\alpha = 1.0$, $\beta = 0.5$이다.
② 원형기초에서 $\alpha = 1.0$, $\beta = 0.6$이다.
③ 정사각형 기초에서 $\alpha = 1.0$, $\beta = 0.4$이다.
④ 직사각형 기초에서 $\alpha = 1 + 0.3\dfrac{B}{L}$, $\beta = 0.5 - 0.1\dfrac{B}{L}$이다.

해설 원형기초에서 $\alpha = 1.0$, $\beta = 0.30$이다.

80 연약지반 개량공법에 대한 설명 중 틀린 것은?

① 샌드 드레인 공법은 2차 압밀비가 높은 점토 및 이탄 같은 유기질 흙에 큰 효과가 있다.
② 화학적 변화에 의한 흙의 강화공법으로는 소결공법, 전기화학적 공법 등이 있다.
③ 동압밀공법 적용 시 과잉간극 수압의 소산에 의한 강도증가가 발생한다.
④ 장기간에 걸친 배수공법은 샌드 드레인이 페이퍼 드레인보다 유리하다.

해설 샌드 드레인 공법은 2차 압밀비가 높은 점토 및 이탄 같은 유기질 흙에 큰 효과가 없다.

[정답] 75. ② 76. ① 77. ① 78. ② 79. ② 80. ①

CBT 모의고사

건설재료시험기사

week 2

- I 콘크리트 공학
- II 건설시공 및 관리
- III 건설재료 및 시험
- IV 토질 및 기초

알려드립니다

한국산업인력공단의 저작권법 저촉에 대한 언급(2013년 2회 시험)이 있어 과거에 출제된 동일한 문제나 그 유형의 문제로 재구성하였습니다.

1과목 콘크리트 공학

01 다음 중 팽창 콘크리트의 양생에 대한 설명으로 잘못된 것은?

① 콘크리트를 친후에는 살수 등 기타의 방법으로 습윤상태를 유지하며 콘크리트 온도는 2℃ 이상을 5일간 이상 유지시켜야 한다.
② 증기양생 등의 촉진양생을 실시하면 충분한 소요의 품질을 확보할 수가 있어 품질확인을 위한 시험을 할 필요가 없어 편리하다.
③ 거푸집을 제거한 후 콘크리트의 노출면, 특히 외벽 면은 직사일광, 급격한 건조 및 추위를 막기 위해 필요에 따라 양생매트·시트 또는 살수 등에 의한 적당한 양생을 실시하여야 한다.
④ 콘크리트 거푸집널의 존치기간은 평균기온 20℃ 미만인 경우는 5일 이상, 20℃ 이상인 경우는 3일 이상을 원칙으로 한다.

해설 보온양생, 급열양생, 증기양생 그 밖의 촉진양생을 실시할 경우에는 소요의 품질이 얻어지는지를 시험에 의해 확인하여야 한다.

02 수중 콘크리트에 대한 설명으로 틀린 것은?

① 일반 수중 콘크리트는 수중에서 시공할 때의 강도가 표준공시체 강도의 0.2~0.5배가 되도록 배합강도를 설정하여야 한다.
② 수중 불분리성 콘크리트에 사용하는 굵은골재의 최대치수는 25mm 이하를 표준으로 한다.
③ 지하연속벽에 사용하는 수중 콘크리트의 경우, 지하연속벽을 가설만으로 이용할 경우에는 단위 시멘트량은 $300kg/m^3$ 이상으로 하여야 한다.
④ 일반 수중 콘크리트의 타설에서 완전히 물막이를 할 수 없는 경우에도 유속은 50mm/s 이하로 하여야 한다.

해설 일반 수중 콘크리트는 수중에서 시공할 때의 강도가 표준공시체 강도의 0.6~0.8배가 되도록 배합강도를 설정하여야 한다.

03 콘크리트 배합에 관한 일반적인 설명으로 틀린 것은?

① 콘크리트를 경제적으로 제조한다는 관점에서 될 수 있는 대로 최대치수가 작은 굵은골재를 사용하는 것이 유리하다.

② 고성능 공기연행감수제를 사용한 콘크리트의 경우로서 물-결합재비 및 슬럼프가 같으면, 일반적인 공기연행 감수제를 사용한 콘크리트와 비교하여 잔골재율을 1~2% 정도 크게 하는 것이 좋다.
③ 공사 중에 잔골재의 입도가 변하여 조립률이 ±0.20 이상 차이가 있을 경우에는 워커빌리티가 변화하므로 배합을 수정할 필요가 있다.
④ 유동화 콘크리트의 경우, 유동화 후 콘크리트의 워커빌리티를 고려하여 잔골재율을 결정할 필요가 있다.

해설 콘크리트를 경제적으로 제조한다는 관점에서 될 수 있는 대로 최대치수가 큰 굵은골재를 사용하여 단위수량, 단위시멘트량이 감소하고 콘크리트의 품질을 개선할 수 있다.

04 프리스트레스트 콘크리트(PSC)에서 굵은골재의 최대치수는 일반적인 경우 얼마를 표준으로 하는가?

① 15mm ② 25mm
③ 40mm ④ 50mm

해설 굵은골재 최대치수는 보통 25mm를 표준하며 부재치수, 철근간격, 펌프압송 등의 사정에 따라 20mm를 사용할 수 있다.

05 콘크리트 압축강도의 표준편차를 알지 못할 경우로 콘크리트의 호칭강도가 30MPa일 때 배합강도는?

① 37 MPa ② 38.5 MPa
③ 40 MPa ④ 42 MPa

해설 $f_{cr} = f_{cn} + 8.5 = 30 + 8.5 = 38.5 \text{MPa}$

06 거푸집의 높이가 높을 경우, 재료분리를 막고 상부의 철근 또는 거푸집에 콘크리트가 부착하여 경화하는 것을 방지하기 위해 거푸집에 투입구를 설치하거나, 연직슈트 또는 펌프배관의 배출구를 타설면 가까운 곳까지 내려서 콘크리트를 타설해야 한다. 이 경우 슈트, 펌프 배관, 버킷, 호퍼 등의 배출구와 타설 면까지의 높이는 최대 몇 m 이하를 원칙으로 하는가?

① 0.5m ② 1.0m
③ 1.5m ④ 2.0m

해설
- 콘크리트 배출구와 타설면까지의 높이는 1.5m 이하를 원칙으로 한다.
- 벽 또는 기둥 등을 타설시 쳐 올라가는 속도는 일반적으로 30분에 1~1.5m 정도로 하는 것이 적당하다.

정답 01. ② 02. ① 03. ① 04. ② 05. ② 06. ③

07 압력법에 의한 굳지 않은 콘크리트의 공기량 시험(KS F 2421)에 대한 설명으로 옳지 않은 것은?

① 물을 붓고 시험하는 주수법의 경우 공기량 측정기 용량은 5L 이상이다.
② 공기량은 겉보기 공기량에서 골재수정계수를 뺀 값이다.
③ 물을 붓지 않고 시험하는 무주수법의 경우 공기량 측정기 용량은 7L 이상이다.
④ 인공 경량골재와 같은 다공질 골재를 사용한 콘크리트에도 적용된다.

해설 최대치수 40mm 이하의 보통 골재를 사용한 콘크리트에 대해서는 적당하지만 골재수정계수가 정확히 구해지지 않는 인공 경량골재와 같은 다공질 골재를 사용한 콘크리트에 대해서는 적당하지 않다.

08 한중 콘크리트에서 주위의 기온이 영하 6℃, 비볐을 때의 콘크리트의 온도가 15℃, 비빈 후부터 타설이 끝났을 때까지의 시간은 2시간이 소요되었다면 콘크리트 타설이 끝났을 때의 콘크리트 온도는 얼마인가?

① 6.7℃ ② 7.2℃
③ 7.8℃ ④ 8.7℃

해설 $T_2 = T_1 - 0.15(T_1 - T_0)t = 15 - 0.15 \times [15 - (-6)] \times 2 = 8.7℃$

09 콘크리트 시방배합설계 계산에서 단위골재의 절대용적이 689L이고, 잔골재율이 41%, 굵은골재의 밀도는 2.65g/cm³일 경우 단위 굵은골재량은?

① 739 kg/m³ ② 1,021 kg/m³
③ 1,077 kg/m³ ④ 1,137 kg/m³

해설
- 단위굵은골재량 = 굵은골재밀도 × 굵은골재 절대용적 × 1000
- $G = 2.65 \times 0.689 \times 0.59 \times 1000 ≒ 1077 kg/m^3$

10 콘크리트의 내구성 향상 방안으로 옳지 않은 것은?

① 알칼리 금속이나 염화물의 함유량이 많은 재료를 사용한다.
② 내구성이 우수한 골재를 사용한다.

③ 물-결합재비를 될 수 있는 한 적게 한다.
④ 목적에 맞는 시멘트나 혼화재료를 사용한다.

해설
- 염화물의 함유량이 기준에 맞게 적은 재료를 사용한다.
- 충분한 피복두께를 확보한다.
- 가능한 밀도가 큰 골재를 사용한다.
- 콜드 조인트를 만들지 않는다.

11 콘크리트 설계기준 압축강도가 24MPa인 슬래브의 밑면 거푸집 널을 해체하려고 할 때 콘크리트 압축강도가 얼마 이상일 경우에 해체가 가능한가? (단, 단층구조의 경우)

① 12MPa
② 14MPa
③ 15MPa
④ 16MPa

해설 슬래브 및 보 밑면의 거푸집과 동바리를 해체할 경우에는 설계기준 압축강도 $\times \frac{2}{3}$ 이상, 14MPa 이상이어야 한다. ∴ $24 \times \frac{2}{3} = 16\text{MPa}$이다.

12 경화한 콘크리트는 건전부와 균열부에서 측정되는 초음파 전파시간이 다르게 되어 전파속도가 다르다. 이러한 전파속도의 차이를 분석함으로써 균열의 깊이를 평가할 수 있는 비파괴 시험방법은?

① $T_c - T_0$ 법
② 전자파 레이더법
③ 분극저항법
④ RC-Radar법

해설
- 전자파 레이더법, RC-Radar법 : 철근의 배근 상태 조사
- 분극저항법 : 철근 부식 상태 조사

13 순환골재 콘크리트에 대한 설명으로 틀린 것은?

① 순환골재 콘크리트의 공기량은 보통골재를 사용한 콘크리트보다 1% 크게 하여야 한다.
② 순환골재 콘크리트의 제조에 있어서 순환 굵은 골재의 최대치수는 40mm 이하로 하되, 가능하면 25mm 이하의 것을 사용하는 것이 좋다.
③ 콘크리트용 순환골재의 품질을 정하는 기준 항목 중 절대건조밀도(g/cm³)는 순환 굵은 골재인 경우 2.5 이상, 순환 잔골재인 경우 2.3 이상이어야 한다.
④ 순환골재를 사용하여 설계기준압축강도 27MPa 이하의 콘크리트를 제조할 경우 순환 굵은 골재의 최대 치환량은 총 굵은 골재 용적의 60%, 순환 잔골재의 최대 치환량은 총 잔골재 용적의 30% 이하로 한다.

정답
07. ④ 08. ④
09. ③ 10. ①
11. ④ 12. ①
13. ②

📝**해설** 순환골재 콘크리트의 제조에 있어서 순환 굵은 골재의 최대치수는 25mm 이하로 하되, 가능하면 20mm 이하의 것을 사용하는 것이 좋다.

14 고강도 콘크리트에 대한 설명으로 틀린 것은?
① 콘크리트의 강도를 확보하기 위하여 공기연행제를 사용하는 것을 원칙으로 한다.
② 고강도 콘크리트의 설계기준압축강도는 일반적으로 40MPa 이상으로 하며, 고강도 경량골재 콘크리트는 27MPa 이상으로 한다.
③ 고강도 콘크리트에 사용되는 굵은 골재의 최대치수는 25mm 이하로 하며, 철근 최소 수평순간격의 3/4 이내의 것을 사용하도록 한다.
④ 단위 시멘트량은 소요의 워커빌리티 및 강도를 얻을 수 있는 범위 내에서 가능한 적게 되도록 시험에 의해 정하여야 한다.

📝**해설**
• 콘크리트의 강도를 확보하기 위하여 공기연행제를 사용하지 않는 것을 원칙으로 한다.
• 기상의 변화가 심하거나 동결융해가 예상된다면 공기연행제를 사용하여야 한다.
• 고강도 콘크리트의 물–결합재비 값은 가능한 45% 이하로 한다.

15 서중 콘크리트에 대한 설명으로 틀린 것은?
① 하루 평균기온이 25℃를 초과하는 것이 예상되는 경우 서중 콘크리트로 시공한다.
② 일반적으로는 기온 10℃의 상승에 대하여 단위수량은 2~5% 감소하므로 단위수량에 비례하여 단위 시멘트량의 감소를 검토하여야 한다.
③ 콘크리트를 타설하기 전에 지반과 거푸집 등을 조사하여 콘크리트로부터의 수분 흡수로 품질변화의 우려가 있는 부분은 습윤상태로 유지하는 등의 조치를 하여야 한다.
④ 콘크리트는 비빈 후 즉시 타설하여야 하며, 일반적인 대책을 강구하는 경우라도 1.5시간 이내에 타설하여야 한다.

📝**해설**
• 일반적으로는 기온 10℃의 상승에 대하여 단위수량은 2~5% 증가하므로 단위수량에 비례하여 단위 시멘트량의 증가를 검토하여야 한다.
• 콘크리트를 타설할 때의 콘크리트 온도는 35℃ 이하이어야 한다.

답안 표기란

14	①	②	③	④
15	①	②	③	④

- 콘크리트 타설 후 적어도 24시간은 노출면이 건조되지 않도록 습윤상태를 유지하고, 양생은 적어도 5일 이상 실시하는 것이 바람직하다.
- 콘크리트 타설 후 콘크리트의 경화가 진행되어 있지 않은 시점에서 갑작스러운 건조에 의해 균열이 발생하였을 경우 즉시 재진동 다짐이나 다짐을 실시하여 이것을 없애야 한다.

16 프리스트레스트 콘크리트에서 프리스트레싱할 때의 유의사항에 대한 설명으로 틀린 것은?

① 긴장재에 대해 순차적으로 프리스트레싱을 실시할 경우는 각 단계에 있어서 콘크리트에 유해한 응력이 생기지 않도록 한다.
② 프리텐션 방식의 경우 긴장재에 주는 인장력은 고정장치의 활동에 의한 손실을 고려하여야 한다.
③ 프리스트레싱 작업 중에는 어떠한 경우라도 인장장치 또는 고정장치 뒤에 사람이 서 있지 않도록 하여야 한다.
④ 긴장재에 인장력이 주어지도록 긴장할 때 인장력을 설계값 이상으로 주었다가 다시 설계값으로 낮추어 정확한 힘이 전달되도록 시공하여야 한다.

해설
- 긴장재에 인장력이 주어지도록 긴장할 때 인장력을 설계값 이상으로 주었다가 다시 설계값으로 낮추는 방법으로 시공하지 않아야 한다.
- 프리스트레싱을 할 때의 콘크리트 압축강도는 어느 정도의 안전도를 확보하기 위하여 프리스트레스를 준 직후 콘크리트에 일어나는 최대 압축응력의 1.7배 이상이어야 한다.

17 콘크리트의 타설에 대한 설명으로 틀린 것은?

① 타설한 콘크리트를 거푸집 안에서 횡방향으로 이동시켜서는 안 된다.
② 한 구획 내의 콘크리트는 타설이 완료될 때까지 연속해서 타설하여야 한다.
③ 콘크리트 타설 도중 표면에 떠올라 고인 블리딩수가 있을 경우에는 콘크리트 표면에 홈을 만들어 배수 처리하여야 한다.
④ 콘크리트는 그 표면이 한 구획 내에서는 거의 수평이 되도록 타설하는 것을 원칙으로 한다.

해설
- 콘크리트 타설 도중 표면에 떠올라 고인 블리딩수가 있을 경우에는 콘크리트 표면에 홈을 만들어 배수 처리하여서는 안 된다.
- 콘크리트를 2층 이상으로 나누어 타설할 경우, 상층의 콘크리트 타설은 원칙적으로 하층의 콘크리트가 굳기 시작하기 전에 해야 한다.

정답 14. ① 15. ② 16. ④ 17. ③

18 콘크리트의 건조수축 특성에 대한 설명으로 틀린 것은?

① 콘크리트 부재의 크기는 콘크리트 내의 수분이동 속도와 양에 영향을 주므로 건조수축에도 영향을 준다.
② 일반적으로 골재의 탄성계수가 클수록 콘크리트의 수축을 효과적으로 감소시킬 수 있다.
③ 단위 수량이 증가할수록 콘크리트의 건조수축량은 증가한다.
④ 증기양생을 한 콘크리트의 경우 건조수축이 증가한다.

해설
- 증기양생을 한 콘크리트의 경우 내구성이 좋아지고 건조수축이 감소한다.
- 단위 굵은 골재량이 많을수록 건조수축량은 작다.
- 습도가 낮을수록 온도가 높을수록 건조수축량은 크다.
- 단위 수량과 단위 시멘트량이 많으면 건조수축량이 크다.

19 콘크리트의 받아들이기 품질 검사 항목 중 염화물 함유량 시험의 시기 및 횟수에 대한 규정으로 옳은 것은?

① 바닷모래를 사용할 경우 : 2회/일
② 바닷모래를 사용할 경우 : 1회/일
③ 바닷모래를 사용할 경우 : 3회/일
④ 바닷모래를 사용할 경우 : 2회/주

해설 염화물 함유량의 판정기준 : $0.3kg/m^3$ 이하

20 콘크리트 압축강도 추정을 위한 반발경도 시험(KS F 2730)에 대한 설명으로 틀린 것은?

① 콘크리트는 함수율이 증가함에 따라 반발경도가 크게 측정되므로 콘크리트 습윤상태에 따른 보정을 실시하여야 한다.
② 0℃ 이하의 온도에서 콘크리트는 정상보다 높은 반발경도를 나타내므로, 콘크리트 내부가 완전히 융해된 후에 시험해야 한다.
③ 타격 위치는 가장자리로부터 100mm 이상 떨어지고 서로 30mm 이내로 근접해서는 안 된다.
④ 시험할 콘크리트 부재는 두께가 100mm 이상이어야 하며, 하나의 구조체에 고정되어야 한다.

해설
- 콘크리트는 함수율이 증가함에 따라 반발경도가 작게 측정되므로 콘크리트 습윤상태에 따른 보정을 실시하여야 한다.

- 시험값 20개의 평균으로부터 오차가 20% 이상이 되는 경우의 시험값은 버리고 나머지 시험값의 평균을 구한다. 이 때 범위를 벗어나는 시험값이 4개 이상인 경우에는 전체 시험값군을 버리고 재시험을 한다.
- 시험 영역의 지름은 150mm 이상이 되어야 한다.
- 타격 방향은 수평 타격을 원칙으로 하며 수평 타격 이외의 경우에는 보정을 실시하여야 한다.

2과목 건설시공 및 관리

21 불도저의 1시간당 작업량을 본바닥 토량으로 계산하면? (단, 평균 굴착압토 거리(l)=40m, 전진속도(V_1)=2.4km/h, 후진속도(V_2)=6.0km/h, 기어변속시간(t)=12sec, 1회의 굴착압토량(q)=2.3m³, 토량변화율(L)=1.15, 작업효율(E)=80%)

① 45m³   ② 48m³
③ 55m³   ④ 60m³

- $V_1 = \dfrac{2400}{60} = 40\text{m/min}$, $V_2 = \dfrac{6000}{60} = 100\text{m/min}$

  $t = \dfrac{12}{60} = 0.2\text{min}$

- $C_m = \dfrac{l}{V_1} + \dfrac{l}{V_2} + t = \dfrac{40}{40} + \dfrac{40}{100} + 0.2 = 1.6\text{min}$

- $Q = \dfrac{60 \cdot q \cdot f \cdot E}{C_m} = \dfrac{60 \times 2.3 \times \dfrac{1}{1.15} \times 0.8}{1.6} = 60\text{m}^3/\text{hr}$

22 교량의 가설공법 중 비계를 사용하는 공법이 아닌 것은?

① 새들 공법   ② 벤트식 공법
③ 이랙션 트러스 공법   ④ 캔틸레버식 공법

캔틸레버식 공법, 이동벤트식 공법, 크레인 가설공법 등은 비계를 사용하지 않는다.

23 숏크리트의 리바운드량을 감소시키는 방법으로 옳지 않은 것은?

① 시멘트량을 감소시킨다.
② 벽면과 직각으로 쏜다.
③ 골재를 13mm 이하로 한다.
④ 압력을 일정하게 한다.

- 시멘트량을 증가시킨다.
- 분사 부착면을 거칠게 한다.

정답 18. ④ 19. ① 20. ① 21. ④ 22. ④ 23. ①

24 보조기층, 입도 조정기층 등에 침투시켜 이들 층의 방수성을 높이고 그 위에 포설하는 아스팔트 혼합물과의 부착을 잘 되게 하기 위하여 보조기층 또는 기층 위에 역청재를 살포하는 것을 무엇이라 하는가?

① 프라임 코트(prime coat)
② 택 코트(tack coat)
③ 실 코트(seal coat)
④ 패칭(patching)

해설
- 프라임 코트 : 지반층(보조기층, 노상)에 아스팔트 혼합물을 포설하기 전에 지반층의 방수성과 접착성을 향상하기 위해 컷백 아스팔트를 규정량 뿌리는 것
- 택코트 : 시멘트계나 역청계의 포장층에 새로운 혼합물을 포설하기 전에 신·구 포장층을 잘 결합시키기 위하여 아스팔트 유제나 RC 등을 뿌리는 것
- 실코트 : 포장 표면에 살포한 역청재료 위에 모래나 부순돌을 살포하여 이를 포장면에 부착시키는 것(노화 방지, 미끄럼 저항 증대, 내구성 증대)
- 패칭 : 아스팔트 포장에 파손이 있을 시 보수방법이다.

25 폭우시 옹벽 배면에는 침투수압이 발생되는데 이 침투수에 의한 중요 영향으로 옳지 않은 것은?

① 활동면에서의 간극수압 증가
② 옹벽 저면에서의 양압력 증가
③ 수평저항력의 증가
④ 포화에 의한 흙의 무게 증가

해설 수평 저항력이 감소되어 위험할 수 있다.

26 댐 기초 처리를 위한 그라우팅의 종류 중 아래의 표에서 설명하는 것은?

> 기초 암반의 변형성이나 강도를 개량하여 균일성을 주기 위하여 기초 전반에 걸쳐 격자형으로 그라우팅을 하는 방법이다.

① 커튼 그라우팅
② 콘솔리데이션 그라우팅
③ 블랭킷 그라우팅
④ 콘택트 그라우팅

해설 커튼 그라우팅은 기초 암반에 침투하는 물을 방지하기 위한 지수의 목적으로 실시하며 댐 상류 쪽에 병풍 모양으로 깊게 그라우팅을 한다.

27 교대에서 날개벽(Wing)의 역할로 가장 적당한 것은?
  ① 배면(背面)토사를 보호하고 교대 부근의 세굴을 방지한다.
  ② 교대의 하중을 부담한다.
  ③ 유량을 경감하여 토사의 퇴적을 촉진시킨다.
  ④ 교량의 상부구조를 지지한다.

  해설 교대의 날개벽은 배면의 흙이 무너지는 것을 막고 앞부분으로 물의 흐름에 세굴되는 것을 막아준다.

28 사질토를 절토하여 45000m³의 성토구간을 다짐 성토하려고 한다. 사질토의 토량 변화율이 $L=1.2$, $C=0.9$일 때 절취토량과 운반토량은?

	절취토량	운반토량		절취토량	운반토량
①	40500m³	48600m³	②	45000m³	54000m³
③	50000m³	54000m³	④	50000m³	60000m³

  해설 $L = \dfrac{\text{운반할 토량}}{\text{굴착할 토량}}$, $C = \dfrac{\text{성토한 토량}}{\text{굴착할 토량}}$
  - 굴착할 토량 $= \dfrac{45000}{0.9} = 50000\text{m}^3$
  - 운반할 토량 $= 1.2 \times 50000 = 60000\text{m}^3$

29 아스팔트 콘크리트 포장과 비교한 시멘트 콘크리트 포장의 특성에 대한 설명으로 틀린 것은?
  ① 내구성이 커서 유지관리비가 저렴하다.
  ② 표층은 교통하중을 하부층으로 전달하는 역할을 한다.
  ③ 국부적 파손에 대한 보수가 곤란하다.
  ④ 시공 후 충분한 강도를 얻는 데까지 장시간의 양생이 필요하다.

  해설
  - 아스팔트 콘크리트 포장에서 최상부에 있는 표층은 교통하중을 분산하여 하부에 전달하는 역할을 한다.
  - 일반적으로 초기 건설비는 시멘트 콘크리트 포장이 높고 유지관리비는 아스팔트 콘크리트 포장이 높다.

30 아래 그림과 같은 측량성과의 횡단면적을 심프슨(Simpson) 제2법칙에 의해 구한 값은? (단, 단위는 m이다.)
  ① 35.8m²
  ② 45.8m²
  ③ 55.8m²
  ④ 65.8m²

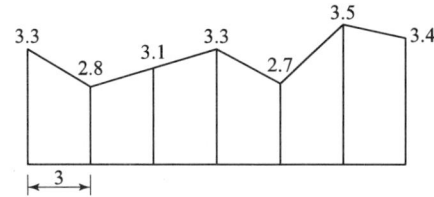

해설

$$A = \frac{3}{8}d\,[y_0 + y_6 + 3(y_1 + y_2 + y_4 + y_5) + 2(y_3)]$$
$$= \frac{3}{8} \times 3 \times [3.3 + 3.4 + 3(2.8 + 3.1 + 2.7 + 3.5) + 2(3.3)]$$
$$= 55.8\,\text{m}^2$$

31 지반중에 초고압으로 가압된 경화재를 에어제트와 함께 이중관 선단에 부착된 분사노즐로 분사시켜 지반의 토립자를 교반하여 경화재와 혼합 고결시키는 공법은?

① JSP공법 ② SCW공법
③ LW공법 ④ SGR공법

해설
- JSP공법은 그라우트 주입재와 압축공기를 분리하여 고압분사 시켜 지반을 고결시킨다.
- LW공법은 규산소다와 시멘트 현탁액을 주입하여 지반을 주입시키는 공법이다.

32 유효다짐폭 3m의 10t 머캐덤 롤러(macadam roller) 1대를 사용하여 성토의 다짐을 시행할 때 평균 깔기두께 20cm, 평균작업속도 2km/hr, 다짐횟수를 10회, 작업효율 0.6으로 하면 1시간당 작업량은 약 얼마인가? (단, 토량환산계수는 0.8로 한다.)

① $57.6\,\text{m}^3$ ② $76.2\,\text{m}^3$
③ $85.4\,\text{m}^3$ ④ $92.7\,\text{m}^3$

해설
$$Q = \frac{1000\,VWHfE}{N} = \frac{1000 \times 2 \times 3 \times 0.2 \times 0.8 \times 0.6}{10} = 57.6\,\text{m}^3$$

33 샌드 드레인(sand drain) 공법에서 영향원의 지름을 d_e, 모래말뚝의 간격을 d라 할 때 정사각형의 모래말뚝 배열식으로 옳은 것은?

① $d_e = 1.13d$ ② $d_e = 1.05d$
③ $d_e = 1.08d$ ④ $d_e = 1.0d$

해설 정삼각형의 모래말뚝 배열식
$d_e = 1.05d$

34 자연함수비 8%인 흙으로 성토하고자 한다. 다짐한 흙의 함수비를 15%로 관리하도록 규정하였을 때 매 층마다 1m²당 몇 kg의 물을 살수해야 하는가? (단, 1층의 다짐 후 두께는 20cm이고, 토량 변화율 $C=0.8$이며, 원지반상태에서 흙의 단위중량은 1.8 t/m³이다.)

① 21.59kg
② 24.38kg
③ 27.23kg
④ 29.17kg

해설
- 1층 원지반의 체적(다짐 후 체적)
$$V = (1 \times 1 \times 0.2) \times \frac{1}{0.8} = 0.25 m^3$$
- 0.25m³당 흙의 중량
$$W = \gamma V = 1.8 \times 0.25 = 0.45t = 450kg$$
- 자연함수비 8%인 흙의 물 무게
$$W_w = \frac{wW}{100+w} = \frac{8 \times 450}{100+8} = 33.3kg$$
- 함수비 15%에 대한 살수량
8% : 33.3kg = (15−8) : x
$$\therefore x = \frac{33.3 \times (15-8)}{8} = 29.17kg$$

35 전면에 달린 배토판을 좌하, 우하로 기울어지게 하여 작업하는 것으로 경사면 굴착이나 도랑파기 작업을 할 수 있는 도저는?

① 틸트 도저
② 스트레이트 도저
③ 앵글 도저
④ 레이크 도저

해설
- 틸트 도저는 토공판을 좌우 밑으로 기울어 도랑파기, 경토 굴착 등을 한다.
- 레이크 도저는 토공판 대신 레이크를 정착하여 벌개 제근, 경토 굴착 등을 한다.

36 터널 굴착공법인 TBM공법의 특징에 대한 설명으로 틀린 것은?

① 터널 단면에 대한 분할 굴착시공을 하므로 지질변화에 대한 확인이 가능하다.
② 기계굴착으로 인해 여굴이 거의 발생하지 않는다.
③ 1km 이하의 비교적 짧은 터널의 시공에는 비경제적인 공법이다.
④ 본바닥 변화에 대하여 적응이 곤란하다.

해설
- 발파공법에 비하여 특히 암질에 의한 제약을 많이 받고 연속 굴착시공을 하므로 지질조사가 중요하다.
- 복잡한 지질의 변화에 대응하지 못하는 단점이 있다.
- 폭약을 사용하지 않고 원형으로 굴착하므로 역학적으로도 안전하다.

[정답] 31.① 32.① 33.① 34.④ 35.① 36.①

37. 뉴매틱 케이슨(Pneumatic Caisson)공법의 특징으로 틀린 것은?

① 소음과 진동이 커서 도시에서는 부적합하다.
② 기초 지반 토질의 확인 및 정확한 지지력의 측정이 가능하다.
③ 굴착 깊이에 제한이 없고 소규모 공사나 심도 깊은 공사에 경제적이다.
④ 기초 지반의 보일링 현상 및 히빙 현상을 방지할 수 있으므로 인접 구조물의 피해 우려가 없다.

해설
- 대규모 공사나 심도 깊은 기초공사에 경제적이다.
- 오픈 케이슨보다 침하 공정이 빠르고 장애물 제거가 쉽다.
- 일반적인 굴착깊이는 35~40m로 제한되어 있다.
- 고압 내에서 작업을 하여 대기압 중에 나올 때 감압 때문에 체액 또는 조직내에 용해되어 있던 질소가스가 기포로 되어 체내에 잔류하기 때문에 케이슨병이 발생할 수 있다.

38. PERT 공정관리기법에 대한 설명으로 틀린 것은?

① PERT 기법에서는 시간 견적을 3점법으로 확률 계산하다.
② PERT 기법은 결합점(Node) 중심의 일정 계산을 한다.
③ PERT 기법은 공기 단축을 목적으로 한다.
④ PERT 기법은 경험이 있는 사업 및 반복사업에 이용된다.

해설
- PERT 기법은 신규사업, 비반복사업, 경험이 없는 사업에 이용된다.
- PERT 기법의 중심관리는 작업단계(event)이다.

39. 주공정선(critical path)에 대한 설명으로 틀린 것은?

① 주공정선(critical path)상에서 모든 여유는 0(zero)이다.
② 주공정선(critical path)은 반드시 하나만 존재한다.
③ 공정의 단축 수단은 주공정선(critical path)의 단축에 착안해야 한다.
④ 주공정선(critical path)에 의해 전체 공정이 좌우된다.

해설
- 주공정선(critical path)은 2개 이상 생길 수도 있다.
- 주공정선(critical path) 중 한 작업구간이 늦어지면 그만큼 공사기간이 지연된다.
- 주공정선(critical path) 상의 작업을 중심으로 해서 공사관리를 진행하면 가장 효과적이다.

40 하수도 관로의 최소 흙두께(매설깊이)는 원칙적으로 얼마를 하도록 되어 있는가?

① 1.2m   ② 1.0m
③ 0.8m   ④ 0.6m

해설 관로의 최소 흙두께는 원칙적으로 1.0m로 한다. 다만 연결관, 노면하중, 노반두께, 동결심도, 도로점용조건 등을 고려하여 적절한 흙두께로 결정한다.

3과목 건설재료 및 시험

41 폴리머를 판상으로 압축시키며 격자 모양의 그리드 형태로 구멍을 내 일축 또는 이축으로 연신하여 제조하므로 분자 배열이 잘 조정되어 높은 강도를 내어 보강 및 분리 기능의 용도로 사용되는 토목섬유는?

① 직포형 지오텍스타일   ② 부직포형 지오텍스타일
③ 지오멤브레인   ④ 지오그리드

해설 지오그리드는 주로 보강 및 분리 기능의 역할을 한다.

42 표면건조 포화상태의 골재시료 1,780g을 공기중에서 건조시켰더니 1,731g이 되었고, 이를 다시 노건조시켰더니 1,709g이 되었다. 이 골재시료의 흡수율은?

① 1.3%   ② 2.8%
③ 3.9%   ④ 4.2%

해설
- 흡수율 $= \dfrac{1780-1709}{1709} \times 100 = 4.2\%$
- 유효 흡수율 $= \dfrac{1780-1731}{1731} \times 100 = 2.8\%$

43 앞면은 거의 정사각형이고 4면을 쪼개어 면에 직각으로 잰 길이는 최소변의 1.5배 이상인 석재는?

① 판석   ② 견치석
③ 사고석 ④ 각석

해설 견치석은 흙막이용 석축, 비탈면 보호의 돌붙임에 이용된다.

[정답] 37. ③ 38. ④ 39. ② 40. ② 41. ④ 42. ④ 43. ②

44. 콘크리트용 화학 혼화제(KS F 2560)에서 규정하고 있는 공기연행(AE)제의 품질 성능에 대한 규정항목이 아닌 것은?

① 경시 변화량
② 감수율
③ 블리딩양의 비
④ 길이 변화비

해설
- AE제, 감수제 및 AE 감수제는 경시 변화량을 제외한다.
- 감수율, 블리딩량의 비, 응결시간의 차, 압축강도의 비, 길이 변화비, 동결융해에 대한 저항성을 품질항목이 있다.

45. 석재의 일반적인 성질에 대한 설명으로 틀린 것은?

① 암석의 압축강도가 50MPa 이상을 경석, 10MPa 이상~50MPa 미만을 준경석, 10MPa 미만을 연석이라 한다.
② 암석의 구조에서 암석 특유의 천연적으로 갈라진 금을 절리(節理), 퇴적암이나 변성암에서 나타나는 평행의 절리를 층리(層理)라 한다.
③ 석재는 강도 중에서 압축강도가 제일 크며 인장, 휨 및 전단강도는 적기 때문에 구조용으로 사용할 경우 주로 압축력을 받는 부분에 사용된다.
④ 석재는 열에 대한 양도체이기 때문에 열의 분포가 균일하며, 1,000℃ 이상의 고온으로 가열하여도 잘 견디는 내화성 재료이다.

해설 일반적으로 석재는 500℃ 정도까지는 거의 피해를 입지 않으며 그 이상의 경우에는 어느 일정 온도까지의 고열에 견디지만 그 온도를 넘으면 급격히 파괴되는 경우도 있다.

46. 아스팔트 혼합물에서 채움재(filler)를 혼합하는 목적은 다음 중 어느 것인가?

① 아스팔트의 비중을 높이기 위해서
② 아스팔트의 침입도를 높이기 위해서
③ 아스팔트의 공극을 메우기 위해서
④ 아스팔트의 내열성을 증가시키기 위해서

해설
- 채움재는 공극을 메워서 혼합물의 안정성과 내구성을 높이기 위해 사용한다.
- 채움재 재료는 석회암, 화성암류의 분말 또는 포틀랜드 시멘트 등이 사용된다.

47 일반적인 굵은골재의 유해물 함유량의 한도에 대한 다음 설명 중 잘못된 것은? (단, 모든 백분율은 질량 백분율로 표시됨.)

① 점토 덩어리는 1% 이내이어야 한다.
② 0.08mm체 통과량은 1% 이내이어야 한다.
③ 석탄, 갈탄 등으로 밀도 2.0g/cm³의 액체에 뜨는 것은 0.5% 이내이어야 한다.(단, 외관이 중요한 콘크리트의 경우)
④ 연한 석편은 5% 이내이어야 한다.

해설 점토 덩어리는 0.25% 이내이어야 한다.

48 어떤 재료의 푸아송 비가 1/3이고 탄성계수는 2.04×10^5MPa일 때 전단 탄성계수는?

① 68000MPa ② 76500MPa
③ 78000MPa ④ 86500MPa

해설 $G = \dfrac{E}{2(1+\nu)} = \dfrac{2.04 \times 10^5}{2\left(1+\dfrac{1}{3}\right)} = 76500 \text{MPa}$

49 콘크리트용 혼화재로 실리카 퓸(Silica fume)을 사용한 경우 효과에 대한 설명으로 잘못된 것은?

① 콘크리트의 재료분리 저항성, 수밀성이 향상된다.
② 알칼리 골재반응의 억제효과가 있다.
③ 내화학약품성이 향상된다.
④ 단위수량과 건조수축이 감소된다.

해설 단위수량의 증가로 건조수축 증대 등의 결점이 있다.

50 AE제를 사용한 콘크리트의 특징에 대한 설명으로 틀린 것은?

① 철근과의 부착강도가 작다.
② 동결융해에 대한 저항성이 크다.
③ 콘크리트 블리딩 현상이 증가한다.
④ 콘크리트의 워커빌리티를 개선하는데 효과가 있다.

해설
- 콘크리트 블리딩 현상이 감소하고 수밀성이 증대된다.
- 단위수량을 적게 할 수 있다.
- 시공연도를 좋게 하며 재료의 분리가 적어진다.

[정답] 44.① 45.④ 46.③ 47.① 48.② 49.④ 50.③

51
시멘트의 강도 시험(KS L ISO 679)을 실시하기 위해 시험용 모르타르를 제작하고자 한다. 1회분의 재료로서 시멘트 450g이 사용되었다면 필요한 표준사의 질량은?

① 1103g
② 1215g
③ 1350g
④ 1575g

해설 공시체 제작시 필요한 시멘트와 표준사의 질량배합 비율이 1:3이므로 450×3=1350g이다.

52
화약에 대한 설명으로 틀린 것은?

① 흑색화약은 원용적의 약 300배의 가스로 팽창하여 2000℃의 열과 660MPa의 압력을 발생시킨다.
② 무연화약은 흑색화약에 비해 낮은 압력을 비교적 장기간 작용시킬 수 있다.
③ 흑색화약은 내습성이 뛰어나 젖어도 쉽게 발화하는 장점이 있다.
④ 무연화약은 연소성을 조절할 수 있으므로 총탄, 포탄, 로켓 등의 발사에 사용된다.

해설
- 흑색화약은 젖어 있어 수분이 많으면 발화하지 않는다.
- 흑색화약의 주성분은 초석(KNO_3)이다.
- 흑색화약은 값이 싸고, 취급 및 보관하는데 위험이 적으며 대리석이나 화강암 같은 큰 석재의 채취에 사용된다.

53
재료의 역학적 성질에 대한 설명으로 옳은 것은?

① 전성은 재료를 두들길 때 얇게 펴지는 성질이다.
② 크리프는 하중이 반복 작용할 때 재료가 정적강도보다도 낮은 강도에서 파괴되는 현상이다.
③ 연성은 하중을 받으면 작은 변형에서도 갑작스런 파괴가 일어나는 성질이다.
④ 소성은 하중을 받아 변형된 재료가 하중이 제거 되었을 때 다시 원래대로 돌아가려는 성질이다.

해설
- 피로강도는 하중이 반복 작용할 때 재료가 정적강도보다도 낮은 강도에서 파괴되는 현상이다.
- 취성은 하중을 받으면 작은 변형에서도 갑작스런 파괴가 일어나는 성질이다.
- 탄성은 하중을 받아 변형된 재료가 하중이 제거 되었을 때 다시 원래대로 돌아가려는 성질이다.

- 연성은 가늘고 길게 늘어나며 서서히 파괴가 진행되는 성질이다.
- 소성은 하중을 받아 변형된 재료가 하중이 제거 되었을 때 변형된 상태로 남아 있는 성질이다.

54 양이온계 유화 아스팔트 중 택 코트용으로 사용하는 것은?
① RS(C)-1
② RS(C)-2
③ RS(C)-3
④ RS(C)-4

해설 역청유제에 사용되는 유화제는 양(+)이온, 음(-)이온, 점토계 이온 등이 있다.

55 시멘트의 응결에 대한 설명으로 틀린 것은?
① 단위 수량이 많으면 응결은 지연된다.
② 온도가 높을수록 응결은 빨라진다.
③ C_3A가 많을수록 응결은 지연된다.
④ 분말도가 높으면 응결은 빨라진다.

해설
- C_3A가 많을수록 응결은 빨라진다.
- 풍화된 시멘트는 응결이 느리다.
- 시멘트의 분말도가 높을 경우 수화작용이 빠르며 발열량도 높아 초기강도가 높다.
- 습도가 낮으면 응결은 빨라진다.

56 목재의 강도 중 가장 큰 것은?
① 섬유에 평행방향의 압축강도
② 섬유에 직각방향의 압축강도
③ 섬유에 평행방향의 인장강도
④ 섬유에 평행방향의 전단강도

해설 일반적으로 섬유에 평행방향의 인장강도는 압축강도보다 크다.

57 아스팔트의 인화점과 연소점에 대한 설명으로 틀린 것은?
① 아스팔트를 가열하여 어느 일정 온도에 도달할 때 화기를 가까이 했을 경우 인화하는데 이때 최저온도를 인화점이라 한다.
② 아스팔트가 인화되어 연소할 때의 최고 온도를 연소점이라 한다.
③ 인화점은 연소점보다 온도가 낮다.
④ 아스팔트의 가열 시에 위험도를 알기 위해 인화점과 연소점을 측정한다.

해설
- 인화점 측정 후 다시 가열을 계속하여 시료가 적어도 5초간 연소를 계속한 최초의 온도를 연소점이라 한다.
- 연소점은 인화점보다 25~60℃정도 높다.

정답
51. ③ 52. ③
53. ① 54. ④
55. ③ 56. ③
57. ②

58 시멘트 클링커 혼합물의 특성으로 틀린 것은?

① C_3S는 C_2S에 비하여 수화열이 크고 초기강도가 크다.
② C_2S는 수화열이 작으며 장기강도 발현성과 화학 저항성이 우수하다.
③ C_3A는 수화속도가 매우 빠르지만 수화발열량과 수축은 매우 적다.
④ C_4AF는 화학저항성이 양호해서 내황산염시멘트에 많이 함유되어 있다.

해설
- C_3A는 수화속도가 매우 빠르며 수화발열량이 매우 높다.
- C_3A는 초기응결이 빠르고 수축이 커서 균열이 잘 일어난다.

59 콘크리트용 골재의 알칼리골재 반응에 대한 설명 중 틀린 것은?

① 알말리골재 반응은 반응성 있는 골재에 의해 콘크리트에 이상팽창을 일으켜 거북등 모양의 균열을 일으키는 것이다.
② 콘크리트의 팽창량에 미치는 영향은 시멘트 중의 Na_2O량과 K_2O량의 비 및 반응성 골재의 특성에 의해 달라진다.
③ 알칼리골재 반응은 고로 슬래그 시멘트 및 플라이 애시 시멘트를 사용하여 억제할 수 있다.
④ 알칼리골재 반응을 억제하기 위하여 시멘트에 포함되어 있는 총 알칼리량을 높여야 한다.

해설
- 알칼리골재 반응을 억제하기 위하여 시멘트에 포함되어 있는 총 알칼리량을 낮춰야 한다.
- 반응성 골재를 사용할 경우 전 알칼리량 0.6% 이하인 저알칼리형 시멘트를 사용한다.
- 알칼리–실리카 반응을 일으키기 쉬운 광물은 오팔, 트리디마이트, 옥수 등이다.

60 콘크리트용 골재(KS F 2527)에 규정되어 있는 콘크리트용 골재의 물리적 성질에 대한 설명으로 틀린 것은? (단, 천연골재의 굵은 골재, 잔골재이다.)

① 굵은 골재의 절대건조 밀도는 $2.5g/cm^3$ 이상이어야 한다.
② 잔골재의 안정성은 15% 이하이어야 한다.
③ 잔골재의 흡수성은 3.0% 이하이어야 한다.
④ 굵은 골재의 마모율은 40% 이하이어야 한다.

해설
- 잔골재의 안정성은 10% 이하이어야 한다.
- 굵은 골재의 안정성은 12% 이하이어야 한다.

4과목 토질 및 기초

61 동상 방지대책에 대한 설명 중 옳지 않은 것은?
① 배수구 등을 설치해서 지하수위를 저하시킨다.
② 모관수의 상승을 차단하기 위해 조립의 차단층을 지하수위보다 높은 위치에 설치한다.
③ 동결 깊이보다 낮게 있는 흙을 동결하지 않는 흙으로 치환한다.
④ 지표의 흙을 화학약품으로 처리하여 동결온도를 내린다.

해설 동결 깊이 위에 있는 흙을 동결하지 않는 조립토로 치환하여 동상을 방지한다.

보충
- 실트질의 흙은 모관 상승고가 높고 투수성이 커서 동상에 가장 잘 걸린다.
- 동결 깊이 $Z = C\sqrt{F}$

62 모래 치환법에 의한 현장 흙의 밀도 시험에서 모래는 무엇을 구하기 위하여 쓰이는가?
① 시험구멍에서 파낸 흙의 중량
② 시험구멍의 체적
③ 시험구멍에서 파낸 흙의 함수상태
④ 시험구멍의 밑면부의 지지력

해설 $\gamma_t = \dfrac{W}{V}$ 공식에서 구멍속 부피(V)는 모래(표준사)를 이용하여 구한다.

63 어떤 시료를 입도 분석 한 결과, 0.075mm(No 200)체 통과량이 65%이었고, 애터버그한계 시험 결과 액성한계가 40%이었으며, 소성 도표(plasticity chart)에서 A선위의 구역에 위치한다면 이 시료는 통일분류법(USCS)상 기호로서 옳은 것은?
① CL
② SC
③ MH
④ SM

해설
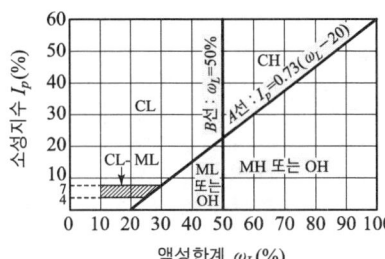

[정답] 58. ③ 59. ④ 60. ② 61. ③ 62. ② 63. ①

64 유선망의 특징을 설명한 것으로 옳지 않은 것은?

① 각 유로의 침투량은 같다.
② 유선은 등수두선과 직교한다.
③ 유선망으로 이루어지는 사각형은 정사각형이다.
④ 침투속도 및 동수구배는 유선망의 폭에 비례한다.

해설 침투속도 및 동수구배는 유선망의 폭에 반비례한다.

65 그림과 같이 $c=0$인 모래로 이루어진 무한사면이 안정을 유지(안전율≥1)하기 위한 경사각 β의 크기로 옳은 것은? (단, 물의 단위중량은 9.81kN/m^3이다.)

① $\beta \leq 7.94°$
② $\beta \leq 15.5°$
③ $\beta \leq 31.3°$
④ $\beta \leq 35.6°$

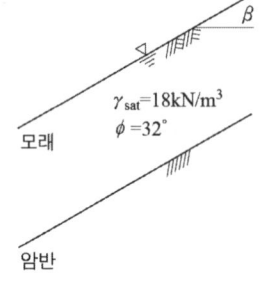

해설
$$F_s = \frac{\gamma_{sub}}{\gamma_{sat}} \cdot \frac{\tan\phi}{\tan i}$$
$$1 = \frac{(18-9.81)}{18} \times \frac{\tan 32°}{\tan i}$$
$$\therefore \tan i = \frac{(18-9.81) \times 1 \times \tan 32°}{18} = 0.2843$$
$$i = \tan^{-1} 0.2843 = 15.87°$$

66 사질토에 대한 직접전단시험을 실시하여 다음과 같은 결과를 얻었다. 내부마찰각은 약 얼마인가?

수직응력(kN/m²)	30	60	90
최대전단응력(kN/m²)	17.3	34.6	51.9

① $25°$
② $30°$
③ $35°$
④ $40°$

해설 $\tau = \sigma \tan\phi$ 관련 식에서 $34.6 = 60\tan\phi$
$$\therefore \phi = \tan^{-1}\frac{34.6}{60} = 30°$$

67 그림에서 안전율 3을 고려하는 경우, 수두차 h를 최소 얼마로 높일 때 모래 시료에 분사현상이 발생하겠는가?

① 12.75cm
② 9.75cm
③ 4.25cm
④ 3.25cm

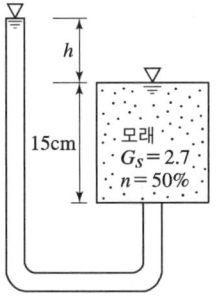

해설
$$F = \frac{i_c}{i} = \frac{\frac{G_s-1}{1+e}}{\frac{h}{L}} = \frac{\frac{2.7-1}{1+1}}{\frac{h}{15}} = \frac{0.85 \times 15}{h}$$

$\therefore h = \frac{0.85 \times 15}{3} = 4.25\text{cm}$ 여기서, $e = \frac{n}{100-n} = \frac{50}{100-50} = 1$

68 말뚝기초의 지반거동에 관한 설명으로 틀린 것은?

① 기성말뚝을 타입하면 전단파괴를 일으키며 말뚝 주위의 지반은 교란된다.
② 말뚝에 작용한 하중은 말뚝 주변의 마찰력과 말뚝 선단의 지지력에 의하여 주변 지반에 전달된다.
③ 연약지반상에 타입되어 지반이 먼저 변형하고 그 결과 말뚝이 저항하는 말뚝을 주동말뚝이라 한다.
④ 말뚝 타입 후 지지력의 증가 또는 감소 현상을 시간효과(time effect)라 한다.

해설
• 연약지반상에 타입되어 지반이 먼저 변형하고 그 결과 말뚝이 저항하는 말뚝을 수동말뚝이라 한다.
• 말뚝이 지표면에서 수평력을 받는 경우 말뚝이 변형함에 따라 지반이 저항하는 말뚝, 즉 말뚝이 움직이는 주체가 되는 말뚝을 주동말뚝이라 한다.

69 두 개의 규소판 사이에 한 개의 알루미늄판이 결합된 3층 구조가 무수히 많이 연결되어 형성된 점토광물로서 각 3층 구조 사이에는 칼륨이온(K^+)으로 결합되어 있는 것은?

① 몬모릴로나이트(montmorillonite)
② 할로이사이트(halloysite)
③ 고령토(kaolinite)
④ 일라이트(illite)

해설
• 일라이트(illite)은 교환 불가능한 이온(불치환성 이온)을 가졌으며 안정성이 중간 정도이다.
• 몬모릴로나이트(montmorillonite)는 활성도가 가장 커 안정성이 제일 약하다.

[정답] 64. ④ 65. ② 66. ② 67. ③ 68. ③ 69. ④

70. 사질토 지반에 축조되는 강성기초의 접지압 분포에 대한 설명 중 맞는 것은?

① 기초 모서리 부분에서 최대 응력이 발생한다.
② 기초에 작용하는 접지압 분포는 토질에 관계없이 일정하다.
③ 기초의 중앙 부분에서 최대 응력이 발생한다.
④ 기초 밑면의 응력은 어느 부분이나 동일하다.

해설
- 휨성기초의 경우 기초에 작용하는 접지압 분포는 토질에 관계없이 일정하다.
- 점성토 지반에 축조되는 강성기초의 접지압 분포는 기초 모서리 부분에서 최대 응력이 발생한다.

71. $\gamma_t = 19\,kN/m^3$, $\phi = 30°$인 뒤채움 모래를 이용하여 8m 높이의 보강토 옹벽을 설치하고자 한다. 폭 75mm, 두께 3.69mm의 보강띠를 연직방향 설치간격 $S_v = 0.5m$, 수평방향 설치간격 $S_h = 1.0m$로 시공하고자 할 때, 보강띠에 착용하는 최대힘 T_{max}의 크기를 계산하면?

① 15.33kN
② 25.33kN
③ 35.33kN
④ 45.33kN

해설
- 주동 토압계수
$$K_a = \tan^2\left(45° - \frac{\phi}{2}\right) = \tan^2\left(45° - \frac{30°}{2}\right) = \frac{1}{3}$$
- 옹벽 밑면에 작용하는 수평응력(주동토압강도)
$$\sigma_h = K_a \cdot \sigma_v = K_a \cdot \gamma \cdot z = \frac{1}{3} \times 19 \times 8 = 50.66\,t/m^2$$
- 최대힘
$$T_{max} = \sigma_h \cdot S_v \cdot S_h = 50.66 \times 0.5 \times 1.0 = 25.33\,kN$$

72. 다음 중 연약점토지반 개량공법이 아닌 것은?

① Preloading 공법
② Sand drain 공법
③ Paper drain 공법
④ Vibro floatation 공법

해설 Vibro floatation 공법은 사질토 개량공법이다.

73 어떤 점토의 압밀계수는 1.92×10^{-7} m²/s, 압축계수는 2.86×10^{-1} m²/kN이었다. 이 점토의 투수계수는? (단, 이 점토의 초기간극비는 0.8이고 물의 단위중량은 9.81kN/m³이다.)

① 0.99×10^{-5} m/s
② 1.99×10^{-5} m/s
③ 2.99×10^{-5} m/s
④ 3.99×10^{-5} m/s

 해설
- $m_v = \dfrac{a_v}{1+e} = \dfrac{2.86 \times 10^{-1}}{1+0.8} = 0.01588 \text{m}^2/\text{kN}$
- $k = C_v \cdot m_v \cdot \gamma_w = 1.92 \times 10^{-7} \times 0.1588 \times 9.81 = 0.0000299 \text{m/s}$

74 Terzaghi의 지지력 공식에 대한 사항 중 옳지 않은 것은?

① 지지력 계수(N_c, N_r, N_q)는 내부 마찰각(ϕ)에 따라 결정되는 값이다.
② 기초 형상에 따라 다른 형상계수를 고려해야 한다.
③ 극한 지지력은 기초 폭에 관계없이 흙의 상태를 나타내는 고유의 성질이다.
④ 점성토에서 극한 지지력은 기초의 근입깊이가 커짐에 따라 커진다.

해설 사질토 지반에서는 기초 폭의 크기에 비례하여 극한지지력이 크게 된다.

75 전체 시추 코어 길이가 150cm이고 이중 회수된 코어 길이의 합이 80cm이었으며, 10cm 이상인 코어 길이의 합이 70cm이었을 때 코어의 회수율(TCR)은?

① 56.67%
② 53.33%
③ 46.67%
④ 43.33%

 해설
- 회수율(TCR) = $\dfrac{\text{회수된 코어 길이의 합}}{\text{전체 시추 길이}} \times 100 = \dfrac{80}{150} \times 100 = 53.33\%$
- 암질지수(RQD) = $\dfrac{10\text{cm 이상 회수된 코어 길이의 합}}{\text{전체 시추 길이}} \times 100$
  $= \dfrac{70}{150} \times 100 = 46.67\%$

76 두께 H인 점토층에 압밀하중을 가하여 요구되는 압밀도에 달할때까지 소요되는 기간이 단면배수일 경우 400일이었다면 양면배수일 때는 며칠이 걸리겠는가?

① 800일
② 400일
③ 200일
④ 100일

[정답]
70. ③ 71. ②
72. ④ 73. ③
74. ③ 75. ②
76. ④

해설
- $C_v = \dfrac{T_v H^2}{t}$ 에서 $t = \dfrac{T_v H^2}{C_v}$ 이다.
- $t_1 : H_1^2 = t_2 : H_2^2$ 이므로 $400일 : H^2 = t_2 : \left(\dfrac{H}{2}\right)^2$

$$\therefore t_2 = \dfrac{400 \times \dfrac{H^2}{4}}{H^2} = 100일$$

77 사운딩에 대한 설명으로 틀린 것은?

① 로드 선단에 지중 저항체를 설치하고 지반내 관입, 압입, 또는 회전하거나 인발하여 그 저항치로부터 지반의 특성을 파악하는 지반조사방법이다.
② 정적 사운딩과 동적 사운딩이 있다.
③ 압입식 사운딩의 대표적인 방법은 Standard Penetration Test (SPT)이다.
④ 특수 사운딩 중 측압 사운딩의 공내횡방향 재하시험은 보링공을 기계적으로 수평으로 확장시키면서 측압과 수평변위를 측정한다.

해설
- 표준관입시험(SPT)은 동적 사운딩이다.
- 표준관입시험은 사질토에 적합하고 점성토에서도 가능하다.

78 습윤단위중량이 19kN/m³, 함수비 25%, 비중이 2.7인 경우 건조단위중량과 포화도는? (단, 물의 단위중량은 9.81kN/m³이다.)

① 17.3kN/m³, 97.8% ② 17.3kN/m³, 90.9%
③ 15.2kN/m³, 97.8% ④ 15.2kN/m³, 90.9%

해설
- $\gamma_d = \dfrac{\gamma_t}{1+\dfrac{w}{100}} = \dfrac{19}{1+\dfrac{25}{100}} = 15.2\,\text{kN/m}^3$
- $e = \dfrac{\gamma_w}{\gamma_d} G_s - 1 = \dfrac{9.81}{15.2} \times 2.7 - 1 = 0.742$
- $S \cdot e = G_s \cdot w$

$$\therefore S = \dfrac{G_s \cdot w}{e} = \dfrac{2.7 \times 25}{0.742} = 90.9\%$$

79 아래의 공식은 흙 시료에 삼축압력이 작용할 때 흙 시료 내부에 발생하는 간극수압을 구하는 공식이다. 이 식에 대한 설명으로 틀린 것은?

$$\Delta u = B[\Delta\sigma_3 + A(\Delta\sigma_1 - \Delta\sigma_3)]$$

① 포화된 흙의 경우 $B=1$이다.
② 간극수압계수 A값은 언제나 (+)의 값을 갖는다.
③ 간극수압계수 A값은 삼축압축시험에서 구할 수 있다.
④ 포화된 점토에서 구속응력을 일정하게 두고 간극수압을 측정했다면, 축차응력과 간극수압으로부터 A값을 계산할 수 있다.

해설
- 간극수압계수 A값은 응력이력이나 체적변화에 따라 (−)의 값으로부터 1 이상의 값까지 넓게 변화한다.
- 정규압밀 점토에서는 A값이 파괴시에는 1내외의 값을 나타낸다.
- 삼축압축시험에 있어서 간극수압을 측정하여 간극수압계수 A를 계산하는 식이다.

80 단위중량(γ_t)=19kN/m³, 내부마찰각(ϕ)=30°, 정지토압계수(K_o)=0.5인 균질한 사질토 지반이 있다. 이 지반의 지표면 아래 2m 지점에 지하수위면이 있고 지하수위면 아래의 포화단위중량(γ_{sat})=20kN/m³이다. 이때 지표면 아래 4m 지점에서 지반 내 응력에 대한 설명으로 틀린 것은? (단, 물의 단위중량은 9.81kN/m³이다.)

① 연직응력(σ_v)은 80kN/m²이다.
② 간극수압(u)은 19.62kN/m²이다.
③ 유효연직응력(σ_v')은 58.38kN/m²이다.
④ 유효수평응력(σ_h')은 29.19kN/m²이다.

해설
- 연직응력(σ_v)
  $\sigma_v = 19 \times 2 + 20 \times 2 = 78\text{kN/m}^2$

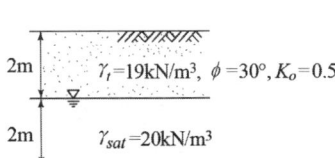

- 간극수압(u)
  $u = 9.81 \times 2 = 19.62\text{kN/m}^2$
- 유효연직응력(σ_v')
  $\sigma_v' = \sigma_v - u = 78 - 19.62 = 58.38\text{kN/m}^2$
- 유효수평응력(σ_h')
  $K_o = \dfrac{\sigma_h'}{\sigma_v'}$
  $\therefore \sigma_h' = K_o \cdot \sigma_v' = 0.5 \times 58.38 = 29.19\text{kN/m}^2$

[정답] 77. ③ 78. ④
       79. ② 80. ①

1과목 콘크리트 공학

01 프리플레이스트 콘크리트의 일반 사항에 대한 설명으로 틀린 것은?

① 미리 거푸집 속에 특정한 입도를 가지는 굵은골재를 채워 놓고 그 간극에 모르타르를 주입하여 제조한 콘크리트를 프리플레이스트 콘크리트라 한다.
② 팽창률의 설정값은 시험 시작 후 1시간에서의 값이 3~6%인 것을 표준으로 한다.
③ 주입 모르타르의 유동성은 유하시간에 의해 설정하며, 유하시간의 설정값은 16~20초를 표준으로 한다.
④ 블리딩률의 설정값은 시험 시작 후 3시간에서의 값이 3% 이하가 되는 것으로 한다.

해설
- 팽창률의 설정값은 시험 시작 후 3시간에서의 값이 5~10%인 것을 표준으로 한다.
- 발포제는 일반적으로 알루미늄 분말을 사용한다.
- 주입 모르타르는 재료분리가 적고 블리딩이 적으며 팽창을 하여야 한다.

02 섬유보강 콘크리트에 관한 설명 중 틀린 것은?

① 섬유보강 콘크리트는 콘크리트의 인장강도와 균열에 대한 저항성을 높인 콘크리트이다.
② 믹서는 섬유를 콘크리트 속에 균일하게 분산시킬 수 있는 가경식 믹서를 사용하는 것을 원칙으로 한다.
③ 시멘트계 복합재료용 섬유는 강섬유, 유리섬유, 탄소섬유 등의 무기계 섬유와 아라미드섬유, 비닐론섬유 등의 유기계 섬유로 분류한다.
④ 섬유보강 콘크리트에 사용되는 섬유는 섬유와 시멘트 결합재 사이의 부착성이 양호하고, 섬유의 인장강도가 커야 한다.

해설
- 균일하게 혼합이 될 수 있게 강제식 믹서를 사용하는 것이 바람직하다.
- 철근 콘크리트와 병용하면 두 배의 전단내력을 증대시킬 수 있기 때문에 특히 내진성이 요구되는 철근 콘크리트 구조물에 효과적이다.

03 콘크리트 타설 및 다지기 작업시 주의해야 할 사항으로 틀린 것은?

① 연직 시공일 때 슈트 등의 배출구와 타설면까지의 높이는 1.5m 이하를 원칙으로 한다.
② 내부진동기를 이용하여 진동다지기를 할 경우 1개소당 진동시간은 5~15초로 한다.
③ 타설한 콘크리트를 거푸집 안에서 횡방향으로 이동시켜서는 안 된다.
④ 내부 진동기를 사용하여 진동다지기를 할 경우 삽입간격은 일반적으로 1m 이하로 하는 것이 좋다.

해설 내부 진동기를 사용하여 진동다지기를 할 경우 삽입 간격은 일반적으로 0.5m 이하로 한다.

04 고강도 콘크리트에 대한 일반적인 설명으로 틀린 것은?

① 고강도 콘크리트의 설계기준 압축강도는 일반적으로 40MPa 이상으로 하며, 고강도 경량골재 콘크리트는 27MPa 이상으로 한다.
② 고강도 콘크리트의 워커빌리티 확보를 위해 공기연행(AE) 감수제를 사용함을 원칙으로 한다.
③ 고강도 콘크리트의 제조시 잔골재율은 소요의 워커빌리티를 얻도록 시험에 의하여 결정하여야 하며, 가능한 적게 하도록 한다.
④ 고강도 콘크리트의 제조시 단위 시멘트량은 소요의 워커빌리티 및 강도를 얻을 수 있는 범위 내에서 가능한 한 적게 되도록 시험에 의해 정하여야 한다.

해설 고강도 콘크리트의 워커빌리티 확보를 위해 공기연행(AE) 감수제를 사용하지 않음을 원칙으로 한다. 단, 동결융해에 대한 저항성을 위한 경우에는 고려한다.

05 실제 사용한 콘크리트의 15회 시험실적으로부터 구한 압축강도의 표준편차가 2.5 MPa이었다. 이 콘크리트의 품질기준강도가 24 MPa일 때 배합강도를 구하면?

① 27.6 MPa
② 27.9 MPa
③ 28.47 MPa
④ 28.9 MPa

해설
- 15횟수의 표준편차 보정계수 : 1.16
- 표준편차 $s = 2.5 \times 1.16 = 2.9$MPa
- 배합강도
  $f_{cr} = f_{cq} + 1.34s = 24 + 1.34 \times 2.9 = 27.9$MPa
  $f_{cr} = (f_{cq} - 3.5) + 2.33s = (24 - 3.5) + 2.33 \times 2.9 = 27.3$MPa
  ∴ 큰 값인 27.9MPa이다.

[정답] 01. ② 02. ② 03. ④ 04. ② 05. ②

06 다음 현장 배합표의 각 재료량에 대한 계량값의 계량오차가 초과하여 부적합한 재료는?

재료 및 계량	물	시멘트	굵은골재	플라이애쉬
현장배합(kg)	160	320	927	45
계량값(kg)	159	318	945	43

① 물
② 시멘트
③ 굵은골재
④ 플라이애쉬

- 물 : -2%, +1%
  물 $= \dfrac{159-160}{160} \times 100 = -0.6\%$
- 시멘트 : -1%, +2%
  시멘트 $= \dfrac{318-320}{320} \times 100 = -0.6\%$
- 골재 : ±3% 이하
  골재 $= \dfrac{945-927}{927} \times 100 = 1.94\%$
- 혼화재 : ±2% 이하
  혼화재 $= \dfrac{43-45}{45} \times 100 = -4.4\%$

07 알칼리 골재반응(alkali-aggregate reaction)에 대한 설명 중 틀린 것은?

① 콘크리트 중의 알칼리 이온이 골재 중의 실리카 성분과 결합하여 구조물에 균열을 발생시키는 것을 말한다.
② 알칼리 골재반응의 진행에 필수적인 3요소는 반응성 골재의 존재와 알칼리량 및 반응을 촉진하는 수분의 공급이다.
③ 알칼리 골재반응이 진행되면 구조물의 표면에 불규칙한(거북이등 모양 등) 균열이 생기는 등의 손상이 발생한다.
④ 알칼리 골재반응을 억제하기 위하여 포틀랜드 시멘트의 등가알칼리량이 6% 이하의 시멘트를 사용하는 것이 좋다.

 알칼리 골재반응을 억제하기 위하여 포틀랜드 시멘트의 등가 알칼리량이 0.6% 이하의 시멘트를 사용하는 것이 좋다.

08 매스 콘크리트에 대한 설명으로 틀린 것은?

① 벽체 구조물의 온도균열을 제어하기 위해 설치하는 수축 이음의 단면 감소율은 20% 이상으로 하여야 한다.
② 철근이 배치된 일반적인 구조물에서 온도균열 발생을 제한할 경우 온도균열지수는 1.2~1.5이다.
③ 저발열형 시멘트를 사용하는 경우 91일 정도의 장기 재령을 설계기준 압축강도의 기준 재령으로 하는 것이 바람직하다.
④ 매스 콘크리트로 다루어야 하는 구조물의 부재치수는 일반적으로 표준으로서 넓이가 넓은 평판구조의 경우 0.8m 이상, 하단이 구속된 벽조의 경우 0.5m 이상으로 한다.

해설 벽체 구조물의 온도균열을 제어하기 위해 설치하는 균열유발 줄눈은 계획된 위치에서 단면 감소율을 35% 이상으로 하여야 한다.

09 다음 중 굳지 않은 콘크리트의 워커빌리티 시험방법으로 적당하지 않은 것은?

① 슬럼프 시험
② Vee-Bee 컨시스턴시 시험
③ Vicat 장치에 의한 시험
④ 구관입 시험

해설 Vicat 장치에 의한 시험은 시멘트 응결시험에 사용된다.

10 콘크리트의 크리프에 영향을 미치는 요인 중 틀린 것은?

① 온도가 높을수록 크리프는 증가한다.
② 조강시멘트는 보통시멘트보다 크리프가 작다.
③ 단위시멘트량이 많을수록 크리프는 감소한다.
④ 물-결합재비, 응력이 클수록 크리프는 증가한다.

해설
• 단위 시멘트량이 많을수록 크리프는 크다.
• 부재치수가 작을수록 크리프는 크다.
• 중용열 시멘트나 혼합시멘트는 보통 시멘트보다 크리프가 크다.
• 재하기간 중 대기의 습도가 낮을수록 크리프는 크다.

11 고압증기양생을 한 콘크리트의 특징을 설명한 것으로 틀린 것은?

① 매우 짧은 기간에 고강도가 얻어진다.
② 황산염에 대한 저항성이 증대된다.
③ 건조수축이 증가한다.
④ 철근의 부착강도가 감소한다.

해설 건조수축이 감소한다.

정답 06. ④ 07. ④ 08. ① 09. ③ 10. ③ 11. ③

12. 프리스트레스트 콘크리트에서 프리스트레싱에 대한 설명으로 틀린 것은?

① 긴장재에 대해 순차적으로 프리스트레싱을 실시할 경우는 각 단계에 있어서 콘크리트에 유해한 응력이 생기지 않도록 하여야 한다.
② 긴장재는 이것을 구성하는 각각의 PS 강재에 소정의 인장력이 주어지도록 긴장하여야 하는데, 이때 인장력을 설계값 이상으로 주었다가 다시 설계값으로 낮추는 방법으로 시공하여야 한다.
③ 고온촉진양생을 실시한 경우, 프리스트레스를 주기 전에 완전히 냉각시키면 부재간의 노출된 긴장재가 파단할 우려가 있으므로 온도가 내려가지 않는 동안에 부재에 프리스트레스를 주는 것이 바람직하다.
④ 프리스트레싱을 할 때의 콘크리트의 압축강도는 어느 정도의 안전도를 확보하기 위하여 프리스트레스를 준 직후, 콘크리트에 일어나는 최대 압축응력의 1.7배 이상이어야 한다.

해설 긴장재는 이것을 구성하는 각각의 PS 강재에 소정의 인장력이 주어지도록 긴장하여야 하는데 이때 인장력을 설계값 이상으로 주었다가 다시 설계 값으로 낮추는 방법으로 시공을 하지 않아야 한다.

13. 콘크리트 비비기에 대한 설명으로 잘못된 것은?

① 비비기 시간에 대한 시험을 실시하지 않은 경우 그 최소시간은 강제식 믹서일 때에는 1분 이상을 표준으로 한다.
② 비비기는 미리 정해 둔 비비기 시간 이상 계속해서는 안된다.
③ 믹서 안의 콘크리트를 전부 꺼낸 후가 아니면 믹서 안에 다음 재료를 넣어서는 안 된다.
④ 연속믹서를 사용할 경우, 비비기 시작 후 최초에 배출되는 콘크리트는 사용해서는 안 된다.

해설
- 비비기는 미리 정해 둔 비비기 시간의 3배 이상 계속해서는 안된다.
- 비비기 전에 믹서 내부에 모르타르를 부착시킨다.
- 비비기 시간은 시험에 의해 정하는 것을 원칙으로 한다.

답안 표기란				
12	①	②	③	④
13	①	②	③	④

14 수중 콘크리트에 대한 설명 중 틀린 것은?

① 수중 콘크리트를 타설할 때 완전히 물막이를 할 수 없는 경우에도 유속은 50mm/s 이하로 하여야 한다.
② 일반 수중 콘크리트는 수중에서 시공할 때의 강도가 표준공시체 강도의 0.3~0.5배가 되도록 배합강도를 설정하여야 한다.
③ 수중 콘크리트를 시공할 때 시멘트가 물에 씻겨서 흘러나오지 않도록 트레미나 콘크리트 펌프를 사용해서 타설하여야 한다.
④ 비비는 시간은 시험에 의해 콘크리트 소요의 품질을 확인하여 정하여야 하며 강제식 믹서의 경우 비비기 시간은 90~180초를 표준으로 한다.

해설 일반 수중 콘크리트는 수중에서 시공할 때의 강도가 표준공시체 강도의 0.6~0.8배가 되도록 배합강도를 설정하여야 한다.

15 프리스트레스트 콘크리트에 있어서 프리스트레싱을 할 때의 콘크리트의 압축강도는 프리스트레스를 준 직후 콘크리트에 일어나는 최대압축 응력의 최소 몇 배 이상이어야 하는가?

① 1.3배 ② 1.5배
③ 1.7배 ④ 2.0배

해설 프리텐션 방식에 있어서의 콘크리트 압축강도는 30MPa 이상일 것. 단, 실험이나 기존의 적용 실적 등을 통해 안전성이 증명된 경우에는 25MPa 이상으로 할 수 있다.

16 급속 동결 융해에 대한 콘크리트의 저항 시험(KS F 2456)에서 동결 융해 사이클에 대한 설명으로 틀린 것은?

① 동결 융해 1사이클은 공시체 중심부의 온도를 원칙으로 하며 원칙적으로 4℃에서 -18℃로 떨어지고, 다음에 -18℃에서 4℃로 상승되는 것으로 한다.
② 동결 융해 1사이클의 소요 시간은 2시간 이상, 4시간 이하로 한다.
③ 공시체의 중심과 표면의 온도차는 항상 28℃를 초과해서는 안 된다.
④ 동결 융해에서 상태가 바뀌는 순간의 시간이 5분을 초과해서는 안 된다.

해설 동결 융해에서 상태가 바뀌는 순간의 시간이 10분을 초과해서는 안 된다.

정답 12. ② 13. ② 14. ② 15. ③ 16. ④

17 콘크리트의 받아들이기 품질검사 항목이 아닌 것은?

① 공기량 ② 평판재하
③ 슬럼프 ④ 펌퍼빌리티

해설 콘크리트의 받아들이기 품질검사 항목에는 굳지 않은 콘크리트의 상태, 슬럼프, 공기량, 온도, 단위용적질량, 염화물 함유량, 배합, 펌퍼빌리티가 있다.

18 단위 골재의 절대용적이 $0.70m^3$인 콘크리트에서 잔골재율이 40%이고, 굵은골재의 표건밀도가 $2.65g/cm^3$이면 단위 굵은골재량은?

① $722.4kg/m^3$ ② $742kg/m^3$
③ $984.6kg/m^3$ ④ $1113kg/m^3$

해설 $G = 2.65 \times 0.7 \times (1-0.4) \times 1000 = 1113\,kg/m^3$

19 일반 콘크리트 배합설계 시 콘크리트의 압축강도를 기준으로 물-결합재비를 정하는 경우, 압축강도 시험에 사용하는 공시체는 재령 며칠을 표준으로 하는가?

① 7일   ② 14일
③ 21일 ④ 28일

해설 28일간 표준양생한 공시체의 압축강도을 실시한 것을 기준한다.

20 레디믹스트 콘크리트(KS F 4009)에 따른 콘크리트 받아들이기 검사에서 강도 시험에 대한 설명으로 틀린 것은?

① 1회 시험결과는 3개의 공시체를 제작하여 시험한 평균값으로 한다.
② 콘크리트의 강도 시험 횟수는 $450m^3$를 1로트로 하여 $150m^3$당 1회의 비율로 한다.
③ 받아들이기 검사용 시료는 레디믹스트 콘크리트를 제조하는 배치 플랜트에서 채취하는 것을 원칙으로 한다.
④ 1회의 시험결과는 구입자가 지정한 호칭강도의 85% 이상, 3회의 시험 결과 평균값은 호칭강도 값 이상이어야 한다.

해설 레디믹스트 콘크리트의 강도, 슬럼프, 슬럼프 플로 및 공기량은 콘크리트 운반차의 배출지점에서 시료를 채취하여 시험한다.

2과목 건설시공 및 관리

21 PERT 공정관리기법에서는 3점 시간견적법을 사용한다. 다음 설명 중 옳지 않은 것은?

① 경험이 전혀없는 공사의 공기산출에 사용한다.
② 낙관적 시간 > 정상시간 > 비관적 시간의 관계가 성립된다.
③ 기대시간(t_e)은 $t_e = \dfrac{1}{6}(a+4m+b)$로 산출한다.(단, a : 낙관치, m : 최확치, b : 비관치)
④ CPM(최적공기)에서는 주로 1점 시간견적을 사용한다.

해설 비관적 시간 > 정상 시간 > 낙관적 시간의 관계가 성립된다.

22 터널의 계측관리 중 일상계측 항목에 속하지 않는 것은?

① 천단침하 측정 ② 갱내 관찰조사
③ 지중변위 측정 ④ 내공변위 측정

해설 지중변위 측정, 록볼트 축력 측정, 숏크리트 응력 측정, 지중경사계 등은 추가하여 선정하는 계측 항목이다.

23 폭우시 옹벽 배면에는 침투수압이 발생되는데 이 침투수에 의한 중요 영향으로 옳지 않은 것은?

① 활동면에서의 간극수압 증가
② 옹벽 저면에서의 양압력 증가
③ 수평저항력의 증가
④ 포화에 의한 흙의 무게 증가

해설 수평 저항력이 감소되어 위험할 수 있다.

24 TBM에 의한 터널 굴착의 특징이 아닌 것은?

① 낙석이 적어 안정성이 높다.
② 단면 변경이 용이하다.
③ 동바리공이 간단하여 노무비 절약이 가능하다.
④ 라이닝 두께를 얇게 할 수 있어 여굴에 의한 낭비가 적다.

해설
• 단면형상의 변경이 곤란하다.
• 복잡한 지질의 변화에 대한 적응성이 나쁘다. 즉, 연약지반에 적응이 곤란하다.

[정답] 17. ② 18. ④ 19. ④ 20. ③ 21. ② 22. ③ 23. ③ 24. ②

25 댐의 그라우트(Grout)에 관한 기술 중 옳은 것은?

① 커튼 그라우트(curtain grout)는 기초암반의 변형성이나 강도를 개량하기 위하여 실시한다.
② 콘솔리데이션 그라우트(consolidation grout)는 기초암반의 지내력 등을 개량하기 위하여 실시한다.
③ 콘택트 그라우트(contact grout)는 기초암반의 지내력 등을 개량하기 위하여 실시한다.
④ 림 그라우트(rim grout)는 콘크리트와 암반사이의 공극을 메우기 위하여 실시한다.

해설
- 커튼 그라우팅은 기초 암반에 침투하는 물을 방지하기 위한 지수의 목적으로 실시한다.
- 콘택트 그라우팅은 타설된 콘크리트가 암반 구속상태의 자중, 온도 등의 영향으로 공극이 생겨 그라우팅을 실시한다.
- 림 그라우팅은 댐 주변에 암반의 지수를 목적으로 실시한다.

26 로드 롤러를 사용하여 전압횟수 4회, 전압포설 두께 0.2m, 유효 전압폭 2.5m, 전압작업속도를 3km/h로 할 때 시간당 작업량을 구하면? (단, 토량환산계수는 1, 롤러의 효율은 0.8을 적용한다.)

① 300m³/h ② 251m³/h
③ 200m³/h ④ 151m³/h

해설
$Q = \dfrac{1000VWHfE}{N} = \dfrac{1000 \times 3 \times 2.5 \times 0.2 \times 1 \times 0.8}{4} = 300\text{m}^3/\text{h}$

27 토적곡선(mass curve)의 성질에 대한 설명 중 옳지 않은 것은?

① 유토곡선이 기선 위에서 끝나면 토량이 부족하고, 반대이면 남는 것을 뜻한다.
② 곡선의 저점은 성토에서 절토로의 변이점이다.
③ 동일단면 내에서 횡방향 유용토는 제외되었으므로 동일단면내의 절토량과 성토량을 구할 수 없다.
④ 교량 등의 토공이 없는 곳에는 기선에 평행한 직선으로 표시한다.

해설
- 유토곡선이 기선 위에서 끝나면 토량이 남고 반대로 기선 아래에서 끝나면 토량이 모자라다는 뜻이다.
- 토적곡선의 상승부분은 절토, 하강부분은 성토를 의미한다.
- 기선에 평행한 임의 직선을 그어 토적곡선과 교차하는 인접한 교차점 사이의 쌓기량과 깍기량은 서로 같다.

28 디퍼의 용량 0.6m³, 흙의 체적변화계수 1.2, 기계의 능률계수 0.9, 디퍼계수 0.85, 사이클타임 25sec인 파워 셔블의 1시간당 추정표준 굴착 작업량은 얼마인가?

① 52.45m³/h
② 55.08m³/h
③ 64.84m³/h
④ 79.32m³/h

해설
$$Q = \frac{3600 \cdot q \cdot f \cdot E \cdot K}{C_m} = \frac{3600 \times 0.6 \times \frac{1}{1.2} \times 0.9 \times 0.85}{25} = 55.08\text{m}^3/\text{hr}$$

29 뉴매틱 케이슨 기초의 장점에 대한 설명으로 틀린 것은?

① 오픈 케이슨보다 침하 공정이 빠르고 장애물 제거가 쉽다.
② 지하수를 저하시키지 않으며 히빙, 보일링을 방지할 수 있으므로 인접 구조물의 침하 우려가 없다.
③ 압축공기의 사용으로 소규모 공사나 심도가 얕은 기초공사에 적합하다.
④ 시공 과정에 토질 확인이 가능하며 평판재하시험을 통해 지지력 측정이 가능하다.

해설 압축공기의 사용으로 소음과 진동이 커서 도심지 공사에 부적합하며 대규모 공사나 심도가 깊은 기초공사에 경제적이다.

30 옹벽의 안정상 수평 저항력을 증가시키기 위한 방법으로 가장 유리한 것은?

① 옹벽의 비탈경사를 크게 한다.
② 옹벽의 저판 밑에 돌기물(Key)을 만든다.
③ 옹벽의 전면에 Apron을 설치한다.
④ 배면의 본바닥에 앵커 타이(Anchor tie)나 앵커벽을 설치한다.

해설 수평 저항력 즉 활동에 대한 안정을 위해 활동 방지벽(key)을 설치한다.

[정답] 25. ② 26. ① 27. ① 28. ② 29. ③ 30. ②

31 전면에 달린 배토판을 좌하, 우하로 기울어지게 하여 작업하는 것으로 경사면 굴착이나 도랑파기 작업을 할 수 있는 도저는?

① 틸트 도저　　② 스트레이트 도저
③ 앵글 도저　　④ 레이크 도저

> **해설**
> - 틸트 도저는 토공판을 좌우 밑으로 기울어 도랑파기, 경토 굴착 등을 한다.
> - 레이크 도저는 토공판 대신 레이크를 정착하여 벌개 제근, 경토 굴착 등을 한다.

32 콘크리트 말뚝이나 선단폐쇄 강관말뚝과 같은 타입말뚝은 흙을 횡방향으로 이동시켜서 주위의 흙을 다져주는 효과가 있다. 이러한 말뚝을 무엇이라고 하는가?

① 배토말뚝　　② 지지말뚝
③ 주동말뚝　　④ 수동말뚝

> **해설** 말뚝을 지반에 때려 박으면 말뚝의 체적만큼 주변지반의 흙을 밀어내게 되는 말뚝을 배토말뚝이라 한다.

33 콘크리트 포장에서 아래의 표에서 설명하는 현상은?

> 콘크리트 포장에서 기온의 상승 등에 따라 콘크리트 슬래브가 팽창할 때 줄눈 등에서 압축력에 견디지 못하고 좌굴을 일으켜 부분적으로 솟아오르는 현상

① spalling　　② blow up
③ pumping　　④ reflection crack

> **해설** 콘크리트 슬래브의 팽창에 의한 좌굴을 방지할 수 있도록 팽창이음을 실시한다.

34 저항선이 1.2m일 때 12.15kg의 폭약을 사용하였다면 저항선을 0.8m로 하였을 때는 얼마의 폭약이 필요한가? (단, Hauser식을 사용한다.)

① 1.8kg　　② 3.6kg
③ 5.6kg　　④ 7.6kg

- $12.15 : 1.2^3 = x : 0.8^3$ $\therefore x = 3.6\text{kg}$
- $L = C \cdot W^3$
- $\dfrac{L_1}{L_2} = \dfrac{W_1^3}{W_2^3}$

35 37,800m³(완성된 토량)의 성토를 하는데 유용토가 30,000m³(느슨한 토량)이 있다. 이때 부족한 토량은 본바닥 토량으로 얼마인가? (단, 흙의 종류는 사질토이고 토량의 변화율은 $L=1.25$, $C=0.90$이다.)

① 13,800m³ ② 16,200m³
③ 18,000m³ ④ 22,000m³

- $C = \dfrac{\text{완성된 토량}}{\text{본바닥 토량}}$

  $\therefore$ 본바닥 토량 $= \dfrac{\text{완성된 토량}}{C} = \dfrac{37,800}{0.9} = 42,000\text{m}^3$

- $L = \dfrac{\text{느슨한 토량}}{\text{본바닥 토량}}$

  $\therefore$ 본바닥 토량 $= \dfrac{\text{느슨한 토량}}{L} = \dfrac{30,000}{1.25} = 24,000\text{m}^3$

- 부족한 본바닥 토량
  $42,000 - 24,000 = 18,000\text{m}^3$

36 지하수 침강 최소깊이가 2m, 암거 매립간격이 10m, 투수계수가 1.0×10^{-5}cm/s일 때, 불투수층에 놓인 암거 1m당 1시간 동안의 배수량은 몇 리터(L)인가? (단, Donnan식에 의해 구하시오.)

① 0.58L ② 1.00L
③ 1.58L ④ 2.00L

$Q = \dfrac{4kH_0^2}{D} = \dfrac{4 \times 1.0 \times 10^{-5} \times 200^2}{1000} = 1.6 \times 10^{-3}\text{cm}^3/\text{cm/sec} = 0.58\text{L/m/hr}$

37 아래에서 설명하는 굴착공법의 명칭은?

> 굴착 폭이 넓은 경우에 비탈면 개착공법과 흙막이벽 개착공법의 장점을 이용한 공법으로 굴착저면 중앙부에 기초부를 먼저 구축하고 이것을 발판으로 하여 주변부를 시공하는 공법이다.

① 역타 공법 ② 언더피닝 공법
③ 아일랜드 공법 ④ 트렌치 컷 공법

아일랜드 공법 : 직접기초 굴착 시 저면 중앙부에 섬과 가티 기초부를 먼저 구축하여 이것을 발판으로 주변부를 시공하는 공법이다.

[정답] 31. ① 32. ①
33. ② 34. ②
35. ③ 36. ①
37. ③

38 아스팔트 포장의 특성에 대한 설명으로 틀린 것은?

① 부분파손에 대한 보수가 용이하다.
② 교통하중을 슬래브가 휨 저항으로 지지한다.
③ 양생기간이 짧아 시공 후 즉시 교통 개방이 가능하다.
④ 잦은 덧씌우기 등으로 인해 유지관리비가 많이 소요된다.

해설 시멘트 콘크리트 포장에서 콘크리트 슬래브는 직접 교통에 노출되어 그 하중을 지지하는 가장 중요한 층이다.

39 이동식 작업차 또는 가설용 트러스를 이용하여 교각의 좌, 우로 평형을 유지하면서 분할된 거더(길이 2~5m)를 순차적으로 시공하는 교량 가설공법은?

① FCM 공법　　② FSM 공법
③ ILM 공법　　④ MSS 공법

해설 FCM 공법(캔틸레버 공법)
- 동바리를 설치하기 어려운 계곡이나 하천, 해상 등에 장경간 교량을 가설할 경우에 알맞다.
- 단면 변화의 적응성 및 관리가 용이하다.

40 아래 그림과 같은 지형에서 등고선법에 의한 전체 토량을 구하면? (단, 각 등고선간의 높이차는 20m이고, A_1의 면적은 1400m², A_2의 면적은 950m², A_3의 면적은 600m², A_4의 면적은 250m², A_5의 면적은 100m²이다.)

① 56000m³
② 50000m³
③ 44400m³
④ 38200m³

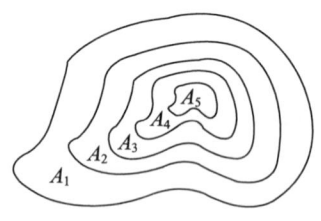

해설
$$V = \frac{d}{3}\{A_1 + A_5 + 2A_3 + 4(A_2 + A_4)\}$$
$$= \frac{20}{3}\{1400 + 100 + 2 \times 600 + 4(950 + 250)\} = 50000\,\text{m}^3$$

3과목　건설재료 및 시험

41 콘크리트에서 AE제를 사용하는 목적으로 틀린 것은?

① 수밀성 및 동결융해에 대한 저항성을 증가시키기 위해
② 재료의 분리, 블리딩을 줄이기 위해
③ 워커빌리티를 개선시키기 위해
④ 철근과의 부착력을 증진시키기 위해

해설
- 철근과 부착강도가 저하되는 단점이 있다.
- 블리딩을 감소시킨다.
- 단위수량을 적게 한다.
- 알칼리 골재 반응이 적다.

42 인공 경량골재에 대한 설명 중 옳은 것은?

① 인공 경량골재의 품질을 밀도로 나타낼 때 절대건조상태의 밀도를 사용한다.
② 밀도는 입경에 따라 다르며 입경이 클수록 작다.
③ 인공 경량골재는 순간 흡수량이 비교적 크기 때문에 콘시스텐시를 상승시킨다.
④ 인공 경량골재에는 응회암, 경석화산자갈 등이 있다.

해설
- 밀도는 골재의 조직이 치밀함에 따라 다르다.
- 인공 경량골재는 팽창성 혈암, 팽창성 점토, 플라이 애시 등을 주원료로 한다.
- 천연 경량골재에는 경석 화산자갈, 응회암, 용암 등이 있다.
- 인공 경량골재는 흡수량이 크기 때문에 콘시스텐시를 감소시킨다.

43 폭발력이 가장 강하고 수중에서도 폭발할 수 있는 폭약은 다음 중 어느 것인가?

① 스트레이트 다이너마이트
② 교질 다이너마이트
③ 분상 다이너마이트
④ 규조토 다이너마이트

해설 교질 다이너마이트는 폭약 중에서 폭발력이 가장 강하여 터널과 암석 발파에 주로 사용하고 수중용으로도 많이 사용한다.

정답 38. ② 39. ① 40. ② 41. ④ 42. ① 43. ②

44. 콘크리트용 혼화재료인 플라이애시 등에 의한 포졸란 반응이 콘크리트의 성질에 미치는 영향에 대한 설명으로 틀린 것은?

① 포졸란 반응은 시멘트의 수화반응에 비해 늦어 콘크리트의 초기 수화열이 저감된다.
② 포졸란 반응에 의해 모세관 공극이 효과적으로 채워져 콘크리트의 수밀성이 향상된다.
③ 포졸란 반응에 의해 염분의 침투를 막을 수 있어 콘크리트의 내염성이 향상된다.
④ 포졸란 반응은 시멘트에서 생성되는 수산화칼슘을 소모하기 때문에 콘크리트의 중성화 억제효과가 있다.

해설 포졸란 반응은 콘크리트 중성화 억제 효과는 없다.

45. 콘크리트용 골재가 갖추어야 할 성질에 대한 설명으로 틀린 것은?

① 골재의 모양은 모나고 길어야 할 것
② 깨끗하고 불순물이 섞이지 않을 것
③ 굵고 잔 알이 골고루 섞여 있을 것
④ 물리적으로 안정하고 내구성이 클 것

해설 골재의 모양은 구형에 가까운 다면체 형상이 좋다.

46. 포틀랜드 시멘트의 클링커에 대한 설명 중 틀린 것은?

① 클링커는 단일조성의 물질이 아니라 C_3S, C_2S, C_3A, C_4AF의 4가지 주요화합물로 구성되어 있다.
② 클링커의 화합물 중 C_3S 및 C_2S는 시멘트 강도의 대부분을 지배한다.
③ C_3A는 수화속도가 대단히 빠르고 발열량이 크며 수축도 크다.
④ 클링커의 화합물 중 C_3S가 많고 C_2S가 적으면 시멘트의 강도 발현이 늦어지지만 장기재령은 향상된다.

해설 클링커의 화합물 중 C_3S가 많고 C_2S가 적으면 시멘트의 강도 발현이 빨라져 조기강도가 커진다.

47 도로의 표층공사에서 사용되는 가열 아스팔트 혼합물의 안정도시험은 어느 방법으로 판정해야 하는가?

① 앵글러 시험　　② 레드우드 시험
③ 마샬 시험　　　④ 박막가열 시험

해설 아스팔트 혼합물의 안정도는 주로 교통차량의 하중에 의해 혼합물이 고온에서 유동하거나 파상의 변형을 일으키는 데 대한 저항성을 말하며 마샬 시험으로 판정한다.

48 다음 중 재료에 작용하는 반복하중과 관계있는 성질은?

① 크리프(creep)　　　　② 건조수축(dry shrinkage)
③ 응력완화(relaxation)　④ 피로(fatigue)

해설 피로 강도 : 하중이 재료에 반복 작용할 때 재료가 정적강도보다 낮은 강도에서 파괴되는 현상

49 포틀랜드 시멘트(KS L 5201)에서 1종인 보통 포틀랜드 시멘트의 비카 시험에 따른 초결 및 종결 시간에 대한 규정으로 옳은 것은?

① 초결 : 60분 이상, 종결 : 10시간 이하
② 초결 : 50분 이상, 종결 : 15시간 이하
③ 초결 : 40분 이상, 종결 : 9시간 이하
④ 초결 : 120분 이상, 종결 : 10시간 이하

해설 시멘트 응결시험에는 비카 시험, 길모어 시험이 있다.

50 고무혼입 아스팔트(rubberized asphalt)의 일반적인 성질을 스트레이트 아스팔트와 비교했을 때 다음 설명 중 옳은 것은?

① 감온성이 작다.　　② 마찰계수가 작다.
③ 탄성이 작다.　　　④ 응집성이 작다.

해설 탄성 및 충격 저항성이 크고 내후성 및 마찰계수가 크다.

51 골재의 실적률 시험에서 아래와 같은 결과를 얻었을 때 골재의 공극률은?

① 41.4%
② 42.3%
③ 43.6%
④ 57.7%

골재의 단위용적질량(T) : 1500kg/L
골재의 표건밀도(d_s) : 2600kg/L
골재의 흡수율(Q) : 1.5%

[정답] 44.④ 45.①　46.④ 47.③　48.④ 49.①　50.① 51.①

해설
- 실적률 $G = \dfrac{T}{d_s}(100+Q) = \dfrac{1500}{2600}(100+1.5) = 58.6\%$
- 공극률 = 100 − 실적률 = 100 − 58.6 = 41.4%

52 철근 콘크리트용 봉강(KS D 3504)에서 기호가 SD300으로 표시된 철근을 설명한 것으로 옳은 것은?

① 항복점이 300MPa 이상인 이형철근
② 항복점이 300MPa 이상인 원형철근
③ 인장강도가 300MPa 이상인 이형철근
④ 인장강도가 300MPa 이상인 원형철근

해설 SD는 이형철근을 말하며 300은 항복점이 300N/mm² 이상을 뜻한다.

53 콘크리트용 화학 혼화제(KS F 2560)에서 규정하고 있는 화학 혼화제의 요구성능 항목이 아닌 것은?

① 감수율
② 압축강도비
③ 침입도 지수
④ 블리딩양의 비

해설 응결시간의 차, 경시 변화량, 동결융해에 대한 저항성 등의 항목이 있다.

54 시멘트의 분말도와 물리적 성질에 대한 설명으로 틀린 것은?

① 분말도가 높을수록 블리딩이 많게 된다.
② 분말도가 높을수록 콘크리트의 초기 강도가 크다.
③ 분말도가 높은 시멘트는 작업이 용이한 콘크리트를 얻을 수 있다.
④ 분말도가 높으면 수축률이 커지기 쉽고 콘크리트에 균열이 발생할 우려가 있다.

해설 분말도가 높을수록 블리딩이 적게 되고 워커빌리티가 좋아진다.

55 석재의 성질에 대한 설명으로 틀린 것은?

① 대리석은 강도는 강하나 풍화되기 쉽다.
② 응회암은 내화성이 크나 강도 및 내구성은 작다.
③ 안산암은 강도가 크고 가공이 용이하므로 조각에 적당하다.
④ 화강암은 강도, 내구성 및 내화성이 크므로 조각 등에 적당하다.

해설 화강암은 내화성이 작다.

56 토목섬유 중 직포형과 부직포형이 있으며 분리, 배수, 보강, 여과기능을 갖고 오탁방지망, drain board, pack drain 포대, geo web 등에 사용되는 자재는?

① 지오네트
② 지오그리드
③ 지오맴브레인
④ 지오텍스타일

해설 지오텍스타일은 분리, 배수, 보강, 여과, 방수 및 차단 기능이 있다.

57 목재 시험편의 질량을 측정한 결과 건조 전 질량이 30g, 건조 후 질량이 25g일 때 이 목재의 함수율은?

① 10%
② 15%
③ 20%
④ 25%

해설 $w = \dfrac{W_1 - W_2}{W_2} \times 100 = \dfrac{30-25}{25} \times 100 = 20\%$

58 다음 중 목면, 마사, 폐지 등을 물에서 혼합하여 원지를 만든 후 여기에 스트레이트 아스팔트를 침투시켜 만든 것으로 아스팔트 방수의 중간층재로 사용되는 것은?

① 아스팔트 타일(tile)
② 아스팔트 펠트(felt)
③ 아스팔트 시멘트(cement)
④ 아스팔트 콤파운드(compound)

해설 아스팔트 펠트는 헝겊 및 천연섬유를 주원료로 한 원지에 스트레이트 아스팔트를 함침 시킨 것이다.

59 어떤 석재를 건조기(105±5℃) 속에서 24시간 건조시킨 후 질량을 측정해 보니 1000g이었다. 이것을 완전히 흡수시켜 물속에서 질량을 측정해보니 800g 이었고 물속에서 꺼내 표면을 잘 닦고 질량을 측정해보니 1200g 이었다면 이 석재의 표면 건조 포화상태의 밀도는?

① 1.50g/cm³
② 2.50g/cm³
③ 2.75g/cm³
④ 3.00g/cm³

해설 표면 건조 포화상태의 밀도 = $\dfrac{A}{B-C} \times \rho_w = \dfrac{1000}{1200-800} \times 1 = 2.50\,\text{g/cm}^3$

정답
52. ① 53. ③
54. ① 55. ④
56. ④ 57. ③
58. ② 59. ②

60 골재의 조립률 및 입도에 대한 설명으로 틀린 것은?

① 콘크리트용 잔골재의 조립률은 일반적으로 2.0~3.3 범위에 해당되는 것이 좋다.
② 1개의 조립률에는 무수한 입도곡선이 존재하지만, 1개의 입도곡선에는 1개의 조립률이 존재한다.
③ 골재의 입도를 수량적으로 나타내는 한 방법으로 조립률이 있으며, 표준체 12개를 1조로 하여 체가름 시험을 한다.
④ 골재는 작은 입자와 굵은 입자가 적당히 혼합되어 있을 때 입자의 크기가 균일한 경우보다 워커빌리티면에서 유리하다.

해설 조립률은 75mm, 40mm, 20mm, 10mm, 5mm, 2.5mm, 1.2mm, 0.6mm, 0.3mm, 0.15mm 등 10개의 체를 1조로 하여 체가름 시험을 하였을 때, 각 체에 남는 누계량의 전체 시료에 대한 질량백분율의 합을 100으로 나눈 값이다.

4과목 토질 및 기초

61 압밀시험에서 얻은 $e-\log P$ 곡선으로 구할 수 있는 것이 아닌 것은?

① 선행압밀하중
② 팽창지수
③ 압축지수
④ 압밀계수

해설 $e-P$ 곡선에서 압축계수를 구할 수 있다.

62 연약 점토지반 개량공법으로서 다음 중 옳지 않은 것은?

① 샌드드레인 공법
② 프리로딩 공법
③ 바이브로 플로테이션 공법
④ 생석회 말뚝 공법

해설
• 바이브로 플로테이션 공법은 사질토 지반 개량공법이다.
• 바이브로 플로테이션 공법은 느슨한 모래지반에 봉의 선단에 설치된 노즐로부터 물분사와 수평방향의 진동 작용을 동시에 주면서 모래를 채워 지반을 조밀하게 개량한다.

63 점토지반에 제방을 쌓을 경우 초기안정 해석을 위한 흙의 전단강도를 측정하는 시험방법으로 가장 적합한 것은?

① UU-test
② CU-test
③ CU-test
④ CD-test

해설 성토 직후 갑자기 파괴되는 경우, 단기간 안정 검토 할 경우에는 비압밀비배수(UU)시험으로 전단 강도를 측정한다.

64 흙의 분류법인 AASHTO 분류법과 통일분류법을 비교·분석한 내용으로 틀린 것은?

① AASHTO 분류법은 입도분포, 군지수 등을 주요 분류인자로 한 분류법이다.
② 통일분류법은 입도분포, 액성한계, 소성지수 등을 주요 분류인자로 한 분류법이다.
③ 통일분류법은 0.075mm체 통과율을 35%를 기준으로 조립토와 세립토로 분류하는데 이것은 AASHTO 분류법보다 적절하다.
④ 통일분류법은 유기질토 분류방법이 있으나 AASHTO 분류법은 없다.

해설 통일분류법은 0.075mm체 통과율을 50%를 기준으로 조립토와 세립토로 분류하는데 이것은 AASHTO 분류법보다 부적절하다.

65 외경(D_o) 50.8mm, 내경(D_i) 34.9mm인 스플리트 스푼 샘플러의 면적비로 옳은 것은?

① 46%
② 53%
③ 106%
④ 112%

해설
- $A_r = \dfrac{D_w^2 - D_e^2}{D_e^2} \times 100 = \dfrac{50.8^2 - 34.9^2}{34.9^2} \times 100 = 112\%$
- 면적비가 10% 이하이면 잉여토의 혼입이 불가능한 것으로 보고 불교란 시료로 간주한다.

66 어느 모래층의 간극률이 35%, 비중이 2.66이다. 이 모래의 quick sand에 대한 한계 동수구배는 얼마인가?

① 1.14
② 1.08
③ 1.0
④ 0.99

해설
- $e = \dfrac{n}{100-n} = \dfrac{35}{100-35} = 0.54$
- $i_c = \dfrac{G_s - 1}{1+e} = \dfrac{2.66-1}{1+0.54} = 1.08$

[정답] 60. ③ 61. ④ 62. ③ 63. ① 64. ③ 65. ④ 66. ②

67 다짐에 대한 설명으로 옳지 않은 것은?

① 점토분이 많은 흙은 일반적으로 최적함수비가 낮다.
② 사질토는 일반적으로 건조밀도가 높다.
③ 입도 배합이 양호한 흙은 일반적으로 최적함수비가 낮다.
④ 점토분이 많은 흙은 일반적으로 다짐곡선의 기울기가 완만하다.

해설
- 점토분이 많은 흙은 일반적으로 최적함수비가 높다.
- 점토를 최적함수비보다 작은 건조측 다짐을 하면 흙구조가 면모구조로, 습윤측 다짐을 하면 이산구조가 된다.
- 조립토는 세립토보다 최대건조단위중량이 커진다.

68 베인 시험(Vane test)에 관하여 잘못 설명된 것은?

① 연약 점토의 강도 측정에 이용된다.
② 비배수 조건하의 사면 안정해석에 이용된다.
③ 내부 마찰각을 정확히 측정할 수 있다.
④ 회전 모멘트에 의하여 강도를 구할 수 있다.

해설
- 베인 전단시험은 연약한 점토지반의 점착력 C값을 측정한다.
- $C = \dfrac{M_{\max}}{\pi D^2 \left(\dfrac{H}{2} + \dfrac{D}{6}\right)}$

69 연약지반 위에 성토를 실시한 다음, 말뚝을 시공하였다. 시공 후 발생될 수 있는 현상에 대한 설명으로 옳은 것은?

① 성토를 실시하였으므로 말뚝의 지지력은 점차 증가한다.
② 말뚝을 암반층 상단에 위치하도록 시공하였다면 말뚝의 지지력에는 변함이 없다.
③ 압밀이 진행됨에 따라 지반의 전단강도가 증가되므로 말뚝의 지지력은 점차 증가된다.
④ 압밀로 인해 부의 주면마찰력이 발생되므로 말뚝의 지지력은 감소된다.

해설
- 성토를 실시하였으므로 말뚝의 지지력은 점차 감소한다.
- 말뚝을 암반층 상단에 위치하도록 시공하였더라도 연약지반이 위에 있고 성토하였으므로 말뚝의 지지력에 변함이 발생한다.
- 압밀이 진행됨에 따라 지반의 전단강도가 감소되므로 말뚝의 지지력은 점차 감소된다.

• 부마찰력은 말뚝 주변의 지반이 압밀이 발생할 때 생기며 연약지반에 말뚝을 박은 후 그 위에 성토를 할 경우 일어나기 쉽고 연약지반을 관통하여 견고한 지반까지 말뚝을 박은 경우 일어나기 쉽다.

70 점토지반이나 사질토지반에 전단할 경우 Dilatancy 현상이 발생하며 공극수압과 밀접한 관계가 있다. 이에 대한 설명 중 틀린 것은?

① 느슨한 사질토지반에서는 (+) Dilatancy가 발생한다.
② 밀도가 큰 사질토지반에서는 (+) Dilatancy가 발생한다.
③ 정규압밀 점토지반에서는 (−) Dilatancy에 정(+)의 공극수압이 발생한다.
④ 과압밀 점토지반에서는 (+) Dilatancy에 부(−)의 공극수압이 발생한다.

해설 느슨한 사질토지반에는 (−) Dilatancy가 발생한다.

71 도로의 평판재하 시험이 끝나는 조건에 대한 설명으로 옳지 않은 것은?

① 완전히 침하가 멈출 때
② 침하량이 15mm에 달할 때
③ 하중강도가 그 지반의 항복점을 넘을 때
④ 하중강도가 현장에서 예상되는 최대 접지압력을 초과할 때

해설 하중을 35kN/m²씩 증가하여 1분 동안에 침하량이 그 단계 하중의 총 침하량 1% 이하가 될 때까지 기다려 하중과 침하량을 읽는다.

보충 평판재하시험 결과를 이용할 때는 토질 종단, 지하수 위치와 변동, 재하판의 크기 등을 고려한다.

72 어떤 지반에 대한 흙의 입도분석 결과 곡률계수(C_g)는 1.5, 균등계수(C_u)는 15이고 입자는 모난 형상이었다. 이때 Dunham의 공식에 의한 흙의 내부마찰각(ϕ)의 추정치는? (단, 표준관입시험 결과 N치는 10이었다.)

① 25°
② 30°
③ 36°
④ 40°

해설
• 곡률계수(C_g)가 1~3 범위에 있어 입도가 양호하다.
• 균등계수(C_u)가 10 이상으로 입도가 양호하다.
• 입자가 모나고 입도가 양호한 경우의 내부마찰각
$\phi = \sqrt{12N} + 25 = \sqrt{12 \times 10} + 25 = 36°$

정답 67.① 68.③ 69.④ 70.① 71.① 72.③

73 상·하층이 모래로 되어 있는 두께 2m의 점토층이 어떤 하중을 받고 있다. 이 점토층의 투수계수(k)가 $5×10^{-7}$cm/s일 때 체적변화계수(m_v)가 5.0cm²/kN일 때 90% 압밀에 요구되는 시간은? (단, 물의 단위중량은 9.81kN/m³이다.)

① 5.6일　　② 9.8일
③ 15.2일　　④ 47.2일

해설
- $k = C_v \cdot m_v \cdot r_w$

  $\therefore C_v = \dfrac{k}{m_v \cdot r_w} = \dfrac{5×10^{-7}}{5×9.81×10^{-6}} = 0.01 \text{cm}^2/\text{sec}$

- $C_v = \dfrac{0.848 \left(\dfrac{H}{2}\right)^2}{t_{90}}$

  $\therefore t_{90} = \dfrac{0.848 \left(\dfrac{H}{2}\right)^2}{C_v} = \dfrac{0.848 \left(\dfrac{200}{2}\right)^2}{0.01} = 848{,}000 \text{초} ≒ 9.8 \text{일}$

74 아래 그림에서 지표면에서 깊이 6m에서의 연직응력(σ_v)과 수평응력(σ_h)의 크기를 구하면? (단, 토압계수는 0.6이다.)

① $\sigma_v = 87.3\text{kN/m}^2$, $\sigma_h = 52.4\text{kN/m}^2$
② $\sigma_v = 95.2\text{kN/m}^2$, $\sigma_h = 57.1\text{kN/m}^2$
③ $\sigma_v = 112.2\text{kN/m}^2$, $\sigma_h = 67.3\text{kN/m}^2$
④ $\sigma_v = 123.4\text{kN/m}^2$, $\sigma_h = 74.0\text{kN/m}^2$

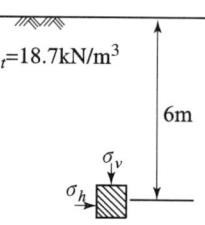

해설
- $\sigma_v = \gamma \cdot Z = 18.7×6 = 112.2 \text{kN/m}^2$
- $K = \dfrac{\sigma_h}{\sigma_v}$

  $\therefore \sigma_h = \sigma_v × K = 112.2 × 0.6 = 67.3 \text{kN/m}^2$

75 포화단위중량(γ_{sat})이 19.62kN/m³인 사질토가 20°로 경사진 무한사면이 있다. 지하수위가 지표면과 일치하는 경우 이 사면의 안전율이 1 이상이 되기 위해서는 흙의 내부마찰각이 최소 몇 도 이상이어야 하는가? (단, 물의 단위중량은 9.81kN/m³이다.)

① 18.21°　　② 20.52°
③ 36.06°　　④ 45.47°

$$F = \frac{\frac{\gamma_{sub}}{\gamma_{sat}}\tan\phi}{\tan i} \qquad 1 = \frac{\frac{(19.62-9.81)}{19.62}\tan\phi}{\tan 20°} \qquad \therefore \phi = 36°06'$$

76 말뚝이 20개인 군항기초에 있어서 효율이 0.75이고, 단항으로 계산된 말뚝 한 개의 허용 지지력이 150kN일 때 군항의 허용 지지력은 얼마인가?

① 1125kN
② 2250kN
③ 3000kN
④ 4000kN

 $R_{ag} = ENR_a = 0.75 \times 20 \times 150 = 2250\text{kN}$

• 말뚝 간격이 $1.5\sqrt{r \cdot l}$ 이하의 경우 군항이라 한다.

77 3m×3m 크기의 정사각형 기초의 극한 지지력을 Terzaghi 공식으로 구하면? (단, 지하수위는 기초바닥 깊이와 같다. 흙의 마찰각 20°, 점착력 50kN/m², 습윤단위중량 17kN/m³이고, 지하수위 아래 흙의 포화단위 중량은 19kN/m³이다. 지지력계수 $N_c = 18$, $N_r = 5$, $N_q = 7.5$이며, 물의 단위중량은 9.81kN/m³이다.)

① 1480.14 kN/m²
② 1231.24 kN/m²
③ 1540.42 kN/m²
④ 1337.31 kN/m²

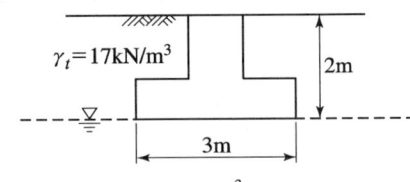

$q_d = \alpha C N_c + \beta \gamma_1 B N_r + \gamma_2 D_f N_q$
$= 1.3 \times 50 \times 18 + 0.4 \times (19 - 9.81) \times 3 \times 5 + 17 \times 2 \times 7.5$
$= 1480.14 \text{kN/m}^2$

78 그림과 같은 지반내의 유선망이 주어졌을 때 폭 10m에 대한 침투 유량은? (단, 투수계수 $k = 2.2 \times 10^{-2}$ cm/s 이다.)

① 3.96cm³/s
② 39.6cm³/s
③ 396cm³/s
④ 3960cm³/s

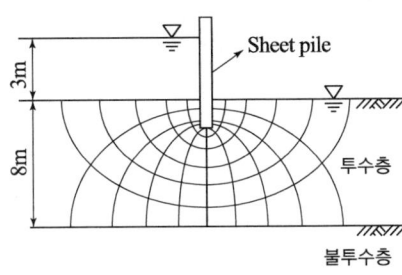

 $Q = k \cdot H \frac{N_f}{N_d} \cdot B = (2.2 \times 10^{-2}) \times 300 \times \frac{6}{10} \times 1000 = 3960 \text{ cm}^3/\text{sec}$

79 그림에서 $a-a'$면 바로 아래의 유효응력은? (단, 흙의 간극비(e)는 0.4, 비중(G_s)은 2.65, 물의 단위중량은 9.81kN/m³이다.)

① 68.2kN/m^2
② 82.1kN/m^2
③ 97.4kN/m^2
④ 102.1kN/m^2

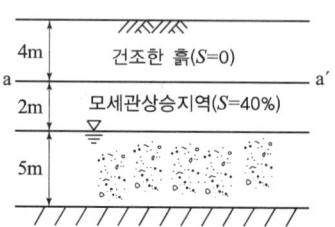

해설
- 건조밀도 $\gamma_d = \dfrac{G_s}{1+e}\gamma_w = \dfrac{2.65}{1+0.4}\times 9.81 = 18.57\,\text{kN/m}^3$
- 전응력 $\sigma = \gamma_d \cdot H = 18.57 \times 4 = 74.28\,\text{kN/m}^3$
- 간극수압 $u = \gamma_w \cdot h = -9.81 \times 2 \times 0.4 = -7.85\,\text{kN/m}^3$
- 유효응력 $\bar{\sigma} = \sigma - u = 74.28 - (-7.85) = 82.1\,\text{kN/m}^3$

80 주동토압을 P_A, 수동토압을 P_P, 정지토압을 P_O라 할 때 토압의 크기 순서는?

① $P_A > P_P > P_O$
② $P_P > P_O > P_A$
③ $P_P > P_A > P_O$
④ $P_O > P_A > P_P$

해설
- $P_a < P_o < P_p$
- $K_a < K_o < K_p$

정답 79. ② 80. ②

1과목 콘크리트 공학

01 콘크리트의 품질관리에 쓰이는 관리도 중 계량값 관리도에 속하지 않는 것은?

① $\bar{x} - R$ 관리도(평균값과 범위 관리도)
② $\bar{x} - \sigma$ 관리도(평균값과 표준편차 관리도)
③ X 관리도(측정값 자체의 관리도)
④ P 관리도(불량률 관리도)

해설 P 관리도는 계수치를 대상으로 한다.

02 일반 콘크리트의 비비기에서 강제식 믹서일 경우 믹서 안에 재료를 투입한 후 비비는 시간의 표준은?

① 30초 이상
② 1분 이상
③ 1분 30초 이상
④ 2분 이상

해설 가경식 믹서의 경우에는 1분 30초 이상으로 한다.

03 물-결합재비가 40%이고 단위시멘트량 400kg/m³, 시멘트의 밀도 3.1g/cm³, 공기량 2%인 콘크리트의 단위골재량의 절대부피는?

① 0.48m³
② 0.54m³
③ 0.69m³
④ 0.72m³

해설
- $\dfrac{W}{C} = 40\%$ ∴ $W = C \times 0.4 = 400 \times 0.4 = 160$kg
- $V = 1 - \left(\dfrac{160}{1 \times 1000} + \dfrac{400}{3.1 \times 1000} + \dfrac{2}{100} \right) = 0.69\text{m}^3$

04 지름이 100mm이고 길이가 200mm인 원주형 공시체에 대한 할렬 인장시험결과 최대하중이 120kN이라고 할 경우 이 공시체의 할렬 인장강도는?

① 1.87 MPa
② 3.82 MPa
③ 6.03 MPa
④ 7.66 MPa

정답 01. ④ 02. ② 03. ③ 04. ②

해설 인장강도 $= \dfrac{2P}{\pi dl} = \dfrac{2 \times 120{,}000}{3.14 \times 100 \times 200} = 3.82\text{MPa}$

05 유동화 콘크리트 배합에 대한 설명 중 틀린 것은?

① 슬럼프 증가량은 100mm 이하를 원칙으로 하며 50~80mm를 표준으로 한다.
② 베이스 콘크리트 및 유동화 콘크리트의 슬럼프 및 공기량 시험은 50m³마다 1회씩 실시하는 것을 표준으로 한다.
③ 유동화제는 희석시켜 사용하며 미리 정한 소정의 양을 1/2씩 2번에 나누어 첨가한다.
④ 유동화 콘크리트의 재유동화는 원칙적으로 할 수 없다.

해설 유동화제는 원액으로 사용하고 미리 정한 소정의 양을 한꺼번에 첨가한다.

06 콘크리트 타설에 대한 설명 중 옳지 않은 것은?

① 콘크리트를 2층 이상으로 나누어 타설할 경우, 상층의 콘크리트 타설은 원칙적으로 하층의 콘크리트가 굳기 시작하기 전에 해야 한다.
② 콘크리트 타설 도중에 표면에 떠올라 고인 블리딩 수가 있을 경우에는 표면에 도랑을 만들어 제거하여야 한다.
③ 한 구획 내의 콘크리트는 타설이 완료될 때까지 연속해서 타설해야 한다.
④ 콘크리트는 그 표면이 한 구획 내에서는 거의 수평이 되도록 타설하는 것을 원칙으로 한다.

해설 콘크리트 타설 도중에 표면에 떠올라 고인 블리딩 수를 제거하기 위해 표면에 도랑을 만들어 흐르게 해서는 안 된다.

07 팽창 콘크리트의 팽창률에 대한 설명으로 틀린 것은?

① 콘크리트의 팽창률은 일반적으로 재령 28일에 대한 시험치를 기준으로 한다.
② 수축보상용 콘크리트의 팽창률은 $(150 \sim 250) \times 10^{-6}$을 표준으로 한다.

③ 화학적 프리스트레스용 콘크리트의 팽창률은 $(200 \sim 700) \times 10^{-6}$ 을 표준으로 한다.
④ 공장제품에 사용되는 화학적 프리스트레스용 콘크리트의 팽창률은 $(200 \sim 1,000) \times 10^{-6}$ 을 표준으로 한다.

 콘크리트의 팽창률은 일반적으로 재령 7일에 대한 시험치를 기준으로 한다.

08 시방배합을 통해 단위수량 174kg/m³, 시멘트량 369kg/m³, 잔골재 702kg/m³, 굵은골재 1,049kg/m³을 산출하였다. 현장골재의 입도를 고려하여 현장배합으로 수정한다면 잔골재와 굵은골재의 양은 각각 얼마가 되겠는가? (단, 현장골재의 입도는 잔골재 중 5mm체에 남는 양이 10%이고, 굵은골재 중 5mm체를 통과한 양이 5%이다.)

① 잔골재 : 563 kg/m³,   굵은골재 : 1,108 kg/m³
② 잔골재 : 637 kg/m³,   굵은골재 : 1,114 kg/m³
③ 잔골재 : 723 kg/m³,   굵은골재 : 1,028 kg/m³
④ 잔골재 : 802 kg/m³,   굵은골재 : 949 kg/m³

- 잔골재 $x = \dfrac{100S - b(S+G)}{100 - (a+b)} = \dfrac{100 \times 702 - 5(702+1049)}{100 - (10+5)} = 723 \text{kg/m}^3$
- 굵은골재 $y = \dfrac{100G - a(S+G)}{100 - (a+b)} = \dfrac{100 \times 1049 - 10(702+1049)}{100 - (10+5)} = 1028 \text{kg/m}^3$

09 고압증기 양생한 콘크리트의 특징에 대한 설명으로 틀린 것은?

① 고압증기 양생한 콘크리트의 수축률은 크게 감소된다.
② 고압증기 양생한 콘크리트의 크리프은 크게 감소된다.
③ 고압증기 양생한 콘크리트의 외관은 보통 양생한 포틀랜드 시멘트 콘크리트 색의 특징과 다르며 흰색을 띤다.
④ 고압증기 양생한 콘크리트는 보통 양생한 콘크리트와 비교하여 철근과 부착강도가 약 2배 정도가 된다.

- 고압증기 양생한 콘크리트는 보통 양생한 콘크리트와 비교하여 철근과 부착강도가 약 1/2배 정도가 된다.
- 고압증기 양생한 콘크리트는 어느 정도의 취성을 갖는다.

10 프리스트레스 콘크리트에서 프리텐션 방식으로 프리스트레싱을 할 때의 재령 28일 콘크리트 압축강도는 최소 얼마 이상이어야 하는가?

① 30MPa   ② 40MPa
③ 50MPa   ④ 20MPa

답안 표기란
08 ① ② ③ ④
09 ① ② ③ ④
10 ① ② ③ ④

[정답] 05. ③ 06. ② 07. ① 08. ③ 09. ④ 10. ①

해설
- 콘크리트 강도 프리텐션의 경우는 30MPa 이상이며 실험이나 기존의 적용 실적 등을 통해 안전성이 증명된 경우에는 25MPa 이상이다.
- 프리스트레싱을 할 수 있는 콘크리트의 압축응력은 프리스트레스를 준 직후 콘크리트에 일어나는 최대압축응력의 1.7배 이상이어야 한다.

11 아래의 표에서 설명하는 콘크리트의 성질은?

> 콘크리트를 타설할 때 다짐작업 없이 자중만으로 철근 등을 통과하여 거푸집의 구석구석까지 균질하게 채워지는 정도를 나타내는 굳지 않은 콘크리트의 성질

① 자기 충전성 ② 유동성
③ 슬럼프 플로 ④ 피니셔빌리티

해설
- **자기 충전성**: 높은 유동성과 적절한 점성을 확보함으로써 다짐작업을 실시하지 않아도 자중만으로 철근 등을 통과하여 거푸집의 구석구석까지 채워지는 굳지 않은 콘크리트 성질이다.
- 고유동 콘크리트의 자기 충전성은 1등급, 2등급, 3등급으로 한다.
- 일반적인 철근 콘크리트 구조물 또는 부재는 자기 충전성 등급을 2등급으로 정하는 것을 표준으로 한다.

12 아래 표와 같은 조건에서 콘크리트의 배합강도를 결정하면?

> 〈조 건〉
> - 품질기준강도(f_{cq}) : 40MPa
> - 압축강도의 시험회수 : 23회
> - 23회의 압축강도 시험으로부터 구한 표준편차 : 6MPa
> - 압축강도 시험회수 20회, 25회인 경우 표준편차의 보정계수 : 1.08, 1.03

① 48.5MPa ② 49.6MPa
③ 50.7MPa ④ 51.2MPa

해설 배합강도
$f_{cq} > 35$MPa이므로 $f_{cr} = f_{cq} + 1.34s = 40 + 1.34 \times (6 \times 1.05) = 48.4$MPa
$f_{cr} = 0.9 f_{cq} + 2.33s = 0.9 \times 40 + 2.33 \times (6 \times 1.05) = 50.7$MPa
∴ 두 식 중 큰 값 50.7MPa

여기서, 표준편차 보정계수가 20회 1.08, 25회 1.030이므로
직선 보간은 $\dfrac{1.08 - 1.03}{25 - 20} = 0.01$씩 고려하면
23회의 경우 $1.03 + (0.01 \times 2) = 1.05$이다.

13 콘크리트의 크리프(creep)에 대한 설명으로 틀린 것은?

① 재하기간 중의 대기의 습도가 높을수록 크리프는 크다.
② 단위 시멘트량이 많을수록 크리프는 크다.
③ 부재치수가 작을수록 크리프는 크다.
④ 재하 응력이 클수록 크리프는 크다.

해설
- 재하기간 중의 대기의 습도가 높을수록 크리프는 작다.
- 조강시멘트는 보통시멘트보다 크리프가 작다.
- 온도가 높을수록 크리프는 증가한다.
- 물–시멘트비가 클수록 크리프는 증가한다.

14 콘크리트의 슬럼프 시험에 대한 설명으로 틀린 것은?

① 콘크리트 시료를 거의 같은 양의 3층으로 나눠서 채우며 각 층을 다짐봉으로 고르게 한 후 25회씩 다진다.
② 슬럼프 콘은 윗면의 안지름이 100mm, 밑면의 안지름이 200mm, 높이가 300mm인 원추형을 사용한다.
③ 다짐봉은 지름 16mm, 길이 500~600mm의 강 또는 금속제 원형봉으로 그 앞끝을 반구 모양으로 한다.
④ 슬럼프는 콘크리트를 채운 후 콘을 연직방향으로 들어 올렸을 때 무너지고 난 후 남은 시료의 높이를 말한다.

해설
- 슬럼프는 콘크리트를 채운 후 콘을 연직방향으로 들어 올렸을 때 무너지는, 즉 흘러내린 길이를 말한다.
- 슬럼프 시험은 3분 이내로 한다.

15 구조물이 공용 중의 발생되는 손상을 복구하는데 있어서 보수 및 보강 공사를 시행한다. 다음 중 보수 공법에 속하지 않는 것은?

① 에폭시 주입 공법
② 철근 방청 공법
③ 표면 피복 공법
④ 강판 접착 공법

해설 강판 접착 공법은 보강 공법에 속한다.

16 매스 콘크리트에 대한 아래의 설명에서 (   ) 안에 들어갈 알맞은 수치는?

> 매스 콘크리트로 다루어야 하는 구조물의 부재치수는 일반적인 표준으로서 넓이가 넓은 평판구조의 경우 두께 (㉮)m 이상, 하단이 구속된 벽조의 경우 두께 (㉯)m 이상으로 한다.

① ㉮ : 0.8 ㉯ : 0.5
② ㉮ : 1.0 ㉯ : 0.5
③ ㉮ : 0.5 ㉯ : 0.8
④ ㉮ : 0.5 ㉯ : 1.0

[정답] 11.① 12.③ 13.① 14.④ 15.④ 16.①

해설 매스 콘크리트 : 부재 혹은 구조물의 치수가 커서 시멘트의 수화열에 의한 온도 상승 및 강하를 고려하여 설계·시공해야 하는 콘크리트

17 한중 콘크리트에 대한 설명으로 틀린 것은?
① 공기연행 콘크리트를 사용하는 것을 원칙으로 한다.
② 얇은 단면으로 자주 물로 포화되는 부분의 경우 콘크리트 양생 종료 때의 소요 압축강도의 표준은 2.5MPa이다.
③ 타설할 때의 콘크리트 온도는 구조물의 단면치수, 기상조건 등을 고려하여 5~20℃의 범위에서 정한다.
④ 단위수량은 초기동해 저감 및 방지를 위하여 소요의 워커빌리티를 유지할 수 있는 범위 내에서 되도록 적게 한다.

해설 얇은 단면으로 자주 물로 포화되는 부분의 경우 콘크리트 양생 종료 때의 소요 압축강도의 표준은 15MPa이다.

18 폴리머 시멘트 콘크리트에 대한 설명으로 틀린 것은?
① 비비기는 기계비빔을 원칙으로 한다.
② 폴리머-시멘트 비는 5~30% 범위로 한다.
③ 물-결합재비는 30~60%의 범위에서 가능한 한 적게 정하여야 한다.
④ 시공 후 1~3일간 습윤양생을 실시하며, 사용될 때까지의 양생 기간은 14일을 표준으로 한다.

해설 시공 후 1~3일간 습윤양생을 실시하며, 사용될 때까지의 양생 기간은 7일을 표준으로 한다.

19 연직시공이음의 시공에 대한 설명으로 틀린 것은?
① 시공이음면의 거푸집을 견고하게 지지하고 이음부분의 콘크리트는 진동기를 써서 충분히 다져야 한다.
② 구 콘크리트의 시공이음면은 쇠솔이나 쪼아내기 등에 의해 거칠게 하고, 수분을 흡수시킨 후에 시멘트 페이스트, 모르타르 또는 습윤면용 에폭시수지 등을 바른 후 새 콘크리트를 타설하여 이어 나가야 한다.
③ 새 콘크리트를 타설할 때는 신·구 콘크리트가 충분히 밀착되도록

잘 다져야하며, 새 콘크리트를 타설한 후에는 재진동 다지기를 하여서는 안 된다.
④ 겨울철의 시공이음면 거푸집 제거시기는 콘크리트를 타설하고 난 후 10~15시간 정도로 한다.

해설
- 새 콘크리트를 타설할 때는 신·구 콘크리트가 충분히 밀착되도록 잘 다져야하며, 새 콘크리트를 타설한 후에는 재진동 다지기를 하는 것이 좋다.
- 여름철의 시공이음면 거푸집 제거시기는 콘크리트를 타설하고 난 후 4~6시간 정도로 한다.

20 양단이 정착된 프리텐션 부재의 한 단에서의 활동량이 2mm로 양단 활동량이 4mm일 때 강재의 길이가 10m라면 이 때의 프리스트레스 감소량은? (단, 긴장재의 탄성계수 $E_p = 2.0 \times 10^5$)

① 80MPa
② 100MPa
③ 120MPa
④ 140MPa

해설
$\triangle f_p = E_p \cdot \varepsilon_p = E_p \cdot \dfrac{\Delta l}{l} = 2.0 \times 10^5 \times \dfrac{4}{10,000} = 80\,\text{MPa}$

2과목 건설시공 및 관리

21 PERT와 CPM의 차이점에 관한 설명 중 옳지 않은 것은?
① PERT의 주목적은 공기단축, CPM은 공비절감이다.
② PERT는 작업중심의 일정계산이고 CPM은 결합점 중심의 일정계산이다.
③ PERT는 3점시간 추정이고 CPM은 1점시간 추정이다.
④ PERT의 이용은 신규사업, 비반복사업에 이용되고 CPM은 반복사업, 경험이 있는 사업에 이용된다.

해설 PERT는 결합점 중심의 일정계산이고 CPM은 작업 중심의 일정계산이다.

22 터널의 특수공법으로서 침매(沈埋)공법을 설명한 내용으로 옳지 않은 것은?
① 유수가 빠른 곳에는 강력한 비계가 필요하고 침설작업이 곤란하다.
② 단면 형상은 비교적 자유롭고 큰 단면으로 만들 수 있다.
③ 협소한 장소의 수로나 항해선박이 많은 곳도 쉽게 설치된다.
④ 연약지반에도 시공이 가능하며 공기가 단축된다.

정답 17. ② 18. ④ 19. ③ 20. ① 21. ② 22. ③

📝**해설** 협소한 장소의 수로나 항해 선박이 많은 곳은 설치하기가 곤란하다.

23 관내의 집수효과를 크게 하기 위하여 관둘레에 구멍을 뚫어 지하에 매설하는 집수암거의 일종으로 하천의 복류수를 주로 이용하기 위하여 쓰이는 것은?

① 관거
② 함거
③ 다공 관거
④ 사이펀 관거

📝**해설** 다공 관거는 관 둘레에 구멍을 뚫어 지하에 매설하는 일종의 집수암거이다.

24 $C=0.9$, $L=1.25$이라 한다. 성토 10,000m³을 만들 계획이 있다. 토취장의 토질을 사질토라 할 때 굴착해서 운반하는 토량은 얼마나 되는가?

① 13,889m³
② 15,667m³
③ 12,500m³
④ 14,543m³

📝**해설**
- $C = \dfrac{\text{성토후 토량}}{\text{본바닥 토량}}$

  ∴ 본바닥 토량 $= \dfrac{10,000}{0.9} = 11,111\text{m}^3$

- $L = \dfrac{\text{운반할 토량}}{\text{본바닥 토량}}$

  ∴ 운반할 토량 $= 1.25 \times 11,111 = 13,889\text{m}^3$

25 여수로(spill way)의 종류 중 댐의 본체에서 완전히 분리시켜 댐의 가장자리에 설치하고 월류부는 보통 수평으로 하는 것은?

① 슈트(chute)식 여수로
② 측수로(side channel) 여수로
③ 그롤리 홀(grolley hole) 여수로
④ 사이펀(siphon) 여수로

📝**해설**
- 슈트식 여수로는 댐의 본체에서 완전히 분리시켜 댐의 가장자리에 설치한다.
- 측수로 여수로는 댐 정상부를 월류시킬 수 없을 때 댐의 한쪽 또는 양쪽에 설치한다.

26 운반토량 900m³을 용적이 4m³인 덤프트럭으로 운반하려고 한다. 트럭의 평균속도 10km/h이고, 상하차 시간이 각각 4분일 때 하루에 전량을 운반하려면 몇 대의 트럭이 필요한가? (단, 1일 덤프트럭 가동시간은 8시간이며, 토사장까지의 거리는 2km이다.)

① 10대 ② 12대
③ 15대 ④ 18대

해설
- $C_m = \dfrac{l}{V} \times 2 + t_1 + t_2 = \dfrac{2,000}{10,000/60} \times 2 + 4 + 4 = 32$분
- $Q = \dfrac{60qfE}{C_m} = \dfrac{60 \times 4 \times 1 \times 1}{32} = 7.5 \text{m}^3/\text{hr}$
- 1일 운반량 = $7.5 \times 8 = 60 \text{m}^3$/일
- 소요대수 = $\dfrac{900}{60} = 15$ 대

27 현장에서 하는 타설 피어 공법 중에서 콘크리트 타설 후 casing tube의 인발 시 철근이 따라 뽑히는 현상이 발생하기 쉬운 공법은?

① reverse circulation drill 공법
② earth drill 공법
③ benoto 공법
④ gow 공법

해설 베노토(benoto) 공법은 케이싱을 지중에 관입하고 해머 그래브로 굴착한다.

28 불도저로 압토와 리핑 작업을 동시에 실시한다. 각 작업시의 작업량이 아래의 표와 같을 때 시간당 작업량은?

- 압토 작업만 할 때의 작업량 $Q_1 = 40 \text{m}^3/\text{h}$
- 리핑 작업만 할 때의 작업량 $Q_2 = 60 \text{m}^3/\text{h}$

① 24m³/h ② 30m³/h
③ 34m³/h ④ 50m³/h

해설 $Q = \dfrac{Q_1 \times Q_2}{Q_1 + Q_2} = \dfrac{40 \times 60}{40 + 60} = 24 \text{m}^3/\text{hr}$

29 큰 중량의 중추를 높은 곳에서 낙하시켜 지반에 가해지는 충격에너지와 그 때의 진동에 의해 지반을 다지는 개량공법으로 대부분의 지반에 지하수위와 관계없이 시공이 가능하고 시공 중 사운딩을 실시하여 개량효과를 점검하는 시공법은?

① 지하연속벽 공법 ② 폭파다짐 공법
③ 바이브로플로테이션 공법 ④ 동다짐 공법

정답 23. ③ 24. ① 25. ① 26. ③ 27. ③ 28. ① 29. ④

해설
- 동다짐 공법은 개량하고자 하는 지반에 크레인에 10~200t의 중추를 10~40m 높이에서 낙하시켜 지반의 깊은 곳까지 다지는 시공 방법이다.
- 지반개량 공사기간이 단축되며 공사비가 저렴하고 모래, 자갈, 석괴 및 건설 폐기물이 혼재된 지반에도 적용 가능하다.

30 아스팔트 포장의 시공에서 보조기층 마무리 면에 아스팔트 혼합물을 포설하기 직전에 행하며, 보조기층의 보호 및 수분의 모관 상승을 차단하고, 아스팔트 혼합물과의 접착성을 좋게 하기 위해 실시하는 것은?

① 프라임 코트
② 택 코트
③ 컨솔리데이션 그라우팅
④ 커튼 그라우팅

해설 프라임 코트 : 노반 또는 기층에서 수분의 모관 상승을 차단하고 표면을 안정시키기 위해 표면이 흡수성일 때 혼합물의 포설에 앞서 시공한다.

31 성토 재료의 요구조건으로 틀린 것은?

① 비탈면의 안정에 필요한 전단강도를 보유할 것
② 투수계수가 작을 것
③ 압축성, 흡수성이 클 것
④ 성토 후 압밀침하가 작을 것

해설 압축성, 흡수성이 작을 것

32 케이슨 기초 중 오픈 케이슨 공법의 특징에 대한 설명으로 틀린 것은?

① 기계설비가 비교적 간단하다.
② 굴착 시 히빙이나 보일링 현상의 우려가 있다.
③ 큰 전석이나 장애물이 있는 경우 침하작업이 지연된다.
④ 일반적인 굴착 깊이는 30~40m정도로 침하 깊이에 제한을 받는다.

해설 공기 케이슨 공법은 일반적인 굴착 깊이는 30~40m정도로 침하 깊이에 제한을 받는다.

33 버럭이 너무 비산하지 않는 심빼기에 유효하고, 수직 도갱 밑에 물이 많이 고였을 때 적당한 심빼기 공법은?

① 노 컷
② 번 컷
③ V 컷
④ 스윙 컷

해설 스윙 컷은 특히 용수가 많을 때 편리하다.

34 아래와 같은 조건에서 파워 셔블의 시간당 작업량은?

- 버킷의 용량 $q = 0.6\text{m}^3$
- 버킷 계수 $k = 0.9$
- 토량 환산계수 $f = 0.8$
- 작업 효율 $E = 0.7$
- 사이클 타임 $C_m = 25$초

① 0.73m^3
② 1.13m^3
③ 43.55m^3
④ 68.04m^3

해설 $Q = \dfrac{3600\, q\, k\, f\, E}{C_m} = \dfrac{3600 \times 0.6 \times 0.9 \times 0.8 \times 0.7}{25} = 43.55\,\text{m}^3/\text{h}$

35 아스팔트 포장의 파손 현상 중 차량하중에 의해 발생한 변형량의 일부가 회복되지 못하여 발생하는 영구변형으로 차량 통과위치에 균일하게 발생하는 침하를 보이는 아스팔트 포장의 대표적인 파손 현상을 무엇이라 하는가?

① 피로균열
② 저온균열
③ 루팅(Rutting)
④ 라벨링(Ravelling)

해설 루팅(Rutting)
도로 주행 중 노면의 한 개소를 차량이 집중 통과하여 표면의 재료가 마모되고 유동을 일으켜서 노면이 얇게 패인 자국

36 역 T형 옹벽에 대한 설명으로 옳은 것은?

① 자중만으로 토압에 저항한다.
② 자중이 다른 형식의 옹벽보다 대단히 크다.
③ 자중과 뒷채움 토사의 중량으로 토압에 저항한다.
④ 일반적으로 옹벽의 높이가 낮은 경우에 사용된다.

해설
- 옹벽은 활동, 전도, 지지력에 대해 안정해야 한다.
- 옹벽의 높이가 동일한 조건에서 옹벽기초의 저면에 작용하는 최대 접지압의 크기의 순서는 중력식 > 반중력식 > L형 > 역 T형이다.

[정답] 30. ① 31. ③ 32. ④ 33. ④ 34. ③ 35. ③ 36. ③

37 굴착 단면의 양단을 먼저 버팀대공법으로 굴착하여 기초공과 벽체를 구축한 다음, 이것을 흙막이공으로 하여 중앙부의 나머지 부분을 굴착 시공하는 공법으로 주로 넓은 면의 굴착에 유리한 공법은 무엇인가?

① Island 공법
② Open cut 공법
③ Well point 공법
④ Trench cut 공법

해설 Island 공법은 직접기초 굴착시 저면 중앙부에 섬과 같이 기초부를 먼저 구축하여 이것을 발판으로 주면부를 시공하는 방법이다.

38 아래 그림과 같은 유토곡선에서 A-B 구간의 평균 운반거리를 구하면?

① 40m
② 60m
③ 80m
④ 100m

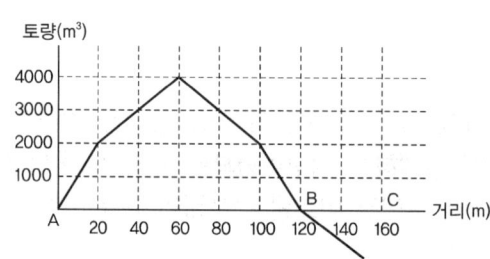

해설 평균 운반거리는 전토량 2등분 선상의 점을 통하는 평행선과 나란한 수평거리로 표시하므로 거리 20m에서 100m 사이가 되어 80m이다.

39 어떤 공사의 공정에 따른 비용 증가율이 아래의 그림과 같을 때 이 공정을 계획보다 3일 단축하고자 하면, 소요되는 추가 비용은 약 얼마인가?

① 40,000원
② 37,500원
③ 35,000원
④ 32,500원

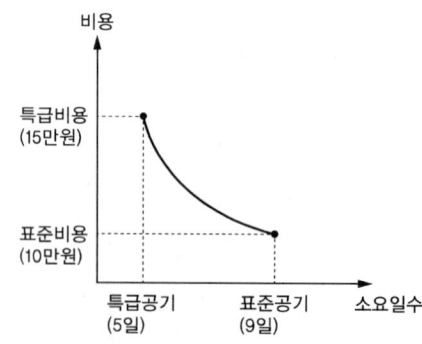

해설
- 비용경사 = $\dfrac{\text{특급비용} - \text{표준비용}}{\text{표준공기} - \text{특급공기}} = \dfrac{150,000 - 100,000}{9 - 5} = 12,500$원
- 3일 단축 추가비용 : $12,500 \times 3 = 37,500$원

40 주탑, 케이블, 주형의 3요소로 구성되어 있고, 케이블을 거더에 정착시킨 교량 형식으로서 아래의 그림과 같은 형식의 교량은?

① 거더교
② 아치교
③ 현수교
④ 사장교

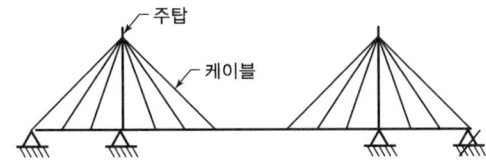

해설 사장교는 케이블 형상에 따라 방사형, 하프형, 부채(팬)형, 스타형으로 분류된다.

3과목 건설재료 및 시험

41 목재의 함수율을 측정하기 위해 시험을 실시한 결과 다음과 같은 값을 얻었다. 함수율은 얼마인가?

- 시험편의 건조 전 중량 : 2.75kg
- 시험편의 건조 후 중량 : 2.35kg

① 15% ② 17%
③ 19% ④ 21%

해설
- 함수율 = $\dfrac{W_1 - W_2}{W_2} \times 100 = \dfrac{2.75 - 2.35}{2.35} \times 100 = 17\%$
- 목재의 함수비와 강도는 반비례한다. 즉 목재는 함수율이 증가하면 압축강도가 감소한다.
- 목재의 공기건조시 함수비는 보통 15% 내외이다.

42 콘크리트용 모래에 포함되어 있는 유기불순물 시험에 대한 설명으로 옳은 것은?

① 모래시료는 2분법으로 채취하는 것을 원칙으로 한다.
② 무수황산나트륨을 시약으로 사용한다.
③ 식별용 표준색 용액은 염소이온을 0.1% 함유한 염화나트륨 수용액과 0.5% 함유한 염화나트륨 수용액을 사용한다.
④ 시험결과 시험용액의 색도가 표준색 용액보다 연한 경우 콘크리트용으로 사용할 수 있다.

해설
- 모래시료는 4분법으로 채취한다.
- 10%의 알콜, 2%의 탄닌산 용액, 3% 수산화나트륨 용액을 만들어 사용한다.

[정답] 37. ④ 38. ③
39. ② 40. ④
41. ② 42. ④

43. 다음 중 천연 경량골재가 아닌 것은?

① 팽창 슬래그 ② 응회암
③ 용암 ④ 경석 화산자갈

해설
- 천연 경량골재 : 경석 화산자갈, 응회암, 용암
- 인공 경량골재 : 팽창성 혈암, 팽창성 점토, 플라이 애시 등을 주원료로 한다.

44. 콘크리트용 잔골재로 사용하고자 하는 바다모래(해사)의 염분에 대한 대책 중 틀린 것은?

① 살수법, 침수법 및 자연방치법 등에 의해서 염분을 사전에 제거한다.
② 염분이 많은 바다모래를 사용할 경우 콘크리트에 사용되는 철근을 아연도금 등으로 방청하여 사용한다.
③ 콘크리트용 혼화제로 방청제를 사용한다.
④ 콘크리트를 가능한 빈배합으로 하여 수밀성을 향상시킨다.

해설 콘크리트를 가능한 부배합으로 하여 수밀성을 향상시킨다.

45. 다음 중 시멘트가 풍화작용과 탄산화작용을 받은 정도를 나타내는 척도로 고온으로 가열하여 시멘트 중량의 감소율을 나타내는 것은?

① 불용해잔분 ② 수경률
③ 강열감량 ④ 규산율

해설 시멘트의 풍화의 정도를 나타내는 척도는 강열감량으로 나타내며 3% 이하로 규정하고 있다.

46. 실리카 퓸을 콘크리트의 혼화재로 사용할 경우 다음 설명 중 틀린 것은?

① 콘크리트의 조직이 치밀해져 강도가 커지고, 수밀성이 증대된다.
② 수화 초기에 C-S-H 겔을 생성하므로 블리딩이 감소한다.
③ 콘크리트 재료분리를 감소시킨다.
④ 단위수량이 감소하고 건조수축이 감소한다.

해설 단위수량의 증가로 건조수축 증대 등의 결점이 있다.

47 콘크리트 내부에 독립된 미세기포를 발생시켜 콘크리트의 워커빌리티 개선과 동결융해에 대한 저항성을 갖도록 하기 위해 사용하는 혼화제는?

① AE제 ② 응결경화촉진제
③ 지연제 ④ 기포제

해설 공기연행제를 사용하면 단위수량이 적게 사용되어 블리딩이 감소하며 알칼리 골재반응이 적다.

48 고무혼입 아스팔트와 스트레이트 아스팔트를 비교한 설명 중 옳지 않은 것은?

① 감온성은 고무혼입 아스팔트가 작다.
② 마찰계수는 고무혼입 아스팔트가 크다.
③ 응집성은 스트레이트 아스팔트가 크다.
④ 충격저항성은 스트레이트 아스팔트가 작다.

해설 응집성 및 부착력은 스트레이트 아스팔트보다 크다.

49 지오텍스타일의 특징에 관한 설명으로 틀린 것은?

① 인장강도가 크다.
② 수축을 방지한다.
③ 탄성계수가 크다.
④ 열에 강하고 무게가 무겁다.

해설
- 가볍고 취급 및 시공이 용이하다.
- 신축성이 좋아서 유연성이 있다.
- 필요에 따라 투수 및 차수를 할 수 있다.

50 수중에서 폭발하며 발화점이 높고 구리와 화합하면 위험한 질화구리를 만듦으로 뇌관의 관체는 알루미늄을 사용하는 기폭약은?

① 칼릿 ② 뇌산수은
③ 질화납 ④ DDNP

해설
- **질화납** : 질화나트륨과 초산납으로 복합하여 제조한 것으로 무색의 깨끗한 결정으로 되어 있다.
- **DDNP** : 황색의 미세한 결정으로 기폭약 중에서 가장 강력한 폭약으로서 폭발력은 TNT와 동일하고 뇌산수은의 2배 정도이며 발화점은 약 180°C이다.

답안 표기란				
47	①	②	③	④
48	①	②	③	④
49	①	②	③	④
50	①	②	③	④

정답 43. ① 44. ④
45. ③ 46. ④
47. ① 48. ③
49. ④ 50. ③

51. 다음 특성을 가지는 시멘트는?

- 발열량이 대단히 많으며 조강성이 크다.
- 열분해 온도가 높으므로(1,300℃ 정도) 내화용 콘크리트에 적합하다.
- 해수 기타 화학작용을 받는 곳에 저항성이 크다.

① 실리카 시멘트 ② 알루미나 시멘트
③ 고로 시멘트 ④ 조강 포틀랜드 시멘트

해설 알루미나 시멘트는 발열량이 많아 한중 공사에 좋고 내화용 콘크리트에 적합하다. 물-시멘트비가 크면 전이에 의한 강도 저하가 크므로 물-시멘트비를 40% 이하로 하는것이 좋다.

52. 암석의 구조에 대한 설명으로 틀린 것은?

① 절리 : 암석 특유의 천연적으로 갈라진 금으로 화성암에서 많이 보임
② 석목 : 암석의 갈라지기 쉬운 면을 말하며 돌눈이라고도 함
③ 층리 : 암석을 구성하는 조암광물의 집합상태에 따라 생기는 눈 모양
④ 편리 : 변성암에서 된 절리로 암석이 얇은 판자모양 등으로 갈라지는 성질

해설
- 석리 : 암석을 구성하는 조암광물의 집합상태에 따라 생기는 눈 모양
- 층리 : 평행상의 절리로 수성암에서 많이 보임

53. 콘크리트용 혼화재료인 플라이 애시에 대한 다음 설명 중 틀린 것은?

① 플라이 애시는 보존 중에 입자가 응집하여 고결하는 경우가 생기므로 저장에 유의하여야 한다.
② 플라이 애시는 인공 포졸란 재료로 잠재수경성을 가지고 있다.
③ 플라이 애시는 워커빌리티 증가 및 단위수량 감소효과가 있다.
④ 플라이 애시 중의 미연탄소분에 의해 공기연행제 등이 흡착되어 연행공기량이 현저히 감소한다.

해설 고로 슬래그는 시멘트 수화반응 시에 생성되는 수산화칼슘과 같은 알칼리성 물질의 자극을 받아 수화물을 생성하여 경화하는 잠재수경성을 가지고 있다.

54 굵은골재의 밀도 시험결과가 아래의 표와 같을 때 이 골재의 표면건조 포화상태의 밀도는?

- 절대건조상태의 질량 : 2000g
- 질량 : 2090g
- 시료의 수중 질량 : 1290g
- 시험온도에서의 물의 밀도 : 1g/cm³

① 2.50g/cm^3
② 2.61g/cm^3
③ 2.68g/cm^3
④ 2.82g/cm^3

해설 $\dfrac{B}{B-C} \times \rho_\omega = \dfrac{2090}{2090-1290} \times 1 = 2.61 \text{g/cm}^3$

55 재료에 외력을 작용시키고 변형을 억제하면 시간이 경과함에 따라 재료의 응력이 감소하는 현상을 무엇이라 하는가?

① 탄성
② 취성
③ 크리프
④ 릴랙세이션

해설 재료에 힘을 가하여 일정한 변형 형태를 유지하면서 시간이 지남에 따라 그 응력이 점차 감소하는 현상을 릴랙세이션이라 한다.

56 아스팔트의 분류 중 석유 아스팔트에 해당하는 것은 어느 것인가?

① 암석 아스팔트(rock asphalt)
② 호산 아스팔트(lake asphalt)
③ 아스팔타이트(asphaltite)
④ 스트레이트 아스팔트(straight asphalt)

해설 석유 아스팔트에는 스트레이트 아스팔트와 블론 아스팔트가 있다.

57 마샬시험방법에 따라 아스팔트 콘크리트 배합설계를 진행 중이다. 재료 및 공시체에 대한 측정결과는 아래와 같다. 포화도는 약 몇 %인가? [단, 아스팔트의 비중(G) : 1.025, 아스팔트의 함량(A) : 5.8%, 공시체의 실측밀도(d) : 2.366, 공시체의 공극률(v_o) : 4.2%]

① 56.0%
② 58.8%
③ 76.1%
④ 77.9%

해설
- 아스팔트 용적률 : $A \times \dfrac{d}{G} = 5.8 \times \dfrac{2.366}{1.025} = 13.388\%$
- 포화도 : $\dfrac{\text{아스팔트 용적률}}{\text{아스팔트 용적률}+\text{간극률}} \times 100 = \dfrac{13.388}{13.388+4.2} \times 100 = 76.12\%$

[정답] 51. ② 52. ③ 53. ② 54. ② 55. ④ 56. ④ 57. ③

58 다음 중 화성암에 속하지 않는 것은?

① 편마암 ② 섬록암
③ 현무암 ④ 화강암

해설 변성암에는 편암, 편마암, 천매암, 규암 등이 있다.

59 이형철근의 인장시험 데이터가 아래와 같을 때 파단 연신율은?

- 원단면적$(A_o) = 190\,\text{mm}^2$
- 표점거리$(l_0) = 128\,\text{mm}$
- 파단 후 표점거리$(l) = 156\,\text{mm}$
- 파단 후 단면적$(A) = 130\,\text{mm}^2$
- 최대 인장하중$(P_{\max}) = 11800\,\text{kN}$

① 19.85% ② 21.88%
③ 23.85% ④ 25.88%

해설 파단 연신율 $= \dfrac{l-l_0}{l_0} \times 100 = \dfrac{156-128}{128} \times 100 = 21.88\%$

60 시멘트의 밀도시험(KS L 5110)에서 정밀도 및 편차에 대한 규정으로 옳은 것은?

① 동일 시험자가 동일 재료에 대하여 3회 측정한 결과가 ±0.05g/cm³ 이내이어야 한다.
② 동일 시험자가 동일 재료에 대하여 2회 측정한 결과가 ±0.03g/cm³ 이내이어야 한다.
③ 서로 다른 시험자가 동일 재료에 대하여 3회 측정한 결과가 ±0.05g/cm³ 이내이어야 한다.
④ 서로 다른 시험자가 동일 재료에 대하여 2회 측정한 결과가 ±0.03g/cm³ 이내이어야 한다.

해설 시멘트 밀도시험에 사용하는 광유는 온도 (20±1)℃에서 밀도 0.73g/cm³ 이상인 완전히 탈수된 등유나 나프타를 사용한다.

4과목 토질 및 기초

61 점토층 지반 위에 성토를 급속히 하려한다. 성토 직후에 있어서 이 점토의 안정성을 검토하는데 필요한 강도정수를 구하는 합리적인 시험은?

① 비압밀 비배수 시험(UU-test)
② 압밀 비배수 시험(CU-test)
③ 압밀 배수 시험(CD-test)
④ 투수 시험

해설 포화점토가 성토 직후에 갑자기 파괴되는 경우를 생각할 때, 단기간 안정검토 할 경우 UU시험을 한다.

보충 CD시험은 압밀이 진행되어 더욱 파괴가 천천히 일어나는 경우, 사질지반의 안정문제가 점토지반에서는 재하후의 장기간에 안정을 검토하는 경우 실시한다.

62 토질시험결과 No.200체 통과율이 50%, 액성한계가 45%, 소성한계가 25%일 때 군지수는?

① 3 ② 5
③ 7 ④ 9

해설 $GI = 0.2a + 0.005ac + 0.01bd$
$a = 50 - 35 = 15$ $b = 50 - 15 = 35$
$c = 45 - 40 = 5$ $d = 20 - 10 = 10$
$I_p = 45 - 25 = 20$
$\therefore GI = 0.2 \times 15 + 0.005 \times 15 \times 5 + 0.01 \times 35 \times 10 ≒ 7$

보충
• 군지수는 0~20 범위이다.
• 군지수가 작을수록 조립토에 해당되어 양호하다.

63 토립자가 둥글고 입도분포가 양호한 모래지반에서 N치를 측정한 결과 $N=19$가 되었을 경우, Dunham의 공식에 의한 이 모래의 내부 마찰각 ϕ는?

① 20° ② 25°
③ 30° ④ 35°

해설
• $\phi = \sqrt{12N} + 20 = \sqrt{12 \times 19} + 20 = 35°$
• 토립자가 둥글고 균일한 입경 $\phi = \sqrt{12N} + 15$
• 토립자가 모나고 양호한 입도 $\phi = \sqrt{12N} + 25$

[정답] 58. ① 59. ② 60. ② 61. ① 62. ③ 63. ④

64 그림과 같은 지반에서 재하순간 수주(水柱)가 지표면(지하수위)으로부터 5m이었다. 40% 압밀이 일어난 후 A점에서의 전체 간극수압은 얼마인가? (단, 물의 단위중량은 9.81kN/m³이다.)

① 68.48 kN/m²
② 72.25 kN/m²
③ 78.48 kN/m²
④ 92.25 kN/m²

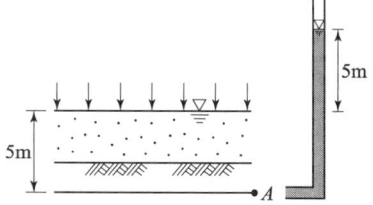

해설
- 재하순간 간극수압
  $\gamma_w \cdot h = 9.81 \times 5 = 49.05 \text{kN/m}^2$
- 압밀도
  $U = 1 - \dfrac{u}{P}$ $0.4 = 1 - \dfrac{u}{49.05}$ $\therefore u = 29.43 \text{kN/m}^2$
- 전체 간극수압
  $49.05 + 29.43 = 78.48 \text{kN/m}^2$

65 점토 지반의 강성 기초의 접지압 분포에 대한 설명으로 옳은 것은?

① 기초 모서리 부분에서 최대응력이 발생한다.
② 기초 중앙부분에서 최대응력이 발생한다.
③ 기초 밑면의 응력은 어느 부분이나 동일하다.
④ 기초 밑면에서의 응력은 토질에 관계없이 일정하다.

해설 사질 지반의 강성 기초 접지압 분포는 기초 중앙 부분에서 최대 응력이 발생한다.

66 현장에서 채취한 흙 시료에 대해 압밀시험을 실시하였다. 압밀링에 담겨진 시료의 단면적은 30cm², 시료의 초기높이는 2.6cm, 시료의 비중은 2.5이며 시료의 건조중량은 1.2N이었다. 이 시료에 320kPa의 압밀압력을 가했을 때, 0.2cm의 최종 압밀침하가 발생되었다면 압밀이 완료된 후 시료의 간극비는? (단, 물의 단위중량은 9.81kN/m³이다.)

① 0.125
② 0.385
③ 0.500
④ 0.625

- $H_0 = \dfrac{W_s}{G_s A \gamma_w} = \dfrac{1.2}{2.5 \times 30 \times 9.81 \times 10^{-3}} = 1.6\text{cm}$

  여기서, 물의 단위중량 $9.81\text{kN/m}^3 = 9.81 \times 10^{-3}\text{N/cm}^3$이다.

- $e = \dfrac{H_1 - H_0}{H_0} - \dfrac{R}{H_0} = \dfrac{2.6 - 1.6}{1.6} - \dfrac{0.2}{1.6} = 0.5$

67 흙의 포화단위중량이 20kN/m³인 포화점토층을 45° 경사로 8m를 굴착하였다. 흙의 강도 계수 $C_u = 65\text{kN/m}^2$, $\phi_u = 0°$이다. 그림과 같은 파괴면에 대하여 사면의 안전율은? (단, ABCD의 면적은 70m²이고 O점에서 ABCD의 무게중심까지의 수직거리는 4.5m 이다.)

① 4.72
② 2.67
③ 4.21
④ 2.36

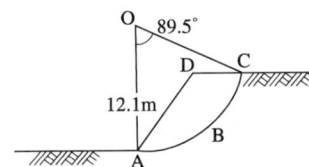

$F = \dfrac{C \cdot L \cdot R}{W \cdot x} = \dfrac{C \cdot L \cdot R}{A \cdot \gamma \cdot x} = \dfrac{65 \times 18.9 \times 12.1}{70 \times 20 \times 4.5} = 2.36$

여기서, $360° : \pi D = 89.5° : L$

∴ $L = \dfrac{3.14 \times (2 \times 12.1) \times 89.5°}{360°} = 18.9\text{m}$

- $W = A \cdot \gamma$

68 그림과 같은 지반에 대해 수직방향 등가투수계수를 구하면?

① 3.89×10^{-4}cm/sec
② 7.78×10^{-4}cm/sec
③ 1.57×10^{-3}cm/sec
④ 3.14×10^{-3}cm/sec

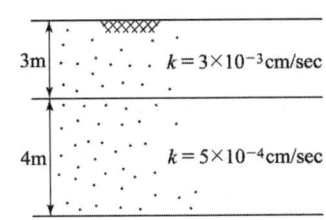

$k_v = \dfrac{H}{\dfrac{H_1}{K_1} + \dfrac{H_2}{K_2}} = \dfrac{700}{\dfrac{300}{3 \times 10^{-3}} + \dfrac{400}{5 \times 10^{-4}}} = 7.78 \times 10^{-4}\text{cm/sec}$

69 기초의 필요조건에 대한 설명으로 옳지 않은 것은?

① 지지력에 대하여 안전하여야 한다.
② 침하는 허용하여서는 안 된다.
③ 경제성 및 사용성이 좋아야 한다.
④ 최소한의 근입깊이를 가져 동해의 영향을 받지 않아야 한다.

해설 침하는 허용치 이내가 되어야 한다.

[정답] 64. ③ 65. ①
66. ③ 67. ④
68. ② 69. ②

70 내부마찰각이 30°, 단위중량이 18kN/m³인 흙의 인장균열깊이가 3m일 때 점착력은?

① 15.6 kN/m^2 ② 16.7 kN/m^2
③ 17.5 kN/m^2 ④ 18.1 kN/m^2

해설
$$Z_c = \frac{2C}{\gamma} \tan\left(45° + \frac{\phi}{2}\right) \qquad 3 = \frac{2 \times C}{18} \tan\left(45° + \frac{30°}{2}\right)$$
$$\therefore C = 15.6 \text{kN/m}^2$$

71 다음 현장시험 중 Sounding의 종류가 아닌 것은?

① 평판재하 시험   ② Vane 시험
③ 표준관입 시험   ④ 동적 원추관입 시험

해설
- 사운딩은 Rod 선단에 설치한 저항체를 땅 속에 삽입하여 관입, 회전, 인발 등의 저항으로 토층의 성질을 조사하는 것이다.
- 평판재하시험은 지지력 시험이다.

보충
- 표준관입시험은 동적 사운딩으로 사질토에 적합하고 점성토에도 가능하다.
- Vane 시험은 시험기의 회전에 의해 지반의 강도를 측정한다.

72 연속기초에 대한 Terzaghi의 극한지지력 공식은 $q_u = c \cdot N_c + 0.5 \cdot \gamma_1 \cdot B \cdot N_r + \gamma_2 \cdot D_f \cdot N_q$로 나타낼 수 있다. 아래 그림과 같은 경우 극한 지지력 공식의 두 번째 항의 단위중량 γ_1의 값은? (단, 물의 단위중량은 9.81kN/m³이다.)

① 14.48 kN/m^3
② 16.00 kN/m^3
③ 17.45 kN/m^3
④ 18.20 kN/m^3

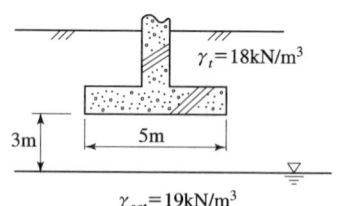
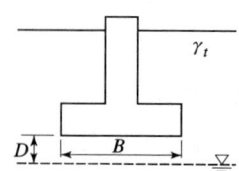

해설
- $D \leq B$의 경우
$$\gamma_1 = \frac{1}{B}[\gamma_t D + \gamma_{sub}(B-D)]$$
$$= \frac{1}{5}[18 \times 3 + (19-9.81) \times (5-3)]$$
$$= 14.48 \text{kN/m}^3$$
- $D > B$의 경우
$$\gamma_1 = \gamma_t$$

73 흙 속에 있는 한 점의 최대 및 최소 주응력이 각각 200kN/m² 및 100kN/m²일 때 최대 주응력면과 30°를 이루는 평면상의 전단응력을 구한 값은?

① 10.5 kN/m²
② 21.5 kN/m²
③ 32.3 kN/m²
④ 43.3 kN/m²

해설
- $\tau = \dfrac{\sigma_1 - \sigma_3}{2}\sin 2\theta = \dfrac{200-100}{2}\sin 2\times 30° = 43.3\,\text{kN/m}^2$
- $\sigma = \dfrac{\sigma_1 + \sigma_3}{2} + \dfrac{\sigma_1 - \sigma_3}{2}\cos 2\theta$

74 다음 중 연약점토지반 개량공법이 아닌 것은?

① Preloading 공법
② Sand drain 공법
③ Paper drain 공법
④ Vibro floatation 공법

해설 Vibro floatation 공법은 사질토 개량공법이다.

75 흙의 다짐곡선은 흙의 종류나 입도 및 다짐에너지 등의 영향으로 변한다. 흙의 다짐 특성에 대한 설명으로 틀린 것은?

① 세립토가 많을수록 최적함수비는 증가한다.
② 점토질 흙은 최대건조단위중량이 작고 사질토는 크다.
③ 일반적으로 최대건조단위중량이 큰 흙일수록 최적함수비도 커진다.
④ 점성토는 건조측에서 물을 많이 흡수하므로 팽창이 크고 습윤측에서는 팽창이 작다.

해설
- 일반적으로 최대건조단위중량이 큰 흙일수록 최적함수비도 작아진다.
- 다짐에너지가 증가할수록 최대건조중량은 증가하고 최적함수비는 감소한다.
- 흙의 투수성 감소를 위해서는 최적함수비의 습윤측에서 다짐을 한다.

76 노상토 지지력비(CBR)시험에서 피스톤 2.5mm 관입될 때와 5.0mm 관입될 때를 비교한 결과, 관입량 5.0mm에서 CBR이 더 큰 경우 CBR 값을 결정하는 방법으로 옳은 것은?

① 그대로 관입량 5.0mm일 때의 CBR 값으로 한다.
② 2.5mm 값과 5.0mm 값의 평균을 CBR 값으로 한다.
③ 5.0mm 값을 무시하고 2.5mm 값을 표준으로 하여 CBR 값으로 한다.
④ 새로운 공시체로 재시험을 하여, 재시험 결과도 5.0mm 값이 크게 나오면 관입량 5.0mm일 때의 CBR 값으로 한다.

[정답] 70. ① 71. ① 72. ① 73. ④ 74. ④ 75. ③ 76. ④

해설
- 2.5mm 값이 5.0mm 값보다 커야 하는데 5.0mm 값이 클 때는 재시험을 하고 재시험 결과 5.0mm 값이 또 크면 그대로 5.0mm 값을 CBR 값으로 한다.
- $CBR = \dfrac{시험하중}{표준하중} \times 100 = \dfrac{시험단위하중}{표준단위하중} \times 100$

77 다음 중 동상에 대한 대책으로 틀린 것은?

① 모관수의 상승을 차단한다.
② 지표부근에 단열재료를 매립한다.
③ 배수구를 설치하여 지하수위를 낮춘다.
④ 동결심도 상부의 흙을 실트질 흙으로 치환한다.

해설
- 동결심도 상부의 흙을 비동결성 흙(자갈, 쇄석)으로 치환한다.
- 동상은 일반적으로 실트, 점토, 모래, 자갈 순으로 일어나기 쉽다.
- 실트질이 존재하고, 물의 공급이 충분하며 영하의 온도가 오래 지속되면 지반이 동결된다.

78 토질시험 결과 내부마찰각이 30°, 점착력이 50kN/m², 간극수압이 800kN/m², 파괴면에 작용하는 수직응력이 3000kN/m²일 때 이 흙의 전단응력은?

① 1270 kN/m²
② 1320 kN/m²
③ 1580 kN/m²
④ 1950 kN/m²

해설 $\tau = c + (\sigma - u)\tan\phi = 50 + (3000 - 800)\tan 30° = 1320 \text{ kN/m}^2$

79 단면적이 100cm², 길이가 30cm인 모래 시료에 대하여 정수위 투수시험을 실시하였다. 이때 수두차가 50cm, 5분 동안 집수된 물이 350cm³이었다면 이 시료의 투수계수는?

① 0.001cm/s
② 0.007cm/s
③ 0.01cm/s
④ 0.07cm/s

해설 $k = \dfrac{Q}{A}\dfrac{L}{h\,t} = \dfrac{350 \times 30}{100 \times 50 \times (5 \times 60)} = 0.007 \text{ cm/s}$

80 통일분류법에 의한 분류기호와 흙의 성질을 표현한 것으로 틀린 것은?

① SM : 실트 섞인 모래
② GC : 점토 섞인 자갈
③ CL : 소성이 큰 무기질 점토
④ GP : 입도분포가 불량한 자갈

해설
- CH : 소성이 큰 무기질 점토
- CL : 소성이 작은 무기질 점토
- GW : 입도분포가 양호한 자갈

week 3

건설재료시험기사
CBT 모의고사

- I 콘크리트 공학
- II 건설시공 및 관리
- III 건설재료 및 시험
- IV 토질 및 기초

알려드립니다

한국산업인력공단의 저작권법 저촉에 대한 언급(2013년 2회 시험)이 있어 과거에 출제된 동일한 문제나 그 유형의 문제로 재구성하였습니다.

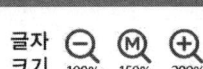

1과목 콘크리트 공학

01 콘크리트의 설계기준 압축강도(f_{ck})가 20MPa인 콘크리트의 탄성계수는? (단, 보통중량골재를 사용한 콘크리트로 단위질량이 2300kg/m³인 경우이다.)

① 1.58×10^4 MPa
② 2.45×10^4 MPa
③ 3.85×10^4 MPa
④ 4.45×10^4 MPa

해설
- 콘크리트의 단위질량 m_c =1,450~2,500kg/m³의 경우
  $E_c = 0.077 m_c^{1.5} \sqrt[3]{f_{cm}}$ [MPa]
- 보통골재를 사용한 콘크리트의 단위질량 m_c =2,300kg/m³의 경우
  $E_c = 8,500 \sqrt[3]{f_{cm}}$ [MPa] $= 8,500 \times \sqrt[3]{20+4} = 24,518$ MPa
  여기서, $f_{cm} = f_{ck} + \Delta f$, f_{ck}가 40MPa 이하이면 Δf=4MPa

02 골재의 내구성 시험 중 황산나트륨에 의한 안정성시험의 경우 조작을 5회 반복하였을 때 굵은골재의 손실질량백분율의 한도는 일반적으로 얼마로 하는가?

① 4%
② 7%
③ 12%
④ 15%

해설 • 굵은골재 : 12% 이하   • 잔골재 : 10% 이하

03 해양 콘크리트에 대한 설명 중 옳지 않은 것은?

① 항상 해수에 침지되는 콘크리트의 경우 내구성 기준 압축강도는 35MPa 이상으로 한다.
② 단위결합재량을 작게 하면 해수 중의 각종 염류의 화학적 침식, 콘크리트 속의 강재 부식 등에 대한 저항성이 커진다.
③ 해수에 의한 침식이 심한 경우에는 폴리머 시멘트 콘크리트와 폴리머 콘크리트 또는 폴리머 함침 콘크리트 등을 사용할 수 있다.
④ 심한 기상작용에 저항성을 높이기 위해 AE 감수제 또는 고성능 감수제를 사용한다.

해설 단위결합재량을 크게 하면 해수 중의 각종 염류의 화학적 침식, 콘크리트 속의 강재 부식 등에 대한 저항성이 커진다.

04 콘크리트 제조시 재료 계량에 대한 설명으로 틀린 것은?
① 유효흡수율의 시험에서 골재에 흡수시키는 시간은 보통 15~30분간의 흡수율을 유효흡수율로 보아도 좋다.
② 재료는 시방배합에 의해 계량해야 한다.
③ 골재의 1회 계량분 오차는 ±3% 이하이어야 한다.
④ 혼화재의 1회 계량분 오차는 ±2% 이하이어야 한다.

해설
- 재료는 시방배합을 현장배합으로 고친 다음 현장배합에 의해 계량해야 한다.
- 각 재료는 1회의 비비기 양마다 중량으로 계량한다. 다만, 물과 혼화제 용액은 용적으로 계량해도 좋다.

05 오토클레이브(autoclave) 양생에 대한 설명으로 틀린 것은?
① 양생온도 180°C 정도, 증기압 0.8MPa 정도의 고온고압 상태에서 양생하는 방법이다.
② 오토클레이브 양생은 고강도 콘크리트를 얻을 수 있어 철근콘크리트 부재에 적용할 경우 특히 유리하다.
③ 오토클레이브 양생을 실시한 콘크리트는 어느 정도의 취성을 가지게 된다.
④ 오토클레이브 양생을 실시한 콘크리트의 외관은 보통양생한 포틀랜드 시멘트 콘크리트 색의 특징과 다르며, 흰색을 띤다.

해설 오토클레이브 양생(고압증기양생)의 결점으로는 보통양생한 것에 비해 철근의 부착강도가 약 1/2이 되므로 철근 콘크리트 부재에 적용할 경우 불리하다.

06 고강도 콘크리트에 대한 일반적인 설명으로 틀린 것은?
① 고강도 콘크리트의 설계기준 압축강도는 일반적으로 40MPa 이상으로 하며, 고강도 경량골재 콘크리트는 27MPa 이상으로 한다.
② 고강도 콘크리트의 워커빌리티 확보를 위해 공기연행(AE) 감수제를 사용함을 원칙으로 한다.
③ 고강도 콘크리트의 제조시 잔골재율은 소요의 워커빌리티를 얻도록 시험에 의하여 결정하여야 하며, 가능한 적게 하도록 한다.
④ 고강도 콘크리트의 제조시 단위 시멘트량은 소요의 워커빌리티 및 강도를 얻을 수 있는 범위 내에서 가능한 한 적게 되도록 시험에 의해 정하여야 한다.

해설 고강도 콘크리트의 워커빌리티 확보를 위해 공기연행(AE) 감수제를 사용하지 않음을 원칙으로 한다. 단, 동결융해에 대한 저항성을 위한 경우에는 고려한다.

정답 01. ② 02. ③ 03. ② 04. ② 05. ② 06. ②

07 프리스트레스트 콘크리트의 원리를 설명하는 3가지 방법에 속하지 않는 것은?

① 균등질 보의 개념
② 내력 모멘트의 개념
③ 모멘트 분배의 개념
④ 하중평형의 개념

해설 응력 개념(균등질 보의 개념), 강도 개념(내력 모멘트 개념), 하중 평형 개념(등가 하중 개념)

08 페놀프탈레인 1% 알코올 용액을 구조체 콘크리트 또는 코어 공시체에 분무하여 측정할 수 있는 것은?

① 균열 폭과 길이
② 철근의 부식 정도
③ 콘크리트의 투수성
④ 콘크리트의 중성화 깊이

해설 중성화 측정에 사용되는 표준시약은 페놀프탈레인 용액이며 콘크리트 알칼리성을 상실하는 것을 중성화라 한다. 콘크리트가 중성화가 되면 콘크리트의 수소이온농도(pH)가 8.5~10 정도로 낮아진다.

09 내부 진동기를 사용하여 콘크리트를 다질 경우에 옳지 않은 것은?

① 내부 진동기는 하층의 콘크리트 속에 0.1m 정도 찔러 다진다.
② 연직방향으로 내부 진동기 삽입간격은 0.5m 이하로 한다.
③ 콘크리트를 횡방향으로 이동시킬 목적으로 사용해서는 안 된다.
④ 콘크리트를 타설한 직후에 거푸집 외부에 충격을 줘서는 안 된다.

해설
• 콘크리트를 타설한 직후에 거푸집 외부를 가볍게 두드려서 콘크리트를 거푸집 구석까지 잘 채워 평평한 표면을 만든다.
• 내부진동기의 사용이 곤란한 장소에서는 거푸집 진동기를 사용해도 좋다.

10 한중 콘크리트에 대한 설명으로 틀린 것은?

① 하루의 평균기온이 4℃ 이하가 예상되는 조건일 때는 한중 콘크리트로 시공하여야 한다.
② 재료를 가열할 경우, 물 또는 골재를 가열하는 것으로 하며, 시멘트는 어떠한 경우라도 직접 가열할 수 없다.

③ 한중 콘크리트에는 공기연행 콘크리트를 사용하는 것을 원칙으로 한다.
④ 타설할 때의 콘크리트 온도는 구조물의 단면치수, 기상조건 등을 고려하여 2~10℃의 범위에서 정하여야 한다.

해설 타설할 때의 콘크리트 온도는 구조물의 단면치수, 기상 조건 등을 고려하여 5~20℃의 범위에서 정하여야 한다.

11 프리스트레스트 콘크리트에 대한 설명 중 틀린 것은?

① 긴장재에 긴장을 주는 시기에 따라서 포스트텐션 방식, 프리텐션 방식으로 분류된다.
② 프리텐션 방식에 있어서 프리스트레싱할 때의 콘크리트 압축강도는 20MPa 이상이어야 한다.
③ 프리스트레싱을 할 때의 콘크리트의 압축강도는 프리스트레스를 준 직후에 콘크리트에 일어나는 최대 압축응력의 1.7배 이상이어야 한다.
④ 그라우트 시공은 프리스트레싱이 끝나고 8시간이 경과한 다음 가능한 한 빨리 하여야 한다.

해설 프리텐션 방식에 있어서 콘크리트의 압축강도는 30MPa 이상이어야 한다.

12 굳지 않은 콘크리트의 슬럼프(slump) 및 슬럼프 시험에 대한 설명으로 옳지 않은 것은?

① 슬럼프 콘의 규격은 밑면의 안지름 200mm, 윗면의 안지름은 100mm, 높이는 300mm이다.
② 슬럼프 콘에 콘크리트를 채우기 시작하고 나서 슬럼프 콘의 들어올리기를 종료할 때까지의 시간은 3분 이내로 한다.
③ 슬럼프의 표준값은 철근콘크리트에서 일반적인 단면인 경우 40~120mm이다.
④ 슬럼프 콘을 가만히 연직으로 들어올리고, 콘크리트의 중앙부에서 공시체 높이와의 차를 5mm 단위로 측정하여 이것을 슬럼프 값으로 한다.

해설 슬럼프의 표준값(mm)

종 류		슬럼프 값
철근 콘크리트	일반적인 경우	80~150
	단면이 큰 경우	60~120
무근 콘크리트	일반적인 경우	50~150
	단면이 큰 경우	50~100

답안 표기란
11 ① ② ③ ④
12 ① ② ③ ④

정답
07. ③ 08. ④
09. ④ 10. ④
11. ② 12. ③

13 설계기준 압축강도가 28MPa이고, 내구성 기준 압축강도(f_{cd})는 27MPa이다. 15회의 압축강도 시험으로부터 구한 표준편차가 3.0MPa일 때 콘크리트의 배합강도를 구하면?

① 29.3MPa
② 32.1MPa
③ 32.7MPa
④ 36.5MPa

해설
- 품질기준강도(f_{cq})
  f_{ck}와 f_{cd} 중 큰 값인 28MPa이다.
- $f_{cq} \le 35\text{MPa}$
  $f_{cr} = f_{cq} + 1.34s = 28 + 1.34(3.0 \times 1.16) = 32.7\text{MPa}$
  $f_{cr} = (f_{cq} - 3.5) + 2.33s = (28 - 3.5) + 2.33(3.0 \times 1.16) = 32.6\text{MPa}$
  ∴ 큰 값인 32.7MPa이다.

14 수중 콘크리트에 대한 설명으로 틀린 것은?

① 수중 콘크리트는 물막이를 설치하여 물을 정지시킨 정수 중에서 타설하여야 한다.
② 수중 콘크리트는 트레미나 콘크리트 펌프를 사용해서 타설하여야 한다.
③ 일반 수중 콘크리트의 물-결합재비는 60% 이하를 표준으로 한다.
④ 수중 콘크리트는 콘크리트가 경화될 때까지 물의 유동을 방지해야 한다.

해설 일반 수중 콘크리트의 물-결합재비는 50% 이하를 표준으로 한다.

15 일반 콘크리트 배합에서 잔골재율에 대한 설명으로 틀린 것은?

① 고성능 AE 감수제를 사용한 콘크리트의 경우로서 물-결합재비 및 슬럼프가 같으면, 일반적인 공기연행 감수제를 사용한 콘크리트와 비교하여 잔골재율을 10~20% 정도 작게 하는 것이 좋다.
② 콘크리트 펌프 시공의 경우에는 펌프의 성능, 배관, 압송거리 등에 따라 적절한 잔골재율을 결정하여야 한다.
③ 유동화 콘크리트의 경우, 유동화 후 콘크리트의 워커빌리티를 고려하여 잔골재율을 결정할 필요가 있다.
④ 잔골재율은 소요의 워커빌리티를 얻을 수 있는 범위 내에서 단위 수량이 최소가 되도록 시험에 의해 정하여야 한다.

해설
- 고성능 AE 감수제를 사용한 콘크리트의 경우로서 물-결합재비 및 슬럼프가 같으면, 일반적인 공기연행 감수제를 사용한 콘크리트와 비교하여 잔골재율을 1~2% 정도 크게 하는 것이 좋다.
- 콘크리트의 수밀성을 기준으로 물-결합재비를 정할 경우, 그 값은 50% 이하로 하여야 한다.
- 굵은골재의 최대치수는 부재 최소치수의 1/5, 철근피복 및 철근의 최소 순간격의 3/4을 초과해서는 안된다.

16 150×150×530mm의 휨강도 시험용 장방형 공시체를 4점 재하장치에 의해 시험한 결과 지간 방향 중심선의 4점 사이에서 재하하중(P)이 30kN일 때 공시체가 파괴되었다. 공시체의 휨강도는 얼마인가? (단, 지간 길이는 450mm이다.)

① 4MPa
② 4.5MPa
③ 5MPa
④ 5.5MPa

해설 휨강도 $= \dfrac{Pl}{bd^2} = \dfrac{30000 \times 450}{150 \times 150^2} = 4\text{MPa}$

17 일반 콘크리트의 배합에서 물-결합재비에 대한 설명으로 틀린 것은?

① 콘크리트의 물-결합재비는 원칙적으로 60% 이하이어야 한다.
② 물-결합재비는 소요의 강도, 내구성, 수밀성 및 균열저항성 등을 고려하여 정하여야 한다.
③ 압축강도와 물-결합재비와의 관계는 시험에 의하여 정하는 것을 원칙으로 하고, 이때 공시체는 재령 7일을 표준으로 한다.
④ 배합에 사용할 물-결합재비는 기준 재령의 결합재-물비와 압축강도와의 관계식에서 배합강도에 해당하는 결합재-물비 값의 역수로 한다.

해설 압축강도와 물-결합재비와의 관계는 시험에 의하여 정하는 것을 원칙으로 하고, 이때 공시체는 재령 28일을 표준으로 한다.

18 경량골재 콘크리트에서 경량골재의 유해물 함유량의 한도로 틀린 것은?

① 경량골재의 강열감량은 5% 이하이어야 한다.
② 경량골재의 점토덩어리 양은 2% 이하이어야 한다.
③ 경량골재의 철 오염물 시험 결과, 진한 얼룩이 생기지 않아야 한다.
④ 경량골재 중 굵은골재의 부립률은 15% 이하이어야 한다.

해설 경량골재 중 굵은골재의 부립률은 10% 이하이어야 한다.

정답 13. ③ 14. ③ 15. ① 16. ① 17. ③ 18. ④

19 콘크리트의 압축강도를 시험하여 거푸집널의 해체시기를 결정하고자 한다. 아래와 같은 조건일 경우 콘크리트의 압축강도가 얼마 이상인 경우 거푸집널을 해체할 수 있는가?

- 부재 : 슬래브 및 보의 밑면(단층구조)
- 설계기준 압축강도(f_{ck}) : 30MPa

① 5MPa ② 10MPa
③ 13MPa ④ 20MPa

해설 설계기준 압축강도(f_{ck})×$\frac{2}{3}$ 이상, 14MPa 이상이어야 하므로 $30 \times \frac{2}{3} = 20$MPa이다.

20 콘크리트의 워커빌리티에 영향을 미치는 요인에 대한 설명으로 틀린 것은?

① 포졸란 혼화재를 사용하면 콘크리트의 점성을 개선하는 효과가 있어 워커빌리티가 좋아진다.
② 일반적으로 단위시멘트 사용량이 많은 부배합의 경우는 빈배합의 경우보다 워커빌리티는 좋아진다.
③ 골재의 입도분포가 양호하고 입형이 둥글면 워커빌리티는 좋아진다.
④ 같은 배합의 경우라도 온도가 높으면 워커빌리티는 좋아진다.

해설 같은 배합의 경우라도 온도가 높으면 슬럼프가 감소되어 워커빌리티는 나빠진다.

2과목 건설시공 및 관리

21 연약 점토지반에 시트 파일을 박고 내부를 굴착하였을 때 외부의 흙 중량에 의하여 굴착저변이 부풀어오르는 현상은?

① 보일링(Boiling) ② 슬라이딩(Sliding)
③ 싱킹(Sinking) ④ 히빙(Heaving)

해설 보일링: 지하수위 아래의 지반을 굴착시 흙막이공 내외의 수위차가 원인이 되어 침투수압이 커지고 흙 자중에 의한 전단강도가 없어져 분사현상이 발생한다. 이때 수압이 커지면 지하수와 함께 토사가 분출하여 굴착저면이 마치 물이 끓는 상태가 되는 현상

22 암석의 발파이론에서 Hauser의 발파 기본식은? (단, L=폭약량, C=발파계수, W=최소 저항선)

① $L = CW$
② $L = CW^2$
③ $L = CW^3$
④ $L = CW^4$

해설
• $L = C \cdot W^3$ • $L = C \cdot H \cdot W^2$ • $L = C \cdot H \cdot S \cdot W$
• 최소저항선과 폭약량 관계: $\dfrac{L_1}{L_2} = \dfrac{W_1^3}{W_2^3}$

23 36,000m³(완성된 토량)의 흙쌓기를 하는데 유용토가 30,000m³(느슨한 토량=운반토량)이 있다. 이 때 부족한 토량은 본바닥 토량으로 얼마인가? (단, 흙의 종류는 사질토이고, 토량의 변화율은 L=1.25, C=0.9이다.)

① 18,000m³
② 16,000m³
③ 13,800m³
④ 7,800m³

해설
• $C = \dfrac{\text{성토한 토량(완성된 토량)}}{\text{본바닥 토량(굴착할 토량)}}$

∴ 본바닥 토량 = $\dfrac{36,000}{0.9}$ = 40,000m³

• $L = \dfrac{\text{느슨한 토량(운반할 토량)}}{\text{본바닥 토량(굴착할 토량)}}$

∴ 본바닥 토량 = $\dfrac{30,000}{1.25}$ = 24,000m³

• 부족한 토량 40,000 − 24,000 = 16,000m³

24 콘크리트의 압축강도시험에서 10개의 공시체를 측정한 평균값 중 압축강도가 25MPa, 표준편차가 1MPa이었다. 이 결과에서 변동계수는?

① 4%
② 8%
③ 10%
④ 15%

해설 변동계수 = $\dfrac{\text{표준편차}}{\text{압축강도}} \times 100 = \dfrac{1}{25} \times 100 = 4\%$

정답 19.④ 20.④ 21.④ 22.③ 23.② 24.①

25 1회 굴착토량이 3.2m³, 토량 환산계수가 0.77, 불도저의 작업효율 0.6, 사이클 타임 2.5분, 1일 작업시간(불도저)을 7hr, 1개월에 22일 작업한다면 이 공사는 몇 개월 소요되겠는가? (단, 성토량은 20,000m³이고, 불도저 1대로 작업하는 경우)

① 약 4.2개월 ② 약 5.6개월
③ 약 3.7개월 ④ 약 6개월

해설
- 시간당 작업량
$$Q = \frac{60 \cdot q \cdot f \cdot E}{C_m} = \frac{60 \times 3.2 \times 0.77 \times 0.6}{2.5} = 35.5 \text{m}^3/\text{hr}$$
- 일 작업량 $35.5 \times 7 = 248.5 \text{m}^3/$일
- 월 작업량 $248.5 \times 22 = 5,467 \text{m}^3/$월
- 총 소요 월 $20,000 \div 5,467 ≒ 3.7$ 개월

26 작업거리가 60m인 불도저 작업에 있어서 전진속도 40m/min 후진속도 50m/min 기어조작시간 15초일 때 싸이클 타임은?

① 2.7min ② 2.95min
③ 17.7min ④ 19.35min

해설 $Cm = \frac{l}{V_1} + \frac{l}{V_2} + t = \frac{60}{40} + \frac{60}{50} + \frac{15}{60} = 2.95$분

27 항만의 방파제는 크게 경사제, 직립제, 혼성제, 특수방파제로 나눌 수 있다. 다음 중 방파제에 대한 설명으로 옳은 것은?

① 경사제는 주로 수심이 깊은 곳 및 파고가 높은 곳에 적용되며, 공사비와 유지보수비가 다른 형식의 방파제와 비교하여 가장 저렴하다.
② 직립제는 연약지반에 가장 적합한 형식으로서 파랑을 전부 반사시킴으로 인해 전면해저의 세굴 염려가 없다.
③ 혼성제는 사석부를 기초로 하고 그 위에 직립부의 본체를 설치하는 형식으로 경사제와 직립제의 장점을 고려한 것이다.
④ 방파제는 항구 내가 안전하도록 하기 위해 파도가 방파제를 절대 넘지 않도록 설계하여야 한다.

해설
- 경사제는 주로 수심이 낮은 곳 및 파고가 낮은 곳에 적용되며 공사비와 유지보수비가 다른 형식의 방파제와 비교하여 가장 저렴하다.
- 직립제는 견고한 지반 위에 설치하는 데 적합하다.

28 교량의 구조는 상부구조와 하부구조로 나누어진다. 다음 중 상부구조가 아닌 것은?

① 바닥판(bridge deck)　② 바닥틀(floor system)
③ 브레이싱(bracing)　④ 교대(abutment)

해설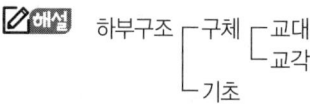

29 AASHTO(1986) 설계법에 의해 아스팔트 포장의 설계시 두께지수(SN, Structure Number) 결정에 이용되지 않는 것은?

① 각 층의 상대강도계수　② 각 층의 두께
③ 각 층의 배수계수　④ 각 층의 침입도지수

해설 포장 두께지수는 노상의 유효탄성계수 및 장래설계 교통량 등 제반 설계 입력치로부터 설계 기본 식이나 일련의 도해적 설계도표를 적용하여 구한다.

30 토적곡선(mass curve)에 대한 설명 중 틀린 것은?

① 동일 단면 내의 절토량, 성토량은 토적곡선에서 구할 수 있다.
② 평균 운반거리는 전토량 2등분 선상의 점을 통하는 평행선과 나란한 수평거리로 표시한다.
③ 절토구간의 토적곡선은 상승곡선이 되고 성토구간의 토적곡선은 하향곡선이 된다.
④ 곡선의 최대값을 나타내는 점은 절토에서 성토로 옮기는 점이다.

해설
- 동일 단면 내의 절토량, 성토량은 토적곡선에서 구할 수 없다.
- 토적곡선의 평형선 아래에서 종결될 때에는 토량이 부족하고 평형선 위에서 종결될 때에는 토량이 남는다.
- 평형선상에서 토량은 0이다.

31 3점 견적법에 따른 적정공사일수는? (단, 낙관일수=5일, 정상일수=7일, 비관일수=15일)

① 6일　② 7일
③ 8일　④ 9일

해설 $t_e = \dfrac{t_o + 4t_m + t_p}{6} = \dfrac{5 + 4 \times 7 + 15}{6} = 8$일

[정답] 25. ③　26. ②
27. ③　28. ④
29. ④　30. ①
31. ③

32 현장에서 하는 타설 피어 공법 중에서 콘크리트 타설 후 casing tube의 인발 시 철근이 따라 뽑히는 현상이 발생하기 쉬운 공법은?

① reverse circulation drill 공법
② earth drill 공법
③ benoto 공법
④ gow 공법

해설 베노토(benoto) 공법은 케이싱을 지중에 관입하고 해머 그래브로 굴착한다.

33 암거의 배열방식 중 집수지거를 향하여 지형의 경사가 완만하고, 같은 습윤상태인 곳에 적합하며, 1개의 간선집수지 또는 집수지거로 가능한 한 많은 흡수거를 합류하도록 배열하는 방식은?

① 자연식(natural system)
② 차단식(intercepting system)
③ 빗식(gridiron system)
④ 집단식(grouping system)

해설
- 자연식 : 자연지형에 따라 암거 배열
- 차단식 : 인접한 높은 지대나 배수지구를 둘러싼 높은 지대에서 침투수를 막을 수 있는 곳에 암거 설치
- 집단식 : 1지구 내에 여러 가지 양식의 소규모 암거를 많이 설치

34 버킷의 용량이 0.6m³, 버킷계수가 0.9, 토량변화율(L) 1.25, 작업 효율이 0.7, 사이클 타임이 25sec인 파워쇼벨의 시간당 작업량은?

① 68.0m³/h
② 61.2m³/h
③ 54.4m³/h
④ 43.5m³/h

해설 $Q = \dfrac{3{,}600\,qfKE}{C_m} = \dfrac{3{,}600 \times 0.6 \times \dfrac{1}{1.25} \times 0.9 \times 0.7}{25} = 43.5\text{m}^3/\text{hr}$

35 오픈 케이슨 공법의 장점에 대한 설명으로 틀린 것은?

① 기계굴착이므로 시공이 빠르다.
② 가설비 및 기계설비가 비교적 간단하다.
③ 호박돌 및 기타 장애물이 있을 시 제거작업이 쉽다.
④ 공사비가 비교적 싸다.

해설
- 호박돌 및 기타 장애물이 있을 시 제거작업이 어렵다.
- 굴착 시 히빙이나 보일링 현상의 우려가 있다.
- 침하 깊이의 제한을 받지 않는다.

36 부벽식 옹벽에 대한 설명으로 틀린 것은?

① 토압을 받지 않는 쪽에 부벽부재를 가지는 것을 뒷부벽식 옹벽이라고 한다.
② 뒷부벽은 T형보로 설계하여야 하며, 앞부벽은 직사각형보로 설계하여야 한다.
③ 토압에 저항하는 앞면 수직벽과 이와 직교하는 밑판 및 수직부벽으로 이루어지고 있다.
④ 밑판은 부벽을 지점으로 하는 연속판으로서 윗부분의 토사중량과 지점반력과의 차이로서 설계하게 된다.

해설 토압을 받지 않는 쪽에 부벽부재를 가지는 것을 앞부벽식 옹벽이라고 한다.

37 발파에 의한 터널공사 시공 중 발파진동 저감대책으로 틀린 것은?

① 동시 발파
② 정밀한 천공
③ 장약량 조절
④ 방진공(무장약공) 수행

해설 전단면을 1회에 발파하지 않고 여러 단계로 분할하여 분할발파를 실시한다.

38 성토에 사용되는 흙의 조건으로 틀린 것은?

① 취급하기 쉬워야 한다.
② 충분한 전단강도를 가져야 한다.
③ 도로 성토에서는 투수성이 양호해야 한다.
④ 가급적 점토성분을 많이 포함하고 자갈 및 왕모래 등은 적어야 한다.

해설 가급적 점토 성분은 적게 포함하고 자갈 및 왕모래 등은 많아야 한다.

39 보강토 옹벽에 대한 설명으로 틀린 것은?

① 옹벽 시공 현장에서의 콘크리트 타설 작업이 필요 없다.
② 전면판과 보강재가 제품화 되어 있어 시공속도가 빠르다.
③ 지진 위험지역에서는 기존의 옹벽에 비하여 안정적이지 못하다.
④ 전면판과 보강재의 연결 및 보강재와 흙 사이의 마찰에 의하여 토압을 지지한다.

해설 지진 위험지역에서는 기존의 옹벽에 비하여 안정적이다.

[정답] 32. ③ 33. ③ 34. ④ 35. ③ 36. ① 37. ① 38. ④ 39. ③

40 콘크리트 포장 이음부의 시공과 관계가 가장 적은 것은?
① 타이바(tie bar) ② 프라이머(primer)
③ 슬립폼(slip form) ④ 다우월바(dowel bar)

해설 아스팔트 프라이머는 아스팔트를 휘발성 용제로 녹인 흑갈색 액체로 방부, 방습 접착제로 쓰인다.

3과목 건설재료 및 시험

41 콘크리트 배합에 관한 아래 표의 ( )에 들어갈 알맞은 수치는?

> 공사 중에 잔골재의 입도가 변하여 조립률이 ±( ) 이상 차이가 있을 경우에는 워커빌리티가 변화하므로 배합을 수정할 필요가 있다.

① 0.05 ② 0.1
③ 0.2   ④ 0.3

해설 ±0.2 이상의 차이가 있을 경우에는 배합을 수정할 필요가 있다.

42 잔골재의 조립률 2.3, 굵은골재의 조립률 7.0을 사용하여 잔골재와 굵은골재를 1 : 1.5의 중량비율로 혼합하면 이때 혼합된 골재의 조립률은 얼마인가?

① 4.92 ② 5.12
③ 5.32 ④ 5.52

해설 조립률 = $\dfrac{1 \times 2.3 + 1.5 \times 7}{1+1.5}$ = 5.12

43 굵은골재의 밀도 시험결과가 아래의 표와 같을 때 이 골재의 표면건조 포화상태의 밀도는?

> • 절대건조상태의 질량 : 2000g
> • 표면건조 포화상태의 질량 : 2090g
> • 시료의 수중 질량 : 1290g
> • 시험온도에서의 물의 밀도 : 1g/cm³

① 2.50g/cm³ ② 2.61g/cm³
③ 2.68g/cm³ ④ 2.82g/cm³

해설 $\dfrac{B}{B-C} \times \rho_\omega = \dfrac{2090}{2090-1290} \times 1 = 2.61 \text{g/cm}^3$

44 건설재료용 석재에 관한 설명 중에서 틀린 것은?

① 대리석은 강도는 매우 크지만 내구성이 약하며, 풍화하기 쉬우므로 실외에 사용하는 경우는 드물고, 실내장식용으로 많이 사용된다.
② 석회암은 석회물질이 침전·응고한 것으로서 용도는 석회, 시멘트, 비료 등의 원료 및 제철시의 용매제 등에 사용된다.
③ 혈암(頁岩)은 점토가 불완전하게 응고된 것으로서, 색조는 흑색, 적갈색 및 녹색이 있으며, 부순 돌, 인공경량골재 및 시멘트 제조시 원료로 많이 사용된다.
④ 화강암은 화성암 중에서도 심성암에 속하며, 화강암의 특징은 조직이 불균일하고 내구성, 강도가 적고, 내화성이 약한 약점이 있다.

해설 화강암은 조직이 균일하고 내구성 및 강도는 크나 내화성은 약하다.

45 플라이 애시에 대한 설명으로 틀린 것은?

① 표면이 매끄러운 구형 입자로 되어 있어 콘크리트의 워커빌리티를 좋게 한다.
② 플라이 애시에 포함되어 있는 함유탄소분의 일부가 공기연행제를 흡착하는 성질이 있어 소요의 공기량을 얻기 위한 공기연행제의 사용량을 줄일 수 있다.
③ 양질의 플라이 애시를 적절히 사용함으로써 건조, 습윤에 따른 체적 변화와 동결융해에 대한 저항성을 향상시켜 준다.
④ 플라이 애시를 사용한 콘크리트는 초기재령에서의 강도는 다소 작으나 장기재령의 강도는 증가한다.

해설 플라이 애시는 함유탄소분의 일부가 공기연행제를 흡착하는 성질을 가지고 있어 소요의 공기량을 얻기 위하여는 공기연행제 양이 상당히 많이 요구된다.

46 콘크리트용 골재의 품질 판정에 대한 설명 중 틀린 것은?

① 체가름 시험을 통하여 골재의 입도를 판정할 수 있다.
② 골재의 입도가 일정한 경우 실적률을 통하여 골재 입형을 판정할 수 있다.
③ 황산나트륨 용액에 골재를 침수시켜 건조시키는 조작을 반복하여 골재의 안정성을 판정할 수 있다.
④ 조립률로 골재의 입형을 판정할 수 없다.

해설 조립률로 골재의 입도를 판정할 수 있다.

[정답] 40.② 41.③ 42.② 43.② 44.④ 45.② 46.④

47 다이너마이트 중 폭발력이 가장 강하여 터널과 암석발파에 주로 사용되는 것은?

① 규조토 다이너마이트
② 교질 다이너마이트
③ 스트레이트 다이너마이트
④ 분상 다이너마이트

해설 교질 다이너마이트
① 블라스팅 다이너마이트
② 폭발력이 가장 강하고 암석발파에 이용
③ 내수성이 좋아 수중폭파 가능

48 콘크리트의 건조수축균열을 방지하고 화학적 프리스트레스를 도입하는 데 사용되는 시멘트는?

① 팽창 시멘트
② 알루미나 시멘트
③ 고로슬래그 시멘트
④ 초속경 시멘트

해설 팽창 시멘트는 초기재령에서 팽창하여 그 후의 건조수축을 제거하고 균열 발생을 방지하는 수축보상용과 크게 팽창을 일으켜 프리스트레스 콘크리트로 이용하는 화학적 프리스트레스 도입용으로 구분한다.

49 콘크리트용 강섬유의 품질에 대한 설명으로 틀린 것은?

① 강섬유의 평균 인장강도는 700MPa 이상이 되어야 한다.
② 강섬유는 콘크리트 내에서 분산이 잘 되어야 한다.
③ 강섬유 각각의 인장강도는 400MPa 이상이어야 한다.
④ 강섬유는 16℃ 이상의 온도에서 지름 안쪽 90°(곡선 반지름 3mm) 방향으로 구부렸을 때, 부러지지 않아야 한다.

해설
• 강섬유 각각의 인장강도는 650MPa 이상이어야 한다.
• 강섬유는 표면에 유해한 녹이 있어서는 안 된다.

50 표점거리 $L=50$mm, 직경 $D=14$mm의 원형 단면봉을 가지고 인장시험을 하였다. 축인장하중 $P=100$kN이 작용하였을 때, 표점거리 $L=50.433$mm와 직경 $D=13.970$mm가 측정되었다. 이 재료의 탄성계수는 약 얼마인가?

① 143000MPa
② 75000MPa
③ 27000MPa
④ 8000MPa

해설
$$E = \frac{f}{\varepsilon} = \frac{P/A}{\Delta l/l} = \frac{Pl}{A \cdot \Delta l} = \frac{100000 \times 50}{153.86 \times 0.433} = 75051\text{MPa} = 75\text{GPa}$$

여기서, $A = \dfrac{\pi D^2}{4} = \dfrac{3.14 \times 14^2}{4} = 153.86\text{mm}^2$

51 역청재료의 점도를 측정하는 시험방법이 아닌 것은?
① 앵글러법 ② 세이볼트법
③ 환구법 ④ 스토머법

해설 환구법은 연화점 시험 방법이다.

52 합판에 대한 설명으로 틀린 것은?
① 로터리 베니어는 증기에 가열 연화되어진 둥근 원목을 나이테에 따라 연속적으로 감아 둔 종이를 펴는 것과 같이 얇게 벗겨낸 것이다.
② 슬라이스트 베니어는 끌로서 각목을 얇게 절단한 것으로 아름다운 결을 장식용으로 이용하기에 좋은 특징이 있다.
③ 합판의 종류에는 섬유판, 조각판, 적층판 및 강화적층재 등이 있다.
④ 합판의 특징은 동일한 원재로부터 많은 정목판과 나뭇결 무늬판이 제조되며, 팽창 수축 등에 의한 결점이 없고 방향에 따른 강도 차이가 없다.

해설 합판의 종류
- 완전 내수성 합판
- 고도 내수성 합판
- 비내수성 합판
- 보통 내수성 합판

53 컷백(cut back) 아스팔트에 대한 설명으로 틀린 것은?
① 대부분의 도로포장에 사용된다.
② 경화 속도 순서로 나누면 RC > MC > SC의 순이다.
③ 컷백 아스팔트를 사용할 때는 가열하여 사용하여야 한다.
④ 침입도 60~120 정도의 연한 스트레이트 아스팔트에 용제를 가해 유동성을 좋게 한 것이다.

해설 컷백 아스팔트를 사용할 때는 원유 중의 아스팔트 성분이 열에 의한 변화가 생기지 않도록 하여 증기증유법, 감압증유법 또는 이 두 방법의 조합에 의해 만든다.

정답
47. ② 48. ①
49. ① 50. ②
51. ③ 52. ③
53. ③

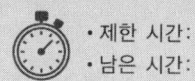

54 폴리머시멘트 콘크리트에 대한 설명으로 틀린 것은?

① 방수성, 불투수성이 양호하다.
② 타설 후, 경화 중에 물을 뿌려주는 등의 표면 보호 조치가 필요하다.
③ 인장, 휨, 부착강도는 커지나, 압축강도는 일반 시멘트 콘크리트에 비해 감소하거나 비슷한 값을 보인다.
④ 내충격성 및 내마모성이 좋다.

해설 폴리머시멘트 콘크리트에서는 기건양생을 하는 경우에 고강도를 얻을 수 있다. 그러므로 경화 중에는 물을 뿌려주면 안 된다.

55 AE제의 기능에 대한 설명으로 틀린 것은?

① 연행공기의 증가는 콘크리트의 워커빌리티 개선 효과를 나타낸다.
② 연행공기량은 재료분리를 억제하고, 블리딩을 감소시킨다.
③ 물의 동결에 의한 팽창응력을 기포가 흡수함으로써 콘크리트의 동결융해에 대한 내구성을 개선한다.
④ 갇힌공기와는 달리 AE제에 의한 연행공기는 그 양이 다소 많아져도 강도손실을 일으키지 않는다.

해설 AE제에 의한 연행공기는 그 양이 다소 많아지면 강도 손실을 일으킨다.

56 시멘트에 대한 설명으로 틀린 것은?

① 제조법에는 건식법, 습식법, 반습식법 등이 있다.
② 분말도가 작을수록 수화반응이 빠르고 조기강도가 크다.
③ 포틀랜드 시멘트는 석회질 원료와 점토질 원료를 혼합하여 만든다.
④ 저장할 때는 바닥에서 30cm 이상 떨어진 마루에 적재하되 13포대 이하로 쌓아야 한다.

해설 분말도가 클수록 수화반응이 빠르고 조기강도가 크다.

57 암석의 물리적 성질에 대한 설명으로 틀린 것은?

① 석재의 밀도는 조암광물의 성질, 비율, 공극의 정도 등에 따라 달라진다.

② 암석의 흡수율은 시료의 중량에 대한 공극을 채우고 있는 물의 중량을 백분율로 나타낸다.
③ 일반적으로 석재의 밀도라면 절대 건조 밀도를 말한다.
④ 암석의 공극률이란 암석에 포함된 전공극과 겉보기 체적의 비를 말한다.

해설 일반적으로 석재의 밀도라면 표면건조포화상태의 밀도를 말한다.

58 콘크리트용 혼화재료로 사용되는 고로 슬래그 미분말에 대한 설명으로 틀린 것은?

① 탄산화에 대한 내구성이 증진된다.
② 잠재수경성이 있어 수밀성이 향상된다.
③ 염화물이온 침투를 억제하여 철근부식 억제효과가 있다.
④ 포틀랜드 시멘트와의 밀도차가 작아 혼화재로 사용할 경우 혼합 및 분산성이 우수하다.

해설 고로 슬래그 미분말 콘크리트는 보통 콘크리트보다 탄산화 속도가 빠르고 탄산화 깊이가 크다.

59 아스팔트 시료 채취량 100g을 가지고 증발감량 시험을 실시하였더니 증발 후 시료의 질량이 93g이 되었다. 이 아스팔트의 증발감량(증발 무게 변화율)은?

① +7.5% ② -7.5%
③ +7.0% ④ -7.0%

해설 $V = \dfrac{W - W_s}{W_s} \times 100 = \dfrac{93 - 100}{100} \times 100 = -7\%$

60 재료의 성질을 나타내는 용어의 설명으로 틀린 것은?

① 인장력에 재료가 길게 늘어나는 성질을 연성이라 한다.
② 외력에 의한 변형이 크게 일어나는 재료를 강성이 큰 재료라고 한다.
③ 작은 변형에도 쉽게 파괴되는 성질을 취성이라 한다.
④ 재료를 두들길 때 얇게 펴지는 성질을 전성이라 한다.

해설 외력에 의한 변형이 작게 일어나는 재료를 강성이 큰 재료라고 한다.

[정답] 54. ② 55. ④ 56. ② 57. ③ 58. ① 59. ④ 60. ②

4과목 토질 및 기초

61 다음은 흙시료 채취에 대한 설명이다. 틀린 것은?

① 교란의 효과는 소성이 낮은 흙이 소성이 높은 흙보다 크다.
② 교란된 흙은 자연상태의 흙보다 압축강도가 작다.
③ 교란된 흙은 자연상태의 흙보다 전단강도가 작다.
④ 흙시료 채취 직후에 비교적 교란되지 않은 코어(core)의 과잉간극수압은 부(負)이다.

해설 교란의 효과는 소성이 높은 흙이 강도가 약하므로 소성이 낮은 흙보다 크다.

62 Terzaghi의 수정(修正) 지지력 공식 $q_{ult} = \alpha CN_c + \beta\gamma_1 BN_r + \gamma_2 D_f N_q$에 대한 다음 설명 중 틀린 것은?

① α, β는 형상계수로서 기초의 형태에 따라 정해진다.
② γ_1, γ_2는 흙의 단위중량으로서 지하수위 아래에서는 수중 단위중량을 사용한다.
③ N_c, N_r, N_q는 마찰계수로 마찰각과 점착력의 함수이다.
④ 허용지지력 q_a는 극한 지지력 q_{ult}의 1/3을 취하는 것이 보통이다.

해설 지지력 계수 N_c, N_r, N_q는 내부마찰각의 함수이다.

63 모래의 밀도에 따라 일어나는 전단특성에 대한 다음 설명 중 옳지 않은 것은?

① 다시 성형한 시료의 강도는 작아지지만 조밀한 모래에서는 시간이 경과됨에 따라 강도가 회복된다.
② 전단저항각[내부마찰각(ø)]은 조밀한 모래일수록 크다.
③ 직접전단시험에 있어서 전단응력과 수평변위곡선은 조밀한 모래에서는 peak가 생긴다.
④ 조밀한 모래에서는 전단변형이 계속 진행되면 부피가 팽창한다.

- 점토는 되이김하면 그 전단강도가 현저히 감소하는데 시간이 경과함에 따라 그 강도를 일부 회복된다. 이런 현상을 틱소트로피라 한다.
- 교란으로 손실된 전단강도는 오랜 시간이 되어도 본래의 전단강도가 회복되지 않는다.
- 전단응력에 의하여 토질의 체적이 증가 또는 감소하는 현상을 다이러턴시라 한다.

64 그림과 같은 지층단면에서 지표면에 가해진 $50kN/m^2$의 상재하중으로 인한 점토층(정규압밀점토)의 1차압밀 최종침하량(S)을 구하고, 침하량이 5cm일 때 평균압밀도(U)를 구하면? (단, 물의 단위중량은 $9.81kN/m^3$이다.)

① $S=18.3cm$, $U=27\%$
② $S=14.7cm$, $U=22\%$
③ $S=18.5cm$, $U=22\%$
④ $S=14.7cm$, $U=27\%$

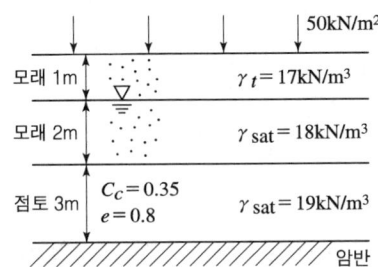

- $P_1 = 17 \times 1 + (18-9.81) \times 2 + (19-9.81) \times 1.5 = 47.17kN/m^2$
- $P_2 = \Delta p + p_1 = 50 + 47.17 = 97.17kN/m^2$
- $\Delta H = \dfrac{C_c}{1+e} \log \dfrac{P_2}{P_1} H = \dfrac{0.35}{1+0.8} \log \dfrac{97.17}{47.17} \times 3 = 0.183m = 18.3cm$
- $U = \dfrac{\Delta H_t}{\Delta H} = \dfrac{5}{18.3} \times 100 = 27\%$

65 그림과 같은 조건에서 분사현상에 대한 안전율을 구하면? (단, 모래의 포화단위중량은 $19.62kN/m^3$이고, 물의 단위중량은 $9.81kN/m^3$이다.)

① 1.0
② 2.0
③ 2.5
④ 3.0

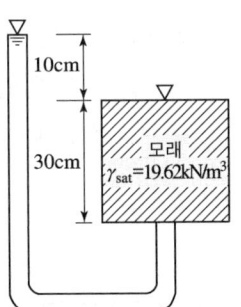

- $i_c = \dfrac{\gamma_{sub}}{\gamma_w} = \dfrac{\gamma_{sat} - \gamma_w}{\gamma_w} = \dfrac{19.62 - 9.81}{9.81} = 1$
- $i = \dfrac{h}{L} = \dfrac{10}{30} = \dfrac{1}{3}$
- $F = \dfrac{i_c}{i} = \dfrac{1}{\frac{1}{3}} = 3$

정답 61. ① 62. ③ 63. ① 64. ① 65. ④

66 토질조사에서 사운딩(sounding)에 관한 설명으로 옳은 것은?

① 동적인 사운딩 방법은 주로 점성토에 유효하다.
② 표준관입시험(S.P.T)은 정적인 사운딩이다.
③ 사운딩은 보링이나 시굴보다 확실하게 지반구조를 알아낸다.
④ 사운딩은 주로 원위치 시험으로서 의의가 있고 예비조사에 사용하는 경우가 많다.

해설
- 동적인 사운딩은 주로 사질토에 유효하다.
- 표준관입시험은 동적인 사운딩이다.
- 보링이나 시굴은 사운딩보다 확실하게 지반구조를 알아낸다.

67 흙의 다짐에 있어 램머의 중량이 2.5kg, 낙하고 30cm, 3층으로 각 층 다짐횟수가 25회일 때 다짐에너지는? (단, 몰드의 체적은 1,000cm³이다.)

① $5.63\text{kg} \cdot \text{cm/cm}^3$
② $5.96\text{kg} \cdot \text{cm/cm}^3$
③ $10.45\text{kg} \cdot \text{cm/cm}^3$
④ $0.66\text{kg} \cdot \text{cm/cm}^3$

해설
$$E_c = \frac{W_R \cdot H \cdot N_B \cdot N_L}{V} = \frac{2.5 \times 30 \times 25 \times 3}{1000} = 5.63\text{kg} \cdot \text{cm/cm}^3$$

68 압밀시험결과 시간 – 침하량 곡선에서 구할 수 없는 것은?

① 1차 압밀비(γ_p)
② 초기 압축비
③ 선행압밀 압력(P_c)
④ 압밀계수(C_v)

해설 선행압밀 압력은 하중-공극비 곡선에서 구할 수 있다.

69 모래지반에 30cm×30cm의 재하판으로 재하실험을 한 결과 100kN/m²의 극한지지력을 얻었다. 4m×4m의 기초를 설치할 때 기대되는 극한지지력은?

① 100kN/m^2
② 1000kN/m^2
③ 1333kN/m^2
④ 1540kN/m^2

해설 $B : b = q_d : q$ $400 : 30 = q_d : 100$
$$\therefore q_d = \frac{400 \times 100}{30} = 1330\text{kN/m}^2$$

- 보충
  - 지지력은 모래지반의 경우 재하판 폭에 비례하여 증가하며 점토지반의 경우 재하판 폭에 무관하다.
  - 침하량은 점토지반의 경우 재하판 폭에 비례하여 증가한다.

70 2m×3m 크기의 직사각형 기초에 60kN/m²의 등분포하중이 작용할 때 기초 아래 10m 되는 깊이에서의 응력증가량을 2:1 분포법으로 구한 값은?

① $2.31 kN/m^2$ ② $5.43 kN/m^2$
③ $13.3 kN/m^2$ ④ $18.3 kN/m^2$

해설
- $q(B \times L) = \sigma_z (B+Z)(L+Z)$
  $60(2 \times 3) = \sigma_z (2+10)(3+10)$ ∴ $\sigma_z = \dfrac{60(2 \times 3)}{(2+10)(3+10)} = 2.31 kN/m^2$
- 정사각형 기초의 경우
  $q(B \times B) = \sigma_z (B+Z)(B+Z)$ ∴ $\sigma_z = \dfrac{q(B \times B)}{(B+Z)(B+Z)}$

71 모래지반의 현장상태 습윤 단위 중량을 측정한 결과 18kN/m³으로 얻어졌으며 동일한 모래를 채취하여 실내에서 가장 조밀한 상태의 간극비를 구한 결과 e_{min} =0.45, 가장 느슨한 상태의 간극비를 구한 결과 e_{max} =0.92를 얻었다. 현장상태의 상대밀도는 약 몇 %인가? (단, 물의 단위중량은 9.81kN/m³, G_s =2.7, w =10%이다.)

① 44%   ② 57%
③ 66%   ④ 80%

해설
- $\gamma_d = \dfrac{\gamma_t}{1+\dfrac{w}{100}} = \dfrac{18}{1+\dfrac{10}{100}} = 16.4 kN/m^3$
- $e = \dfrac{\gamma_w}{\gamma_d} G_s - 1 = \dfrac{9.81}{16.4} \times 2.7 - 1 = 0.62$
- $D_r = \dfrac{e_{max}-e}{e_{max}-e_{min}} \times 100 = \dfrac{0.92-0.62}{0.92-0.45} \times 100 = 64\%$
- $D_r = \dfrac{\gamma_d - \gamma_{dmin}}{\gamma_{dmax}-\gamma_{dmin}} \times \dfrac{\gamma_{dmax}}{\gamma_d} \times 100$

72 Sand drain공법의 지배 영역에 관한 Barron의 정사각형 배치에서 Sand pile의 간격을 d, 유효원의 지름을 d_e라 할 때 d_e를 구하는 식으로 옳은 것은?

① $d_e = 1.13d$ ② $d_e = 1.05d$
③ $d_e = 1.03d$ ④ $d_e = 1.50d$

| 답안 표기란 |
| 70 ① ② ③ ④ |
| 71 ① ② ③ ④ |
| 72 ① ② ③ ④ |

정답
66. ④ 67. ①
68. ③ 69. ③
70. ① 71. ③
72. ①

해설 정사각형 배열 $d_e = 1.13d$
정삼각형 배열 $d_e = 1.05d$

보충 수직, 수평 양 방향을 고려한 압밀도
$U_{vh} = 1 - (1 - U_v)(1 - U_h)$

73 다음 중 사질토 지반의 개량공법에 속하지 않는 것은?

① 다짐 말뚝 공법
② 전기 충격 공법
③ 생석회 말뚝 공법
④ 바이브로 플로테이션(vibro-flotation) 공법

해설 점성토 지반의 개량공법에는 치환공법, 전기침투공법, 전기화학적 고결공법, 침투압공법, 생석회 말뚝공법 등이 있다.

74 Jaky의 정지토압계수(K_0)를 구하는 공식은?

① $K_0 = 1 + \sin\phi$
② $K_0 = 1 - \sin\phi$
③ $K_0 = 1 - \cos\phi$
④ $K_0 = 1 + \cos\phi$

해설 Jaky의 정지토압계수(K_0)를 구하는 공식은 사질토에 가장 잘 성립한다.

75 포화된 점성토 흙에 대한 일축압축시험 결과, 일축압축강도는 100kN/m²이었다. 이 시료의 점착력은?

① 25kN/m²
② 33.3kN/m²
③ 50kN/m²
④ 100kN/m²

해설 $C = \dfrac{q_u}{2} = \dfrac{100}{2} = 50\,\text{kN/m}^2$

76 지표면에 연직 집중하중이 작용할 때 Boussinesq의 지중 연직응력 증가량에 대한 설명으로 옳은 것은? (단, E : 흙의 탄성계수, μ : 흙의 푸아송 비)

① E 및 μ와는 무관하다.
② E와는 무관하지만 μ에는 정비례한다.

③ μ와는 무관하지만 E에는 정비례한다.
④ E와 μ에 정비례한다.

해설
$$\sigma_z = \frac{3QZ^3}{2\pi R^5} = I_\sigma \frac{Q}{Z^2}$$
σ_z의 계산치가 실측치와 잘 맞는 것은 Boussinesq 이론에서 탄성정수가 포함되어 있지 않기 때문이다.

77 말뚝의 부주면마찰력에 대한 설명으로 옳은 것은?
① 부주면마찰력이 작용하면 지지력이 증가한다.
② 연약지반에 말뚝을 박은 후 그 위에 성토를 한 경우에는 발생하지 않는다.
③ 연약한 점토에 있어서는 상대변위의 속도가 느릴수록 부주면 마찰력은 크다.
④ 부주면마찰력은 말뚝 주변 침하량이 말뚝의 침하량보다 클 때 아래로 끌어내리는 마찰력을 말한다.

해설
- 부주면마찰력이 작용하면 지지력이 감소한다
- 연약지반에 말뚝을 박은 후 그 위에 성토를 한 경우에 발생하기 쉽다.
- 연약한 점토에 있어서는 상대변위의 속도가 빠를수록 부주면 마찰력은 크다.

78 분할법에 의한 사면안정 해석 시에 제일 먼저 결정되어야 할 사항은?
① 분할절편의 중량
② 가상 파괴 활동면
③ 활동면상의 마찰력
④ 각 절편의 공극수압

해설
- 분할법은 가상활동면을 정하여 요구되는 안전율이 될 때까지 활동면을 변화하여 결정한다.
- C와 ϕ가 동일하지 않을 경우에 사용하고 분할단면의 바닥은 직선으로 보고 사면 경사면을 정한다.

79 통일분류법으로 흙을 분류할 때 사용하는 인자가 아닌 것은?
① 군지수
② 입도 분포
③ 색, 냄새
④ 애터버그 한계

해설 군지수는 흙의 입도, 액성한계 및 소성지수를 종합하여 흙의 성질을 수로써 나타내는 지수로 노상토 재료 평가에 사용한다.

정답 73. ③ 74. ②
75. ③ 76. ①
77. ④ 78. ②
79. ①

80 어떤 흙 시료의 변수위 투수시험을 한 결과가 아래와 같을 때 15℃에서의 투수계수는?

- 스탠드 파이프 내경(d) : 4.3mm
- 측정 완료시간(t_2) : 09시 30분
- 시료의 길이(L) : 20.0cm
- t_2에서 수위(H_2) : 15cm
- 측정 개시시간(t_1) : 09시 20분
- 시료의 지름(D) : 5.0cm
- t_1에서 수위(H_1) : 30cm
- 수온 : 15℃

① 1.75×10^{-3} cm/s
② 1.71×10^{-4} cm/s
③ 3.93×10^{-4} cm/s
④ 7.42×10^{-5} cm/s

해설

$$k = 2.3 \frac{aL}{At} \log \frac{H_1}{H_2}$$

$$= 2.3 \frac{\frac{3.14 \times 0.43^2}{4} \times 20}{\frac{3.14 \times 5^2}{4} \times 10 \times 60} \log \frac{30}{15} = 1.71 \times 10^{-4} \text{ cm/s}$$

정답 80. ②

1과목 콘크리트 공학

01 콘크리트의 운반 및 타설에 관한 설명으로 잘못된 것은?
① 신속하게 운반하여 즉시 치고, 충분히 다져야 한다.
② 공사 개시 전에 운반, 타설 등에 관하여 미리 충분한 계획을 세워야 한다.
③ 비비기로부터 타설이 끝날 때까지의 시간은 원칙적으로 외기온도가 25℃를 넘었을 때 1.0시간을 넘어서는 안 된다.
④ 운반 중에 재료분리가 일어났으면 충분히 다시 비벼서 균질한 상태로 콘크리트 타설을 하여야 한다.

해설 비비기로부터 타설이 끝날 때까지의 시간은 원칙적으로 외기 온도가 25℃ 이상일 때는 1.5시간을 넘어서는 안 된다.

02 현장 타설말뚝에 사용하는 수중 콘크리트의 타설에 대한 설명으로 틀린 것은?
① 굵은골재 최대치수 25mm의 경우, 관지름이 200~250mm의 트레미를 사용하여야 한다.
② 먼저 타설하는 부분의 콘크리트 타설속도는 8~10m/h로 실시하여야 한다.
③ 콘크리트 상면은 설계면보다 0.5m 이상 높이로 여유 있게 타설하고 경화한 후 이것을 제거하여야 한다.
④ 콘크리트를 타설하는 도중에는 콘크리트 속의 트레미의 삽입 깊이는 2m 이상으로 하여야 한다.

해설
• 먼저 타설하는 부분의 콘크리트 타설속도는 4~9m/h로 실시하여야 한다.
• 나중에 타설하는 부분의 콘크리트 타설속도는 8~10m/h로 실시하여야 한다.

03 PS 강재에 요구되는 일반적인 특성을 설명한 것으로 옳지 않은 것은?
① 인장강도가 높아야 한다.
② 릴랙세이션이 커야 한다.
③ 어느 정도의 늘음과 인성이 있어야 한다.
④ 항복비가 커야 한다.

정답 01. ③   02. ②   03. ②

해설
- 릴랙세이션이 작아야 한다.
- 부착강도가 클 것
- 곧게 잘 펴지는 직선성이 좋을 것

04 유동화 콘크리트 배합에 대한 설명 중 틀린 것은?

① 슬럼프 증가량은 100mm 이하를 원칙으로 하며 50~80mm를 표준으로 한다.
② 베이스 콘크리트 및 유동화 콘크리트의 슬럼프 및 공기량 시험은 $50m^3$마다 1회씩 실시하는 것을 표준으로 한다.
③ 유동화제는 희석시켜 사용하며 미리 정한 소정의 양을 1/2씩 2번에 나누어 첨가한다.
④ 유동화 콘크리트의 재유동화는 원칙적으로 할 수 없다.

해설 유동화제는 원액으로 사용하고 미리 정한 소정의 양을 한꺼번에 첨가한다.

05 콘크리트 배합설계에서 잔골재율(S/a)을 작게 하였을 때 나타나는 현상 중 옳지 않은 것은?

① 소요의 워커빌리티를 얻기 위하여 필요한 단위시멘트량이 증가한다.
② 소요의 워커빌리티를 얻기 위하여 필요한 단위수량이 감소한다.
③ 재료분리가 발생되기 쉽다.
④ 워커빌리티가 나빠진다.

해설 일반적으로 잔골재율을 작게 하면 소요의 워커빌리티를 얻기 위하여 필요한 단위시멘트량이 적어져서 경제적이다.

06 숏크리트의 특징에 대한 설명으로 틀린 것은?

① 임의방향으로 시공 가능하나 리바운드 등의 재료손실이 많다.
② 용수가 있는 곳에서도 시공하기 쉽다.
③ 노즐맨의 기술에 의하여 품질, 시공성 등에 변동이 생긴다.
④ 수밀성이 적고 작업시에 분진이 생긴다.

해설
- 뿜어붙일 면에서 물이 나올 때는 부착이 곤란하다.
- 비교적 소규모로 운반 가능한 기계설비로 시공할 수 있다.
- 급결제의 첨가에 의하여 조기에 강도를 발현시킬 수 있다.

07 경량골재 콘크리트에 대한 설명으로 옳은 것은?

① 내구성이 보통 콘크리트보다 크다.
② 열전도율은 보통 콘크리트보다 작다.
③ 탄성계수는 보통 콘크리트의 2배 정도이다.
④ 건조수축에 의한 변형이 생기지 않는다.

해설
- 내구성은 보통 콘크리트보다 작다.
- 경량골재 콘크리트의 탄성계수는 보통 골재 콘크리트의 40~70% 정도이다.
- 보통 콘크리트에 비하여 열전도율, 선팽창률, 열확산율 등이 낮게 나타난다.
- 경량골재 콘크리트는 골재에 따라서 건조수축에 의한 균열이 발생하기 쉽다.

08 프리텐션 방식의 프리스트레스트 콘크리트에서 프리스트레싱을 할 때의 콘크리트 압축강도는 얼마 이상이어야 하는가?

① 21 MPa ② 24 MPa
③ 27 MPa ④ 30 MPa

해설 프리스트레싱을 할 때의 콘크리트의 압축강도는 프리스트레스를 준 직후 콘크리트에 일어나는 최대 압축응력의 1.7배 이상이어야 한다.

09 콘크리트의 초기균열 중 콘크리트 표면수의 증발속도가 블리딩 속도보다 빠른 경우와 같이 급속한 수분증발이 일어나는 경우 발생하기 쉬운 균열은?

① 거푸집 변형에 의한 균열 ② 침하수축균열
③ 소성수축균열 ④ 건조수축균열

해설 소성수축균열(초기 건조균열, 플라스틱 수축균열)
콘크리트 표면 물의 증발속도가 블리딩 속도보다 빠른 경우와 같이 급속한 수분증발이 일어나는 경우에 콘크리트 마무리면에 가늘고 얇은 균열이 생긴다.

10 일반 콘크리트의 계량 및 비비기에 대한 설명으로 옳지 않은 것은?

① 비비기는 미리 정해둔 비비기 시간의 3배 이상 계속하지 않아야 한다.
② 계량은 현장 배합에 의해 실시하는 것으로 한다.
③ 강제식 믹서의 비비기 최소 시간은 1분 30초 이상을 표준으로 한다.
④ 혼화제를 녹이는 데 사용하는 물이나 혼화제를 묽게 하는 데 사용하는 물은 단위수량의 일부로 보아야 한다.

해설
- 비비기 시간에 대한 시험을 실시하지 않은 경우 그 최소 시간은 가경식 믹서일 때에는 1분 30초 이상, 강제식 믹서일 때에는 1분 이상을 표준으로 한다.
- 콘크리트의 재료는 반죽된 콘크리트가 균질하게 될 때까지 충분히 비벼야 한다.

정답 04. ③ 05. ① 06. ② 07. ② 08. ④ 09. ③ 10. ③

11 시멘트의 수화반응에 의해 생성된 수산화칼슘이 대기 중의 이산화탄소와 반응하여 콘크리트의 성능을 저하시키는 현상을 무엇이라고 하는가?

① 염해
② 탄산화
③ 동결융해
④ 알칼리-골재반응

해설 중성화에 의하여 pH가 11보다 낮아지면 철근에 녹이 발생하고 이러한 녹에 의해 철근은 약 2.5배 체적이 팽창하므로 철근과의 부착강도 저하, 콘크리트 내부에 균열 발생 등을 초래한다.

12 현장의 골재에 대한 체분석 결과 잔골재 속에 5mm체에 남는 것이 6%, 굵은골재 속에 5mm체를 통과하는 것이 11%였다. 시방배합표상의 단위 잔골재량은 632kg/m³이며, 단위 굵은골재량은 1176kg/m³이다. 현장배합을 위한 단위 잔골재량은 얼마인가?

① 522 kg/m³
② 537 kg/m³
③ 612 kg/m³
④ 648 kg/m³

해설 입도 보정
- 단위 잔골재량
$$= \frac{100S - b(S+G)}{100-(a+b)} = \frac{100 \times 632 - 11(632+1176)}{100-(6+11)} = 522 kg/m^3$$
- 단위 굵은골재량
$$= \frac{100G - a(S+G)}{100-(a+b)} = \frac{100 \times 1176 - 6(632+1176)}{100-(6+11)} = 1286 kg/m^3$$

13 고압증기양생에 대한 설명으로 틀린 것은?

① 고압증기양생을 실시하면 황산염에 대한 저항성이 향상된다.
② 고압증기양생을 실시하면 보통 양생한 콘크리트에 비해 철근의 부착강도가 크게 향상된다.
③ 고압증기양생을 실시하면 백태현상을 감소시킨다.
④ 고압증기양생을 실시한 콘크리트는 어느 정도의 취성이 있다.

해설 고압증기양생을 실시하면 보통 양생한 콘크리트에 비해 철근의 부착강도가 약 1/2 정도 감소한다.

14 쪼갬 인장강도시험으로부터 최대하중 $P=100kN$을 얻었다. 원주 공시체의 직경이 100mm, 길이가 200mm이라고 하면 이 공시체의 쪼갬 인장강도는?

① 1.27 MPa
② 1.59 MPa
③ 3.18 MPa
④ 6.36 MPa

해설 인장강도 $= \dfrac{2P}{\pi dl} = \dfrac{2 \times 100000}{3.14 \times 100 \times 200} = 3.18 MPa$

15 한중 콘크리트의 동결융해에 대한 내구성 개선에 주로 사용되는 혼화재료는?

① AE제
② 포졸란
③ 지연제
④ 플라이 애시

해설 AE제
콘크리트 내부에 미세 독립기포를 형성하여 워커빌리티 및 동결융해 저항성을 높이기 위하여 사용하는 혼화제

16 콘크리트의 휨 강도 시험에 대한 설명으로 틀린 것은?

① 공시체 단면 한 변의 길이는 굵은 골재 최대치수의 4배 이상이면서 100mm 이상으로 한다.
② 공시체의 길이는 단면의 한 변의 길이의 3배 보다 80mm 이상 길어야 한다.
③ 공시체에 하중을 가하는 속도는 가장자리 응력도의 증가율이 매초 0.6±0.4MPa이 되도록 조정하여야 한다.
④ 공시체가 인장쪽 표면의 지간 방향 중심선의 4점의 바깥쪽에서 파괴된 경우는 그 시험 결과를 무효로 한다.

해설 공시체에 하중을 가하는 속도는 가장자리 응력도의 증가율이 매초 0.06±0.04MPa이 되도록 조정하여야 한다.

17 콘크리트의 받아들이기 품질 검사에 대한 설명으로 틀린 것은?

① 콘크리트를 타설한 후에 실시한다.
② 내구성 검사는 공기량, 염화물 함유량을 측정하는 것으로 한다.
③ 강도검사는 압축강도 시험에 의한 검사를 실시한다.
④ 워커빌리티의 검사는 굵은 골재 최대치수 및 슬럼프가 설정치를 만족하는지의 여부를 확인함과 동시에 재료 분리 저항성을 외관 관찰에 의해 확인하여야 한다.

[정답] 11. ② 12. ① 13. ② 14. ③ 15. ① 16. ③ 17. ①

해설
- 콘크리트를 타설하기 전에 실시한다.
- 검사결과 불합격으로 판정된 콘크리트는 사용할 수 없다.
- 내구성으로부터 정한 물-결합재비는 배합검사를 실시하거나, 강도시험에 의해 확인할 수 있다.

18 콘크리트 다지기에 대한 설명으로 틀린 것은?
① 콘크리트 다지기에는 내부진동기의 사용을 원칙으로 하나, 사용이 곤란한 장소에서는 거푸집 진동기를 사용할 수 있다.
② 콘크리트는 타설 직후 바로 충분히 다져서 구석구석까지 채워져 밀실한 콘크리트가 되도록 하여야 한다.
③ 진동다지기를 할 때에는 내부진동기를 하층의 콘크리트 속으로 0.1m 정도 찔러 넣는다.
④ 재진동은 콘크리트에 나쁜 영향이 생기므로 하지 않는 것을 원칙으로 한다.

해설 재진동을 할 경우에는 콘크리트에 나쁜 영향이 생기지 않도록 초결이 일어나기 전에 실시하여야 한다.

19 일반적인 경우 콘크리트의 건조수축에 가장 큰 영향을 미치는 요인은?
① 단위굵은골재량
② 단위시멘트량
③ 잔골재율
④ 단위수량

해설 단위수량이 많을수록 건조수축률이 증대된다.

20 23회의 시험실적으로부터 구한 압축강도의 표준편차가 4MPa이었고, 콘크리트의 품질기준강도(f_{cq})가 30MPa일 때 배합강도는? (단, 표준편차의 보정계수는 시험횟수가 20회인 경우 1.08이고, 25회인 경우 1.03이다.)
① 34.4MPa
② 35.7MPa
③ 36.3MPa
④ 38.5MPa

해설 $f_{cq} \leq 35\text{MPa}$이므로
$f_{cr} = f_{cq} + 1.34s = 30 + 1.34 \times (4 \times 1.05) = 35.628\text{MPa}$
$f_{cr} = (f_{cq} - 3.5) + 2.33s = (30 - 3.5) + 2.33 \times (4 \times 1.05) = 36.286\text{MPa}$

∴ 큰 값인 36.3MPa이다.
여기서, 직선 보간을 고려한 표준편차의 보정계수는 24회(1.04), 23회(1.05), 22회(1.06), 21회(1.07)이다.

2과목 건설시공 및 관리

21 우물통의 침하공법 중 초기에는 자중으로 침하되지만 심도가 깊어짐에 따라 레일 철괴, 콘크리트 블록, 흙 가마니 등이 사용되는 공법은 무엇인가?

① 발파에 의한 침하 공법
② 물하중식 침하 공법
③ 재하중에 의한 공법
④ 분기식 침하공법

해설
- 발파에 의한 침하 공법 : 화약에 의해서 우물통 자체에 충격을 가하여 마찰저항을 감소시키지만, 벽체에 작용하게 되는 횡압력을 주의해야 한다.
- 물하중식 침하 공법 : 우물통 하부에 수밀한 선반을 설치하여 여기에 물을 채워서 침하 하중으로 한 것이며, 우물통의 경사를 조심해야 한다.
- 분사식 침하 공법 : 우물통의 주변마찰력 때문에 침하 속도가 느린 경우 날끝 부근에서 공기, 물 또는 그 외 혼합물을 분사시켜 마찰력을 감소시키는 방법

22 공정관리에서 PERT와 CPM의 비교 설명으로 옳은 것은?

① PERT는 반복사업에 CPM은 신규사업에 좋다.
② PERT는 1점 시간추정이고 CPM은 3점 시간추정이다.
③ PERT는 작업활동 중심관리이고 CPM은 작업단계 중심관리이다.
④ PERT는 공기단축이 주목적이고 CPM은 공비절감이 주목적이다.

해설
- PERT는 신규사업, 비반복사업, 경험이 없는 사업에 적용한다.
- CPM은 반복사업, 경험 있는 사업에 적용한다.
- PERT는 3점 시간 추정이다.
- PERT는 결합점 중심, CPM은 작업활동의 일정 계산을 한다.

23 콘크리트교의 가설공법 중 현장타설 콘크리트에 의한 공법의 종류에 속하지 않는 것은?

① 압출공법(ILM 공법)
② 동바리 공법(FSM 공법)
③ 캔틸레버 공법(FCM 공법)
④ 이동식 비계공법(MSS 공법)

해설 ILM 공법은 현장의 제작장에서 15~20m의 일정한 길이를 가진 세그먼트를 만들어 추진코와 압출 잭을 사용하여 밀어내서 교량을 가설공법으로 소정의 위치에서 현장타설을 직접 하는 것은 아니다.

24 흙의 성토작업에서 아래 그림과 같은 쌓기 방법은?

① 전방 층쌓기 ② 수평 층쌓기
③ 물다짐 공법 ④ 비계 층쌓기

🖉 해설 전방 층쌓기
공사기간이 빠르고 공사비가 적게 들지만 완성 후 침하가 크다.

25 아래의 표에서 설명하는 심빼기 발파공법의 명칭은?

- 버력을 너무 비산(飛散)하지 않는 심빼기에 유효하며 수직도갱의 도갱 밑의 발파에 사용할 때가 있으며 특히 물이 많을 때 편리하다.
- 밑면의 반만큼 먼저 발파하여 놓고 물이 그 곳에 집중되면 물이 없는 부분을 발파하는 방법이다.

① 스윙컷 ② 벤치컷
③ 번컷   ④ 피라미드컷

🖉 해설 심빼기 발파공법
갱도 굴진과 그 밖의 폭파에 있어 자유면을 증대시켜 폭파를 쉽게 하기 위해 최초로 폭파하는 방법이다.

26 배수로의 설계 시 유의해야 할 사항이 아닌 것은?

① 집수면적이 커야 한다.
② 집수지역은 다소 깊어야 한다.
③ 배수단면은 하류로 갈수록 커야 한다.
④ 유하속도가 느려야 한다.

🖉 해설 유하속도를 느리게 해야만 할 필요는 없다.

27 아래 표의 조건과 같을 때 15t 덤프트럭에 적재하는 데 소요되는 시간은?

- 버킷용량 : 1.0m³인 백호
- 토량 변화율(L) : 1.2
- 백호 사이클 타임(C_{ms}) : 30초
- 흙의 단위중량 : 1.7t/m³
- 버킷계수(K) : 0.9
- 백호 작업효율(E) : 0.8

① 5.5분 ② 6.5분
③ 7.5분 ④ 9.5분

해설
- 적재량 $q_t = \dfrac{T}{\gamma_t}L = \dfrac{15}{1.7} \times 1.2 = 10.6\text{m}^3$
- 적재 횟수 $n = \dfrac{q_t}{qK} = \dfrac{10.6}{1 \times 0.9} = 11.7 = 12$회
- 적재 시간 $t_1 = \dfrac{C_{ms} \cdot n}{60 \cdot E_s} = \dfrac{30 \times 12}{60 \times 0.8} = 7.5$분

28 디퍼 준설선에 대한 설명으로 틀린 것은?
① 암석이나 굳은 토질에 적합하고 연한 토질에는 능률이 저하된다.
② 넓지 않은 작업장소도 가능하다.
③ 비교적 기계 고장이 적다.
④ 비교적 준설비가 작고 연속식에 비해 작업 능률이 우수하다.

해설 디퍼 준설선은 준설 능력이 떨어져 단가 크다.

29 전장비 중량 22t, 접지장 270cm, 캐터필러폭 55cm, 캐터필러의 중심거리가 2m일 때 불도저의 접지압은 얼마인가?

① 0.37kg/cm² ② 0.74kg/cm²
③ 1.11kg/cm² ④ 2.96kg/cm²

해설 접지압 = $\dfrac{\text{전장비 중량}}{\text{접지 면적}} = \dfrac{22000}{55 \times 270 \times 2} = 0.74\text{kg/cm}^2$

30 옹벽 등 구조물의 뒤채움 재료에 대한 조건으로 틀린 것은?
① 압축성이 좋아야 한다.
② 투수성이 있어야 한다.
③ 다짐이 양호해야 한다.
④ 물의 침입에 의한 강도 저하가 적어야 한다.

해설 압축성이 없어야 한다.

정답 24.① 25.① 26.④ 27.③ 28.④ 29.② 30.①

31 흙 댐의 특징을 설명한 내용으로 틀린 것은?

① 현장 부근에 있는 자연재료를 사용한다.
② 일반적인 토공용 중장비를 사용한다.
③ 여수로의 설치가 필요치 않아 공사비가 저렴하다.
④ 기초 바닥의 지질은 굳은 암반이 아니라도 좋다.

해설 흙 댐은 여수로가 없으면 홍수시 월류되어 댐의 파괴 원인이 된다.

32 100,000m³의 성토공사를 위하여 $L=1.25$, $C=0.9$인 현장 흙을 굴착 운반하고자 한다. 운반 토량은?

① 138,888.9m³ ② 112,500m³
③ 111,111.1m³ ④ 88,888.9m³

해설
- $C = \dfrac{\text{완성된(성토된) 토량}}{\text{본바닥 토량}}$

  ∴ 본바닥 토량 $= \dfrac{\text{완성된(성토된) 토량}}{C} = \dfrac{100,000}{0.9} = 111,111\text{m}^3$

- $L = \dfrac{\text{느슨한(운반할) 토량}}{\text{본바닥 토량}}$

  ∴ 느슨한(운반할) 토량 $=$ 본바닥 토량 $\times L = 111,111 \times 1.25 = 138,888.9\text{m}^3$

33 아스팔트 포장의 안정성 부족으로 인해 발생하는 대표적인 파손은 소성변형(바퀴자국, 측방유동)이다. 최근 우리나라의 도로에서 이 소성변형이 문제가 되고 있는데, 다음 중 그 원인이 아닌 것은?

① 여름철 고온 현상
② 중차량 통행
③ 수막현상
④ 표시된 차선을 따라 차량이 일정위치로 주행

해설 수막현상
비가 와서 물이 고여 있는 노면 위를 고속으로 달릴 때 타이어와 노면 사이에 물의 막이 생기는 현상

34 아래 그림과 같이 20개의 말뚝으로 구성된 군항이 있다. 이 군항의 효율(E)을 Converse-Labarre식을 이용해서 구하면?

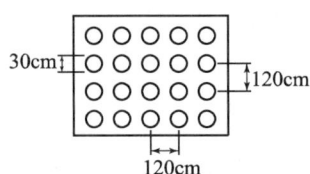

① 0.758
② 0.721
③ 0.684
④ 0.647

해설 $E = 1 - \dfrac{\phi}{90}\left[\dfrac{(n-1)m+(m-1)n}{mn}\right] = 1 - \dfrac{14}{90}\left[\dfrac{3\times5+4\times4}{5\times4}\right] = 0.758$

여기서, $\phi = \tan^{-1}\dfrac{D}{S} = \tan^{-1}\dfrac{30}{120} = 14^0$이다.

35 옹벽을 구조적 특성에 따라 분류할 때 여기에 속하지 않는 것은?
① 중력식 옹벽
② 돌쌓기 옹벽
③ T형 옹벽
④ 부벽식 옹벽

해설 일반적으로 적용되는 옹벽의 단면은 중력식 옹벽, 반중력식 옹벽, 역T형 옹벽, 부벽식 옹벽 등으로 분류할 수 있다.

36 아스팔트 포장과 콘크리트 포장을 비교 설명한 것 중 아스팔트 포장의 특징이 아닌 것은?
① 양생기간이 거의 필요 없다.
② 유지 수선이 콘크리트 포장보다 쉽다.
③ 주행성이 콘크리트 포장보다 좋다.
④ 초기 공사비가 고가이다.

해설 일반적으로 초기 건설비는 콘크리트 포장이 높고 유지관리비는 아스팔트 포장이 높다.

37 그림의 Network에 나타난 공사에 필요한 소요 일수는?
① 28일
② 24일
③ 22일
④ 16일

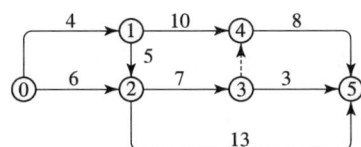

해설 주공정선(CP) : 시간적으로 가장 긴 경로로 Network에 나타난 공사소요일수
⓪ → ① → ② → ③ → ④ → ⑤
4+5+7+8=24일

답안 표기란				
34	①	②	③	④
35	①	②	③	④
36	①	②	③	④
37	①	②	③	④

[정답] 31. ③ 32. ①
33. ③ 34. ①
35. ② 36. ④
37. ②

38. 토적곡선(mass curve)의 성질에 대한 설명으로 틀린 것은?

① 토적곡선상에 동일 단면 내의 절토량과 성토량은 구할 수 없다.
② 토적곡선이 기선 아래에서 종결될 때에는 토량이 부족하고, 기선 위에서 종결될 때는 토량이 남는다.
③ 기선에 평행한 임의의 직선을 그어 토적곡선과 교차하는 인접한 교차점 사이의 절토량과 성토량은 서로 같다.
④ 토적곡선이 평형선 위쪽에 있을 때 절취는 우에서 좌로 운반되고, 반대로 아래쪽에 있을 때는 좌에서 우로 운반된다.

해설
- 토적곡선이 평형선 위쪽에 있을 때 절취는 좌에서 우로 운반되고, 반대로 아래쪽에 있을 때는 우에서 좌로 운반된다.
- 평형선상에서 토량은 0이다.
- 토적곡선이 위로 향하는 부분은 절토, 아래로 향하는 부분은 성토를 한다.

39. 터널공사에 있어서 TBM 공법의 특징에 대한 설명으로 틀린 것은?

① 여굴이 거의 발생하지 않는다.
② 주변 암반에 대한 이완이 거의 없다.
③ 복잡한 지질변화에 대한 적응성이 좋다.
④ 갱내의 분진, 진동 등 환경조건이 양호하다.

해설
- 복잡한 지질변화에 대한 적응성이 나쁘다.
- 단면형상의 변경이 곤란하다.

40. RCD(Reverse Circulation Drill) 공법의 특징에 대한 설명으로 틀린 것은?

① 케이싱 없이 굴착이 가능한 공법이다.
② 엔진의 소음 외에는 소음 및 진동 공해가 거의 없다.
③ 굴착 중 투수층을 만났을 때 급격한 수위 저하로 공벽이 붕괴될 수 있다.
④ 기종에 따라 약 35℃ 정도의 경사 말뚝 시공이 가능하다.

해설 Benoto(All casing) 공법의 경우 주로 기종에 따라 약 15℃ 정도의 경사말뚝 시공이 가능하다.

3과목 건설재료 및 시험

41 잔골재를 계량하니 다음과 같은 값을 나타내었다. 이때 흡수율은 얼마인가?

- 절대건조 상태 : 95kg
- 공기건조 상태 : 97kg
- 표면건조 포화 상태 : 98kg
- 습윤 상태 : 100kg

① 2.06% ② 3.06%
③ 3.16% ④ 3.26%

해설
- 흡수율 = $\dfrac{98-95}{95} \times 100 = 3.16\%$
- 표면수율 = $\dfrac{100-98}{98} \times 100 = 2.04\%$
- 유효흡수율 = $\dfrac{98-97}{97} \times 100 = 1.03\%$
- 전 함수율 = $\dfrac{100-95}{95} \times 100 = 5.26\%$

42 로스앤젤레스 시험기에 의한 굵은골재의 마모 시험 결과가 아래 표와 같을 때 마모감량은 얼마인가?

- 시험 전 시료의 질량 = 5000g
- 시험 후 1.7mm의 망체에 남은 시료의 질량 = 4321g

① 6.4% ② 7.4%
③ 13.6% ④ 15.7%

해설 마모감량 = $\dfrac{5000-4321}{5000} \times 100 = 13.6\%$

43 냉간가공을 했을 때 강재의 특성으로 옳지 않은 것은?

① 인장강도가 증가한다.
② 경도가 증가한다.
③ 밀도는 약간 감소된다.
④ 신장이 증가한다.

해설
- 신장이 감소한다.
- 항복점 및 경도가 증가한다.

정답 38.④ 39.③ 40.④ 41.③ 42.③ 43.④

44. 끌을 이용하여 각목을 얇게 절단한 것으로 아름다운 결을 장식용으로 이용하기 좋은 합판은?

① 슬라이스트 베니어
② 로터리 베니어
③ 집성목판
④ 소드 베니어

해설 일반적인 경우 넓은 베니어를 얻기 쉽고 원목의 낭비가 적은 로터리 베니어를 많이 사용한다.

45. 방청제를 사용한 콘크리트에서 방청제의 작용에 의한 방식방법에 대한 설명으로 틀린 것은?

① 콘크리트 중의 철근표면의 부동태피막을 보강하는 방법
② 콘크리트 중의 이산화탄소를 소비하여 철근에 도달하지 않도록 하는 방법
③ 콘크리트 중의 염소이온을 결합하여 고정하는 방법
④ 콘크리트의 내부를 치밀하게 하여 부식성 물질의 침투를 막는 방법

해설 콘크리트 중의 산소를 소비하여 철근에 도달하지 않도록 하는 방법

46. 시멘트 응결 및 경화에 영향을 미치는 요소에 대한 설명으로 틀린 것은?

① 풍화되면 응결 및 경화가 빨라진다.
② 온도가 높으면 응결 및 경화가 빠르다.
③ 배합 수량이 많으면 응결 및 경화가 늦어진다.
④ 석고를 첨가하면 응결 및 경화가 늦어진다.

해설
- 풍화되면 응결 및 경화가 늦어진다.
- 풍화한 시멘트는 강열감량이 증가된다.
- 분말도가 높으면 응결이 빠르다.
- C_3A가 많을수록 응결이 빠르다.

47. 토목섬유에 힘을 가하여 한쪽 방향으로 찢어지는 특성을 알기 위한 시험은?

① 삼축전단시험
② 봉합강도시험
③ 할렬강도시험
④ 인열강도시험

해설 토목섬유는 배수, 분리, filter, 보강, 방수 및 차단기능이 있다.

48 아스팔트의 성질에 대한 설명 중 틀린 것은?

① 아스팔트의 밀도는 침입도가 작을수록 작다.
② 아스팔트의 밀도는 온도가 상승할수록 저하된다.
③ 아스팔트는 온도에 따라 컨시스턴시가 현저하게 변화된다.
④ 아스팔트의 강성은 온도가 높을수록, 침입도가 클수록 작다.

해설
- 침입도가 작을수록 밀도는 크다.
- 블론 아스팔트는 동일 침입도의 스트레이트 아스팔트 보다 약간 밀도가 작다.

49 시멘트의 강열감량(ignition loss)에 대한 설명으로 틀린 것은?

① 강열감량은 시멘트에 1000℃의 강한 열을 가했을 때의 시멘트 감량이다.
② 강열감량은 시멘트 중에 함유된 H_2O와 CO_2의 양이다.
③ 강열감량은 클링커와 혼합하는 석고의 결정수량과 거의 같은 양이다.
④ 시멘트가 풍화하면 강열감량이 적어지므로 풍화의 정도를 파악하는 데 사용된다.

해설
- 시멘트가 풍화되면 강열감량은 증가한다.
- 강열감량에 의해서 시멘트의 풍화 정도를 파악할 수 있다.
- 시멘트의 강열감량이 증가하면 시멘트 비중은 감소한다.

50 콘크리트용 혼화제(混和劑)에 대한 일반적인 설명으로 틀린 것은?

① AE제에 의한 연행공기는 시멘트, 골재입자 주위에서 베어링(bearing)과 같은 작용을 함으로써 콘크리트의 워커빌리티를 개선하는 효과가 있다.
② 고성능 감수제는 그 사용방법에 따라 고강도 콘크리트용 감수제와 유동화제로 나누어지지만 기본적인 성능은 동일하다.
③ 촉진제는 응결시간이 빠르고 조기강도를 증대시키는 효과가 있기 때문에 여름철 공사에 사용하면 유리하다.
④ 지연제는 사일로, 대형 구조물 및 수조 등과 같이 연속타설을 필요로 하는 콘크리트 구조에 작업이음의 발생 등의 방지에 유효하다.

해설 촉진제는 응결시간이 빠르고 조기강도를 증대시키는 효과가 있기 때문에 겨울철 공사에 사용하면 유리하다.

정답 44. ① 45. ② 46. ① 47. ④ 48. ① 49. ④ 50. ③

51. 석재로서의 화강암에 대한 설명으로 틀린 것은?

① 조직이 균일하고 내구성 및 강도가 크다.
② 내화성이 강해 고열을 받는 내화구조용으로 적합하다.
③ 균열이 적기 때문에 큰 재료를 채취할 수 있다.
④ 외관이 비교적 아름답기 때문에 장식재로 사용할 수 있다.

해설 화강암은 강도가 커서 가공이 어렵고 내화성이 적다.

52. 도폭선에서 심약(心藥)으로 사용되는 것은?

① 흑색화약
② 질화납
③ 뇌홍
④ 면화약

해설 폭약을 심약으로 이것을 섬유, 플라스틱 또는 금속관으로 피복한 것을 도폭선이라 한다.

53. 굵은골재의 밀도 시험결과가 아래의 표와 같을 때 이 골재의 표면건조 포화상태의 밀도는?

- 절대건조상태의 질량 : 2000g
- 표면건조 포화상태의 질량 : 2090g
- 시료의 수중 질량 : 1290g
- 시험온도에서의 물의 밀도 : 1g/cm³

① 2.50g/cm³
② 2.61g/cm³
③ 2.68g/cm³
④ 2.82g/cm³

해설 $\dfrac{B}{B-C} \times \rho_w = \dfrac{2090}{2090-1290} \times 1 = 2.61 \text{g/cm}^3$

54. 골재의 취급과 저장 시 주의해야 할 사항으로 틀린 것은?

① 잔골재, 굵은골재 및 종류, 입도가 다른 골재는 각각 구분하여 별도로 저장한다.
② 골재의 저장설비는 적당한 배수설비를 설치하고 그 용량을 검토하여 표면수가 일정한 골재의 사용이 가능하도록 한다.
③ 골재의 표면수는 굵은골재는 건조상태로, 잔골재는 습윤상태로 저장하는 것이 좋다.

④ 골재는 빙설의 혼입 방지, 동결방지를 위한 적당한 시설을 갖추어 저장해야 한다.

해설 골재의 표면수는 균일한 골재를 사용할 수 있도록 저장되어야 한다.

55 화성암은 산성암, 중성암, 염기성암으로 분류가 되는데, 이때 분류 기준이 되는 것은?

① 규산의 함유량 ② 석영의 함유량
③ 장석의 함유량 ④ 각섬석의 함유량

해설 암석중에 포함된 SiO_2 양에 따라 산성암, 중성암, 염기성암, 초염기성암으로 나눌 수 있다.

56 다음 강재의 응력-변화률 곡선에 관한 설명 중 잘못된 것은?

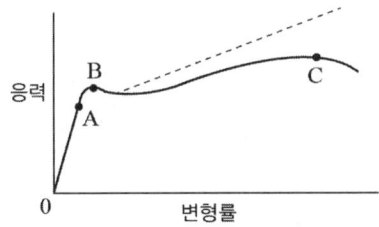

① A점의 응력과 변형률이 비례하는 최대한도 지점이다.
② B점은 외력을 제거해도 영구변형을 남기지 않고 원래로 돌아가는 응력의 최대한도 지점이다.
③ C점은 부재 응력의 최댓값이다.
④ 강재는 하중을 받아 변형되며 단면이 축소되므로 실제 응력-변형률 선은 점선이다.

해설
- A점 : 비례한도
- 탄성한도 : 외력을 제거해도 영구변형을 남기지 않고 원래의 상태로 돌아가는 응력의 최대한도
- B점 : 항복점(외력은 증가하지 않는데 변형이 급격히 증가하였을 때의 응력)
- C점 : 극한강도(응력의 최대값)

57 고무혼입 아스팔트(rubberized asphalt)를 스트레이트 아스팔트와 비교할 때 특징으로 옳지 않은 것은?

① 응집성 및 부착성이 크다.
② 내노화성이 크다.
③ 마찰계수가 크다.
④ 감온성이 크다.

정답 51.② 52.④ 53.② 54.③ 55.① 56.② 57.④

해설
- 감온성이 작다.
- 탄성 및 충격저항이 크다.

58 혼화재 중 대표적인 포졸란의 일종으로서, 석탄 화력발전소 등에서 미분탄을 연소시킬 때 불연 부분이 용융상태로 부유한 것을 냉각 고화시켜 채취한 미분탄재를 무엇이라고 하는가?

① 플라이 애시 ② 고로 슬래그
③ 실리카 흄 ④ 소성 점토

해설 플라이 애시를 사용한 콘크리트는 수밀성 개선과 단위수량을 감소시킨다.

59 아래의 길모어 침에 의한 시멘트의 응결시간 시험 방법(KS L 5103)에서 습도에 대한 내용이다. 아래의 ( ) 안에 들어갈 내용으로 옳은 것은?

> 시험실의 상대 습도는 (㉠) 이상이어야 하며, 습기함이나 습기실은 시험체를 (㉡) 이상의 상대 습도에서 저장할 수 있는 구조이어야 한다.

① ㉠ : 30%, ㉡ : 60%
② ㉠ : 50%, ㉡ : 70%
③ ㉠ : 30%, ㉡ : 80%
④ ㉠ : 50%, ㉡ : 90%

해설
- 시험실의 온도는 20±2℃, 상대 습도는 50% 이상이어야 한다.
- 습기함이나 습기실의 온도는 20±1℃, 상대 습도는 90% 이상이어야 한다.

60 도로포장용 아스팔트는 수분을 함유하지 않고 몇 ℃까지 가열하여도 거품이 생기지 않아야 하는가?

① 150℃ ② 175℃
③ 220℃ ④ 280℃

해설 도로포장용 아스팔트는 적당한 방법에 의하여 원료로부터 제조된 것으로서 균일하며 수분을 함유하지 않고 175℃까지 가열하여도 거품이 생기지 않아야 한다.

4과목 토질 및 기초

61 말뚝의 부마찰력에 대한 설명이다. 틀린 것은?

① 부마찰력을 줄이기 위하여 말뚝표면을 아스팔트 등으로 코팅하여 타설한다.
② 지하수의 저하 또는 압밀이 진행중인 연약지반에서 부마찰력이 발생한다.
③ 점성토 위에 사질토를 성토한 지반에 말뚝을 타설한 경우에 부마찰력이 발생한다.
④ 부마찰력은 말뚝이 아래 방향으로 작용하는 힘이므로 결국에는 말뚝의 지지력을 증가시킨다.

해설 부마찰력은 말뚝을 아래 방향으로 작용하는 힘이므로 결국에는 말뚝의 지지력을 감소시킨다.

62 그림과 같이 같은 두께의 3층으로 된 수평 모래층이 있을 때 모래층 전체의 연직방향 평균 투수계수는? (단, k_1, k_2, k_3는 각 층의 투수계수임)

$H_1 = 3m$	$k_1 = 2.3 \times 10^{-4}$ cm/sec
$H_2 = 3m$	$k_2 = 9.8 \times 10^{-3}$ cm/sec
$H_3 = 3m$	$k_3 = 4.7 \times 10^{-4}$ cm/sec

① 2.38×10^{-3} cm/sec
② 3.01×10^{-4} cm/sec
③ 4.56×10^{-4} cm/sec
④ 3.36×10^{-5} cm/sec

해설
$$k_v = \frac{H_o}{\frac{H_1}{k_1} + \frac{H_2}{k_2} + \frac{H_3}{k_3}}$$

$$= \frac{900}{\frac{300}{2.3 \times 10^{-4}} + \frac{300}{9.8 \times 10^{-3}} + \frac{300}{4.7 \times 10^{-4}}}$$

$$= 4.56 \times 10^{-4} \text{cm/sec}$$

정답 58. ① 59. ④ 60. ② 61. ④ 62. ③

63 모래시료에 대하여 압밀배수 삼축압축시험을 실시하였다. 초기 단계에서 구속응력(σ_3)은 100kN/m²이고, 전단파괴 시에는 작용된 축차응력(σ_{df})은 200kN/m²이었다. 이와 같은 모래시료의 내부마찰각(ϕ) 및 파괴면에 작용하는 전단응력(τ_f)의 크기는?

① $\phi=30$, $\tau_f=115.47$kN/m² ② $\phi=40$, $\tau_f=115.47$kN/m²
③ $\phi=30$, $\tau_f=86.60$kN/m² ④ $\phi=40$, $\tau_f=86.60$kN/m²

해설

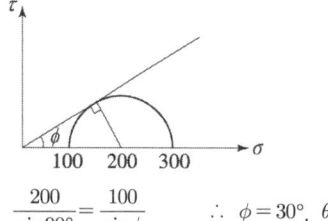

$\dfrac{200}{\sin 90°}=\dfrac{100}{\sin \phi}$ ∴ $\phi=30°$, $\theta=45°+\dfrac{\phi}{2}=60°$

$\tau=\dfrac{\sigma_1-\sigma_3}{2}\sin 2\theta=\dfrac{300-100}{2}\sin 2\times 60°=86.6$kN/m²

64 토립자가 둥글고 입도분포가 나쁜 모래 지반에서 표준관입시험을 한 결과 N치는 10이었다. 이 모래의 내부마찰각을 Dunham의 공식으로 구하면?

① 21° ② 26°
③ 31° ④ 36°

해설
- $\phi=\sqrt{12N}+15=\sqrt{12\times 10}+15 ≒ 26°$
- 토립자가 모나고 입도분포가 양호
  $\phi=\sqrt{12N}+25$

65 포화된 점토에 대하여 비압밀비배수(UU) 시험을 하였을 때의 결과에 대한 설명 중 옳은 것은? (단, ϕ : 내부마찰각, c : 점착력)

① ϕ와 c가 나타나지 않는다.
② ϕ는 "0"이 아니지만 c는 "0"이다.
③ ϕ와 c가 모두 "0"이 아니다.
④ ϕ는 "0"이고 c는 "0"이 아니다.

해설 내부마찰각 ϕ는 흙의 종류에 관계없이 항상 0이다. 즉 파괴포락선은 수평으로 나타나며 전단강도 $\tau=0$이다. 이때 전단강도는 Mohr원의 반경과 같다.

66 흙의 구성도에서 체적 V를 1로 했을 때 간극의 체적은? (단, 흙 입자의 비중 G_s, 함수비 ω, 간극률 n, 물의 단위무게 r_w)

① $G_s \omega$
② $\dfrac{n}{100}$
③ $n(G_s - 1)$
④ $(1-n)r_w$

해설 $n = \dfrac{V_v}{V} \times 100$ ∴ $V_v = \dfrac{n \cdot V}{100} = \dfrac{n}{100}$

67 평판재하시험에서 재하판의 크기에 의한 영향(scale effect)에 관한 설명으로 틀린 것은?

① 사질토 지반의 지지력은 재하판의 폭에 비례한다.
② 점토 지반의 지지력은 재하판의 폭에 무관하다.
③ 사질토 지반의 침하량은 재하판의 폭이 커지면 약간 커지기는 하지만 비례하는 정도는 아니다.
④ 점토 지반의 침하량은 재하판의 폭에 무관하다.

해설 점토 지반의 침하량은 재하판의 폭에 비례한다.

68 응력경로(stress path)에 대한 설명으로 옳지 않은 것은?

① 응력경로는 Mohr의 응력원에서 전단응력이 최대인 점을 연결하여 구해진다.
② 응력경로란 시료가 받는 응력의 변화과정을 응력공간에 궤적으로 나타낸 것이다.
③ 응력경로는 특성상 전응력으로만 나타낼 수 있다.
④ 시료가 받는 응력상태에 대해 응력경로를 나타내면 직선 또는 곡선으로 나타내어진다.

해설
- 응력경로는 전응력 및 유효응력으로 표시할 수 있다.
- 흙의 삼축압축시험 시 간극수압계수가 변화하면 유효응력경로는 직선이 되지 않는다.
- 응력경로는 시료가 받는 응력의 변화과정을 연속적으로 살필 수 있는 표현방법이다.

69 기초의 필요조건에 대한 설명으로 옳지 않은 것은?

① 지지력에 대하여 안전하여야 한다.
② 침하는 허용하여서는 안 된다.
③ 경제성 및 사용성이 좋아야 한다.
④ 최소한의 근입깊이를 가져 동해의 영향을 받지 않아야 한다.

해설 침하는 허용치 이내가 되어야 한다.

정답 63. ③ 64. ② 65. ④ 66. ② 67. ④ 68. ③ 69. ②

70 암반층 위에 5m 두께의 토층이 경사 15°의 자연사면으로 되어 있다. 이 토층은 $C=15kN/m^2$, $\phi=30°$, $\gamma_{sat}=18kN/m^3$이고, 지하수면은 토층의 지표면과 일치하고 침투는 경사면과 대략 평행이다. 이때의 안전율은? (단, $\gamma_w=9.81kN/m^3$)

① 0.8   ② 1.1
③ 1.6   ④ 2.0

해설
- 전응력 $\sigma=\gamma_{sat} Z\cos^2 i = 18\times 5\times \cos^2 15° = 84kN/m^2$
- 간극수압 $u=\gamma_w \cdot Z\cos^2 i = 9.81\times 5\times \cos^2 15° = 45.8kN/m^2$
- 전단강도 $S=C+(\sigma-u)\tan\phi = 15+(84-45.8)\tan 30° = 37kN/m^2$
- 전단응력 $\tau=\gamma_{sat} Z\sin i\cos i = 18\times 5\times \sin 15°\times \cos 15° = 22.5kN/m^2$
- $F=\dfrac{S}{\tau}=\dfrac{37}{22.5}=1.6$

71 점토지반으로부터 불교란 시료를 채취하였다. 이 시료는 직경 5cm, 길이 10cm이고, 습윤무게는 350g이고, 함수비가 40%일 때 이 시료의 건조단위무게는?

① $1.78g/cm^3$ ② $1.43g/cm^3$
③ $1.27g/cm^3$ ④ $1.14g/cm^3$

해설
- $\gamma_t=\dfrac{W}{V}=\dfrac{350}{\dfrac{3.14\times 5^2}{4}\times 10}=1.78g/cm^3$
- $\gamma_d=\dfrac{\gamma_t}{1+\dfrac{w}{100}}=\dfrac{1.78}{1+\dfrac{40}{100}}=1.27g/cm^3$

72 두께 2cm의 점토시료에 대한 압밀 시험결과 50%의 압밀을 일으키는 데 6분이 걸렸다. 같은 조건하에서 두께 3.6m의 점토층 위에 축조한 구조물이 50%의 압밀에 도달하는 데 며칠이 걸리는가?

① 1350일   ② 270일
③ 27일   ④ 135일

해설
$t_1 : H_1^2 = t_2 : H_2^2$
$6:\left(\dfrac{2}{2}\right)^2 = t_2 : \left(\dfrac{360}{2}\right)^2$ $\therefore t_2=194400$분 ≒ 135일

73 흙의 다짐시험에서 다짐에너지를 증가시킬 때 일어나는 결과는?

① 최적함수비는 증가하고, 최대건조 단위중량은 감소한다.
② 최적함수비는 감소하고, 최대건조 단위중량은 증가한다.
③ 최적함수비와 최대건조 단위중량이 모두 감소한다.
④ 최적함수비와 최대건조 단위중량이 모두 증가한다.

해설
- $E_c = \dfrac{W_R \cdot H \cdot N_B \cdot N_L}{V}$
- 다짐 에너지가 증가하면 최대건조 단위중량은 증가하고 최적 함수비는 감소한다.

74 유선망(流線網)의 특징에 대한 설명으로 틀린 것은?

① 두 개의 등수두선의 수압강하량은 다른 두 개의 등수두선에서도 같다.
② 침투속도 및 동수경사는 유선망의 폭에 비례한다.
③ 각 유로의 침투량은 같고 유선은 등수두선과 직교한다.
④ 유선망으로 되는 사변형은 이론상 정사각형이다.

해설
- 침투속도 및 동수경사는 유선망의 폭에 반비례한다.
- 유선과 다른 유선은 서로 교차하지 않는다.
- 유선망은 경계조건을 만족하여야 한다.

보충
- 침투수량과 공극수압을 측정하기 위해 유선망을 작도한다.
- $Q = k \cdot \dfrac{N_f}{N_d} \cdot H$

75 다음 그림과 같이 2m×3m 크기의 기초에 100kN/m²의 등분포하중이 작용할 때, A점 아래 4m 깊이에서의 연직응력 증가량은? (단, 아래 표의 영향계수 값을 활용하여 구하며, $m = \dfrac{B}{z}$, $n = \dfrac{L}{z}$이고, B는 직사각형 단면의 폭, L은 직사각형 단면의 길이, z는 토층의 깊이이다.)

[영향계수(I) 값]

m	0.25	0.5	0.5	0.5
n	0.5	0.25	0.75	1.0
I	0.048	0.048	0.115	0.122

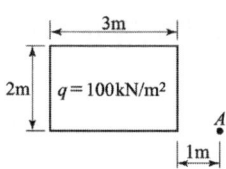

① 6.7 kN/m²
② 7.4 kN/m²
③ 12.2 kN/m²
④ 17.0 kN/m²

해설
$\sigma_Z = q \cdot I_{(m,n)} = q \cdot I_{(\frac{2}{4}, \frac{4}{4})} - q \cdot I_{(\frac{2}{4}, \frac{1}{4})} = 100 \times 0.122 - 100 \times 0.048$
$= 7.4 \text{kN/m}^2$

[정답] 70. ③ 71. ③ 72. ④ 73. ② 74. ② 75. ②

76. 주동토압을 P_A, 수동토압을 P_P, 정지토압을 P_O라 할 때 토압의 크기순서는?

① $P_A > P_P > P_O$
② $P_P > P_O > P_A$
③ $P_P > P_A > P_O$
④ $P_O > P_A > P_P$

해설
- $P_a < P_o < P_p$
- $K_a < K_o < K_p$

77. 다음의 지반 개량 공법 중에서 점성토 지반에 사용하지 않는 것은?

① 샌드 드레인 공법
② 페이퍼 드레인 공법
③ 프리로딩 공법
④ 바이브로 플로테이션 공법

해설 바이브로 플로테이션 공법은 사질토 지반 개량 공법에 사용된다.

78. 두께 5m의 점토층이 있다. 압축 전의 간극비가 1.32, 압축 후의 간극비가 1.10으로 되었다면 이 토층의 압밀침하량은 약 얼마인가?

① 68cm
② 58cm
③ 52cm
④ 47cm

해설
- $\Delta H = \dfrac{e_1 - e_2}{1 + e_1} \cdot H = \dfrac{1.32 - 1.10}{1 + 1.32} \times 500 = 47\text{cm}$
- $\Delta H = m_v \cdot \Delta P \cdot H$

79. 미세한 모래와 실트가 작은 아치를 형성한 고리모양의 구조로써 간극비가 크고, 보통의 정적 하중을 지탱할 수 있으나 무거운 하중 또는 충격하중을 받으면 흙구조가 부서지고 큰 침하가 발생되는 흙의 구조는?

① 면모구조
② 벌집구조
③ 분산구조
④ 층구조

해설 벌집구조는 공극비가 크고 진동, 충격에 약하다.

80 말뚝기초에 대한 설명으로 틀린 것은?

① 군항은 전달되는 응력이 겹쳐지므로 말뚝 1개의 지지력에 말뚝 개수를 곱한 값보다 지지력이 크다.
② 동역학적 지지력 공식 중 엔지니어링 뉴스 공식의 안전율(F_s)은 6이다.
③ 부주면 마찰력이 발생하면 말뚝의 지지력은 감소한다.
④ 말뚝기초는 기초의 분류에서 깊은 기초에 속한다.

해설
- 군항은 단항의 70~80% 정도로 지지력이 자고 말뚝수에 1항당 지지력을 곱해서는 안 된다.
- 말뚝 간격이 너무 좁으면 단항에 비해서 훨씬 깊은 곳까지 응력이 미치므로 그 영향을 검토해야 한다.

정답 76. ② 77. ④
78. ④ 79. ②
80. ①

1과목 콘크리트 공학

01 일반 콘크리트의 비비기는 미리 정해둔 비비기 시간의 최대 몇 배 이상 계속해서는 안 되는가?

① 2배
② 3배
③ 4배
④ 5배

해설 비비기 시간은 시험에 의해 정하는 것을 원칙으로 한다.

02 프리스트레스트 콘크리트에 대한 설명으로 틀린 것은?

① 프리텐션 방식으로 프리스트레싱할 때 콘크리트의 압축강도는 30MPa 이상이어야 한다.
② 프리스트레스트 콘크리트 그라우트의 물-결합재비는 45% 이하로 하여야 한다.
③ 프리스트레싱할 때 긴장재에 인장력을 설계값 이상으로 주었다가 다시 설계값으로 낮추는 방법으로 시공하여야 한다.
④ 굵은골재의 최대치수는 보통의 경우 25mm를 표준으로 한다.

해설 프리스트레싱할 때 긴장재에 인장력을 설계값 이상으로 주었다가 다시 설계값으로 낮추는 방법으로 시공하여서는 안 된다.

03 급속 동결융해에 대한 콘크리트의 저항시험방법에서 동결융해 1사이클의 소요시간으로 옳은 것은?

① 1시간 이상, 2시간 이하로 한다.
② 2시간 이상, 4시간 이하로 한다.
③ 4시간 이상, 5시간 이하로 한다.
④ 5시간 이상, 7시간 이하로 한다.

해설
• 시험 방법으로는 수중 급속동결융해 시험방법과 기중 급속동결융해 시험방법이 있다.
• 시험의 종료는 300사이클로 하고 그때까지 상대동탄성계수가 60% 이하가 되는 사이클이 있으면 그 사이클에서 시험을 종료한다.
• 동결융해 1사이클은 공시체 중심부의 온도를 원칙으로 하며 4℃에서 -18℃로 떨어지고 다음에 -18℃에서 4℃로 상승되는 것으로 한다.

04 일반 콘크리트 타설에 대한 설명으로 틀린 것은?

① 타설한 콘크리트를 거푸집 안에서 횡방향으로 이동시켜서는 안 된다.
② 한 구획 내의 콘크리트 타설이 완료될 때까지 연속해서 타설해야 한다.
③ 콘크리트는 그 표면이 한 구획 내에서는 거의 수평이 되도록 타설하는 것을 원칙으로 한다.
④ 콘크리트 타설 도중 표면에 떠올라 고인 블리딩수가 있을 경우는 콘크리트 표면에 도랑을 만들어 물을 제거한 후 콘크리트를 타설해야 한다.

해설 콘크리트 타설 도중 표면에 떠올라 고인 블리딩수가 있을 경우에는 적당한 방법으로 이 물을 제거한 후 그 위에 콘크리트를 친다. 고인 물을 제거하기 위하여 콘크리트 표면에 홈을 만들어 흐르게 해서는 안 된다.

05 굳지 않은 콘크리트의 워커빌리티에 영향을 미치는 요인에 대한 설명 중 맞는 것은?

① 시멘트의 비표면적이 크면 워커빌리티가 나빠진다.
② 모양이 각진 골재를 사용하면 워커빌리티가 좋아진다.
③ AE제, 플라이애시를 사용하면 워커빌리티가 개선된다.
④ 콘크리트의 온도가 높을수록 슬럼프는 증가한다.

해설
• 시멘트의 비표면적이 크면 워커빌리티가 좋아진다.
• 모양이 각진 골재를 사용하면 워커빌리티가 나빠진다.
• 콘크리트의 온도가 높을수록 슬럼프는 감소한다.

06 시방배합 설계 결과 잔골재량이 630kg/m³, 굵은골재량이 1,170 kg/m³이었다. 현장의 골재 상태가 아래 표와 같을 때 현장배합의 잔골재량과 굵은골재량으로 옳은 것은?

[현재 골재 상태]
• 잔골재가 5mm체에 남는 양 : 6%
• 잔골재의 표면수 : 2.5%
• 굵은골재가 5mm체를 통과하는 양 : 8%
• 굵은골재의 표면수 : 0.5%

① 잔골재 : 579kg/m³, 굵은골재 : 1,241kg/m³
② 잔골재 : 551kg/m³, 굵은골재 : 1,229kg/m³
③ 잔골재 : 531kg/m³, 굵은골재 : 1,201kg/m³
④ 잔골재 : 519kg/m³, 굵은골재 : 1,189kg/m³

정답 01. ② 02. ③ 03. ② 04. ④ 05. ③ 06. ①

📝**해설**
- 입도 보정

$$잔골재 = \frac{100S - b(S+G)}{100-(a+b)} = \frac{100 \times 630 - 8(630+1170)}{100-(6+8)} = 565\,kg$$

$$굵은골재 = \frac{100G - a(S+G)}{100-(a+b)} = \frac{100 \times 1170 - 6(630+1170)}{100-(6+8)} = 1235\,kg$$

- 표면수
  보정잔골재 = 565 × 0.025 = 14 kg
  굵은골재 = 1235 × 0.005 = 6 kg
- 골재의 단위량
  잔골재량 = 565 + 14 = 579 kg
  굵은골재량 = 1235 + 6 = 1241 kg

07 콘크리트의 비파괴 시험 중 철근 부식 여부를 조사할 수 있는 방법이 아닌 것은?

① 전위차 적정법　　② 자연전위법
③ 분극저항법　　　④ 전기저항법

📝**해설** 전위차 적정법, 질산은 적정법은 염화물 측정법이다.

08 소요의 품질을 갖는 프리플레이스트 콘크리트를 얻기 위한 주입 모르타르의 품질에 대한 설명으로 틀린 것은?

① 굳지 않은 상태에서 압송과 주입이 쉬워야 한다.
② 주입되어 경화되는 사이에 블리딩이 적으며, 팽창하지 않아야 한다.
③ 경화 후 충분한 내구성 및 수밀성과 강재를 보호하는 성능을 가져야 한다.
④ 굵은골재의 공극을 완벽하게 채울 수 있는 양호한 유동성을 가지며 주입 작업이 끝날 때까지 이 특성이 유지되어야 한다.

📝**해설**
- 주입되어 경화되는 사이에 블리딩이 적으며, 소요의 팽창을 하여야 한다.
- 주입 모르타르의 유동성은 유하시간에 의해 설정한다.
- 유하시간의 설정값은 16~20초를 표준으로 한다. 다만 고강도 프리플레이스트 콘크리트는 유하시간 25~50초를 표준으로 한다.
- 경화 후 콘크리트가 소요의 품질을 유지하기 위하여 압축강도와 굵은골재와의 부착력을 가져야 한다.

09 매스 콘크리트의 온도균열 발생에 대한 검토는 온도균열지수에 의해 평가하는 것을 원칙으로 한다. 철근이 배치된 일반적인 구조물의 표준적인 온도균열지수의 값 중 균열 발생을 제한할 경우의 값으로 옳은 것은?

① 1.5 이상
② 1.2~1.5
③ 0.7~1.2
④ 0.7 이하

해설
- 균열 발생을 방지하여야 할 경우 : 1.5 이상
- 유해한 균열 발생을 제한할 경우 : 0.7~1.2

10 콘크리트의 크리프에 대한 설명으로 틀린 것은?

① 부재의 치수가 적을수록 크리프는 증가한다.
② 단위시멘트량이 많을수록 크리프는 증가한다.
③ 조강 시멘트는 보통 시멘트보다 크리프가 작다.
④ 상대습도가 높고, 온도가 낮을수록 크리프는 증가한다.

해설 상대습도가 높고, 온도가 낮을수록 크리프는 감소한다.

11 아래의 유동화 콘크리트의 슬럼프에 대한 내용으로 ( ) 안에 들어갈 알맞은 값은?

> 유동화 콘크리트의 슬럼프는 (㉠)mm 이하를 원칙으로 하며, 슬럼프 증가량은 유동화제의 첨가량에 따라 커지지만 너무 크게 되면 재료 분리가 발생할 가능성이 높아지므로 (㉡)mm 이하를 원칙으로 한다.

① ㉠ : 180, ㉡ : 100
② ㉠ : 210, ㉡ : 100
③ ㉠ : 180, ㉡ : 150
④ ㉠ : 210, ㉡ : 150

해설
- 유동화 콘크리트의 슬럼프 증가량은 100mm 이하를 원칙으로 하며, (50~80)mm를 표준으로 한다.
- 유동화 콘크리트의 슬럼프(mm)

콘크리트의 종류	베이스 콘크리트	유동화 콘크리트
보통 콘크리트	150 이하	210 이하
경량골재 콘크리트	180 이하	210 이하

12 콘크리트 압축강도 시험에서 공시체에 하중을 가하는 속도는 압축응력도의 증가율이 매초 몇 MPa이 되도록 하여야 하는가?

① (6.0±0.4)MPa
② (6.0±0.04)MPa
③ (0.6±0.2)MPa
④ (0.06±0.04)MPa

해설 인장강도 시험 및 휨강도 시험의 경우에는 (0.06±0.04)MPa이 되도록 하중을 가하여야 한다.

정답 07. ① 08. ② 09. ② 10. ④ 11. ② 12. ③

13 숏크리트의 시공에 대한 일반적인 설명으로 틀린 것은?

① 건식 숏크리트는 배치 후 45분 이내에 뿜어붙이기를 실시하여야 한다.
② 습식 숏크리트는 배치 후 60분 이내에 뿜어붙이기를 실시하여야 한다.
③ 숏크리트는 타설되는 장소의 대기 온도가 25℃ 이상이 되면 건식 및 습식 숏크리트 모두 뿜어붙이기를 할 수 없다.
④ 숏크리트는 대기 온도가 10℃ 이상일 때 뿜어붙이기를 실시한다.

해설 숏크리트는 타설되는 장소의 대기 온도가 32℃ 이상이 되면 건식 및 습식 숏크리트 모두 뿜어붙이기를 할 수 없다.

14 콘크리트의 압축강도를 기준으로 거푸집널을 해체하고자 할 때 확대기초, 보, 기둥 등의 측면 거푸집널은 압축강도가 최소 얼마 이상인 경우 해체할 수 있는가?

① 5MPa 이상
② 14MPa 이상
③ 설계기준 압축강도의 1/3 이상
④ 설계기준 압축강도의 2/3 이상

해설 단층구조의 경우 슬래브 및 보의 밑면, 아치 내면은 설계기준 압축강도의 2/3 이상, 또한 최소 14MPa 이상인 경우에 해체할 수 있다.

15 아래는 고강도 콘크리트의 타설에 대한 내용으로 ( ) 안에 들어갈 알맞은 값은?

> 수직 부재에 타설하는 콘크리트의 강도와 수평 부재에 타설하는 콘크리트 강도의 차가 ( )배를 초과하는 경우에는 수직 부재에 타설한 고강도 콘크리트는 수직-수평부재의 접합면으로부터 수평 부재 쪽으로 안전한 내민 길이를 확보하도록 하여야 한다.

① 1.4
② 1.6
③ 1.8
④ 2.0

해설 기둥 부재에 타설하는 콘크리트 강도와 슬래브나 보에 타설하는 콘크리트의 강도가 1.4배 이상 차이가 생길 경우에는 기둥에 사용한 콘크리트가 수평 부재의 접합면에서 0.6m 정도 충분히 수평 부재 쪽으로 안전한 내민 길이를 확보하면서 콘크리트를 타설하여야 한다.

16 콘크리트의 양생에 대한 설명으로 틀린 것은?

① 거푸집판이 건조될 우려가 있는 경우에는 살수하여 습윤상태로 유지하여야 한다.
② 막양생제는 콘크리트 표면의 물빛(水光)이 없어진 직후에 얼룩이 생기지 않도록 살포하여야 한다.
③ 콘크리트는 양생기간 중에 유해한 작용으로부터 보호하여야 하며, 재령 5일이 될 때까지는 물에 씻기지 않도록 보호한다.
④ 고로 슬래그 시멘트 2종을 사용한 경우, 습윤 양생의 기간은 보통 포틀랜드 시멘트를 사용한 경우보다 짧게 하여야 한다.

해설 습윤 양생 기간의 표준

일평균 기온	보통 포틀랜드 시멘트	고로 슬래그 시멘트 2종 플라이 애시 시멘트 2종	조강 포틀랜드 시멘트
15℃ 이상	5일	7일	3일
10℃ 이상	7일	9일	4일
5℃ 이상	9일	12일	5일

17 프리스트레스 콘크리트 부재에서 프리스트레스의 손실 원인 중 프리스트레스 도입 후에 발생하는 시간적 손실의 원인에 해당하는 것은?

① 정착장치의 활동
② 콘크리트의 탄성수축
③ 긴장재 응력의 릴랙세이션
④ 포스트텐션 긴장재와 덕트 사이의 마찰

해설
• 프리스트레스를 도입한 후의 손실(시간적 손실)
  콘크리트의 건조수축, 콘크리트의 크리프, 강재의 릴랙세이션
• 프리스트레스를 도입할 때 일어나는 즉시 손실
  콘크리트의 탄성변형(탄성수축), 강재와 쉬스의 마찰, 정착단의 활동

18 아래는 압축강도에 의한 콘크리트의 품질검사 판정 기준으로 ( ) 안에 들어갈 알맞은 값은? (단, 호칭강도(f_{cn})로부터 배합을 정한 경우이며, f_{cn} > 35MPa이다.)

판정 기준
① 연속 (㉠)회 시험값의 평균이 호칭강도 이상
② 1회 시험값이 호칭강도의 (㉡)% 이상

① ㉠ : 3, ㉡ : 90   ② ㉠ : 5, ㉡ : 90
③ ㉠ : 3, ㉡ : 80   ④ ㉠ : 5, ㉡ : 80

정답 13. ③ 14. ① 15. ① 16. ④ 17. ③ 18. ①

해설

판정 기준	
$f_{cn} \leq 35\text{MPa}$	$f_{cn} > 35\text{MPa}$
① 연속 3회 시험값의 평균이 호칭강도 이상 ② 1회 시험값이 (호칭강도−3.5MPa) 이상	① 연속 3회 시험값의 평균이 호칭강도 이상 ② 1회 시험값이 호칭강도의 90% 이상

19 22회의 압축강도 시험 결과로부터 구한 압축강도의 표준편차가 5MPa이었고, 콘크리트의 호칭강도(f_{cn})가 40MPa일 때 배합강도는? (단, 표준편차의 보정계수는 시험횟수가 20회인 경우 1.08이고, 25회인 경우 1.03이다.)

① 47.10MPa   ② 47.65MPa
③ 48.35MPa   ④ 48.85MPa

해설
배합강도($f_{cn} > 35\text{MPa}$이므로)
$f_{cr} = f_{cn} + 1.34s = 40 + 1.34 \times (5 \times 1.06) = 47.10\text{MPa}$
$f_{cr} = 0.9 f_{cn} + 2.33s = 0.9 \times 40 + 2.33 \times (5 \times 1.06) = 48.35\text{MPa}$
∴ 두 식 중 큰 값 51.05MPa
   여기서, 표준편차 보정계수를 직선 보간하여 구하면 20회 1.08, 21회 1.07, 22회 1.06, 23회 1.05, 24회 1.04, 25회 1.03이 된다.

20 콘크리트의 시방배합이 아래의 표와 같을 때 공기량은 얼마인가? (단, 시멘트의 밀도는 3.15g/cm³, 잔골재의 표건밀도는 2.60g/cm³, 굵은 골재의 표건밀도는 2.65g/cm³이다.)

[시방배합표(kg/m³)]

물	시멘트	잔골재	굵은골재
180	360	745	990

① 2.6%   ② 3.6%
③ 4.6%   ④ 5.6%

해설
공기량 $= 1 - \left(\dfrac{180}{1 \times 1{,}000} + \dfrac{360}{3.15 \times 1{,}000} + \dfrac{745}{2.60 \times 1{,}000} + \dfrac{990}{2.65 \times 1{,}000} \right)$
$= 0.046\text{m}^3 \times 100 = 4.6\%$

답안 표기란
19 ① ② ③ ④
20 ① ② ③ ④

2과목 건설시공 및 관리

21 토량의 변화율이 $L=1.2$, $C=0.9$일 때, 보통 흙으로 45,000m³의 성토를 하고자 한다. 운반하여야 할 토량은 얼마인가?

① 33,750m³   ② 45,000m³
③ 54,000m³   ④ 60,000m³

해설
- $L = \dfrac{\text{운반할 토량}}{\text{본바닥 토량}}$
- $C = \dfrac{\text{성토할 토량}}{\text{본바닥 토량}}$
- 본바닥 토량 $= \dfrac{45,000}{0.9} = 50,000\text{m}^3$
- 운반할 토량 $= 1.2 \times 50,000 = 60,000\text{m}^3$

22 현장 콘크리트 말뚝의 장점이 아닌 것은?

① 지층의 깊이에 따라 말뚝길이를 자유로이 조절 할 수 있다.
② 말뚝선단에 구근을 만들어 지지력을 크게 할 수 있다.
③ 말뚝재료의 운반에 제한이 적다.
④ 현장지반 중에서 제작 양생됨으로 품질관리가 쉽다.

해설
- 현장 지반 중에서 현장 콘크리트 말뚝이 제작 양생됨으로 품질관리가 불리(불량)하다.
- 시공 중에 발생하는 소음 및 진동이 적어 도심지 공사에도 적합하다.

23 공기 케이슨 공법에 관한 설명으로 틀린 것은?

① 소규모 공사 또는 심도가 얕은 곳에는 비경제적이다.
② 배수를 하면서 시공하므로 지하수위 변화를 주어 인접지반에 침하를 일으킨다.
③ 노동조건의 제약을 받기 때문에 노무비가 과대하다.
④ 토질을 확인할 수 있고 정확한 지지력 측정이 가능하다.

해설
- 기초지반의 보일링과 팽창을 방지할 수 있으므로 인접 구조물에 피해를 주지 않는다.
- 공기 케이슨 공법은 굴착깊이가 35~40m까지 가능하여 굴착깊이에 제한을 받는다.
- 지하수를 저하시키지 않으며 히빙, 보일링을 방지할 수 있으므로 인접 구조물의 침하 우려가 없다.

정답 19. ③ 20. ③ 21. ④ 22. ④ 23. ②

24 CPM 기법 중 더미(dummy)에 대한 설명으로 옳은 것은?
① 시간은 필요없으나 자원을 필요로 하는 활동이다.
② 자원은 필요없으나 시간은 필요한 활동이다.
③ 자원과 시간이 필요없는 명목상의 활동이다.
④ 자원과 시간이 모두 필요한 활동이다.

해설 더미는 작업이 행해지는 순서를 점선으로 나타내며 실제로 작업이 행해지는 것은 아니다.

25 착암기로 표준암을 천공하여 60cm/min의 천공속도를 얻었다. 천공깊이 3m, 천공수 15공을 한 대의 착암기로 암반을 천공할 경우 소요되는 총 소요시간을 구하면? (단, 표준암에 대한 천공 대상암의 암석항력계수 1.35, 작업조건계수 0.6, 순 천공시각이 천공시간에 점유하는 비율 0.65)
① 2.0시간 ② 2.4시간
③ 3.0시간 ④ 3.4시간

해설
- 천공속도 : $V_T = \alpha(C_1 \times C_2)V = 0.65(1.35 \times 0.6) \times 60 = 31.6$cm/min
- 총소요시간 : $t = \dfrac{L}{V_T} = \dfrac{300 \times 15}{31.6} = 142.4$분 ≒ 2.4시간

26 T.B.M(tunnel boring machine) 공법에 대한 설명으로 거리가 먼 것은?
① 폭약을 사용하지 않고, 원형으로 굴착하므로 역학적으로도 안전하다.
② 기계의 시공 충격으로 인하여 폭파에 의한 터널굴착공법보다 동바리공이 더 많이 필요하다.
③ 굴착은 필요 이상의 큰 단면을 하지 않으므로 라이닝과 본바닥에 밀착되어 재료가 절약된다.
④ 굴착 진전이 비교적 빠른 반면, 다량의 열이 발생되므로 냉각설비가 필요하다.

해설 폭파에 의한 터널굴착공법보다 동바리공이 더 필요하지 않다.

27 운반토량 900m³을 용적이 4m³인 덤프트럭으로 운반하려고 한다. 트럭의 평균속도 10km/h이고, 상하차 시간이 각각 4분일 때 하루에 전량을 운반하려면 몇 대의 트럭이 필요한가? (단, 1일 덤프트럭 가동시간은 8시간이며, 토사장까지의 거리는 2km이다.)

① 10대 ② 12대
③ 15대 ④ 18대

해설
- $C_m = \dfrac{l}{V} \times 2 + t_1 + t_2 = \dfrac{2,000}{10,000/60} \times 2 + 4 + 4 = 32$ 분
- $Q = \dfrac{60qfE}{C_m} = \dfrac{60 \times 4 \times 1 \times 1}{32} = 7.5 \text{m}^3/\text{hr}$
- 1일 운반량 = $7.5 \times 8 = 60 \text{m}^3/$일
- 소요대수 = $\dfrac{900}{60} = 15$ 대

28 국내 도로 파손의 주요원인은 소성변형으로 전체의 파손의 큰 부분을 차지하고 있다. 최근 이러한 소성변형의 억제방법 중 하나로 기존의 밀입도 아스팔트 혼합물 대신 상대적으로 큰 입경의 골재를 이용하는 아스팔트 포장방법을 무엇이라 하는가?

① SBS ② SBR
③ SMA ④ SMR

해설 SMA(Stone Mastic Asphalt) 포장은 소성변형에 대한 저항성이 우수한 포장공법으로 골재의 맞물림 효과를 최대로 하여 기존 밀입도 아스팔트 혼합물의 단점을 개선한 공법이다.

29 폭우시 옹벽 배면에는 침투수압이 발생되는데 이 침투수에 의한 중요 영향으로 옳지 않은 것은?

① 활동면에서의 양압력 증가
② 포화에 의한 흙의 무게 증가
③ 옹벽 저면에서의 양압력 증가
④ 수평 저항력의 증대

해설 수평 저항력이 감소되어 위험할 수 있다.

30 관의 직경이 20cm, 유속이 0.6m/sec, 암거길이가 300m일 때 원활한 배수를 위한 암거낙차를 구하면? (단, Giesler의 공식을 사용하시오.)

① 0.86m ② 1.35m
③ 1.84m ④ 2.24m

정답 24. ③ 25. ② 26. ② 27. ③ 28. ③ 29. ④ 30. ②

해설

$$V = 20\sqrt{\dfrac{Dh}{L}} \qquad 0.6 = 20\sqrt{\dfrac{0.2 \times h}{300}}$$

$$\therefore h = 1.35\text{m}$$

31 공사일수를 3점 시간 추정법에 의해 산정할 경우 적절한 공사일수는? (단, 낙관 일수는 6일, 정상일수는 8일, 비관일수는 10일이다.)

① 6일
② 7일
③ 8일
④ 9일

해설

$$t_e = \dfrac{t_o + 4t_m + t_p}{6} = \dfrac{6 + 4 \times 8 + 10}{6} = 8\text{일}$$

32 아래 그림과 같은 지형에서 시공 기준면의 표고를 30m로 할 때 총 토공량은? (단, 격자점의 숫자는 표고를 나타내며 단위는 m이다.)

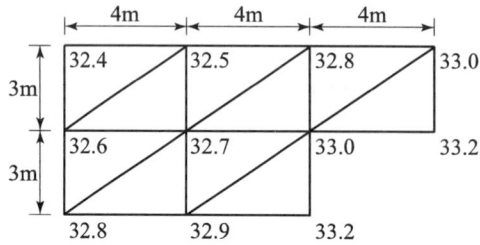

① 142m³
② 168m³
③ 184m³
④ 213m³

해설

- $\Sigma h_1 = \Sigma(h_1 - 30) = 2.4 + 3.2 + 3.2 = 8.8\text{m}$
- $\Sigma h_2 = \Sigma(h_2 - 30) = 3.0 + 2.8 = 5.8\text{m}$
- $\Sigma h_3 = \Sigma(h_3 - 30) = 2.5 + 2.8 + 2.9 + 2.6 = 10.8\text{m}$
- $\Sigma h_5 = \Sigma(h_5 - 30) = 3.0\text{m}$
- $\Sigma h_6 = \Sigma(h_6 - 30) = 2.7\text{m}$

$$\therefore V = \dfrac{ab}{6}(\Sigma h_1 + 2\Sigma h_2 + 3\Sigma h_3 + 5\Sigma h_5 + 6\Sigma h_6)$$

$$= \dfrac{3 \times 4}{6}[8.8 + (2 \times 5.8) + (3 \times 10.8) + (5 \times 3.0) + (6 \times 2.7)] = 168\text{m}^3$$

33 록 볼트의 정착형식은 선단 정착형, 전면 접착형, 혼합형으로 구분할 수 있다. 이에 대한 설명으로 틀린 것은?

① 록 볼트 전장에서 원지반을 구속하는 경우에는 전면 접착형이다.
② 암괴의 봉합효과를 목적으로 하는 것은 선단 정착형이며, 그 중 쐐기형이 많이 쓰인다.
③ 선단을 기계적으로 정착한 후 시멘트 밀크를 주입하는 것은 혼합형이다.
④ 경암, 보통암, 토사 원지반에서 팽창성 원지반까지 적용범위가 넓은 것은 전면 접착형이다.

해설 암괴의 봉합효과를 목적으로 하는 것은 선단 정착형이며, 그 중 확장형과 캡슐 정착형이 많이 쓰인다.

34 말뚝의 부주면 마찰력(negative friction)에 대한 설명으로 틀린 것은?

① 말뚝의 주변지반이 말뚝의 침하량 보다 상대적으로 큰 침하를 일으키는 경우 부주면 마찰력이 생긴다.
② 지하수위가 상승할 경우 부주면 마찰력이 생긴다.
③ 표면적이 작은 말뚝을 사용하여 부주면 마찰력을 줄일 수 있다.
④ 말뚝 직경보다 약간 큰 케이싱을 박아서 부주면 마찰력을 차단할 수 있다.

해설 지하수위의 저하로 체적이 감소할 때 부주면 마찰력이 발생된다.

35 줄눈이 벌어지거나 단차가 발생하는 것을 막기 위해 세로 줄눈 등을 횡단하여 콘크리트 슬래브의 중앙에 설치하는 이형 철근을 무엇이라 하는가?

① 타이바   ② 루팅
③ 슬립바   ④ 컬러코트

해설 타이바는 콘크리트 포장에서 맹줄눈, 맞댄줄눈, 교합줄눈 등을 횡단하여 콘크리트 슬래브에 삽입한 이형 봉강으로 줄눈이 벌어지거나 층이 지는 것을 막는 작용을 한다.

36 교량 가설 공법 중 동바리를 사용하는 공법에 해당하는 것은?

① 새들식 공법   ② 크레인식 공법
③ 이동벤트식 공법   ④ 캔틸레버식 공법

해설 새들식 공법은 침목 등을 이용하여 떠 받치는 공법이다.

정답 31. ③ 32. ②
33. ② 34. ②
35. ① 36. ①

37. 역타(Top-down) 공법에 대한 설명으로 틀린 것은?

① 작업 능률이 높아 시공성이 우수하며, 공사비용이 저렴하다.
② 상부 구조물과 지하 구조물을 동시에 시공하므로 공기단축이 가능하다.
③ 건물 본체의 바닥 및 보를 구축한 후 이를 지지구조로 사용하여 흙막이의 안정성이 높다.
④ 1층 바닥을 선시공하여 작업장으로 활용하고 악천후에도 하부 굴착과 구조물의 시공이 가능하다.

해설 작업장 확보의 어려움이 많아 작업 능률의 저하, 공사기간의 장기화, 공사비 증가가 초래된다.

38. 암거 둘레의 흙이 포화된 경우 지하수위가 상승할 때 암거가 빈 상태로 되면 양압력 때문에 암거가 뜨는 일이 있다. 이를 방지하기 위한 수단으로 틀린 것은?

① 자중을 증가시킨다.
② 흙쌓기의 양을 증가시킨다.
③ 암거의 토압과 마찰력을 감소시킨다.
④ 배수공법으로 지하수위를 저하시킨다.

해설 암거의 토압과 마찰력을 증가시킨다.

39. 토공현장에서 흙의 운반거리가 60m, 불도저의 전진속도가 40m/min, 후진속도가 100m/min, 기어 변속시간이 0.25분이고, 1회의 압토량이 $2.3m^3$, 작업효율이 0.65일 때 불도저의 1시간당 작업량을 본바닥 토량으로 구하면? (단, 토량의 변화율 $C=0.9$, $L=1.25$이다.)

① $27.4m^3/h$　　② $30.5m^3/h$
③ $38.6m^3/h$　　④ $42.4m^3/h$

해설
- $C_m = \dfrac{l}{V_1} + \dfrac{l}{V_2} + t = \dfrac{60}{40} + \dfrac{60}{100} + 0.25 = 2.35$ 분
- $Q = \dfrac{60\,q\,f\,E}{C_m} = \dfrac{60 \times 2.3 \times \dfrac{1}{1.25} \times 0.65}{2.35} = 30.5m^3/h$

40 그림과 같이 성토 높이가 8m인 사면에서 비탈 경사가 1 : 1.3일 때 수평거리 x는?

① 6.2m
② 8.3m
③ 9.4m
④ 10.4m

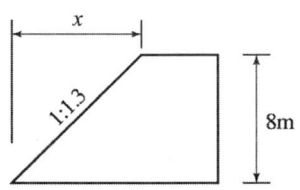

해설 1 : 1.3 = 수직 높이 : 수평거리 관계에서 1.3×8=10.4m

3과목 건설재료 및 시험

41 암석의 구조에 대한 다음 설명 중 옳은 것은?
① 암석의 가공이나 채석에 이용되는 것으로 암석의 갈라지기 쉬운 면을 석리라 한다.
② 퇴적암이나 변성암의 일부에서 생기는 평행상의 절리를 벽개라 한다.
③ 암석 특유의 천연적으로 갈라진 금을 절리라 한다.
④ 암석을 구성하고 있는 조암광물의 집합상태에 따라 생기는 눈모양을 층리라 한다.

해설
- **석목(돌눈)** : 채석에 이용하는 갈라지기 쉬운 금
- **벽개** : 광물 내의 원자 배열 상태에 따라 일정한 면으로 갈라지는 성질
- **석리** : 조암광물의 접합상태에 따라 갈라지는 금
- **층리** : 평행상의 절리

42 시멘트의 응결시험 방법으로 옳은 것은?
① 길모아침에 의한 방법
② 오오토클레이브 방법
③ 블레인 방법
④ 비비 시험

해설 시멘트 응결시험은 비카침에 의한 방법과 길모아침에 의한 방법이 있다.

43 골재의 조립률 시험에 사용되는 10개의 체 규격에 해당되지 않는 것은?
① 25mm
② 10mm
③ 1.2mm
④ 0.6mm

해설 조립률 계산에 사용되는 체 : 75, 40, 20, 10, 5, 2.5, 1.2, 0.6, 0.3, 0.15mm

정답 37. ① 38. ③ 39. ② 40. ④ 41. ③ 42. ① 43. ①

44 스트레이트 아스팔트에 대한 설명 중 틀린 것은?

① 블론 아스팔트에 비해 투수계수가 크다.
② 블론 아스팔트에 비해 신장성이 크다.
③ 블론 아스팔트에 비해 점착성이 크다.
④ 블론 아스팔트에 비해 온도에 대한 감온성이 크다.

해설 스트레이트 아스팔트는 투수계수가 작아 방수성이 좋다.

45 마샬 시험방법에 따라 아스팔트 콘크리트 배합설계를 진행할 경우 포화도는 몇 %인가? [단, 아스팔트 밀도(G_a) : 1.030g/cm³, 아스팔트의 함량(A) : 6.3%, 공시체의 실측밀도(d) : 2.435g/cm³, 공시체의 공극률(V) : 4.8%]

① 58% ② 66%
③ 71% ④ 76%

해설
- 용적률
$$\frac{\text{아스팔트 함량} \times \text{실측밀도}}{\text{아스팔트 비중(밀도)}} = \frac{6.3 \times 2.435}{1.03} = 14.9\%$$

- 포화도
$$\frac{\text{아스팔트 용적률}}{\text{아스팔트 용적률} + \text{공극률}} \times 100 = \frac{14.9}{14.9 + 4.8} \times 100 = 76\%$$

46 콘크리트용 혼화재료에 대한 설명으로 틀린 것은?

① 방청제는 철근이나 PC강선이 부식하는 것을 방지하기 위해 사용한다.
② 급결제를 사용한 콘크리트는 초기 28일의 강도증진은 매우 크고, 장기강도의 증진 또한 큰 경우가 많다.
③ 지연제는 시멘트의 수화반응을 늦춰 응결시간을 길게 할 목적으로 사용되는 혼화제이다.
④ 촉진제는 보통 염화칼슘을 사용하며 일반적인 사용량은 시멘트 질량에 대하여 2% 이하를 사용한다.

해설 급결제를 사용한 콘크리트는 재령 1~2일까지의 강도증진은 매우 크지만 장기강도는 일반적으로 느린 경우가 많다.

47 콘크리트용 혼화재로 실리카 퓸(Silica fume)을 사용한 경우 효과에 대한 설명으로 잘못된 것은?

① 콘크리트의 재료분리 저항성, 수밀성이 향상된다.
② 알칼리 골재반응의 억제효과가 있다.
③ 내화학약품성이 향상된다.
④ 단위수량과 건조수축이 감소된다.

해설 비표면적이 매우 커서 단위수량이 증가한다.

48 콘크리트용 인공경량골재에 대한 설명 중 틀린 것은?

① 흡수율이 큰 인공경량골재를 사용할 경우 프리웨팅(pre-wetting)하여 사용하는 것이 좋다.
② 인공경량골재를 사용한 콘크리트의 탄성계수는 보통골재를 사용한 콘크리트 탄성계수보다 크다.
③ 인공경량골재의 부립률이 클수록 콘크리트의 압축강도는 저하된다.
④ 인공경량골재를 사용하는 콘크리트는 공기연행 콘크리트로 하는 것을 원칙으로 한다.

해설 인공경량골재를 사용한 콘크리트의 탄성계수는 보통골재를 사용한 콘크리트 탄성계수보다 작다.

49 제철소에서 발생하는 산업부산물로서 찬공기나 냉수로 급냉한 후 미분쇄하여 사용하는 혼화재는?

① 고로슬래그 미분말   ② 플라이애시
③ 화산회   ④ 실리카흄

해설
• 고로슬래그는 알칼리 골재 반응의 억제에 대한 효과가 크다.
• 내해수성, 내화학성이 향상된다.

50 굵은골재의 밀도 및 흡수율 시험에서 아래 표와 같은 조건인 경우 1회 시험에 사용하는 시료의 최소 질량으로 가장 적합한 것은?

• 사용 골재 : 경량골재
• 굵은골재의 최대치수 : 40mm
• 굵은골재의 추정 밀도 : 1.4 g/cm³

① 1.4 kg   ② 2.3 kg
③ 3.1 kg   ④ 4 kg

[정답] 44. ① 45. ④
        46. ② 47. ④
        48. ② 49. ①
        50. ②

> **해설**
> - 보통 골재의 1회 시험에 사용하는 시료의 최소 질량은 굵은골재의 최대치수(mm)의 0.1배를 kg으로 나타낸 양으로 한다.
> - 경량골재의 경우 최소 질량
> $$m_{min} = \frac{d_{max} \times D_e}{25} = \frac{40 \times 1.4}{25} = 2.3\text{kg}$$
> 여기서, m_{min} : 시료의 최소 질량(kg)
> d_{max} : 굵은골재의 최대치수(mm)
> D_e : 굵은골재의 추정 밀도(g/cm³)

51 터널 굴착을 위하여 장약량 4kg으로 시험발파한 결과 누두지수(n)가 1.5, 폭파반경(R)이 3m이었다면, 최소저항선 길이를 5m로 할 때 필요한 장약량은?

① 6.67kg   ② 11.1kg
③ 18.5kg   ④ 62.5kg

> **해설**
> - $n = \dfrac{R}{W}$ $1.5 = \dfrac{3}{W}$ $\therefore W = 2\text{m}$
> - $L_1 : W_1^3 = L_2 : W_2^3$
> $4 : 2^3 = L_2 : 5^3$ $\therefore L_2 = \dfrac{4 \times 5^3}{2^3} = 62.5\text{kg}$

52 재료의 일반적 성질 중 아래 표에 해당하는 성질은 무엇인가?

> 외력에 의해서 변형된 재료가 외력을 제거했을 때, 원형으로 되돌아가지 않고 변형된 그대로 있는 성질

① 인성   ② 취성
③ 탄성   ④ 소성

> **해설**
> - 인성-하중에 의해 작은 소성변형상태에서 파괴에 이르기까지의 저항성
> - 취성-하중을 받으면 작은 변형에서도 갑작스런 파괴가 일어나는 성질
> - 탄성-하중을 받아 변형된 재료가 하중이 제거되었을 때 다시 원래대로 돌아가려는 성질

53 목재의 건조에 대한 설명으로 틀린 것은?

① 건조 시 목재의 강도 및 내구성이 증가한다.
② 목재 건조 시 방부제 등의 약제주입을 용이하게 할 수 있다.

③ 목재 건조 시 균류에 의한 부식과 벌레에 의한 피해를 예방할 수 있다.
④ 목재의 자연건조법 중 수침법을 사용하면 공기 건조의 시간이 길어진다.

해설 목재의 자연건조법 중 수침법을 사용하면 공기 건조의 시간이 짧아진다.

54 시멘트의 일반적인 성질에 대한 설명으로 틀린 것은?

① 시멘트가 불안정하면 이상팽창 등을 일으켜 콘크리트에 균열을 발생시킨다.
② 시멘트의 입자가 작고 온도가 높을수록 수화속도가 빠르게 되어 초기강도가 증가된다.
③ 시멘트의 분말도가 높으면 수축이 크고 균열 발생의 가능성이 크며, 시멘트 자체가 풍화되기 쉽다.
④ 시멘트의 응결 시간은 수량이 많고 온도가 낮으면 빨라지고, 분말도가 높거나 C_3A의 양이 많으면 느리게 된다.

해설 시멘트의 응결 시간은 수량이 많고 온도가 낮으면 늦어지고, 분말도가 높거나 C_3A의 양이 많으면 빠르게 된다.

55 석재를 사용할 경우 고려해야 할 사항으로 틀린 것은?

① 내화 구조물에는 석재를 사용할 수 없다.
② 석재를 다량으로 사용 시 안정적으로 공급할 수 있는지 여부를 조사한다.
③ 휨응력과 인장응력을 받는 곳은 가급적이면 사용하지 않는 것이 좋다.
④ 외벽이나 콘크리트 포장용 석재에는 가급적이면 연석은 피하는 것이 좋다.

해설
• 내화 구조물에는 석재를 사용할 수 있다.
• 안산암이 강도가 크며 내화성 크다.

56 시멘트의 저장 및 사용에 대한 설명으로 틀린 것은?

① 시멘트는 방습적인 구조물에 저장한다.
② 시멘트를 쌓아 올리는 높이는 13포대 이하로 하는 것이 바람직하다.
③ 저장 중에 약간 굳은 시멘트는 품질검사 후 사용한다.
④ 시멘트의 온도는 일반적으로 50℃ 이하에서 사용한다.

해설
• 저장 중에 약간이라도 굳은 시멘트는 사용해서는 안 된다.
• 3개월 이상 장기간 저장한 시멘트는 사용 전에 품질시험을 한다.

[정답] 51. ④ 52. ④
53. ④ 54. ④
55. ① 56. ③

57 혼화재료 중 감수제에 대한 설명으로 틀린 것은?

① 시멘트 입자를 분산시킴으로서 단위수량을 줄인다.
② 공기연행 작용이 없는 감수제와 공기연행 작용을 함께하는 AE감수제 등으로 나누어진다.
③ 감수제를 사용하면 동결융해에 대한 저항성이 증대된다.
④ 감수제를 사용하면 동일한 워커빌리티 및 강도의 콘크리트를 얻기 위해 시멘트가 더 많이 들어가야 한다.

해설 감수제를 사용하면 동일한 워커빌리티 및 강도의 콘크리트를 얻기 위해 시멘트가 더 많이 들어가지 않는다.

58 다음은 비철금속 재료 중 어떤 것에 대한 설명인가?

- 비중은 약 8.93 정도이다.
- 전기 및 열전도율이 높다.
- 전성과 연성이 크다.
- 부식하면 청록색이 된다.

① 니켈　　　　② 구리
③ 주석　　　　④ 알루미늄

해설 구리는 무르기는 하나 다른 원소를 첨가하면 단단해진다.

59 역청재료의 침입도 지수(PI)를 구하는 식으로 옳은 것은?

(단, $A = \dfrac{\log 800 - \log P_{25}}{\text{연화점} - 25}$ 이고, P_{25}는 25℃에서의 침입도이다.)

① $\dfrac{30}{1+50A} - 10$

② $\dfrac{25}{1+50A} - 10$

③ $\dfrac{30}{1+40A} - 10$

④ $\dfrac{25}{1+40A} - 10$

해설 침입도 지수
아스팔트의 온도에 대한 침입도의 변화를 나타내는 지수

60 지오신세틱스-제2부(KS K ISO10318-2)에서 아래 그림이 나타내는 토목섬유의 주요 기능은?

① 배수
② 여과
③ 보호
④ 분리

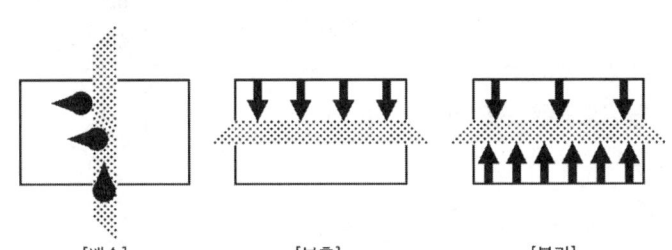

해설

[배수]   [보호]   [분리]

4과목 토질 및 기초

61 No.4체 통과율 90%, No.200체 통과율 4%이고, $D_{10}=0.25$mm, $D_{30}=0.6$mm, $D_{60}=2$mm인 흙을 통일분류법으로 분류하면?

① GM
② GP
③ SW
④ SP

해설
- No.4(5mm)체 통과율이 50% 이상이므로 모래질로 판정
- $C_u = \dfrac{D_{60}}{D_{10}} = \dfrac{2}{0.25} = 8$, $C_g = \dfrac{(D_{30})^2}{D_{10} \times D_{60}} = \dfrac{(0.6)^2}{0.25 \times 2} = 0.72$

균등계수와 곡률계수 값이 양호해야 양호한 것으로 판단하므로 곡률 계수가 $1 < C_g < 3$ 범위 안에 들지 않아 입도는 불량하다.
∴ SP

62 그림과 같은 지반에서 하중으로 인하여 수직응력($\Delta\sigma_1$)이 100kN/m²이 증가되고 수평응력($\Delta\sigma_3$)이 50kN/m²이 증가되었다면 간극 수압은 얼마나 증가되었는가? (단, 간극수압계수 $A=0.5$이고 $B=1$이다.)

① 50 kN/m²
② 75 kN/m²
③ 100 kN/m²
④ 125 kN/m²

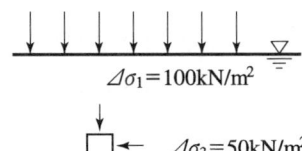

해설 $\Delta u = B\left[\Delta\sigma_3 + A(\Delta\sigma_1 - \Delta\sigma_3)\right] = 1\left[50 + 0.5(100-50)\right] = 75\text{kN/m}^2$

[정답] 57. ④ 58. ②
59. ① 60. ②
61. ④ 62. ②

63 다음 그림과 같은 정사각형 기초에서 안전율을 3으로 할 때 Terzaghi 공식을 사용하여 지지력을 구하고자 한다. 이때 한 변의 최소길이는? (단, 흙의 전단강도 $C=60\text{kN/m}^2$, $\phi=0°$이고, 흙의 습윤 및 포화 단위중량은 각각 19kN/m^3, 20kN/m^3, $N_c=5.7$, $N_q=1.0$, $N_r=0$이며 물의 단위중량은 9.81kN/m^3이다.)

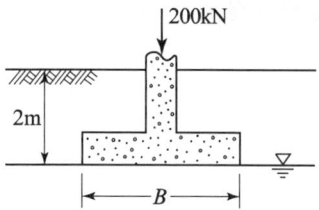

① 1.115m
② 1.432m
③ 1.512m
④ 1.624m

- $q_u = \alpha CN_c + \beta \gamma_1 BN_r + \gamma_2 D_f N_q$ 식에서 $N_r = 0$이므로
  $q_u = \alpha CN_c + \gamma_2 D_f N_q = 1.3 \times 60 \times 5.7 + 19 \times 2 \times 1 = 482.6\text{kN/m}^2$
- $q_a = \dfrac{q_u}{F} = \dfrac{482.6}{3} = 160.8\text{kN/m}^2$
- $q_a = \dfrac{P}{A}$ ∴ $A = \dfrac{P}{q_a} = \dfrac{200}{160.8} = 1.244\text{m}^2$
- $B = \sqrt{A} = \sqrt{1.244} = 1.115\text{m}$

64 그림과 같이 지표면에 집중하중이 작용할 때 A점에서 발생하는 연직응력의 증가량은?

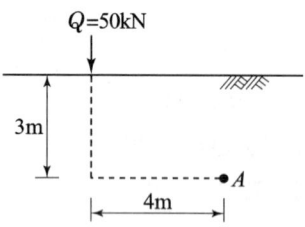

① 0.21 kN/m^2
② 0.24 kN/m^2
③ 0.27 kN/m^2
④ 0.30 kN/m^2

- $R = \sqrt{4^2 + 3^2} = 5\text{m}$
- $\sigma_z = \dfrac{3QZ^3}{2\pi R^5} = \dfrac{3 \times 50 \times 3^3}{2 \times 3.14 \times 5^5} = 0.21\text{kN/m}^2$

65 그림과 같이 같은 두께의 3층으로 된 수평 모래층이 있을 때 모래층 전체의 연직방향 평균 투수계수는? (단, k_1, k_2, k_3 는 각 층의 투수계수임)

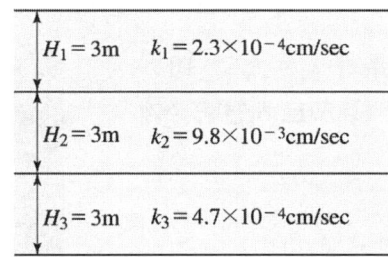

① 2.38×10^{-3} cm/sec
② 3.01×10^{-4} cm/sec
③ 4.56×10^{-4} cm/sec
④ 3.36×10^{-5} cm/sec

$$k_v = \frac{H_o}{\frac{H_1}{k_1}+\frac{H_2}{k_2}+\frac{H_3}{k_3}} = \frac{900}{\frac{300}{2.3\times 10^{-4}}+\frac{300}{9.8\times 10^{-3}}+\frac{300}{4.7\times 10^{-4}}}$$
$$= 4.56 \times 10^{-4} \text{cm/sec}$$

66 표준관입시험(S.P.T)결과 N치가 25이었고, 그때 채취한 교란시료로 입도시험을 한 결과 입자가 둥글고, 입도분포가 불량할 때 Dunham 공식에 의해서 구한 내부마찰각은?

① $29.8°$
② $30.2°$
③ $32.3°$
④ $33.8°$

- $\phi = \sqrt{12N} + 15 = \sqrt{12 \times 25} + 15 = 32.3°$
- 흙 입자가 모가 나고 입도가 양호
  $\phi = \sqrt{12N} + 25$

67 3층 구조로 구조결합 사이에 치환성 양이온이 있어서 활성이 크고 시트 사이에 물이 들어가 팽창 수축이 크고 공학적 안정성은 약한 점토 광물은?

① Kaolinite
② illite
③ Montmorillonite
④ Sand

- Kaolinite : 수축, 팽창이 없어 안정성이 크다.
- illite : 안정성이 중간 정도이며 교환 불가능 K이온이 결합되어 있다.
- Montmorillonite : 수축, 팽창이 크며 안정성이 제일 약하며 교환 가능한 이온이 결합되어 있다.

정답 63. ① 64. ①
      65. ③ 66. ③
      67. ③

68 간극비가 $e_1 = 0.80$인 어떤 모래의 투수계수가 $k_1 = 8.5 \times 10^{-2}$ cm/sec일 때 이 모래를 다져서 간극비를 $e_2 = 0.57$로 하면 투수계수 k_2는?

① 8.5×10^{-3} cm/sec
② 3.5×10^{-2} cm/sec
③ 8.1×10^{-2} cm/sec
④ 4.1×10^{-1} cm/sec

해설
$$k_1 : \frac{e_1^3}{1+e_1} = k_2 : \frac{e_2^3}{1+e_2}$$
$$8.5 \times 10^{-2} : \frac{0.8^3}{1+0.8} = k_2 : \frac{0.57^3}{1+0.57}$$
$$\therefore k_2 = 0.035 \text{cm/sec}$$

69 다음 중 연약점토지반 개량공법이 아닌 것은?

① Preloading 공법
② Sand drain 공법
③ Paper drain 공법
④ Vibro floatation 공법

해설 Vibro floatation 공법은 사질토 개량공법이다.

70 지표면이 수평이고 옹벽의 뒷면과 흙과의 벽면 마찰각(δ)을 무시한 경우 연직 옹벽에서 Coulomb 토압과 Rankine 토압은 어떤 관계가 있는가? (단, 점착력은 무시한다.)

① Coulomb 토압은 항상 Rankine 토압보다 크다.
② Coulomb 토압과 Rankine 토압은 같다.
③ Coulomb 토압이 Rankine 토압보다 작다.
④ 옹벽의 형상과 흙의 상태에 따라 클 때도 있고 작을 때도 있다.

해설 지표면이 수평이고 벽면 마찰각이 0°이면 Coulomb의 토압과 Rankine의 토압은 같다.

71 사면안정 해석방법에 대한 설명으로 틀린 것은?

① 일체법은 활동면 위에 있는 흙덩어리를 하나의 물체로 보고 해석하는 방법이다.
② 절편법은 활동면 위에 있는 흙을 몇 개의 절편으로 분할하여 해석하는 방법이다.

③ 마찰원방법은 점착력과 마찰각을 동시에 갖고 있는 균질한 지반에 적용된다.
④ 절편법은 흙이 균질하지 않아도 적용이 가능하지만 흙속에 간극수압이 있을 경우 적용이 불가능하다.

해설 절편법(분할법)은 균질하지 않은 지반의 사면 안정 해석에 적합하며 흙속에 간극수압이 있을 경우 적용이 가능하다.

72 접지압(또는 지반반력)이 그림과 같이 되는 경우는?

① 후팅 : 강성, 기초지반 : 점토
② 후팅 : 강성, 기초지반 : 모래
③ 후팅 : 연성, 기초지반 : 점토
④ 후팅 : 연성, 기초지반 : 모래

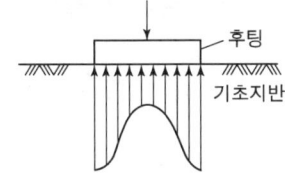

해설 강성 기초이면서 모래지반의 경우

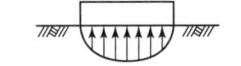

73 다음 중 일시적인 지반 개량 공법에 속하는 것은?

① 동결공법
② 약액주입 공법
③ 프리로딩 공법
④ 다짐 모래말뚝 공법

해설 웰포인트, Deep Wall 공법, 동결공법, 대기압공법 등은 일시적인 개량공법이다.

74 도로의 평판재하시험에서 1.25mm 침하량에 해당하는 하중강도가 250kN/m²일 때 지반반력 계수는?

① 100MN/m³
② 200MN/m³
③ 1,000MN/m³
④ 2,000MN/m³

해설 $K = \dfrac{q}{y} = \dfrac{250}{0.00125} = 200,000 \text{kN/m}^3 = 200 \text{MN/m}^3$

75 어떤 점토지반에서 베인 시험을 실시하였다. 베인의 지름이 50mm, 높이가 100mm, 파괴 시 토크가 59N·m일 때 이 점토의 점착력은?

① 129kN/m²
② 157kN/m²
③ 213kN/m²
④ 276kN/m²

해설 $c = \dfrac{M_{\max}}{\pi D^2 \left(\dfrac{H}{2} + \dfrac{D}{6}\right)} = \dfrac{59}{3.14 \times 0.05^2 \left(\dfrac{0.1}{2} + \dfrac{0.05}{6}\right)} = 128,844 \text{N/m}^2 = 129 \text{kN/m}^2$

정답 68.② 69.④ 70.② 71.④ 72.① 73.① 74.② 75.①

76. Terzaghi의 1차 압밀에 대한 설명으로 틀린 것은?

① 압밀방정식은 점토 내에 발생하는 과잉간극수압의 변화를 시간과 배수거리에 따라 나타낸 것이다.
② 압밀방정식을 풀면 압밀도를 시간계수의 함수로 나타낼 수 있다.
③ 평균압밀도는 시간에 따른 압밀침하량을 최종 압밀침하량으로 나누면 구할 수 있다.
④ 압밀도는 배수거리에 비례하고, 압밀계수에 반비례한다.

해설 압밀도는 배수거리에 반비례하고, 압밀계수에 비례한다(압밀계수는 압밀속도의 의미가 있다).

77. 흙의 다짐에 대한 설명으로 틀린 것은?

① 다짐에 의하여 간극이 작아지고 부착력이 커져서 역학적 강도 및 지지력은 증대하고, 압축성, 흡수성 및 투수성은 감소한다.
② 점토를 최적함수비보다 약간 건조측의 함수비로 다지면 면모구조를 가지게 된다.
③ 점토를 최적함수비보다 약간 습윤측에서 다지면 투수계수가 감소하게 된다.
④ 면모구조를 파괴시키지 못할 정도의 작은 압력으로 점토시료를 압밀할 경우 건조측 다짐을 한 시료가 습윤측 다짐을 한 시료보다 압축성이 크게 된다.

해설 면모구조를 파괴시키지 못할 정도의 작은 압력으로 점토시료를 압밀할 경우 습윤측 다짐을 한 시료가 건조측 다짐을 한 시료보다 압축성이 크게 된다.

78. 현장에서 완전히 포화되었던 시료라 할지라도 시료 채취 시 기포가 형성되어 포화도가 저하될 수 있다. 이 경우 생성된 기포를 원상태로 용해시키기 위해 작용시키는 압력을 무엇이라고 하는가?

① 배압(back pressure)
② 축차응력(deviator stress)
③ 구속압력(confined pressure)
④ 선행압밀압력(preconsolidation pressure)

해설 지하수위 아래 흙을 채취하면 물 속에 용해되어 있던 산소는 기포를 형성하므로 불포화된 시료로 정확한 값이 되지 않아 배압(back pressure)을 가하여 시료를 완전포화된 상태로 만든다.

79 지표에 설치된 3m×3m인 정사각형 기초에 80kN/m²의 등분포하중이 작용할 때, 지표면 아래 5m 깊이에서의 연직응력의 증가량은? (단, 2 : 1분포법을 사용한다.)

① 7.15kN/m²
② 9.20kN/m²
③ 11.25kN/m²
④ 13.10kN/m²

해설
- $q \cdot (B \times B) = \sigma_z \cdot (B+Z)(B+Z)$

  $\therefore \sigma_z = \dfrac{q \times (B \times B)}{(B+Z)(B+Z)} = \dfrac{80 \times (3 \times 3)}{(3+5)(3+5)} = 11.25 \text{kN/m}^2$

- 직사각형 기초인 경우

  $q \cdot (B \times L) = \sigma_z \cdot (B+Z)(L+Z)$

  $\therefore \sigma_z = \dfrac{q \times (B \times L)}{(B+Z)(L+Z)}$

80 연약지반에 구조물을 축조할 때 피에조미터를 설치하여 과잉간극수압의 변화를 측정한 결과 어떤 점에서 구조물 축조 직후 과잉간극수압이 100kN/m²이었고, 4년 후에 20kN/m²이었다. 이때의 압밀도는?

① 20%
② 40%
③ 60%
④ 80%

해설 $U = 1 - \dfrac{u}{P} = 1 - \dfrac{20}{100} = 0.8 = 80\%$

정답 76. ④ 77. ④ 78. ① 79. ③ 80. ④

건설재료시험기사 필기

정가 35,000원

- 저　자　고　행　만
- 발 행 인　차　승　녀

- 2010년　1월　10일　제1판 제1인쇄발행
- 2011년　1월　5일　제2판 제1인쇄발행
- 2012년　1월　5일　제3판 제1인쇄발행
- 2013년　1월　4일　제4판 제1인쇄발행
- 2014년　1월　15일　제5판 제1인쇄발행
- 2015년　1월　15일　제6판 제1인쇄발행
- 2015년　10월　30일　제7판 제1인쇄발행
- 2016년　1월　15일　제7판 제2인쇄발행
- 2016년　12월　26일　제8판 제1인쇄발행
- 2017년　8월　10일　제9판 제1인쇄발행
- 2018년　2월　5일　제9판 제2인쇄발행
- 2018년　11월　20일　제10판 제1인쇄발행
- 2020년　2월　10일　제11판 제1인쇄발행
- 2020년　11월　30일　제12판 제1인쇄발행
- 2022년　1월　20일　제13판 제1인쇄발행
- 2024년　10월　15일　제14판 제1인쇄발행

도서출판 건기원

(등록 : 제11-162호, 1998. 11. 24)

경기도 파주시 연다산길 244(연다산동 186-16)
TEL : (02) 2662-1874~5　　FAX : (02) 2665-8281

★ 건기원은 여러분을 책의 주인공으로 만들어 드리며 출판 윤리 강령을 준수합니다.
★ 본 수험서를 복제·변형하여 판매·배포·전송하는 일체의 행위를 금하며, 이를 위반할 경우 저작권법 등에 따라 처벌받을 수 있습니다.

ISBN　979-11-5767-856-3　　13530